GRANDES ENCYCLOPÉDIES INDUSTRIELLES

J.-B. BAILLIÈRE

ENCYCLOPÉDIE DE CHIMIE INDUSTRIELLE

Directeur : C. MATIGNON
Professeur au Collège de France, Membre de l'Institut

PROCÉDÉS MODERNES DE FABRICATION
DE
L'ACIDE SULFURIQUE
Chambres de Plomb

par L. PIERRON
Ingénieur E. P. C. L. — Directeur d'Usines

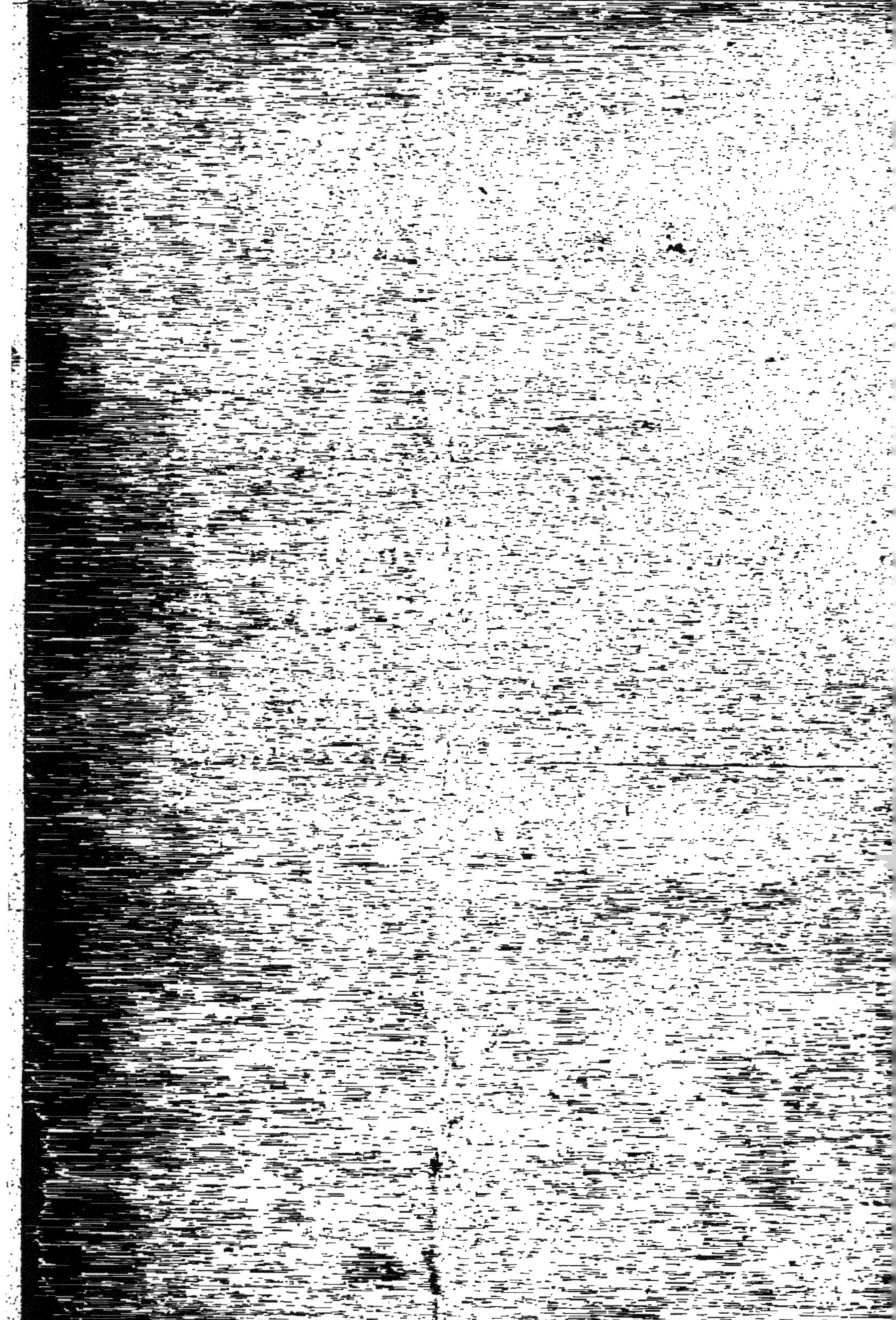

GRANDES ENCYCLOPÉDIES INDUSTRIELLES J.-B. BAILLIÈRE

Publiées sous le patronage de

LA SOCIÉTÉ DES INGÉNIEURS CIVILS DE FRANCE

ET DE LA SOCIÉTÉ D'ENCOURAGEMENT POUR L'INDUSTRIE NATIONALE

LES

PROCÉDÉS MODERNES DE FABRICATION

DE

L'ACIDE SULFURIQUE

CHAMBRES DE PLOMB

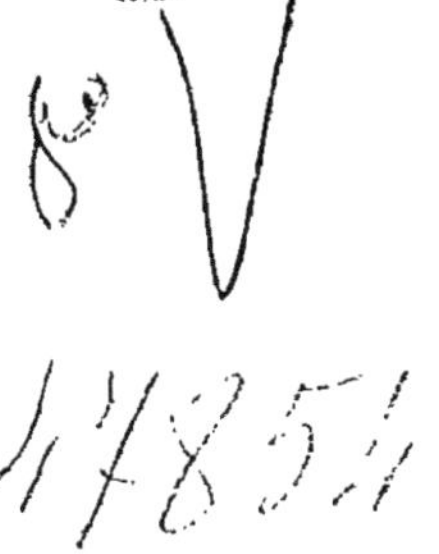

ENCYCLOPÉDIE DE CHIMIE INDUSTRIELLE

PUBLIÉE SOUS LA DIRECTION DE

M. MATIGNON

Professeur au Collège de France
Membre de l'Institut

Secrétaire : M. NICOLARDOT, Répétiteur à l'École Polytechnique

LES
PROCÉDÉS MODERNES DE FABRICATION
DE
L'ACIDE SULFURIQUE
CHAMBRES DE PLOMB

PAR

L. PIERRON

INGÉNIEUR E. P. C. I.
DIRECTEUR D'USINES

**Avec le Patronage de l'Union des Industries Chimiques de France
et de la Société de Chimie Industrielle**

PARIS

LIBRAIRIE J.-B. BAILLIÈRE ET FILS

19, RUE HAUTEFEUILLE

1929

ERRATA

Pages	Lignes	Lire	au lieu de
82	14	pour récupérer l'oxyde	pour l'oxyde
89	23	température	tempépature
95	14	Dans la figure 11	
	23	à la suite (fig. 12)	
96	9	méthode chinoise (fig. 13)	
97	13	contact du fer (fig. 14)	
107	31	les graphiques ci-après	les graphiques ci-contre
127	(au renvoi)	donné page 104	
146	21	$2Cu^2S + 2O^2$	$3Cu^2S + O$
167	31	qui se délitent	qui se dilatent
230	29	la pyrite grillée par	la pyrite par
235	17	Avec une chambre	Une chambre
238	12	arrêts répétés	arrêts fréquents
295	30	$= MS + 2MO + 2SO^2$	$= MS + 2MO + SO^2$
351	13	Badische Anilin und Soda	Badische Soda und Anilin
375	Analyse Fairlie	Oxydes de fer et divers 69,49	69,42
377	13	1 500 fr	15 000
380	14	et de gaz oxygène	et de gaz
445	18	la production	le produit
508	28	chambres, il peut y avoir	chambres peut y avoir
513	33	l'acide nitrique	l'acide picrique
535	12	supprimer février p. 33	
548	la ligne n° 4 est à mettre en première ligne		
596	1	SO^4H^2	SO^4H^3
600	15 et 16	laisser un faible	laisser un adopte faible
609	16	le second une seule avec	le second une avec
622	10	Volvic	Volvicon
682	18	pompes sans calfat	pompes sans calfort
698	26	mais la corrosion augmente à haute	mais à haute
701	27	les acides dilués	les acides faibles
739	34	divisant par 5	divisant par 6
743	21	AsH^3	AsH^2

PRÉFACE

De même que toutes les autres entreprises, une usine d'acide sulfurique, pour être viable, doit satisfaire à un certain nombre de conditions au premier rang desquelles nous trouvons :

Conception économique logique ;

Organisations technique et commerciale bien étudiées ;

Perfectionnement incessant de l'outillage et des méthodes de travail ;

Contrôle minutieux et ininterrompu.

Si les deux premières sont, ou ont été, étudiées par les promoteurs de l'affaire, les autres dépendent surtout de la valeur, et du travail, du personnel chargé de la gestion.

Il est évident qu'une industrie mal située géographiquement, grevée de frais considérables pour le transport de ses matières premières ou produits fabriqués se trouve défavorablement placée dans la lutte contre la concurrence ; de même si son fonctionnement commercial est défectueux, mais, ces conditions étant supposées égales, la bonne marche et les bénéfices seront en relation directe des capacités du, ou des techniciens. Tant vaut l'homme tant vaut l'affaire.

A chaque collaborateur échoit un travail d'autant plus méritoire qu'il est généralement obscur, et ignoré parfois de ceux qui en bénéficient. Bien souvent même, il n'a d'autre récompense que la satisfaction intime d'avoir réalisé un progrès nouveau, ou tout simplement accompli ce qu'il juge être son devoir.

Au spécialiste il faut, en sus des qualités d'homme indispensables au succès — volonté et persévérance — posséder des connaissances touchant aux domaines de la physique, la chimie, la mécanique, devenues maintenant inséparables, et se tenir au courant des perfectionnements tant théoriques que pratiques, de façon à les adapter, ou les transformer, en d'autres appropriés à ses besoins.

Une matière première vient-elle à manquer, à lui de s'ingénier pour en trouver d'autres, en leur appliquant les procédés de traitement convenables et modifiant, s'il le faut, les conditions de travail.

Est-ce la main-d'œuvre qui fait défaut, l'outillage devra être, au besoin, remplacé pour y suppléer.

Le produit fabriqué doit-il être plus pur, plus concentré, les méthodes de fabrication, d'analyse, sont à changer en partie ou en totalité.

La concurrence introduit-elle sur le marché des produits à prix très bas, il s'agit de découvrir si la chose résulte d'une cause économique ou technique et s'évertuer à faire aussi bien, si ce n'est mieux.

Pour accomplir cette lourde tâche, pour être tenu au courant des progrès réalisés dans son champ d'action, il lui faut — car il dispose généralement d'un temps très court — être documenté de façon à la fois sérieuse et rapide.

Ces renseignements dont il a besoin sont surtout contenus dans des périodiques ou revues spéciales; toutefois il arrive fréquemment qu'au bout d'un certain nombre de semaines, de mois, ou même d'années, il lui faut retrouver l'article dont il n'a conservé qu'un souvenir parfois assez vague, ce qui rend les recherches longues, pénibles, et parfois décourageantes.

Il est donc indispensable qu'il trouve, groupés sous sa main, de façon aussi consciencieuse que possible, les renseignements se rapportant à sa spécialité, et c'est ce que nous avons tenté de faire pour l'acide sulfurique.

Les maîtres en la matière ont d'abord été SOREL et LUNGE, tous deux disparus maintenant. Les traités du premier constituent des sources dans lesquelles de nombreux chapitres semblent écrits d'hier ; quant au second, son œuvre est continuée, par des collaborateurs consciencieux; dans le même ordre d'idée que celui du fondateur, c'est-à-dire en donnant des références sur tout ce qui touche à l'acide sulfurique, de sorte que le format du ou des volumes est amené à augmenter constamment, et que les tables des matières font de même, avec le risque que chaque référence ne ressorte pas toujours avec l'importance qu'elle peut mériter.

Nous n'avons pas essayé de les imiter.

Pour rendre compte de toutes les études, tant théoriques que pratiques, publiées en la matière, pour exposer les progrès et les idées dues aux savants ou techniciens, ainsi qu'à de modestes pionniers trop peu connus, il faudrait en effet établir un ouvrage comme le dictionnaire Wurtz, ce qui n'est pas notre intention.

Dans notre existence, au contact de nombreux praticiens, nous avons eu l'occasion de comparer bien des idées générales, souvent différentes mais toujours intéressantes, et avons cherché à en tenir compte dans la rédaction du présent ouvrage qui comprend :

A) Un bref historique rappelant, avec les généralités, les procédés primitifs et les étapes parcourues.

B) Un exposé sommaire des théories sur la production de l'acide sulfurique, et leur évolution.

C) Une description plus étendue des méthodes de production concurrentes luttant actuellement.

D) Un choix de travaux ou inventions intéressant, soit par leur caractère pratique, soit par leur originalité, ou même leur hardiesse.

Ne voyons-nous pas, en effet, tel procédé essayé, abandonné, et condamné par les maîtres de l'heure, considéré temporairement comme inapplicable pour des raisons techniques ou économiques qui paraissaient irréfutables, être tiré de l'oubli et réapparaître subitement au premier plan, en concurrençant parfois les méthodes les mieux assises.

E) Un aperçu des méthodes de purification, et d'analyse, des produits de fabrication.

F) Des documents statistiques et commerciaux récents.

Il nous a fallu condenser beaucoup, écourter, passer sous silence bien des descriptions ou publications, cependant intéressantes, mais ceux qui désireraient les retrouver, et les étudier, pourront le faire maintenant, grâce aux nouvelles organisations bibliographiques qui ont si longtemps manqué à notre pays et dont la création a rendu, et rendra, d'énormes services dans toutes les branches de notre activité nationale.

Un traité de ce genre doit apporter des renseignements sur les derniers procédés, ou les tentatives à l'ordre du jour, dont certaines peuvent triompher demain, aussi nous sommes-nous étendus assez longuement sur ces travaux.

Nous saisissons avec empressement, à ce sujet, l'occasion de remercier les savants et spécialistes qui ont bien voulu nous procurer, sur leurs travaux, des détails dont la précision et les chiffres seront certainement très appréciés de nos lecteurs.

Nous avons, en somme, cherché à présenter aux techniciens un ensemble d'éléments groupés, susceptibles de les aider quelque peu dans la lourde charge qui leur incombe en vue de lutter contre les difficultés du présent, et dans leurs recherches vers cette perfection dont ils visent toujours à se rapprocher.

Nous recevrons avec plaisir, et lirons avec intérêt, les observations qu'ils pourront nous adresser après lecture de notre travail de manière à pouvoir en tenir compte dans nos publications ultérieures, ceci afin de nous aider à réaliser le but que nous avons eu en écrivant le présent :

Etre utile.

L. PIERRON.

LES PROCÉDÉS MODERNES
DE FABRICATION DE L'ACIDE SULFURIQUE

HISTORIQUE

IMPORTANCE DE L'ACIDE SULFURIQUE
DANS LE MONDE

On s'est efforcé de faire comprendre l'importance de l'acide sulfurique vis-à-vis des industries chimiques au moyen d'images oratoires variées. Une des plus frappantes, à notre avis, est celle exprimée dans un ouvrage récemment publié aux États-Unis par la Section des mines du département de l'Intérieur, sous le titre « *The manufacture of sulfuric acid in the United States* » (de MM. *A.-E. Wells et D.-E. Fogg*), où l'on compare le rôle de l'acide sulfurique dans l'industrie chimique à celui du fer dans la métallurgie. Cette comparaison nous paraît fort logique, car il est exact que la demande plus ou moins grande de cet acide corresponde à une période de prospérité ou des crises des industries qui l'utilisent.

Il est certain que, à notre époque, l'acide sulfurique figure au premier rang des produits indispensables à la vie des peuples et on constate même que les plus éloignés de nous, aussi bien au point de vue de la civilisation qu'à celui de la distance kilométrique, créent des usines chez eux pour se le procurer dans les meilleures conditions possibles.

Hors d'Europe non seulement les nations d'avant-garde industrielle en ont organisé une production imposante mais les autres suivent cet exemple, de sorte que le nombre des intéressés à cette question devient de plus en plus considérable, impliquant des besoins de documentation auxquels il est indispensable de faire face.

A chacun de nous, dans la limite de nos faibles moyens, de contribuer à satisfaire ce besoin.

CHAPITRE PREMIER

L'ACIDE SULFURIQUE

État naturel. — Très répandu dans la nature á l'état de combinaisons (sulfates de chaux, de baryte, de magnésie, etc...) ce composé s'y rencontre fort rarement à l'état libre, on a néanmoins constaté sa présence au voisinage des volcans, dans certaines rivières, l'eau de mer de régions particulières et quelques autres sources. On sait également que divers minerais sulfurés, en s'oxydant au contact de l'oxygène de l'air et de l'humidité, donnent naissance à des efflorescences formées, le plus souvent, d'un sulfate métallique renfermant de l'acide sulfurique.

Historique. — Plusieurs auteurs signalent que l'acide sulfurique était connu dans l'antiquité car la calcination de certains sulfates ou aluns avait donné des fumées ou « esprits » ayant appelé l'attention des techniciens d'antan ; d'autres attribuent sa découverte à l'alchimiste Perse *Abu-Bekr-Abrhasés*, mort en 940. L'esprit de vitriol fut mentionné à la fin du xiie et au xiiie siècle.

Procédés primitifs. — Le plus ancien de tous les acides sulfuriques est celui dit de *Nordhausen ou Oléum*. Son mode de préparation (calcination de la couperose ou du sulfate de fer) a été exposé au xve siècle par le moine *Basile Valentin* et, jusqu'à l'apparition des procédés de contact resta le seul employé. Tous les ouvrages classiques donnent d'ailleurs la description de sa fabrication en Bohême dans les fours à galère.

La préparation des *acides dilués* est plus récente. Au commencement du xviiᵉ siècle (1613), *Angelus Sala* ayant reconnu qu'en brûlant du soufre dans des vases humides il se forme de l'acide sulfurique dilué, son procédé ne tarda pas à être appliqué dans les pharmacies.

Un perfectionnement fut apporté en 1666 par *Le Fèvre* et *de Lemery* qui facilitèrent la combustion du soufre par une addition de salpêtre ; il permit de fabriquer des quantités déjà importantes.

Préparation dans le verre. — La première installation véritablement industrielle fut établie par *Ward* à Richemond, près de Londres, vers 1740.

Deux rangées de ballons en verre de grande capacité (atteignant parfois 300 litres) contenant un peu d'eau, étaient disposées sur un bain de sable, de manière à ce que leurs cols fussent couchés horizontalement ; chaque col renfermait une brique sur laquelle on plaçait une cuiller de fer portée au rouge, puis, après remplissage de cette cuiller avec le mélange soufre salpêtre, on bouchait au moyen d'un tampon de bois.

Les vapeurs dégagées, une fois dissoutes dans l'eau, on recommençait cette opération jusqu'à ce que l'acide ait acquis une concentration suffisante. Malgré une dépense assez élevée due aux frais de main-d'œuvre, à la consommation de nitrate et la casse, le prix de l'acide tomba de 32 fr. 70 à 6 fr. 20 le kilog.

Chambres de plomb. — En 1746, *Roebuch* et *Garbett* installèrent à Birmingham et Prestonpans, en Ecosse, des usines dans lesquelles le plomb remplaçait le verre, permettant de fabriquer des quantités plus considérables tout en réduisant les dépenses d'entretien et d'usure des appareils.

Au début, le soufre, mélangé de 1/5 à 1/8 de son poids de salpêtre, était placé dans ces récipients rangés sur un chariot que l'on entrait (après allumage) dans la chambre ; mais comme le chariot s'usait rapidement on effectua ensuite la combustion dans un foyer établi sur le sol même, à l'intérieur des chambres.

Le prix de l'acide ainsi produit put être ramené à (0 fr. 40 ou 0 fr. 50 le kilog.)

En 1766 *Holker* monta en France, à Rouen, la première chambre de plomb.

Depuis cette époque le procédé a été l'objet des nombreuses améliorations qui l'ont amené à l'état actuel. Nous allons citer, en suivant l'ordre chronologique, quelques-unes des étapes primitives parcourues.

1774. *La Follie* préconise *l'introduction de vapeur d'eau* dans les chambres pendant la combustion du soufre.

1793. *Clément Desormes* montre que le salpêtre ne joue *qu'un rôle d'intermédiaire* pour la fixation de l'oxygène de l'air sur l'acide sulfureux.

1807. *Longchamp* imagine de remplacer le salpêtre par le nitrate de soude.

1810. *Holker* (petit-fils du précédent) après de longs essais sur la *combustion continue*, en fait l'application dans une fabrique établie à Rouen par la société *Holker, Jacquemart et d'Arcet*.

1813. Il constitue avec *Chaptal* et *d'Arcet* une Société qui éleva aux Thermes et à la Follie, près Nanterre, des nouvelles usines marchant par son procédé [1].

1818. *Hill* et *Deptford* commencent à se servir des pyrites de fer.

A cette époque les chambres de plomb atteignaient déjà une grandeur respectable, car *Chaptal* conseille (*Chimie appliquée aux arts*) l'emploi de chambres ayant 20 à 25 pieds (7 à 8 mètres) de côté et 15 pieds (5 m. 25) de haut. Lui-même dans le même ouvrage donne une description de la sienne.

---

[1] Le secret sur les procédés de fabrication devait toutefois être rigoureusement gardé, car les documents publiés à ce sujet sont absolument contradictoires.

Payen (*Traité de Chimie Industrielle*, 1849) prétend que déjà en 1774 les fabricants d'indienne de Rouen opéraient la combustion continue du mélange de soufre et de salpêtre sous l'influence d'un courant d'air qui entraînait les vapeurs dans la chambre de plomb et refoulait au dehors à l'autre extrémité de la chambre les gaz non condensés.

D'autre part, *Chaptal*, dans sa *Chimie appliquée aux arts* (1830) mentionne comme un notable perfectionnement la construction, en dehors des chambres, de fourneaux, d'où il transmettait dans l'intérieur, au moyen de cheminées les vapeurs résultant de la combustion du mélange soufre-salpêtre.

« J'ai-moi-même construit avec soin une chambre de 80 pieds « (26 à 27 mètres) de long sur 40 (13 à 14 mètres) de large et « 50 (16 à 17 mètres) de haut. J'en ai revêtu les parois d'une « couche de plâtre sur laquelle j'ai appliqué plusieurs couches d'un « enduit bouillant formé par un mélange à parties égales de téré-« benthine, de résine et de cire jaune.

« J'ai brûlé dans cette chambre pendant 18 mois sans interrup-« tion, mais le toit de cet énorme édifice ayant croulé subitement, « je n'eus pas le courage de rétablir un appareil qui m'avait coûté « six mois d'un travail opiniâtre et qui avait considérablement « altéré ma santé. »

En 1817 (d'après *Kopp*), *Gay-Lussac* diminue considérablement la consommation de nitrate en établissant à Chauny le premier appareil à condensation de produits nitreux.

1834. Les premières grandes chambres communicantes sont créées à Rouen.

1833. A la suite du monopole du commerce du soufre, la maison *Perret* entreprit le grillage de la pyrite dont l'emploi ne tarda pas à se généraliser.

Enfin, en 1859 *Glover* établit à Washington (comté de Durham) une tour permettant la récupération des produits nitreux et la concentration de l'acide.

Concentration des acides des chambres

L'acide obtenu dans les ballons en verre de *Ward*, ou dans les chambres de plomb, ne marquant que 40° à 50° Baumé devait, pour pouvoir servir à nombre d'usages industriels, subir une concentration, que l'on pratiquait au début dans des cornues en verre chauffées au bain de sable. Dans l'usine *Chaptal*, *l'eau des chambres* était amenée à 60° dans des chaudières de plomb puis à 66° dans des cornues de grès exposées dans des galères à l'action directe du feu.

Par la suite on a fait usage, pour cette dernière opération, d'appareils en platine, moins fragiles, peu attaquables et nécessitant moins de charbon, mais les prix prohibitifs atteints par ce métal ont provoqué le développement croissant de méthodes utilisant des produits moins coûteux. De plus, les procédés par contact ont l'avantage d'éviter toute concentration.

Principes des méthodes modernes

A l'heure actuelle deux méthodes principales sont appliquées pour produire les diverses catégories d'acides sulfuriques nécessaires à l'industrie.

1º La méthode dite *des chambres de plomb* — dans laquelle l'acide sulfureux et l'oxygène s'unissent en présence de vapeur d'eau et de produits nitreux — en donnant des acides relativement dilués (50 à 54 B.)

A vrai dire, cette définition n'est pas complètement exacte, car la combinaison de l'acide sulfureux et de l'oxygène de l'air grâce à l'intervention des produits nitreux, tout en continuant à être réalisée dans un très grand nombre d'établissements utilisant des chambres de plomb, peut également s'effectuer dans des tours ou même des caisses en plomb, ainsi que dans des appareils en matières complètement différentes auxquels on demande seulement d'être pratiquement inattaquables à l'acide chaud et aux produits servant aux réactions.

De plus, ceux mis en présence, au lieu d'être gazeux sont parfois appliqués à l'état liquide avec des dispositifs appropriés.

2º La méthode *par contact*, où cette combinaison s'effectue grâce à l'action de corps spéciaux appelés *agents catalytiques* ou *matières de contact*, celle-ci donne des acides extrêmement concentrés.

On s'efforce en outre de préparer cet acide en utilisant divers autres procédés fort ingénieux, mais les quantités ainsi obtenues sont, pour l'instant, d'une importance secondaire par rapport à celles élaborées par les procédés précédemment indiqués ; rien ne prouve cependant qu'à leur tour ils ne joueront pas un rôle de plus en plus important dans l'avenir.

CHAPITRE II

DIFFÉRENTES VARIÉTÉS D'ACIDE SULFURIQUE
EMPLOYÉES DANS L'INDUSTRIE

Il existe plusieurs catégories d'acide sulfurique demandées par l'industrie, selon la nature des applications qui doivent en être faites.

Toutes résultent bien de la combinaison de l'acide sulfureux SO^2 avec l'oxygène O, mais le SO^3 formé peut être uni à des proportions d'eau (H^2O) variables dont la présence donne lieu à des différences sensibles dans les propriétés chimiques des composés obtenus.

Pendant bien longtemps on s'est borné à caractériser ces derniers par leur degré Baumé, en indiquant simplement le chiffre qui affleurait le niveau de l'acide lorsqu'on y plongeait un aréomètre Baumé et faisant intervenir une correction de température. Cette classification, quoique appliquée de façon courante, est singulièrement empirique car des acides *de même degré* peuvent avoir des compositions assez différentes selon la nature des impuretés solubles ou insolubles et que, par suite, la richesse des acides en SO^4H^2 n'est pas la même.

Les nombreuses tables établies pour donner cette richesse diffèrent entre elles de façon sensible, ce qui constitue naturellement une base bien fragile pour apprécier la valeur commerciale des produits industriels courants. Pour opérer dans des conditions moins imprécises, le « *Manufacturing Chemists Association* » a, en 1882, indiqué certains chiffres qui sont acceptés d'une façon générale aux Etats-Unis et que nous citerons un peu plus loin.

A) **Acides dilués (acides faibles et acide des chambres).** — La fabrication de l'acide sulfurique ayant, pendant de longues années, été réalisée surtout avec les chambres de plomb, le produit obtenu a, naturellement, servi de point de départ pour élaborer des acides plus concentrés ou plus faibles.

Qu'appelle-t-on *acide des chambres*?

Là encore on n'est pas d'accord : aux Etats-Unis sous cette dénomination on classe l'acide à 50° B à 15° C de température — renfermant 62,18 % d'acide sulfurique monohydraté SO^4H^2 — au contraire, dans les divers pays industriels européens elle s'applique couramment à des acides plus forts atteignant jusque 54 degrés Baumé.

Dans la pratique, quand on veut établir des équivalences avec les autres catégories d'acide, on compte que :

100 kgs d'acide 50° B contiennent 62,18 % SO^4H^2 ou 50,76 % d'anhydride SO^3

100 kgs » 50° B correspondent à 80 % d'acide sulfurique 60° B

100 kgs » 50° B » à $\dfrac{100 \times 2}{3}$ d'acide sulfurique 66° B

B) **Acide à 60 ou acide du Glover.** — Dans la fabrication par les chambres on se sert de la tour dite de Glover, dont nous exposerons le rôle un peu plus loin. L'acide qui y circule, et que l'on récolte au bas, a un degré Baumé avoisinant 60 ; plus riche que l'acide des chambres, il est plus économique pour les transports et a des applications spéciales qui l'ont fait choisir comme le second type commercial ; ses constantes sont :

100 kgs d'acide 60° B contiennent 77,67 % SO^4H^2 ou 63,41 % de SO^3

100 kgs » 60° B correspondent à 125 kgs d'acide des chambres à 50° B

100 kgs » 60° B » à $\dfrac{100 \times 5}{6}$ d'acide sulfurique 66°

C) **Acide à 66°.** — Pour certaines opérations chimiques, telles que l'épuration des huiles minérales, la fabrication de dérivés nitrés, etc., on a besoin d'un acide plus avide d'eau, plus déshydratant que les précédents et, par concentration de ces derniers, on a obtenu un type spécial dit à 66 — dénomination également bien empirique.

D'après l'association précédemment citée les constantes de cet acide doivent être :

    100 kgs d'acide 66° B contiennent 93,18 % SO_4H_2 ou 76 % SO_3
    100 kgs   »   66° B correspondent à 120 kgs d'acide à 60°
    100 kgs   »   66° B   »   à 150 kgs d'acide à 50°

D) Acides fumants. — Oleum. — Les besoins de l'industrie ont amené à produire des acides dits « fumants », parce qu'ils répandent des fumées blanches à l'air. Dans les procédés de fabrication qui leur donnent naissance, on obtient de l'anhydride SO_3 qui est dissout en proportion plus ou moins grande dans l'acide sulfurique.

Pour les classer on a dû prendre, comme point de départ, le monohydrate SO_4H_2 qui représente la combinaison exacte d'une molécule d'anhydride sulfurique SO_3 avec une molécule d'eau H_2O.

Les deux extrémités de la liste de ces acides fumants sont :

    SO_4H_2 qui contient une molécule de SO_3 unie à une molécule H_2O
    SO_3 »   100 % de SO_3

entre lesquels il y a place pour de nombreux intermédiaires, ainsi :

    l'oléum à 20 % contient 20 de SO_3 uni à 80 de SO_4H_2
              30   »   30   »   70   »
              40   »   40   »   60   »

Évidemment ces derniers ont une composition assez singulière si on l'évalue en SO_3 ou en SO_4H_2, ainsi :

    l'oléum à 20 % renferme 20 % SO_3 libre et 85,3 % SO_3 total

en tenant compte du SO_3 contenu dans les 80 parties de SO_4H_2.

D'autre part, le même acide ramené en monohydrate par addition (hypothétique) d'eau donnerait 104,49 % de SO_4H_2 et

$$\frac{104,49 \times 100}{93,19} = 112,12 \text{ d'acide } 66.$$

E) Acide pour accumulateurs. — Une autre application industrielle — celle des accumulateurs exige des acides très purs mais d'une richesse assez faible — ils marquent entre 22 et 24 degrés Baumé.

COMBINAISONS DE L'OXYGENE ET DU SOUFRE

Avant de décrire le mode de préparation de l'acide sulfurique, nous allons examiner les diverses combinaisons que peuvent former l'oxygène et le soufre — en donnant pour chacune d'elles les propriétés et caractéristiques principales.

Dans la catégorie des composés anhydres on trouve :

L'anhydride sulfureux SO^2 . . . .

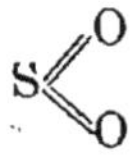

L'anhydride sulfurique SO^3 . . . .

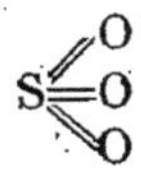

Lorsque, au lieu de faire intervenir le soufre et l'oxygène seuls il y a présence d'hydrogène, la gamme de composés est beaucoup plus considérable, car, à côté des acides proprement dits résultant de l'union des anhydrides avec l'eau, il existe d'autres combinaisons dont la structure interne est notablement différente ; en voici la liste :

Acide hydrosulfureux SO^2H^2 . . . . .

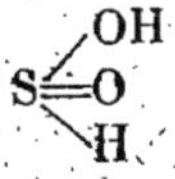

Acide sulfureux hydraté . . . .

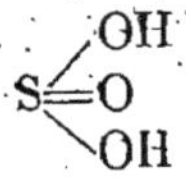

Acide sulfurique monohydraté SO^4H^2 .

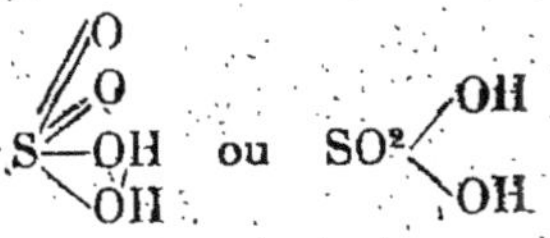

Acide pyrosulfurique $S^2O^7H^2$ . . . .

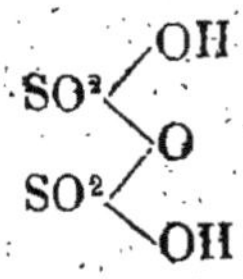

Acide hyposulfurique ou dithionique .

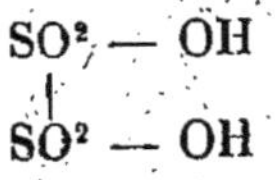

Acide trithionique . . . .

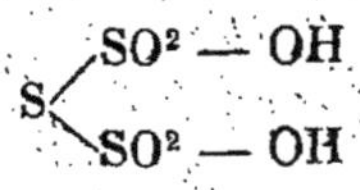

$$\text{Acide tétrathionique} \quad \begin{array}{l} S - SO^2 - OH \\ | \\ S - SO^2 - OH \end{array}$$

$$\text{Acide pentathionique} \quad S \begin{array}{l} S - SO^2 - OH \\ S - SO^2 - OH \end{array}$$

$$\text{Acide hyposulfureux ou thiosulfurique} \quad SO^2 \begin{array}{l} OH \\ SH \end{array}$$

Acide sulfureux

Comme le faisait justement observer Lunge, on devrait établir une distinction entre l'*anhydride sulfureux* SO^2 et l'*acide sulfureux*, composé hypothétique résultant de son union avec une molécule d'eau, ce qui donne SO^3H^2 susceptible de se combiner à de nombreux métaux en donnant des sulfites acides, ou bisulfites, et des sulfites neutres.

Cette distinction ne présentant, dans la pratique, qu'un intérêt secondaire, nous continuerons, comme tout le monde, à désigner sous le nom d'acide sulfureux le gaz obtenu par l'union de deux molécules d'oxygène avec une de soufre ayant comme composition en chiffres ronds (car $SO^2 = 64,06$)

Soufre,...............	$S = 32$	soit 50 $^0/_0$ en poids
Oxygène...............	$O^2 = 2 \times 16 = 32$	»

Propriétés physiques. — Le gaz sulfureux est incolore, il se liquéfie facilement sous l'influence du froid à la pression normale ou, sous pression, à température ordinaire, et l'on vend couramment des récipients contenant l'acide sulfureux liquéfié dont les propriétés dissolvantes, analogues à celles du sulfure de carbone, ont suscité d'intéressantes tentatives d'applications pratiques.

SO^2 liquide est incolore, très mobile et d'une densité de 1,45. Il bout d'après L. Pierre à — 8° et d'après Regnault à — 10°,08 C. Sa tension de vapeur est 1165 m/m 06 à 0 et 2462,05 à + 20. Il se solidifie à — 75° ; quand on l'évapore dans le vide la température s'abaisse à — 68°, ce qui a permis de s'en servir pour les machines à glace. Sa masse spécifique en grammes par cc. à 0 et 760 est 0,00288.

Le gaz sulfureux a une densité de 2,234 par rapport à l'air et 32,25 par rapport à l'hydrogène. Sa chaleur de formation est 69 000 petites calories.

D'après M. Amagat (*Annales de Chimie et de Physique*, série 4, tome 25, page 253) il a comme coefficient de dilatation :

entre 9° et 10°..	0,00413
à 25°..	0,00394
à 50°..	0,003846
à 100°..	0,003757
à 150°..	0,003718
à 200°..	0,003695
à 250°..	0,003685

L'acide sulfureux est soluble dans différents liquides :

Miles et Fentac (*Tr. Chem. Soc.*, 1920, p. 59) ont étudié sa solubilité dans l'acide sulfurique à diverses concentrations ; leurs résultats présentés sous forme de graphiques montrent que c'est l'acide à 86 °/₀ SO_4H_2 qui en dissout le moins — la solubilité décroît avec la température et l'agitation facilite son élimination.

Sorel a établi une table de sa solubilité dans l'eau en fonction de la température, dont nous extrayons les chiffres suivants :

Températures	SO_2 en kilos	SO_2 en litres
0°........................	»	68,8
12°........................	0,142	49,6
24°........................	0,092	32,3
36°........................	0,065	22,8
48°........................	0,047	16,4

On sait d'ailleurs qu'un des modes industriels de préparation d'acide pur et liquéfié consiste à dissoudre SO_2 dans l'eau, puis à provoquer le départ du gaz sous l'action de la chaleur.

L'alcool à 0°, et sous une pression de 0,760, absorbe 328,62 volumes de SO_2, le lait a été utilisé par M. Kaltenbach dont nous reproduirons ultérieurement le brevet. Ce gaz est également absorbable par certains hydro-carbures et huiles minérales, ce qui a été breveté par M. Guiselin, il se dissoudrait, d'après cet auteur, 25 % à 2° C et 175 % à. — 5° C. Les corps poreux en absorbent des quantités considérables, propriété dont l'application sur une vaste échelle a été envisagée.

Propriétés chimiques. — Quoique très stable, l'acide sulfureux peut être dissocié ou décomposé. A l'état gazeux l'action de la chaleur donne du soufre et de l'anhydride sulfurique ; chauffée en vase clos à 200° sa solution fournit également de l'acide sulfurique et du soufre.

Son oxydation, qui le transforme en acide sulfurique, est réalisable dans les conditions les plus variées, aussi bien dans la nature que dans l'industrie.

Sa réduction donne naissance à de l'hydrogène sulfuré et, lorsqu'on grille des pyrites en présence de vapeur, puis qu'on fait passer le mélange sur du charbon au rouge, les gaz obtenus renferment de l'hydrogène sulfuré, L'application du procédé à la précipitation du cuivre de ses solutions a été brevetée par *Browning* (Br. Angl. 158,288 et 162.683).

La *Chemische fabrik Rhenania A. G. et Stuer* (Br. All. 305 621 18-7 1918) a réalisé la réduction de SO^2 en le mélangeant à des gaz réducteurs et le dirigeant sur de l'oxyde de fer hydraté qui agit comme matière de contact.

La solution d'acide sulfureux est plus facilement oxydable que l'anhydride, c'est ainsi que, abandonnée au contact de l'air, il s'y forme rapidement de l'acide sulfurique. On y constate en outre un dépôt de soufre quand elle est exposée un certain temps à la lumière solaire.

Sous l'influence de l'étincelle électrique, SO^2 donne du soufre, de l'oxygène et de l'anhydride sulfurique ; une action analogue se produit en portant ce gaz à 1200°.

Quand on enflamme des allumettes, le soufre en brûlant dégage de l'acide sulfureux dont l'odeur suffocante est bien connue. A l'état sec il ne réagit pas sur l'hydrogène sulfuré, mais, à température ordinaire et en présence d'eau, il se décompose en donnant du soufre et même de l'acide pentathionique, ce qui a été appliqué industriellement comme nous le verrons plus loin.

Applications. — L'acide sulfureux possède de multiples débouchés.

Dans la grande industrie chimique, le gaz SO^2 sert à fabriquer l'acide sulfurique, des sulfates, sulfites divers, etc.

En métallurgie on a préconisé son emploi pour lessiver des minerais de cuivre non sulfurés notamment en Australie, aux Etats-Unis, etc.

Pour la préparation d'engrais on l'a fait réagir sur des phosphates ; la préparation de la cellulose de bois utilise aussi de grosses quantités de composés sulfités.

Une application curieuse, proposée par le Dr *Lessinget*, qui représenterait une consommation importante est basée sur ce que le charbon soumis à l'action des acides minéraux, et en particulier de l'acide sulfureux, se désagrège complètement sous la moindre action mécanique.

On a évalué (*R. Lessing, Colliers Guardian*, novembre 1922) la consommaiton à 1/1000 du poids de charbon et à 0 fr. 50 (or) par tonne ; la durée d'action devrait être de 6 heures.

Cette méthode aurait l'avantage de diviser complètement la matière minérale, de supprimer les mixtés en permettant un lavage ultérieur très facile ; par contre ce mode d'abatage du charbon donnerait peut-être une forte proportion de poussier. D'après un rapport de MM. *Hitson* et *Crosland* au *Midland Institute of Mining Engineers* à Sheffield le 19 janvier 1927 la pratique n'a pas justifié les espérances du début.

Dans le commerce SO^2 se vend soit en dissolution, soit à l'état liquéfié.

Ses propriétés réductrices énergiques le font employer pour la désinfection et enrayer des fermentations de toute nature, le nettoyage de vaisselles vinaires, la conservation des fruits, denrées alimentaires et produits organiqués divers, en papeterie, etc.

Quant à SO^2 liquéfié il est obtenu grâce à une compression de 3 kilogrammes à la température ordinaire.

1 kg SO^2 liquéfie libère, à 0 et 760 millimètres, 348 litres de gaz SO^2.

L'exposition de ses nombreuses autres applications sortant du cadre de notre ouvrage nous n'en ferons pas l'énumération, pas plus que nous n'examinerons les divers composés auxquels il donne naissance en présence des divers métaux.

Combinaisons. — Nous nous bornerons à rappeler qu'il forme, avec les bases, deux séries de sels ;

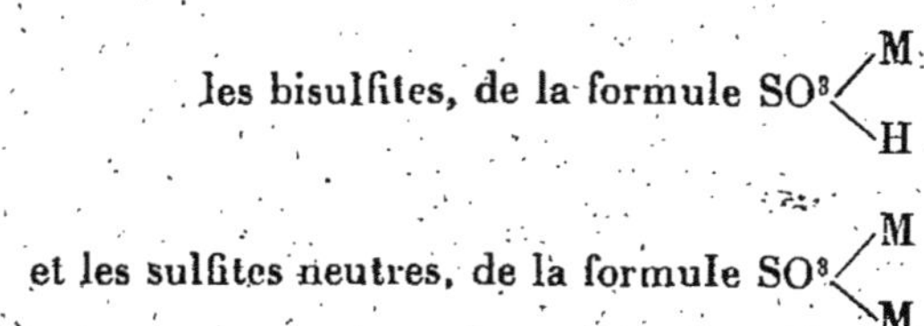

dans lesquels M représente un métal monovalent.

Ces sels ressemblent beaucoup à ceux de l'acide carbonique avec lesquels ils sont souvent isomorphes ; les sulfites chauffés au rouge peuvent se décomposer en sulfates et sulfures, ou même en oxydes et en anhydride, propriétés qui ont fait l'objet de tentatives d'applications industrielles ; chauffés avec le charbon ils se réduisent en donnant des sulfures ou même des oxydes ; enfin, quand ils sont en solution, ils peuvent perdre leur oxygène sous l'influence de réducteurs puissants.

Préparation. — Au laboratoire l'acide sulfureux est obtenu, le plus fréquemment, en chauffant l'acide sulfurique concentré avec du charbon, du soufre ou du cuivre ; ces réactions sont appliquées également pour certaines fabrications spéciales. Dans bon nombre d'industries on brûle le soufre dans des fours d'un modèle restreint, mais, pour la préparation de l'acide sulfurique, on opère cette combustion, ou celle des dérivés sulfurés, dans des fours, à main ou mécaniques, qui feront l'objet d'un chapitre spécial.

La préparation avec le charbon donne généralement du SO² mélangé de CO² mais, pour l'obtenir exempt de ce gaz, on distille entre 170 et 240 C de l'acide sulfurique de 70 % avec 5 à 10 % de brai (*Braysin*, Br. Angl. 132 187) 31-10-1918.

Acide hydrosulfureux

Ce composé n'est pas connu à l'état de pureté car la solution aqueuse subit une décomposition très rapide.

Il fut obtenu par Schutzenberger en ajoutant de la poudre de zinc à une solution concentrée d'acide sulfureux, et a trouvé des applications intéressantes dans la teinture pour la transformation de l'indigo bleu en indigo blanc ; la réaction de formation est :

$$2SO^3H^2 + Zn = SO^3Zn + SO^2H^2 + H^2O$$

On a réussi à préparer industriellement l'hydrosulfite de soude solide, ce qui a permis de réaliser de façon commode des opérations effectuées jadis par la méthode précédemment indiquée.

L'étude de ce corps ne présente actuellement aucun intérêt direct ou indirect pour les sujets que nous étudions dans ce livre.

Acide pyrosulfurique ou disulfurique

Il a pour formule $S^2O^7H^2$ ce qui correspond à ;

$$2SO^3 + H^2O \quad \text{ou} \quad SO^4H^2 + SO^3$$

Cet acide peut être représenté par le schéma

$$\begin{array}{c} SO^2 - OH \\ | \\ O \\ | \\ SO^2 - OH \end{array}$$

ou par $2SO^3H^2O$, c'est-à-dire qu'il serait constitué par fixation d'une molécule d'eau sur 2 molécules de SO^3. Il renferme 88,89 % SO^3 avec 10,11 d'H^2O ; on le préparait jadis en Bohême par distillation du sulfate de fer.

Soumis à l'action de la chaleur il donne de l'anhydride sulfurique et de l'eau.

Lorsque l'on refroidit de l'acide de Nordhausen (acide sulfurique fumant) liquide, à une température au-dessous de O on voit se former des cristaux de cet acide pyrosulfurique, la proportion en est telle que, parfois, le tout se prend en une masse cristalline et transparente qui, fondue et mise à recristalliser, donne des cristaux fusibles à 35° ayant la formule indiquée plus haut.

Cet acide forme des sels, c'est ainsi qu'en chauffant le bisulfate de soude SO^4NaH vers 400° il se produit du pyrosulfate de soude qui se décompose en sulfate de soude SO^4Na^2 et anhydride sulfurique SO^3

$$2NaHSO^4 = Na^2S^2O^7 + H^2O$$
$$\text{bisulfate} \qquad \text{pyrosulfate}$$

ce dernier au rouge donne le sulfate neutre

$$Na^2S^2O^7 = Na^2SO^4 + SO^3.$$

En solution dans l'eau il fournit du bisulfate.

Acide persulfurique

On obtient son dérivé potassium $K^2S^2O^8$ en électrolysant une solution concentrée de bisulfate de potasse, à l'anode on recueille des cristaux de persulfate,

On a pu préparer l'acide perdisulfurique $H^2S^2O^8$ et l'acide permonosulfurique H^2SO^5, ainsi que certains dérivés dont le plus soluble est le persulfate d'ammoniaque $(AzH^4)^2S^2O^8$.

Ces sels sont employés en photographie, ils ont été l'objet de nombreux travaux qui ne rentrent pas dans le cadre du présent.

Acide hyposulfurique ou dithionique

Il résulte de l'action d'un courant de gaz sulfureux sur du bioxyde de manganèse finement pulvérisé, ou de l'hydrate ferrique en suspension dans l'eau.

Dans le premier cas il se produit la réaction suivante :

$$MnO^2 + 2SO^3H^2 = S^2O^6Mn + 2H^2O$$

Il est indispensable de refroidir, sans quoi il ne se formerait que du sulfate ; par addition de baryte, on précipite du sulfate de baryte, de l'hydrate de manganèse, tandis que la solution contient du dithionate de baryte susceptible d'être décomposé par l'acide sulfurique.

Cette solution peut être concentrée dans le vide, mais il ne faut pas dépasser une densité de 1,347 sans quoi on a la réaction :

$$S^2O^6H^2 = SO^4H^2 + SO^2.$$

Dans la seconde méthode indiquée plus haut, l'acide sulfureux donne, au contact de l'hydrate de fer, du sulfite ferrique qui peut se décomposer en donnant :

$$(SO^3)^3Fe^2 = SO^3Fe + S^2O^6Fe.$$

On traite ensuite à la baryte comme précédemment.

En incorporant du sélénium dans une solution de sulfite alcalin portée à l'ébullition, puis évaporant rapidement on obtient un mélange de cristaux de dithionate contenant du sulfite et du sélénium régénéré ; le traitement de sulfite alcalin par MnO^2 donnerait aussi des dithionates alcalins.

Acide hyposulfureux

Lorsqu'on fait agir le soufre sur une dissolution de sulfite il se forme des hyposulfites ou thiosulfates :

$$SO^3Na^2 + S = Na^2S^2O^3.$$

Il en est de même dans la réaction de l'anhydride sulfureux sur les sulfures.

$$2Na^2S + 3SO^2 = 2S^2O^3Na^2 + S$$
$$2Na^2S^5 + 3SO^2 = 2S^2O^3Na^2 + S^9.$$

Ce corps prend aussi naissance par ébullition de l'eau de chaux avec du soufre, en même temps que du pentasulfure qui, au contact de l'air, est susceptible de s'oxyder en donnant une nouvelle quantité d'hyposulfite :

$$3Ca(OH)^2 + S^{12} = S^2O^3Ca + 2CaS^5 + 3H^2O$$
$$CaS^5 + O^3 = CaS^2O^3 + S^3.$$

Ces diverses réactions ont été utilisées pour le traitement indus-

triel de sous-produits (tels que les marcs de soude) renferman
de notables proportions de soufre.

Les hyposulfites alcalino-terreux soumis à l'action de la chaleur libèrent du soufre et de l'hydrogène sulfuré en laissant un
résidu de sulfates et sulfites.

Les hyposulfites des métaux donnent dans ces conditions du
soufre et de l'anhydride sulfureux, tandis que le résidu contient
un sulfure. Ces sels, et principalement les combinaisons alcalines, sont très solubles dans l'eau, les alcalinos-terreux surtout,
ceux de baryum et de magnésium, le sont moins. Les dérivés
des métaux lourds sont insolubles et se dissocient facilement en
sulfures et acide sulfurique.

Sous l'influence des réducteurs (zinc et acide chlorhydrique)
ils donnent du soufre et de l'acide sulfureux ; avec le cuivre métallique, du sulfure, et, par ébullition avec l'acide chlorydrique, de
l'acide sulfureux et du soufre.

Avec les oxydants (chlore, hypochlorites, permanganates en
solution alcaline) ils se transforment en sulfates, toutefois avec le
permanganate en solution neutre, il y a production simultanée de
dithionates.

Les hyposulfites qui ont trouvé des applications multiples dans
l'industrie chimique et dans la photographie, jouent un rôle de
transition important pour la récupération du soufre contenu dans
les sous-produits industriels.

Acide trithionique

Il se produit en faisant agir l'acide hyposulfureux sur l'acide
sulfureux, de même que dans la réaction du soufre sur le bisulfite
de soude ou par chauffage du bisulfite seul et en vase clos ; dans
ce cas il se dépose du soufre.

L'acide trithionique s'obtient en traitant son sel de potassium par l'acide tartrique, l'acide hydrofluosilicique, ou l'acide
perchlorique. La solution séparée du précipité peut se concentrer, mais, au delà d'une certaine limite, elle se dissocie en
dégageant SO^2 et il se précipite du soufre.

Les alcalins, tels que la potasse, le transforment en sulfates, sulfites, ou hyposulfites ; les oxydants le décomposent en acide sulfurique et soufre.

Les trithionates, traités par les acides, dégagent SO^2 avec dépôt de soufre ou de sulfates ; le sulfure de potassium les transforme en hyposulfites et les oxydants en sulfates.

Acide tétrathionique

L'iode réagissant sur l'hyposulfite de baryum en suspension dans un peu d'eau, donne son sel de baryte.

$$2S^2O^3Ba + I^2 = BaI^2 + S^4O^6Ba.$$

Le mélange est traité par l'alcool pour enlever l'iodure de baryum et l'iode en excès ; après filtration on fait recristalliser dans l'eau faiblement alcoolisée. Le tétrathionate de baryte est ensuite décomposé par l'acide sulfurique.

L'acide tétrathionique constitue un liquide incolore et sans odeur dont les solutions se comportent d'une façon analogue à celles de l'acide trithionique. Par concentration un peu forte, elles peuvent donner de l'acide sulfurique, de l'anhydride sulfureux et du soufre. L'acide chlorhydrique et l'acide sulfurique faibles ne l'altèrent pas à froid, mais, à chaud, ce dernier produit dégage l'hydrogène sulfuré ; l'acide nitrique le décompose à chaud avec formation de soufre libre. Sous l'action de la potasse on obtient du sulfate, de l'hyposulfite et du sulfure de potassium. En présence de sulfure de potassium le tétrathionate donne de l'hyposulfite et du soufre.

D'autres méthodes de préparation ont été indiquées :

La réaction de l'hyposulfite de plomb humide avec l'iode.

L'action de l'acide sulfurique sur un mélange d'hyposulfite de plomb et de bioxyde de plomb.

Acide pentathionique

Il a été préparé d'abord en faisant réagir l'acide sulphydrique sur l'acide sulfureux ;

$$5SO^3H^2 + 5H^2S = S^5O^6H^2 + 9H^2O + S^5$$

La méthode préconisée par *F. Kessler* consiste à faire passer dans de l'eau, et tour à tour, des courants de SO_2 puis de H_2S jusqu'à ce qu'il y ait un fort dépôt de soufre dans le récipient. Après filtration, le liquide est traité par le carbonate de baryte fraîchement précipité, on évapore ensuite : à l'air d'abord, puis dans le vide.

Les solutions d'acide pentathionique sont très acides, incolores et inodores. Sous l'action de la chaleur, et au delà d'une densité de 1,37, elles se décomposent en donnant un dégagement de H_2S, puis de SO_2, avec formation d'acide sulfurique et dépôt de soufre.

L'acide chlorhydrique étendu a peu d'action mais on constate l'odeur de H_2S ; l'acide sulfurique n'agit qu'à partir d'une certaine concentration.

Les oxydants tels que le bioxyde de plomb régénèrent du tétrathionate.

$$4S_5O_6H_2 + 5PbO_2 = 5S_4O_6Pb + 4H_2O.$$

Le fer provoque le départ de H_2S puis SO_2 ; le cuivre, agissant également à l'ébullition, précipite du sulfure de cuivre et dégage SO_2.

La potasse détermine la formation de sulfate, d'hyposulfite et de sulfure comme pour les tétrathionates ; les monosulfures donnent lieu à la production d'hyposulfites et de soufre.

Réactions générales des divers acides du soufre

Voici quelques réactions permettant de différencier entre eux les acides dont il a été question précédemment, ainsi que l'acide sulfurique qui va faire l'objet d'une étude beaucoup plus complète.

Acide hydrosulfureux. — Sa caractéristique est la décoloration de l'indigo bleu.

Il se transforme spontanément en hyposulfite; et à l'air donne des sulfites.

Acide sulfureux. — Ses sels, sous l'action de HCl ou SO_4H_2, dégagent SO_2 dont l'odeur est bien connue et qui bleuit le papier iodo-amidonné ; la réaction ne donne pas de dépôt de soufre.

Le nitrate d'argent provoque un précipité blanc de sulfite insoluble dans l'acide sulfureux, soluble dans un excès de sulfite alcalin ou dans l'ammoniaque.

Chlorure d'or, décoloration. Il y a réduction quand on met SO^2 en liberté.

Manganates et permanganates, décoloration.

Chlorure de baryum, précipité blanc.

Acétate de plomb, précipité blanc.

Chlorure stanneux, les cristaux de chlorure stanneux ou leur solution chlorhydrique donnent, avec le temps, un précipité de sulfure d'étain brun ou jaune.

Zinc et acide chlorhydrique. Formation de H^2S.

Nitroprussiate de soude, additionné de sulfate de zinc, donne avec une solution de sulfite alcalin à laquelle on a ajouté un peu d'acide acétique, un précipité ou une coloration rouge.

Acide hyposulfureux. — Une addition d'acide provoque un dépôt de soufre avec dégagement de SO^2. Lentement à froid et rapidement à chaud.

Permanganate de potasse : précipité brun avec l'hyposulfite de soude.

Nitrate d'argent, précipité blanc qui devient jaune et noir, plus rapidement à chaud.

Bichlorure de mercure, comme le nitrate d'argent.

Chlorure d'or, une faible quantité d'hyposulfite de soude colore la liqueur en noir puis, à l'ébullition, il se dépose du sulfure d'or, un excès d'hyposulfite provoque un dépôt de soufre.

Acide chromique, coloration ou précipité brun.

Chlorure de baryum, précipité blanc, en solution concentrée, soluble dans l'eau bouillante.

Acide dithionique. — Une addition de HCl dans un dithionate ne provoque aucun changement à froid ; à l'ébullition dégagement SO^2 et formation SO^4H^2 sans dépôt de soufre.

Chlorure de baryum, rien.

Acétate de plomb, rien.

Acide trithionique. — Ses sels alcalins chauffés, avec ou sans addition de HCl, donnent SO^2, du soufre et un sulfate.

La potasse caustique les convertit, à l'ébullition, en sulfite et hyposulfite dont on peut alors constater les réactions.

Azotate d'argent, précipité blanc qui fonce à la longue.

Bichlorure de mercure, même réaction, mais s'il y a excès de réactif, le précipité reste blanc.

Sulfate de cuivre, précipité noir à l'ébullition, à moins qu'il n'y ait un sulfite.

Nitrate mercureux, précipité noir qui vire au blanc, non modifiable par ébullition à moins d'excès du composé thionique, auquel cas la teinte noire ne change pas.

Acide tétrathionique. — Une solution diluée d'un de ses sels additionnée d'un acide ne se décompose pas. A l'ébullition et en présence de HCl, surtout s'il est concentré, il réagit comme l'acide trithionique.

HCl dans les solutions moyennement concentrées dégage H^2S.

KOH en excès donne à l'ébullition du sulfite et de l'hyposulfite.

Nitrate d'argent, comme l'acide trithionique.

Sulfate de cuivre, comme l'acide trithionique.

Nitrate mercureux, précipité jaune, à froid, noircissant à l'ébullition.

Bichlorure de mercure, précipité jaune, de sulfure mélangé de soufre. On peut le différencier des pentathionates au moyen de la réaction de la solution ammoniacale du tétrathionate d'ammoniaque, qui ne précipite ni par l'acide sulfurique, ni par le nitrate d'argent ammoniacal, ni par le cyanure de mercure.

Acide pentathionique. — Ses sels, dissous dans l'eau, ne se décomposent pas par les acides étendus, mais, à l'ébullition ils dégagent H^2S puis SO^2 et il se dépose du soufre.

KOH à l'ébullition donne de l'hyposulfite.

Bichlorure de mercure, comme les tétrathionates.

Sulfate de cuivre, comme les tétrathionates.

Nitrate mercureux, comme les tétrathionates.

Nitrate d'argent, comme les tétrathionates.

En solution ammoniacale, le nitrate d'argent donne un précipité brun qui vire rapidement au noir.

Acide sulfurique. — Chlorure de baryum, précipité blanc, même en liqueur très étendue.

Il est à remarquer que le chlorure et le nitrate de baryum sont peu solubles en liqueurs très acides et, en solutions concentrées, pourraient précipiter même sans qu'il y ait d'acide sulfurique mais, dans ce cas, une addition d'eau dissout le précipité.

Acétate de plomb, précipité blanc insoluble dans AzO^3H étendu.

Les sulfates insolubles bouillis avec du carbonate de soude, ou de potasse, en solution donnent du carbonate de chaux et des sulfates solubles.

Les sulfates sont insolubles dans l'alcool fort à l'exception des sulfates de bases faibles (ferriques, chromiques, etc...)

L'ACIDE SULFURIQUE

Comme nous l'avons dit précédemment, dans la nature on le rencontre seulement dans des cas tout à fait exceptionnels à l'état de liberté.

Beaucoup de réactions ignées, notamment la décomposition au rouge des sulfates, lui donnent naissance, on sait aussi que les gaz industriels provenant du grillage des minerais sulfurés, ou de la calcination de minerais sulfatés, en contiennent une proportion très sensible.

Cet acide se combine immédiatement avec les bases, ou les corps à fonctions basiques plus ou moins accentuées, qu'il trouve à sa proximité, aussi existe-t-il dans la nature une gamme extrêmement étendue de sulfates naturels, ou de minerais renfermant des sulfates. Dans l'industrie chimique on en fabrique de nombreuses catégories qui ont trouvé des applications variées.

En dehors de dérivés à formules bien définies comme :

l'anhydride sulfurique SO^3 ;

l'acide sulfurique monohydraté SO^4H^2 ;

on emploie couramment les composés intermédiaires résultant

du mélange du premier et du second, ou de ce dernier avec l'eau
dont nous avons parlé précédemment.

Anhydride sulfurique SO^3

L'acide sulfureux et l'oxygène sec lui donnent naissance quan
on dirige leur mélange sur de la mousse de platine chauffée, o
par l'action de l'étincelle électrique.

Il se produit également quand on fait passer ce mélange sur d
platine finement divisé ou sur certaines catégories de corp
possédant une action analogue. Comme ils ne semblent pas part
ciper à la réaction, on leur a attribué le nom de *matières de conta*
ou *agents catalytiques* et, grâce aux recherches modernes, la gamm
des substances susceptibles de provoquer cette combinaison es
de plus en plus étendue.

Parmi ceux dont l'efficacité a été assez grande pour permettr
des applications industrielles, nous citerons le platine et l'oxyd
de fer provenant du grillage des pyrites, on a signalé aussi de
composés du vanadium.

L'acide sulfurique anhydre pur se présente sous forme de belle
aiguilles soyeuses ayant une grande analogie avec l'amiante, fon
dant à 16° et bouillant à 46°, qui répandent des fumées blanche
très lourdes au contact de l'air. Quand on les projette dans l'eau
la combinaison s'effectue avec une telle instantanéité qu'il se pro
duit un sifflement, comme si on y plongeait un fer rouge.

Acide sulfurique monohydraté

Cet acide correspond à la combinaison d'une molécule d'anhy
dride SO^3 avec une molécule d'eau H^2O, sa formule est don
SO^4H^2.

$$SO^3 \dots \dots 81,63$$
$$H^2O \dots \dots 18,37$$
$$\overline{100,00}$$

A l'état pur c'est une huile incolore et inodore susceptible d
cristalliser.

Les cristaux ont un point de fusion de $10°,5$. Quand on le chauffe il dégage un peu de SO^3 à partir de $30°$ mais ne commence à bouillir que vers 290, à ce moment la température monte progressivement et ne devient fixe qu'à $338°$.

Sa densité par rapport à l'eau est :

à 0°	1,854
à 12°	1,842
à 24°	1,834

Sa densité de vapeur est d'après *Deville* et *Troost* de 1,74.

On connaît aussi des cristaux résultant de l'union de l'acide monohydraté avec l'eau répondant, d'après *Lunge*, à la formule $SO^4H^2 + H^2O$ renfermant 88,48 °/₀ SO^4H^2 et 15,52 °/₀ 100 H^2O ; leur densité est de 1,78 à 1,79, ils fondent à $8°$ C.

D'après divers auteurs, il existerait un hydrate à deux molécules d'eau $SO^4H^2 + 2H^2O$ ayant comme densité 1,632 (*Graham*) ou 1,6746 (*Jacquelain*), son point d'ébullition serait compris entre 163 et 170.

Le mélange d'acide monohydraté avec une certaine proportion de neige (1 fois 1/4 son poids) détermine un abaissement notable de température, tandis qu'une proportion moins forte donne au contraire un dégagement de chaleur.

Le mélange avec l'eau provoque un dégagement de chaleur considérable, il est donc indispensable de prendre des précautions lorsqu'on doit effectuer cette opération.

Son action déshydratante le fait employer dans un grand nombre de réactions chimiques mettant en liberté H^2O qui pourrait provoquer une réaction inverse comme dans les éthers, les nitro-dérivés, etc... Pour la même raison il noircit divers composés organiques tels que le bois, le sucre, et brunit peu à peu au contact de l'air parce qu'il carbonise les matières organiques qui s'y trouvent en suspension.

Quand on fait passer ses vapeurs dans un tube en matière porcelanique rempli de fragments de grès ou de matière bien réfractaire, ou dans un tube en platine fortement chauffé, il se dissocie :

$$SO^4H^2 = SO^2 + H^2O + O.$$

A l'état dilué, s'il est soumis au courant électrique, l'hydrogène se dégage au pôle négatif tandis qu'au positif on constate la production de SO^3 et de O ; toutefois l'eau électrolysée donne aussi de l'hydrogène et de l'oxygène, ce qui modifie les proportions des gaz récoltés. Avec l'acide concentré et dans ces conditions, on reçoit au pôle négatif du soufre.

Les métaux, sauf l'or et le platine, le décomposent : les uns à froid comme le zinc et le fer, d'autres à chaud comme le cuivre, l'argent, le mercure, etc... L'hydrogène le réduit au rouge en donnant SO^2, puis S et même H^2S, selon les conditions de l'opération et les proportions relatives des corps en présence.

Parmi les métalloïdes : le charbon, le soufre et le phosphore le réduisent à chaud, certains autres, tels que le sélénium et le tellure, s'y dissolvent et peuvent en être reprécipités par l'eau, toutefois, à chaud, ils provoquent la formation d'acide sélénieux ou tellureux avec dégagement de H^2S.

Les combinaisons très oxydées (peroxydes de manganèse, de plomb, les acides manganés, chromiques, etc.)... sont susceptibles, à son contact, de donner lieu à un dégagement d'oxygène avec formation de sulfates ; sa réaction sur les sels à acide relativement faible provoque la mise en liberté de ces derniers, à température ordinaire ou à chaud. Par contre, les acides borique et silicique décomposent les sulfates au rouge.

Il s'unit aux bases en donnant un dégagement de chaleur, plus ou moins variable selon leur nature. Cette combinaison peut même s'effectuer avec une brusquerie qui n'est pas sans danger.

Combinaisons. — Sa formule $SO^2\begin{cases} OM \\ OH \end{cases}$ fait comprendre qu'il peut donner lieu à la formation de composés divers :

$$\text{les sulfates acides } SO^2\begin{cases} OM \\ OH \end{cases}$$

M représentant un métal monovalent

$$\text{ou les éthers acides } SO^2\begin{cases} OC^2H^5 \\ OH \end{cases}$$

dans lesquels un seul atome d'hydrogène a été remplacé par un radical métallique ou organique monovalent puis

$$\text{les sulfates neutres } SO^2 \diagup^{OM}_{OM}$$

$$\text{ou les éthers neutres } SO^2 \diagup^{CO^2H^5}_{OC^2H^5}$$

si les deux atômes disponibles ont été substitués. Il existe également des sulfates basiques et rarement des sels péracides.

Lorsque l'acide sulfurique concentré réagit sur certains corps organiques, il y a formation de composés sulfonés ayant comme formules internes :

$$S — O — OH \qquad S — OX$$
$$\underset{O — OH}{|} \qquad \underset{O — OH}{|}$$

Ce genre de transposition se vérifie dans la pratique et, par exemple, du sulfate d'aniline est susceptible de se transformer sous l'action de la chaleur en acide sulfanilique. Sous l'action d'acide très concentré ; les aminés, phénols et leurs homologues donnent des acides sulfoconjugués, de nombreux hydrocarbures, à commencer par la benzine, sont également aptes à être sulfonés.

En présence d'autres composés, tels que les carbures de la série grasse, il peut se combiner directement sans élimination d'eau, l'éthylène donne, dans ce cas, l'acide sulfovinique, l'amylène l'acide amyléno sulfurique, etc... Ces propriétés sont données à titre de simple indication, car la gamme des réactions réalisables, grâce à l'action de l'acide sulfurique, est formidable, on en découvre, pour ainsi dire chaque jour de nouvelles, et leur énumération ne peut se faire que dans des traités spéciaux.

Sulfates

Comme nous venons de le voir il y en a deux catégories, les sulfates acides et les sulfates neutres.

Sulfates acides. — Un sulfate acide, tel que le bisulfate de soude, résulte de l'action de l'acide sulfurique sur le sel marin :

$$SO^4H^2 + NaCl = SO^4NaH + ClH.$$

Une réaction analogue donne naissance au bisulfate de potasse :
Par exemple dans la préparation de l'acide nitrique selon la réaction :

$$SO^4H^2 + AzO^3Na = SO^4NaH + AzO^3H$$

il y a formation de bisulfate, toutefois, pour la commodité du travail, on est obligé d'ajouter un excès d'acide sulfurique dans le but de produire un bisulfate fortement acide que l'on coule dans des moules en fonte où il se solidifie. On produit des quantités formidables de cette matière dans les poudreries et, pour beaucoup d'entre elles, la question de leur utilisation constitue un très gros problème ; à l'heure actuelle il existe, sans doute, encore d'énormes amas de ce sous-produit disposés sur des terrains en attendant leur emploi.

Les bisulfates sont des composés nettement caractérisés, fortement acides agissant comme s'ils étaient constitués par un mélange de sulfate neutre et d'acide sulfurique. Ils décomposent les sels à acides faibles en donnant du sulfate, mettant cet acide en liberté et se combinent avec les bases. Par l'action de la chaleur, en présence de matières inertes ou susceptibles de réagir, ils peuvent libérer de l'acide sulfurique ou des produits de dédoublement et nous constaterons par la suite que ces propriétés ont trouvé des applications industrielles.

Sulfates neutres. — La gamme des sulfates naturels est extrêmement étendue, on en rencontre un peu partout, quant aux sulfates artificiels ils font l'objet de fabrications aussi nombreuses qu'importantes.

En général, les sulfates neutres peuvent donner de beaux cristaux, beaucoup renferment de l'eau de cristallisation ; on connaît différentes variétés de sels doubles résultant de l'union de sulfates alcalins avec les sulfates d'alumine, ferrique, chrome, manganèse (Aluns), ceux de la série magnésienne où les sels alcalins sont unis avec les sulfates de zinc, fer, nickel, cobalt, cuivre, magnésium, etc, etc.

Solubilité. — Les sulfates neutres alcalins sont très solubles dans l'eau, sauf ceux de potassium et thallium qui le sont moins, les alcalino-terreux le sont peu (sulfate de chaux et de strontiane), celui de baryte est insoluble, ce qui l'a fait choisir pour les dosages d'acide sulfurique.

Les sulfates métalliques de fer, manganèse, nickel, cobalt, cuivre, zinc, sont très solubles, celui d'argent l'est peu, et celui de plomb pratiquement insoluble, quant au sulfate mercurique l'eau le décompose en sulfate acide soluble et sulfate acide insoluble.

Action de la chaleur. — Elle est très variable.

Les sulfates de potassium, sodium, lithium se volatilisent au rouge blanc sans décomposition.

Ceux de magnésium, baryum et calcium sont fixes au rouge, mais au delà dégagent de l'anhydride sulfurique mélangé de SO_2.

Le sulfate de fer donne SO_3 et SO_2, en laissant comme résidu du colcothar.

Les sulfates de zinc, de cadmium, de cuivre dégagent SO_2 et O à très haute température, en laissant de l'oxyde mais on parvient difficilement à une décomposition totale, c'est aussi le cas du grillage des blendes rendu pénible à cause de SO_4Zn. Avec les sulfates de métaux nobles, il reste le métal comme résidu.

Lorsque, simultanément avec l'action de la chaleur, on fait intervenir un autre élément, la réaction est modifiée.

Avec le charbon :

Les sulfates alcalins forment au rouge des polysulfures, et, au rouge blanc, des sulfures avec départ de CO_2.

Les sulfates de zinc ou magnésium donnent au rouge CO_2, SO_2 et les oxydes ; ceux d'argent, bismuth, mercure SO_2, CO_2 et le métal ; celui de cuivre selon la température CO_2 et le sulfure, ou CO_2, SO_2 et le métal, tandis que les sulfates de zinc et de plomb dégagent CO_2 et laissent le sulfure correspondant.

L'hydrogène transforme au rouge le sulfate de potasse en sulfure, celui de manganèse en oxysulfure, celui de magnésium en oxyde.

Les *métaux* agissent comme suit à haute température :

Le *magnésium*, ainsi que le sodium, ramènent à l'état de sulfures.

Le *fer* réduit les sulfates alcalins en donnant des oxydes alcalins, du sulfure ferreux ainsi que de l'oxyde ferrique ; avec les alcalino-terreux ou a des sulfures et des oxydes de fer.

Le *zinc* réagissant sur les sulfates alcalins fournit des sulfures avec l'oxyde de zinc ; sur les sulfates alcalino-terreux il forme des oxydes alcalino-terreux, de l'oxyde de zinc ainsi que du sulfure de zinc.

Bien souvent, dans une réaction industrielle, il se produit des phénomènes secondaires qui peuvent être attribuables à des actions de ce genre, c'est pourquoi nous avons cru utile d'en rappeler l'existence.

Ajoutons, pour le cas d'applications spéciales, que les sulfates acides ou neutres sont insolubles, ou fort peu solubles, dans l'alcool, et que, sauf pour quelques-uns (sulfates alcalins, magnésien, alcalino-terreux, argent et manganèse), leurs solutions aqueuses rougissent le papier de tournesol.

Action des métaux sur l'acide sulfurique

Cette question, d'abord suivie au laboratoire dans un but surtout scientifique, a pris une importance considérable au fur et à mesure que les applications industrielles de ce produit se multipliaient.

L'acide faible attaque à froid le zinc et le fer. — Les plombiers soudant à l'autogène emploient le zinc et l'acide sulfurique pour préparer leur hydrogène — dans les opérations de décapage, les feuilles de tôle de fer sont traitées par l'acide sulfurique étendu, il est d'ailleurs indispensable qu'il soit exempt d'impuretés, et surtout d'arsenic, si on veut avoir de bons résultats.

A chaud ces métaux dégagent non pas de l'hydrogène mais SO^2, le zinc peut même donner H^2S. A partir d'un certain degré de concentration l'acide sulfurique n'attaque plus le fer, c'est pourquoi on transporte couramment de l'acide des chambres (minimum 50° B) dans des citernes en tôle. De même la dissolution de l'anhydride provenant d'appareils de contact (que l'on reçoit dans l'acide concentré) s'effectue dans des réservoirs en tôle.

Bien entendu, il faut éviter la présence d'humidité qui, affaiblissant l'acide, permettrait à la corrosion de s'effectuer en certains points.

La fonte est peu attaquée, elle offre le maximum de résistance quand le fer est uni au silicium et nous verrons, au chapitre concentration, qu'il existe des types commerciaux donnant toute satisfaction à ce sujet.

L'anhydride sulfurique n'attaque pas, non plus, le fer, aussi les appareils renfermant les matières de contact sont-ils confectionnés avec ce métal.

En résumé le grand facteur à éviter, si l'on veut que les appareils en fer aient une longue existence, est l'eau ; dès qu'elle est présente ce n'est plus au fer, mais au plomb, qu'on s'adresse, ce qui explique que les chambres en plomb aient été, pendant de longues années, seules à fournir l'acide destiné aux usages industriels.

Le plomb contient parfois des impuretés dont l'action a fait l'objet de nombreuses et intéressantes expériences réalisées par les spécialistes, nous nous bornerons pour l'instant à signaler que *Lunge* et *Sorel* ont été d'accord pour reconnaître que la présence d'une petite quantité de cuivre, ou d'antimoine, donne de la résistance au plomb tandis que le bismuth l'affaiblit. — Il convient en outre de tenir compte de la concentration plus ou moins grande de l'acide, de la température, etc.

CHAPITRE III

PRÉPARATION DE L'ACIDE SULFURIQUE
PAR LA MÉTHODE DES CHAMBRES DE PLOMB

Principe. — A l'heure actuelle la méthode dite par chambres de plomb continue à être employée sur une énorme échelle ; elle consiste à provoquer l'oxydation de l'acide sulfureux au moyen de l'oxygène de l'air en présence de vapeur d'eau et de vapeurs nitreuses. Les opérations comportent successivement :

Introduction de l'acide sulfureux dans des fours à grillage de soufre ou minerais sulfureux.

Production des vapeurs nitreuses ;

Passage au Glover (récupération de produits nitreux, concentration et production d'acide).

Chambres de plomb ;

Absorption des produits nitreux dans la Tour de Gay-Lussac.

Concentration éventuelle.

L'étude des réactions chimiques accomplies dans les appareils, puis la vérification au laboratoire des idées suggérées par ces observations ont déterminé, non seulement des modifications dans les dispositifs primitivement employés, mais encore des recherches dans des voies nouvelles que nous allons avoir l'occasion d'examiner plus loin.

PRODUCTION DE L'ACIDE SULFUREUX

Matières premières. — Les matières premières existant dans la nature, ou dans l'industrie, qui peuvent servir à le préparer, et que nous allons passer en revue, sont :

le soufre,
les pyrites de fer,
les pyrites cuivreuses,
les pyrites mixtes diverses,
les blendes, galènes, etc.
des minerais complexes,
des gaz provenant de traitements métallurgiques.

SOUFRE

Le soufre est une des matières les plus anciennement connues et les plus répandues dans la nature, bien qu'il représente seulement 0,08 % de l'écorce terrestre où il se rencontre dans certaines régions, souvent volcaniques, à l'état libre en grains ou poussière mélangée à des matières terreuses. Ces terrains sont appelés les *solfatares*.

Propriétés. — Son poids atomique est de 32,07, sa dureté 1,5 à 2,5.

Forme cristalline : octaèdres du système orthorhombique pour le soufre naturel, ou aiguilles transparentes (prismes du système clinorhombique quand le soufre a été fondu et cristallisé par refroidissement), d'ailleurs peu à peu ces dernières se transforment en petits octaèdres.

Point de fusion : 111°,5 mais, chose curieuse, le liquide jaune citron fluide s'épaissit quand la température monte à 200° au point qu'on peut retourner le vase sans craindre de renverser. Puis, à 250°, le liquide rouge redevient fluide et enfin à 440° il bout et distille.

Le soufre liquide fondu à 111°,5 devient cassant et opaque si on le plonge dans l'eau ; au contraire, s'il a été porté à 220° il reste mou, étirable et transparent. D'après M. Gernez, les différences seraient dues à la présence d'une proportion de soufre insoluble, fonction de la température de chauffe et du nombre de fusions subies.

Il distille d'après *Regnault* à 440°C. sous 760 mm, mais divers auteurs ont donné d'autres chiffres variant de 443,58 (*Callondaux*), à 444,8 (*Holbrom et Grunersein*).

Solubilité : Insoluble dans l'eau et l'alcool, très peu dans les alcalis ainsi que la glycérine, il se dissout facilement dans le sulfure de carbone et en proportions variables dans l'éther, le chloroforme, le phénol, la benzine, les huiles lourdes de houille et l'aniline.

Chauffé à 170° il subit une modification spéciale signalée par *Aten* (*Zeitsch. physik. chemie*, 193, p. 443) dont les solutions dans le sulfure de carbone, le chlorure de soufre et le toluène sont jaune pâle tandis que celles obtenues avec le soufre ordinaire sont incolores.

On a observé différentes couleurs de soufre, dont une variété teintée en bleu, qui ont fait l'objet de recherches nombreuses. *Hoffmann* (*Z. f. chem. and. Ind. Ber. Kolloïde*, 1912, 275) en a préparé en le chauffant au rouge avec le potassium ou le pentachlorure de phosphore.

Applications. — Indépendamment de ses applications en médecine, il sert dans l'industrie chimique, à la préparation du sulfure de carbone, des allumettes, la fabrication de la pâte à papier, la vulcanisation du caoutchouc, les factices à base d'huile, les poudres, et dans la composition de tuyauteries ou appareils résistant aux acides.

Débouchés agricoles. — Son incorporation dans les mélanges d'engrais, ou pour le soufrage des plantes, a donné des résultats favorables ; son action insecticide, très sensible dans le soufre en fleur, serait explicable par la présence de SO_2 ou SO_4H_2 libres à l'état naissant. *Rössler* (*Arch. Pharm.*, 1887, p. 845) a constaté, dans 100 grammes de fleur de soufre, la présence de 3,14 cc. SO_3 partiellement converti en SO_4H_2. Le soufre colloïdal aurait une action du même genre.

Les industries qui l'emploient le plus sont celles des produits chimiques, du caoutchouc, du blanchiment, de la désinfection, des matières colorantes ; on a même proposé son mélange avec le sable comme revêtement très résistant à l'action des acides.

Son emploi direct comme engrais a été tenté aux États-Unis

(trèfles de l'Oregon) ; on l'utilise en automne à raison de 50 kilog. à l'hectare et par 100 kilog. tous les 3 ans.

Les résultats seraient très avantageux dans les terres légères, genre limon des plateaux.

M. *Maquenne* ayant constaté la présence de composés sulfurés dans certaines plantes, telles que les crucifères, a recommandé son emploi. Un épandage de 200 à 400 kilog. par hectare à la surface du sol, à l'état divisé ou en suspension colloïdale donnerait des excédents de récolte variant d'après MM. *Chancin, Miège, Desnol, Gabriel Bertrand, Milton Withney, Boullanger et Demoler* de 15 à 50°/₀.

Il a une tendance à augmenter l'acidité du sol et serait surtout recommandé pour les terres alcalines, il favoriserait l'assimilation de l'azote, de la potasse, du fer, de l'alumine, du manganèse, et agirait même sur la production de la chlorophylle. La viticulture en consomme d'énormes quantités dans sa lutte contre l'oïdium ; il a même l'avantage de stériliser le sol, grâce à son action sur un grand nombre des micro-organismes qui y séjournent.

MM. *Lindet* et *Guillonneau* ont montré que son oxydation microbienne dans le sol serait due à deux microbes : le premier le transformerait en acide hyposulfureux qui sous l'influence du second donnerait à son tour de l'acide sulfurique.

Soufre Colloïdal. — *Sarason* l'a préparé (Br. All. 216.824 et 216.825) en acidulant des solutions d'hyposulfite dans la glycérine avec addition de gélatine, ou en décomposant $SO^2 + H^2S$ dans un solvant volatil non miscible à l'eau (sulfure de carbone, benzène, tétrachlorure) (Br. All. 262.467).

Le même mélange gazeux peut être envoyé dans une solution décinormale d'acide (Aktiébolaget Kolloïd Stockholm Br. F. 436.058) et précipitation du soufre colloïdal par NaCl.

Julius Meyer (Berl. Ber. 1913 p. 3.068) l'obtient en dissolvant le soufre moulu dans le sulfate d'hydrazine puis précipitant dans l'eau.

Bary (C. R. Ac. Sc. Août 1920, p. 433) a montré que le soufre colloïdal susceptible de former des solutions aqueuses n'est pas du soufre pur mais un composé de soufres polymérisés, facilement dissociables, subsistant seulement en présence d'éléments qui limitent leur décomposition.

Par réaction de H_2S sur SO_2 dans certains milieux liquides, le soufre, dit colloïdal, est un acide polythionique dont une dyalise prolongée permet d'enlever progressivement une grande quantité de SO_2, en même temps que se décomposent des quantités croissantes de soufre plus ou moins profondément condensé.

Développement de la production du soufre

Historique. — Dans les débuts de l'industrie de l'acide sulfurique, le soufre occupait le premier plan des matières premières destinées à sa fabrication, puis peu à peu on a utilisé simultanément diverses substances intéressantes au point de vue du coût de l'unité de soufre contenu ou du prix de revient de l'acide fabriqué.

Comme on le verra dans les tableaux ci-après, le principal pays producteur était l'Italie et, à la fin du siècle dernier, d'après M. Max Lambert, sur une production mondiale de 580.000 tonnes la Sicile seule en fournissait 535.000. A ce moment les méthodes d'extraction étaient très rudimentaires, et, d'ailleurs les exploitants n'ayant pour ainsi dire pas de concurrents, n'étaient guère obligés à instaurer des perfectionnements.

En 1895 une Société Anglaise, *Anglo Silicien Sulphur C°*, réussit à grouper 60 % des producteurs et s'assura le monopole de la production ; elle exerça une heureuse influence que l'on peut constater dans les statistiques ; après un maximum en 1905, la situation se trouvant modifiée par suite du développement rapide de l'industrie américaine, la combinaison précédente disparut et alors commença une période difficile qui a rendu indispensable un accord Italo-Américain pour le partage des marchés.

Les Etats-Unis étaient de petits producteurs, puisque en 1883 ils ne livraient que 908 tonnes, et que, vingt ans après, ils n'arrivaient encore qu'à 34.923. Nous allons examiner plus loin les méthodes primitives, puis celles qui leur ont permis de traiter économiquement des gisements longtemps considérés comme inexploitables.

Statistique. — Voici des chiffres se rapportant à la production mondiale du soufre avant la guerre (American Fertiliser, 1921, 78).

Années	Italie (tonnes)	États-Unis (tonnes)	Autres pays (tonnes)	Total mondial (tonnes)
1883	446 608	908	88 500	556 015
1903	555 634	34 943	81 500	672 077
1912	357 547	308 328	104.256	770 131
1914	377 843	381 018	100 000	858 851

Depuis ces dernières années la production américaine s'est, comme on le voit, développée d'une façon formidable ; en 1915, (*United States Geological Survey*), l'extraction avait lieu dans la Louisiane, le Texas, Nevada, et Wyoming, mais la production des deux États de l'Ouest était petite et ne représentait guère que 1 % de la totalité, tandis que plus de 98 % provenaient de l'*Union Sulphur C°* dans la Louisiane, et de *Freeport Sulphur C°* au Texas.

Si nous voulons suivre la marche des exploitations en Italie et en Sicile, nous trouvons les chiffres suivants :

Années	Production de la Sicile	Production totale italienne	Exportation
1913	345 974	406 406	351 339
1914	334 974	393 558	260 333
1915	—	380 240	293 908
1916	—	287 965	326 485
1917	—	230 074	118 340
1918	—	253 390	192 227
1919	181 374	255 316	119 888
1920	219 844	225 249	120 551
1926	208 741	267 535	

La production Sicilienne en Soufre aurait été

1900	500 000 tonnes
1922	138 000 »
1923	206 000 »
1924	223 577 » [1]
1925	207 998 »
1926	208 741 »

[1] D'après d'autres statistiques ce chiffre aurait été de 241.000 tonnes.

Certains de ces chiffres peuvent paraître anormaux ; il faut reconnaître là, l'influence de la guerre. Les Allemands, ayant leurs communications coupées avec les pyrites espagnoles de la région d'Huelva (Rio Tinto, etc.), profitèrent de la neutralité de l'Italie pour s'assurer la possession du stock important (600.000 tonnes) qui existait sur le carreau et, pendant bien longtemps, des trains entiers de cette substance, momentanément précieuse pour eux, prirent le chemin de leurs usines d'acides.

Prix. — Avant d'abandonner ce sujet signalons en passant les variations subies par le prix de revient dans les mines italiennes.

De 1860 à 1876 il était estimé 140 lires la tonne.

En 1895, 55 lires.

En 1913, 80 à 85 lires,

En mai 1920, 420 à 430 lires, (¹)

tandis que le prix de vente f. o. b. dans les ports Siliciens passait de 110-115 lires (1914) à 650 en 1920, y compris 70 lires d'impôt.

D'après l'*Industrie Chimique* (juin 1927, p. 257) les cours en dollars, au départ de la mine, ont été :

1923-1924	14 à 15 dollars
1925	18 à 19 »
1926	17 »

Producteurs divers. — L'Italie et les Etats-Unis ne sont cependant pas les seuls producteurs de soufre.

Au Chili, la principale exploitation est à Ollague et Tacora, mais on a accordé une concession près d'Autofogasta.

En général le soufre est d'origine volcanique, et contenu dans des volcans éteints, toutefois leur altitude élevée, 14.000 à 20.000, constitue une difficulté sérieuse, on a cependant commencé à exploiter le mont Olca (18.500 mètres) et le mont Chupiquina (19.000). La région intéressante se trouve au long de la ligne d'Autofogasta-La Paz. La production a varié comme suit.

1887	moins de 1 tonne
1902	1 000 tonnes
1908	4 à 5 000 tonnes
1909 à 1919	plus de 10 000 tonnes

(avec 19 557 comme maximum en 1918 et a décliné ensuite).

(¹) En 1925 il était évalué à 380 lires, départ usine, alors que les Américains l'obtiennent à 250 lires la tonne rendu dans les ports.

Au Mexique la situation est analogue. Après des tentatives infructueuses, on exploite à nouveau les dépôts de l'ancien cratère de Popocatapell (13.000 pieds) qui a plusieurs centaines de pieds de diamètre.

En Nouvelle Zélande un des principaux dépôts de soufre est White Island, où se trouve une montagne volcanique. En 1914 on a extrait environ 30.000 tonnes de soufre et, dans ces dernières années on marchait sur le pied de 1.000 tonnes par mois. Après raffinage le soufre était employé en partie sur place (3.000 tonnes par an pour la Nouvelle Zélande) ou dirigé sur le marché Australien.

Production mondiale du Soufre. — Le tableau ci-après qui reproduit les statistiques de *Wells* dans le Mineral Industry permet de suivre l'évolution de la production dans les principaux pays du monde, avant, pendant et après la guerre.

En dehors des pays énumérés on a signalé la présence de soufre dans de nombreux endroits, notamment en Turquie, région de Sparte, en Chine, en Mésopotamie, en Tunisie, sur la côte de la Mer Rouge, dans les Antilles Hollandaises, au Canada, dans certaines îles du Pacifique (Nauru), etc.

Aux Nouvelles Hébrides il a été rencontré des gisements intéressants sur la montagne de l'Ile de Vanua Lava, à 400 mètres environ de hauteur.

On trouve également du soufre dans l'Afrique du Sud.

En Turquie il existe, dans la région de Sparte, un minerai de soufre à 50 ou 60 %.

En Russie, à At. Chagyl, à proximité du lac salé de Kukurel Ata (62 verstes de Krasnovodsk) on a découvert, en 1906, un important dépôt renfermant 90 % de soufre, on a annoncé l'exploitation prochaine du gisement de Daghestan (région mer d'Aral et Caspienne) avec une production annuelle de début de 3 millions de kilogrammes.

En Asie Centrale, à 150 milles au nord de Ashabad, il a été reconnu un gisement de sables renfermant 60 à 90 % de soufre — non exploitable à cause de son éloignement.

En Argentine, d'intéressants champs de soufre ont été également signalés.

Production mondiale du Soufre en tonnes métriques (*Wells Mineral Industry*)

	Autriche	Chili	France	Allemagne	Grèce	Italie	Japon	Espagne	U. S.	Total
1903..	4 610	3 560	7 375	209	1 266	553 751	22 914	1 680	35 600	631 035
1904..	6 431	3 594	5 447	505	1 225	527 563	25 587	605	196 599	767 249
1905..	8 452	3 470	4 637	178	1 126	568 927	24 652	610	218 440	830 609
1906..	15 258	4 598	2 713	176	(d) 1 000	499 814	27 859	700	298 704	845 956
1907..	25 199	2 905	2 000	811	(d) 1 000	426 972	33 329	3 612	312 731	801 910
1908..	17 429	2 705	2 189	1 185	(d) 1 000	445 312	33 419	13 872	312 700	829 437
1909..	12 856	4 508	2 900		(d) 100	435 060	36 317	21 750	303 000	817 608
1910..	15 976	3 828	2 641	1 272	—	430 060	43 848	80 113	259 699	787 632
1911..	15 856	4 451	1 200	1 251	174	414 671	52 064	40 662	246 300	776 629
1912..	14 979	4 431	1 000	(c)	2 016	357 647	55 005	42 344	808 530	785 852
1913..	10 561	6 647	659			386 310	59 481	82 643	816 783	806 386
1914..	20 314	10 008	—			377 843	75 808	47 180	347 491	877 000
1915..	3 180	9 767	388			358 107	73 369	28 987	299 133	860 000
1916..	12 765	14 876	700			269 374	108 100	46 928	779 181	1 249 104
1917..	—	18 938	704			211 847	117 990	84 979	1 138 416	1 572 874
1918..	—	19 553	4 200			234 296	64 696	72 360	1 287 103	1 682 208
1919..	10 178	18 910	2 282			226 126	67 382	89 586	680 800	1 097 457
1920..	22 764	13 340	1 100			263 603	21 147	77 089	1 542 059	1 941 052
1921..	23 142	9 670	—			273 872	36 591	85 678	969 800	1 398 753
1912..	19 400	12 250	64			167 339	34 642	72 806	1 365 256	1 671 698
1923..	15 136	11 380	272		2 243	248 916	37 408	66 371	1 644 904	2 034 055
1924..	—	11 200	—			294 832	45 282	64 650	1 562 096	2 978 060
1925..	—	—	—			—	—	—	1 887 883 (1)	—
1926..	—	—	—			267 535	45 000	—	1 920 898	—

À ajouter 20 000 à 30 000 tonnes par an en Angleterre (procédé Chance-Claus).

(1) D'après d'autres statistiques 1 431 810 tonnes.

Enfin, pour se rendre compte de l'évolution de la production mondiale dans ces dernières années, on peut également consulter la *Revue Chimie et Industrie* de Janvier 1924, où nous relevons les chiffres suivants :

	1913 (tonnes)	1919 (tonnes)	1920 (tonnes)	1921 (tonnes)	1923 (tonnes)
Europe					
Espagne............	7 499	11 444	—	—	—
Italie............	385 310	226 126	263 603	273 872	171 800
Amérique					
Chili............	6 647	18 910	—	—	—
États-Unis........	498 960	1 209 680	1 275 392	1 909 216	1 860 323
Asie					
Japon............	59 448	50 601	38 600	—	—
Formose..........	2 309	1 453	807	—	—

ainsi que le tableau général page 42 et le graphique fig. 1.

Le commerce extérieur de la France s'établit comme suit :

	Importation			Exportation		
	1919	1918	1917	1919	1918	1917
Soufre brut	110 047	50 7 6	57 456	1 496	1 248	2 830
— en canon....	22 583	15 335	14 982	498	312	618
— sublimé.....	7 346	6 517	4 418	2 392	2 095	2 084
Sulfure de fer......	96 363	321 281	491 620	9 664	11 529	6 993

Le graphique de la page 44 est établi d'après la statistique (page 42) et permet de comparer sur une période de 20 ans :

Production mondiale ;

Production italienne ;

Production américaine ;

il montre d'une façon saisissante :

A) Le bondissement de la production mondiale dans les années qui ont suivi la déclaration de guerre.

B) Les soubresauts dans les années mouvementées au point de vue économique, qui ont suivi l'armistice.

C) Le parallélisme entre les variations de production mondiale et celles de la production américaine.

D) La diminution d'une régularité impressionnante de la production italienne et l'effort des dernières années.

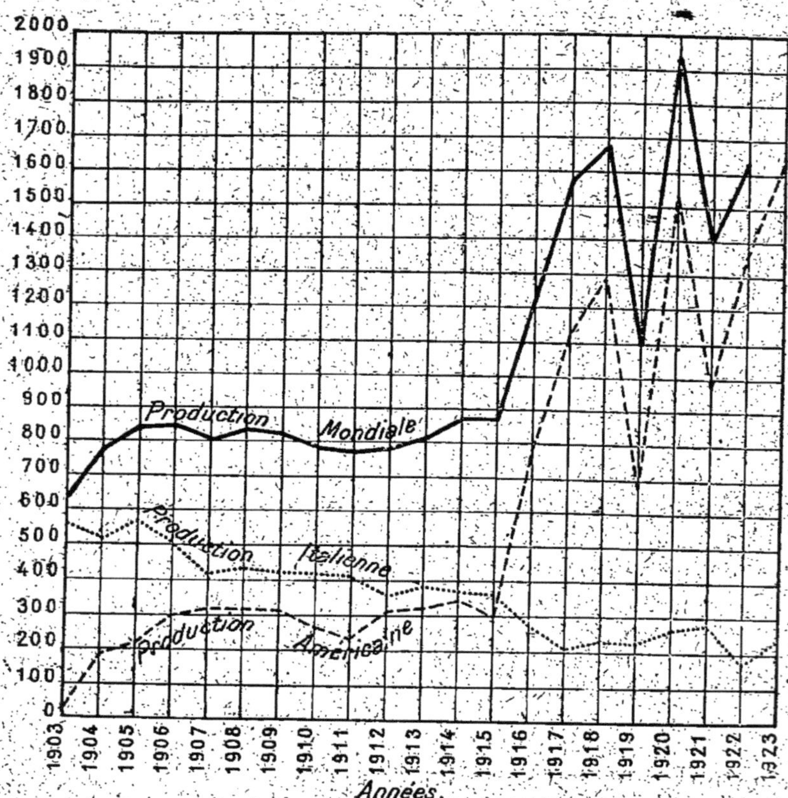

Fig 1. — Développement de la production du soufre.

E) L'influence d'un perfectionnement technique (Frash) doublé d'une organisation commerciale correspondante, sur l'activité industrielle et économique des nations, accompagnés d'ailleurs d'un abaissement sérieux de prix puisque, le prix du soufre brut américain, fob New York, par « long ton » (1.016 kilogrammes) a varié comme suit :

1913-1914......................................	environ 22 dollars
début 1919......................................	» 65-70 »
milieu 1919......................................	» 32-35 »
1920......................................	» 22 »
début 1921......................................	» 15-20 »
milieu 1921......................................	» 20-22 »
1922......................................	» 18-20 »
1926......................................	» 17 »

d'après M. *de Jussieu* (Industrie chimique, décembre 1924).

MATIÈRES PREMIÈRES

Le soufre peut être, non seulement extrait des minerais qui le contiennent à l'état natif, mais produit aussi par :

Traitement des matières d'épuration du gaz d'éclairage ;

Traitement des marcs de soude ;

Distillation des pyrites, et de nombreuses autres réactions chimiques, c'est ainsi que, depuis ces dernières années, on s'évertue à l'obtenir par un traitement approprié de sulfates très répandus dans la nature, ou de sous-produits, solides ou gazeux, qui prennent naissance dans certaines fabrications industrielles.

En somme, chaque pays s'efforce d'utiliser ses matières naturelles et de trouver sur son sol les éléments indispensables à son industrie et, parfois même, à son existence.

Dans les Usines de Cette, Frontignan, Marseille, Narbonne, Bordeaux, Alger, où elles ont lieu, on prépare pour le commerce :

Variétés commerciales. — *a*) la *fleur de soufre*, ou *soufre sublimé utriculaire*, que l'on récolte par condensation, dans des chambres, des vapeurs obtenues en chauffant le soufre brut :

b) le *soufre sublimé*, cristallisé, obtenu dans les parties des chambres moins froides que pour le précédent ;

c) le *soufre candi* qui est du soufre sublimé fondu par la chaleur et pris en bloc ;

d) le *soufre trituré*, obtenu en écrasant sous des meules, du soufre candi ou du soufre brut, et tamisant dans des blutoirs en soie très fins ;

e) il existe également le *soufre ventilé*, obtenu en soumettant à l'action d'un ventilateur, du soufre en poudre, ce qui établit un classement des particules selon les poids.

Le *soufre précipité* est obtenu chimiquement par précipitation, comme son nom l'indique. Sous ce nom on trouve dans le commerce également certaines matières épurantes du gaz d'éclairage, d'une composition assez complexe (25 à 30 °/₀ de soufre précipité, 6 à 7 °/₀ du soufre combiné, de la chaux, de l'oxyde de fer, des composés cyanés, etc...)

Le soufre précipité des soieries est un sous-produit de la fabrication de la soie qui se présente sous forme d'une poudre très fine, presque blanche, renfermant 84 °/₀ de soufre, 4 °/₀ de chaux, 3 °/₀ de sulfate de chaux, etc...

Le soufre mouillable est un mélange de soufre, carbonate de soude et colophane en poudre.

MÉTHODES D'EXTRACTION

Le soufre se rencontre dans la nature, soit mélangé mécaniquement à une gangue, soit combiné à d'autres éléments chimiques qu'il s'agit alors de décomposer.

Minerais. — Dans ceux de Sicile le soufre existe à l'état de mélange mécanique (richesse moyenne 25 °/₀).

Pour l'en extraire on peut utiliser :
Méthode par fusion,
Méthode par volatilisation,
Méthode par dissolution.

Méthode par fusion. — Ce procédé le plus ancien, extrêmement usité autrefois, n'est pas complètement abandonné.

Ce Soufre se trouve soit à l'état cristallisé, stratifié avec du sulfate de chaux, du calcaire ou du quartz — soit en cristaux prismatiques paraissant de formation ignée.

Les réactions lui ayant donné naissance sont vraisemblablement :

$$SO^2 + 2H^2S = 3S + 2H^2O$$

dans laquelle les gaz volcaniques ont réagi l'un sur l'autre, ou la réduction de sulfate de chaux par les matières organiques ou les bactéries.

$$2CaSO^4 + C = 2CaCO^3 + 2S + CO^2.$$

Quant à la richesse, elle est assez variable, 24 à 40 % dans les minerais natifs et 8 à 13 % dans les minerais mélangés.

Si le principal lieu d'exploitation italienne est la Sicile il en existe également sur l'Adriatique à Rimini, Pesaro, et même sur le côté est de la Calabre du sud. Les exportations ont subi de grandes variations comme le montreront les statistiques pages 39 et 43.

Extraction du soufre en Sicile

Le grand inconvénient de la Sicile est d'abord le manque de combustible et, comme les procédés employés ont été, jusque dans ces derniers temps, plutôt rudimentaires, il en résulte un prix de revient trop élevé pour permettre de lutter, dans des conditions avantageuses, avec le soufre provenant de procédés modernes.

Calcarelli. — Dans cette méthode une partie du soufre est utilisée comme combustible pour fondre le restant. Le minerai est mis en tas semblables à des meules, sur un sol ferme et bien damé, ayant une inclinaison telle que le soufre fondu se dirige vers une sortie permettant de le recevoir, dans des dispositifs convenables. Les gros morceaux sont en bas, les petits en haut et l'air a libre accès de tous côtés.

Dans ces conditions il se forme beaucoup d'acide sulfureux qui dévaste les alentours et, seule, la partie centrale, où l'oxygène n'accède que difficilement, donne du soufre ; avec un procédé aussi rudimentaire la perte est formidable (25 à 30 %).

Calcaroni. — Bien que, dans celui-ci, le *modus operendi* soit un peu moins défectueux, l'exploitation par cette méthode qui représentait 90 % n'a plus été en 1924 que 30 % alors que les fours *Gill* et analogues sont passés à 63 %.

Le calcarone est une sorte de cuve en maçonnerie (moellons

Exportation en tonnes métriques

Années	1913 (d)	1914 (d)	1915 (d)	1916 (a)	1917 (a)	1918 (a)	1919 (d)	1920 (d)	1925
Autriche............	36 335	25 306	70	—	—	—	137	736	13 869
Belgique............	13 321	5 975	—	—	—	—	2 152	3 711	—
France	21 582	60 773	96 156	107 311	68 565	90 376	69 072	37 163	14 013
Allemagne..........	31 042	18 826	391	—	—	—	590	4 784	9 740
Grèce, Turquie.....	20 112	20 746	19 857	15 384	3 893	7 590	18 826	10 895	17 444
Hollande...........	8 976	8 080	1 163	524	—	—	1 119	1 207	—
Italie	85 740	97 170	116 601	76 502	53 748	43 631	32 015	55 035	—
Portugal...........	21 445	17 604	21 004	13 994	5 749	12 480	7 876	32 017	14 117
Espagne				8 127	2 017				
Scandinavie (c)....	28 108	25 294	24 832	26 450	2 500	1 769	1 701	6 412	—
Russie	25 891	21 290	2 791	19 947	6 578	—	306	61 433	—
Angleterre.........	16 052	12 991	36 156	68 849	20 114	62 595	3 689	11 698	60 930
États-Unis.........	1 028	1 406	2 054	612	—	—	—	165	—
Divers (b)	54 185	22 883	38 735	62 440	4 213	12 263	9 803	24 624	60 129
Total	414 717	338 344	359 806	396 035	168 487	230 769	147 286	189 377	190 242
Stock Sicile, 31-XII.	376 365	369 001	274 060	155 376	158 812	111 914	136 991	147 886	
Production totale italienne.........	386 310	377 843	358 107	269 347	211 847	234 296	226 126	258 000	

En Sicile, en 1919, on a produit 181.374 tonnes métriques, soit 14.014 tonnes de moins qu'en 1918 et exporté 147.775 tonnes métriques, soit 83.014 tonnes de moins qu'en 1918, alors que le stock 31-XII-1919 était 136.859 tonnes métriques, soit + 24.809.

(a) Statistiques, Institut International Agriculture, Rome.
(b) Afrique Sud, Afrique Nord, Asie, Australie, Indes.
(c) Inclus Scandinavie.
(d) D'après Parsan et Petit, New-York.

grossièrement assemblés au plâtre avec revêtement) dont le fond présente une inclinaison telle que le soufre puisse s'écouler facilement (15° par exemple). La forme de la fosse est circulaire ou elliptique, et la profondeur moyenne environ 1/4 du diamètre qui lui-même, dépend des installations et peut atteindre de quelques mètres jusque 20.

Afin que le fond soit solide et compact, on le constitue avec des

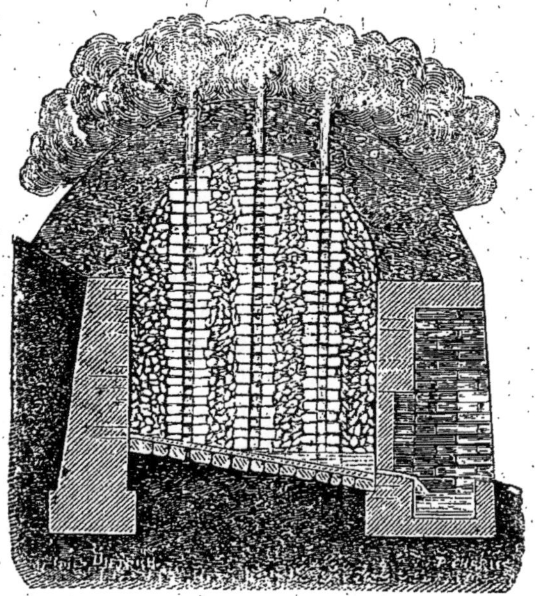

Fig. 2. — Extraction du soufre par le calcarone.

résidus d'opérations précédentes concassés, tamisés et bien damés. On charge le minerai non seulement dans la fosse, mais au-dessus en lui donnant la forme d'un tronc de cône, et garnissant au préalable l'orifice de sortie (1 mètre à 1^{m}50 de haut sur 0,30 à 0,50 de large). Les gros morceaux se mettent au centre et les petits tout autour, on réserve, sur le pourtour, des cheminées, distantes de 50 centimètres à 1 mètre, suivant la grandeur du calcarone ; elles sont établies au moyen de gros blocs, puis le menu est ajouté dans les espaces vides.

L'allumage a lieu en projetant, par ces cheminées, du bois

enflammé ou de la paille trempée dans du soufre. Le minerai est recouvert d'une couche de débris des opérations précédentes (Jinese) d'une épaisseur variant selon la saison, l'humidité, et la nature du minerai à traiter. Il faut régler de façon convenable la marche de la combustion ; généralement l'allumage est complet au bout de 8 à 10 heures et, à ce moment, on bouche tous les orifices ; quelques jours après on perçoit un dégagement de vapeur d'eau et d'acide sulfureux. Les précautions à réaliser sont les suivantes :

1º la masse doit avoir une température suffisante, sans quoi le soufre ne fond pas dans de bonnes conditions et reste à l'intérieur du minerai, ou bien, après avoir coulé, se fige sans pouvoir aboutir à l'extérieur ; dans ce cas, pour activer la marche, on permet un accès plus facile de l'air, soit en diminuant la couche de débris supérieure, soit en pratiquant, avec une tige de fer, de petits orifices aux endroits convenables ;

2º la combustion doit aller de l'arrière vers l'avant et du haut vers le bas, dans ces conditions, le soufre, au fur et à mesure qu'il fond, gagne des parties moins chaudes et ne brûle pas ;

3º La température de l'orifice de sortie (la morte) est à surveiller avec soin ; comme le soufre liquide doit y être conduit, il faut qu'elle reste relativement froide jusqu'au moment où on devra effectuer le coulage.

Lorsque certaines parties chauffent trop vite, on retarde l'accès de l'air en augmentant l'épaisseur de la couverture ; s'il se produit des *loupes*, ou agglomérations, pour une raison quelconque, on les brise afin que le centre puisse être soumis aussi à l'action de la chaleur.

L'opération étant ainsi conduite, le soufre fondu gagne progressivement l'orifice de sortie ; on s'en rend compte au moyen de trous que l'on pratique lorsque l'opération est très avancée. Au moment voulu on débouche, et on coule dans des moules où le soufre se solidifie.

M. PARODI a donné, à ce sujet, des chiffres fort instructifs résumés par le tableau ci-contre :

Volume du calcarone	Durée de l'opération	Nombre d'opérations possibles par an
25 à 30 m³	—	à volonté
125 à 150 m³	30 à 35 jours	6 à 12
200 à 300 m³	40 à 50 »	6 à 8
500 à 600 m³	50 à 60 »	3
1 000 à 1 200 m³	80 à 90 »	1

Le chiffre de la dernière colonne ne semble pas correspondre à celui de la seconde ; cela tient à diverses considérations :

1° pour le chargement il y a le plus souvent des interruptions en périodes de mauvais temps ;

2° il faut que le calcarone soit suffisamment refroidi pour que l'on puisse enlever le minerai stérile et recharger avec du frais ;

3° selon les conditions régionales, et eu égard aux nécessités de la culture, dans bien des endroits on ne peut travailler que l'hiver.

Ces considérations influent naturellement sur la capacité des calcaroni : dans les endroits où l'on peut travailler toute l'année, on en établit du type le plus avantageux, c'est-à-dire de 25 à 150 m³ ; on emploie de plus en plus les fours *Gill* qui sont clos et, grâce à l'accouplement de 2, 4 ou 6 éléments réduisent la perte aux environs de 30 %.

Le rendement est un facteur des plus importants également. Il dépend de la manière dont l'installation et le chargement ont été effectués, de la façon dont l'opération de brûlage a été conduite, de la richesse du minerai, et même des conditions géographiques et climatériques.

La perte est toujours considérable et varie dans d'assez grandes limites (35 à 60 % du soufre contenu dans le minerai).

On comprend que le prix de revient soit élevé, aussi l'industrie sicilienne se trouve-t-elle placée devant le dilemme : ou bien être menacée d'une crise terrible, ou bien s'organiser dans des conditions techniques et économiques permettant d'obtenir un abaissement considérable du prix de revient, comme il a été proposé au Congrès de Chimie pure et appliquée tenu en mai 1926 à Palerme.

Méthodes par fusion

Le principe sur lequel elles sont basées consiste à se servir d'un combustible dans lequel les calories coûtent meilleur marché qu'avec le soufre.

La première idée qui se présente à l'esprit est l'emploi de charbon, ou de bois, dont les produits de la combustion serviraient à chauffer un récipient renfermant le minerai, cette méthode fut appliquée jadis près de Naples. Après fusion, la partie supérieure contenant le soufre fondu était enlevée à la cuillère, mais la mauvaise utilisation de la chaleur dans ces installations rudimentaires fit abandonner les tentatives menées dans cette voie et on préfère diriger dans la masse, soit de la vapeur sèche qui fait fondre le soufre, soit un liquide volatil capable de le dissoudre ; nous allons commencer par étudier la première de ces méthodes.

Méthode ancienne. — Le premier appareil se compose d'une partie fixe : cylindre en tôle, contenant un second cylindre perforé, ouvert à sa partie supérieure, et muni d'une grille formée de deux tronçons mobiles autour de charnières.

Le minerai est chargé dans le cylindre intérieur, en ayant soin de disposer les gros morceaux en bas. On amène au-dessous de ce cylindre un creuset en fonte autour duquel se trouve une chemise en tôle, le tout pouvant être boulonné sur des cornières disposées autour de la partie inférieure du dessus.

Une fois l'appareil clos, un tuyau d'arrivée de vapeur permet d'en envoyer à la partie supérieure, le soufre liquéfié tombe dans le creuset tandis qu'un robinet de purge permet l'évacuation de l'eau condensée.

Selon la contenance de l'appareil, (*Sorel* en a décrit un de 3.500 K°) l'opération dure plus ou moins longtemps ; celui des mines de LERCARA demandait environ une heure pour la mise en pression, puis trois quarts d'heure pour permettre l'écoulement du soufre fondu.

Bien entendu l'adjonction de vapeur se fait progressivement :

un robinet de purge d'air laissé ouvert, permet son évacuation, puis on monte la pression de 1 1/4 atmosphère jusque 3 3/4.

Dès que la fusion est accomplie, on envoie la vapeur dans l'appa-

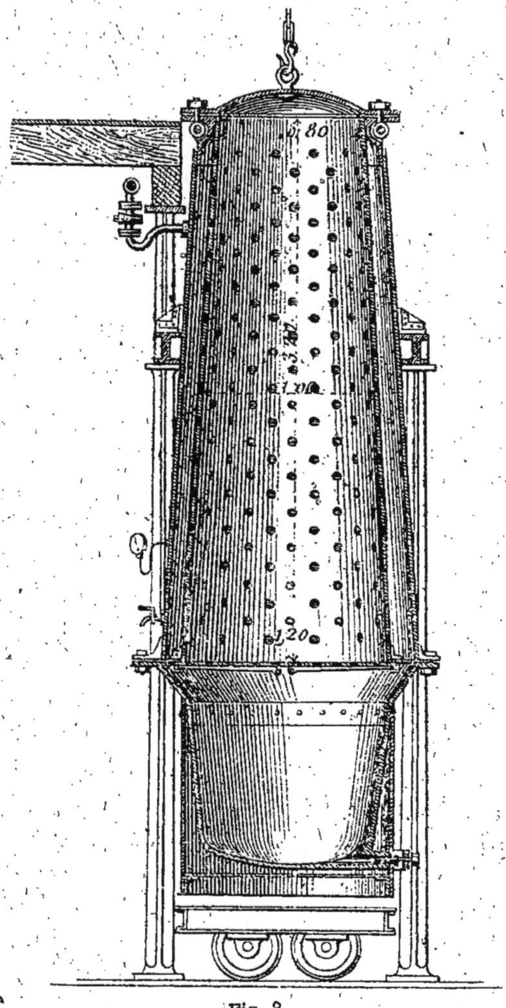

Fig. 3.

reil suivant, on coule dans des moules le soufre réuni dans le creuset puis on démonte les boulons d'assemblage afin d'enlever la partie inférieure mobile ; on amène alors à sa place un wagonnet dans lequel on fait tomber, par simple manœuvre des parties mobiles de la grille, le minerai épuisé ; on peut alors recommencer une autre opération.

Il convient de remarquer toutefois, que cette méthode, bien plus avantageuse que les précédentes puisqu'avec les minerais assez poreux et résistants la perte n'est que de 2 %, donne des résultats moins bons quand il s'agit d'une gangue argileuse et de minerai menu, car le soufre y est retenu et s'écoule avec beaucoup plus de difficultés dans le creuset.

Etant donné qu'on peut traiter environ 24.000 Ko par 24 heures avec une dépense d'environ 700 Ko de houille qui, par l'usage de charbon pulvérisé, serait susceptible d'être ramenée à 16 Ko % de soufre, le prix de revient est plus bas que dans les calcaroni.

Perfectionnements. — Des modifications et des perfectionnements divers ont été indiqués ; mais leur principe consiste toujours à augmenter le rendement grâce à la substitution du charbon au soufre comme combustible. De plus, l'électrification, qui sera réalisé pour 1929, réduira au minimum l'emploi de la main-d'œuvre qui représente encore actuellement 43 % du prix du soufre bien que la proportion de minerai extrait à l'épaule n'ait été en 1924 que 19 % au lieu de 81 % en 1900.

Signalons aussi :

Appareil pour fondre le soufre des minerais peu riches *P. P. Austin* (Br. Am.) U. S. of. P. n° 1.315.940, octobre 1918. Il comporte dans une chambre, close, munie de tuyaux radiateurs de chaleur, indépendamment de dispositifs permettant d'amener dans la chambre le minerai ; un tuyau d'introduction de vapeur surchauffée et de gaz, ainsi qu'un tuyau de dégagement. Le minerai est amené sur un diaphragme percé de trous ; un dispositif force la circulation des gaz à travers le diaphragme et le minerai.

Un procédé d'extraction du soufre, et appareil correspondant *W. D. Huff*, Br. Am. 1.317.625 juillet 1918.

Pour séparer le soufre de sa gangue, on plonge le minerai dans l'eau, puis on introduit la masse humide dans une chambre chauffée à la vapeur et fermée par un joint hydraulique. Le soufre fondu est recueilli au fond de l'appareil.

D'une manière générale il faut, dans les méthodes de ce genre, transporter du minerai, classer par grosseur, enlever les stériles des soufres, toutes opérations déterminant des frais de main-d'œuvre qui, malgré l'adjonction d'appareils mécaniques aux points les plus intéressants, contribuent à élever de façon notable le coût du soufre italien.

En Amérique, la question a été résolue par le procédé Frasch, dans les conditions telles, que le soufre extrait arrive sur les marchés européens à des prix lui permettant de concurrencer victorieusement son rival.

Purification du soufre

Le soufre, obtenu dans les procédés précédemment décrits, contient un certain nombre d'impuretés (chlorure de calcium, chlorure de sodium, sulfate de chaux) qu'il y a lieu d'éliminer.

Dans ce but, le mélange est envoyé dans des bassins de dépôt où il se décante peu à peu, puis la boue récoltée, et lavée, est envoyée dans les chaudières de fusion.

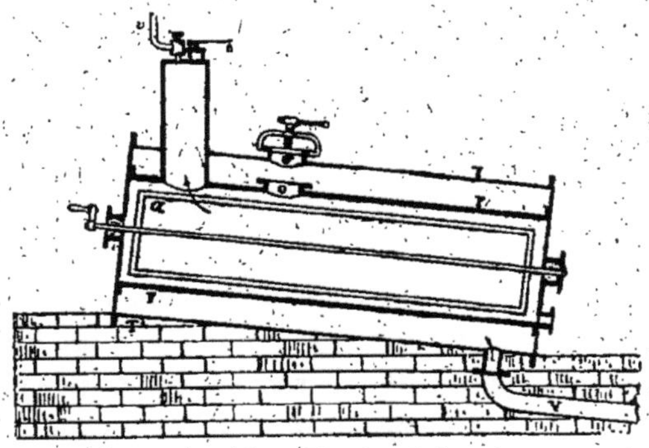
Fig. 4. — Purification du soufre.

L'appareil se compose de deux cylindres dont l'un, en tôle, TT entoure l'autre : celui intérieur, en fonte, est muni d'un agitateur à palettes.

On introduit d'abord le soufre brut par les ouvertures OO dans le cylindre intérieur, ensuite de la vapeur à 1 1/2 ou 2 K° injectée dans le cylindre extérieur, chauffe l'enveloppe du second, puis passe à l'intérieur de ce dernier par l'ouverture O et échauffe le soufre. Ce second cylindre est surmonté d'un dôme muni d'un robinet et d'une soupape de sûreté.

Pendant l'opération, l'agitateur est mis en mouvement ; une fois la température assez élevée le soufre fond. Après arrêt, il se réunit à la partie inférieure tandis que les autres matières restent dessus, en suspension dans l'eau ; il ne reste plus qu'à l'écouler dans des moules en se servant d'un orifice situé à la partie inférieure. L'arsenic étant entraîné avec le soufre, on a soin d'additionner un peu de chaux au fond afin de déterminer la production de polysulfure qui dissout le sulfure d'arsenic.

EXPLOITATION AMÉRICAINE

Procédé Frasch. — Il existe en Amérique, notamment au Texas et dans la Louisiane, de puissants dépôts de soufre très pur, jusqu'à 99 %, situés sous trois couches de terrain qui rendaient l'accès au gisement particulièrement difficile.

En 1890, M. Hermann Frasch [1] élabora un procédé d'exploitation très hardi consistant à forer un puits de dimensions telles qu'on pouvait y faire passer trois tuyaux concentriques garnis d'aluminium.

Le tuyau externe, allant jusqu'à la partie renfermant le soufre, devait y amener de l'eau portée à très haute température, de manière à le fondre.

Le second, situé à l'intérieur du premier, était destiné à l'évacuation du mélange de soufre fondu et d'eau bouillante.

Enfin, à l'intérieur de ce second tube, devait être placé un troisième par lequel viendrait de l'air comprimé.

Il fallut de longues années pour que les difficultés techniques soient vaincues ; en 1898 le rapport d'un ingénieur italien, de haute compétence, contenait même des conclusions nettement défavorables au sujet de l'avenir du procédé Frasch ; mais l'examen des statistiques données pages 42 et 61 montre, par les

---

[1] Voir bibliographie dans *Worden Technology of Cellulose Esters*, Vol. I, part. 2, page 1023.

résultats obtenus, que l'inventeur avait tablé sur un principe tout à fait juste permettant de travailler dans d'excellentes conditions économiques.

En somme, l'eau surchauffée, et à haute pression, fait fondre le soufre qui vient se rassembler au fond d'un puits situé sous la tuyauterie d'évacuation, et, la pression initiale, augmentée de celle de l'air comprimé injecté par le tube du milieu, permet l'évacuation au dehors. Ce mélange liquide est envoyé dans de grands bassins

Fig. 5. — Bâtiments des chaudières et tuyauteries conduisant l'eau chaude aux puits

ayant parfois 100 mètres sur 15 de large où, par refroidissement, le soufre se solidifie. Après quoi il est concassé et expédié.

MM. *Bacon* et *Wenrick*, de Pittsburg, ont breveté un procédé consistant à faire tomber le soufre à 115-130° sous forme de gouttes dans une solution de $CaCl^2$, afin d'obtenir des boulets en morceaux de dimensions convenables pour être manipulés facilement.

Pour donner une idée de l'importance de l'extraction *Frash*, signalons qu'il y a 130 générateurs de 156-300 HP chacun, chauffés à l'huile minérale et disposés par séries de 15 à 20 générateurs.

La consommation d'huile minérale est de 7 millions de barils par an, la consommation journalière d'eau 7 millions de gallons par jour, et la production annuelle de soufre dépasse 250.000 tonnes (chaque puits donnant 400 à 500 tonnes de soufre par 24 heures).

Au Texas, la *Freeport Sulphur Cy* travaille depuis 1913 par une méthode similaire à celle de *Frasch*; en outre dans le *Matagor do*, au Texas, et malgré d'énormes difficultés une installation a été

Fig. 6. — Puits en exploitation avec canalisations dans lesquelles passe le soufre fondu.

achevée en 11 mois et fonctionne depuis le 9 mars 1919, sa production maxima est de 1.000 tonnes par jour, elle peut selon les nécessités être doublée ou quadruplée.

Les figures ci-dessus que nous devons à l'amabilité de M. *Chabert*, représentant pour la France de la Société qui vend les soufres américains, représentent

• 1° Les usines de production de vapeur et d'eau chaude avec les tuyauteries la conduisant aux puits d'extraction après avoir été chauffée et pompée dans une des batteries figurées (fig. 5);

2° La disposition de forages dont deux déversent leur production dans un même champ (fig. 6);

3° L'aménagement dans lequel est déversé le soufre qui, refroidi...

Ceux-ci viennent se ranger le long du pont sur lequel circulent les wagons apportant le soufre.

Celui-ci, d'une pureté remarquable, est vendu sur la base de 99 % mais se livre couramment à 99,5 ou même jusque 99,9 % si l'on ne tient pas compte de l'humidité, tandis que le soufre de Sicile contient une proportion d'impuretés notablement supérieure.

Fig 8. — Après refroidissement la paroi démontable située le long de la voie ferrée est enlevée et le personnel procède au chargement dans les bennes de la grue.

Certains soufres américains renferment une trace de pétrole, mais cela ne constitue pas un inconvénient bien notable pour la presque totalité des applications.

Statistique. — Le soufre produit ainsi aux Etats-Unis (by *A.E. Wells*) *U. S. Biological Survey*, a suivi la progression ci-après :

Années	Extraction (En tonnes)	Expédition (En tonnes)	Exportation (En tonnes)
1909	273 983	253 288	
1910	247 060	250 919	
1911	250 066	253 795	
1912	787 735	305 390	
1913	491 080	319 333	
1914	417 690	341 985	
1915	520 582	293 803	
1916	649 683	766 835	
1917	1 134 412	1 120 378	152 736
1918	1 353 525	1 266 709	131 092
1919	1 190 575	678 257	224 712
1920	1 255 949	1 517 625	477 450
1921	1 879 150	954 344	285 762
1922	1 830 942	1 343 624	487 969
1923	2 036 097	1 618 841	474 475
1925	1 431 810		573 889
1926	1 920 298		528 859

Les exportations sont réparties comme suit :

Europe .... 52 %
Canada .... 27 %
Mexique .... 2 %
Australie et Nouvelle-Zélande .... 13 %

En 1923 :

France .... 98 827 long tonnes
Allemagne .... 83 621   »
Australie .... 50 530   »
Angleterre .... 29 953   »

Débouchés. — Aux États-Unis en 1917, pour la fabrication
de l'acide sulfurique on aurait employé 463.364 long tonnes
(1.016k g.) de soufre indigène et 20.463 de soufre étranger ; par
contre, ils ont pu faire face à la consommation intérieure de
1 313 842 en 1925 et 1 576 991 en 1926.

On s'en sert énormément pour la fabrication du papier.

Les débouchés agricoles représentent 35.000 à 40.000 tonnes
par an, provenant de l'Union Sulphur Co's mine at Sulphur. La The
Freeport Sulphur C° at Freeport Texas.

Texas Gulf Sulphur C° at Matagordo Texas, dans la Gulf Coast
région.

Brevets. — Signalons, en passant, parmi les brevets se rattachant à la méthode américaine.

R. P. Parry, Br. Am. N° 1.285.358, dans lequel le gisement de soufre est soumis à l'action d'eau surchauffée, qui provoque la fusion du minerai et l'ascension du soufre fondu. Ce dernier est pulvérisé dans un milieu qui le refroidit brusquement, et le livre sous forme de petits globules.

L'application de la force centrifuge a été brevetée par *Sedgwick* (Br. Am. 1.318.045, Oct. 1917) qui chauffe les minerais sulfurés puis turbine pour séparer le soufre liquéfié.

Procédé par distillation

Lorsque le minerai ne contient que peu de soufre, comme c'est le cas aux environs de Naples, on emploie la méthode de distillation.

Le soufre, mélangé naturellement aux matières inertes, est chargé dans des pots en grès disposés dans les fours, et reliés par un conduit avec d'autres pots situés à l'extérieur.

Par chauffage, le soufre se volatilise et se condense dans les récipients situés à l'extérieur ; ce procédé est d'ailleurs assez coûteux.

Raffinage du soufre. — Etant donné la façon rudimentaire dont il a été préparé, le soufre obtenu dans les calcaroni renferme des impuretés, notamment des produits bitumineux qui lui donnent un aspect noirâtre, aussi est-on obligé de procéder à des opérations de raffinage dans certains ports du pays consommateur.

L'installation comporte une première chaudière D située au-dessus d'un four, sur la maçonnerie. Le soufre introduit y fond et coule dans une autre chaudière B située dans le four mais à une certaine distance du foyer, parfois une seconde chaudière est placée à côté.

Sous l'action de la chaleur, il se vaporise, et les vapeurs passent dans des chambres de condensation de grande capacité (ordinairement 12 mètres de long, 8 mètres de larges, 8 mètres de haut) construites en matériaux légers, et munies d'orifices qui peuvent être fermés à la partie supérieure et à la partie inférieure ; de plus, des portes pratiquées Q sur le côté permettent le passage du per-

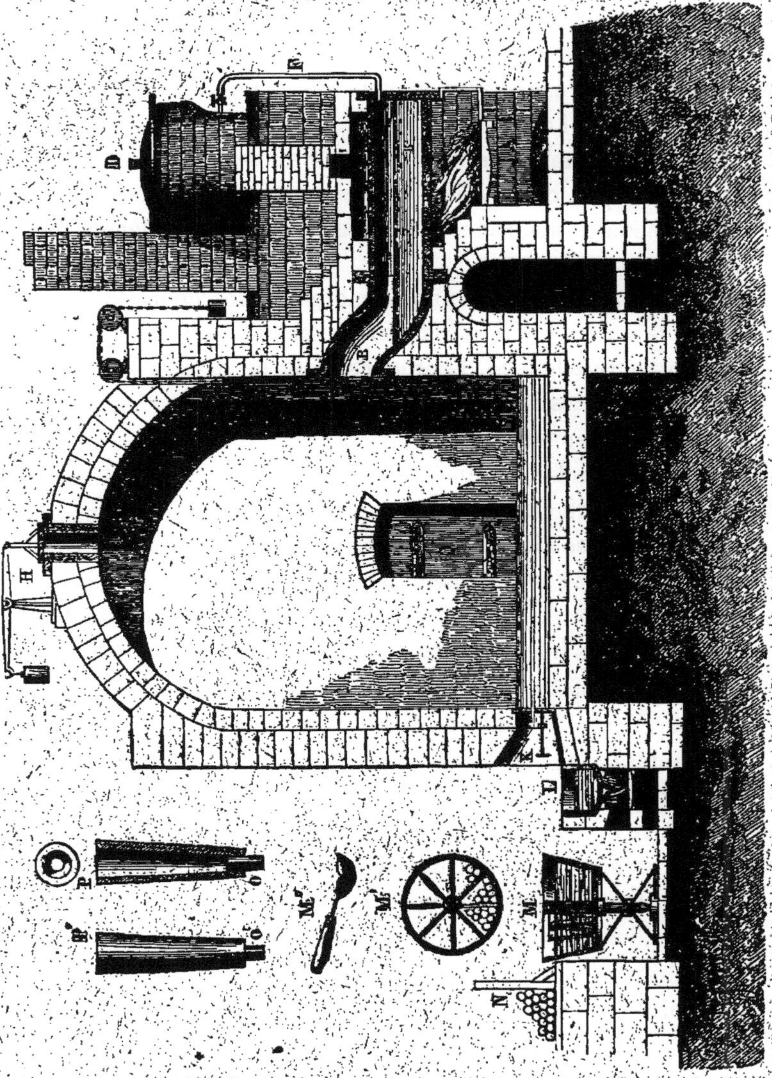

Fig. 9. — Raffinage du soufre.

sonnel et des ustensiles nécessaires pour l'enlèvement des produits.

Dans ces chambres on obtient les principaux produits commerciaux :

I. — A la partie inférieure, si les parois se sont échauffées, le soufre subit une fusion, coule au bas et, suivant le sol qui est incliné, arrive à l'orifice de sortie K et s'écoule dans une chaudière L d'où on la transvase avec la cuillère, M', dans des moules OP OP refroidis : par l'eau placés dans un récipient MM', c'est le *soufre en canons*, que l'on accumule en N.

II. — D'ordinaire, on conduit le travail de façon à obtenir de la *fleur de soufre*, constituée d'un noyau de soufre cristallisé enveloppé de soufre amorphe, ce dernier est insoluble dans le sulfure de carbone.

III. — Dans les parties un peu moins froides de la chambre, on récolte le *soufre sublimé cristallisé* ; celui-ci est soluble dans le sulfure ; naturellement, la proportion de ce dernier est plus considérable dans les parties de la chambre les plus proches du conduit amenant les vapeurs.

IV. — Ce soufre sublimé est passé dans des sasseurs qui le tamisent et permettent d'obtenir la finesse plus ou moins grande requise pour les différentes applications.

V. — Enfin, à l'endroit même où le conduit arrive dans la chambre, la chaleur étant la plus grande il y a eu fusion partielle donnant naissance à des blocs plus ou moins gros dénommés *soufre candi*.

VI. — Ce *soufre candi*, écrasé sous des meules, subit à son tour des opérations de tamisage avant d'être livré au commerce. Il est moins pur que les deux qualités précédentes (2 à 5 °/₀ d'impuretés) et moins apprécié en agriculture.

Signalons, en passant, que les opérations de mouture, et de classement par tamisage, s'effectuent également sur le soufre américain pour lui donner l'aspect exigé par le commerce.

Nous n'insisterons pas sur les différentes catégories de soufre qu'on prépare pour les besoins agricoles, étant donné que cela dépasserait le cadre de notre sujet, bornons-nous à dire que, dans la fabrication de l'acide sulfurique, on n'a pas besoin de soufre spécialement raffiné, mais on choisit naturellement la qualité qui, au meilleur prix, renferme le moins d'impuretés et, pour s'en rendre compte on se livre à des essais chimiques que nous indiquerons ultérieurement.

Procédés par dissolution

Le dissolvant le plus intéressant pour cette opération est le sulfure de carbone, mais il est généralement appliqué aux soufres d'une richesse assez grande, obtenus par un procédé tel que celui des calcaroni ou de la vapeur.

Le dispositif employé est celui usité de façon courante pour l'extraction des matières grasses.

De même que pour elles, le produit à extraire est disposé dans un récipient d'un chargement rapide et facile. Le plus souvent on établit une batterie de récipients de ce genre, en communication les uns avec les autres, dont on peut isoler, à tour de rôle, chacun des éléments au moyen d'un jeu de valves.

Au bas de chacun débouche une tuyauterie, amenant le sulfure de carbone contenu dans un réservoir en charge. Ce dernier est lui-même réuni avec un condenseur par surface.

La partie supérieure des récipients où se fait l'extraction, possède une tubulure de sortie par laquelle le sulfure de carbone, contenant le soufre dissous, est envoyé dans une chaudière munie d'un chauffage par serpentin de vapeur.

En pratique, on procède par épuisement méthodique, le sulfure de carbone frais arrivant sur les récipients les plus appauvris et continuant de manière à ce que, au moment d'être saturé, il rencontre les matières les plus riches. Après passage dans un nombre convenable d'extracteurs, dont le nombre varie avec leur dimension et la nature du travail, la dissolution obtenue est envoyée dans une chaudière munie d'un serpentin de vapeur. Par chauffage, le sulfure de carbone distille, va dans un condenseur muni de serpentins refroidisseurs d'où il coule dans le collecteur, prêt à rentrer en service. Le soufre récolté dans l'appareil à distillation est soutiré au moyen de robinets situés à la partie inférieure, et coulé dans des moules.

La perte serait, d'après les auteurs, de 0,5 de soufre et celle en sulfure de carbone 0,8 %.

Au Congrès de Chimie de Palerme en 1926 le Dr *Galetti di S. Cataldo* a décrit une méthode d'extraction par SO^2 liquide.

SOUFRE DES MATIÈRES ÉPURANTES

Dans la fabrication du gaz d'éclairage, le mélange obtenu en distillant la houille est soumis à une série de purifications physiques et chimiques destinées à enlever successivement un certain nombre de produits toxiques ou de particules en suspension.

Des matières dites épurantes, sont employées pendant la phase du traitement où il y a lieu de récupérer les composés sulfurés à divers états ; elles peuvent être de composition variable. En France, la masse, dite de *Laming*, est un mélange de sciure et de sulfate de fer, auquel a été ajoutée une quantité de chaux calculée pour précipiter tout l'oxyde de fer, l'épaisseur du lit peut atteindre jusqu'à 70 centimètres, selon le nombre de couches.

En Angleterre, on fait souvent usage de couches d'oxyde de fer granuleux de 10 à 12 centimètres d'épaisseur. Un épurateur contient 4 à 6 étages superposés.

Il se produit une série de réactions successives :

L'oxyde de fer hydraté, en présence de l'hydrogène sulfuré, donne du sulfure de fer et du soufre :

$$Fe^2O^3 + 3H^2S = 3H^2O + 2FeS + S$$

ces produits sont à l'état plus ou moins hydraté. La puissance d'absorption de la masse s'atténue avec le temps de marche, on la retire alors des appareils, on l'humecte d'eau, puis on l'étale en couches minces à l'air, ce qui provoque une oxydation du sulfure de fer avec revivification de sesquioxyde de fer et mise en liberté de soufre

$$2FeS + O^3 + 3H^2O = Fe^2(OH)^6 + S^2.$$

Le mélange prêt à reservir est remis dans les appareils puis ces opérations successives sont répétées jusqu'au moment où la proportion de soufre est devenue très grande, et l'efficacité de la masse récupérée trop faible pour que de nouveaux traitements puissent être effectués.

On se sert fréquemment aussi d'oxydes de fer hydratés qui se trouvent à l'état naturel dans bon nombre d'endroits : en Flandre, au Danemark, en Norvège, etc.....

On a étudié d'autres moyens de séparer l'hydrogène sulfuré des gaz qui les renferment, et la *Badische Aniline et Soda Fabrik* dans son brevet allemand n° 382.292, du 2 juillet 1916, effectue le lavage des gaz à purifier au moyen de composés de l'acide ferrique, partiellement en solution, partiellement en bouillie, en présence d'alcalis ou des corps à réaction alcaline en milieu aqueux, avec revivification concomitante ou ultérieure, à l'aide d'un courant d'oxygène ou d'air, du composé de fer réduit au minimum d'oxydation.

Le procédé *Hafloer*, dont on a parlé récemment, consiste à pulvériser de l'oxyde de fer dans le courant de gaz à épurer.

Composition des masses épurantes. — Étant donné l'énorme quantité d'usines à gaz existant dans les divers pays, les quantités de soufre, contenu dans les masses épurantes, se chiffrent par des quantités formidables, surtout en Angleterre, en Allemagne, en France, et aux États-Unis.

Le produit ainsi récolté, connu dans le commerce sous le nom de crud-ammoniac, est granuleux, d'une couleur foncée variant du gris sale au bleu sombre ; il renferme, non seulement du soufre, mais un certain nombre d'autres produits dont les proportions varient de façon très sensible suivant la nature de la masse épurante employée et le nombre de revivifications.

Soufre	depuis	30 %	jusqu'à	65 %
Hydrate ferrique	»	9 %	»	20 %
Matières ligneuses	»	1,14 %	»	9,5 %
Carbonate de chaux	»	1,04 %	»	10 %
Sulfocyanure	»	1 %	»	4,5 %
Ferrocyanure	»	traces	»	0,64 %
Bleu de Prusse	»	»	»	1,7 %
Sulfate de chaux	»	»	»	3 %
Matières goudronneuses	»	0,55 %	»	1,22 %
Insolubles dans les acides	»	3 %		
Humidité	»	4,5 %	»	9 %

Le crud-ammoniac peut servir de matière première pour :
L'extraction du soufre,
La fabrication de l'acide sulfurique,

Des industries diverses (ferrocyanures, etc.).

Des applications agricoles.

Dans le présent chapitre nous ne nous occuperons que de l'extraction du soufre.

La masse, épuisée par l'eau tout d'abord, peut être soumise ensuite à d'autres traitements, tels que distillation au moyen de la vapeur d'eau surchauffée. Un mode opératoire consistait à la répartir sur des plaques en tôles perforées logées dans des cornues en fonte réunies d'une part avec l'appareil producteur de vapeur surchauffée et, d'autre part, avec un barillet contenant de l'eau. Après chauffage préalable de la cornue, on injectait la vapeur dont une partie se condensait avec le soufre entraîné dans le barillet, tandis que le reste dirigé dans un barboteur chauffait de l'eau qui pouvait resservir ensuite.

Un procédé, à froid, a été indiqué par le Journal « Le Gaz » (mars 1921), les matières épuisées, ayant servi à l'épuration du gaz d'éclairage, sont additionnées, à froid, d'une solution de sulfure d'ammonium neutre qui dissout le soufre, les sulfocyanures et une partie du bleu de Prusse à l'état de ferrocyanure d'ammonium. L'oxyde de fer est transformé en sulfure double de fer et d'ammonium.

On soumet la solution à l'action de la vapeur d'eau qui entraîne le sulfure d'ammonium dont la majeure partie peut être utilisée pour une nouvelle opération. Le liquide résiduaire contient du ferrocyanure, du sulfocyanure, et du soufre en suspension, que l'on sépare par filtration.

Le résidu solide est délayé dans le liquide résiduaire, séparé du soufre précipité, puis la bouillie traitée à l'ébullition par la chaux laisse dégager l'ammoniaque que l'on recueille par les procédés habituels. En même temps les dernières traces de bleu de Prusse sont solubilisées à l'état de ferrocyanure de calcium. Toutes ces opérations sont effectuées à l'abri de l'air.

Après traitement à la chaux, la masse obtenue est filtrée ; la solution contient des ferrocyanures et sulfocyanures de calcium que l'on traite par les moyens connus ; le résidu est formé de sciure de bois, etc... qui, après oxydation à l'air, peut servir à nouveau comme masse d'épuration.

Une partie du soufre peut être combinée avec l'hydrogène de gaz à l'eau pour former de l'acide sulphydrique que l'on absorbe dans l'ammoniaque pour donner le sulfure d'ammonium neutre.

L. Hoffmann (Br. All., 3?5.867, 26-2 1921) retire le soufre et le goudron des matières épurantes du gaz par un dissolvant des deux tel que le CS^2. Il distille ensuite ce dernier en présence d'une solution aqueuse d'un sel indifférent tel que du sulfate d'alumine de $d = 1,3$, qui est plus dense que le goudron et plus léger que le soufre. Une fois le CS^2 enlevé on laisse déposer le soufre et on décante.

La *Badische Anilin und Soda Fabrik* (Br. All., 357.033 25-3 1919) vaporise le soufre de masses d'épuration à température élevée en faisant passer des gaz indifférents qui l'entrainent. La condensation a lieu à température plus basse mais cependant dépassant le point de fusion.

M. Razous, auquel nous devons des études si intéressantes sur la récupération et l'utilisation des sous-produits, déchets, et résidus provenant des industries chimiques s'exprime ainsi dans un article publié dans l'*Industrie Chimique* (1919, page 103) :

Extraction du soufre des masses épurantes. — Le soufre enlevé par dissolution méthodique dans le sulfure de carbone ou les huiles légères de houille est purifié ensuite par la distillation dans des cornues en fonte.

En Allemagne et en Angleterre on transforme une grande partie de ce soufre en acide sulfurique.

A Pierrefitte on a utilisé d'abord le xylène comme dissolvant du soufre, puis le sulfure de carbone. Les procédés *Bécigneul* consistent :

1° A désulfurer les matières d'épuration par lixiviation au sulfure de carbone ;

2° A purifier la solution sulfocarbonique de soufre par filtration sur du noir animal ;

3° A distiller le dissolvant, qui laisse comme résidu du soufre pur.

Le résidu, après épuisement, est livré aux fabricants de cyanures ; mais, avant son évacuation des appareils, on le soumet à l'action d'un courant de vapeur d'eau qui entraîne le reste de sulfure de carbone.

La solution de soufre est passée, en vase clos, à travers une couche de noir animal pour arrêter les matières goudronneuses. Le noir hors d'usage peut être, avant sa sortie du filtre, débarrassé par la vapeur d'eau de toute trace de CS^2.

La solution sulfocarbonique épurée est dirigée dans la chaudière d'un appareil distillatoire contenant une masse d'eau maintenue à 70° ; elle y pénètre par de très petits orifices ; le sulfure de carbone vaporisé se rend à des appareils de condensation. Il rentre ensuite dans la fabrication. En même temps, le soufre s'accumule au fond de l'eau.

Les sorties des gaz des appareils doivent être munies de barbotteurs à huile de vaseline, qui dissout le sulfure de carbone. Celui-ci s'enflammant à partir de la température de 120°, on ne doit introduire dans le bâtiment que de la vapeur d'eau détendue à 0 kg. 600 grammes, ce qui correspond à la température de 114°.

Les déplacements du dissolvant sont réalisés par l'air comprimé, en interposant une couche d'eau qui empêche sa vaporisation.

Brevets divers. — *Hunt et Gidden* (Br. Angl., 8.097), chauffent la masse près du point de fusion du soufre, soumettent à un traitement par l'acide sulfurique de densité 1,60 et extraient le soufre du résidu par un solvant. Ils prévoient aussi l'extraction du soufre d'abord par le solvant.

La *Société d'Éclairage chauffage et force motrice* (Br. fr., 454.990) emploie les huiles de houille (bouillant de 150-190) à 100 qui dissolvent 40 % de la matière d'épuration. Le reste est converti en sulfocyanure.

Ciselet et Guide (Br. All., 288.767) fixent le soufre contenu dans le gaz d'éclairage au moyen d'hydrate ferrique précipité, puis, une fois la masse suffisamment riche, ils dissolvent l'hydrate ferrique dans SO^4H^2 ou HCl, après quoi on extrait le soufre et le ferrocyanure par les méthodes connues.

Espehahn (Br. Aust., 5.771 15-11 1919) récupère SO^2 contenu dans le gaz en le lavant avec une solution d'hyposulfite de soude, ce qui donne naissance à des tri, tétra et pentathionates.

En chauffant une partie de la solution il y a dégagement de SO_2, mise en liberté de soufre et production de sulfate de soude. Celui-ci, réduit par le charbon, donne du sulfure que l'on fait réagir sur le reste de la solution, de façon à redonner de l'hyposulfite.

Les produits sulfurés contenus dans le gaz de houille débarrassé de l'ammoniaque, sont récupérables en lavant ce dernier avec de l'eau contenant SO_2. Les eaux de lavage contenant des acides thioniques sont concentrées par évaporation, pendant cette opération SO_2 se dégage et le soufre se sépare (*Behrens*, Br. All., 300.036, 16-11, 1915).

Le soufre des usines à gaz est purifié par traitement au sulfure de carbone et agitation en présence de SO_4H_2 concentré (*J. Hood*, Br. Ang., 155-692). La solution décantée peut être filtrée sur de l'alumine ou de la bauxite calcinée.

UTILISATION DES SULFURES ET POLYSULFURES

Marcs de soude. — Au premier rang de ceux-ci se trouvent les marcs de soude, qui contiennent des composés de soufre et de calcium à divers états de combinaison entre eux ou avec l'oxygène.

Rien qu'en Angleterre on estime que le soufre obtenu avec les marcs de soude par la méthode Chance-Claus représente 20 à 30.000 tonnes.

Ces marcs sont des sous-produits encombrants provenant de la fabrication du sulfate de soude par le procédé Leblanc.

Comme on le sait, les opérations industrielles qui le caractérisent sont les suivantes :

1° Production de sulfate de soude par traitement du sel marin par l'acide sulfurique effectué en deux phases. — La première, effectuée dans la cuvette en fonte des fours, donne du bisulfate de soude et de l'acide chlorhydrique.

$$SO_4H_2 + NaCl = SO_4NaH + HCl$$

puis le bisulfate réagissant sur une nouvelle quantité de sel marin sur la sole du four forme :

$$SO^4NaH + NaCl = SO^4Na^2 + HCl.$$

Cette réaction est également réalisable dans des fours tournants.

Le sulfate de soude peut être utilisé pour différentes applications dont les plus importantes sont la verrerie et la fabrication du carbonate de soude.

Cette dernière a, pendant de longues années, été effectuée par le procédé LEBLANC ; nous ferons remarquer que, bien que le procédé SOLVAY, concurrent du procédé LEBLANC, ait pris une extension considérable et l'ait remplacé dans pas mal d'endroits, ce dernier n'en continue pas moins à être exploité dans de nombreuses contrées où les conditions économiques régionales lui permettent encore de lutter avec succès.

2° **Production de carbonate de soude.** — Le procédé LEBLANC mettait en présence, du sulfate de soude, du carbonate de chaux et du charbon ; dans des fours, sous l'action de la chaleur, il s'effectuait une série de réactions spéciales donnant naissance à de nouveaux composés chimiques qui réagissaient à leur tour les uns sur les autres.

La réaction la plus intéressante à réaliser est évidemment la suivante :

$$SO^4Na^2 + C^2 + CO^3Ca - CO^3Na^2 + CaS + 2CO^2.$$

Dans la pratique, on désigne, sous le nom de *charrées de soude*, les produits très encombrants qui restent comme résidus après que la masse sortant des fours a subi des épuisements successifs par l'eau.

Ces charrées sont très gênantes, d'abord à cause de leur volume ; puis parce que, sous l'influence des agents atmosphériques, elles subissent une série de modifications chimiques provoquant un dégagement d'hydrogène sulfuré en même temps que la formation de sulfures complexes. Les liqueurs jaunes, malodorantes et toxiques, qui les contiennent infectant les cours d'eau dans lesquels on les déverse, on s'est évertué à trouver des moyens d'en retirer la plus grande partie du soufre qu'elles renferment.

Les procédés employés ont pour résultat :

1º Une transformation de CaS insoluble en produit soluble, cela généralement sous l'action de l'air ;

2º L'hyposulfite et les polysulfures formés sont dissous et enlevés par lavage ;

3º Les lessives obtenues sont traitées par des acides, ou produits provoquant la précipitation de soufre, avec dégagement simultané de gaz sulfurés qui rentrent dans une autre phase du traitement.

Procédé Chance. — Il est basé sur la réaction suivante :

$$CaS + CO^2 + H^2O = CO^3Ca + H^2S.$$

L'acide carbonique obtenu par un procédé convenable (calcination du carbonate de chaux dans les fours à chaux, combustion du coke, fermentations diverses, etc...) est envoyé sur les marcs passés au tamis de 0,006, mis en suspension dans l'eau, contenus dans sept récipients successifs ayant ordinairement 1 mètre de diamètre sur 4 m. 40 de haut et réunis par des tuyaux. Il se forme d'abord :

$$2CaS + H^2O + CO^2 = Ca(SH)^2 + CO^3Ca.$$

Puis, dans les récipients suivants, le sulfhydrate de calcium réagit à son tour sur une nouvelle quantité d'acide carbonique en donnant :

$$Ca(SH)^2 + CO^2 + H^2O = CO^3Ca + 2H^2S.$$

L'hydrogène sulfuré obtenu peut être emmagasiné dans des gazomètres dont l'étanchéité est assurée par des huiles de pétrole. Pour contrôler la marche on dispose une lampe sur la sortie, quand le gaz s'enflamme c'est qu'il contient au moins 30 % H^2S, et on l'envoie aux gazomètres, s'il s'éteint, il convient de lui faire continuer le cycle d'enrichissement. Ce gaz H^2S peut aussi servir à la production du soufre ou de l'acide sulfureux, susceptible lui-même de transformation ultérieure en acide sulfurique.

La première est réalisable en l'envoyant, mélangé d'une proportion convenable d'air, sur une couche de briques réfractaires concassées, renfermées dans un cylindre de tôle doublé de briques réfractaires, puis sur un lit d'oxyde de fer chauffé au rouge sombre, de manière à réaliser :

$$H^2S + O = H^2O + S.$$

Le soufre se dépose en majeure partie dans une première chambre, il est coulé dans des récipients. Les vapeurs vont ensuite dans une seconde, divisée en deux compartiments, où se condensent d'abord la fleur de soufre, puis la vapeur d'eau. Les gaz échappés circulent ensuite dans une colonne d'absorption puis dans un absorbeur.

Nous aurons l'occasion de revenir un peu plus loin sur la seconde réaction, formation de SO^2.

L'utilisation du H^2S serait 90 % au minimum.

Procédé Société des produits chimiques du Nord. — Les charrées sont disposées dans des tranchées que l'on recouvre ensuite de terre, aménagées de façon à ce que les eaux de pluies, passées à travers, s'écoulent au moyen de conduits jusque dans un réservoir collecteur. La solution jaunâtre récoltée est élevée au moyen de pompes dans un bâtiment qui renferme des vieux paniers, ou dispositifs permettant un accès facile de l'air à travers la pluie de liqueur. L'oxydation réalisée modifie la proportion entre les constituants (sulfures, sulfhydrates, polysulfures, hyposulfites et sulfates) de telle façon que, sous l'influence d'une addition calculée d'acide, on détermine les réactions suivantes :

$$5H^2S + 5SO^2 = S^5O^6H^2 + 4H^2O + 5S$$
$$2H^2S + SO^2 = 3S = 2H^2O.$$

l'acide employé est l'acide sulfurique ; après le traitement le soufre, plus ou moins colloïdal, qui se trouve à la partie inférieure est écoulé et dirigé dans des bassins de décantation où, après dépôt, on l'enlève et on le met à sécher sur un terrain convenable ; comme il contient environ 20 à 30 % de sulfate de chaux on s'en sert d'ordinaire pour soufrer les vignes.

Procédé Chemische fabrik à Honingen. — On y applique les procédés SCHAFFNER et HELBIG ou celui de CHANCE et CLAUS précédemment indiqué.

Procédé Schaffner et Helbig. — Il consiste à faire agir le chlorure de magnésium sur le sulfure de calcium qui constitue la combinaison sulfurée la plus importante des résidus frais ; cette méthode est basée sur un principe intéressant : la suppression de l'emploi d'acide.

La réaction est la suivante :

$$CaS + MgCl^2 + H^2O = CaCl^2 + H^2S + MgO$$

puis, une fois l'hydrogène sulfuré parti, le chlorure de calcium et la magnésie soumis à l'action d'acide carbonique donnent :

$$CaCl^2 + MgO + CO^2 = CaCO^3 + MgCl^2.$$

Cette opération a lieu dans des cylindres verticaux à l'intérieur desquels les marcs sortant des lessivoirs sont projetés dans une solution de $MgCl^2$; on chauffe au moyen de vapeur, et un agitateur empêche le dépôt des parties solides ; la durée de l'opération est, d'après SOREL, de 4 heures. Les grands cylindres ont $3^m,60$ de diamètre et $2^m,10$ de haut, on y traite une quantité de 4.000 K° marcs par du chlorure de magnésium chaud à 25 % en utilisant la vapeur surchauffée. Avec $MgCl^2$ plus faible (de 1,15 au lieu de 1,20) et chauffage par serpentin, il faut 8 heures.

Pour effectuer la seconde réaction, on emploie de l'acide carbonique qui peut être impur et faible ; au besoin on peut se servir de celui provenant des générateurs.

Il vaut mieux utiliser CO^2 des fours à chaux qui contient ordinairement 25 à 26 % mais peut, en prenant des précautions convenables, comme choix du calcaire et marche de l'appareil, atteindre 32 à 35 %.

Enfin il est possible d'employer les gaz des fours à soude (16 à 22 % de CO^2).

Les meilleures conditions de marche seraient obtenues sous faible pression et à froid ; Messieurs CHANCE, dans leur Usine d'Olbury, mettaient 6 heures pour carbonater deux tonnes de marcs avec du gaz carbonique ne dépassant pas 20 %.

Une fois la réaction terminée, la chaux étant complètement carbonatée, les sels de fer se carbonatent à leur tour et la masse devient verdâtre, à ce moment on passe au crible sur lequel les matières étrangères restent tandis que le carbonate de chaux est passé au filtre-presse. Après lavage et séchage, il peut servir à nouveau pour la fabrication de la soude.

La perte en magnésie ne dépassait pas $1/2\ \%$ des marcs traités; toutefois le point délicat était la lenteur de la régénération du chlorure de magnésium.

L'hydrogène sulfuré récolté peut être partiellement brûlé pour donner de l'acide sulfureux qui, mis en présence d'hydrogène sulfuré dans une solution de chlorure de magnésium ou de calcium mettra le soufre en liberté — ou bien brûlé de façon complète et l'acide sulfureux produit envoyé dans les chambres de plomb.

Production SO^2. — Le H^2S mélangé de vapeur d'eau en est débarrassé par injection d'eau froide et condensation ultérieure, puis envoyé dans des petits tubes (25 mm. de diamètre) qui aboutissent à une plaque en fonte munie d'orifices d'admission d'air et située en face d'un foyer en briques réfractaires.

Le mélange SO^2 et vapeur d'eau, envoyé dans un gazomètre le cas échéant, et desséché s'il y a lieu, peut être dirigé dans un Glover.

Procédé Schaffner et Mond. — Les procédés basés sur le traitement des marcs par l'acide chlorhydrique étendu, de manière à obtenir de l'hydrogène sulfuré, avaient le grave défaut d'occasionner une dépense inutile d'acide, résultant de la présence, dans les marcs, d'une notable quantité de carbonate de chaux ($40\ \%$ du poids de Na^2S), et le procédé SCHAFFNER-MOND a été l'un des premiers imaginés pour éliminer d'abord ce carbonate.

Pour cela, ils s'évertuaient à transformer en produits solubles la totalité du soufre contenu dans le mélange.

Voici les réactions de leur procédé :

1° le sulfure de calcium, sous l'influence de l'oxygène de l'air, donne du bisulfure et de l'hyposulfite ; puis, une action ultérieure forme du sulfite de chaux, du sulfate et du soufre libre ;

2° l'acide carbonique et l'eau intervenant donnent naissance à du carbonate, du sulfate de chaux, sulfite de chaux, soufre libre insolubles et des sulfhydrate, hyposulfite, et polysulfure qui, étant solubles, peuvent être lixiviés. Comme une notable proportion du soufre reste dans le résidu, le procédé paraît peu économique.

Procédé Mond. — Il envoie, sur les marcs de soude contenus dans les lessivoirs, un courant d'air provenant des carnaux à fumée et contenant, par conséquent, de l'acide carbonique, ce sous une pression de 8 à 10 cm. de mercure.

Au bout de 10 à 12 heures la température est de 140°, on lessive les résidus ; un premier lavage donne des eaux marquant de 12 à 7 Baumé ; une oxydation ultérieure est effectuée et suivie d'un nouveau lessivage, cette fois on continue jusqu'à 1 ou 2 B⁶.

Les deux dissolutions sont mélangées en proportion convenable, amenées dans une cuve en bois où se trouve un agitateur, et portées vers 60° au moyen d'un jet de vapeur ; elles contiennent des polysulfures et de l'hyposulfite, dont on provoque la décomposition par de l'acide chlorhydrique. Le soufre précipité se dépose, ou se rassemble, tandis que les liqueurs épuisées sont évacuées par un trop plein partant du bas. On les examine afin de vérifier s'il existe réellement HCl en excès : pour cela une ajoute de liqueur jaune vierge doit donner une précipitation de soufre et sulfate ; le rendement le plus favorable serait de 30 °/₀ du soufre total.

Procédé Schaffner. — De même que les précédents, il a pour but d'économiser la dépense en acide muriatique.

Les marcs de soude sont, pendant quelques semaines, soumis à l'action de l'air, en renouvelant la surface par pelletage, de manière à obtenir la formation de polysulfures que l'on extrait par l'eau. Le résidu est soumis ensuite à un courant d'air chaud sous pression, qui provoque la formation d'hyposulfite : on lave à nouveau au bout de 8 à 10 heures, et on répète l'opération 2 ou 3 fois.

Les lessives obtenues, et mélangées, sont soumises à l'action d'acide muriatique dans deux chaudières contenant des eaux jaunes aux deux états d'oxydation, et permettant d'envoyer alternativement, et à volonté, les gaz de l'une dans l'autre.

Dans l'une d'elles, contenant une forte proportion de polysulfure, il se forme du soufre avec dégagement d'H^2S. D'autre part l'acide chlorhydrique attaquant l'hyposulfite donne du soufre et de l'acide sulfureux qui, réagissant sur les polysulfures, reforme de l'hyposulfite.

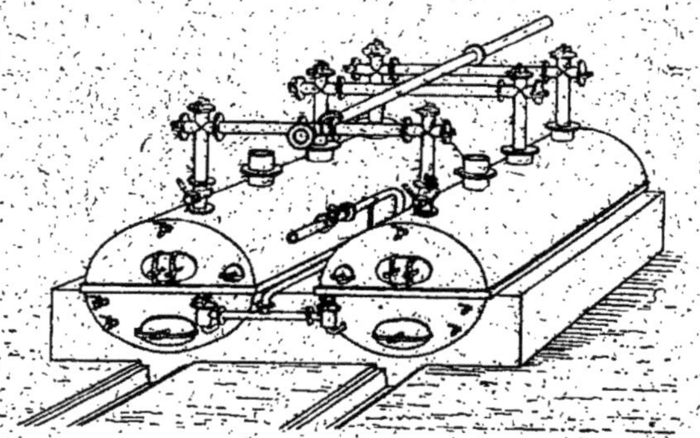

Fig. 10. — Appareil de Schaffner pour la préparation du soufre.

En somme, on provoque, par l'acide muriatique, un dégagement de SO^2 qui transforme, dans la liqueur fraîche, le sulphydrate et le polysulfure en hyposulfite ; avec deux chaudières, chacune à son tour sert de première.

Procédé Mactear. — Dans les deux premiers procédés indiqués on se sert de résidus frais mais, lorsqu'il s'agit de résidus anciens et des eaux qui en proviennent, la question est plus compliquée, étant donné les proportions très diverses des deux constituants intéressants, polysulfures et hyposulfites.

Après avoir essayé une variante du procédé Mond, l'auteur l'a modifié de la façon suivante :

Il prépare une solution d'acide sulfureux (à 1 1/2 Bé) et l'envoie au contact des eaux jaunes, en même temps qu'il additionne une petite quantité d'acide chlorhydrique en portant la masse à 63°. Par réglage convenable il évite tout dégagement de H^2S et obtient un rendement intéressant (85 %) qui a déterminé de nombreux fabricants anglais à l'adopter.

Brevets divers. — On a étudié également l'extraction de l'hydrogène sulfuré en partant des eaux résiduaires des appareils à ammoniaque. *E. Otto et Cy* G.m.b.h. ont breveté (D.R.P., n° 302.562, 3 juillet 1917) l'emploi de colonnes à réaction munies d'un dispositif de brassage (D.R.P., n° 299.621) dans lesquelles on introduit, par le haut, les eaux résiduaires à traiter, tandis qu'un mélange d'acide carbonique et de vapeur d'eau pénètre par le bas.

L'hydrogène sulfuré était ensuite transformé en soufre par les moyens connus.

Dans le Br. Ang. 181.019, *A. Damiens, M. de Lorsy et O. Piettu* (31-5-1922 dirigent l'hydrogène sulfuré dans une solution acide d'un sel ferrique (sulfate ou chlorure). Dans ces condition le soufre se précipite, et on le sépare par turbinage.

Le sel ferrique, ramené en sel ferreux, se régénère au moyen d'acide nitrique, ou nitreux, ce qui est accompagné d'un dégament d'oxyde d'azote donnant, à l'air, du bioxyde d'azote qu'on dirige dans l'eau pour redonner des acides nitreux ou nitrique.

UTILISATION DU SOUFRE DES SULFATES NATURELS

Pendant la guerre, les pays centraux ayant besoin d'énormes quantités d'acide sulfurique et ne pouvant se procurer les matières premières qui leur étaient nécessaires ont été amenés, non seulement à utiliser les matériaux sulfurés connus dont il a été question, mais encore à reprendre d'anciennes idées émises pour chercher leur mise au point industrielle.

Un des minerais les plus répandus dans la nature étant le sulfate de chaux, les efforts de leurs techniciens ont eu pour but d'en extraire l'acide sulfureux, l'hydrogène sulfuré, le soufre, ou même l'acide sulfurique à l'état de combinaison. Le secret le plus complet possible fut gardé pendant la guerre, mais, depuis, on a eu certains détails à ce sujet et la littérature chimique s'est enrichie d'un certain nombre de documents publiés sur leurs procédés ou sur ceux des autres nations :

Les inventeurs ont donc cherché les moyens de dégager le soufre existant dans la combinaison, sous forme de produit gazeux (H_2S, SO_2, ou SO_3) ou de produits susceptibles de leur donner naissance. Nous allons en examiner un certain nombre.

Nous verrons en outre, dans un chapitre du 2e volume, qu'une autre méthode consiste à provoquer une double décomposition permettant la formation de sulfates solubles.

En Allemagne on possède d'importants gisements d'anhydrite qui est plus riche que notre gypse, dans lequel il existe 20,9 % d'eau.

Première catégorie. — *Procédés de réduction par le charbon ou les hydrocarbures* avec ou sans addition d'air, de vapeur ou d'acide carbonique.

Les procédés par réduction donnent naissance à du sulfure de calcium qui peut être traité par l'un des procédés décrits pour les marcs de soude, notamment par la méthode *Schaffner-Helbig*. Dans ces dernières années, ils ont acquis une réelle importance industrielle.

En 1916 des essais furent effectués par la *Sulfur Gesellschaft* de *Drachenberg* ainsi que la *Deutsche Claus Sulphur Cⁿⁱᵉ* de *Benberg* (cette dernière traitait 30 tonnes de soufre par jour en 1917).

Sulfate et charbon. — Un mélange d'anhydrite (SO_4Ca) séchée et de poussier de charbon sec, était introduit dans un four rotatif porté à 400° C, pendant la réaction il se formait de l'acide sulfurique qui était entraîné en même temps que les poussières calcaires, tandis que le produit mis dans des barils et refroidi renfermait 70 % CaO.

On provoquait la formation de H_2S, sous l'action de vapeur à 70° C, jusqu'à élimination des dernières traces et le gaz était recueilli dans des gazomètres.

Ce dernier envoyé dans des chambres à mélange y rencontrait une proportion convenable d'air pour l'oxydation, puis le mélange se rendait dans des *fours de contact*, avec la Bauxite comme agent de catalyse. Le soufre, coulé dans des récipients refroidis, avait une pureté remarquable atteignant jusque 99,95 %.

Les gaz provenant des fours de contact se refroidissaient dans une chambre à poussière en abandonnant du soufre, après quoi on les évacuait par la cheminée (ils contenaient indépendamment de l'azote un peu de H^2S et SO^2).

Le procédé *Fischer* appliqué aux usines *Bernburg et Walbeck* de 1917 à 1921 comporte diverses phases :

I. Le sulfate de chaux anhydre concassé est traité au four rotatif en présence de charbon avec insufflation de gaz carbonés de façon à former du sulfure de calcium.

II. Ce sulfure introduit dans une lessive chaude de chlorure de magnésium dégage H^2S qui est recueilli dans des gazomètres

III. H^2S est envoyé dans les cylindres à garniture réfractaire des fours Claus où il passe à travers une grille d'argile réfractaire supportant une couche de bauxite portée au rouge naissant.

IV. En présence de l'oxygène, H^2S se décompose en formant du soufre, qui, fondu, coule dans des récipients en fonte d'où on le fait passer dans des chambres en maçonnerie.

Ce soufre est presque chimiquement pur (99 95 %).

Fin 1919 22.300 tonnes de soufre avaient été produites à *Bernburg* et *Walbeck*. Plus tard le procédé fut modifié afin d'obtenir directement SO^3.

A *Duisbourg* la réduction du sulfate de chaux était effectuée dans des fours tournants, au moyen du coke.

Sulfates et charbon. — Avec le sulfate de chaux, à 100° la réduction commence, mais elle est beaucoup plus rapide vers 700 en donnant CaS.

$$CaSO^4 + 3C = CaS + CO^2 + CO$$

Les rendements dépendent, dans une certaine limite, des conditions de travail.

La même réaction est applicable aux sulfates de Strontium et de Baryum ; pendant la guerre on l'a d'ailleurs utilisée pour faire BaS qui servait, simultanément avec CO^3Ba, pour la préparation du nitrate.

Dans le cas du Sulfate de Magnésie, indépendamment de CO^2 et CO, il se produit SO^2 qui réagit sur CO en même temps qu'il se forme :

$$2SO^4Mg + C = 2MgO + 2SO^2 + CO^2$$

Cette réduction a été étudiée par *Althummer* (Kali, 1924, p. 112).

Avec quantités équivalentes elle est presque complète à 750° et la présence d'une quantité élevée de carbone améliore le rendement. Le gaz d'éclairage et l'oxyde de carbone réduisent à 700°, l'hydrogène à 650.

F. Siemens (Br. all. 336.283 — octobre 1919) produit SO^2 en partant de sulfate de magnésie, ou de sels doubles de magnésie, qu'il traite dans un four continu en présence de charbon ou d'un réducteur analogue.

Une fois la réduction achevée, le produit obtenu est additionné de $MgCl^2$ et chauffé dans une autre partie du four pour l'oxyde ou le chlorure.

L'Aktiengesellschaft für Anilin Fabrikation, Br. allemand n° 308.715 — 4.11.16, a indiqué une méthode d'obtention de soufre en partant du charbon, du plâtre et du gaz sulfureux basée sur le fait que la température requise est obtenue par combustion partielle du charbon à l'intérieur de la chambre de réaction.

II. Sulfates et composés du carbone. — Le *Metallbank und Metall. gesellsch.* (Br. all., 334.247, novembre 1916) chauffe un mélange de sulfate et de combustible, sans fondant, dans un four de hauteur réduite, afin de permettre l'extraction du résidu pouvant avoir subi un commencement de fusion. L'épaisseur de la couche de mélange, et l'introduction d'eau, sont réglés de façon à ce que la partie supérieure de la masse ne soit pas au rouge, et que la majeure partie du soufre distille sans brûler.

En présence du méthane, la réduction se produit vers 800 à 1000°, elle est fonction du temps.

$$CaSO^4 + CH^4 = CaS + CO^2 + 2H^2O$$

mais vers 1.200 à 1.300° il y a production de CaO

$$CaS + H^2O = CaO + H2S$$

et, en introduisant un excès de vapeur d'eau, on réalise cette dernière réaction, cependant à son tour H_2S peut donner naissance à SO_2 et S selon la proportion de vapeur et la température.

Apparate Vertriebs Gesellschaft (Br. All. 304.231, 14 juillet 1916) effectue la réduction du sulfate par des carbures d'hydrogène à une température comprise entre 850 et 1.050°, et traite les sulfures obtenus par des gaz contenant CO_2, afin d'obtenir H_2S.

Dans son brevet d'addition n° 306.352 Dem. le 30-11-1917, la même Société, au lieu de réduire comme l'indique le brevet principal, par des carbures d'hydrogène seuls, le fait par CO, seul ou mélangé d'H et de carbure d'hydrogène.

The *Grasselli Chemical Company* (Br. fr., 562.599) a breveté un procédé de fabrication consistant à mettre en suspension un sulfate métallique dans une atmosphère réductrice à température élevée. Voici quelques-uns des modes d'exécution :

I. Le sulfate porphyrisé est introduit, soit seul, soit avec une partie ou la totalité du combustible, dans une atmosphère réductrice obtenue au moyen d'un combustible solide, liquide ou gazeux ou leur combinaison.

II. Un mélange de sulfate porphyrisé avec un combustible solide en poussière fine, est injecté dans une chambre de combustion avec la proportion d'air convenable.

III. Le sulfate métallique peut être alcalin ou alcalino-terreux.

IV. L'atmosphère réductrice est constituée par un fluide en mouvement.

V. Cette atmosphère est lavée pour en retirer le sulfure.

VI. Elle est préalablement refroidie.

VII. On récupère la chaleur des gaz et, après enlèvement du sulfure, l'atmosphère réductrice est utilisée comme combustible.

Le Br. allemand *Bambach* n° 304.382. Fév. 1915. s'applique à la fabrication de SO_2 par décomposition de sulfates alcalino-terreux. La chaleur nécessaire est fournie par la combustion sans flamme d'un mélange de gaz et d'air, à l'intérieur même de la masse à traiter. Le SO_2 peut être ultérieurement utilisé pour préparer du soufre ou SO_4H_2.

La *Badische Aniline et Soda Fabrik* a pris une série de brevets ayant pour objet la production du soufre en partant du sulfate de chaux.

Br. all., 301.682 — SO_2 provenant de la décomposition du sulfate est mélangé à CO ou des gaz le renfermant, le tout en présence de coke ou charbon au rouge.

Br. all., 302.433. Dem. le 21 Sep. 1916.

On insuffle SO_4Ca dans un mélange -combustible ; on peut l'ajouter à l'air d'un four à cuve et régler la hauteur de charge dans le four pour que la réduction de SO_2, produit au début, puisse s'accomplir pendant la montée des gaz.

B. A. S. F. Br. all., 306.313 6/11 1915. Les sulfates finement pulvérisés et mélangés au combustible, traversent des flammes oxydantes étendues en longueur, l'air introduit subit une chauffe préalable. Si l'on désire pousser l'oxydation au delà de SO_2 on en augmente la proportion d'air ; une adjonction de silice facilite la réaction.

Br. all., n° 301.682 du 4-11-16.

Le sulfate de calcium est décomposé par la chaleur, puis, le gaz sulfureux réduit soit au moyen d'oxyde de carbone, soit par du coke au rouge ou du charbon.

N° 302.471, Nov. 1916, addition au n° 301.682.

Au lieu des gaz contenant CO, ou avec eux, on envoie de l'oxygène ou de l'air dans la chambre de réduction renfermant le coke ou le charbon ; on dirige sons le foyer un excès d'air tel que les gaz, quittant la zone de combustion et entrant dans celle de réduction, contiennent encore une proportion notable d'oxygène.

Dans le Br. all., n° 305.123, les gaz qui se forment par chauffage du sulfate avec le charbon en présence d'air, une fois débarrassés du soufre élémentaire, sont oxydés par de l'air sur une masse catalysante. On obtient ainsi du SO_2. Cette masse catalysante est, dans l'espèce, de la brique réfractaire imbibée de sel de fer. Elle est préalablement chauffée, après quoi la chaleur de réaction suffit à maintenir la température.

Br. all., n° 303.512. Dem. le 29 Sept. 1917.

Procédé permettant de rendre utilisable le soufre des sulfates naturels, en particulier celui du gypse, caractérisé par le fait, que les gaz résiduaires, obtenus lors de la préparation du soufre par chauffage des sulfates avec des matériaux combustibles et de l'air, après avoir été débarrassés du soufre élémentaire, et alors qu'ils contiennent encore des combinaisons du soufre, sont envoyés avec de l'air sur des substances préalablement chauffées, agissant catalytiquement et donnant SO_2.

306.312 du 24-12 1926.

La chambre de réduction est maintenue à 700° C ou à une température plus élevée ; elle reçoit directement le gaz sulfureux venant de la chambre de décomposition. En déshydratant d'abord le sulfate de chaux, ou bien en le mélangeant avec de l'anhydrite, on peut doubler le rendement en soufre.

III. Sulfates, charbon et vapeur. — L'expérience a montré que le sulfate, traité par le charbon et la vapeur à 1200°, donne CaO, du soufre et de l'acide sulfureux. L'action est plus rapide à 1300. *Bambach* (Br. all., 371.978, avril 1918) réalise la décomposition du sulfure de calcium, dans un four muni d'ajutages à différentes hauteurs, en injectant de la vapeur d'eau au-dessous de la zone de réaction, ce qui provoque la formation de CaO et H_2S qui est brûlé également dans le four par injection d'une proportion d'air convenable.

IV. Sulfates et sulfure. — La réaction,

$$3SO_4Ca + CaS = 4CaO + 4SO_2$$

est appliquée par *Chem. Fab. Weiler ter. mer* (Br. all., 307.772) la température la plus favorable est 1 000°.

Le *Rhénania Vercin Chemisch Fab. et Projahn* (Br. 356.287 16-2-19) réduit SO_4Ba à l'état de sulfure et traite par l'eau. L'hydrate de Baryte est séparé de la solution de Sulphydrate qui, soumise à l'action de CO_2 donne CO_3Ba et H_2S. Ce dernier, traité au four Claus, donne du soufre tandis que le CO_3Ba fournit, par double décomposition, SO_4Ba et CO_3Na_2.

La Baryte hydratée traitée par SO_4Na_2 donne SO_4Ba et de la soude caustique, ou bien sert à caustifier le carbonate de soude produit.

V. Sulfates et réducteurs métalliques divers. — La réduction est réalisable par le fer ou autres métaux dont les oxydes sont réduits par des agents convenables. Dans un premier stade on opère à 600° environ, puis la transformation du soufre est effectuée à 900° dans un courant de vapeur et d'air.

Le métal (ou les oxydes inférieurs) peuvent être remplacés partiellement par le charbon, le gaz d'eau ou autre gaz réducteur. *Verein Chem. fab. Mannheim* br. angl. (149.662-1919) indique d'agir dans un gaz inerte (Az) ou dans le vide.

Frank WEEREN, Br. all., n° 321.172, 30/IX, 1915. Soufre à partir du sulfate de chaux.

Le procédé consiste à chauffer, dans un four à soufflerie, du gypse avec un réducteur et un fondant silicieux indroduits en morceaux. Il reste, comme résidu, une scorie très liquide ne contenant ni acide sulfurique, ni sulfate de chaux, ni sulfure de calcium.

V. ERCHENBRECHER (Br. allemand D.R.P. 307 952, 16 octobre 1917).

Le sulfate de magnésie, réduit en poudre fine, est envoyé dans un four tournant où pénètre en sens inverse de l'hydrogène sulfuré, en quantité telle que la réaction puisse s'effectuer à la plus basse température possible (700° C). La réaction est la suivante :

$$3MgSO_4 + H_2S = 3MgO + 4SO_2 + H_2O.$$

Le gaz hydrogène sulfuré rencontre successivement la magnésie formée, puis du sulfate frais, et se transforme en anhydride sulfureux qui, libre de gaz hydrogène sulfuré, est entraîné hors du four avec la vapeur d'eau.

Si au lieu de SO_2 on veut avoir du soufre, les rapports doivent être modifiés de manière à provoquer la réaction suivante :

$$MgSO_4 + 3H_2S = MgO + 4S + 3H_2O$$

on préfère un léger excès d'hydrogène sulfuré. On entraîne la vapeur de soufre avec de la vapeur d'eau et la condense.

La préparation du soufre à partir du bisulfate de soude a été indiquée (Br. all., 300.762. avril 1916) par l'*Aktien Gesellschaft Dynamit Nobel*; le procédé consiste à faire réagir le gaz provenant de la calcination du bisulfate avec du charbon, sur le sulfure obtenu par réduction du bisulfate, puis à traiter par SO^4H^2 la solution de sulfure et de thiosulfate ainsi obtenue.

La firme *Bayer*, opérant dans des fours rotatifs, portait à la température de fusion un mélange de sulfate de chaux et d'argile avec ou sans sable, et de charbon (Br. all. 297.922, octobre 1915) puis envoyait le SO^2 produit dans des fours de contact. Le résidu servait à préparer un mortier hydraulique.

Procédés divers

Dans les conditions économiques actuelles, et avec l'âpre concurrence qui va toujours grandissant, on est amené à utiliser les produits, ou sous-produits, sulfurés, les plus divers, qu'ils soient à l'état solide, liquide ou gazeux.

Nous verrons plus loin que, dans les gaz métallurgiques, on retire la quasi-totalité des poussières entraînées, en outre, pour ceux contenant une proportion intéressante de composés chimiques ayant une valeur industrielle, on s'efforce de les amener dans un état tel qu'ils puissent trouver une application convenable. Nous allons donner ci-après divers brevets préconisés pour l'utilisation de sous-produits pouvant rentrer dans les catégories auxquelles nous avons fait allusion plus haut.

Sulfites divers. — L'acide sulfureux provenant de réactions chimiques peut, lorsqu'il est trop dilué, être absorbé ou combiné avec des bases, en donnant des sulfites applicables à la préparation du soufre.

Sulfites divers. — *Chemische Fabriken V. W. Ter Meer* (D.R.P. allemand 307.121, mai 1918).

Les sulfites de calcium, strontium et baryum, restent inaltérés jusqu'au rouge alors que celui de magnésium perd déjà son acide sulfureux à 200°. On peut en récupérer l'acide sulfureux par chauffage avec du sulfate, du chlorure de magnésium, ou des eaux-mères de cristallisation de sel magnésien. Exemple : on mélange intimement 144 de sulfite de calcium à 83 % avec 203 de chlorure magnésium, et on chauffe le tout dans une cornue munie d'un tube de dégagement. Le dégagement de SO^2 commence déjà à 150°. On élève progressivement la température jusqu'à ce que la réaction soit terminée tout en restant au-dessous du rouge.

Gaz divers. (Sulfureux ou sulfurés).

Nombreuses sont les réactions qui peuvent donner du soufre par réduction de l'acide sulfureux

$$2\ H^2S + SO^2 = 3S + 2H^2O$$

toutefois il est nécessaire qu'on opère en présence d'humidité, car, à l'état sec, elle s'effectue dans des conditions défectueuses (*Lang* et *Carson*, Proc. Chem. Soc 1905 21 158).

Le Brevet anglais 25454 de 1911 de *P. Fritsche* fait réagir les deux gaz précédents dans une liqueur à 60-70° tenant en suspension de l'hydrate d'alumine ou du sulfite basique d'aluminium. — L'opération a lieu soit avec les deux gaz simultanément, soit successivement, il se précipite, à la fois, du soufre et du sulfate basique qui sous l'action de SO^2 donne du sulfite acide.

Thiogen Co. — (Br. américain 1.262.295, 9 avril 1918). On dirige les gaz dans de l'eau, puis, à la solution aqueuse, on ajoute assez de sulfure de baryum pour neutraliser et former un mélange de soufre et de sulfite de baryum. On chauffe ce mélange pour chasser le soufre, et le résidu est calciné avec du charbon à une température suffisante pour effectuer la réduction.

Br. fr. 500.108 du 21 novembre 1918 et *Espehahn* (Br. américain 1.315.183, 2 septembre 1919) fait passer les gaz dans une solution alcaline d'hyposulfite de soude afin de former des polythionates qui, chauffés à 90-100°, se transforment en sulfate de soude celui-ci se réduit, en acide sulfureux et soufre.

Les sulfures obtenus forment avec la solution de polythionate, des thiosulfates qui rentrent dans le cycle.

Soufre des gaz contenant H^2S. — H^2S, oxydé dans des conditions favorables, donne de l'eau et du soufre.

$$H^2S + O = H^2O + S$$

La production de soufre a également lieu quand H^2S et SO^2 réagissent :

$$SO^2 + 2H^2S = 2H^2O + S^3$$

a) dans une solution alcaline de sel de fer ;

b) en présence d'un métal dont le sulfure est insoluble ;

c) en présence d'hyposulfite (*Felds*, Br. ang. 1912, n° 157). — D'après le *Chem. Zeitung* (1913, p. 1580) cette méthode, appliquée dans une usine à gaz et une fabrique de coke, donnait des résultats industriels intéressants.

Hall a réalisé l'opération (Br. ang. 20.760) en additionnant au mélange $H^2S + SO^2$, de la vapeur de soufre avec un peu de vapeur d'eau et conduisant dans une chambre chauffée de 300 à 800°.

Feld (Br. Ang. 2719) a effectué la réaction en présence d'huile lourde de goudron chauffée à 40°, qui dissout le soufre.

L'oxydation de H^2S a été également réalisée par diverses méthodes catalytiques :

Chemische fabrik Rhenania et Projahn (Brevet allemand 173.259 et 298.844, février 1916), envoient un mélange de H^2S avec O où l'air, dans un four renfermant de la bauxite ou un autre minerai alumineux ; la tempépature est d'environ 300° mais, après passage sur la couche active (d'une épaisseur approximative de $0^m,30$), elle tombe à 200 c.

A 300° il se produit :

$$H^2S + O = H^2O + S$$

A 200 la réaction inverse est possible :

$$2H^2O + 3S = 2H^2S + SO^2$$

au-dessous on a :

$$2H^2S + SO^2 = 2H^2O + 3S.$$

D'après l'inventeur, ce procédé fournirait 97 % de rendement tandis qu'avec le procédé Claus il n'atteindrait que 80 à 85 % et que le procédé utilisant le minerai de titane et fer (Br. ang. 25.976 de 1906), donnerait des résultats inférieurs.

Datta (Br. am. 1.313.370, 25-9-1918) obtient le soufre en oxydant H_2S, pur ou mélangé à d'autres gaz, par les vapeurs nitreuses.

Société *Farben-Fabriken Vorm. Fr. Bayer und C°* Br. Ang. 146.141 de 1917 et français n° 517.383, 19 Juin 1820. Au lieu de réaliser la réaction

$$2H_2S + O_2 = 2H_2O + 2S$$

en faisant passer un mélange d'air et de H_2S sur de l'oxyde ferrique ou de la bauxite chauffée au rouge, ce qui, à son avis, donne une réaction incomplète, elle le dirige sur du charbon poreux (végétal ou animal ou préparé selon le brevet allemand 290.656).

Il se dépose dans le charbon de la fleur de soufre. On l'obtient pur par sublimation, ou extraction au moyen de dissolvants hydrocarbures aromatiques halogénés tels que le benzène mono ou dichloré (Br. All. 337.059, octobre 1918). Il serait plus avantageux selon le Br. All. 338.899 add. au n° 303.962 d'ajouter aux gaz, de l'ammoniaque ou des amines, ou encore de l'anhydride sulfureux, de manière à ce que la réaction se fasse suivant l'équation :

$$2H_2S + SO_2 = 3S + 2H_2O.$$

Exemple : On mélange le gaz de houille, exempt de goudron, mais contenant de l'ammoniaque, et environ 12 parties en volume d'hydrogène sulfuré par mètre cube, avec l'oxygène, ou l'air nécessaire pour l'oxydation, on envoie ensuite le tout dans un appareil chargé de 2 mètres cubes de charbon végétal. Après passage de 40 à 50.000 mètres cubes de gaz, ce charbon est complètement saturé de soufre. On extrait au sulfure de carbone que l'on récupère ensuite par les moyens connus :

Gewerkschaft des Steinkohlen-Bergwerk Lothringen et *G. Wiegand*, Br. all. 326.159, dirigent les gaz, ou vapeurs, contenant de l'hydrogène sulfuré et une quantité d'oxygène convenable sur une masse de contact imprégnée d'ammoniaque et de sels alcalins ou alcalino-terreux ; toutefois la proportion d'oxygène est calculée de façon à former seulement des polysulfures et pas de soufre libre.

Le 47e *Inspectors Report on alcali Works* de 1911 communique les résultats favorables obtenus en oxydant H_2S par l'air et MnO_2 en l'absence de CO_2, la présence de chaux hydratée serait favorable.

Fritzsche (Br. ang. 25.454) a fait réagir H_2S sur SO_2 à 60-70°C dans un liquide tenant en suspension de l'alumine hydratée ou du sulfure d'aluminium basique.

Nordin opère (Br. suédois 35.040) dans une solution aqueuse additionnée d'acide, refroidissant et précipitant le soufre par électrolyse.

Hellsing (Brevet français, 376.534) amenait les gaz contenant H_2S en contact avec une solution riche de SO_2

R. von Walther (Br. all. 262.468) se sert des liquides résiduels de la fabrication de cellulose et décompose le SO_2 présent par H_2S.

Dans son brev. all. 337.859, octobre 1918, la même Société indique que la récupération du soufre contenu dans les charbons poreux a lieu en les traitant par des hydrocarbures aromatiques halogènes tels que le benzène mono ou dichloré.

Nael (Br. ang. 172.074) a préparé un charbon remarquablement actif en carbonisant à basse température du bois de coco ou des écorces et l'a appliqué pour l'oxydation de H_2S.

Enfin *Chimie et Industrie*, avril 1924, p. 819, signale qu'on a construit, à Oppau et Mersebourg, des appareils permettant d'oxyder l'hydrogène sulfuré contenu dans le gaz des fours à coke ou à houille en donnant du soufre.

Nous constatons ici l'action remarquable des charbons activés, qui a déjà trouvé bon nombre d'applications, semble permettre d'escompter des résultats intéressants pour la transformation en soufre de H_2S, même dilué, contenu dans le gaz industriel. On a également fait usage de silice poreuse ou activée dans le même ordre d'idées et la *Farbenfabriken vorm. Bayer und C°* (Brevet français 573.184, novembre 1923) s'en est servie pour préparer du soufre par l'action de H_2S sur l'eau ou l'oxygène.

Cette production de soufre peut également avoir lieu en dirigeant sur la silice un mélange de $SO_2 + H_2S$ auquel on ajoute de l'air.

$$2H_2S + SO_2 = 2H_2O + 3S.$$

D'après *Paul Beck* (Br. all. ? D. P. 305.103, 9 août 1917). L'obtention d'hydrogène sulfuré, pénible et difficile lorsqu'on opère sur les dérivés si complexes résultant de la réduction des sulfates de calcium (sulfures, polysulfures, etc…) est plus simple en partant de sulfate de baryte, réduit d'abord à l'état de sulfure puis amené ultérieurement à celui de sulfhydrates. Ce dernier, mis en solution est traité par du sulfate de chaux finement pulvérisé, naturel ou artificiel ; il y a double décomposition donnant naissance à du sulfydrate de calcium qui pourra être traité ultérieurement, et du sulfate de baryte apte à reservir.

*E. Otto et C*ie, Br. all. 302.562-7-1917, ont utilisé les eaux résiduaires des appareils à ammoniaque. Elles sont introduites dans des colonnes à réaction et, au contact d'un courant gazeux de CO^2 et vapeur d'eau qui pénètre en sens inverse, il se dégage H^2S. Le travail est facilité au moyen d'un dispositif de brassage (Brevet allemand 299.621).

The Coppens C°, Etats-Unis (Br. français, 559.018, 6 juin 1923) enlève H^2S des gaz qui le contiennent en les traitant par un liquide d'absorption tenant en suspension, un oxyde, hydrate, carbonate, ou carbonate basique de magnésium, calcium, strontium ou baryum

$$Mg(OH)^2 + 2H^2S = Mg(SH)^2 + 2H^2O$$

la limite est atteinte quand la tension de vapeur de H^2S de la solution est égale à celle de H^2S dans le gaz :

$$Mg(HS)^2 + 2H^2O = Mg(OH)^2 + 2H^2S$$
$$Mg(HS)^2 = MgS + H^2S$$

qui donne en présence d'eau :

$$MgS + 2H^2O = Mg(HS)^2 + Mg(OH)^2$$

On libère H^2S du liquide par réchauffage.

Un procédé de réduction de SO^2 et SO^3 contenus dans les gaz de grillage a été breveté par *J. C. Mac Leod* (Br. ang. 158.288). L'inventeur les transforme en hydrogène sulfuré au moyen d'hydrogène en les dirigeant à travers une zone charbonneuse incandescente, maintenue à température convenable, au moyen d'une quantité convenablement réglée d'oxygène.

L'hydrogène nécessaire est fabriqué avec l'humidité provenant du gaz, ou la vapeur ajoutée.

H_2S a été obtenu par *Bemelmans* (en réduisant SO_2 par le carbone et l'hydrogène), ce qui permet de le faire réagir ensuite sur une autre partie de SO_2.

Lorsqu'on se trouve en présence de gaz contenant à la fois SO_2 et H_2S, on enlève le premier avec des carbonates, oxydes ou hydrates alcalino-terreux ou de Mg, puis le second par une solution de carbonates alcalins (*Terwelt*, Brevet allemand 300.035, 14-2, 1917).

Harburger Ch. Wercke Schön un 4 C° et Datz (Br. all. 307.081-1-3-1917, addition au Br. all. 306.441) obtiennent des gaz sulfurés en traitant le mélange contenant du sulfure de calcium par du sulfate de magnésium ajouté au comburant.

Brevet français *Lamoreau et Renwick*, nᵒ 477.795, du 25 février 1915 : la réduction de l'acide sulfureux contenu dans les gaz provenant de fours quelconques, de fusion, de grillage ou de calcination de minerais pyritiques, ou d'autres matières contenant du soufre, s'effectue en les maintenant, pendant une période de temps préalablement déterminée, en contact avec du charbon incandescent et fournissant, au moyen d'une source indépendante de l'oxydation dudit charbon, l'accroissement ou complément de chaleur nécessaire pour assurer une réduction pratiquement complète en soufre élémentaire. Conformément au procédé faisant l'objet dudit brevet, ce complément de chaleur est, de préférence, fourni électriquement, par exemple en faisant passer un courant électrique convenable à travers la couche de charbon.

William Francis Lamoreau (Br. 480.345) revendique également :

a) La fourniture d'une partie, au moins, du complément de chaleur au courant de gaz par échange réciproque de température avec les gaz sortants de la chambre de réduction ;

b) Le fait qu'une partie au moins, des gaz arrivants, préalablement chauffés par un échange réciproque de température avec les gaz sortants, est réchauffée davantage avant de pénétrer dans les zones de réduction.

Le Brevet français nᵒ 491.958 emploie le gaz, naturel ou provenant de combustion, qu'il porte à 300° C (température de dissociation de H_2S) puis il le dirige, avec ou sans addition d'air, au contact d'une matière poreuse (pierre ponce, porcelaine) qui agit comme catalyseur en facilitant l'oxydation. Le soufre produit entraîné dans le courant gazeux est extrait par décantation puis filtration.

Soufre de la Pyrite. — La pyrite de fer FeS_2 soumise à l'action de la chaleur en vase clos, donne une production de soufre qui distille et peut être recueilli.

$$3FeS_2 = Fe_3S_4 + 2S$$

ou

$$3\,FeS_2 + SO_2 = Fe_3O_4 + 3SO_2 + 3S.$$

Cette opération qui a été réalisée sur une échelle industrielle, s'effectuait dans certaines localités au moyen de cornues contenues dans un four et munies de tubes de dégagement conduisant aux dispositifs de condensation.

Elle a pu être effectuée de façon plus simple dans des fours à pyrites où la dalle supérieure avait été isolée de celle du dessous et du Glover ; une installation convenable de condensation étant reliée à l'appareil.

K. Birkeland (Brevet américain 1.121.606) soumet la blende, ou les sulfures naturels, à l'action de vapeur surchauffée.

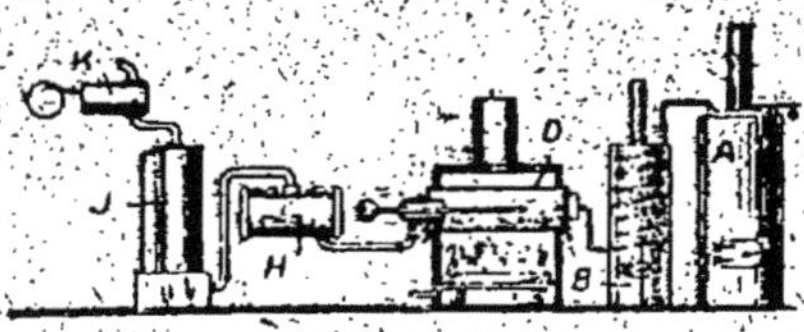

Fig. 11.

Dans le br. am. 1.315.496 (15 avril 1919) de *M. Helbig*, le sulfure métallique est chauffé avec un mélange de phosphate, de fondant siliceux et d'un réducteur contenant du carbone, de manière à provoquer la combinaison du phosphore provenant du phosphate avec le métal du sulfure. Le soufre est en liberté se dégage avec les gaz produits par la réaction.

(*W.C. Perkins*, Angleterre — E.P. n° 172.101 Dem. 28 août 1920) traite des minerais sulfurés complexes, contenant des pyrites, dans une atmosphère de vapeur, dans des conditions de température et de durée telles que la surface des pyrites devienne magnétique, et qu'on puisse séparer ces constituants par séparation magnétique. Le minerai en poudre est agité pendant le traitement, qui se fait dans un four tournant. Les produits gazeux passent à travers un condenseur où l'on recueille le soufre. Si la quantité d'H_2S nécessaire pour former du soufre par réaction avec SO_2 est trop grande, on introduit une certaine quantité d'air.

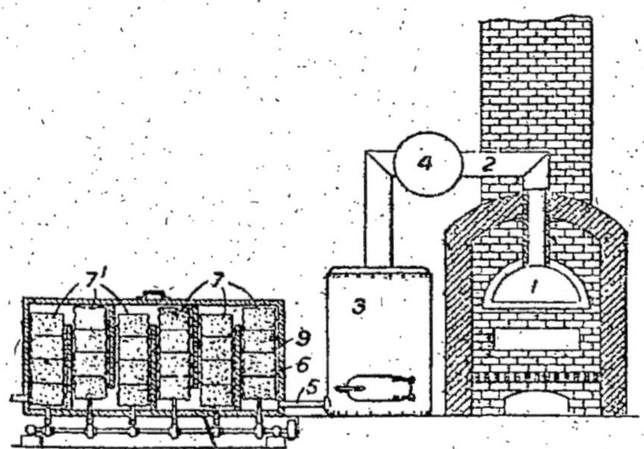

Fig. 12.

Dans la figure, A, représente le générateur de vapeur, B, un surchauffeur, D, un four tournant chauffé extérieurement, H, le condenseur, J un scrubber et K un aspirateur. L'opération a lieu de façon continue.

C. G. Ollins (Br. angl. 152.441, 22-75, 1919), a décrit un four (1) de calcination de minerais sulfurés, où les gaz sont aspirés par un ventilateur (4) et refoulés dans une chambre de refroidissement (3) maintenue à température supérieure à celle de condensation de soufre qui se dépose sur des grilles mobiles dans les chambres 6 situées à la suite.

Le Brev. Norv. 36.173 et le Br. angl. 152.887, 10 novembre 1919, de *H. Petersen*, indiquent un mode d'extraction du soufre des pyrites de fer ou autres sulfures, par grillage avec une proportion ménagée d'air, en présence de matières charbonneuses destinées à réduire le SO^2 formé dans ce grillage, en ayant soin que la proportion ne soit pas suffisante pour réduire jusqu'au métal.

Les fours à pyrites ordinaires ou un four à manche peuvent servir en y adjoignant une tuyère à la base.

Méthode chinoise

D'après *R. Stessor* (Engin Min., 1921, octobre), la pyrite de fer employée tient 35 à 40 $\%$, elle est réduite en petits morceaux de 25 millimètres environ qui sont placés dans des pots de 15 centimètres de diamètre et 0,45 de haut, reposant sur des coupelles, de même diamètre et 0,13 de haut, qui reçoivent le soufre fondu.

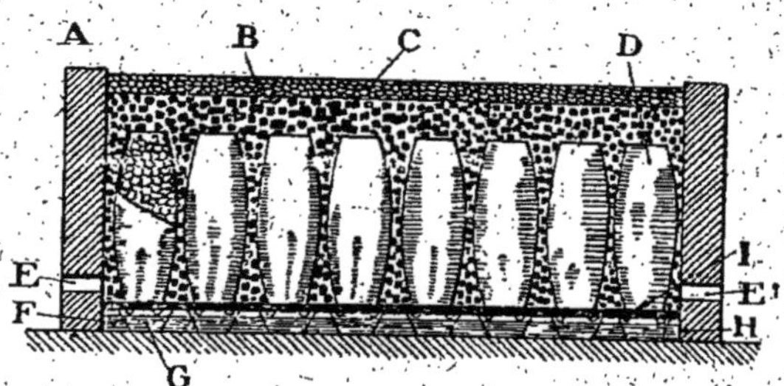

Fig. 13.

Dans la méthode *E. F. Peterson* et *S. Field*, Br. angl. 206-207, 27 juillet 1922, les minerais sulfurés sont traités par la vapeur d'eau, de préférence surchauffée, pour en extraire H^2S. On peut admettre une quantité limitée d'air en même temps que la vapeur, ou l'ajouter aux gaz SO^2 venant de la chambre à minerai, après quoi le mélange gazeux passe sur un catalyseur à base d'oxyde de fer, en vue de la production du soufre.

Pour le sulfure de zinc, la température atteint 650°, et même 900° lorsque d'autres réactions n'interviennent pas. Le soufre peut être obtenu en partant de l'hydrogène sulfuré, par réaction sur SO^2 provenant du grillage d'une partie du minerai. Lorsque le minerai contient un excès de soufre, comme dans le cas des pyrites de fer, une partie qui distille sous l'action de la chaleur seule, est récupérée dans la suite des opérations.

L'appareil décrit comprend une chambre chauffée par des tuyaux en terre réfractaire a, où circulent les produits de la combustion introduits ou produits en C. La sole du four B, est formée de briques reposant sur des barres de fer, sans joints de mortier, de sorte que

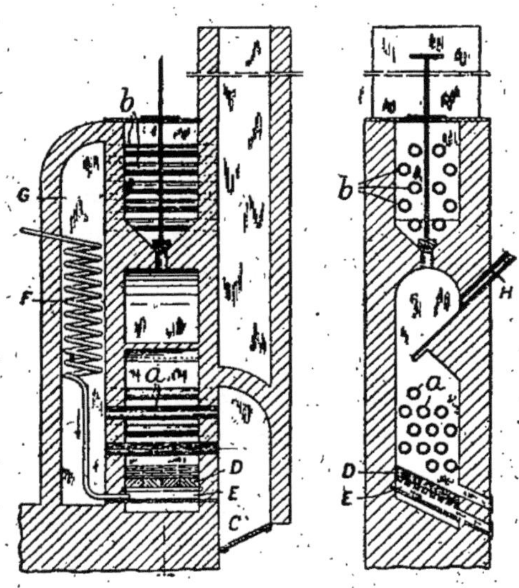

Fig. 14.

la vapeur surchauffée introduite en E puisse passer par les interstices et traverser la charge du minerai. Les gaz sortant des tuyaux circulent autour d'un surchauffeur de vapeur F, disposé dans le carneau G et sont évacués dans la cheminée par les tubes (b) qui servent à réchauffer le minerai. La sole du four est en pente, pour faciliter le déchargement. L'hydrogène sulfuré sort en H, sans avoir été au contact du fer.

Le minerai de zinc traité par ce procédé contient une certaine proportion de sulfate, et se trouve dans des conditions favorables pour le traitement humide. Lorsqu'on emploie un procédé électrolytique, et qu'il est désirable d'avoir de 10 à 20 % du zinc sous forme de sulfate, pour compenser les pertes d'acide sulfurique qui surviennent au cours du traitement, on introduit la quantité d'air correspondante vers la fin du traitement à la vapeur.

L. PERRON. — Fabrication de l'acide sulfurique.

Soufre provenant de gaz sulfureux

On obtient fréquemment des gaz sulfureux ou sulfurés comme sous-produits de réactions diverses ; quand ils sont riches, on peut les transformer en acide sulfurique ; dans le cas contraire on les enrichit d'après des méthodes qui seront exposées ultérieurement, mais on peut aussi avoir intérêt à en extraire le soufre contenu.

On sait enfin que SO^2 résultant du grillage de certains minerais sulfurés (sulfures de plomb d'antimoine, blendes, etc.) renferme des impuretés qui empêchent son application dans les chambres de plomb ; on est alors amené à envisager d'autres applications ou à le purifier.

Réduction par le charbon. — *Lamoreaux et Renwick* (Br. fr. 477.795 et 480.345) le réduisent par le charbon, les gaz sont dirigés à 1300° sur du coke incandescent pendant 5 secondes, et, à la sortie cèdent une partie de leur chaleur aux gaz entrants, grâce à un échangeur de température. La chaleur d'oxydation de carbone ne donnant pas assez de calories, le reste est fourni par une source indépendante, éventuellement électrique.

Scheurer Kestner (C. R. CXIV, p. 296) avait indiqué cette réaction.

$$2SO^2 + 3C = 2CO + CO^2 + 2S.$$

Ruthenburg (Brevet anglais, 29.030) conduit les gaz SO^2 sur une colonne de coke avec chauffage électrique et les envoie, une fois S en liberté, se condenser dans une chambre.

Réduction par le gaz d'eau. — *Smith* (Brevet américain 878.569), *Tred Sulman et Picard* (Brevet anglais 14.628) mélangent SO^2 avec le gaz réducteur (CO, H, gaz à l'eau, gaz de gazogène, etc.) et l'envoient sur une masse de contact convenable (magnésie, sulfate de chaux, oxyde de fer, etc.)

La *Thiogen Process* de la *Pensylvania Manufacturing C°* (J. Soc. Chem. Ind, 1913, p. 293) opère en présence d'éthylène et éventuellement de catalyseurs (oxyde de fer, sulfure de calcium ferrugineux).

$$3SO_2 + C_2H_4 = 3S + 2CO_2 + 2H_2O$$
$$2CaS + 2SO_2 = 2CaSO_4 + 3S$$
$$2CaSO_4 + C_2H_4 = 2CaS + 2CO_2 + 2H_2O$$

La réduction peut être obtenue aussi grâce à l'emploi de CO (Procédé *Laval*, Br. all. 196.604) qui donne CO_2 et S.

Dans les brevets américains (1.083.243 à 1.083.253) 11.363 36/37 et 1.134.846 *W. Hall* traite les gaz provenant du grillage de la pyrite ou autres sulfures, dans un fourneau spécial, par la vapeur et une flamme riche en hydrogène, en admettant une faible quantité d'air (1 volume d'air pour 2 de gaz) juste suffi- sante pour se combiner à l'hydrogène, aux réducteurs et à H_2S formé dans la réaction, après quoi le soufre est séparé du gaz par lavage à l'eau.

La précipitation des particules de soufre ayant pris nais- sance dans ce genre de réaction est également réalisable par la méthode *Cottrell* (*Schiffner*, Chem. Zeit. Rép., 1914, p. 383).

Dekker (Br. all. 245.768) a traité les sulfures métalliques divers par un mélange de sulfates et acide sulfurique (1 molécule sul- fate de zinc, de soude ou de magnésie et 4 molécules SO_4H_2) à 80° C. Le résidu, mélangé à l'eau, est soumis à l'électrolyse, ce qui régénère la solution de sulfate.

Bollberg (Br. all. 365.681, 28-12, 1921) prépare le soufre, ou le chlorure de soufre, en faisant réagir l'hydrogène sulfuré sur le chlore dans une série de chambre reliées entre elles et contenant, les unes un excès d'hydrogène, les autres un excès de chlore.

Dans le Brevet anglais 18.202 (*Samborn*, *Mac Mahon*, *Overbury* et *Young*) les gaz contenant SO_2 débouchent dans une tonne où est pulvérisée une solution de sulfure de calcium, ce qui provoque une formation de sulfure, de sulfate et de soufre.

Le *Chemische Fabrik Griesheim Electron* (Br. angl. 1.550) réduit le SO_2 à l'état de soufre par le zinc spongieux.

Comme on le constate, le gaz SO_2, mis en présence de nombreux réducteurs, est susceptible de donner naissance à du soufre, mais la réaction exige, pour être complète, des conditions de température et de composition de gaz bien définies. On a également appliqué les méthodes catalytiques, toutefois l'activité des corps de contact dépend de leur état physique et en particulier de leur porosité — or, la présence de fumées et même de corps spéciaux peut, au bout d'un certain temps, diminuer le rendement.

On a aussi étudié d'autres méthodes et *Young*, qui avait décrit le « *Thiogene Process* », a pris en 1918 (Br. am. 1.262.295) un brevet revendiquant l'envoi de SO² dans une solution de sulfure alcalino-terreux dans le but d'obtenir du soufre et un composé oxygéné qui est régénéré ensuite.

Méthode aux polythionates. — Dans certains cas, la calcination de minerais sulfurés donne naissance à des gaz très pauvres (2 % de SO²) ; concentration trop faible pour qu'on les utilise dans les chambres de plomb, aussi a-t-on cherché un moyen de fixer le soufre contenu, à un état permettant une récupération ultérieure.

Feld amène ces gaz au contact d'une solution d'hyposulfite de soude, ce qui donne naissance à des polythionates de soude (tri, tetra, et pentathionates).

$$2Na^2S^2O^3 + 3SO^2 = Na^2S^3O^6 + Na^2S^4O^6 \; ;$$
$$4Na^2S^2O^3 + 6SO^2 = 3Na^2S^3O^6 + Na^2S^3O^6.$$

En portant ces solutions à 90 ou 100° il y a dépôt de soufre avec dégagement simultané d'acide sulfureux.

$$Na^2S^3O^6 + Na^2S^4O^6 = 2Na^2SO^4 + 2SO^2 + 3S \; ;$$
$$3Na^2S^3O^3 + Na^2S^5O^6 = 4Na^2SO^4 + 4SO^2 + 6S.$$

Dans le cas du gaz d'éclairage, on opère d'une façon analogue ;

L'hydrogène sulfuré, ainsi que l'ammoniaque, sont absorbés en formant du sulfate d'ammoniaque, de l'hyposulfite et du soufre libre.

Par ébullition d'une solution contenant de l'hyposulfite d'ammoniaque et du tétrathionate d'ammoniaque, il se forme du sulfate d'ammoniaque ainsi que de l'acide sulfureux et du soufre. Une réaction subséquente sur l'hyposulfite régénère le tétrathionate qui se trouve disponible pour une nouvelle purification.

La préparation simultanée. de soufre et sulfates en traitant les solutions contenant des sulfites et hyposulfites par 3 ou 4 $^0/_0$ (du poids de sels) de polythionates et chauffant en vases ouverts, a été brevetée par *Bayer et C°* (Brevet français 459.713). Ils ont breveté également le chauffage sous-pression de 2 molécules bisulfate avec 1 de sulfite.

En estimant à 1 $^0/_0$ la moyenne du soufre contenu dans le charbon. il a été calculé qu'en Allemagne seule. les usines à gaz et les fours à coke permettraient de récupérer, par an, environ 130.000 tonnes de soufre. ce qui (en comptant les pyrites 45 48 $^0/_0$) correspondrait à en réduire les importations de 300.000 tonnes.

D'après certaines publications, la « *Badisch Anilin et Soda fabrik* » emploie ce procédé sur une grande échelle pour obtenir une partie du sulfate d'ammoniaque qu'elle livre à l'agriculture. *Adolf Clemm*, Brevet allemand n° 305.194 — 18/11/1917 — prépare les hyposulfites en partant de sulfures. Une solution de sulfures alcalins s'écoulant sur une matière poreuse, par exemple du charbon de bois, est décomposée par un mélange d'acide carbonique et d'oxygène ou d'air. On obtient à la fois du thiosulfate et un carbonate alcalin, les deux sels sont ensuite séparés par cristallisation

$$2Na^2S + CO^2 + 4O = Na^2S^2O^3 + Na^2CO^3.$$

PYRITES

Dans la fabrication de l'acide sulfurique on avait commencé par employer comme matière première le soufre, qui présentait de très grandes commodités aux points de vue des installations et de la simplicité du travail, toutefois, peu à peu, sous l'empire de la nécessité, on a été amené à utiliser également des composés minéraux dans lesquels il se trouvait en combinaison. Au point de vue historique, celui qui joua d'abord le plus grand rôle fut la pyrite de fer.

Cette dernière, à laquelle on a appliqué aussi la dénomination de *pyrite martiale* est un bisulfure de fer d'aspect métallique ayant comme composition théorique :

```
Fer ......................................................  46,67
Soufre ...................................................  53,33
                                                          ——————
                                                          100,00
```

Dans la nature on la rencontre sous divers états, selon la constitution géologique des terrains et la nature des éléments unis avec le fer et le soufre.

Dans les terrains ignés, existe le plus souvent la *pyrite jaune*, d'une dureté de 6 à 6 1/2, et d'une densité de 4,83 à 5,2, qui cristallise dans le système cubique tantôt en octaèdre, icosaèdre, dodécaèdre pentagonal ou le cube.

Elle contient généralement de l'arsenic et ne s'effleurit pas à l'air.

La *pyrite blanche* provient surtout des terrains sédimentaires, elle cristallise dans le système du prisme droit ; en minéralogie on la connaît sous le nom de *marcassite* ou *binarkies*. Elle s'effleurit par suite de l'oxydation du proto ou du sesquisulfure de fer en donnant du sulfate de fer imprégné d'acide sulfurique.

Sa densité est 4,65 à 4,88 et sa dureté 6 à 6 1/2, elle constitue fréquemment des amas cristallins ou fibreux dans lesquels la forme cristalline est plus ou moins modifiée selon les conditions de formation ; la *pyrite cuivreuse* (*chalkopyrite* des minéralogistes) accompagne souvent la pyrite ordinaire ; elle cristallise dans le système clinorhombique. Dans la grande majorité des cas c'est une masse cristalline, à laquelle sa couleur jaune d'or donne un aspect très agréable. A l'état pur, sa formule $FeCuS^2$ correspondrait à une composition chimique de :

```
Fer ......................................................  30,53 %
Cuivre ...................................................  34,58 %
Soufre ...................................................  34,88 %
```

mais, en pratique, les pyrites cuivreuses extraites couramment contiennent rarement une quantité de cuivre supérieure à 4 %.

Au point de vue géologique les gisements de pyrites représentent souvent des millions de tonnes, condition favorable à l'installation de puissantes exploitations, tandis que c'est le contraire lorsqu'il s'agit de dépôts irréguliers ou de faible importance.

Au point de vue économique la composition chimique constitue un des facteurs primordiaux ; la présence de l'arsenic est une cause de valeur moindre pour l'unité de soufre contenu, tandis que son absence leur fait accorder une prime. Les gisements remarquablement purs, comme ceux de Sain-Bell en France, ou très faiblement arsenicaux comme ceux de Montecatini en Italie, sont extrêmement recherchés, surtout depuis l'introduction des procédés par contact.

La présence du cuivre, du nickel, du zinc, ou de l'or, etc... est un facteur très apprécié, au point que, dans bon nombre de cas, ces métaux arrivent à constituer le motif principal de l'exploitation, alors que le soufre et l'acide sulfureux produits pendant le traitement ont été longtemps considérés comme sans valeur.

De même que pour toutes les autres matières, la formule : *le transport c'est l'ennemi*, est toujours vraie, aussi les gisements appelés à recevoir le développement le plus considérable, sont-ils proches de la mer, ou reliés par des voies ferrées ou fluviales aux lieux de consommation.

Pour ces raisons les pyrites européennes sont, jusqu'à présent, privilégiées et, malgré l'esprit d'initiative et la hardiesse industrielle des Etats-Unis, cette nation en fait encore venir des quantités importantes.

Production et Consommation mondiales.

Avec le développement de la fabrication de l'acide sulfurique, le soufre s'était vu supplanter progressivement par les pyrites ; il restait pour ainsi dire la matière première de luxe, car son prix plus élevé ne permettait de l'employer que pour fournir un acide vendu cher, destiné à des produits d'une grande pureté.

Au début, les fabricants étaient assez difficiles et, seules, les pyrites riches contenant fort peu d'impuretés trouvaient un placement facile et rémunérateur, mais la progression de la consommation d'acide les rendit moins exigeants et les qualités ordi-

Production mondiale de pyrites en tonnes métriques (*Mineral Industry-Wells Ty*)

	Belgique	Bosnie	Canada	Angleterre	France	Allemagne	Grèce	Hongrie	Italie	Japon	Noms divers	Norvège	Portugal	Russie	Espagne non cuivreuse	Espagne cuivreuse	Suède	U. S.	Totaux (tonnes métriques)
1908..	357	10 403	42 934	9 599	284 717	219 455	6 368	95 824	131 721	33 867	35 000	269 129	81 417	56 345	263 451	2 985 779	29 569	209 774	4 720 449
1909..	214	7 266	58 645	8 564	273 321	198 648	14 740	98 971	149 084	27 066	—	282 606	284 735	46 078	258 931	2 955 254	16 104	213 371	4 886 058
1910..	213	751	48 871	10 393	250 432	215 708	32 294	92 464	165 688	78 418	—	322 000	312 906	55 980	294 184	2 231 418	25 445	227 280	5 364 481
1911..	122	3 118	74 978	10 276	277 900	247 459	35 960	96 754	165 273	73 879	2 500	350 000	282 773	113 054	344 879	3 284 183	30 096	304 974	5 672 538
1912..	148	6 216	73 944	10 691	282 202	242 221	29 766	103 809	277 585	74 929	—	469 326	(f) 601 443	123 990	421 070	3 364 294	31 895	356 707	6 471 461
1913..	268	3 242	148 882	11 611	311 167	268 600	128 880	106 629	317 334	114 589	Autriche	441 219	(f) 391 083	(c) 130 000	926 913	2 268 691	84 319	847 027	5 952 345
1914..	109	4 459	204 125	11 848	199 826	232 300	129 150	102 870	335 531	115 842		414 286	(a) 73 404	(b)	984 885	1 502 599	83 317	342 082	5 019 540
1915..	129	(b)	259 494	10 711	196 606	641 600	12 143	(b)	369 320	67 536	19 706	513 335	(b)	(b)	802 383	1 480 412	76 324	399 469	5 254 104
1916..	212	(b)	280 552	10 655	219 371	635 700	19 938	(b)	410 290	91 102	18 710	295 354	236 880	936	953 679	1 773 592	97 848	446 202	5 491 140
1917..	81	(c)	377 984	8 682	280 797	803 700	9 535	(b)	500 782	121 349	11 442	326 694	187 787	(b)	976 918	1 901 341	142 660	490 483	6 142 034
1918..	6		373 418	22 552	260 310	(g) 818 883	12 438	(b)	482 060	105 757	7 476	838 849	111 851	(b)	590 008	1 017 708	141 181	471 972	4 753 448
1919..	60		161 016	7 455	118 703	(g) 381 384	2 354	(b)	372 574	126 999	7 715	309 911	91 979	(b)	431 189	1 470 091	108 770	427 419	4 016 659
1920..	60		158 528	6 796	131 412	436 300	3 239	(b)	321 589	128 405	6 122	339 011	245 811	(b)	711 823	892 193	107 326	273 427	3 731 952
1921..	—		29 187	4 006	172 370	411 437	44 853		447 899	94 988	6 832	321 123	204 400	6 356	623 986	2 138 051	45 772	159 648	4 624 806
1922..			17 531	5 760	175 066	(b)	54 510	35 147	486 000	161 505	11 906	196 585	173 000	5 322	468 080	2 065 127	57 321	170 837	4 238 996
1923..			21 411	7 019	186 385	(b)	52 290	8 972	493 412	226 151	(b)	375 461	183 528	46 483	458 987	2 419 420	58 297	184 552	4 929 007
1924..			21 384	5 658	181 250		76 106	15 930	491 000	(b)		403 411	(b)	24 278	597 232		66 358	162 674	3 969 638
1925..			19 173	(b)	197 917		(b)	(b)	515 000	(b)		(b)	(b)	(b)	(b)		(b)	172 819	(b)
1926..									593 500									169 000	

(a) Pyrite cuivreuse à part.
(b) Statistiques non publiées.
(c) Toute pyrite.
(e) Évaluation.
(f) Inclus 130 148 tonnes (1853c).
(g) Prusse seule.

naires, furent employées sur une échelle de plus en plus importante.

Plus tard, la concurrence croissante, impliquant la nécessité
de produire à bon marché, accentua le mouvement et, tour à tour,
les diverses catégories de pyrites purent avoir une application
dans les usines, grâce au perfectionnement des méthodes industrielles de fabrication.

On en arrive maintenant à utiliser des minerais sulfurés très
complexes, nécessitant une attention particulière et des procédés
de traitement de plus en plus soignés, bref, chaque pays au lieu de
chercher ailleurs des pyrites de composition très bonne, s'évertue
à trouver des méthodes d'emploi pour celles qu'il rencontre sur
son territoire. C'est ainsi qu'en Amérique, l'extraction des pyrites
contenues dans le charbon a réalisé des progrès considérables.

Le tableau ci-après donne les chiffres de production de pyrites
dans les divers pays producteurs de 1908 à 1925.

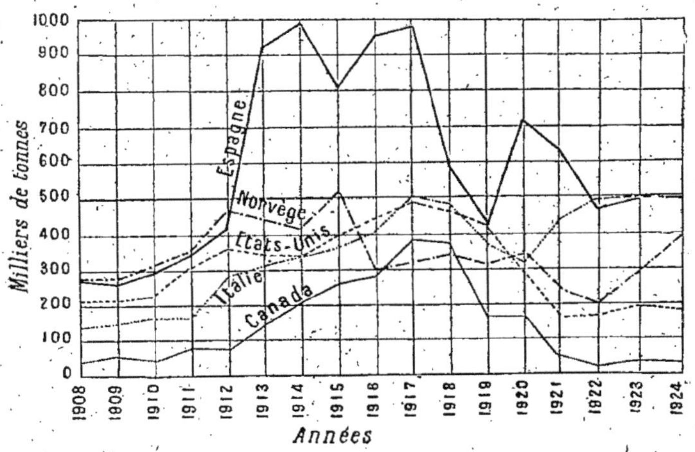

Fig. 15. — Production de pyrites non cuivreuses
dans les principaux pays d'extraction.

Le graphique ci-dessus montre pour les pyrites.

A) Au point de vue général :

1° Une première période 1908-1912 pendant laquelle l'industrie
a des besoins qui augmentent progressivement, et la production
fait de même pour les différentes catégories de pyrites.

2° De 1912 à 1917 il y a développement très rapide pour les pyrites non cuivreuses mais pas pour les cuivreuses.

3° La période qui commence en 1917 semble montrer que la production de pyrite ajoutée à celle de soufre dépasse les besoins mondiaux — et, à mesure que ces besoins diminuent, la production décroît.

B) Pour la Norvège, après une période longtemps stationnaire, un accroissement notable jusqu'en 1915 qui se ralentit ensuite jusqu'en 1922.

C) Pour le Canada, l'Italie et les Etats-Unis, même allure générale, la période d'intensification ayant débuté en 1910 aux Etats-Unis, en 1912 au Canada, et en 1911 en Italie, le premier ayant une décroissance rapide à partir de 1918, mais qui pour l'Italie fait place à une nouvelle marche en avant depuis 1920.

D) Pour le grand producteur : l'Espagne, cette période d'intensification de production de pyrite non cuivreuse, a été plus précoce (1909) ; elle a pris une allure très accentuée en 1912 puis, après une dépression momentanée dans l'année de déclaration de guerre, a repris jusqu'en 1917, époque à laquelle la production mondiale de matières sulfurées dépasse les besoins.

Alors commence une période irrégulière de décroissance en attendant d'avoir atteint l'état d'équilibre entre la production et la consommation.

Avec les pyrites de fer, le résidu du grillage est un oxyde de fer riche susceptible de servir dans les hauts fourneaux à la préparation du fer, mais il existe d'autres composés sulfurés dans lesquels c'est, non plus le soufre, mais le métal combiné qui représente l'élément le plus intéressant.

Pyrites cuivreuses. — C'est le cas des pyrites cuivreuses dont l'exploitation offre une importance facile à apprécier en consultant les graphiques ci-contre.

La figure 16 montre que dans l'extraction mondiale des pyrites diverses, la production espagnole joue un rôle prépondérant en comparaison de celle des autres pays mais que la situation économique générale exerce néanmoins l'influence la plus considérable.

Le graphique (fig. 17) spécial à l'Espagne qui est déjà le plus grand producteur de pyrites de fer confirme que ces dernières représentent une quantité de beaucoup inférieure à l'extraction

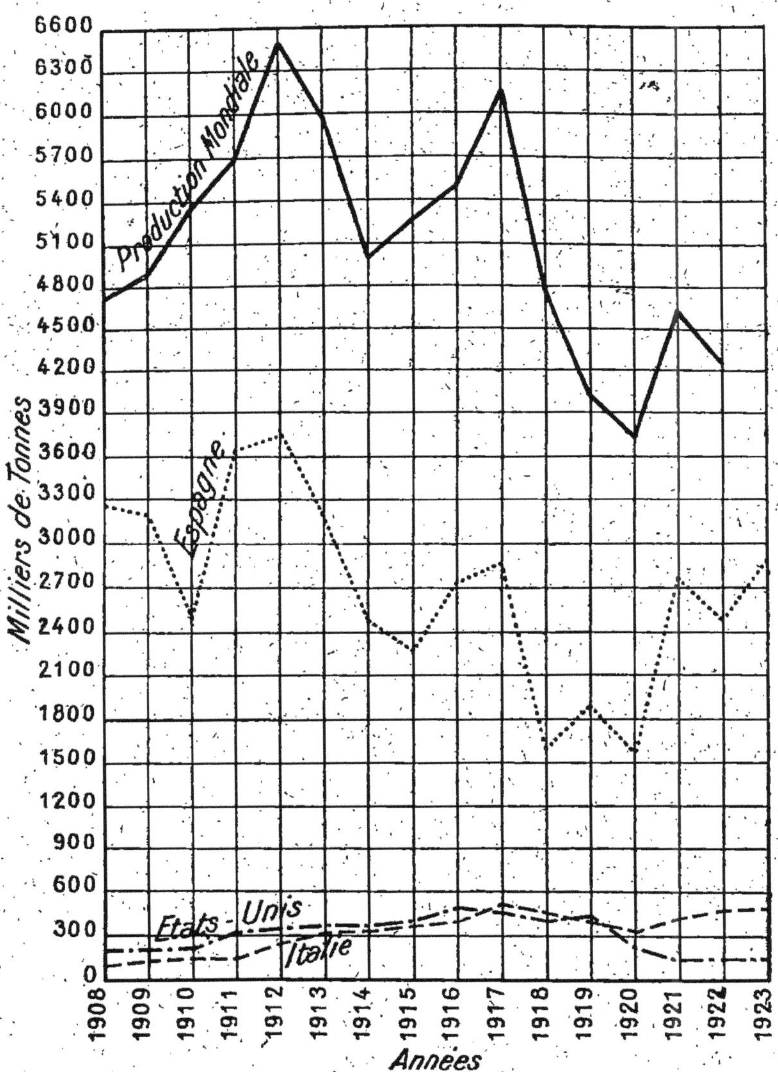

Fig. 16. — Production mondiale de pyrites diverses.
Comparaison entre trois pays producteurs.

de pyrites cuivreuses qui, d'ailleurs, varie elle-même avec la situation économique générale.

Les réserves mondiales seraient :

En Espagne..................	300 000 000 de tonnes minimum	
En Suède..................	20 000 000 » »	
En Norvège..................	environ 4 000 000 » »	
En Portugal..................	» 20 000 000 » »	
En France..................	» 15 000 000 » »	

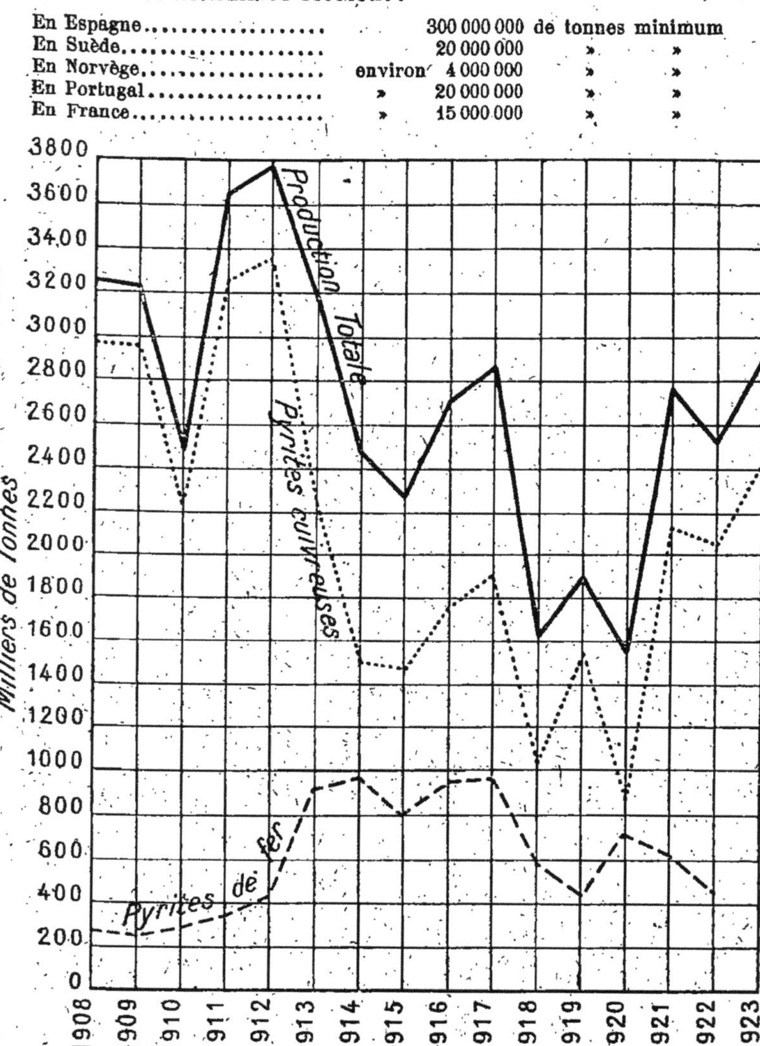

Fig. 17. — Production Espagnole de pyrites diverses.

Gisements d'Espagne et du Portugal

Il est assez difficile de séparer ces deux pays, attendu que la formation géologique à laquelle appartiennent les gisements est la même. Elle occupe une longueur qui a été évaluée à 250 kilomètres sur une largeur de 50. On constate son existence déjà dans la province de Séville, le principal développement dans celle de Huelva et ses ramifications atteignent le Portugal au gîte de San-Domingo.

Ces gisements se présentent en masses formidables dont on n'a exploité encore qu'une faible partie. Ils étaient connus des Phéniciens et des Romains qui traitaient des veines locales renfermant une proportion très forte de cuivre (10 % en moyenne, mais parfois jusque 40 %), et cependant furent délaissés jusqu'en 1855, date à laquelle les besoins industriels les firent remettre en activité.

On peut classer les pyrites provenant d'Espagne et de Portugal et destinées à la production d'acide sulfurique en plusieurs catégories :

1º Les Pyrites à moins de 1 % de cuivre qui se décomposent en :

a) Pyrites crues que l'on trouve sur le marché à l'état de tout venant (calibres *b*, *c*, *d*, mélangés).

b) Pyrites en roches :

c) Grenaille ou furnace size 25 à 30 millimètres.

d) Menu ou fine 8 à 15 millimètres.

dont la composition varie de :

Fer...	40 à 46 %
Cuivre...	0,20 à 1 %
Soufre...	45 à 52 %

Quand la proportion de cuivre dépasse 0,5 %, on en effectue l'extraction en grillant dans des conditions spéciales, lixiviant et précipitant le cuivre par cémentation.

2º Pyrites lavées de constitution analogue aux précédentes, sauf en ce qui concerne le cuivre qui ne représente guère que 0,20 à 0,30 %.

On les rencontre à l'état de gros ou de menus pulvérulents qui collent facilement par l'humidité.

3º Les Pyrites à moins de 2 % de cuivre

Fer...	38 à 46 %
Cuivre...	1 à 2 %
Soufre...	43 à 50 %

qui se traitent pour le cuivre, sur place ou à l'étranger.

4º Les Pyrites cuivreuses proprement dites, à plus de 2 % de cuivre

Fer.. 35 à 43 %
Cuivre .... 2 à 5 %
Soufre... 40 à 49 %

exportées souvent tout venant et toujours traitées par le cuivre.

5º Les minerais quartzeux pyriteux ont des compositions fort variées :

On en trouve au Rio Tinto à 25 à 40 % soufre et 1,5 à 5 % cuivre.

Les negrillos oxysulfurés à 20 à 50 % soufre et 10 à 25 % cuivre, — très intéressants pour l'extraction du cuivre, mais s'écartant déjà de la catégorie des minerais de soufre.

Enfin la *pyrite magnétique ou pyrrhotin* est jaune, tantôt en cristaux hexagonaux aplatis, tantôt en masses grenues et compactes. Densité 4,54 à 4,64. Dureté 3,5 à 4,5.

Les minerais sulfurés et sulfoarseniés que l'on rencontre dans de nombreux gisements accompagnant la pyrite sont : la Blende ZnS, la galène (sulfure de plomb) PbS, le mispickel (sulfoarseniure de fer) FeS AS, la chalcopyrite (sulfure de fer et de cuivre) Cu FeS^2, le chalcosine Cu^{2}S et le Covelline CuS.

Il y a lieu de connaître ces distinctions, car les droits de douane ou de sortie d'exportation en tiennent compte, et les méthodes de traitement des résidus de pyrites grillées s'effectuent de façon différente.

Territoire Espagnol. — Pour les années 1913, 1914, 1915 on a exporté d'Espagne en tonnes métriques :

	1913	1914	1915
Pyrite de fer..................	2 904 000	2 554 000	2 263 000
Pyrite de cuivre	160 000	82 000	30 000
	3 064 000	2 636 000	2 293 000

dont les 9/10º au minimum sont exportés par Huelva.

La grande majorité des Compagnies exploitantes est anglaise. La plus puissante est *The Rio Tinto Company Limited*, qui possède plusieurs filons importants : filon Norte, filon Sud, filon Sadiosio ; le premier semble épuisé, le second renferme de la pyrite pour une dizaine d'années, le troisième contient une réserve formidable. Il y a une cinquantaine d'années, les minerais exportés avaient une teneur moyenne en cuivre de 3,5 environ, qui s'est abaissée progressivement et, depuis 1915, le chiffre de 1,84 % peut être considéré comme un maximum.

Exploitation mécanique. — Jadis le minerai s'exploitait pour le cuivre, le fer et le soufre étaient perdus ; actuellement les méthodes usitées sont beaucoup plus rationnelles, car on s'applique à tirer parti des trois éléments. On travaille tantôt en galeries, tantôt à ciel ouvert et c'est un spectacle vraiment grandiose de voir les immenses carrières disposées en gradins sur chacun desquels circulent des trains en chargement ou en déchargement.

Pour faire sauter le minerai on fore des trous de mine et, dans chacun, on dépose une cartouche de dynamite ou d'explosif convenable reliée avec un cordeau servant de mèche d'allumage. A des heures d'interruption de travail, un ouvrier allume successivement chaque mèche et, en se plaçant sur une hauteur dominant la carrière, on voit tour à tour exploser chaque petite mine tandis que l'homme continue l'allumage des autres de son secteur.

Sur chaque banc viennent, plus tard, des trains de wagons tombereaux qui passent devant des pelles à vapeur où ils sont remplis avec une extrême rapidité, puis le minerai brut, formé de morceaux de toutes grosseurs, est emmené pour être soumis aux opérations ultérieures, tandis que les trains se succèdent avec une régularité impressionnante.

Notre intention n'est pas de décrire les détails de la marche du travail ; au point de vue mécanique il faut évidemment séparer, ou éliminer, le stérile par les procédés modernes, mais c'est surtout au point de vue du traitement chimique que les modifications, par rapport au temps passé ont été importantes.

Solubilisation du cuivre. — Au lieu du traitement barbare qui consistait à griller en tas le minerai, ce qui envoyait dans l'air des torrents d'acide sulfureux dévastant des étendues de terrains considérables, les pyrites finement broyées sont disposées en tas de 5 à 12 mètres de haut, renfermant des centaines de mille tonnes, sur un sol imperméable ; on pratique parfois des cheminées et carnaux permettant une circulation d'air. On envoie ensuite de l'eau et on soumet à un lessivage méthodique (extrêmement lent puisqu'il dure six années), cette eau facilite une oxydation du sulfure de cuivre insoluble en donnant du sulfate soluble, tandis que le sulfure de fer ne doit subir cette action que dans une proportion beaucoup plus réduite.

Cémentation. — Les eaux contenant, par mètre cube, 1 à 4 kilogrammes de sulfate de cuivre en dissolution, avec de l'acide sulfurique libre, des sulfates ferreux et ferrique, de l'arséniate de fer, etc., sont collectées et envoyées sur un lit de pyrite menue afin de ramener le sulfate ferrique à l'état de sulfate ferreux, après quoi on les fait passer dans des rigoles en bois ($0^m,84$ de large et $0^m,23$ de profondeur) parallèles, susceptibles d'être réunies ou séparées au moyen d'un jeu de vannes. Ces rigoles sont garnies de débris de fonte ou de fer, parfois aussi de barres en fonte de $0^m,75$ de long, d'un poids de 16 kilogrammes placées en deux couches représentant 250 à 300 kilogrammes par mètre, au contact desquels il y a mise en liberté de cuivre qui se précipite à l'état de cément (cascaras n° 1 à 80-90 % et cascaras n° 3 à 44-60 %) avec formation de sulfate de fer :

$$SO^4Cu + Fe = SO^4Fe + Cu.$$

Entre ces rigoles et les suivantes se trouvent des bassins dans lesquels la vitesse du courant étant notablement ralentie, il se dépose des particules solides entraînées, riches en cuivre.

Au bout d'un certain temps on les recueille, ainsi que la croûte déposée à la surface du fer ou de la fonte, on procède alors à des opérations de nettoyage ayant pour but de récolter la boue de cuivre qui les recouvre, et les laver, afin qu'ils présentent des surfaces fraîches et puissent servir à des opérations ultérieures jusqu'au moment où leurs dimensions sont tout à fait réduites.

On estime que, dans une Société comme le Rio Tinto, la quantité de pyrite en cours de traitement peut représenter 20 millions de tonnes et qu'on retire, dans ces opérations de lixiviation, les quatre cinquièmes du cuivre contenu.

Lorsque l'on suit, en chemin de fer, la ligne partant du siège d'exploitation et allant sur Huelva, on cotoie très fréquemment la rivière qui reçoit les eaux provenant du traitement en question : d'un beau vert clair d'abord, on les voit, sous l'influence de l'oxydation à l'air, changer successivement de teinte et d'aspect, peu à peu elles deviennent plus sombres, puis apparaît un trouble léger dû aux matières qui se précipitent et, la teinte générale, jaune clair, au début, devient plus foncée, puis rouille, en raison des différents états d'oxydation des composés du fer.

Pour faire saisir l'importance de cette exploitation voici, d'après M. *Max Lambert*, les quantités exportées par le Rio Tinto, exprimées en tonnes métriques, jusqu'au début de la guerre :

Années	Pyrites cuivreuses	Minerais de soufre	Total
1910	578 500	583 600	1 262 100
1911	662 260	842 000	1 504 260
1912	188 700	977 800	1 666 500
1913	635 900	825 400	1 461 300
1914	»	»	1 200 000
1915	»	»	1 025 000

Ces exportations se font par les ports de Huelva et Séville.

Afin de permettre des comparaisons, rappelons aussi qu'en 1913 le seul port de Huelva avait exporté 2.774.000 tonnes en pyrites et minerais cuivreux en 1914, 2.556.500 tonnes et en 1915, 2.272.000 tonnes et que, en tenant compte des divers minerais de soufre des régions intéressantes d'Espagne, on trouve suivant une autre statistique :

Région de Huelva.................... 3 528 136 tonnes (92,5 %)
    Séville.................... 156 225 »
    Autres régions.................... 68 957 »

Sociétés d'exploitations. — Comme autres exploitations espagnoles il y a : *The Tharsis Sulphur and Copper C°* qui expédie ses produits également par Huelva : après avoir produit 327.000 tonnes en 1911, ce chiffre est passé à 403.000 tonnes en 1916 ;

la *Société française des Pyrites de Huelva*, dont le minerai est à peu près exempt de cuivre, qui a exporté 276.000 tonnes en 1913, 227.000 tonnes en 1914 et 161.500 en 1915.

Au point de vue de l'importance viennent ensuite :

The Pena Copper Mines Ltd,

The Esperanza Copper and Sulphur Ltd,

The San Miguel Copper Mines Ltd,

La Compagnie des Mines de San Platon,

La Société Espagnole Minas del Castillo di Las Guardas,

La Société des Mines de cuivre de Campanario,

Les mines des Hijos de Vasquez Lopez,

The Huelva Copper,

La Hispalense,

et une série d'autres sociétés qu'il serait trop long d'énumérer ici.

Il n'est pas sans intérêt de constater que, d'après le Rapport général sur l'industrie française publié en 1919 par le ministère du commerce, la nationalité des sociétés minières de la province d'Huelva a un peu varié depuis la guerre, comme le montrent les chiffres ci-après

	1913	Après guerre
Sociétés anglaises.................	81,20 %	77,90 %
Sociétés françaises..............	6,60 %	15,60 %
Sociétés espagnoles........	2,20 %	6,50 %

Territoire Portugais. — Sur le territoire portugais signalons :

Les Mines de San Domingo (Société anglaise).

Les Mines d'Aljustrel (Société belge)

qui exportent par Pomaron.

Composition des Pyrites

Comme nous l'avons signalé pour le cas particulier de l'Espagne, dans le commerce on trouve des pyrites de trois calibres :

A) les menues (poussières) au-dessous de 12 m/m ;

B) les morceaux, de 12 m/m et au-dessus ;

C) les grenailles (furnace size) (grosseur 25 à 30 m/m).

Les minerais appartenant à cette catégorie brûlent très bien, assez rarement on en rencontre qui donnent lieu à de petites explosions dues à la présence d'eau dans les morceaux, ce qui provoque un décrépitement violent ; ce phénomène est d'ailleurs plutôt utile quand il s'agit de morceaux d'assez petites dimensions qui se réduisent ainsi en menus fragments et brûlent dans des conditions plus favorables.

La composition chimique varie naturellement avec la provenance et les traitements que le minerai a subis.

Au point de vue des éléments présents, on enregistre de sérieuses différences, dont les analyses ci-après donneront une idée :

	Espana (sur sec)	Desiros	Chrysolite	Hierollite	Aljustrel Cruë	Aljustrel Lavée	Aljustrel mixtes, diverses
	%	%	%	%	%	%	%
Soufre....................	47,83	48,25	46,45	50,90	49,11	49,03	46,80
Fer.......................	42,30	43,23	44,08	44,89	43,67	43,65	43,09
Cuivre.....................	0,56	0,46	0,24	0,12	0,61	0,41	1,15
Plomb.....................	0,90	0,95	0,79		1,64	1,55	0,97
Zinc......................	1,66	0,80	1,43	0,28	0,82	0,82	1,06
Nickel....................	0,13			0,12			
Arsenic...................	0,55	0,27	0,22	0,06	0,18	0,17	0,20
Chaux.....................	0,83	0,45					
Magnésie	0,22	0,20					
Protoxyde de manga-nèse..	0,12						
Baryte....................	Néant						
Silice....................	1,55	3,16	1,99	0,33	2,06	1,69	2,40
Divers et pertes	3,05		4,71	3,40	1,64	1,68	3,40
Humidité					0,37	1,00	0,93
	100,00						
Humidité	0,28						

Ces analyses ne sont citées qu'à titre indicatif, car elles peuvent varier de façon sensible, étant donné que la nature du gisement subit des modifications au point de vue géologique, que l'exploitation ne se fait pas dans des conditions absolument uniformes, et que les chargements peuvent différer dans une certaine mesure.

Pour permettre de s'en rendre compte, voici une comparaison sur des produits provenant d'une même mine espagnole :

	Gros	Gros	Menus	Menus	Gros	Gros
Soufre.....................	48,50	47,90	48,10	46,80	47,00	46,50
Arsenic...................	0,13	0,06	0,08	0,07	0,09	0,04
Fer.......................	43,70	43,99	42,86	42,26	42,47	42,92
Cuivre....................	0,90	0,88	0,52	0,69	1,01	0,83
Plomb....................	0,09	0,05	0,05	0,05	0,02	traces
Zinc......................	0,13	0,16	0,13	0,21	0,04	0,13
Nickel....................	0,10	0,18	0,19	0,13	0,14	0,06
Chaux....................	0,78	1,28	0,52	0,40	0,58	0,84
Magnésie..................	0,43	0,43	0,41	0,50	0,50	0,32
Alumine...................	1,12	0,54	1,47	2,40	2,23	2,88
Silice.....................	4,02	4,45	5,17	5,40	4,98	5,76
Divers, perte et eau combinée.	0,10	0,08	0,50	1,09	0,94	0,22
	100,00	100,00	100,00	100,00	100,00	100,00

Faisons remarquer en passant que, pour le fabricant d'acide sulfurique la composition chimique du minerai sulfuré est un élément d'une grosse importance, d'abord en raison de ce que la désulfuration est plus ou moins facile selon la nature et la proportion des impuretés, susceptibles d'entraîner une partie du soufre dans les résidus; ensuite parce que, entraînées avec les poussières, elles peuvent se retrouver dans l'acide produit, le rendant impropre à certaines applications, touchant à des produits chimiques spéciaux ou à l'alimentation.

Il est vrai que, par contre, une proportion assez élevée de certains éléments peut permettre un traitement spécial et une recette supplémentaire, c'est notamment le cas du cuivre, comme on le verra plus loin.

Gisements de Suède et de Norvège

Leur capacité de production est de beaucoup inférieure de celle des gisements espagnols.

En Suède on connaît, depuis longtemps, l'exploitation de Fahlun qui livrait 30.000 tonnes environ par an, à 43 jusque 48 % de soufre, avec des quantités variables de cuivre.

En Norvège, les exploitations sont nombreuses; la pyrite extraite est surtout intéressante en ce qu'elle contient des quantités sensibles de cuivre, parfois même avec absence pour ainsi dire complète d'arsenic. Parmi les principales exploitations nous citerons :

Sulitjelma, S^{té} Scandinave.	exportant environ	100 000	ton. pyrites lavées	
Foldal, Cie Anglaise	»	60 000	»	»
Orkla, S^{té} Suédo-Allemande.	»	200 000 (1)	»	»
Röstvangen, S^{té} Suédo-Norvégienne	»	30 000	»	»
Bossmo, S^{té} Belge	»	26 000	»	»
Killingdal, S^{té} Anglaises....	»	25 000	»	»
Röros, Cie Norvégienne	»	15 000	»	»

La production norvégienne s'est développée de façon considérable dans ces dernières années, le relevé suivant emprunté à un rapport consulaire américain montre ses variations, les chiffres en diffèrent un peu de ceux extraits du *Mineral Industry* reproduits page 105.

	Production	Exportation
191	369 065 tonnes	
1912	464 326 »	—
1913	441 291 »	426 000
1914	414 886 »	360 228
1915	513 335 »	466 759
1916	295 000 »	253 362
1917	326 000 »	212 909
1918	325 000 »	240 774

Voici une statistique sur divers gisements producteurs appartenant à des sociétés énumérées précédemment :

	1919	1920
	tonnes	tonnes
Lökken....................	118 270	120 920
Sulithjelma....................	25 490	35 760
Foldal Worko....................	27 510	39 420
Nord Mines....................	8 905	21 020
Vigsnes Worko....................	7 640	5 900
Roros....................	8 035	6 440

(1) D'après le *Central News* (Août 1926) une combinaison récente serait intervenue entre cette société et la Société du Rio Tinto, qui lui garantit un minimum d'exportation important.

En 1922 et 1923 la production totale a atteint environ 400 000 tonnes dirigées surtout sur l'Allemagne, la Suède et les Etats-Unis, les principaux pays destinataires étaient auparavant :

	1917	1920
Suède	106 000	109 000
Danemark	20 000	3 000
Angleterre	77 000	112 000
Hollande	11 000	10 050
	214 000	234 000

la France a consommé :

1922 .... 2 295 tonnes
1923 .... 11 611 »

servant en majeure partie à la fabrication de l'oleum.

Voici quelques analyses de pyrites norvégiennes :

	Pyrite de Yterroen	Pyrite de Drontheim	Pyrite de Wignoës	
			Tendre	Dure
Soufre	44,50	50,60	49,62	47,00
Fer	39,22	44,62	43 35	42,31
Cuivre	1,80	traces	traces	5,46
Plomb	»	traces	•	»
Zinc	1,18	1,34	traces	traces
Arsenic	»	»	tr. faibles	tr. sensibles
Chaux	2,10	traces	»	»
Magnésie	0,01	»	»	»
Acide carbonique	1,65	»	»	»
Carbonate de chaux	»	»	2,69	•
Carbonate do magnésie	»	»	traces	»
Gangue insoluble	9,08	3,15	4,09	5,16
Oxygène	0,45	»	»	»
Humidité	0,17	0,20	0,10	0,08
	100,16	99,91	99,85	100,01
	Pattinson		A Girard et Morin	

Gisements français

Ils peuvent se diviser en deux catégories : ceux du Rhône et ceux du Midi.

Les *gisements du Rhône* sont disposés parallèlement de chaque côté de la Brevenne, rivière qui se jette dans la Saône.

Sur la rive gauche existait l'exploitation de Chessy dont la pyrite contenait 4 à 5 °/₀ de cuivre, l'extraction a été peu à peu délaissée et ne représentait plus, dans ces dernières années, qu'un chiffre extrêmement faible.

Sur la rive droite on rencontre celui de *Saint-Bel* ou de *Sourcieux* qui, en 1913, a produit 269.000 tonnes d'une pyrite remarquable grâce à l'absence d'arsenic et d'impuretés gênantes. Le gisement, d'une longueur d'une dizaine de kilomètres, se trouve partagé en deux par une couche granitique ; la partie septentrionale offre moins d'intérêt que celle du sud. Cette dernière est coupée par un banc de stérile d'une centaine de mètres environ : la première a une gangue de barytine avec un peu de silice, elle se subdivise en plusieurs filons dont un renferme du cuivre, et une masse importante dite du *Pigeonnier*, la partie méridionale est très importante, l'extraction a lieu par le puits Bibots.

Le minerai extrait du *Pigeonnier* est assez friable et en masses renfermant de petits cristaux brillants ; celui de *Bibost* l'est encore plus, il possède une teinte verte à reflets jaunes, et contient énormément de poussière.

Les *gisements du Midi* existent dans les départements du Gard et de l'Ardèche, ils sont très nombreux mais d'un intérêt beaucoup moins grand, d'abord comme puissance, puis en raison de leur composition complexe. Pour fixer les idées rappelons que en 1912 la production française était de 282.000 tonnes sur lesquelles Saint-Bel fournissait 249.000, la différence étant fournie par l'exploitation de *Chizeuil* en Saône-et-Loire, qui pendant la guerre a d'ailleurs rendu de sérieux services.

Nous citerons aussi plutôt au point de vue historique, Saint-Julien de Valgalgues, dont la production représentait jadis, d'après

	Chessy		Sain-Bel		Sain-Bel Biboat		Saint-Julien		Soulier	Soyon (Ardèche)	
	Roches	Poussières	Filon non cuivreux	Pigeon-nier	1er étage	3e étage	1er niveau	niveau inférieur	Tout venant	Minimum	Maximum
Soufre	47,34	48,87	46,62	47,98	53,89	52,49	44,13	41,13	44,93	43,94	49,68
Fer	41,72	43,20	39,07	41,11	46,46	46,43	38,24	36,85	39,62	39,15	43,04
Cuivre	0,05	traces	—	—	—	—	—	—	—	—	—
Zinc	—	—	—	—	—	—	—	—	—	—	0,12
Plomb	—	—	—	—	—	—	—	—	—	—	—
Arsenic	0,02	traces	0,05	traces	faibles traces	faibles traces	0,05	0,08	0,03	0,16	0,39
Antimoine	—	—	—	—	—	—	—	—	—	—	0,47
Carbonate de chaux	—	—	—	—	—	—	5,52	9,69	5,78	—	—
Sulfate de chaux	—	—	—	—	—	—	—	—	—	—	1,67
Fluorure de calcium	—	—	—	—	—	—	traces	traces	—	traces	0,63
Carbonate de magnésie	—	—	—	—	—	—	traces	0,08	4,42	—	—
Gangue insoluble	10,79	4,71	13,92	10,78	0,37	0,90	10,20	11,23	3,76	4,15	11,76
Oxygène en excès	—	—	—	—	—	—	—	0,38	0,42	—	1,02
Humidité	0,08	3,52	0,17	0,20	0,04	0,04	1,74	0,57	0,90	0,86	4,58
Total	100,00	100,00	99,83	100,07	99,96	99,86	99,38	100,01	99,86		

Sorel, 25.000 tonnes sur une production de 38.000 extraite dans un groupe comprenant Saint-Martin des Pallières, la Baraquette des Adams, Saint-Julien du Pin, Saint-Martin de Valgalgues, Le Soulier, Saint-Julien de Valgalgues, Panissière, Saint-Florent et Meyrannes.

Les *gisements du Gard* se continuent dans l'*Ardèche* par Joyeuse, Privas, Soyons, Saint-Perray et Tournon.

Il y a lieu de signaler également quelques autres petits gisements répartis un peu partout en France et en Algérie : en Savoie Aiguebelle, dans la région houillère (Creusot, Mons et Saint-Etienne), à Allevard (Isère), Carcassonne, dans l'Allier et en Algérie, ainsi qu'à La Touche (Ille-et-Vilaine).

Les analyses publiées par les auteurs montrent que la composition des pyrites extraites présente de grandes différences : non seulement une gangue calcaire, et *a fortiori* le fluorure de calcium, joue un rôle très nuisible ; mais on trouve à certains endroits du zinc et du plomb ; quant à la quantité d'antimoine ou d'arsenic, elle acquiert parfois un pourcentage tel que le minerai constitue un véritable arsénio sulfure, susceptible d'être traité pour l'extraction de ce métalloïde dont les composés ont trouvé, dans ces dernières années, des débouchés importants en agriculture.

On trouvera ci-dessous quelques chiffres sur le commerce extérieur de la France :

Années	Importations	Exportations	Différence	Production française	Consommation totale
1912........	86 000	41 000	42 000		
1913........	582 000	94 000	488 000	270 000	758 000
1914........	604 700	58 000	546 000	282 000	
1915........	425 000	19 000	406 000		
1916........	792 400	16 700	725 000		
1917........	491 620	6 993	484 627	269 000	
1918........	321 281	11 529	309 752		
1919........	96 363	9 664	86 699		
1921........	342 315	2 300	340 015		
1922........	279 072	32 495	246 577		
1923........	463 378	25 423	438 255		
1924........	392 429	9 963	382 466		
1925........	485 160	221	484 939		

La pyrite importée en France provient en partie de Montecatini (Italie), et surtout d'Espagne, ou Portugal, par Huelva et Séville (Espagne) ainsi que de Pomaron (Portugal). En 1913 l'Espagne nous a envoyé 425.000 tonnes, le Portugal 56.000 et la Norvège 25.000. L'Italie a vu ses envois chez nous augmenter pendant la guerre et dépasser 160.000 tonnes en 1918 puis redescendre (en 1919 elle a livré 53.000 tonnes).

Gisements italiens

Indépendamment de l'extraction du soufre en Sicile et en Romagne, l'Italie possède une production de pyrites qui a augmenté d'une façon très notable dans ces dernières années, car en 1908 elle se chiffrait par 132.000 tonnes tandis qu'à la veille de la guerre, en 1914, elle atteignait 335.000 tonnes de pyrites ordinaires et 85.000 tonner de pyrites cuivreuses à 2,7 de cuivre, ces dernières étaient naturellement décuivrées. Actuellement elle est voisine de 500.000 tonnes et comme on estime que 300.000 sont suffisants pour les besoins de son industrie et son agriculture, elle occupe par suite le premier rang après l'Espagne.

Au point de vue géographique la répartition en est la suivante : en *Toscane*, la mine de Gavorrno et de Boccheggiano (Mine de Montecatini), dont la pyrite (1) a trouvé un accueil extrêmement favorable chez nos industriels en raison de sa grande pureté relative et de l'absence presque complète d'arsenic. Cette province qui livrait 245.000 tonnes de pyrites ordinaires et 85.000 de pyrites cuivreuses jadis, voit sa production augmenter sensiblement.

La province de Toscane donne 82,3 % ; celle de Piémont 6 % ; celle de Vénétie 5,3 % ; celle de Ligurie 3,7 % ; le Trentin 2,2 % et la Calabre 0,5 %.

Quant à la richesse des gisements italiens elle est importante, estimée par les uns 9 000 000 de tonnes, elle atteindrait d'après d'autres le double.

---

(1) Production 370 156 tonnes en 1923 et 373 215 en 1924.

La composition chimique serait, d'après *Lunge*,

	Redolta	Passerra	St-Giuseppe	Vallantica
Soufre	39,32	44,36	30,97	41,56
Fer	36,29	41,72	48,35	36,79
Plomb	—	—	—	traces
Cuivre	traces	traces	0,07	1,69
Zinc	traces	—	0,18	—
Arsenic	0,53	0,14	—	0,18
Argent	—	—	—	0,014
Silice	7,16	9,68	10,45	16,40
Chaux	5,89	0,88	1,70	0,37
Magnésie	0,66	0,39	0,14	0,10
Argile	2,37	1,28	1,86	1,25
CO_2. H_2O, différence	7,78	1,55	6,28	1,646
Total	100,00	100,00	100,00	100,00

Gisements anglais

	Angleterre		Cleveland	Irlande	
	Cornouailles				
	minimum	maximum		minimum	maximum
Soufre	24,00	34,9	27,80	34,676	42,128
Fer	27,00	60,6	24,32	42,400	35,000
Protoxyde de fer	—	—	11,92	—	—
Cuivre	0,40	4,6	—	1,333	2,400
Plomb	0,00	7,4	—	1,593	1,600
Zinc	0,00	9,1	—	—	—
Alumine	—	—	8,10	—	—
Chaux	—	—	0,27	—	—
Carbonate de chaux	0,00	3,6	—	—	—
Sulfate de chaux	0,00	0,60	—	—	—
Acide carbonique	—	—	2,40	—	—
Arsenic	0,00	1,16	—	0,183	0,602
Silice	0,20	8,7	11,12	20,000	18,676
Humidité	—	—	12,86	—	—
Oxygène	—	—	—	—	—
Total			99,79	100,185	100,408

Les pyrites anglaises sont pauvres, de composition complexe et l'extraction ne représente qu'un chiffre insignifiant, 10.000 tonnes environ.

Au point de vue analyse nous nous bornerons donc à reproduire les chiffres contenus dans les traités de Sorel et de Lunge (voir page 124, *Gisements anglais*).

En raison de sa faible production, l'Angleterre est obligée d'importer des quantité considérables de pyrites (850.000 tonnes par an, avant la guerre, exactement 810.000 tonnes en 1910 et 849.921 en 1911), puis :

1913	800 000 tonnes
1917	871 000 »
1921-22	358 000 »
1922-23	365 000 »

Les importations se répartissent comme suit

	1913	1921	1922
Espagne	559 910	256 474	334 297
Norvège	133 925	6 318	25 555
Portugal	75 993	23 034	28 411
Colonies anglaises	9 526	—	7 613
Divers	2 357	2 689	4 570
	781 711	288 515	400 446

On constate également que, de même qu'aux Etats-Unis, le soufre tend à prendre une importance de plus en plus grande comme matière première.

En 1922-23 on a consommé sensiblement autant qu'en 1917 (45.000 tonnes) et moitié plus qu'avant guerre.

Dans les Dominions le plus important est le Canada (mines Albert et Crown) dont l'extraction est décroissante (voir tableau page 105) cette pyrite est peu, ou pas, arsenicale et renferme 40 à 45 $^{0}/_{0}$ de soufre. Dans certains cas la proportion de cuivre est intéressante (1,5 à 4 $^{0}/_{0}$ de cuivre).

Gisements des Etats-Unis

L'exploitation des gisements de pyrite en Amérique a commencé dans les Etats du Nord (Vermont, Massachusett, New-York), puis elle s'étendit aux Etats du Sud (Virginie, Californie) mais le développement de l'extraction du soufre au Texas et la Louisiane, dans des conditions économiques particulièrement favorables, en a réduit sensiblement l'emploi ; c'est ainsi que, en 1914, l'acide produit par les pyrites représentait 74 % de la production totale et l'acide au soufre à peine 3 %, en 1918 ce dernier passait à 48 % et maintenant on évalue les proportions relatives à 66 % pour le soufre contre 16 % pour la pyrite.

On a rencontré d'abondantes mines de pyrites cuivreuses dans certains districts (Vermont, Missouri, Lac Supérieur, Tennessee, Virginie, etc...). En voici quelques analyses données par les auteurs :

	Irlande	Milan	Diverses	
Soufre	44,20	50,36	46	35
Fer........................	40,62	41,67	40	30,5
Cuivre....................	0,90	1,83	3,7	5
Zinc	3,51	3,48	4,0	8,0
Plomb	1,50	0,24	»	—
Arsenic...................	0,33	»	»	—
Matières insolubles et eau	8,94	2,48	6,2	25,5

Les gisements de schistes pyriteux situés au nord de New-York, entre Sain Lawwece et Jefferson, ont une richesse en soufre de 20 % environ, susceptible d'être amenée à 40-45 % au moyen d'enrichissement mécanique convenable.

Dans bon nombre de cas la composition défectueuse de la matière première, l'éloignement des centres de consommation, constituaient pour l'exploitation de sérieuses difficultés que, cependant, la persévérance, l'ingéniosité et, disons-le, la nécessité, ont contribué à faire résoudre progressivement, comme le montre le tableau ci-dessous dû à l'U. S. Geological Survey (1).

Années	Etats-Unis				Tonnes de 2 400 livres	
	Production de pyrites		Importation de pyrites		Consomma-tion	Valeur
1906.....	225 045	767 866	597 347	2 138 746	822 392	2 906 612
1907.....	261 871	851 346	656 477	2 677 485	918 348	3 488 831
1908.....	206 471	744 463	668 115	2 624 339	874 586	3 368 802
1909.....	210 000	756 814	692 335	2 428 638	902 385	3 185 452
1910.....	213 700	830 150	806 590	2 773 627	1 303 402	3 603 777
1911.....	301 458	1 164 871	1 001 944	3 788 632	1 301 848	4 953 503
1912.....	350 928	1 334 259	964 478	3 860 738	1 315 406	5 194 997
1913.....	341 338	1 286 384	850 592	3 611 136	1 192 930	4 897 420
1914.....	336 632	1 283 346	1 026 617	4 797 326	1 363 279	6 080 872
1915.....	394 124	1 674 933	964 634	4 817 977	1 358 758	6 492 910
1916.....	439 132	2 038 002	1 244 519	6 728 318	1 683 651	8 766 320
1917.....	482 662	2 593 035	967 340	5 980 437	1 450 002	8 573 492
1918.....	464 494	2 644 515	498 785	2 767 448	963 280	5 411 963
1919.....	420 647	2 558 172	388 793	2 176 565	809 620	4 734 737
1920.....	310 777		332 605	1 660 832	607 606	3 110 832
1921.....	157 118		216 229			
1922.....	169 043		279 445			
1923.....	181 623		263 695			
1925...			276 385			
1926.....			366 151			

Quand on compare ce chiffre à ceux de la fin du XIXe siècle, on voit combien le chemin parcouru est grand.

1885.. moins de 50 000 tonnes
1890.. 100 000 »
1900.. 200 000 »
1905.. 250 000 »

La production par Etat se répartit comme suit :

(1) On remarquera que ce tableau est établi en « long tons » américaines tandis que celui donné page   est en tonnes métriques.

États	1913		1918		1925
	Tonnes	%	Tonnes	%	%
Virginia	148 200	43,5	148 427	30,8	95
California	70 500	20,6	111 861	23,9	
Wisconsin	25 200	7,4			
New-York			63 982	13,7	
Georgia	11 100	3,2	31 815	6,7	
Illinois	11 200	3,3	24 389	5,2	
Colorado			18 817	4,5	5
Ohio			9 845	2,1	
Indiana et Ohio	14 800	4,4			
Missouri			7 674	1,6	
Autres états	60 000	17,6	53 204	11,5	
	341 000	100	484 194	100	100

Quant aux importations, elles proviennent surtout d'Espagne
et du Canada comme le montre la statistique ci-après :

Importations	Espagne	Canada	Globales
1919	280 725	84 761	388 973
1920	200 706	100 672	332 306
1928	365 103	1 018	366 151

En ce qui concerne les produits sulfurés divers utilisés industriellement, voici un tableau donné par M. *Fairlie* dans *Chemical
and Metallurgical Engineering*, n° 19 à 21 de 1921 concernant
l'acide sulfurique, évalué à 50°B, produit aux États-Unis en 1914-
1917-1918 en partant de diverses matières premières.

	1914	1917	1918
Soufre	100 000	2 850 000	3 580 000
Pyrite Espagnole	1 200 000	1 650 000	570 000
» Américaine	800 000	850 000	950 000
» Canadienne	800 000	500 000	550 000
Blendes	500 000	1 300 000	1 200 000
Gaz sulfureux d'usines à cuivre	400 000	550 000	600 000
Totaux	3 800 000	7 200 000	7 450 000

D'après le rapport de la Société Cuivre et Pyrites, les États-Unis ont consommé en 1923 :

Soufre .... 1 146 000 tonnes
Pyrite .... 441 000 » dont 250 000 venant d'Espagne

Pyrrhotite. — Indépendamment de la pyrite il existe, en Amérique, un minerai intéressant, dont les gisements s'étendent sur de très grandes étendues de territoire.

Nous donnons ci-après une analyse de pyrrhotite ayant trouvé des applications industrielles, mais, à l'état pur, elle contient 39,87 $\%$ de soufre.

	$\%$		$\%$
SiO^2	6,2	MgO	4,2
Fe	48,3	Hs	0,06
Mn	0,02	Zn	1,25
P	0,03	Pb	0,00
Hl^2O^3	1,66	Hs	0,007
CaO	1,56	S	30,3

Ce minerai, non seulement ne peut être employé dans les fours à roche mais il est très difficile de le griller dans les fours à pyrites fines. Dans ce dernier cas, le minerai est passé au tamis 30 minimum et les fours sont entourés d'un revêtement calorifuge de 2 1/2 à 3 pouces d'épaisseur afin de réduire, autant que possible, le refroidissement.

La présence de silice, chaux, magnésie, etc., provoque une tendance à la vitrification, l'oxygène de l'air, dans ce cas, ne pénètre plus dans la masse et agit en surface, il faut donc renouveler constamment cette dernière, bref, le résidu contient rarement moins de 4 $\%$ d'où réduction notable du soufre disponible. En outre, les frais de production sont accrus par la nécessité de remuer et manipuler des masses.

Des recherches faites sous la direction de M. *E. Fogg* du Bureau des Mines, ont permis de démontrer que cette pyrrhotite passée au tamis 30, peut être grillée dans de bonnes conditions aux fours ordinaires à étages multiples en incorporant 10 $\%$ environ de soufre, pour réchauffer et aider les opérations.

Le soufre dans les charbons

M. *A. R. Powell* (Chem. Engin., 1920. T. 28, N° 4, p. 115-116, avril), a publié, dans ce journal, une intéressante étude faite au « Bureau of Mines » sur des houilles américaines de différentes provenances, à l'exception de celles de l'Illinois. Le soufre existe dans ces houilles sous des formes diverses :

1° Pyrites ou autres sulfures ;

2° Sulfates, principalement SO^4Ca ;

3° Soufre organique.

Lorsque l'on procède à la distillation, dès la température de 300°, FeS^2 est partiellement réduit à l'état de H^2S, on en retrouve dans le goudron à l'état de combinaisons organiques et dans le coke sous une forme indéterminée.

Les auteurs ont effectué de nombreuses tentatives pour faire varier la répartition du soufre entre les différents produits de cokéfaction. Ils ont étudié en particulier l'influence désulfurante de l'hydrogène, ou de gaz contenant de l'hydrogène, sur le coke à la température du rouge vif. Cette action est très nette, surtout en ce qui concerne l'H pur, mais elle n'est cependant jamais totale.

Pyrites du charbon et par flotation

Dans bon nombre de cas, le soufre n'existe pas à l'état d'union intime interdisant toute séparation, mais, au contraire, dans certains gisements on constate la présence simultanée de pyrite et de charbon, provenant de filons voisins, ou à l'état de pénétration réciproque, de sorte qu'après avoir fait subir les traitements mécaniques ordinaires il n'est pas rare d'obtenir un mélange renfermant moitié charbon, moitié pyrite.

On a procédé à de multiples essais (décrits dans le *Phosphaté* n° 1.316, p. 268) pour débarrasser le pyrite du charbon qui y adhérait, grâce aux perfectionnements réalisés on a pu obtenir des produits de plus en plus satisfaisants et la quantité de pyrite convenable renfermant 45 à 48 % de soufre obtenue dans l'Illinois atteint maintenant des chiffres très intéressants.

Les chiffres ci-après montreront l'importance que pourrait atteindre cette production, en supposant que les mines aient 1 % de leur extraction en charbon pyriteux.

Production annuelle possible des pyrites contenant 40 % de soufre des mines de charbons des états de l'Est

Etats	Grandes tonnes [1]
Indiana	260 000
Ohio	235 000
Illinois	225 000
Pensylvanie	200 000
Missouri	175 000
Iowa	140 000
Kansas	125 000
Tennesse	55 000
West Virginia	50 000
Kentucky	25 000
Michigan	10 000
Total	1 500 000

Dans les extractions, cette matière est classée à part de la houille et conduite dans des installations où elle est soumise à des traitements qui fournissent du minerai en morceaux et des fines, celles-ci renfermant moins de 5 % de carbone et 45 % de soufre. La récupération moyenne de pyrite atteint 85 %.

En 1918 une installation permettant de traiter journellement 200 tonnes de matière valait 20.000 dollars et les frais se chiffraient à 80 cents par tonne de minerai brut.

Les méthodes par flotation sont appliquées, non seulement à des minerais mais à des sous-produits métallurgiques, et on trouve sur le marché américain des pyrites artificielles de ce genre, d'une pureté intéressante et renfermant environ 50 % de soufre, appartenant à cette catégorie.

---

[1] La grande tonne (long ton) vaut 1 016 kgs.
  La petite   »   (short ton) » 0,907.

Gisements allemands

Il existe un certain nombre de gisements en Allemagne, l'un des plus importants se trouve en Westphalie près de *Schwelm*, dans la même contrée on signale celui de *Meggen*. On en rencontre d'autres à *Goslar* sur les bords du Rhin, en Silésie, etc... la production indigène évaluée par M. Hasenclever en 1884 à 150.000 tonnes a augmenté dans une certaine proportion et atteignait avant la guerre 225 à 250.000 tonnes, chiffre tout à fait insuffisant étant donné le développement considérable de son industrie chimique, ce qui motivait une importation considérable de matières premières provenant de l'étranger. Ses principaux fournisseurs en 1913 étaient :

Espagne	850 000 tonnes
Portugal	50 000 »
Norvège	56 000 »
Turquie	40 000 »
France	24 000 »

ceci indépendamment des autres minerais sulfurés qu'elle utilise (notamment 460.000 tonnes de blendes).

Pays divers

Les autres pays n'ont qu'une médiocre importance sous le rapport de la production de pyrites (voir tableau page 104).

La *Belgique* n'en produit que d'assez faibles quantités.

L'*Autriche*, dans la période 1910 à 1913, avait 10 à 15.000 tonnes d'extraction ; le *Japon* produisait environ 75.000 tonnes en 1912 et 226.000 en 1923, sa production a dû sensiblement augmenter depuis.

La *Hongrie* était plus privilégiée puisque la mine de Schmollnitz seule extrayait déjà en 1912, 104.000 tonnes, mais elle a bien décliné depuis.

En *Suisse*, la pyrite a été rencontrée dans le canton du Valais près de Martini à une altitude élevée (plus de 4.000 mètres au-dessus de la vallée du Rhône).

En *Grèce*, les mines de Minos, Hermion, Cassandra ont produit 145.827 tonnes en 1914 et seulement 76.000 en 1924, l'exploitation américaine des pyrites de Scourioussa (Chypre) améliorera probablement ces chiffres.

La *Russie* trouvait jadis sur son sol environ 120 à 130.000 tonnes de pyrites par an, en *Pologne* on aurait signalé des gisements de pyrites et de blendes contenant du thallium. En 1915 on a produit 18.610 tonnes dont 17.770 de l'Oural et en 1924 seulement 1.524 tonnes de cette dernière provenance.

En *Roumanie* il existe des pyrites à Hatna et à All Rodna (district de Bistritz Naszoder) ayant fourni

en 1919	1 867 tonnes
1920	10 889 »
1921	15 927 »

Des statistiques récentes et complètes nous manquent pour les autres pays européens (Balkaniques, Méridionaux, etc...).

La lutte entre les matières sulfurées

Au point de vue mondial la question de pyrite occupe un rôle de premier plan, cela malgré tous les efforts effectués pour trouver d'autres sources avantageuse de produits sulfurés — efforts prodigieusement utiles et qui, d'année en année, donnent cependant des résultats de plus en plus intéressants.

Le côté économique se présente de façon assez singulière.

En effet les techniciens les mieux qualifiés estiment la puissance de production mondiale de pyrite à 5.000.000 tonnes ; or, dans les dernières années, son emploi par la grande industrie chimique n'a guère été que 2.500.000 tonnes et d'ailleurs l'accord international, intervenu en 1923 pour 5 ans, entre le Rio Tinto, Tharsis, Mason et Bary, mines de Huelva, Esperanza C°, Orkla, Pena Copper C^{ny}, Saint-Gobain et Montecatini pour contingenter la vente a pris ce chiffre comme base.

Avant la guerre l'Europe Centrale consommait pour sa part 1.000 000 de tonnes, les Etats-Unis importaient annuellement en pyrites de provenances diverses (Espagne, Norvège, Portugal)

1.500.000 tonnes, tandis que, maintenant, la consommation de pyrite a décru de façon considérable dans chacun d'eux, en raison de l'utilisation des autres matières premières.

En effet la production du soufre américain qui représentait 250.000 tonnes en 1910 est passée à 1.250.000 tonnes en 1920, avec une exportation en Europe atteignant jusqu'à 500.000 tonnes par an. On voit combien un progrès technique peut avoir de répercussion sur les transactions mondiales des peuples et leur vie économique respective.

Le marché du soufre Sicilien a été, naturellement, le premier frappé et il a fallu qu'un accord établi entre producteurs Siciliens et Américains vienne régulariser les conditions du marché.

Dans cet accord, les Etats-Unis se réservaient leur territoire et la Sicile conservait l'Italie, puis ils se partageaient les fournitures aux autres pays, la Sicile avait, comme contingent d'exploitation, 145.000 tonnes de soufre brut à travailler et 65.000 tonnes pour l'acide sulfurique.

Les statistiques permettent de constater pour l'Amérique :

1º Le développement inouï de la consommation du soufre dans ces dernières années (¹) ;

2º Les efforts pour diminuer les importations de pyrites espagnoles ;

3º L'augmentation sensible de la production avec les minerais américains, et les gaz sulfureux métallurgiques.

Deux facteurs principaux interviennent pour expliquer cette évolution : un prix de revient plus bas et une commodité de fabrication plus grande.

L'emploi du soufre américain simplifie de façon notable les questions frets, transports, etc., etc., la question de l'élimination des poussières se trouve pour ainsi dire résolue, les carnaux et les tours ne s'encrassent pas sensiblement ; ce qui évite les frais de nettoyage, les gaz produits sont plus riches et l'acide des chambres plus propre.

(¹) Sur les 7 millions de tonnes d'acide sulfurique produites 2/3 le sont par le soufre, 1/6 par les pyrites (500.000 tonnes) et le reste par des gaz sulfureux de provenances diverses.

En Angleterre une évolution non moins intéressante est à enregistrer dans les proportions relatives des matières premières employées pour fabriquer 100 d'acide.

	1914	1921	1922	1923	1924	1925
Pyrite..............	89,5	72	63	52	54	46
Matières évaporantes	11	24	25,5	23	21	23,8
Soufre...............	0,3	3,6	9,6	21	22	24
Blende..............	0,1	0,4	2,0	3	2,7	5,6

Il est curieux de constater que le soufre, matière première initiale qui fut supplantée en grande partie par les minerais sulfurés métalliques, est l'objet d'un regain de faveur depuis que les nouvelles méthodes de production utilisées en ont permis de l'obtenir à un prix permettant de lutter dans des conditions avantageuses avec le Soufre de la Pyrite, de la Blende et des autres minerais.

Achat des pyrites

Nous avons fait précédemment allusion à l'importance que présentait pour l'industriel la composition de la pyrite, il existe en effet divers facteurs qui, pour lui, jouent un rôle considérable, les deux principaux sont la pureté et la richesse.

Pureté. — Théoriquement la pyrite se compose de soufre et de fer (53,4 % soufre et 46,6 % fer). Celles employées en pratique ont des chiffres sensiblement inférieurs, jadis on exigeait 48 à 50 % mais pendant la guerre on en a consommé ne dépassant guère 30 %. Ajoutons toutefois que, dans ce cas, on les mélange souvent avec des pyrites à teneur assez élevée, ou avec du soufre.

Valeur de la pyrite. — Elle n'est pas uniquement basée sur la richesse en soufre mais aussi sur la nature des métaux qui y sont contenus, car ceux-ci fixent une partie de soufre évaluée selon *Falding* ([1]) par unité de

```
Cuivre......................................................  à 0,50
Zinc........................................................  » 0,50
Plomb.......................................................  » 0,15
Chaux.......................................................  » 0,57
Magnésie....................................................  » 0,86
```

c'est pourquoi on a trouvé, ou on trouve, au premier rang des pyrites appréciées, celles de Sain-Bel (France). Castillo et San Tolmo (Espagne), Montecatini (Italie), Aljustrel (Portugal), Hermione (Grèce) et celles de Norvège.

Transport. — Dans bon nombre de fabriques, pour avoir une base d'appréciation bien nette, servant de point de départ pour les calculs ultérieurs, on a soin de faire un prix de revient des cent kilos de SO^2. Le premier élément, non chimique, à faire entrer en ligne de compte est le transport qui, proportionnel à la richesse et à la contenance en soufre, amène à choisir, à composition égale, le minerai le plus proche ou le plus riche.

Les diverses analyses citées précédemment ont permis de se rendre compte de la nature des matières diverses que l'on peut rencontrer en compagnie du soufre et du fer.

Humidité. — Tout d'abord il est bien évident que la pyrite doit être aussi sèche que possible, ensuite il faut qu'elle puisse être conservée un temps assez long à l'air humide sans qu'elle s'effleurisse, phénomène qui, presque toujours, est accompagné de la formation d'acide sulfurique et de sulfate, dont la présence est très préjudiciable à la bonne marche des opérations de fabrication.

Gangue. — Une gangue inerte, non susceptible d'entrer en réaction avec les autres constituants a, comme principal inconvénient, d'abaisser le titre et d'élever le prix de transport de l'unité, c'est le cas du sulfate de baryte ou de la silice en faible proportion, en outre si, dans le traitement, il peut y avoir formation de

---

([1]) FALDING F. J. — *The manufacture of sulphuric and mineral Industry*, vol. VII, 1898, p. 653-654.

silicate fusible, on risque d'avoir des agglomérations, formation de loupes, enrobage du minerai qui brûle mal, et, parfois même, collage sur les soles.

Métalloïdes. — Les impuretés volatiles sont très gênantes : l'arsenic est oxydé en formant de l'acide arsénieux que l'on retrouve dans les conduits allant au Glover, ou dans l'acide provenant de ce dernier, souvent même dans les chambres de plomb. Pendant bien longtemps, les industriels ont été très exigeants relativement à ce produit, l'introduction des procédés par contact a naturellement encore augmenté cette tendance, mais, peu à peu, la quantité de pyrites non arsenicales est devenue très faible par rapport aux autres et il a fallu trouver des dispositifs ou des méthodes de traitements permettant de s'en servir quand même. Nous verrons cependant, par la suite, qu'à partir d'une certaine proportion la présence de l'arsenic devient intéressante.

Le sélénium et le tellure qui se rencontrent très fréquemment, sont moins gênants que l'arsenic, mais se retrouvent, tout au moins en partie, comme lui, dans l'acide obtenu.

Métaux. — Les composés du calcium ont l'inconvénient de fixer de l'acide sulfurique en donnant du sulfate de chaux, d'où perte de soufre d'une part et augmentation de celui contenu dans la pyrite grillée, ce qui diminue sa valeur. Dans le cas du fluorure de calcium, l'acide sulfurique met en liberté de l'acide fluorhydrique dont l'action corrosive a occasionné en maintes occasions des accidents et des détériorations très onéreuses.

Les autres alcalino-terreux et les alcalins sont également à éviter.

Les métaux nuisibles sont, au premier rang, le plomb et le zinc, en raison de ce qu'ils fixent du soufre et modifient, dans un sens peu favorable, la composition des pyrites grillées, qui se trouvent renfermer des sulfates de zinc et de plomb.

Comme éléments intéressants, il y a le cuivre, l'or, qui, lorsqu'ils existent en proportion sensible permettent de procéder à des opérations de récupération avantageuses.

En résumé, en faisant son achat, l'industriel doit se faire

remettre une analyse, aussi exacte que possible, de la matière première qui lui est offerte, de manière à pouvoir déterminer :

1º Quelle sera la proportion de soufre disponible, c'est-à-dire la différence entre la partie contenue dans le minerai brut et celle qu'il retrouvera, après un travail bien fait, dans le minerai grillé ;

2º Quelle sera la composition chimique de ce dernier, ce qui lui permettra d'en connaître approximativement la valeur, à déduire du prix d'achat :

3º S'il aura intérêt à faire subir un traitement chimique à ses résidus.

État physique. — Les pyrites se vendent, comme nous l'avons dit, sous trois formes : en morceaux, en grenailles, en poussières (ou menu).

Choix. — Pour certaines fabrications on préfère les morceaux, ou la *pyrite en bloc,* qui se brûlent dans des fours de construction très simple ; dans les débuts de la fabrication par contact ils ont été remis en vogue, car ils donnaient un entraînement de poussières peu considérable et rendaient l'épuration plus commode.

Pour les chambres de plomb, que ce soit dans les fours à main ou les fours mécaniques on a le choix entre :

les *pyrites en morceaux* (au-dessus de 12 millimètres avec une tolérance de 12 % sous 12 millimètres) et les *pyrites menues* (inférieures à 12 millimètres avec une tolérance de 12 % au-dessus de ce chiffre).

Là encore il faut faire intervenir certaines considérations, puisque bon nombre de minerais, de dimensions en apparence un peu fortes, éclatent sous l'action de la chaleur et tombent en poussière ; du moment où ce phénomène n'est pas trop violent il est souvent considéré comme avantageux.

Avec les fours mécaniques et le tirage artificiel, des quantités relativement fortes de poussières sont entraînées, aussi les industriels s'attachent-ils, en général, à employer surtout quelques variétés de minerais qu'ils connaissent bien afin de ne pas risquer des surprises possibles avec ceux auxquels ils ne sont pas habitués.

Les variations dans les changes rendent difficiles les comparaisons entre les prix d'avant et d'après-guerre.

En août 1914 on cotait les pyrites de fer 32 francs la tonne cif port ouest de la France sur la base de 45 % avec 0,25 par unité en plus ou en moins.

En Espagne franco bord (fob) les pyrites lavées valaient 0 fr. 45 l'unité.

En mai 1922 on cotait 23 à 27 shellings par tonne anglaise caf. [1]

Pyrites de fer zincifères

Signalons, en passant, l'emploi des pyrites de fer zincifères, la plupart du temps trop pauvres en zinc pour servir à extraire directement ce métal :

```
Soufre ..................................................... 46 %
Fer ....................................................... 46 %
Zinc ......................................................  8 %
```

mais qui constituent une matière première très intéressante pour la fabrication du lithopone.

Le grillage peut avoir lieu dans des fours Maletra, avec fabrication d'acide sulfurique, comme utilisation de l'acide sulfureux dégagé.

Le minerai grillé est ensuite chloruré par chauffage au rouge sombre, en présence de sel marin, dans des fours fixes ou tournants. Le lessivage de la masse permet de retirer le chlorure et sulfate de zinc qui se sont formés.

Le résidu d'oxyde de fer sert en métallurgie.

SULFURE DE ZINC OU BLENDES

Dans la métallurgie du zinc on utilise de très grosses quantités d'un des minerais les plus abondants dans la nature, le sulfure, connu sous le nom de *blende*.

Propriétés. — Il se rencontre en cristaux ou en masses parfois compactes, fibreuses ou agglomérées, d'une couleur tantôt jaune, jaune verdâtre, brun rouge et parfois extrêmement foncée.

---

[1] En 1927 la pyrite rendue à pied d'œuvre se compte, en prix arrondi, 200 francs la tonne.

Quand les cristaux sont bien formés, ils appartiennent au type cubique avec les faces du dodécaèdre rhomboïdal accompagné fréquemment de celles du tétraèdre, du cube, etc... Le clivage est facile dans les directions parallèles aux faces du dodécaèdre rhomboïdal.

La dureté est 3,5, la densité 3,9 à 4,2.

La blende se trouve d'ordinaire en filons, accompagnée d'autres minerais sulfurés, la pyrite, la galène, et de gangue, fluorée, barytique, etc...

Grillage. — Jadis l'industrie du zinc se bornait à procéder au grillage des blendes en perdant l'acide sulfureux résultant de l'oxydation du soufre. L'immense panache blanc provenant de ces opérations renfermait, en outre, des composés de fluor, d'arsenic, de plomb, et naturellement de zinc, qui, selon la direction du vent, l'état de l'atmosphère, l'humidité, etc... étaient rabattus sur les contrées environnantes au grand préjudice de la végétation, car les feuilles environnées par les gaz délétères, absorbent l'acide sulfureux.

Celui-ci, en s'oxydant, donne naissance à de l'acide sulfurique qui attaque l'intérieur des tissus, tandis que les poussières ou les vésicules déposées à l'extérieur du bois et des tissus ligneux en provoquent la corrosion. On voyait ainsi d'immenses surfaces dans lesquelles la végétation était détruite, et les industriels intéressés, pour éviter de coûteux procès avec leurs voisins, devaient acquérir des étendues de territoires absolument formidables.

Avec les progrès de l'industrie, l'augmentation des débouchés pour l'acide sulfurique, et devant la nécessité d'abaisser les prix de revient afin de pouvoir lutter contre la concurrence, la question de l'utilisation des gaz sulfureux produits dans ces opérations de grillage a été étudiée et mise en pratique sur une échelle de plus en plus considérable malgré certaines difficultés qu'il a fallu vaincre.

Le grillage de la pyrite ordinaire ne nécessite, sauf dans les cas de minerais relativement pauvres, l'emploi d'aucun combustible. Une fois l'allumage effectué et le four à température convenable, l'opération se continue seule, tandis que, dans le cas des blendes, la désulfuration demande une température plus élevée (751° au lieu de 440 pour la pyrite), de plus le sulfate de zinc susceptible de se former est long à décomposer, même au rouge clair. Il a donc fallu envisager l'emploi du charbon dans le cours des opérations.

Il y a toutefois lieu de remarquer que le grillage de la blende est beaucoup moins commode que celui de la pyrite, non seulement en raison de sa teneur moins élevée en soufre mais aussi pour une raison physique.

Alors que dans la pyrite la désulfuration se fait assez facilement jusqu'au centre, il n'en est pas de même pour la blende qui s'oxyde plus lentement et peut retenir 8 à 10 % de soufre quand elle est en morceaux, il est donc indispensable de la pulvériser de façon convenable.

Gaz. — Les gaz de blendes et ceux qui proviennent du grillage de la pyrite ont des compositions très différentes, nous y reviendrons.

Dans les fours à moufle, que nous décrirons dans un autre chapitre, les gaz de la combustion et ceux du grillage ne sont pas mélangés mais, dans d'autres systèmes, ce mélange a lieu, ce qui est plus gênant. Les impuretés sont nombreuses et certaines, telles que les produits fluorés, ont une action néfaste qui a occasionné de sérieux ennuis aux sociétés exploitantes.

L'acide sulfureux obtenu est envoyé dans les chambres de plomb et il reste, comme résidu, de l'oxyde de zinc, avec une plus ou moins forte proportion de sulfate.

Composition. — La Blende pure contient 32,9 % Soufre et 67,1 % Zn.

Voici quelques analyses données par *Lunge* (1917, p. 119).

ZnS	68,41	S	32,69 à 33,06	18,40 à 32,20	23 à 37 %
PbS	4,55	Zn	66,47	14,90 à 50,22	
FeS^2	2,05	Fe	0,38		
$ZnCO^3$	2,40	CO^2	0,35		
$CaCO^3$	8,93	Auteur	Gentho	Jurisch	
$MgCO^3$	10,62	Origine	Pensylvanie	Rhénanie	Hanisch
Al^2O^3	6,63				et Schrœder
Silice et divers	2,32				
Auteur	Draeohe				
Origine	Kar				

La composition des Blendes est souvent complexe et, indépendamment des corps énumérés dans l'analyse *Drasche* citée par *Lunge* on peut signaler l'argent, l'arsenic, le mercure, le cadmium. *Truchot* (Journ. Soc. Chim. Ind., 1811, p. 207) a constaté que presque toutes les blendes contiennent du Fluorure de calcium ($0^k,250$ à $0^k,300$ pour 100 kilogrammes).

La valeur du minerai dépend beaucoup de sa composition, car la chaux se retrouve dans le minerai grillé à l'état de sulfate de chaux, la galène donne des composés de plomb volatils, le mercure attaque les appareils de concentration en platine, l'arsenic est aussi indésirable que dans la pyrite, le Fluor donne FlH qui attaque le plomb.

L'emploi des blendes s'est bien généralisé depuis la fin du dernier siècle, mais, il s'est surtout localisé dans les régions possédant le charbon au prix le plus avantageux (Allemagne, Belgique, Angleterre, Nord de la France, etc....) car il faut compter sur une dépense de 10 à 15 kilogrammes de houille par 100 kilogrammes de blendes.

Origine. — Les blendes proviennent de contrées parfois très éloignées et on en consomme des quantités de plus en plus considérables, fournies par la Rhénanie, la Silésie, la Westphalie, la Saxe, l'Autriche, la Belgique, l'Espagne, l'Italie, les Etats-Unis, l'Ecosse et même l'Extrême-Orient.

En France il y a des blendes dans divers départements, Malines (Gard), Bleymard (Lozère), Bormettes (Var), Bulard de Senteux, Saint-Lary (Ariège), Planioles (Lot), Viviez (Aveyron), ainsi qu'en Algérie, et l'application des méthodes de flotation aux minerais complexes qui en renferment, a donné d'excellents résultats.

Les usines qui les emploient se servent, selon les conditions régionales, de minerai contenant de 20 à 30 °/₀ de soufre ; en moyenne 25 à 28 °/₀.

SULFURE DE PLOMB OU GALÈNE

Dans l'industrie du plomb, l'un des minerais les plus usités est la *galène* qui cristallise sous forme de cubes, parfois modifiés par

des faces de l'octaèdre, du dodécaèdre rhomboïdal, des icosi-
tétraèdres. Leur agglomération forme des masses cristallines grenues ou compactes d'un vif éclat, gris bleuâtre, facilement cliva-
bles dans les trois directions rectangulaires.

La galène contient généralement une petite proportion d'argent,
de 0,01 à 1 %. On la rencontre, accompagnée d'autres minerais sulfurés (pyrites, blendes) et de produits d'altération du sulfure de
plomb. Les filons existent souvent dans des terrains schisteux, de
transition, dans les grès, les calcaires secondaires, etc... etc... de
sorte que la gangue peut être très différente et constituée par de la
fluorine, du quartz, de la calcite ou des produits barytiques,
dans diverses exploitations françaises on arrive d'ailleurs à la
séparer par flottage des autres matières.

La dureté est 2,5 à 2,75, la densité 7,4 à 7,6. Il y a lieu de remarquer que la composition théorique du sulfure de plomb est

$$Pb \dots\dots\dots\dots\dots\dots\dots\dots\dots\dots\dots\dots\dots\dots 86{,}57 \%$$
$$S \dots\dots\dots\dots\dots\dots\dots\dots\dots\dots\dots\dots\dots\dots 13{,}43 \%$$

La métallurgie du plomb est très différente de celle du zinc, et
l'utilisation de l'acide sulfureux obtenu en grillant la galène, présente des difficultés encore plus considérables, de sorte que son
application à la fabrication de l'acide sulfurique est de date relativement récente et les quantités utilisées assez petites par rapport
à celles des produits sulfurés signalés précédemment.

Il existe plusieurs méthodes de traitement.

Dans la *fusion avec réaction* usitée en Espagne (province de
Murcie) dans le procédé *corinthien*, le procédé anglais et le
procédé *Newmann* ; la galène PbS chauffée au four à reverbère
vers 5 à 600 degrés, fournit

$$PbS + O^4 = PbSO^4$$
$$PbS + O^3 = PbO + SO^2$$

ces composés réagissent ensuite ensemble

$$PbS + 2PbO = 3Pb + SO^2$$
$$PbSO^4 + 2PbS = 2Pb + 2SO^2$$

avec production d'acide sulfureux.

Dans le traitement des minerais au convertisseur par soufflage on en obtient également.

Il se forme, au cours du grillage, du sulfate de plomb qui est très difficile à décomposer et n'abandonne son soufre qu'à une température bien supérieure à celle nécessitée pour décomposer le sulfate de zinc. D'après *Lunge* on procédait jadis à des mélanges de galène avec des minerais pyriteux contenant davantage de soufre, suivant M. *Bodé*, ces mélanges ne devaient pas avoir une quantité de sulfure de plomb plus faible que 18 à 20 %.

Selon le même technicien, ou aurait parfois utilisé des *mattes* de plomb et de cuivre contenant 34 % de cuivre, 28 % de fer et 26 % de soufre dans des fours de Gerstenhoefer, les gaz obtenus contenaient environ 5 1/2 % SO^2. Dans le Harz l'emploi des mattes de plomb grillées dans des fours à cuves aurait fourni des gaz à 4 à 6 % SO^2 applicables au travail des chambres de plomb.

D'après M. *Cuillet* (*Métallurgie générale*, p. 139) la *fusion avec réaction* ne s'emploie guère pour des minerais au-dessous de 75 %, dans certains cas on a été jusque 65 %, tandis que la méthode par *grillage à mort et réduction* permet actuellement de traiter des minerais à 40 % de plomb.

A Herculaneum (Missouri), en travaillant par la méthode *Newmann* un minerai à 70 % de plomb (minimum), on obtient un rendement de 88 à 90 % de ce métal et il en reste 5 % dans la scorie. On éliminerait 95 % du soufre grâce à l'emploi d'un four à sole spécial à rable mécanique.

Il y a donc là une source importante d'acide sulfureux.

On a fait certains essais dans le but d'utiliser, simultanément dans une même chambre de plomb, des gaz provenant de fours à pyrites et à sulfures de zinc ou de plomb ; en ce cas le réglage des tirages, et la marche des fours, nécessitent une attention constante ainsi que des soins continuels si l'on veut éviter des anomalies dans le fonctionnement des fours conjugués.

Pour tourner la difficulté on vise à sélectionner les gaz produits au cours du grillage et en certains points procéder au moyen d'appareils appropriés à des mélanges judicieux.

PYRITES ARSENICALES ET ARSÉNIOSULFURES

Le but poursuivi en employant cette matière première est complexe, il vise :

L'obtention d'acide arsenieux,

La récupération d'or quand il y en a,

L'utilisation de l'acide sulfureux.

Les phases du traitement sont, par suite, assez complexes et comprennent généralement :

Broyage préalable du minerai,

Extraction du métal précieux par voie humide,

Séchage du minerai,

Grillage du minerai sec dans des fours à dalles, fours mécaniques semblables dans leurs grandes lignes à ceux des pyrites ordinaires,

Condensation et enlèvement des poussières,

Utilisation de l'acide sulfureux.

Sauf les dispositifs spéciaux, pour retenir les poussières arsenicales et pour raffiner l'acide arsenicieux brut, ainsi que ceux touchant à la récupération des métaux précieux, qui ne rentrent pas dans le cadre du présent traité, les procédés et fours de grillage, sont ceux dont nous donnons la description d'autre part.

MINERAIS SULFURÉS DIVERS

Dans la métallurgie du cuivre, il est très fréquent qu'on ait à traiter des minerais sulfurés complexes, par exemple un sulfure double de cuivre et de fer.

On soumet le minerai à un grillage partiel, qui provoque une oxydation ménagée, dans laquelle le fer est oxydé et le cuivre moins, en laissant assez de soufre pour saturer le fer non oxydé et le cuivre. Il en résulte un produit contenant $FeO\ Cu^2S\ FeS$ et, indépendamment de la gangue, un peu d'oxyde de cuivre.

Une fusion scorifiante en présence de fondant (chaux, oxyde de fer, silice, etc.), provoque la réaction :

$$\begin{matrix} Cu^2S & & Cu^2S \\ FeS & + SiO^2 = & FeS \\ FeO & & SiO^3Fe \end{matrix}$$

Le sulfure complexe, *la matte*, se sépare de la gangue, on a donc réussi à condenser le métal intéressant sous un poids plus faible, étant entendu que, malgré tout le soin avec lequel on opère, la scorie retient un peu de ce métal.

Cette matte liquide en sortant du four, est versée dans un convertisseur pour être soumise à l'action d'un courant d'air.

Tout d'abord le fer est oxydé et l'oxyde ferreux se combine à la silice en donnant du silicate de fer,

$$\begin{matrix} Cu^2S \\ FeS \end{matrix} + O^2 = \begin{matrix} Cu^2S \\ FeO \end{matrix} + SO^2$$

puis on met en présence de silice pour scorifier

$$FeO + SiO^2 = SiO^3Fe$$

que l'on évacue en coulant

Il reste alors du sulfure cuivreux mélangé d'un peu de sulfure de fer qui, sous l'influence du soufflage, donnent

$$3Cu^2S + O = 2CuO + Cu^2S + 2SO^2$$
$$2Cu^2O + Cu^2S = 6Cu + SO^2$$

on voit que ces traitements sont accompagnés d'une production d'acide sulfureux que l'on s'est efforcé d'utiliser pour la fabrication de l'acide sulfurique.

Longtemps la récupération fut difficile et incomplète, et on était déjà satisfait quand l'utilisation du Soufre mis en œuvre dans les opérations métallurgiques atteignait 60 à 70 %. Actuellement de notables progrès on été effectués, et la *Tennessee Copper Cᵒ à Copperhill Tennessee* annonçait, fin 1919, qu'elle réalisait une utilisation de 92 % du soufre initial ; c'est donc un résultat remarquable.

De son côté la *Mond Nickel Company* a installé à Coniston (Ontario) une usine d'acide récupérant le soufre provenant du traitement des minerais de nickel.

Enrichissement des minerais

Jadis l'industrie sulfurique ne pouvait utiliser que des matières sulfurées riches ou des produits gazeux assez concentrés, ce qui obligeait à laisser perdre des gaz sulfureux dilués.

Dans ces dernières années, ces gaz ou minerais sont isolés par des moyens, physiques ou chimiques, du mélange dans lequel ils se trouvent, puis utilisés une fois amenés à richesse convenable.

Ainsi que nous l'avons dit plus haut, les Etats-Unis ont procédé, pendant la guerre, à de nombreux essais pour éliminer la pyrite contenue dans les charbons.

Criblage. — On a procédé au concassage du minerai à 3/4 de pouce, puis au criblage. Après 2 criblages successifs, et classement sur table des moyens reconcassés, on pouvait obtenir 61,3 °/₀ du soufre total.

D'autres essais eurent lieu, en traitant la partie 1/4-3/4 criblée, au jig, tandis que la partie la plus fine allait à la table de concentration, cette méthode permit de récupérer 72,4 °/₀ du soufre total.

En général les produits obtenus au jig donnaient des pyrites assez grosses, atteignant 45,1 °/₀ tandis qu'à la table on n'avait que du 35 °/₀ environ.

Flotation. — Pour les minéraux, le procédé de *flotation* a constitué un perfectionnement sensationnel qui permet, lorsqu'il est applicable, de préparer des concentrés riches avec des minerais pauvres.

En voici le principe :

Alors que jadis les procédés maintenant classiques d'enrichissement des minerais appliquaient uniquement les lois de la pesanteur, dans les méthodes de flottage on utilise les actions auxquelles est soumise une particule de minerai quand on la plonge dans l'eau, savoir :

1º L'action de la pesanteur qui l'entraîne vers le bas avec une force proportionnelle au cube du diamètre.

2º L'action de la tension superficielle qui, pour les particules non mouillées, oppose à la pénétration une résistance proportionnelle au carré du diamètre.

3º Le fait que, en opérant sur des parties de plus en plus petites, l'influence du poids décroît plus vite que celle de la tension superficielle.

4º A un certain degré de finesse celle-ci peut s'opposer à l'immersion.

5º En mettant, à la fois, en présence d'eau et d'un liquide convenable (essence de térébenthine, huile de houille, crésol, alcool amylique, savon, etc.), un minerai sulfuré avec sa gangue, le premier est enrobé et n'est par conséquent plus mouillable par l'eau tandis que la seconde, non enrobée par l'huile, reste mouillable.

6º En pratique on introduit, en même temps que l'eau et la substance additionnelle, des bulles d'air les plus nombreuses possible. Chacune d'elles donne naissance à la formation d'une membrane liquide ayant une tension superficielle inférieure à celle de ce dernier.

Ces bulles adhèrent aux parties flottables et les amènent à la surface, les autres suivent le chemin inverse.

Dans ces conditions, les particules de sulfure *flottent* tandis que la gangue tombe au fond, on obtient ainsi un enrichissement considérable qui permet de traiter des minerais négligés jusque-là en raison de leur pauvreté.

Il convient, par contre, de reconnaître que si la méthode, donne d'excellents résultats pour la séparation des sulfurés du stérile, ou celle du minerai d'avec les charbons, elle ne permet pas toujours de séparer de façon convenable certains sulfures entre eux, des minerais oxydés, ou ceux dans lesquels l'élément intéressant est extrêmement dilué par rapport au stérile, comme dans les minerais précieux où il faudrait un broyage extrêmement poussé.

La chose est cependant réalisable dans de nombreux cas et, à l'Exposition Internationale de Montpellier (juin 1927) le Service des Mines exposait de la pyrite flottée, de la blende flottée et de la galène flottée, provenant de minerais complexes qui avaient été traités par la Société Minière, Métallurgique et Chimique de l'Orb, ainsi que par la Compagnie Nouvelle Minière de Villemagne.

En Amérique (d'après le Chem. and. Mit. Eng., 15-12-1924) on trouve, sur le marché, une pyrite très pure renfermant 49 à 50 %

de soufre et seulement 2 $^0/_0$ de matières étrangères, provenant de la flotation des résidus d'usine à cuivre.

On a étudié l'action de différents liquides pour perfectionner la séparation des sulfures par flottage.

Avec la glycérine c'est, d'après *Bartsch* (Metall. und Erz, 1924, p. 520) la chalcopyrite qui adsorbe le mieux, puis viennent le sulfure de plomb, le sulfure de molybdène et la blende. Le feldspath et le quartz n'adsorbent pas.

L'adsorption qui, selon lui, a un rapport étroit avec le flottage, est facilitée par une addition d'acides, tandis qu'une ajoute de colloïdes (gélatine, par exemple), la diminue.

TRANSFORMATION DES MINERAIS SULFURÉS EN ACIDE SULFURIQUE

Cette transformation s'effectue en plusieurs phases : dans la première, le soufre qu'ils contiennent est transformé en acide sulfureux, sous l'influence de l'oxygène de l'air. Nous allons examiner par quels moyens :

Production de l'acide sulfureux

L'acide sulfureux, quel que soit le mode de préparation employé pour oxyder le soufre contenu dans le minerai, doit être obtenu avec :

le minimum de frais,

le minimum de réparations du four,

une composition aussi constante que possible des gaz,

un minimum de pourcentage en SO^2,

un certain degré de pureté industrielle,

des appareils robustes à fonctionnement régulier.

Nous allons donc examiner les dispositifs industriels successivement adoptés pour réaliser ces diverses conditions, en s'adaptant à des situations particulières aux pays, aux minerais et aux conditions économiques qui ont varié dans des limites si prodigieuses depuis la fin du xixe siècle.

Emploi du soufre comme matière première. — La réaction qui donne naissance à l'acide sulfureux en partant du soufre est bien connue

$$S + O^2 = SO^2.$$

Cet oxygène est fourni par l'air atmosphérique dans des conditions qui, simples en théorie, le sont beaucoup moins en pratique si l'on veut opérer dans de bonnes conditions.

Il faut, en effet, que le soufre, fondu sous l'action de la chaleur, se trouve en présence d'une quantité d'air réglée, de façon à fournir des gaz riches de composition convenable, car un excès provoquerait une dilution inutile, l'inverse déterminerait une sublimation et perte de soufre.

Il existe trois catégories de fours :

Les fours à main,

Les fours mixtes,

Les fours mécaniques.

FOURS A SOUFRE A MAIN

Les premiers étaient jadis les seuls employés, et, le furent notamment pendant la guerre, par la majeure partie des usines anglaises produisant de l'oléum ; aux États-Unis, au contraire, on utilise surtout les fours mécaniques.

On s'est servi du pyromètre *Lechatelier* pour déterminer la température des fours à soufre, les chiffres trouvés ont été les suivants :

10 minutes après chargement... 340°	puis après 85 minutes...	495°
15 » » ... 370°		
25 » » ... 420°		

Leur fonctionnement peut être continu ou discontinu.

Fours à alimentation discontinue. — Le type de four à soufre le plus simple est celui que nous figurons ci-contre (fig. 18) Il se compose d'une cuvette en fonte B munie de rebords inégaux, celui de devant est un peu plus bas, disposée, dans un four K dont elle n'atteint pas le fond avec en arrière une chambre à combustion. A la partie supérieure se trouve un orifice de dégagement des gaz.

Pour la mise en route on dispose un petit feu sous cette cuvette et, une fois la température convenable, on charge le soufre. La porte d'entrée, située à l'avant du four, possède un registre qui peut être plus ou moins soulevé de manière à admettre la quantité d'air voulue.

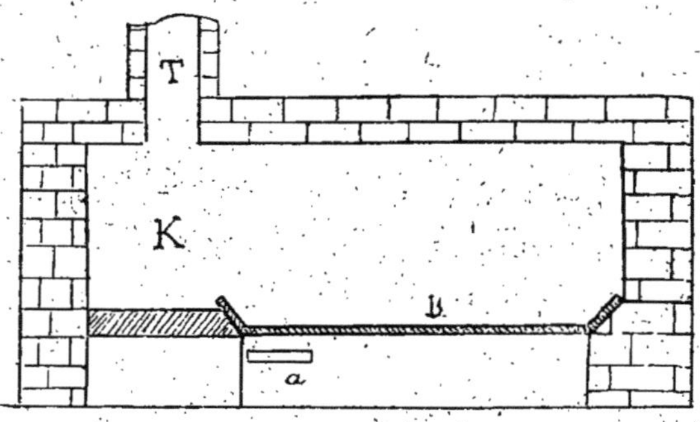

Fig. 18.

Un registre de sortie permet de régler le départ des gaz sulfureux mélangés à l'excès d'air.

Afin d'obtenir une composition de gaz assez régulière, on accouplait jadis plusieurs fours — souvent quatre. — On brûlait 80 à 85 kilogrammes de soufre par mètre carré de sole et par 24 heures.

Pour réaliser une combustion, aussi parfaite que possible, sans volatilisation, l'ouvrier se base en pratique sur l'aspect de la flamme, celle-ci ne doit pas être couchée, ce qui indiquerait un tirage trop violent, mais verticale et d'une teinte bleue, car l'aspect brun dénoterait une volatilisation de soufre correspondant à une température trop élevée.

Pour éviter ce dernier inconvénient, on a établi des fours avec parois en fonte, susceptibles d'être refroidies par une circulation d'air, toutefois ce dispositif a une durée relativement courte.

Dans les débuts on a tenté d'utiliser la chaleur produite, soit pour le chauffage de marmites renfermant un mélange de nitrate et d'acide sulfurique, soit pour chauffer des générateurs, ou concentrer de l'acide sulfurique, mais, peu à peu, on a aiguillé les études dans un autre sens.

Le *dispositif Kuhlmann*, qui brûle 100 à 120 kilogrammes de soufre par mètre carré de sole, comporte 5 cornues analogues à celles des usines à gaz, de 1 m. de haut et 2 m. de long munies chacune d'une porte pour l'entrée d'air et le chargement du soufre d'un côté et à l'opposé un tuyau de sortie. Les cinq tuyaux débouchaient dans un petit tambour de tête, après être passés par de longs tuyaux dans lesquels se déposait le soufre entraîné.

*Popp et C*ⁱᵉ, à Prague, brûlèrent 226 kilogrammes par mètre carré dans un four à deux soles.

Fours à alimentation continue. Four Pétrie. — Une, ou des

Fig. 19. — Four à soufre continu Pétrie.

trémies, sont chargées de soufre en morceaux qui, fondant peu à peu, coule sous forme de filet liquide dans la cuvette.

Pour régler la température, on utilise un courant d'air passant sous la cuvette; cet air froid ralentit la combustion à l'endroit où elle atteint son maximum, et réchauffe l'extrémité opposée. Malgré les précautions prises pour les réglages, le débit de soufre était peu régulier et les variations de température, et de composition de gaz, très sensibles.

Fig. 20. — Four Pétrie à minerai de soufre.

Un autre dispositif de M. *Pétrie* comportait un entonnoir en fonte dans lequel on chargeait le minerai. On chauffait au préalable l'air qui, pénétrant en S, était réparti dans le four par des orifices disposés sur la périphérie et les gaz formés s'échappaient en P.

M. *Kroloff* (*Chem. Zentralblatt*, 1920, p. 172) a également étudié un mode d'alimentation continue.

Four Harrison Blair. — Il comporte trois chambres :
La volatilisation du soufre a lieu dans la première.
La combustion s'effectue dans la seconde.
La troisième reçoit la marmite à nitrate.

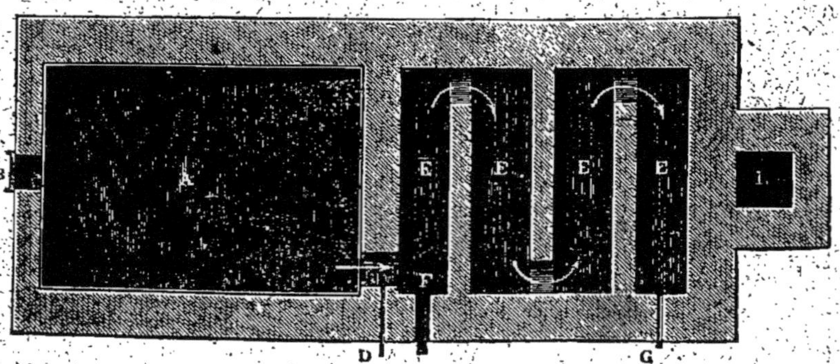

Fig. 21. — Four à soufre Harrison-Blair.

Il comporte un entonnoir en fonte dont le tuyau est entouré par un autre tuyau en grès — on le maintient rempli de morceaux de soufre.

Le four et sa cuvette, sont en briques. Une première admission d'air a lieu en B où une porte glisse dans un cadre, des ouvertures percées de trous peuvent être obturées, pour admettre

pour en admettre une proportion telle qu'une fraction du soufre se brûle mais que le reste soit volatilisé.

En F existe une seconde admission avec registre, et la combustion a lieu dans la chambre E partagée en 4 compartiments par des chicanes, un regard G permet de contrôler, même en laissant entrer de l'air, si les flammes sont disparues dans le dernier compartiment.

Les gaz gagnent l'étage du dessus, où sont les marmites à nitrate, et vont à la chambre supérieure H, après quoi ils passent dans les canalisations qui conduisent au Glover.

Ces fours ont été appliqués avec succès, mais ont cédé peu à peu la place, soit aux fours à pyrite, soit aux fours à soufre continus.

Signalons cependant que, dans bon nombre de cas, nous avons provisoirement utilisé certains compartiments de fours à pyrite pour brûler du soufre, en constituant des rebords avec du poussier de pyrite sur une faible hauteur. Cette éventualité est intéressante avec un prix de l'unité de soufre avantageux, elle permet de forcer la fabrication, ou d'obtenir des produits plus purs nécessaires à certaines fabrications chimiques.

Brevets divers. — Avec l'augmentation de production du soufre, et ses applications de plus en plus étendues, ont surgi de nombreux brevets concernant son brûlage.

Wittemberg (Br. all., 376.544, septembre 1921) utilisait le soufre fondu ou pulvérisé.

L'addition de matières incombustibles, de préférence fibreuses, pour faciliter l'opération, a fait l'objet de plusieurs brevets (*Texas Gulf Sulphur C°*, Br. fr., 555.173, Août 1922. *Davis*, Br. am., 1.455.284, mai 1923).

Ker envoie le soufre dans une chambre de combustion au moyen d'un tuyau dans lequel il commence à fondre (Br. am., 1.476.523, décembre 1923).

Le principe des combustions successives a été décrit par le *Gulf Sulphur C°*, le soufre, alimenté dans une cuve supérieure à niveau constant, passe par un orifice latéral dans une seconde cuve, puis dans une troisième, la chaleur se transmet de l'une à l'autre et on réalise une oxydation complète (Br. ang., 202.283, juillet 1923).

L'emploi, comme chambre à combustion, d'une cuvette cylindrique fixe, inclinée à raison de 8,5 centimètres par mètre, a été breveté par *Chickering* (Br. am., 1.450.677, avril 1923). Un arbre garni de palettes inclinées, et refroidi par une circulation d'eau, amène les cendres à l'orifice d'évacuation et SO_2 s'échappe à l'opposé.

La circulation de gaz est provoquée par un ventilateur. *C. S. Robinson* (Br. fr. 557.437, 2 mai 1923) a breveté un procédé dont voici les caractéristiques :

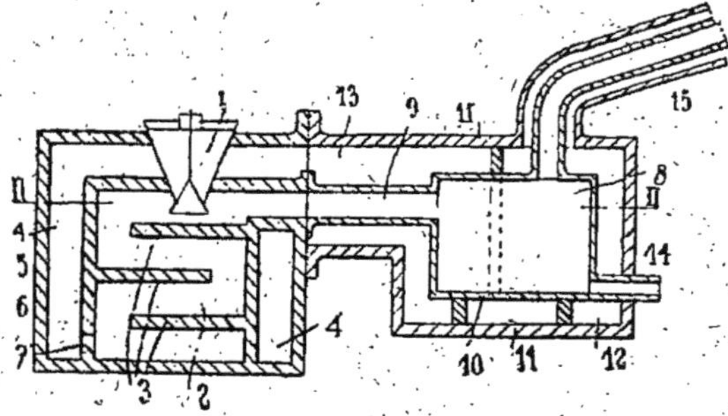

Fig. 22.

I. La chaleur nécessaire à la volatilisation est produite par brûlage d'une partie du soufre dans un espace clos.

II. Les vapeurs entraînées sont dirigées dans une chambre où elles se refroidissent et se condensent

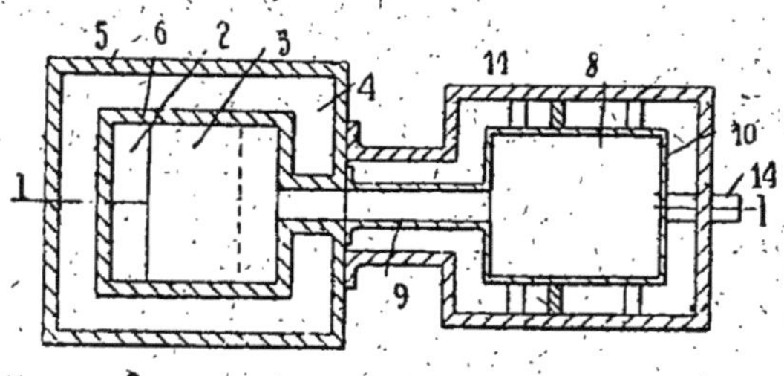

Fig. 23.

III. Pour permettre une combustion de la proportion convenable de soufre, on introduit un gaz renfermant de l'oxygène, et la matière enflammée est maintenue en mouvement.

IV. Le soufre enflammé suit un chemin en zig-zag disposé en sens inverse de l'air — ces deux éléments sont alimentés de façon continue.

Le four *Prentice* (Br. ang. 197.845, Juin 1922) comporte une chambre de combustion 3 renfermant des grilles superposées 2. L'air pénètre en 11 et le gaz SO^2 avec l'air supplémentaire passent

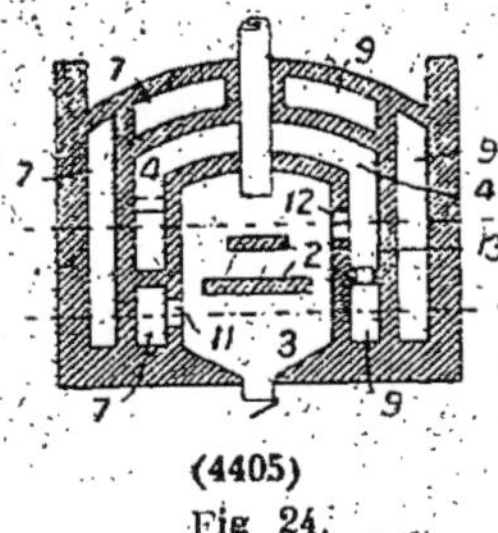

(4405)
Fig 24.

par les ouvertures 12 et 13 dans le carneau 4 où s'achève la combustion de SO^2.

Ce carneau 4 est lui-même environné des carneaux 7 et 9 dans lesquels se réchauffe l'air des deux catégories — dont les entrées sont réglables.

Pour le grillage des matières sulfurées ne contenant que peu de soufre (pyrites à faible teneur, matières épurantes, etc., P. *Kircheiser* (Br. all. 345.563, 30 — 1 — 1918) a utilisé, pour le chauffage, la chaleur obtenue par la combustion de H^2S.

Dans les soufres américains, qui renferment des traces de pétrole ou produits bitumineux, la combustion est, plus ou moins, gênée à la fin, car le soufre et le pétrole réagissent l'un sur l'autre à basse température en donnant de l'asphalte qui se dépose à la surface du soufre et l'éteint. Pour éviter cet inconvénient, il faut provoquer la rupture de cette petite couche, ce qui a lieu dans les fours rotatifs.

Procédés de préparation de SO^2 riche et propre

Un mode de préparation industrielle de SO^2, libre d'oxygène et propre à la préparation de certains produits chimiques délicats, a été breveté par M. *Descamps* (Br. fr. 481.258). Il utilise de l'air, réchauffé avant combustion, qui est amené en couche mince au contact du soufre en fusion.

Le four employé comporte :

Une cuve à soufre B ;

Une chambre de combustion C ;

Une chambre de réchauffage d'air A ;

Le soufre est chargé par un orifice spécial K, puis allumé par une ouverture O munie d'un bouchon fileté.

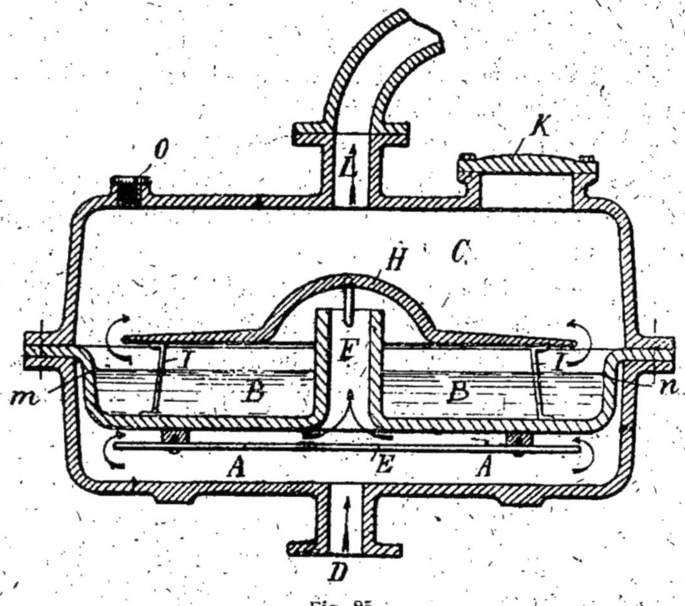

Fig. 25.

L'air, employé aussi sec que possible, amené en D, passe dans l'espace A, se chauffe sous le soufre fondu, sort par le tube central F et rabattu par le chapeau H, lèche la surface M du bain de soufre fondu, après quoi il arrive dans la chambre de combustion C, d'où sort le SO^2 produit par l'oxydation du soufre, avec de l'azote et le peu d'oxygène en excès.

L'oxygène étant d'un usage courant, *Pictet* (Br. fr. 480.294) en a prévu l'application pour la préparation de SO^2.

Comme l'oxygène pur O^2 dégage 69,2 calories par molécule-gramme en se combinant au soufre, la température de la réaction pour les 64 grammes que représente SO^2 est telle que SO^2, oxydé à son tour, donne d'autres oxydes anhydres, à commencer par SO^3, ce qu'il faut éviter.

Le soufre se met dans un petit bac, chauffé au préalable avec du gaz, de la benzine ou un combustible liquide convenable; l'oxygène provenant d'un gazomètre et mis en mouvement par un compresseur, est mélangé avec du SO_2 en proportions réglables. L'alimentation en soufre est calculée de façon à ce que son poids soit proportionnellement supérieur à celui de l'oxygène introduit.

On élimine l'excès de chaleur au moyen de serpentins dans lesquels circule de l'eau, de manière à ce que la température de réaction oscille entre 600 et 700° C.

Les gaz obtenus passent dans une chambre où se dépose le soufre en excès, sublimé, et sont envoyés dans un gazomètre. En raison de leur pureté et leur richesse, ils sont utilisables pour les préparations les plus délicates.

Un procédé spécial de préparation d'acide sulfureux riche en acide sulfurique a été breveté par M. *Pollain* (Br. fr. 575.153 du 24-6-1924), un appareil réchauffe de l'air qui est ajouté aux gaz de la combustion et passe dans la partie la plus chaude du four, ce qui supprime le soufre sublimé.

Fours à soufre rotatifs

Four Tromblée et Paul, construit par *Glens Falls Marche Work*. — C'est un cylindre horizontal rotatif en acier, mû par un

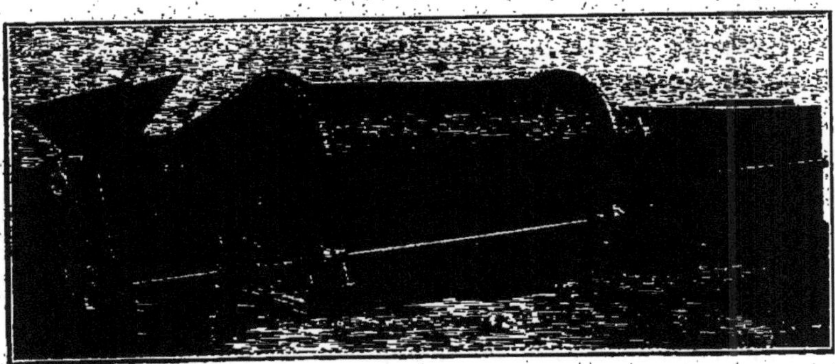

Fig. 26. — Four à soufre Tromblée et Paul.

axe recevant le mouvement d'un engrenage relié avec une roue dentée. Selon les types, il peut avoir de 0,35 à $1^m,20$ de diamètre et $0^m,70$ à 5 mètres de long, avec extrémités coniques en fonte : celle de devant est munie d'une trémie avec dispositif d'alimentation comportant un registre à coulisse pour l'introduction du soufre dans l'appareil

L'extrémité opposée est reliée à une caisse en fonte jouant le rôle de chambre à combustion, de forme parallélipipédique ou cylindrique, verticale avec un garnissage en briques réfractaires, cette chambre se continue par un tuyau de fonte conduisant les gaz au Glover, les brides de chaque bout du cylindre sont renforcées, et roulent sur des galets ou rouleaux ; le type courant, qui brûle environ 250 livres de soufre à l'heure, a 0,90 de diamètre et $2^m,40$ de long.

L'alimentation se fait automatiquement, en morceaux de 4 à 5 centimètres, concassés de façon à ce qu'il n'y en ait pas de trop volumineux. Il fond dès son entrée dans le four et tombe sur le fond de l'appareil, constituant une couche liquide, tandis qu'à chaque révolution (1/2 par minute) il tapisse la paroi et se trouve offrir une large surface de contact avec l'air. Le soufre étant mauvais conducteur de la chaleur, cette couche joue un rôle de protecteur qui empêche la détérioration des parois métalliques.

La puissance du four est de 2.500 à 2.700 kilogrammes. Pour éviter la sublimation, on régla le registre de sortie de façon convenable ; toutefois, comme cette condition est très difficile à réaliser dans la pratique courante, on introduit souvent dans la chambre de combustion une quantité d'air supplémentaire en se servant des tubes d'air qui y débouchent.

En somme, l'alimentation de soufre étant continue et le réglage d'air facile, en contrôlant la richesse des gaz de combustion en SO^2 on obtient une teneur élevée (jusque 18°/₀ SO^2), une marche économique et un prix de revient avantageux (0,50 centimes maximum par tonne).

Avec les soufres du Texas et de la Louisiane, le nettoyage n'a besoin d'être effectué qu'une fois par mois, les charges du four sont alors brûlées à fond et on extrait les résidus restés dans l'intérieur.

Four vertical Vesuvius. — Ce four est cylindrique avec la partie supérieure en forme de dôme, d'où le nom de coupole. Une partie de ce dernier, qui a la forme de chaudière, sert pour fondre le soufre.

Les parois sont en fer et en acier avec un garnissage en briques réfractaires. L'intérieur du four comporte un certain nombre d'étages en forme de plateaux, en face de chacun desquels existe une porte permettant de régler l'admission d'air et de pratiquer le nettoyage.

Fig. 27. — Four à soufre Vésuvius.

Le soufre, fondu dans la chaudière coule sur l'étage supérieur qui possède un orifice susceptible d'être plus ou moins obturé par une tige ; de ce 1er plateau il goutte sur un second et ainsi de suite jusqu'à la partie inférieure où il n'y a, si le réglage a été convenable, que les cendres et impuretés, ceci grâce à un séjour suffisant sur chaque plateau, tout en réalisant une composition de gaz régulier.

Le *modus operandi* est réglé selon la marche à réaliser, ainsi pour travailler à faible allure, et passer 5 tonnes dans un four de 9, on interrompt l'introduction quand le soufre arrive à un étage déterminé, par exemple sur le troisième.

La sortie de gaz comprend deux parties : la 1re en forme de coude pénètre de 4 1/2 pouces dans le four constituant une sorte d'arche dans le garnissage en briques réfractaires ; la 2e est un tuyau rond avec l'extrémité façonnée de manière à s'adapter au coude, tandis que l'extrémité supérieure sert de chambre de combustion.

Tout autour du tuyau, et reposant sur la partie circulaire en saillie, existe un registre circulaire permettant de régler l'admission d'air afin de compléter, dans la chambre de combustion, l'oxydation des particules de soufre volatilisées et réaliser à la fois un rendement excellent avec une richesse des gaz sulfureux élevée.

La forme verticale de ce four économise la place, le type à 9 tonnes par jour n'occupe que 72 pieds carrés de superficie alors que le type rotatif de même puissance en nécessite 300, en outre aucune force motrice n'est nécessaire, ce qui supprime les dépenses d'huiles, chaînes, courroies, combustibles, etc.

Par contre, l'alimentation est discontinue et, parfois, les sédiments occasionnent des risques d'obstruction des valves de communication. Le nettoyage, qui demande environ 2 heures, a lieu généralement une fois chaque quinzaine.

Il en existe 9 types : le plus puissant brûle 9 tonnes en 24 heures et le plus petit 1 tonne seulement.

Voici quelques chiffres sur leurs dimensions et leur rendement.

No du type	Diamètre en pouces	Longueur en pieds	Poids approximatif en livres	Surface du grillage	Soufre brûlé par heure en livres
1	20	4	3500	8 × 6	35
2	20	8	4200	12 × 6	65
3	30	8	4900	12 × 6	130
4	36	8	8200	16 × 7	250
5	48	8	12300	20 × 10	400
6	48	16	15500	28 × 10	800

Fours divers. — Une installation de four tournant a été faite en 1916 à *Queens Ferry* (Angleterre) par le *Department of Explosives*, pour fabriquer l'Oléum par contact, avec une batterie de 12 fours côte à côte et une charge de 2.905 kilogrammes par jour, *Miles et Sargeton* (Journal of. Soc. of. chem. Ind., 1922, p. 183.)

Le système d'alimentation a été perfectionné par *Chapell* (Chemical and Métallurgical Engineering Mai 1923) la vis a une longueur réduite, ce qui évite en grande partie la fusion du soufre (Br. am. 1.390.627 mars 1921).

Dans le four *Hansen* (Br, am. 1.436.762) le four possède un axe horizontal muni de pelles qui plongent dans le soufre fondu et l'amènent au contact de l'air introduit. La combustion est complétée dans une tour en présence d'une proportion d'air suffisante.

Grillage des sulfures métalliques en général

Les différents sulfures métalliques impliquent des conditions de grillage différentes, fonctions de leur composition chimique, mais le traitement de chacun d'eux peut être mené de façon différente selon le résultat que l'on cherche à obtenir.

A) Lorsque le soufre est combiné à plusieurs métaux, on peut conduire l'opération de façon à oxyder une partie seulement, et à laisser dans le résidu le soufre uni au métal avec lequel la combinaison est la plus stable. La matte de cuivre se produit dans ces conditions et peut être séparée par liquation.

B) Une oxydation ménagée, à température modérée, peut transformer certains sulfures en sulfates, c'est le cas des sulfures d'argent et de cuivre.

C) Dans l'oxydation complète, généralement appliquée aux pyrites de fer, à la blende, à la galène, on s'attache à éliminer la totalité du soufre à l'état de SO^2, c'est le grillage à mort.

Parmi les travaux intéressants sur la décomposition des sulfates qui peuvent se produire dans les cours de l'opération, nous citerons ceux de *Schenk* (Zeitsch. fur angew. Chemie 1913, p. 646), ceux de *Schültz*, de *Nemès*, de *Boeltz* et *Graumann* ainsi que ceux de *W. St. Landis* (Zeisch. fur angew. Chem. 1910, N. 17, p. 804).

De ses essais réalisés dans un courant d'air sur les sulfates existants ou formés, il résulte que :

Pour SO^4Fe la décomposition s'amorce vers 550, augmente lentement jusque 580, et devient intense à 600°.

A température plus élevée on ne constate plus que de minimes traces d'acide à 650 et aucune à 960.

Pour SO^4Cu le début se produit à 400 et se développe lentement jusque 600, température à partir de laquelle la décomposition devient énergique. Vers 700 elle est presque complètement terminée et à 900 il n'y en a plus trace.

Avec SO^4Zn la température nécessaire est plus élevée, après avoir débuté à 730 la décomposition progresse jusqu'à 760 et devient très active. A 980° elle est terminée.

De son côté *Schenk* a montré qu'il faut diluer bien plus les gaz dans le cas de la blende, et la chose est également constatée en pratique.

Emploi de la pyrite. — Les fours à griller la pyrite se divisent en 3 catégories :

1° Les fours à pyrites en roches ;

2° Les fours mixtes pour minerais gros et menus ;

3° Les fours à pyrite en poussière qui eux-mêmes se subdivisent en : fours à griller ordinaires à étages et fours mécaniques (1).

Fours à pyrites en roches

Le premier ayant été utilisé pour griller les pyrites, blendes et minerais pauvres, consiste en cuves prismatiques, de 1 mètre de côté et 3 mètres de haut en général ; on introduit le minerai par le gueulard *a* situé à la partie supérieure ; une fois grillé, il est extrait, par des ouvertures *c,c*, ménagées dans le bas, on règle la combustion.

Les ouvreaux *d,d,d*, servent au tirage et à piquer le minerai, les gaz sont aspirés par le haut, ils se rendent aux chambres.

Dans le cas de minerais pauvres, d'une combustion peu rapide, on choisit des morceaux plus gros qu'une noix, afin d'éviter les obstructions et il faut régler l'entrée de l'air pour maintenir une combustion aussi régulière que possible dans la masse, sans quoi il y aurait risque d'agglomération, formation de loupes et désulfuration très irrégulière.

Le grillage d'un four des dimensions indiquées, traitant des pyrites pauvres, serait de 100 kilogrammes de soufre par 24 heures et, avec des riches, il atteindrait le double.

On a appliqué ces fours au traitement des pyrites cuivreuses. A

(1) P. PIPERAULT (R.G.C., 233-242, 1908). Les fours mécaniques à griller les sulfures.

Fig. 28. — Batteries de stalles fermées.

Fig. 29. — Batterie de Kilns.

Oker on s'en est servi pour des mixtes et des blendes ; ils ont l'avantage d'être de construction simple, mais les difficultés de marche et la nécessité de se servir de combustible pour les minerais pauvres en restreignent considérablement l'intérêt.

Le four coulant à grille de *Freiberg* comprend une grille à la partie inférieure, la hauteur en est de $3^m,15$, quant à la section horizontale elle varie de $2,20 \times 1,35$ pour les minerais, à $3^m,15 \times 1,55$ pour les mattes.

Fours à grilles. — Comme leur nom l'indique, ils sont munis d'une grille, ce qui permet de diminuer la hauteur du lit de minerai et d'avoir un accès d'air plus régulier — on les utilise pour les minerais fusibles ou les pyrites cuivreuses à faible teneur. Grâce à eux, on obtient un meilleur grillage, des résidus plus homogènes, et des produits gazeux sensiblement plus riches en SO^2 qu'avec ceux du type précédent. Ils sont généralement accouplés deux à deux, le minerai est chargé par les gueulards ; des ouvreaux analogues aux précédents permettent de piquer le minerai et donner de l'air pour la combustion.

Les grilles reposent à la partie inférieure sur des sommiers spéciaux, fers carrés de 50 millimètres espacés, à plat, de $0^m,50$; en les tournant par les ouvreaux, le minerai grillé descend successivement à travers les barreaux jusque dans les caves à pyrites grillées ; chaque four a son registre particulier.

Le gaz du grillage se rend, par des ouvertures, dans des conduits longitudinaux supérieurs, puis aux chambres.

Le plus souvent on dispose les fours en batteries de 16 à 32, partagées en 2 séries parallèles, symétriquement avec une paroi commune centrale, ce qui est le plus économique comme surface employée, frais d'installation et perte de chaleur ; leur surface varie de 1,50 à 3 mètres, la largeur étant de 1,25 à $1^m,50$ et la profondeur, du devant à l'arrière, de 1,25 à 1,80.

Ils sont établis en briques ordinaires pour les parties extérieures, tandis que les parties intérieures, auprès des grilles, aux arches et les conduites des gaz sont en réfractaires. La paroi d'avant comporte habituellement une rangée de briques de $0^m,12$ d'épaisseur garnie de plaques de fonte, une pour chaque unité de la batterie, chaque plaque étant munie d'ouvertures pour les manœuvres du travail.

Entre 2 fourneaux opposés, le mur de séparation a 2 briques d'épaisseur ($0^m,22$ à $0^m,25$), il en est de même entre 2 fours adjacents. Au-dessus et au-dessous du niveau de la porte il est épais d'une brique. Les parois extérieures ont $0^m,45$ d'épaisseur et sont armées avec des plaques solides.

L'armature extérieure est en fers à I ou rails d'acier, assemblés deux à deux avec de solides tirants (45 à 60 millimètres), les portes de travail sont munies de joues intérieures pour servir de protection à la maçonnerie contre le choc des outils.

Marche d'un four à roche : *Allumage.* — De même que dans un four quelconque on procède à un séchage lent et progressif — à l'air d'abord — avec feu doux au bois ensuite, le combustible étant disposé sur la grille et le tirage établi avec un tuyau provisoire. Pour terminer, on remplace le bois par du charbon ; on crée, en quelque sorte, un volant de chaleur en répartissant sur la grille une couche de pyrite grillée ou de cailloux jusqu'à quelques centimètres de la porte, on allume un feu de bois, puis de coke, que l'on active jusqu'à ce que le dessus de cette couche atteigne le rouge naissant en 24 heures. On charge ensuite le minerai sulfuré et, après son allumage régulier, on continue les charges en réglant le tirage de façon à admettre une quantité d'air excédant de 5 % celle nécessaire à la formation de l'acide sulfurique.

Dans de bonnes conditions de marche le peu de sulfate de fer présent est décomposé par la chaleur, mais pour le sulfate de cuivre la chose est beaucoup plus difficile.

Résidu. — Le résidu doit être léger, poreux, avec une cassure rouge brun si la pyrite n'est pas cuivreuse, et rouge noirâtre au cas contraire ; si le grillage est mauvais il y a des noyaux bleuâtres, naturellement la présence de pyrite crue, ou de parties fondues, indique un travail défectueux.

Tirage. — Un manque d'air provoque la formation de loupes, l'agglomération, le bouchage, et une volatilisation de soufre, il faut alors évacuer, si on le peut, la loupe par la porte de chargement, ou tenter de la briser.

Un excès d'air dilue les gaz, refroidit le four beaucoup trop dans le bas, en poussant trop la combustion dans le haut.

Contrôle. — Dans les 2 cas, l'analyse des gaz et des résidus fournit des renseignements précieux et on modifie le tirage, ainsi que la marche du travail, en conséquence.

Le surveillant, ou l'ouvrier expérimenté, constate d'ailleurs rapidement si l'aspect de la masse est convenable : le dessus trop rouge dénote un tirage exagéré ; s'il paraît des flammèches, le four est en retard, il faut alors activer le tirage ; enfin, si le four est noir, la cause est attribuable à une allure trop froide ou un tirage exagéré.

Nous reviendrons sur ces caractéristiques dans la description des fours à poussière.

Précautions. — Il convient, pour ces fours, comme pour les suivants :

1° D'éviter soigneusement l'emploi de pyrites humides.

2° De travailler avec une pyrite bien calibrée, les limites correspondraient au tamis à maille de 75 et de 12 millimètres de côté ; toutefois, il y a certaines tolérances possibles selon la nature du minerai.

3° Quand on change de qualité il faut, dans les débuts, étudier soigneusement la marche du four pour établir les nouvelles conditions de marche, d'épaisseur de minerai, de tirage, etc.

4° Une addition de 7 1/2 % environ de pyrite en poussière peut être admise, mais on a soin de la faire couler avec précaution le long des parois du four.

5° Si on veut employer des quantités de poussières plus élevées, on doit en faire des briquettes avec 10 à 25 % d'une argile ne donnant pas des agglomérés qui se dilatent. On peut aussi préparer une pâte de pyrite et d'eau que l'on dispose au-dessus du four, en couche de 12 millimètres environ. La galette qui se forme est brisée et mélangée à la roche.

FOURS MIXTES

Ces fours jouant un rôle dont l'importance a diminué de façon considérable depuis la fin du dernier siècle, nous n'en ferons qu'une description assez rapide.

Fours mixtes à moufles

Four Ocker. — Les moufles étaient en dalles réfractaires de $1^m,57 \times 0^m,30$ entre lesquelles un passage de $0^m,15$ à $0^m,20$ permettait la circulation des flammes ou gaz chauds. Des ouvertures de $0^m,30 \times 0^m,15$ servaient au chargement, et les gaz s'échappaient par un conduit situé à l'extrémité.

Four Spence Belge. — Le moufle avait 10 m. $\times 2^m,50$. Il était constitué en dalles de $0^m,08$ à $0^m,10$ d'épaisseur qui reposaient sur deux murettes. Intérieurement, la hauteur était de $0^m,40$ ux piédroits, et $0^m,75$ à la clef de voûte. Le chauffage se faisait au moyen de foyers juxtaposés dans le sens de la longueur des moufles.

Le minerai était placé en couches de 8 à 10 centimètres, on grillait 5.000 kilogrammes par 24 heures en 6 ou 8 charges.

Four Spence Anglais. — Le moufle avait $21^m,50 \times 1^m,80$, les dalles étaient remplacées par une maçonnerie en briques pour la voûte, mais subsistaient pour la sole ; les piédroits avaient $0^m,37$.

On y grillait 3.600 kilogrammes de pyrite menue à 45 % de soufre par 24 heures, en laissant 3 à 4 % de soufre dans les résidus.

Four Hasenclever. — Nous en parlerons pour le grillage de la blende.

De même pour les Fours *Eichorn* et *Helbig*.

Fours mixtes proprement dits

Four Olivier Perret. — Ce four, qui offre l'avantage de ne pas nécessiter l'emploi de combustible étranger, est basé sur le principe reconnu par *Michel Perret* que, lorsque la couche de minerai pyriteux ne dépasse pas 4 à 5 centimètres, le grillage s'effectue dans de bonnes conditions, non seulement à la surface en contact avec l'air, mais à l'intérieur.

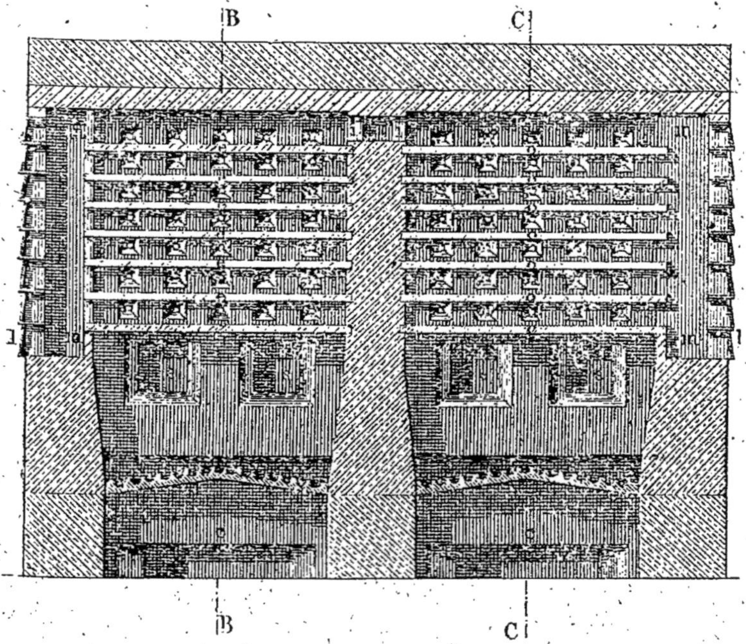

Fig. 30. — Four mixte.

Le minerai en roche se chargeait sur une grille formant un angle obtus. Le grillage du fin s'effectuait sur 7 tablettes, en terre réfractaire de 80 millimètres d'épaisseur, distantes de $0^m,20$, en face desquelles se trouvaient des portes de chargement séparées des dalles par un canal vertical.

Le travail s'effectuait comme suit dans 4 fours accouplés :

On commençait par vider le contenu de la dalle inférieure sur le conduit m qui se trouvait bouché, on chargeait alors la dalle libérée, on vidait celle située immédiatement au-dessus, ce qui emplissait le canal m jusqu'à cette hauteur, on rechargeait alors la 2ᵉ dalle, et ainsi de suite.

Le travail du four à roche se faisait comme dans les autres types.

L'avantage était qu'on pouvait griller 50 % de gros et 50 % de menu, mais les résidus étaient mal désulfurés, de plus les gaz qui s'échappaient par les canaux pour aller dans un collecteur étaient assez pauvres.

Four Michel Perret. — Celui-ci se compose également d'une

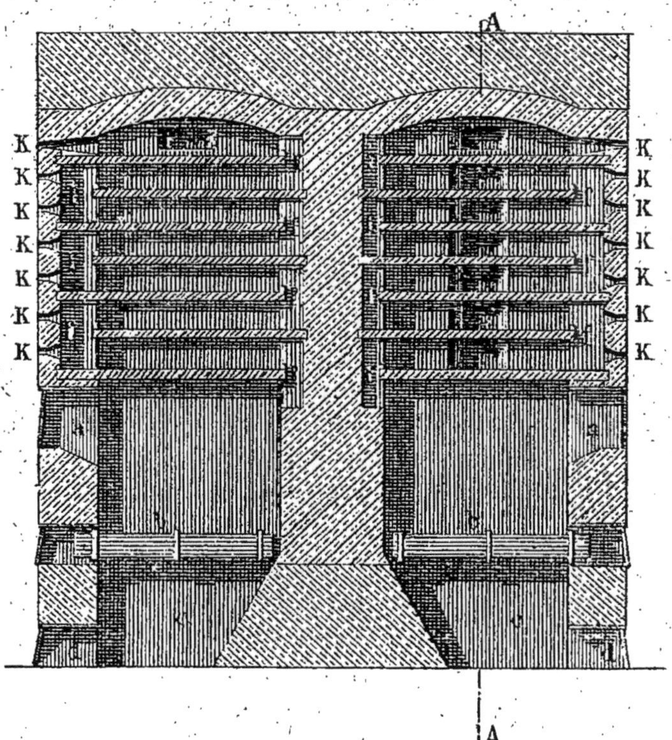

Fig. 31. — Four Olivier Perret.

grille pour le minerai en roche et d'un four à fin. La grille a 1 mètre × 2ᵐ,40 et brûle 250 kilogrammes de pyrite (104 kilogrammes par mq. et 24 heures). Les dalles au nombre de 4, sont espacées de $0^m,13$ et ont 9 centimètres d'épaisseur.

Le conduit vertical est supprimé et les étages placés en chicane.

La pyrite fine crue est étalée sur l'étage supérieur d'où un ouvrier, à l'aide d'un râteau, la fait descendre à intervalles réguliers, de dalle en dalle, jusqu'à une cave inférieure où les pyrites grillées sont enlevées une ou deux fois par 24 heures.

La surface de chaque étage était $2^m,565$, le brûlage 20 kilogrammes par mq. et par 24 heures. Grâce à la descente méthodique et au renouvellement convenable des surfaces on obtenait un pourcentage de soufre dans les résidus de 1 à $1^m,5$ $^0/_0$.

Un homme menait 5 fours pendant 12 heures, il se brûlait 1 de menu pour 3 de roche.

Comme on le voit, la caractéristique de ce four est que l'air suit une marche inverse de la pyrite et que les gaz, de plus en plus riches en acide sulfureux, gagnent un collecteur qui les mène au Glover. Une ou des chambres disposées au-dessous des massifs, permettent aux poussières entraînées de se déposer avant d'entrer dans ce dernier.

Four Hasenclever et Hellbig. — C'est un four mixte, dans lequel le menu *descend automatiquement*. Le minerai en roche se brûle dans 4 cuves à grilles, séparées les unes des autres par des murettes. Le fin est versé par le haut du four sur des tablettes inclinées en chicanes. Un petit cylindre cannelé mis en mouvement fait tomber les résidus grillés dans la cave, où sont disposés des wagons. Les gaz circulent également en sens inverse en passant sur chaque tablette et sont collectés pour aller aux chambres.

L'épaisseur de la couche de pyrite varie entre $0^m,40$ et $0^m,70$; toutefois, malgré la disposition ingénieuse décrite, il y a souvent agglomération et il faut faciliter la descente avec l'outil.

Le brûlage était 200 kilogrammes de roche et 1.000 kilogrammes de menu de 108 milimètres par 24 heures, mais ce système ne s'est pas répandu à cause des inconvénients cités.

Four Gerstenhœfer. — Ce fut le premier ayant permis de brûler la poussière de pyrite seule, il eut des partisans enthousiastes et des détracteurs acharnés.

C'est un four à cuve, dans l'intérieur duquel sont disposés, en chicane, des prismes en terre réfractaire. La pyrite, bien sèche, tombe dans une trémie supérieure où se trouve un distributeur formé de deux cylindres cannelés et, de là, sur des séries de

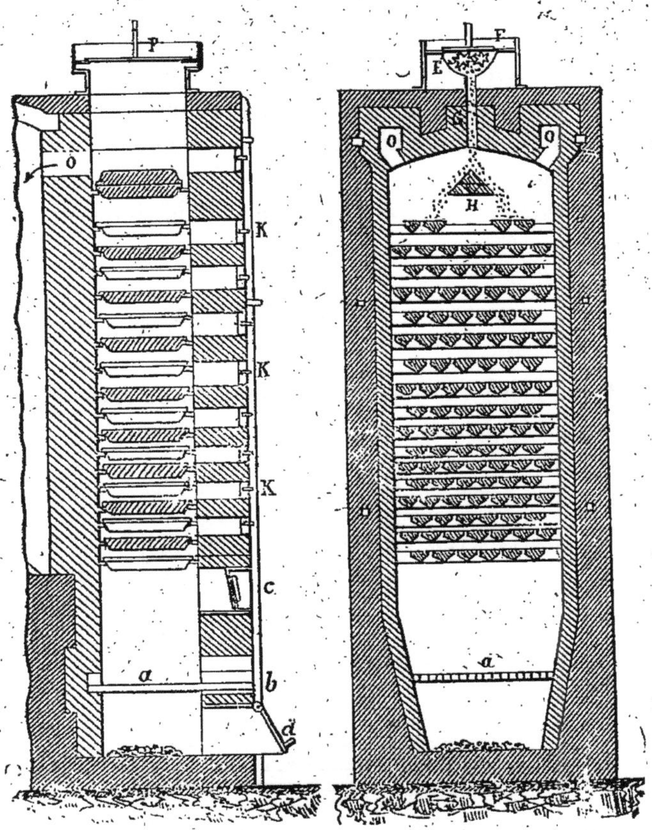

Fig. 32. — Four Gerstenhofer.

prismes, constituant 15 étages. Elle s'y accumule momentanément puis s'écoule en cascade à chaque nouvelle introduction de minerai.

Le four est préalablement chauffé au rouge, la pyrite introduite s'enflamme et continue à brûler d'elle-même en dégageant de l'acide sulfureux que le tirage entraîne dans les carneaux. En descendant, elle brûle progressivement jusque sur la grille et dans la cave, d'où on l'enlève. La vitesse des distributeurs est un tour par minute. L'air va de bas en haut et suit, par conséquent, une marche inverse de celle de la pyrite.

Deux fours de 5^m,20 de haut, 1^m,30 de long 0^m,80 de large accouplés grillaient, d'après les uns, 5.000 kilogrammes de pyrite et seulement 2.000 selon les autres, il conviendrait de savoir quels étaient exactement les minerais mis en œuvre, mais toujours est-il que ce type réalisa un grand progrès en montrant que le traitement des pyrites en poussière était chose parfaitement réalisable dans la pratique.

Il a cédé la place à deux systèmes plus simples que nous allons examiner.

Four Maletra

A première vue il présente une certaine ressemblance avec le four *Perret* dont il a la série d'étages superposés, mais il permet

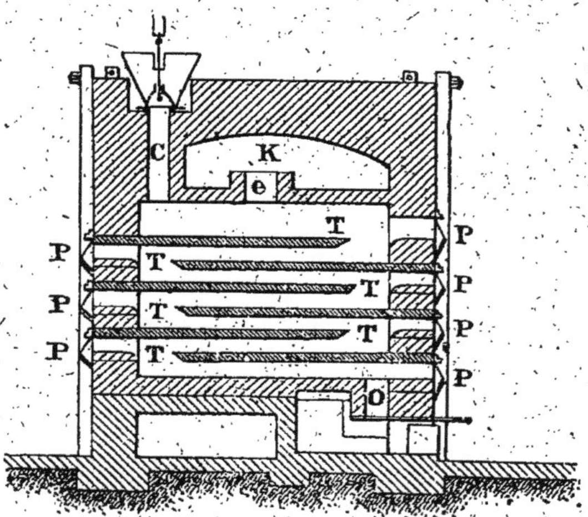

Fig. 33. — Four Malétra.

de se passer complètement de l'emploi des pyrites en roches, tout en conservant une température favorable à une bonne désulfuration et il utilise le principe de circulation inverse de la pyrite en cours de grillage, et des gaz.

De construction économique, d'entretien facile dans les modèles bien conçus, il conserve de nombreux partisans, malgré le reproche qu'on lui fait d'être discontinu et, jusqu'à l'introduction des fours mécaniques, il a été des plus en vogue.

Il comporte :

une série de dalles superposées ;

la cave aux pyrites brûlées située à la partie inférieure ;

un collecteur des gaz ;

la ou les chambres à poussière ;

un tuyau conduisant au Glover ;

éventuellement une cage à nitrate.

Dalles. — Les étages, sur lesquelles on étale la pyrite en poussière, sont superposés et disposés en chicanes, ils se composent chacun de dalles ajustées l'une contre l'autre, au nombre de 5 à 6 suivant les systèmes.

Leurs dimensions varient un peu mais on leur donne assez fréquemment $1^m,60$ de long et $1^m,25$ de large. Dans certains types, qui ont 3 dalles de $1,25 \times 0,50$, celle du fond est plus étroite, au milieu, leur épaisseur est 9 centimètres et, sur les bords, 12 à 13. L'avant des étages est taillé en biseau, pour faciliter la manœuvre. La largeur intérieure du four est de $1^m,20$, car l'encastrement des dalles représente $0^m,03$.

Ces dernières reposent sur des sommiers placés le long des murs latéraux jusqu'aux murs de face et d'arrière. La dalle supérieure laisse avec la voûte, un espace libre donnant passage aux gaz qui rejoignent un collecteur longitudinal.

L'étage inférieur repose sur un massif en maçonnerie constituant les fondations du four.

Parois. — Le mur d'avant est, intérieurement, en briques réfractaires et, extérieurement, en briques ordinaires, ses deux extrémités reposent sur les murs latéraux, il soutient l'extrémité de la voûte du four. Le mur intérieur réfractaire s'étend de cette voûte jusqu'à 0,20 en dessous du niveau de la dernière dalle. Devant chaque compartiment du four, sont ménagées 3 portes en fonte superposées, avec fermetures amovibles ou à glissière, qui ont d'ordinaire $0^m,15$ de hauteur et $0^m,35$ de large sur la face antérieure et

$0^m,15$ sur $0^m,30$ sur la face postérieure, quand elles ne sont pas à glissières.

Une garniture en terre réfractaire les maintient contre l'ouverture. On peut, au besoin, luter le tour avec un peu d'argile, pour éviter les rentrées d'air nuisible.

Chacune sert à la manœuvre de 2 étages, car l'arête de la dalle supérieure est placée horizontalement en regard du milieu de la porte, à 0,30 en retrait. L'autre étage est à 0,11 ou 0,09 au dessous, et arrive par conséquent un peu au-dessous de cette porte.

Travail. — A intervalles réguliers (toutes les 4 ou 6 heures) l'ouvrier refoule dans la cave la pyrite étalée sur la dalle inférieure. Il fait tomber ensuite celle de l'étage du dessus sur celle-ci, puis, par les diverses portes, il opère de même pour les autres dalles. A moitié du temps entre deux charges, l'ouvrier, avec son râteau, renouvelle les surfaces des 4 dalles supérieures afin de bien étaler chaque charge en couches régulières et brûler complètement le soufre du minerai.

La dalle supérieure devenue libre à chaque manœuvre, reçoit une nouvelle charge de pyrite crue, pesée ou mesurée, disposée contre le four afin de la sécher avant son introduction.

Les murs des deux côtés du four sont en briques réfractaires ($0^m,22$ d'épaisseur) et soutiennent les voûtes du four, mais à partir du niveau inférieur de la dernière dalle, jusqu'au sol de la chambre à pyrite grillée, ils sont en briques ordinaires. Ces murs latéraux isolent les compartiments les uns des autres, en les rendant indépendants, de sorte que lorsqu'il y a une réparation à faire à l'un d'eux, on peut le séparer et faire le nécessaire sans arrêter la batterie. Les voûtes ont un rayon de 1,25 à 1,30, elles sont en briques réfractaires, posées debout (épaisseur $0^m,22$) et reposant d'une part sur les murs latéraux du four, et d'autre part, sur le mur d'avant. Il existe un espace libre de $0^m,20$ au-dessous de la première dalle.

Caves. — Les caves à pyrite brûlée ont une section de $1^m,20 \times 1^m,20$, et $1^m,50$ de hauteur au-dessous de la dernière dalle.

A niveau du sol, le mur d'avant comporte une couche en

briques ordinaires et une en briques réfractaires, mais il diminue d'épaisseur à mesure que l'on se rapproche de la porte du four, tout en étant au minimum de $0^m,09$, ce qui facilite l'enlèvement des pyrites brûlées et le nettoyage complet de la cave. La porte de déchargement a $0^m,50$ de large et $0^m,30$ de hauteur, elle est fermée par une plaque en fer, parfois à charnière, de $0^m,55$ de large, $0^x,32$ de haut et $0^m,02$ d'épaisseur, et dans laquelle une ouverture de $0^m,08$ de haut et $0^m,09$ de large, livre passage à l'air pour le tirage. Une petite plaque à coulisse peut modifier cette ouverture et permet de régler la marche du four selon les conditions atmosphériques et les quantités à griller, on se sert souvent aussi de plaques munies de trous qui peuvent être bouchés par des chevilles. Le mur du fond de la cave, en briques réfractaires de $0^m,11$ s'appuie sur le massif des fondations, son sol est aussi en briques réfractaires de $0^m,08$ posées à plat reposant sur le massif de fondation.

Collecteur. — Un conduit longitudinal amène les gaz de la chambre à nitrates et des fours, à la chambre à poussière, où ils laissent déposer une partie des cendres entraînées, après quoi ils se rendent au Glover par un tuyau en fonte, tantôt isolé par un bon calorifuge, tantôt garni intérieurement de briques de grès ou extérieurement de briques, parfois aussi il est en lave de Volvic ou en grès. Son diamètre dépend du nombre de fours, sa longueur varie suivant les installations, mais on cherche généralement à les réduire au minimum.

Cages à nitrate. — Dans certaines installations, il existe une cage à nitrate d'où les gaz nitriques dégagés rejoignent le collecteur des gaz des fours à pyrites. Les marmites, ou cuvettes, dans lesquelles se fait la décomposition des nitrates sont en fonte, leur nombre, leur forme, leurs dimensions varient avec les installations. On introduit par un tuyau de plomb le nitrate dans les cuvettes contenant de l'acide sulfurique à 53° ou 60, ce qui donne lieu à formation de vapeurs nitreuses et bisulfate de soude.

Voici un exemple d'installation décrit par *J. G. Beltzer.*

L'acide arrive des chambres et se déverse dans un jaugeur. On puise l'acide avec un petit vase et on le verse dans une boîte divisée en 3 compartiments pour chaque cuvette à nitrate, tous ces appareils sont en plomb.

Chaque compartiment est muni d'un orifice qui laisse écouler l'acide dans des rigoles ; ensuite il se rend par des tuyaux dans les trois vases à nitrate. Les tuyaux sont en plomb à l'extérieur de la maçonnerie du four mais, à l'intérieur, ils sont en fonte.

La cave à nitrate est fermée par des portes en fer, afin de remplacer facilement les tuyaux avariés ou retirer les marmites. Ces portes qui ont $0^m,02$ d'épaisseur, $0^m,35$ de haut, $0^m,55$ de large possèdent une ouverture bouchée avec une bonde en bois et aboutissant à un canal, lequel correspond lui-même à un orifice pratiqué dans la marmite.

Lorsque tout le nitrate d'une marmite est décomposé, il suffit d'enlever le bouchon de bois et le bisulfate fondu s'écoule dans une bâche placée au-dessous des portes.

La partie supérieure des fours (et toute la batterie en général) est protégée par deux rangées de briques ordinaires, la première recouvre toute la surface des fours. La deuxième comble le vide laissé entre les différentes voûtes.

Les briques ordinaires sont maçonnées au mortier ordinaire et à la chaux, et les briques réfractaires à l'argile (argile blanche spéciale).

Pour soutenir toute la maçonnerie, les murs sont consolidés au moyen de fers à T de 13/10 ayant comme longueur de la tige $2^m,70$, et encastrés à chaque mur latéral de séparation.

Les fers à T sont enfoncés de $0^m,50$ dans le sol, on les relie en dessus du four et au niveau du sol, à travers la maçonnerie, par des tringles ou tirants articulées.

Allumage du four et grillage des pyrites. — Comme pour les fours en général, on laisse d'abord sécher le massif de maçonnerie à l'air pendant un temps qui varie avec la saison, 15 jours au moins, puis on brûle progressivement du bois dans la cave aux pyrites grillées, pendant trois semaines, dans ce but on y dispose une grille provisoire, à hauteur du sol, après avoir eu soin d'élever dans le manchon en fonte, et tout près de la chambre à nitrate, une cloison en briques de champ, maçonnées avec de la terre à four, de manière à intercepter la communication entre les fours et le Glover.

Sur la porte de service des marmites à nitrate, on établit un conduit provisoire reliant les fours au carneau de la cheminée de l'usine; d'une manière générale on estime qu'il y a lieu d'allumer les fours, quand ils sont de construction récente, 20 jours à l'avance.

Mise en marche. — Tout d'abord on détermine un faible tirage, avec un régistre provisoire et, sur la sole de chaque compartiment on allume des déchets de bois, qu'on renouvelle au fur et à mesure de la combustion. — Le troisième jour on transporte ce foyer sur le premier étage de dalles, puis le sixième sur le 2e étage. — Le 9e jour on établit un second foyer sur le 3e étage, de sorte que, du 9e au 12e jour, on a un foyer sur le 2e et le 3e étage. — Le 12e jour, on charge sur les 2e et 3e étages une couche de 7 à 8 centimètres de coke de gaz, en morceaux de 3 centimètres environ de diamètre, avec un peu de bois et on augmente le tirage de manière à bien allumer le coke, mais sans élever la température des dalles au-dessus du rouge très sombre. — Jusqu'au 18e jour on remplace le coke brûlé et on retire les cendres au moyen du râteau. — Le 18e jour, on charge une même couche de coke sur le 4e étage de dalles en forçant encore un peu le tirage. — Le 20e jour, le 3e et le 4e étages doivent être au rouge sombre : on peut alors enfourner les pyrites.

On démolit le conduit provisoire et la cloison du manchon en fonte; on bouche la porte de service de la chambre à nitrate. Avec le ringard, on fait tomber le coke du 4e étage des fours, sur le troisième, et on charge avec la pelle la pyrite sur le 4e étage, puis on égalise en couches uniformes au moyen du râteau, celle-ci s'enflamme, après quoi on peut laisser le feu s'éteindre et enlever la grille.

Les autres dalles sont successivement chargées à intervalles réguliers et l'allumage de la pyrite progresse jusqu'à la première ; une fois la mise en route d'un four effectuée on ne le laisse plus s'éteindre qu'en cas d'absolue nécessité.

La durée des fours dépend évidemment de leur construction

générale, de la qualité des matériaux et de la manière dont ils sont conduits.

Construction générale. — Les dalles ne doivent jamais être encastrées dans les murs, car il faudrait démolir ceux-ci pour les changer, il est indispensable qu'elles reposent librement sur les sommiers et présentent aux deux extrémités un jeu permettant leur dilatation et leur changement. — On a discuté jadis sur le point de savoir si elles devaient être planes ou cintrées, mais on est d'accord pour qu'elles présentent une flèche et ne puissent s'affaisser quand elles sont fêlées. — Il faut néanmoins que l'outil avec lequel on travaillera la pyrite puisse atteindre facilement les angles de chaque étage.

Dimensions. — La distance entre ces derniers n'est pas uniforme, ceux du bas, qui contiennent une pyrite très pauvre en soufre, sont très rapprochés, parfois même on utilise des râteaux spéciaux pour les charger ou décharger, leur distance augmente à mesure qu'on s'élève et que la pyrite qui y sera étalée est plus riche. — Dans le haut les étages sont suffisamment espacés pour éviter la fusion. Afin de fixer les idées on peut compter comme moyenne.

de la 1re dalle à la voûte			0m25
entre la 1re et la 2e			0,17
»	2e	» 2e	0,12
»	3e	» 4e	0,11
»	4e	» 5e	0,10
»	5e	» 6e	0,10

ces chiffres n'ont d'ailleurs rien d'absolu, ils dépendent du type, et du minerai à employer.

Les sommiers ont généralement la forme de trapèze.

La profondeur utile des fours n'est pas fixe, mais il est évident qu'elle ne peut être trop grande, car le râteau, avec lequel travaille l'ouvrier, se trouverait au bout d'un bras de levier trop grand — une tige trop mince se courberait, et si elle était suffisamment épaisse pour éviter cet inconvénient, représenterait un poids considérable.

On leur donne environ 2m,50 de profondeur — les dalles, dont l'épaisseur est généralement 8 à 9 centimètres au milieu, sont, comme nous l'avons dit, placées perpendiculairement aux murs latéraux et ont une longueur inférieure à celle du four, leur largeur ne peut être trop petite, car il en faudrait trop, ni trop grande, car elles seraient trop lourdes.

La question qualité joue un grand rôle, les dalles doivent bien résister à des variations brusques de température, offrir une surface bien égale pour éviter que l'outil ne bute ou ne s'accroche, et ne s'user que très lentement sous le frottement de ce dernier. La pâte comprend des matériaux homogènes, débarrassés d'impuretés minérales ou végétales, mélangés avec des matériaux provenant d'anciennes dalles, de sorte que, lorsque l'on casse une dalle au lieu d'avoir une texture bien homogène on constate la présence de grains noyés dans la masse.

Les murs de façade ne doivent pas être trop minces (jadis on en a fait de $0^m,12$), une trop faible épaisseur provoquant un rayonnement gênant pour le personnel et un refroidissement du four qui, dans certains cas, est néfaste.

Lorsque les fours sont disposés sur une seule rangée, le défournement se fait par derrière, ce qui est commode.

Si on en établit un groupe de 4 on réduit la dépense de maçonnerie, car un mur central sert pour 2 fours opposés, les portes d'évacuation des caves sont alors placées sur les côtés.

Quand on veut à la fois lutter contre le rayonnement et économiser le cube de maçonnerie, on dispose deux séries de fours accouplés. On doit, dans ce cas, évacuer les pyrites grillées par une porte située sur le devant du four, mais il faut alors que les ouvriers veillent soigneusement à éviter tout mélange avec la pyrite verte qui est chargée également par devant.

Arrêt. — En cas d'arrêt pour une cause quelconque, on baisse le registre d'accès d'air et on lute les portes ; si le four a été établi dans des conditions convenables il peut conserver, au bout d'une semaine, une température suffisante pour se rallumer par addition de pyrites — et *a fortiori* quand il s'agit d'arrêt de faible durée, comme c'est le cas dans des usines anglaises qui arrêtent le travail du samedi au lundi.

Conduit des gaz. — Le canal par lequel s'échappent les gaz peut se trouver au-dessus de la voûte ou à l'arrière du four, le premier dispositif permet un tirage plus facile et un nettoyage commode. — Quand on le dispose à l'arrière, le tirage est souvent moins régulier, à moins de très grandes sections, de plus il y a une différence entre la marche de chacun des compartiments de la série, aussi doit-on s'efforcer de réduire le plus possible les différences de tirage, par exemple en mettant le canal d'aspiration au milieu de la série.

Tirage. — Avec le tirage artificiel, extrêmement répandu maintenant, la quantité de poussière entraînée peut être assez considérable, il faut donc que les conduits de tous genres soient amples, faciles à vérifier et nettoyer — les quantités qu'on en extrait atteignent souvent des chiffres assez élevés, quoique bien inférieurs à ceux de bon nombre de fours mécaniques.

La quantité d'air introduite dans le four joue en outre un rôle important :

Aspect des soles. — En marche normale le praticien peut se guider sur un certain nombre d'observations :

Quand on fait tomber la pyrite du 1er étage sur le 2e il ne faut plus constater de flammèches bleues.

Le 2e étage doit être d'un beau rouge vif ;

Le 3e d'un rouge plus foncé ;

Le 4e rouge foncé ;

Le 5e paraît noir le jour mais la nuit on peut distinguer le fond éclairé par le 4e ;

Le 6e doit être complètement noir.

Lorsqu'il y a excès d'air, le 4e, 5e et 6e arrivent à noircir complètement, au contraire les étages supérieurs sont extrêmement poussés — l'analyse enregistre un excès d'oxygène dans les gaz et un pourcentage trop élevé de soufre dans les résidus.

Si le tirage manque, c'est l'inverse, les étages inférieurs deviennent très lumineux, montrant que la combustion a été incomplète dans les étages supérieurs et la pyrite grillée contient une forte proportion de soufre. En l'examinant on constate la présence de noyaux dont le centre est bleu violet, la pyrite insuffisamment désulfurée a subi un commencement de fusion qui a empêché l'air de pénétrer au centre des grains et a interrompu le travail.

Dans le 1er cas on doit donc diminuer le tirage ou restreindre les sections des orifices d'admission d'air.

Dans le 2e il faut augmenter le tirage, et on peut même permettre l'accès de l'air par la seconde porte de travail, de cette façon le soufre volatilisé s'oxyde et celui contenu dans la pyrite des derniers étages trouve une quantité d'air convenable.

Il faut éviter l'emploi de pyrite humide qui dégage de l'hydrogène sulfuré.

Marche de la désulfuration. — Des analyses effectuées par de nombreux techniciens ont permis de trouver, en partant de pyrites à 48 $\%$ environ

1er étage	32	à 35 $\%$	de soufre
2e »	16	à 20	»
3e »	7	à 9	»
4e »	3	à 5	»
5e »	2	à 3	»
6e »	0,5	à 1	»

ces proportions varient avec la quantité de soufre brûlée par mètre carré de surface de grille et la nature de la pyrite, car certains métaux fixent le soufre de façon pour ainsi dire définitive dans les limites de température du four.

Avec une bonne pyrite à 50 $\%$ de soufre comme celle — si rare maintenant — de Sain Bel, *Sorel* considérait comme charge minima par 24 heures : 28 kilog. par mètre carré, 32 kilog. la charge moyenne et 36 à 38 kilog. le maximum, si on voulait laisser moins de 1 $\%$ de soufre dans les résidus (à 32 kilog. il avait trouvé 0,42 $\%$ de soufre).

Avec des pyrites plus faibles, les résultats sont encore satisfaisants et on en utilise couramment titrant de 43 à 48 $\%$ mais, au-dessous, le résultat est de moins en moins bon, sauf dispositions spéciales du four.

Dans les résidus le soufre existe à l'état de sulfate et de sulfure — à peu près 50 $\%$ de chaque.

Comme nous le disions plus haut, les minerais renfermant du

zinc, du plomb, de la chaux, du sulfate de baryte, se désulfurent plus difficilement que ceux ne renfermant que du fer. Quant à ceux contenant du cuivre on y laisse généralement, et volontairement, une quantité de soufre un peu forte.

Influence de la main-d'œuvre. — Ce facteur présente une grande importance.

D'ordinaire chaque ouvrier a un certain nombre de compartiments à conduire, 4, 5 ou 6 — et il en charge un par heure, il revient donc au même au bout de 4, 5 ou 6 heures.

Quand la journée ouvrière était de 12 heures, on estimait qu'un homme pouvait charger, travailler et décharger 1.000 à 1.250 kilog. de pyrite par 24 heures. La journée maintenant étant ramenée à 8 heures, on s'efforce d'intéresser l'ouvrier à son travail en lui accordant des primes, partant d'une certaine teneur en soufre dans les résidus, et augmentant à mesure que la désulfuration est plus complète — une proportionnalité fait également intervenir la quantité brûlée. — Ces méthodes ont réussi dans certains endroits et échoué dans d'autres, espérons qu'elles se généraliseront pour le plus grand profit des intéressés.

Influence du calibre du minerai. — Rappelons, en passant, que son influence est beaucoup plus considérable que certains manufacturiers ne se l'imaginent, aussi bien pour les fours à bras que pour les fours mécaniques.

Dans le cas de la pyrite de fer normale, cette grosseur est généralement voisine de 10 m/m, mais lorsqu'il s'agit de minerais sulfurés d'un grillage assez pénible, il y a avantage à adopter un degré de finesse sensiblement inférieur, surtout si le minerai n'éclate pas en projetant de petits morceaux.

Utilisation du dessus des fours à bras

On a essayé de nombreux systèmes d'utilisation de la chaleur des fours à pyrites.

A) L'idée de s'en servir pour produire de la vapeur est très ancienne, mais semble avoir été abandonnée de façon complète.

B) Dans diverses usines on a employé cette chaleur pour chauffer l'acide qui va aux concentrations. Les applications ont surtout été tentées dans les pays où le charbon est cher ([1]).

C) Certaines usines d'engrais (sang desséché, par exemple) ont fait des tentatives du même genre, en Italie notamment.

Utilisation de la chaleur des gaz

Éviter le rayonnement extérieur et utiliser la chaleur du gaz a été l'objectif de nombreux dispositifs modernes.

D) Le plus simple consiste à réaliser une récupération maxima dans le Glover, en faisant passer, non seulement tout l'acide des chambres pour l'amener à 60° mais en ajoutant de l'eau qui se transforme en vapeur appelée à fournir aux chambres une notable proportion de celle qui leur est nécessaire.

E) La décomposition du nitrate de soude par l'acide sulfurique dans les marmites récupère une petite fraction de la chaleur emportée par les gaz.

F) La concentration *Zanner*, dans les carnaux, est également une conception qui a trouvé des applications industrielles intéressantes dans d'importantes usines. L'acide faible passe dans des appareils entourés de toutes parts par les gaz des fours et sort à 60° B.

G) La Société *Union des fabricants d'acide sulfurique de France* (Br. fr. 493.692) a disposé entre le four de grillage et le Glover une tour, d'un nettoyage facile, dans laquelle les gaz chauds provenant des chambres à poussières rencontrent de l'acide à 60 qui se concentre, tout en retenant une notable partie des poussières.

L'acide concentré est séparé, par décantation, des boues.

Tours refroidissantes

Dans certains cas, et lorsque les gaz sortent du Glover à une température trop élevée, si l'on veut éviter des inconvénients méca-

---

([1]) Dans notre chapitre traitant de la concentration nous donnerons de façon détaillée les procédés utilisant la chaleur des gaz surtout des fours.

niques et chimiques auxquels nous avons fait allusion plus haut, il faut les refroidir avant leur entrée dans les chambres.

Dans l'installation qu'elle a faite à la *Calumet and Arizone Mining C°* la Société *Process Engineering C°* a édifié des refroidisseurs de ce genre qui, paraît-il, donnent de très bons résultats, ces tours sont en plomb, soutenu par une structure en acier, leur diamètre est de 17 1/2 pieds (5ᵐ,25) et leur hauteur 41 pieds (12ᵐ,30).

Les gaz entrent tangentiellement à la partie inférieure et sortent également tangentiellement à la partie supérieure.

FOURS MÉCANIQUES

Diminuer la main-d'œuvre nécessaire pour le grillage d'une tonne de pyrite, permettre à l'ouvrier de griller une quantité relativement considérable par 24 heures et rendre le travail moins pénible, tel est le but que l'on poursuit depuis de bien longues années. Grâce à de patientes études et une inlassable persévérance, le problème a été résolu à la fin du xixᵉ siècle par l'emploi des fours mécaniques.

Les conditions auxquelles doit satisfaire un four mécanique sont multiples, il s'agit d'obtenir :

Marche régulière et continue ;

Composition des gaz constante et riche ;

Désulfuration du minerai aussi complète que possible ;

Remplacement facile et rapide des bras ;

Arrêt pour ainsi dire automatique en cas d'accident ;

Production minima de poussières ;

Économie notable de la main-d'œuvre de grillage ;

Réduction au minimum les frais d'entretien et de réparation.

Réaliser simultanément ces diverses conditions n'est certes pas facile, d'autant plus que bon nombre d'autres facteurs jouent un rôle important : nature du minerai traité, régularité du tirage, qualité des matériaux employés, rapport entre les différentes parties constituantes de l'appareil, etc., etc., ce qui explique le nombre et la diversité des types de fours préconisés.

Historique. — Déjà *Lunge* a décrit, en 1879, dans son traité de fabrication de la soude, le four *Mac Dougall* : cylindre en fonte de 1ᵐ,85 de diamètre et 3ᵐ,50 de haut composé de 7 anneaux superposés assemblés avec des boulons et portant chacun à sa partie inférieure un rebord en fonte sur laquelle reposait une voûte surbaissée en briques. Ces voûtes, qui partageaient le cylindre en 7 compartiments, étaient percées d'une ouverture centrale traversée par un arbre en fonte de 0,15 de diamètre monté sur pivot et portant des bras (un par sole) munis de râcloirs inclinés en fonte, destinés à pousser la pyrite de la périphérie au centre sur un étage puis du centre à la périphérie au suivant, et ainsi de suite jusqu'à l'étage inférieur, après quoi le résidu était évacué au dehors.

L'arbre était mis en mouvement par un engrenage, et le minerai élevé par une chaîne se vidait sur la sole à l'air libre du compartiment supérieur servant de séchoir. Un bras le conduisait à la périphérie, où une fois séché, il tombait dans une trémie et un piston l'amenait dans la chambre supérieure.

On réglait la vitesse de façon à ce que la pyrite, après passage sur les cinq soles intérieures arrive sur la sixième située au bas de l'appareil en ne renfermant que $1\,\%$ de soufre.

L'air était introduit par une pompe à air et les gaz évacués à la partie supérieure.

Nous avons rappelé ce four, surtout pour permettre des comparaisons avec les types actuels, car cet appareil présentait plusieurs défauts très sérieux :

1° Échauffement de l'arbre central et des bras déterminant une détérioration rapide par suite du manque de refroidissement.

2° Démontage très pénible des bras qui étaient clavetés sur l'arbre.

3° Production d'une forte proportion de poussière, atteignant parfois 8 à $10\,\%$ de la pyrite chargée.

M. *Pipereaut*, dans une remarquable étude publiée en 1908 dans la *Revue de Chimie pure et appliquée*, a rappelé qu'en 1880 *William Black* et *Thomas Larkin* de Manchester ont breveté le brassage mécanique pour la calcination des minerais.

Frasch, en 1894, réalisa un perfectionnement notable en refroidissant l'arbre et les bras au moyen d'un courant d'eau.

Le four *Spence*, qui fut surtout appliqué en Amérique, avait une forme rappelant celle du four *Maletra* ; il était formé de plusieurs soles rectangulaires superposées et comportait, sur chacune d'elles, des tiges horizontales mises lentement en mouvement et munies de prismes triangulaires formant râteaux, creusant des sillons dans la couche de pyrite tout en faisant avancer cette dernière.

L'alimentation avait lieu en se servant d'une trémie communiquant avec un distributeur à piston, des ouvertures placées alternativement sur le devant et sur l'arrière des soles permettaient le passage successif d'un étage à l'autre.

Fours mécaniques modernes

De même que les précédents, les fours modernes tendent à supprimer, dans une aussi large mesure que possible, le travail musculaire de l'homme, en rendant automatique la marche du minerai, dans des conditions assurant une bonne désulfuration tout en réduisant au minimum la production de poussière.

La grande majorité des fours mécaniques offre, comme dispositions générales :

A) Un corps cylindrique en tôle dont l'épaisseur varie entre 5 mm. pour les fours de petite et moyenne production, à 12 1/2 mm. pour le four *Wedge* ; doublé en briques réfractaires et comportant intérieurement un certain nombre de soles en pierres réfractaires spéciales coincées superposées comme dans le four Maletra, mais dans lesquelles les communications entre étages successifs sont établies successivement au centre et à la périphérie.

B) Un arbre creux portant à chaque étage un ou plusieurs bras creux, garnis de palettes orientées de façon à faire avancer la pyrite tout en renouvelant sa surface, le mouvement ayant lieu du centre à la périphérie et de la périphérie au centre selon les étages.

Pour éviter l'usure rapide de l'arbre, des bras, des dents, on a combiné des systèmes de refroidissement par l'air, l'eau, et prévu l'agencement de façon à pouvoir remplacer rapidement les pièces détériorées.

G) Souvent un séchoir à la partie supérieure du four.

D) Un dispositif d'alimentation automatique de la pyrite (piston, vis d'Archimède, etc.).

E) Des portes et regards répartis sur le pourtour du cylindre, permettant de suivre la marche, de constater l'allure du four, et de retirer les bras cassés.

Des échelles en tuyaux de fer dans lesquels circule l'eau permettent d'accéder aux divers étage.

F) Les agencements mécaniques permettant la mise en marche, l'arrêt, etc., etc.

Dans le but d'éviter la poussière, *Reporth* et *Marcy* ont même conçu le passage des gaz d'une sole à l'autre au moyen d'un tuyau extérieur au four tout en laissant le minerai passer à la façon habituelle d'une sole à l'autre.

Four Herreshof

Le Brevet américain qui le protège fut pris sous le n° 556.750 du 24 mars 1896.

De même que le *Mac Dougall*, il comporte plusieurs soles briques (cinq), la pyrite va successivement du centre à la périphérie et inversement.

Un arbre creux (35 centimètres de diamètre extérieur) donnait, par un engrenage situé au-dessous du four, le mouvement à des bras qui logés dans des alvéoles étaient maintenus par leur poids et grâce à un rebord situé à l'extrémité. Pour changer un bras on l'amenait en face d'une porte en faisant tourner l'arbre, on le soulevait et on l'attirait au dehors, après quoi on en introduisait un nouveau.

Le refroidissement de l'arbre et de la partie de bras encastrée, avait lieu par un courant d'air allant du bas à la partie supérieure puis dans une cheminée rapportée.

Un piston, alimenté par une trémie, régularisait l'introduction de la pyrite et des tuyaux de descente l'amenaient d'une sole sur l'autre afin d'éviter les remous et les entraînements de poussière.

L'air était admis à la partie inférieure par des orifices à section réglable.

Comme débit, un appareil de $3^m,30$ de diamètre sur $3^m,30$ de haut grillait 2.500 à 3 000 kilog. de pyrite, 45-50 % par 24 heures, en laissant 1 à 3 % de soufre dans les résidus.

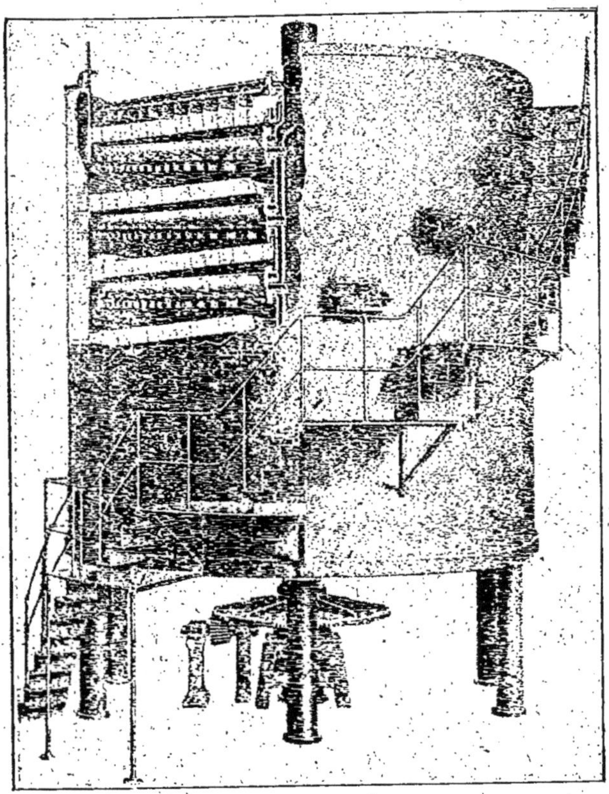

Fig. 34. — Four Herreshof.

Les enseignements de la pratique ont provoqué certaines modifications du type ci-dessus, notamment dans la disposition des bras et le mode de refroidissement. Le nombre de soles varie suivant la puissance de production, il peut y en avoir de 5 à 8. Il y a deux bras par étage.

Les dents sont amovibles, et groupées par 5 sur une plaque en fonte qui peut glisser dans deux rainures situées de chaque

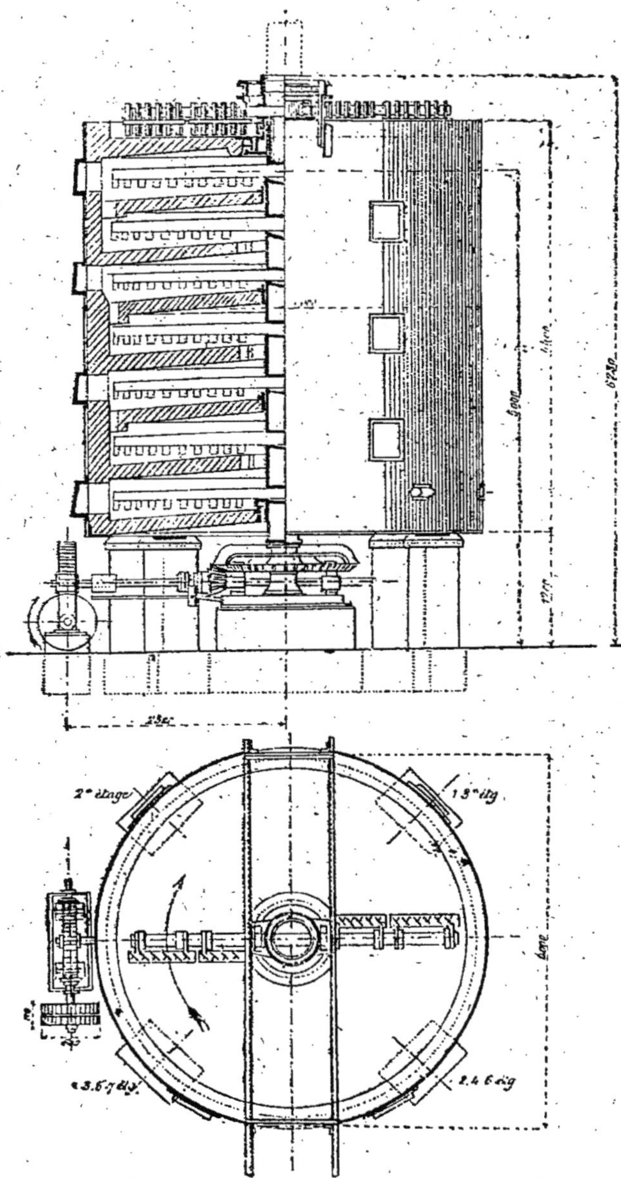

Fig. 35. — Four Herreshof.

côté du bras; leur orientation est telle que la pyrite se trouve ramenée du centre à la périphérie pour une sole et inversement sur la suivante.

Un ventilateur injecte l'air au bas de l'arbre qui, placé sur un pivot, tourne dans la gaine par laquelle il entre. Celui-ci comporte une double enveloppe, avec bras creux divisés en deux par une cloison longitudinale telle que, une fois mis en place, une partie communique avec le centre de l'arbre et l'autre avec l'espace annulaire.

L'air entre au centre, passe dans la première moitié des bras, puis dans la seconde et sort, de l'espace annulaire, au-dessous d'une sole sur laquelle on étale les pyrites à sécher.

Les soles ont de $2^m,50$ à 3 mètres de diamètre intérieur et offrent une surface du grillage variant de 60 à 200 mètres carrés.

Le type 5 tonnes a un diamètre intérieur de $3^m,800$ et une hauteur de 6 mètres.

Le modèle 7 soles a $4^m,20$ de diamètre, l'arbre a $0^m,30$ de diamètre, il fait un tour en 2 minutes et consomme à peine 1 cheval.

Nous devons à l'amabilité de M. *A. L. Stinville* quelques chiffres sur les quantités en service.

	États-Unis	France	Allemagne	Europe totale
Juillet 1903.........	330			120
» 1906.........	402	44	119	472
» 1913.........	605	240	475	1 595
Avril 1922.........		457		
Octobre 1927 (¹).........		520	384	2 235

Il signale parmi les modifications les plus intéressantes apportées à ce four :

1° Le distributeur à piston cylindrique est remplacé par celui à piston rectangulaire, dont la large section transversale assure un bon fonctionnement, quel que soit l'état de la pyrite.

2° Au lieu des refroidisseurs précédents il y a :

a) *Refroidisseurs « a » pour passage de pyrite* : le minerai

---

(¹) Ces chiffres concernent les fours à blende ou pyrite *Herreshoff* et les modifications apportées par la *Métallurgische Gesellschaft* sous le nom de Four *Lurgi*.

glisse le long d'une paroi de fonte qui est refroidie plus ou moins et à volonté (grâce à des régistres), par de l'air.

b) Refroidisseurs « b » pour passage de gaz : dans ces pièces, le gaz sulfureux en passant d'un étage à l'étage supérieur vient lécher une paroi de fonte refroidie de la même façon que dans les pièces « a ».

On peut régler la température des gaz et du minerai, aux divers étages du four, en faisant fonctionner les refroidisseurs d'une façon plus ou moins énergique, de manière à éviter un excès nuisible à la conservation de la fonte de l'arbre et des bras.

Ces dispositifs permettent également d'éviter le collage de minerai, c'est-à-dire sa fusion et son agglomération en morceaux, qui, à moins de marcher à une allure très réduite, empêchent un bon fonctionnement.

Les conséquences de leur emploi sont donc : la possibilité de pouvoir griller plus de pyrite à surface égale et d'utiliser des minerais de qualité considérée comme inférieure, contenant de fortes proportions de Pb. Zn, etc.

Cette dernière considération a une grande importance aujourd'hui, étant donné que, vu les hauts prix, beaucoup d'industriels consentent à brûler de la pyrite de second choix. Egalement dans le but de diminuer la température du four on a adopté des bras inclinés qui permettent d'avoir sur les soles une couche de minerai moins épaisse.

Dans le four représenté (fig. 34 et 35) on peut, suivant la nature du minerai, brûler de 4 tonnes 1/2 à 7 tonnes de pyrite à 48 % de soufre.

Un autre problème cherché était la diminution des poussières. Il est indéniable que lorsque, à la périphérie du four, les gaz et le minerai, passent dans des canaux différents, les premiers n'entraînent pas les poussières produites par la chute des seconds. Malgré tout, la quantité de poussière produite par le rablage est assez considérable et les dispositifs en question n'y pouvaient remédier ; aussi, dès 1912, a-t-on vu avec satisfaction une mise au point de la « Précipitation Electrique des poussières ».

Dans le brevet *Schorr* (1889) les soles tournent, alors que les arbres sont fixes, cette idée, délaissée pendant de longues années, a été reprise plus tard.

Four O'Brien

Brevet Américain n° 673.174 du 30 Avril 1901.

Il a 6 étages, mais ceux du bas n'ont pas de revêtement en pièces réfractaires. Afin d'éviter le refroidissement du fer il est garni d'une enveloppe de 30 à 35 millimètres de mélange calorifuge (abseste-magnésie).

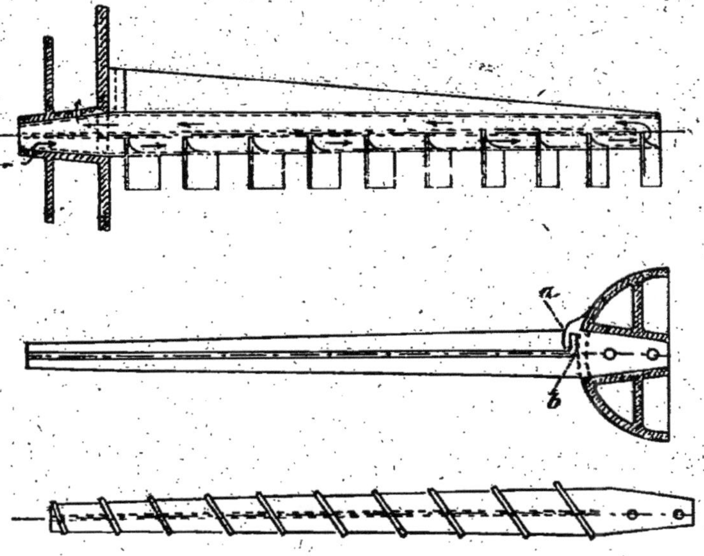

Fig. 37. — Bras du four O'Brien.

L'introduction de pyrite a lieu par un canal muni d'une vis d'Archimède.

L'arbre est à double enveloppe et les bras également, comme on le voit dans la figure ci-dessus qui indique aussi en *a* un nez servant à la fixation du bras.

Four Klepetko

Le four Klepetko (décrit dans *Ingalls Métallurgie*, 2 450-458, 1905) a un diamètre plus considérable que le précédent, et comporte 6 soles.

A Salt Lake City ils ont 4ᵐ,37 de diamètre, les bras font 1 tour par minute, et sont refroidis avec de l'eau dont la consommation atteint 90 à 100 litres également par minute. La force motrice est 15 chevaux, quant à la production de poussières, elle varie entre 4 et 6 %.

Certains fours de ce système ont jusque 9 mètres.

Fours Kaufmann

Il a fait l'objet de brevets 7 février 1903 et 1ᵉʳ mars 1904.

De même que dans le *Herreshof* le refroidissement de l'arbre se fait par l'air mais, comme on le voit dans le schéma ci-dessous, son type de bras primitif (Br. all., 161.200 et 161.264) est spécial.

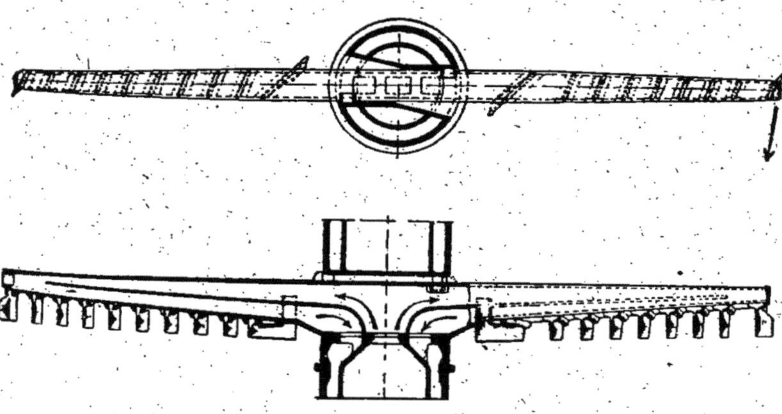

Fig. 38 — Bras Kaufmann.

Deux bras unis ensemble traversent l'arbre central, l'air n'y circule pas mais, par conductibilité, la partie en contact avec l'arbre profite du refroidissement de ce dernier. Le chargement de la pyrite se fait par piston.

Diverses modifications ont été apportées à ce système de four par la « *Erzröst Gesellschaft* ».

La figure 39 montre la disposition du Type N, à 7 étages destiné à griller de 6 à 12 tonnes de pyrite par 24 heures en laissant 0,5 à 1,5 de soufre dans les résidus ; la force nécessaire serait de 1 cheval, et peut être fournie par en haut ou par en bas.

La même maison a établi un four type K susceptible de brûler

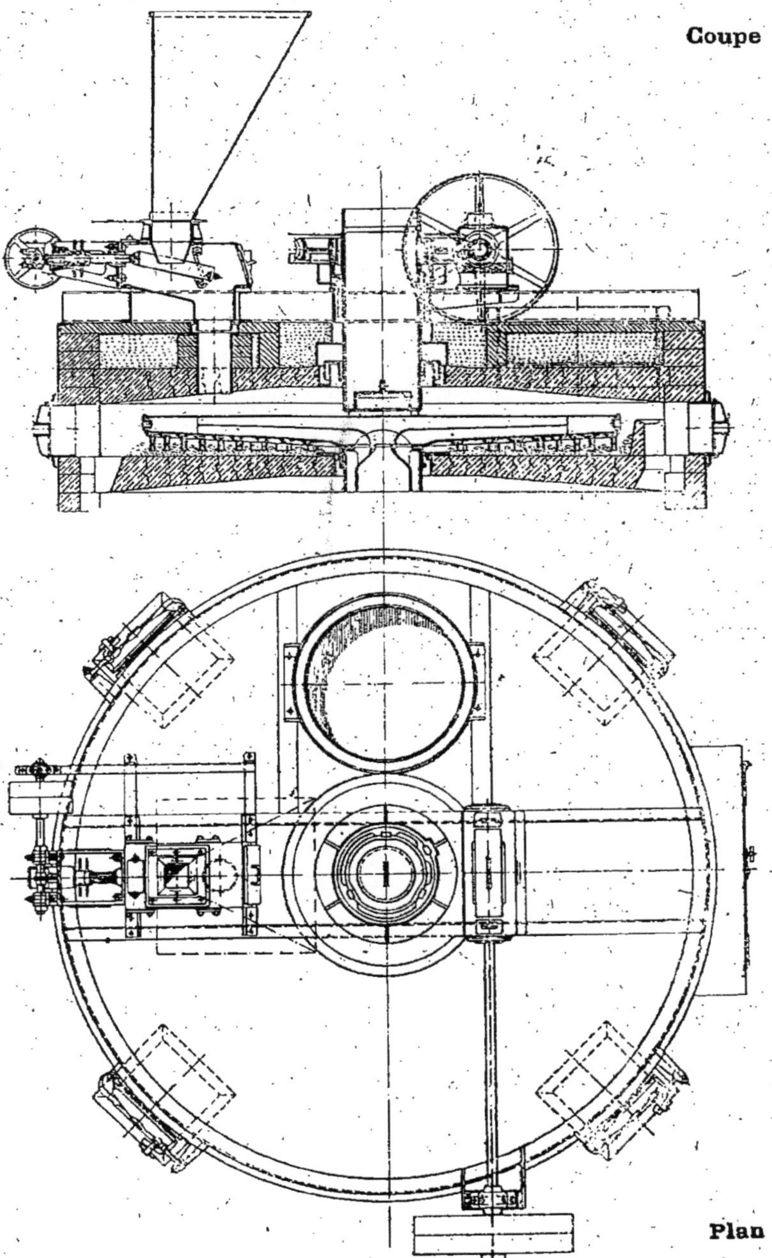

Fig. 39. — Four N. Vue en dessus.

3 tonnes de pyrites, ou 5,8 tonnes de masse épurante du gaz, par 24 heures, conçu d'après les mêmes principes que le four N mais avec 5 soles seulement.

Fig. 40. — Arbre et bras du four N.

Un autre modèle, élaboré pour l'utilisation de masse épurante du gaz, établi par la même société, comporte seulement 3 soles. Ses principes généraux sont les mêmes que pour le N et le K.

Four différentiel Kaufmann

Sous cette dénomination a été introduit dans l'industrie un four à 3 étages ayant $3^m,40$ de diamètre et $3^m,600$ extérieurement, grillant 3000 kilogrammes par jour.

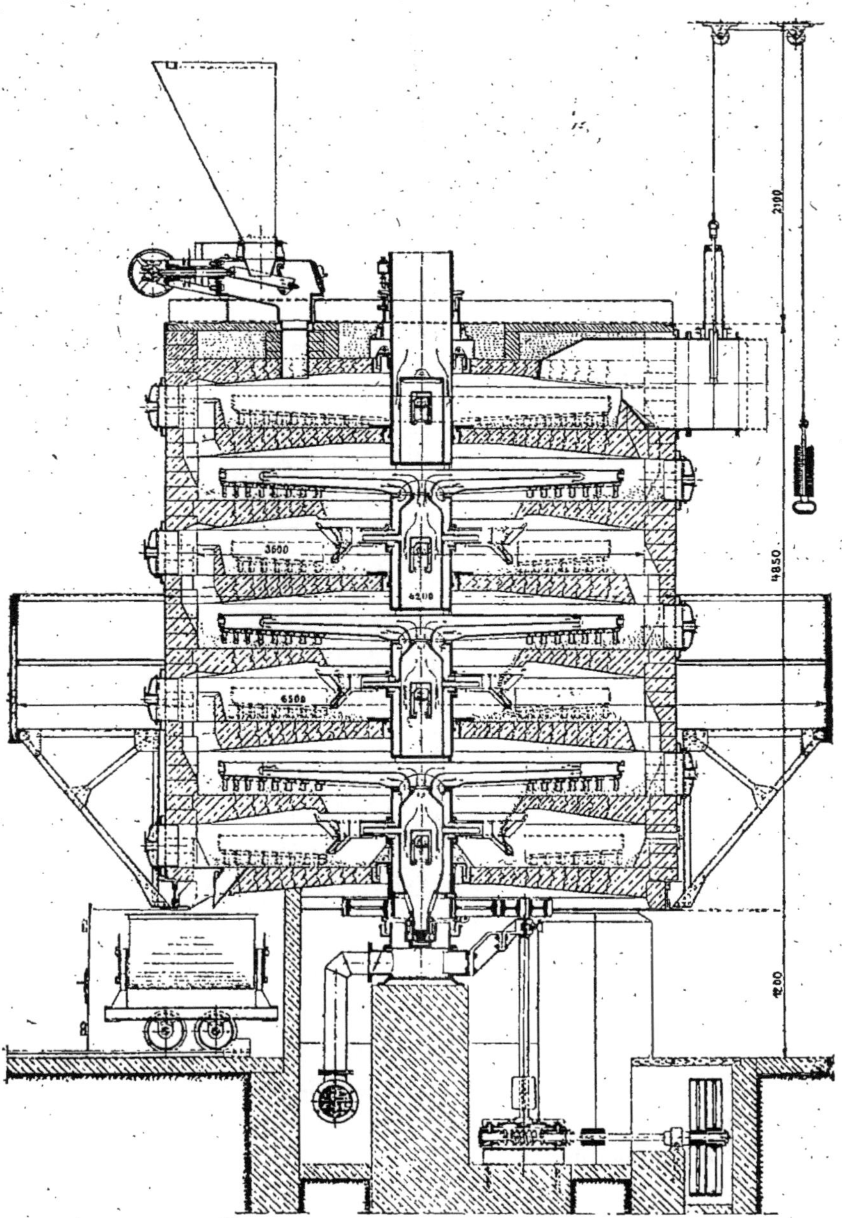

Fig. 41. — Four type N. Coupe.

Le travail différentiel est le suivant :

Chaque étage a double bras, mais les dents de la moitié d'un bras entraînent par exemple la pyrite de la périphérie au centre tandis que celles de la seconde moitié la ramènent vers la périphérie d'une quantité moins grande. Une palette de la moitié gauche

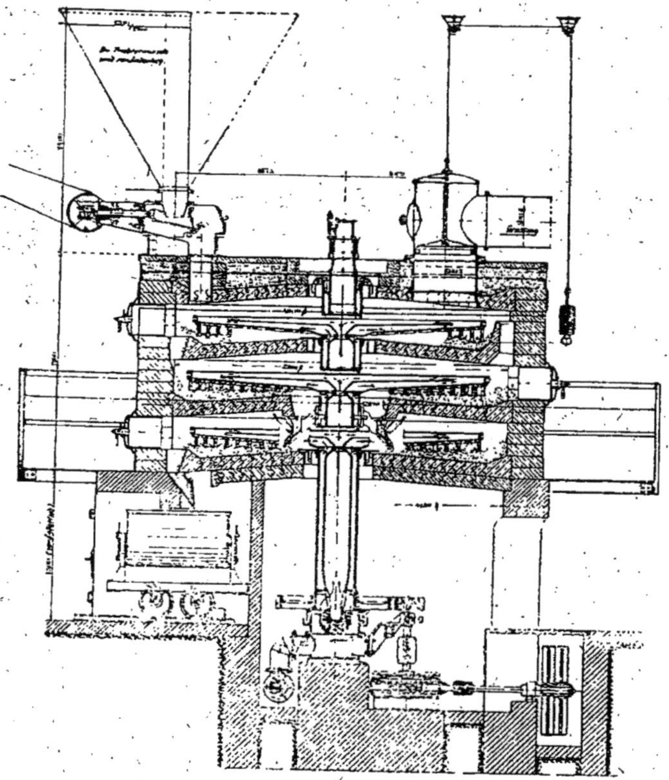

Fig 42. — Four à masse épurante. Coupe.

effectuera un déplacement de minerai de 25 millimètres, puis une palette de la moitié droite ramènera de 22 millimètres, le mouvement effectif après ces deux déplacements aura par conséquent été 3 millimètres (25-22), dans ces conditions l'arbre peut tourner plus vite et on évite la formation de croûtes agglomérées tout en grillant davantage par mètre carré.

Le chargement de la pyrite s'effectue par deux vis sans fin, situées

Fig. 43. — Installation de 9 fours N grillant 55 à 60 tonnes de pyrite en 24 heures.

en dessous, et excentriques à deux trémies situées en deux endroits de la périphérie du premier étage. Quant à la sortie des gaz elle a lieu par les tuyaux de descente de la pyrite sur la première sole, ce qui permet un séchage partiel au moyen de la chaleur perdue des gaz.

Four Bracq-Laurent-Moritz

Le Four Bracq-Laurent-Moritz est caractérisé par des bras à palettes creuses et munis d'un système de refroidissement mixte.

Fig. 44. — Dessus du four Moritz.

L'arbre vertical porte un tube en son centre et chacun des bras est muni d'une cloison horizontale intérieure afin de permettre une circulation de l'air, qui ensuite se dégage par le tube central lorsqu'il est chaud.

Aux étages supérieurs il y a quatre bras à palettes creuses refroidis par un courant d'air et d'eau pulvérisée.

Four Pipereaut

Le Four Pipereaut avait 4^m,50 extérieur et 3,77 intérieur, avec un revêtement de une brique ordinaire et une réfractaire. Sur chaque étage un seul bras, prenant point d'appui autour de l'arbre et protégé lui-même par un revêtement réfractaire, la vitesse était un tour par minute.

Four Kuhlmann

Dans leur brevet fr. 536.540 de juin 1921, les établissements *Kuhlmann* décrivent un four muni d'un dispositif d'alimentation par chocs, dans lequel la pyrite est amenée sur la première sole par une console hélicoïdale portée par l'arbre central et disposée entre le distributeur et la sole supérieure.

Fig. 45. — Dessous du four Mérit.

Chaque sole comporte un râteau unique, avec dents en zones de charrue disposées parallèlement entres elles, et obliquement sur le râteau.

Four Mackey

H. S. Mackey, Angleterre, B. P. n° 205.528, 19 Mai 1921, a breveté un four dans lequel le minerai est amené de sole en sole au moyen de râbles tournants, les soles sont établies les unes au-dessus des autres, les températures et arrivées d'air sur chacune d'elles, règlent ainsi que le temps pendant lequel le minerai est soumis au traitement. Pour les minerais de cuivre contenant du fer, il grillage a lieu en deux stades, dans le premier, effectué sur les quatre premier étages, à un four à sept soles, un fort pourcentage d'oxygène est transformé en oxyde et sulfate, tandis qu'à une petite partie seulement du fer est combinée sous forme de sulfate. Dans le second stade, sur les trois soles suivantes, les températures sont élevées successivement à 550-590 et 590°C, et l'arrivée d'air augmentée de façon à ce que tout le fer soit transformé en oxyde insoluble ? La septième sole n'est pas chauffée et le minerai s'y refroidit en présence d'un excès d'air.

Fig. 46. — Four mécanique Moritz. Vue sous la passerelle.

L'isolement des soles les unes des autres est obtenu en maintenant pleines de minerai les communications entre les soles.

Four Moritz

Les fours *Moritz* (fig. 45 à 50) sont du type à soles multiples circulaires avec arbre central vertical et deux bras par sole, la descente de la pyrite se faisant alternativement par le centre et la périphérie. Le pourtour est en dalles réfractaires de 220 millimètres revêtues de tôle à l'extérieur.

Le diamètre intérieur du four est de $4^m,50$, il comporte 8 étages (fig. 50) et par conséquent 9 voûtes circulaires un peu coniques, en dalles spéciales de 6 centimètres d'épaisseur s'emboîtant à rainures et boudin. Dans la figure 48 on voit que pour placer un bras, il suffit de l'engager dans l'emmanchement de l'arbre, et le maintenir fixe, tout en faisant tourner ce dernier. En raison de la forme de sa tête il pénètre dans l'arbre, et se trouve mis en place. Cet arbre (fig. 51) a 5ᵐ,30 de hauteur et 0ᵐ,352 de diamètre, de même que les bras il est creux, divisé en deux compartiments, et refroidi par un courant d'air, envoyé par un ventilateur qui circule dans l'anneau extérieur de l'arbre ; pénètre dans la tête du bras par la partie inférieure, circule jusqu'à son extrémité, s'échauffe en le refroidissant et s'échappe par la partie

Fig. 47. — Batterie de fours mécaniques Moritz.

centrale de l'arbre à une température de 600° environ. Avant d'être évacué dans l'atmosphère il traverse un caisson étanche, en tôle, sur lequel on étale la pyrite crue qui se sèche avant d'être introduite dans le chargeur du distributeur.

Pour déterminer le mouvement de la pyrite, chaque bras à 13 ou 14 dents venues de fonte et disposées de façon à déterminer un avancement lent et méthodique (fig. 54).

Le refroidissement des bras est efficace, car on les voit toujours se détacher en sombre dans l'intérieur du four.

La distribution se fait par un piston (n° 5, fig. 50) qui glisse librement dans la pyrite contenue dans l'appareil et, par conséquent, l'usure du piston est nulle, la course étant réglable on peut augmenter ou ralentir la quantité introduite.

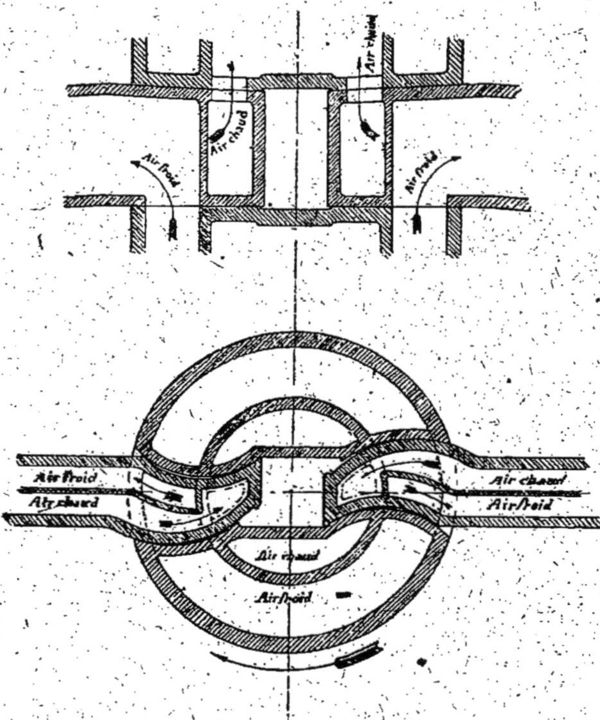

Fig. 48. — Arbre et bras refroidis Moritz.

Le mécanisme des fours se réduit à un seul engrenage placé en dessous du four (fig. 45) qui reste au contact d'un petit pignon de commande grâce à un contre poids réglable.

Ils font au maximum 20 tours à l'heure ; à chaque rotation, le clapet inférieur s'ouvre et se ferme automatiquement pour laisser tomber une certaine quantité de pyrite grillée dans un wagonnet qui, lui-même est placé dans une caisse en tôle tout-à-fait étanche (fig. 49).

Ces fours à 8 étages grillent, par 24 heures, 8 et 10 tonnes de pyrite à 48 et 50 % de soufre, en laissant 0,2 à 0,3 % en plus

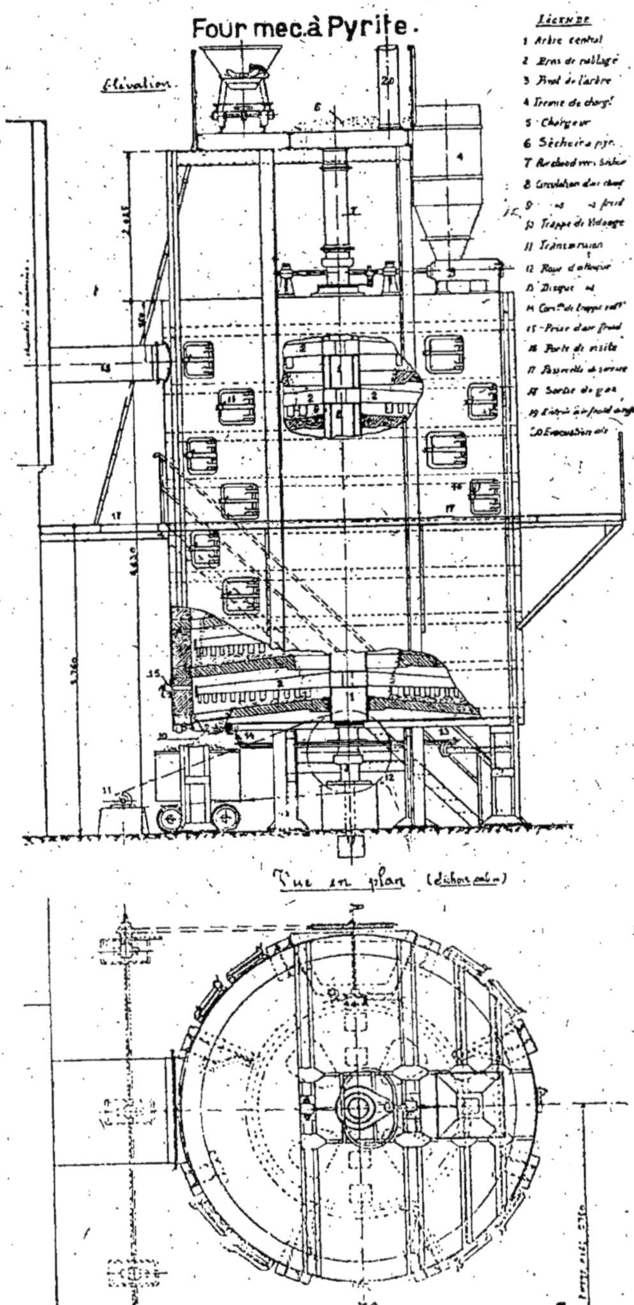

Fig. 49. — Four à pyrite système Moritz.

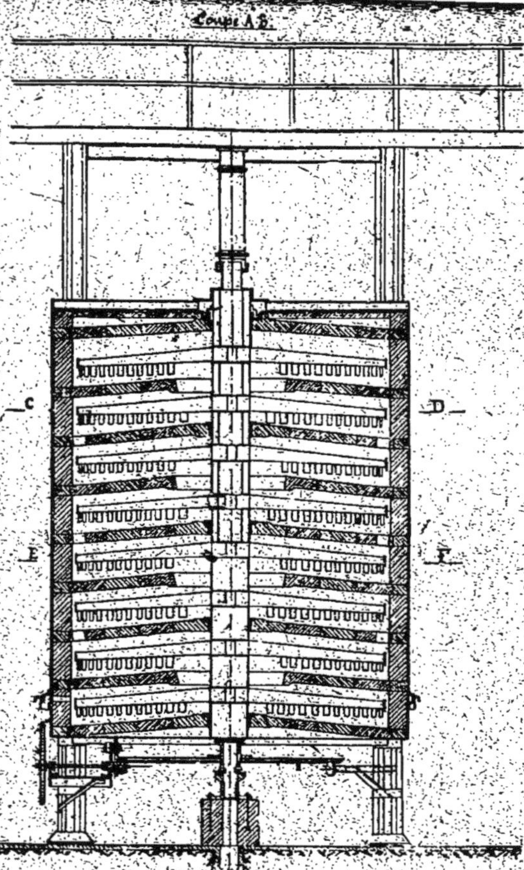

Fig. 50. — Four Moritz. Coupe.

Fig. 51. — Arbre, bras et pièces du four Moritz.

de l'inexpugnable. Chaque étage a 2 petites portes de visite (n° 16, fig. 49), la sortie de pyrite grillée du bas est formée par un clapet à ouverture automatique, dans beaucoup d'usines il n'y a qu'un seul homme pour surveiller les chambres et 2 fours.

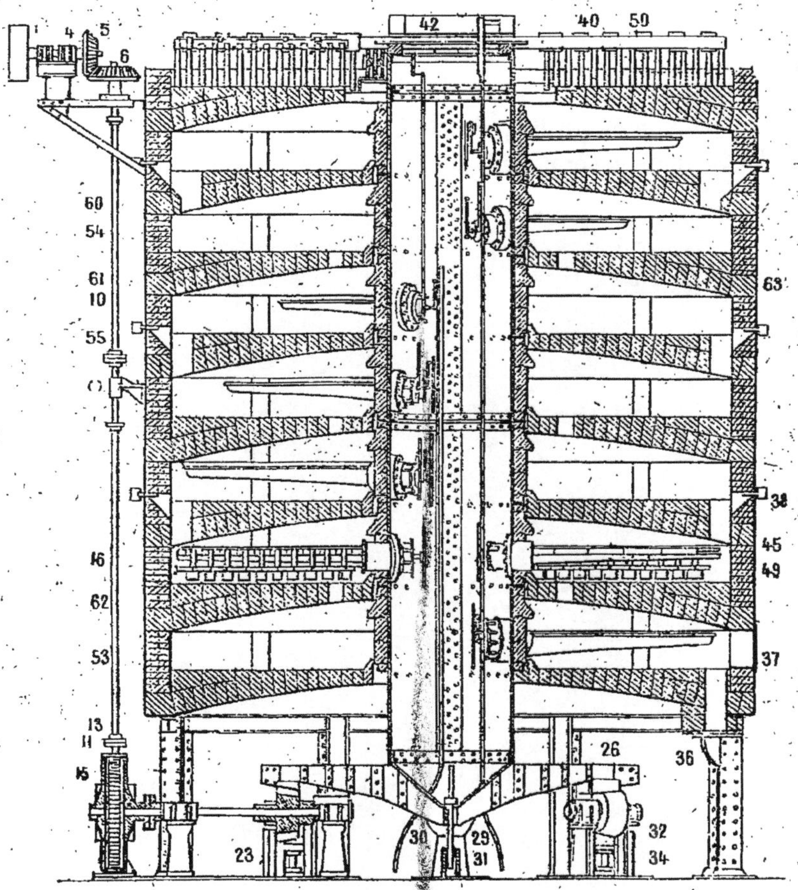

Fig. 52. — Four mécanique Wedge. Coupe.

La force motrice absorbée par four, alimentation comprise, est de 0,2 HP, si les râteaux du bras butent contre un obstacle l'engrenage, dont il a été question plus haut, soulève le contrepoids et le débrayage se produit.

Les orifices de passage de pyrite situés au centre (fig. 50) ont
$1^m,20$ de diamètre, ceux de la périphérie sont au nombre de 22 par
sole, la marche a lieu du centre à la périphérie et vice versa, l'air
et le gaz sulfureux suivent le chemin inverse. L'orifice de sortie a
$0^m,90$ de diamètre, l'air entre au bas du four, sur la périphérie,
par 4 ouvertures réglables.

Four Wedge

Il a pour objet le grillage de très fortes quantités.

Le principe général est le même que dans les précédents. Divers

Fig. 53. — Four Wedge (vue d'ensemble).

modèles ont été établis, celui décrit par M. *H. Braidy* dans l'*Industrie
chimique* (Août 1922), établi pour 12 tonnes de pyrite, a 6 mètres de
diamètre et 9 mètres de hauteur, avec arbre de très grand diamètre

($1^m,20$) en tôle d'acier rivé et refroidissement par circulation d'eau ou soufflage d'air.

Les bras sont fixés à l'arbre par des boulons intérieurs que l'on peut atteindre en marche, car, avec le soufflage d'air, le refroidissement est tel qu'un homme peut y pénétrer.

L'arbre fait un tour en 4 minutes 1/2 et la force nécessaire serait de 2 à 3 C. V.

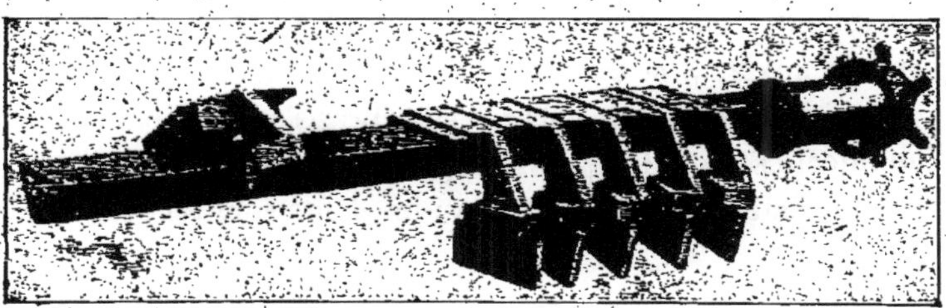

Fig. 54. — Détail des râbles du four Wedge.

M. *L. Guillet* dans son *Traité de Métallurgie générale* en a décrit un modèle présentant les caractéristiques ci-après : Diamètre 6 mètres. Hauteur 10 mètres. Arbre creux de $0^m,80$ diamètre avec bras en fonte refroidis par l'air et les râbles disposés comme le montre la figure 54 avec tablettes en ciment armé.

La force motrice nécessaire serait de 8 à 10 C. V. En augmentant le tirage et la vitesse des râbles on a pu arriver à doubler la production d'un four de 35 tonnes et même, grâce à une injection d'air comprimé sur les soles inférieures, on aurait réussi à passer 100 tonnes par 24 heures en 1917.

Four Herculès

Ces fours, établis par la *Erzröst Gesellschaft*, grillent 8 à 25 tonnes à l'heure, ils ont des bras formidables, très lourds, et des râteaux amovibles s'enfilant sur des tiges.

Four Thorba

Dans le four *Thorba*, qui est du même genre, le refroidissement des bras a lieu avec de l'eau qui est évacuée à 70°C.

Four Lurgi Gesellschaft

La *Lurgi Gesellschaft* a créé des fours ayant 7 étages et une sole supérieure de séchage, traitant de 6 1/2 à 16 tonnes de pyrite par 24 heures.

Selon la puissance, le nombre de bras est différent ; au lieu de deux il peut y en avoir dans les fours de 11 à 16 tonnes, quatre disposés aux 2, 3 et 4° étages, suivant des diamètres à 90°.

Le refroidissement de l'arbre et des bras s'effectue par un courant d'air injecté sous faible pression (200 millimètres d'eau) qui peut être supprimé à certains endroits ; les dents sont amovibles.

Four Harris

Il diffère des types examinés jusqué maintenant en ce qu'il n'est pas rond.

Il se compose d'une série de fours parallélipipédiques accolés, et séparés par des murs de 30 centimètres, soit de l'extérieur, soit du compartiment voisin ; des rails, ou fers convenables, armés de tirants, assurent la résistance, chaque compartiment est susceptible de griller 6 à 7 tonnes de pyrite par 24 heures, et présente les caractéristiques suivantes :

Dimensions générales : $3^m,70$ de large $\times$ $6^m,10$ de longueur, 4 soles en briques réfractaires de $0^m,11$ (rectangulaires et profil cylindrique) de $2^m,95 \times 5,45$ ayant une superficie de 15 mq. avec 2 passages de gaz qui, selon l'étage, sont à droite, à gauche, à l'avant ou à l'arrière de la sole, mais distincts des orifices de passage de la pyrite.

La sole inférieure est à $1^m,20$ au-dessus du sol grâce à un massif de base en briques ordinaires. Au-dessus de la 4° sole existe une voûte en briques réfractaires, l'espace vide entre deux voûtes consécutives est $0^m,465$.

Au lieu d'un arbre il y en a 2 de 0,23 diamètre et $4^m,91$ de haut dont la distance des axes est 2,665 pour chaque demi-tour, un à l'avant, un à l'arrière, ayant chacun 1 bras par sole, soit 4 en tout pour chaque arbre. Ces bras sont décalés de 90° afin d'assurer une bonne répartition du poids total sur l'arbre, leur longueur est 1^m,41 à partir de l'axe, ils empiètent donc sur les surfaces parcourues.

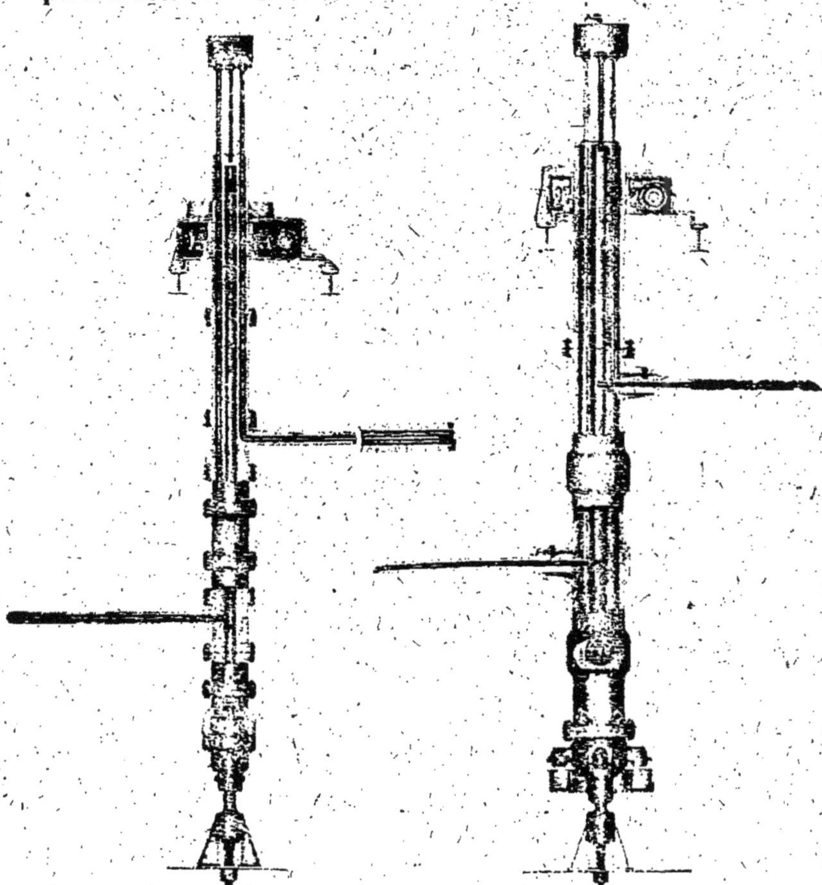

Fig. 55. — Ancien type Harris.

Les arbres sont en fonte, composés de tronçons assemblés avec des brides, séparées par des joints d'amiante et boulonnées. Les dents, également en fonte, sont amovibles, fixées au moyen de tenons et glissant dans deux rainures disposées de chaque côté du bras. Après quelque temps de marche, par suite de la sulfuration, ou de la semi fusion, il est difficile de les enlever et on les brise au moyen d'un burin.

M. *H. Braidy* a ajouté dans l'*Industrie chimique* (Août 1922) divers détails intéressants sur les parties caractéristiques de ce four, et nous en extrayons les renseignements ci après :

L'arbre est refroidi par un courant d'eau qui entre à la partie supérieure et va irriguer chaque bras grâce à un canal en fonte spécial, après quoi elle sort dans la partie centrale de l'arbre où

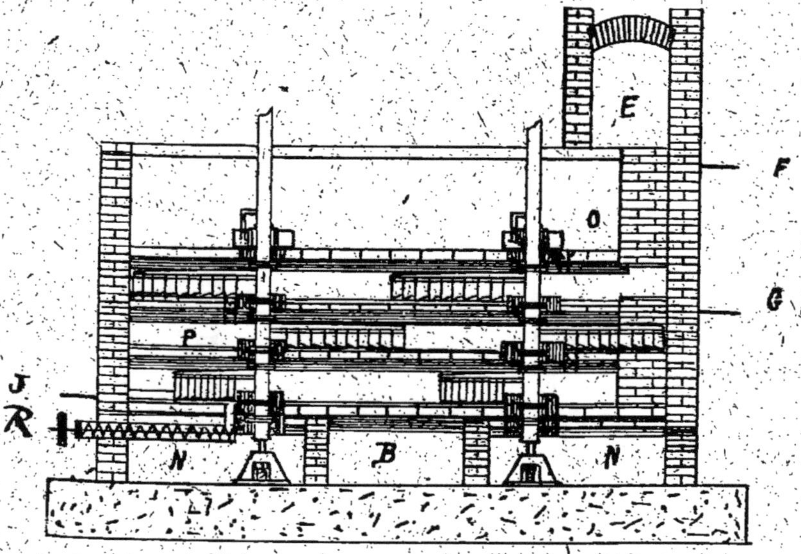

Fig. 56 — Four Harris

se trouve un conduit commun à toutes les eaux de retour. Elle remonte enfin à un déversoir par lequel elle est éliminée. La consommation est de 3 1/2 m³ par heure et par compartiment, sa température de sortie est 55-60° et ne doit pas dépasser 65° au déversoir, par crainte d'atteindre, en certains points des bras, l'ébullition et une circulation irrégulière.

Avec les eaux bien épurées, ou douces, on emploie le modèle (fig. 55) où le bras fait corps avec l'arbre, au contraire, avec les eaux dures, où les sels calcaires seraient susceptibles de se déposer dans les conduits en les bouchant, on adopte un arbre dans lequel le bras ne fait pas corps et s'engage dans une douille, la fixation a lieu par une clavette facile à enlever quand le besoin s'en fait sentir, on peut alors faire le nettoyage nécessaire.

L'eau chaude peut être utilisée, ou envoyée à refroidir par un système de réfrigération convenable.

Voici quelques autres détails complémentaires contenus dans la brochure descriptive.

Le four *Harris* possède 1, 2, 3 ou davantage de compartiments. Le four (fig. 57 et 58) en montre 3 séparés au moyen des murs « A ». Chacun est divisé en plusieurs étages, comme il est indiqué dans les figures 56, 57 et 62, et possède deux arbres verticaux qui portent un bras par étage. Un certain vide a été prévu en dessous de l'étage inférieur pour former une chambre à poussière « B ». Un ou deux carneaux verticaux permettent pour chaque compartiment la communication entre la chambre « B » et le carneau principal « E », qui, de la partie supérieure du four, conduit les gaz au Glover ou à la destination voulue.

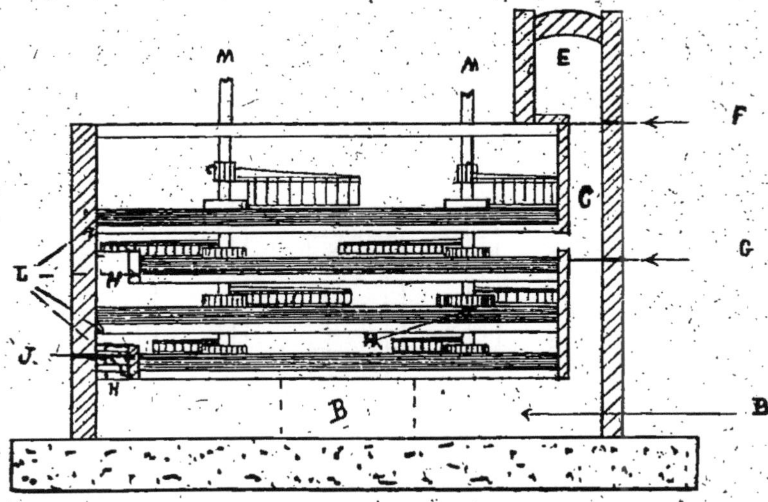

Fig. 57. — Four Harris. Coupe transversale.

Chaque carneau « C » communique également avec l'étage supérieur, et les deux registres « F » et « G » permettent de diriger les gaz soit dans le carneau principal « E », soit dans la chambre « B », selon la position de ces registres.

Une ouverture « H » réglée par le registre « J » existe entre la chambre « B » et l'étage inférieur ; des orifices semblables sont également pratiqués dans chaque dalle « L » formant les différents étages. Les ouvertures « E » sont disposées aux extrémités opposées. Pour celles vers le carneau « C » on utilise le trou dans lequel l'arbre passe et qui a des dimensions plus grandes.

L'arbre « M » est monté sur un socle approprié séparé de la chambre « B » par les compartiments « N ». Les deux bras de chaque compartiment sont arrangés de telle façon que leur course recouvre un espace relativement court. Les dimensions réduites des bras influencent énormément leur durée, étant donné qu'ils ont une plus petite portée.

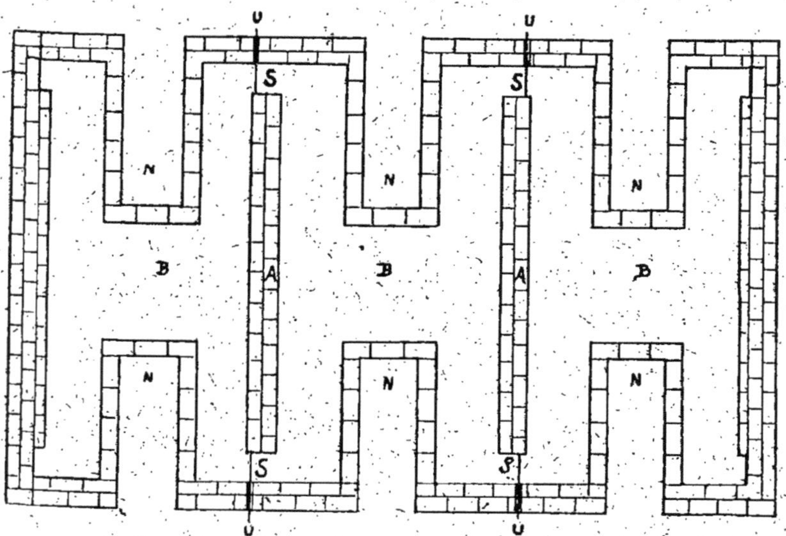

Fig. 58. — Four Harris (carneaux et conduite dans les murs).

Le minerai déversé par les godets d'un élévateur est introduit par une ouverture spéciale « O » (fig. 56) pratiquée dans la partie supérieure et toute proche du centre de l'un des deux bras de l'étage supérieur. Les dents l'amènent graduellement vers la circonférence du parcours du bras, après quoi il est pris par l'autre bras du même étage dont les dents le conduisent au centre où est pra-

tiquée l'ouverture « P » (fig. 56) par laquelle il passe à l'étage inférieur et ainsi de suite jusqu'à ce que, complètement grillé, il soit
déchargé de l'étage inférieur dans le transporteur à vis sans fin
« R » (fig. 56). Dans la même figure on voit également le dessus
du four qui est utilisé à sécher le minerai et les bras servant
au chargement du four *Harris*.

La chambre « B » communique avec une autre chambre au
moyen de passages « S » (fig. 58) pratiqués dans le mur de séparation « A » réglés par des registres appropriés. En cas de répara-

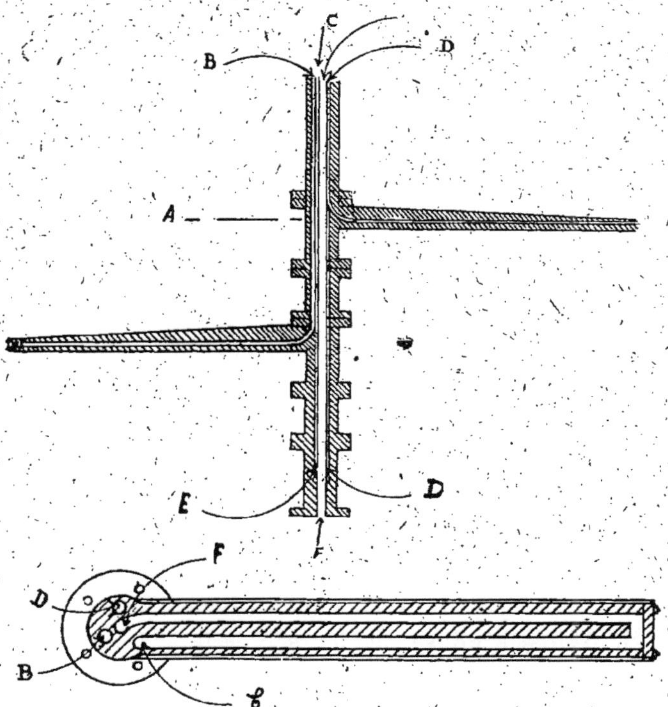

Fig. 59. — Schéma du refroidissement d'un bras Harris à l'eau froide.

tion ou de remplacement d'organes, le compartiment intéressé
est refroidi, en arrêtant l'alimentation et ouvrant en plein toutes
les portes, sans nuire à la marche des autres. Après arrêt,
il peut être réchauffé facilement, sans emploi de combustible, en

commençant avec des charges réduites et en y dirigeant des gaz chauds. Dans ce but, l'on ferme le registre « F », ouvre le registre « G » des compartiments chauds, et les registres « J » et « F » et ferme le registre « G » du compartiment froid. Les gaz chauds des compartiments en fonctionnement passeront ainsi dans la chambre à poussières et, par les passages « S » (fig. 58) dans l'étage inférieur du compartiment froid par l'ouverture « H », pour gagner finalement le carneau principal « E ».

Les dents des bras sont amovibles, remplaçables en quelques minutes, et construites de façon à permettre différentes épaisseurs de matière sur chaque dalle. En haut, où la combustion est rapide, une couche mince peut être maintenue pendant que sur les étages inférieurs où la combustion est lente, il y a une couche plus épaisse.

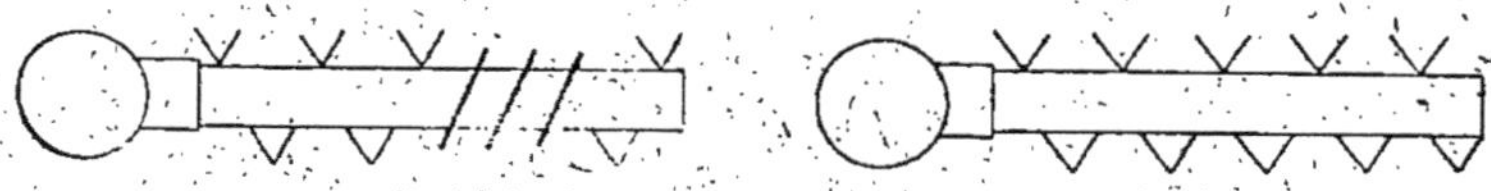

Fig. 60.

Les dents sont de trois types, on voit la disposition (fig. 60 et 61)
a) 5 Dents poussées par le bras
b) 5 Dents tirées.
c) Dents couteaux.

Ces dernières servent surtout à ameublir la pyrite qui aurait tendance à s'agglomérer ; toutefois il y en a 3, disposées à demeure au bras arrière de la sole supérieure, qui balaient juste l'endroit où tombe la pyrite provenant de la benne d'alimentation.

M. *Bailby* a utilisé des fours *Harris* à 2 compartiments ; en marche normale il estime la puissance nécessaire par compartiment à 2 HP mais, afin de prévoir le cas d'agglomération du minerai, il disposait d'un moteur de 7 HP.

La pyrite peut être déversée au ras du sol dans un dispositif circulaire tournant, qui alimente un élévateur à godets, déversant à la partie supérieure du four, dans un gros entonnoir en tôle, qui l'entraîne jusqu'à la benne approvisionnant le compartiment. Celle-ci, qui communique avec l'intérieur du four, est munie d'une soupape mobile équilibrée par un contrepoids ; quand un poids convenable est contenu, la soupape se soulève, laisse pénétrer le minerai à l'intérieur puis se remet en place.

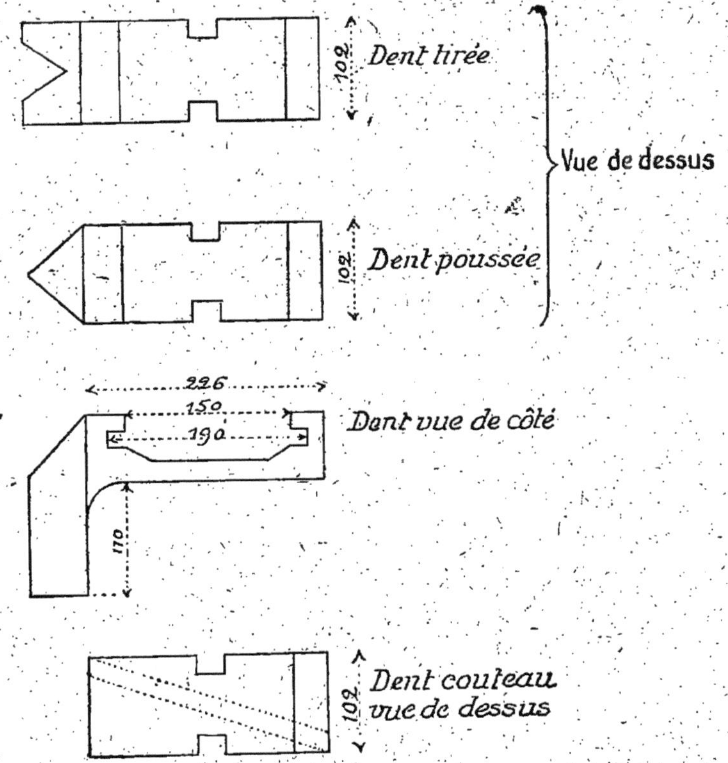

Fig. 61. — Dents du Four Harris.

Sur la sole inférieure se trouvent 2 ouvertures réglables par lesquelles arrive l'air qui passe d'étage en étage par des orifices distincts de ceux servant à la chute de la pyrite. L'acide sulfureux quitte le four par deux carneaux traversant la voûte supérieure.

L'emplacement nécessaire pour des fours *Harris* serait le suivant

Nature du minerai	Surface	Grillage par 24 heures en tonnes
Pyrite de fer	$13^m,40 \times 6^m$	28 tonnes
—	$10^m,05 \times 6^m$	21 »
—	$7^m,00 \times 6^m$	14 »
—	$3^m,60 \times 6^m$	7 »
Blende austral	$6^m,75 \times 6^m,60$	10 »

Le four de grillage *Sokal* (Br. ang. 167.863, mai 1920) est constitué par une série de foyers ayant chacun son système d'agi-

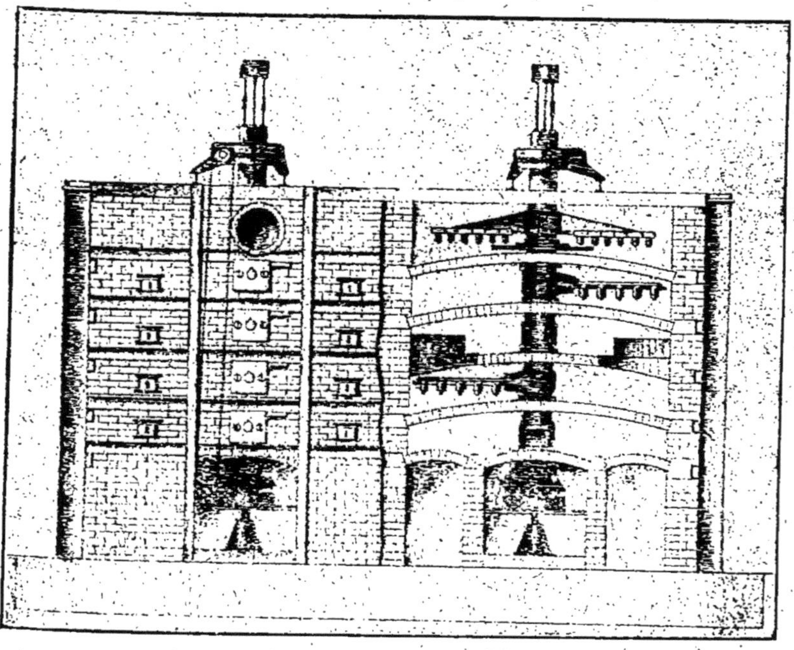

Fig. 62. — Four Harris avec bras nouveau type.

tateur, ces fours sont situés à des niveaux différents et séparés par des portes.

Pour protéger les bras des fours mécaniques le *Metalbank und Metallurgisch Gesell.* (Br. 325.895) a breveté un revêtement de béton, ciment ou plâtre.

Un mode de fixation de bras d'agitateurs qui, au lieu d'être directement implantés dans un support annulaire, sont fixés par un boulon dans un prolongement pénétrant dans l'intérieur du four, est dû à la *Erzröst Gesell.* et *Walmralh*, (Br. all. 368.275, septembre 1920).

Pour constituer les soles des fours de grillage, la *Rheinisch Nassausche Bergwerk und Hutten* A. G. (Br. all. 325.970) a préconisé des briques composées d'argile réfractaire et de fer chromé.

Un four de grillage mécanique caractérisé par la réunion d'un foyer immobile avec une grille mobile en avant et en arrière, portant à la partie inférieure des pièces permettant de provoquer un mouvement en avant, et de côté, des matières à griller, a été breveté par *G. Grondal* (Br. all. 325.942).

Le Br. all. 400.336, Janvier 1923, de *Lutjens,* décrit un four à 4 soles, dans lequel, pour passer de l'une à l'autre, le minerai se déverse dans une coupelle située sous une échancrure qu'elle obstrue et où les râteaux du bras le poussent. Cette coupelle s'abaisse ensuite à la sole inférieure où elle est cueillie par le râteau suivant qui la fait progresser jusqu'à l'échancrure suivante.

Les moyens préconisés pour réduire au minimum la production de poussière, après avoir consisté d'abord, comme nous l'avons vu précédemment, en perfectionnements de détail dans la disposition des bras, des râteaux, la disposition des passages d'une sole à l'autre, la vitesse du courant gazeux, n'ayant donné en général que des résultats incomplets, on a essayé de réaliser le déplacement de la pyrite sans chute brusque par l'un des modes ci-après :

I. Fours à soles fixes étagées, continues ou discontinues ;

II. Fours à soles indépendantes fixes ;

III. Fours tubulaires à axe horizontal et sole mobile.

I. — FOURS SPÉCIAUX A SOLES FIXES

Four Bracq-Laurent. — Dans ce four l'inventeur vise à supprimer complètement la chute du minerai dans le courant gazeux en remplaçant les étages superposés par une sole inclinée continue hélicoïdale.

L'extérieur, semblable aux types habituels, a la forme d'un cylindre élevé de $1^m,40$ au-dessus du sol, et reposant sur une murette, ayant $6^m,15$ de diamètre extérieur et 3,50 de haut, une paroi en briques réfractaires de 0,50 d'épaisseur doublée de tôle, et des voûtes épaisses de 20 centimètres.

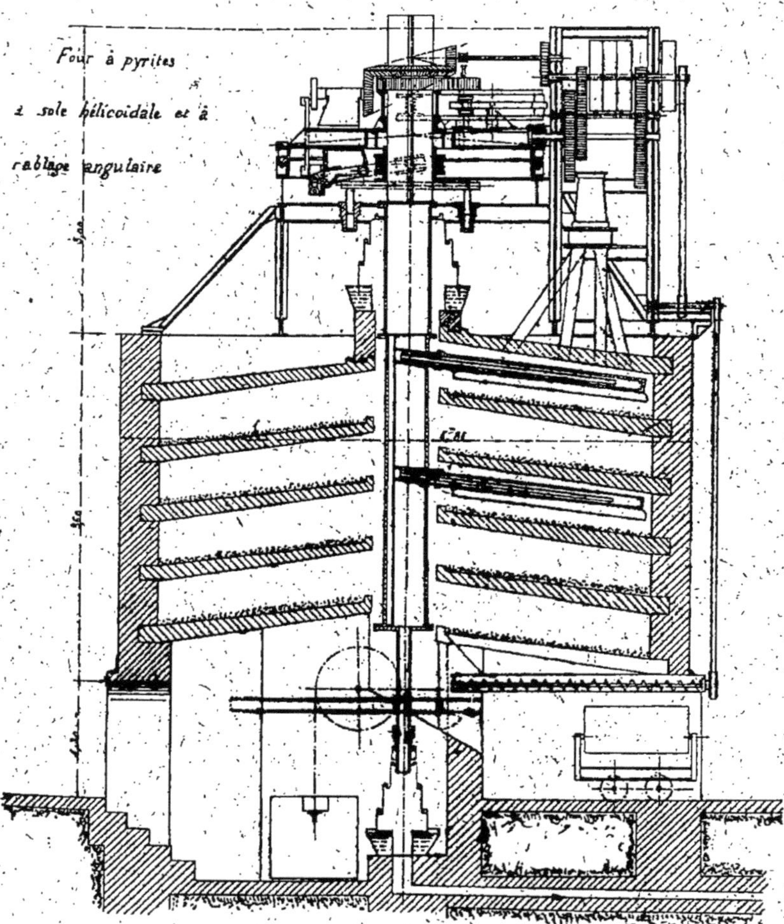

Fig. 63. — Four Bracq-Laurent à sole hélicoïdale.

L'arbre central passe dans une ouverture de $0^m,60$, il est équilibré par un contrepoids. Pour le refroidissement, un courant d'eau, amené dans l'axe, parcourt chacun des 7 bras tubulaires en fer aller et retour puis retombe à l'intérieur de l'arbre pour s'écouler au bas. Un courant d'air passe également dans l'arbre.

La sole décrit 4 spires 1/2, le pas de la spire supérieure est 800 millimètres, les autres 700 millimètres avec une pente de 35 centimètres du centre à la périphérie, la distance entre deux spires superposées est d'environ 0ᵐ,50.

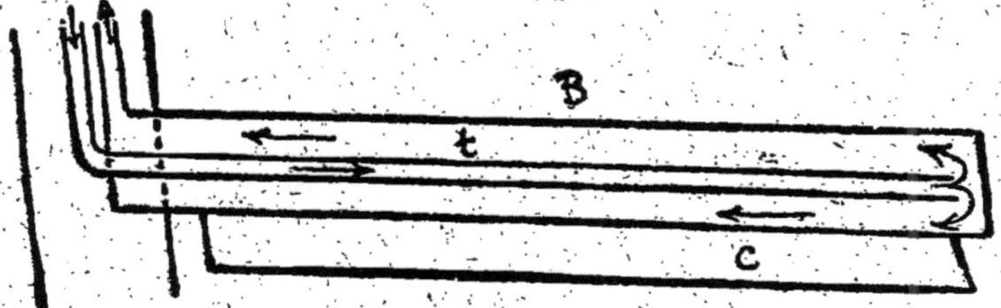

Fig. 64. — Bras Bracq-Laurent.

Les bras sont munis de racloirs, disposés obliquement et de manière à ce que leur distance, au centre, soit un peu plus grande qu'à la périphérie.

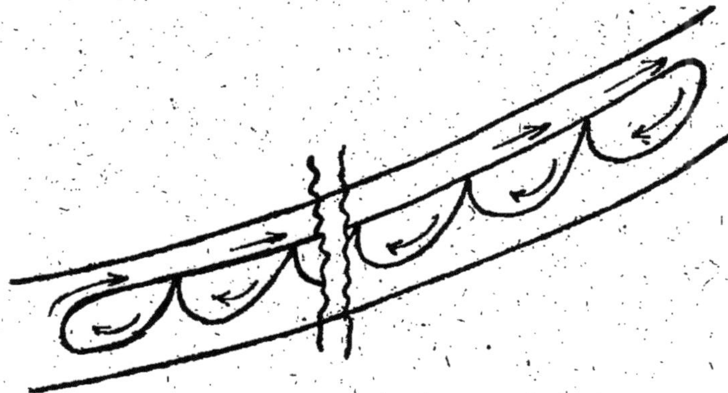

Fig. 65. — Trajectoire du bras Bracq-Laurent.

L'étude du mouvement des bras est fort intéressante, car on y constate, à la fois, un mouvement de piochage et un de pelletage grâce à :

1° Une rotation de 180°, en même temps qu'une descente de 1/2 pas de la spire, par minute.

En même temps que s'avance la pyrite, l'arbre monte et

descend de 13 centimètres, de sorte que la composante des deux mouvements figure une boucle de 36 centimètres de largeur. Pendant la descente du bras, il y a 20 boucles semblables qui ont pour résultat de creuser et faire avancer le minerai vers le bas.

2° Une rotation inverse de 180° avec retour à la position initiale dure 5 minutes, le bras est soulevé pendant ce mouvement.

Four à coupole. — M. E. Bracq-Laurent (Br. fr. 588.177, 27-1-1925) a décrit un four comportant une sole fixe sur laquelle est

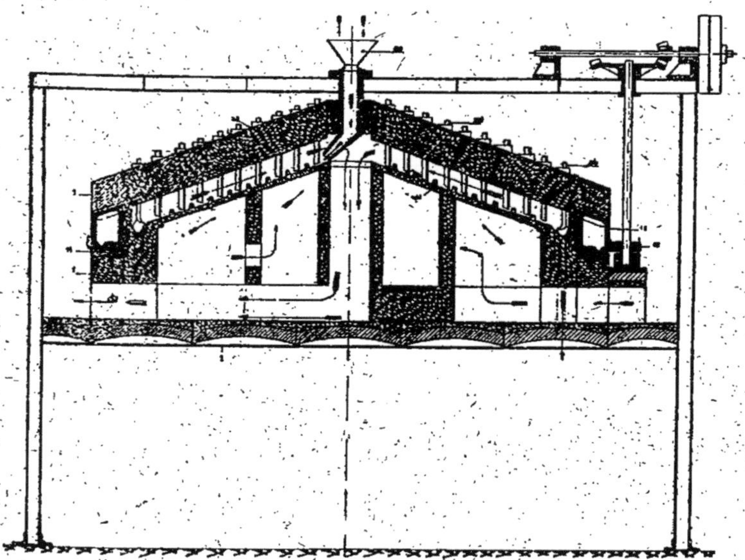

Fig. 66. — Four à coupole Bracq-Laurent.

placée la matière sulfurée ; au-dessus existe une couverture mobile en forme de coupole. Le minerai est amené par un distributeur à la partie supérieure du plan incliné et l'air nécessaire introduit par des ouvertures pratiquées dans la coupole. Des socs provoquent le mélange du minerai avec cet air et, à l'extrémité, existent des orifices d'évacuation.

Le SO^2 produit peut circuler sous le four avant son départ pour le Glover.

Le type 1913 comportait un seul moteur pour l'alimentation,

l'avancement, la répartition de la pyrite, la sortie des résidus, ce qui occasionnait certaines difficultés.

Le type 1921 possède deux moteurs représentant une force globale de 1,9 C. V. pour une puissance de 6 à 10 tonnes. Le second moteur sert uniquement au rablage.

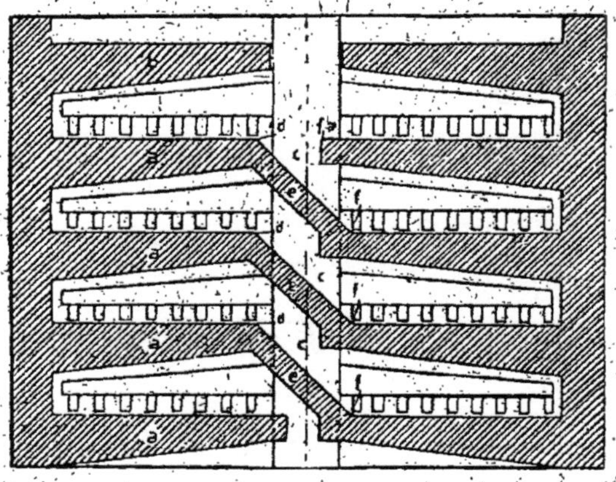

Fig. 67. — Four Grob.

La quantité de poussière serait comparable à celle des fours à bras traitant la même catégorie de pyrite.

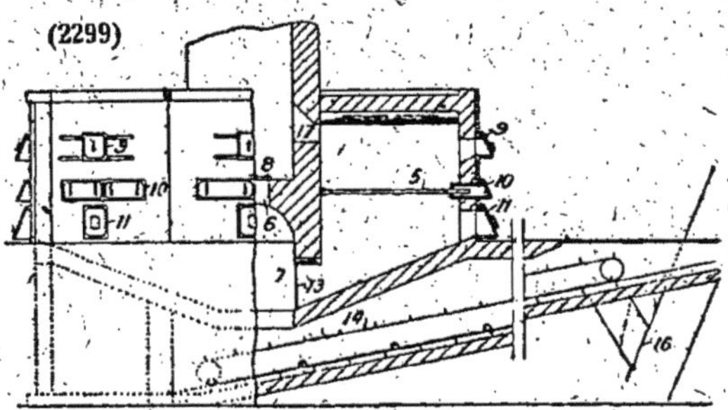

Fig. 68. — Four Fairrie.

J. Grob (Br. all. 356.997, 5-5-1921) a breveté un four mécanique (fig. 67) comportant des voûtes de soles de grillage interrompues suivant un rayon, sur une partie ou toute la longueur de ce dernier — les ouvertures résultantes sont reliées par des cloisons inclinées, de façon à réduire au minimum la production de poussière.

J. L. Fairrie (Br. ang. 144.142) a adopté, pour le grillage des

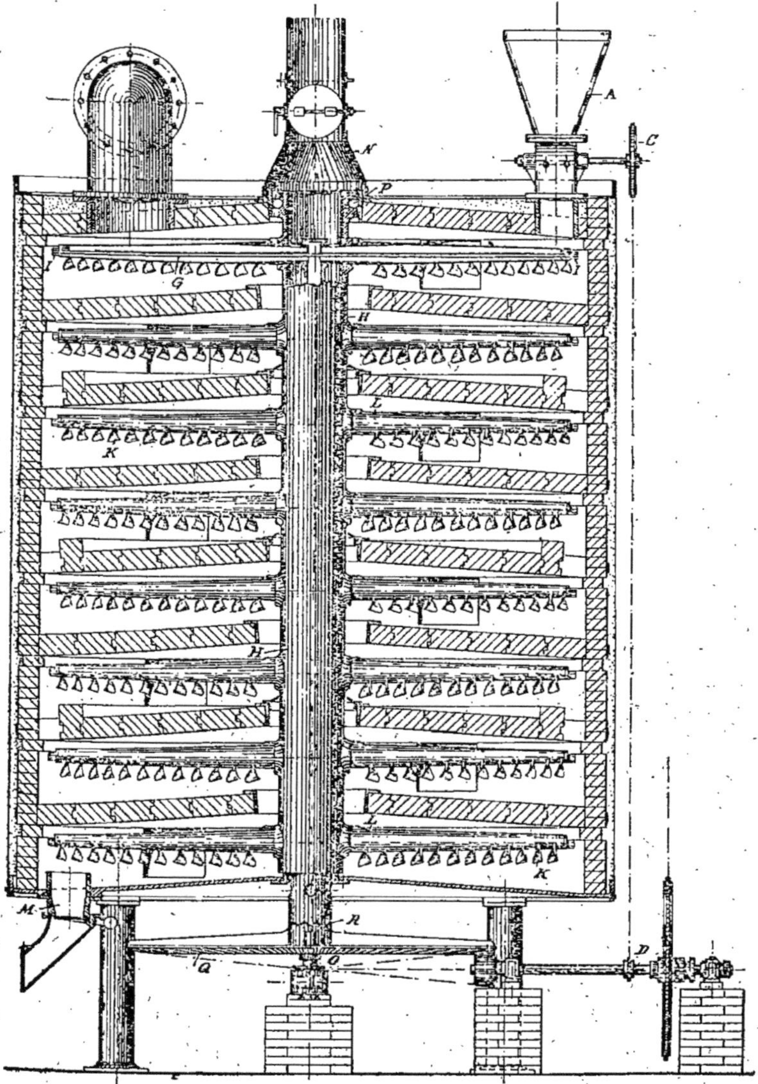

Fig. 69. — Four mécanique Scherfenberg.

pyrites des fours (fig. 68) qui ont la forme d'un secteur circulaire tronqué et sont groupés en cercle autour d'une décharge commune. Chaque secteur comporte une grille 5 et des portes 9, 10, 11.

Les gaz passent dans un carneau commun central par l'orifice 17, tandis que la pyrite grillée descend par un plan incliné jusqu'à la décharge 7 séparée par les portes mobiles 13. Un registre 8 permet de mettre en communication la fosse 7 et le carneau.

L'enlèvement des cendres peut être effectué par l'élévateur 16 et le convoyeur sans fin 14.

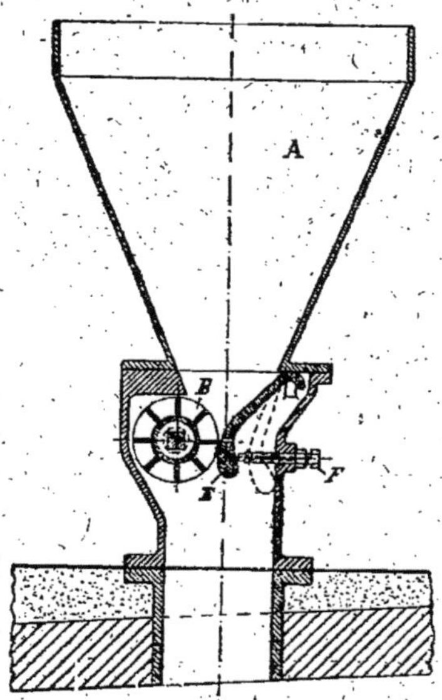

Fig. 70. — Four Scherfenberg. Grémie d'alimentation.

Le four W. Strzoda, (Br. all. 329.506, mars 1920) est muni d'étages en gradins et caractérisé par ce fait que, seuls ceux du bas sont chauffés directement par les gaz du foyer qui les traversent horizontalement. Les gradins supérieurs le sont par rayonnement, ou par des matières combustibles mélangées aux minerais.

R. Scherfenberg, (Br. all. 339.540, 23 Mai 1920) a breveté un four mécanique (fig. 69) à soles superposées avec conduits de passage pour la matière grillée, qui, par suite de leur mobilité, reposent d'une façon étanche sur le bord de l'anneau de la sole de grillage où s'effectue le départ du gaz.

II. — FOURS A SOLES INDÉPENDANTES

Dans le *four Moritz* (*Chimie Industrie*, mai 1924, p. 369) 8 soles sont indépendantes — la pyrite alimentée sur chacune d'elles s'y grille complètement en 6 à 8 heures.

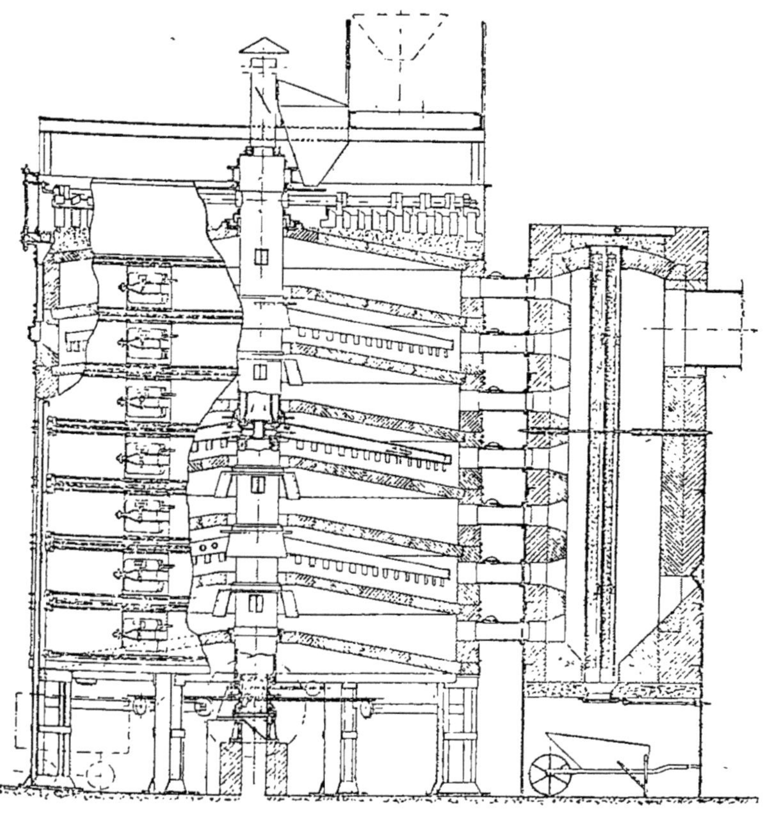

Fig. 71. — Four Moritz à soles indépendantes.

L'étage supérieur sert de séchoir. la pyrite tombe sur chacune des soles par des distributeurs situés à la périphérie, l'air qui a servi à refroidir les bras sort à 200-225°. Une partie va sur les soles, et l'appoint entre par un orifice réglable pratiqué dans la porte du four.

La pyrite est rablée par un râteau à action centripète et un autre à action centrifuge ; elle avance, recule, et ainsi de suite, de manière à se diriger progressivement vers le centre. De là, elle glisse sur des cônes le long de l'arbre, jusqu'au 7ᵉ étage où elle débouche au centre, et achève de se brûler pendant qu'elle est acheminée vers la sortie.

III. — FOURS A AXE HORIZONTAL ET SOLE MOBILE
FOUR « DUCCO »

Le *four Ducco*, qui est horizontal, a une longueur de 12 mètres et un diamètre extérieur de 1ᵐ,70. Il peut traiter 5 tonnes de pyrite cuivreuse ou 8 à 10 tonnes de pyrite de fer, et a la forme d'un cylindre en tôle de fer, revêtu intérieurement de deux couches de briques réfractaires disposées d'une façon spéciale.

La première couche, au contact de la tôle, se compose de briques légères, mauvaises conductrices de la chaleur.

La seconde est en briques réfractaires dures et de bonne qualité, portant des saillies en forme d'hélice continue analogues aux rayures d'un canon, avec un pas de 10 %, c'est-à-dire de 10 centimètres par mètre qui, en 6 heures, fait avancer la pyrite vers l'ouverture où s'opère le déchargement des cendres ; le four tourne à 100 tours par heure et nécessite, d'après l'inventeur, environ 3 HP.

En augmentant, ou en diminuant, le pas de vis on modifie la durée du grillage, et, pour certaines pyrites, difficiles à griller, il peut descendre à 5 ou à 7 %.

Le four est muni d'un dispositif de chargement décrit dans le brevet.

Le cylindre porte en outre, dans le milieu, une soupape par laquelle on peut, à volonté, faire entrer de l'air froid lorsque l'on juge la température trop élevée.

A 3 mètres de l'extrémité du four, se trouve un organe, dont le rôle est de corriger la combustion de certaines pyrites cuivreuses quand on veut obtenir, après grillage, une solubilité parfaite du cuivre.

Le cylindre est supporté par une double rangée de cinq galets dont les quatre premiers sont actionnés par un arbre de commande.

Le mouvement s'obtient par friction du cylindre sur les galets ; sans roues dentées, comme dans les fours rotatifs à soude brute.

Les gaz qui se dégagent entrent dans une chambre à poussière, dont le joint avec le tuyau de sortie est constitué par une rondelle en amiante. Dans cette chambre, en face du milieu du four, existe un petit regard et un semblable se trouve à l'autre extrémité où s'opère l'évacuation des pyrites brûlées.

Par ces regards, on peut voir l'intérieur du four dans toute sa longueur, et surveiller la marche.

L'extrémité du cylindre pénètre dans la maçonnerie, qui forme chambre où les cendres tombent sur un entonnoir en fonte, semblable à ceux des fours *Malétra* dont le déchargement se fait par derrière.

Cette maçonnerie porte, indépendamment des regards cités plus haut, un registre pour régler la rentrée d'air, et deux autres utilisés pendant la construction.

D'après l'inventeur ce four présente comme avantages :

a) Perte minime de chaleur, parce qu'il ne porte pas le dispositif destiné, dans les autres systèmes, à refroidir les bras.

b) Moins d'entraînement de poussières fines, la vitesse des gaz à l'intérieur étant très faible.

c) Suppression totale des bras, dont le remplacement occasionne souvent une dépense assez importante.

Comme autres fours rotatifs à axe horizontal nous signalerons :

Four *Société Vedrin* (Br. all. 338.060, mai 1916) dont la partie supérieure est divisée en compartiments au moyen de cloisons augmentant la surface de grillage par rapport à celle de rayonnement, tandis qu'à la partie inférieure il y a des bossages ramenant la cendre dans le courant d'air.

Four *Rocholl* (Br. all., oct. 1918) dans lequel des cloisons intérieures, situées dans la chambre annulaire, présentent une forme hélicoïdale. L'air réchauffé préalablement le long de cette chambre, est dirigé dans le cendrier, puis sur la pyrite en cours de grillage.

Four *Kaufmann, Zellstoffabrik Waldhof* et *Maschinenfabrik Gröppel* (Chemiker Ztg, 25 juin 1927) avec orifices d'air répartis sur toute la longueur qui, dans de bonnes conditions, donnerait des gaz à 10,4 $\%$ de SO^2.

Mise en marche d'un four mécanique

Cette opération est encore plus délicate que dans le cas d'un four à bras et, pour permettre de s'en rendre compte, nous extrayons ci-après certaines des instructions indiquées par le *Dr Withoff* pour un four *Herreshoff* de 2.500 kilog. par 24 heures, dans un remarquable article (publié en janvier 1914 dans la *Revue de Chimie industrielle*) dont la minutie mérite d'être citée en exemple :

Séchage. — Un four nouvellement monté doit sécher à l'air libre durant 15 jours à 3 semaines, puis on établit un feu de bois sec très doux sur toutes les soles à la fois, afin que le séchage de la maçonnerie progresse de façon régulière, sans à coups et sans crainte de provoquer de lézardes. On chauffe ainsi durant 6 à 7 jours puis on laisse refroidir.

Montage des bras. — On retire alors les cendres du bois puis, après ouverture de la porte du four, on fait tourner lentement l'arbre jusqu'au moment où l'emplacement du bras se présente exactement en face de la porte. On le glisse d'abord dans le fourneau, partie ajustée en avant et on le coince à fond. Une fois en place, on le tourne de façon que la partie dentée repose sur la sole, puis on cale le bout libre avec quelques briques. A l'aide d'un levier on soulève l'extrémité de l'arbre en se servant de cales, on appuie ensuite sur le bras jusqu'à ce que l'extrémité libre soit inclinée de quelques centimètres, ce qui constitue sa meilleure position, après quoi on met en place le deuxième bras, et ainsi de suite.

Essai. — Après avoir graissé soigneusement tous les organes, on met en marche et laisse tourner à vide pendant quelques heures.

On introduit alors la pyrite par la trémie disposée en haut du four et bientôt les bras égalisent la matière sur les soles.

Si la grande roue dentée a des soubresauts, c'est l'indice que l'arbre central doit avoir le manchon d'accouplement du haut trop serré. Il faut alors intervenir immédiatement, car la résistance ne ferait que croître au fur et à mesure de l'augmentation de température du four.

Chauffage. — En même temps que les fours, on chauffe lentement les chambres à poussières, en ayant soin de bien fermer les registres et obturateurs les isolant des autres appareils. Dans la construction il y a lieu de munir les cheminées du four et de la chambre de registres permettant de modérer la chaleur si elle devient trop intense.

Les gaz sortant de la cheminée ne doivent pas avoir une température inférieure à 400°. Le premier chauffage des fours dure en moyenne de 36 à 48 heures.

On commence par l'étage supérieur en allumant du bois bien sec, une fois bien pris on ajoute du coke, on active ensuite le feu au deuxième puis au troisième étage, jusqu'à ce qu'ils soient tous trois chauffés au rouge vif, ce qui se voit à l'aspect des voûtes.

Le quatrième et le cinquième étage n'ont pas besoin d'être chauffés comme les trois premiers.

On pousse le chauffage jusqu'à ce que tous les produits de distillation provenant du bois ayant servi au séchage, et qui auraient pu se condenser dans les parties froides, soient bien brûlés, après quoi on débarrasse les résidus, on ajoute du coke, à tous les étages, puis, six à huit heures après, on peut mettre la pyrite.

On laisse le coke se consumer afin qu'une fois les fours portés au rouge il n'en reste que peu à retirer. C'est à ce moment qu'on amène la pyrite, on prépare les ringards et les pelles ainsi que deux lances à incendie. On enlève le bois emmaganisé dans le voisinage des fours et, après avoir vérifié le parfait état des divers appareils, on entame la vidange des fours de deux côtés à la fois. On commence par débarrasser l'étage supérieur, du coke et des cendres, en évitant d'enlever la couche de résidu ; de là on passe au deuxième puis au troisième étage. Le nettoyage de l'étage supérieur n'occasionne qu'une faible perte de temps : la chute de la pyrite, d'un étage à l'autre, par la rotation des bras entraîne la majeure partie de la matière.

Mise en marche. — Pour la vidange des fours au moment de la mise en route, on se sert de ringards plats et de râteaux. Sur la voûte des fours sont disposés de petits tubes en fer de 25 à 30 centimètres de long pour prélever des échantillons des gaz au cours du grillage, il en est de même à l'entrée et à la sortie des chambres à poussières.

Auparavant on s'assure de l'étanchéité des joints des portes et on vérifie si la maçonnerie est en bon état. On garnit les voûtes des fours avec du sable ainsi que les joints autour de l'arbre central.

Dès que les trois étages supérieurs sont débarrassés du coke et du bois on actionne les bras qui y sont disposés. De même on met, pour chaque four séparément, le mécanisme de chargement en branle, en observant soigneusement les mouvements de la grande roue dentée, et sans oublier de graisser convenablement le pignon denté de l'arbre. Un homme se tient à proximité, prêt au moindre signal à débrayer. Si le frottement est nul, ou insensible, l'arbre tourne régulièrement et sans heurts : la moindre résistance occasionne des soubresauts à la roue dentée. Une légère trépidation n'est pas fatalement un indice inquiétant, cependant si les secousses persistent et s'amplifient et que la courroie tend à glisser, il y a lieu d'en rechercher la cause : pour cela on fait tourner alternativement, et séparément, chaque four, car lorsqu'une roue se meut irrégulièrement, son mouvement est transmis aux autres par l'arbre central commun.

Au début de la marche les dents râclent des morceaux de coke restés sur les étages qui pourraient même occasionner leur rupture. Pour les enlever, il faut arrêter au moment où les bras arrivent en regard de la porte. En aucun cas les ouvriers ne peuvent entreprendre ce travail avant d'avoir arrêté le mécanisme de rotation.

S'il est possible, on laisse partir les premiers gaz en l'air et on continue à charger. Au cas contraire, il faudra veiller à l'élimination du combustible et celle de la suie, car la moindre négligence de ce côté peut avoir des conséquences désastreuses.

Chargement de la pyrite. — Pour envoyer les gaz sulfureux du début dans l'atmosphère on se sert de cheminées provisoires ; car, sitôt le nettoyage de l'étage supérieur terminé, on introduit 100 à 200 kilog. de pyrite à l'aide de pelles.

De cette façon on ne risque nullement de laisser refroidir les premier et deuxième étages pendant le nettoyage des soles inférieurs.

Pour que le four soit plus vite chaud, on peut même charger les trois étages supérieurs à la pelle jusqu'à ce que chacun d'eux ait reçu 300 à 325 kilogrammes de pyrite : de façon à pouvoir nettoyer tranquillement les deux étages inférieurs, d'abord le quatrième puis le cinquième. Au cours de ce travail on peut arrêter, ou laisser fonctionner, le mécanisme de rotation sans inconvénient, c'est seulement après nettoyage, qu'on met les bras du bas en place.

Un ampéremètre sera d'autre part placé sur le moteur.

Mouvement des gaz. — Pendant ce temps on établit le tirage.

Dès que tout est normal, on ouvre progressivement le régistre placé après la chambre à poussières.

On met en communication avec la tuyauterie d'aspiration et on ferme les régistres conduisant aux cheminées. On a soin de les recouvrir de sable fin. Au bout de quelques jours et avec des conditions de tirage convenables, les fours sont portés au rouge du haut en bas, le rouge du 4e et 5e étage doit cependant disparaître peu à peu, ce qui demande parfois quelques jours, car il reste fréquemment, au début, quelques fissures qui permettent l'aspiration de l'air. Parfois aussi le ventilateur ne suffit pas pour donner un tirage convenable au four, et les étages inférieurs restent trop chauds.

Afin de rechercher les rentrées d'air, on peut faire systématiquement des analyses à la sortie des fours mais il est plus simple d'arrêter quelques instants le ventilateur : le gaz SO^2 sortira par toutes les fentes et fissures de la maçonnerie.

Soins divers. — On veille aussi à la fermeture hermétique des portes, aux joints de sable autour de l'arbre central, aux régistres de cheminées, aux chaînes et aux cônes d'obturation des compartiments des chambres à poussières. Sur la voûte, à l'embouchure des petits collecteurs à gaz, il peut y avoir des fentes. On goudronne plusieurs fois la chambre à poussières pendant qu'elle est suffisamment chaude. L'addition d'un peu de résine à la dernière couche donne plus de brillant et de solidité. Les tuyaux collecteurs de gaz sont revêtus de calorifuge, pour éviter le refroidissement et l'attaque des plaques de tôle. La température des gaz de sortie des chambres à poussières varie de 300 à 350°.

Contrôle. — Le tirage, jouant un rôle capital, doit être régulier et réparti uniformément sur tous les fours, on assure l'étanchéité de la tuyauterie d'aspiration et des fours eux-mêmes. Il y a nécessité de veiller à la bonne marche du travail ; car avec une pyrite humide, les pistons se bouchent facilement, et, si on alimente avec des grains relativement gros, la charge devra varier.

Quand on a soin de la dessécher préalablement sur l'aire au dessus des fours il peut arriver qu'un séchage très rapide rende nécessaire une modification notable de la quantité habituelle ; il faut donc la vérifier en pesant la pyrite au moment de son introduction dans la trémie, et à tous les fours, jusqu'à réglage convenable.

Chaque charge du four considéré (200 à 210 kilog.) se fait toutes les deux heures avec une pyrite de grosseur moyenne de 10 à 18 millimètres, à la vitesse de 100 tours par minute pour une course de piston de 9 cm.

Tirage. — La quantité d'air nécessaire, et le rendement du ventilateur, sont suivis par l'analyse. Étant donnée une même résistance dans la conduite d'aspiration on provoque facilement une dépression à la sortie des fours. Dans ceux-ci existe une certaine pression, fonction de la température intérieure et de la température extérieure. Une fois tous les bouchons de tirage enlevés, cette pression devient parfois supérieure à la dépression dans la conduite d'aspiration, ce qui provoque un refoulement par les portes du haut ; on peut y remédier en restreignant le tirage à tous les fours.

Quand les portes sont trop étanches pour permettre l'entrée de l'air, les trous d'accès du bas constituent le plus sûr moyen de réglage : il suffit d'ouvrir les obturateurs d'admission d'air des fours, et on règle leur ouverture de telle façon que ceux-ci ne refoulent que par le haut. On doit avoir de 0,7 à 1 millimètre d'eau dans l'indicateur de vide. La fermeture complète des trous de tirage ne ferait qu'augmenter la résistance des fours, en même temps que la dépression à la sortie et dans la chambre à poussières, sans avoir de répercussion avantageuse sur la marche, même si on opérait simultanément sur tous les fours. Si l'admission de l'air par le bas est réduite, il en passera davantage par les portes, il peut être parfois avantageux de faire entrer à l'un des étages supérieurs (2e au 3e), de l'air destiné à agir comme refroidissant, ou comme adjuvant pour faciliter le grillage.

L'augmentation de la résistance peut être suivie à l'aide de manomètres placés à l'entrée et à la sortie des appareils principaux, des réfrigérants et des filtres. Une chambre nouvellement nettoyée, et sauf des cas tout à fait particuliers, on enregistre rarement une pression supérieure à 3 m/m d'eau.

Quant à la dépression, elle varie dans de plus grandes limites, mais c'est seulement dans les appareils de contact qu'elle peut atteindre, sans jamais dépasser, 3 à 3 cm. 5

Température. — La température ne doit, à aucun étage, atteindre le rouge blanc, sans quoi le minerai *fond et se scorifie*, les résidus sont chargés en soufre et les bras se cintrent ou se cassent. Pour cette raison les fours ne doivent pas être garnis de matière isolante.

En général le 2e et le 3e étage sont les plus chauds, puis le 4e et le 1er au rouge sombre, et le 5e presque noir. Il n'y a aucun inconvénient à ce qu'un tiers environ de la pyrite du 5e demeure au rouge sombre. Avec une pyrite bien sèche la chaleur gagne parfois le haut, alors le 2e étage est le plus chaud, et le 1er rouge comme le 3e, puis le 4e rouge faible et le 5e sombre en été.

Dans le cas de température trop élevée en haut (en général c'est le four plus le rapproché de la chambre à poussières qui a cette tendance), l'admission d'air doit être réglée selon leur distance, afin qu'il trouve la plus faible résistance dans le four le plus éloigné. Au bout de quelques semaines de marche, ces conditions peuvent d'ailleurs se modifier, car les tuyaux de sortie se garnissent, plus ou moins, de poussières : on nettoie ces derniers tous en même temps, pour que le tirage ne varie pas trop.

Anomalies. — Un four peut devenir trop chaud par suite d'une alimentation trop forte en pyrite ; dans ce cas, non seulement les étages supérieurs mais ceux du bas deviennent rouges. Le même phénomène est possible quand, avec une charge normale de pyrite, le tirage diminue par accumulation de poussière, ou admission d'air trop forte aux trous de tirage. On y remédie en diminuant l'alimentation, au besoin, en ne chargeant pas, et fermant aux 3/4 les trous de tirage. La matière se consume et la chaleur monte à la partie supérieure.

Si un four est sombre en haut, et chaud en bas, il y a tirage insuffisant et la pyrite ne sèche pas bien, dans ce cas il suffit d'augmenter le tirage. On réduit un peu les autres, et celui qui se présente mal sera arrêté en ayant tous ses trous d'admission d'air ouverts. On charge pendant deux heures la quantité nécessaire de pyrite, au premier ainsi qu'au deuxième étage et, tous les quarts d'heure, on fait tourner les bras durant 3 à 4 minutes.

Avec tirage exagéré il y a refroidissement à tous les étages. Les opérations de ce genre exigent du soin et de la circonspection, aussi est-il sage de surveiller, dès le début, la tendance de chaque four. On peut essayer d'éviter un excès de chauffe par admission d'air supplémentaire ou addition de résidus, tamisés au préalable pour ne pas augmenter les taux des poussières. Celles-ci se déposant petit à petit, dans toute la canalisation, il faut les enlever par des nettoyages fréquents.

Nettoyages. — Les petits tuyaux du four au collecteur sont nettoyés tous les 10 jours, le grand collecteur tous les mois, la chambre à poussière et le réfrigérant (¹) tous les trois mois, le refroidisseur

---

(¹) Avec la fabrication par contact.

une fois par mois, la sortie du réfrigérant tous les quinze jours, la conduite allant au filtre une fois par mois. Celui des petits collecteurs est fait par le chauffeur ; le collecteur principal, les chambres, les carneaux, les tuyaux de communication le sont par 2 hommes spécialement dressés à ce travail. Les chambres de dépôt sont nettoyées immédiatement l'une après l'autre avec des instruments suffisamment longs pour que les ouvriers repoussent les poussières jusqu'à l'extrémité des tôles, sans quoi elles s'accumulent et tout le tirage est supprimé. Il faut ensuite les enlever très rapidement pour éviter une obstruction dans la circulation et un refroidissement de la chambre causé par l'interruption de travail.

Au bout d'un mois, les bras se recouvrent d'une croûte d'enduit scorifié qui augmente le frottement et amène facilement leur rupture. En les retirant de temps en temps et les piquant, ils redeviennent propres à l'usage et la dépense est infime. Il faut évidemment avoir des bras de rechange en réserve pour éviter les désagréments d'un arrêt prolongé.

COMPARAISONS ENTRE LES FOURS MÉCANIQUES ET LES FOURS A DALLES

Les fours mécaniques ont réalisé un immense progrès à de nombreux points de vue : ils économisent la main-d'œuvre (puisque l'ouvrier grille beaucoup plus par jour), ils permettent le travail continu et le renouvellement permanent des surfaces, au lieu du travail intermittent des fours à mains, les gaz sulfureux ont une composition plus riche et plus constante, ce qui permet de régler plus facilement la marche des chambres et d'obtenir des rendements plus élevés.

Au point de vue humanitaire, le travail des hommes est infiniment moins pénible, moins fatigant.

Naturellement les premiers types parus ont nécessité la mise au point de multiples facteurs, notamment :

Le séchage du minerai, sa richesse, sa composition, l'allure du four, le remplacement des bras, le dressage d'un personnel pour la fabrication et la réparation, ce qui a demandé pas mal de temps et beaucoup d'efforts — attendu que les conditions d'exploitation étaient souvent très différentes dans les diverses exploitations — de plus, une fois ces difficultés résolues, il a fallu s'attacher à diminuer les poussières provenant des fours.

Le courant gazeux entraîne des quantités notables de particules ténues quand il passe à la surface des étages constamment labourés par les dents des bras, et lorsque le minerai sulfuré tombe d'une sole à l'autre.

Les défauts primitifs — arrêts fréquents — rupture fréquente des bras — entretien coûteux ont presque complètement disparu, toutefois il est curieux de constater la divergence d'opinion qui existe entre ceux qui ont eu l'occasion d'employer, et de comparer divers types de fours.

Les uns veulent obstinément des modèles à petite production (2.500 à 3.000 kilogs par 24 heures), en faisant valoir que l'arrêt d'un élément n'exerce pas une influence aussi gênante qu'avec ceux à grosse production.

D'autres préfèrent, au contraire, les fours à très gros débit, organisés pour être réparés en marche.

Enfin les partisans du moyen terme adoptent les fours de 5 à 6 tonnes, chez nous c'est d'ailleurs la majorité.

On pourrait presque établir une relation entre la mentalité industrielle générale d'une nation et le type de fours qu'elle préfère ; ainsi, en Amérique et en Allemagne, les fours les plus puissants ont trouvé le succès le plus rapide, tandis que, chez nous, on a d'abord adopté les petits à 2.500-3.000 tonnes et c'est seulement avec une prudente circonspection que les autres ont réussi à prendre aussi leur place au soleil.

M. *P. Truchot*, qui a eu l'occasion de faire des études comparées entre divers systèmes, résumait, avant la guerre, son opinion comme suit :

1° **Main-d'œuvre.** — L'avantage sur ce point est tout en faveur des fours mécaniques ; on peut le constater en comparant le prix de revient du grillage par les deux systèmes, pour une même pyrite et en un même lieu.

2° Travail de désulfuration. — Dans le four à dalles les surfaces sont renouvelées, pour un *bon travail manuel*, environ *toutes les heures* ; dans le four mécanique *toutes les minutes* (ou même plus souvent dans le four différentiel *Kauffmann*). Les palettes des râbles, agitant la masse du minerai, permettent sa parfaite oxydation et donnent des résidus contenant 60 à 70 % de soufre en moins, que ceux provenant du travail manuel.

3° Composition des gaz. — Par suite même du travail irrégulier des fours à dalles, il y a une rentrée énorme d'air qui modifie la composition des gaz, les refroidit et trouble, par cela même, le régime de marche des chambres et du Glover. Au contraire les fours mécaniques, grâce à leur fonctionnement régulier, permettent d'obtenir, à chaque instant, des gaz riches et de composition toujours semblable en acide sulfureux et oxygène.

4° Production des poussières. — Elle constitue un sérieux inconvénient des fours mécaniques. Le brassage continuel, la chute libre de la pyrite d'un étage sur l'autre, l'action du ventilateur aspirant la masse gazeuse, favorisent, en effet, considérablement l'entraînement des poussières produites dans le travail.

Des dispositifs variés et nombreux (tubes de reflux indépendants, à l'intérieur des fours, cyclone, etc.) ont été proposés pour remédier à cette défectuosité, qui nécessite surtout l'aménagement de chambres de dépôt bien conçues et installées, en vue de l'élimination des poussières et de la lutte contre le refroidissement possible des gaz.

Les uns choisissent des chambres longues, étroites, munies de chicanes verticales alternées ; les autres, les préfèrent vastes, ayant des cloisons horizontales, etc.

L'emploi des ventilateurs aspirants permet d'augmenter notablement la longueur des chambres à poussières, et de multiplier les obstacles afin d'obtenir un gaz aussi propre que possible.

Dans ces installations on devra avoir soin de ménager des orifices convenablement répartis, pour faciliter un nettoyage facile et fréquent. De plus, des précautions spéciales d'isolement thermique devront être prises.

Fonctionnement du Glover. — En général, les gaz produits par une batterie de fours mécaniques sont un peu moins chauds que ceux provenant des fours à dalles, et la nécessité de les purifier en leur faisant accomplir un long parcours dans les chambres à poussières, accentue encore cet inconvénient.

On devra donc éviter tout refroidissement inutile par un dispositif approprié (tuyaux enveloppés de calorifuge, poudre de liège, amiante, carton siliceux, double enveloppe d'air, etc.; chambres à poussières à parois d'assez forte épaisseur recouvertes de substance isolante ou formant souterrain ; soit même en les peignant, comme l'a proposé M. *Gazel*, avec un enduit coloré d'un pouvoir rayonnant très peu élévé, etc.).

Influence de la nature de la pyrite. — Comme dans les fours à dalles, il sera nécessaire, pour chaque pyrite nouvelle, d'*étudier les meilleures conditions du grillage*, en agissant sur diverses variables (épaisseur de la couche, chaleur aux divers étages, vitesse des râbles, etc.); de manière à modifier l'allure du four suivant les diverses qualités.

Dans le grillage des pyrites cuivreuses, la température des diverses soles devra être particulièrement surveillée, afin de faciliter le *décuivrage ultérieur*. Il serait bon, pour cela, que l'usage des pyromètres optiques, type *Féry*, se généralise.

Prix de revient d'avant guerre comparatifs
d'une Installation
de Fours mécaniques et de Fours à dalles

M. *Truchot* considère et compare deux installations permettant de griller 22 400 kilogrammes de pyrite de fer, à 50 % de soufre, par vingt-quatre heures. La batterie de fours à dalles étant formée par un ensemble de trente-deux fours *Malétra*, la batterie de fours mécaniques de sept fours *Kauffmann* à cinq étages.

	Fours à dalles	Fours Kauffman
Quantité de pyrite grillée en 24 heures....................	22 400 kg.	22 400 kg.
Soufre contenu dans la pyrite....	50 %	50 %
Nombre d'ouvriers................	16	4
Force motrice....................	0 H P.	10 H. P.
Nombre de fours.................	32 fours à 5 dalles	7 fours à 5 étages
Dimensions des soles............	2,50 × 1,00 m.	diamètre = 3 m.
Surface de grillage en mètres carrés.......................	400	247, 40
Quantité de pyrite grillée par m² et par 24 heures...............	56 kg.	90,5 kg.
Quantité de pyrite travaillée par ouvrier en 24 heures...........	1 400 kg.	5 600 kg.
Teneur moyenne en soufre des rés'dus......................	1,50 %	0,40 %
Dépenses d'installation (francs-or).	48 000	96 000

Frais de grillage comparatifs par vingt-quatre heures

Installation avec fours à dalles		Installation avec fours Kauffmann	
32 fours à 1 500 fr. = 48 000 (amortissement en 10 ans).	fr. 13.33	7 tours à 8 000 = 56 000 + 40 000 fr. (moteurs, trans-	
16 ouvriers à 5,50.............	88.00	missions, chambres à pous-	fr.
Entretien (2 000 fr. annuel-		sières, etc.)................	26.66
lement)....................	6.66	6 ouvriers à 5,50 fr..........	33.00
		Force motrice (10 H P. à 0 fr. 05	
		le H P. heure)...............	12.00
		Entretien, graissage, etc......	13.32
Total (francs-or)...	107.93	Total...............	34.98

D'après les chiffres précédents, en estimant au double (ce qui est une exagération) les frais d'entretien des fours à dalles, par rapport à ceux des fours mécaniques, et majorant la force motrice nécessaire, il trouve encore, en faveur de ces derniers, une économie quotidienne de 23 fr. 01 par 24 heures, soit 1.027 francs par tonne de pyrite grillée, non comprise *la plus value des résidus* mieux désulfurés et la meilleure utilisation du soufre.

MINERAIS SULFURÉS AUTRES QUE LA PYRITE DE FER

On emploie, dans les opérations métallurgiques, du plomb, du zinc, du cuivre, du nickel et de l'antimoine, certains minerais sulfurés comportant.

Pour les minerais riches (cuivre ou plomb surtout) :

A) *Grillage oxydant à mort* dans lequel le sulfure est transformé en oxyde.

$$2MS + 2O^2 = 2MO + 2SO^2.$$

B) *Grillage partiel* suivi de traitements chimiques convenables comme c'est le cas des pyrites cuivreuses, avec dissolution et précipitation.

C) *Grillage partiel* suivi de réaction, la première opération a lieu à température peu élevée, environ 600°.

$$2MS + O^3 = 2MO + MS$$

et la seconde à plus haute température

$$2MO + MS = 3M + SO^2$$

Pour les minerais pauvres (cuivre ou nickel) :

D) *Fusion pour mattes,* c'est une fusion de concentration consistant en un premier grillage, oxydant une partie du fer, après quoi on ajoute un fondant qui forme une scorie fusible, tandis que le métal intéressant reste uni au soufre dans une matte de composition complexe.

E) *Élimination du fer* (le plus souvent au convertisseur).

$$2MSnFeS + 3nO^2 = 2MS + 2nFeO + 2nSO^2.$$

F) *Obtention du métal* dans le cas du cuivre par grillage et réaction

$$2Cu^2S + 2O^3 = 2CuO + Cu^2S + SO^2$$
$$2CuO + Cu^2S = 4Cu + SO^2$$

G) *Dans le cas du nickel* il faut employer une autre voie après le déferrage, c'est le grillage à mort suivi de réduction.

Examinons maintenant ce qui offre de l'intérêt pour l'industrie de l'acide sulfurique.

GRILLAGE DE BLENDES

Entre la blende et la pyrite il existe un certain nombre de différences fondamentales qui imposent des systèmes sensiblement différents pour leur désulfuration.

1° Au point de vue chimique, les pyrites sont plus riches en soufre que les blendes, la combustion de celles-ci produit donc une quantité de chaleur notablement plus faible, ce qui oblige à envisager l'emploi d'un combustible pour fournir les calories complémentaires.

2° Les blendes sont, bien souvent, impures et renferment des métaux qui retiennent énergiquement le soufre dans les résidus de grillage (Plomb, Chaux, Magnésium, Baryum) ou des métalloïdes attaquant le plomb des chambres (Fluor).

3° Pendant le grillage, l'action de l'oxygène a lieu d'une façon relativement lente, et cette lenteur de réaction est aussi une des raisons qui obligent à se servir d'un combustible supplémentaire.

4° L'action de l'oxygène de l'air sur la pyrite s'effectue, non seulement à l'extérieur, mais gagne de proche en proche jusqu'au centre de morceaux pas trop gros, ce qui facilite la désulfuration. Au contraire, ce phénomène ne se produit pas avec les blendes dont les morceaux contiennent, après grillage, la moitié du soufre initial ; la blende doit donc être préalablement pulvérisée.

5° Pendant l'opération il se forme un mélange d'oxyde et de sulfate, or ce dernier n'est décomposé qu'à température élevée, d'où nécessité d'un coup de feu en fin d'opération.

6° Les gaz du grillage sont plus pauvres en SO_2 dans le cas de la blende, et la presque totalité des dispositifs actuels se servent de fours à moufle pour que les gaz sulfureux ne se mélangent pas à ceux provenant de la combustion de la houille.

Voyons maintenant comment s'effectuait jadis ce travail et les modifications apportées aux méthodes primitives.

Comme nous venons de le dire, la blende étant beaucoup plus pauvre en soufre que la pyrite (18 à 30 %), ne peut se griller dans les mêmes conditions et on est obligé d'envisager l'emploi d'un apport de chaleur pour compléter celui résultant du brûlage du soufre.

Malgré tout, son emploi présente au point de vue économique, de tels avantages que :

aux États-Unis, la quantité de SO^4H^2 produite avec cette matière première est passée de 230.000 tonnes en 1913 à 600.000 en 1927 ;

en Allemagne, les quantités comparatives faites avec la blende sont équivalentes ;

en Belgique, la proportion de la première est de 65 %.

Fours à Blendes

Le four *Hasenclever*, destiné aux minerais pauvres, a été appliqué aux blendes.

Four Hasenclever. — Ce four a un moufle chauffé à la houille.

Le minerai, chargé par un entonnoir, coule sur un plan incliné à 45° le long duquel il rencontre des tablettes, écartées de 50 centimètres, ne laissant entre elles et la sole qu'un espace vide de quelques centimètres, ce qui gêne l'écoulement. Les gaz du moufle trouvant passage seulement par des ouvertures alternant à droite puis à gauche restent en contact prolongé avec la blende que l'on peut remuer par des ouvertures situées dans la paroi.

Un cylindre creux, en fonte, refroidi intérieurement par un courant d'air, faisant environ un tour chaque 5 minutes, provoque par sa rotation la chute du minerai dans le moufle ; son mouvement est discontinu, et le minerai s'accumule à l'entrée du moufle. Toutes les 2 heures un ouvrier l'étale sur la sole où on le fait progresser, d'avant en arrière, jusqu'à une ouverture par laquelle il tombe dans un carneau traversé par les gaz du foyer.

Les gaz obtenus dans cette dernière opération se mélangent à ceux du gazogène de chauffe, qui circulent autour du moufle et vont à la cheminée en passant sous la sole du plan incliné ; quant à ceux du moufle, ils passent sur le minerai du plan incliné en s'enrichissant méthodiquement, et sont dirigés dans les chambres à poussières, puis au Glover. Les teneurs successives du minerai seraient d'après *Sorel*

Au chargement .... 20 % de soufre
Au bas du plan incliné....................... 10   »
À la sortie du moufle......................... 6,4   »
À la sortie du foyer.......................... 1,2   »

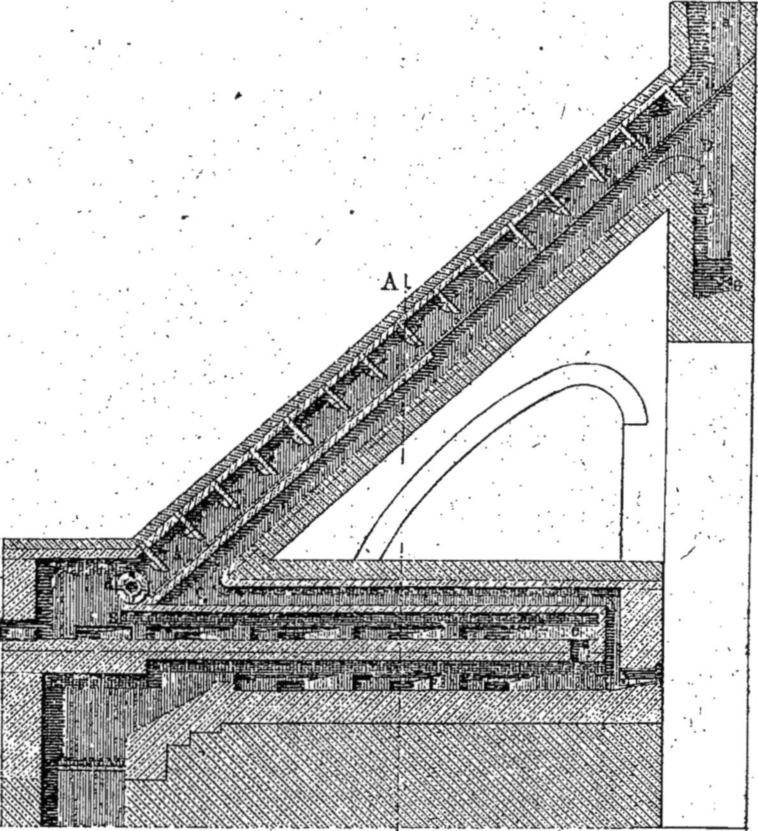

Fig 72. — Four Hasenclever.

La dépense de houille serait 28 % du poids de la blende, la richesse du gaz atteindrait 8 % de SO^2.

Lunge a indiqué, d'après *Strahlschmidt*, que, dans un four semblable, de la blende à 32 % avait : 20 % utilisé, 7 % perdus avec les produits de la combustion et 5 % restaient dans le minerai grillé ; le résidu broyé était repassé une seconde fois dans la sole de calcination.

Il existe aussi des fours genre *Malétra* établis sur le même principe de marche, c'est-à-dire que le minerai, après être passé sur les soles supérieures, arrive sur la, ou les, soles inférieures où il trouve du combustible. Les gaz mélangés vont dans les chambres de plomb et la marche, ainsi que la production, donnent des résultats industriels satisfaisants au point que, pendant très longtemps, cette méthode a été appliquée chez de puissantes sociétés.

Four Eichorn et Helbig. — Il ressemble au four *Malétra*.

Il comporte neuf étages de dalles réfractaires creuses traversées par des conduits dans lesquels passent les gaz chauds provenant du four de chauffe ; ceux-ci ne se mélangent pas avec ceux provenant du grillage.

L'air subit un chauffage préalable avant de passer sur la blende ; la température est de 6 60° environ dans les compartiments extrêmes, et de 700 à 750 dans les étages du milieu.

La durée de séjour du minerai est 30 heures, après quoi il ne contient plus que 0,9 à 1,3 % de soufre, chaque four peut griller 3.000 kilogs par 24 heures.

Four Hasenclever de la Rhenania. — Comme le précédent il possède trois moufles superposés autour desquels circulent les gaz chauds provenant du foyer. Le minerai est travaillé à la main par des portes disposées sur le côté de chaque moufle, et l'ouvrier le pousse de côté également.

Les gaz circulent en sens inverse du minerai qui entré avec 23 ou 25 % sort avec une désulfuration souvent inférieure à 0,5 % quand la blende est exempte de chaux et de plomb.

Un moyen simple de contrôle consiste à verser de l'acide sulfurique sur le minerai grillé, la présence de sulfure donne lieu à formation d'hydrogène sulfuré.

La température doit, naturellement, être supérieure à celle des fours à pyrite, car il faut décomposer le sulfate de zinc qui se forme dans la première phase du grillage ; elle atteint de 750 à 900, sauf dans le moufle supérieur où elle n'est que de 580-690.

La dépense de charbon varie de 18 à 26 °/₀ du minerai, selon sa teneur et le mode de chauffage. Depuis plusieurs années certaines usines ont adopté le chauffage par gazogène au lieu de grilles.

Dans une usine près de Stolberg, de la blende moulue à $1\frac{1}{4}^{mm}$, après passage dans des fours à 3 moufles (7 à

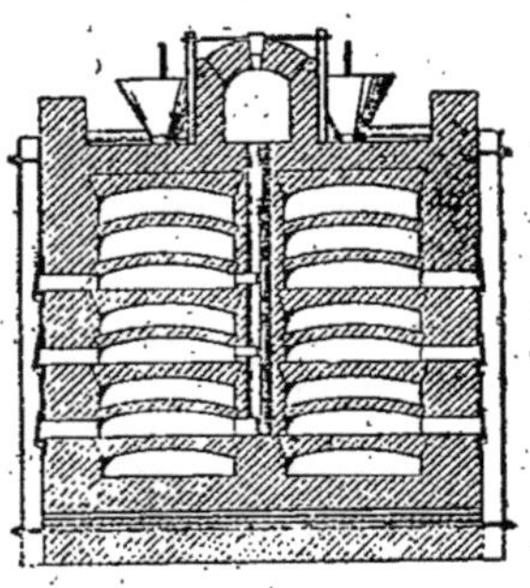

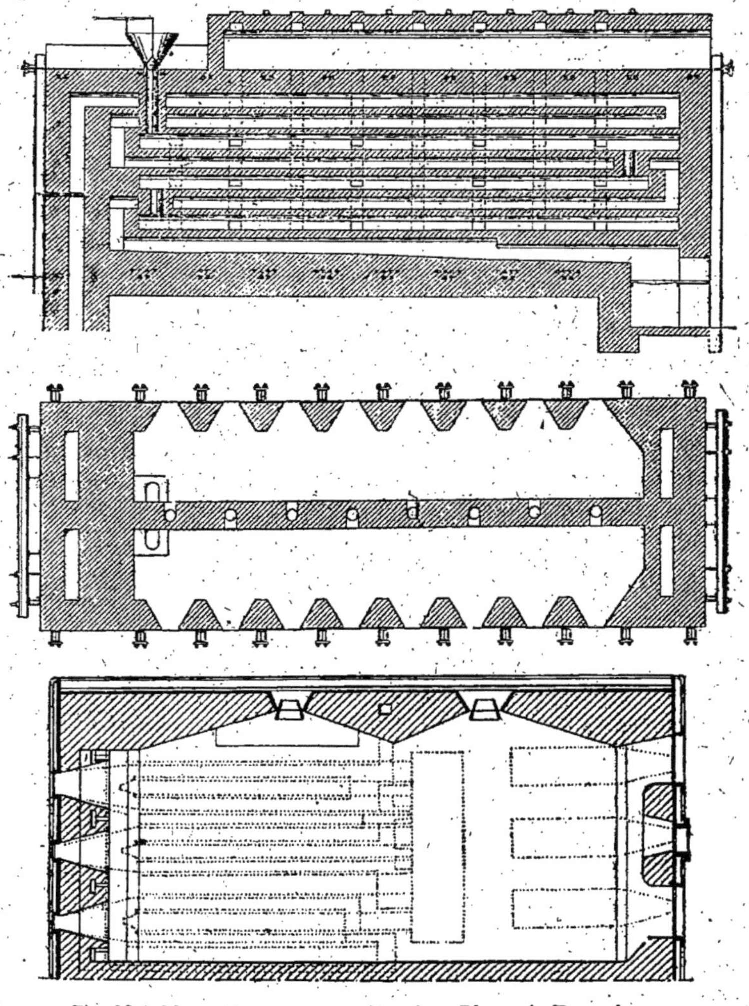

Fig. 73 à 76. — Plans et coupe d'un four Rhenania-Hasenclever.

8 tonnes par 24 heures) qui contenait à l'entrée 23 à 25 % de soufre ne renfermait plus que 2,5 % à la sortie.

Avec un four passant 4.000 kilog. de blende par 24 heures, lorsqu'il n'y a pas de chaux, au lieu de 2 à 3 % de soufre il ne resterait que 0.35.

A Overpelt des fours traitant 8 tonnes marcheraient à une température de 750-800° en haut et 1.000° en bas avec une dépense de 12 à 13 de combustible pour cent de minerai.

Une variante a consisté à chauffer seulement sous la sole inférieure, mais un four qui a trouvé un accueil favorable dans le monde industriel, surtout en Belgique, a été celui de G. *Delplace* de Namur.

Four G. Delplace. — Ses caractéristiques sont les suivantes :

1º Il n'existe qu'une seule sole de chauffe, et les gaz de la combustion ne se mélangent pas avec ceux du grillage.

2º Le combustible placé dans un moufle chauffé avec les flammes perdues du four, est soumis à une distillation et les gaz produits envoyés dans une chambre de combustion, puis circulent sous la sole inférieure.

Le coke provenant de cette distillation est projeté dans un foyer sur lequel arrive de l'air chauffé par circulation dans des carneaux situés à l'intérieur de la maçonnerie du four.

2º Le minerai introduit à la pelle, ou par une trémie, sur les étages supérieurs du four est retiré par la sole inférieure. Le travail se fait par des portes latérales.

Les gaz sulfureux sont dirigés dans des chambres à poussière.

Avec la plupart des qualités de blende il donne des résultats très intéressants. *Scheferck* (Chemiker Zeitung, 1919, 119,661) dans son étude sur les divers types de fours indique pour sa consommation de charbon 7 %, *Guillet* (Métallurgie générale, p. 126) signale que ces fours ont 6 ou 7 étages et se construisent par groupes de 12 dont la capacité atteint 15 tonnes environ par 24 heures avec une consommation de 120 kilog. de charbon par tonne de minerai cru en donnant des résidus 2,5 à 2 % dont environ 0,5 % de soufre nuisible.

L'enrichissement en oxygène de l'air servant au grillage a été étudié par *O'Hera* et *Kahlbaum* (Trans. Amer. Inst. Min. Mét. Eng., mars 1924) dont les conclusions sont :

A) La température de calcination n'est que peu abaissée quand on enrichit l'air avec de l'oxygène (dans l'oxygène pur cette température est seulement inférieure de 25° à celle avec l'air ordinaire).

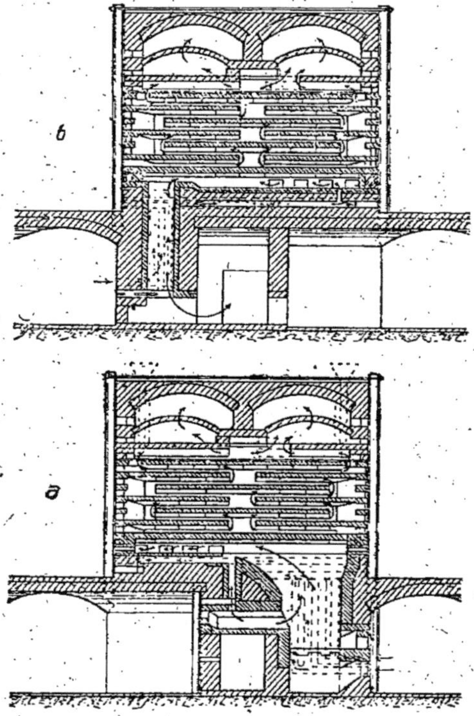

Fig. 77 et 78. — Coupes d'un four Delplace.

B) L'oxydation de la blende est fonction directe de la tension partielle de l'oxygène dans l'atmosphère ambiante et :

a) La durée de grillage varie en raison inverse de la proportion d'oxygène de l'air utilisé.

b) Le SO_4Zn formé augmente avec l'air oxygéné.

c) Avec celui-ci la consommation de combustible est diminuée, la proportion de SO_3 dans les gaz augmentée.

Comme le grillage des blendes présente certaines difficultés, *Rigg* (Br. fr. 491.830, février 1919), effectue un premier grillage abaissant la teneur en soufre à 8/10 %, ce qui permet d'éviter que, dans l'opération successive, il y ait fusion ou scorification.

La seconde opération est un grillage à vent.

FOURS MÉCANIQUES A BLENDE

Quoique le grillage de la blende soit plus compliqué que celui de la pyrite pour les raisons exposées d'autre part, on a cherché à lui appliquer également le travail mécanique.

On peut y arriver de plusieurs façons :

1° Avec des fours à soles fixes dans lesquels des rables provoquent le mouvement du minerai.

2° Fours à moufles au lieu de soles et munis de rables pour le travail du minerai.

3° Fours à soles tournantes et rables fixés à la voûte.

4° Fours rotatifs.

5° Fours à voûte fixe et sole mobile simultanément avec voûte mobile et sole fixe (*Spirlet*).

I. — FOURS A SOLES FIXES PREMIER TYPE

Parmi les plus connus existent les fours *Meyer* et le *Hégeler* — nous allons décrire ce dernier.

Four Hégeler à blende. — Il appartient à la série des fours à moufle et il en existe un certain nombre de types qui sont des modifications du modèle original, breveté en Amérique sous le n° 303.671 et entré dans la pratique depuis 1882.

Les divers modèles se différencient entre eux par le mode de chauffage, le réglage d'air et des variations dans les divers agencements.

Dans la coupe ci-contre les sept étages sont marqués de la lettre *b*. En *a* circulent les gaz du foyer qui entourent les 3 moufles inférieurs, l'air destiné à passer sur le minerai à griller est chauffé au préalable par *c*.

Un mur central partage le four en deux parties, l'alimentation en minerai a lieu aux deux entrées d et c opposées du dessus du four, tandis que le résidu grillé sort aux deux extrémités opposées de la partie inférieure. Le minerai amené au moyen d'un dispo-

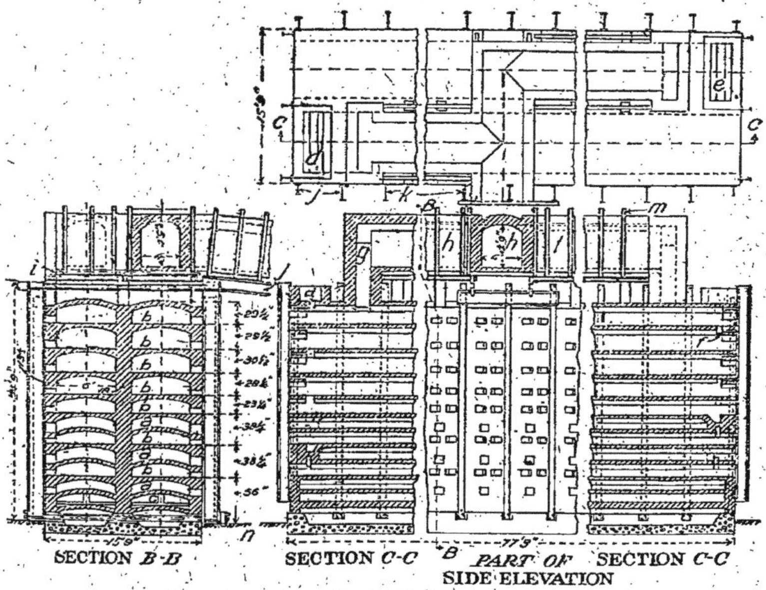

Fig. 79. — Four Hegeler.

sitif mécanique est introduit par les trémies d'alimentation d et c. Sous l'action du rable il chemine peu à peu sur le 1er étage à l'extrémité duquel il tombe par f sur la sole du second, il y suit un chemin inverse et passe par l'ouverture du bout sur l'étage inférieur, il est ainsi conduit au moyen des rables, jusqu'à la sole du bas. Quant aux râteaux, ils peuvent être, jusqu'à un certain point, comparés à des socs de charrue et reposent au bout du fourneau sur des supports ; ils sont susceptibles d'être mis en mouvement et de faire progresser à la fois la matière sur chacune des deux soles situées sur le même niveau.

Enfin les râteaux sont reliés au mur au moyen de tiges démontables (¹).

<hr>

(¹) INGALLS W. R. — *Metallurgie of zinc and Cadmium*, 1903, p. 145.

La marche des gaz est inverse de celle des blendes, ils circulent par conséquent de bas en haut pour les étages, et d'arrière en avant pour les soles ; grâce au chauffage externe dans les moufles du bas ils atteignent la 3ᵉ sole (en comptant du bas) avec une température permettant au grillage de se continuer seul. Bien entendu, on règle les admissions d'air et le chauffage de façon à ce que la combustion du soufre disponible soit pratiquement terminée à la sortie du fond. Malgré tous les soins, et un contrôle rigoureux, il n'est pas rare d'observer des variations sensibles dans la richesse du SO^2 qui s'échappe en y au-dessus de la sole supérieure. Avec la blende seule on a généralement de 4 à 5 %.

Les étages sont munis, aux extrémités, de fermetures en tôle, suspendues depuis le sommet, qui sont ouvertes et fermées automatiquement au passage des râteaux à travers le four.

Avant la guerre, et sous le bénéfice des réserves imputables aux conditions locales, le coût du travail était (selon MM. *Wells* et *Fogg*) en moyenne de 2 ¹/₂ dollars par tonne et, dans certaines régions, inférieure même à 2 dollars. Relativement au coût d'installation (fourneaux et accessoires) les mêmes auteurs l'évaluaient, à la même époque, à 1 000 dollars par tonne de blende grillée en 24 heures.

Le four *Lürgi*, également du genre Rhénania, 4 soles dans lesquelles des bras fixés sur dix arbres refroidis sans dents et mus au moyen de couronnes dentées commandées par un arbre extérieur unique déplacent et traitent 10 tonnes de blende grillée par jour avec une force de 10 CV. Seule la sole du bas est chauffée par un gazogène ou semi gazogène.

Barth a construit (*Chem. Zeit.*, 1919, p. 661, 1920, p. 3) le four *Universal* qui présente un certain nombre de caractéristiques et a pour but d'éviter la production d'agglomérats avec les blendes contenant du plomb, il occupe 5 mètres × 10 mètres et on y passe 8 à 9 tonnes par jour.

a) Les soles sont en forme d'auges inclinées dans lesquelles la température peut être réglée par adduction d'air chaud et chauffage particulier, celle du dessus est tenue à 600°, les autres plus bas.

b) Pour remuer le minerai on dispose d'agitateurs dans lesquels le mouvement est pendulaire, les dents reçoivent le mouvement d'un arbre horizontal, placé dans une caisse isolée, et énergiquement refroidi par l'air. Ces organes sont amovibles.

c) Cet air chaud sert à chauffer la benne d'alimentation et sécher la blende.

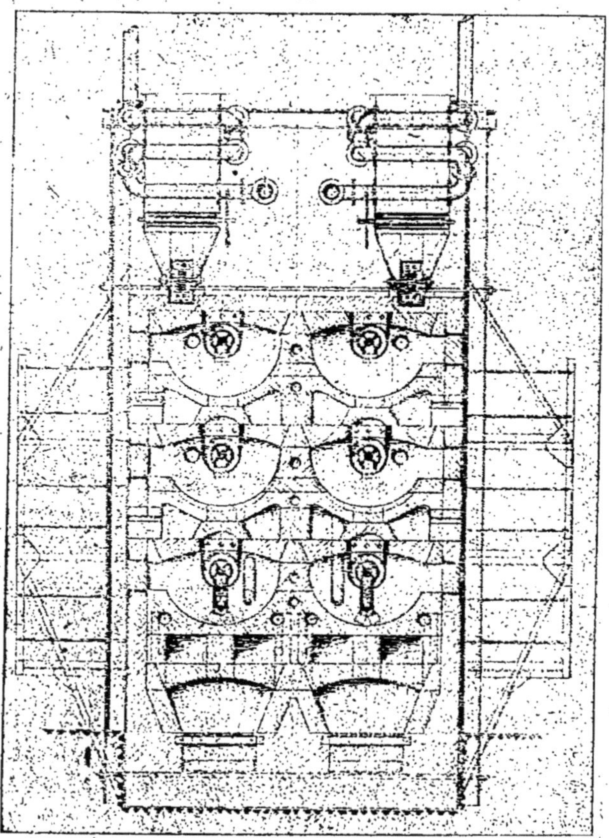

Fig. 80. — Four à Blendes « Universal » coupe transversale.

Wedge a décrit (*Zeitschrift f. angew. chemie*, 1918, II, p. 29) une modification de son four, susceptible de griller le blende et la galène, comportant (Br. all. 304.877) :

5 soles supérieures, avec bras refroidis à l'air et dont les gaz sont évacués par le haut.

2 soles inférieures chauffées directement — sans moufle, avec bras refroidis à l'eau ; leurs gaz sont évacués à part.

L'arbre est creux, ouvert en haut et en bas, il a 1^m,524 de diamètre. Ce four possède 2 chambres superposées, dans celle du dessous, l'air introduit est réchauffé par contre courant; dans l'autre il y a une canalisation pour l'air réchauffé et une autre pour combustible gazeux.

Une modification de ce four par *Ingalls* (Br. am. 1.362.408), qu'il appelle four *Ord*, brûle 25 tonnes par jour et par unité, sans réchauffage.

Four Brown. — Ce four atteint des dimensions considérables, (il n'est pas rare d'en trouver de 100 mètres), il peut être de forme rectiligne ou en fer à cheval.

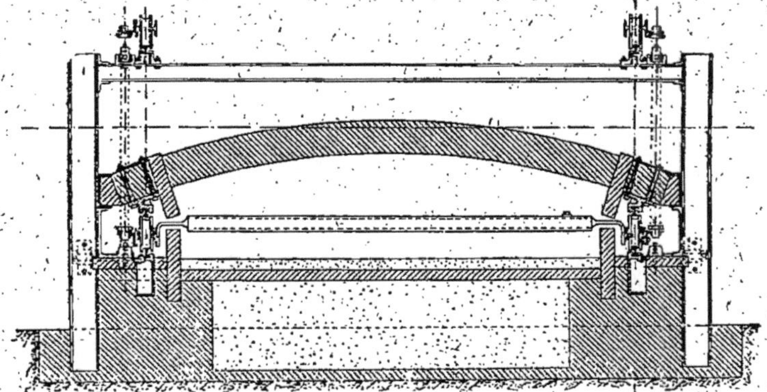

Fig. 81. — Four Brown (coupe).

Dans celui figuré ci-dessus, le renouvellement de surface, et l'avancement, sont réalisés au moyen de rables, en forme de pelles,

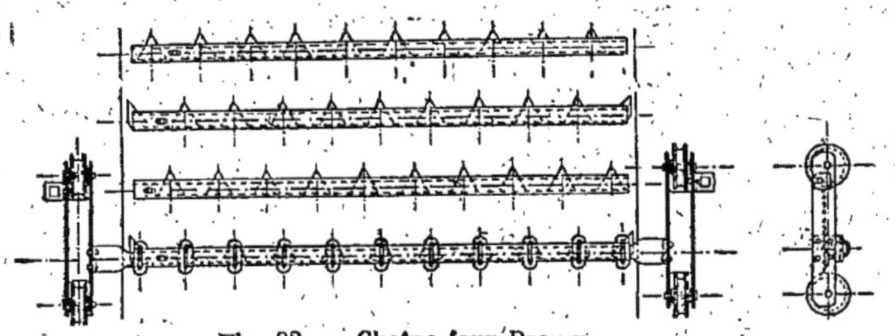

Fig. 82. — Chaîne four Brown.

fixées à un arbre, qui se déplacent sur des galets mus par une chaîne sans fin figurée sur le côté, leur fixation n'est d'ailleurs pas défini-

tive, ce qui permet de modifier leur écartement et de varier la durée
du séjour du minerai dans le four.

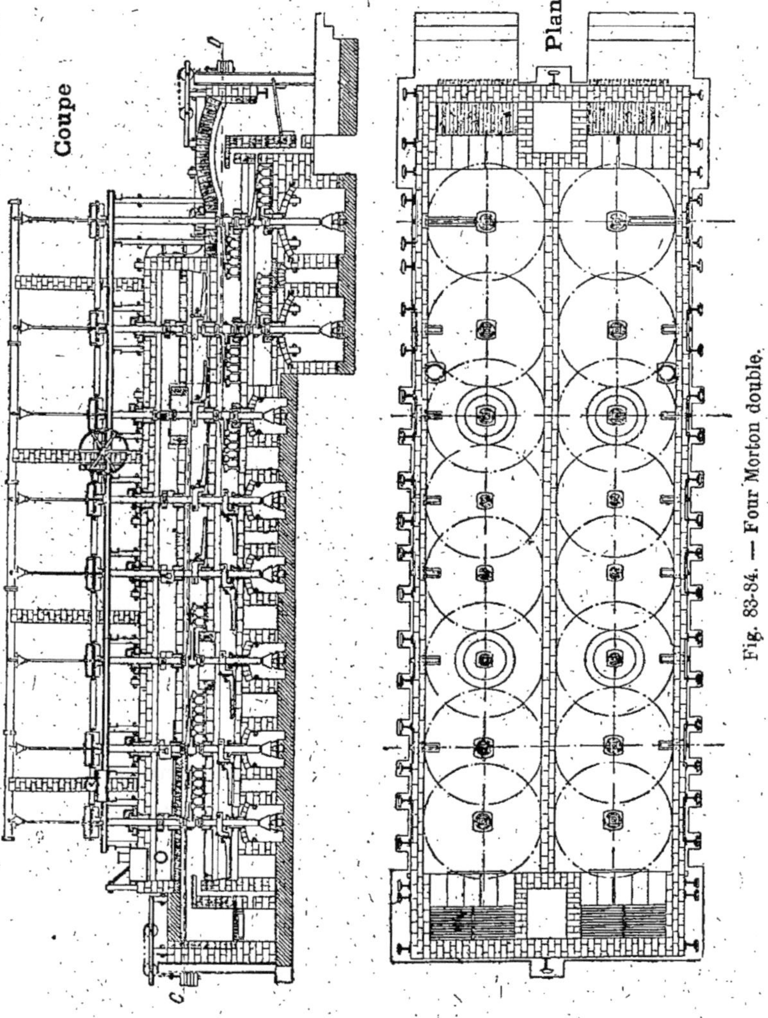

Comme l'axe de l'arbre, et celui des galets de roulement, ne coïn-
cident pas, il y a à la fois un mouvement de translation et un mouvement vertical.

Les fours *O'Harra* et *Ropp* sont établis sur un principe analogue.

II. — FOURS A MOUFLES AVEC RABLES

Four Merton. — Il comporte 3 moufles rectangulaires superposés, munis de 6 axes verticaux auxquels sont fixés des rables
qui ramènent le minerai jusqu'à l'extrémité de la sole supérieure,
il tombe sur la 2ᵉ sole, suit le chemin inverse et, de là, sur la
3ᵉ sole qu'il parcourt en sens contraire.

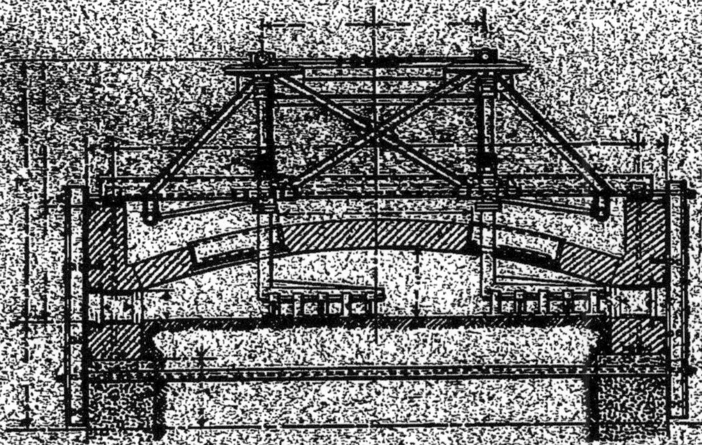

Fig. 85. — Four Edwards (coupe).

Les axes verticaux sont à refroidissement d'eau, selon les types,
la sole inférieure ou bien les deux soles inférieures sont chauffées
par les gaz d'un gazogène.

Sous la sole inférieure se trouve une autre, munie seulement de
2 bras, où le minerai tombe et se refroidit, après quoi il gagne la
benne de sortie au-dessous de laquelle sont des wagonnets.

Le modèle à 12ᵗ,5 de blende par 24 heures est seulement un
peu plus grand que le four *Rhenania* et ne demande que 6 HP
de force.

Dans le même ordre d'idées sont établis les fours *Parkes* et les
fours *Edwards*, ce dernier n'a qu'une sole.

III. — FOURS A SOLE MOBILE ET RABLES FIXES

Four Heberlein. — Dans celui-ci la sole montée sur galets reçoit son mouvement d'un axe vertical situé au-dessous.

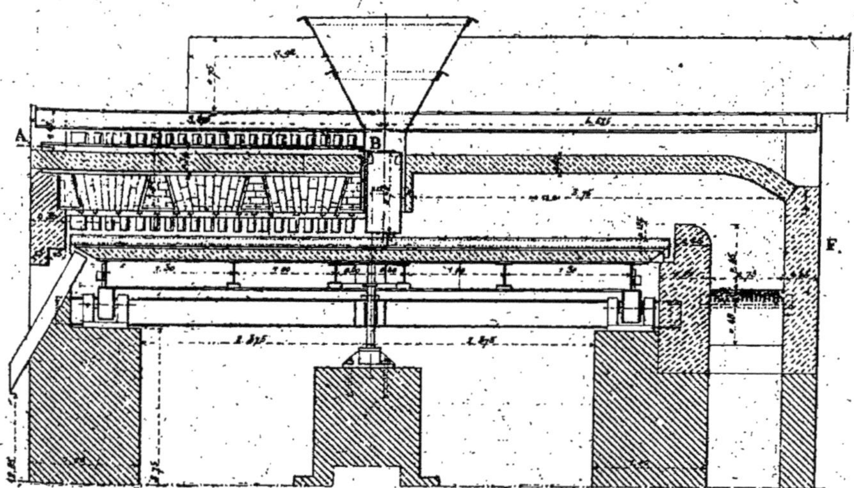

Fig. 86. — Four Heberlein (coupe longitudinale).

Le minerai se charge par une benne, mais l'arbre de cette dernière n'est pas le même que celui précédemment indiqué.

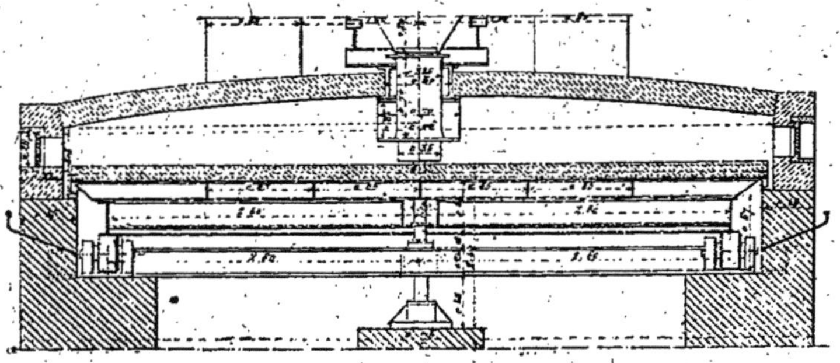

Fig. 87. — Four Heberlein (coupe LM transversale)

Les arbres pendent en dessous de la voûte mais ne touchent pas la sole, quant à la blende elle suit une marche hélicoïdale et

L. Pierron. — Fabrication de l'acide sulfurique.   17 se trouve amenée progressivement vers un orifice de sortie situé à la périphérie de la sole.

Le four *Brunton,* est basé sur le même principe.

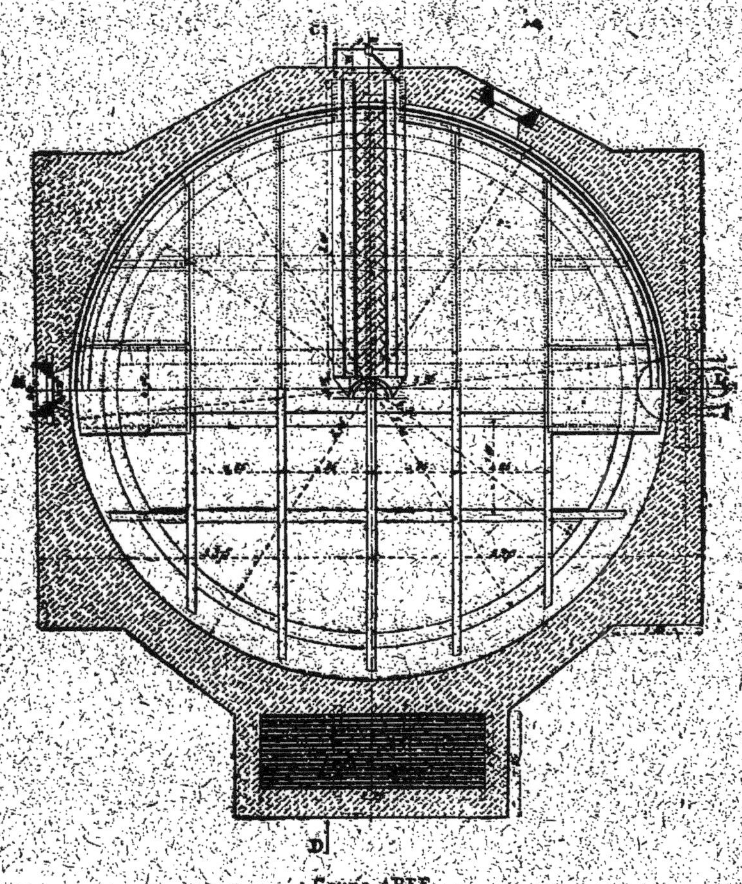

Coupe ABEF

Fig. 88. — Four Heberlein (plan).

D'après M. *Guillet,* on préférerait pour les grands fours modernes de 8 à 9 mètres de diamètre la commande par pignon de crémaillère circulaire à celle par axe central et engrenage conique.

IV. — FOURS ROTATIFS.

Nous avons vu que, pour le grillage de la pyrite on a employé le four *Ducco*, pour la blende et autres minerais comportant l'emploi de combustible, on se sert de deux genres :

Ceux à axe horizontal.

Ceux à axe incliné.

Fours à axe horizontal. — *Le four Bruckner* représente ce type.

Sa longueur peut être considérable, car M. *Guillet* (Métallurgie générale, p. 120-121) en décrit un de 5 mètres de long et $2^m,50$ de

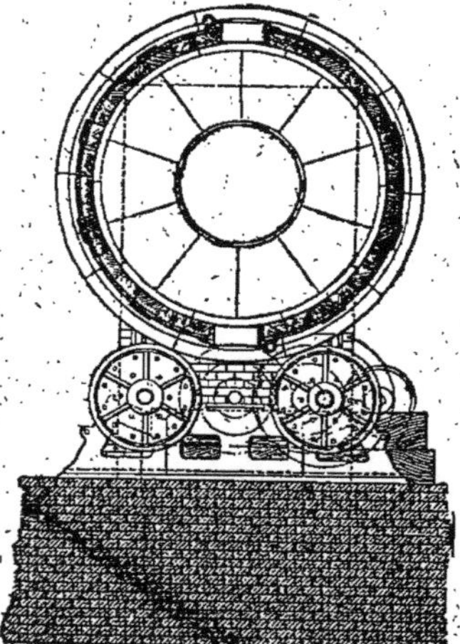

Fig. 89. — Four Bruckner (coupe)

Fig. 90. — Four à blendes rotatif Schlesische A. G. fur Bergbau.

diamètre et un second de 27 mètres de long. Il est disposé horizontalement, garni en matériaux réfractaires, et roule sur des galets.

Les matières à griller sont alimentées par une trémie située au-dessus d'un trou d'homme disposé dans le cylindre. Les minerais grillés éliminés au moyen du même orifice que, par rotation, on amène à la partie inférieure.

Le combustible est brûlé dans un foyer situé à une extrémité; les gaz sortent par le côté opposé ; le mouvement est donné par deux crémaillères actionnées par des pignons et qui enveloppent le four.

Avec un minerai à 40 % de soufre on peut passer dans le 1er four 12 tonnes par jour avec une dépense de 14 % de combustible, cette quantité atteint 25 tonnes dans le second.

On voit (fig. 90) le four tournant de la *Schlesische A. G. fur Bergbau and zinkhuttenbetrieb* (Br. all. 346.142, janvier 1920) dont le revêtement réfractaire intérieur du cylindre est en forme de nez proéminent, de sorte que la blende, par suite de la rotation, se trouve soulevée et glisse sur la paroi suivante.

Les séries de proéminence précèdent des parois intermédiaires provoquant un déplacement régulier de la masse à travers le four.

Fours à axe incliné. — On voit (fig. 91) la disposition du four *Oxland* dans lequel le minerai entré par l'extrémité supérieure sort par l'extrémité inférieure.

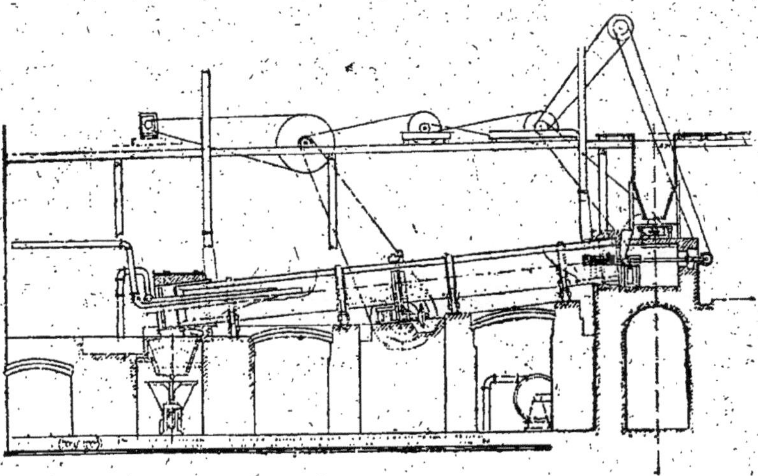

Fig. 91. — Four Oxland.

Le mode de chauffage indiqué ci-dessus a lieu avec de la houille, mais on a préconisé l'emploi de charbon pulvérisé, de gaz provenant de gazogène, d'huiles lourdes, mazout, etc.

V. — FOUR DE SPIRLET

Principe. — Dans celui-ci on rencontre alternativement, en partant de la partie supérieure du four, une voûte fixe et sole mobile formée par une 1re tablette, puis voûte mobile et sole fixe, et ainsi de suite.

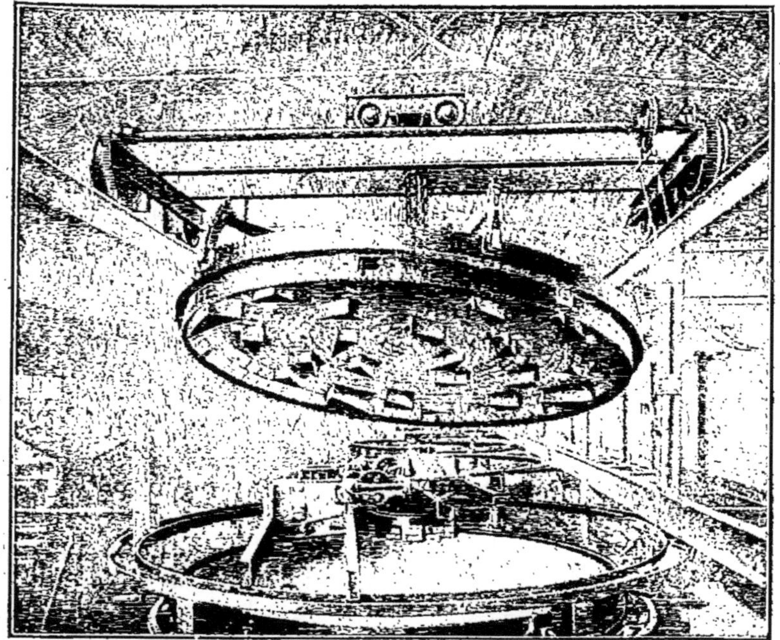

Fig. 92.

Il se compose d'un certain nombre de plateaux circulaires superposés, complètement indépendants l'un de l'autre (fig. 92), l'espace libre éntre deux, constituant les chambres de grillage. Ces plateaux sont alternativement fixes et mobiles autour d'un axe fictif coïncidant avec l'axe vertical du four, une sole sur deux, en commençant par la sole supérieure, possède un mouvement circulaire.

Une de ses particularités est la suppression de toute partie métallique dans les chambres de grillage.

Description. — Les plateaux supérieur et inférieur sont immobiles. Celui du haut reçoit une couche de calorifuge, afin d'éviter les pertes de chaleur. Il porte l'appareil d'alimentation du minerai ainsi que le tuyau de départ des gaz sulfureux (fig. 93).

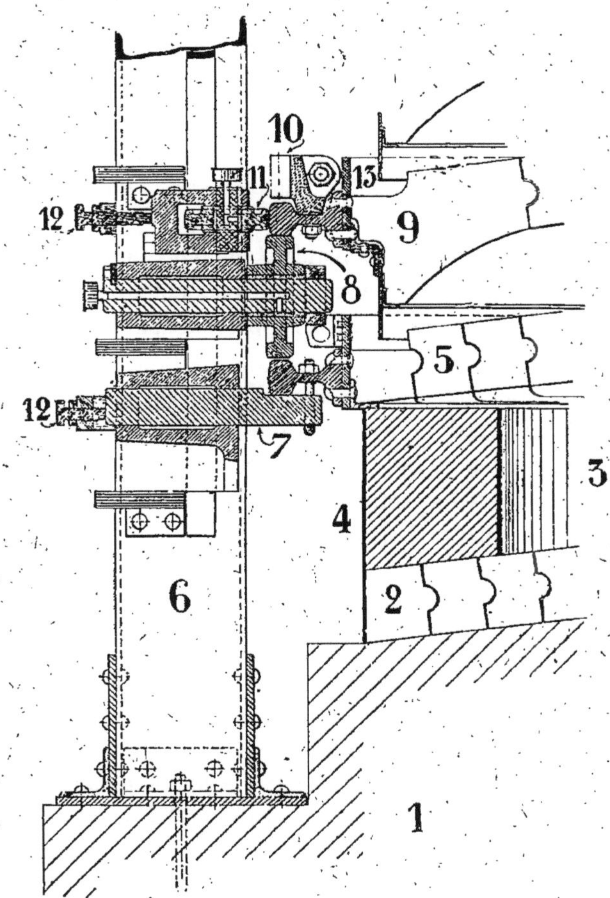

Fig. 93. — Détail d'une des 6 colonnes supportant le Four de Spirlet.

Le plateau inférieur forme le couvercle d'un massif de maçonnerie dans lequel sont disposés le foyer ou les brûleurs, les canaux de chauffage de l'air destiné à l'oxydation du soufre ainsi que les silos recevant la blende grillée (fig. 94).

Les plateaux immobiles sont supportés par des consoles fixées à six colonnes disposées autour du four. Les mobiles sont ceinturés par un rail muni d'une crémaillère, reposant sur des galets de roulement, fixés aux colonnes (fig. 93) qui supportent les plateaux fixes.

Les plateaux mobiles reçoivent leur mouvement de rotation par des pignons dentés engrenant avec les crémaillères et calés sur un arbre vertical, fixé à l'une des six colonnes du four. Cet arbre vertical qui porte les pignons dentés se raccorde, à sa partie inférieure, à une boîte de commande dont la vis sans fin se prolonge par un bout d'arbre muni d'une poulie, attaquée elle-même par le moteur électrique du four.

Afin d'obtenir que les plateaux mobiles tournent exactement autour de l'axe vertical, chacune des six colonnes porte des galets de centrage munis d'une vis de rappel touchant le bourrelet du rail de cerclage.

Les plateaux sont constitués par des voûtes très surbaissées en réfractaire d'une composition particulière, maintenues par des anneaux métalliques, ou cerclage, d'un profil approprié. Elles sont munies de dents réfractaires d'une composition spéciale également, encastrées dans la voûte lors de la construction de celle-ci. Leur profil est établi de manière à obtenir, par la rotation des plateaux mobiles, un déplacement du minerai, soit du centre vers la périphérie, soit en sens inverse.

Tout plateau porte donc, sur sa face supérieure, la blende à désulfurer et, sur sa face inférieure, les dents qui remuent celle située sur le plateau immédiatement inférieur.

A la périphérie de chacun existe une auge annulaire formée par un évidement de la première brique réfractaire du plateau. Dans cette auge remplie de sable, ou de minerai grillé, tourne un cylindre fermé par une tôle fixée au cerclage du plateau immédiatement supérieur. On obtient ainsi un joint absolument étanche, empêchant une rentrée d'air dans le four, ou une sortie des gaz sulfureux des chambres de grillage.

L'étage inférieur est le seul chauffé par le moufle situé immédiatement en dessous, et qui reçoit les flammes venant du foyer ou des brûleurs.

Grillage. — Le four est prévu avec trois soles de grillage, l'étage de dessus servant de chambre à poussière (fig. 94).

La blende à désulfurer est introduite au centre du troisième étage qui est fixe, et déplacée vers la périphérie par les dents du plateau mobile placé immédiatement au-dessus. Arrivée à la périphérie

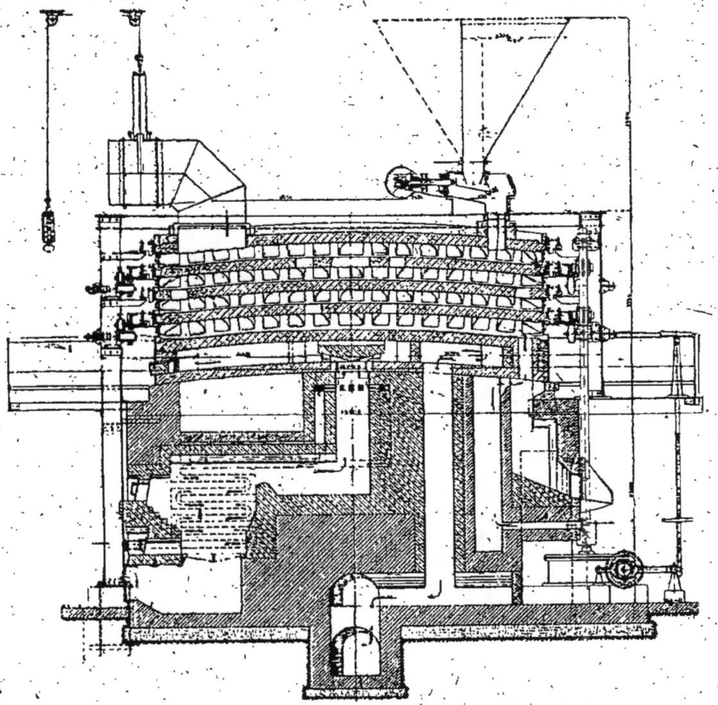

Fig. 94. — Four de Spirlet (Coupe transversale).

elle passe, par une série d'ouvertures, sur le plateau du dessous qui est mobile et entraîne le minerai ; celui-ci est déplacé progressivement vers le centre par les dents fixées dans le plateau supérieur qui ne tourne pas. Arrivée au centre du plateau la blende tombe sur l'étage suivant où elle suit le même chemin que sur le premier étage et parvient complètement désulfurée à la périphérie de la dernière sole, d'où elle se rend, par un certain nombre de canaux de sortie, dans des silos ou des wagonnets.

Les gaz sulfureux, dégagés au cours du grillage, circulent en sens contraire de la blende.

Nouveau modèle. — Le four de *Spirlet* se construit actuellement avec des plateaux d'un diamètre utile de 4ᵐ,730, alors que dans le premier modèle ce diamètre n'était que de 4ᵐ,210. Ce nouveau type de four a donc une capacité plus grande et permet de traiter sans difficulté de 5 à 7 tonnes de blende par 24 heures, selon la qualité du minerai à désulfurer.

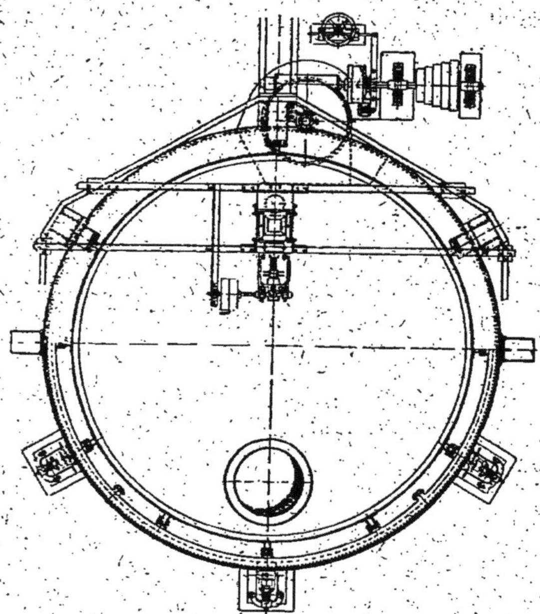

Fig. 95. — Four de Spirlet.

Une autre différence entre les deux modèles, est qu'actuellement les galets de roulement sont fixés aux colonnes, tandis qu'auparavant ils étaient fixés aux plateaux mobiles et se déplaçaient sur un rail de roulement.

La force motrice nécessaire au fonctionnement du four est d'environ 1HP.

Avantages. — La brochure descriptive du four fait ressortir que :

Les inconvénients reprochés aux anciens appareils usités pour le grillage mécanique de la blende sont :

a) Frais d'entretien et de réparation énormes, entraînant des arrêts fréquents des appareils et suppression de l'économie résultant de la diminution de la main-d'œuvre ;

b) Production de gaz sulfureux très pauvres ;

c) Consommation de charbon très élevée.

Ils sont dus principalement au dispositif de rablage métallique refroidi par l'air ou l'eau et qui, malgré cela, est rapidement détruit. De plus, l'emploi de rables métalliques oblige à construire les fours en ménageant une hauteur relativement importante entre soles successives (facilitant le remplacement des pièces usées et cassées), d'où utilisation défectueuse de l'air admis dans le four et obtention de gaz pauvres en anhydride sulfureux.

Dans le four de *Spirlet*, la suppression des pièces métalliques à l'intérieur du four permet de rapprocher les soles superposées et d'obtenir une concentration considérable de la chaleur. On peut même désulfurer des concentrés d'Australie sans brûler de charbon. Grâce à ce faible écartement entre les étages, il y a utilisation complète de l'air introduit, avec production de gaz titrant 5 à 7 $\%$ de SO^2.

L'absence de pièces métalliques supprime du même coup leur refroidissement par l'air ou par l'eau, et une perte correspondante de calories.

La consommation de charbon serait inférieure à 10 $\%$ du poids de la blende chargée.

Les frais d'entretien se bornent à maintenir les différentes voûtes en bon état.

En ce qui concerne la question des poussières (question d'une importance encore plus grande pour la blende que pour la pyrite, eu égard à la valeur du produit grillé), les voûtes étant très rapprochées, le minerai passant d'un étage à l'autre tombe d'une très faible hauteur, n'occasionnant qu'un contact très court avec les gaz qui montent et, par le fait, peu d'entraînement.

De plus, la blende s'allume très rapidement, et, au moment de la première chute, c'est-à-dire au passage de l'étage supérieur sur

Fig. 96. — Batterie de 18 fours à blende Spirlet grillant 85-90 tonnes par 24 heures.

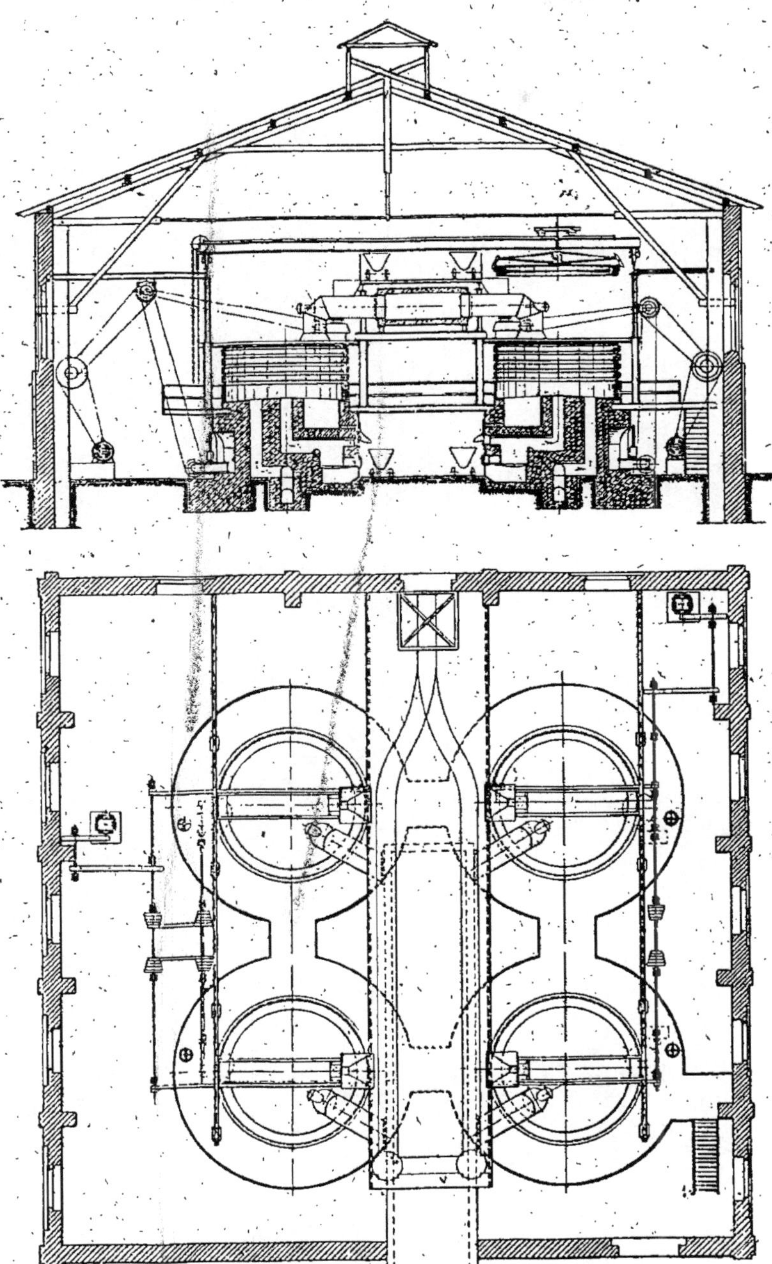

Fig. 97. — Installation de 4 fours à blende Spirlet
20 tonnes par 24 heures.

Batterie de 20 fours à... Siebler grillant 110-120 tonnes en 24 heures.

celui du milieu, les propriétés agglutinantes du minerai chauffé ont déjà agi pour fixer les particules très fines, les rendant plus denses et plus stables.

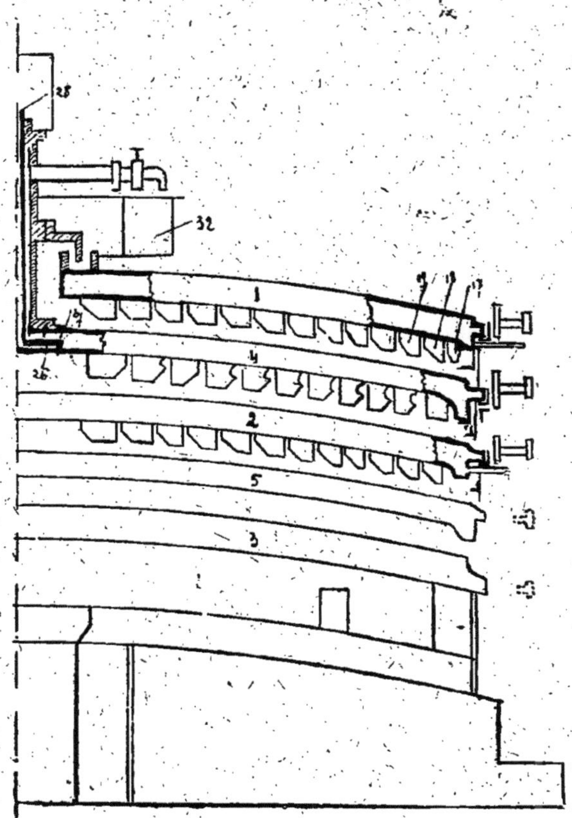

Fig. 99. — Four de Spirlet avec rable métallique de Kuhlmann.

Le placement, et l'enlèvement, des plateaux du four sont faciles et rapides, car, étant indépendants l'un de l'autre, ils peuvent être retirés successivement à l'aide d'un pont roulant fixé aux fermes du bâtiment, sans qu'il soit, pour cela, nécessaire de serrer ou desserrer un écrou.

Le four de *Spirlet* permet de griller indifféremment de la blende et des pyrites, et avec le dernier modèle on arrive à passer

5.000 kilos de pyrites de Pomaron par 24 heures, la teneur en soufre des cendres restant inférieure à 2 %.

Quand le four brûle des pyrites, on ne se sert pas du foyer, le chauffage du moufle étant inutile.

Comme installations d'ensemble on voit :

Figure 97. Batterie de 4 fours *Spirlet*, puissance de production 20 à 24 tonnes, de l'*Aktien Ges. fur Zinkindustrie*, anciennement *Grillo* à Hamborn ;

Figure 98. Batterie de 20 fours *Spirlet* de l'*Aktiengesellschaft* à Boulogne.

Tous deux communiqués par l'*Erzröst Gesellschaft* de Cologne.

Le brevet français 570.332, 1923, des *Établissements Kuhlmann* concerne un perfectionnement du four de *Spirlet* portant sur les points suivants :

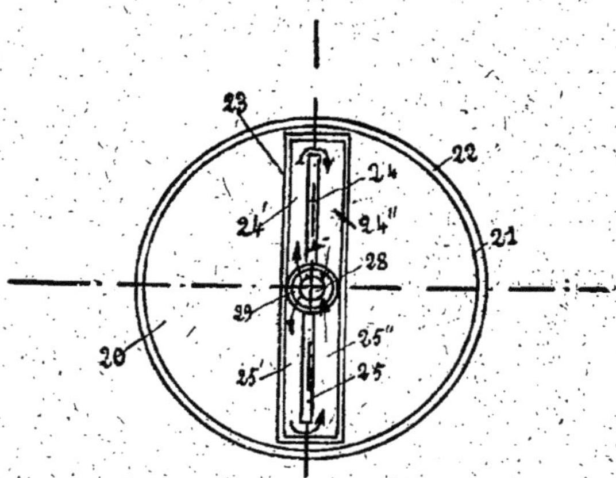

Fig. 100. — Schéma d'une sole Spirlet avec râble métallique Kuhlmann.

a) Chaque sole fixe est constituée par deux demi-soles en briques réfractaires posées dans une monture et séparées, au milieu, par un râble métallique muni d'une arrivée d'eau froide et d'un départ d'eau chaude (fig. 101).

Chaque bras de ce râble porte, à sa face inférieure, des dents métalliques venues de fonte avec lui (dont les dimensions et dispositions sont indiquées dans le Br. fr. 536.540) qui remplacent les dents réfractaires du four de *Spirlet* (fig. 99).

b) Chaque sole mobile présente une disposition analogue mais, au centre du râble, il y a deux chambres séparées par une cloison, l'une possède une arrivée d'eau par un tube vertical, cette eau sort par la seconde et va dans une cuvette annulaire (fig. 100).

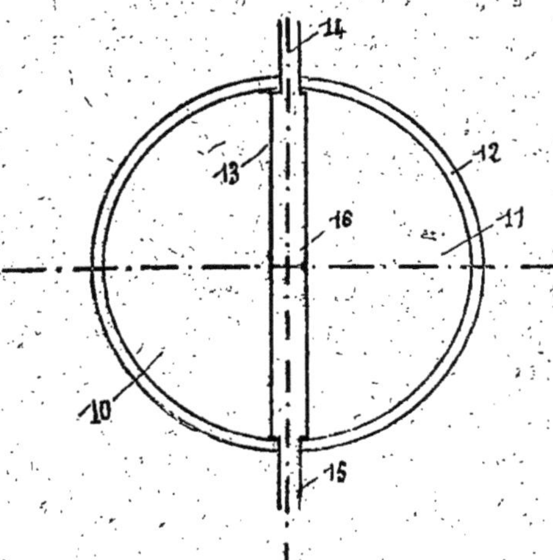

Fig. 101. — Sole fixe Spirlet avec râble métallique Kuhlmann.

Brevets divers. — On a eu l'idée d'augmenter la vitesse de grillage de minerais sulfurés plus ou moins complexes, des concentrés ou de la blende, en les pulvérisant puis les injectant dans une chambre formant moufle (vertical ou incliné) à chauffage externe (*Harbora*, Br. Français 494.336, 31 décembre 1928).

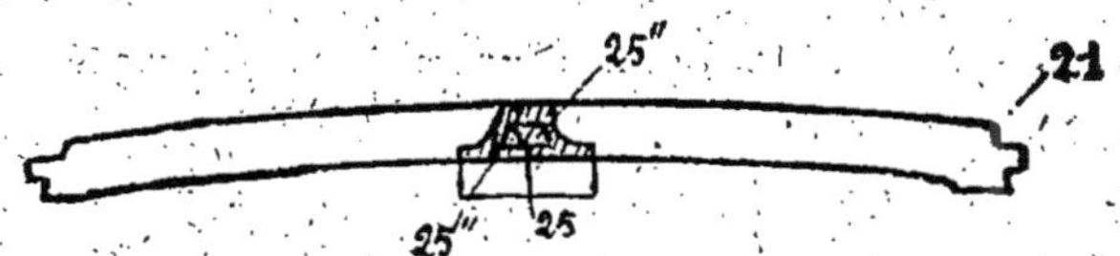

Fig. 102. — Râble métallique des soles rotatives,

Le procédé *Hocks* (Br. all. 359.748, novembre 1921) prévoit un grillage préalable jusqu'à 4 ou 6 % dans des fours ordinaires puis grillage à mort sur des tables en fonte perforée (chaîne sans fin *Dwight et Lloyd* ou anneau tournant formé de secteur *Schlippen-*

bach où le minerai déversé de façon continue et régulière arrive, après son allumage, sous une boîte à vent.

L'air envoyé par ventilateur pénètre la masse jusqu'au point où elle quitte la table. On verra dans la figure 103 une disposition générale d'installation.

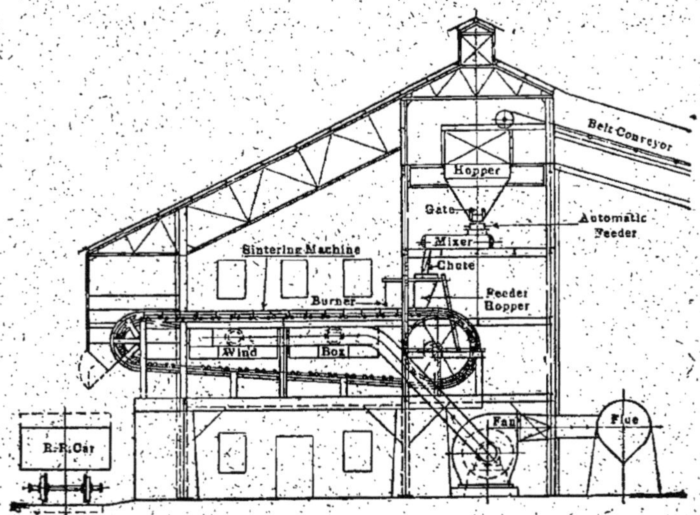

Fig. 103. — Table d'agglomération Dwight et Lloyd Smterny C°.

Cette méthode est d'ailleurs d'application courante dans la métallurgie du plomb où elle tend à remplacer l'agglomération dans les convertisseurs.

Comparaison entre les divers modes de grillage des blendes

La *Revue de chimie industrielle* (1919, p. 62) a publié la traduction d'une étude comparative de M. *Scheferk* sur le grillage, par 3 systèmes, des blendes et concentrés australiens, *Hegeler*, *Delplace* et de *Spirlet*, parue dans le *Chemical Trade journal and Chemical Engineer*. Nous allons en reproduire les points principaux.

La majorité des usines belges et allemandes emploie des fours à mains, du type ancien de la *Rhénania* (*Hasenclever*) et le *Delplace* du type moderne. Dans ces dernières années, le four mécanique de *Spirlet*, devient d'un usage de plus en plus répandu.

Four Delplace. — Le four *Delplace* présente les avantages suivants :

La blende s'y trouve grillée à l'extrême limite du possible, les gaz SO^2 atteignent 6,5 %, avec dégagement régulier, et la consommation en charbon oscille de 10 à 13 %. La quantité de poussière y est infime, chose importante, tant au point de vue de la valeur de l'unité de zinc dans les minerais, qu'à celui de la facilité du travail.

Il n'y a jamais d'arrêts pour cause de réparations. Au point de vue économique, le *Delplace*, malgré le grand nombre d'ouvriers qu'il exige, peut concurrencer, en Europe, le four *Hegeler*. Son seul ennui concerne la main-d'œuvre, de plus il faut à un manœuvre deux à trois jours d'apprentissage pour bien travailler.

Les usines qui emploient ce four ont coutume d'avoir, pour les services de la cour, des hommes supplémentaires capables d'assurer les remplacements.

Four Hegeler. — Dans celui-ci, le nombre des ouvriers est relativement élevé pour un four mécanique. La force *motrice*, aussi bien que la consommation de *charbon*, y sont *énormes*. Le pourcentage de SO^2 dans les gaz est faible (4 à 5 % SO^2), le dégagement irrégulier, le minerai n'étant labouré que toutes les deux heures et pendant quelques minutes seulement chaque fois. La quantité de *poussières est grande* ; de ce fait la perte de zinc peut atteindre 5 à 6 %, ce qui exige de grandes chambres de condensation, ou des installations spéciales de récupération. Il y a des arrêts fréquents dans les machines motrices, et il n'est pas rare de voir un four stopper cinq ou six heures, ce qui, naturellement, augmente la consommation nitrique.

Malgré ces observations, l'emploi du four *Hegeler* est très répandu aux États-Unis, ce qui s'explique facilement si l'on considère les conditions du travail dans ce pays, et le point de vue auquel se placent les industriels américains produisant du zinc.

Ils ne peuvent pas compter sur leurs ouvriers qui vont fréquemment d'une usine à l'autre ; de plus, l'idée dominante, durant ces dernières années, a été de griller la blende tout juste pour la rendre propre aux opérations de distillation du zinc, or, avec ce four, un ouvrier quelconque peut, sans apprentissage préalable, et sous le simple contrôle d'hommes sans grande expérience, effectuer un grillage suffisant du minerai, ce qui constitue un avantage considérable.

Four Spirlet. — Les opérations du four *Spirlet* exigent un peu plus d'attention qu'avec le four *Hegeler*.

Le but poursuivi est la *réduction du nombre d'ouvriers*, tout en assurant un grillage de la blende, aussi bon que dans un four à bras, et une consommation de charbon aussi faible que possible. Le nombre d'ouvriers est moindre que dans l'*Hegeler*. La *force motrice* très *faible* ainsi que la *consommation de charbon*. Ce dernier avantage provient du principe même du four qui détermine un maximum de concentration de la chaleur.

La hauteur des étages, étant presque la même que celle des compartiments du *Delplace*, permet d'obtenir également des gaz riches en SO^2.

La chute du minerai d'un étage à l'autre y est de faible hauteur et la production de poussières moindre que dans le *Hegeler*, de sorte que la perte de zinc varie de 1 à 2 $\%$. Cette faible hauteur des étages *Spirlet* résulte, principalement de l'absence de parties métalliques dans l'intérieur du four (puisque les râbles sont constitués par des pièces réfractaires.) C'est un avantage au point de vue du prix de revient, et la régularité du travail ne souffre guère, du fait que l'on doit arrêter une fois le nombre de dents réfractaires cassées trop grand pour que le râblage de la blende soit bon.

Le succès du four de *Spirlet* est, de plus, intimement lié à la qualité des matières réfractaires qui entrent dans sa construction.

Voici maintenant une comparaison entre les dépenses d'une usine traitant 40 tonnes de « concentrés australiens » par 24 heures avec chacun des trois appareils ci-dessus.

1° **Delplace**. — Trois batteries de fours, brûlant chacune 14 tonnes par 24 heures, coûtent, y compris bâtiments, accessoires et licence, 9.000 livres.

Travail. — Travail du four, transport du minerai et du charbon 50 hommes et 2 contremaîtres ; total 52 hommes. Consommation en charbon 12 %. Force motrice : nulle

2° **Hegeler**. — Le prix du four varie aux États-Unis de 12 000 à 15.000 livres. Prenons le minimum : 12 000 livres. Le prix total des accessoires est de 3.000 livres.

Donc 15 000 livres au total.

Travail. — Travail du four, transport du charbon et du minerai : 20 hommes et 2 contremaîtres ; Total 22 hommes. Consommation de charbon 30 %. Force motrice 35 HP.

3° **Spirlet**. — Avec les concentrés australiens il est préférable de ne pas dépasser 5 tonnes de minerai par four.

Il faut une batterie de 8 fours, plus un en réparation constante, soit 9 au total.

Un four complètement installé coûte, licence comprise, 1 280 livres. Le prix de bâtiment et des accessoires est de 2 000 livres : soit au total 13 520 livres.

Travail. — Pour le travail des fours, le transport du minerai et du combustible, il faut 16 hommes et 2 contremaîtres, soit 18 personnes, consommation de charbon 10 %. Force motrice 16 H. P. En supposant 5 schillings comme journée d'homme, 10 schillings par tonne de combustible, 15 % pour l'amortissement du capital et l'usure du matériel, et 0,7 d. par cheval-heure nous avons les prix suivants pour le grillage d'une tonne de minerai :

Il convient de remarquer que les prix donnés ci-dessus pour chaque installation *sont ceux d'avant guerre*.

	Delplace	Hegeler	Spirlet
Salaires....................	£ 13	£ 5, 10 s, 6 d	£ 4, 10 s, 0 d
Par tonne de minerai......	6 sh, 6 d	2 sh, 9 d	2 sh, 3 d
Charbon...................	4,8 Ts	12 Ts	4 Ts
Par tonne de minerai......	1 sh, 2 $^1/_2$ d	3 sh, 0 d	1 sh, 0 d
Force motrice.............	0		
Par tonne de minerai......	0	3 sh, 2 $^1/_2$ d	7 d
Amortissement et usure....	£ 1 350 par an	£ 2 250 par an	£ 1 937 par an
Par tonne de minerai......	1 sh. 10 d	3 sh, 1 d	2 sh, 8 $^1/_2$ d
Entretien et réparation.....	»	»	»
Par tonne de minerai......	2 d	1 sh, 3 d	8 sh, 0 d
Prix total de grillage par tonne	10 sh, 3 $^1/_2$ d	12 sh, 3 $^1/_2$ d	3 sh, 6 $^1/_2$ d

Malgré les différences de prix entre le grillage mécanique et celui des fours à bras, il y a encore une forte proportion *de blendes traitées en Europe dans des fours à bras*, pour différentes raisons parmi lesquelles : la possibilité de recrutement facile des ouvriers, les qualités du four *Delplace*, et aussi le fait que l'emploi du *Hegeler* est, pour ainsi dire, impossible dans les conditions de travail en Europe. Dans les années qui précédèrent la guerre, cette question de la main-d'œuvre était d'ailleurs devenue aiguë tant en Belgique qu'en Allemagne, ce qui attira l'attention sur le four de *Spirlet*.

En somme le choix d'un mode de grillage dépend de facteurs, spéciaux à chaque cas particulier, et *par dessus tout, des conditions locales*.

La question est toute différente suivant qu'il s'agit d'une usine à zinc *obligée à griller son minerai*, en considérant l'acide comme un sous-produit, ou d'une fabrique d'acide *qui grille le minerai à façon* pour l'usine à zinc. Dans ce dernier cas, l'acide étant le principal produit, il faut choisir un type de four qui laisse le minimum de soufre dans le grillé, tout en permettant un travail économique et régulier des chambres de plomb.

D'intéressantes données, sur le grillage de la blende, ont été publiées par *R. Ingalls* (Min. metall., 1922, p. 11) en employant le *four Wedge* modifié.

Dans ce four il traitait 25 tonnes de blende par 24 heures, la pression de l'air injecté était 12 centimètres d'eau et le tirage de 2 millimètres d'eau.

Voici un relevé des températures enregistrées : —

Heure	2e Étage		3e Étage		5e Étage		7e Étage	
	Gaz	Blende	Gaz	Blende	Gaz	Blende	Gaz	Blende
7.30	850	810	840	827	840	812	817	819
10.30	850	810	835	825	840	809	814	816
13.30	850	808	835	824	839	808	811	824
16.30	850	808	835	825	837	812	812	817
19.30	840	812	841	831	841	816	811	820

La teneur moyenne des gaz SO^2 en volume étant 6 °/₀.

Perfectionnements divers. — On a envisagé des modes de grillage particuliers pour les minerais de zinc sulfurés, ainsi, dans le brevet français n° 494.344 du 31-12-1918 (*Industrie chimique*, 1919, p. 372) le minerai, finement divisé, est injecté contre des surfaces incandescentes dans un four à moufle où l'on fait arriver une quantité d'air plus que suffisante pour brûler une portion déterminée de soufre. La chambre où s'opère ce grillage peut être verticale et on peut la combiner avec une chambre rotative inclinée, dans laquelle s'opère le grillage final.

Dans certains cas il est avantageux de chauffer le minerai avant de le projeter contre la surface incandescente ; mais il ne faut pas, naturellement, atteindre la température de décomposition du sulfure.

Dans son étude sur les fours mécaniques pour le grillage des pyrites et *blendes*, analysée par la *Revue des Produits chimiques* (15 mai 1920, p. 251), M. *Scheferk* conclut ainsi :

La mécanisation du grillage ajoute des difficultés nouvelles à celles inhérentes aux fours à travail manuel. Ce sont :

1) La façon dont l'air est conduit dans chacun des moufles à travers le minerai, ainsi que la composition des gaz ;

2) le traitement mécanique durant le grillage ;

3) le mode d'amenée de la chaleur ;

4) la sécurité de fonctionnement des fours.

Après avoir mis en parallèle les fours de *Lurgi*, de *Mathiessen* et *Hegeler* et de *Spirlet* ainsi que le four « *Universal* », il considère comme une erreur d'amener l'air à la sole inférieure, car chargé de plus en plus de gaz sulfureux, il entraverait le grillage aux parties supérieures. L'auteur estime préférable *l'amenée d'air frais et préchauffé à chaque étage du four*, comme dans le four « Universal ».

Il envisage que les autres conditions de fonctionnement rationnel c'est-à-dire : le mode de transport, la répartition de la chaleur, et la sécurité de fonctionnement, y sont également favorables. Sur une sole à forte courbure, l'agitateur oscillant retourne la charge, qui est étendue sur les côtés pour revenir vers l'agitateur. Le chauffage se fait par la sole. La calorifugation des axes des agitateurs est bien comprise et ceux-ci accessibles de toutes parts. Les petites réparations sont réalisables au cours du travail, l'entrée de corps étranger dans les moufles est évitée.

Ces conclusions ont été discutées et contestées par d'autres spécialistes, de sorte que c'est la sanction de la pratique qui devra juger en dernier ressort.

Grillage des galènes

Le problème du grillage des galènes est relativement complexe.

1° Le sulfure en s'oxydant fournit du sulfate de plomb SO^4Pb.

2° Celui-ci réagit sur le sulfure en donnant

$$3\,SO^4Pb + PbS = 4\,PbO + 4\,SO^2$$

3° Le sulfuré réagissant sur l'oxyde libère du plomb métallique.

4° Ce dernier, sous l'action du gaz, peut donner de l'oxyde, du sulfure, du sulfate

On peut obtenir de l'acide sulfureux dans les réactions ci-après :

$$PbS + PbSO^4 = 2\,Pb + 2\,SO^2$$
$$2\,SO^4Pb\,PbO + 3\,PbS = 7\,Pb + 5\,SO^2$$
$$PbS + 2\,PbO = 3\,Pb + SO^2$$

Celle indiquée à 2° est la base du procédé de grillage *Huntington Heberlein*.

Les fours employés ont des formes spéciales et sont connus sous le nom de *convertisseurs*.

On les divise en 2 catégories :

Appareils à soufflage d'air.

— à aspiration d'air.

Appareils à air soufflé. — *Procédé Huntington Heberlein.* Le minerai est d'abord soumis à un grillage préalable dans le four

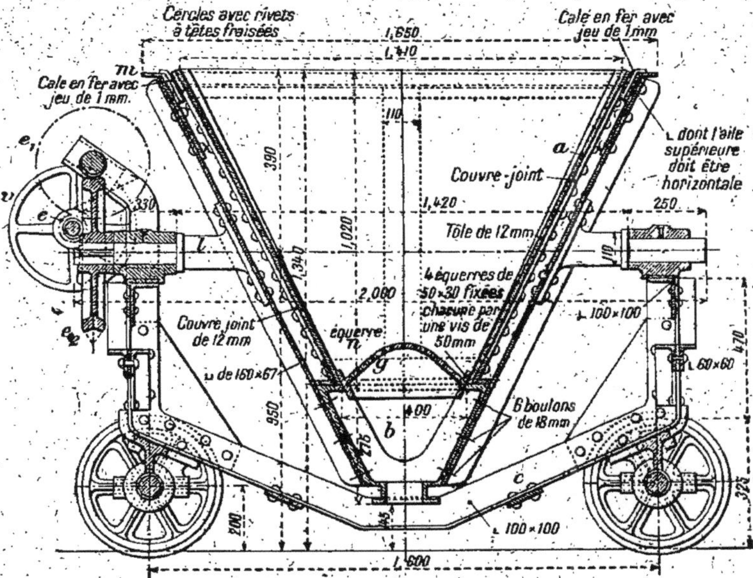

Fig. 104. — Petit convertisseur pour grillage de Galène.

Heberlein à sole mobile (voir fig. 86) décrit précédement afin d'éviter, dans le convertisseur, une fusion, qui rendrait impossible un accès d'air régulier, ensuite il va dans ce dernier.

Il existe divers types de convertisseurs :

Petits convertisseurs. — Ces appareils ont le plus souvent une forme conique, ou de poire, avec un débit de 1 à 3 tonnes.

Pour faciliter le travail, on les monte d'ordinaire sur chariot, per-

mettant de les amener, pour être remplis, au four de grillage préalable puis, après achèvement de la réaction, à l'endroit où s'effectuera le concassage. L'appareil peut déverser facilement son contenu
grâce à un axe et une vis sans fin avec
engrenages ee_1e_2 mis en marche par
un volant.

Une grille située à la partie inférieure, a une disposition et des
orifices assurant un accès uniforme,
et régulier, de l'air comprimé envoyé
dessous.

Convertisseur grand modèle. —
Il permet de passer 10 à 15 tonnes.

C'est une cuve dans laquelle la grille
à la forme d'un faux fond perforé sous
lequel un ajutage amène l'air comprimé.

De même que dans le précédent, la
manœuvre se fait mécaniquement, les
appareils étant disposés sur des supports formant demi paliers, manipulés
au moyen d'un pont roulant.

Le contenu du convertisseur est
déversé, depuis une grande hauteur,
sur une surface convenablement préparée où il se brise, ce qui évite le
travail au marteau ; la galène grillée
a une teneur en soufre de 2 à $3\,^1/_2\,^0/_0$
dont $1,5$ à l'état de sulfate, et, avec
certains minerais, on arrive même
à $1\,^0/_0$.

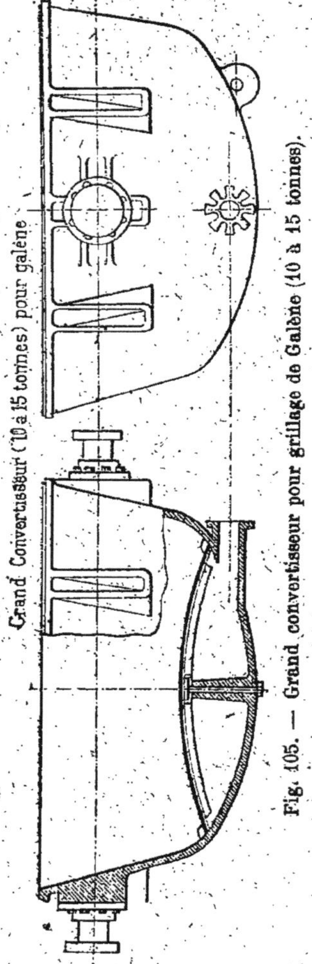

Fig. 105. — Grand convertisseur pour grillage de Galène (10 à 15 tonnes).

Dans le procédé *Salvelsberg*, le minerai est mis froid dans le
convertisseur, sans grillage préliminaire.

On dispose, sur la grille en dos d'âne, du coke que l'on allume
et dans lequel on envoie un courant d'air. Une fois la masse
bien prise et la première couche complètement grillée, on

ajoute, en continuant à souffler, une nouvelle couche de minerai avec du carbonate de chaux et de l'eau pour éviter la fusion, après quoi on procède à des additions successives de minerai et d'ajoute. Le résidu final aurait environ 2 °/₀ de soufre.

Procédé Carmichael Bradfort. — Dans celui-ci l'ajoute serait faite avec 30 à 40 °/₀ de gypse ; ce procédé donnerait des gaz assez riches en SO^2 pour être utilisés dans la fabrication de l'acide sulfurique. Les appareils traitent 4 tonnes de minerai à 14 °/₀ de soufre qui, en sortant renfermerait encore 4 °/₀.

Grillage par aspiration. — Dans les convertisseurs il est délicat d'arriver à obtenir une répartition bien égale de l'air soufflé dans les diverses zones de minerai, aussi a-t-on cherché à opérer sous épaisseur relativement faible, en provoquant un passage de l'air au moyen d'une aspiration.

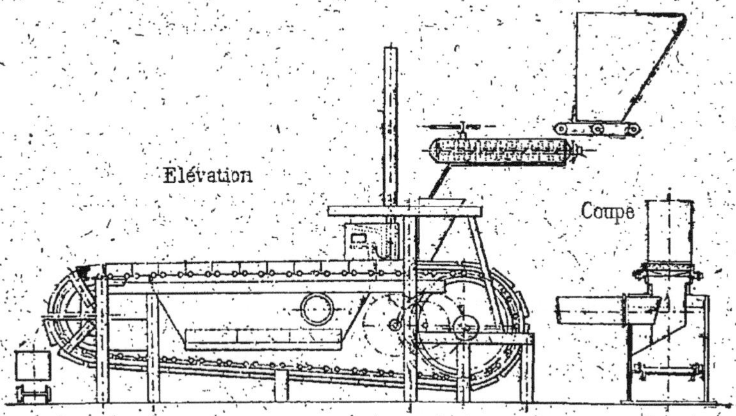

Fig. 106. — Procédé Dwight-Lloyd. Appareil à chaîne sans fin.

On conçoit que cette méthode soit plus logique et assure de nombreux avantages, notamment pour le traitement des poussières.

M. M. *Dwight Lloyd* ont apporté plusieurs solutions à ce problème :

Leur 1ᵉʳ appareil (fig. 106) est un véritable plancher roulant, portant des augets terminés par une grille, emplis au passage par une trémie déversant le mélange préparé. Ils circulent dans un appareil d'inflammation où ils s'allument, puis ils sont soumis à l'aspiration effectuée dans une chambre placée sous la série d'augets. Les dimensions de la chambre, et la vitesse de déplacement de la chaîne du plancher roulant, sont calculées de façon à parachever le grillage grâce à une allure assez lente. Les augets déversent ensuite automatiquement leur contenu.

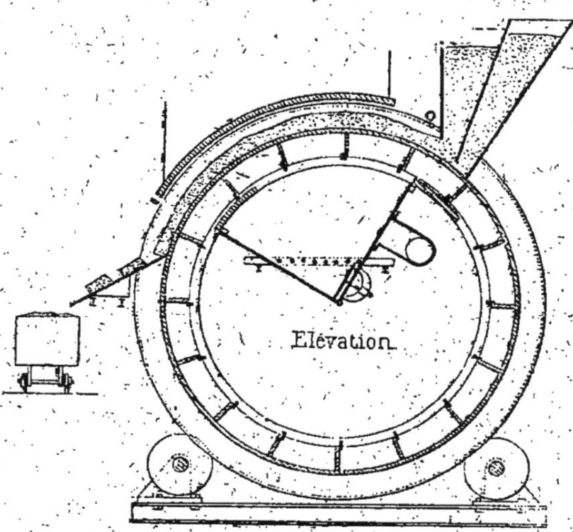

Fig. 107. — Procédé Dwight-Lloyd. Appareil à tambour.

Leur 2e appareil, plutôt employé pour des menus de cuivre, a la forme d'un tambour circulaire à plan vertical, tournant autour d'un axe horizontal, en roulant sur des galets et dont la périphérie est subdivisée en segments possédant une plaque de fonte perforée à la partie inférieure (fig. 107).

De même que dans le brevet précédent, le minerai est déversé dans les augets au moyen d'une trémie, mais, auparavant, une autre trémie a réparti sur la grille des matériaux réfractaires destinés à la protéger ; en tournant ils parviennent à la boîte d'aspiration.

Un appareil de 1 tonne à l'heure, avec une dépression de vent de 13 millimètres de mercure, et le minerai réparti en couche de 0 m, 10 nécessite, pour le ventilateur et la force motrice, 12 chevaux. L'aspiration n'a lieu que sur une partie du parcours.

Leur 3e appareil se rapproche déjà plus de ceux que nous avons examinés pour le grillage des blendes : c'est une table annulaire horizontale tournant autour de son axe vertical, guidée par des galets sur son pourtour, constituant une sorte de grande auge annulaire dont le fond est une grille spéciale en fonte épaisse. Ses espaces libres étaient d'abord de petites rainures, de 8 millimètres d'ouverture et plusieurs centimètres de longueur, avec sections rectangulaires puis ils furent modifiés. M. *Guillet* (*Métallurgie générale*, p. 137) donne comme dimensions de la table qu'il a visitée : 200 à 300 millimètres de long, avec une section non rectangulaire mais en forme de tronc de cône à la partie supérieure, et de cylindre à la partie inférieure, ce qui permet d'enlever plus facilement les portions de métal ou minerai y adhérant.

Au-dessous de la grille se trouve un espace divisé en compartiments de section rectangulaire au moyen de cloisons, ces compartiments sont reliés, par un conduit, à un réservoir en communication avec le ventilateur.

Marche du procédé. Le minerai subit d'abord un premier grillage, comme par le procédé *Huntington Heberlein*, après addition de chaux et silice.

A la sortie des fours, une partie du minerai grillé est refroidie et va dans une trémie alimentant la table, le reste est monté dans une seconde trémie.

Dans son mouvement de rotation, l'auget vide passe sous la trémie à minerai froid où il s'en déverse une couche, puis sous la seconde, il reçoit le minerai chaud qui recouvre la première couche, toutefois dans une grande partie des appareils la totalité du minerai grillé froid est placée dans l'auget, et l'allumage se fait par un foyer soufflé, ou tout autre dispositif convenable.

De même que dans les appareils précédents, la température augmente progressivement à mesure que l'appareil tourne, l'aspiration s'accentue, puis, au bout d'un trajet convenable, le minerai est suffisamment désulfuré, alors une grille le relève et il tombe dans des wagonnets.

La grille, qui reste vide sur une portion du parcours, peut alors être vérifiée et nettoyée le cas échéant.

Les gaz du commencement, riches en SO^2 (5 à 6 $^0/_0$) sont envoyés

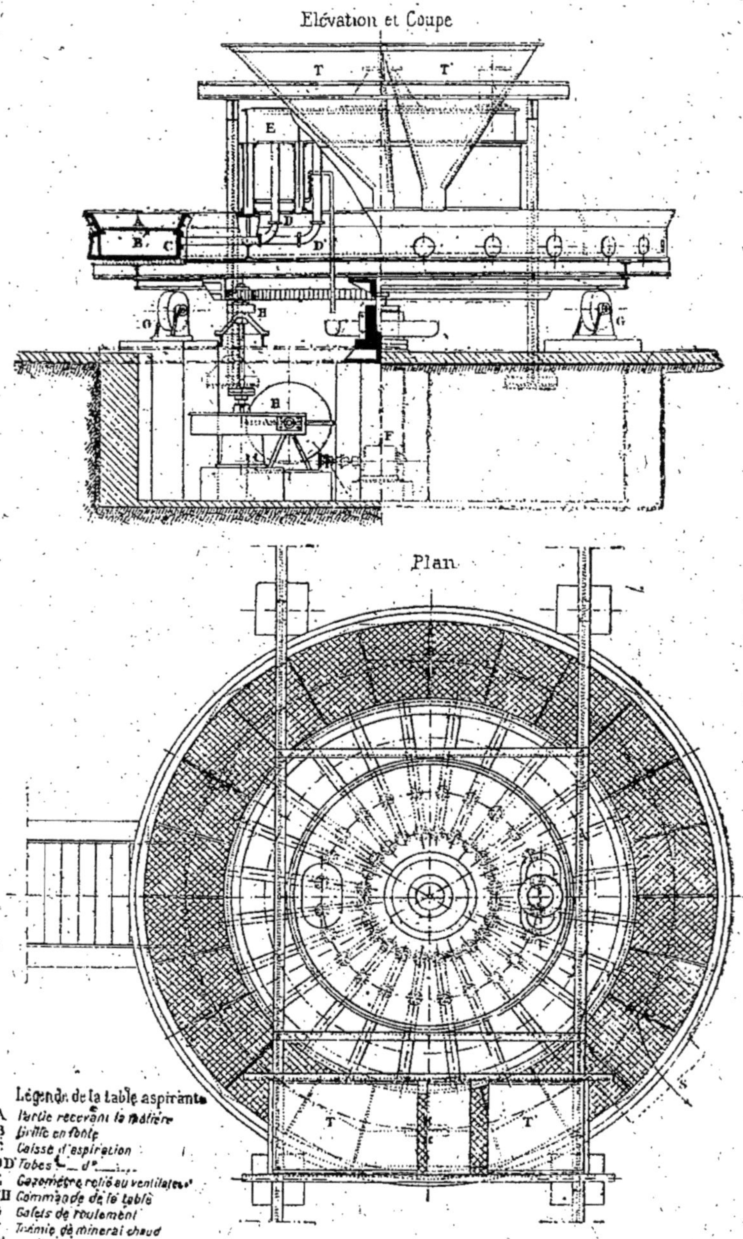

Fig. 108. — Table Dwight et Lloyd

dans les appareils de fabrication d'acide sulfurique, ceux de la fin d'opération étant pauvres vont à la cheminée.

L'aspiration a lieu par l'intermédiaire de tubes DD', réunissant les compartiments de la caisse d'aspiration C avec une cloche à 2 compartiments qui tourne avec la table. La fermeture de cette cloche est fixe, et assurée par un joint liquide.

Quand l'auget ne contient plus de minerai, les tubes de communication se trouvent fermés complètement.

Le gazomètre E, a, pour fond, un plateau avec 2 plaques fixes permettant de fermer l'une ou l'autre des séries de tuyaux amenant les gaz ; au début la 1er série est ouverte puis, quand le grillage s'avance et que les gaz s'appauvrissent, cette série se trouve fermée et la communication avec la 2e, ouverte.

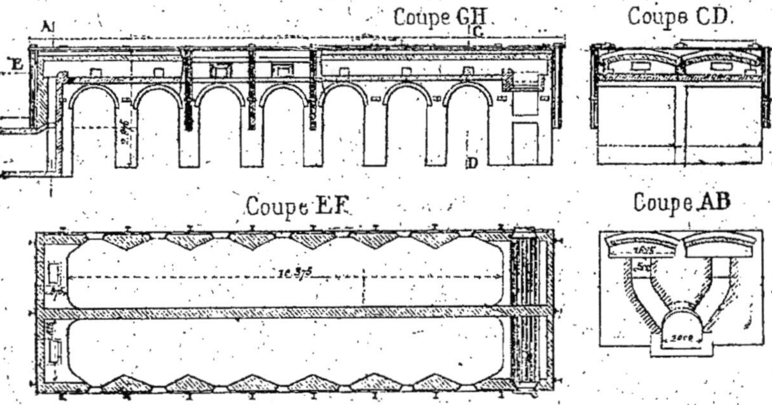

Fig 109. — Four à pelletage à main, pour grillage du sulfure de nickel.

M. Guillet donne comme caractéristiques des appareils qu'il a vus fonctionner (p. 138).

Epaisseur de la couche de minerai	$0^m,15$
Diamètre de la table	5 mètres
Production.....	40-50 tonnes par 24 heures
Vitesse de rotation	1 tour en 90 minutes
Aspiration	250 à 400 millimètres d'eau

Ce dispositif, surtout utilisé pour le grillage de la galène, a été également appliqué pour les pyrites, et même l'agglomération des pyrites grillées, avec addition éventuelle de matières faci-litant la scorification (charbon en poussière, silice, chaux, etc.)

En Allemagne on se sert depuis longtemps de l'acide sulfurique provenant du grillage de la galène, on cite notamment l'usine *Bins-feldhammer* de la *Rheinische-Nassausche-Gesellschaft* à Stolberg (procédé de contact) et l'*Union royale de Friedrichshütte* (procédé par chambres).

Usine de Friedrichshütte. — D'après *Colmann* (Métall. U. Erz. Février 1919 p. 41), cette usine, emploie des chambres circulaires avec introduction tangentielle des gaz à la partie supérieure, et sortie centrale à la partie inférieure. Les gaz sont portés à 280-310°, leur teneur est de 5 à 5,6 % de SO^2 en volume. La fabrique possède aussi une application du procédé *Frank-Caro*. Le CO^2 présent n'est pas gênant. La dépense d'acide nitrique serait de 1 à 1,2 % d'acide à 36° B. par tonne d'acide à 50° B. produit.

L'acide faible est envoyé dans des tours *Gaillard*, pour être con-centré, et la production annuelle atteint 7 200 tonnes d'acide à 60° B. qui sert à la préparation du sulfate d'ammonium.

On emploie également, pour la galène, le four à réverbère à pelletage continu, à sole très longue, munie de nombreuses portes au moyen desquelles le minerai est successivement retourné et progressivement passé de l'extrémité la plus éloignée, et la plus froide, jusqu'à l'autel.

M. Guillet a cité notamment les usines du *Trail* où il existait, il y a quelques années, 8 fours de 25 mètres de long et 5 mètres de large, avec 12 portes de travail, traitant 12 tonnes de galène par jour. Ce type était également utilisé pour le grillage du sulfure de nickel.

Il convient d'ajouter aux systèmes énumérés ci-dessus un certain nombre de fours mécaniques à blende, étudiés de manière à griller les blendes mélangées de galène, ou cette dernière seule (*Wedge, Universal*) (¹).

(¹) Les installations de Binsfelder Hammer sont décrites dans le Zeitschrift für ang. Chemie 1917, p. 383.

Minerais pauvres

Kircheisen (Br. all. 345 563 janvier 1918) prépare SO_2 en partant de matières pauvres en soufre (pyrites pauvres, matières épurantes) qu'il grille en utilisant la chaleur dégagée par la combustion de H_2S.

Autres sources d'acide sulfureux

Dans la guerre mondiale de 1914, les difficultés pour se procurer le soufre, ou les sulfures, d'un usage courant dans la fabrication de l'acide sulfurique ont incité les inventeurs à tenter d'utiliser des matières minérales naturelles le renfermant à l'état combiné, comme c'est le cas des sulfates.

On a étudié les moyens d'en retirer le soufre, ou tout au moins de les transformer en sulfure, ou en SO_2 par des procédés divers. Il convient d'attirer en particulier l'attention sur ceux à base de silice qui peuvent être rangées en diverses catégories :

A) Décomposition du sulfate de chaux par la silice seule.

B) Décomposition par la silice en présence de fer.

C) Décomposition par la silice en présence d'alumine.

D) Décomposition par la silice en présence de sulfate de soude.

A) Décomposition de sulfate de chaux par la silice seule. — A température suffisamment élevée le SO_4 Ca peut se dissocier, *Budorkoff et Syrkin* ont montré en 1923 que, commencée à 1 000°, la dissociation était sensiblement terminée à 1.375°.

On sait aussi que la silice peut, à haute température, jouer le rôle d'acide fort et, en 1908, *Hilbert* et *Prudhomme* ont même pris un brevet (Br. fr. 400 030) utilisant cette réaction, celle-ci a été étudiée à nouveau en 1923 par Mlle *G. Marchal* qui a constaté qu'elle commence vers 870.

B) Décomposition par le silice en présence de fer. — La réaction précédente est facilitée par la présence de certains corps jouant le rôle de catalyseurs, le fer est dans ce cas.

Trey (Br. all. 207.761, 1909) et *Wedeking* (Br. all. 232.784, 1910) ont constaté et décrit le phénomène.

La *Badische* a utilisé également cette réaction comme source de SO^2 destiné à être réduit à l'état de soufre en présence de coke.

C) **Décomposition par la silice et l'alumine.** — Une réaction industrielle des plus intéressante à ce sujet est celle utilisée dans la fabrication des ciments, entre le sulfate de chaux et les composés, tels que la silice et l'alumine, qui fixent la chaux en déplaçant l'acide sulfurique.

$$SO^4Ca + SiO^2 \rightleftarrows SiO^2CaO + SO^2 + {}^1/_2 O^2$$
$$SO^4Ca + Al^2O^3 \rightleftarrows Al^2O^3CaO + SO^2 + {}^1/_2 O^2$$

Le Brevet *Prudhomme* signalé précédemment visait, non seulement le traitement du sulfate de chaux au four électrique par la silice, mais également par l'alumine ou l'oxyde de fer.

Ces réactions ont été étudiées par Mlle *G. Marchal* (C. R. Ac. Sc. 10 décembre 1923) en opérant dans le vide. La 1re commencé vers 870, la 2e vers 940. Pour la 1re, la pression totale d'équilibre est 76 cm. avec t = 1.273 et la 2e 1.363 pour une pression d'équilibre de une atmosphère.

On a songé à extraire SO^2 du mélange gazeux, ou employer ce dernier directement pour fabriquer l'acide sulfurique, et de sérieux résultats ont pu être obtenus.

La *Farben fabriken* (*Bayer et Cie*), Br. all. 297.922 et 299.033 gazéifie un combustible dans un gazogène et injecte le gaz, additionné d'air supplémentaire, dans un four à cuve contenant des proportions convenable de gypse et argile : (40 gypse, 10 sable et 14 kaolin) tandis qu'une autre partie de l'air est envoyée à travers le cendrier. Les gaz obtenus contiennent SO^2 qu'on utilise pour faire de l'acide sulfurique, quant au mélange, il présente les propriétés du ciment Portland. Chaque four donnerait 2.000 tonnes en laitier de ciment et permettrait de produire annuellement près de 1.500 tonnes d'acide sulfurique.

D'après *Allemand, Williams et Pascal* (*Cours de chimie ind.*), il serait avantageux d'employer un four tournant, chauffé avec du charbon pulvérisé, ayant 3 mètres de diamètre et 50 mètres de long. La charge resterait 3 heures, puis serait envoyée dans un second four refroidisseur de diamètre plus petit.

Le gaz résultant contiendrait 6 % SO^2 ainsi que du gaz carbonique, le rendement atteindrait 80 %.

Ce procédé présente comme avantages d'employer une matière première abondante existant sur place, tout en donnant, comme sous-produit, une matière ayant d'énormes débouchés. Restent à connaître les facteurs, installations, amortissement, dépense de combustible et prix de revient.

La *Métallbank und Métallurgische Gesellschaft* (Br. all. 305.152) (add. au 227.125) avait breveté la récupération des composés oxygènes du soufre en enflammant un mélange de combustible, et de sulfate, en morceaux granulés ou agglomérés mais évitant la formation de scories fusibles. Elle a pris plus tard un brevet (Br. all. 847.694 – 1916) basé sur l'emploi de fondants silicieux ou de scories ayant pour but d'obtenir comme résidu, non plus de la chaux pure, mais des produits susceptibles d'applications diverses.

D) **Décomposition en présence de silice et sulfate de soude.** — Cette méthode a été brevetée en Amérique (Br. am. 1.292.098, 1919) par *W. A. Seamon.*

Procédés divers sans silice

Nous avons examiné précédemment un certain nombre de méthodes partant du sulfate de chaux pour obtenir du soufre, et fournissant souvent comme produits intermédiaires CaS, H^2S ou SO^2, il est inutile de nous répéter, mais il en existe en outre un certain nombre d'autres préconisées comme sources d'acide sulfureux.

En voici quelques-unes dans lesquelles le silice n'intervient pas : La *Métallbank und Métallurgische Gesellschaft* (Br. all. 227.175 et 307.101) projette dans un four, à l'aide d'un courant d'air, une mixture de sulfate alcalino-terreux et de combustible, granulés ou agglomérés de façon appropriée.

Dans son brevet 307.043 novembre 1916, elle traite au four un mélange de sulfate avec charbon mais règle la proportion d'air soufflé de façon à ce que la masse entière sorte à la température de décomposition.

Dans ses brevets d'addition (Br. all. 371.863 et 371.864) elle produit SO^2 en injectant, sur la masse de sulfate et de combustible porté à température convenable, (Br. all. 227.175) de l'air additionné d'oxygène ou de l'oxygène pur, pouvant être, au préalable, réchauffés à l'aide du SO^2 produit.

Bambach und Cie Ch. Gesell. Br. all. 371.978, avril 1918, dirige sur le sulfure de calcium, obtenu dans la réduction de gypse, de la vapeur d'eau produite à la partie inférieure de la zone de réaction. *Trauss* (Br. all. 377.409, novembre 1919) chauffe dans un courant de gaz indifférents vis-à-vis de SO^2 un mélange de sulfate et de sulfites de métaux lourds, ou même ces derniers.

L. Diehl (Br. all. 296.454, février 1920) injecte de l'air chaud dans le laitier du haut fourneau, en proportion telle que le gaz résultant renferme une proportion de SO^2 permettant de l'utiliser pour fabriquer SO^4H^2.

Trautz (Br. all. 356.414, 23 décembre 1919) forme des briquettes de sulfate, avec du charbon ou du fer.

En l'absence d'hydrogène, on chauffe dans un courant de gaz ne réagissant pas sur l'acide sulfurique (CO^2, Az, SO^3) de manière à entraîner tout le soufre.

SO^2 peut également être préparé en traitant par H^2S les sulfates de magnésium ou alcalino-terreux, finement pulvérisés, dans des fours tournants, à température aussi basse que possible avec dispositif de contre-courant (*Erchenbrecher*, Br. all. 307.752, 16 octobre 1917).

Le sulfate de magnésie, réduit par l'hydrogène ou le gaz à l'eau, et mélangé de vapeur d'eau, donne de la magnésie pure et du soufre. Pour récupérer ce dernier on dirige le courant de gaz chaud sur un charbon absorbant.

$$2SO^4Mg + C = 2MgO + 2SO^2 + CO^2.$$

La réaction a été appliquée dans de nombreux brevets ; *Badische*

(Br. all. 300.763, 1915), *Kiermayer* (Br. all. 312.775, 1916), *Siemens* (Br. all. 326.283, 1919) et la *Magnésie française* 1916-17.

La *Chemische fabrik* (Br. all. 307.121, 23 mars 1918) prépare SO_2 en chauffant les sulfures alcalino-terreux avec des sels de magnésium.

Le sulfate de cnaux, mélangé au sulfure de calcium, et chauffé au-dessus de 1.000, donne un dégagement de SO_2 (*Chem. fab. vorm. Weiler ter meer*. Br. all. 307.772, 20 octobre 1917.

Quant aux procédés utilisant le fer métallique, ils ont été nombreux ; mais les moyens d'application sont différents: *Martin et Fuchs* ont montré que ce métal réduit à plus basse température que le charbon (750° pour le SO_4Ca) avec 15/16 de la quantité théorique, le rendement est 80 % de la théorie. Il se forme des ferrites de fer.

La *Verein chem. fab. Mannheim* opère dans un mélange de vapéur et d'air à 600-900° (Br. Ang. 149.662, 1919).

Trautz (Br. all. 356.414 et 357.409, 1919) préfère l'emploi de gaz indifférents, à SO_2, pour chasser l'air, en présence de sulfure de fer, zinc ou plomb à 1050-1170.

La *Rhenania* (Br. all. 386.293 et 394.362, 1919) opère à 900-950° dans un courant de gaz oxygène et vapeur.

Production de SO_2 avec l'hydrogène sulfuré

L'industrie chimique ne livre pas seulement des gaz sulfureux SO_2, nous avons vu que, dans certains cas comme le traitement des marcs de soude, on obtient de l'hydrogène sulfuré H_2S.

Ce dernier peut d'ailleurs être également extrait de gaz complexes par des moyens relativement simples :

The Kopper Company dans ses Br. fr. 359. 015, 559.016, 539.017 opère de la façon suivante:

Les gaz sont amenés au contact d'un composé alcalin, tel que le CO_3Na_2 à 5 ou 6 %, de manière à réaliser les réactions :

$$Na_2CO_3 + CO_2 = H_2O + 2CO_3NaH$$

$$CO_3Na_2 + H_2S = NaHS + CO_3NaH$$

Ensuite le gaz échappé est dirigé dans une solution alcaline, par exemple CO_3Na_2 à 2 %, destinée à absorber le reste de H_2S.

Quand on aère les solutions, une partie de sulphydrate de soude est transformée en hyposulfite qui peut être converti en carbonate directement, où, après transformation préalable, en sulfure, par chauffage avec une matière carbonatée et même de la pierre calcaire, puis lessivage.

Le reste des composés donne par aération :

$$2CO_3NaH = CO_3Na_2 + CO_2 + H_2O$$
$$2NaHS + CO_2 + H_2O = CO_3Na_2 + 2H_2S$$
$$CO_3NaH + NaHS = CO_3Na_2 + H_2S$$

la solution est donc chargée de carbonate de soude et prête à reservir.

L'appareil de *The Koppers Company* (Br. F. 559.016) pour la purification du gaz, comporte une tour divisée en un certain nombre de compartiments distincts pour réaliser les phases d'absorption et d'aération. La partie supérieure (1b) dite d'absorption, a l'entrée des gaz en 19 sous la grille 17, et leur sortie en 20, au-dessus du remplissage 18. La solution alcaline, conduite par le tuyau 22, arrive au pulvérisateur 22, rencontre les gaz ascendants et s'écoule dans la cuve au-dessous de la grille 17, d'où une conduite 23 l'amène au pulvérisateur 24 situé en haut du compartiment de régénération. En descendant, elle rencontre un courant d'air lancé par un souffleur au-dessous de la grille, ce

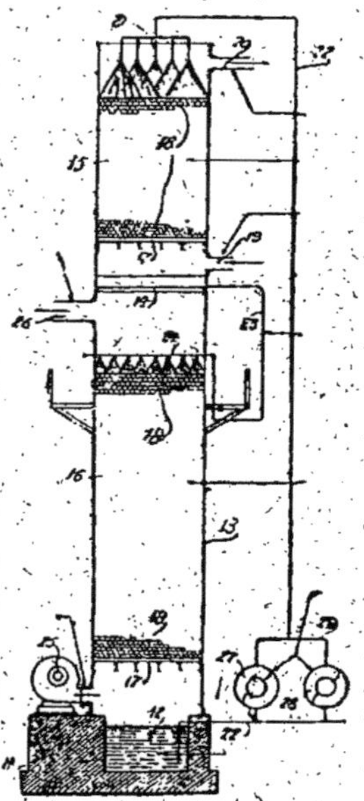

Fig. 110.

air s'échappe en haut de ce compartiment inférieur 26. Quand au liquide régénéré il peut être repris par une pompe 27, dans la citerne 12, et renvoyé au sommet du compartiment absorbeur, *Petit* (Br. anglais 195.061) a breveté l'absorption de H_2S contenu dans des gaz, en l'absorbant dans une solution alcaline, ou alcalino-terreuse soumise ensuite à l'action de CO_2.

Celui-ci est à son tour régénéré par chauffage de la solution.

L'auteur préfère la potasse à cause de la grande solubilité du carbonate et du bicarbonate.

L'hydrogène sulfuré obtenu par une méthode quelconque donne, quand il est soumis à une oxydation convenable

$$H_2S + O_3 = SO_2 + H_2O$$

l'acide sulfureux produit peut, à son tour, servir à la fabrication de l'acide sulfurique.

Pour réaliser l'oxydation nécessaire, on emploie des fours de construction simple, dans lesquels l'air et l'hydrogène sulfuré sont admis en proportions réglées de manière à permettre une oxydation partielle donnant SO_2, ou complète allant jusqu'à SO_3, avec en supplément l'excès d'oxygène nécessaire.

On a soin de porter, au préalable, le four à la température du rouge et on règle les arrivées de gaz de façon à la maintenir.

Nous signalerons, en passant, que *Jones, Yant et Berger* (Industr. Engin. Chem., avril 1924, p. 353) ont rendu compte d'essais effectués par le *Bureau des mines* américain pour déterminer les limites d'inflammabilité de mélanges d'H_2S et d'air.

La limite inférieure a été reconnue.......................... 59 % H_2S
   »   supérieure   »   .... 27,2 %

Gaz métallurgiques divers

Opérations métallurgiques en général.

Celles qui s'appliquent aux minerais sulfurés peuvent se classer en deux catégories, selon le produit final :

1° Les opérations de *calcination* ou *grillage*, dans lesquelles le minerai reste solide (oxydé ou aggloméré) mais avec une composition modifiée (soufre remplacé en grande partie, ou totalité, par l'oxygène) à la sortie du four ou du convertisseur.

2° Les opérations de *fusion*, donnant naissance à une matière plus ou moins fluide, dont la composition dépend, non seulement de l'oxydation des constituants, mais de combinaisons spéciales résultant de l'addition de fondants.

Généralement, dans ce dernier cas, on a, comme finale, la matière la plus intéressante, métal, alliage, ou matte, accompagnée du laitier (ou scorie), parfois même on obtient, comme dans la métallurgie du plomb, un plus grand nombre de catégories.

On trouvera dans *L. Guillet* (*Métallurgie générale*) une description très complète des méthodes et appareils employés.

Les matières, fondues dans des fours spéciaux (à cuve à sole ou à récipient) passent, dans certaines industries, aux convertisseurs qui en effectuent l'affinage, c'est-à-dire éliminent un certain nombre de produits en donnant un composé plus simple et plus riche que celui du début de l'opération.

Dans le cas des produits sulfurés complexes que sont les mattes, (sulfures doubles de fer et de cuivre) dans la métallurgie du cuivre, on a, sous l'influence de l'oxygène de l'air

$$2Cu^2S \cdot nFeS + 3nO^2 = 2Cu^2S + 2nFeO + 2nSO^2$$

puis

$$2Cu^2S + 2O^2 = Cu^2S + 2CuO + SO^2$$
$$Cu^2S + 2CuO = 4Cu + SO^2$$

Dans la métallurgie du nickel la matte qui est très complexe et contient :

$$NiS \cdot nFeS \ ; \ NiS \cdot nCu^2S \cdot nFeS$$

doit être déferrée, c'est-à-dire que le sulfure de fer est amené à l'état d'oxyde.

On a tenté d'appliquer la méthode du convertisseur à d'autres métaux, pour obtenir :

$$3MS + 3O^2 = MS + 2MO + SO^2$$
$$MS + 2MO = 3M + SO^2$$

mais les résultats ont été moins intéressants que dans les métallurgies du cuivre et du nickel.

Le traitement des mattes s'effectue également dans des fours à sole (métallurgie du cuivre), qui peuvent être chauffés par des combustibles solides, liquides ou gazeux.

Il est évident que, pour être utilisables, les gaz doivent, d'une façon générale, réaliser certaines conditions de pureté et de richesse en SO_2, cependant on cherche de plus en plus à réaliser une application industrielle de ceux qui, étaient considérés comme inemployables, en raison de leur dilution, ou leur composition. Ils peuvent provenir d'une des réactions signalée plus haut ou du traitement de minerais naturels très complexes.

M. Larison a donné (Engin. and Mining. Journal 1916, vol. 102, p. 1121-1125) des analyses de certains de ces derniers et voici une comparaison avec celui que traite la *Tennessee Copper C°*.

	Ducktown	Tennesse
Cuivre (Cu)	2,74 %	1,5 à 2,5 %
Fer (Fe)	30;37	23 à 38
Soufre (S)	18,87	19 à 30
Silice (SiO_2)	26,96	14 à 30
Chaux (CaO)	1,67	—
» (Ca)	—	4 à 5,5
Magnésie (MgO)	2,97	1,2 à 2,4
Manganèse (Mn)	2,80	
Alumine (Al_2O_3)	2,91	3,5 à 4,6

On trouvera des détails sur les installations dans *Stevens. Copper Hand Book. Tennessee Copper C°*, vol 1910-11 p. 1661. 67., *Nelson* Manufacture of sulphuric acid en Tennessee, 1911.

Ressources of Tennessee. *Tennessee gcol. Survey*, vol. 2, 1112, p. 23-24.

Fairlie. Large scale sulphuric acid manufacture. Chem. And. met. Eng., vol. 19, 1918, p. 404.

Dans cette installation, les minerais peuvent être fondus dans 4 fours ayant 258 pouces (6 m. 45) sur 36 pouces (0 m. 90) au niveau de la tuyère, traitant chacun 400 tonnes par jour avec une dépense de 4 à 6 % de coke. La marche normale est avec 3 fours.

85 à 87 % du soufre, sont transformés en SO^2 et le reste passe dans la maltte ; en raison des pertes inévitables on obtient, à l'état d'acide sulfurique, 65 à 70 % du soufre total ou 75 à 80 % du soufre oxydé.

Les gaz contiennent en bonne marche........ $\begin{cases} 8 \text{ à } 9\ \%\ SO^2 \\ 6 \text{ à } 7\ \%\ CO^2 \\ 1\ \%\ CO \end{cases}$

et le reste en azote. Pour réaliser la transformation en acide sulfurique il convient d'ajouter, à ces gaz, l'air devant apporter l'oxygène nécessaire à la réaction. On opère au moyen de ventilateurs soufflants disposés en divers points ; cette introduction d'ailleurs assez délicate qui s'effectue dans la conduite allant du fourau Glover est réglée au moyen de registres, de façon à maintenir une teneur de 3 à 4 % d'oxygène à la sortie.

Installation *Ducklown Copper, Sulphur, and Iron C°.*

M. Freeland et C. Renwick, Eng. and min. journ. 1910, vol. 89, p. 1116-1120 en ont donné une description à laquelle on pourra se reporter pour avoir les caractéristiques de 16 chambres.

Dans ce genre d'installation, il se produit une quantité sensible de poussières impalpables renfermant de l'oxyde de zinc et du sulfate qui peuvent occasionner de sérieuses difficultés et des obstructions, salir l'acide du Glover ou des chambres. Il a fallu faire établir des dispositifs augmentant les surfaces de condensation et permettant la récupération des fumées, toutefois les acides sont, malgré cela, sales ou boueux, c'est pourquoi on a vu, avec un vif intérêt, apparaître les nouvelles méthodes électriques de purification.

ENRICHISSEMENT DES GAZ SULFUREUX PAUVRES

Il existe enfin dans l'industrie chimique un grand nombre de réactions qui donnent directement naissance à l'acide sulfureux, par oxydation, ou réduction ; on l'obtient également comme sous-produit d'autres réactions appartenant à diverses catégories.

Diverses d'entre elles sont d'ailleurs appliquées sur une échelle assez importante.

Le temps n'est pas encore bien éloigné où certaines fumées, métallurgiques ou autres, constituaient de véritables calamités pour les campagnes et même les cités environnantes ; Les règlements de l'hygiène, simultanément avec l'intérêt économique, ont incité à découvrir les moyens d'éliminer ces sources de pollution de l'atmosphère, d'abord par l'emploi de cheminées deplus en plus hautes (jusqu'à 130 mètres), puis en détruisant ou récupérant, autant que possible, l'acide sulfureux et les autres produits l'accompagnant, au premier rang desquels se trouve généralement l'acide sulfurique.

Tant qu'on s'est trouvé en présence de gaz SO^2 suffisamment riches, on a pu les utiliser directement à la fabrication de l'acide sulfurique et nous avons décrit les progrès réalisés dans le grillage, ainsi que l'application, de gaz provenant des blendes, galènes ou minerais sulfurés complexes, toutefois la dilution de l'acide sulfureux, ou sa composition, ne permettent parfois pas d'envisager cette solution, il faut alors songer à les épurer et les enrichir.

C'est d'ailleurs un problème de très grande importance que celui qui consiste à prendre des gaz sulfureux faibles et impurs et à les transformer en produits assez riches et suffisamment purs.

Pour obtenir ce résultat on a recours à plusieurs méthodes :

Les *méthodes chimiques*, qui consistent à engager d'abord l'acide sulfureux dans des combinaisons stables, puis à l'en dégager grâce à un agent chimique convenable.

Les *méthodes physiques* dans lesquelles l'acide sulfureux est séparé des autres gaz par un phénomène physique, tel que la dissolution, après quoi on le remet en liberté par un moyen approprié.

Enfin il est parfois indispensable d'employer simultanément des méthodes particulières constituant les *procédés physico-chimiques*.

MÉTHODES CHIMIQUES

(Voie humide et sèche)

L'acide sulfureux se combinant facilement aux alcalis et alcalino-terreux en donnant des bisulfites et sulfites, il était tout naturel qu'on ait songé à utiliser cette propriété pour récupérer celui contenu dans les gaz trop dilués afin de l'utilisés en industrie.

L'alcalino-terreux le plus répandu est évidemment la chaux, aussi a-t-on indiqué son emploi, le plus souvent sous forme de lait de chaux, mais l'usage de la pierre à chaux, moins coûteux, a été appliqué également, dans des chambres ou tours ; Comme autres produits préconisés on trouve la magnésie hydratée, l'hydrate d'alumine, certaines argiles, les bauxites, les scorie basiques, le carbonate et l'oxyde de zinc, l'oxyde de fer, du fer, du cuivre ou du zinc, etc., qui donnent simultanément des sulfates acides, sulfates neutres, bisulfites ou sulfites.

On a envisagé outre l'absorption pure et simple, des réactions plus compliquées, telles que celle résultant de l'action du SO^2 résiduel, sur H^2S (avec formation de soufre), sur le sulfure de sodium en solution (formation d'hyposulfite ou de soufre), le sulfure de calcium (obtenu par réduction du sulfate de chaux avec le charbon) ou le sulfure de baryum, afin d'obtenir du soufre selon des réactions telles que :

$$2H^2S + SO^2 = 2H^2O + 3S$$
$$5SO^2 + 2Ca(HS)^2 + 2H^2O = 2CaSO^4 4H^2O + 7S.$$

Pour réaliser un contact aussi parfait que possible entre les gaz et la matière épurante ou absorbante, on a préconisé des tours de dimension convenable, des chambres ou appareils avec plateaux perforés, des systèmes tubulaires, des dispositifs avec agitateurs etc, etc.

L'efficacité et la rapidité d'absorption dépendent : de la constitution chimique de la matière, du dispositif permettant son mélange intime avec les gaz, et de leur température, de sorte qu'ils doivent être tout d'abord convenablement refroidis.

La liste des brevets et procédés décrits étant très longue, nous nous bornerons à rappeler quelques-uns des plus marquants.

Dans son brevet belge n° 147.589 du 29 janvier 1900 M. *Émile Raynaud* a revendiqué un procédé basé sur la propriété que possède le fer d'absorber, lorsqu'il est humide ou plongé dans de l'eau, des quantités considérables d'anhydride sulfureux, il se transforme ainsi en une combinaison soluble qui, lorsqu'on le chauffe, abandonne les deux tiers environ de l'anhydride absorbé.

Le gaz sulfureux résultant de la combustion du soufre, ou d'un minerai sulfuré, est envoyé, à l'aide d'une pompe ou autre appareil approprié, dans des cuves en bois communiquant entre elles et contenant de l'eau dans laquelle se trouvent des morceaux de fer, de la limaille, ou des tournures de fer, parfois aussi un hydrate ou oxyde de fer attaquable par le SO^2.

Avec un nombre assez grand de cuves, on peut supprimer la pompe, l'absorption du gaz sulfureux étant telle qu'elle suffit à entretenir le tirage des fours.

On peut substituer aux cuves tout autre dispositif approprié comme, par exemple, une colonne dans laquelle le fer est disposé sur des plateaux perforés, arrosés par une pluie d'eau tombant du sommet, tandis que le gaz pénètre par le bas.

Dans cette opération le gaz sulfureux se fixe seul ; l'azote et l'excès d'oxygène provenant de la combustion des minerais, s'échappent de la dernière cuve.

Quand la solution marque environ 25° B. on la fait passer dans une cuve en fonte, garnie à l'intérieur d'une feuille de plomb, où elle est chauffée. Cette cuve est munie d'un tube pour le départ de l'anhydride sulfureux : celui-ci se dégage aussitôt que la solution atteint 60° C, laissant dans la cuve un précipité de sulfite basique de fer qui peut rentrer dans la fabrication pour absorber à nouveau de l'anhydride sulfureux.

Dans la méthode de récupération *d'anhydride sulfureux* des gaz de fours *H. Howard et F. G. Stantial*, États Unis. — U. S. A. P. n° 1.271.899 Dem. le 12 Mai, 1917, ceux-ci sont passés au scrubber sur une liqueur alcaline diluée. Le sulfite produit est traité à la chaux, en donnant du sulfite de calcium et régénérant la solution alcaline. Dans le cas où les gaz renferment de l'anhydride sulfurique, on le sépare au préalable par un procédé approprié.

La *Chemische Fabriken V. W. Ter Meer* (Br. All. 307.121, 31 Mai 1918) a étudié les conditions de décomposition des sulfites alcalino-terreux, ce qui l'a amenée aux conclusions suivantes :

Les sulfites de calcium, strontium et baryum restent inaltérés jusqu'au rouge, alors que celui de magnésium perd déjà son acide sulfureux à 200°. On peut facilement extraire SO^2 de ces sulfites en les chauffant, après mélange avec du sulfate ou chlorure de magnésium ou même les eaux mères de cristallisation de sel de magnésium. Par exemple, on mélange intimement 144 de sulfite de calcium à 83 °/₀ avec 203 de chlorure de magnésium et on chauffe le tout dans une cornue munie d'un tube de sortie. Le dégagement commence déjà à 150°. On élève progressivement la température jusqu'à ce que la réaction soit terminée, tout en restant au-dessous du rouge.

Gerland a observé que le phosphate bicalcique, en présence d'eau, absorbe SO^2 et que la solution chauffée à 100° le dégage à nouveau.

$$2PO^4\ CaH + 2SO^2 + 2H^2O = (PO^4)^2CaH^4 + Ca(SO^4H)^2$$
$$(PO^4)CaH^4 + Ca(SO^4H)^2 = 2PO^4CaH + 2SO^2 + 2H^2O$$

MÉTHODES PHYSIQUES D'ENRICHISSEMENT

Dans ces méthodes, l'enrichissement est généralement précédé d'une épuration, dans laquelle les gaz sont, non seulement refroidis, mais débarrassés de la majeure partie des poussières contenues, par passage dans des tours arrosées d'eau ou d'acide sulfurique et garnies de matières inattaquables, naturelles ou artificielles (grés, lave de Volvic, etc.). L'acide sulfureux est ensuite enlevé par des moyens physiques du milieu dans lequel il se trouvait.

Méthode par congélation

La *Compagnie Industrielle des Procédés Pictet* (Br. all. 22.363) a basé un procédé sur le fait que les hydrates d'acide sulfureux cristallisent à partir de 10°, et que SO^2 gazeux perd son eau à cette température.

Méthodes par dissolution

Elles sont basées sur la dissolution de l'acide sulfureux dans un véhicule permettant sa mise en liberté ultérieure sous l'influence de la chaleur, (éventuellement aidée par la dépression).

Ce véhicule a été d'abord l'eau, puis, dans ces dernières années on a tenté de la remplacer par d'autres.

Eau. — Le *procédé Hanisch et Schroeder* (Br. all. 26.181, 27.581 et 36.721) consiste à envoyer l'acide sulfureux gazeux dans une colonne à coke arrosée par de l'eau, et soumettre ensuite la dissolution obtenue à température telle que SO_2 se dégage à nouveau. Il fut appliqué dès 1885 dans une installation d'essai en se servant des gaz à 6 %, SO_2 provenant de fours à blende.

La description en a été donnée dans la *Chemische Industrie* 1884, page 120 et *Zeitschrift für angew. Chem.* 1888, p. 448. De grosses quantités d'acide sulfureux liquéfié, ou de dérivés, ont été fabriqués par cette méthode.

L'*American Smelting and Refining C°* (Br. f. 548.043, 8 nov. 1922) a breveté un mode d'enrichissement des gaz métallurgiques contenant SO_2, basé également sur une absorption préalable par l'eau.

La solution est partagée : une fraction va dans une cuve, chauffée par le liquide résiduel chaud provenant d'une phase ultérieure, l'autre partie est portée à près de 100 degrés au moyen de SO_2 et de vapeur d'eau provenant d'une opération suivante.

Les parties ainsi réchauffées sont amenées à température d'ébullition pour dégager SO_2, qui est additionné aux gaz jusqu'à ce que la richesse ait atteint un chiffre voulu.

Huiles minérales. — M. *Guiselin* (Br. f. n° 442.259) a utilisé leurs propriétés solvantes à l'égard sur l'acide sulfureux gazeux (25 %, à 20° C et 175 %, à 5° C).

Les *Établissements Kuhlmann* (Br. f. 514.025, 20 octobre 1919) se sont aussi servi d'huiles de houille non anthracéniques pour produire l'acide sulfureux liquide en partant de gaz dilués, se basant sur ce que ces huiles peuvent en dissoudre un quart de leur poids à température et pression ordinaire. Le gaz sulfureux est comprimé et envoyé dans des tours à remplissage dans lesquelles on fait couler de l'huile de goudron peu volatile. Le liquide saturé envoyé à travers un échangeur de chaleur, passe dans un détendeur également réchauffé où, sous pression réduite, il perd la presque totalité de SO^2 dissous que l'on comprime pour le liquifier.

Le gaz sortant du compresseur 1 peut être dirigé par la tubulure 2, dans une tour d'absorption remplie d'anneaux et maintenue à basse température. L'huile lourde est envoyée au sommet de la tour au moyen de la pompe 4 et un distributeur permet un arrosage convenable.

La solution sulfureuse, recueillie au bas de la tour est refoulée par la pression inférieure dans le serpentin 9 formant échangeur de température et entourée d'une enveloppe de vapeur 11.

Il se forme une émulsion de gaz qui arrive tangentiellement dans le séparateur 13 muni d'une double paroi à circulation de vapeur. La pression est réduite au moyen d'une pompe aspirante et la solution s'étalant en nappe mince, vient se réunir

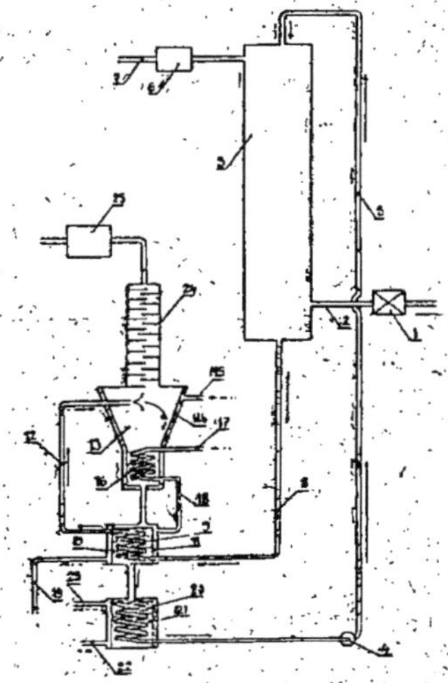

Fig. 111. — Appareil Kuhlmann pour enrichissement des gaz sulfureux.

au bas du séparateur où elle est encore réchauffée par le serpentin 18. Refroidie ensuite dans les échangeurs 10 et 20 elle peut être réaspirée par la pompe 4 pour refaire un nouveau circuit.

Les vapeurs d'huile entraînées sont arrêtées dans la colonne 24, et les gaz enlevés par la pompe aspirante 25.

Le gaz sulfureux est comprimé dans un gazomètre ou dans des bouteilles où il se liquéfie.

On peut récupérer une partie de l'énergie dépensée pour la compression des liquides et des gaz, en recevant ceux-ci, lors de leur détente, dans un cylindre à piston ou une turbine couplée avec l'organe de compression correspondant.

Dans le br. all. 400.420 (10 juillet 1923), le *Chem. fab. Billwarder* utilise divers solvants : aldéhyde benzoïque (100 litres absorbent 32 kilogrammes SO^2), l'aldéhyde chlorobenzoïque

(100 litres absorbent 25 kilogrammes), l'huile d'acétone (100 litres absorbent 30 kilogrammes SO^2) en opérant dans des vases refroidis.

Alcool. — M. *Kaltenbach* (Br. fr. 481.846) décrit comme suit son procédé qui a fait également l'objet du brevet américain 1.260.681 du 26 mars 1918) ainsi que du (Br. N° 481.846) :

La fabrication de l'anhydride sulfureux se pratique couramment par dissolution, dans l'eau, de gaz dilués provenant de la combustion du soufre. Cette solution, traitée par la chaleur, dégage le SO^2 pur que l'on peut alors liquéfier par compression après l'avoir desséché.

Comme la solubilité des gaz sulfureux dilués est faible, il faut une quantité d'eau considérable, équivalant en pratique à plus de cent fois le poids d'anhydride fabriqué, qui doit ensuite être chauffée à 100° et, malgré les échangeurs de température employés, la dépense de combustible est très importante.

La manipulation de grandes masses de liquide nécessite des appareils volumineux rendant les installations coûteuses et encombrantes. Il y a donc avantage à employer des dissolvants dont la capacité d'absorption soit supérieure à celle de l'eau.

Les alcools sont dans ce cas et, en particulier, l'alcool éthylique présente les avantages suivants :

La chaleur spécifique est faible, son point d'inflammation élevé, sa température d'ébullition inférieure de 20° à celle de l'eau.

Sa capacité d'absorption pour SO^2 s'accroît rapidement, avec l'abaissement de température jusqu'à atteindre le mélange en toute proportion à partir de 10° environ.

Il est peu coûteux et n'attaque pas les métaux usuels.

De son côté, l'anhydride sulfureux constitue un agent pratique et fréquemment employé pour la production du froid.

Le rapprochement de ces diverses propriétés a conduit à l'établissement d'un procédé de fabrication industrielle basé sur la dissolution de SO^2 dans un alcool à basse température qui utilise une partie de l'anhydride produit pour réaliser les basses températures nécessaires. Cette partie de l'invention est applicable quel que soit le dissolvant employé, et permet seule l'utilisation de dissolvants volatils aux températures usuelles.

Dans le dessin, 1 est une colonne d'absorption pour les gaz sulfureux dilués arrivant par la tubulure 2 et provenant de la combustion du soufre. Ces gaz sont refroidis au préalable.

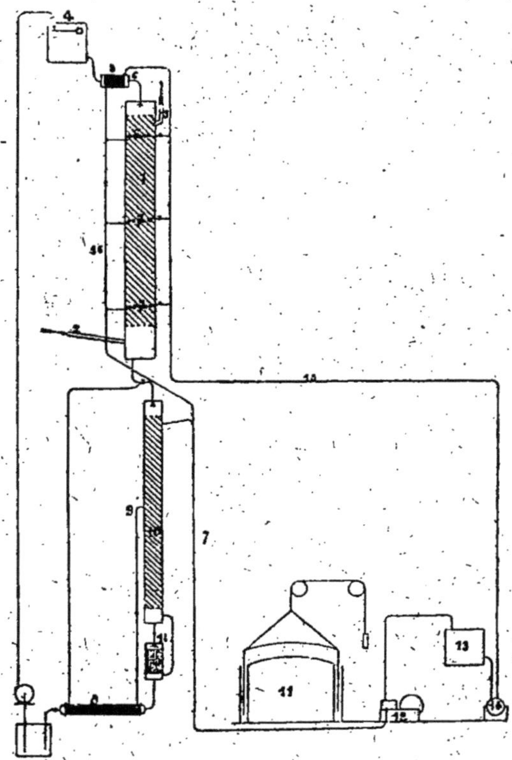

Fig. 112. — Appreil Kaltenbach d'enrichissement des gaz sulfureux.

Les gaz non absorbés s'échappent dans l'atmosphère par la tubulure 3. La colonne est arrosée, à sa partie supérieure, par le dissolvant provenant du bac 4 et refroidi à basse température dans le réfrigérant 5. Ce dernier reçoit, en 6, un courant d'anhydride liquide dont la vaporisation provoque l'abaissement de température désiré. La chaleur dégagée dans la colonne est également absorbée par des réfrigérant 7 alimentés par de l'anhydride liquide.

La solution saturée, et froide, qui s'écoule de la colonne 1, traverse un échangeur 8 où elle s'échauffe au contact du dissolvant épuisé et chaud, puis elle pénètre en un point intermédiaire par la tubulure 9 dans la colonne de dégagement 10. Une partie de la solution froide ne traverse pas l'échangeur et sert à arroser la partie supérieure de 10.

A la base de cette colonne se trouve un réchauffeur 18 alimenté par de la vapeur et qui porte la solution à son point d'ébullition, en vue de provoquer le dégagement complet du gaz sulfureux dissout. Celui-ci se refroidit, au fur et à mesure de son élévation dans la colonne, et la quitte à la température même de la solution saturée, sans pouvoir, par suite, entraîner de vapeurs du dissolvant en raison de sa faible tension à la température en question.

Le SO^2, pur et absolument sec, se rend au gazomètre 11, et de là au compresseur 12 qui le refoule au liquéfacteur 13, où il se condense puis s'écoule dans le réservoir 14.

Le dissolvant chaud, et épuisé, traverse l'échangeur de température 8 pour y céder sa chaleur à la solution froide, après quoi il s'écoule vers le réservoir d'où une pompe l'élève à nouveau vers le réservoir 4.

Une partie de l'anhydride liquéfié est prélevée par la tuyauterie 15 pour servir à la réfrigération du dissolvant et de la colonne 18.

Le gaz sulfureux pur, provenant de la vaporisation de l'anhydride liquide dans les réfrigérants, retourne au gazomètre par la tuyauterie 16, convenablement isolée, sans avoir perdu sa basse température. Il rentre dans le circuit, en 17, pour être liquéfié à nouveau sans nécessiter pour cela d'autre travail que celui qui équivaut à sa valeur de vaporisation.

Le soutirage de l'anhydride fabriqué se fait par le réservoir 14. Les dimensions de l'appareillage sont notablement réduites par rapport aux systèmes employant l'eau comme dissolvant.

En résumé, le procédé utilise comme dissolvant de l'acide sulfureux, de l'alcool à basse température. L'abaissement obtenu par vaporisation d'une partie de l'anhydride produit a pour effet d'augmenter la capacité d'absorption et de diminuer en même temps la tension du dissolvant.

Procédés par compression et refroidissement

Parmi les brevets pris dans cet ordre d'idées, nous citerons le Br. fr. 432 431 de *Moulin et Vandoni* qui opèrent sous pression de 30 atmosphères et refroidissent à 0 puis réalisent un second stade à 5 $^1/_2$ atmosphères et — 70° C.

APPLICATION DES PHÉNOMÈNES PHYSICO-CHIMIQUES
A L'ÉPURATION
ET L'ENRICHISSEMENT DE L'ACIDE SULFUREUX

Nous connaissons les combinaisons chimiques, dans lesquelles un acide attire à lui des bases et ne les abandonne que dans des conditions particulières, nous connaissons aussi l'avidité avec laquelle certains corps (acide sulfurique, chlorure de calcium et sels déliquescents) attirent l'humidité atmosphérique et, en outre, les actions purement physiques telles que la dissolution de corps solides ou gazeux dans certains liquides.

Il existe cependant de nombreux cas ne rentrant pas franchement dans l'une ou l'autre catégorie, de sorte que, entre les phénomènes physiques et chimiques, la démarcation nette que l'on a cru y voir pendant si longtemps, est de plus en plus problématique.

Ces actions complexes ont motivé de nouvelles appellations scientifiques ou industrielles (*catalyse, adsorption, flotation,* etc.) et déterminé des études ou recherches au laboratoire, suivies d'applications industrielles.

Ces phénomènes étant appelés à jouer un rôle de plus en plus important dans l'industrie chimique, et en particulier dans celle de l'acide sulfurique, nous avons cru indispensable d'en parler dans ce chapitre, d'une façon plus étendue qu'il n'est coutume de le faire.

Absorption — Occlusion — Adsorption

Absorption. — Dans le *Wurtz* (t. I, page 2) on lit : lorsqu'un gaz est en contact avec un liquide il peut se combiner avec lui où s'y dissoudre, dans les deux cas il y a *absorption.*

Occlusion. — Divers métaux fondus peuvent absorber énergiquement des gaz qu'il devient très difficile de leur enlever, c'est *l'occlusion.*

Adsorption

Définition. — Si on a plusieurs corps en dissolution dans un liquide, certains solides que l'on y plonge ont la propriété d'attirer, sans qu'il semble y avoir action chimique proprement dite, les uns et pas les autres. De même, en présence des gaz divers, ils retiendront les uns beaucoup plus énergiquement que les autres. On le constate avec le noir animal, le charbon de bois, etc.

Ces phénomènes sont connus sous le nom d'*adsorption* et les corps dits *adsorbants* possèdent la propriété de fixer superficiellement les molécules, ou certains ions, de substances avec lesquelles ils sont mis en contact.

Historique. — Déjà le fait que des opérations chimiques, d'une réalisation pénible, ou très incomplète dans les conditions courantes, pouvaient être facilitées, ou accélérées, grâce à l'emploi de composés spéciaux semblant ne pas participer à la réaction, en jouant un rôle quelque peu comparable à celui des lubréfiants pour les organes mécaniques, avait attiré l'attention du monde scientifique dans le courant du xixe siècle, et la *méthode par contact* bouleversa l'industrie de l'acide sulfurique en 1898. On s'est aperçu depuis le début du xxe siècle, que les corps susceptibles d'agir dans ces conditions sont légion, et peuvent trouver les applications les plus variées, de sorte que ces phénomènes excitent la même surprise, le même intérêt, et peuvent avoir des conséquences aussi importantes, que les premières actions catalytiques de jadis.

Pour ceux-ci, comme pour celles-là, on les enregistre d'abord, on cherche à les expliquer, à les différencier dans la mesure du possible, à en trouver les règles générales et appliquer les théories formulées pour créer, soit de nouveaux corps, soit de nouvelles méthodes de travail scientifique et industriel.

L'examen de la littérature chimique nous prouve toutefois que si le terme d'adsorption a été choisi pour caractériser, un peu plus nettement, les phénomènes dont il vient d'être question, ceux-ci étaient connus depuis longtemps.

D'intéressantes études sur les corps adsorbants, et en particulier les colloïdes minéraux, ont été effectuées par *Freundlich, Malfitano, Duclos, Jordis, Loeb, Bary, Langmuir*, etc. Ce dernier envisage même qu'il existe une sorte de combinaison chimique entre le corps adsorbé et les molécules superficielles du corps adsorbant.

Berl et Schwvrhel ont comparé (Zeitsch. f. angew, Chemie, 1922, avril, p. 189) l'action de phénomènes de ce genre avec le procédé au crésol (procédé *Bregeat*) et ceux à l'huile de paraffine ou au charbon actif. Ils opéraient sur des vapeurs d'éther, d'acétone, d'alcool, mélangées à des gaz difficilement absorbables. Pour les teneurs élevées en matières volatiles, le procédé au crésol a donné de bons résultats, pour les faibles teneurs la récupération avec le charbon a nettement l'avantage.

Avec les hydrocarbures purs ou chlorés (C^6H^6, $C'Cl^4$) le crésol ne donne pas des résultats supérieurs à l'huile de paraffine, c'est le charbon le meilleur.

Théories. — *E. Stasmy* (Collegium, 1921, n° 619, p. 453-458) rappelant les théories émises au sujet des causes de l'adsorption les résume comme suit :

A) Certains auteurs prétendent qu'il s'agit de phénomènes d'ordre purement physique.

B) D'autres concluent qu'ils sont d'ordre chimique.

Harler les explique par l'action attractive qu'exercent, sur le corps adsorbé, les valences libres des molécules du corps adsorbant.

Pfeiffer y voit une combinaison moléculaire entre corps adsorbés et adsorbants.

C) D'autres considèrent l'adsorption comme une force d'attraction.

D) Enfin il existe encore des cas qui ne peuvent s'expliquer convenablement par aucune de ces théories.

Comme on le voit, les auteurs sont loin d'être d'accord, et la question n'est pas encore élucidée de façon définitive.

Phénomènes d'attraction divers. — Il n'est nullement besoin d'en chercher des exemples dans des études de laboratoire ou des applications industrielles, des phénomènes d'attraction se passent, à chaque instant, sous nos yeux et ils sont si nombreux, si communs, qu'on finit par ne plus les remarquer, nous allons en rappeler quelques-uns, pris au hasard parmi les plus simples et les plus courants, appartenant à certaines classes d'actions réversibles soumises aux lois de l'équilibre, ou de phénomènes d'adsorption attribuables à la présence d'espaces capillaires plus ou moins petits.

I. Attraction des solides par des solides. — Elle dépend beaucoup de la surface de contact. On sait que le charbon absorbe des sels et que le noir animal enlève ces sels ou des matières colorantes de leur solution. Le collage du bois, de la porcelaine, et des métaux, en est également une application. Enfin, dans les mélanges de deux pigments, celui qui est le plus finement pulvérisé enrobe la surface de l'autre.

Beaucoup d'industries, telles que la décoloration, la teinture, le tannage, utilisent les propriétés en question.

II. Action sélective de liquides par des corps solides. — Envisageons le cas d'un solide et d'un liquide, prenons une éponge, trempons-la dans l'eau, elle se gonfle et en retient une quantité importante ; par pression on peut en faire partir une forte proportion, mais, si intense que soit notre effort, l'éponge conservera une quantité d'eau sensible seulement enlevable au moyen de procédés spéciaux (évaporation).

Cette action diffère avec les caractéristiques des substances employées et, dans le même ordre d'idées, la tache d'encre faite sur une feuille est enlevée au moyen d'un papier buvard, ou bien, la serviette à débarbouiller, dont nous nous servons pour notre toilette, s'empare de l'eau restée adhérente à notre peau après le lavage, et cela avec une énergie qui dépend de la nature du tissu plus ou moins poreux, plus ou moins spongieux.

III. Action sélective des gaz par des solides. — L'eau contenue à l'état de vapeur dans une atmosphère peut être facilement attirée par des corps ($CaCl^2$, SO^4H^2, etc.) ayant, ce que nous appelons, des propriétés déshydratantes, ou absorbantes, explicables par des affinités chimiques ou par les lois de la thermo-chimie.

Au contraire, nous connaissons la difficulté avec laquelle on débarrasse les vêtements, des odeurs qui les imprègnent, tout comme les cartes parfumées conservent, pendant longtemps, les odeurs dont elles ont été saturées.

Dans le premier cas, lorque nous mettons du chlorure de calcium anhydre, ou de l'acide sulfurique 66, dans la cage vitrée d'une balance de précision, ou lorsqu'on fait passer un courant gazeux à travers une colonne dans laquelle ruisselle de l'acide sulfurique concentré, celui-ci enlève de l'eau à la masse gazeuse avec laquelle il se trouve en contact, il la déshydrate.

On peut constater également que des vapeurs d'acide carbonique sont aspirées par de la chaux, de la soude caustique, etc. Des attractions de ce genre sont utilisées de façon tellement courante qu'on en rencontre à chaque instant des applications dans les industries chimiques les plus variées, car il ne s'agit pas d'une propriété particulière à l'acide sulfurique, puisqu'il existe une énorme quantité de sels, ou composés chimiques divers, agissant de même.

Dans le second, on se trouve en face de ces phénomènes spéciaux, qui, en apparence, seraient contraire aux lois de la physique, par exemple quand des métaux finement divisés peuvent flotter à la surface de l'eau, grâce à la gaine d'air condensée autour.

IV. Action sélective des gaz par les liquides. — L'eau que nous trouvons dans la nature a attiré, dissout, et retient énergiquement des gaz.

Les nuages ne sont, par contre, que des gouttelettes d'eau ayant condensé des gaz à leur périphérie, tandis que, dans les mousses, il s'agit de bulles d'air retenant une pellicule d'eau à leur surface.

Les appareils dits à mousse, extincteurs d'incendie, utilisent ces propriétés.

V. Attraction des liquides par les liquides. — De l'eau en goutelettes peut être enrobée par une pellicule d'huile, et l'inverse peut avoir lieu, formant des émulsions que l'on peut rendre stables au moyen de savon ou autres produits convenables.

Exemples divers d'entraînement des corps en suspension, ou en dissolution, par des corps solides poreux, ou des colloïdes. — Lorsqu'on met en présence un corps solide (surtout lorsqu'il offre une structure spéciale, comme c'est le cas des corps poreux, de colloïdes, ou de précipités à l'état naissant) et une matière dissoute dans un liquide, on peut constater des phénomènes d'adsorption.

Laboratoire. — Un cas simple, et fréquent, se rencontre dans l'analyse chimique quand on fait réagir, par exemple, un sulfate soluble sur un sel de baryum, le précipité entraîne une quantité décelable d'un ou des deux constituants initiaux. Si l'opération a eu lieu en présence de matière colorante, la même observation peut être faite, démontrant également une sorte d'attraction entre le précipité qui a pris naissance et la matière dissoute dans la liqueur.

Tissus vivants. — Les cellules de nos divers organes font un choix et localisent les éléments contenus dans notre nouriture (Fer, Iode, Zinc, Arsenic, Mercure, etc.).

Les racines des plantes, ou les tissus ligneux, absorbent de façon très différente, les divers métaux.

Industrie. — Les applications pratiques sont nombreuses, elles varient avec les caractéristiques physiques et chimique des corps mis en présence, mais sont particulièrement sensibles quand on opère avec des composés colloïdaux.

On peut se demander si c'est en vertu d'une action de ce genre que les algues, varechs, retiennent énergiquement une notable proportion des iodures, des sels de potasse, etc., en dissolution dans l'eau de mer qui les baigne, puisque, par leur calcination, on obtient des cendres qui permettent de récupérer ces intéressants produits.

On a essayé de créer des phénomènes artificiels d'adsorption pour *extraire l'or* contenu dans la mer (0,005 à 0,006 pour un million de parties d'eau sur les côtes de Norvège et de la Nouvelle Zélande, 0,032 à 0,065 près de la Nouvelle Galle du Sud, contre 0,015 à 0,267 pour l'eau Atlantique profonde). En 1918, un procédé breveté en Suisse, consistait à mélanger l'eau de mer à une solution colloïdale de charbon, à floculer par du peroxyde de fer hydraté colloïdal, puis filtrer les flocons ayant adsorbé une certaine fraction de l'or. En 1925 *Haber* a travaillé la même question et annoncé avoir obtenu des résultats enconrageants.

Le *collage des vins* entre dans cette catégorie, on sait aussi que, dans la fabrication de la colle, on enlève certaines impuretés aux liqueurs en provoquant, au sein de ces dernières, la formation d'un phosphate de chaux spécial.

Dans le raffinage du pétrole, l'action décolorante d'argiles spéciales est appliquée depuis un temps fort éloigné, et celles des charbonc activés, ou de la bauxite, se développent.

Sucrerie. — Dans l'industrie du sucre, le noir animal sert pour la décoloration des jus, comme celle des vins rosés est aidée parfois par une minime addition de cet agent — il y a donc une sorte d'affinité spéciale entre lui et certaines matières colorantes. L'application du fait permet, en analyse, d'apprécier la valeur des noirs décolorants.

Laques. — L'industrie des laques est basée sur des phénomènes de ce genre, et celle de la teinture également.

Teinture et mordançage. — Si on plonge, dans une dissolution de couleur, du coton, de la laine ou de la soie, tel écheveau pourra sortir bien teint et tel autre incolore, chaque matière possède pour ainsi dire, une individualité spéciale, elle se comporte de façon différente selon la substance qui lui est présentée, et même les conditions dans lesquelles on la lui présente.

J. Effront (C. R., Acad. des sciences, 1922, p. 799-803) a observé des phénomènes de ce genre dont l'influence sur la marche de la digestion, et par conséquent sur la santé en général, doit être considérable.

Ayant constaté que la pepsine est absorbable par le papier à filtrer, il a été amené à rechercher si des aliments cellulosiques divers n'étaient pas susceptibles d'agir dans des conditions analogues. Il a vérifié que, si on compare 100 grammes de pulpe pressée provenant de pommes vertes, à 100 grammes d'oignons cru, le rapport des quantité de pepsine absorbée varie dans la proportion de 9.181 à 612 tandis que les salades, bananes, choux ont des chiffres intermédiaires.

Le rapport entre les quantités d'HCl absorbées varie également dans de curieuses limites, qui sont fonction de la nature des légumes, de leur état colloïdal, et de leur cuisson.

Les propriétés des substances de cette catégorie ont permis de séparer et d'étudier les corps si intéressants dénommés *vitamines* adsorbables par les précipités colloïdaux, la terre d'infusoires, la terre à foulon, le silicate d'alumine, etc., etc., dont il est possible de les extraire ensuite par des moyens appropriés.

Dans les exemples ci-dessus, et beaucoup d'autres, on observe des différences considérables, mais les phénomènes se manifestent dans des classes chimiquement très éloignées, produits naturels ou artificiels, organiques, ligneux, cellulosiques, aussi bien que pour l'éponge de caoutchouc, les produits minéraux, plâtre, craie, ciment, Kieselguhr, silice, etc., etc., poreux ou colloïdaux.

Duclaux dans son traité, a résumé ainsi des observations sur les colloïdes :

I. Quand on met, en présence d'un corps absorbant, des quantités successives de corps absorbables, les premières fractions sont retenues plus énergiquement que les suivantes ;

II. Quand on ajoute, à des solutions de corps absorbables, une certaine quantité de corps absorbants ce sont les solutions diluées qui perdent proportionnellement le plus ;

III. Une fois fixé sur l'absorbant, le corps absorbé est très difficilement enlevé par les lavages ;

IV. La concentration, dans l'absorbant, varie beaucoup moins vite que la concentration dans le liquide, la différence étant d'autant plus grande que l'absorption est plus forte.

Liquides et Solides

Parmi les exemples multiples de cette action réciproque, nous citerons :

Laboratoire. — Un récipient ayant contenu un liquide en conserve après ses parois une quantité plus ou moins sensible, suivant qu'il mouille ou ne mouille pas. Même après essuyage les parois restent encore humides.

Alimentation. — Les légumes dits secs, plongés dans l'eau se gonflent et ne restituent ce qu'ils ont absorbé qu'avec difficulté.

Filtration. — Dans les filtrations sur papier, sur tissus, sur matières poreuses ces derniers retiennent toujours une partie de la liqueur.

Flotation. — L'attraction, entre un solide déterminé et deux liquides distincts n'est pas identique ; de même entre un liquide et deux solides différents, ce qui, en utilisant aussi les différences de densités, a permis de créer le lavage des charbons, la flotation, l'enrichissement de minerais sulfurés, la séparation de guangue, etc.

Agriculture. — La terre fixe instantanément l'eau qu'elle reçoit, et ne s'en sépare qu'avec une certaine lenteur.

Culles. — Les colles et gélatines, plongées dans l'eau, augmentent considérablement de volume, en formant gelée.

Poudres. — Diverses variétés de nitro-cellulose plongées dans un mélange éther-alcool donnent également des masses gélatineuses. Faisons enfin remarquer que cette union, solide + liquide, est parfois accompagnée de dégagement de chaleur, ainsi l'addition de 50 de Bauxite calcinée à 100 de pétrole brut, occasionne une élévation de température de 20 degrés.

Le pourcentage absorbé, et la rapidité d'absorption, varient avec la nature du solide et du liquide mis en présence ainsi que leur état physique.

Cas des gaz proprement dits

Gaz et liquides. — On peut envisager deux cas :

Celui de dissolution, où il ne semble y avoir aucune réaction chimique entre les deux éléments. Nous trouvons là des phénomènes, qui sont fonction de la pression, l'eau rencontrée dans la nature en est un exemple. On peut souvent éliminer avec facilité une certaine fraction du corps dissous, mais il n'est pas rare que l'opération ne devienne sensiblement plus ardue quand il faut enlever les dernières portions.

Les adsorptions, ou unions liquides + gaz, effectuées à température et pression ordinaire, sont plus ou moins durables ainsi la mousse de bière disparaît rapidement, au contraire les nuages (vésicules d'eau enrobées d'air) et les mousses sur l'eau (gaz inclus dans une pellicule d'eau) présentent une assez grande stabilité.

Quand il y a combinaison entre le corps gazeux et celui en dissolution, le phénomène rentre bien entendu dans la catégorie chimique proprement dite (Fabrication du sulfate d'ammoniaque, etc.), dont l'application est toute à fait courante.

Gaz et solides

Ce qui est vrai pour un précipité, ou un tissu que l'on plonge dans une dissolution d'un sel ou matière colorante, l'est aussi quand on met en présence des corps solides et des gaz. Dans ce cas particulier également, cette sorte d'attraction est beaucoup plus sensible quand on se sert de corps poreux, naturels ou artificiels, dont la surface est très considérable par rapport au volume et au poids.

D'autre part, un même corps poreux au contact de gaz différents, pourra en absorber, facilement et beaucoup certains en restant presque indifférent pour d'autres, et pour ainsi dire, il semble effectuer une sélection. C'est ainsi que l'acide sulfureux pauvre peut être enrichi par passage à travers des corps poreux, et qu'on a effectué, en se basant sur les travaux de Graham, des séparations de gaz (Argon et azote) (Argon et Hélium) (H et CO du gaz à l'eau (SO^2 — O^2 — Az^2).

Il a été constaté que la silice très divisée, le charbon de bois, et les charbons activés, ont des actions comparables, en dépit de leur différence de composition chimique, c'est pourquoi nous allons, dans les lignes qui vont suivre, enregistrer les observations faites avec chacun d'eux.

Charbons de bois

Sa porosité lui permet d'absorber des quantités notables d'humidité ou de gaz, soit secs, soit en dissolution dans l'eau, *Saussure* a donné à ce sujet des chiffres intéressants, ainsi 1 centimètre cube de charbon absorbe 178 centimètres cubes d'ammoniaque, 66 centimètres cubes d'acide chlorhydrique, 105 centimètres cubes d'acide sulfureux, 97 centimètres cubes d'acide carbonique, 90 centimètres cubes de protoxide d'azote.

De plus, le poids du gaz absorbé diminue lorsque la température s'élève et il varie proportionnellement à la pression.

Ces propriétés ont, d'ailleurs, été utilisées par *Melsens* pour liquéfier divers gaz (SO^2, A_2H^3, HCl, H^2S au moyen du dispositif de *Faraday*.

Applications industrielles. — *Allen* (Br. ang. 189 de 1879) avait songé aussi à s'en servir pour l'épuration des gaz métallurgiques.

Il préparait du charbon par calcination de bois dans un gaz inerte, l'azote, et, après avoir épuré ces gaz par passage dans une tour arrosée d'acide sulfurique, les dirigeait dans des colonnes renfermant ce charbon.

Dans ces conditions, l'azote n'était pas absorbé, tandis que l'acide sulfureux l'était. Pour le remettre en liberté on se servait d'une pompe à air, ou on chauffait vers 3-400°.

Les auteurs, et notamment *Lunge*, ont fait remarquer que les pores devaient s'obstruer, par suite de la présence de soufre, ou d'acide sulfurique, même si l'épuration préalable avait été suffisamment parfaite.

Ramsay a utilisé l'action sélective du charbon pour la séparation des éléments de l'air. A 100° il s'empare de l'azote, l'oxygène et l'argon. A 185° le néon est absorbé, mais pas l'hélium.

La *Badische Anilin und. S. F.* Br. allem. N° 304.262-24-1-16, a élaboré un procédé pour la concentration de gaz sulfureux pauvres, dont le courant est conduit dans un sens contraire au mouvement de charbon poreux pulvérisé. Ce dernier étant ensuite légèrement chauffé, libère des gaz plus riches en acide sulfureux. On peut ainsi amener un mélange gazeux pe 0,5 % de SO^2, à 70 % SO^2. L'humidité et l'oxygène sont sans effet nuisible sur la marche de l'absorption.

Une autre industrie d'actualité, le débenzolage des gaz, a motivé des études comparatives très précises.

Le benzol peut être retenu par les huiles lourdes ainsi qu'au moyen de charbons activés ou de Silica Gel. D'après le J. Soc. Chem. Ind. (Chem. Ind.), 1923, n° 36, p. 850-854 — le poids récupéré par le charbon activé est 5 à 6 fois celui avec l'huile lourde, autrement dit il n'en faut employer que 16 %.

Il absorbe 25 % de son poids de benzol et le restitue sous l'action de la vapeur surchauffée à 250°, ce produit est meilleur marché que les silicates basiques mais se désagrège plus rapidement. Il donne aussi des benzols plus purs que les huiles lourdes.

Catalyse et absorption. — On a cherché le rapport qui pouvait exister entre l'adsorption et la catalyse et, dans cette dernière, le mécanisme de phénomène a été considéré comme :

A) Adsorption des composés en présence à la surface du catalyseur, un phénomène, analogue à l'affinité chimique, maintenant la couche adsorbée à la surface du catalyseur sur l'épaisseur d'une molécule

B) Création, entre le catalyseur et les produits mis en présence, d'un composé intermédiaire se formant et se dissociant avec une très grande rapidité.

Ajoutons que les recherches récentes prouveraient des relations intimes entre la structure des molécules et la manière dont elles réagissent avec le corps mis en présence du catalyseur.

Hardy, Langmuir, Adam ont montré que, dans la couche adsorbée, les molécules sont orientées d'une façon particulière, certains groupes se portant de préférence vers la surface adsorbante.

Charbons activés

Pour permettre des comparaisons entre diveres qualités de charbons nous citerons :

Absorption de bleu de méthylène :

Charbon de bois... 1,5
Noir animal.. 4,30
Charbon de sang... 60

Absorption en centimètres cubes de gaz, à la température de l'air liquide, par gramme de substance :

	Azote	Hydrogène
Charbon de coco activé	247	127
Charbon de bois	203	63,8
Silice colloïdale	376	51
Silice desséchée	142	

Une même classe de substances pouvant, comme on voit, donner des résultats différents suivant son état physique, on s'est ingénié a créer des types spéciaux présentant au maximum les propriétés adsorbantes. On les a qualifiés d'*activés* et les recherches effectuées sur leur préparation, leurs applications, et les théories expliquant leur action, ont attiré, ces dernières années, l'attention du monde scientifique et industriel.

Classification. — D'après *Mecklenburg* (2. angew. chem., 1924, 4.873) il y aurait 5 espèces principales de charbons activés :

Charbons décolorants ;
Charbons médicinaux ;
Charbons condensants ;
Charbons catalyseurs ;
Charbons à masques.

Nul n'ignore que, pendant la guerre, ces derniers ont joué un rôle important et qu'on a utilisé leurs propriétés adsorbantes concurremment avec les actions chimiques pour lutter contre les gaz toxiques, au moyen de masques protecteurs renfermant du charbon extrêmement poreux et des composés susceptibles de neutraliser, ou décomposer, les vapeurs envoyées par le camp adverse.

Ne pouvant faire l'historique des travaux, ayant pour but d'expliquer et d'appliquer leurs propriétés, nous nous bornerons à rappeler les communications faites au Congrès de l'*American Institute of Chemical Engineers* tenu en juillet 1923 à Wilmington (Delaware), aux Etats-Unis, à l'occasion d'un rapport de M. *Chaney* de l'*Union Carbon and Carbide Company*, sur les procédés de préparation des charbons activés, et leurs propriétés.

La discussion qui suivit porta sur les principes d'adsorption par le charbon, des gaz, des vapeurs, puis de substances contenues dans les liquides, enfin la relation existant entre le pouvoir adsorbant, le pouvoir de rétention, la densité apparente, et le principe de polarité chimique relié à l'effet de la charge électrique sur l'adsorption.

Hypothèses. — M. *Patrick* exposa une théorie capillaire de l'adsorption, M. *Bakes* une *Théorie de la construction et de l'essai des appareils à adsorber les gaz* et, dans le domaine des applications, M. *A. B. Ray* envisagea la suppression des odeurs industrielles au moyen de charbon activé.

Bien que ce soit seulement dans la 2ᵉ partie de notre traité, que, parlant des acides par contact, nous traiterons plus spécialement la question catalyse, il nous semble cependant intéressant de faire ressortir quelques caractéristiques communes à celle-ci et aux phénomènes d'adsorption.

I. L'action a lieu à la surface, qui doit par conséquent être maximum par rapport au poids.

II. Cette surface doit rester intacte, c'est-à-dire ne pas être modifiée par une action physique ou chimique ; sa composition chimique a d'ailleurs une influence notable.

III. L'activité est fonction de la grandeur des espaces capillaires, du diamètre des capillaires, de la dimension des particules.

III. La vitesse de réaction, le rendement, dépendront de l'état physique et de la composition des éléments mis en présence, de la température, de la pression, de la nature des combinaisons obtenues, et du temps d'action.

IV. Si les pores sont obstrués, l'action se ralentit, on le constate dans le débenzolage du gaz où la présence de particules goudronneuses les colmate et l'H^2S agit de même, par suite de sa décomposition donnant du soufre (^{1}).

V. *Loury* et *Hubert* ont observé que, si on fait absorber de l'oxygène par du charbon de bois et qu'on fasse l'extraction par le vide, il reste toujours un résidu appréciable de gaz fixé par le charbon.

La proportion n'est pas immuable, elle diffère selon les échantillons, les auteurs ont constaté qu'elle variait de 1,71 % à 3,75 % pour l'oxygène.

(^{1}) Un mètre cube de charbon retient de 400 à 600 kg. de soufre que l'on dissout dans une solution de sulfure d'ammonium. A Oppau et Mersebourg on produit près de 5 000 tonnes de soufre par an, et une fois les installations pour fabriquer le gaz à l'eau avec le lignite terminées, on compte tripler ce chiffre.

Il semblerait qu'il y ait là un phénomène comparable, dans une certaine mesure, à l'affinité, car un produit de ce genre est stable au point que, pour le décomposer, il faut l'action de la chaleur et la combustion du charbon.

VI. Les charbons ont aussi la propriété de fixer des poisons et certaines toxines (*Wiechawski* et *Jouchimaglu*).

Cude et *Hulett* (J. Am. Chim. Soc., mars 1920, p. 391) ont étudié la densité, la teneur en eau et en gaz, de divers charbons de bois, en les soumettant au vide puis à 445°, pesant avant et après. Ils en ont conclu que les propriétés adsorbantes dépendent des dimensions des pores, et de la tension de vapeur des composés expérimentés (CS^2, CCl^4, C^6H^6).

VII. D'après *Lorwy* et *G. Hulett*, J. Amer. Chim., Soc., juillet 1920, p. 1395, l'adsorption d'azote, ou d'acide carbonique, par le charbon activé, aboutit à la formation d'une couche de gaz condensé ayant une épaisseur de l'ordre du diamètre moléculaires. Selon les charbons essayés, la surface par gramme varierait de 160 à 436 mètres carrés. *Koelschau* (Chem. Zeit. 1924, p. 497), rapporte qu'on emploie, pour la désulfuration et la purification des essences, du silica-gel passant à travers un tamis de 200 mailles par pouce, dont 1 gramme à une surface intérieure de 450 mètres carrés.

VIII. L'absorption, par le charbon de bois, de diverses vapeurs organiques, s'effectue avec dégagement de chaleur.

Lamb et *Coolidge* (J. Amer. Chim. Soc., juin 1920, p. 1146) ont trouvé que la chaleur moléculaire d'adsorption du chlorure d'éthyle est de 12.000 cal. g. et 15.000, pour le tétrachlorure de carbone (ces chiffres correspondent à l'absorption d'une molécule gramme de vapeur par 500 grammes charbon de bois).

Signalons enfin que *C. Berl* et *K. Andress* (Zeitschrift angew. chemie, 1922, p. 722-723) ont proposé de mesurer le pouvoir adsorbant de diverses substances (noirs activés, silice colloïdale, etc.), en déterminant l'élévation de température produite par addition de 1,5 gramme de la substance, à 10 centimètres cubes de benzine, contenus dans un vase à précipiter situé lui-même dans un calorimètre.

Silice et gel de silice

De même que les charbons activés, ces produits sont à l'ordre du jour, et trouvent des applications de plus en plus nombreuses.

Brevets Raynaud-Pierron. — Comme l'acide sulfureux est susceptible de se dissoudre dans certains liquides, dont le plus connu est l'eau et que, sous l'action de la chaleur, on peut le dégager, Messieurs *E. Raynaud* et *L. Pierron* ont, en 1900, (Brevet belge n° 147.959) cherché à réaliser le même phénomène en remplaçant les liquides par des solides possédant une texture physique multipliant les points de contact avec les gaz.

Dans ce but ils avaient choisi certains corps poreux tels que la silice, naturelle ou artificielle, possédant la propriété d'absorber ou de condenser des gaz, action comparable à une compression, dans ses pores puis de la libérer par chauffage, de la même façon que l'eau dégage SO_2 qu'elle a dissout.

Voici le texte de ce brevet :

« Par ce procédé l'acide sulfureux de provenance quelconque
« qui, après lavages dans des colonnes laveuses, reste chargé
« d'impuretés telles que poussières de pyrites, acides arsénieux,
« hydrogène phosphoré, métaux divers, peut être purifié à un
« degré suffisant pour servir, par exemple, à la fabrication de
« l'acide sulfurique sans chambres de plomb.

« Il est basé sur l'effet de la compression et de la détente succes-
« sives sur les mélanges gazeux. Cette purification pourrait être
« obtenue en envoyant les gaz sulfureux dans de grands récipients
« où ils seraient soumis à une pression de 10 atmosphères, par
« exemple, qu'on ferait suivre d'une détente brusque, mais comme
« cette opération nécessiterait une installation relativement coû-
« teuse et pourrait présenter de grands inconvénients dans la
« pratique, *nous avons trouvé avantageux d'utiliser la propriété*
« *qu'ont certains corps poreux, de condenser les gaz.* Cette con-
« densation fait l'effet d'une forte compression et en chauffant
« on provoque la détente des gaz.

« L'opération peut être conduite en faisant passèr les gaz à tra-
« vers une ou plusieurs colonnes chargées de *matières poreuses*
« *naturelles*, comme le Kieselguhr, *ou artificielles* telles que argile
« moulé, *oxydes acides purs poreux*, etc. ; Après le temps voulu
« pour que l'absorption des gaz soit suffisante, ce qui aura été
« déterminé une fois pour toutes en contrôlant analytiquement la
« marche industrielle, on interrompt l'admission du mélange
« gazeux et on provoque la détente des gaz absorbés en élevant la
« température, dans des colonnes, à l'aide d'un système de
« chauffage approprié.

« Des regards et des prises des gaz permettent de vérifier la
« pureté et, si l'on fait usage de plusieurs colonnes disposées en
« circuit, on peut éliminer temporairement celles dont les matières
« poreuses sont saturées d'impuretés, pour remplacer leur charge
« pendant que les autres continuent à fonctionner.

« On peut compléter l'action épurante en répartissant dans les
« corps poreux, des sels, oxydes ou métaux susceptibles de se
« combiner chimiquement avec les impuretés des gaz à épurer.
« Par exemple, les sels de cuivre ou de platine se combinent avec
« l'hydrogène arsénié et l'hydrogène phosphoré, et retiennent
« ceux-ci dans les corps épurateurs.

« Nos colonnes ont un fonctionnement discontinu, tout à fait com-
« parable à celui des bougies CHAMBERLAND dans la filtration des
« eaux, qui, à un moment donné, sont saturées d'impuretés et doi-
« vent alors être éliminées temporairement pour être nettoyées ou
« rechargées, et si nous supposons que l'acide sulfureux à puri-
« fier soit accompagné de soufre, de poussières entraînées mécani-
« quement, d'hydrogène arsénié et d'hydrogène phosphoré, les
« corps poreux garnissant les colonnes retiendront d'abord mécani-
« quement le soufre et les poussières, d'autre part l'hydrogène
« phosphoré, et l'hydrogène arsénié, au contact du platine par
« exemple, dont sont chargés les corps poreux, formeront très
« rapidement, grâce à la compression, des phosphores et arséniurés
« non volatils. »

Cette action spéciale de la silice colloïdale a été examinée
dans un article où M. *H. Vigneron* (*Nature* du 4 mars 1922)
donne des détails précis que l'on ne trouve pas dans les brevets

précédents et explique que la question ait été reprise, à plusieurs années de distance, par des sociétés d'une importance industrielle considérable. Nous reproduisons ci-après les points principaux de son article (*Les emplois de la silice colloïdale*).

Préparation. — « Ce corps est préparé par la coagulation
« d'une solution colloïdale d'acide silicique, obtenue en précipi-
« tant par l'acide sulfurique, ou chlorhydrique, une solution de
« silicate de soude. Il est livré dans l'industrie sous la forme
« d'une substance formolée, semi transparente, contenant 5 à
« 7 % d'eau. Avant usage on chauffe le produit pour « l'activer »
« en chassant l'eau qu'il renferme.

« La puissance d'adsorption de ce corps pour les gaz dépend, à la
« fois, de leur concentration et de la température à laquelle on
« opère. Le résultats suivants, relatifs à *l'anhydride sulfureux*,
« montrent la variation de la quantité du gaz adsorbé en fonction
« de ces deux facteurs.

« Si on prend un mélange d'air renfermant 4 % en volume
« d'anhydride *sulfureux* (pression partielle 30 mm. environ), les
« quantités adsorbées sont, en poids 4,6,8'2, 11 % à 40, 30, 20 et
« 10°. Si on opère à une température de 30 degrés, le gel adsorbe
« 2, 3, 6, 7'1, 18 % en poids de mélanges renfermant respecti-
« vement 1, 4, 6, 8 % d'anhydride sulfureux.

« Il en résulte que, pour récupérer les gaz adsorbés, il suffit de
« diminuer la pression et d'élever la température.

Applications. — « Nous décrirons quelques applications pra-
« tiques de la silice colloïdale qui ont été récemment mises au
« point en Amérique.

« *L'une des plus importantes est l'adsorption de l'anhydride*
« *sulfureux*. Si on examine l'utilisation des gaz industriels con-
« tenant SO_2, on constate que la quantité perdue par suite de
« faible teneur (1 à 4 %), est presque égale à celle transformée
« dans les chambres de plomb. La concentration maxima que
« l'on peut obtenir dans les installations actuelles, est d'environ
« 8 % et, si les gaz vont directement du four à pyrite dans les

« chambres, elle ne doit pas dépasser 13, 9 °/₀ si on veut que la
« transformation soit complète.

« Par l'emploi du silice-gel, on peut élever ce maximum à 28 °/₀
« et en même temps récupérer les gaz sulfureux à faible concentra-
« tion pour le restituer à la teneur convenable dans le circuit des
« chambres de plomb. De même les pertes d'oxydes d'azote, qui se
« produisent à la tour Gay-Lussac, peuvent aussi être évitées. On
« peut alors opérer avec une plus forte concentration de ces
« oxydes dans les chambres, augmenter parallèlement la con-
« centration du gaz sulfureux et, par suite, le rendement en acide
« sulfurique.

« On peut également utiliser la silice colloïdale pour préparer
« l'acide sulfureux liquide. Actuellement, on part d'un mélange
« d'air et de gaz renfermant de 4 à 8 °/₀ d'anhydride sulfureux. On
« fait dissoudre, à saturation, le gaz dans l'eau froide, puis on éva-
« poré à chaud dans le vide, pour le liquéfier ensuite.

« Comme la chaleur spécifique de la silice colloïdale est d'en-
« viron 1/5 de l'eau, et que, à poids égal, elle absorbe 5 fois plus
« d'anhydride, on conçoit facilement les avantages que présente
« l'emploi de la silice colloïdale comme adsorbant au lieu de l'eau.

« La silice colloïdale *a, pour l'eau, une affinité comparable à
« celle de l'acide sulfurique* et un certain nombre d'applications
« sont basées sur cette propriété.

Koelschau (Ch. Zeit. 1924, p. 497-500 et 518-521) dans une
intéressante étude sur le gel de silice rappelle les principaux
travaux qui s'y rapportent : *Anderson* a trouvé comme surface des
pores de 1 gramme de gel 254 mètres. *Patrick* a reconnu que
les pores sont ultra microscopiques, tandis que ceux du charbon
de noix de coco, quoique plus grands, possèdent une absorption
spécifique moins élevée.

Dans un brevet pris en France le 31 mars 1898 (n° 276.591).
M. *Pierron* avait déjà fait connaître une application en catalyse de
*matières poreuses à base de silice non plus naturelle mais artifi-
cielle et gélatineuse,* décrites également dans un procès verbal de
constat du 10 juillet 1900 et dans le brevet américain 657.004
(28 Août 1900).

En 1904, M. *Shiels* (Brevet anglais 16.353 et 16.354) avait préconisé une méthode de traitement des gaz de fours au moyen de matières poreuses (coke, etc.).

Dans ces dernières années enfin on a, de nouveau, repris des recherches dans cette direction comme le montrent les deux brevets ci-après :

Br. angl. 137.284, *Patrick, Lovelace* et *Miller*, Baltimore, États-Unis :

Fixation SO^2. — Les gaz et vapeurs, renfermés dans un mélange, en sont séparés par absorption dans une matière poreuse comme la silice hydratée et ensuite en sont extraits. Une des principales conditions à réaliser est que les pores en soient suffisamment petits pour que l'absorption soit effective, mais pas trop pour ne pas rendre trop difficiles les opérations de libération.

Pour dégager les gaz ou vapeurs, on détruit les conditions d'équilibre, par exemple en dirigeant un courant d'air sur la matière ayant absorbé le gaz, ou en élevant la température, ou encore en abaissant la pression. On peut, le cas échéant, combiner ces méthodes.

Dans certains cas, on peut faciliter l'absorption grâce à un refroidissement approprié.

La silice hydratée est préparée en coagulant une solution colloïdale d'acide silicique, puis lavant et séchant dans des conditions permettant au produit de conserver une petite proportion d'eau d'hydratation, on peut lui substituer les gelées d'alumine et oxydes ferriques ou stanniques.

La méthode peut être employée pour récupérer SO^2, CO^2, l'alcool, l'éther, l'acétone, l'ammoniaque, les oxydes d'azote, le chloroforme, le sulfure de carbone, la gazoline, etc.

Le mode d'exécution indique que les gaz provenant d'un four à SO^2 passent dans un laveur, suivi d'un refroidisseur après lequel est un réfrigérant, où les gaz sont amenés à quelques degrés au-dessus du point de condensation du gaz, afin d'augmenter l'absorption et précipiter l'eau. Les gaz à recouvrer vont dans un tour contenant des tubes où sont disposés les éléments granulés absorbants.

Une fois ces derniers saturés on arrête l'arrivée et on envoie un courant d'air au moyen d'un souffleur.

Dans la récupération par chauffage, on utilise les gaz du four amenés par une conduite spéciale, ils circulent autour des éléments contenant l'absorbant.

Dans un mode d'exécution modifié, le chauffage est supprimé et SO² libéré en faisant le vide dans les tours de récupération.

La *Silica Gel Corporation* (Brevet anglais 212.065, février 1923) a revendiqué l'emploi d'autres gels, seuls ou mélangés, (oxydes d'Aluminium, Etain, Titane, Tungstène, avec ou sans silice), obtenus par précipitation de leur sel de soude au moyen d'un acide, dans des conditions telles qu'il y ait prise en masse au bout de 2 à 5 heures. Ensuite on divise, lave, sèche dans un courant d'air et on termine à 300-400 [1].

Recherches diverses. — On trouve dans un travail de *Muller* (Chem. and Métall, décembre 1920) des précisions intéressantes sur l'action du gel de silice.

a) Du gaz pauvre en SO², passant sur le gel, en est d'abord totalement privé.

b) Le gel semble se saturer, et les gaz contiennent à nouveau SO², jusqu'à ce qu'ils aient retrouvé la teneur initiale.

c) Le temps nécessaire à l'adsorption est proportionnel à la grosseur du grain : avec ceux du tamis de 8 à 14 mailles et un gaz de 0,75 % il faut 0,6 seconde, avec des grains plus gros il faut davantage de temps.

d) Pour récupérer le SO², on fait passer un courant d'air sur le gel saturé, la richesse du gaz obtenu est également fonction de la température.

Parmi les travaux les plus récents, signalons encore l'article de *Williams* (Chemistry and Industry, 1924, n° 16) qui mentionne que la première solution colloïdale d'acide silicique fut obtenue par *Graham* en 1861, et que les propriétés du gel sont décrites par *Van Benmelen* ; le gel de Silice desséché absorberait 10 % en

---

[1] M. M. *Fells et Firth* (J. Soc. Chem. Ind. 1927 p. 39) ont préparé des carbo-gels pour action d'une solution chlorhydrique de sucre de canne sur le silicate de soude séchant et calcinant. Leurs propriétés adsorbantes seraient notablement supérieures à celle du silica-Gel et des charbons activés.

poids, ou 11,5 % en volume, des hydrocarbures du gaz, alors qu'avec les huiles lourdes on n'extrait que 3 à 4 % en volume.

Enfin il estime que, indépendamment de l'attraction réciproque des molécules de deux corps mis en présence, attraction fonction des propriétés de chacun d'eux, il faut tenir compte de la capillarité des tubes de très petit diamètre, comme c'est le cas de la silice gélatineuse séchée dans laquelle les vapeurs se condensent.

Bachmann a prouvé que la quantité de liquide, résultant des vapeurs absorbées, était la même que si le gel avait été plongé dans le liquide correspondant ; de plus le volume absorbé est indépendant de la température.

Dépoussiérage des gaz de grillage

A coté du problème particulier *d'enrichissement* des gaz en acide sulfureux, par extraction de ce dernier suivi de restitution, il a fallu, et il faut, s'occuper de l'épuration industrielle des gaz impurs, obtenus lorsqu'on se sert des fours mécaniques par exemple, de manière à éliminer certaines matières inutiles ou nuisibles.

Le principe est donc inverse du cas précédent; ce n'est plus l'acide sulfureux qu'il s'agit d'enlever du mélange gazeux, mais bien les impuretés qui l'accompagnent.

Cette question, qui de tous temps fut importante, est passée au premier plan depuis l'apparition des procédés de contact, et a fait l'objet de recherches multiples qui ont suscité d'énormes progrès, dont les méthodes par chambres de plomb ont bénéficié.

Classification des poussières. — Le mot *poussières* manque un peu de précision, et comme il ne suffit pas en effet de dire qu'il s'agit des particules en suspension dans une atmosphère gazeuse, nous allons examiner quelle peut être leur composition.

Gibbs (*Journ. of. Soc. Chem. Ind.*, 1922 p. 189) a exposé, de façon très complète, la théorie de la séparation mécanique des particules qui sont soumises :

1o à l'action de la pesanteur F ;

2o à une résistance R, due a la pression exercée à leur surface par le gaz dans lequel ils se trouvent, cette action dépendant de sa nature, de la vitesse et du mouvement ascensionnel des gaz chauds.

Pour les particules ayant une dimension supérieure a 10^{-3} cm, F est plus grand que R, la chute s'effectue avec une vitesse croissante — ce sont les *poussières* proprement dite.

Pour celles ayant entre 10^{-3} et 10^{-2} cm. R augmente avec la vitesse et finit par être égal à F, la chute a lieu avec une vitesse constante — ce sont les *brouillards*.

Pour celles de 10^{-3} à 10^{-5} cm., F est bien plus petit que R, l'action de la pesanteur étant sensiblement inférieure à celles des chocs moléculaires, les particules entraînées sous l'action d'une force externe ne se déposent pas, ce sont les *fumées*.

En pratique, ce qu'on désigne sous le nom de *poussières* provenant des fours, comporte des produits appartenant aux 3 catégories de sorte que certaines particules se condensent facilement, d'autres moins vite, et le reste avec une extrême difficulté.

Production des poussières. — Il faut reconnaître que, si les fours mécaniques ont rendu d'énormes services sous le rapport de la diminution de la main-d'œuvre de grillage, ils ont un coefficient de réparations et d'entretien plus élevé que les fours à main, et donnent lieu à une production des poussières plus considérable. On a donc cherché à mettre au point diverses méthodes pour le dépoussiérage des gaz, le nettoyage des chambres à poussières, des conduits, des tours de Glover, des réfrigérants, etc, etc., sans qu'on ait réussit, pendant un certain nombre d'années, à obtenir dans la 1re chambre un acide techniquement irréprochable.

Il est évident que des pyrites menues, contenant des particules souvent très fines, dont les surfaces sont renouvelées à chaque instant par les dents dés râteaux, et qui, en tombant d'étage en étage, rencontrent les gaz suivant un chemin inverse, doivent forcément quand ils sortent des fours, entraîner des poussières ténues en suspension.

Avec un ventilateur disposé entre les fours et le Glover, la proportion en était très forte, mais, quoique moins grande avec tirage par ventilateur placé entre la dernière chambre et le Gay-Lussac elle restait très gênante.

Composition des poussières. — Les gaz provenant de la combustion des pyrites contiennent, à côté de l'acide sulfureux, de l'azote et l'oxygène en excès, de l'anhydride sulfurique et des poussières dont la nature dépend de la composition du minerai grillé (pyrite entraînée, oxyde de fer peu ou beaucoup sulfuré, de l'acide arsénieux provenant des arséniures ou arséniosulfures, de l'oxyde de zinc, des oxydes de cuivre, du sulfate de plomb, de l'antimoine, du sélénium, du thallium, du mercure, des dérivés calciques, barytiques, silicates ainsi que des dérivés métalloïdiques (acide chlorhydrique, soufre, acide fluorhydrique, fluorure de silicium, dérivés phosphatés.)

Proportion de poussières. — Elle dépend d'un certain nombre de facteurs :

a) Grosseur du minerai, car les gaz provenant des fours à roche sont beaucoup moins impurs que ceux provenant de fours à menu.

b) Sa friabilité.

c) Sa nature, les gaz provenant de la combustion du soufre sont, en effet, plus propres que ceux produits en grillant les pyrites menues, les blendes, les galènes, ou minerais mixtes compliqués (mispickel, etc.)

D'après *R. Moritz* une tonne de pyrite à 45 % de soufre utilisable, et qui donne environ 4.200 m³ de gaz à 8 % SO^2 à 29 C. entraînera :

Fours à roche	0,2 à 0,5 kg.
Fours à menus genre Maletra	1,0 à 4,0
Fours mécaniques ordinaires (pyrite italienne, norvégienne, turque)	4,0 à 7,0
Pyrite espagnole non lavée, grains n'éclatant pas	6,0 à 8,0
Pyrite espagnole non lavée éclatant facilement	10,0 à 14.0
Fours à une sole	2,5 à 4,0
Fours mécaniques courants, après filtration sur filtre horizontal à cailloux	0,8 à 1,5
Après filtration sur filtre métallique	1,0 à 2,0

Inconvénients des poussières. — Les poussières présentent une série d'inconvénients :

a) Perte du minerai soumis au grillage.

b) Obstruction plus ou moins rapide des conduits.

c) Encrassement du Glover — d'où nettoyages fréquents, et destruction rapide du remplissage.

d) Diminution du tirage général, mauvaise désulfuration dans les fours, marche défectueuse des chambres ou des catalyseurs.

e) Augmentation de la consommation nitrique.

f) Action néfaste sur les réactions chimiques.

g) Altération de la qualité de l'acide sulfurique, diminuant sa valeur, et le rendant impropre à un bon nombre d'applications particulières.

h) Augmentation du prix de revient.

On a donc été amené à :

Etudier divers systèmes de fours spéciaux ; modifier la disposition, ou le cube, des chambres à poussières comme nous allons le voir.

Epurer les gaz.

Perfectionner le Glover.

Etablir de nouveaux systèmes réfrigérants au bas de Glover.

Méthodes d'épuration

Parmi les méthodes ayant pour but la séparation des particules solides en suspension dans les gaz des fours, nous signalerons :

I. Ralentissement de la vitesse des gaz.

II. Changements de vitesse et de direction.

III. Chocs et frottements.

IV. Filtration sèche ou humide.

V. Entraînement par condensation.

VI. Méthodes chimiques.

VII. Méthodee électrique.

I. Ralentissement de la vitesse des gaz. — Avec l'emploi des fours à bras, on admettait qu'en faisant passer les gaz dans des tuyaux ou conduits, de section telle que la vitesse ne dépasse pas 6 à 9 mètres par seconde, ou pouvant condenser toutes les poussières.

Avec les fours mécaniques, ces chiffres ne sont pas applicables, et les installations modernes tablent sur une vitesse de $1^m,50$ par seconde (certaines comptent même sur $0^m,90$ au maximum) de plus, avec le type classique des chambres où les gaz doivent arriver très chauds dans le Glover, la perte de température doit être réduite au minimum.

Cette question d'épuration des gaz de grillage a bénéficié des études faites pour l'utilisation des gaz de hauts fourneaux. Pour ceux-ci, l'épuration des gaz, qui contiennent parfois jusque 30 grammes au mètre cube, comporte 3 stades :

Une première purification qui ramène la proportion des poussières aux environ de 1 gramme.

La seconde, plus délicate, la réduit à 0 gr. 02.

Enfin une troisième a pour but de l'amener à l'état de traces pour ainsi dire indosables.

Jadis le 1er procédé, combiné avec le refroidissement, était en honneur et on cite, parmi les installations les plus typiques, un couloir de 8 kilomètres, représentant $4\ m^3$ par tonne de minerai grillé en 24 heures, aux usines à plomb de Freyberg, qui permettait de condenser 95 kilogrammes de poussière par tonne de minerai traité.

Il faut, dans le travail avec chambres de plomb, que la perte de chaleur soit aussi faible que possible et l'installation prévue de façon à réduire au minimum les pertes de tirage, tout en permettant un contrôle facile en marche et un nettoyage rapide autant que commode, nécessitant fort peu de main-d'œuvre.

Une chambre à poussière constitue alors un épanouissement du carneau par lequel circule l'acide sulfureux ; le plus souvent on établit les parois, ainsi que le dessous, en briques réfractaires tandis que le dessus est parfois en dalles de fonte, recouvertes d'une couche de sable dont on peut faire varier l'épaisseur. Avec les pyrites on comptait, jadis, de 1 à 2 mètres cubes de volume de chambre pour 100 kilogs de pyrite brûlée par 24 heures.

Dans les installations par contact, où les gaz doivent être refroidis, elles sont fréquemment en tôle, quant aux conduits ils sont élevés, avec un fond, supporté sur une structure en acier, et constitué par une suite de trémies, où la poussière se rassemble et peut être commodément évacuée.

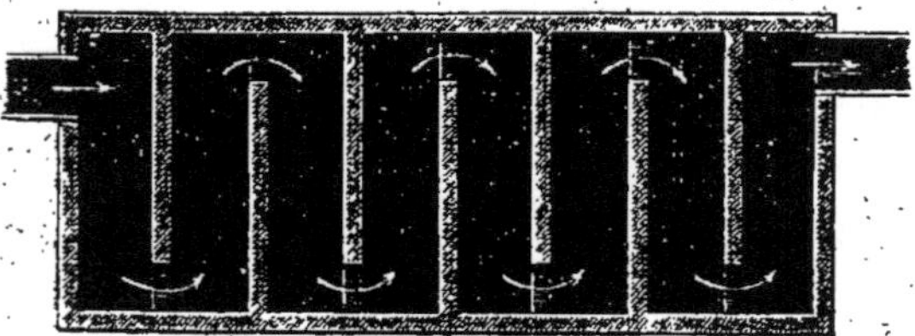

Fig. 113.

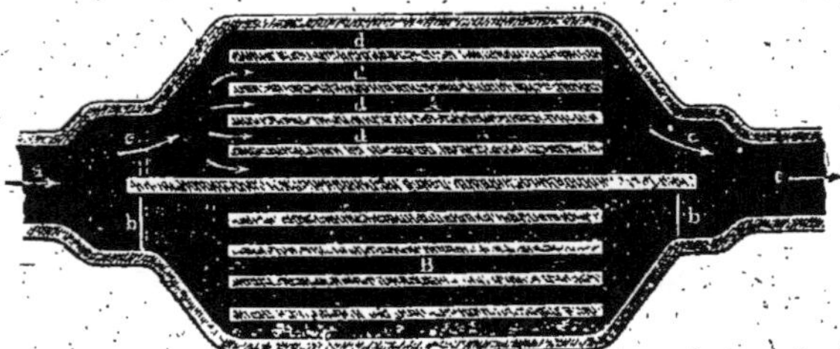

Fig. 114.

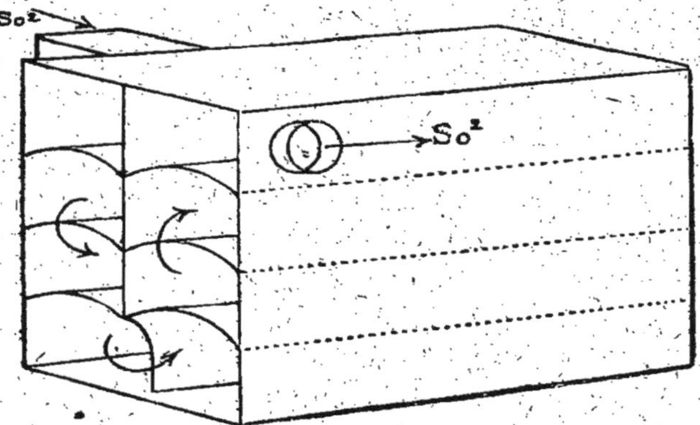

Fig. 115. — Chambres à poussières.

II. Changements de vitesse et de direction. — On a cherché à créer des mouvements de gaz locaux grâce à des changements de section, variations brusques de direction, etc. Le plus souvent, d'ailleurs, les chambres de ce genre sont disposées de manière à utiliser l'action des chocs et frottements dont il va être question, on arrive ainsi à réduire les dimensions des chambres de dépôt.

Le système de changement brusque de direction (fig. 113) possède des cloisons verticales et les gaz passent successivement en haut et en bas puis inversement. Le chemin parcouru est encore beaucoup plus long si l'on adopte la chambre à poussière (fig. 115) qui offre à la fois des cloisons horizontales et des verticales.

M. *Braidy* (*Fabrication de l'acide sulfurique par contact*, Industrie Chimique, 1922, p. 481) a résumé dans le tableau ci-dessous les caractéristiques de deux chambres à poussière (fig. I et III) qui se trouvaient à la suite de fours mécaniques grillant 8 à 10 tonnes de pyrite dans une installation par contact *Grillo-Schrœder*.

	Chambre (fig. I)	Chambre (fig. III)
Section d'entrée	1,08 m²	0,81 m²
Longueur développée de circulation	18 m.	65 m.
Nombre de changements de direction	6	9
Orientation des chicanes	verticale	horizontale
Section maxima dans la chambre	5,70 m²	1,50 m²
Section de sortie	0,55 m²	0,64 m²
Volume intérieur	85 m³	175 m³

Un système intermédiaire entre cette catégorie et la suivante est celui de *Graf* (Br. All. 352.123, avril 1920) qui comporte des conduits cintrés, munis d'ouvertures tangentielles donnant passage à la poussière.

Fig. 116. — Appareil A. Graf.

III. **Chocs et frottements.** — On constate que des particules en suspension, mises au contact d'une paroi solide, ont une tendance à se déposer, le fait s'explique de plusieurs façons :

a) Au contact de la paroi il y a une diminution de vitesse.

b) La surface rugueuse tend à retenir certaines particules.

c) Le frottement permet le développement d'une charge électrostatique qui dépend de la nature physique et chimique de la paroi et du gaz.

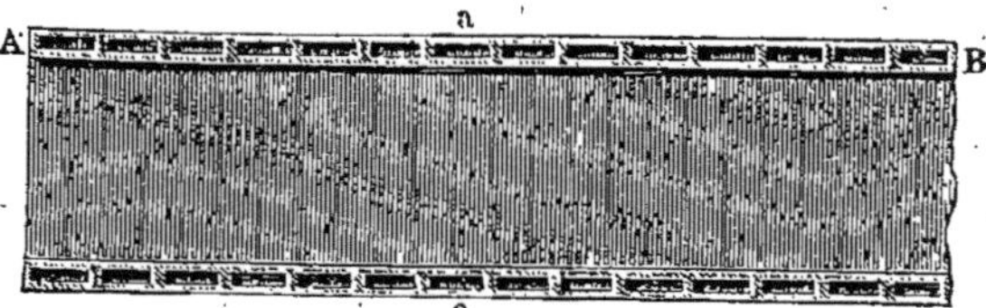

Fig. 117.

Etant donné que les résultats varient suivant la disposition générale, la vitesse, la direction du courant gazeux, la nature et la forme de la surface, on a proposé de nombreux appareils.

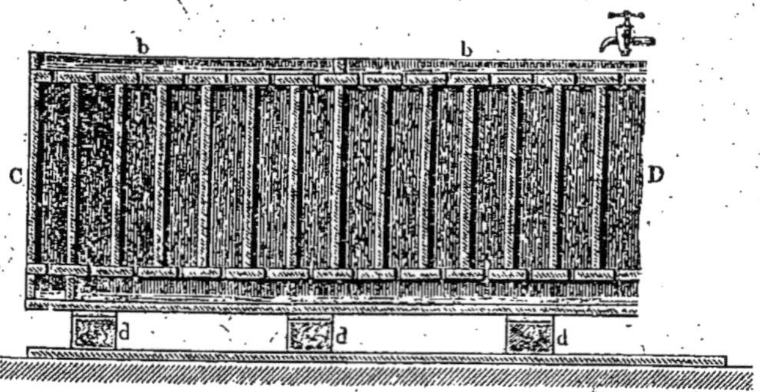

Fig. 118.

Dans l'épuration par chocs (fig. 113), les gaz passant par un orifice trouvent, en face d'eux, une paroi qui brise le courant, fait tourbillonner les poussières, et provoque la chute d'un certain nombre d'entre elles, il faut ajouter cependant que l'idéal serait de réduire au minimum les remous qui tendent à remettre en circulation ces poussières.

La figure 114 montrait une chambre dans laquelle les gaz sont, pour ainsi dire, laminés entre des parois en brique réfractaire, et laissent tomber une fraction de leur poussière en suspension ; de plus on peut, au moyen de registres isolés, arrêter l'autre.

Tôles. — *Freudenberg* a déjà décrit en 1882 l'emploi de tôles parallèles au courant gazeux, où la matière déposée tombe quand elle atteint une épaisseur de 32,5 mm.

Frasch (Br. All. 326.483) préfère des bandes de tôle perpendiculaire à la direction des gaz, les espaces d'une rangée correspondent aux pleins de celle qui suit.

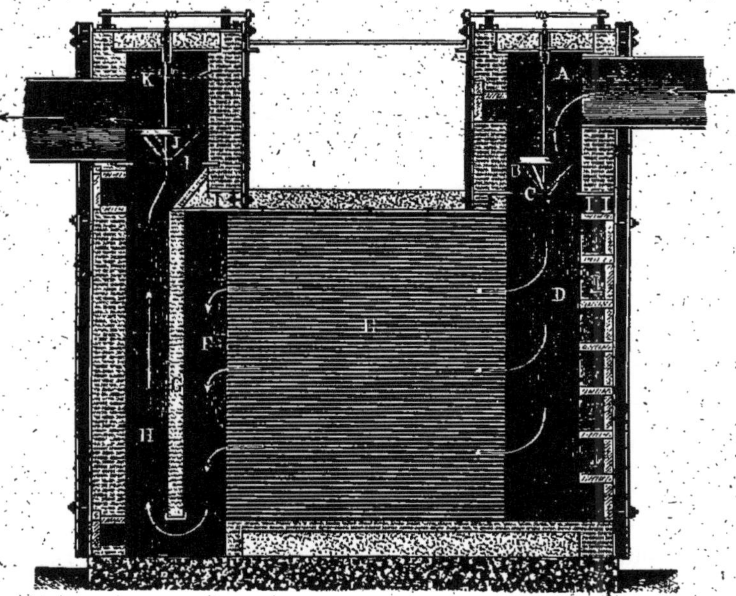

Fig. 119.

Le Brevet Américain *Henry Howard* 970.053 et 896.111 comporte une série de plaques d'acier horizontales espacées, de 25 millimètres, en quantité calculée de façon à ce que le courant de gaz passe lentement d'une chambre à une autre ; des râteaux de dimension convenable, qui peuvent être introduits par des ouvertures pratiquées dans les parois, servent à nettoyer les poussières déposées, toutefois, sous l'influence des gaz chauds, les plaques ont une tendance à s'incurver, ce qui présente des inconvénients.

Krowatschek (Br. all. 358.014), janvier 1921) dispose, dans une chambre évasée, des rangées de plaques, les unes derrière les autres, de manière à former des angles au sommet desquels sont des rigoles, placées de façon à ce que celles d'une même portion du courant de gaz se recouvrent et que les gaz passent au-dessus des rigoles.

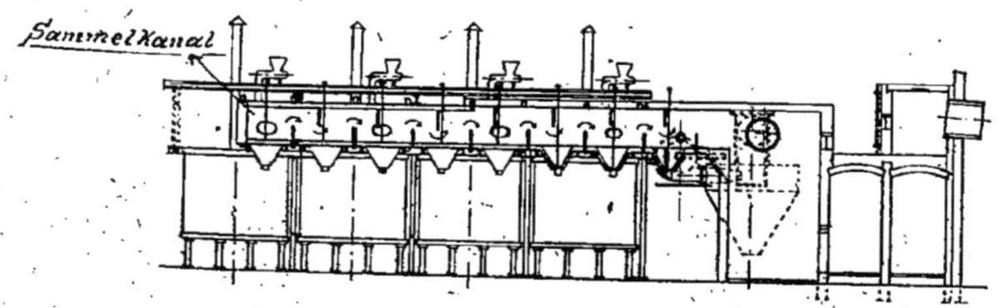

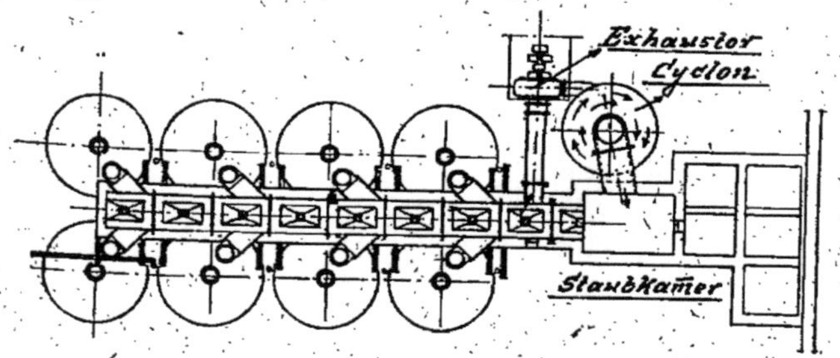

Fig. 120 et 121.

Batterie de 8 Fours mécaniques avec chambre à Poussières et Trémies.

La figure ci-dessus se rapporte à une installation américaine *Gilchrist* de 8 fours *Herreshof* ; les sorties de gaz de chaque four débouchaient dans un collecteur général des poussières de 1 mètre de haut sur 1 mètre de large. Dans ce canal étaient disposées, à certains intervalles, des plaques de fonte, placées alternativement en haut puis en bas, provoquant des changements de direction dans la marche des gaz, et la précipitation de poussières qui tombaient dans des trémies d'où on les extrayait par simple manœuvre d'un registre. Un ventilateur pouvait aspirer les gaz et les refouler dans un appareil *Cyclone* (fig. 120), dont les orifices d'évacuation des poussières débouchaient dans des récipients convenables, quant aux gaz sortants ils allaient dans une série de chambres à poussière.

Par une simple manœuvre de registre on pouvait couper la

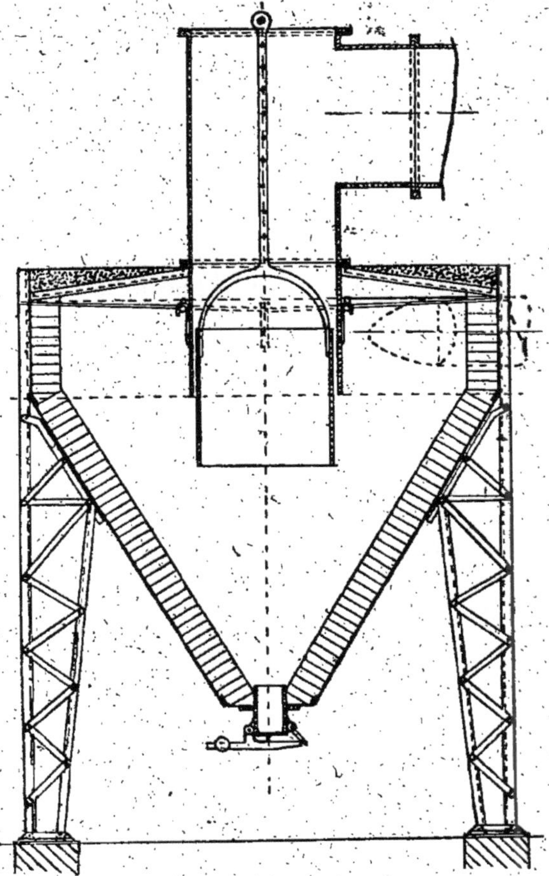

Fig. 122. — Cyclone O'Brien.

communication avec le ventilateur, et laisser les gaz passer directement par le collecteur central et les chambres à poussière.

A titre comparatif nous donnons une installation (fig. 121) relatée par *Hartmann et Benker* (Mechanische Röstöfen beim Bleikammerprozess, Zeitschrift fur angew. Chimie, p. 13) qui comporte également le collecteur général et le ventilateur aspirant, mais les gaz sont envoyés dans des chambres à poussière à deux étages, où des cloisons en chicane obligent les gaz à suivre un long chemin. Entrés à la partie inférieure, ils accèdent en a dans l'autre chambre passent en $b - b$, puis dans le canal élargi $c - c$, où ils rencontrent des chicanes figurées ci-dessous.

R. Moritz substitue aux tôles pleines des tôles perforées.

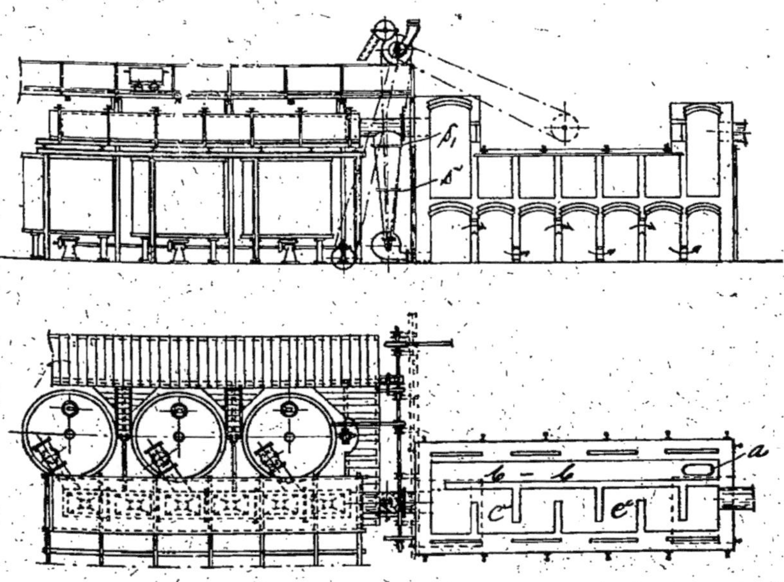

Fig. 123 et 124. — Chambres à poussière Hartmann et Benker.

Un dispositif pour un four comporte 10 tôles, de 2 millimètres d'épaisseur, représentant une surface de 4 à 5 m². Les trous de la première ont 8 millimètres environ de diamètre, et sont espacés de 20 millimètres, les dernières ont des trous de 4 millimètres espacés de 10 millimètres ; comme dans les épurateurs à goudron du gaz, les trous sont situés en face de parties pleines. On aurait une purification de 80 à 90 °/₀ avec une minime perte de charge (2 millimètres).

Les poussières adhérentes aux tôles peuvent être enlevées au moyen d'un dispositif batteur.

Fils. — On a, dans le même ordre d'idées, remplacé les tôles par des fils de fer suspendus à des distances d'environ 26 millimètres (*Roesnig* Min. Ind., 1906, p. 536 et 1908, p. 323) à 10 centimètres et espacés de 0,75 à 1 mètre.

Avec des gaz marchant à 1 m. 80 à 2 m. 50 par seconde, on obtiendrait déjà des résultats intéressants.

Tiges. — Dans le collecteur *Gilchrist*, les fils sont remplacés par des tiges pleines que l'on peut faire vibrer à certains intervalles de temps, pour provoquer la chute des poussières sur la partie inférieure de la chambre.

Tubes. — L'emploi de tubes verticaux, ouverts aux deux extrémités, fut breveté par *Lutjens* (Br. All. 255.535). Celui de tubes verticaux perforés munis de petites ouvertures, avec faces parallèles et disposés en quinconce a été revendiqué par *Happel* (Br. All. 317.083, juillet 1918). Les poussières pénètrent a l'intérieur des tubes et y restent.

Chaînes. — Les Etablissements *Kuhlmann* (Br. Fr. 518.533 du 4-1-1920) ont breveté un dépoussiérage au moyen de chambres contenant des rideaux de chaînes perpendiculairement au courant gazeux. Les chaînes d'un même rideau sont reliées par des tiges munies de poignées que l'on manœuvre à intervalles déterminés. Les poussières tombent au fond de la chambre et sont enlevées par une vis sans fin.

Un brevet basé également sur l'emploi des chaînes a été déposé par *Schultz et Loriot* (Br. Fr. 566.233, mai 1933) le système *Kalinowski* possède également une chambre vide, avec la partie inférieure en forme de trémie, dans laquelle sont disposés des rideaux en vieux câbles de mines effilochés, et n'offrant qu'une résistance insignifiante au passage des gaz. En frappant à intervalle convenable les fils, on provoque la chute des poussières qui y adhèrent.

Chambres utilisant la force centrifuge. — Elles ont pour objet de séparer les particules solides des gaz sous l'action de la force centrifuge. La partie supérieure de la chambre a la forme circulaire en section horizontale et l'arrivée des gaz se fait tangentiellement, la chambre se continue suivant le type *Cyclone* (Brevet O. Brien) (fig. 123) c'est-à-dire en forme de cône avec la pointe en bas. Les poussières rejetées vers la périphérie tombent à la partie inférieure le long de la paroi inclinée, elles s'y rassemblent

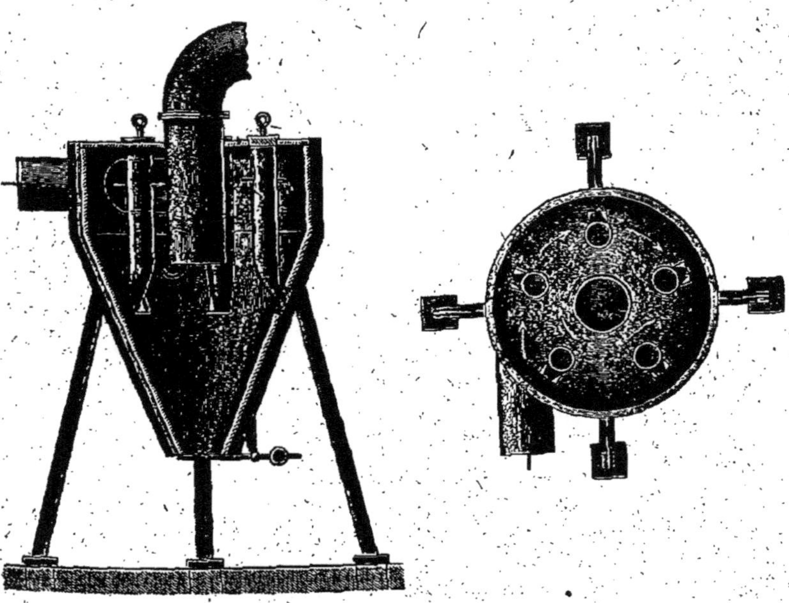

Fig. 125. — Appareil à perte de charge.

et peuvent être extraites. L'efficacité, très satisfaisante pour les particules un peu grosses, l'est moins pour les poussières très fines.

FALDING a décrit un modèle de condenseur à poussières. (*O. Brien*, Br. am. 694.024) genre *Cyclone*, ayant une disposition tronconique dans lequel, les gaz lancés par un ventilateur, entrent tangentiellement, puis sortent par un tuyau central, en laissant tomber pendant ce trajet, les particules les plus condensables; un de ces appareils ayant 2 m. 40 de diamètre en haut, 3 m. 60 de hauteur et un orifice inférieur de 0 m. 15 était relié avec 5 fours *Herreshof* et permettait de récupérer 75 % des poussières.

Fig. 126.

Une autre forme figurée ci-contre, comporte un cylindre vertical muni, à sa partie supérieure et à sa partie inférieure, de deux cônes. Dans la chambre ainsi formée débouche un tuyau évasé par lequel arrivent les gaz à épurer, qui, après avoir été projetés contre le fond, remontent et abandonnent l'appareil sur le côté.

La chambre *Kaufmann* (fig. 127) est rondé, les gaz, aspirés par un ventilateur spécial, sont introduit tangéntiellement à la partie

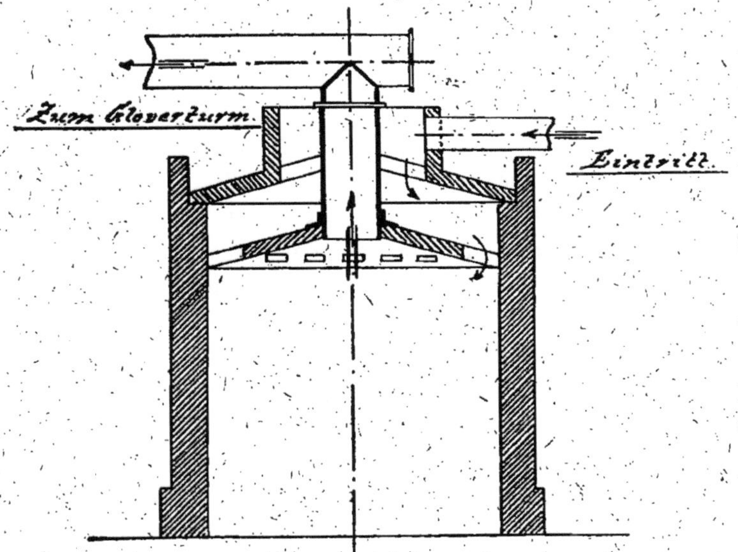

Fig. 127. — Chambre à Poussière verticale Kauffmann.

supérieure, et ils passent du centre à la périphérie au moyen d'ouverture pratiquées dans la maçonnerie.

Les systèmes des plaques très rapprochées, ou perforées, ceux avec fils, chaînes, toiles métalliques sont cependant encore insuffisants quand il s'agit des particules impondérables constituant les fumées métallurgiques, car l'utilisation des lois de la pesanteur, ou des forces centrifuges, n'est plus possible ; malgré des dispositions ayant pour but de refroidir les gaz et de réduire leur vitesse on n'obtient que des résultats incomplets.

Comme ces fumées sont constituées par des composés, plus ou moins oxydés, d'arsenic, plomb, zinc, des sulfures, etc. etc., dont la présence serait très préjudiciable à la qualité de l'acide, il a fallu envisager l'emploi de moyens nouveaux.

On conçoit que, peu à peu, on ait été amené à passer du système par pertes de charges, laminage, chocs ou frottements aux dispositifs de filtration.

Emploi de toiles métalliques. — Une disposition spéciale pour l'épuration des gaz, brevetée par la *Deutsche Luftfilter Baugesellschaft* (Br. All. 325.782) ; comprend des cages en toile métallique que l'on peut empiler ou démonter facilement ; dans une autre disposition, il est prévu des poches ouvertes vers le bas, (côté d'entrée de gaz) et vers le haut (côté de sortie).

Pour la condensation des poussières M. *Guillet* (Métallurgie générale, p. 507) cite divers exemples, que nous reproduisons surtout pour montrer ce qu'on peut faire dans cet ordre d'idées, car la grande majorité des dispositifs que l'on rencontre dans le grillage des sulfures et l'épuration des gaz sulfureux, appartient plutôt aux appareils en maçonnerie décrits précédemment, ou à ceux avec remplissage en matières minérales façonnées ou non, mais très robustes.

a) À *Great-Falls* les chambres d'épuration contenaient, par 1.000 mètres cubes, 10.000 fils de 3 mm. 5 distants de 5 centimètres, l'installation permettrait de traiter 4.000 tonnes de minerai par 24 heures

b) Dans une usine française, traitant à l'heure 13.680 m³ de gaz riches en poussières de cuivre et zinc, portés à 150°, la chambre, a 6 mètres × 2 mètres et 5 mètres de haut. Au plafond est suspendue horizontalement une toile métallique, à mailles de 25 millimètres, en fils ronds de 5 millimètres, qui sert de support à des fils d'un diamètre de 3 à 4 millimètres, descendant à 5 centimètrees du fond de la chambre. Ces fils sont maintenus en place par une seconde toile, semblable à la première, située au 1/4 de la hauteur ; celle-ci est montée dans un cadre en bois qui a, dans la chambre, un jeu de 0 m. 20 et peut être mis en mouvement de l'extérieur, de façon à faire tomber les poussières attachées aux fils.

Dans la chambre, débouche une conduite de 0 m. 60 de diamètre, par laquelle les gaz pénètrent. Leur vitesse de 7 m. 50 par seconde se trouve ramenée à 0 m. 50.

La récupération des poussières atteindrait 70 %.

Méthodes de filtration proprement dite. — Dans ces méthodes, la filtration s'opère sur un lit de matières solides — et elles diffèrent selon le dispositif et la nature de la substance filtrante qui, bien entendu, doit résister à l'action des gaz acides chauds

Fiechter qui s'est fait une spécialité de filtration de gaz de hauts fourneaux, se servait de fils d'amiante tendus verticalement, secoués

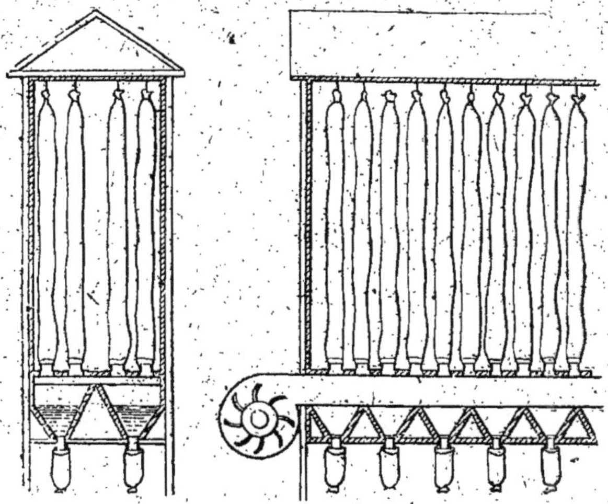

Fig. 128 et 129. — Filtration dans des sacs d'étoffe.

périodiquement ; il a adopté plus récemment des filtres à sable susceptibles de multiples applications.

On conçoit, en effet, qu'en choisissant du sable en grains calibrés plus ou moins gros, et en donnant une épaisseur plus ou moins grande, on puisse faire varier la résistance, et l'efficacité, dans des limites assez étendues. Il est évident qu'au point de vue installation cette matière est bon marché, facile à épurer ou à remplacer.

Dans la métallurgie du Plomb on emploie, en Amérique, des sacs filtrants qui arrêtent, au passage, une partie des matières solides en suspension dans les gaz. Ces sacs sont secoués automatiquement, grâce à un mécanisme simple, qui peut même être produit par l'action du gaz lui-même. Une manœuvre de valve fait tomber les poussières dans des trémies au-dessous desquelles on peut les récolter.

Ces appareils ont été introduits par *Beth* dans la métallurgie du fer, toutefois, avec le gaz SO_2, il faut un choix spécial de toiles filtrantes : celles qui présentent le plus de résistance aux acides sont la laine et l'amiante, mais leur élasticité varie avec le temps, et, au bout d'une certaine durée de fonctionnement, il faut les remplacer.

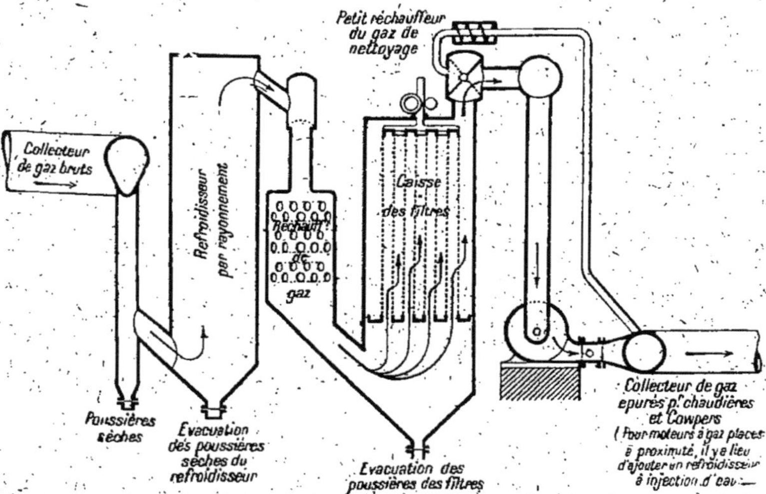

Fig. 130. — Procédé Beth de filtration à sec.

Les données sur ces filtrations sont assez clairsemées dans la littérature technique, toutefois M. *Guillet* (p. 509) relate que, pour les gaz de hauts fourneaux, il faut 5 à 10 mètres carrés de surface filtrante par mètre cube de gaz et par minute, sous une dépression de 2 mm. 1/2 d'eau environ.

Indépendamment des produits à la fois incombustibles et inattaquables par les gaz acides chauds, tels que les tissus en asbeste ; on a employé des tamis, en tissus imprégnés puis carbonisés, etc., etc. qui rentrent naturellement dans la catégorie des filtres à sec — certains avaient la forme cylindrique et doués d'un mouvement de rotation plus ou moins rapide. — Quelques-uns seulement ont obtenu la sanction de la pratique, qui exige quelque chose d'efficace, de durable, nécessitant le minimum d'entretien.

D'une façon générale, ces matières ne semblent pas avoir donné des résultats suffisamment intéressants pour que l'application en soit généralisée, ce, en raison du prix relativement élevé, du bouchage des pores, de la corrosion des fibres, ou d'une modification de la substance, qui devient cassante par suite de la présence d'acides sulfureux et sulfurique dans les gaz portés à haute température.

Au lieu de matières compactes, qui présentent, en quelque sorte, une surface de contact minima avec les gaz, on a cherché des substances dans lesquelles cette surface serait au contraire maxima, et notamment la laine de laitiers en couches pouvant atteindre 45 centimètres, ce qui donne déjà une épuration à 0 m. 5 par mètre cube, appliquée par Messieurs *Kling-Weidlein* dans l'épuration d'autres gaz industriels.

Tours filtrantes. — *A priori* le Glover paraîtrait constituer un véritable filtre humide, mais il présente certains inconvénients que l'on examinera plus tard, un Glover sec semblait donc plus logique en ayant soin de choisir, pour son remplissage, des matières résistant à la chaleur et aux acides.

Le dispositif filtrant *Hartmann et Benker* (Brev. fr. 387.456) est d'une simplicité remarquable ; du silex ou des débris sont placés entre 2 parois verticales perforées qui permettent le passage des gaz. Lorsqu'il y a encrassement, on enlève la matière filtrante que l'on passe dans un trommel où elle se nettoie et tombe dans un silo, d'où un transporteur la remonte pour garnir le filtre.

Les filtres *G. Giland* (Brev. all. 238.237) et Barth (Brev. all. 292.780) utilisent des cailloux dans des filtres ressemblant aux anciens fours à roches, avec ou sans barreaux de grilles mobiles, mais, comme ils offrent une certaine gêne au tirage (8 centimètres d'eau) au passage des gaz, ils impliquent l'emploi d'un ventilateur en fonte placé avant le Glover.

Schellhauss (*Chem. Zeitung*, 1920, p. 122) établit une tour en maçonnerie de 1 mètre × 1 mètre, renfermant une couche de 1 mètre d'épaisseur d'anneaux *Raschig* (15 millimètres × 15 millimètres) maintenus en place par 2 panneaux parallèles en grillage métallique, introduits par une ouverture pratiquée dans le haut, et évacués par une autre située dans le bas.

La vitesse des gaz est de 1 mètre par seconde, mais, lorsque la résistance augmente de façon sensible, montrant qu'il y a matage, on évacue les anneaux, et on les fait passer dans un tamis trommel de façon à évacuer la poussière, après quoi ils peuvent rentrer en service.

Les cellules *Viszin* décrites par Meldau (*Zeitsch f. angew. chemie*, 1922, p. 1 000), garnies de petits anneaux, travaillent de même.

Donalson (*Chem. Eng. Mining Rev.*, 1924, p. 261) a rendu compte de filtrations dans des colonnes garnies de coke.

Raynaud et *Pierron* (Brev. belge 147.959) se sont servi, pour la purification à sec, de matières susceptibles d'ajouter, à la filtration mécanique proprement dite, une action particulière qu'ils ont comparée à une compression suivie d'une détente brusque, analogue à celle que l'on a reconnue depuis aux charbons activés ou au gel de silice.

Ils ont préconisé l'emploi de matière poreuse soit naturelles comme le Kieselguhr, soit artificielles (argile moulé, etc.).

Dans le cas où une pureté très grande est nécessaire, ils ont rendu leur procédé discontinu et fait jouer, à la matière, non seulement un rôle filtrant, mais une action physico-chimique.

Aux points de vue mécanique, remplissage, et vidange des récipients filtrants, on s'est efforcé de réduire au minimum la force dépensée :

La *Tellus A. G. F. Bergbau und Hutten Industrie* dispose la matière granulée entre deux parois extérieures en quinconce, dont les supports sont à l'intérieur de la couche filtrante, et les lames forment des plans verticaux où chacune est perpendiculaire à la précédente, de sorte que les gaz, arrivant horizontalement, traversent la matière filtrante qui suit une marche verticale.

Récemment *Cramp* (*Chem. and Met. Eng.*, 10 mars 1924) a décrit un appareil (fig. 131), comprenant deux grilles verticales situées l'une en face de l'autre et formées de barreaux inclinés, qui a été essayé pour éliminer les poussières des hauts-fourneaux et devait être appliqué également aux gaz des fours mécaniques.

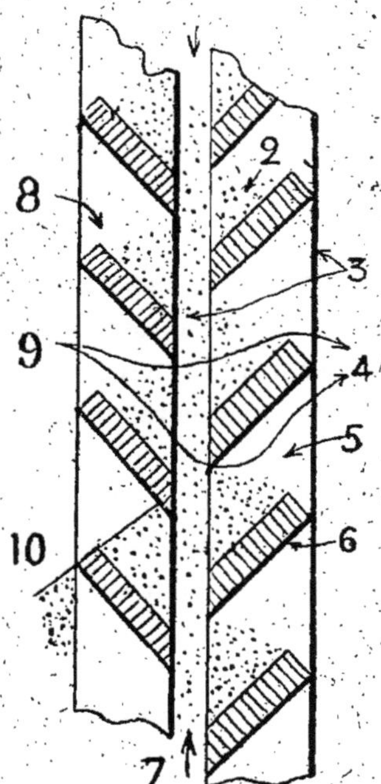

Fig. 131. — Appareil G -B. Cramp.

L'intervalle entre les grilles et les barreaux est rempli de poussière, à travers laquelle les gaz passent horizontalement en y déposant de nouvelles couches de poussière ; dès que l'amas local atteint l'angle d'écoulement il glisse, et tombe dans des trémies destinées à la recevoir. Une surface de 450 centimètres carrés laissait passer 420 litres de gaz à la minute, avec une perte de charge de 250 millimètres d'eau qui pouvait monter à 500 millimètres sans inconvénient.

Comparaisons. — *Goldmann* (*Metall. u. Erz.*, février 1919, p. 41) a exposé les études effectuées à Stolberg pour utiliser les gaz de galène, dans la méthode par contact.

Après de nombreux essais on arrive à ces conclusions :

1° Le coke est insuffisant (8 filtres de 300 mètres cubes laissaient encore 0,002 de poussière par mètre cube).

2° Le sable du Rhin, la silice, également.

3° Les premières fractions de la masse catalytique (sulfate de magnésie platiné) retenaient le plomb.

4° La sciure de bois donna de bons résultats : un filtre à sciure de 1 mètre carré de section étant suffisant pour 1 000 mètres cubes de gaz par jour.

Le gaz, employé après humidification, était ensuite séché dans des colonnes.

Épuration mécanique avec refroidissement des gaz. — L'épuration mécanique à sec des gaz peut être réalisée, également, en provoquant un abaissement de température qui diminue le volume des gaz, et modifie les vitesses relatives des constituants.

Ce refroidissement peut être opéré par l'air, par une circulation d'eau ou de gaz, ou des dispositifs ayant pour but de récupérer une partie plus ou moins grande des calories à éliminer.

Lunge a décrit (p. 591, édition 1916) une installation de refroidissement d'une conduite de gaz des fours à *Bleiberg* au moyen d'un courant d'eau, mais il fait remarquer qu'on a fini par employer à *Freiberg*, en 1902, de simples carnaux en maçonnerie ou en plomb, *Banet* cite à ce sujet (*Jahr. C. Bergund Huttenw in Sachten*, 1894, p. 39) un qui, destiné à alimenter 30 chambres de plomb, avait 8 037 mètres de long et 3,8 mètre carré de section, et permettait de condenser 80 % de poussière, ce qui constituait un beau résultat pour l'époque.

Épuration absolue des gaz. — Les méthodes de fabrication d'acide sulfurique par contact nécessitant des gaz d'une pureté, non plus relative, mais pour ainsi dire absolue, ont obligé à combiner des méthodes physiques et chimiques afin d'éliminer les impuretés énumérées précédemment.

Elles comprennent, selon les procédés :

Elimination des poussières le plus facilement condensables.

Refroidissement.

Passage dans des scrubbers ou appareils *ad hoc*.

Filtration.

Séchage.

Nous avons signalé un certain nombre de dispositifs concernant la première opération.

Refroidissement. — La seconde peut être réalisée de différentes façons ; tantôt par circulation dans un *système tubulaire* ou des conduits refroidis extérieurement par l'air ou l'eau — tantôt par passage dans des *tours* où ruisselle un liquide froid, qui est, le plus souvent, de l'acide sulfurique à 60° — nous en donnerons une description en traitant de la fabrication par contact.

Dans le procédé de la *Badische* les gaz chauds sont injectés d'eau ; dans celui de *Rabe* on emploie de l'eau ou de l'acide sulfurique avant de procéder au refroidissement. Comme nous venons de le dire, cette opération est remplacée, dans certains procédés, par passage dans une tour.

Passage aux scrubbers. — La troisième opérations (*lavage*) a, comme but principal, *d'éliminer le fin brouillard* qui se trouve en suspension et renferme simultanément de l'acide sulfurique avec de l'acide arsénieux, elle s'effectue dans des barboteurs ou dans des tours, souvent munis d'un remplissage en coke ou grès sur lequel on fait ruisseler de l'eau ou de l'acide sulfurique faible (25 à 40° B).

Filtration. — Sortant de ces appareils, les gaz sont humides et acides, mais leur condensation est beaucoup plus facile et le passage dans des filtres permet d'y arriver.

En général ils sont garnis de morceaux de coke dont le calibre a une influence non négligeable et donne des résultats d'autant meilleurs que les grains sont plus réguliers et plus fins ; aussi, pour gêner le moins possible le tirage, est-on amené à donner une épaisseur relativement petite, et une grande surface, aux caisses filtrantes.

Au lieu de caisses on emploie aussi des tours.

La matière de remplissage peut être du silex, de la fibre de bois, du coton, et on dispose un certain nombre de filtres en série afin d'obtenir, après le dernier, une limpidité parfaite des gaz.

Le procédé de *Tentelef*, celui de *Rabe*, complètent cette action au moyen d'un passage sur des composés chimiques (solution alcaline ou lait de chaux dans le premier cas, sulfate ou bisulfate dans le second) qui fixent, à l'état de combinaisons, certaines matières, et notamment l'arsenic.

Séchage. — Lorsqu'il y a eu apport, ou contact avec l'eau, on procède au séchage des gaz en les dirigeant dans des tours où ruisselle de l'acide sulfurique concentré.

Quand on travaille avec des chambres de plomb il faut avoir réellement besoin d'un acide spécial pour que l'on fasse subir une épuration aussi minutieuse ; mais lorsque c'est le cas, il faut, comme dans le procédé de contact, réchauffer les gaz avant de pro-provoquer la combinaison de SO^2 avec O.

C'est la *Badische Soda und Anilin Fabrik*, qui a, la première, résolu le difficile problème de la purification totale des gaz de grillage des pyrites. Son procédé breveté le 22 juillet 1898, D. R. P. n° 113.933 et en France le 17 août 1898, D. R. P. n° 280.649 comporte les opérations suivantes : mélange avec la vapeur d'eau, refroidissement des gaz, lavage avec l'acide sulfurique en procédant à des essais particuliers permettant de suivre le cours de l'épuration, puis séchage à nouveau des gaz ainsi épurés. En voici d'ailleurs la description :

Description. — Pour réaliser un lavage efficace des gaz provenant du grillage, il convient de réaliser une combustion parfaite du soufre ou d'autres matières oxydables ; car, il serait extrêmement difficile de précipiter les matières formées, surtout le soufre sublimé, qui apporterait d'autres impuretés.

Le soufre brûle totalement en mélangeant intimement les gaz provenant du grillage quand ils sont encore à leur température de combustion. A cet effet, l'emploi exclusif des chambres a poussières, en usage jusqu'ici, ne suffit pas, surtout lorsqu'il s'agit de fours permettant par exemple de griller, par jour, plus de 5-10 tonnes de pyrites.

On peut effectuer le mélange, et la combustion parfaite, par des moyens mécaniques, le plus simplement par un courant de gaz insufflé dans la chambre contenant les gaz chauds à mélanger. Ce courant de gaz peut être formé d'air, ou des gaz du grillage eux-mêmes, mais le plus pratique est de se servir d'un courant de vapeur d'eau qui a d'autres fonctions importantes au cours des opérations préparatoires du procédé.

Pour bien laver les gaz provenant du grillage, surtout de pyrites fortement arséniées, il est préférable de les refroidir graduellement dans des réfrigérants appropriés. Les gaz provenant du grillage de minerais sulfurés renferment de l'acide sulfurique concentré, sous forme de vapeurs qui se condensent lors du refroidissement, de sorte que le métal des réfrigérants, généralement en fer ou en plomb, est rapidement attaqué par cet acide chaud et concentré, en provoquant la destruction de ces appareils.

La présence de SO^3 dans les gaz de grillage peut produire deux autres inconvénients :

Le premier est que l'acide sulfurique concentré forme, avec l'arsenic et d'autres impuretés contenues dans les gaz, des croûtes dures et compactes, qui se déposent sur les parois du réfrigérant en les bouchant bientôt complétement. De même, les tours servant à refroidir les gaz, à l'exemple des Glovers, se bouchent également en peu de temps, qu'ils soient arrosés avec de l'eau ou avec de l'acide sulfurique. La raison pour laquelle les Glovers ne se bouchent pas si souvent est dans la teneur de leur acide en acide nitrique et en nitrose, qui facilitent la dissolution des incrustations dures.

Le deuxième est que l'acide sulfurique concentré, contenu dans les gaz, réagit sur le métaux, plomb, fer, etc. en produisant des quantités minimes, mais suffisantes, à des combinaisons hydrogénées des éléments étrangers, par exemple de l'As ou du Pb, très difficiles à reconnaître et à éliminer.

Après avoir traité au préalable, et refroidi, les gaz de grillage de la manière décrite, on les soumet à un procédé de lavage pour les épurer définitivement, et parfaitement, de toutes substances nuisibles. Ce lavage est poursuivi jusqu'à ce qu'un examen optique, et chimique, fasse constater la pureté suffisante des gaz.

Un essai optique permet de contrôler ce résultat d'une manière continue. Si on éclaire d'un côté une couche de gaz, longue de plusieurs mètres, pendant que, de l'autre, on examine la couche a travers la lumière, on ne doit plus apercevoir aucune substance poussiéreuse ou nébuleuse.

Le lavage des gaz se fait pratiquement au moyen d'acide sulfurique dans des tours d'arrosage placée à la suite les uns des autres. L'acide sulfurique, les produits sublimés et matières qui constituent la poussière, sont ainsi retenus. On recueille les liqueurs des réfrigérants, et appareils de lavage, dans des caisses, doublées intérieurement de plomb, pour les laisser déposer, après quoi on sépare l'acide sulfurique surnageant que l'on peut réemployer, ou transformer en acide concentré par addition d'anhydride.

Une fois l'épuration complète de gaz effectuée il ne reste plus qu'à les sécher avec soin, si le lavage a eu lieu avec de l'eau ou de l'acide sulfurique dilué.

Résumé. — Le procédé consiste essentiellement en une purification physique des gaz de grillage, destinée : à éliminer les poussières qui retiennent la plus grande partie de l'arsenic, à assurer une combustion complète du soufre des pyrites, et à diluer l'acide sulfurique contenu dans les gaz, de façon à éviter la formation d'hydrogène arsénié par l'attaque des parois métallique des appareils.

Cette purification s'opère dans une première série de carneaux garnis de maçonnerie, où se déposent les poussières, puis d'autres carneaux refroidis extérieurement par un courant d'eau. Après ces appareils se trouvent des tours arrosées d'acide sulfurique faible, suivies elles mêmes de tours de dessiccation du même modèle mais arrosées par de l'acide sulfurique concentré, qui absorbe l'eau contenue dans le gaz.

On intercale souvent, entre les tours de lavage et les tours de purification, un, ou des, filtres en bois doublés de plomb et contenant plusieures couches de coke de grosseur décroissante. Ils ont pour but de retenir les dernières traces d'acide arsénieux, et l'arsenic en suspension dans les brouillards d'acide sulfurique formés dans les fours de grillage. Ces brouillards résistent à tous les lavages à l'eau ou à l'acide sulfurique, mais se fixent dans les filtres aussitôt que ceux-ci sont humectés par l'acide qui s'y condense.

Ainsi que nous le disions plus haut, dans les systèmes analogues appliqués aux chambres de plomb, on opère de façon comparable au procédé *Badisch*, c'est-à-dire que les gaz chauds provenant des tours sont d'abord dirigés dans des chambres à poussière puis dans des appareils d'épuration par filtration et lavage. Les gaz épurés et humides après passage à travers d'autres tours desséchantes, sont réchauffés en utilisant d'abord la chaleur récupérée dans les chambres à poussières puis amenant à température convenable dans un réchauffeur à coke.

Ces gaz, auxquels on adjoint les produits nitreux, obtenus par un moyen approprié, sont alors dirigés dans le Glover et les chambres.

L'acide remarquablement limpide obtenu ne renferme qu'une proportion infinitésimale d'arsenic. Il peut être appliqué à des fabrications délicates et vendu avec plus-value, ce qui compense les frais supplémentaires d'installation et le combustible employé pour le réchauffage des gaz refroidis.

Quant à l'acide des tours de lavage, il sert, par exemple, pour la fabrication du super.

Enfin, dans un autre ordre d'idées la *Verein Chemischer Fabricken* de Mannheim a breveté (D. R. P. nº 106.714 du 31 juillet 1898), et appliqué dans ses usines, un procédé d'élimination de l'arsenic contenu dans les gaz de grillage basé sur le fait que, lorsqu'on les fait passer à travers d'une couche d'oxyde de fer chauffée au rouge, l'arsenic est retenu d'une façon pratiquement complète et suffisante pour l'application du procédé de contact. Mannheim utilise dans ce but les résidus de pyrites grillées, mais a revendiqué aussi l'oxyde de chrome. Au bout d'un certain temps la pyrite grillée se sature d'arsenic et doit être remplacée par une couche fraîche. L'As se combine en formant des produits non décomposables aux températures du four de purification.

Richard Wetterlein (Br. allemand nº 303.834) fait passez les gaz à travers une pluie fine d'une solution saline ; dans ces conditions le sel précipite, entraîne les poussières, et les gaz s'échappent chargés de vapeur d'eau. On peut choisir des sels réagissant sur les gaz et, pour le dépoussiérage des gaz du grillage de pyrites, se servir d'une solution de nitrate ou de nitrite. SO^2 s'échappe alors chargé d'oxydes d'azote et de vapeur d'eau, tandis qu'il se précipite du sulfate chargé de poussières.

Un dispositif épurateur d'anhydride sulfureux breveté par *Taquet* (Br. Fr. 535.806), comporte une chambre de combustion (fig. 132)

A formée d'une cuvette parallélipipédique surmontée d'une partie semi-cylindrique.

Au tiers supérieur de la chambre est fixé le tube d'épuration T relié à un ventilateur, et percé de 4 rangées de trous de 1 centimètre de diamètre, espacés de 2 et disposés en quinconce aux extrémités de diamètre perpendiculaire.

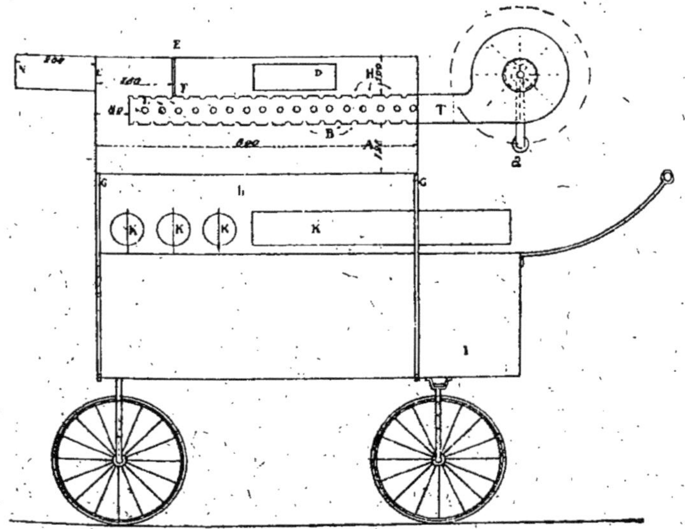

Fig. 132.

L'air du ventilateur sortant par les trous inférieurs B permet la combustion de soufre. Les parties débouchant horizontalement non seulement refroidissent SO^2, mais arrêtent SO^3, et le soufre sublimé, qui retombe. Les trous supérieurs donnent passage à des gaz qui butent contre la partie concave du haut, et se trouvent dans des conditions comparables aux parties sorties latéralement.

L'organe principal est évidemment le ventilateur Il doit avoir un rythme constant et soigneusement déterminé.

Une tour de refroidissement et de lavage, pour gaz des fours à blendes, est décrite par *A. Frohberg* (Br. all. 330. 656), 30-12, 1919. Sa paroi intérieure en briques de grès est protégée, ou calorifugée, avec ou sans interposition d'une couche intermédiaire de matière, inattaquable aux acides, imperméabilisée par un revêtement de béton armé avec enduit résistant aux acides.

Cette tour comporte un couvercle en pierre réfractaire par lequel passent les tuyères employées pour la pulvérisation du liquide laveur injecté.

Comme autre procédé par voie humide, nous signalerons celui *R. G. Weldman* de (Br. angl. 161.310) qui a réalisé la préparation d'acides sulfureux simultanément avec celle de sulfite d'alumine et d'alumine. Il fait bouillir de l'argile avec une solution alcaline et décante. L'argile mise en suspension dans l'eau est soumise à un courant de SO^2 jusqu'à saturation.

La silice précipitée est filtrée, puis la solution soumise à l'action de la chaleur, et du vide, donne SO^2 qui se dégage et sert à nouveau, puis le sulfite obtenu calciné donne de l'albumine.

Précipitation électrique des particules en suspension

La précipitation électrique des poussières a fait l'objet de recherches très anciennes, les expériences tentées depuis 1824 (*Hohlfeld*) pour précipiter les fumées furent considérées d'abord comme des recherches purement scientifiques, mais, vers 1884, des brevets furent simultanément pris par *Oliver Lodge*, *O. Walker* d'une part, et le docteur *Kal Moeller* d'autre part.

M. *Lodge* décrivit, dans une conférence, les installations établies par M. *Walker* dans son usine à plomb de Dee Bank, mais le procédé semble avoir été temporairement abandonné, jusqu'au moment où l'emploi des fours mécanique remit au premier plan la nécessité de débarrasser les gaz sulfureux de la proportion gênante de poussières qu'ils contenaient.

C'est en Amérique que les applications, véritablement industrielles, des méthodes de précipitation électrique ont été effectuées, dans des usines à ciments ainsi que dans les industries où il y a production abondante de poussières minérales.

M. *Streiff* (Br. belge n° 150.320 du 6 juin 1900) a indiqué une méthode de condensation électrique des fumées d'acide sulfurique, et, comme les gaz provenant des fours à pyrite en contiennent une quantité non négligeable, il est évident qu'il a dû leur appliquer sa méthode. S'il ne parle pas de l'effet sur les poussières, c'est probablement parce qu'à ce moment la totalité des fours en service, étant avec travail à bras, en donnaient beaucoup moins.

Procédés Cottrell

Depuis leur succès industriel beaucoup de chercheurs ont étudié la question, et le brevet 17 mars 1908, couvrant ces procédés, a été suivi d'une quantité notable d'autres, basés sur le même principe, mais avec des dispositifs d'application différents. D'après *A. Fairlie* (*Chemical and métallurgical Engineering*, novembre 1921) ce fut à la fin de 1913 que la méthode *Cottrell* a été employée pour l'épuration des gaz de grillage dans une usine à acide sulfurique, et rien qu'en France il existait fin novembre 1922, 22 appareils *Cottrell* traitant les gaz de fours à pyrites.

Principe de la méthode. — Cette méthode pour la précipitation des poussières, des fumées, ou des vapeurs en suspension dans un gaz, est basée sur ce fait que, lorsque ce gaz traverse lentement un champ électrique établi entre les électrodes de charges de signes contraires, les molécules gazeuses s'ionisent. Les particules solides ou liquides se chargent électriquement et sont entraînées, dans une direction ou dans l'autre, suivant la chute de potentiel du champ.

Elle fut d'abord appliquée pour précipiter les fumées nuisibles, on s'aperçut bientôt que, non seulement les gaz étaient épurés, mais que, dans bon nombre de cas, les dépôts récoltés avaient une grande valeur comme sous-produits. Les installations récentes utilisent généralement ces deux avantages, en ayant soin de déterminer au préalable, dans chaque cas, les conditions de travail, la consommation d'énergie, le voltage, la vitesse, la pression et la température des gaz.

Lorsque l'électrode de décharge est reliée au pôle positif, la précipitation serait de 70 à 80 %, et, lorsqu'elle est reliée au pôle négatif, elle atteindrait 98 %, ce dernier montage permettrait, d'après *Moeller* (Br. all. 282.737), d'employer une tension beaucoup plus forte.

Pour montrer l'efficacité du système, M. *Stinville* qui exploite en France les procédés *Cottrell* cite dans une brochure (octobre 1918) sur cette méthode que, à la *Baugh Cyemical* C° à Baltimore, l'acide du Glover, provenant de gaz dépoussiérés électriquement, ne renfermait plus que 0,014 °/₀ de fer (Fe) tandis que, dans une chambre ordinaire, cette teneur est d'environ 0,40 °/₀.

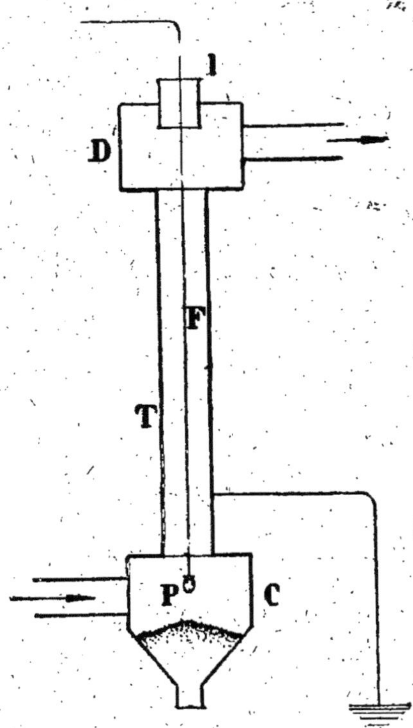

Fig. 133. — Principe du procédé Cottrell.

T, tube rejoint à la terre; C, chambre de rassemblement des poussières;
F, fil maintenu par le poids P; I, isolateur; D, chambre de départ des gaz.

On sait d'ailleurs que les inconvénients de poussières sont multiples :

Obstruction progressive du Glover.

Gêne correspondante du tirage.

Nettoyages et lavages, entraînant une dépense de main-d'œuvre et une détérioration.

Pertes de produits nitreux et augmentation de consommation.

Pertes d'acides pendant, et après, les lavages.

Diminution de production pendant ces travaux.

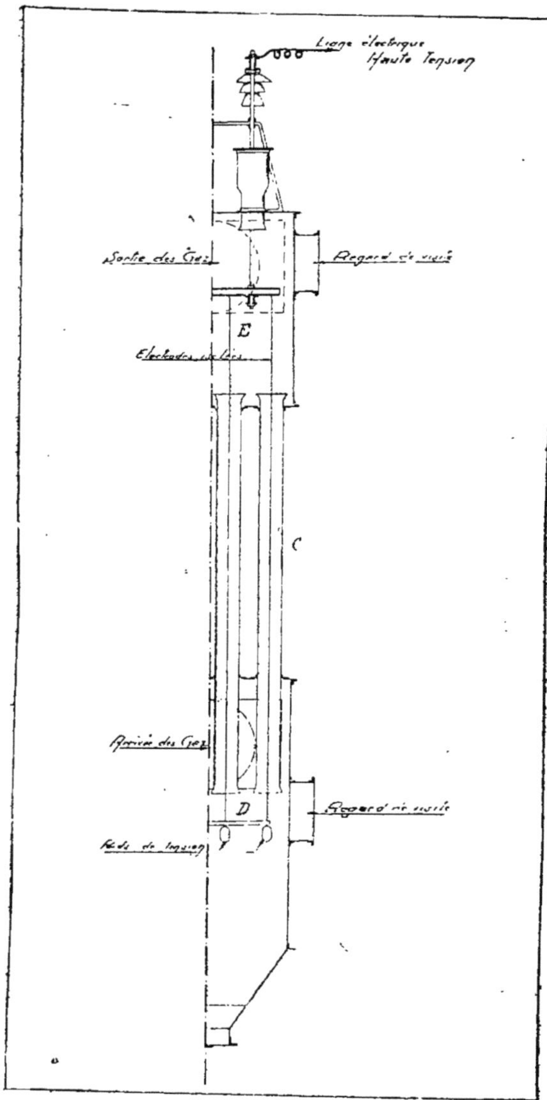

Fig. 134. — Procédé Cottrell.

C, tubes de précipitation ; D, chambre d'arrivée de gaz à dépoussiérer :
E, compartiment supérieur où se réunissent les filets gazeux purifiés.

Application de la méthode. — En pratique, les gaz sont amenés
à passer entre deux électrodes, une mise à la terre, et la seconde

étant à haut voltage, de façon à ce qu'un champ électrique à haute intensité soit maintenu entre elles.

Les études effectuées ont montré que, les dimensions des appareils sont fonction de la vitesse du courant gazeux, du potentiel,

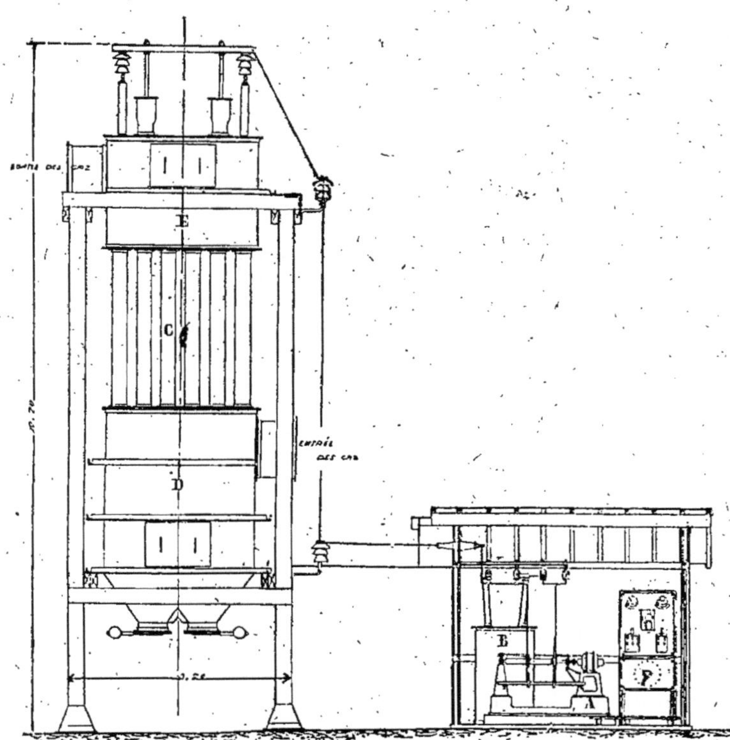

Fig. 135 — Procédé Cottrell.

A, redresseur tournant; B, transformateur; C, Faisceau tubulaire;
D, chambre d'admission des gaz bruts; E, chambre des gaz épurés.

de plus l'intensité de la charge électrique de particules constituant la poussière, implique d'augmenter le plus possible le champ et la charge si on veut obtenir le meilleur résultat, tout en étant limité par la production d'étincelles ou d'arcs entre les électrodes.

Dans certaines installations, les électrodes à la terre sont des tuyaux en tôle de 0 m. 30 de diamètre (T) à travers lesquels les gaz montent ou descendent, dans d'autres, ce sont des plaques parallèles de fer ou d'acier, les gaz passant, selon les cas, horizontalement ou verticalement. Quant à l'autre électrode, elle est constituée par des fils (F), tiges ou chaînes, à égale distance des parois, et soumises à une forte tension, naturellement les électrodes sont soigneusement isolées. Quand le dispositif comporte un fil très fin avec un cylindre de grand diamètre, il existe, au voisinage du fil, un champ intense qui décroît rapidement quand on se rapproche du cylindre enveloppant, sur lequel a lieu la précipitation.

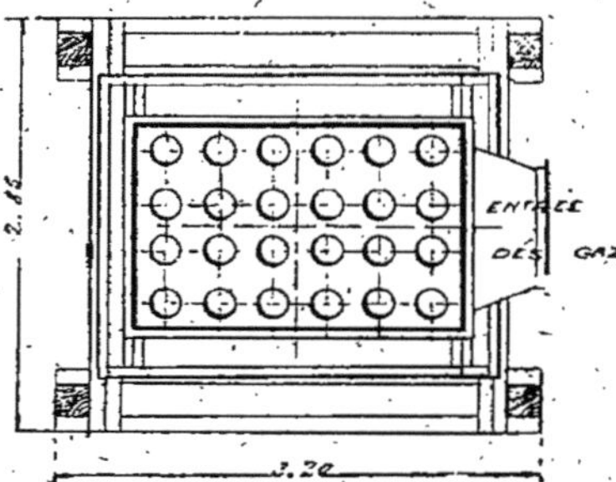

Fig. 136. — Procédé Cottrell (plan).

Étant donné qu'on a besoin de courant à haute tension, et qu'il doit toujours être de même sens, la solution la plus logique serait l'emploi d'une source convenable de courant continu, mais comme il n'est pas possible d'utiliser la machine statique, la dynamo à courant continu ou une batterie d'accumulateurs, on a été amené à se servir du courant alternatif dont on peut élever la tension au moyen des transformateurs puis on redresse le courant au moyen d'un convertisseur convenable. La tension nécessaire est fonction de la nature et la pureté des gaz à traiter en même temps que de l'espace entre les 2 électrodes. C'est ainsi qu'avec une distance de 0 m, 075 on maintient une différence de potentiel de 28 à 30.000 volts, qui provoque l'électrification des poussières contenues dans les gaz soumis au traitement, et leur précipitation. Des dispositifs pour recueillir, et collecter, les poussières adhérentes à l'électrode à la terre, sont prévus, et des trémies permettent de les enlever en C.

La théorie des phénomènes qui causent la précipitation a été étudiée par *F. G. Cottrell* et *G. H. Fulton*.

La puissance de chaque unité est calculée de façon à ce qu'une, ou plusieurs, puissent être isolées pour réparation ou nettoyage, sans nuire au bon fonctionnement de l'installation complète.

Fig. 137. — Installation d'épuration par procédé Cottrell.

Quant aux poussières, leur composition chimique est naturellement fonction du minerai employé, elles peuvent donc renfermer de l'arsenic, de l'antimoine, étain, du fer, plomb, argent, or, nickel, cadmium, cuivre, zinc, mercure, etc., à l'état de composés divers, indépendamment de l'acide sulfurique.

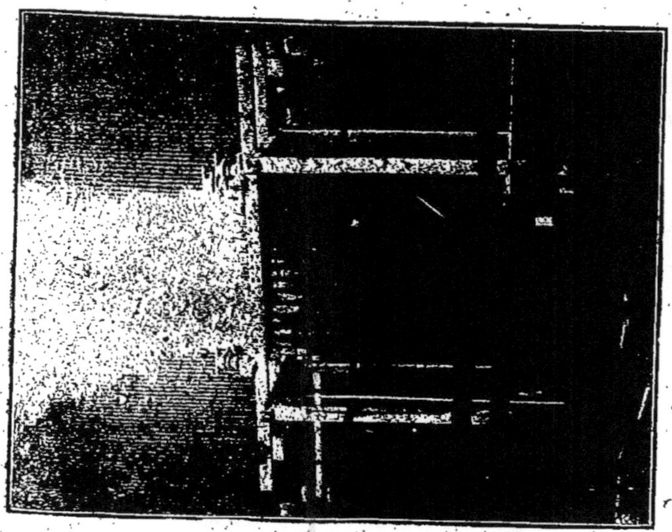

Fig. 139. — Installation d'épuration au Cottrell (marche avec courant).

Fig. 138. — Installation d'épuration Cottrell (marche sans courant).

En général la vitesse des gaz doit être inférieure à 3 mètres par seconde, on préfère 1,50. Dans ces conditions, les gaz d'un four mécanique de 45 tonnes de pyrites par 24 heures, contenant

7 1/2 % SO^2, soit 370 mètres cubes par minute, à 550° C, nécessitent une section effective totale des conduits de précipitation de 3 1/2 mètres carrés.

D'après *Wells* et *Fogg* (*The manufacture of sulphuric acid in the United states*, p. 77) l'installation faite à la *Baugh Chemical C°* près Baltimor, devait traiter les gaz à 600° C., toutefois, à certains moments, la température atteignit 750° C. Dans ces conditions, seuls, certains composés arsénicaux ne purent être condensés, mais toutes les poussières et fumées possédant un haut point de volatilisation furent récupérés, elles représentaient environ 1,33 % de la pyrite grillée

Tous les techniciens compétents sont unanimes, maintenant, à con-idérer que la méthode par précipitation électrique donne des résultats excellents, et qu'elle est appelée à se généraliser de plus en plus en Europe, comme elle l'a fait aux États-Unis.

La *Research corporation* qui exploite les procédés *Cottrell* a donné à ce sujet la statistique suivante :

Installation	Volume gazeux (pieds cubes par minute)	Température	Type	Minerai	Four	Coût installation (dollars)
A	15 000	1 200	Plaques et bandes 2 sections	Pyrite	Herreshof	18 000
B	8 650	1 000	» » 3 »	Minerai zinc	Mathiessen et Hegeler	20 000
C	12 000	600	Tuyaux carrés 2 unités de 20 tuyaux chaque	»	Skinner	7 800
D	17 000	360	Tuyaux 2 unités de 36 tuyaux chaque	»	Mathey	30 000
E	8 000	1 300	Plaques et bandes 1 section	»	Mathiessen et Hegeler	12 500
F	18 000	800	» » 2 »	Pyrite	Herreshof	21 000

Après la précipitation mécanique, ou électrique, les gaz vont à le tour de Glover si on travaille par le système des chambres, ou aux appareils de lavage, de refroidissement, et de séchage, si on travaille par contact.

Pour traiter les gaz de fours grillant une quantité de minerai représentant 30.000 kilogrammes de soufre, l'installation vaudrait 60.000 dollars, et la consommation ne représenterait que 1,5 KW.

D'après *M. A. Fairlie*, l'appareil a été modifié par M. R. B. *Ruthbeen* dans une installation faite aux usines à plomb de l'*American Smelting and Refining Company*, où la température des gaz n'est que de 400° F. Il existe des treillis métalliques parallèles, et distants de $0^m,15$, à mailles de $0^m,05$ de côté disposés perpendiculairement à la marche des gaz, et raccordés au sol, tandis qu'entre eux sont établis des fils chargés d'un courant à haute tension.

M. A. *Delassalle* a publié dans *Chimie et Industrie* (septembre 1920, p. 314) un travail sur les essais de précipitation électrique des fumées et gaz, effectués pour le service des Poudres pendant la guerre.

Ses conclusions concernant les gaz des fours à pyrite, furent que :

1° Il est de toute nécessité d'opérer à la plus haute température possible, de façon à avoir des gaz secs, et des poussières sèches, n'adhérant pas, ou presque pas, aux tuyaux, et pouvant tomber d'elles-mêmes, ce qui n'a pas lieu au-dessous de 250°.

2° Il semble probable que, dans l'application spéciale de précipitation de poussières aux gaz à assez haute température, il peut être plus intéressant d'opérer avec des champs parallèles moins susceptibles de détérioration, et d'un réglage ou entretien plus faciles, produits par des électrodes de recueil planes, plutôt qu'avec des champs concentriques résultant de l'emploi d'électrodes de recueil cylindriques, les particules précipitées se maintenant plus facilement sur une surface courbe que sur une surface plane En outre, le centrage des électrodes est rendu difficile par les dilatations.

3° Une cause d'adhérence des poussières est la rugosité, tantôt naturelle, en employant des surfaces trop peu lisses, brutes de fonderie par exemple, tantôt provoquée par une attaque due à une condensation de vapeur et d'acide sulfurique, sous l'influence de causes telles qu'une température trop basse.

4° A température inférieure à 250° C., les poussières précipitées s'agglomèrent, et *a fortiori* plus bas, car il y a précipitation d'acide sulfurique plus ou moins dilué. Dans ce cas il faut employer des dispositifs mécaniques pour frapper sur les électrodes.

M. *Delasalle* a donné également dans le *Mémorial des Poudres*, 1920, n° 2, p. 214 à 254, de très intéressants détails sur la même question. Ils seront consultés avec profit par les techniciens s'occupant du dépoussiérage électrique.

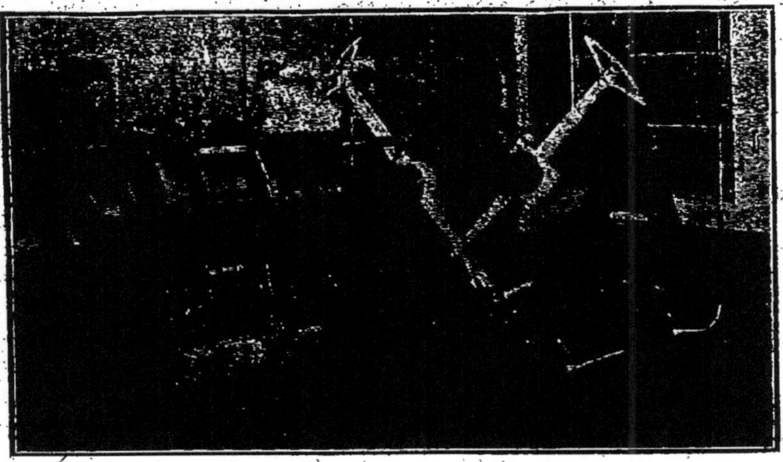

Fig. 140. — Redresseur de courant, type définitif (Appareil à l'arrêt).

Le redresseur de courant de la *Société de Purification industrielle des gaz*, figures 140 et 141 se compose, en principe, d'un croisillon fixe et d'un mobile, tous deux en ébonite munis chacun de 4 bras.

Deux bras du croisillon fixe sont reliés au transformateur, un troisième à l'électrode négative de l'épurateur, et le quatrième à la terre.

Les bras du croisillon mobile sont reliés 2 à 2 électriquement, et il est actionné par un moteur synchrone tétrapolaire, dont un tour correspond à 2 périodes complètes du courant alternatif.

De nombreux techniciens qui ont examiné la méthode de précipitation électrique des poussières se sont efforcé de corriger les points qui leur semblaient défectueux.

Voici quelques uns des brevets pris dans cet ordre d'idées.

M. *E. Anderson* (*Chem. metall. Engin.*, janvier 1922) a signalé que l'abaissement de l'efficacité dans la condensation électrique des poussières provenait, parfois, du dépôt des couches de poussières isolantes sur l'électrode collective, occasionnant des perturbations dans l'ioniseur.

Fig 141. — Redresseur de courant, type définitif (Appareil en marche).

Cet isolement peut être évité en humidifiant le gaz poussiéreux, ou en arrosant d'eau l'électrode collectrice.

F. Schlutz (Br. all. n° 312.049) provoque la précipitation des poussières des gaz, et vapeurs, avec du courant continu, ou alternatif, à petite tension.

Les électrodes ne sont pas conductrices, et ont des dimensions inégales, les gaz passent dans le grand tube qui renferme un tube plus petit dont la surface est rendue conductrice, et dont l'axe est parallèle à celui du grand tube.

Dans le brevet all. 314.014, *North* et *Lootel* se servent d'un champ électrique tournant, pour réaliser le dépoussiérage.

Bradley (Br. angl. 119.238) a revendiqué :

1° Disposition des tubes de traitement en parallèle, éventuellement section polygonale ou rectangulaire (Br. 119.237).

2° Passage du gaz de haut en bas ;

3° Température et pression constantes (Br. 107.389).

4° Augmentation de conductibilité par addition d'eau, de vapeur ou de vapeur d'acide sulfurique (Br. 119.236).

Welch (Br. am. 1.284.166, 22 novembre 1916) soumet, à l'action d'un champ électrique, le mélange d'acide sulfureux, oxygène, oxyde d'azote et eau avec les poussières en suspension.

Pour la séparation des oxydes d'azote, de fumées d'acide sulfurique, et d'acide nitrosulfurique, du reste des gaz on les fait passer entre des électrodes, dans un champ électrique à haute tension qui détermine la précipitation des buées.

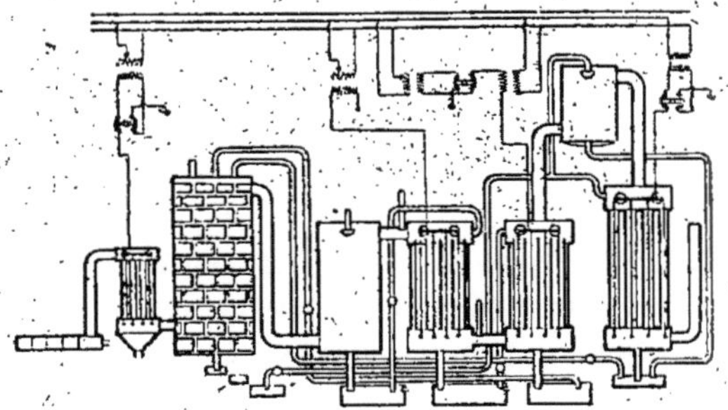

Fig. 142. — Dispositif Welch.

L'action du champ électrique aurait pour effet d'accélérer la réaction.

L'emploi d'appareils à précipitation électrique, un premier entre les fours et le Glover, un second entre le Glover et les chambres, a fait l'objet du brevet *Beadley* (Br. américain 1.284.276, 25-8, 1917).

La question d'enlèvement des poussières précipitées sur les électrodes a suscité des brevets divers.

Siemens-Schuckertwerke (Br. all. 311.444, 10-4, 1918) effectuent la précipitation sous pression réduite, et provoquent des variations de pression pour faciliter la récolte des poussières.

Ensuite ils ont (Br. all. 318.432 et 318.433, 29-5, 1918) préconisé des dispositifs spéciaux d'appareils d'épuration électrique des gaz complétés par le (Br. all. 318.896, 6,-12, 1918) :

1° Disposition de cloisons où trappes mobiles, perpendiculaires au courant gazeux, dans la fosse où viennent les poussières. cela de façon à empêcher tout remous.

2° Les électrodes mobiles peuvent être amenées dans un canal contre l'espace où se collectent les poussières.

3° Des cloisons perpendiculaires au courant, et fixées aux électrodes, sont disposées dans la fosse.

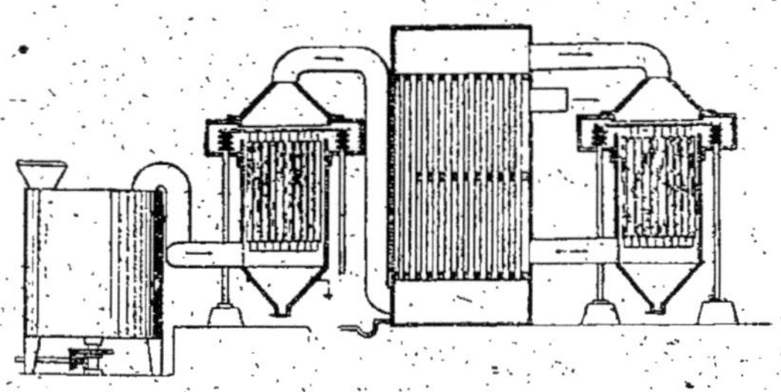

Fig. 143.

L'emploi d'électrodes de fils ondulés a été couvert par d'autres brevets. *Siemens-Schuckertwerke* A. G. (Br. 338.560 — février 1920) et le nettoyage réalisé (Br. all. 341.229 — février 1920) par un mouvement convenable de fils ou bandes enroulés autour des électrodes.

Punning (Br. all. 318.772, 11-2, 1919) fait varier la vitesse des gaz, de façon périodique, en donnant une intensité telle qu'ils enlèvent les poussières déposées sur les électrodes.

Wolcott (Br. am. 1.329.737) ajoute de l'eau aux gaz, pour les hydrater et refroidir partiellement puis précipite électriquement les particules en suspension en réglant la température ainsi que l'humidité, afin d'éviter une accumulation de charge électrique, sans rendre le dépôt corrosif et adhérent aux parois.

Le même auteur (Br. am. 1.329.847), dans le cas où les matières précipitées ne sont pas conductrices, et tendent à accumuler une charge sous l'action du champ électrique, maintient le pouvoir diélectrique du champ de précipitation en ajoutant au dépôt une matière capable d'augmenter sa conductibilité sans le rendre fluide.

Dans son brevet am. n° 1.329.848 il refroidit les électrodes collectrices, afin de condenser la vapeur ajoutée aux gaz, en réglant la température pour que le dépôt sur les électrodes soit fluide.

C. P. Bary (Br. fr. 534.081, 27-12, 21) a breveté un procédé de purification électrique de gaz, sans emploi de l'effluve, en amenant les poussières, et au voisinage, de l'électrode qui doit les charger négativement; puis faisant passer ces gaz dans un champ électrique qui oriente les poussières chargées vers l'électrode positive.

Dans les figures 144 et 145, le gaz impur suit la direction des flèches et se charge, au passage, dans les toiles métalliques figurées à pointillé, après quoi il entre dans un champ électrique.

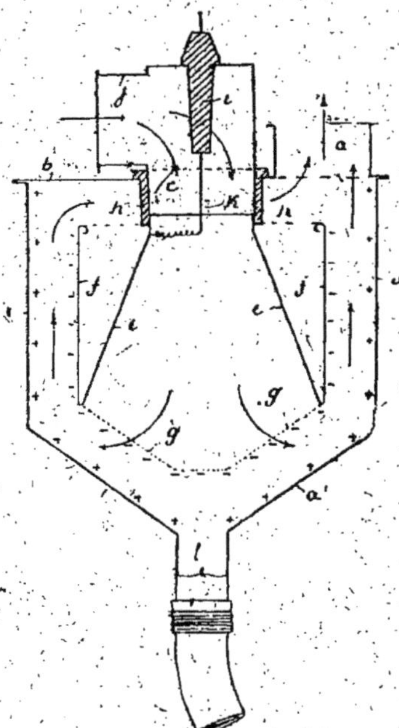

Fig. 144. — Purification électrique Bary.

Avec ces dispositifs les différences de potentiel sont moindres que dans les méthodes connues, ce qui évite l'inconvénient de production d'une étincelle disruptive.

Les poussières tombant des plaques positives dans des collecteurs situés à la partie inférieure de l'appareil.

D'après M. *A. Stinville* (Br. fr. 532 892, novembre 1921) il est avantageux d'opérer la précipitation électrique des poussières, et impuretés des gaz, en les maintenant à température suffisamment élevée pour qu'il n'y ait aucune condensation d'acide, ce qui permet d'obtenir un dépôt très sec et facile à enlever.

L'appareil de la *Métallbank und Metall. Gesell* (Br. all. 364.808, août 1919) fig. 146 a, comme pièce essentielle, un cylindre tournant électriquement, ou à la main, et commande les divers dispositifs, de manière à ouvrir et fermer l'arrivée des gaz, mettre en circuit, ou hors circuit, les électrodes, et nettoyer celles-ci par agitation.

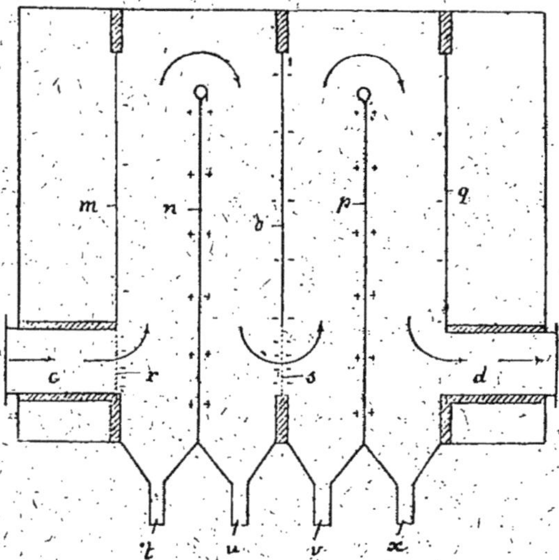

Fig. 145. — Purification électrique Bary.

Cette question de nettoyage des électrodes a fait l'objet de nombreux autres brevets.

Thein (Br. all. 339.728 et 341.072, octobre 1919) dispose un anneau qui, frottant sur l'électrode cylindrique collectrice enlève la poussière, alors que le brevet primitif envisageait l'envoi d'un violent courant d'air, en sens inverse du courant initial, après suppression du champ électrique et du passage de gaz.

Puning (Br. all. 339.879, mai 1920) préconise l'emploi d'électrodes en coton ou autre tissu, voire même en papier, arrosées d'eau, pouvant être juxtaposées à des plaques de plomb.

Zschocke (Br. all. 329.062 et 332.110, novembre 1919) se sert, comme électrodes de précipitation, de tubes mobiles autour de leur axe et déplaçables dans le sens de celui-ci.

D'après la revue *Mining and Metallurgy*, on a mis en service, aux

Etats-Unis, un appareil *Cottrell* modifié, comportant des plaques spéciales, en ferrochrome, permettant d'opérer sur les gaz sulfureux chauds (700° et plus), dans des chambres bien étanches.

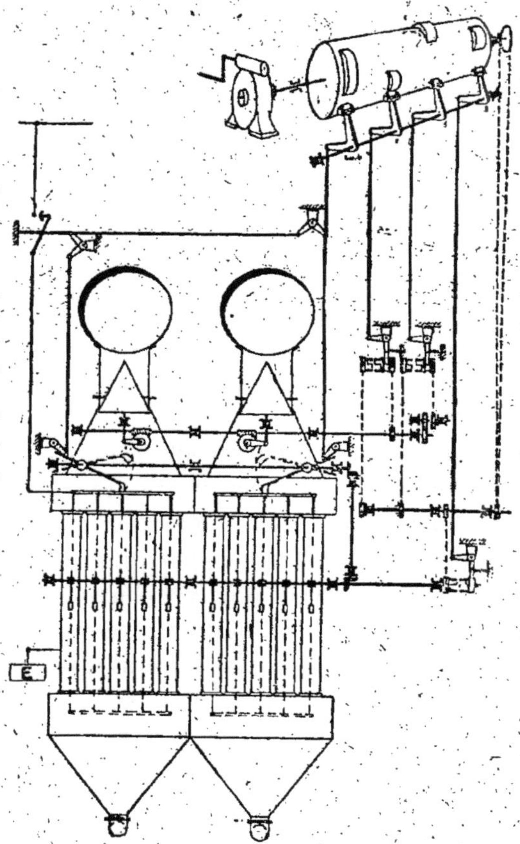

Fig. 146. — Appareil Métallbank et Métal. Gessel

Kirchoff (Br. all. 337.490, août 1919) dispose, entre les électrodes principales, d'autres intermédiaires qui occasionnent, entre les premières positives et négatives, une chute de tension étagée, grâce à la présence d'électrodes perméables, entre les électrodes normales exerçant une action attractive que les voisines, on utilise les deux polarités.

D'après *Saget* (*Rev. Métall.*, décembre 1922, p. 703) :

1° On obtient les meilleurs résultats en utilisant un courant à très haute tension, traversant un fil isolé situé au centre d'un cylindre de diamètre suffisamment petit, sans toutefois qu'il puisse y avoir production d'étincelles,

2° Dans les grands appareils industriels, les fils sont remplacés par des tiges de section triangulaire curviligne concave.

3° Il est indispensable de se servir de courant continu, ou de moins de sens unique. Le pôle négatif HT étant relié à l'électrode centrale et le pôle positif au cylindre communiquant à la terre.

4° Avec des tensions très hautes, on peut réduire le nombre du tubes de précipitation. En France on emploie du 50.000 volts et, en Amérique, du 100.000.

5° Comme générateur de continu en emploie généralement des courant alternatif dont on élève la tension au moyen d'un transformateur, puis, le courant obtenu est envoyé dans un commutateur tournant synchrone.

Le redressement du courant alternatif HT peut être effectué avec des soupapes à vide montées en pont de Wheastone.

M. *Saget* signale, à ce sujet, le *Kenotron*, ampoule en verre munie de 2 tubulures diamétralement opposées, dans lesquelles le vide est aussi complet que possible. La 1re tubulure supporte une électrode dont la pièce essentielle est un filament de tungstène placé au centre du ballon, et 2 fils, traversant les parois, permettent l'adduction d'un courant de 7 ampères sur 8 volts, nécessaire pour porter le filament à l'incandescence. La 2e tubulure supporte la 2e électrode formée d'un cylindre de molybdène entourant le filament.

Cette valve, intercalée dans un circuit alternatif, laisse facilement passer le courant quand le filament incandescent est négatif, et oppose une résistance infinie quand le cylindre froid est négatif.

6° Les cylindres (en tôle, plomb, grès, briques réfractaires, etc., selon la nature et la température des gaz à dépoussiérer), ont 0 m. 20 à 0 m. 30 de diamètre, et peuvent atteindre 5 mètres de long. Ils sont verticaux et placés les uns à côté des autres. Les gaz entrent par le bas et sortent par le haut après épuration.

Des trémies, situées à la partie inférieure, reçoivent les poussières qui, condensées d'abord contre les parois, se détachent par fragments. Leur chute est provoquée par le choc de marteaux disposés à cet effet.

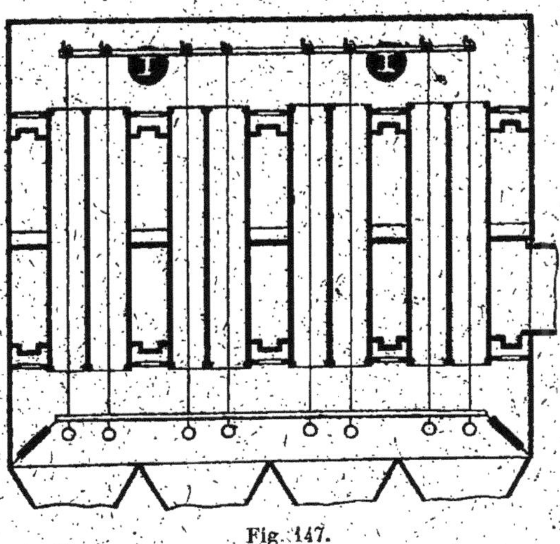

Fig. 147.

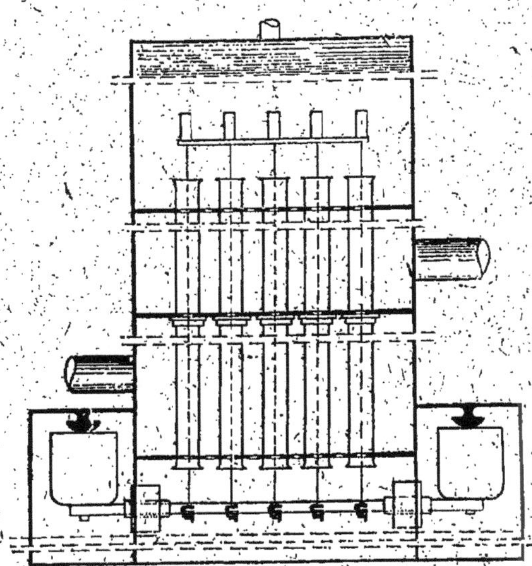

Fig. 148. — Dispositifs Bradeley.

Pour éviter des oscillations perpendiculaires, les électrodes centrales sont maintenues, à la partie supérieure, au moyen d'un cadre de fer supporté par des isolateurs haute tension tandis que la partie inférieure de chaque électrode a un contrepoids. Tous ces contrepoids sont rendus solidaires au moyen de tiges rigides reliées ensemble.

Nous donnons fig. 147 et 148 une série de dispositifs d'attache, d'isolement et de gaz ayant fait l'objet du Brevet anglais 120.573 de *L. Bradeley*, Etats-Unis.

Analyse des poussières. — Voici quelques analyses publiées au sujet de la composition des poussières entraînées par les gaz :

<table>
<tr><td colspan="2" align="center">Analyse Clapham [1]</td><td></td><td colspan="2" align="center">Pyrite Saint-Mardy, Tinto Santarossa</td></tr>
<tr><td>Silice</td><td align="right">2 383</td><td></td><td>Soufre libre</td><td align="right">0,18</td></tr>
<tr><td>Oxyde de plomb</td><td align="right">1 683</td><td></td><td>S à l'état de sulfure</td><td align="right">1,48</td></tr>
<tr><td>Oxyde de fer</td><td align="right">3 700</td><td></td><td>SO^3 libre et combiné</td><td align="right">16,31</td></tr>
<tr><td>Oxyde de zinc</td><td align="right">traces</td><td></td><td>As^2O^3</td><td align="right">69,07</td></tr>
<tr><td>Oxyde de cuivre</td><td align="right">traces</td><td></td><td>Sb^2O^3</td><td align="right">1,63</td></tr>
<tr><td>Acide arsenieux</td><td align="right">58 777</td><td></td><td>CuO</td><td align="right">0,14</td></tr>
<tr><td>Acide sulfurique</td><td align="right">25 266</td><td></td><td>Fe^2O^3</td><td align="right">2,03</td></tr>
<tr><td>Acide nitrique</td><td align="right">traces</td><td></td><td>Sable</td><td align="right">2,65</td></tr>
<tr><td>Eau</td><td align="right">8 000</td><td></td><td>Eau</td><td align="right">6,51</td></tr>
<tr><td align="center">Total</td><td align="right">99 759</td><td></td><td align="center">Total</td><td align="right">100,00</td></tr>
</table>

et dans les poussières précipitées électriquement ;

<table>
<tr><td colspan="2" align="center">Delasalle [2]</td><td></td><td colspan="2" align="center">Fairlie [3]</td></tr>
<tr><td>$SO^2 \%$ dans les gaz</td><td align="right">3,5 à 4,2</td><td></td><td>Soufre</td><td align="right">4,17 %</td></tr>
<tr><td>Poussières gramme par m^3</td><td align="right">1,147 à 3,26</td><td></td><td>Fer soluble</td><td align="right">0,85 »</td></tr>
<tr><td align="center">Composition :</td><td></td><td></td><td>Plomb</td><td align="right">15,40 »</td></tr>
<tr><td>SO^4Fe</td><td align="right">24,5 %</td><td></td><td>Arsenic</td><td align="right">4,11 »</td></tr>
<tr><td>Oxyde de fer en FeO</td><td align="right">25,1 »</td><td></td><td>Audite</td><td align="right">5,98 »</td></tr>
<tr><td>SO^4Pb</td><td align="right">39,27 à 45</td><td></td><td>Oxyde de fer et divers</td><td align="right">69,42 »</td></tr>
<tr><td>As^2O^3</td><td align="right">8,60 %</td><td></td><td align="center">Total</td><td align="right">100,00 »</td></tr>
<tr><td>soluble dans Cs^2</td><td align="right">0,24 »</td><td></td><td></td><td></td></tr>
<tr><td>Insoluble SiO^2 Al^2O^3</td><td align="right">2,95 »</td><td></td><td></td><td></td></tr>
<tr><td align="center">Total</td><td align="right">100,66 »</td><td></td><td></td><td></td></tr>
</table>

Tous ces chiffres peuvent varier dans des limites assez étendues, non seulement avec la nature du minerai traité, mais avec l'allure du four.

---

[1] RICHARDSON et WALLS, *Chemical Technology*, vol. 1, partie III, page 73.
[2] DELASALLE, *Chimie et Industrie*, septembre 1920, p. 314.
[3] FAIRLIE, *Chem. und Mét. Eng.* 1921, p. 865.

Avec les blendes on trouve des compositions très différentes.

Four à main		D'après Hoffmann [1]	
Plomb	18,95 %	ZnO	6,54 %
Fer total	4,52 »	$ZnSO^4$	34,59 »
S total	11,14 »	Fe^2O^3	6,75 »
Zinc	17,97 »	$FeSO^4$	6,80 »
Argent	0,0342	$Fe^2(SO^4)^3$	5,37 »
		Tl^2O	0,40 »
		SO^4Pb	11,61 »
		SO^4Cu	12,84 »
		SO^4Mg	7,18 »
		As^2O^3	0,25 »
		SiO^2	8,16 »

Avec les galènes on entraîne naturellement davantage de plomb et de métaux précieux.

Prix de revient de l'acide sulfureux

On a généralement intérêt à subdiviser le prix de revient de l'acide sulfurique en une série de prix de revient secondaires.— c'est pourquoi, dans certaines usines, on a pris l'habitude de déterminer d'abord le coût du kilogramme d'acide sulfureux au moment où il sort des fours.

Cette manière de procéder est nécessaire surtout, dans les contrées où on a le choix entre plusieurs méthodes telles que :

Grillage des pyrites de fer,
Grillage des pyrites cuivreuses,
Grillage des blendes,
Grillage de minerais complexes.

Utilisation de gaz métallurgique divers. — A titre d'exemple nous donnons ci-après un décompte approximatif rapide, s'appliquant à la Belgique au début du xxᵉ siècle, en utilisant la pyrite.

Avec d'autres matières premières que celles indiquées, il faudrait, évidemment, tenir compte des facteurs variables :

Soufre utilisable,

---

[1] HOFFMANN, *Métall. und Erz.*, 1915, p. 290.

Combustible,

Main-d'œuvre supplémentaire,

Augmentation du coût d'installation (et par suite d'amortissement).

Augmentation de la valeur des sous-produits récupérés.

Dans ces conditions on possède des éléments permettant de faire un choix logique parmi les matières premières, et d'apprécier nettement les frais de transformation de l'acide sulfureux en acide sulfurique des chambres ou du Glover.

Installation.

Four 20 compartiments par 10 000 kg. pyrite...............	40 000 fr. [1]
Bâtiment...	8 000 »
Outils, brouette, bascule et divers.......................	15 000 »
	49 500 »

Amortissement annuel : $\dfrac{49\,500}{10} = 4\,950$ fr.

Main-d'œuvre.

10 hommes aux fours et pesage pyrite à 3 fr...............	30 fr.
Mise des résidus sur wagon, 1 homme......................	3 »
Réparation du four, maçon, forgeron......................	5 »
	38 »

Matières.

10 000 kg. pyrite Pomaron à 22,50 $^0/_{00}$.................	225 fr.
Frais de transport.......................................	8,20
Déchargement des wagons................................	2,00
	235,00

Production.

Soufre utilisable.......................	46,5 $^0/_0$ kg.
4 650 kg. soufre.......................	9 300 kg. SO^2 produit

Dépense journalière.

Amortissement à 10 $^0/_0$: $\dfrac{4\,950}{300} =$	16,50	
Main-d'œuvre par 24 heures....................	38,00	289,70
Matières par 24 heures	235,20	
A déduire : 7 500 kg. résidu à 9 fr. 50...............		71,25
Net..		218,45

Soit : $\dfrac{218,45}{9300} = 23$ fr. $^0/_0$ kg. SO^2.

Voici maintenant un autre relatif aux Etats-Unis sur le coût du grillage de 10 tonnes de pyrite et de soufre.

---

[1] Calcul établi en francs-or d'avant guerre.

Coût du grillage [1]
de la pyrite

Matériel, 23,3 tonnes à $ 6,75 par tonne........,... $ 157,25
Main-d'œuvre pour griller les minerais : 23,3 tonnes
à $ 1,10 par tonne................................... $ 25,65
Main-d'œuvre pour les cendres : 17,5 tonnes à 25 cents
par tonne................................ $ 4,37
Réparations et usage de l'installation (10 %)........... $ 6,00
Total.. $ 193,27

Coût du grillage
du soufre

Matériel, 10,1 tonnes à $ 18,50 par tonne............. $ 187,00
Main-d'œuvre pour le grillage, à 60 cents par tonne .. $ 6,06
Réparations et usages de l'installation 10 %,......... $ 1,00
Total.. 194,06

Quantité d'air nécessaire au grillage

La bonne marche d'un four, et des chambres de plomb, dépend d'abord de la quantité d'air qui y est admise. Il faut, en effet, que l'on introduise tout l'oxygène nécessaire pour l'oxydation du soufre, des éléments oxydables, puis de l'acide sulfureux.

Combustion du soufre. — *a)* Un volume de soufre, poids atomique 32, se combine à 2 volumes d'oxygène $2 \times 16 = 32$ en donnant 2 volumes d'acide sulfureux.

Cet oxygène est fourni par l'air qui, en volume, contient à peu près 21 d'oxygène et 79 d'azote.

b) L'acide sulfureux SO^2 se combine à son tour avec l'oxygène.

SO^2... 2 volumes
O... 1 »

en donnant 2 volumes de SO^3 (dans les chambres on n'obtient pas ce corps mais sa combinaison avec l'eau).

Pour 1 de soufre il a donc fallu $2 + 1 = 3$ volumes d'oxygène.

Si, dans les fours, on admettait juste l'air pour oxyder l'acide sulfureux, il y aurait (d'après *b*) comme proportion relative en

____

[1] Calcul établi en dollars.

supposant qu'il n'y ait pas eu formation de SO^2 dans les fours.

$$SO^2 \dots\dots\dots\dots\dots\dots\dots\dots 14$$
$$O \dots\dots\dots\dots\dots\dots\dots\dots 7$$
$$Az \dots\dots\dots\dots\dots\dots\dots\dots 79$$

et, en théorie, après passage dans les chambres, comme l'acide sulfureux se serait combiné avec l'oxygène en donnant de l'acide sulfurique condensé, il ne resterait plus que 79 d'azote.

Dans la pratique, il faut introduire un excès d'oxygène, que l'on retrouvera d'ailleurs à la sortie de l'appareil, mais chaque fois que nous admettrons 21 d'oxygène il y aura également 79 d'azote, soit au total 100.

$$1 \text{ volume} \dots\dots\dots\dots\dots\dots\dots \frac{21}{100}$$
$$x \quad \text{»} \dots\dots\dots\dots\dots\dots\dots x\frac{21}{100}$$

x volume oxygène excédant représenterait $x \times \dfrac{100}{21}$ de l'air admis en supplément.

Soit au total à la sortie des chambres un volume de

$$79 + x \times \frac{21}{100}.$$

Si nous appelons y la proportion d'oxygène que nous voulons avoir à la sortie des appareils, *Sorel* a montré que la quantité x d'oxygène à admettre à l'entrée des fours s'établit de la façon suivante :

$$x = 0{,}79 \times \frac{21y}{21 - y}$$

et l'azote qui l'accompagne

$$0{,}79 \times \frac{79y}{21 - y}.$$

En prenant $y = 5$.

Le mélange gazeux à la sortie des fours aurait donc comme proportions relatives par litre de gaz

$$SO^2 = 14$$
$$O = 7 + 0{,}79 \times \frac{21 \times 5}{21 - 5}$$
$$Az = 79 + 0{,}79 \times \frac{79 \times 5}{21 - 5}$$
$$\text{Volume total} = 100 + 0{,}79 \times \frac{5(21 + 79)}{16}$$

ou

$$100 + \frac{0,79 \times 5 \times 100}{16} = 100 + 79 \times \frac{5}{16}$$

et en effectuant

$$100 + 24,68 = 124,68.$$

Si nous ramenons à 100 la proportion, nous trouvons que, pour avoir 5 % d'oxygène à la sortie des fours il faut, à la sortie des fours :

SO_2 .... 11,23 %
Oxygène 9,77
Azote 79

Ce que nous pouvons exprimer en disant que, pour chaque litre de SO_2 (à 0 et 760°) il y aura $\frac{100}{11.23} = 8$ litres 906 de mélange gazeux total.

Si nous voulons opérer en poids, et comme SO_2 renferme parties égales de soufre et de gaz.

$$\frac{S}{32} + \frac{O_2}{2 \times 16} = \frac{SO_2}{64}$$

le poids d'un litre de SO_2 (2 kg. 86056) correspond à la combustion de 1 kg. 43028 de soufre.

Le volume d'air nécessaire, par *kilogramme de soufre*, à l'entrée du four a été :

$$\frac{8,906}{1,43028} = 6 \text{ m}^3 227$$

ou en poids :

$$6,227 \times 1,293 = 8 \text{ kg. } 065$$

qui, avec un kilogramme de soufre = 9,065 et une densité de $\frac{9.065}{6.227} = 1.4537$.

Conclusions. En comparant les chiffres précédents on constate donc que :

1° En augmentant la proportion d'oxygène à la sortie des appareils, on a des gaz sensiblement plus dilués, d'où utilisation moins bonne du cube des chambres.

Nous avons appuyé, avec intention, sur le mot *théorique* tout à l'heure, car il existe, dans la chambre, une série de facteurs qui modifient, parfois, des conclusions scientifiques inattaquables en apparence.

Tel appareil aura, par exemple, sa meilleure marche, c'est-à-dire le meilleur tirage, la désulfuration la plus parfaite, l'utilisation la plus complète du soufre grillé, la consommation minima de nitrate, avec un excès d'oxygène à la sortie de 4 °/₀ alors qu'il serait plus difficile à conduire lorsqu'on essaiera de marcher avec 3 ou 5 °/₀. D'autres appareils, au contraire, obligent à avoir plus ou moins ; seule une étude méthodique pratique permettra d'être fixé exactement, et c'est là justement le mérite de simples surveillants de chambres qui connaissant à fond leurs appareils savent, pour ainsi dire, pressentir leurs défaillances, appliquer les mesures nécessaires pour y porter rapidement remède, et donner aux gaz la composition la plus favorable qui convient à chacun d'eux.

2° Pour produire une quantité déterminée d'acide sulfurique, le cube des chambres sera différent, suivant la nature du minerai de soufre employé, et du métal qui lui est combiné.

Il faut, en outre, tenir compte que la température à la sortie des fours varie avec le minerai, elle est avec le soufre, de 125 degrés, avec les pyrites, ou blendes, elle atteint environ 400° C. et nous savons que pour une augmentation de température de 1° les gaz se dilatent de $\frac{1}{273}$ de leur volume.

Grillages des pyrites

Lorsqu'on grille des pyrites de fer FeS^2 il faut admettre :
1° L'air pour oxyder le fer et le soufre.

$$2FeS^2 + O^7 = Fe^2O^3 + 2SO^2.$$

2° L'air pour oxyder l'acide sulfureux.

$$SO^2 + O = SO^3.$$

Il serait fastidieux de répéter un calcul analogue à celui effectué précédemment ; mais, en supposant qu'on grille de la pyrite pure, et ne tenant pas compte de l'excès qui doit rester à la sortie, il faudrait introduire une quantité d'oxygène calculée de façon à ce que

20 % serve à oxyder le fer;

80 % à former l'acide sulfureux et l'acide sulfurique.

Grillage des Blendes

De même pour les blendes — sulfures de zinc dans lesquelles il faut

1° Oxyder le zinc et former l'acide sulfureux.

$$ZnS + O^3 = ZnO + SO^2.$$

2° Oxyder l'acide sulfureux.

$$SO^2 + O = SO^3.$$

Donc, pour une molécule de sulfure de zinc, il en faut 4 d'oxygène sur lesquelles :

Un quart, ou 25 %, restera fixé sur le zinc, 75 % servira à transformer le soufre en acide sulfurique, ce qui nous permet, dès maintenant, de prévoir que, pour griller une même quantité de soufre, selon qu'il sera libre, contenu dans la pyrite, ou du sulfure de zinc, il faudra introduire des quantités d'air différentes dans la proportion indiquée plus haut, et que les gaz les plus riches en SO^2 seront ceux du soufre, puis ceux de la pyrite, et enfin ceux de la blende.

Comparons maintenant la composition des gaz.

Sorel a exposé, de façon bien détaillée, les variations de composition des gaz provenant de fours brûlant du soufre, de la pyrite ou de la blende.

Par une série de calculs analogues à celui effectué précédemment, mais en tenant compte de l'oxygène qui reste fixé sur le métal, on peut déterminer la quantité d'air nécessaire à la réaction, et la composition théorique des gaz à la sortie des fours, en faisant intervenir la proportion d'oxygène qui doit sortir des appareils, à l'état libre, une fois les réactions terminées.

Ces exercices fort simples ne nous apporteraient aucun enseigne-
ment nouveau, nous allons donc en prendre les résultats tels que
les donne *Sorel*.

Comparaisons

Grillage du Soufre. — Composition des gaz à la sortie des
fours :

SO_2 à la sortie des fours......................	11,81	11,23
Oxygène »	9,19	9,77
Azote »	79	79
Total	100	100
Poids spécifique des gaz à 0 et 760............	1,4626	1,4557
Volume de gaz provenant de 1 kg. de soufre et entrant aux chambres.....................	5,921	6,227
Oxygène à la sortie des chambres............	4	5

Grillage des Pyrites. — Composition des gaz à la sortie des
fours

SO_2 à la sortie des fours..............	9,79	9,29	8,79
Oxygène »	8,30	8,95	9,60
Azote »	81,91	81,76	81,61
Total	100	100	100
Poids spécifique des gaz à 0 et 760..	1,428	1,421	1,413
Volume d'air provenant d'un brûlage de 1 kg. de soufre et entrant aux chambres...................	7,140	7,521	7,952
Oxygène à la sortie des chambres..	4	5	6

Grillage des Blendes. — Composition des gaz à la sortie des
fours.

SO_2 à la sortie des fours...........	9,49	9,04	8,55
Oxygène »	7,75	8,41	9,06
Azote »	82,76	82,55	82,39
	100	100	100
Poids spécifique des gaz à 0 et 760	1,421	1,415	1,408
Volume de gaz provenant de 1 kg. de soufre et entrant aux chambres à 0 et 760...............	7,3609	7,5375	8,1755
Oxygène à la sortie des chambres	3,5	4,5	5,5

se présente alors comme suit en tablant sur un excès d'oxygène de 5 %:

	Poids du mètre cube de gaz		
	à 0°	à 125°	à 400°
Soufre brut..................	1,4557	0,9904	—
Pyrite de fer.................	1,4204	—	0,5764
Blende	1,4127	—	0,5756

Le poids du mètre cube d'air à 15° C. est 1.2263, le tirage exprimé en eau par mètre de hauteur dans une cheminée sera :

Pour le soufre	0 mm. 23 d'eau
Pyrite de fer..............................	0,65	»
Blende	0,65	»

on a donc intérêt à donner, à la colonne de tirage, une hauteur assez grande — toutefois celle-ci est, à son tour, limitée par diverses raisons sur lesquelles nous reviendrons ultérieurement.

Les conduites plongeant au sortir des fours, aboutissant à des carneaux souterrains, celles présentant des coudes brusques, des étranglements, occasionnent des pertes de charge, et, si elles sont longues, un refroidissement gênant des gaz, déterminant des anomalies dans la marche des chambres à *tirage naturel*. Ce fait a été l'une des raisons de la généralisation des appareils à tirage mécanique, car ceux-ci remédient, tout au moins en partie, aux difficultés signalées.

Facteurs divers influant sur le tirage des fours. — Pour oxyder un poids déterminé de soufre S il faut un poids d'oxygène correspondant à la réaction :

$$S + O^2 = SO^2$$
$$32 \quad 2 \times 16 \quad 64$$

et, pour former l'acide sulfurique

$$SO^2 + O = SO^3$$
$$64 \quad 16 \quad 80$$

ces quantités en poids sont immuables.

Dans la pratique on ne se sert pas d'oxygène pur, et celui qui va dans les fours est contenu, en compagnie d'azote, dans l'air atmosphérique.

Influence de la pression atmosphérique. — On sait que les volumes occupés par les gaz sont en raison inverse des pressions qu'ils supportent, par conséquent celui des mètres cubes d'air entrés, dans les fours, varie avec la pression atmosphérique. Partant d'un volume V_0 à 0°C et 760 millimètres de pression, si la température devient t et la pression h, le nouveau volume V est donné par la formule

$$V = V_0 \frac{(273 + t)760}{273 \times h}.$$

En supposant la température constante, ou :

$$V = \frac{V_0}{h} \frac{(273 + t)760}{273}.$$

Si la pression atmosphérique augmente, les gaz occupent un volume moins grand, le même poids d'oxygène est contenu dans un plus petit volume. Vient-elle à diminuer, cette dépression correspond à un volume plus grand de gaz pour le même poids, la densité moyenne décroit, il faut aspirer davantage, le tirage est moins facile.

On connaît bien, d'ailleurs, l'influence des changements de temps, et des orages, sur la marche des chambres, surtout pour celles à tirage naturel quoique en réalité la pression ne soit pas le facteur principal.

Température. — Supposons maintenant que, la pression restant constante, la température seule varie

$$V = V_0 \frac{273 + t}{273} \times \frac{760}{h}.$$

Dans ce cas l'augmentation de volume par degré de température est $\frac{1}{273}$.

L. PIÉRRON. — Fabrication de l'acide sulfurique. 25

Influence de la température. — Le poids d'oxygène — et par conséquent d'air, qui en contient sensiblement 24 °/₀ — nécessaire pour brûler 1 kilogramme de soufre, est une chose fixe.

$$\frac{S}{32} + \frac{O^2}{32} = \frac{SO^2}{64}$$

la pratique a montré qu'il faut un excès d'oxygène, que les auteurs fixent de 3 à 5 °/₀ mais qui, en réalité, varie dans de bien plus grandes limites (3 à 8 °/₀).

Quoiqu'il en soit, dans des conditions de travail régulières, il faut un *poids* d'oxygène (et par conséquent d'air) bien déterminé pour brûler 1 kilogramme de soufre S.

Nous voyons que ce poids d'oxygène représente un volume d'autant plus considérable qu'il fait plus chaud et, comme c'est le cas en été, il faut, pour introduire davantage d'air, provoquer une aspiration plus forte, ce qui explique pourquoi les conducteurs de chambres ont souvent plus de difficultés à régler convenablement leur appel d'air en été qu'en hiver. Il convient, bien entendu, de tenir compte d'autres éléments (refroidissement des chambres, condensation plus facile de l'acide sulfurique formé, etc.).

TOUR DE GLOVER

Après les chambres à poussières vient le Glover, appareil si important pour l'usine d'acide sulfurique avec chambres de plomb qu'on pourrait comparer son rôle à celui des poumons chez l'homme. Pour ce dernier, en effet, tous les organes peuvent être en bon état mais, si les poumons laissent à désirer, ou fonctionnent mal, l'organisme entier souffre.

Afin que les chambres soient placées dans de bonnes conditions de travail, il faut que le Glover ait bien rempli son office, et que les gaz possèdent, au moment de leur entrée dans la 1ʳᵉ chambre, une composition et une température convenables. Un renseignement des plus utiles sera, en conséquence, donné par une comparaison entre la richesse des gaz en SO^2 et O, à l'entrée puis à la sortie du Glover, en même temps que par leurs températures.

Comme le disait avec raison *Luty* (*Moniteur Quesneville*, Mai 1897) lorsque l'on construisit, en 1842, la première tour de Gay-Lussac à l'usine de Chauny, et que *Durnam* eut établi, en 1859, la première tour de Glover à Washington, il ne semblait pas, tout d'abord, que ces appareils dussent rendre les services que tout le monde connaît aujourd'hui. Le Glover, en particulier, ne fut accepté par les fabricants qu'avec les plus grandes réserves, et il fallut les résultats de plusieurs années de fonctionnement pratique, pour arriver à convaincre les hésitants.

Maintenant la preuve est faite. Nul n'ignore l'économie énorme que procurent cer deux tours et on ne conçoit pas actuellement une nouvelle installation de chambres de plomb sans songer d'abord au Glover. Depuis 1859 cet appareil qui consistait en une tour de poterie contenant des pièces minces en terre cuite, a subi un certain nombre de modifications, elles ont abouti au type que nous connaissons tous : en matières inattaquables aux acides, résistant à la chaleur, garni, ou non, de plomb extérieurement, qui était déjà très répandu, surtout en Angleterre, en 1870, d'où elle passa sur le continent.

Rôle du Glover. — Les fonctions du Glover sont nombreuses elles consistent en :

Dénitration des acides du Gay-Lussac

Refroidissement des gaz chauds des fours.

Concentration d'acide des chambres.

Production d'acide.

Les principaux facteurs qui influent sur le fonctionnement d'une tour de Glover sont :

1) Distance des fours de grillage ;

2) Installation des chambres à poussières et dispositifs de dépoussiérage ;

3) Ses dimensions — section — hauteur — diamètre d'entrée et sortie des gaz ;

4) Nature et disposition du remplissage ;

5) Nature, débit, température, dispositifs d'alimentation des acides qu'il reçoit.

Forme et dimensions du Glover. — On est assez peu d'accord sur la *forme* à donner aux tours de Glover, la plupart sont rondes mais il en existe des carrées, des rectangulaires, et même d'octogonales.

En principe, le cercle est la figure où chaque point supporte la plus égale résistance, et la tour circulaire présente la plus grande surface utilisable pour les phénomènes d'absorption, de lavage ; par contre, pour édifier le Glovers rond, il faut des briques de formes spéciales, moins faciles à se procurer tandis que pour les modèles carrés ou rectangulaires la construction est plus aisée.

Son volume doit être calculé de façon correspondant aux différentes autres parties de l'installation. En effet, s'il est insuffisant, il ne remplit pas convenablement les fonctions énumérées ci-dessus, la consommation nitrique est trop élevée, les gaz arrivent trop chauds dans les chambres qui se trouvent surchargées, leur plomb s'affaiblit sous l'influence d'une température trop forte, et la production d'acide restant à élaborer par le reste de l'appareil est exagérée.

Au contraire, s'il est trop puissant, les gaz, trop refroidis déterminent une zone de dénitration maxima trop basse, la température dans les chambres est insuffisante, la composition du mélange gazeux, anormale, oblige à modifier l'alimentation en produits nitreux, et surveiller constamment le coulage des acides qui eux-mêmes ont une tendance à être trop faibles — naturellement les fours se trouvent insuffisants en pareil cas.

Il faut, bien entendu, éviter tout étranglement dans le conduit allant du four à la chambre à poussière. Sa disposition est variable selon les installateurs les uns l'établissent en Volvic, souvent environné de fonte et de briques — d'autres constituent ce conduit en briques résistant aux gaz acides chauds, enfin on obtient également de bons résultats en se servant d'un tuyau de fonte amplement garni extérieurement de briques destinées à empêcher la déperdition de chaleur.

Comme dimensions générales on a longtemps compté, de façon empirique, sur un volume de 15 mètres cubes par tonne de soufre brûlée par jour à l'état de pyrite.

Les dimensions dépendent du travail à réaliser, la hauteur

varie entre 4 m. 50 et 18 mètres, et la section extérieure va de 2 m. 35 à 35 mètres carrés, la moyenne généralement admise est pour la hauteur de 7 m. 50 à 9 mètres, avec un vide d'environ 2 mètres à la partie supérieure. On fait plutôt varier la section que la hauteur, elle est calculée largement en tablant sur la quantité de mélange gazeux produite par les fours et appelée à traverser la tour.

En donnant une plus grande hauteur, dépassant même notablement celle requise pour réaliser une bonne dénitration (10 à 13 mètres par exemple) on cherche à utiliser de façon aussi complète que possible la chaleur des gaz en obtenant la concentration maximum, mais les autres parties de l'installation doivent correspondre, sans quoi la partie supérieure de la tour ayant une température relativement basse, il pourrait se produire une condensation d'eau allant à l'encontre du but cherché.

Dans ce cas, et lorsqu'on dépasse 10 mètres, il faut que l'épaisseur des parois atteigne certains chiffres minimas — 0m.60 à la partie inférieure, 0m.45 pour les deux mètres suivants, 0m.35 pour les 3,50 d'après et 0m.20 à 0m.25 pour le reste.

Les piliers doivent avoir au minimum 0m.25 d'épaisseur, et s'il s'agit de tours à très grande section, on en dispose 2 rangées avec, au besoin, 2 entrées de gaz.

La nécessité d'avoir le Glover avec revêtement de plomb est très contestée également, et nous avons eu l'occasion d'en voir de nombreux sans plomb — les partisans de la méthode inverse leur reprochent qu'au bout d'un certain temps les joints suintent, la pierre de Volvic s'effrite, etc., etc. — il faudrait faire intervenir des questions de soin, dans l'établissement ou l'entretien, qui sont trop variables pour permettre des conclusions générales.

La garniture en plomb a généralement, au sommet et sur les côtés, 5 à 6 millimètres, et davantage au fond, le soubassement de la tour est souvent recouvert d'un mélange de soufre, avec goudron ou brai, fondus ensemble, pour protéger contre l'acide qui pourrait couler. La charpente externe est de bois ou d'acier.

Afin d'éviter les pertes de chaleur on a adopté le principe d'un garnissage dont l'épaisseur au fond est de 40 à 60 centimètres, jusqu'au point d'entrée des gaz, puis cette épaisseur est diminuée et ramenée progressivement de 15 à 25 centimètres.

La grille, en Volvic ou grès résistant aux acides, reposant sur des piliers forme une cage dans laquelle s'étalent les gaz, au-dessus des grilles se trouve la matière de remplissage sur laquelle ruissellera l'acide.

Le choix des matériaux est, comme nous le verrons plus loin, très important étant donné qu'ils vont se trouver dans des conditions de travail très dures : au bas de la tour une température pouvant atteindre 500° C. et le contact avec un acide sulfurique ayant 60° B, plus haut, des zones où réagissent l'un sur l'autre SO^2, l'acide sulfurique, les produits nitreux et la vapeur, dont les proportions varient à mesure qu'on s'élève.

Conditions d'un bon remplissage. — Cette question est des plus délicate, nombreuses en effet sont les matières de remplissage proposées, et il convient de ne faire un choix que lorsqu'on a tous apaisesements, grâce à son expérience personnelle ou celle de techniciens compétents.

Jadis on se servait surtout de lave de Volvic pour la construction du Glover, les arches des piliers de soutènement de la grille, la grille, le pourtour et le remplissage. Ce dernier était fait en blocs « tétués » ayant le plus souvent la grosseur d'une tête d'enfant et diminuant de diamètre dans la partie inférieure.

Si le garnissage est trop épais, la section disponible étant réduite offre une résistance trop grande aux gaz, qui, doivent avoir une trop grande vitesse et ne passent que difficilement, d'où dépense inutile de force pour provoquer une circulation convenable.

Dans le cas contraire, la vitesse des gaz est moindre, les acides descendent rapidement, le temps de contact est minimum, la dénitration moins complète, la concentration insuffisante et ils arrivent trop chauds à la partie supérieure de la tour.

Le liquide distribué même de façon parfaite sur la couche supérieure, emprunte le chemin où il rencontre la moins grande résistance et, sa répartition est défectueuse, de même pour les gaz qui de leur côté suivent un chemin de bas en haut passent de préférence dans les espaces libres.

On a donc été amené, pour y remédier, à remplacer les blocs tétués de Volvic par des pièces de grès artificielles permettant de donner la même résistance à chaque section.

Maintenant on n'a que l'embarras du choix entre : les anneaux, disques, briques ou pièces de formes spéciales qui ont beaucoup de partisans et jouissent de débouchés nombreux, leur nombre est tellement grand qu'une énumération en serait forcément incomplète. et nous devrons nous contenter d'en signaler quelques types. Rappelons tout d'abord qu'il est indispensable que :

1° Ces remplissages résistent aux acides plus ou moins concentrés, aux variations de température, aux chocs qui peuvent survenir pendant le remplissage, et à l'écrasement.

Il faut par conséquent éviter les matériaux riches en chaux ou argile qui s'attaqueraient en donnant des sulfates d'alumine et en augmentant de volume. De plus, quand on utilise des silex qui peuvent éclater sous l'action de la chaleur, on les fait tremper dans l'acide sulfurique de concentration et température se rapprochant le plus possible des conditions du travail normal

2° Le remplissage est à effectuer avec grand soin et, pour faciliter ce travail, il faut que la mise en place soit commode et la pression exercée sur les parois latérales réduite au minimum.

3° Les opérations de montage et de démontage, en cas d'éboulement intérieur, doivent être aussi faciles que possible.

4° Le contact entre les liquides et les gaz doit être rendu le plus parfait et le plus intime.

Toutes ces conditions ont une grosse importance car il n'est pas rare de constater que des anomalies telles que le manque de tirage des fours, la mauvaise désulfuration du minerai, la consommation nitrique exagérée, etc., avaient pour cause un éboulement de matériaux de remplissage, occasionnant une obstruction dans le Glover et coupant le tirage.

Quant à la résistance de divers types de remplissage au passage des gaz elle a fait l'objet de nombreuses recherches qui ont été condensées dans un article très documenté de M. *de Jussieu* paru dans l'*Industrie Chimique* de Décembre 1925.

On y trouvera également un tableau de la résistance offerte par divers remplissages au passage des gaz résumant les mesures effectuées par *Fred. C. Zeisberg* (Chem. Apparatur, 1921, page 1).

D'une façon générale ces matières sont plus riches en silice qu'en alumine, et exemptes de fer.

Composition chimique. — On y constate de 25 à 30 % de feldspath, 40 à 50 % de quartz et 30 % d'argile ; un glaçage extérieur est appliqué avec un mélange de quartz, felspdath, chaux moulue et argile. *J. Skoglund* (Brevet américain 640.037) en a préparé un, formé de quartz avec du silicate de soude et éliminant les alcalis par l'acide sulfurique.

Voici quelques analyses.

	Obsidianite	Métalline	Noir
Silice	79,1	63,01	
Silice et acide titanique			61,46
Alumine (Al^2O^3)	15,2	25,95	24,84
Oxyde ferrique (Fe^2O^3)	3,5	6,49	1,30
Protoxyde de fer (FeO)			5,59
Bioxyde de manganèse		0,75	
Chaux	1,2	0,83	
Magnésie	0,3	0,40	2,42
Alcalis	traces	2,57	0,32
Acide sulfurique combiné			0,23
Mtière organique			
Eau	0,7	0,9	3,84
Pertes			
	100	100	100

Remplissage du Glover

Luty a publié (*Zeitschrift Für angewandte Chemie*, 1896, nº 21) une étude extrêmement remarquable qui a conservé pour ainsi dire toute sa valeur et dont nous allons reproduire un certain nombre de considérations.

Au début, on employait simplement le quartz comme matériel de remplissage. Plus tard, on adopta un assemblage de pierres (fig. 151) ou de plaques (fig. 150) résistant aux acides. Enfin, vers 1870, on fit usage de cylindres en poterie à parois minces.

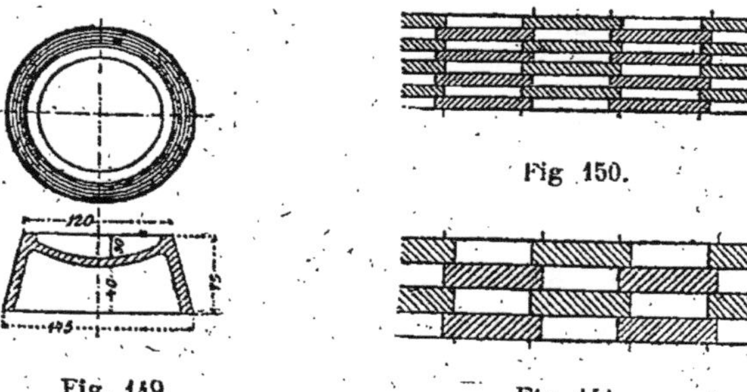

Fig. 149.

Fig. 150.

Fig. 151.

Espace utile. — Avec les *garnissages en quartz*, l'espace occupé par les gaz, représentait 12 à 15 % du volume total de la tour, avec les entraînements inévitables de matières solides, les incrustations, etc., cet espace était rapidement réduit à 10 %. Avec le système à *plaques*, l'espace libre atteignit 35 %, et, par l'emploi de *cylindres*, on parvint à un volume utile de 58 %. Il s'agit de réaliser un contact parfait entre les gaz introduits et les gouttelettes liquides qui s'écoulent sur les diverses parties du remplissage.

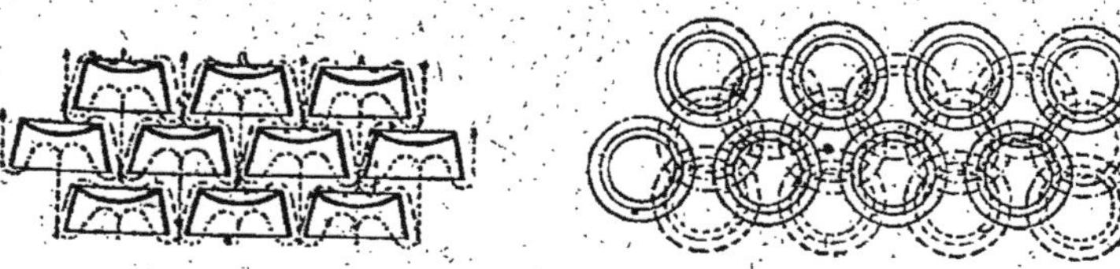

Fig. 152.

Fig. 153.

Comme les gaz pénétrant dans la tour ont 350° 400° C., possèdent une grande tendance à gagner le sommet de l'appareil, les véritables surfaces utiles du remplissage sont celles constamment mouillées d'acide et constamment léchées par les gaz.

Cylindres. — Les figures 149, 152 et 153 montrent des dispositifs qui allongent le chemin parcouru par les gaz, toutefois ils réduisent un peu le tirage.

Les figures 155, 156 et 157 montrent des modèles un peu compliqués ; celui de la figure 157 est composé de prismes en terres réfractaires s'emboîtant exactement dans des cylindres. Les cylindres eux-mêmes sont disposés comme précédemment. On

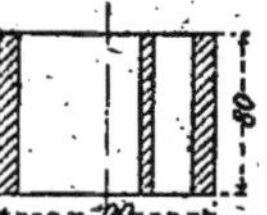

Fig. 154.   Fig. 155.   Fig. 156.

pourrait prévoir d'autres modifications tendant à multiplier les surfaces d'action du gaz sur l'acide. Mais interviennent alors la question du prix et du poids du garnissage intérieur de la tour.

Fig. 157.

Avec ces cylindres, le gaz en traversant la tour de bas en haut, lèche à la fois la surface intérieure et la surface extérieure de chaque élément, sur lesquelles ruisselle l'acide, la surface non humectée est minimum, et la surface d'action totale atteint son maximum (fig. 155 et 157) ; toutefois il existe d'excellentes fabriques d'acide sulfurique qui préfèrent d'autres remplissages.

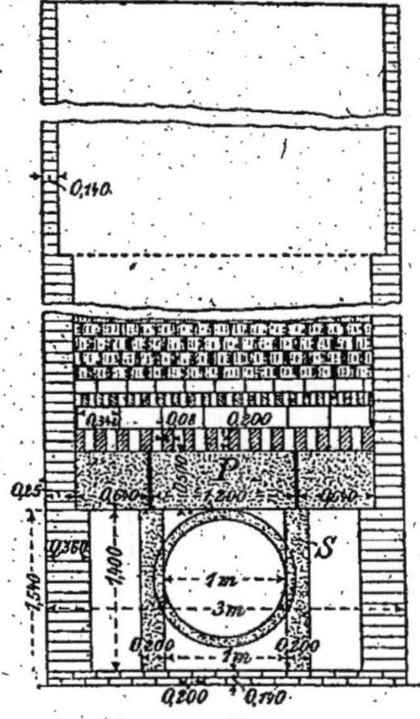

Fig. 158.
Coupe du Glover Luty.

Une des conditions favorables de rendement du Glover étant l'admission maximum des gaz, le remplissage doit permettre une introduction d'acide correspondante, enfin si les cylindres constituent une série de cheminées de tirage, l'ascension des gaz devient trop rapide, et leur contact avec l'acide insuffisant.

Depuis 1885, M. *Luty* se sert de cylindres de 160 millimètres de diamètre, 120 millimètres de hauteur et 20 millimètres d'épaisseur de parois, disposés de telle sorte que chacun recouvre partiellement trois autres (fig. 154 et 159), de sorte que les gaz se divisent puis s'unissent de nouveau, et ainsi de suite jusqu'au sommet de la tour. Comme il y a huit rangs de cylindre par mètre, c'est huit fois que cela se produit.

L'acide agit sur les gaz, d'une part en glissant le long des parois intérieures et extérieures des cylindres et, d'autre part, en s'égouttant du bord inférieur de chacun d'eux. Les contacts sont encore multipliés, si l'on substitue aux poteries vernissées des poteries rugueuses ayant une surface beaucoup plus considérable.

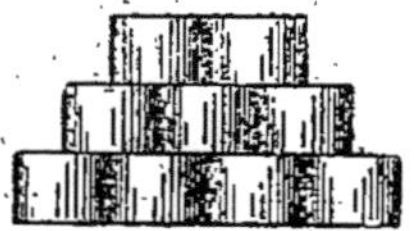

Fig. 159.

Voici dans quels termes M. *Luty* décrit le remplissage d'un Glover *Moniteur Quesneville* mai 1897, p. 379), rond de 3 mètres de diamètre :

La base est d'abord recouverte d'une double série de plaques de 200 × 200 × 70 millimètres protégeant le fond contre l'action

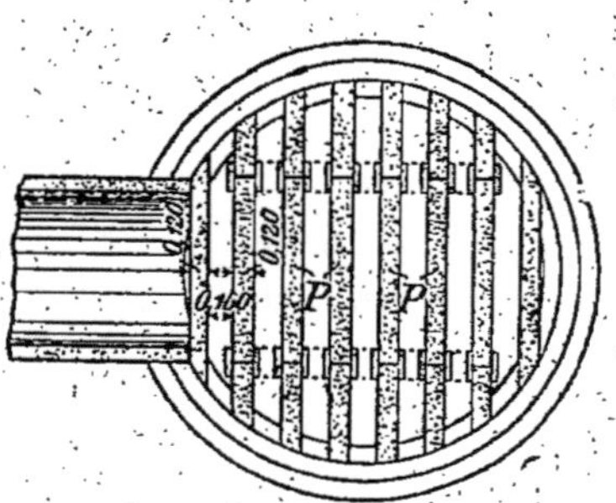

Fig. 160. — Plan du Glover.

corrosive de l'acide sulfurique. Les parois latérales, jusqu'au bord inférieur de la grille, sont formées de pierres radiales de 360 millimètre de longueur adjacentes à la feuille de plomb. Le diamètre de l'espace libre dans cette partie de la tour est encore de 2 m. 280. Dans cette paroi on aménage le carneau d'introduction des gaz composé de quatre grandes plaques de même épaisseur que la paroi, par lequel pénètre la canalisation, reliée extérieurement au tube en fonte unissant le Glover avec les chambres à poussière.

Toute la charge du garnissage intérieur est supportée par une grille qui a également pour but de diviser les gaz à leur entrée dans l'appareil. Elle est formée de pièces spéciales, et consolidée par des colonnes S de 1 m. 40 de hauteur et 200 × 200 millimètres de section (fig. 158). Sur ces colonnes reposent des plaques P de 500 millimètres de hauteur et 1.200 millimètres d'épaisseur qui s'appuient d'autre part sur le pourtour du Glover. Pour éviter un déplacement latéral de ces pièces, les espaces vides sont garnis au moyen de fragments de briques de grès. Ces espaces vides ont 160 millimètres de largeur.

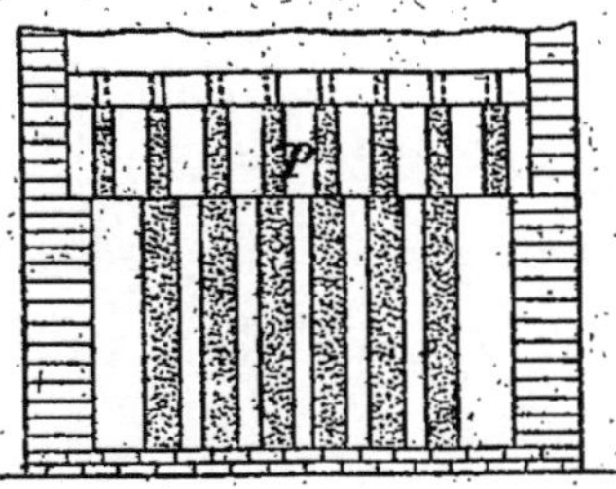

Fig. 161.

Sur ce support, il y a deux épaisseurs de plaques de 304 × 80 × 200 millimètres représentés par la figure 160, puis deux nouvelles séries de plaques de 250 × 125 × 60 millimètres. Il reste à consolider cette grille au moyen de pierres radiales de 250 millimètres de longueur.

Pour une tour de 10 mètres de hauteur totale, l'épaisseur de la paroi est de 250 millimètres sur une hauteur de 6 m. 25 au-dessus de la grille. De ce point au sommet elle n'est plus que de 140 millimètres. Quant au garnissage de cylindres, il s'élève jusqu'au niveau de la conduite de dégagement des gaz.

Garnissages divers. — On se sert fréquemment de remplissages mixtes, par exemple les 3/4 inférieurs en briques de grès et le dernier quart en quartz, soit par une tour de 7 m. 50 de haut et un remplissage de 5 mètres environ formé de 3 m. 75 en briques et 1 m. 25 de quartz.

Les briques se disposent espacées de 10 centimètres.

On table en général sur un remplissage représentant 5 m³ ¹/₂ à 8 ¹/₂ par tonne de soufre brûlée en 24 heures. Une tour de 7 m. 50 de haut il peut y avoir 4 m. 80 de haut comprenant, d'après MM. *Wells* et *Fog*, 3 m. 60 de briques façonnées, par exemple, et 1 m. 20 de quartz, bien entendu on s'arrange de façon à laisser un passage convenable aux gaz tout en maintenant au système entier une stabilité complète.

Fig. 162. — Remplissages Obsidianite.

La spécialisation a permis de faire progresser cette question de l'établissement des Glovers, de même qu'il existe des briques spéciales pour la construction des cheminées, dont la forme et les dimensions permettent de les monter avec une rapidité très grande tout en assurant une solidité parfaite, de puissants établissements ont créé des briques, ou pièces en grés spéciales, permettant d'édifier rapidement des tours.

A titre d'exemple nous citerons les pièces du type *Obsidianite* destinées à résister aux acides sulfurique, chlorhydrique, nitrique (sauf acide fluorhydrique). Ces remplissages (fig. 162, 163, 164) ont comme dimensions extérieures 9 × 4 ¹/₂ × 3 pouces, soit 22,5 × 11,2 × 7,5 centimètres; leur poids est à peu près 2 tonnes le 1.000.

Elles sont placées côte à côte dans la tour, de façon à ce que deux rangées superposées n'aient pas les joints placés les uns au-dessus des autres.

L'acide provenant du haut de la tour emplit les cavités que l'on voit ci-dessous, puis déborde, arrive sur la rangée inférieure et continue ainsi.

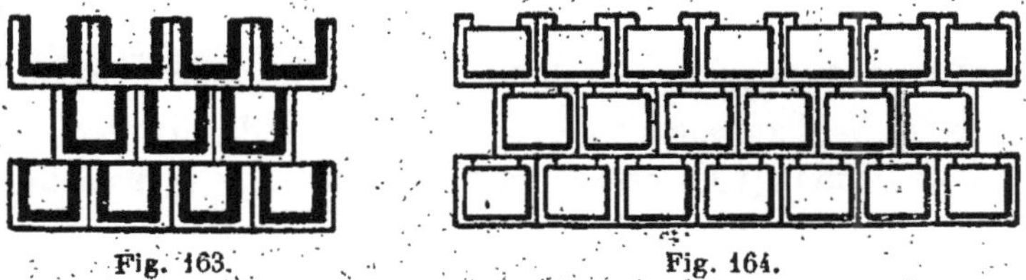

Fig. 163.   Fig. 164.

Il y a, en quelque sorte, un volant d'acide qui se renouvelle constamment, mais naturellement il ne faut pas que ces godets soient emplis de poussières ou matières solides, c'est pourquoi il est sage

Fig. 165.

à l'avance, et avant de prendre une décision sur le remplissage de savoir dans quelles conditions de travail on se trouvera placé.

Avec des gaz de grillage propre, provenant des fours à roche ou dés fours à soufre, les poussières sont en faible proportion et, le peu qu'il y a, éliminé dès leur entrée dans le Glover, aussi mettra-t-on au dessus de la grille une hauteur de briques pleines $9 \times 4 \frac{1}{2} \times 3$ pouces ($22,5 \times 11,2 \times 7,5$ centimètres) représentant $\frac{1}{4}$ de l'espace à remplir, et les $\frac{3}{4}$ restant avec le remplissage indiqué.

Quand il s'agit de gaz moins propres, on met $\frac{1}{3}$ de briques pleines, $\frac{1}{3}$ d'anneaux ou cylindres de $5 \frac{3}{8}$ de diamètre et $4 \frac{1}{2}$ pouces de long ($13,4$ centimètres de diamètre $\times 11,2$ centimètres de long) et $\frac{1}{3}$ de remplissages précédents.

Enfin, avec les gaz très sales, on mettra $\frac{1}{4}$ de briques pleines, $\frac{1}{2}$ d'anneaux ou cylindres et $\frac{1}{4}$ de godets mis à l'envers.

Montage d'un Glover avec pièces spéciales. — La construction du Glover est menée très rapidement quand on fait usage de pièces spéciales.

Fig. — Soubassement d'une tour en obsidianite.

La figure montre par exemple des arches ayant de 0 m 170 à 0 m 200 de diamètre qui peuvent servir de voussoirs si on les place sur des piedroits, ou de conduites de gaz quand on juxtapose deux en sens inverse.

Le massif du Glover peut être établi sur le même principe sans aucun joint vertical ni horizontal, et chaque pièce porte des marques (lettre et numéro), qui permettent d'en effectuer un montage rapide.

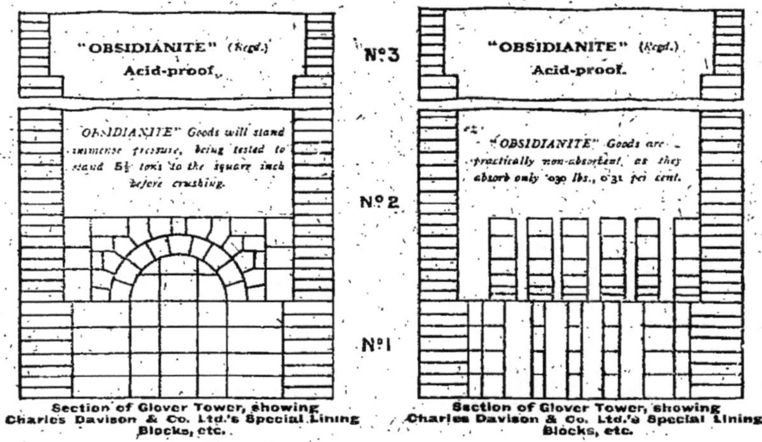

Fig. 167. — Soubassements de Glover en Obsidianite.

Dans la figure 166 on distingue l'entrée du Glover, la grille et même l'escalier d'accès jusqu'à cette dernière. Le conduit du four au Glover peut être réalisé au moyen de pièces de grès convenables ayant 60 à 75 millimètres d'épaisseur. On en place alors 2 rangs concentriques disposés de façon à ce que les joints soient recouverts, ce qui porte l'épaisseur à 120 ou 150 millimètres.

Les piliers soutenant la grille de même que les parois se voient également dans la figure 167.

Ce genre de construction est également applicable aux Glovers ronds et le remplissage s'effectue suivant le même principe.

On voit un Glover de ce genre établi par la maison *Ch. Davison* (fig. 168), il comprend au-dessus de la grille des briques pleines, ensuite des anneaux, puis des pièces de remplissage décrites précédemment.

Les avis restent partagés sur l'idée d'installer des Glovers ronds ou carrés.

En principe, dans le Glover rond il y a une meilleure utilisation de l'espace, une répartition plus égale des gaz et le minimum de points morts, ou travaillant peu.

Fig. 128. — Glover rond à remplissage Ondulaires.

nières signalons, en raison de leur ingéniosité, celles de *Steuler*, qui les dispose de la même manière que les tuiles sur les toits des maisons.

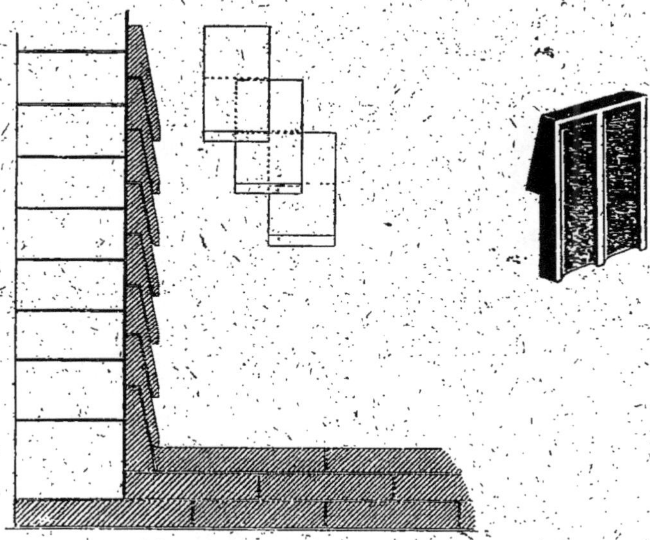

Fig. 169. — Remplissages Steuler.

M. *Kestner* a breveté (Br. fr. n° 500.268, 2 octobre 1918) des bagues ou anneaux de formes variées dont nous donnons ci-dessous quelques spécimens.

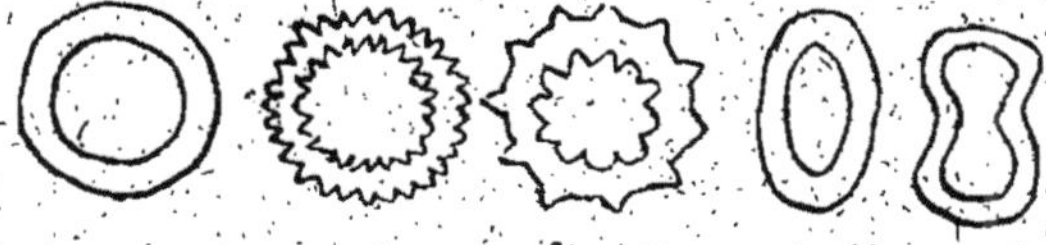

Fig. 170. — Remplissages Kestner.

Le « *Chemico* » est une bague, ou anneau, avec spirale à l'intérieur faisant corps avec le pourtour, il y en a de 7,5 et de 15 centimètres fig. 171 et 172.

Petersen (*Chem. Zeit.*, 1922, p. 638) a préconisé un Glover ayant les caractéristiques ci-après :

Dimensions : Diamètre 3 mètres, hauteur 12 mètres, épaisseur régulière des parois.

Grille : Supportée par des piliers en briques normales.

Parois : Avec circulation d'air à l'intérieur des parois.

Remplissage : Briques prismatiques striées (40 mètres cubes de remplissage représenteraient 25 tonnes au lieu de 40 ordinairement.

Fig. 171 et 172.

Distribution des acides. — Effectuée par le répartiteur *Osay Peterson* fonctionnant en utilisant la pression du liquide distribué dans des conduites venant du réservoir au-dessus de la roue et une répartition convenable au moyen d'un distributeur étoilé sous le ciel.

La *Stellawerk Akt. gesell.* (Br. all. 324.442) a breveté des corps de remplissage annulaires tronconiques, dont la surface interne de l'anneau vient se raccorder à la surface extérieure opposée suivant un cône.

Wunderlich et C° (Br. all. 335.471 du 15-7-1919) ont confectionné une sorte de brique perforée dont deux arêtes longitudinales seraient enlevées.

Günther a créé des anneaux avec l'intérieur en forme de croix, *Deischen* les anneaux et étoiles « *Reform* » aux contours incurvés.

Continuant la recherche du plus efficace, du plus solide et du meilleur marché relatif on a créé les

Éléments *Propeller* à deux bases parallèles et sections triangulaire contournées (Statham et Sons ou Nielson).

Éléments *Spiral Raschig* (Lürgi Gesell.) dont voici les caractéristiques : hauteur 75^{mm}, largeur 75^{mm}, longueur 63 mm.

	Propeller		Spiral Riester
	6″ × 6″	4″ × 4″	
Section active par m³...........	57,4	73,8	105 m²
Espace libre...................	80 %	80 %	62,3 %
Nombre en m³..................	423	1270	2400
Poids au m³...................	897	464	880
Poids par m² de surface active...			8,4 k.

Voici en outre quelques chiffres donnés par MM. *Wells et Fogg* sur un Glover américain construit par le *Process Engineering C°* à *Douglas* (Arizona).

Puissance de production des chambres 210 tonnes, acides 60 par 24 heures, Glover : forme octogonale.

Dimensions : Diamètre 7 m. 20. Hauteur 17 mètres.

Emplissage : Pièces « *duro* » 0 m. 0375 × 0 m. 15 × 0 m. 30.

Pourtour : Briques « *duro* » assemblées par un ciment « duro » contenant 96 % silice et unies avec du silicate de soude.

Le remplissage est disposé de façon à se supporter lui-même sans faire pression sur les parois, comme c'est le cas dans beaucoup de remplissages quartzeux.

Anneaux de Raschig pour le remplissage de tours. — Ce sont de petits cylindres de 15 à 25 millimètres de haut et 15 à 25 millimètres de diamètre extérieur que l'on verse pêle-mêle dans la tour. Au mètre cube il y a 5.500 anneaux de 25 × 25 millimètres et une surface de 220 mètres cubes ou 230.000 de 15 × 15 %. Pour une vitesse de gaz de 0,3 m/sec., la perte de pression de 4 millimètres d'eau par mètre de tour augmente peu avec le débit du liquide. Une tour de 1 m. 20 de diamètre interne et de 10 mètres de haut, remplie de ces anneaux permet, par 24 heures, le passage de 26.000 mètres cubes de gaz avec une perte de pression de 4 centimètres et une vitesse d'écoulement de 0,3 m/sec. On énumère comme avantages divers de ce remplissage.

a) Division extrême des liquides.

b) Répartition uniforme des liquides dans l'appareil.

c) Durée de contact maximum entre les gaz et les liquides.

d) Suppression des brouillards par le choc.

e) Surface maximum de contact entre fluide et liquide.

f) Perte de charge minimum.

g) Minimum de risques d'encrassage.

h) Poids et remplissage faibles.

i) Remplissage facile à la pelle.

j) Vidange immédiate par gravité dès que l'inclinaison dépasse 45 degrés.

k) Rigidité des anneaux permettant de les charger sur une hauteur pouvant atteindre 6 à 8 mètres.

Dans le cas de gaz contenant des poussières, on les filtre au préalable à travers une mince couche d'anneaux de 25 ou 15 millimètres placée verticalement entre 2 grilles.

En contrôlant les tirages, on peut se rendre compte du moment où il y a encrassement, alors on ouvre un orifice situé au bas de la tour, les anneaux tombent et on charge de nouveau à la pelle par le sommet de la tour.

Choix des remplissages. — Là encore, on se trouve en présence d'opinions contradictoires.

Certains préfèrent les remplissages de formes régulières dont la disposition assure un contact efficace entre les gaz et les liquides tout en réduisant au minimum les risques d'obstruction et ne gênant pas le tirage.

D'autres estiment que, surtout dans les tours de grand diamètre, les deux fluides ont une tendance à se déplacer parallèlement, tandis qu'avec des matériaux jetés pêle-mêle, les gaz et les liquides sont obligés de circuler en ligne brisée, avec le contact maximum.

Essais divers

On a longuement discuté sur le fait de savoir si deux tours, de hauteur déterminée, donnaient de meilleurs résultats qu'une seule de même section et de hauteur double, la question est encore controversée.

On a aussi essayé de diriger les liquides et les gaz dans le même sens, et même de fractionner une tour en un certain nombre de sections après chacune desquelles les gaz peuvent se mélanger.

Glovers vides. — Une question, longtemps et longuement controversée, et qui l'est encore d'ailleurs, est celle du Glover vide.

En principe on admettait la possibilité d'établir, grâce à une pulvérisation bien étudiée, un contact convenable entre les gaz et les liquides permettant d'opérer, dans des conditions favorables, la dénitration et la concentration, mais tous autres points semblaient difficiles à résoudre attendu que :

I. Le Glover constitue, en quelque sorte, un filtre ou un scruber arrêtant au passage une notable partie des poussières — évitant leur arrivée dans les chambres et permettant d'obtenir un acide physiquement et chimiquement satisfaisant.

II. Il sert un peu de régulateur de vitesse des gaz. On invoquait à ce sujet certaines remarques faites avec des Glovers contenant un remplissage à anneaux, qui, permettant un passage trop rapide des gaz, auraient travaillé dans de meilleures conditions après un certain temps de marche ayant déterminé un léger bouchage. On pensait donc que, avec une vitesse des gaz susceptible de devenir trop grande, et même de varier assez rapidement avec la pression ou le tirage, la marche serait inégale.

III. Il joue ausi le rôle de régulateur de chaleur — une rentrée accidentelle d'air froid, l'ouverture simultanée d'orifices de charge de pyrites ont une action refroidissante moins directe grâce à lui. De plus des gaz très chauds ne pouvaient attendre le conduit du Glover à la première chambre à une température susceptible d'occasionner une déterioration trop rapide du plomb.

Malgré ces objections la question de Glovers vides a été posée et étudiée. Avec l'emploi du dépoussiérage électrique qui retient 95 % environ de poussières, la première objection a sensiblement diminué d'importance.

En ce qui concerne les autres, d'après des renseignements récents, M. *E.-A. Gaillard* se déclare très satisfait des Glovers vides de 13 à 14 mètres de hauteur, munis de ses turbo disperseurs, dans lesquels les gaz passent beaucoup plus lentement que dans les tours pleines.

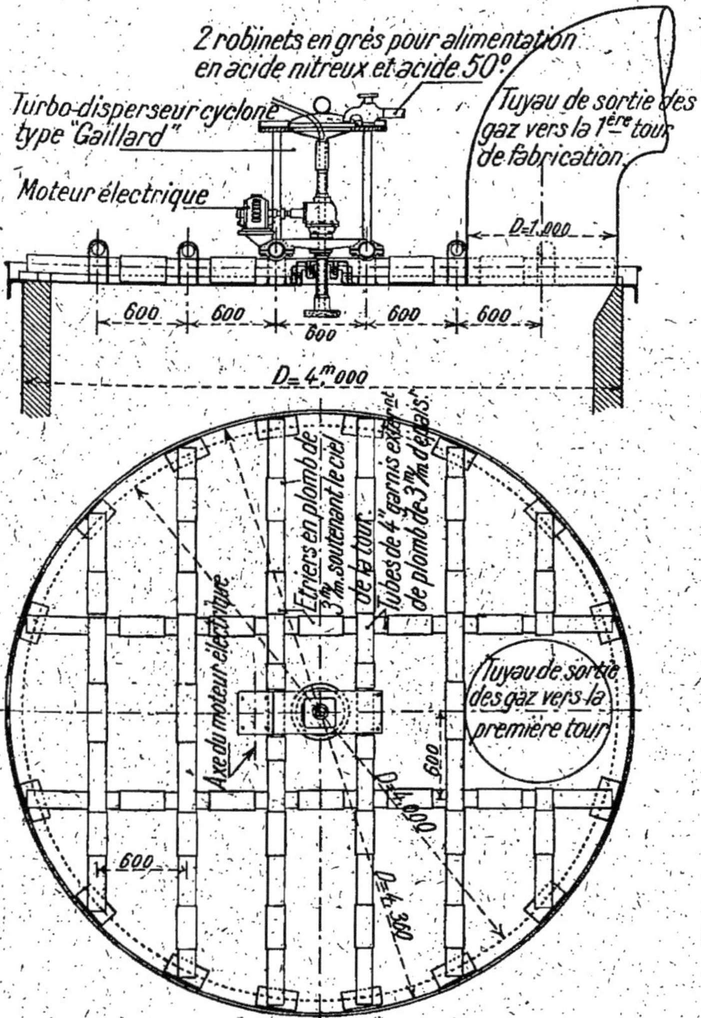

Fig. 173. — Ciel du Glover vide E.-A. Gaillard.

On verra dans la figure 174 la façon dont le montage est fait à la partie supérieure du Glover, au sujet duquel l'inventeur s'exprime comme suit :

Glover. — Le Glover, absolument vide a 4 mètres de diamètre et 13 m. 50 de hauteur ; les parois en plomb sont protégées, par une faible épaisseur de Volvic, contre l'action des gaz chauds. Il ne comporte pas de grille ni de matériaux de remplissage.

L'acide nitreux, le nitrique, (ou le nitrate en solution aqueuse quand il n'y a pas de marmites de décomposition dans la chambre à poussières), et l'acide faible, indispensable pour abaisser à 60º l'acide sortant de la cuvette, sont simplement ajoutés dans un entonnoir alimentant le turbo-disperseur, qui produit la pulvérisation de l'ensemble des liquides sous forme vésiculaire.

M. *E. A. Gaillard* affirme que la dénitration est parfaite, et le peu de poussière existant est complètement entraîné avec l'acide ; on pourrait, dans la plupart des cas, concentrer à 60º la totalité de la production de l'appareil.

D'autres systèmes de Glovers vides ont été préconisés :

La *Rhenania Verein Chem. fab. AG et Franck* (Br. all. 406.490 du 18-5 1915 et Br. fr. 577.383 du 17-4 1923) répartit l'acide au moyen d'un pulvérisateur *Koerting* branché sur une pompe centrifuge, en haut d'un Glover de 3 m. 60 de haut et 14 mètres de haut.

Etablissement des parties en plomb du Glover

Ce travail est généralement exécuté par des spécialistes, toutefois les sociétés puissantes, qui disposent d'importantes équipes de plombiers dans leurs établissements, le font souvent effectuer par leur personnel.

Il a subi des modifications ou perfectionnements de détail dans les dernières années, mais les grandes lignes sont restées sensiblement les mêmes et, pour permettre d'en juger, nous rappellerons qu'en 1909, M. *Beltzer* (*La Chimie industrielle moderne*, p. 273) décrivait ainsi un des dispositifs couramment employés pour l'*Etablissement du ciel* et des distributeurs :

La dernière couronne de plomb étant repliée sur la charpente comme les autres, on y découpe un disque de 3 m. 45 de diamètre, puis on établit au sommet de la tour un plancher provisoire qui repose sur la charpente. Le disque étant de plomb sur ce plancher, déployé on commence à souder ses bords sur les parois de la dernière couronne jusqu'à moitié. On établit des tringles de fer et sur ces tringles on soude des agrafes au ciel, la première moitié du ciel une fois fixée, on retire le plancher et on déroule complètement le disque de plomb. On finit de souder le reste. Sur la dernière moitié, on termine de fixer les agrafes, et le ciel est établi. Il y a des tringles de fer parallèles de 0 m. 04 de diamètre. L'épaisseur du ciel est de 5 millimètres.

Distribution des acides. — L'acide sulfurique nitreux, et l'acide sulfurique dilué, arrivent chacun par une conduite munie de robinet ; ils débouchent dans un bassin de 3 mètres de long et 2 mètres de large, ou bâche en bois garnie de plomb à l'intérieur, communiquant lui-même avec un cylindre en plomb de 0 m. 40 de diamètre et même hauteur que la bâche (1 m. 45) au moyen d'un tuyau de plomb.

A la base de ce cylindre est soudée la conduite amenant l'acide dans le distributeur placé au-dessous ; elle est munie d'un robinet permettant de régler le coulage de l'acide.

Principes de la dénitration. — L'acide qui provient des tours de Gay-Lussac est à 60°, il contient environ 78 % SO^4H^2, avec des produits nitreux représentant 2 à 4 % AzO^3Na ou 30 à 60 onces Az^2O^3 par pied cube d'acide).

Pour que sa dénitration ait lieu dans des conditions favorables il est nécessaire de le diluer. On réalise cette condition de la façon la plus avantageuse en le mélangeant avec l'acide des chambres, ou même de l'eau, ce qui diminue sa puissance de solubilisation des produits nitreux, en outre, au fur et à mesure qu'il descend, il rencontre des gaz de plus en plus chauds provenant des fours, ce qui détermine le départ des composés nitreux et de vapeur.

Température des gaz. — Les gaz des fours ont une température assez élevée, qui peut, avec les pyrites fines ou en roche varier, de 450 à 600°, après passage dans la chambre à poussière, épuration mécanique ou électrique éventuelle, cette température est d'environ 500° C. et, au bas du Glover, ils n'ont plus que 350 à 450° C.

Avec les brûleurs à soufre, les gaz, s'ils sont envoyés directement au Glover, ont aussi 450° C.

Il faut donc qu'ils soient assez chauds à l'entrée du Glover pour que la dénitration y soit complète, et que l'on puisse y passer de notables quantités d'acide des chambres, parfois même la totalité Cela permet qu'à leur entrée dans les chambres ils apportent une notable proportion de vapeur d'eau, en général leur température varie de 75 à 90°.

Le regretté *F. Benker*, avait constaté que, dans des chambres où les gaz pénétraient à plus de 100 degrés, non seulement les plombs se détérioraient vite, mais les réactions s'effectuaient de façon assez irrégulière.

Fonctionnement du Glover. — L'alimentation à la partie supérieure se fait avec :

De l'acide nitreux du Gay-Lussac ;

De l'acide faible des chambres de manière à ramener la densité à 1.62/1.65 ;

De l'acide nitrique ;

Et parfois de l'eau.

L'acide qui coule au bas ne doit pas renfermer, en acide nitreux, une proportion dépassant 0,2 % d'$AzO^3H = 1.33$. En sortant du Glover la dénitration doit être complète et la densité voisine de 1.71 — 1.73 (57 à 60° B.). La température varie de 120 à 130°, toutefois elle peut atteindre, dans certains cas, 140 à 150° C.

Très souvent, les tours de Glover et de Gay-Lussac sont placées côte à côte afin de faciliter l'installation, les opérations et le contrôle.

En ce qui concerne les quantités d'eau libérées, il suffit de se rappeler que l'acide des chambres (123° Tw = 55° B) contient 70 % SO^4H^2 et l'acide du Glover reçu au bas de la tour (152° Tw = 61/62 B.) 81.7 % SO^4H^2 la différence représente l'eau volatilisée.

Il faut remarquer que l'introduction des produits nitreux en haut du Glover n'est pas considérée par tous comme indispensable, car *Hever* (Br. all. 408.864, 11-1 1924) a proposé de les apporter, assez bas dans la tour, mais cependant à hauteur telle que la dénitration puisse avoir lieu.

Circulation des acides. — La quantité d'acide qui circule entre le Glover et le Gay-Lussac n'a pas, par rapport à la quantité totale produite dans l'installation, la même proportion dans toutes les usines, il existe des différences très sensibles, les chiffres peuvent varier entre 1 et 3 tonnes d'acide en roulement pour 1 tonne d'acide produit.

Avec les fours à soufre, et une marche non forcée, la proportion est de 1,5 pour 1. La moyenne du Az^2O^3 contenu dans l'acide nitrosulfurique équivaut à 2,5 % AzO^3Na (ou 40 onces de nitrate par pied cube d'acide) ; dans ces conditions le stock nitreux contenu dans l'acide sulfurique nitreux et exprimé en AzO^3Na représente 13.8 % du soufre brûlé. Si la dépense nitrique, évaluée en nitrate, est de 3.5 %, la quantité totale de produit nitreux en roulement se chiffre donc par 17,3 % du poids de soufre brûlé (M. *Fairlie* en 1919 l'évaluait à 20 % sensiblement).

Dans le cas de marche plus intensive, c'est-à-dire à 11 pieds cubes au maximum par livre de soufre brûlé (687 litres par kilogramme de soufre) la proportion précédente augmente de façon sensible et le chiffre de 17.3 approche de 30 %.

Remarquons en passant que les chiffres de :
consommation en produits nitreux, par 100 kgs acide,
stock acide en roulement,
produits nitreux en roulement
varient sensiblement dans des usines différentes et parfois dans le même système. Les facteurs installation, la nature du minerai, marche adoptée, sans oublier le facteur humain, le modifient souvent.

Comme leur excès exerce une influence fâcheuse sur le plomb, et qu'une insuffisance peut se traduire par une mauvaise utilisation du soufre brûlé, il importe de déterminer, aussi exactement que possible, les meilleures conditions de marche d'un appareil et de veiller à les conserver — ce pour chaque allure adoptée — Avec une marche intensive, et une production par mètre cube fortement poussée, le roulement nitreux est forcément plus considérable qu'avec une marche tranquille.

Ajoutons enfin que bon nombre de techniciens s'attachent à ce que l'acide, lorsqu'il arrive à la zone de dénitration complète du Glover, n'ait pas plus de 58° B. ; concentration à laquelle il retient le minimum de produits nitreux en dissolution.

Addition de produits nitreux. — Elle peut être faite de façons assez différentes comme nous le verrons dans un chapitre spécial.

Pendant bien longtemps la majeure partie des usines françaises employait l'acide nitrique, car le procédé est simple, l'addition de produits nitreux commode à régler, et l'on contrôle facilement les quantités employées.

Cet acide nitrique, en présence d'acide sulfureux, de vapeur d'eau, et à la température de la tour, se réduit et donne naissance aux oxydes d'azote qui, mélangés aux gaz, pénétreront dans la première chambre de plomb.

Dans bon nombre d'installations, l'introduction s'effectue à la partie supérieure de la tour, un flacon gradué qui le contient le laisse goutter plus ou moins vite dans un entonnoir au moyen d'un robinet.

Ailleurs, on le mélange en haut ou en bas de la tour, avec l'acide du Gay-Lussac ou l'acide des chambres, avec lesquels il est introduit dans le distributeur.

Voyons maintenant comment les divers acides sont distribués au-dessus du Glover.

Distribution externe. — Pour qu'une tour travaille dans de bonnes conditions il faut que l'acide soit réparti d'une façon aussi égale que possible sur sa surface.

I. — On emploie peu, maintenant, les dispositifs mobiles du début pour la distribution d'acide dans les godets. *Gay-Lussac* avait construit un double auget, mobile autour d'un axe horizontal, placé en dessous de son centre de gravité et qui, dans chaque mouvement, butait contre un arrêt de façon à avoir un mouvement alternatif.

II. — Le tourniquet hydraulique, décrit dans les traités classiques, a été employé sur une assez grande échelle, il en existe d'ailleurs encore quelques-uns en fonctionnement.

III. — On a fait arriver l'acide dans un petit bassin central, autour duquel se trouvaient des compartiments dans lesquels il déversait son acide grâce à une échancrure de la paroi ou une languette pliée. A chaque compartiment se trouvait un tuyau aboutissant au Glover; mais le moindre affaissement de plomb, la moindre dénivellation occasionnaient des inégalités de débit très gênantes.

IV. — On a intérêt à se rendre compte de la manière dont les liquides circulent dans les tours d'absorption, de lavage ou réaction et *H. Frischer* (Br. all. 324.921) a breveté une tour dont le fond est divisé en plusieurs parties ce qui permet de discerner comment fonctionnent les parties surmontant chacune d'elles.

V. — Quand on se sert de petits tuyaux de plomb amenant l'acide, ou les acides mélangés, dans le ciel du Glover on a fréquemment des obstructions, à moins de pratiquer des nettoyages périodiques assez fréquents.

Une méthode simple consiste à se servir du ciel comme distributeur, au centre est un bassin dans lequel on fait arriver de façon aussi régulière que possible le mélange d'acides. La surface du Glover est partagée en un certain nombre de segments, séparés par des cloisons en plomb, dans lesquels se trouvent disposés des orifices d'introduction, munis de chapeaux échancrés faisant joint hydraulique, qui permettent le passage du liquide tout en rendant impossible le départ des gaz.

Une obstruction se produit-elle, on soulève le petit chapeau et on nettoie l'orifice engorgé.

VI. — Parfois, au lieu de faire un mélange préalable d'acide nitreux et d'acide faible, on a des récipients séparés, avec tuyaux débouchant au-dessus de chacun des godets distribuant l'acide dans le Glover, il existe, par conséquent deux tuyaux pour chaque godet.

VII. — Les récipients circulaires sont fréquemment remplacés par des augets en plomb, longs et étroits, d'où partent des tuyaux allant aux godets distributeurs ce qui facilite l'accès.

En somme le système adopté doit être simple, facile à vérifier

et d'un nettoyage à la fois rapide et commode, tout en permettant
la répartition uniforme des liquides.

On a intérêt à répartir les orifices d'arrivée d'acide d'une façon
aussi égale que possible sur le ciel de la tour, toutefois il y a des
limites qu'on ne dépasse généralement pas, et il est rare que
l'on donne plus de 0,25 ou 0,30 d'écartement entre deux orifices
voisins.

VIII. — Un système, très apprécié par les contremaîtres, est celui
figuré ci-dessous qui permet un contrôle immédiat du débit.

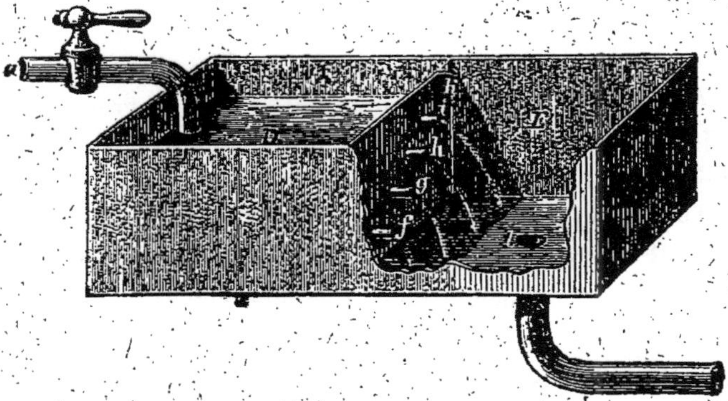

Fig. 174,

Une caisse en plomb est partagée en 2 compartiments grâce à une
cloison munie de 4 tuyaux f, g, h, i placés à des hauteurs différentes.
On connaît les débits correspondant à 1, 2, 3, 4 tubes en
action, et il suffit de donner au surveillant des chambres, des
instructions indiquant le nombre de tubes correspondant au débit
cherché.

Distribution interne. — Nous venons de parler des distributeurs placés à l'extérieur du Glover ; certains spécialistes estimant
préférable que le mélange n'ait pas lieu à l'air libre, ont établi
des distributeurs intérieurs.

M. G. Delplace a préféré que l'arrosage par les acides ait lieu
de façon intermittente. Son appareil, qui est en plomb, se compose
de deux parties, une extérieure et une intérieure. La première a
une forme tronçonnique et deux tuyaux à sa partie supérieure.

Sur le côté se trouvent deux tubes de diamètres inégaux formant siphons et partant, le plus petit de la partie supérieure, l'autre de la partie inférieure.

Ces deux tuyaux sont reliés à un troisième qui alimente le distributeur intérieur en forme d'éprouvette à fond rond, portant un nombre de trous assez grands (42 dans certains dispositifs) dont la section totale est plus grande que celle du tuyau d'alimentation d'acide.

Le récipient extérieur commence par s'emplir, le siphon s'amorce et le distributeur fonctionne envoyant des jets dont l'amplitude va en diminuant à mesure que la pression s'affaiblit, puis le siphon se désamorce et le travail recommence.

M. *Fraipont* a créé un appareil qui a le grand avantage de supprimer l'installation des grandes réserves d'acide faible et acide nitreux au-dessus du Glover, il est basé sur le principe de l'émulsion. Si dans un tube en U ordinaire on verse de l'acide, la hauteur est la même dans chaque branche, mais si on arrive à former des chapelets dans une branche, au moyen de bulles d'air séparant les parties de liquide, cette colonne pourra être d'autant plus haute que la proportion d'air sera plus considérable.

Dans ses *émulseurs* M. *Fraipont* a établi, à la base de la deuxième branche, une petite chambre en plomb dont il se sert pour envoyer, grâce à un petit orifice, de l'air comprimé dans la, ou les, colonnes d'acide. Celui-ci est envoyé au sommet de la tour par un tuyau d'arrivée qui pénètre à l'intérieur, et il est projeté contre une plaquette qui l'envoie sur le remplissage.

Le mélange d'acides se fait au bas de la tour, ou à une hauteur intermédiaire, et le fonctionnement des appareils est d'une régularité parfaite.

Comme autre genre de distributeurs nous mentionnerons également les pulvérisateurs et les turbines.

Le *turbo-disperceur* de E.-A. *Gaillard* a sa turbine seule dans l'atmosphère acide, sa construction en a été étudiée de façon à ce qu'elle soit rigoureusement équilibrée et sans vibrations : son arbre est monté sur billes.

Le moteur, à axe vertical, est situé au-dessous du ciel, des joints hydrauliques le mettent hors d'atteinte des liquides, il n'existe aucun engrenage ; quant à l'alimentation elle a lieu par l'intermédiaire d'un petit réservoir.

Ozag-Peterson a créé un distributeur à ailettes mu par une turbine à arbre creux, alimenté sous une charge de 1 à 2 m. par l'acide. Le réservoir d'acide est à l'extérieur et le distributeur à l'intérieur de la tour.

FC. Still (Br. all. 329.118, 3-8-1919) a établi un dispositif pulvérisateur de liquides utilisant leur vitesse d'écoulement pour aspirer les gaz d'une chambre ou tour et disperser ces liquides.

Réfrigérants

Nous avons dit précédemment que les acides du Glover sortent ordinairement vers 120 à 130° C., mais, quand le coulage est faible ou le courant gazeux considérable, la température peut atteindre 150° C.

Or cet acide est, en partie tout au moins, destiné à passer sur le Gay-Lussac et il est indispensable qu'il soit aussi froid et aussi propre que possible, sinon il absorberait mal les oxydes d'azote — à cet effet on doit installer des appareils refroidisseurs en contre-bas de la tour.

Dans le fond du Glover constitué par des pierres de Volvic, ou, protégé par des briques de grès, il existe, en plusieurs endroits, des orifices disposés de façon à ce que si un se bouche, l'écoulement ait lieu par les autres. L'acide évacué circule dans un espace annulaire compris entre sa paroi, et une autre cuvette, concentrique à la première, traversée par un courant d'eau destiné à le refroidir.

L'acide passe ensuite dans un conduit, également entouré d'une goulotte à circulation d'eau, et il est déversé dans les réfrigérants.

Ceux-ci appartiennent à plusieurs types distincts.

I. Réfrigérants à serpentin. — Dans ce système l'acide coule dans une caisse, ordinairement cylindrique et en plomb, où se trouve un serpentin à l'intérieur duquel passe un courant d'eau froide. Les spires de ce serpentin sont soutenues par 3 ou

4 supports en plomb et il repose sur des briques de grès placées sur le fond du récipient.

Les dimensions dépendent naturellement de la quantité d'acide à refroidir et de sa température.

Dans le dispositif de la *Société des appareils et évaporateurs Kestner* (Br. fr. 560.398 — 27 décembre 1922) l'acide du Glover coule dans un serpentin placé dans un réfrigérant où circule un courant d'eau qui le refroidit extérieurement.

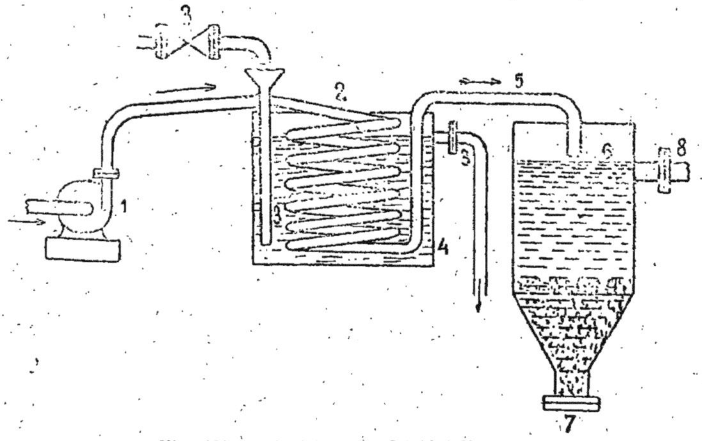

Fig. 175. — Réfrigérant Société Kestner.

L'extrémité du serpentin débouche dans un décanteur où l'acide abandonne le sulfate de fer qu'il avait en suspension. Il sort à la partie supérieure par un tube, et on règle la vitesse de façon à ce que, dans le serpentin, l'acide ne puisse déposer la matière solide qu'il entraîne.

II. Réfrigérant à refroidissement latéral. — Il comporte deux ou trois récipients verticaux en plomb concentriques. Celui du centre est plein d'eau, autour existe un espace annulaire contenant l'acide, environné lui-même d'une autre chemise d'eau. De la sorte l'acide se trouve entre deux chemises d'eau.

Ce système présente l'avantage d'éviter le bouchage et, si les récipients ne sont pas trop haut, de permettre un nettoyage facile et rapide.

Au lieu de donner aux récipients la forme circulaire, ils peuvent être rectangulaires, l'acide suit des canaux en zigzags entourés des deux côtés par de l'eau, une disposition méthodique permettant à l'eau la plus fraîche de rencontrer l'acide le plus refroidi.

III. Réfrigérants mixtes. — Il existe des réfrigérants avec serpentin refroidisseur et entourés par une chemise d'eau.

Le plus souvent le système se compose de plusieurs *réfrigérants en cascades*; l'acide du premier coule dans le second et ainsi de suite, on en dispose 3 et jusque 6 — Il n'est pas rare aussi de voir deux cascades établies parallèlement, de sorte qu'une série peut continuer à travailler pendant qu'on nettoie l'autre.

Pour économiser l'eau on lui fait suivre un chemin inverse de celui de l'acide, par exemple passant du serpentin dans la chemise d'eau extérieure, ou employant telle combinaison que l'on juge préférable, la condition principale à réaliser étant que l'eau soit toujours moins chaude que l'acide à refroidir.

Depuis l'emploi des fours mécaniques, la quantité de poussières entraînées est telle qu'il faut prendre des précautions spéciales, non seulement avant le Glover pour les arrêter dans des chambres convenables et éviter un encrassement rapide, mais également après, afin que l'acide provenant de cet appareil ne soit pas boueux, ce qui occasionnerait le bouchage des tuyauteries, des distributeurs, l'emplissage des bacs, un refroidissement insuffisant etc., avec un mauvais fonctionnement général.

Décanteurs. — On a été amené à disposer, à la sortie du Glover, des *bassins de décantation*, ou décanteurs, dont le rôle est de permettre le dépôt immédiat des produits solides les plus denses.

Ensembles d'installation. — Chacun de nos grands spécialistes a ses préférences, la forme et les dimensions sont différentes mais le but à réaliser reste le même (obtention d'un acide propre et froid) leurs installations sont sensiblement comparables.

M. Millberg a bien voulu nous donner le dessin que nous reproduisons (fig. 176), du type de réfrigérents qu'il préfère et, comme on le voit, il comporte après la sortie du Glover (avec la chemise d'eau habituelle) :

Un bac de dépôt des boues.

Un réfrigérant plat.

Une série de réfrigérants à serpentin.

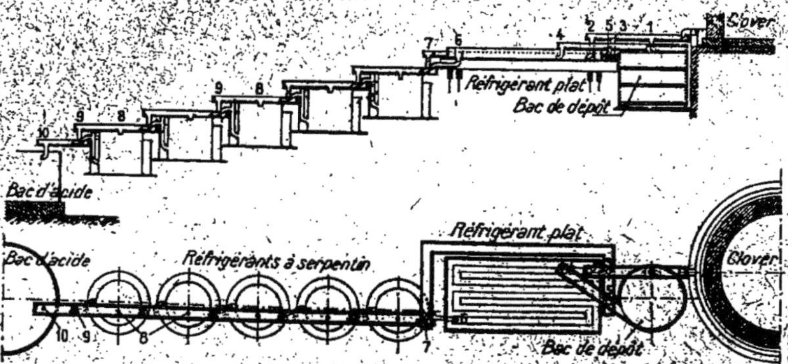

Fig. 176. — Réfrigérants de l'acide du Glover, système Benker-Millberg.

Pendant la marche normale, c'est-à-dire quand tous les appareils de réfrigération sont en fonctionnement, les trous 1, 4, 6, 7, 8, 10 sont seuls ouverts, les trous 2, 3, 5, 9 sont obturés.

Pour isoler le bac de dépôt, on tamponne le trou 1 et on ouvre 2, les autres demeurant comme en marche normale. Quand on désire séparer le réfrigérant plat, on bouche le trou 4 et l'on ouvre 5 ; les autres restent comme en marche normale.

Si l'on veut mettre hors série à la fois le bac de dépôt et le réfrigérant plat, on tamponne 1 et 2 et l'on ouvre 3 ; les autres trous restent comme en marche normale.

Enfin, pour isoler l'un quelconque des réfrigérants à serpentin, on tamponne le trou 8 et l'on ouvre 9.

Les trous 6, 7, 10 restent toujours ouverts.

II. — Un autre spécialiste M. *E.-A. Gaillard*, dans le cas où il n'existe pas de chambre *Cottrell*, installe, en premier lieu, à la sortie du Glover, un décanteur de 3 mètres × 4 mètres et 60 centimètres de hauteur, en plomb de 6 millimètres, refroidi extérieurement par l'eau qui permet le dépôt de la plus grande partie des poussières et peut être aisément nettoyé à grande eau, permettant de se débarrasser immédiatement des boues, au lieu de les envoyer s'accumuler dans des bassins plus ou moins difficiles à nettoyer.

Du décanteur, l'acide à 60° passe dans un réfrigérant plat de 3 mètres × 4 mètre, formé de 8 à 10 goulottes parallèles de 25 centimètres de haut en plomb de 5 millimètres et plongées dans un bac à circulation d'eau. Ce réfrigérant, a l'avantage de pouvoir être nettoyé sans arrêt en quelques minutes avec une pelle en plomb.

Finalement l'acide relativement propre arrive dans des réfrigérants ronds ordinaires, à enveloppe refroidissante et à serpentins d'eau ; facilement nettoyables, varie selon la puissance de production de l'appareil. Toujours disposés en séries ils permettent l'arrêt de l'un d'eux sans gêner en rien le bon fonctionnement des autres réfrigérants.

III. — Dans « *The Manufacture of Sulphuric* » de *Wells* et *Fogg* les auteurs ont décrit comme suit deux installations américaines modernes :

A la *Tennessee Copper C°*, la question est importante, car il s'agit de ramener de 150 à 35° C. environ, 3 600 tonnes d'acide par jour. L'installation comporte : 9 réfrigérants de forme rectangulaire ayant 5 mètres de long, 2 m. 55 de large et 1 m. 40 de profondeux. L'armature en acier, placée sous le rebord du réfrigérant, et supportant une carcasse en plomb, est doublée en briques de grès unies par du ciment résistant aux acides.

Chaque réfrigérant contient 71 spires de tuyau de plomb de 0 m. 375, chaque spire ayant 3 m. 60 pouces de diamètre, de sorte que les 9 réfrigérants représentent plus de 6 mètres de tuyau de plomb. Ils sont disposés sur deux étages afin que l'acide puisse couler d'une série dans l'autre.

IV. — Une autre installation moderne est celle du *Calumet* et *Arizona Mining C°*, dans laquelle les réfrigérants sont munis d'une armature en acier garnie de plomb avec la périphérie garnie en briques « *duro* » unies au *duro ciment*. Ces bassins ont 40 centimètres sur 30 mètres × 1 m. 50 et renferment chacune 1.500 mètres de tuyau de plomb de 0 m. 375 de diamètre et des parois de 0 m. 12.

La tuyauterie, au lieu d'être établie en longues spires, est en petites de 3 m. 75 de diamètre qui sont indépendantes les unes des autres et ont leur axe central vertical.

Nettoyage du Glover. — Dans les installations où existent des fours mécaniques sans systèmes spéciaux d'épuration, il est fatal qu'après un certain temps de fonctionnement le Glover s'encrasse. Il faut alors songer à le nettoyer — opération toujours délicate, et dont l'influence sur la vie de cet appareil a son importance.

En principe on s'efforce de conserver, à chacune de ses parties, une allure régulière comme température et quantité de liquide en circulation.

Les études de *Sorel* ont montré en effet que la nature des réactions chimiques étant différente aux diverses hauteurs de la tour, la température y varie également, or l'idéal serait que chaque zone de réaction ne se déplace pas pour éviter la détérioration du remplissage qui est mauvais conducteur de la chaleur, lent à s'échauffer, lent à se refroidir.

Il s'agit donc de rendre minimum la différence de température entre le liquide coulé et les pièces de remplissage aussi, pour cela, au lieu d'eau froide on se sert généralement d'eau bouillante ou d'acide sulfurique, chaud. Pour exercer une action mécanique énergique on projette, à la fois, la plus grande quantité de liquide possible; si l'on se sert d'eau on conservera à part, dans des réservoirs spéciaux, les acides obtenus, cela jusqu'à un degré de concentration déterminé, 15 à 20° B. par exemple, puis le reste sera jeté. Avec l'acide sulfurique on coule dans des bacs spéciaux où on laisse déposer, après quoi il est décanté et rentre en fabrication.

Dans bon nombre d'établissements importants, on a pris l'habitude d'effectuer des lavages périodiques une ou deux fois par mois, au moyen d'un fort courant d'acide sulfurique la fréquence dépend naturellement de l'installation générale, du genre de fours, des matières premières.

Arrêt d'un Glover. — Lorsque, pour une raison majeure, on doit arrêter un Glover il faut éviter un refroidissement brusque et l'action de l'air humide, ceci pour les raisons énumérées plus haut. Il y a donc lieu de fermer de façon aussi hermétique que possible les divers orifices de la tour.

Procéder autrement serait s'exposer à des ennuis immédiats ou ultérieurs.

Formation de l'acide sulfurique dans les chambres de plomb

Depuis que l'industrie de l'acide sulfurique existe, on a essayé d'expliquer par quelle série de réactions successives il prenait naissance, car on en a, bien longtemps, produit de façon purement empirique et sans être bien fixé sur son mode de formation. Notre intention n'est pas de faire un historique complet des théories qui tour à tour ont été émises, mais de noter, entre le point de départ et la situation actuelle, une série d'étapes parcourues et d'opinions, dont la discussion a suscité des études fort intéressantes.

Le fait qui attira l'attention des premiers savants fut le fait que l'acide sulfureux, et l'air mis seuls en contact, ne donnaient que d'infimes quantités d'acide sulfurique tandis que l'adjonction de vapeurs nitreuses provoquait leur combinaison.

Clément et Désormes constatant d'abord que le nitrate employé n'était susceptible de libérer qu'un dixième de l'oxygène nécessaire, furent amenés à lui assigner un rôle d'intermédiaire provoquant, en présence d'eau, la fixation de l'oxygène de l'air sur l'acide sulfureux.

Davy à son tour expliqua comme suit la série de réactions s'effectuant dans l'opération

$$2SO^2 + 3AzO^2 + H^2O = 2SO^2OH\ AzO^2 + AzO$$
$$2SO^2OH\ AzO^2 + H^2O = 2SO^2(OH)^2 + AzO^2 + AzO$$
$$2AzO + 2O = 2AzO^2$$

on voit que l'acide nitrosulfurique y jouait le principal rôle tandis que le bioxyde d'azote formait, par oxydation, de l'acide hypoazotique qui, en présence d'eau, donnait les acides nitreux et nitrique.

$$2AzO + 2O = Az^2O^4$$
$$Az^2O^4 + H^2O = AzO\ OH + AzO^2OH$$
$$4AzO^3H + 5SO^2 + 3H^2O = 5SO^2(OH)^2 + 2AzO + Az^2O^3.$$

Winckler reprit, sous une autre forme, l'idée de *Davy*, formation d'acide nitrosulfurique tour à tour décomposé et régénéré

$$Az^2O^3 + SO^2 + H^2O = SO^2(OH)^2 + 2AzO$$
$$2AzO + 2O = Az^2O^4$$
$$2Az^2O^4 + 2SO^2 + H^2O = 2SO^2OH\ AzO^2 + Az^2O^3$$
$$2SO^2OH\ AzO^2 + H^2O = 2SO^2(OH)^2 + Az^2O^3.$$

Berzélius, n'ayant pu constater la présence de ce corps, considérait l'acide nitreux obtenu par action du bioxyde d'azote sur l'oxygène comme l'agent principal

$$2SO^2 + Az^2O^3 + H^2O = SO^2(OH)^2 + 2AzO$$
$$2AzO + O = Az^2O^3$$

qui cédait l'oxygène à l'acide sulfureux en régénérant le bioxyde d'azote.

Péligot, à son tour, fit jouer le principal rôle à l'acide azotique ramené en acide hypoazotique dans la réaction, ce dernier redonnant les acides nitreux et nitrique selon les réactions :

$$SO^2 + 2AzO^2OH = SO^2(OH)^2 + Az^2O^4$$
$$2Az^2O^4 + H^2O = Az^2O^3 + 2AzO^2OH$$
$$3Az^2O^3 + H^2O = 4AzO + 2AzO^2OH$$
$$2AzO + 2O = Az^2O^4$$

Weber estime que SO^2 est oxydé par l'acide nitreux en donnant l'acide sulfurique et du bioxyde d'azote qui s'oxyde à son tour :

$$SO^2 + Az^2O^3 + H^2O = SO^2(OH)^2 + 2AzO$$
$$2AzO + O = Az^2O^3$$

la réaction n'étant réalisable que si l'acide nitreux était dissout dans l'eau ou l'acide sulfurique étendu.

Etudes Lunge et Naef. — D'autres auteurs ont ensuite cherché à préciser le mécanisme de formation de l'acide sulfurique, parmi eux citons au passage *J. Maclear*, *Lunge* et *Naef*, *Retter*, *Sorel*. Voici quelques-unes des observations de *Lunge* et *Naef* sur l'atmosphère des chambres :

a) Avec une marche normale il y a toujours une proportion d'oxydes d'azote dont le mélange agit, au point de vue de l'absorption, comme s'il était formé d'anhydride nitreux Az^2O^3.

b) En première chambre, où la réaction est le plus énergique, on a constaté la présence d'un excès de AzO mais, dans les dernières, il y avait proportions égales de AzO et AzO^2.

c) Quand on travaille avec une forte proportion de produits nitreux, on constate la présence de AzO^2, de sorte que le cas peut se produire dans les chambres à allure intense.

d) La présence d'un excès d'air dans les chambres n'a pas d'influence sur la proportion de AzO et AzO^2.

e) Dans la première moitié de la chambre de tête, l'oxydation de SO^2 est très énergique, et des gaz entrant à 7 % n'ont plus que 2 % au milieu, il y a donc 70 % de l'acide produit à ce moment. Dans la seconde moitié 4 % de SO^2 est seulement oxydé.

f) A l'entrée de la seconde chambre, la réaction reprend, (probablement par suite du refroidissement et du brassage des gaz dans les tuyaux de communication). Au milieu de cette chambre il reste 0,2 à 0,4 % de SO^2 soit une absorption de 20 % du SO^2 initial dans cette chambre.

g) Dans les parties ultérieures du système la combinaison est extrêmement lente.

Lunge considère que SO^2, O et Az^2O^3, en présence d'un peu d'eau, forment l'acide nitrosulfurique qui flotte à l'état vésiculaire dans la chambre au contact des autres gaz et, en présence de l'eau ou de l'acide sulfurique dilué, se décompose en acide sulfurique en régénérant Az^2O^3

$$(I) \qquad 2SO^2 + Az^2O^3 + O^2 + H^2O = 2SO^2(OH)AzO^2$$
$$(II) \qquad 2SO^2(OH)AzO^2 + H^2O = 2SO^2(OH)^2 + Az^2O^3$$

Si on examine la composition des gaz dans la première chambre où il y a abondance d'oxygène et d'acide sulfureux avec l'eau provenant du Glover il se produirait

(III)　　　　　$SO^2 + AzO^2 + H^2O = SO^4H^2 + AzO$

(IV)　　　　　$SO^2 + Az^2O^3 + H^2O = SO^4H^2 + 2AzO$

Ce bioxyde d'azote, à son tour, en présence de SO^2 et O donne:

(V)　　　　$2SO^2 + 2AzO + 3O + H^2O = 2SO^2(OH)AzO^2$

et dans les endroits où il y a excès d'eau, il se forme de l'acide nitrique en minimes quantités

(VI)　　　　　$2AzO + O + H^2O = 2AzO^3H$

ce dernier réduit par l'acide sulfureux fournirait :

(VII)　　　　　$SO^2 + AzO^3H = SO^2(OH)AzO^2.$

Quant à la forte proportion de AzO constatée dans la chambre de tête elle proviendrait de la réaction :

(VIII)　　$2SO^2(OH)AzO^2 + SO^2 + 2H^2O = 3SO^4H^2 + 2AzO.$

Sorel, aussi, partage en grande partie cette opinion, mais en y ajoutant diverses autres considérations relatives à l'effet de la température et de l'hydrolyse sur l'acide nitrosulfurique.

a) Auprès des parois la température est plus basse que dans l'intérieur des chambres.

b) L'acide de l'intérieur est plus concentré que celui condensé sur les parois.

c) L'acide nitrosulfurique existerait en plus forte proportion à l'intérieur, il subirait l'hydrolise dans les zones voisines des parois où la température est plus basse et la dilution beaucoup plus sensible.

Sa théorie repose sur les observations suivantes :

1° Quand un acide sulfurique tient des produits nitreux en dissolution, l'atmosphère en contact avec lui en contient une proportion telle qu'elle fait équilibre à la tension de dissolution ;

2° Si on en enlève, ou on détruit, une partie de ces produits nitreux, la solution en dégage à nouveau.

Action de la température ;

3° Pour une concentration déterminée, la tension de l'acide nitreux dans l'atmosphère augmente avec la température ;

4° A température égale, plus l'acide sulfureux est dilué, plus la tension nitreuse croît avec l'augmentation de température.

Selon lui, la combinaison résulterait d'un certain nombre de réactions :

A) A l'intérieur :

1° Formation d'acide nitrososulfurique.

$$2SO^2 + 2AzO + 3O + H^2O = 2SO^2\big\langle\begin{smallmatrix}OAzO\\OH\end{smallmatrix}$$

$$2SO^3 + 3Az^2O^3 + H^2O = 2SO^2\big\langle\begin{smallmatrix}OAzO\\OH\end{smallmatrix} + 4AzO$$

$$2SO^2 + 4AzO^2 + H^2O = 2SO^2\big\langle\begin{smallmatrix}OAzO\\OH\end{smallmatrix} + Az^2O^3$$

$$2SO^2 + 2Az^2O^3 + H^2O + 3O = 2SO^2\big\langle\begin{smallmatrix}OAzO\\OH\end{smallmatrix} + 2AzO^2$$

2° Oxydation directe :

$$SO^2 + 2AzO^2H = SO^2(OH)^2 + 2AzO$$
$$SO^2 + AzO^2 + H^2O = SO^4H^2 + AzO.$$

3° Réoxydation de l'oxyde d'azote.

$$2AzO + O = Az^2O^3$$
$$AzO + O = AzO^2.$$

(oxydation directe constatée par *Lunge, Bodenstein* et *Wourzel*).

B) Au voisinage d'eau, ou d'acide sulfurique faible, l'acide nitrosulfurique se décomposerait en donnant de l'acide sulfurique et libérant les produits nitreux

$$2SO^2\big\langle\begin{smallmatrix}OAzO\\OH\end{smallmatrix} + H^2O = 2SO^2(OH)^2 + Az^2O^3$$

simultanément avec :

$$Az^2O^3 + SO^2 + H^2O = SO^4H^2 + 2AzO.$$

Concernant la marche des gaz, *G. Lunge* et *P. Naef* ont trouvé des chiffres justifiant, tout au moins en partie, la théorie d'*Abraham* rappelée ci-après.

Par contre, leur opinion diffère de la sienne en ce qui concerne la quantité produite dans les parties successives de la chambre, ce, en raison des variations de température résultant du refroidissement, ainsi que de la condensation au long des rideaux de plomb.

Les gaz auraient donc un mouvement descendant le long des parois, et un mouvement ascendant au centre, ce, depuis le rideau d'avant jusqu'à celui d'arrière, de sorte que chaque molécule de gaz décrit une spirale dont l'axe est parallèle à la longueur de la chambre.

Les auteurs précédents ont eu de nombreux contradicteurs apportant aussi leurs théories, l'exposé est trop long pour que nous puissions ici rendre compte des travaux de *F. Raschig, Trautz, E. Divers, E. Loew, T. Meyer, C. Engler, J. Weissberg, M. Feumann, S. Littmann, W. Jurisch, W. Hempel, W. Manchot, O. Wentzki, H. Taylor, J. Brode, E. Briner, A. Kuchne*, etc.

Théorie Kaltenbach. — M. Kaltenbach a envisagé la question de formation de l'acide sulfurique de la manière suivante :

1º Etude des chiffres de production, température, rendement, consommation dans chacun des appareils de fabrication ;

2º Etablissement des bilans thermiques ;

3º Examen de ces derniers et conclusion.

Il nous semble inutile de reproduire les éléments de 1º et 2º que l'on trouvera exposés de façon très détaillée dans son remarquable article parue dans *Chimie et industrie*, avril 1920, p. 407, et examinons les conclusions qu'il tire de l'examen des bilans calorifiques de l'usine examinée :

Glover. — Pour le Glover :

La chaleur propre des gaz et des acides d'arrosage 21 255.000 calories a servi, en premier lieu, a fournir des calories aux gaz et aux acides sortants, et à compenser les pertes par radiation (19 380 000 calories).

C'est la chaleur de formation de l'acide dans le Glover, de 4 110 000 calories, qui a fourni plus des 2/3 de la chaleur nécessaire à la vaporisation de l'eau, c'est-à-dire de la concentration (5 985 000 calories).

Le Glover de l'usine considérée fabriquait 1/6 de la production totale. Or, à la partie inférieure, en présence d'acide à 130° et de gaz à 450°, alors que les produits nitreux sont déjà éliminés, il n'y a certainement pas de production. A la partie supérieure, où il y a grand excès de vapeur d'eau, dans l'espace vide, qui surmonte le remplissage et où la mise en contact n'est plus favorisée par celui-ci, il n'est pas probable non plus que la fabrication soit très intense.

Elle égale tout au plus celle des chambres, qui est considérablement plus faible que celle du Glover.

Zone de production maxima. — *On arrive donc à la conclusion que la grande production du Glover doit se trouver localisée dans une zone dont le volume est extrêmement réduit et dont la température doit se trouver aux environs de 100° à 110°.* Défalcation faite des espaces vides au-dessus et au-dessous du remplissage, ce volume n'excède pas 25 mètres carrés. La production par mètre cube de volume libre y dépasse 250 kilogrammes H^2SO^4. Encore peut-on admettre, avec grande probabilité, que, dans la partie inférieure où les gaz sont encore très chauds et où l'acide ne contient plus que très peu de produits nitreux, la production se ralentit considérablement, la fonction production faisant place progressivement à la fonction concentration.

La cause de cette intensité de production peut être la suivante :

La production de l'acide sulfurique par oxydation de l'acide sulfureux en présence de produits nitreux comme catalyseurs, est *une réaction d'équilibre qui comporte une température optima.*

La chaleur dégagée par cette réaction exothermique tend, à tout moment, à modifier la température et, par suite, à changer les conditions de l'équilibre.

Les facteurs principaux qui déterminent celui-ci sont :

La concentration du gaz sulfureux $\dfrac{SO^2}{O}$,

    »   »   des produits nitreux Az^2O^3

    »   »   de l'acide sulfurique $\dfrac{SO^4H^2}{SO^4H^2 + H^2O}$

dans les phases liquide et gazeuse, et leur valeur relative dépend précisément de la température.

A la base du Glover par exemple, à 151° l'équilibre veut que la concentration de l'acide sulfurique

$$\frac{SO^4H^2}{SO^4H^2 + H^2O}$$

dans la phase liquide, ait une valeur voisine de 77 %. Ce même équilibre veut que la teneur en N^2O^3 et en SO^2 y soit pratiquement nulle. L'excédent d'eau, de SO^2 et de N^2O^3 s'échappe dans la phase gazeuse, le Glover y concentre uniquement et ne produit pas.

Plus haut, à une température intermédiaire entre 130 et 60°, probablement aux environs de 110°, on se trouve dans la zone de production, où les meilleures conditions sont réalisées pour l'accomplissement de la réaction. Or, *et voilà à notre avis le point capital* corroboré par l'examen du bilan thermique, *la réaction quoique exothermique, ne peut élever la température de la zone optima parce qu'elle s'y transforme immédiatement en chaleur de vaporisation*. L'équilibre, en ce point, exige une concentration déterminée d'acide supérieure à celle qui résulte de l'arrosage. Il faut donc que l'excès d'eau se dégage sous forme de vapeur. On exprime ceci en disant que la vapeur se met en phase avec le liquide qui lui a donné naissance. En résumé, pour qu'un Glover produise, il faut qu'il renferme une zone dans laquelle les trois conditions suivantes se trouvent réunies :

Une température déterminée ;

Une concentration déterminée,

et, comme conséquence des deux premières :

La mise en phase d'un excès d'eau dont la vaporisation maintient l'équilibre malgré le dégagement des calories dues à la réaction.

La zone de température optima se déplace dans le Glover quand la concentration y change ; elle monte lorsque cette concentration augmente et descend quand elle diminue.

Un Glover, recevant bien entendu un volume suffisant de gaz chauds, qui serait arrosé uniquement avec de l'acide à 77 %, ne serait pas dans de bonnes conditions pour la production d'acide mais cette température serait supérieure à la température optima.

La production se trouverait refoulée vers les chambres où les conditions de production sont toutes différentes. La concentration de l'acide s'accroîtrait.

Un Glover qui recevrait un volume de gaz chauds insuffisants pour lui permettre de concentrer du 52° B., mais juste suffisant pour dénitrer l'acide nitreux du Gay-Lussac en le portant aux environs de 130°, ne produirait pas d'acide. La température décroîtrait régulièrement du bas vers le haut, mais au point où elle correspondrait à la température optima il n'y aurait pas, en même temps, concentration optima ni, par suite, mise en phase de vapeur d'eau.

Un Glover arrosé avec de l'acide trop faible verrait sa zone de production maxima descendre, et la température à la base deviendrait alors insuffisante pour obtenir une dénitration complète.

Lorsqu'on y maintient les conditions de température, et par suite de concentration, voulues, le Glover est donc un exellent appareil de production. Ses caractéristique principales sont : *la mise en contact rationnelle*, c'est-à-dire en contre-courant des gaz et des liquides et l'auto-régulation de la température de réaction.

Chambres. — Dans les chambres, les températures varient généralement entre 100 et 45°. A l'encontre de ce qui se passe dans le Glover la chaleur de réaction n'est plus éliminée par une vaporisation susceptible de maintenir la température constante. Il y a au contraire insuffisance d'eau et il faut en rajouter.

L'auto-régulation de la température ne s'y manifeste donc plus. La chaleur dégagée par la réaction tend à amener une surélévation de température que l'on évite en donnant aux chambres une surface réfrigérante aussi grande que possible. C'est *dans cette préoccupation que sont nées les chambres hautes à grande surface par rapport au volume* telles que celles préconisées par *M. Moritz* et, plus récemment, les chambres du système *Mills-Paccard* qui refroidit les parois au moyen d'un courant d'eau.

D'autre part, également à l'encontre de ce qui se passe dans le Glover, l'élimination des calories produites par la réaction se fait, non plus au point même du dégagement, mais *par des surfaces qui s'en trouvent à une distance moyenne fort importante.*

Il y a donc modifications locales des températures qui, dans les grands espaces des chambres provoquent des mouvements de gaz plus ou moins désordonnés, en tous cas impossible à contrôler.

Les facteurs essentiels pour une production intense, *le maintien de la température à sa valeur optima* (et la *mise en contact intime des gaz et des liquides n'existent plus.*

La réfrigération intense des parois n'y fait rien, ce n'est pas de ce côté-là qu'il faut, à notre avis, chercher à remédier aux défauts signalés.

Plus les gaz progressent dans les chambres successives, plus la quantité de SO^2 susceptible de réagir diminue, et plus la température s'abaisse, puisque le nombre décroissant de calories continue à s'appliquer à un volume de gaz qui ne varie guère : on s'éloigne donc de plus en plus de la température optima de réaction.

Après avoir éprouvé au début, dans les chambres de tête, l'inconvénient d'un excès de température, on éprouve ensuite, dans les chambre de queue, l'inconvénient inverse, auquel le principe même de l'emploi de grands volumes et de grandes surfaces ne permet pas de remédier.

Un autre point qu'il y a lieu de considérer, c'est que les molécules appelées à réagir les unes sur les autres sont *disséminées dans de grands espaces où leur rencontre est mal assurée.*

L'eau pulvérisée est injectée en certains points du ciel, les courants de gaz de leur côté circulent suivant des parcours très mal définis, et, sans doute influencés, comme indiqué plus haut, par la chaleur dégagée localement aux points de formation des gouttelettes d'acide ; les liquides de la cuvette, dont la tension de vapeur constitue l'un des facteurs de l'équilibre sont très éloignés de la plus grande partie des molécules gazeuses. *La mise en contact est donc irrationnelle.*

Tension de vapeur de l'acide des cuvettes. — M. *Kaltenbach* a pu, dans l'usine à laquelle se rapportent les observations mentionnées, se rendre compte de l'influence qu'exerce la tension de vapeur de l'acide des cuvettes sur la production, en introduisant, dans les premières chambres, des quantités croissantes de petites eaux, à 20° B. environ, provenant des caisses à coke des appareils *Gaillard*.

Le poids de ces petites eaux a pu être porté progressivement jusqu'à environ 10 tonnes par jour, en réduisant d'autant la quantité d'eau injectée par pulvérisation, sans que la production, ni la concentration de l'acide, s'en soit trouvées influencées.

Il ressort de ce fait que l'excès d'eau de la cuvette a dû passer très rapidement dans la phase gazeuse.

On conçoit cependant qu'avec des chambres de très grande hauteur (20 mètres), et des cuvettes de petite surface (5 mètres × 5), comme celles de certaines usines construites au cours de la guerre, l'influence de la tension de vapeur des cuvettes puisse se trouver sensiblement diminuée.

M. *Kaltenbach* se demande même s'il n'y aurait pas lieu de chercher, dans cette disposition, une des raisons de défectuosités de marche constatées dans ces chambres. De plus, un facteur dont on ne tient généralement aucun compte dans la conduite, la température des cuvettes doit exercer une influence certaine sur l'équilibre de la réaction. *Les petites cuvettes des chambres de grande hauteur qui ne contiennent qu'un faible volume d'acide se refroidissent très vite* et peuvent donc atteindre, plus rapidement que les grandes, des températures pour lesquelles la tension de vapeur s'abaisse trop bas et où, par contre, l'équilibre permet le passage des produits nitreux dans la phase liquide.

Bilan thermique des chambres. — Examinant le bilan thermique des deux premières chambres il constate que la chaleur propre des gaz a peu varié entre l'entrée et la sortie.

Les deux facteurs importants sont : la condensation de la vapeur d'eau venant du Glover, et la chaleur de formation, qu'*il faut éliminer toutes deux par la radiation des parois.*

Calories éliminées par les cuvettes. — Le pouvoir transmissif des parois de la cuvette est faible. En effet c'est à son action qu'est dû le refroidissement des acides condensés entre leur température de formation (89°5 = température moyenne du groupe) et leur température de soutirage 68°.

Elle n'équivaut donc qu'à 32 t. 4 × 0,49 × (89,5-68 = 342.000 calories soit, pour chacun des 405 mètres carrés de parois, à 850 calories par 24 heures = 35,5 par heure et mètre carré.

L'écart moyen de température est difficile à déterminer car, sous le plancher de la cuvette, il se forme un amas d'air stagnant qui, avec le plancher en bois et les solives du gitage, constitue un milieu très isolant. Le coefficient de transmissionr K ne saurait être que très faible, et sans doute voisin de l'unité.

Calories éliminées par les parois. — Le total des calories à éliminer par les rideaux et le ciel des deux chambres du groupe est de :

$$17\,830\,000 - 342\,000 = 17\,488\,000 \text{ calories.}$$

Leur surface totale est de : 1.875 mètres carrés, l'écart moyen entre les températures intérieures et extérieures est de 80°5, on a donc pour K :

$$K = \frac{17\,488\,000}{80,5 \times 24 \times 1875} = 4,86 \text{ calories.}$$

Le calcul du coefficient correspondant pour le groupe des chambres III et IV s'établit, pour les cuvettes, à :

$$21T6 \times 0,49 \times (55,5 - 44) = 124\,000 \text{ calories}$$
$$K \times \text{écart de T} = \frac{124\,000}{24\,404} = 7,8 \text{ calories.}$$

Pour les rideaux et le ciel à :

$$10\,112\,500 - 124\,000 = 9\,988\,500 \text{ calories}$$
$$K = \frac{9\,988\,500}{47,6 \times 24 \times 1,875} = 4,63 \text{ calories.}$$

Les coefficients de transmissions sont donc très voisins pour les deux groupes comme on devait s'y attendre et il en résulte que *la capacité de production est directement proportionnelle à l'écart de température entre l'extérieur et l'intérieur d'une chambre.*

On voit aussi que la surface du plomb est de moins en moins bien utilisée, au fur et à mesure qu'on avance dans le système vers les Gay-Lussac.

Tours intermédiaires. — On trouve, là aussi, une certaine justification de l'emploi des tours intermédiaires commes celle préconisées jadis par *Lunge*. En effet *la réaction s'y trouve concentrée dans un volume faible* où la mise en contact est mieux assurée que dans les vastes espaces des chambres où la *chaleur de réaction* trouvant une surface de radiation moindre pour s'éliminer, élève la température, *se rapproche par suite de la température optima*, et améliore en même temps la production par unité de volume, ainsi que le coefficient d'utilisation de la surface du plomb.

Mise en liberté des gaz, etc., auxquels s'ajoutent les phénomènes physico-chimiques signalés page 311, en vertu desquels les parties liquides ou solides peuvent s'entourer d'une gaine gazeuse.

Nous donnons plus loin (page 527) la description de l'appareil conçu par *M. Kaltenbach* pour remédier aux défectuosités qu'il a constatées dans les installations actuelles, et mettre en pratique la théorie exposée ci-dessus.

Difficultés des recherches.. — Il semble incroyable que, malgré l'importance de la production d'acide sulfurique, le nombre de savants pratiquant des recherches au laboratoire et de techniciens travaillant à l'usine, il ait fallu un temps si long pour acquérir les connaissances actuelles, encore si incomplètes.

En réalité nous nous trouvons devant des phénomènes extrêmement complexes puisqu'ils sont à la fois :

Phénomènes chimiques en raison des réactions des corps en présence les uns sur les autres et *phénomènes physiques* : dissolution, vaporisation, condensation.

Chacun dés appareils dont l'ensemble constitue un système dit « Chambres de plomb » a, pour ainsi dire, une individualité particulière et travaille dans des conditions souvent fort différentes des autres.

Le Glover, qui réalise une fraction très importante de la production, reçoit les gaz les plus riches en SO^2 et les plus chauds — qui ont, avec les liquides acides, un contact beaucoup plus complet que dans les chambres.

A mesure qu'ils s'avancent ils sont moins chauds, rencontrent

des liquides moins concentrés, mais plus riches en produits nitreux, chaque tranche horizontale a une composition, ainsi
qu'une température, différente de celle qui précède et de celle
qui suit.

A leur sortie du Glover, ils entrent dans la première chambre où
ils ne sont plus subdivisés par des remplissages ni en contact
intime avec les liquides acides nitreux et, si leur température varie
dans de moins grandes proportions entre l'entrée et la sortie leur
composition est cependant complètement modifiée comme le
montrent les analyses des gaz.

Dans les chambres ultérieures, la richesse des SO^2 dans le mélange va aussi en diminuant, tandis que la proportion des produits
nitreux augmente très sensiblement.

Dans chacune de ces chambres, il n'y a pas plus d'homogénéité
que dans le Glover, comme nous allons le voir.

Mouvement des gaz. — Supposons que nous nous trouvons en
présence d'un mélange gazeux homogène non modifiable, refroidi le
long des rideaux. En se refroidissant il deviendra plus lourd, aura
une tendance à descendre, en déterminant un courant de haut en
bas, l'appel provoqué aura pour résultante un courant de bas en haut
dans la partie non refroidie. C'est la théorie physique d'*Abraham*.

Ajoutons que les gaz situés à une certaine distance de la paroi
ne diminueront pas si vite de température, la vitesse de chute ne
sera pas la même de sorte que l'appel sera moins grand, on aura
en quelque sorte des zones concentriques.

Passons maintenant aux réactions, à l'intérieur, des masses en
mouvement.

Admettons que notre brouillard contienne seulement :

    de l'acide sulfurique plus ou moins dilué, et plus ou moins
      nitreux ;

    de l'acide nitrosulfurique, ou un produit intermédiaire ana-
      logue ;

    de l'eau ;

    des composés oxygénés de l'azote ;

    des gaz inertes ;

et voyons ce qui se passe le long de la paroi.

Plus grande sera la différence de température entre l'air extérieur et le gaz intérieur, plus intense sera le refroissement, plus complète et plus facile sera la condensation d'acide faible.

Avec l'augmentation de proportion d'eau, et du moment où elle n'atteint pas des chiffres exagérés, l'acide nitrosulfusique, à son contact sera plus facilement décomposé et donnera de l'acide sulfurique qui se condensera, tandis que les produits nitreux se dégageront.

Un peu plus loin de la paroi, la proportion condensée sera moins grande, l'acide sulfurique produit sera moins complètement dénitré quand il tombera dans le bain, mais, s'il y trouve une concentration le permettant, il se décomposera à son contact en libérant des produit nitreux.

En somme, selon qu'on s'écartera de 1 centimètre, de 10, ou davantage des rideaux, on constatera des états d'équilibre et des compositions très différentes tandis que dans chacune des chambres la température n'y sera pas non plus uniforme.

Les produits nitreux mis en liberté, pris dans le courant ascendant, regagneront les zones dans lesquelles ils trouveront, vers l'entrée, un nouvel afflux de gaz plus riches en acide sulfureux, eau, oxygène, azote, au contact desquels la réaction reprendra avec une nouvelle vigueur en reformant toute une gamme de produits, dans des conditions qui changeront à mesure qu'on approchera de la queue de la chambre.

En résumé, et comme le confirme l'expérience, on ne peut s'attendre à trouver de l'homogénéité dans les tranches horizontales ou verticales du brouillard et la proportion d'acide sulfurique formé varie avec les différents facteurs : température, composition des gaz à l'entrée, à la sortie, tirage, intensité du refroidissement, brassage des gaz, ainsi que la proportion de produits nitreux et eau par rapport à la masse totale des gaz.

Ajoutons qu'à des intervalles de temps, même très rapprochés, à la même place on ne trouvera plus des éléments de composition ni température identiques.

Les phénomènes sont difficiles à observer car, à côté de produits de constitution définie — combinaison chimique — il y a dissolution de produits nitreux dans les acides formés et dissolution d'eau dans l'acide sulfurique, ou inversement.

Pour donner une idée de cette complexité, supposons que la seule combinaison nitrososulfurique soit l'acide

$$SO^2 \diagup^{OAzO}_{\diagdown OH}$$

on voit qu'il peut y avoir en dehors de ce composé

SO^2 venant du four,
Acide sulfurique plus ou moins hydraté
SO^3 »
AzO^3H plus ou moins hydraté (?),
Az^2O^4,
Az^2O^3 (6 °/₀ d'après Wourtzel. Le Blanc, Briner, Niewarski
$\qquad$ $AzO + AzO^2 \rightleftarrows Az^2O^3$ et Wiswald),
AzO,
Az^2O (résultant de réactions parasites à température dépassant 100° C),
Az,
O,
Acides, composés intermédiaires et H^2O à l'état de brouillard,

(sans compter les particules minérales solides en suspension ou en dissolution et des composés divers) qui selon la température extérieure, celle des gaz des fours ou à l'intérieur des parois, la pression atmosphérique, la régularité d'alimentation en minerai sulfuré ou en produits nitreux, la proportion d'eau, etc., etc., donnent lieu à des équilibres incessamment modifiés entre les actions de combinaisons, dissociation, dissolution, etc.

L'idéal, qui serait de ne faire varier qu'un seul facteur en laissant tous les autres constants, n'est pratiquement pas réalisable ; quant aux essais de laboratoire, ils sont d'une exécution fort peu commode et les quantités sur lesquelles on opère, généralement infimes, mais les résultats obtenus, tout en prêtant parfois à controverse, amènent fréquemment à des conclusions inattendues, qui provoquent de nouvelles expériences, et font faire de nouveaux pas dans le chemin de la vérité.

On comprend que, dans ces conditions, de nombreuses recherches aient été, et soient nécessaires, pour se faire une idée nette de ce qui se passe dans la chambre, et avoir des précisions sur les facleurs à faire varier pour modifier, dans un sens favorable au prix de revient, les conditions de travail.

Décomposition de l'acide sulfurique et réversibilité des réactions. — L'acide sulfurique formé peut-il être détruit dans les tours ou les chambres?

Cette question a été étudiée, et traitée, de façon très complète par M. *Graire* qui a rappelé des travaux d'auteurs divers et des constatations de la pratique industrielle, en y ajoutant ses expériences personnelles — et il estime que la réaction de fabrication n'est pas irréversible comme le supposaient les auteurs des diverses théories connues.

a) Ses expériences ont confirmé celles de *Bodenstein* qui avait constaté l'impossibilité de conserver du bioxyde d'azote sur l'acide sulfurique concentré. Le volume du premier diminue et il se forme SO^2.

b) La réaction de AzO sur l'anhydride sulfurique donne

$$3SO^3 + 2AzO = SO^2 + (SO^3)^2 Az^2O^3$$

c) M. *Forrer*, au laboratoire, a réalisé à 85° C et 730 millimètres, la décomposition de 92.94 % d'acide sulfurique à 53,4 Baumé en y faisant passer un mélange gazeux dilué d'acide hypoazotique, eau, acide sulfurique, oxygène et azote.

d) Glover. — M. *Graire* a constaté que, les gaz sortant du Glover, peuvent décomposer l'acide sulfurique 58 à 70 % SO^4H^2 en proportion d'autant plus élevée que la richesse des gaz en SO^2 est plus faible.

Dans ce cas, la température a également une influence non négligeable et ses expériences montrent, qu'au delà de 90°, la réduction augmente rapidement tandis qu'au dessous il y a fabrication, ce qui concorde avec le fait connu que, pour chaque système marchant dans des conditions bien déterminées comme matière première et gaz, il y a une température optima de réaction.

e) Gay-Lussac. — La réduction est très sensible quand les gaz sont dépouillés de leur SO^2, ce qui est le cas du Gay-Lussac, et il n'est pas rare de constater que des gaz qui n'en contiennent que des traces à l'entrée en renferment des quantités très sensibles à la sortie.

L'étude de M. *Graire* à ce sujet l'a conduit à conclure que :

Si les réactions ont été rapides, les gaz de queue ont le temps d'être oxydés de façon convenable, et une fraction importante de AzO transformée en AzO^2, — la réduction de l'acide sulfurique est faible et la proportion SO^2, à la sortie, minima.

Si c'est le contraire, les produits nitreux sont surtout à l'état de AzO en queue et la proportion de SO^2 a la sortie accrue.

Le fait est encore plus marqué avec les appareils à production intense.

f) Chambres. — Les gaz provenant du Glover doivent se trouver dans des conditions permettant une oxydation rapide du bioxyde, sans quoi celui-ci peut occasionner une réduction de l'acide sulfurique existant.

Enfin, il peut arriver également qu'à la partie postérieure des chambres, il y ait réduction de l'acide formé et réaugmentation de la teneur en SO^2.

I. — Etudes récentes

M. *Graire*, dans l'étude remarquable qu'il a publiée dans *Chimie Industrie* (juillet 1926, p. 3) estime qu'une période particulièrement intéressante a commencé avec les recherches d'ordre physico-chimiques publiées à l'Université de Genève par le prof. *Briner* et ses collaborateurs MM. *Forrer*, *Bitterli* et *Rossignol*, qui ont dirigé leurs travaux dans une voie véritablement scientifique.

Nous venons de voir qu'il a combattu l'opinion émise par *Lunge*, *Sorel*, *Raschig*, que la réaction de formation de SO^4H^2 n'était pas réversible, en s'appuyant sur des travaux récents ainsi que sur ses expériences personnelles et termine ainsi son article :

Mode et nature des réactions des chambres (*Graire*). — Au cours des études précédentes, nous pensons avoir démontré la réversibilité du système des équations par lesquelles les réactions des chambres peuvent être schématisées. Nous avons simultanément indiqué que les variations des différents facteurs de réaction satisfaisaient aux lois de déplacement de l'équilibre, telles qu'elles ont été énoncées par *Van't Hoff* et *Le Chatelier*.

Il en résulte qu'en tout point des chambres, les molécules gazeuses tendent vers leur état d'équilibre, avec une vitesse initiale dont le sens et la valeur sont déterminés par les conditions de composition, et de température, qui règnent au point considéré. Il est ainsi relativement aisé de se rendre compte de la nature physico-chimique des phénomènes qui interviennent d'un bout à l'autre des appareils.

Supposons que, par une méthode quelconque, on puisse remplir instantanément une chambre avec des gaz issus du Glover. La marche de la réaction sera la suivante : la température montera, passera par un maximum, tandis que la teneur des gaz en SO^2 diminuera jusqu'à une valeur-limite où l'équilibre sera réalisé entre les gaz et les acides (ou les cristaux) fabriqués. De plus, le mélange gazeux sera sensiblement homogène, à un instant donné, d'un bout à l'autre de la chambre.

Supposons maintenant que, dans le mélange gazeux précédent, on fasse arriver, d'une manière constante, un courant de gaz frais. Ceux-ci se diffuseront très rapidement dans l'atmosphère des chambres, et viendront modifier la composition des gaz en chaque point, d'une manière d'autant plus sensible que le point considéré sera plus proche de l'orifice d'entrée des gaz. On peut donc dire que l'intensité de fabrication en un point dépend, d'une part, de l'état d'équilibre qui serait réalisé spontanément en ce point, et d'autre part, des conditions de diffusion des gaz frais qui y parviennent.

Les considérations précédentes permettent d'expliquer l'existence, en queue de chaque chambre, d'une zone où les réactions sont très affaiblies. Dans cette zone, l'état d'équilibre est atteint, et les gaz ne diffusent pas assez loin pour le modifier. Il est donc nécessaire, pour que les réactions reprennent, de faire varier les conditions de l'équilibre dans un sens qui favorise la fabrication. C'est le but que réalise effectivement la brusque diminution de température, obtenue lors du passage d'une chambre dans une autre. Il ne semble donc pas possible de faire dépendre la fabrication en tête des chambres, comme on l'a fait jusqu'ici, des mouvements gazeux de brassage et de mélange dans les tuyaux de communication. L'intensité de réaction, en un point, est uniquement fonction de la vitesse initiale de réaction avec laquelle les molécules gazeuses, en ce point, tendent vers leur état d'équilibre.

Conclusions Graire. — 1° Il ne semble plus possible à présent d'orienter les études relatives au procédé des chambres vers une recherche des « corps intermédiaires » de la fabrication. Les théories élaborées jusqu'ici n'ont pas permis de faire la lumière sur les réactions de formation de l'acide sulfurique, et l'existence même des corps intermédiaires doit être tenue pour douteuse ;

2° Le mot de *catalyse*, dans le sens où il a été employé par *Ostwald*, ne saurait s'appliquer aux phénomènes des chambres. On ne peut établir de comparaison entre le procédé des chambres de plomb et la fabrication d'acide sulfurique par contact ;

3° Si l'on excepte les phénomènes consécutifs à l'introduction du nitre dans les appareils, on peut admettre que, le peroxyde d'azote en phase gazeuse, et le trioxyde d'azote en phase liquide, sont les corps actifs de l'oxydation de l'acide sulfurique ;

4° La loi de *Guldberg-Waage* ne peut être appliquée aux constituants des chambres. La seule méthode actuelle d'investigation consiste à étudier les variations des phases gazeuse et liquide en fonction des éléments caractéristiques : concentration en SO_2, H_2O, NO, NO_2, température, etc. ;

5° Les réactions des chambres peuvent être représentées par les équations globales suivantes :

$$SO_2 + NO_2 \text{ (ou } N_2O_3) + H_2O$$
$$H_2SO_4 + NO \text{ (ou } 2NO) \quad 2NO + O_2 = 2NO_2.$$

L'intervention de corps intermédiaires reste possible entre le premier et le second membre de la première équation ;

6° La vitesse d'oxydation du bioxyde d'azote peut être calculée, aux différents points du système, à l'aide des coefficients de Bodenstein. La formule simplifiée suivante peut être admise :

$$k_4\, t(2C_0 - C_1) = \frac{1}{C}\,\frac{1}{C_1}\,\frac{1}{2C_0 - C_1}\,\text{Le}\,\frac{C_1}{C}.$$

L'application pratique de cette formule indique que la vitesse d'oxydation du bioxyde d'azote est sensiblement la même en tous les points d'un appareil à acide, l'augmentation du coeficient k étant, à peu près, compensée par une diminution de la tension en oxygène ;

7° La réversibilité des réactions de formation de l'acide sulfurique ressort de certains faits d'observation connus ; réduction de l'acide sulfurique par le bioxyde d'azote, dans le nitromètre ; réduction de l'anhydride sulfurique avec formation des cristaux de chambres ; coexistence, au sein de l'acide sulfurique, des acides sulfureux et nitreux, dans un rapport variable avec la concentration ;

8° Au cours d'essais théoriques, MM. *Bitterli* et *Rossignol* ont établi l'action favorable d'un excès de SO^2 sur la vitesse de formation de l'acide sulfurique. Pour les fortes teneurs en SO^2, la courbe de production passe par un maximum, mais pour des teneurs inférieures à 8 % (cas des chambres), il y aurait proportionnalité entre la concentration de SO^2 et la vitesse de fabrication de l'acide ;

9° La réduction de l'acide sulfurique peut être observée, en présence de gaz peu riches en SO^2, soit dans les chambres, soit dans les tours de Gay-Lussac. Elle tend à devenir très facile, quand la composition gazeuse se rapproche de celle réalisée en queue des appareils ;

10° Les phénomènes des chambres apparaissent comme une succession d'échanges entre les phases liquides et gazeuses. Les équilibres entre les gaz et les acides dépendent de leurs compositions respectives, des actions de surface, etc. On peut expliquer simplement le rôle de l'acide dit « *catalyseur* », le retard à l'apparition de la phase liquide dans un courant gazeux, la concentration ou la dilution de l'acide précipité ;

11° Il a été possible de remarquer que les phénomènes de

décomposition de l'acide sulfurique sont souvent accompagnés d'une réduction des oxydes de nitre ;

12° La vitesse de fabrication est extrêmement sensible aux variations des concentrations en NO^2 (ou N^2O^3), cette sensibilité étant maxima pour les faibles concentrations et s'atténuant progressivement avec l'augmentation du rapport NO^2SO^2 ;

13° Des essais effectués sur les gaz issus du Glover, ou de la tête des chambres, ont montré que la réduction de l'acide peut être très intense lorsque celui-ci se trouve en présence d'un excès de bioxyde, c'est-à-dire au voisinage d'un centre de forte réaction. En conséquence, la réduction se produit particulièrement lorsque l'alimentation en acides sulfonitriques ou sulfonitreux est insuffisante, dans tous les appareils utilisant le contact entre les acides et les gaz peu oxydés ;

14° Il existe un rapport de proportionnalité entre la réduction de l'acide sulfurique dans les Gay-Lussac, la teneur en bioxyde d'azote à l'entrée des tours et la concentration en SO^2 des gaz en queue de la première chambre. La décomposition de l'acide sulfonitreux dans les tours de récupération, dépend de l'étalement des réactions de fabrication vers la queue de l'appareil ;

15° La réduction de l'acide sulfurique dans les Gay-Lussac est exaltée par l'augmentation de production des appareils à acide ;

16° Une élévation de la température a pour effet de retarder l'apparition de la phase liquide et d'élever la concentration de l'acide formé. La vitesse de fabrication est généralement accrue par le refroidissement des gaz et des acides ;

17° Il existe une température optima de fabrication, et une tension optima de vapeur d'eau, variables avec la composition des gaz. La température exerce une action double ; sur les conditions de l'équilibre, et sur la tension de vapeur des acides ;

18° La diminution du débit des gaz ayant pour conséquence d'augmenter la durée de réaction, les rendements en acide sulfurique dans un volume déterminé, varient en sens inverse de la vitesse du courant gazeux ;

19° Si la composition de la phase liquide reste constante, la vitesse de fabrication ne dépend que de la composition et du débit gazeux. Si les compositions des phases gazeuse et liquide sont constantes, la vitesse de fabrication, ou de réduction, de l'acide sulfurique dépend du rapport des débits des acides et des gaz;

20° Il semble qu'il existe une relation de cause à effet entre certains phénomènes de nature différente ; rétention de l'acide sulfurique dans le milieu de réaction — impossibilité de produire un contact effectif des substances réagissantes — ionisation des gaz par réaction, ou par les appareils de dépoussiérage *Cottrell* — diminution de la vitesse de fabrication de l'acide;

21° Le système des équations des chambres est réversible, et les variations des différents facteurs de réaction satisfont entièrement aux lois de déplacement de l'équilibre de *Van' Hoff* et *Le Chatelier*;

22° En tout point des chambres, les molécules gazeuses tendent vers leur état d'équilibre, avec une vitesse initiale dont le sens et la valeur sont déterminés par les conditions de composition et de température qui règnent au point considéré.

II. — Dans son ouvrage récent (*synthèses et catalyses industrielles*, 1925) *M. Pascal* résume ainsi les idées actuelles :

1° Formation de sulfate acide de nitrosyle

$$2SO^2 + O^2 + Az^2O^3 + H^2O = 2SO^4H(AzO)$$

qui se décomposerait par voie réversible

$$2° \qquad 2SO^4H(AzO) + H^2O \rightleftarrows 2SO^4H^2 + Az^2O^3.$$

Sur les parois, le sulfate de nitrosyle, au contact de l'atmosphère hydratée, donnerait l'acide sulfurique et des produits nitreux remis en liberté.

Au centre, dans une atmosphère plus chaude et moins humide, il se reformerait du sulfate de nitrosyle d'après la première réaction.

De plus, dans les parties froides, il y aurait oxydation directe de SO^2

$$SO^2 + Az^2O^3 + H^2O = SO^4H^2 + AzO.$$

En queue des chambres, l'activité serait ralentie, non seulement à cause de la dilution plus grande des gaz, mais, par suite de la diminution de leur circulation, température trop forte et conditions dans lesquelles le sulfate de nitrosyle ne peut plus se former. Après contact avec les parois du fond, et passage dans les tuyaux de communication ils se retrouveraient dans des conditions favorables.

Ajoutons comme facteurs diluants, ou anti-oxydants, l'influence de composés tels que l'acide carbonique (*Larison*), les sels ferreux, l'acide arsénieux (*Micewisz*), le soufre sublimé, les sulfures métalliques entraînés (*Rosendahl*) et de nombreux autres composés pouvant agir dans le même sens.

En résumé, voici la manière dont on envisage maintenant l'action des divers facteurs intervenant dans l'oxydation de SO^2.

Température. — La plus favorable serait comprise entre 80 et 100°.

Pression. — Un accroissement de pression activerait la vitesse de transformation (*Pozzi Escot* a signalé en 1920, *Chimie industrielle*, novembre 1920, p. 645) que, sous une pression de 2 atm. 6 le produit serait le quadruple par rapport à la pression ordinaire.

Concentration SO^2. — L'accroissement de richesse des gaz favoriserait jusqu'à un certain point la réaction. Le fait a été constaté par *Butterli* travaillant avec des gaz à 10-15 %, il est à remarquer qu'en pratique on a rarement plus de 8 %.

Débit SO^2. — Au début, alors que les constituants sont en forte proportion, la production par rapport au temps de réaction varie peu, elle diminue par la suite avec l'augmentation du débit.

Eau. — Le manque d'eau a l'inconvénient de provoquer la formation de cristaux de chambres en queue.

L'excès d'eau ne doit pas être exagéré en tête, pour ne pas ralentir la formation d'acide, bien qu'en aidant l'apparition de la phase liquide, il semble, à première vue, exercer une influence heureuse sur la vitesse de réaction. Bien entendu un excès entraîne un affaiblissement du degré de l'acide.

AzO^2. — Son action est d'une influence considérable.

Il semble agir sur les réactions accomplies dans la phase liquide, en modifiant sa richesse et la proportion des composés nitrés.

Avec une teneur de 0,5 % AzO^2 la proportion de SO^2 transformée étant 6,72 tandis qu'avec 2,46 % elle passe à 94,42. Il convient de remarquer que l'augmentation de température facilite la réduction en Az^2O et Az des produits nitreux, et que l'attaque du matériel des chambres s'en ressent.

La consommation de nitrate serait due à des réactions parasites, plus ou moins développées, selon la disposition de l'installation, la composition des éléments mis en présence et les conditions de travail.

La formation de AzO^2 serait surtout sensible au-dessus de $100°$.

Oxygène. — L'augmentation de la proportion d'oxygène ralentirait la vitesse de réaction, même en présence d'un excès notable de SO^2 comparativement à AzO^2, et même avec l'oxygène pur.

Parois. — Quand on augmente la surface des parois sur lesquelles se condense l'acide formé, il y a accélération de la vitesse de réaction ; mais, étant donné qu'en pratique on ne peut l'augmenter indéfiniment, on tend vers une limite.

Reversibilité des réactions. — En tête, les réactions seraient surtout intenses par suite de la brusque diminution de la tension de la vapeur d'eau survenant dans un mélange gazeux en équilibre.

En queue, les gaz étant moins concentrés, les proportions modifiées et le produit final non éliminé, il peut arriver que la réaction se renverse.

Vitesse de réaction. — Comme *Lunge* l'a montré et *Rossignol* l'a vérifié, la vitesse de la réaction diminue parallèlement avec la concentration générale de la phase gazeuse.

De plus, et comme nous l'avons dit plus haut, elle varie sensiblement comme le carré du facteur de pression.

Elle est favorisée jusqu'à un certain point par l'augmentation du débit d'eau, après quoi l'inverse se produit.

Corps intermédiaires. — On a supposé qu'il se forme un corps intermédiaire, ayant de l'eau dans sa constitution, mais se détruisant par excès d'eau. D'après *Graire*, des corps de ce genre joueraient un rôle important mais il estime que les phénomènes physico-chimiques d'échanges entre phases gazeuses et liquides jouent le rôle le plus capital.

CHAMBRES DE PLOMB

Toute théorie s'appliquant à une fabrication industrielle doit nécessairement obtenir la consécration de la pratique En industrie, les facteurs prix d'installation et prix de revient occupant le premier plan, l'idéal est évidemment d'obtenir le rendement maximum avec le minimum de frais, mais tout échec est coûteux, aussi les patriciens ont-ils procédé en général à des essais progressifs en consolidant, par l'expérience et le tempst les résultats favorables qu'ils obtenaient au début.

Les procédés d'antan étaient basés sur une faible production par mètre cube de chambre, d'où volume considérable et frais d'installation importants, on a donc cherché à augmenter cette production, pour réduire les autres facteurs, de là est venue la dénomination de *méthodes intensives* de production.

Nous allons donc passer successivement en revue les anciennes chambres et les transformations qu'elles ont été amenées à subir.

CHAMBRES ANCIENNES

Au début de l'industrie sulfurique, on avait adopté la forme de construction la plus simple, une seule chambre de plomb, longue, qui, d'ailleurs, donnait des résultats satisfaisants. Plus tard, avec les nécessités résultant de 'la concurrence, on a dû constater que la production par mètre cube était sensiblement moins avantageuse dans ces conditions qu'en se servant de chambres séparées.

Les opinions les plus diverses concernant la dimension des chambres, leur nombre, leur volume total, ont été émises et nous avons résumé l'état de la question dans notre *Rapport sur l'industrie sulfurique* au Congrès International de Chimie appliquée en 1900 (*Moniteur Quesnéville* 1900).

Depuis cette époque, une évolution considérable s'est accomplie dans les données ou conclusions admises jusqu'alors, ayant pour conséquence des modifications successives des installations et appareils de production.

Dispositions générales des chambres de plomb

Les chambres de plomb jouent un double rôle, puisque tout en étant des appareils de production elles sont réservoirs d'acide.

Leur rôle d'appareils producteurs a été l'objet de nombreuses études qui ont eu, pour conséquence, de modifier leurs formes et dimensions, afin d'arriver à produire des quantités d'acide les plus grandes possibles par mètre cube.

Leur seconde destination oblige à des précautions spéciales au point de vue de leur disposition générale, leur étanchéité et leur solidité. En effet, les charpentes ont à supporter le poids des chambres d'une hauteur, parfois considérable, des tours, des matières de remplissage et de l'acide contenu dans la cuvette, où il atteint fréquemment 50 à 60 centimètres.

CONSTRUCTION DES CHAMBRES

Fondations. — La nature du terrain n'est pas indifférente ; comme tout affaissement entraînerait une déformation de la chambre et un véritable désastre en cas de rupture, on évite avec soin les sols attaquables [1] (calcaires, etc.), en choisissant, de préférence, un sous sol à la fois résistant et inattaquable, tel que le gravier ou le sable.

Afin de réduire la charge par centimètre carré on donne un grand empatement aux fondations.

Hauteur au-dessus du sol. — Elle est essentiellement variable selon les systèmes.

Au début les appareils furent établis au niveau du sol, puis on

---

[1] En cas d'absolue nécessité il faudrait les protéger par une couche asphaltique ou bitumineuse.

les suréleva de manière à pouvoir faire servir le dessous comme magasin et à ce que l'acide put se rendre par simple écoulement dans les réservoirs destinés à le recevoir.

Cette hauteur, timidement fixée dans certaines usines à 3 ou 4 mètres, a été souvent plus que doublée, le dessous des chambres sert à caser non seulement des bacs et appareils accessoires mais des pyrites, toutefois il faut éviter d'y mettre les sacs de nitrates de soude sur lequels la moindre chute d'acide risquerait de provoquer un incendie. Les résidus de (pyrite grillée) se mettent ordinairement à l'extérieur des bâtiments, à proximité de l'endroit où ils devront être chargés.

Charpente. — Les poteaux ou supports, très souvent en bois dans les débuts, où la hauteur au-dessus du sol était relativement faible, reposaient sur des dés en pierre siliceuse, leur section était de 0 m. 20 × 0 m. 30 pour une hauteur de 4 mètres et leur distance de 4 mètres dans un sens sur 4 à 5 mètres de l'autre.

Plus tard on les fit en briques, en fonte, en ciment armé soigneusement goudronnés. Ces dispositions se sont généralisées de façon considérable.

Dans les chambres en bois et plomb, on établissait les poutres reposant sur des supports verticaux puis, sur ceux-ci, les solives, 75 à 100 millimètres de large sur 220 à 250 de hauteur avec 0,25 à 0,40 d'entre axe, selon que les portées étaient intérieures ou supérieures à 5 mètres et, aux extrémités destinées à recevoir le potelet de la paroi, on remplaçait la solive par une poutrelle de 0 m. 30 × 0 m. 22.

Sur les solives étaient clouées des planches, de 0 m. 14 à 0 m. 25 de large sur 25 à 27 millimètres d'épaisseur, dans lesquelles les têtes des clous étaient chassées intérieurement pour éviter tout dépassement qui, tôt ou tard, aurait amené un déchirement du plomb.

Une vérification, au moyen d'un râteau plein que l'on faisait passer partout, servait de contrôle et le remarquable praticien que fut M. *Mitarnowsky*, faisait même disposer sur ce plancher une feuille de papier gris solide, avant d'y étendre le plomb.

Cage de la chambre. — En principe, elle comprenait deux sablières reliées par des potelets intermédiaires verticaux à section carrée, reposant sur la sablière basse au moyen de leur partie inférieure bien dressée, et assemblés à tenon et mortaise avec la sablière haute qui, d'ailleurs, avait un équarrissage inférieur à celle du bas.

Les potelets étaient placés avec une face parallèle au rideau voisin, puis on reconnut indispensable de laisser une circulation d'air, entre le bois et le plomb, si on voulait diminuer l'attaque de ce dernier, pour y arriver on donnait un léger fruit aux potelets et ils présentaient un angle en face de la paroi de plomb. Quant à leurs dimensions, elles dépendaient de la hauteur des chambres, *Sorel* a donné les suivantes :

Hauteur des chambres........	6 m.	7 m. à 7 m. 50
Section des potelets............	0,15 × 0,15	0,17 × 0,17
Distance avec entretoises		1 m 70
» sans »	1 m. à 1 m. 20	1,40 à 1,50
Sablière haute	0,22 × 0,22	
Sablière basse...................	0,24 × 0,24	

Toiture. — Dans les contrées où il n'y a pas de bourrasques ni pluies gênantes, on protégeait les chambres de façon légère, au-dessus par un toit et, sur les côtés, par une clôture en planches, parfois il n'y avait aucune protection, mais, naturellement, on prenait des dispositions pour permettre l'écoulement des eaux de pluie grâce à une inclinaison convenable du ciel, à une consolidation des sablières des têtes et l'établissement de chéneaux destinés à les collecter puis les évacuer.

Dans les régions où il y a des vents violents, ou des froids rigoureux, on s'adapte aux conditions locales en établissant, autour des chambres, des bâtiments de protection, en bois ou en maçonnerie, avec de vastes baies munies de planches inclinées, permettant une circulation d'air.

Autour des chambres existait un passage variant de 1 mètre à 3 mètres, afin de permettre à la fois une circulation commode et une aération efficace des parois.

Plomb. — La spécialisation, qui donne de si bons résultats en toutes choses, trouve également son application dans l'édification des usines d'acides, et les travaux de plomberie sont maintenant du ressort des spécialistes, les ingénieurs ou directeurs chargés de l'installation donnent leurs directives à dés entreprises qui, d'un bout à l'autre de l'année, exécutant des travaux de ce genre. Comme ils s'occupent de la surveillance, mais généralement pas de l'exécution directe, il nous semble superflu de décrire les appareils de plomderie, les divers modes d'assemblage des feuilles et tuyaux, les précautions indispensables pour obtenir une bonne soudure, etc., etc., car cela nous entraînerait trop loin, on trouvera, dans *Sorel*, des détails très précis à ce sujet, nous nous bornerons à rappeler quelques principes généraux modernes :

Aération. — On ne cloue plus les parois des chambres sur les parties en bois, on ménage au contraire une circulation d'air entre elles.

Rideaux. — Les *rideaux*, ont d'ordinaire, 3 millimètres d'épaisseur, parfois on a donné 4 millimètres à la tête et aux premières parties de la première chambre ; la cuvette, dans certaines usines, a eu jusqu'à 5 millimètres d'épaisseur.

Bien entendu on prend des feuilles de dimensions correspondantes à celles des chambres, de façon à réduire au minimum les soudures, en tenant compte du recouvrement éventuel de l'une sur l'autre. Nous traitons plus loin de la qualité du plomb.

Attaches. — La question des *attaches* est très importante.

Jadis les attaches horizontales ou verticales, triangulaires ou rectangulaires étaient clouées contre les potelets ou poutrelles situées entre les sablières ; on leur a substitué des tringles avec attaches soudées aux rideaux et supportées par des fers ronds munis de crochets aux deux extrémités.

Pour les rideaux de côté, on disposait une tringle à quelques centimètres du haut, et le bord supérieur de la feuille était recourbé puis soudé au ciel. Le bas des rideaux est parfois soudé à la cuvette ou au fond.

Cuvette. — Le bord de la cuvette a 0 m. 30 à 0 m. 60 de haut, il est soutenu par une forte planche de 3 cent. 5 d'épaisseur et une hauteur un peu inférieure à celle de la cuvette, il est plié et soudé à la feuille du fond.

La construction des chambres a lieu en commençant par les côtés, établissant le ciel puis le fond.

Dans certaines usines, toutes sont sur un même plan, des *pipes*, situées sur le côté, permettent au moyen de siphons de faire circuler l'acide de l'une à l'autre.

Ailleurs elles sont situées à des plans un peu différents, le niveau s'élevant de la première à la dernière, et l'acide des cuvettes allant en sens inverse.

On trouve dans les ouvrages classique de *Sorel*, de *Lunge*, la description complète du mode d'établissement d'une chambre avec poteaux en bois, il nous paraît inutile de remémorer ces renseignements qui sont connus de tous les techniciens spécialisés dans cette industrie.

Ces chambres édifiées avec soin, minutie, conscience ont rendu, et rendent encore, de sérieux services, mais elles ne sont pas à l'abri de critiques sur lesquelles tous les praticiens sont, d'ailleurs, d'accord.

Sorel, qui a décrit, de façon très détaillée les méthodes de montage et installation des chambres de plomb, connaissait les inconvénients des types primitifs, il a signalé les perfectionnements tentés, et on trouve (p. 259) des règles qui furent utilisées, voire même généralisées, par la suite ;

« Aujourd'hui on évite tout contact entre les rideaux et la sa-
« blière haute. Pour cela on fixe, par des attaches, une tringle de
« fer rond à une dizaine de centimètres du haut du rideau et le
« bord de celui-ci, replié plus tard vers l'intérieur, vient se souder
« vers le ciel. La tringle est suspendue par des crochets à une
« pièce de bois courant au-dessus du ciel. On arrête le haut du
« rideau à 5 ou 6 centimètres au-dessous de la sablière haute, de
« façon à ce que le chalumeau du plombier ait accès partout. »

Cette méthode a été appliquée sur une grande échelle et perfectionnée notamment par MM. *Benker et Millberg*. Dans une de leurs dispositions récentes (fig. 177) on verra que les tringles horizontales sont suspendues à des crochets verticaux dont la partie supérieure est filetée et s'engage dans un écrou. On peut ainsi et à volonté provoquer l'élévation ou l'abaissement du système d'attache.

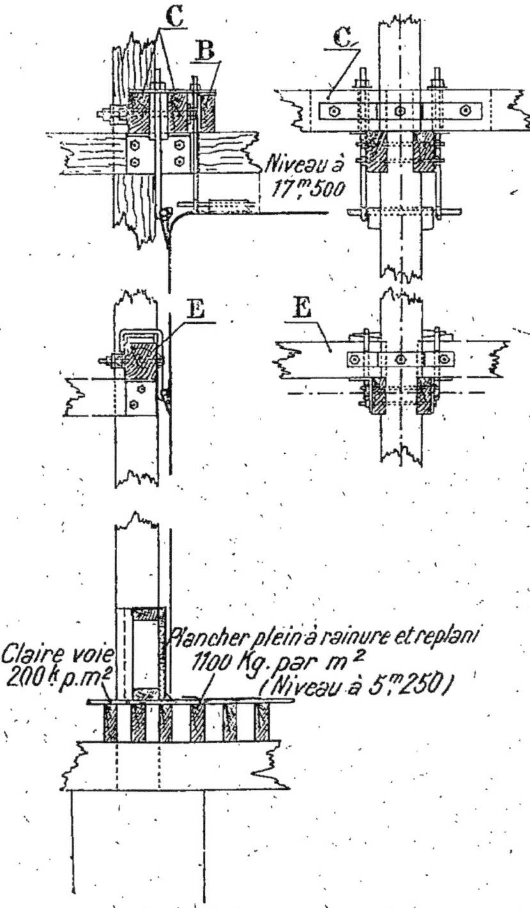

Fig. 177. — Suspension Benker Millberg.

Nous empruntons les lignes suivantes, qui dépeignent admirablement ce que beaucoup d'entre nous ont vécu, à un historique fait par M. *Moritz*.

Rapport Moritz. — Jadis l'appareil sulfurique du modèle courant avait une charpente en bois, le plomb des chambres était suspendu par des attaches, clouées avec des clous spéciaux sur des carcasses en bois.

Ces chambres, comme on les construisait alors, étaient plus larges que hautes, pour permettre le rabattement des panneaux de bois servant au montage du plomb des parois.

Le ciel était plat et supporté par des traverses avec attaches multiples.

Les pièces de bois de la carcasse des chambres se trouvaient reliées entre elles par des éclisses et des molle-bandes.

La cuvette était à environ 4 m. 50 du sol constituée par un plancher et une ceinture en bois.

Les chambres protégées à l'extérieur par des panneaux en bois, présentent comme inconvénients principaux :

1º L'encombrement des couloirs par une véritable forêt de pièces de bois de toutes dimensions ;

2º La plus petite variation de pression, en plus ou en moins, à l'intérieur de la chambre, et la moindre dilatation du plomb, se traduisent par une traction des parois sur les attaches, absolument rigides et fixées solidement sur la carcasse en bois. Le résultat se manifeste rapidement sous la forme de cassure à l'endroit des attaches. Un plombier est habituellement occupé toute l'année à réparer l'appareil, et, malgré cela, l'acide coule, plus ou moins le long de la carcasse, en carbonisant le bois.

Le ciel, déformé au bout de très peu de temps, présente une série de poches où s'amasse la poussière aussi est-il très difficile de tenir absolument propre un appareil sulfurique de ce système. Mais, à l'époque, ces inconvénients passaient presque inaperçus parce qu'on ne faisait pas mieux comme construction.

Notre appareil avait environ 5 ans d'existence lorsqu'un incendie le détruisit. Un court-circuit dans la distribution de la lumière avait provoqué l'incendie, en enflammant les panneaux de bois extérieurs qui venaient d'être goudronnés à nouveau.

Une partie de la première et de la troisième chambre restaient encore debout ; la deuxième chambre, ainsi que le Glover et le Gay-Lussac, étaient respectés.

En procédant au démontage des parties non brûlées de l'appareil, nous les avons examinées avec soin et nous avons fait alors les constatations suivantes :

Le plomb s'use d'autant plus qu'il est moins refroidi.

En effet, partout où une pièce de bois fait écran sur une lame de plomb, au bout de 5 ans de marche dans le cas d'un appareil travaillant à l'allure de 4 kgs par m³, l'usure était de 1/2 à 1 millimètre suivant les endroits, et au contraire presque nulle, là où le rayonnement était aisé.

En coupant une bande de plomb des parois dans le sens de la longueur de la chambre et vérifiant les épaisseurs, on pouvait retrouver les endroits où le métal touchait la carcasse en bois ; en ces points se manifestait une usure prononcée.

Les soudures des panneaux de plomb étaient faites en partie à l'intérieur, en partie à l'extérieur ; or celles à l'intérieur étaient corrodées, ainsi que le plomb se trouvant en dessous de la partie faisant recouvrement, par conséquent il est préférable que les soudures soient faites à l'extérieur.

En haut et au bas de chaque attache, la feuille de plomb présentait une petite crique et une fuite.

Le ciel était, en général, plus attaqué que les rideaux, en raison du mauvais refroidissement de cette partie où l'air circule moins facilement que le long des parois verticales, qui laissent passer presque deux fois autant de calories que les horizontales.

Une constatation, instructive, concerne l'usure des coins inférieurs de cuvette.

Au démontage, en soulevant la lame de plomb, elle se déchirait en cet endroit. Entre deux chambres, où le rayonnement extérieur est moins énergique, le plomb n'existait presque plus dans le coin des cuvettes et c'était, en plusieurs endroits, la couche de sulfate de plomb qui maintenait l'acide dans la cuvette.

Pour remédier aux défectuosités signalées, M. *Moritz* a créé un mode spécial de suspension des chambres (type Wasquehal) dont nous donnerons plus loin la description.

Des innovations dans la façon de supporter les chambres et de suspendre le plomb ont été également signalées, notamment par *Pétersen et Ising* (Br. all. 218.726), *Guttmann* (*J. Soc. Chem.*

Ind., 1908, p. 667), *Nemes* (Br. angl. 14.223 de 1913), *Seeck* (Br. fr. 474.502), *Kalinowsky* (Br. all. 260.991), *Hartmann* (Br. all. 271.926), *Hams et Thomas* (Br. ang. 6.026), *Ising* (Br. all. 267.513), *Littmann* (Br fr. 462.668), *Petersen* (Br. all. 295.044), *Krantz* (Br. all. 283.065), *Lutjeus et Ludewig* (Br. all. 304.130), *Neumann* (Br. all. 14.024 et 14.025) et récemment par *Donadson* (*Chem. Eng. et Mening Review*, 5-3-1923).

Quand la chambre est terminée on fait un essai à l'eau (10 centimètres) de la cuvette et on surveille pendant 2 ou 3 jours s'il ne se produit pas de fuite, après quoi on procède à la mise en route comme il a été dit page 230.

Réparations. — Une fois la fabrication commencée, elle ne s'interrompt pas, il faut donc faire les réparations en marche.

Quand le plomb est attaqué, ce qui commence le plus souvent par le ciel ou la chambre de tête, si l'épaisseur le permet, on opère au chalumeau, la chaleur vaporise l'acide et on peut souder.

Si le fond de la cuvette est percé, on repère, aussi exactement que possible, la place du trou, on pratique dans le ciel une ouverture exactement au-dessus, et on laisse choir du plâtre ou un mélange de pyrite crue et de pyrite grillée, qui fait rapidement prise en bouchant l'orifice.

Si la perte est trop grande, ou que l'opération n'ait pas réussi, on arrête la chambre, on évacue le gaz, et on abaisse le niveau d'acide. Une fois l'atmosphère respirable, un ou des hommes munis de bottes en plomb, entourent avec du plâtre l'endroit endommagé puis enlèvent l'acide qui s'y trouve, nettoient et soudent.

Boues des chambres. — Quand on arrête définitivement les chambres, on écoule l'acide, on réunit la boue autant que possible vers un point élevé, pour la laisser égoutter, puis ce sulfate de plomb est lavé du mieux possible.

Il est ensuite calciné au four, mélangé avec de la chaux, et vendu suivant une formule qui tient compte de la teneur en plomb.

ÉVOLUTION DES MÉTHODES DE FABRICATION

On pourrait presque dire qu'en industrie chimique, et notamment dans la fabrication de l'acide sulfurique, il y a une question de mode dans les termes et dans les installations.

En ce qui concerne les premiers, au lieu d'entendre parler d'améliorations et de perfectionnements il s'agit fréquemment *d'intensification* et de *modernisation*.

Nous allons essayer de définir ces termes.

Intensification. — Bon nombre de chambres anciennes, établies sur des données quelque peu empiriques, marchaient de façon défectueuse, grillant mal et peu, en produisant de faibles quantités. Ces installations, grâce à des modifications logiques dans les sections ou la disposition de conduites, l'augmentation du tirage au moyen de ventilateur, le remplacement de la vapeur par la pulvérisation d'eau, ont pu passer davantage de minerai dans leurs fours, produire plus d'acide, etc.

L'intensification est donc une augmentation de production obtenue par l'utilisation maximum des moyens dont on dispose grâce à de petites adjonctions ou modifications.

Modernisation. — Dans la *modernisation* les fours à main font place aux fours mécaniques, les matériaux de remplissage du Glover sont changés par d'autres, les chambres à poussière primitives modifiées ou remplacées par le dépoussiérage électrique, les monte-jus à acide remplacés par des pompes, etc., etc.

Il y a donc eu substitution, à des appareils anciens, d'autres plus modernes, d'un rendement supérieur, et même adjonction de méthodes nouvelles répondant à des nécessités industrielles.

Bien entendu, tous ces termes sont encore relatifs, car tel système ou appareil intensif par rapport à celui d'hier ne le sera plus par rapport à celui de demain — d'où nécessité de créer de nouvelles dénominations (systèmes superintensifs, etc.).

Méthodes Intensives

A vrai diré on a toujours cherché à intensifier la fabrication de l'acide sulfurique, mais c'est à partir de la fin du xixᵉ siècle que les méthodes dites *intensives* ont commencé à attirer l'attention des industriels.

En acide sulfurique, comme ailleurs, il y a de multiples points délicats et chacun d'eux ne comporte pas une solution unique aussi faudrait-il un ouvrage gigantesque pour exposer, même succintement, les brevets et travaux proposés pour perfectionner cette industrie.

Des modifications de détail, présentant une utilité indéniable, y alternent avec des idées, en apparence subversives, qui essayées, abandonnées, réapparaissent parfois au moment où l'on s'y attend le moins, en luttant avec avantage contre les anciennes méthodes.

Il est toutefois assez curieux de constater que les mêmes idées apparaissent parfois simultanément et cela dans des contrées fort éloignées les unes des autres.

Enfin le succès est rarement instantané, il exige toujours, à côté de la science et parfois de l'imagination, de la patience accompagnée de persévérance, aussi n'est-il possible de signaler, entre l'état de début de l'industrie et celui actuel, qu'un certain nombre de points intermédiaires, sortes de jalons dans le chemin parcouru, qui correspondent à des idées, des principes, ou des progrès techniques, d'une importance spéciale pour l'époque.

La plupart desspécialistes, que nous allons être appelés à citer, ont trouvé des solutions, non pas en agissant seulement sur l'un des facteurs mais en modifiant plusieurs, de sorte qu'en énumérant des systèmes ayant pour objet d'intensifier la production, nous devrons parler des dispositifs divers concourant à l'obtention du but visé.

Il va, en effet, de soi que, pour produire davantage par mètre cube, il faut provoquer une circulation plus intense des gaz, et qu'en déterminant des réactions plus rapides on réalise une plus grande élévation de température, d'où nécessité de refroidissement plus énergique, etc.

Passons maintenant en revue un certain nombre de systèmes préconisés pour intensifier la production de l'acide sulfurique par le procédé dit des chambres.

Principe. — Les méthodes dites *intensives* ont pour objet de développer, d'augmenter la production d'acide par mètre cube.

Leur but est d'abaisser le prix d'installation et le prix de revient, puisqu'un système déterminé se trouve débiter, avec une augmentation de frais peu sensible en principe, de plus grosses quantités d'acide.

Il convient cependant de ne pas tomber dans les écueils possibles : utilisation du soufre moins complète, augmentation notable de la consommation nitreuse, usure plus rapide du plomb.

Jadis on visait surtout à :

Produire à bon marché un acide propre ;

Utiliser au maximum le soufre du minerai ;

Réduire au strict minimum la dépense de nitrate ;

Prolonger la durée des chambres.

Puis à ces préoccupations sont venues s'en ajouter d'autres :

Réduire les frais d'installation et de 1er établissement ;

Atteindre une production d'acide très élevée par m³ ;

Réduire la main-d'œuvre nécessaire.

De sorte que nous verrons, dans les dispositifs modernes :

1° S'efforcer d'obtenir des gaz de composition régulière et suffisamment riches ;

2° Débarrasser ces gaz de la façon la plus complète possible des poussières et impuretés ;

3° Eviter les installations susceptibles d'occasionner une gêne dans le tirage ;

4° Multiplier dans les tours les points de contact entre les gaz et les acides ;

5° Créer des chambres ayant une condensation aussi rapide que possible de l'acide formé, soit en augmentant la surface par rapport au cube total (chambres très hautes, tours), soit au moyen d'un refroidissement par l'air ou l'eau.

6° Provoquer un passage plus rapide des gaz dans les chambres au moyen de tirage forcé.

7° Activer la vitesse de réaction en augmentant la proportion du produit nitreux par rapport à l'acide sulfureux à oxyder.

8° Lutter contre l'échauffement, non seulement à l'extérieur par refroidissement des parois, mais faciliter les réactions, à l'intérieur des chambres, par l'emploi de pulvérisation d'eau ou d'acide faible au lieu de vapeur.

9° Prendre des dispositions pour obtenir un brassage plus énergique des gaz, ainsi qu'un contact plus parfait entre eux et les acides en circulation.

10° Installer les fours mécaniques et remplacer, chaque fois que la chose est possible, la main-d'œuvre humaine par des dispositifs mécaniques.

Avant tout il nous semble indispensable de rappeler les conclusions des travaux de *Sorel*, et qu'il a exposées si clairement dans son remarquable traité.

Considérations Sorel

Influence de la condensation par refroidissement des parois. — Considérant le mélange gazeux contenant l'acide sulfureux, l'oxygène, l'azote et les produits nitreux, il décrit ainsi la succession des phénomènes :

En tête, par suite d'un apport continu de produits nitreux et de la richesse des gaz, fabrication énergique, formation à l'intérieur d'un acide concentré et en quantité abondante, qui, partiellement entraîné vers la paroi, se dilue et cède un poids relativement grand de produits nitreux activant l'oxydation de l'acide sulfureux.

Peu à peu la réaction se ralentit, à cause de la diminution du taux de l'acide sulfureux ; de plus, la température ne baisse que très peu, par suite de l'incapacité des parois à rayonner toute la chaleur produite dans les régions antérieures, et emmagasinée par les gaz : pour ces deux raisons l'acide de l'intérieur baisse de degré, la circulation des gaz devient plus lente, leur richesse nitreuse diminue, donc les transports d'oxygène se ralentissent et la vitesse d'oxydation de l'acide sulfureux devient de plus en plus faible.

Ces phénomènes s'accentuent jusqu'à ce que le développement superficiel de la chambre augmente relativement à son cube et, dès lors, un excès d'acide nitreux étant mis en liberté, les réactions s'accélèrent malgré l'appauvrissement de l'atmosphère.

On peut conclure de là, comme plusieurs fabricants l'on déduit de données pratiques, que, pour obtenir une transformation active de l'acide sulfureux en acide sulfurique, il convient de ne pas exagérer les dimensions des appareils et qu'après une première chambre suffisamment vaste pour assurer une homogénéité convenable au courant gazeux, il vaudrait mieux disposer plusieurs petites chambres que de grandes. On est donc ramené au type primitif en modifiant la destination et les dimensions relatives des compartiments.

Action des tuyaux. — On conçoit également l'utilité de réunir la, ou les, premières chambres aux suivantes, par des tuyaux d'un grand développement, afin d'activer le refroidissement nécessaire à la bonne marche de l'appareil. On peut même, dans certains cas, remplacer une des chambres de queue en réparation, par un tuyau refroidi par un courant d'eau : le refroidissement est très énergique puisque, les deux surfaces du métal étant mouillées, on enlève sensiblement 0,01 par mètre carré et par seconde pour une différence de 1° centigrade entre l'extérieur et l'intérieur.

Il est bien entendu que ces considérations ne s'appliquent qu'à des appareils à grande production.

Débits comparatifs. — *Sorel* a résumé, dans un tableau que nous reproduisons, ci-après le résultat de ses observations sur un de ses appareils ainsi décrit :

La première chambre de l'appareil étudié, a 42 m. 20 de longueur sur 7 mètres de hauteur et 8 mètres de largeur, elle est pourvue, sur le côté sud, de 5 témoins soudés sur les parois, distants l'un de l'autre de 7 m. 60. Le premier, et le dernier témoin, sont donc à 6 m. 10 des rideaux de tête : sur le côté nord il y a deux témoins correspondant au premier et au cinquième de l'autre paroi.

La deuxième chambre, qui a 23 mètres de long, a 3 témoins sur les parois, régulièrement répartis sur sa face nord.

Le troisième a un témoin au milieu de sa longueur et sur le rideau de queue.

Tous ces témoins ont 6 mètres de longueur et recueillent l'acide qui ruisselle sur une surface de 45 m. 63. Si l'on admet qu'ils recueillent tout l'acide formé dans le cube correspondant à cette surface et à l'épaisseur de la rigole cet acide s'est formé dans un cube de 1 m. 78.

Les témoins intérieurs de la première chambre ont 1 mq de section et sont placés à une hauteur de 1 m. 30, leur distance de la paroi est 0 m. 25. S'ils recevaient exclusivement l'acide condensé au-dessus d'eux le cube correspondant serait 5 m. 70.

Enfin un témoin fournit tout le débit d'un des tuyaux reliant la première et la seconde chambre. Ce tuyau a une surface de 22 m. 05 et un cube de 2 m. 885.

Désignations diverses	Débit par heure (lit.)	Degré B	SO^3, HO correspondant (kg.)	SO^3, HO recueilli par m² et par 24 h. (kg.)	SO^3, HO correspondant à 1 m³ et 24 h. (kg.)
1re chambre, paroi sud.					
1er témoin de paroi	1,850	52,4	1,920	1,293	25,860
3e »	2,200	52,1	2,259	1,521	30,402
5e »	2,165	50,6	2,113	1,423	28,460
1er témoin intérieur.........	0,470	55,6	0,542	13,016	2,283
3e »	0,645	55,8	0,745	17,880	3,137
5e »	0,471	54,5	0,524	12,576	2,206
Paroi nord.					
1er témoin de paroi	1,333	50,7	1,307	0,880	17,600
Dernier témoin de paroi....	5,300	51,7	5,374	3,620	72,400
Tuyau de communication ..	3,770	46,4	3,189	3,471	33,494
2e chambre.					
2e témoin de paroi	1,325	45,2	1,074	0,723	14,465
3e chambre.					
Témoin de la paroi nord ...	0,810	44,25	0,643	0,433	8,660
» du rideau de queue.	0,720	42,60	0,531	0,358	7,160

Bien que nous n'ayons aucune idée du volume de la chambre qui a pu fournir les acides recueillis par les témoins nous comparerons les débits au volume défini ci-dessus, sans attacher à cette comparaison une importance exagérée.

On voit que la quantité d'acide recueillie sur les témoins intérieurs ne correspond, en rien, à la quantité d'acide formée dans la zone correspondante de la chambre. Il reste donc une fraction considérable de liquide en suspension dans l'atmosphère intérieure.

Nous ne pensons pas que tout l'acide recueilli sur la paroi soit fabriqué dans la zone comprise entre le rideau et un plan parallèle au rideau mais distant de 0 m. 05. Il est probable que, dans la chambre à étudier, les différences de température considérables que l'on observe au voisinage de la paroi déterminent des mouvements rapides et violents de l'atmosphère favorisant le dépôt des particules liquides sur les surfaces mouillées. Cependant il est frappant de voir que, dans une partie exposée aux vents régnants, l'activité du dépôt est telle que l'acide recueilli soit deux fois et demie plus abondant que sur l'autre rideau, situé à l'abri du vent et exposé au rayonnement d'une paroi dont la température atteignait en moyenne 60 à 65 degrés. Comme l'acide recueilli au dernier témoin nord était toujours d'une concentration au moins égale à celle de l'acide qui coulait du dernier témoin sud, toujours beaucoup plus abondant, on ne peut faire autrement que de conclure que le *refroidissement de la paroi favorise la fabrication* en queue de la première chambre. *On doit faire la même observation au sujet de l'énorme production des tuyaux de communication de* la première à la seconde chambre.

Ainsi, tout en formulant la réserve que, le contact avec une surface liquide doit retenir une certaine quantité d'acide qui serait autrement restée sous forme de brouillard, nous pensons que le contact des parois refroidies détermine, dans la queue d'une chambre, une suractivité de production, tandis que le rayonnement de corps chauds tend à gêner la production.

Rôle des parois mouillées. — *Sorel* expose ainsi les réactions qui, selon lui, donnent naissance à l'acide sulfurique, et la remise en liberté des produits nitreux.

A l'intérieur, formation d'acide sulfurique et d'acide nitroso-sulfureux, qui se dissout dans l'acide sulfurique déjà en suspension et en élève le degré.

Vers la paroi, hydratation de l'acide, destruction de l'acide nitro-sulfurique, et réduction de l'acide nitreux mis en liberté par l'acide sulfureux et susceptible de rentrer dans le cycle en se combinant avec l'oxygène, ou les autres composés chimiques au contact desquels il se trouve. Il ajoute :

Lorsqu'il n'y a qu'une proportion faible de produits nitreux dans la chambre, il ne se forme probablement pas d'acide hypo-azotique, car on ne trouve pas d'acide nitrique dans l'acide des gouttes intérieures. L'acide nitreux serait le principal produit oxygéné de l'azote existant dans les chambres.

Dans cette hypothèse, l'acide sulfureux peut s'oxyder dans tous les points d'une chambre, mais la production d'acide sulfurique véritable ne se fait principalement qu'au contact d'une paroi mouillée par un acide d'un degré assez faible ; cette paroi peut être le rideau de plomb, la surface du bain, ou une terrine placée à l'intérieur ; elle a lieu également dans une certaine zone, étroitement voisine de la paroi, où le refroidissement détermine une condensation de la vapeur d'eau. De là l'élévation de température constatée au voisinage de la paroi et de la surface du bain (*Smith*, *Sorel*).

A l'intérieur, il se forme principalement de l'acide nitro-sulfurique qui reste en suspension dans l'atmosphère sous forme de nuages blancs. Comme l'hydratation de l'acide sulfurique dégage une quantité considérable de chaleur (plus grande que celle qui résulte de la fixation de l'acide nitreux, puisqu'une addition d'eau dégage de l'acide nitreux), c'est au voisinage de la paroi qu'on doit observer la température la plus élevée toutes les fois que le rayonnement des parois est insuffisant pour équilibrer la production de chaleur. Aussi constatons-nous le maximum dans la première moitié de la chambre de tête de l'appareil D de l'Oseraie, tandis qu'il est masqué complètement dans les appareils à faible production.

L'oxydation des produits nitreux a principalement lieu à l'intérieur, là où peut se former de l'acide nitroso-sulfurique. La chaleur d'oxydation de l'acide sulfureux, venant s'ajouter à la chaleur inconnue d'oxydation du bioxyde d'azote, et de liquéfaction de l'acide nitreux, rend possible la réoxydation du bioxyde d'azote.

Les idées ainsi exposées par *Sorel* furent admises, en tout ou en partie, par certains savants ou praticiens de son époque, mais combattues énergiquement par d'autres, se basant aussi sur des considérations théoriques et pratiques. Il s'ensuivit d'intéressantes polémiques chimiques entre des savants hors pair tels que *Lunge*, *Meyer*, etc., et, simultanément, des modifications nombreuses dans la disposition, la forme et les dimensions des chambres, effectuées par les ingénieurs spécialistes.

Les points qui attirèrent le plus l'attention furent au début :

L'augmentation de la condensation par refroidissement des parois dans les chambres ordinaires ;

Les recherches sur les autres facteurs susceptibles d'augmenter la production d'acide sulfurique par mètre cube.

Par contre, diverses tentatives furent provisoirement délaissées :

a) L'oxydation directe de l'acide sulfureux par l'acide nitrique dans des touries, colonnes, tourelles, etc. ;

b) Le remplacement de l'air pour l'oxygène (tenté depuis 1836) ;

c) L'oxydation de l'acide sulfureux par l'ozone ou par l'air ozonisé (1852).

d) L'action d'un courant électrique sur le mélange SO^2 et air dans les chambres ou appareils de fabrication (1852) ;

Principes modernes de construction

Les résultats des essais hardis qui furent effectués dans les grands pays industriels, tendent à justifier les conclusions de *Sorel* rappelées précédemment.

L'opinion américaine a été indiquée dans un rapport publié par les soins du Département of the Intérior en 1920 (*The manufacture of Sulphuric acid in the United States* of *A. E. Wells* and *D. E. Fogg*) que nous avons souvent l'occasion de citer.

Conclusions Falding. — *Falding*, un des experts les plus compétents dans la fabrication de l'acide sulfurique, préconise, pour une installation conséquente, de subdiviser le cube total en un certain nombre des chambres de dimensions convenablement choisies, dont les volumes seraient, par exemple, pour un système de 3 chambre dans les proportions 4 : 2 : 1. Il est aussi d'avis d'édifier des chambres très hautes.

Dimensions. — On établit les systèmes d'une même installation avec des capacités à peu près égales, même si elle est considérable : la hauteur dépasse rarement 45 pieds (14 mètres) la largeur 60 (18 mètres), et la longueur 236 pieds (72 mètres), quant à la section elle ne varie généralement pas, sauf dans des cas spéciaux de terrain, construction ou travail, car on recherche surtout les conditions économiques les plus favorables. On considère comme section la plus avantageuse celle qui permet le maximum de capacité avec la dépense minima de plomb.

Parmi les chiffres les plus récents concernant les chambres rectangulaires on trouve des hauteurs de 15 à 45 pieds (4,50 à 14 mètres), des largeurs de 20 à 60 pieds (6 à 18 mètres) et des longueurs de 50 à 230 pieds (15 à 72 mètres).

Production. — Nous devons tout d'abord faire remarquer qu'il n'existe pas de règle fixe d'une application générale pour calculer ce que produit une chambre de plomb.

Sur le continent on compte le plus souvent la quantité récolté par mètre cube, mais elle est exprimée en soufre brûlé, en acide des chambres (50, 52, 54 selon les pays où même les régions), en acide de Glover (60, 62° B.) ou en acide sulfurique monohydraté (SO_4H_2).

La tendance serait d'ailleurs d'exprimer ce chiffre en acide sulfurique monohydraté par mètre cube de chambre, toutefois on ne fait généralement pas intervenir les volumes du Glover et du Gay-Lussac ; or, les méthodes super intensives ne comportant que des tours, il est malaisé d'établir une distinction absolument nette entre celles qui fabriquent et les autres.

En *Angleterre* et en *Amérique* on indique la quantité de pieds cubes de chambres nécessaires pour transformer, en acide sulfurique, les gaz résultant de la combustion d'une livre de soufre.

Il est par suite gênant de comparer les résultats obtenus dans les divers pays et les diverses usines, et il serait à souhaiter qu'une entente générale, rappelant dans le cas particulier le système CGS, en électricité, permette aux techniciens de l'acide sulfurique de chiffrer, suivant une règle fixe, communément admise, les rendements qu'ils obtiennent.

Etant donné que ce résultat n'est pas encore atteint pour une question autrement importante, l'application du système décimal, on peut se demander si cette unification se fera aussitôt que ce serait désirable et, de même que nous l'avons fait dans un travail précédent (¹), nous donnerons, chaque fois que ce sera nécessaire, des chiffres ramenés à la quantité de monohydrate SO^4H^2 produit par mètre cube de chambre.

Observation. — La transformation des chiffres anglais et américains étant un peu longue, nous donnons ci-après les éléments qui permettent de faire rapidement ce petit calcul

$$1 \text{ pied cube} = 28 \text{ l. } 3153$$
$$1 \text{ livre} = 0 \text{ kg. } 45359.$$

Supposons, pour commencer, qu'il faille 1 pied cube pour transformer les produits engendrés par 1 livre de soufre brûlé.

Pour 1 kilogramme il faut un volume de :

$$\frac{28,3153}{0,45359} = 62 \text{ l. } 42.$$

Par mètre cube, le poids de soufre transformé serait :

$$\frac{0 \text{ kg. } 45359 \times 1000}{28,3153} = 16 \text{ kg. } 019.$$

Comme 32 de soufre correspondent à 98 d'acide sulfurique monohydraté SO^4H^2.

(¹) L. Pigeron, Rapport sur l'industrie de l'acide sulfurique au Congrès International de Chimie appliquée, 1900.

La quantité d'acide SO_4H_2 par mètre cube serait

$$\frac{16,019 \times 8}{32} = 49 \text{ kg. } 058.$$

Le tableau ci-après permettra d'interpréter quelques-uns des chiffres cités dans les résultats reproduits.

Nombre de pieds cubes par livre de soufre	Quantité correspondante de SO_4H_2 par mètre cube (kg)	Acide 60 par m³	Acide 52 par m³
20	2,45	3,14	3,74
19	2,58	3,31	3,94
18	2,72	3,49	4,16
17	2,88	3,70	4,42
16	3,06	3,92	4,68
15	3,27	4,18	4,92
14	3,50	4,48	5,52
13	3,77	4,83	5,76
12	4,08	5,23	6,25
11	4,46	5,71	6,82
10	4,90	6,28	7,48
9	5,45	6,98	8,32
8	6,13	7,85	9,37
7	7,00	8,96	11,04
6	8,17	10,46	12,60
5	9,80	12,56	14,96

Remarquons en passant, qu'il serait injuste de nier les résultats réalisés avec les méthodes intensives, et généraliser des critiques que l'on a pu formuler contre certaines tentatives du début, car pendant la guerre des installations ordinaires, marchant à 12 ou 13 pieds cubes par livre de soufre (3,75 à 4 kilogrammes SO_4H_2 par mètre cube), ont porté leur production jusque 9 ou 10 pieds cubes (4,90 à 5,45 SO_4H_2 par mètre cube), toutefois, la consommation de nitrate qui était de 3,5 à 4 %, fut parfois, et par suite de l'insuffisance du volume du Gay Lussac, portée de 4,5 à 5 %. Pour certaines l'usure du plomb augmenta, mais, dans les installations où la surface de refroidissement était suffisante et les volumes convenables, cette usure ne fut pas sensiblement modifiée.

Le rapport américain *Wells et Fogg* cité plus haut, estimé qu'on pouvait jadis tabler comme limites industrielles concernant le nombre de pieds cubes nécessaires par livre de soufre brûlé et par 24 heures, sur des chiffres allant de 8,5 à 20 pieds cubes, soit 5 kg. 77 à 2 kg. 45 SO^4H^2 par mètre cube.

A côté d'installations disposant de pyrites riches ou de soufre travaillant avec 11 à 13 pieds cubes (4,46 à 3,77 SO^4H^2 par mètre cube), quelques-uns emploient moins de 10 pieds cubes et on cite le cas de fabriques marchant au soufre qui ont un chiffre inférieur à 9 (5 kg. 45 SO^4H^2 par mètre cube). Au point de vue de l'utilisation il est courant de produire 4 t. 650 d'acide, des chambres par tonne de soufre brûlé (le rendement théorique est 4,92), soit un rendement de 94,6 %, toutefois il n'est pas rare d'atteindre 4 t. 8 acide 52º B. par tonne de soufre, soit 97,6 % de la théorie.

Comme autre donnés comparatives, d'après *Bailey* (*J. S. Chem. Ind.*, 1921, p. 248) le cube moyen de chambres pour brûler 1 livre de soufre en 24 heures était en 1917, en Angleterre, de 16,5 pieds cubes, ce qui correspondait à une production de 2,95 SO^4H^2 par mètre cube.

Transformation des Installations

Forme des Chambres. — Si les dispositions des tours de Glover et Gay Lussac n'ont pas été l'objet de modifications de principe très importantes en raison des excellents résultats qu'elles donnaient chacune dans son rôle il n'en a pas été de même pour les chambres dans lesquelles on a surtout cherché à accroître la production par mètre cube.

On savait d'abord qu'il était important de faciliter le refroidissement et le brassage des gaz qu'elles contiennent.

Nous constaterons que, au point de vue forme :

I. — Au lieu de chambres parallélipipédiques, on a voulu en établir à pans coupés pour empêcher les stagnations de gaz dans les angles, puis on a créé des pentoganales, d'hexagonales comme section transversale et même des ondulées ;

II. — Le rapport de la section horizontale à la hauteur a été ensuite changé de façon à augmenter la surface refroidissante par rapport au volume, et les chambres plates remplacées par d'autres dont la hauteur a été en croissant ;

III. — Le rapport entre la longueur et la largeur a subi, à son tour, des modifications et la section, de rectangulaire qu'elle était, est devenue carrée de sorte que de véritables tours quadrangulaires ont été créées;

IV. — Ces tours n'ont pas tardé à se transformer en chambres circulaires, ovales, elliptiques, cylindriques, après quoi ont pris naissance les chambres tronconiques, permettant ce refroidissement par ruissellement d'eau plus commode.

Dispositifs de refroidissement. — Le refroidissement par les parois des chambres étant jugé insuffisant, on fut amené à y adjoindre des dispositifs variés utilisant l'air ou l'eau, à l'extérieur ou à l'intérieur, ainsi que la pulvérisation d'eau ou d'acide à l'intérieur.

Brassage des gaz. — L'heureuse influence du brassage des gaz ayant été reconnue, les modes de réalisation furent, comme on le verra, fort nombreux de manière à les bien mélanger entre eux ou avec les liquides, en se servant, ou non, de remplissages ou de dispositifs mécaniques.

Enfin, comme les divers facteurs qui concourent à la production ne sont nullement indépendants les uns des autres, il a fallu :

Généraliser l'emploi de ventilateurs pour activer la circulation des gaz.

Établir des pompes pour faire passer des quantités d'acides de plus en plus considérables.

Modifier le stock nitreux en roulement etc. etc.

CHAMBRES A SECTION RECTANGULAIRE OU CARRÉE

La quantité totale de calories à éliminer par un système de chambres provient de :

Chaleur apportée par les gaz provenant des fours.

Oxydation de l'acide sulfureux dans les chambres.

Dilution de l'acide sulfurique formé.

M. de Jussieu (*Industrie chimique*, juillet 1925, p. 293) a traduit la chose de façon très expressive en montrant qu'avec un appareil brûlant 20 tonnes de pyrite par 24 heures pour produire 25 à 30 tonnes, SO^4H^2, il faut éliminer la chaleur correspondant à une combustion de 200 kilogrammes de charbon à l'heure.

Il fait remarquer à ce sujet qu'on a calculé que le coefficient de transmission restait inférieur à 5 calories par mètre carré et par heure, pour une différence de température de 1°.

Système Benker-Millberg

Une des premières modifications des de chambres a été conçue par M. *Benker* qui a établi le type au sujet duquel.

M. *Cochet* a publié dans l'*Industrie chimique* une description dont nous extrayons ce qui suit :

Ce système comporte deux premières chambres, dans lesquelles se répartissent les gaz immédiatement après leur sortie des tours de Glover, ce qui en constitue, *avec d'autres dispositifs appropriés et modernes*, le caractère essentiel. Les usines de ce type réalisent habituellement une production de 8 à 10 kilogrammes d'acide 53° B par mètre cube de chambre, en consommant environ 0,5 à 0,6 de nitrate % d'acide 53° B.

M. *F. Benker* est parti du principe que, dans les appareils à première chambre unique, il existe une limite de production au-dessus de laquelle toute nouvelle augmentation deviendrait nuisible au plomb par suite de l'élévation de température.

Dans les chambres à section rectangulaire, les deux facteurs principaux déterminant le régime sont : le *volume des appareils* et la *surface des parois*. Nous allons examiner comment ils varient, en comparant les deux systèmes.

Système « A ». — *Conception courante* avec chambres en série (généralement trois). On voit fig. 178 la coupe et le plan de la chambre de tête, en rapportant toutes les dimensions au petit côté « *a* ».

Système « B ». — *Conception F. Benker.* Les deux premières chambres, dont le volume total équivaut à celui de l'unique du système « A », travaillent en parallèle, reçoivent par moitié les gaz du Glover et sont reliées à la chambre nº 3 équivalente à la seconde habituelle.

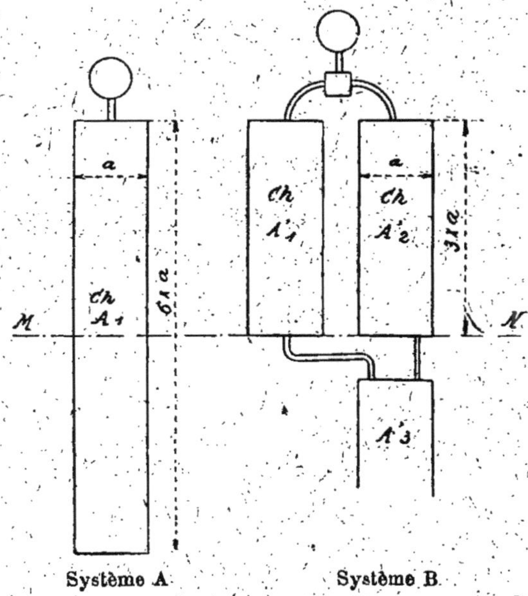

Fig. 178.

Rôle de la surface. — La réaction de formation de l'acide sulfurique, très exothermique tendrait à augmenter considérablement la température des gaz, si la chaleur n'était constamment éliminée par l'influence rayonnante des parois.

Comme, pour obtenir plus tard une bonne récupération des composés nitreux dans le Gay-Lussac, les gaz doivent sortir des appareils à une température sensiblement inférieure à celle d'entrée, les parois ont a éliminer la totalité de la chaleur de réaction et une partie de celle des gaz entrant.

La force de production d'un système dépend, par suite, de sa capacité d'élimination des calories, et toutes choses égales, du développement superficiel des parois.

Or, les surfaces rayonnantes des appareils « A » et « B », quoique limitées aux surfaces dont AB, BC et CD sont les projections sur un plan vertical, (car la cuvette, reposant sur un plancher en bois, ne rayonne pratiquement pas de chaleur) elles sont respectivement :

$$S_A = 29,8 \, a^2 \quad \text{et} \quad S_D = 33,2 \, a^2.$$

Le système *Benker et Millberg* aura donc, par rapport au système classique, une augmentation de 11 $^0/_0$ sur la surface de la première chambre, qui produit le plus. Il pourra fabriquer davantage par mètre cube, ou, à égalité de production, les gaz et le plomd seront moins chauds.

Supposons, en effet, que l'on fasse produire aux deux systèmes des quantités égales d'acide par unité de temps ; les deux surfaces S_A et S_B auront à éliminer la même quantité de chaleur.

Le coefficient de transmission de chaleur au travers du plomb étant K, la température des gaz contenus à l'intérieur des chambres des systèmes « A » et « B » devra présenter, avec celle de l'air ambiant, des différences qui seront respectivement :

$$\Delta_{T_A} \quad \text{et} \quad \Delta_{T_B}$$

telles que

$$Q = K \cdot S_A \cdot \Delta_{TA} = K \cdot S_B \cdot \Delta_{TB}$$

ce qui revient à dire que ΔT sera inversement proportionnel à S.

Dès lors, Δ_{T_B} sera de 11 $^0/_0$ plus faible que Δ_{T_A}, c'est-à-dire que lorsque la température du système « A » sera de 85°, l'air extérieur ayant 10°, celle du système « B » ne sera que de 77°, soit une différence de 8°, chose appréciable, surtout quand on travaille à une température voisine de la limite au-dessus de laquelle la conduite de la fabrication devient pénible.

Rôle du volume. — L'avantage dû au développement superficiel des parois, tout en devant être pris en considération, le cède de beaucoup à celui d'une bonne utilisation de la capacité cubique des chambres.

On sait que, suivant le mode de construction des appareils, et les méthodes de travail employées, on peut fabriquer, dans un volume donné, des quantités d'acide variant facilement dans le rapport de 1 à 3 et parfois de 1 à 4.

Plus on veut fabriquer par mètre cube, plus il faut obtenir une réaction rapide.

On peut définir la vitesse d'oxydation de SO^2 la quantité d'acide fabriqué en un temps donné. toutefois le chiffre obtenu ne représente que la vitesse *moyenne* d'oxydation. En fait, la vitesse *réelle* varie dans de grandes limites au cours du passage des gaz dans les chambres : Très grande au début de la réaction, elle diminue rapidement pour devenir très faible à la fin. Ainsi, dans un système dont le premier corps représente 50 $^0/_0$ du cube total, on oxyde les 3/4 du SO^2, tandis que, pour les 50 $^0/_0$ du volume restant, on n'oxyde que le dernier 1/4. Cela tient à ce qu'au fur et à mesure de l'oxydation du SO^2, la concentration des gaz diminue et, par suite aussi, leur activité réactionnelle.

Supdosons les deux systèmes « A » et « B » alimentés, en un même temps, par des volumes égaux de gaz de composition identique avec cette différence que, avec « A », leur totalité est admise en tête de l'unique première chambre, tandis que, dans « B » ils sont répartis par moité dans chacune des deux. Dans le système « A », la vitesse sera double de ce qu'elle est dans le « B ».

Dans celui-ci les réactions vont se poursuivre parallèlement dans les deux corps, au fur et à mesure que les gaz progresseront, et, à distance égale de la tête, ils auront même composition et pareille activité réactionnelle : les deux chambres seront au même régime.

Supposons daus la première moitié du système « A » la même réaction que dans l'un des corps du système « B » : quoique ce soit là un cas idéal dont on ne pourra que s'approcher en pratique, car, à cause de la grande vitesse des gaz, les conditions de formation et de précipitation de l'acide seront certainement moins favorables. Il est certain que, lorsque les gaz parviendront dans le plan MN, leur concentration en SO^2 sera plus faible quà leur entrée en tête des deux appareils « A » et « B », à cause de l'oxydation intense produite dans la première moitié du corps. Dès lors, la vitesse d'oxydation du SO^2 dans la seconde partie ne saurait égaler celle observée dans la première ou dans l'un ou l'autre des corps du système « B ». Ainsi, placée dans des conditions identiques comme débit et composition des gaz à traiter, la première chambre du système « A » produira moins que les deux premières de « B » réunies.

Si on voulait obtenir égale production dans les deux cas, il faudrait avoir la même *vitesse moyenne* d'oxydation du SO^2 et compenser la faible vitesse d'oxydation en queue par une plus forte en tête, en augmentant la quantité de nitreux en roulement, ce qui ferait travailler la tête de la première chambre du « A » à une température bien supérieure à celles des chambres du « B ».

M. *Cochet* fait enfin remarquer que, si on compare deux appareils à acide, de capacité égale et même puissance, dans le système *Benker* le plomb des deux chambres de tête se trouve à température moins élevée que celui de l'unique de l'autre appareil, et cette différence se traduit par une capacité d'augmentation de production. Même si on ne désire pas dépasser 7,5 à 8 kilogrammes d'acide 53° B. par mètre cube, le système *Benker* fonctionne à plus basse température, chose préférable au point de vue de l'usure de plomb.

La répartition des gaz dans les deux premières chambres se fait automatiquement, sans l'aide de registres. Lorsque, par exemple, une chambre ralentit sa fabrication par manque de gaz, il y a abaissement de température; elle commence à tirer davantage et un équilibre s'établit.

Les gaz arrivent dans la chambre suivante par deux tuyaux de communication, dans certaines installations, la dernière est remplacée par deux plus petites. Le dernier tronçon appelé le tambour, sert de régulateur et en même temps de sécheur des gaz avant leur entrée dans les Gay-Lussacs.

Les usines d'acide qui ont remplacé la vapeur par de l'eau pulvérisée, et celles situées dans les pays froids, se trouvent très gênées lorsque, pendant l'hiver, des nécessités économiques les obligent à abaisser très sensiblement la production normale; en effet, une trop forte diminution de production équivaut à une réduction proportionnelle de chaleur de réaction, et lorsque la température ambiante concourt fortement à cet abaissement de température, il peut en résulter une réaction incomplète, car l'eau froide pulvérisée, au lieu et participer à la formation de l'acide, risque de se condenser.

La situation créée par suite d'une réduction de la production, est non moins sensible pour les usines installées avec la pulvérisation de nitrate et qui n'ont pas les possibilités de s'approvisionner rapidement en acide nitrique, car il existe une température minima, au-dessous de laquelle il n'est plus décomposé. L'acide nitrique formé corrode le plomb des parois et de la cuvette, et se dissout en partie dans l'acide, d'où pertes en nitre, lorsque cet acide est tiré directement au lieu d'être envoyé sur la tour de Glover.

On voit fig. 179 deux modes de réalisation du système Benker :

L'installation II permet l'isolement éventuel de l'une des deux premières chambres, mise hors circuit au moyen de joints pleins. La diminution, limitée par les conditions de fonctionnement du Glover, peut aller jusqu'à la moitié de la production normale. La seule chambre de tête qui fonctionnera travaillera ainsi dans de bonnes conditions de température, M. *Cochet* a signalé que certaines usines des pays froids ont appliqué ce dispositif pendant les périodes de pénurie de pyrite au moment, où de réparations d'un ou plusieurs fours, pendant les hivers rigoureux.

Le projet I permet de faire varier la fabrication dans de notables proportions. Ainsi certaines installations, prévues pour une production maxima de 40 tonnes, ont pu être réduites temporairement à 12 tonnes, en conservant un travail normal, car, en isolant une première chambre, le Glover et les fours correspondants sont également mis hors circuit. Il reste, par conséquent, l'autre avec sa tour de Glover proportionnée.

L'installation I serait, par suite, à recommander lorsqu'il s'agit de monter une usine d'acide avec prévision d'un doublement, ou d'un agrandissement futur.

On installe pour le début une seule première chambre avec la tour et les fours correspondants, tout en réservant l'emplacement nécessaire pour la deuxième et ses accessoires.

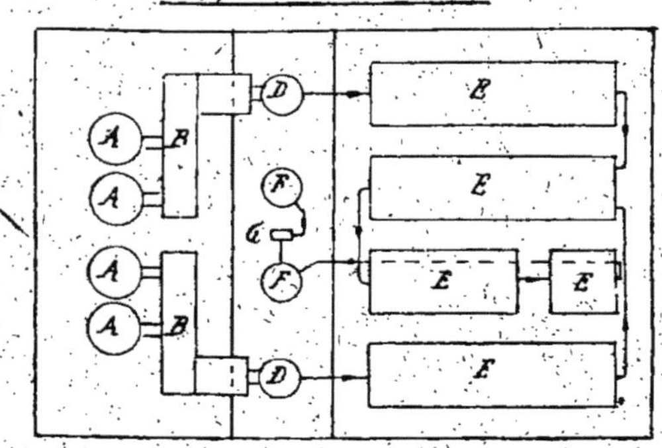

Légende:

A Fours.
B Chambre à poussière.
C Diviseur.
D Glover

E Chambre de plomb
F Gay-Lussac.
G Ventilateur.

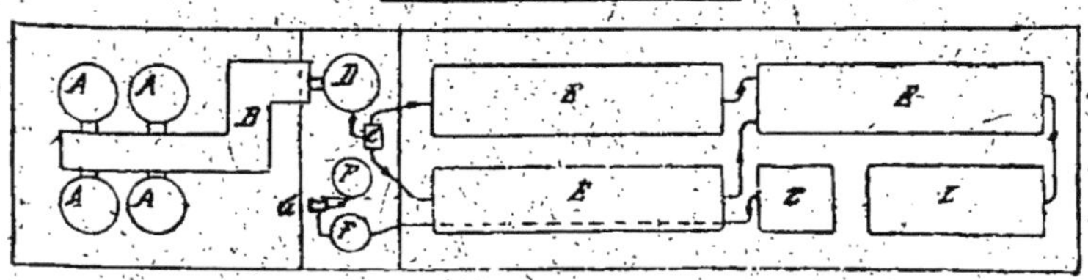

Fig. 179.

M. *Kestner* a signalé quelques-uns des résultats qu'obtint M. *Benker* dans des usines où il a appliqué son procédé :

Dans une usine auprès de Rome. — Avec un volume des chambres de 2 043 mètres cubes, on produisait, par jour, 10 tonnes acide à 53°, soit 5 kilogrammes d'acide par mètre cube de chambre, la consommation d'acide nitrique 36° B. représentant 0,60 % acide monohydraté.

Grâce à l'emploi de tirage artificiel et de pulvérisation la production fut portée à 15 tonnes acide 53°, soit à 7 kg. 5 acide par mètre cube de chambre.

Dans une autre usine du centre de la France, la production était de 3 kilogrammes environ, acide 53° par mètre cube. Après l'adjonction de ventilateurs et pulvérisateurs, elle fut doublée.

La consommation d'acide nitrique de 1,35 acide 36° % kilogrammes acide à 53°, descendit à 0,57.

Avec des appareils anciens, sans arriver aux résultats ci-dessus, on observerait néamoins une amélioration des rendements ; ainsi, dans une usine comportant plusieurs systèmes de 3 700 mètres cubes chacun, marchant à 3,5 kilogrammes acide 53° par mètre cube et par jour, il fut possible de réaliser une augmentation de de 76 %, simultanément avec une économie journalière de charbon d'environ 5 tonnes, pour une production d'à peu près 140 tonnes acide 53°.

Chambres Moritz (Wasquehal)

Les appareils de ce type Br. fr. 395 694 du 5 janvier 1909 comportent, en général, de 3 à 5 chambres, relativement longues

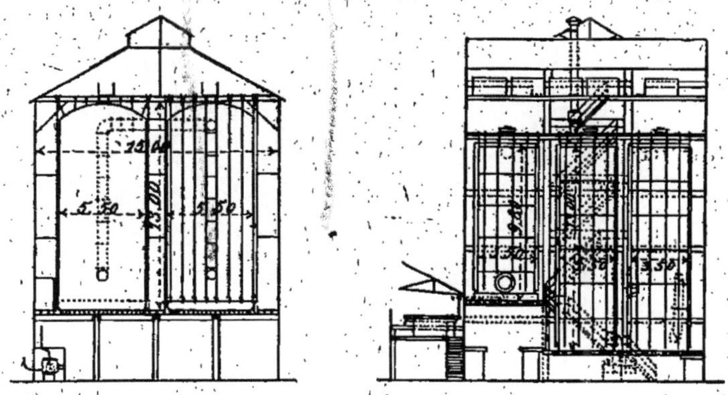

Fig. 180. — Système Moritz. Coupe des Tours.

par rapport à leur largeur, et d'une hauteur variant de 12 à 15 mètres suivant les prix des matériaux de construction et leur nature. La production par mètre cube est de 6 à 7 kilogrammes acide de chambre.

Dans la construction de ces chambres, M. *Moritz* a complètement supprimé la carcasse support des parois et du ciel, qui empêche le rayonnement des calories, sans parler des nombreuses cassures des parois à l'endroit des attaches, il décrit ainsi ses modifications :

Fig. 181. — Couloir entre chambres.

La suspension par attaches verticales étroites et continues, avec tringles de fer verticales à libre dilatation, assure un travail uniforme du plomb, quelle que soit la hauteur des chambres, tout en lui laissant la plus grande liberté de dilatation. De plus, les attaches formant ailettes, augmentent encore le rayonnement, permettant à air circuler librement de bas en haut contre la surface du plomb, et développant, de ce fait, les avantages résultant d'un bon refroidissement des parois.

Le ciel des chambres est bombé et les attaches établies sur le même principe que celui des parois, ce qui présente les avantages suivants sur le ciel plat.

a) Le métal est mieux supendu et la dilatation s'en effectue plus librement, d'où meilleure conservation.

b) Le raccordement des attaches du ciel avec celles des parois est notablement facilité.

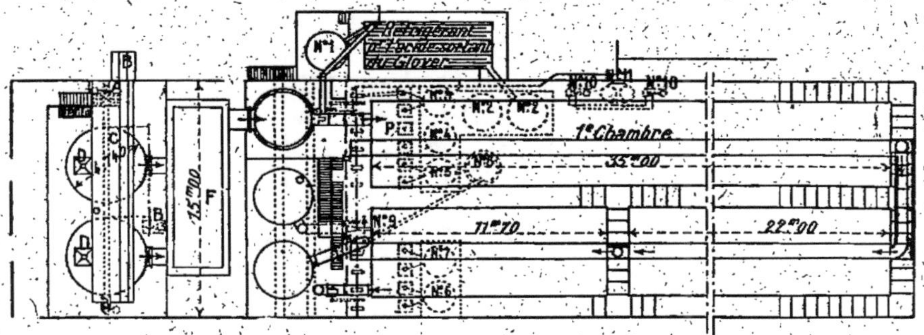

Fig. 182. — Chambres Moritz. Plan.

c) Les gaz chauds se répartissent beaucoup plus vite sur toute la longueur de la chambre, qui travaille plus uniformément et, par suite, la température moyenne est plus basse et plus régulière.

Les cuvettes des chambres, à armature métallique, sont très solides et bien refroidies, grâce à la bonne conductibilité du métal, et on n'y constate pas l'usure ultra-rapide qui affecte souvent cette partie des chambres.

Suivant les conditions locales, les chambres peuvent être établies avec charpente en fer, en bois ou en ciment armé.

Détails sur la construction des chambres type « Wasquehal ». — En moyenne, les chambres type « Wasquehal » ont 5 à 6 mètres de large et 12 à 15 mètres de haut.

Travail de plomberie. — La charpente métallique étant complètement terminée, on confectionne la bordure métallique des cuvettes.

Elle est constituée par une tôle arrondie à angle droit dans le bas et fixée sur le gîtage des chambres, le plancher même de la cuvette est généralement en bois.

La partie supérieure de la bordure de cuvettes porte une cornière à travers laquelle passent les crochets servant à maintenir les extrémités des ailettes des parois de la chambre et, par un écrou placé sous la cornière ; il est possible de maintenir les supports des parois de la chambre.

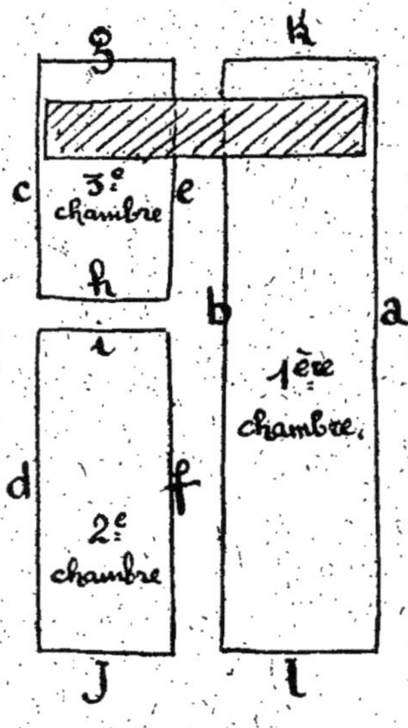

Fig. 183.

Le plancher des couloirs des chambres s'arrête à quelques centimètres de la cuvette pour laisser un passage à l'air froid qui, en s'élevant, viendra lécher et refroidir les parois (fig. 184).

Pour la mise en place du plomb des parois, on se servait autrefois de tables en bois et, pour poser le ciel, il fallait construire un échafaudage énorme. Cette façon d'opérer nécessite un volume considérable de bois, donc une forte dépense, et la main-d'œuvre est très coûteuse, car chaque manœuvre nécessite le déplacement des échafaudages.

Voici comment on opère pour un système de 3 chambres : on laisse les bordures de cuvettes en *a*, *c*, *d*, *g*, *h*, *i*, *j*, *k*, *l*, et on commence par plomber ces diverses parties (fig. 183).

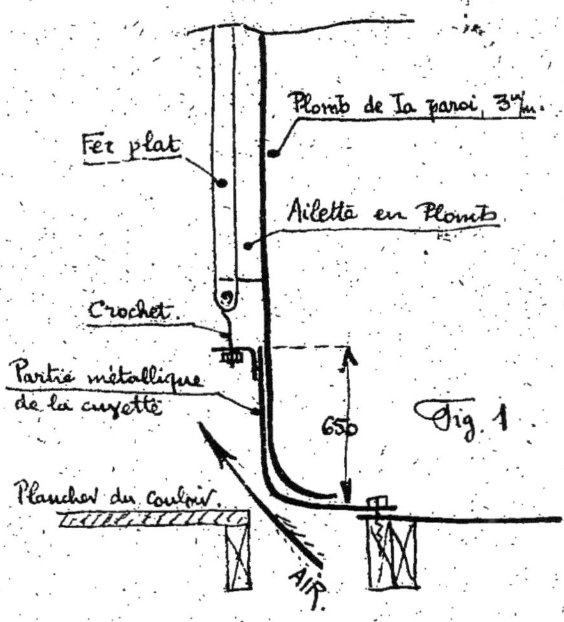

Fig 184.

Mise en place des parois verticales. — Le plomb une fois étendu sur le plancher des chambres, on soude à plat plusieurs lames pour obtenir une largeur de 4 à 6 mètres environ, ensuite on soude les ailettes en plomb qui sont, à ce moment, posées à plat sur la paroi; cette partie de paroi se trouve par exemple représentée par la partie hachurée (fig. 185).

La partie qui doit venir à la partie supérieure de la chambre est serrée dans des pinces reliées à une corde s'enroulant sur un treuil, et l'on enlève la lame de plomb pour lui faire prendre la position verticale le long de *a*.

Cette partie de parois une fois mise en place, on redresse les ailettes (fig. 185), qui sont raidies alors par un fer plat A; le plomb est serré fortement contre ce fer par une contre-plaque et un boulon.

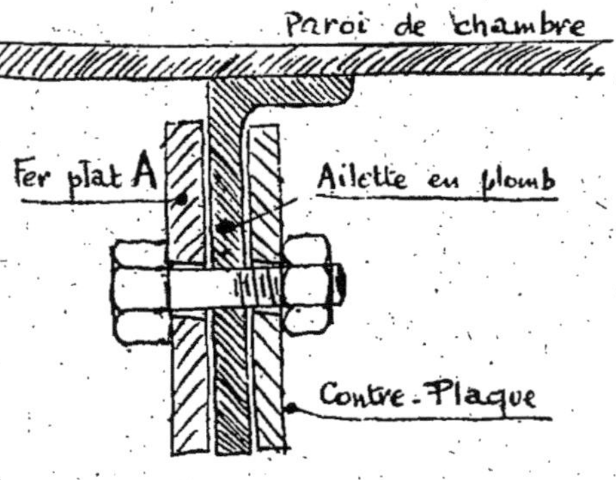

Fig. 185.

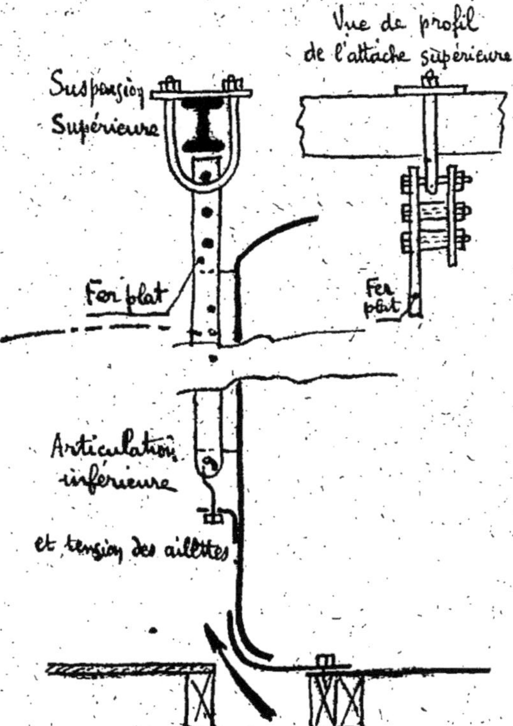

Fig. 186. — Montage des chambres Moritz.

Les extrémités de chaque fer plat d'armature d'ailette sont percées d'un trou dans lequel on passe le crochet de suspension supérieure (Fig. 186) dans le bas un crochet de tension qui passe à
travers la cornière de la cuvette, comme cela été dit précédemment.

Cette première partie, de 4 ou 6 mètres, de parois étant en place,
on procède de la même façon pour toutes les parois *a*, *c*, *d*,
(fig. 183). Les différentes parties de 4 mètres ainsi placées sont
reliées entre elles par des soudures montantes.

Ensuite on met complètement en place les parties des cuvettes
b, *e*, *f*, que l'on plombe.

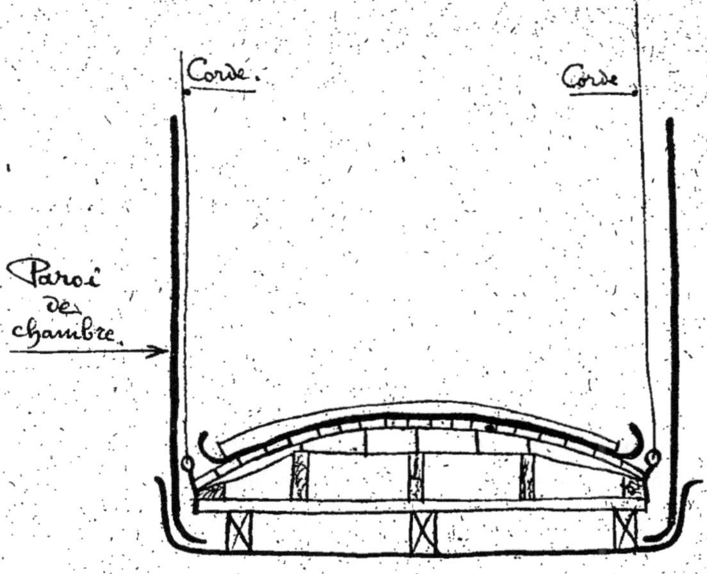

Fig. 187.

Pour placer les autres parois verticales, on déroule les lames de
plomb dans le sens de la longueur des chambres, on soude les
lames pour avoir des largeurs de 4 à 6 mètres environ, on place des
ailettes, puis le tout est enroulé dans un diamètre de 0 m. 50
environ, et ce rouleau est ensuite placé à l'endroit qu'il doit occuper,
on l'élève à la partie supérieure de la chambre et on laisse alors

se dérouler la grande lame de plomb, on redresse les ailettes, on les arme comme précédemment. On opère de même pour toutes les parois verticales qui restent à poser.

Ceci fait, on place le ciel des différentes chambres.

Pour cela on dispose sur le plancher un gabarit en bois, sur lequel on vient souder les lames de plomb et les ailettes, par parties de 4 à 6 mètres. On replie légèrement les bords du plomb et, par des moufles, on monte le ciel à sa place, on arme les ailettes et on fixe le plomb à la charpente métallique par des crochets de suspension (fig. 187).

On descend ensuite le gabarit en bois et l'on recommence l'opération autant de fois que c'est nécessaire.

Enfin, pour terminer, on place le plomb du fond des cuvettes.

En opérant de cette façon le travail est très rapide, c'est ainsi qu'à *Stettin*, à la *Société Union* où un appareil sulfurique avait été détruit par un incendie le 6 octobre 1910. M. *Moritz* a pu, en 100 jours, construire et monter complètement la charpente métallique, faire les maçonneries nécessaires, installer les chambres de plomb ; le 15 mars, l'appareil était mis en route.

Chambres hautes Moritz (type Paimbœuf)

Un groupe se compose d'un certain nombre de chambres très hautes et très étroites (hauteur généralement 20 à 25 mètres, largeur 5 mètres, longueur 5 à 10 mètres), que l'on dispose à distance relativement faible au-dessus du sol, chose sans inconvénient pour le tirage, grâce à leur grande hauteur.

C'est le type que M. *Moritz* préfère, pour les grands appareils en raison de leur construction rapide, économique et très solide.

Ces chambres hautes, quoique d'un réglage facile, demandent, comme tous les appareils à volume relativement faible, un contrôle technique un peu plus suivi, elles donnent, par contre, à égalité de consommation nitrique, des productions sensiblement plus fortes que tout autre type (9 à 10 kilogrammes par mètre cube).

L'installation en étant notablement moins chère, le prix de revient

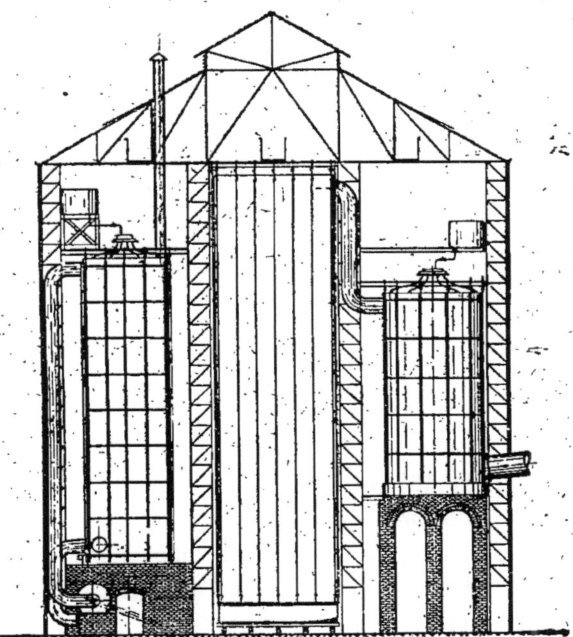

Fig. 188. — Chambres Moritz, type Paimbœuf. Plan.

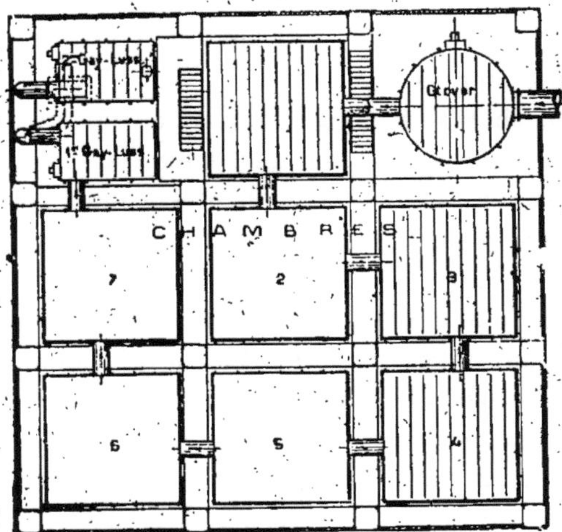

Fig. 189. — Chambres Moritz, type Paimbœuf. Plan.

de l'acide, même à grande allure de production, est aussi plus bas.

Dans la description qu'il a faite de son procédé au Congrès de Chimie Industrielle de 1924, l'inventeur à conseillé de remplacer l'eau pulvérisée par une pulvérisation d'acide, ce qui atténuerait l'intensité de la réaction, et diminuerait la perte en produits nitreux.

Ces chambres donneraient 9 kilogrammes SO^4H^2 par mètre cube avec une dépense d'acide nitrique 36º B. de 1,23 par kilogramme SO^4H^2.

Chambres Falding

(Br. angl. 26.462 de 1909 et Br. fr. 410.556 de 24-5, 1910).

M. *F. J. Falding* a cherché une utilisation aussi complète que possible des divers produits gazeux appelés à réagir les uns sur les autres et à maintenir une zone de grande activité chimique à la partie supérieure de ses chambres.

Il considère que les gaz chauds ont une tendance à gagner le haut de la chambre et y séjourner, tandis que ceux ayant réagi n'ont plus les proportions convenables, dégagent moins de chaleur et en partie refroidis, tendent à tomber à la partie inférieure des chambres.

Il a donc cherché à donner comme hauteur, et section des proportions telles que les gaz introduits aient le temps suffisant pour accomplir, dans les meilleures conditions possible, les réactions. De plus la récupération des produits nitreux dans les tours de Gay-Lussac s'effectuant mieux quand les acides qui y coulent sont le plus sec et le plus froid, il les sèche et les refroidit en les faisant passer dans une tour à refroidissement d'eau disposée entre la dernière chambre et le Gay-Lussac.

Son but est également de diminuer la dépense en plomb, et on estime en Amérique que pour édifier des chambres ayant une contenance de 175 000 pieds cubes (6 000 mètres cubes) il faut compter, avec les chambres ordinaires à section rectangulaire, 240 à 300 000 livres (109 à 136 tonnes) de plomb tandis

qu'avec le système *Falding* il n'en faut que 140.000 (63,5 tonnes).
Par contre, le coût d'établissement présente une différence en
faveur des chambres ordinaires.

Voici un extrait des exemples donnés pour quelques installations :

A. Vandergrift. — Chambres : Une de 50 pieds × 50 (15 m. 24
× 15,24) et 70 (21 m. 33) de haut.

Un Glover. Deux Gay-Lussac.

Tour refroidissante : Une de 9,5 pieds carrés (2 m. 90 × 2 m. 90)
et 50 pieds (15 m. 24) de haut.

Tennessee Copper C° à Copperhill. — Ce sont les plus grandes
chambres *Falding*, leur volume total est de 3.944.000 pieds cubes
(111.674 mètres cubes.)

Fig. 190. — Chambres Falding à Vandergrift (E. U.).

On emploie comme matière première des gaz émanant de fours
de fusion, obtenus comme suit :

On fond directement le minerai lourd de sulfure de cuivre et le
minerai pauvre est concentré par flottage.

Dans le convertisseur on introduit la masse provenant du haut
fourneau, les concentrés de cuivre et les concentrés de fer sont
grillés et frittés.

Le SO² produit est envoyé dans les chambres ci-après et donne 1000 tonnes d'acide par jour.

Chambres : 11 de 50 × 50 pieds (15 m. 24 × 15,24) et 67 de haut (20 m. 42)
        6 de 50 × 50   »   72   »   (21,94)
        4 de 22 × 50   »   77   »   (23,47)
        4 de 10 × 50   »   67   »   (20,42)
        5 dimensions diverses   67   »   (20,42)

Fig. 191. — Groupe de chambres hautes Falding (Copper Hell).

Pour permettre de juger de la disposition *Falding* nous reproduisons ci-dessus deux figures (*The Engineering and mining Journal*, 4 septembre 1909) la première (fig. 190) montrant l'ossature d'une installation et une seconde (fig. 191) avec quelques chambres mises en place.

L'auteur a donné des chiffres (reproduits par *The Engineering and Mining Journal*, 4 septembre 1909) pour comparer les quantités de plomb nécessaires pour 3 systèmes, qui montrent une économie très sensible à l'avantage du Falding.

Au point de vue marche avec une chambre principale de 50 × 50 × 70 (15 m. 24 × 15 m. 24 × 21.35), il indique sur la marche des chambres en période moyenne (mai).

	Nº 1	Nº 2
Soufre brûlé en 24 heures..........................	11 609 kg.	10 521 kg.
Acide 60 obtenu en 24 heures....................	43 536 tonnes	39 430 tonnes
Cube de chambre pour transformer 1 kg. de soufre	0,4274	0,4709
SO^2 % dans les gaz................................	7,9 %	8,1 %
Az^2O^3 % dans acide nitreux	2,2 %	2,19 %
Nitrate à 95 %	326,52	326,52
Nitrate pour 100 de soufre brûlé................	2,88	3,1
Différence de température entre le ciel et le fond de la chambre................................	3,88º C	4,61º C
Température des gaz à l'entrée du Gay-Lussac..	45,5º C	45º C

comme on le voit la température des gaz entrant dans le Gay-Lussac n'était guère favorable.

Systèmes mixtes avec Chambres et Tours

Tour à tour essayées, abandonnées, reprises, les méthodes se sont modifiées, perfectionnées. l'heure A actuelle figurent notamment parmi les plus intéressantes dans le présent et pour l'avenir, certaines dans lesquelles, pour provoquer un brassage plus parfait on aintercalé, entre les chambres, des tours où les gaz se trouvent subdivisés et amenés au contact de liquides acides.

Nous avons vu, précédemment que la reprise d'activité des gaz qui, sortant d'une chambre sont introduits dans une autre, pouvait s'expliquer par un brassage plus ou moins énergique, combiné avec le refroidissement, et les chiffres cités montrent que le débit d'acide sulfurique par les tuyaux atteignait des chiffres intéressants.

De nombreux, inventeurs tels que *Sorel*, *Vard*, *Lunge*, etc., suivant cette idée, ont été conduits à imaginer des dispositifs ayant pour objet d'intensifier ces actions.

Système Sorel — Il est juste de rappeler qu'en août 1886 M. *Sorel* a proposé la substitution de tours à la partie moyenne des chambres, et que dans son *Traité sur la fabrication de* *l'acide sulfurique* (p. 400) il s'exprimait avec une netteté et une précision remarquables :

« On ne doit employer ces tours qu'à partir de la région où les « réactions se ralentissent, c'est-à-dire conserve un tambour de tête « égal à la moitié de la première chambre.

« De plus, il convient de limiter la hauteur de chaque colonne et de « soumettre, dans les tuyaux de communication reliant une colonne « à la suivante, les gaz à une influence réfrigérante obtenue par le « contact de l'air ou par affusion d'eau.

« Le nouveau type consisterait donc en :

« Une batterie de fours ;

« Un Glover correspondant comme cube total à 0 m^3 4 par « 100 kilogrammes de soufre total brûlé par 24 heures ;

« Une chambre de tête, représentant 15 à 20 mètres cubes par « 100 kilogrammes de soufre brûlé par 24 heures.

« A la suite les gaz pénétreraient dans un tuyau où on les refroi- « dirait jusqu'à 60° degré environ (la condensation de vapeur ainsi « produite diluerait l'acide concentré et nitreux entraîné par le cou- « rant gazeux et déterminerait une oxydation rapide de SO^2).

« Le tuyau aboutirait au bas d'une première colonne, une injection « de vapeur disposée dans ce tuyau aiderait au tirage et fournirait « l'eau nécessaire aux réactions.

« Après avoir traversé une première colonne les gaz traverse- « raient un second tuyau pour s'y refroidir, recommencer à réagir « dans une seconde et ainsi de suite ».

Comme on le voit Sorel envisageait pouvoir, avec un nombre très limité de colonnes, remplacer, sans danger et économique- ment, toute la partie peu active des chambres, c'est-à-dire les trois quarts du cube d'un appareil ordinaire.

Bien que sa proposition n'ait pas obtenu la sanction indus- trielle, les principes qu'il exposait se sont retrouvés, tout au moins en partie, dans bon nombre des dispositifs préconisés après lui.

Le Glover et le Gay-Lussac, tels qu'ils ont fonctionné pendant de très longues années, comportaient un *remplissage* intérieur en matériaux de forme appropriée, retardant la chute du liquide et permettant son contact aussi intime que possible avec les gaz, nous allons voir qu'on peut réaliser le même objet de diverses manières.

Système Petersen (Br. all. 208.028 et 219.829, 1906-1907).

Tenant compte du rôle considérable que jouent le Glover et le Gay-Lussac dans les systèmes ordinaire de chambres, ainsi que de l'accroissement de production quand on augmente la proportion de produit nitreux dans la circulation générale, l'inventeur a conçu d'abord un système ainsi composé :

1° Glover alimenté avec l'acide sulfurique nitreux à 60° B. et de l'acide faible.

2° Tour de dénitration alimentée avec l'acide du 2e Gay-Lussac à 54-58°.

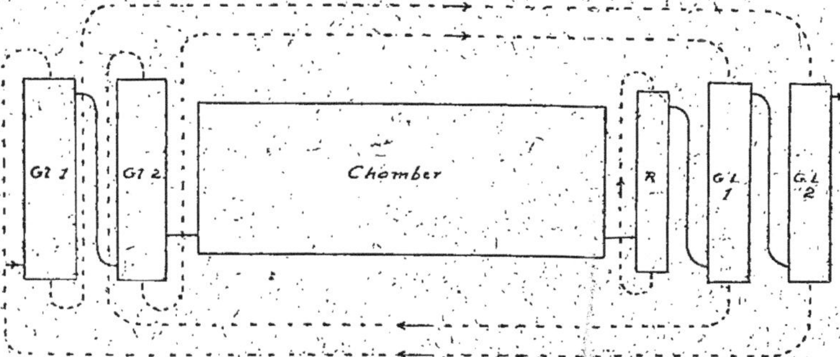

Fig. 192. — Installation Petersen.

3° Chambres de plomb.

4° Premier Gay-Lussac alimenté avec l'acide de Glover à 54-58° B.

5° Second Gay-Lussac alimenté avec l'acide de Glover 60° B.

6° Régulateur.

M. *Petersen* a pris une série d'autres brevets, notamment br. all. 225.793 et 253.554, sur la question, employant plusieurs Glovers et Gay-Lussac, nous en reparlerons plus loin.

On y constate la tendance à un emploi simultané de chambres et de tours auxquelles on cherche à faire produire beaucoup, grâce à une circulation convenable d'acides de force et composition bien déterminées.

Les tours commençaient ainsi à jouer un rôle plus important que jadis comme sièges de production d'acide sulfurique et ce rôle n'a cessé de se développer depuis cette époque.

Tours à plateaux

Elles sont constituées par une superposition de plateaux perforés sur lesquels ruisselle le liquide et d'une disposition telle qu'il y ait une petite quantité d'acide restant sur chaque, établissant non seulement un brassage mais un barbotage de gaz et un contact réitéré avec les gaz circulant de bas en haut ; la plus connue est celle de *Lunge Rohrmann*.

Fig. 193. — Tour Lunge Rohrmann. Supports en plomb des plaques.

Tours à Plateaux Lunge Rohrmann. — Cette tour a fait l'objet des Br. all. nᵒˢ 35.126, 40.625, 50.336 et Br. angl. 10.355 de 1886, 10.037 de 1887, 6.989 de 1889.

Elle est de forme cylindrique ou rectangulaire, garnie extérieurement en plomb et comportant à l'intérieur une série de plateaux

Plaque Lunge Rohrmann vue de dessous.

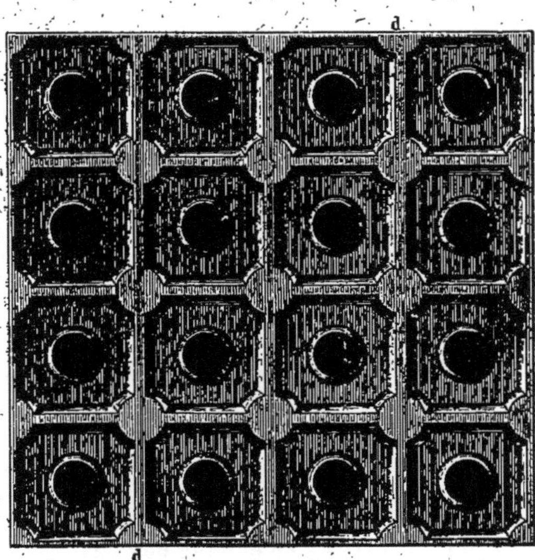

Plaque Lunge Rohrmann vue de dessus.

Fig. 194.

perforés horizontaux superposés et indépendants, dont nous donnons (fig. 194 et 195) la coupe, une vue en plan de dessus et de dessous.

Le courant gazeux débouchant en bas se trouve obligé de passer par une série d'orifices de quelques millimètres de diamètre, et rencontre le courant d'acide venant en sens inverse à l'état très divisé Comme le montrent les figures, l'acide forme dans les cavités préparées à cet effet, sur chaque plateau un petit stock puis il déborde, passe par l'orifice cylindrique et tombe sur la cavité de la plaque inférieure qui est disposée en chicane.

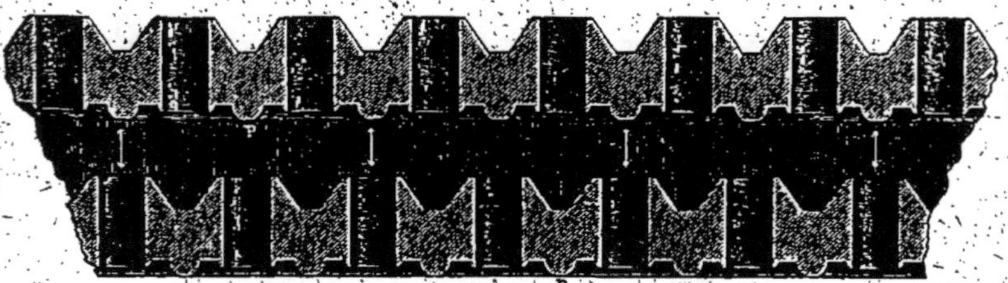

Fig. 195. — Coupe de deux plaques Lunge Rohrmann superposées.

Dans ces conditions il s'établit entre les constituants gazeux et liquide un contact intime qui facilite la réaction et la condensation de l'acide produit. D'après *Niedenfuhr* (Chemiker Zeitung, 1897, n° 20) une usine anglaise qui avait remplacé sa dernière chambre de 1.090 mètres cubes par une tour de 256 plateaux en 16 étages produisait 40 kg. 6 SO^4H^2 par plateau, ou 216 kg. 7 par mètre cube. Une seconde, travaillant avec des gaz très pauvres, faisait 88 kg. 3 SO^4H^2 par mètre cube.

Niedenfuhr a publié diverses études à ce sujet (*Moniteur Quesneville*, mai 1896, tom. X, 1re partie); il déconseillait l'emploi des tours *Lunge Rohrmann* en tête où il pouvait y avoir obstruction des orifices par les poussières des gaz, il admettait l'adjonction à la tour de Glover de séries de plaques à gros trous (12 à 45 millimètres) et les recommandait au milieu et en queue de l'appareil, il a aussi proposé divers agencements des chambres et tours pour intensifier la production.

En voici un destiné à remplacer, par des tours à plaques, un système de chambres de 3.000 mètres cubes de capacité.

Les gaz quittent la tour Glover par un tuyau d'environ 90 centimètres de diamètre pour se rendre dans une chambre de tête, large de 7 mètres, haute de 6 mètres et longue de 72 mètres.

La première chambre est reliée par un tuyau d'environ 78 centimètres de diamètre à la première tour contenant 10 à 12 séries de 12 plaques.

De celle-ci ils vont par un tuyau de 76 centimètres de diamètre dans une seconde chambre, large de 5 mètres, de même hauteur que la chambre I et longue de 7 mètres, puis par un tuyau de 72 centimètres dans un autre appareil *Lunge-Rohrmann* contenant seize séries de 9 à 10 plaques chacune.

Ensuite ils sont amenés par un tuyau de 70 centimètres dans la troisième chambre, reliée par un tuyau de 24 mètres de long (pour mieux laisser refroidir les gaz) et 65 centimètres de diamètre à une troisième tour fonctionnant comme colonne Gay-Lussac et contenant 18 à 20 séries de 8 à 9 plaques.

Vient enfin une colonne Gay-Lussac avec 18 à 20 séries de 8 à 9 plaques, haute de 8 mètres et garnie de coke. Il va de soi que le tirage dans le système doit être suffisamment fort. Le mieux est de mettre en communication le tuyau de dégagement de la colonne Gay-Lussac avec un ventilateur.

Les tours à plateau étaient alimentées avec de l'acide sulfurique faible (33° B.) densité 1.300 afin d'éliminer les possibilités de réduction des oxydes d'azote à l'état de protoxyde, attribuées soit à la présence d'une proportion trop élevée d'eau soit au remplissage avec coke.

MM. *Wells* et *Fogg* (p. 104) ont constaté qu'il n'y a pas d'installations américaines avec tours de ce genre, probablement à cause de leur surface de refroidissement relativement faible, ainsi qu'à la résistance rencontrée par les gaz dans la colonne.

Tours à émulsions. — On a préconisé ce système dont le principe est un peu différent, il existe également des plateaux perforés mais ils communiquent ensemble par des tubes émulseurs dans lesquels les gaz rencontrent le liquide, qu'ils entraînent en formant des chapelets.

Les liquides descendent au moyen de tubes de trop plein qui peuvent être extérieurs et disposés pour servir d'échangeurs de température.

Entre deux éléments consécutifs se trouvent des chambres de pulvérisation.

L'Industrie chimique (février 1919, p. 42) a donné une description détaillée de ce système, dont l'application serait proposée non seulement pour les récupérations, mais pour la fabrication de l'acide, il faudrait vaincre la résistance au passage des gaz par une aspiration convenable, par exemple au sommet des tours.

Nous n'avons pas encore eu l'occasion de voir ce système de fonctionnement.

Tours Kubiersky. — Cette tour qui a trouvé une application heureuse dans différentes industries, comporte également des étages successifs, les gaz pénètrent dans les tronçons du bas où ils suivent une marche de *haut en bas*, remontent dans celui du dessus où ils circulent de même et vont ainsi, de proche en proche, jusqu'à la partie supérieure de la colonne.

Nous ignorons si des essais ont été effectués en vue de s'en servir dans certaines parties de la fabrication sulfurique.

Dans tous les systèmes décrits, la propreté des liquides et des gaz présente une grosse importance, toute obstruction constituant une gêne au bon fonctionnement de l'appareil, de sorte que la question du nettoyage doit être soigneusement étudiée afin de se faire avec le minimum de difficultés, ou de perte de temps.

Dispositifs divers

Dans ceux-ci, nous groupons d'autres solutions du problème de brassage des liquides avec les gaz, ainsi que du refroidissement.

Colonnes Gilchrist. — (Br. angl. 15.895).

Elles ont environ 4 pieds (1 m. 25) × 3 pieds (1 m. 10) et 15 pieds (4 m. 60) de haut et constituées en plomb de 9 livres ou 10 livres.

L'armature peut être en bois ou en acier.

On les place à 2 ¹/₂ pieds (0 m. 63) environ au-dessus du plancher de la chambre, et on en dispose 2 ou 3 entre deux chambres consécutives.

Leur volume total représente environ 0,8 % du cube total des chambres,

A l'intérieur se trouvent des tuyaux ovales, ou à arêtes vives, dont la périphérie est ondulée, et qui disposés horizontalement offrent une surface considérable. Ils obligent les gaz à se subdiviser, se mélanger, et cette action se renouvelle à chaque nouvelle rangée de tuyaux, tandis que l'acide qui se dépose à la surface tombe successivement de rangée en rangée.

Il y a donc condensation d'acide et brassage, ce qui permet une intensification, en même temps qu'un refroidissement, dû au courant d'air passant à travers les tubes.

Grâce à l'adjonction de ces colonnes on aurait, en brûlant des pyrites, un chiffre de 10 pieds cubes de chambre et tour par livre de soufre brute et 9 pieds cubes avec le soufre (soit 5 kg. 45 SO^4H^2 par mètre cube de chambre).

Winsloe et *Hart* (Br. angl. 20.142 de 1901) ont adopté une canalisation réunissant 2 chambres, et contenant des tubes verticaux refroidis par une circulation d'eau ou par l'air.

Hart et *Barley* (*Y. soc. chem. Ind.*, 1903, p. 413) ont breveté un dispositif analogue à celui de *Gilchrest* et *Hacker* donnant aux tuyaux refroidisseurs des dimensions plus considérables. D'après eux un abaissement de température de 40° augmenterait la production de 60 % et réduirait la consommation de nitrate de 3,5 à 2 % environ.

Hart (Br. all. 272.984), pour faciliter l'action réciproque des gaz et liquides partage les premiers en un grand nombre de courants envoyés tangentiellement à la partie concave de la conduite.

Système Pratt. — Il fut breveté en 1900 (Br. am. 546.596 et 652.687).

Voici la description d'une installation pour 60 tonnes d'acide à 50° B par jour.

Volume total des chambres 240 000 pieds cubes (6.795 m³), nombre de chambres : 3 ou 4.

1ʳᵉ chambre : volume 190 000 pieds cubes (2.831 m³).

Autres chambres : dimensions égales entre elles.

Convertisseur : Il est placé après la 1ʳᵉ chambre, ses dimensions sont de 25 pieds carrés (7,60 × 7,60) et 25 pieds de haut (0 m. 60) et a un remplissage en quartz de la grosseur du poing jusqu'à 98 pouces (18 × 25,399 millimètres) au sommet, disposé sur une grille en briques inattaquables située à 2 pieds (0 m. 61) au-dessus de la cuvette, et c'est généralement sur ce remplissage qu'a lieu l'introduction d'eau nécessaire à la réaction.

Fonctionnement. — Une partie des gaz de la 1ʳᵉ chambre passe dans le convertisseur, ils sont prélevés ensuite par un conduit situé à l'arrière de cette chambre grâce à un ventilateur en plomb durci qui aspire après le convertisseur et renvoie soit dans le tuyau d'entrée de la première chambre, soit dans le conduit amenant les gaz du Glover lorsque leur mouvement est provoqué par un ventilateur. Des registres permettent de faire varier les quantités relatives des gaz ainsi repris, par rapport au volume total, on le règle selon la marche de la chambre.

Il existe également un tuyau réunissant la 1ʳᵉ chambre à la seconde, et un ventilateur de queue puissant provoque le mouvement général des gaz du système, on lui donne une puissance supérieure à celle qui correspondrait au cube de gaz provenant de Glover.

En tablant sur un convertisseur à même de débiter 9000 pieds cubes (255 m³) par minute, et sur un volume normal de gaz de 160 000 pieds cubes (4530 m³), en 18 minutes le convertisseur a donc passé un volume égal au cube total, et provoqué un brassage intense.

Avec les installations de ce type le cube de chambre par livre de soufre brûlé, serait de 7 pieds cubes (soit 7 kilogrammes SO_4H_2 par mètre cube) ou 7,5 en tenant compte des conduits supplémentaires du système.

Le rendement serait de 4,8 livres acide 50° B. par livre de soufre en 24 heures avec une dépense de nitrate correspondant à 3,5 % du poids de soufre brûlé.

Il faut évidemment tenir compte de la dépense de force que nécessite le mouvement supplémentaire des gaz.

Le brevet étant dans le domaine public, un certain nombre d'installations basées sur le même principe ont été établies de divers côtés.

Pratt Process Co réintroduit dans le système une partie des gaz sortants (Br. angl. 4.856, 1895 et 10.757, 1899), au moyen d'un injecteur, ou ventilateur qui le renvoie en tête de la 1re chambre.

Schliebs (Br. am. 151.294) fait passer les gaz ordinaires dans 6 tours, avec un séparateur disposé entre des séries adjacentes, permettant de renvoyer une partie des gaz incondensés dans une série parallèle de tours.

Tours intermédiaires Chemical Construction Co. — Voici les caractéristiques qu'a fournies cette société sur les tours intermédiaires installées par elle à la Société *Swift et Co*.

Nombre de chambres	5
Volume total	268.500 pieds cubes
Nombre de tours intermédiaires	4 représentant $4{,}158 \times 4 = 16\,632$
Dimensions de chaque (6 × 24 pieds 9 pouces et 28 pieds de haut)	
Tour après la dernière chambre (5 × 15 p. 3 p. et 14 p. de haut) =	1.068
Cube total des tours	17.700

Rapport entre le volume des chambres et le volume des tours	$\dfrac{17\,700}{268\,500} = 6{,}5\ \%$
Rapport entre l'espace libre des tours et le cube des chambres	$\dfrac{17\,700 \times 0{,}60}{268\,500} = 89\ \%$
Production de la 1re tour (entre 1re et 2e chambre) exprimée en acide 50° B	21 064 livres
soit en soufre	4 634 »
Volume de la 1re tour correspondant à 1 livre de soufre brûlé par 24 heures	$\dfrac{4\,158}{4\,434} = 0{,}938$
Production totale des 5 tours en acide 50°	60 700 livres
soit en soufre	12 000 »
Volume des tours correspondant à 1 livre de soufre, les 5 tours en moyenne	1,37 pied

Répartition de la production.

Production par jour dans la chambre, en acide 50°	120 000 livres
» » dans les tours	60 000 »
Total	180 000 »
Pieds cubes par livre de soufre dans les chambre par 24 heures	10,7
Moyenne pour l'ensemble du système	7,6

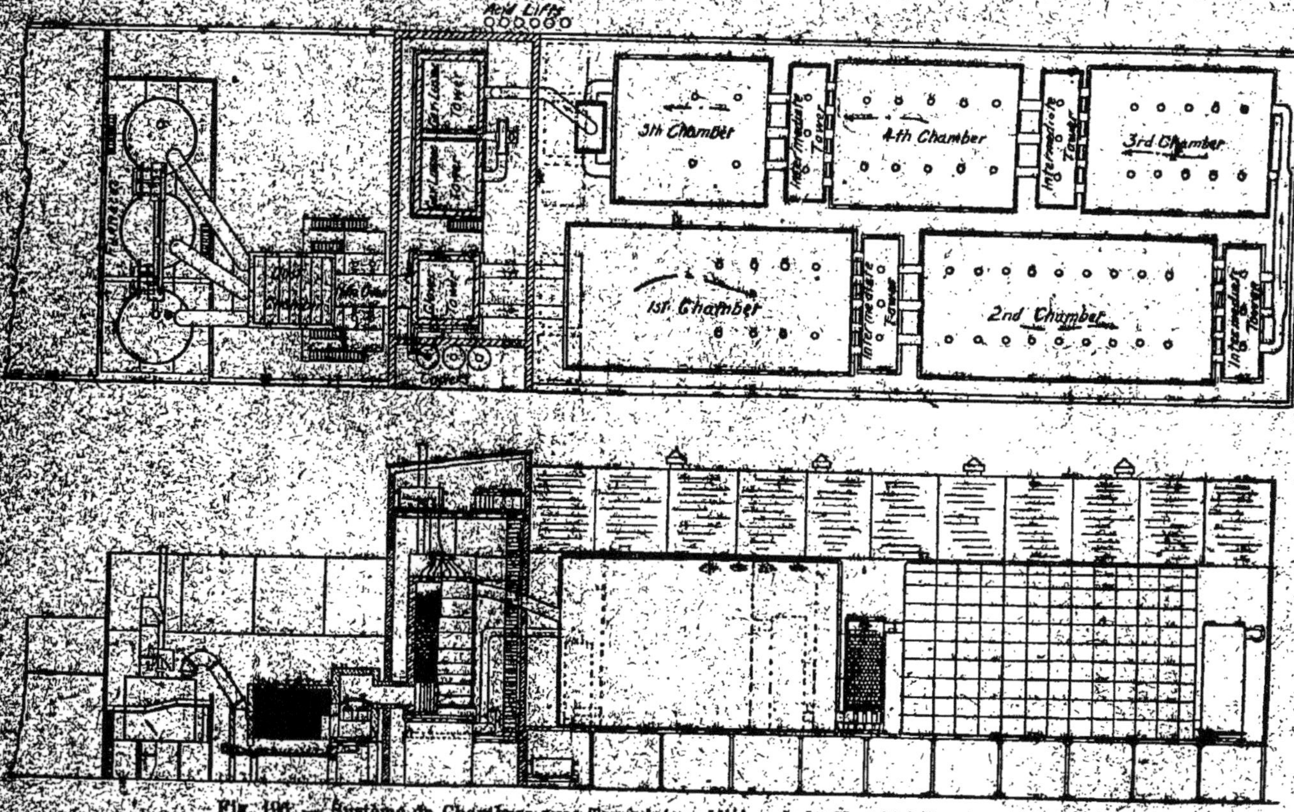

Fig. 196. — Système de Chambres avec Tours intermédiaires de la Chemical Construction Co.

Tours intermédiaires Chemical Construction. — Elles sont en plomb avec armature extérieure en acier, et remplissage en anneaux *chemico* (fig. 172) de 6 pouces, dont la superficie, par pied cube, est de 27 pieds carrés, avec 60 % d'espace libre pour le passage du gaz.

Dans ces tours, l'acide formé ruisselle sur les anneaux, dont la surface se trouve toujours humectée, de plus une pulvérisation d'eau fournit l'humidité nécessaire pour avoir un degré de concentration normal.

La même Société a établi d'autres installations plus importantes, avec les tours de même hauteur que les chambres, une largeur de 5 à 10 pieds et une longueur qui dépend de la nature du travail.

Le schema (fig. 196) montrera la disposition générale de cette installation.

Wyld et *Shepherd* (Br. angl. 19.001, 8.347 et 839) effectuent le remplissage de chambres, ou tours circulaires, au moyen de dispositifs en verre, ou matériaux inattaquables par les acides, reposant sur un pilier situé au centre, et des supports disposés à la périphérie.

Ils peuvent être disposés suivant des rayons allant directement du centre à la périphérie, ou tangentiellement au support cylindrique central et en sens opposés.

Les couches de gaz se trouvent subdivisées et, dans l'intéressant ouvrage *Manufacture of Sulphuric acide* (Chamber Process) de *W. Wyld* l'auteur signale, pour une colonne de 4 m. 50 de haut et 1 m. 59 de diamètre placée entre la 1re et la 2e chambre, une production d'acide correspondant, par 24 heures, à 1/2 pied cube d'espace par livre de soufre (98 kilogs SO^4H^2 par mètre cube), puis, par une colonne entre la 2e et 3e chambre, une production correspondant à 4 pieds cubes d'espace par livre de soufre (12, 26 kilogs SO^4H^2 par mètre cube).

Tours Kalbperry

Afin de réduire, dans une très forte proportion, la dépense de plomb certains spécialistes tendent maintenant à installer, en

Amérique, les tours servant dans l'industrie de l'acide sulfurique, en se servant de réfractaires, avec application de ciments spéciaux résistant aux acides.

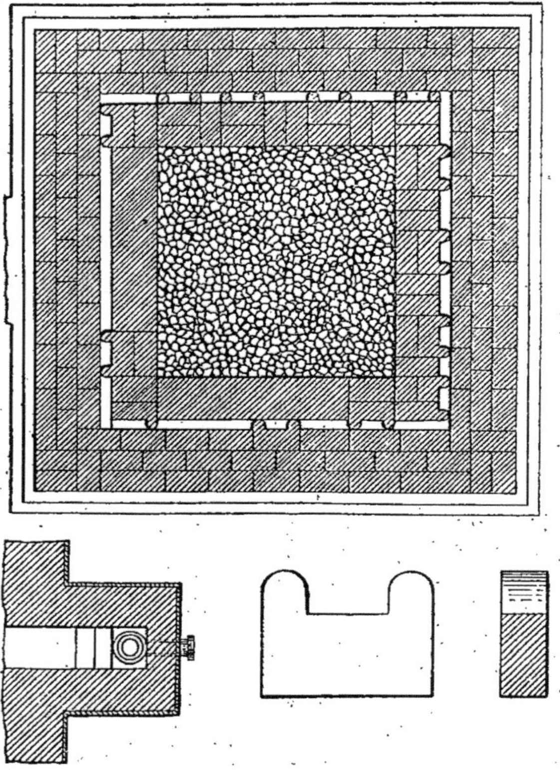

Fig 197. — Tour Kalbperry (coupe).

L'une des difficultés prévues était la production de fissures dans les parois, sous l'influence de différence de températures sensibles.

Dans la tour (fig. 198) édifiée par le *Kalbperry Corporation*, et destinée aux gaz chauds, le principe admis est la constitution de deux parois séparées par un espace vide, sauf en certains endroits où les deux murs se trouvent en contact grâce à des briques de forme spéciale. Dans cet espace vide, fermé à la partie supérieure, il y a de l'air, et les liquides qui auraient réussi à suinter par les joints du mur intérieur se réunissent et gagnent le bas, grâce au passage pratiqué dans les briques spéciales.

Grâce à cette disposition, les mouvements résultant de changement de température peuvent s'effectuer plus librement, et la tendance à la formation de crevasses est réduite au minimum.

Fig. 198. — Tour Kaliperry (plan).

Il paraît que la quantité d'acide passant dans le conduit interne est relativement faible, de plus la couche gazeuse interne servant d'isolant, la muraille externe est maintenue à une température peu élevée, ce qui diminue les chances de jeu.

La partie inférieure comporte une garniture métallique, afin de recueillir les liquides qui proviendraient de fissures dans la base.

Comme la construction est faite en briques de même format, (sauf la petite exception signalée), avec un minimum de feuilles de plomb, et une armature d'acier aux 4 angles, reliée par des tirants, on prend naturellement les dispositions nécessaires pour amener l'acide produit dans le réservoir.

REMARQUE. — L'interposition des tours entre les chambres a suscité de nombreuses controverses. Les uns en ont obtenu des résultats merveilleux, d'autres ont déclaré avoir été déçus.

Tous sont certainement de bonne foi, mais il est évident que certaines, eu raison de leur remplissage ou de leur disposition intérieure, ont pu constituer une résistance sensible au passage des gaz. Dans les appareils ayant un tirage tel que leur présence n'était pas gênante, le brassage et la condensation expliquent les bons résultats enregistrés. Dans ceux ayant, au contraire, insuffisance de tirage, avec, comme conséquence, mauvais grillage, et consommation de nitrate élevée, l'adjonction a évidemment aggravé ces conditions de marche.

Connaissant le mal, il est facile d'adopter le remède.

Chambres circulaires

Etant donné que le véritable problème consiste, non pas seulement à produire le plus possible par unité de volume de chambre ou de tours, mais à travailler dans les meilleures conditions comme, prix de revient, on s'explique que des systèmes de types très différents puissent être utilisés simultanément et donner des résultats économiques leur permettant de lutter entre eux, nous allons en passer un certain nombre revue.

Chambre tangentielle Meyer. — (Br. angl. 18.376 de 1898). L'inventeur a donné à ses chambres la forme circulaire, les gaz sulfureux provenant du Glover, ou de la chambre précédente, entrent à la partie supérieure et tangentiellement.

Grâce à cette disposition, au lieu de la trajectoire hypothétique hélicoïdale horizontale d'*Abraham* ils suivent en descendant, une marche hélicoïdale verticale descendante, provoquant, à la fois, un brassage et un refroidissement contre les parois en plomb, puis, une fois arrivés à la partie inférieure de l'appareil, s'échappent par un orifice central.

D'après le *Zeitschrift für angew. chem.*, 1900, p. 742, *Meyer* a muni la première chambre d'un système refroidisseur formé de 43 tubes de plomb de 50 à 55 millimètres de diamètre, disposés

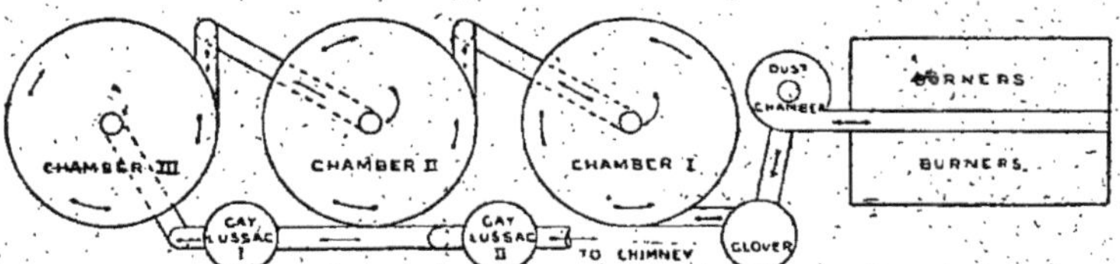

Fig. 199. — Chambres tangentielles Meyer.

sur le ciel, et plongeant de 2 m. 50 à 3 mètres dans la chambre, fermés à leur extrémité inférieure. Ils renferment un tuyau de diamètre plus petit n'arrivant pas jusqu'au fond et permettant une circulation d'eau (il en sort 8 t. 5 par jour à 67° B.). La surface refroidissante de ces tuyaux représente 250 pieds carrés (26 m² 35) soit 7 % de la surface radiante du système.

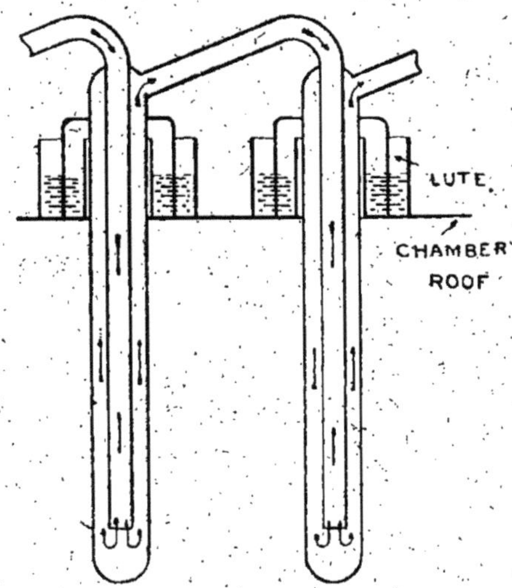

Fig. 200. — Système refroidisseur Meyer.

Dans ses chambres, qui ont 32 pieds 10 de diamètre (9 m. 75) la chaleur totale dégagée est de 2 millions et demi de calories, dont 20 % sont récupérés à l'état d'eau chaude.

Le brevet all. 186.164, indique d'autres perfectionnements : tuyaux d'entrée tangentielle à divers endroits, et le 226.792 une disposition spéciale de tuyaux de sortie pour enlever les gaz stagnants.

Voici quelques chiffres d'applications américaines : *Mountain Copper* C⁰ à Martinez, Californie.

Chambres de 39,4 pieds (12 mètres) de diamètre et 42,6 pieds de haut (12 m. 79), puis *Fairmant*, de construction récente.

Chambre 46 pieds (14 mètres) de diamètre et 70 pieds de haut (21 mètres).

Les gaz arrivent tangentiellement à une hauteur de 40 pieds (12 m. 15) par trois conduits de 19 $^1/_2$, 27 et 34 $^1/_2$ (0,5 — 0,70 — 0 m. 85) pouces de diamètre, et sont évacués du fond par : 3 conduits de 20 pieds (0 m. 60) chacun de diamètre, disposés symétriquement, et amenant dans une tour refroidissante de 9 pieds de diamètre (2 m. 75) et 70 de haut (21 m. 35).

Kauffmann (Br. all. 340.030, 1-10-1919) a établi des chambres tangentielles (circulaires polygonales ou elliptiques) dans lesquelles les gaz, introduits par le bas sous une pression pouvant dépasser 100 millimètres d'eau, suivent une trajectoire hélicoïdale et sortent par un dôme sur le ciel.

Orientation des recherches. — Il est évident que le point de départ de ces diverses tentatives a dû être une comparaison entre les conditions de fonctionnement des appareils extrêmes d'un système.

Rappelons-les :

Glover : SO^2. — Riche, et en forte proportion dans le mélange.

Produits nitreux. — Additionnés à l'état liquide, et dans des conditions où ils se décomposeront très vite.

Eau. — Introduite à une température où elle s'évaporera rapidement en partie.

Oxygène. — Proportion assez élevée par rapport à l'azote atmosphérique.

Acide sulfurique. — Condensé au fur et à mesure de sa formation.

Température. — De 3 ou 400 degrés à l'entrée, à 100 degrés maximum à la sortie.

Phase. — Liquide.

Contact intime entre les acides ruisselant et les gaz.

Production par mètre cube. — Très élevée.

Dernière chambre : SO². — Proportion faible dans le mélange gazeux total.

Produits nitreux. — A l'état plus ou moins oxydés (AzO et AzO²) et en proportion élevée par rapport à SO².

Eau. — Quantité faible.

Oxygène. — Proportion minima par rapport à l'azote atmosphérique.

Acide sulfurique. — Faible production, et condensation par les parois ou la cuvette.

Température. — Minima, et présentant une assez faible différence avec la température extérieure.

Phase gazeuse. — Contact entre liquides et gaz nullement comparable à celui dans le Glover.

Production par mètre cube. — Très faible.

Nous verrons donc, dans les tentatives qui se sont succédées, adopter des formes d'appareils, ou des conceptions chimiques, utilisant les observations faites précédemment et permettant, soit d'obtenir une production élevée par mètre cube comme dans le Glover, soit de réaliser une combinaison complète, même avec des gaz sulfureux pauvres et froids comme dans la dernière chambre.

Fabrication au moyen de tours seules

On estime que, dans le procédé dit des chambres il peut y avoir 70 % de la production totale effectuée dans la tour de Glover et la première chambre, après quoi les réactions se ralentissent, toutefois un regain d'activité se constate quand les gaz sortis d'une chambre et passés par un tuyau, débouchent dans la suivante. Cette observation devait évidemment inciter les techniciens à étudier si le plomb des chambre ne serait pas mieux utilisé en l'employant sous forme de tours.

En 1848, *Mac Dougal et Rawson* proposaient déjà de faire passer le mélange SO^2 + air dans une bouteille de *Woolf* à travers l'acide nitrique, les gaz nitreux mélangés d'air étant envoyés dans l'eau pour régénérer l'acide nitrique. Quelques années plus tard *Hunt* (Br. angl. 1853) remplaçait la bouteille de *Woolf* par une tour remplie de cailloux, formant une sorte de Glover.

Durand et Huguenin (Br. fr. 205.589, 1890) reprirent, en la perfectionnant l'idée de *Mac Dougal et Rawson*.

Dans une étude publiée en 1894 (*Moniteur Quesneville*, octobre 1894), *P. E. Hallwell* a cité un certain nombre de tentatives de l'époque.

Barbier (Br. angl. 12726, 1892) dirige l'acide sulfureux dans six tours, ou chambres à réaction, de dimensions assez faibles, où sont disposées des cuvettes d'évaporation de forme spéciale remplies de grès ou silex. La dernière chambre de la série joue le rôle d'une tour Gay-Lussac ; le mélange d'acides nitrique et sulfurique qui s'en écoule, envoyé en haut de la première tour, rencontre le mélange d'air, gaz sulfureux et vapeur d'eau.

La production devait être de 50 kilogrammes par mètre cube de chambre, mais les difficultés techniques firent abandonner le procédé au bout d'un certain temps.

Staub (Br. fr. nº 226,798), a pris un brevet, consistant a faire passer le gaz sulfureux par six tourelles, dans lesquelles il est mis en contact d'un mélange d'eau et d'acide nitrique tombant de haut en bas.

Laissant de côté de nombreuses autres tentatives qui ont suivi ces brevets, nous allons passer immédiatement aux procédés installés ou en installation dans ces dernières années.

Tours de Opl. — (Br. angl. nº 20.171 de 1908 de *Erste Oesterr-Carl Opl et Sodafabrik*) Br. fr. 394.739 du 30-1, 1909.

Les gaz sulfureux sont transformés en acide sulfurique en rencontrant, dans une série de tours, de l'acide sulfurique nitreux, pulvérisé par l'air comprimé, ou un mélange d'air et d'acide sulfureux, au moyen d'émulseurs (ceux alimentant les 3 dernier tours sont refroidis avec de l'eau.

La réaction du SO^2 peut être figurée globalement par la formule $2HNO^2 + SO^2 = H^2SO^4 + 2NO$.

La réduction de l'acide nitreux a lieu dans les premières tours, l'oxydation du bioxyde d'azote dans les dernières.

Le travail consiste donc à envoyer les acides nitreux, provenant des dernières tours, sur les premières et, inversement, les acides dénitrés des premières sur celles d'arrière.

L'installation comprend 6 tours munies de remplissages, dans lesquelles la circulation des acides s'effectue de la façon suivante.

Dans la 1re arrivent les gaz des fours à pyrite, l'acide émulsionné à la partie supérieure, provient de la tour 6, qui contient l'acide le plus nitreux. Une fois dénitré, l'acide recueilli au bas est renvoyé en partie sur la tour n° 6, et le reste enlevé pour les besoins commerciaux.

Les gaz passés dans la 2e rencontrent l'acide sulfurique nitreux venant de la 5e, au bas de la tour il est renvoyé sur la n° 5 et inversement.

Il en est de même entre les tours 3 et 4.

On peut également envoyer de l'acide de la tour 4 sur les 2 et 3, en résumé les trois premières jouent le rôle de Glovers, les trois dernières celles de Gay-Lussacs.

Le mouvement des gaz est provoqué par un ventilateur en grès placé derrière la tour VI. Il aspire les gaz des fours et les force dans un filtre placé au-dessus des tours et rempli de coke en petits morceaux.

L'injection d'eau nécessaire se fait sur les tours.

L'admission de l'acide nitrique se fait généralement à la tour II, et on la fait entrer dans l'émulseur qui va de la tour V à celle-ci.

La consommation de nitrate ressort à 0.75 $^0/_0$ calculé sur l'acide de chambres, alimenté à l'acide nitrique 36° B.

Voici quelques détails publiés sur le premier système installé, qui recevait les gaz de 4 fours de « *Herreshoff* » grillant 12.000 kilos de pyrites de 44/45 $^0/_0$ de soufre par 24 heures.

Le gaz arrivaient dans la première tour avec une température de 360-400° qui, dans les suivantes, tombait à 60°, 56°, 60°, 36°, 36°, ou 58°, 45° 60°, 33°, 25°, Celsius.

Les gaz venant des fours ont 8,3 $^0/_0$ SO^2, les gaz sortants 6 $^0/_0$ 0 et 1,5 grammes SO^2 par mètre cube.

Dans ce système à tours on produit journellement

<pre>
   15000 kg. d'acide sulfurique............................. 66 %
ou 18000   »   »   .... 60 %
ou 22500   »   »   .... 50 %
</pre>

La dépense d'acide nitrique de 36° Baumé qui était au début 160 kilogrammes par jour, soit

<pre>
sur 66 d'acide sulfurique .... 1,06 %
 » 66 »   »   .... 0,88 %
 » 50 »   »   .... 0,71 %
</pre>

s'est améliorée, comme nous l'avons dit plus haut.

La consommation de force pour la commande des moteurs était, pour 4 fours *Herreshoff* 2 kw. 5 par heure et pour le ventilateur de queue, 1 kw. 5, par heure.

Le service des émulseurs employa par jour 4000 m³ d'air comprimé à 2 atm.

La consommation de l'eau réfrigérante par jour représentait environ 200 m³.

Pour les fours il y a 2 hommes, et, pour le système à tours on assure la marche avec 1 homme par jour et par nuit ;

Les acides sont envoyés sur les tours par des émulseurs Hartmann sur le type des pompes Mammouth sans réservoirs intermédiaires à la partie supérieure et sans distributeurs. Les jonctions sont faites avec des tuyaux de grès.

Les tours ont des remplissages comparables à ceux du Glover et du Gay-Lussac, l'emplacement où elles sont installées a 320 mètres carrés, leur section est de 3 mètres × 3 mètres et leur hauteur 12 mètres.

L'acide provenant des quatre tours moyennes va dans un bac spécial, quant à la nitrose de la dernière elle est envoyée sur la première au moyen d'un émulseur.

Inversement l'acide recueilli au bas de la tour de tête, après refroidissement dans des réfrigérants spéciaux, retourne en partie sur la tour n° 6, tandis que le reste va à la consommation.

Avant guerre un système normal pouvant produire 1.800 kilogrammes acide 60° B par 24 heures était estimé 180.000 marks, mais une installation de puissance double valait 275.000 marks.

Les usines du début ont été établies à Hruschau en 1908 et 1909.

Le cube de toutes les tours, entre plomb, se monte pour ce système à environ 600 mètres cubes, il produit donc :

```
par m³ ..................................................  25 kg. 66°
ou ......................................................  30 kg. 60°
ou ......................................................  37 kg. 50°
```

d'acide en 24 heures. La production se répartit comme suit d'après M. *Hartmann* (*Zeitschrift für angew. Chemie*, 1911).

```
la 1re tour produit environ ..............................  20 %
la 2e tour    »        »     .............................  30 %
la 3e tour    »        »     .............................  50 %
```

Après la 3e tour l'acide sulfureux est oxydé, et les trois dernières tours servent surtout pour retenir les gaz nitreux.

Dans certains cas, on a employé uniquement du coke pour les remplissages, mais il existe normalement entre la 5e et la 6e tour un filtre à coke pour retenir l'acide à l'état vésiculaire.

En résumé, l'avantage du système serait une économie dans les frais d'installation, la consommation du plomb et l'espace nécessaire.

Le débit des acides, la teneur de chacun d'eux en produits nitreux, la température des chambres et des acides, sont à surveiller de très près, car, en raison de la forte production par mètre cube, un dérangement dans l'allure de la chambre se traduirait par une augmentation très sensible de consommation nitrique et une usure anormale du plomb.

Le *Chemical Engineering and The Works Chemist* (août 1920) à reproduit certaines données intéressantes du 56e rapport du Chef Inspecteur of Alkali Works), concernant une installation chez MM. *Chance* et *Hunt*.

Appareils comparés	SO_2 % dans l'entrée	SO_2 % à la sortie	SO_2 % transformé dans la tour
Glover	5,89	5,34	8,8 %
1re tour	7,75	6,7	13,5

Dans le Glover les gaz passent en 40 secondes environ, tandis que dans la tour n° 1, ils mettent environ 2 minutes.

Dans les tours ultérieures la production est sensiblement plus élevée.

En 1911 la comparaison entre un système de chambre et le système des tours s'établissait, d'après des renseignements particuliers, comme suit, en Allemagne (en marks-or = 1,25 francs or).

Bâtiment 400 m. environ, 13 m. environ de haut. à 50 marks le m²		20 000
Maçonnerie des 6 tours, environ 230 m³ à 20 marks		4 600
Ancrages, ferrures, 6 400 kg à 40 marks % kg		2 560
Plomb, 9 400 kg. } Main-d'œuvre }		36 000
Bois, 60 m³ à 65 marks		3 900
Remplissage { 47 000 briques grès	13 000	
142 000 cylindres	14 000	
Jonctions entre tours	3 200	33 500
Coke pour dernière tour, 120 000 kg.	2 800	
Moteur électrique et ventilateur		1 800
Divers		12 640
Total		115 000

Alors que pour une installation par chambres de plomb de même importance (18.000 kilogrammes acide à 60° B. par 24 heures), il fallait compter environ 3.500 mètres cubes, correspondant à une dépense double de celle indiquée plus haut.

Système de tours Duron. — M. *Duron* a breveté en 1913 (Br. ang. 2.408, Br. fr. 453.733) son système A. G. D. composé de six tours de dimensions différentes.

La première qui sert de tour de concentration ramène tout l'acide produit à un degré uniforme, au moins 60° B ; la seconde travaille à peu près comme un Glover et reçoit de l'acide des tours n⁰ˢ 3, 4, 5 et 6, on y maintient 57° B. maximum.

Les troisième et quatrième sont celles où a lieu la production et arrosées en partie par l'acide picrique on y ajoute l'acide sulfurique et l'eau si nécessaire, pour obtenir environ 55° B.

Les cinquième et sixième ne sont autres que des Gay-Lussac.

L'acide est élevé sur les tours, sans l'intermédiaire d'aucun réservoir, au moyen des pompes centrifuges et de monte-acides continus.

Les gaz sont répartis par un conduit central ils entrent par le dessus et sortent à la partie inférieure où se trouvent divers orifices qui permettent d'en faire une répartition régulière au-dessus du remplissage.

Les tours, dont deux seulement doivent être abritées, (les autres étant construites à l'air libre), sont côniques (genre de construction analogue à celui employé pour les cheminées d'usine) ; leur stabilité étant très grande, l'armature en charpente a pu être supprimée.

L'emplacement nécessité serait environ le 1/4 de celui demandé pour un système de chambres de plomb de même puissance, et la disposition générale est figurée dans le schéma figure 201 indiqué par M. *Duron* dans une brochure qu'il a bien voulu nous communiquer.

Carmichael et *Guillaume* (Br. ang. 15,679 de 1913) ont employé une série de chambres verticales, ou des tours indépendantes, alternativement avec et sans emplissage.

On trouve dans *A Manual of chemical Plant* de S.-S. *Dyson* des détails dont nous extrayons les renseignements ci-après :

Il existe 6 tours reliées entre elles de façon à ce que :

la tour 1 reçoit l'acide nitreux de la tour 6 et fabrique...... 20 %
    »   2   »   »   5   » ...... 30 %
    »   3   »   »   4   » ...... 50 %

L'acide fabriqué dans les tours 1, 2, 3, 4, 5 est collecté dans un réservoir central, et on le fait passer sur la tour 1 en mélange avec l'acide du 6, afin de les dénitrifier.

L'acide nitrique est ajouté dans l'acide destiné à alimenter la tour 2 et les trois dernières chambres refroidies.

La production serait 5 fois celles des chambres ordinaires et il faudrait seulement 1 1/2 pied cube par livre de soufre grillé et par 24 heures (32,7 kg. SO_4H_2 par m³).

L'armature est en acier.

Wyld (*Manufacture of sulphuric acid*, p. 83), a décrit une installation de 10 tours de 6 mètres de haut et 6 pieds carrés (1,83 × 1,83) de section garnies avec le remplissage de verre *Wyld* et *Shepherds* (Br. ang. 19001, 8317 et 839), fournissant 120 tonnes acide à 146 Tw (61° B) par semaine. La circulation est la suivante ; l'acide des tours 1 et 2 est dirigé aux nᵒˢ 9 et 10. Ceux de 3 et

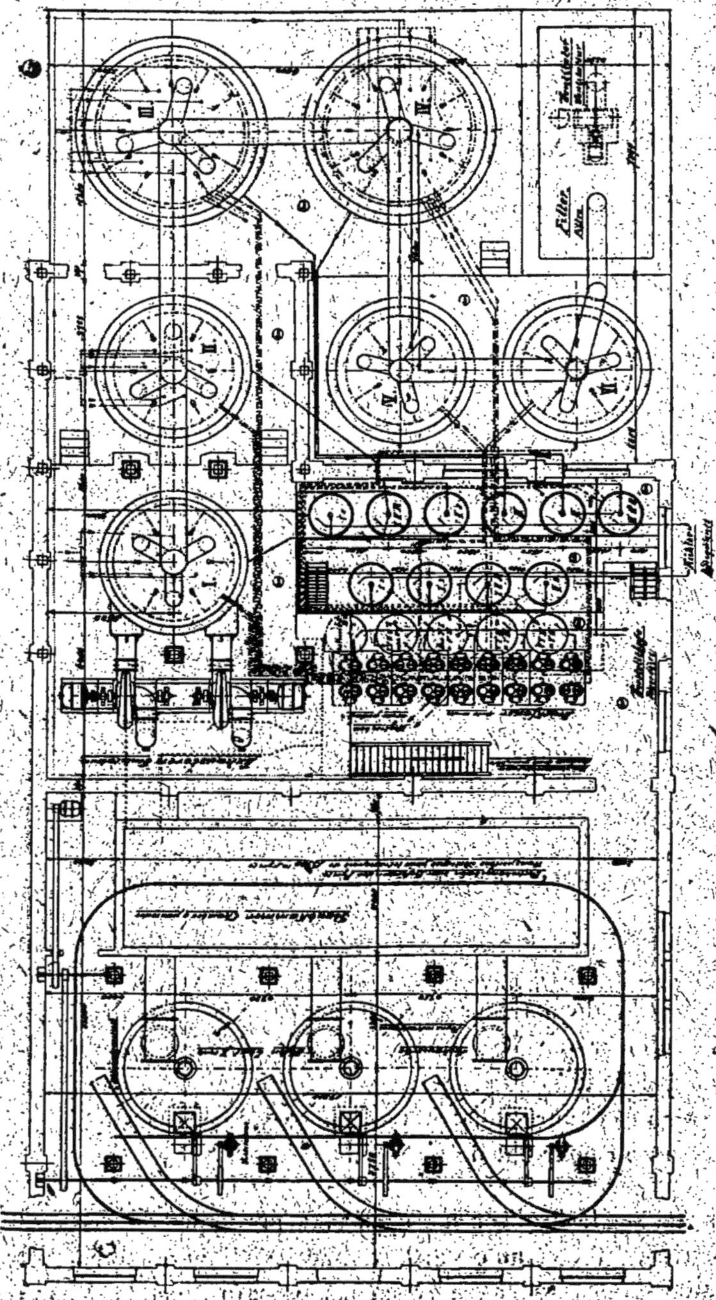

Fig. 201. — Système de fabrication avec tours AGD Duron.

4 vont à 7 et 8, ceux de 5 au 6 et inversement. La production correspond à 0,6 pied cube par livre de soufre en 24 heures (81 kg. SO_4H_2 par m^3). Le ventilateur est disposé entre le Glover et le n° 1, l'acide évacué provient de cette dernière.

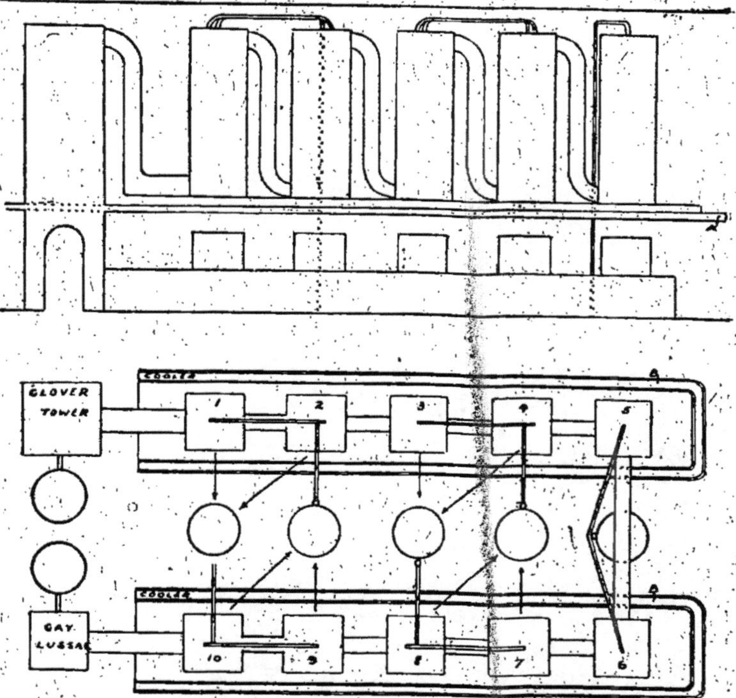

Fig. 202. — Installation de tours avec remplissage de Wyld Shepherd.

Procédé Larison. — Brevet américain n° 1.342.024, 1er juin 1920, *M. Am. Fairly* a publié dans le *Chemical and Metalurgical Engineering* des détails intéressants sur le « packed-cell process » avec cellules en briques spéciales remplaçant les chambres et réduisant à un chiffre infime la dépense de plomb. Au point de vue de la production par mètre cube, ce système serait comparable à celui de *Opl* et aurait pour but de :

Principes. — I. Réaliser un appareil dans lequel le mélange gazeux puisse être, comme dans la tour de Glover, en contact aussi intime que possible, avec un acide sulfurique de densité telle qu'il ne puisse absorber ou dissoudre des quantités appréciables de produits nitreux.

II. Régler la température des gaz par circulation en contact direct de quantités convenables d'acide faible froid.

III. Éliminer la chaleur dégagée pendant la réaction aussi bien que celle initiale, par radiation à travers des parois en plomb, grâce à des tours en matériaux réfractaires aux acides, renfermant un remplissage interne convenable.

celles des anciens systèmes, à l'exception d'une certaine quantité de gaz suivant une marche descendante entre les Gay-Lussac.

Roulement nitreux. — Pour arriver à une production aussi élevée il fut nécessaire d'augmenter notablement la proportion d'oxydes nitreux dans le mélange gazeux général.

Avec des chambres de plomb ordinaires dans lesquelles le cube nécessaire pour une livre de soufre est de 8 à 10 pieds cubes (soit 4,9 à 6,13 SO^4H^2 par mètre cube), le roulement oscille de 21 à 25 parties de nitrate de soude pour 100 de soufre, tandis que, dans le procédé ci-dessus, il a fallu 70 parties soit environ le triple, cela à cause du court séjour des gaz dans l'appareil (20 minutes).

Résultats. — D'après *Wells* et *Fog* la consommation de salpêtre fut de 6 °/₀ du soufre contenu dans l'acide produit, puis baissa à 4,8 °/₀, et les essais effectués sur les gaz sortant de la tour Gay-Lussac, permirent de prévoir qu'avec un cube supplémentaire de celle-ci on arriverait au-dessous de 4 °/₀.

Le degré nitreux de l'acide sulfurique variait de 70 à 80 onces de salpêtre par pied cube (1 once avoir dupois 28,3494 gr.).

La quantité d'eau nécessaire pour refroidir les acides était d'environ 2 500 gallons par tonne d'acide à 60 produit (9 m³ 450), et la pression des gaz à la sortie du ventilateur soufflant sensiblement 1,2 pouce (30 millimètres).

La force nécessaire pour les pompes et machines atteignit 2 HP par tonne d'acide à 60.

La proportion d'acide circulant sur les Gay-Lussac représentait à environ 300 °/₀ de la production journalière exprimée en acide à 60° B., et le rendement 44 k. 3 par m³ en 24 heures.

La quantité introduite dans les tours correspond à environ 19 tonnes à 50° B. par tonne d'acide à 60° B.

Le coût d'installation a, paraît-il, été réduit de 40 à 50 °/₀ et l'espace diminué de 80 °/₀.

Après détermination des conditions de marche une partie du revêtement fut enlevée pour vérifier s'il y avait eu détérioration.

par des acides, ou gaz, ayant passé à travers la paroi. On trouva
que l'attaque due aux gaz était négligeable et celle attribuable
aux acides très petite. La pénétration de l'acide ayant rendu
la paroi humide à une distance de quatre pouces (0 m. 10),
une paroi plaquée fut posée à deux pouces (0 m. 050) d'éloignement de la paroi principale et réunie à cette dernière par un
intervalle rempli de briques. En autres termes, on fit une paroi
étanche pour les gaz et une sèche, propre, extérieure.

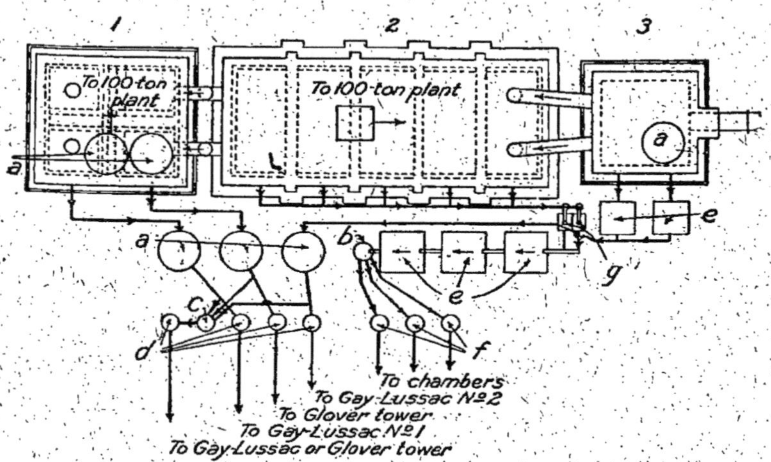

Fig. 204. — Usine d'acide Anaconda (Plan).

Les gaz, provenant de fours à concentrés de cuivre, passaient dans
une chambre à poussière puis, aspirés par un conduit de 24 pouces
(0 m. 60) isolé au moyen de calorifuge à base d'amiante, étaient
envoyés dans le système en question par un ventilateur soufflant
en fonte, avec refroidissement d'eau, situé entre les fours et la tour
de Glover. Pour élever les acides on se servit de moto-pompes
centrifuges qui, pour l'acide à 60° étaient en fer et, pour l'acide
faible, en plomb, ou avec revêtement de plomb.

Deux réfrigérants de $4 \times 4 \times 4$ pieds ($1^m25 \times 1,25 \times 1,25$)
et munis chacun de 4 tuyaux de 1 1/2 pouce (37 millimètres) refroi-
diissaient l'acide du Glover et des tours à réactions qui possédaient
chacune leur distributeur.

On envoyait de l'acide froid sur la première tour, et de l'acide chaud sur l'avant-dernière, de manière à y maintenir une température favorable à la réaction. La dernière des cinq tours recevait d'abondantes quantités d'acide froid, afin d'abaisser la température du mélange des gaz avant l'entrée dans le premier Gay-Lussac L'eau nécessaire était fournie par des pulvérisateurs, celle à additionner aux acides coulant dans les tours à réaction s'ajoutait dans les distributeurs placés sur le ciel des tours.

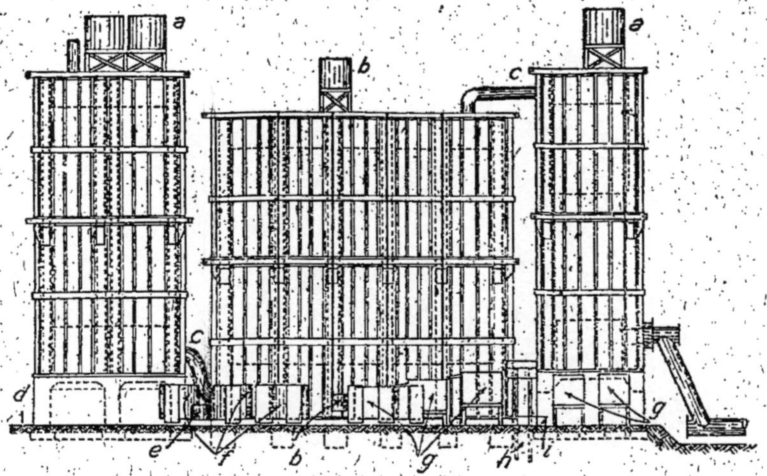

Fig. 205. — Élévation de l'usine Anaconda.

A la mise en marche (mai 1919) on employa des gaz d'une composition très irrégulière, et cependant la production moyenne d'acide, pour une période de plusieurs mois, ressortit à 4 livres d'acide à 60 par pied cube (ou 64 kilogrammes par mètre cube de tour), ou encore un pied cube tours à réaction produisait l'acide provenant de une livre de soufre ; fin 1921 la fabrication journalière était de 21 tonnes d'acide à 60.

Construction. — Au lieu d'établir d'abord une armature en acier et d'y suspendre le plomb, puis de procéder à la mise en place de la maçonnerie intérieure et du remplissage, on fit l'inverse.

Les planches de plomb étaient suspendues à une armature assez faible, reposant elle-même sur des consoles s'étendant le long des parois des murs transversaux, et c'est la maçonnerie qui supportait le poids du plomb.

Les joints furent confectionnés avec un mélange de quartz naturel (Dillon rock) broyé, passé au tamis n° 100, puis mélangé avec du silicate de soude à 30° B.

Un chiffre assez curieux est celui relatif au travail des maçons, la moyenne de pose par homme et par jour fut de 800 briques.

Fig. 206. — Vue de l'usine d'acide de l'Anaconda avant que les tours
aient été recouvertes de plomb

Une installation de ce genre aurait pu être étudiée sans plomb mais, dans ce cas, de nombreuses conditions devenaient indispensables : calibrage parfait des briques, mise en place irréprochable, verticalité absolue, etc., etc., obligeant à un choix spécial et une lenteur relativement grande, occasionnant une dépense supplémentaire diminuant l'économie du plomb.

Enfin toute protection contre les intempéries était inutile, sauf dans les parties de l'installation renfermant les réservoirs et pompes.

La surface de l'installation occupée était de 40 pieds sur 80 tout compris (12 mètres × 24 mètres).

M. *Maugé* a décrit dans le *Phosphate* (1920, n° 1308, p. 147), le procédé de la *Chemische fabrik Griesheim Elektron* basé également par l'oxydation de l'acide sulfureux au moyen d'acide nitrique en excès dans des tours. Voici quelques-unes des remarques les plus caractéristiques :

I. L'excès d'acide nitrique doit être tel que la conversion de SO^2 en SO^4H^2 se fasse presque instantanément, dans le cas contraire il n'y a pas conversion intégrale des produits nitreux en oxydes supérieurs et par conséquent pertes.

II. La transformation des oxydes nitreux en acide nitrique exige un minimum de temps de 4 minutes.

Un four de grillage d'une puissance de 10 tonnes par 24 heures, qui peut fournir à la minute 40 mètres cubes de gaz, exige un minimum de $4 \times 40 = 160$ mètres cubes, soit 200 pour être à l'aise.

III. Non seulement le liquide d'absorption doit présenter une très grande surface de contact, mais il faut éviter que sa température dépasse sensiblement 30° C.

De plus la teneur en AzO^3H de ce liquide, dans les 40 à 50 % de la capacité, ne doit pas être supérieur à 13 %.

Industriellement, les gaz des fours passent d'abord dans le Glover, puis dans des tours arrosées d'acide nitrique à 30/35° B. La rapidité de réaction est telle que 30 mètres cubes sur les 200 suffiraient pour l'oxydation, le reste sert pour la régénération.

L'acide obtenu dans le début a 50/54° B. et contient 1 % AzO^3, il est dénitré dans le Glover.

Le mélange gazeux est conduit dans des tours arrosées d'acide nitrique ou de sulfonitrique qui, après concentration, retournent aux tours d'oxydation. Les gaz entrent ensuite dans des tours arrosées d'acide nitrique de plus en plus faible, 10-25° B. dans les premiers, puis 0-13 dans les autres, on arrive ainsi à régénérer de l'acide nitrique à 36° B.

Quand on n'emploie, comme dans le Gay-Lussac, rien que de l'acide sulfurique pour l'absorption ; il faut une moins grande capacité de tours ; mais il n'est pas possible d'oxyder la quantité totale de AzO.

Chemische Fabrik Griesheim Elektron, Frankfurt-a-Main.

D. R. P. 229.565 du 16 avril 1909, addition au brevet 226.610 (*Chem. ztg. Repertorium*, 1910, page 527) a trouvé que le travail le plus rationnel a lieu en tenant la température dans des limites,

35°-65°, dans les parties de l'appareil où on oxyde l'anhydride sulfureux en acide sulfurique, (tours d'oxydation et plus spécialement les parties supérieures de ces tours). Dans le cas contraire une partie de l'acide nitrique agit peu ou pas.

Le fait serait surtout important pour un acide de circulation de 56-58° B. Au-dessous de 35° la réaction marche très lentement. Il est préférable de tenir le liquide, qui circule au-dessus des tours d'oxydation, à 50°.

Chambres rondes Moritz, type « Nevers »

Un groupe de ce type comporte un certain nombre de chambres relativement hautes à section circulaire.

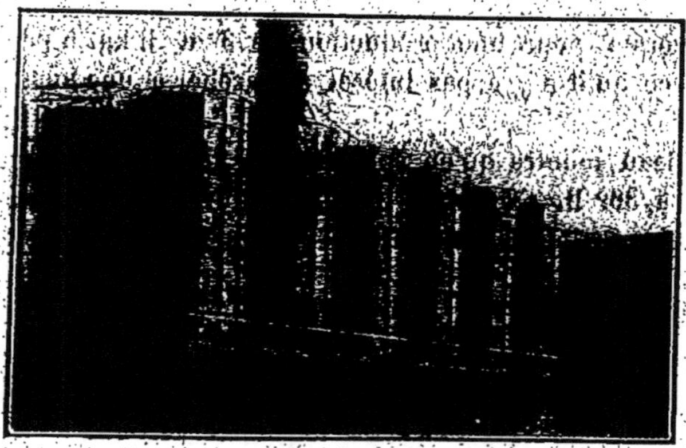

Fig. 207. — Chambres rondes Moritz.

La construction en est extrêmement facilitée ; il suffit, pour porter le plomb, d'une simple carcasse sans aucun bâtiment.

Ce système tend à réduire les frais de premier établissement et, lorsque les conditions locales le permettent, d'abriter les chambres, par les bâtiments voisins, contre la pluie et les bourrasques qui risquent d'en dérégler la marche.

Elles sont surtout à leur place dans les petites installations.

Le tableau ci-après, communiqué par *M. Moritz*, établi d'après la moyenne d'observations faites sur de nombreux systèmes qu'il a installés, indique les variations de la consommation d'acide nitrique 36° B., en fonction de la production d'acide sulfurique exprimée en kilogrammes d'acide à 53° B. par mètre cube de chambre et par 24 heures.

Production acide 53° B par m³	3 kg.	4 kg.5	6 kg.	7 kg.5	9 kg.	10 kg.5	12 kg.	13 kg.5
Construction ordinaire	5,35	6,55	7,35 A					
Type Wasquehal	3,60	4,70	5,90	7,35	8,70			
Type Paimbœuf.			4,00 B	4,60	5,40	6,20	7,15	8,35
Type Nevers			4,40 B	5,00	5,90	6,80	8,40	

A) Production pratique maxima de ce type de chambre.

B) On n'indique pas la consommation des types « Paimbœuf » et « Nevers » pour une production de 3 et 4 kg. 5 par mètre cube, parce qu'il n'y a pas intérêt à marcher à une aussi faible allure.

Ce tableau montre qu'en consommant 8 kilogrammes d'acide nitrique à 36° B. par tonne d'acide sulfurique 53° B, on peut produire approximativement :

Acide 53° B
par m³ de chambre et 24 h.

Avec les chambres ordinaires.....................	6 kg.
» » type « Wasquehal »...............	8,25
» » » « Nevers »...................	11,70
» » » « Paimbœuf »...............	12,90

On pourrait obtenir davantage par mètre cube en augmentant la dépense d'acide nitrique. D'après *M. Moritz* l'entretien, même après 7 à 10 ans de marche, reste pratiquement insignifiant, il ajoute que ces chambres ne demandent que peu de surveillance, et donnent des productions considérables sans arrosage extérieur. Il estime que ce dernier augmente le prix de revient par excès de consommation nitrique qu'il coûte beaucoup plus cher d'installation, et entraîne une dépense supplémentaire de force motrice pour le pompage de l'eau.

Dans son brevet français 543.673, 18-11-1921) il active le refroidissement des tours de tête grâce à des tuyaux de plomb réfrigérants en bas et en haut de chaque tour, (fig. 208) ou répartis convenablement, puis il utilise l'eau échauffée dans cette opération pour réchauffer les tours de queue.

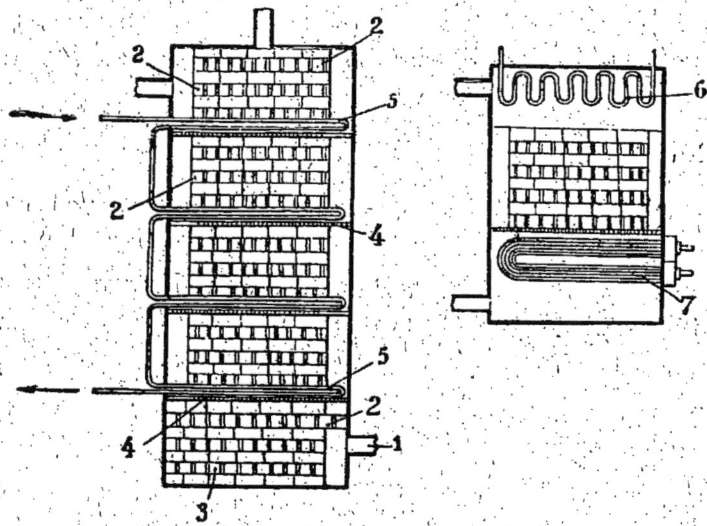

Fig. 208. — Dispositifs Moritz de refroidissement et cloisonnement.

Des cloisonnements horizontaux en matériaux perforés ne laissent, en pratique, passer que l'acide et obligent les gaz à circuler horizontalement.

Chambres à serpentins ou faisceaux

Une autre méthode de brassage des gaz, consiste dans la substitution, aux grandes chambres, de petits éléments dont la forme, et les dimensions, varient suivant les installations (serpentins, faisceaux, etc.) munis, ou non, de remplissages.

Br. 482.605 de *William-Henri Waggaman*.

L'inventeur continue à se servir des tours de Glover et de Gay-Lussac, mais substitue aux chambres ordinaires deux serpentins (ou même davantage) en plomb ayant, par exemple, un diamètre égal à celui des conduits employés pour la connexion des chambres. Le refoulement des gaz chauds de haut en bas, dans le premier serpentin qui peut être facilement refroidi, tend à les mélanger intimement et abaisse leur température, ensuite vient un second serpentin semblable et relié au premier où le mouvement se fait de bas en haut, ce tuyau pouvant être chauffé artificiellement s'il est nécessaire, pour amplifier les réactions et permettre une conversion complète.

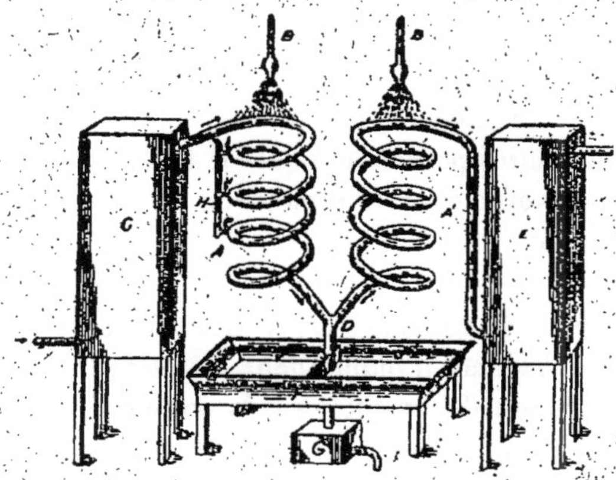

Fig. 209. — Procédé Waggaman.

A et A' désignent deux serpentins en plomb employés en place des chambres. L'extrémité supérieure, ou entrée du gaz, de A est reliée directement à une tour de Glover C. L'extrémité inférieure, ou sortie, du serpentin A correspond à l'extrémité inférieure ou entrée du serpentin A'.

Les parties inférieures des deux serpentins sont reliées à une cuve à acide G par le tuyau commun D. La sortie du serpentin A' rejoint à la partie inférieure de la tour Gay-Lussac E également du modèle usuel.

B et B' sont des pulvérisateurs d'eau, servant à régler la température des gaz réacteurs en A et A'.

F est un bassin, en métal ou en poterie, divisé en deux cuvettes *f* et *f'* pour recueillir l'eau s'égouttant de A et A' respectivement.

H figure un tuyau pour l'eau, ou la vapeur, injectée dans le premier serpentin A par des ajutages *i*, *i'* et *i''*.

Pendant le fonctionnement, les gaz chauds venant de la tour de

Glover entrent dans le serpentin A et sont refoulés de haut en bas. Les ajutages i, i' et i'' fournissent l'eau nécessaire pour la production de l'acide sulfurique. La température des gaz dans A est abaissée, au besoin, par le pulvérisateur B amenant de l'eau froide de la cuvette f. Les gaz restant sont ensuite aspirés par le serpentin A' qui peut être chauffé par le pulvérisateur B' amenant de l'eau chaude de la cuvette f.

La résistance opposée par les gaz chauds à la descente dans de A, et celle opposée par les gaz plus froids à la montée dans le serpentin A', jointes à leur changement constant de direction, les mélangent intimement. De plus l'étendue considérable de surface des serpentins permet de régler la température des gaz dans des limites favorables à la production et la précipitation de l'acide sulfurique.

Système Kaltenbach (Br. fr. 511.003 du 17-8, 1920).

M. Kaltenbach a publié dans *Chimie et Industrie* (avril 1920) une étude fort documentée sur la production de l'acide sulfurique dans les chambres de plomb et formule contre ces dernières les critiques suivantes :

a) Impossibilité de régler la température de réaction pour lui donner une valeur aussi voisine que possible de la zone de production maxima ;

b) Insuffisance de mise en contact des gaz et des liquides appelés à réagir les uns sur les autres ;

c) Mauvaise utilisation des surfaces de plomb dont le coefficient de transmission n'atteint pas même 5 calories par mètre cube par heure et par différence de degré ;

d) Volume énorme, mal utilisé et installation coûteuse.

Il a cherché au contraire à réaliser :

e) Une élimination des calories au voisinage immédiat de leur lieu de dégagement ;

f) La possibilité de régulariser, à tout moment, la température et la concentration dans les zones de réaction, de façon à lui donner la valeur reconnue la plus favorable ;

g) La mise en contact, d'une façon aussi intime que possible, des gaz et des liquides appelés à réagir les uns sur les autres.

Dans son procédé, les chambres sont remplacées par des faisceaux composés de tubes identiques, de faible diamètre, remplis d'une matière poreuse (fig. 210). Leur forme, ainsi que leur diamètre et leur nombre, dépendent du volume de gaz à traiter et de la pression motrice. On peut les refroidir extérieurement par une circulation d'eau, dont la vitesse est réglée par le robinet 7, de façon à maintenir la température intérieure à un degré déterminé.

Les gaz des fours pénètrent par le conduit 2 dans le Glover, à la partie supérieure duquel ils sortent par le conduit (3) qui les amène dans le premier faisceau (4). Des dispositifs de réglage assurent l'égale répartition du courant gazeux et celle des liquides dans un même faisceau dont les tubes peuvent être isolés au moyen des valves 8 et 9 pour permettre des nettoyages ou réparations, ou même diminuer tout simplement le nombre d'éléments si on veut produire moins.

De ce premier faisceau les gaz vont dans les suivants (10) puis gagnent le Gay-Lussac (11).

Le mouvement des liquides s'effectue ainsi :

L'acide sulfurique nitreux du bas du Gay-Lussac (12), est dirigé sur le Glover (1) au bas duquel il passe dans le réfrigérant (16).

De là une partie est envoyée par la pompe 17 dans le bac d'alimentation du Gay Lussac (18) et le reste dans les réservoirs bacs pour la livraison au commerce, par la tuyauterie 19.

Les faisceaux 4-10 sont alimentés par les bacs 20 renfermant un mélange de divers composants provenant :

1º Par la tuyauterie 21, de l'acide du faisceau suivant, recueilli dans le bac 22 et élevé par la pompe correspondante.

2º De l'acide sulfurique nitreux amené par 24.

3º De l'acide à 60 du Glover amené par 25.

4º De l'eau amenée par la tuyauterie 26.

5º De l'acide provenant du bac inférieur (22) du même faisceau amené par la tuyauterie 22.

A. *Burckhard* (*Le Phosphate*, nº 1.308, p. 146), a proposé l'emploi de tours contenant des dispositifs obligeant les gaz, provenant des fours, à barboter dans l'acide qui retient les impuretés et cède une certaine quantité d'eau. Ils passent ensuite dans des cou-

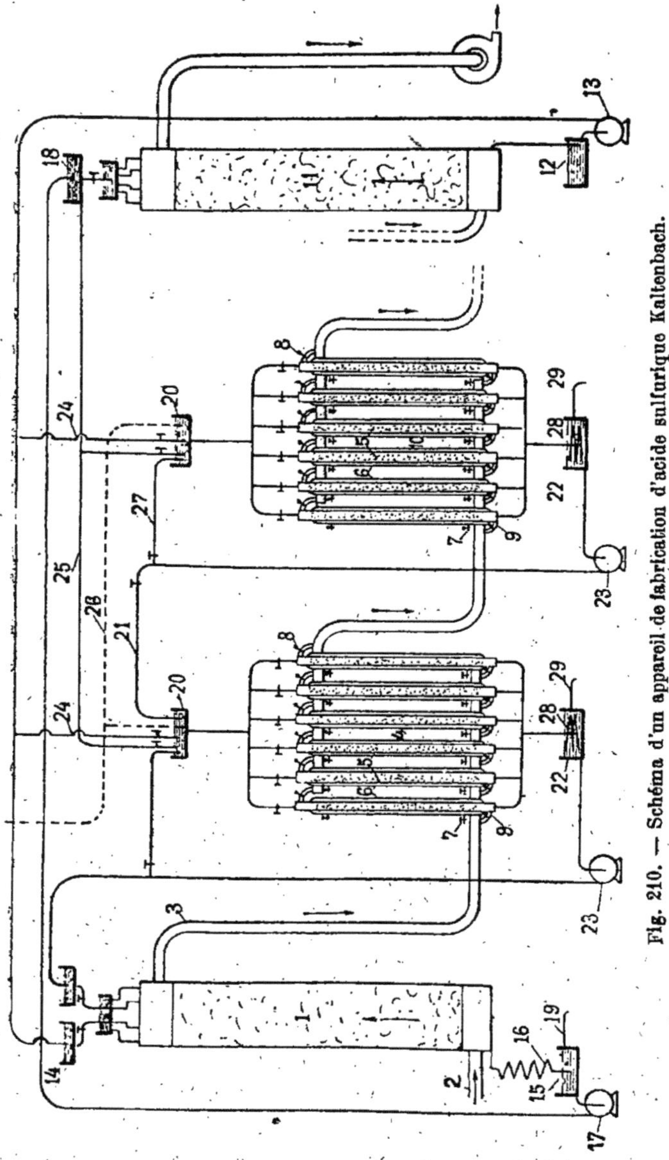

Fig. 210. — Schéma d'un appareil de fabrication d'acide sulfurique Kaltenbach.

pelles superposées contenant de l'acide sulfurique et agencées de façon à obtenir un barbotage énergique tout en maintenant un joint hydraulique. Dans les coupelles inférieures, les gaz chauds provoquent une élimination d'eau, et une concentration d'acide, dans celles du dessus ruisselle l'acide nitreux.

Les gaz dégagés sont entraînés dans des espaces remplis de matériaux de remplissage, arrosés d'acide à 60 qui absorbe les produits nitreux, et auquel on ajoute l'acide nitrique complémentaire, qui coule dans les coupelles supérieures. Les gaz dénitrés sont ensuite évacués. Il est à remarquer que l'acide 60 et les gaz vont dans le même sens, de haut en bas.

L'auteur a proposé également d'autres dispositifs basés sur le même principe, c'est-à-dire humidification préalable des gaz avant de les faire réagir sur l'acide sulfurique nitreux. Nous ignorons les résultats obtenus en pratique.

Systèmes divers de brassage ou de refroidissement des gaz

Nombreux ont été les systèmes proposés pour obtenir soit un brassage aussi parfait que possible des gaz, soit à la fois brassage et refroidissement.

Ils ont été réalisés au moyen de :

Dispositifs fixes, métalliques ou en matériaux inattaquables, à l'intérieur des chambres ou ailleurs.

Dispositifs mécaniques.

Tuyauteries spéciales à l'intérieur ou l'extérieur.

L'emploi de tours garnies de briques de grès a fait l'objet du brevet *Kaufmann* (Br. all. 226.219).

Heinz (Br. all.) se sert de tours dont une partie, ou la totalité, contient des matériaux de remplissage, sur lesquels ruisselle de l'acide sulfurique nitreux.

Le garnissage en grès de tours a été préconisé par *Steuler* et Cᵒ avec joints en ciment spécial.

Mackenzie (Br. angl. 19.084, 1913), se sert de longs tunnels en matières inattaquables aux acides, contenant des récipients en plomb également munis de ces matériaux, où les gaz rencontrent l'acide, envoyé par une pompe centrifuge ou autrement.

Volberg (Br. all. 263.724) garnit les tours de cylindres contenant du coke afin de permettre un passage régulier de gaz.

Wedge donne aux tours (Br. am. 1.104.590), 21 mètres de haut et 10 pieds carrés de section, les gaz entrent alternativement par le haut et par le bas et rencontrent un ruissellement d'acide et la vapeur. Les températures constatées furent 620° après les fours, 135 après le Glover et 88° après 8 rangs de 9 tours (soit 72).

Hartmann (Br. all. 282.747) intercale, entre les tours de réaction et le Gay-Lussac, une tour supplémentaire, garnie de coke ou des matériaux habituels, alimentée avec de l'acide sulfurique. Le Br. all. 284.636 de *Hartmann et Benker* décrit un système à 6 tours avec anneaux ou remplissages, dans lesquelles 1, 2, 3 produisent l'acide où 1 est relié à 5, 2 à 6.

Brulfer (Br. français, 220.402) augmente le rendement d'une chambre de plomb, de cube donné, en la munissant de cloisons en briques creuses, et jeux de tuyaux à circulation d'air, diviseursréfrigérants, destinés à absorber l'excès de chaleur des masses réagissantes.

L'utilisation du verre pour diviser et brasser les gaz, puis faciliter la condensation de l'acide fut signalé par *Ward* en 1861 (Br. angl. 1.006) et des études publiées, à ce sujet, par *Martear* (*J. Soc. Chim. Ind.*, 1884, p. 228).

Walter et Boung (Br. all. 71.908) employaient d'autres matériaux résistant aux acides dans le même but, *Gossage*, et de nombreux inventeurs, voulurent appliquer aux chambres le principe de remplissage avec du coke en l'humidifiant avec l'eau ou la vapeur, mais la production par mètre cube ne fut pas augmentée et la consommation de nitrate devint plus grande.

Littmann (Br. all. 281.005) remplit les tours de tuyaux, et dispose les connections de manière à ce que le haut de l'un communique avec le fond de l'autre. Son brevet 281.537 ajoute certains perfectionnements.

Pfannenschmid (Br. all. 346.187, 1-8-1919) constitue ses chambres par des cadres assemblés que l'on remplit de matériaux inattaquables aux acides.

G. Klinger (D. R. P., 74.314), partisan d'un travail à température élevée, établit le contact du SO^2 avec les gaz nitreux dès les chambres à poussières, et continue ensuite avec des installations connues de refroidissement, lavage et condensation.

Harney (Br. am. 1.457.164, 29-5 1923) opère sur un mélange SO^2 et produits nitreux, qui suivent préalablement un assez long trajet puis, en présence d'eau passent par des tours à barbottage.

Fromont (Br. Fr. 375.117) développe la surface de refroidissement en se servant de parois ondulées et de ciel à forme elliptique également ondulé. Les piliers peuvent être en fer, une circulation d'air est réservée entre les parois de plomb et l'armature.

Un refroidissement des gaz, dans les chambres ou les tours, a été breveté par M. *Pratt* (Br. am. 715.142, 1902) au moyen de dispositifs externes renfermant un agent convenable.

G. et Davis (Br. angl. 20.012, 1904) relient les chambres par une série de tubes de communication de petit diamètre qui servent à refroidir et mélanger les gaz.

Cellarius (Br. all. 166.745) récupère, ou provoque la condensation, de l'acide contenu dans les gaz en les faisant passer dans des cylindres concentriques perforés.

Curtius et C° (Br. angl. 28.550, 1913) introduisent les gaz à température relativement basse dans la 1re des tours en séries.

Burgemeister établissent des tuyauteries de plomb, allant du ciel de la chambre au bas, ayant 0 m. 40 à 0 m. 50 de diamètre et refroidies par un passage d'air.

Hartmann donnait à ses cylindres refroidisseurs, qui divisaient les gaz, un diamètre de 1 m. 50 à 1 m. 80.

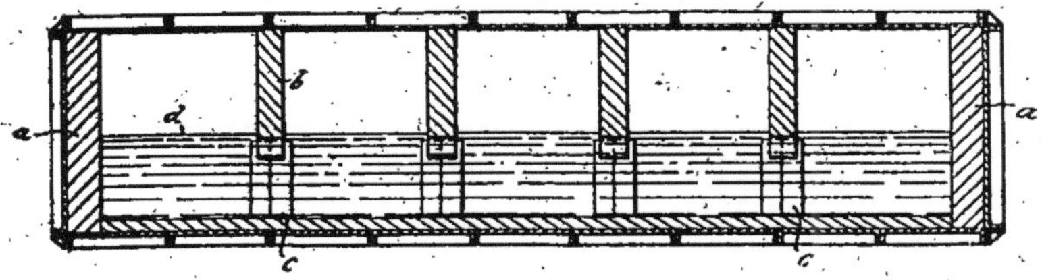

Fig. 211. — Système South Metropolitan Gas et Parish à barbottage.

Le South Metropolitan Gas C° *et Parish* (Br. angl. 156.328) décrit des caisses subdivisées en compartiments séparés par des cloisons, où les gaz passent successivement dans de l'acide sulfurique nitreux. Les cloisons suspendues au ciel plongent de 0 m. 10, il y a plusieurs caisses en matériaux inattaquables disposées en série.

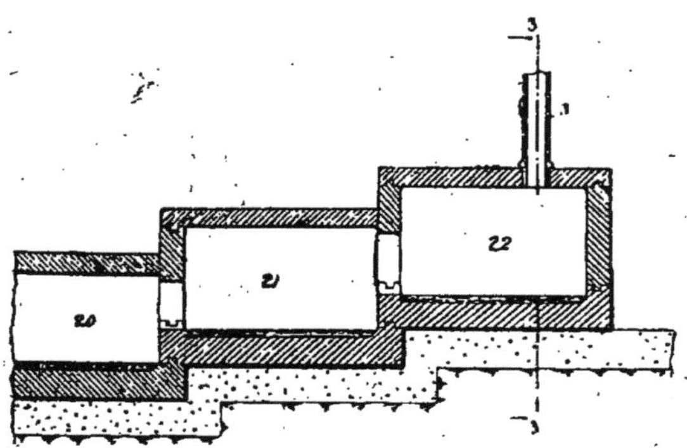

Fig. 212. — Appareil Helbronner Pipereaut.

Quinone (*Chem. Age*, 1922, p. 872) emploie un cylindre vertical garni de diaphragmes, ou plaques perforées, dans lequel les gaz sortant du Glover, et mélangés de vapeur d'eau, rencontrent, en montant, de l'acide nitrosylsulfurique de composition convenable, après quoi les gaz nitreux vont dans deux Gay Lussac.

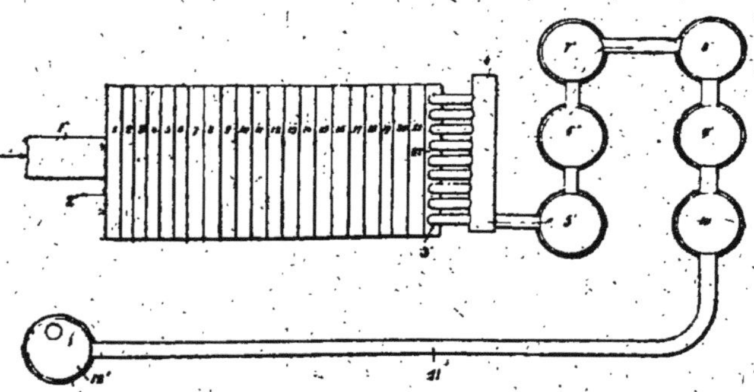

Fig. 213

Le procédé de fabrication de MM. *Heilbronner et Pipereaut* (Br. français, nº 521.782, 29-4, 1918. *Industrie chimique*, décembre 1921), permettrait d'obtenir directement un acide concentré dans des appareils pouvant être construits entièrement en lave de Volvic.

L'appareil se compose, par exemple, de 22 cellules disposées en cascade. La dernière est munie de tuyaux verticaux, avec base en Volvic et la partie supérieure en plomb qui refroidis extérieurement par l'eau, aboutissent à un collecteur horizontal relié à une série de tours en plomb de diamètre restreint et mu nies de cuvettes (fig. 212 et 213).

L'acide nitrique est ajouté dans la 6e cellule, tandis que l'eau, l'acide faible, et l'acide sulfurique nitreux, sont introduits séparément dans la 8e cellule.

Avec cet appareil, les composés nitreux sont régénérés dès qu'ils ont agi, au lieu d'en laisser la majeure partie parcourir tout le système. On peut marcher très vite et obtenir un nitreux titrant environ 50 grammes d'Az^2O^3 au litre, ce qui est très favorable pour augmenter l'activité de l'appareil.

Rabe (Br. all. 217.561, 237.561) réalise un meilleur brassage des gaz au moyen de chambres spéciales, avec dispositifs mécaniques, et son Br. all. 240.474 envisage l'utilisation de chicanes en y joignant, en cas de besoin, un refroidissement par l'eau.

J. Parent (Br. fr. 449. 035, 1911), introduit l'acide du Gay-Lussac, non plus seulement sur le Glover comme on le fait d'ordinaire, mais à l'état pulvérisé dans les chambres, ou dans des tours non munies de remplissages, situées entre chambres.

Heinz (Br. am. 728.914, 1903), également *H. Dawson*, Angleterre, E. 9, N° 135.359, 4 janvier 1919, préconisent un procédé dans lequel des colonnes de matériaux de remplissage, analogues à ceux du Glover par exemple, disposées à l'intérieur des chambres obligent les gaz à les traverser horizontalement, ces gaz étant maintenus humides par l'acide, par l'eau ou par les deux à la fois. L'acide d'arrosage provient de la cuvette des chambres ; sa distribution se fait par un système de bacs et des tuyauteries. On peut injecter de la vapeur d'eau, ou de l'eau pulvérisée, dans le haut des chambres ou sur les colonnes.

Chance et Hunt ont constitué (*Alkali Report*, 1919) en quelque sorte, de gros injecteurs mélangeurs, avec jets de vapeur formant appel des gaz à l'intérieur d'un tuyau en plomb.

Olivier (Br. am. 1.229.316), a voulu refroidir les chambres, et au besoin les cuvettes, au moyen de parois doubles permettant une circulation d'air froid.

Petersen remplace les tours par des récipients en plomb de 30 mètres cubes réunis par des tuyaux (*Chemiker Zeitung*, 1911, p. 493), il a pris une série de brevets de perfectionnement dans lesquels des remplissage en quartz modifient le passage des gaz (Br. fr. 378.454 et 382.262).

E. et T. Delplace (Br. angl. 5.058 de 1890), ont établi un système de chambre annulaire, avec siphons placés de chaque côté provoquant un mélange des gaz.

Plusieurs usines basées sur ce principe ont été établies.

Systèmes dans lesquels il y a refroidissement des parois en plomb par l'eau ou l'acide

Chambres Mills Packard, février, p. 33.

Les inventeurs avaient remarqué que, en été, après une période de chaleur suivie d'une pluie violente, la température des chambres s'abaisse en queue, les gaz deviennent plus jaunes et la marche de l'appareil plus facile, aussi, pour reproduire ce phénomène, MM. *Mills et Packard* ont imaginé un refroidissement extérieur permanent par l'eau.

Ils savaient également que, dans certains systèmes à production intensive, il y a non seulement consommation nitrique élevée, mais attaque rapide du plomb de l'appareil, dues à la forte proportion de gaz nitreux en circulation et une température assez élevée, en tête de l'appareil.

Description. — Elles *sont tronconiques avec arrosage extérieur d'eau* ; au sommet de chaque chambre existe une canalisation d'arrivée permettant d'obtenir un écoulement sur toute la paroi. A une certaine distance, en contrebas, est disposée une première gouttière destinée à recueillir l'eau et l'évacuer, soit vers l'égout, soit vers un réservoir d'où elle sera repompée sur la chambre. Au-dessous de cette gouttière se trouve une deuxième canalisation d'eau, suivie d'une seconde gouttière, pour le refroidissement d'une nouveau secteur, et ainsi de suite.

La hauteur de la chambre est divisée en cinq secteurs avec refroidissement indépendant ; l'eau qui a servi pour une section n'est pas forcément employée à la suivante. Toutefois, en cas de besoin, elle peut couler du haut en bas.

Dans ce procédé, la condensation intense due au refroidissement par l'eau, détermine un brassage énergique de gaz tandis que l'évaporation de la pellicule ruisselant sur le plomb, enlève rapidement la chaleur due aux réactions.

On peut régler le coulage sur les parois selon l'intensité de la production et la température extérieure. Les gaz entrant à la partie inférieure de la chambre et sortant par le ciel gagnent, au fur et à mesure de leur ascension, des parties de moindre section soumises à un refroidissement plus intense.

M. M. Mills Packard visent à ce que la température du plomb des premières chambres dépasse à peine de quelques degrés celle de l'eau de refroidissement, et ils affirment que pour la première chambre cette différence oscille de 18 à 30 centigrades selon les installations. Des échantillons de plomb [des chambres prélevés sur un appareil travaillant depuis 1914 indiqueraient une perte de 1,89 % pour un échantillon et aucune pour le second.

La production d'acide, comptée en 60° B. par mètre cube de chambre, varie de 16 à 22 kilogrammes. La consommation d'acide nitrique à 36° B. avec cette production, serait de 0,60 à 1 %.

Une production de 22 kilogrammes, réalisée avec les tours de « Opl » nécessite une importante circulation d'acide, une surveillance incessante, et une consommation assez élevée d'air comprimé, tandis que avec l'appareil *Mills-Packard*, le liquide à élever est de l'eau dont la dépense se monte à 300 gallons (1.362 litres) par chambre et par heure.

Les chambres anglaises sont généralement construites sans aucun abri, mais on peut en prévoir si c'est nécessaire.

Au point de vue attaque, la basse température du plomb des chambres réduirait des frais d'entretien, et les réparations seraient peu importantes.

Les vérifications faites au sujet de l'acidité de gaz sortant du Gay-Lussac ont établi qu'avec une production variant de 16 à 21 kilogrammes par mètre cube, l'acidité moyenne des gaz est de vingt-sept millièmes de gramme par pied (mesuré en SO^3).

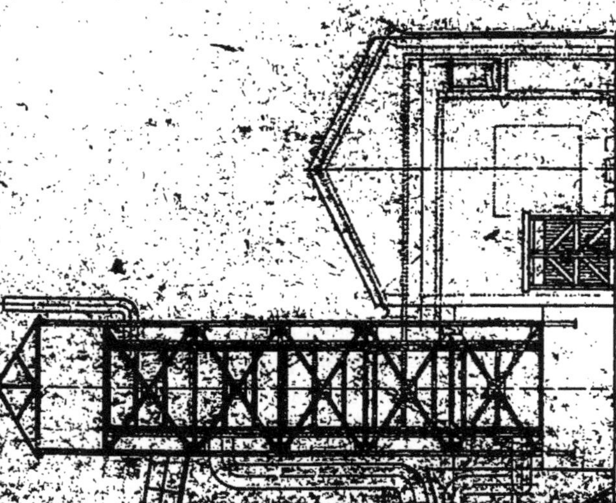

Le contrôle journalier de la marche ne présente pas de difficultés plus grandes qu'avec un système ordinaire.

La brochure dont nous extrayons ces renseignements énumère les caractéristiques de trois appareils. Le premier travaillant avec des masses d'épuration, le second avec de la blende grillée dans un four *Delplace*, et le troisième avec de la pyrite.

A) Minerai employé : Masse d'épuration.

Production : 19 kilogrammes par mètre cube (60° B.)

Acide nitrique (36° B.) : 1 °/₀ sur acide à 60° B.

Première chambre. — Température : 79 C. : Témoin 55°,8 B.

Deuxième chambre. — Température : 47 C. : Témoin 54° B.

Acidité des gaz à la sortie : 0 gr. 027 SO^3 par p. c.

Température maximum du plomb (Première chambre) : 28 C.

B) Minerai employé : Blende.

Production : 15 kg. 36 par mètre cube (60 B.)

Acide nitrique (36 B.) : 0,65 °/₀ sur acide à 60 B.

Première chambre. — Température : 49 C. Témoin 57° B.

Deuxième chambre. — Température : 54 C. Témoin 5° 56, B.

Acidité des gaz à la sortie : Inférieur à 1 grain par p. c. 28 dm³ 315.

Température maximum du plomb (Première chambre) : 19 C.

C) Minerai employé : Pyrites.

Production : 21 kg. 88 par mètre cube.

Acide nitrique (36 B.) : 1 °/₀ sur acide à 60 B.

Première chambre. — Température : 70 C. ; Témoin : 57,5 B.

Deuxième chambre. — Température : 54 C. ; Témoin : 57 B.

Acidité de gaz à la sortie : Inférieure à 1 grain 64 milligr. 7989 par p. c.

L'acide produit dans les chambres peut-être, sans aucun inconvénient, obtenu à un degré relativement élevé (57 B.).

La charpente s'établit, a volonté, en acier ou en bois ; quant au ciel des chambres, il est supporté comme un ciel de Glover ou de Gay-Lussac.

Les injections d'eau sont ménagées dans le ciel des chambres, il n'est fait aucun usage de vapeur.

Les installations habituelles comportent des chambres de 7330 pieds cubes (204 mètres cubes) de capacité, leur nombre varie de

3 à 6, et davantage, suivant la quantité de gaz sulfureux fournie par les appareils de grillage. Une installation récemment établie se compose de chambres de 11 000 pieds cubes (336 mètres cubes).

Pour une chambre de 7 330 pieds cubes là quantité d'acier nécessaire pour l'ossature est 3 1/2 tonnes. Si la charpente est en bois elle comporte 8 mètres cubes de madriers à 23 × 8.

La quantité de plomb requise pour une chambre, y compris attaches, etc. est de 12 tonnes.

Dans son intéressant rapport présenté au 2e *congrès de Chimie Industrielle* sur l'état de la fabrication de l'acide sulfurique par chambres de plomb et les perfectionnement qui y ont été apportés, Mr *P. Truchot* a fourni les précisions suivantes sur 2 types de chambres *Mills Packard.*

1er Type. Chambres de 204 mètres cubes. Hauteur 12 m. 20. Diamètre ciel 3 m. 05. Diamètre cuvette 6 m. 25.

2° Type. Chambres de 336 mètres cubes. Hauteur 14 m. 32. Diamètre ciel 3 m. 58. Diamètre cuvette 7 m. 16.

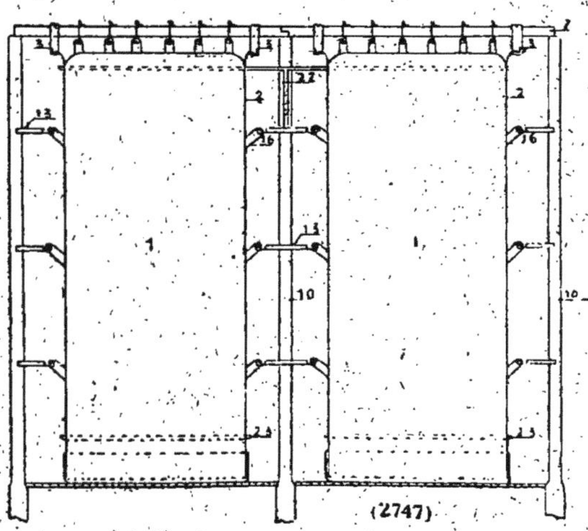

Fig. 215. — Système Moro.

Plomb employé : 1er Elément 3 mm. 5 et les suivants 3 millimètres, Cuvette 4 millimètres. Tuyaux de communication 4 mm. 5.

Pulvérisateurs : Il y en a 1, 2 ou 3 sur le ciel selon les installations.

Refroidissement : S'effectue sur les 3 ou 4 premières chambres.

Durée : Après plusieurs années de marche normale l'usure de plomb serait insignifiante.

Système Dior. — Le brevet *Dior* (Br. angl. 164.572, 1920 et Br. fr. n° 532.036 du 3 Novembre 1921) s'applique à un dispositif assez compliqué en appareils. Ses caractéristiques sont :

1° Chambres ayant la forme d'un entonnoir renversé, formées d'une série de tambours de hauteur décroissante.

2° Entrée et sortie des gaz effectuées tangentiellement.

3° Refroidissement intérieur par de l'acide sulfurique dilué et extérieur avec de l'eau.

Système Moro. — M. *Moro* (Br. fr. n° 549.310 du 21 janvier 1921) a breveté des chambres rectangulaires ou cylindriques, ayant par exemple 6 mètres de diamètre et 12 à 18 mètres de hauteur, à refroidissement externe par l'eau.

Tours Fairlie (Br. Ang. 237.589, 25-8-1922). — Elles sont à refroidissement superficiel par l'eau ont une forme appropriée (pyramidale, conique, parabolique, etc.) avec garnissage intérieur en blocs résistant aux acides dont la forme, ainsi que la disposition, facilitent un contact intime entre les liquides et gaz marchant dans le même sens ou en sens inverse tout en évitant une pression nuisible sur les parois.

Chambres et tours avec pulvérisation intérieure d'acide

On avait pu se rendre compte que l'eau, pulvérisée dans des conditions convenables donnait un brouillard restant fort bien en suspension dans l'atmosphère des chambres ; la question s'est donc posée d'appliquer le même principe aux acides, au moyen d'appareils dont le fonctionnement et la durée puissent obtenir la sanction de la pratique.

Nous allons examiner les progrès réalisés dans cette direction.

Système E. A. Gaillard (constructeur A. Maguin, à Charmes, Oise). — M. *E. A. Gaillard* à établi un système de chambre qui présente les particularités suivantes (Br. fr 528.080, 9 Août 1921) :

1° Chambres légèrement tronconiques dont la petite base est à la partie inférieure.

2° Ruissellement constant d'acide 50 à 52 froid sur la paroi intérieure des chambes, afin de refroidir et protéger le plomb contre le contact des produits nitreux chauds.

3° Emploi, pour obtenir cette projection d'acide, d'un appareil dit *turbo disperseur* en métal spécial, placé au centre de chaque tour et à l'intérieur.

4° Suppression de la pulvérisation d'eau froide.

Une usine fonctionne suivant ce procédé à Palma de Mallorca.

L'auteur, a bien voulu nous fournir les renseignements complémentaires et s'exprime comme suit :

Description. — Pour une production, de 60.000 kilogrammes de 53° par 24 heures, je préconise 1 *Glover vide* de 4 mètres de diamètre et 13 m. 50 de hauteur, 8 *tours de fabrication vides* de 6 mètres de diamètre et 17 m. 50 de hauteur, et 2 *Gay Lussac de 4 mètres de diamètre et 16 m. 50 de hauteur* (*également vides*). Le nombre des fours mécaniques varie naturellement suivant le type et la puissance des appareils adoptés. Le cube total des tours de fabrication est de 4.000 *mètres cubes* environ, permettant d'obtenir, si nécessaire, 80.000 kilogrammes d'acide à 53° par 24 heures, sans apporter de modification dans l'ensemble de l'appareil.

Ces 8 tours ont leur diamètre le plus grand en haut, le petit en bas, leur installation comporte :

4 montants en ciment armé par tour, quelques cercles de même matière pour soutenir les attaches de plomb, et au niveau des ciels, une plateforme également en ciment armé réunissant l'ensemble des tours et servant de plancher, de toiture, etc.

Les tours étant placées *à même le sol*, avec un tout petit socle, on supprime le plancher si coûteux des chambres de plomb, elles sont vides et le *ciel refroidi avec de l'eau*. Dans l'axe de chacune, et au centre, est placé un turbo-disperserseur, dont la turbine, en métal résistant à l'action des acides, se trouve à une courte distance au-dessous du plomb du ciel.

Cette turbine animée d'un mouvement de rotation *assez vif*, est accouplée à un petit moteur électrique à l'aide d'un système

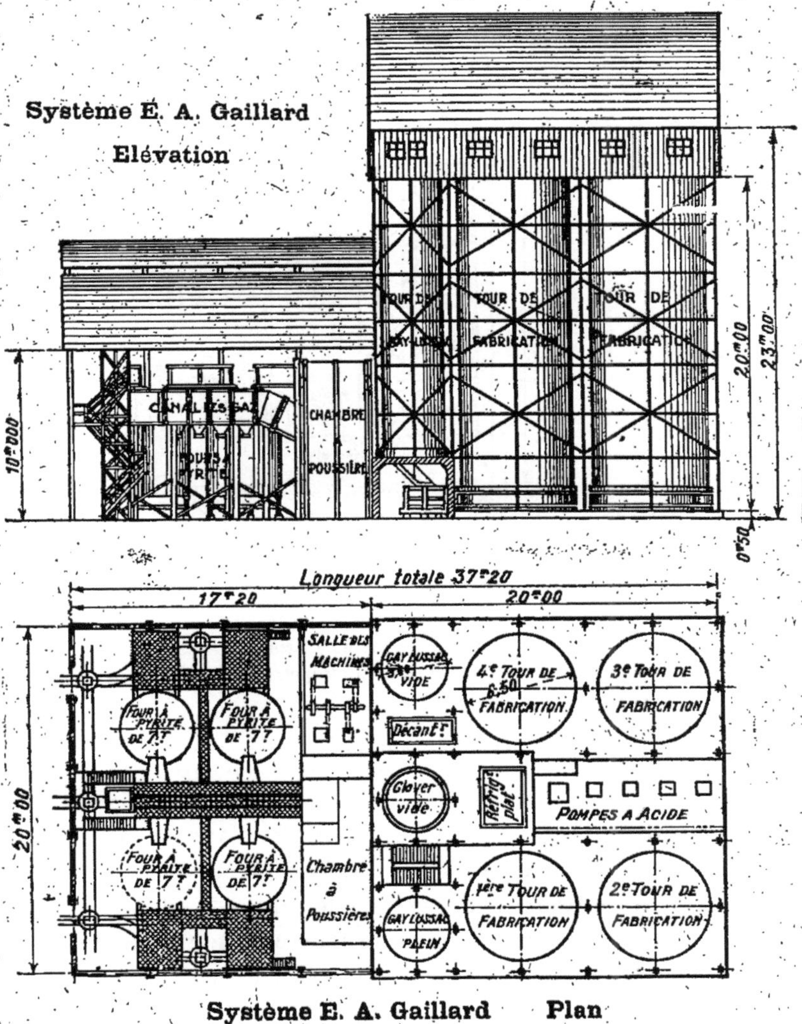

Système E. A. Gaillard   Plan

Fig. 216.

moteur à billes placé extérieurement et reçoit, par un arbre creux, une quantité d'acide à 50 à 52° B. très froid qui varie selon que la tour est plus ou moins rapprochée du Glover.

L'acide froid se trouve projeté en forme de pluie dense, animée d'un mouvement spiroïdal très énergique, afin d'atteindre les parois dans toutes les directions, de refroidir sensiblement le

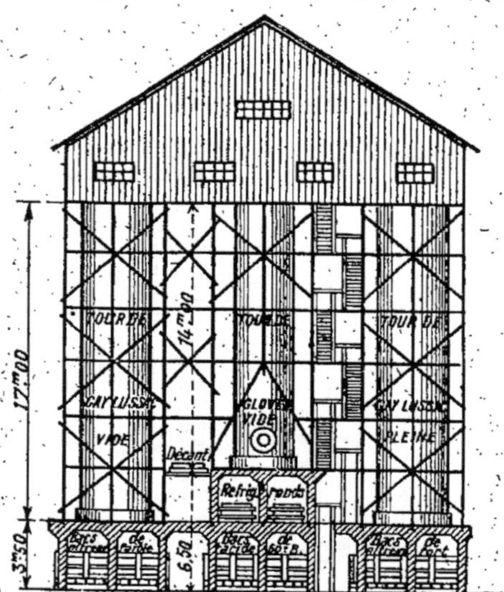

Système E. A. Gaillard   **Profil**

Fig. 216 *bis*. — Usine d'acide E. A. Gaillard.
(Constructeur A. Maguin, à Charmes).

Production journalière.

    40 tonnes acide (53 avec pyrites)....................... 47-50 %
    30   »   »   .... 33-35 %

plomb, et protéger ce dernier contre l'attaque à chaud par les produits nitreux, car l'acide dilué à 50 à 52° B. ne peut retenir les produits nitreux et décompose le sulfate de nitrosyl.

Une partie des gouttes reste adhérente au plomb et descend rapidement, formant une pellicule de quelques dixièmes de millimètre qui refroidit la totalité des parois. L'autre partie, brisée par le choc, est divisée en une infinité de gouttelettes vésiculaires qui tombent dans le vide, formant en face des parois, et sur une épaisseur de 1 m. 50 environ, une sorte de nuage d'acide très dense.

Les projections d'acide communiquent aux gaz un mouvement

de rotation énergique, un brassage rationnel et un contact sans cesse renouvelé avec la pluie d'acide. Les réactions sont, de ce fait, très rapides.

Pour assurer un arrosage parfait, certaines ailettes de la turbine projettent l'acide en spires horizontales, tandis que d'autres ont des angles divers, de façon que de distance en distance, les parois reçoivent de nouvelles quantités d'acide froid, également réparties. Les gaz, pour atteindre le plomb devraient traverser ce rideau de 1 m. 50 d'épaisseur environ, qui, décompose le sulfate de nitrosyl existant et condense l'acide sulfurique déjà fabriqué.

Comme dit plus haut, le ciel de chaque tour est recouvert d'une nappe d'eau courante provoquant une condensation, et un refroidissement qui protègent le plomb en contact avec les gaz.

Les tuyaux de communication reçoivent un *filet d'acide froid* qui vient se briser sur un petit cône, pour produire un ruissellement intérieur protecteur.

Les tours peuvent être placées en plein air et sans toiture.

Gay-Lussac. — L'appareil comporte 2 G. L. de 4 mètres de diamètre et 16 m. 50 de hauteur, absolument vides et sans protection du plomb.

Pulvérisation de l'eau froide. — Elle est supprimée, l'eau indispensable aux réactions est ajoutée dans le bac réfrigérant alimentant les montejus ou pompes qui doivent élever dans les tours de fabrication, l'acide 50 à 52° *froid* pulvérisé par les turbodisperseurs.

Consommation en HNO^3. — Elle varie de 0,80 à 1 % d'acide nitrique à 36°, pour cent kilogrammes d'acide sulfurique *monohydraté*, soit de 0,50 à 0,65 pour cent kilogrammes d'acide à 53°.

Roulement nitreux. — Il représente 2 à 2 1/2 fois la production de l'appareil, calculée en acide à 60°. Le titre du nitreux fort, calculé en acide nitrique à 36°, varie de 50 à 60 grammes par litre. Un appareil produisant 60.000 kilogrammes d'acide à 53°, aura un roulement nitreux de 50.000 à 70.000 litres par 24 heures.

Ces 50.000 litres passent d'abord sur le deuxième G. L. pour récupérer ce qu'a laissé échapper le premier (5 à 10 grammes d'acide nitrique par litre). Cet acide, lérèrement enrichi, est ensuite relevé sur le premier G. L. d'où il sort avec une teneur de 50 à 60 grammes, chiffre que M. E. A. *Gaillard* considère comme le plus favorable pour le travail dans le Glover, et qui doit toujours être maintenu, en variant, si nécessaire, le débit sur les tours.

Dépense de force motrice. — La force nécessaire au fonctionnement du turbo-disperseur est 1/4 de cheval par appareil et par tour. La marche est silencieuse car les engrenages baignent dans l'huile. La quantité d'acide froid employée par tour, 750 à 1.500 litres par heure selon la production désirée.

Alors que les turbo-disperseurs des tours de fabrication tournent à la vitesse de 500 tours environ, ceux placés dans le Glover et les G.-L. font 750 tours par minute.

La dépense totale de force motrice, pour tout le système et pour une production de 60.000 kilogrammes d'acide à 53° par 24 heures serait au maximum 30 à 34 HP, si l'on utilise des pompes à acide, et 45 HP avec les monte-acides; y compris la force nécessaire pour actionner la pompe à eau.

Dépense d'eau. — Il existe une pompe donnant de 30 à 40 mètres cubes d'eau à l'heure, dont on règle le débit en manœuvrant la vanne placée sur la conduite ascensionnelle. La dépense pour les besoins des réactions varie naturellement selon que l'on fabrique plus ou moins d'acide à 60°.

Température des gaz. — Elle est de 90 à 100° à la sortie du Glover et légèrement supérieure à la température ambiante après la dernière chambre.

Emplacement pour les fours et la chambre à poussières. — Environ 400 à 500 mètres carrés, selon le type et la puissance des fours adoptés.

Emplacement des tours de fabrication. — Pour une production de 60 000 kilogrammes d'acide à 52°, il est de 20 mètres × 30 mètres, soit 600 mètres carrés ; les pompes et le ventilateur peuvent être logés dans le centre de l'espace entre les deux rangées de tours où se trouve un espace libre, et couvert, de 7 mètres × 30 mètres.

Emplacement des tours de Glover et Gay-Lussac. — Environ 5 mètres × 20 mètres soit 100 mètres carrés.

Les réservoirs à acide du bas sont logés sous un petit hangar indépendant, placé entre le Glover le G.-L. et les tours de fabrication.

Rendements. — D'après les attestations communiquées par M. E.-A. *Gaillard* en novembre 1923 voici les résultats de l'usine de Malaga, où son système a été appliqué :

Production moyenne en acide 53 par 24 h. .... 28 257 kg. 5
Volume utile des 4 tours de fabrication (environ)..... 1 500 m³
Production par m³ de tour................................ 18 kg. 85
Rendement en acide sur soufre utilisé................... 98,6

D'après une communication ultérieure (mars 1925) le rendement serait passé à 22 kilogrammes acide 53, sans usure sensible du plomb de l'appareil qui marche depuis 1922.

Comme on l'aura remarqué, M. *E.-A. Gaillard* envisage l'emploi d'un Glover et d'un Gay-Lussac vides, c'est-à-dire sans remplissage intérieur, sauf un léger revêtement contre la paroi en plomb, pour protéger ce dernier. Dans le Glover, des turbo-disperseurs placés sous le ciel, pulvériseraient l'acide nitreux et l'acide faible. Dans certaines installations les tours de Glover et Gay-Lussac ne sont que partiellement vides.

Procédé Martin (Br. fr. 98.152, 24-7-1926).

Le procédé *Martin* a pour but de modifier à volonté la composition de l'atmosphère des chambres, aux points où la chose est nécessaire, en y introduisant, à l'état extrêmement divisé, des liquides de température convenable, possédant une composition chimique bien étudiée et ce, au moyen d'une turbine spéciale, que le brevet décrit comme suit.

L'invention vise :

1° Un pulvérisateur pour liquides, caractérisé par un disque horizontal monté sur un arbre vertical, animé d'un mouvement de rotation et sur lequel le liquide à pulvériser tombe, latéralement par rapport à l'arbre, en un ou plusieurs jets, de manière que ce liquide soit projeté par l'action de la force centrifuge.

2° La disposition suivant laquelle un récipient est monté sur le même arbre, de manière à entourer le disque et à tourner avec l'arbre et le disque, de sorte que le liquide projeté par le disque vient frapper la paroi latérale du récipient et s'échappe,

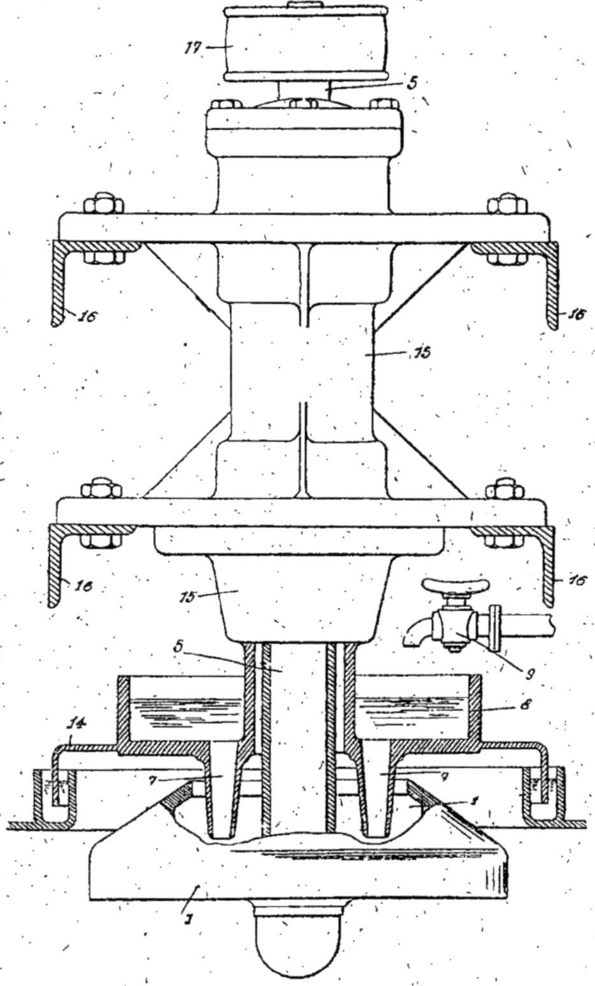

Fig. 247. — Pulvérisateur Martin.

après pulvérisation, par les ouvertures ménagées à la partie inférieure de ce récipient.

3° La disposition, extérieurement au récipient et concentrique-

pient, de sorte que toute particule liquide ayant échappé à la pulvérisation soit projetée par la force centrifuge contre ces cloches extérieures et soit pulvérisée.

ment à celui-ci, d'une ou plusieurs cloches solidaires de ce réci-

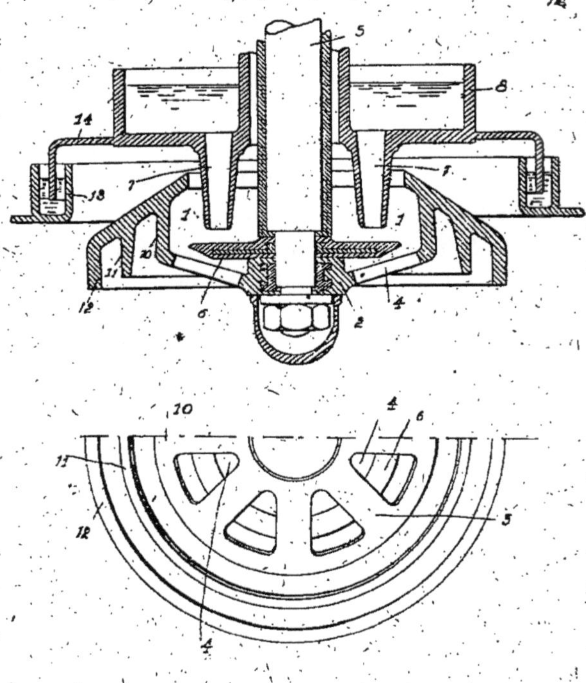

Fig. 218.

4° La disposition au-dessus du pulvérisateur, d'une cuvette fixe, qui entoure l'arbre et comporte un ou plusieurs conduits d'évacuation, débouchant latéralement par rapport à l'arbre au-dessus du disque rotatif, pour laisser tomber sur celui-ci des jets du liquide à pulvériser (fig. 218).

D'après les renseignements fournis par l'inventeur, dans les différentes installations qu'il a faites, l'attaque du plomb serait pratiquement nulle, grâce à l'homogénéité des gaz et liquides.

Modes divers d'emploi des acides nitreux
dans les chambres et les tours

Nous avons vu que, dans la tour de Glover, les gaz sulfureux chauds provenant des fours rencontrent l'acide sulfurique nitreux du Gay-Lussac mélangé d'ac'de faible, d'eau et d'acide nitrique, et que, dans le même ordre d'idées, on a établi des systèmes composés de tours, avec ou sans chambres, dans lesquels on faisait varier la nature et la proportion des acides mis en présence, les conditions de travail, ainsi que la manière dont on provoquait le contact entre les liquides et les gaz.

Les méthodes par ruissellement sur des remplissages, se sont augmentées d'autres opérant non plus seulement avec pulvérisateurs, mais par turbinage, par barbotage et par dispersion.

Enfin, à mesure que les appareils progressent, les dimensions des chambres ou récipients dans lesquels s'effectuent les réactions diminuent. Leur forme tend à se modifier en même temps que s'accroît la proportion des acides qui circulent et le stock de produits nitreux en roulement, facteur dont le rôle est de plus en plus apprécié.

J. Parent (Br. fr. 449.035, 1911) avait introduit l'acide sulfurique nitreux dans des tours intermédiaires au moyen de pulvérisateurs.

Petersen (*Chem. Zeit.*, 15-3-1923) a repris patiemment ses idées exposées en 1905, préconisant l'oxydation de SO^2 par traitement à l'acide sulfurique nitreux obtenu en partant d'acide sulfurique 58° qui a l'avantage d'absorber rapidement les produits nitreux et de les redégager facilement ensuite, en se servant d'appareils perfectionnés.

Il est assez curieux de constater que la formation de cristaux de chambres de plomb, jadis soigneusement évitée, ait pu être recherchée plus tard et, dans une demande de brevet récente, *Petersen* emploie un acide assez fort pour qu'il n'y ait pas décomposition du sulfate de nitroxyle dont la richesse exprimée en AzO^3H 36° B. serait de 34 %, étant entendu qu'il serait dénitré ultérieurement.

Il aurait 4 tours : la première comparable au Glover donne l'acide pour la troisième et la quatrième qui, jouant le rôle de Gay Lussac, est arrosée d'acide 60° B. La fabrication principale aurait lieu dans la deuxième où les cristaux formés seraient absorbés par l'acide concentré, avec SO^2 et présence d'eau suffisante provenant du premier élément et d'une addition complémentaire ; elle se terminerait dans la troisième.

Son br. fr. 597.829, septembre 1925 donne les précisions suivantes :

1° Transformation totale ou partielle de SO^2 en acide nitrosylsulfurique.

2° Dissolution de celui-ci dans SO^4H^2 concentré.

3° Réaction entre SO^2 et cette dissolution à 8 % d'acide nitrosylsulfurique minimum.

4° A l'exception de la première tour, utilisée pour la dénitrification d'acide destiné au commerce, l'acide s'écoulant des autres doit renfermer une notable proportion de nitrate.

5° Dans les autres chambres la teneur en oxydes d'azote calculés en AzO^3H doit dépasser celle de SO^2 introduit.

Son br. fr. 613.828 (4-IX-1926) intensifie comme suit l'action de l'acide nitrosylsulfurique :

a) En se servant, comme chambres à réaction, de tours avec remplissages constitués par des grains de 3 centimètres dans les chambres à nitrification, et de 4 à 40 centimètres dans celles d'absorption.

b) En disposant seulement les gros grains dans les trois premières.

Les remplissages peuvent reposer sur des grilles ou des plaques perforées.

c) Au lieu de tours il emploie des chambres basses en forme de caisses.

Comme ces emplissages créent une résistance considérable il fait usage d'un ventilateur.

Sur le même principe a été pris le brevet all.' 406.454 du 8-4-1923 (*C. Krayer* et Metallbank et Metallurg Ges.). Les gaz sulfureux vont dans une chambre de mélange dans laquelle la rotation de cylindre brasse les gaz et l'acide nitreux qui absorbe l'eau et dégage des oxydes d'azote. Les cristaux formés passent dans une autre chambre où ils sont transformés en acide.

Hechenbleikner et Gilchrist (Br. am. 1.513.903 du 4-11-1924) opèrent méthodiquement en faisant dénitrifier, par SO^2 d'abord, le mélange de sulfate acide de nitrosyle, acide sulfurique et acide nitrique, après quoi SO^2 en excès passe dans une première tour à réaction, où il rencontre de l'acide sulfurique nitreux assez concentré, puis une seconde avec un acide nitreux plus dilué. Quant aux produits nitreux ils sont absorbés dans l'acide sulfurique concentré.

Gaz froids. — L'emploi de *gaz froids et dilués* provenant des convertisseurs *Huntington-Heberlein* ou de tables Dwight Lloy et semblables ne permet pas un travail normal.

On peut les réchauffer, ou se servir d'un *Glover* froid alimenté avec de l'acide 53-56° B. qui leur cède ses produits nitreux sous l'action de SO^2. Le, ou les, Gay-Lussac sont alimentés par de l'acide de même densité 53-55 mais leur volume doit être le double ou le triple des conditions habituelles.

Quand on réchauffe, l'acide sortant du Glover est concentré à 60° et coulé sur le Gay-Lussac, toutefois, avant de le renvoyer sur le Glover, on le mélange à de l'acide faible.

Afin de faciliter la dénitration, dans le cas du Glover froid (100-200° C.) avec les gaz à 2-4 % SO^2, le *Metallbank et Metall Ges.* (Br. all. 300.061, 6-7-1916) pulvérise l'acide sulfurique nitreux avant son entrée dans le Glover, il introduit également de l'acide sulfurique nitreux, ou AzO^3H à haute concentration, au moyen d'ajutages inattaquables aux acides, dans lesquels les gaz sont comprimés.

La *Métal Traders Ld* (Br. ang. 149.648, 187.016, 213.895, 213.933 du 7-4-1725) met les gaz froids en contact avec de l'acide à 58° B., ou plus faible, puis ils sont mélangés à un acide nitreux plus fort, 66° B., aussi nitreux que possible, qui peut être introduit par pulvérisation sur des cylindres dans la chambre de mélange.

Dispersion en cylindres. — *O. Wentzki*, D. R. P. 230.534 du 21-4-1911 effectue la dénitration de l'acide nitreux et l'absorption des gaz nitreux dans des cylindres disposés, horizontalement et tour nant autour d'un axe fixe et creux qui sert aussi pour conduire le gaz.

Fig. 219. — Cylindres horizontaux mobiles Wentzki.

Les parois intérieures des cylindres portent des dispositifs qui, en tournant, soulèvent l'acide de sorte que les parois sont toujours arrosées.

Au début on met, dans le premier cylindre, de l'acide nitreux ou un mélange d'acide sulfurique et d'acide nitrique et, dans les autres, de l'acide sulfurique. Les gaz de grillage pénètrent d'abord par l'axe dans le cylindre rempli d'acide nitreux en formant de l'acide sulfurique. Les gaz nitreux qui se dégagent entrent dans le second et le troisième cylindre, où ils sont absorbés par l'acide sulfurique en donnant des acides nitreux. Peu à peu l'acide nitreux du premier cylindre est dénitré, les gaz de grillage réagissent alors avec l'acide nitreux dans le second, etc.

Fels (Br. all. 228.696) se sert d'une série de cylindres horizontaux mobiles dans lesquels les gaz sortant du Glover sont mélangés avec les produits nitreux et l'acide qui se forme.

Dispersion en caisse. — Parmi les autres tentatives, ayant pour but de mélanger mécaniquement les gaz avec les acides nitreux dans des dispositifs divers, nous citerons les brevets *Schmiedel* pris par lui en association avec la *Metallbank* ou avec *Klencke*.

Ils ont pour but de réduire considérablement le temps nécessaire à la réaction, puisque au lieu de 140 minutes de séjour dans les anciennes chambres, de 70 dans les chambres *Benker Millberg*, de 40 dans les *Mills Packard*, de 24 dans les tours *Opl*, il n'est plus que d'environ 2 minutes.

17 licences auraient été vendues au début de 1924 par *Métall Bank et Métall G.* et *Lurgi Ges.*

Principe. — Le principe consiste à mettre en présence les gaz avec de l'acide sulfurique nitreux mais en ayant un roulement exprimé en nitre *représentant 40 fois la quantité nécessitée par les chambres ordinaires.* Dans ces conditions on pourrait obtenir 200 à 300 *kilogrammes* SO^4H^2 *par mètre cube en 24 heures* et se servir de gaz dilués et froids.

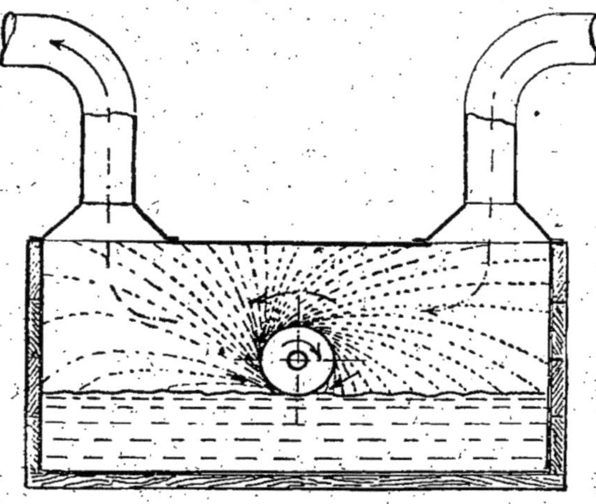

Fig. 220.

En pratique on se servirait de caisses en plomb de 5 mètres de long, 2 de large et 1 de haut, en nombre proportionnel à la quantité à produire, dans lesquelles les gaz entrent et sortent aux deux extrémités supérieures du couvercle.

Le brassage est obtenu grâce à la rotation (5 à 6 000 tours à la minute) de 3 cylindres cannelés, en fonte ou plomb antimonieux, (0 m. de diamètre) qui plongent légèrement dans l'acide et le projettent à l'état pulvérisé dans la partie traversée par les gaz.

La composition et la richesse de l'acide dépendent de celle des gaz mis en œuvre et leur température, dans les exemples donnés on cite comme degré de la première caisse par exemple, de l'acide nitreux à 54° B., puis 50° B. dans les suivantes et des acides plus forts pour finir, en absorbant les produits nitreux.

Avec des gaz chauds on aurait intérêt à conserver le Glover, mais, avec des gaz pauvres et froids, on pourrait le supprimer ;

quand au Gay-Lussac il paraîtrait préférable de la conserver en queue du système.

Il faut espérer que des publications ultérieures fourniront les résultats industriels complétant la documentation actuelle en permettant de chiffrer le coût d'installation, la consommation de force, de produits nitriques, le rendement, l'amortissement et le prix de revient des divers procédés basés sur ce principe, de façon à pouvoir les comparer, tant avec les méthodes actuelles qu'entre eux, *Bush* et *Ground* (*Inst. Chem. Engin.*, 1927, p. 13) prétendent d'ailleurs que les meilleurs résultats s'obtiennent en les associant aux tours à réaction.

Brevets divers. — En dehors des brevets d'addition nombreux ayant couvert le procédé exposé ci-dessus, *la Lurgi apparatenbau G.* (Br. all. 59.936) se sert de l'élévation de température dans les caisses *Schmiedel* pour porter, à température favorable à la réaction, les gaz qui avaient été refroidis jusqu'à 30°, pour enlever les poussières et l'acide arsénieux.

Le brevet allemand 84.072 de la *Metallbank et Métallurg. G.* a couvert la production d'acide concentré par réaction de SO^2, d'oxygène, et d'eau, en présence d'acide sulfurique nitreux, dans les caisses *Schmiedel*.

La dénitration a lieu avec du gaz riche en SO^2 et pauvre en O, mais si on utilise du gaz ordinaire de grillage, et qu'elle ne soit pas suffisante, on se sert d'un réducteur approprié.

Avec les gaz très pauvres (Br. all. 81.139) on active l'oxydation de SO^2 par l'emploi d'une forte proportion d'acides très riches en produits nitreux.

La même firme a breveté (Br. all. 998.318, 8-4-1923) avec MM. *Klencke et Krager* une méthode mettant SO^2 en présence d'acides faibles, graduellement plus riches en produits nitreux, puis d'acide nitreux concentré.

Le brevet *Lamoreaux* (Br. fr. 562.641, 572.642, 1923) prévoie également la dispersion mécanique d'acide nitrososulfurique 60° B. pour oxyder SO^2.

Dispositifs divers de dispersion. — Les résultats favorables de ce nouveau mode opératoire sur la rapidité d'oxydation ayant été constatés, on a préconisé d'autres moyens d'arriver au même résultat.

L'appareil disperseur de la *Erzrost Ges.* comporte un tronc de cône, percé d'une grosse quantité de petits trous, et tournant verticalement, à 400 tours environ par minute, dans une caisse en plomb. Sa petite base plonge dans l'acide qui, pendant la rotation, monte contre la paroi et se trouve projeté en pluie dans l'espace vide, en rencontrant les gaz entrant et sortant par le dessus de la caisse, l'entrée étant plongeante.

Un système de fonctionnement analogue a été breveté par *Keller* (Br. angl. 216.192 et 226.263 du 6-9-1923).

La pulvérisation d'acide de la cuvette de la chambre ou d'un Gay-Lussac est effectuée par un système à turbine, situé près du centre, qui élève l'acide et le pulvérise.

Résumé. — En résumé, pour intensifier la réaction on applique, soit simultanément soit séparément, des moyens divers tels que :

Activer la circulation des gaz et le refroidissement des parois ;

Mélanger aussi intimement que possible les liquides et les gaz ;

Employer des doses massives de produits nitreux ;

On n'hésite d'ailleurs plus à s'écarter des conditions considérées jadis comme fondamentales aussi bien pour les réactions chimiques des composés mis en présence que pour les autres facteurs (pression, appareillage mécanique, proportions relatives, concentrations, etc.)

Comparaisons de divers types de chambres

Une étude comparative entre divers systèmes, présentée par M. *Truchot* au deuxième Congrès de Chimie Industrielle de 1922 énumère un certain nombre de points particulièrement intéressants :

1º La production par mètre cube est d'autant plus considérable que la surface est plus grande par rapport au volume ;

2º Le refroidissement du plomb (extérieur par l'eau ou intérieur par l'acide) semble augmenter nettement la production ;

Comparaison des divers types de chambres de plomb

TYPE	Production en 24 h. Poids en kg. environ	Volume en m³	Surface rideau et ciel S en m²	Surface cuvette avec bord S' en m²	Surface attaches et com. S'' en m²	Poids/volume — Production par unité volume en Acide 53	Surface/Volume	Poids de plomb de S + S' + S'' environ	Poids Pl pr Production par tonne de plomb	Observations (h = hauteur, l = largeur, Ex = longueur)
Chambres rectangulaires	49 000 kg.	8 280	5 116	1 091	1 311	5,9	0,617	280,7 (¹)	5,7	h : 9, l : 10 / Ex : 92 — 3 chambres
	43 000 »	8 960	3 453	807	895	4,8	0,395	193	4,5	h : 13,5, l : 85 / Ex : 78 — 3 chambres
	28 000 »	4 650	2 155	583	571	6,0	0,463	125	4,5	h : 10, l : 7,5 / Ex : 62 — 3 chambres
	27 000 »	4 950	2 371	752	625	5,5	0,479	144	5.3	h : 8,25, l : 7 / Ex : 86 — 3 chambres
	27 000 »	5 293	2 018	790	520,1	5,1	0,381	132	4,8	h : 7,90, l : 10,37 / Ex : 64,59 — 2 chambres
	21 000 »	4 650	2 155	583	571	4,5	0,403	125	6,0	h : 10, l : 7,5 / Ex : 62 — 3 chambres
	19 000 »	3 108	1 630	529	439,5	5,1	0,524	101	5,3	h : 7,50, l : 6,85 / Ex : 60,5 — 3 chambres
Falding	44 000 »	4 955	1 532	275	363	9,0	0,309	81	1,8	h : 21,33, l : 15,24 / Ex : 15,24 — 1 chambre
Benker	35 000 »	4 320	2 268	692	599	8,0	0,525	137	3,9	h : 8, l : 6 / Ex : 90 — 3 chambres
Benker	26 000 »	4 320	2 268	692	599	6,0	0,525	137	5,26	
Moritz type Paimbœuf	56 000 »	3 500	2 975	273	993	16,0	0,850	150	2,67	h : 20, l : 5 / Ex : 35 — 7 chambres
Mills-Packard	34 000 »	1 632	1 473	340	602	21,0	0,902	98 (²)	2,88	h : 12,20 / R : 3,05 / r : 1,525 — 8 chambres « 204 »
Mills-Packard	22 000 »	1 224	1 105	255	413	18,0	0,902	74 (²)	3,36	6 chambres « 204 »
ou Ch. M. P.	35 000 »	1 680	1 267	282	477	21,0	0,769	93 (²)	2,65	h : 14,325 / R : 3,58 / r : 1,79 — 5 chambres « 336 »
Ch. M. P.	30 000 »	1 680	1 267	282	477	18,0	0,760	93 (²)	3,10	
Gaillard (mod. 1921)	50 000 »	3 200	2 359	232	800	11,5	0,737	126	3,52	h : 14,15 / r : 3 — 8 tours

(¹) Rideaux, ciel, attaches et communications pour toutes chambres sauf Ch. Mills Packard épaisseur .... 3 mm. Cuvettes .... 5 » } Sans recouvrement pour soudures.

(²) Pr Ch. M. P. : Rideaux, ciel, attaches épaisseur 3 mm. Cuvettes .... 4 » Communications .... 4,5 » } y compris recouvrement pour soudures.

3° Le minimum d'immobilisation du plomb revient aux chambres rondes ;

4° Le minimum de surface nécessaire est attribuable aux chambres les plus hautes.

De son côté M. *Matsui* (*J. Soc. Chem. Ind. Japan*, juin 1926) a procédé à plusieurs séries d'expériences comparatives entre les chambres de plomb et les tours.

Mesurant la quantité d'acide en circulation, analysant les gaz et effectuant la balance calorifique dans les deux systèmes, il a trouvé que 100 parties de chaleur s'éliminent comme suit :

Chambres de plomb....	Rayonnement..	77,2 %	Irrigation d'acide..	22,8 %
Tours	»	57	»	43 %

Il sera utile de compléter ces renseignements en connaissant, pour une période d'existence assez longue :

Consommation nitrique ;

Frais d'entretien ;

Dépense de force ;

Durée et frais d'amortissement ;

Prix de revient total.

Quant aux autres méthodes basées sur l'oxydation de l'acide sulfureux au moyen des produits nitreux comme catalyseur, (barbotage, dispersion mécanique des liquides ect. etc.) elles nécessitent un cube plus faible, une dépense réduite de plomb, un emplacement plus petit, mais il faudrait, pour elles aussi, faire intervenir les divers facteurs qui influent sur le prix de revient en dehors du plomb, de l'acide nitrique et du rendement, (dépense de vapeur, force motrice, entretien, amortissement, etc.)

Perfectionnements divers proposés

F. Curtius et C° (Br. all. 28.550, 1912) ramènent les gaz entrants à une température maxima de 150° C. et arrosent la première tour de leur système avec une faible proportion d'acide nitrique ou de sulfurique nitreux.

J. Harris et D. Thomas (Br. ang. 104.461, 1916) font arriver les gaz vers le fond de la chambre et sortir au centre du ciel.

Stanes et *Rogé* (Br. ang. 29.254, 1913) ont voulu utiliser une partie de la chaleur de combustion des fours pour récupérer l'acide du bisulfate.

M. Hanaban (Br. am. 1.253.238, 1918) a revendiqué le grillage de soufre, ou sulfures, dans les chambres à poussières.

L'influence de la pression sur la production de l'acide sulfurique a été examinée par *Pozzi Escot* (*Chimie Industrie*, novembre 1920, p. 604), il a constaté qu'en opérant avec le même mélange gazeux, et dans le même dispositif, le rendement, à pression ordinaire puis sous 2 at. 6 de pression, a été quatruplé dans le second cas.

L'injection d'acide froid dans la partie chaude de la première chambre, et d'acide chaud dans la chambre de queue, a été indiquée par *F. Blau* (Br. all. 94.083).

La *Hermann Maschinenfabrik* (Br. all. 300.733, 6-3-1917) remet en liberté les vapeurs absorbées par SO_4H_2 en injectant de la vapeur dans une tour cloisonnée, et recueille, ensemble ou séparément, les vapeurs dégagées.

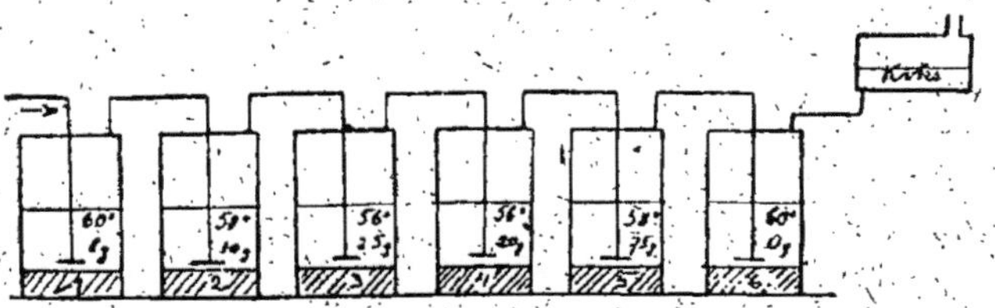

Fig. 221. — Schéma de l'appareil Opl pour la fabrication de l'acide sulfurique dans des récipients en fer.

Les gaz ou fumées provenant de la concentration de l'acide sulfurique peuvent être envoyés dans les chambres de plomb. *Petersen* (Br. all. 202.534, 23-2-1917) a breveté cette méthode.

Une idée particulièrement hardie est celle lancée par *Opl* qui voudrait produire de l'acide sulfurique 56 à 60° B. dans des récipients *en fer*.

Une batterie de 6 tours de chacune 4 mètres cubes recevrait le SO_2 comprimé (fig. 221), la 1re et la 6e contiendraient de l'acide nitreux à 60°, la 2e et la 5e de l'acide 58° B., la 3e et la 4e de l'acide 56°, avec des teneurs, calculées en acide nitrique 36° B de 8, 30,

25, 20, 75 et 0 grammes par litre, la dénitration aurait lieu dans la première et demanderait 4 heures, les tours seraient emplies à moitié et les gaz, préalablement épurés puis refroidis, circuleraient par compression.

Dans les n°s 3 et 4 auraient lieu l'addition d'eau et acide nitrique.

D'après le *Chem. Zeitung* (1923, p. 753) l'*A. G. Dynamit Nobel* a envisagé une installation de ce genre pour son usine de Bratislava.

Elimination électrique de l'acide formé

En queue des chambres, la réaction entre constituants se ralentit, puis, après passage à travers les tuyaux de communication, le mélange gazeux semble posséder une nouvelle activité et la réaction reprend.

On peut attribuer cette heureuse influence au brassage des gaz, à un abaissement de température provoquant une condensation, peut-être à une élimination d'acide plus aqueux que le reste, provoquant la décomposition de composés nitrosulfurique avec mise en liberté de produits nitreux à l'état naissant, toujours est-il que l'élimination d'une partie de l'acide vésiculaire en suspension se montre très favorable.

Indépendamment des moyens mécaniques, destinés à la faciliter en modifiant la forme des chambres, la disposition des tuyaux, en établissant des tours avec remplissages, etc., on a créé des méthodes électriques ayant pour but d'obtenir rapidement ce résultat.

La condensation électrique des brouillards d'acide a été préposée par *Streiff* (Br. belge 150.320, 1900) et dans les chambres de *Johnson* (Br. ang. 17.928, 1900) et *Whitney* (Br. am. 1.022.012),

G. de Brisailles (Br. fr. 393.665, 1907) a préconisé un mode électrolytique d'oxydation.

Ker et Wedge (Br. am. 1.220.752, 1917) soumettent les gaz à l'action de décharges électriques, en un ou plusieurs points entre le

Glover, les chambres et le Gay-Lussac, puis, afin d'éviter la dissociation des produits nitreux, ils mettent au contact d'acide sulfurique à température appropriée.

International precipitation Company U. S. (Br. français nº 501.563 9-12-18) produit un champ électrique dans les régions où s'effectuent les réactions, et les électrodes sont arrosées par du liquide déterminant un réglage de la température. Les appareils comportent des électrodes de décharge et des électrodes reliées à un dispositif d'électrification convenable. Une différence de potentiel élevée, maintenue entre elles produit une décharge silencieuse diffuse qui précipite les particules présentes. L'installation possède, comme le procédé habituel, une tour de Glover et des chambres, mais celles-ci sont beaucoup plus petites et le précipiteur, qui joue le rôle de tour de Gay-Lussac permet une absorption rapide des oxydes d'azote par l'acide sulfurique.

Les particules en suspension se rassemblent très rapidement sur les électrodes collectrices, en même temps qu'il y a brassage plus intime des gaz.

L'action du champ électrique dégage également de l'ozone et des composés oxygénés de l'azote qui, d'après l'inventeur tendent à accélérer l'oxydation de l'anhydride sulfureux. Le produit final est rapidement éliminé des chambres de réaction par une bonne pulvérisation du liquide.

H.-V. Welch (Br. am. nº 1.284.166, 22 novembre 1916) soumet un mélange contenant de l'anhydride sulfureux, de l'oxygène, des oxydes d'azote et de l'eau, à l'action d'un champ électrique, ce qui provoque la séparation des particules non gazeuses et active les réactions.

L'appareil comprend une chambre recevant les gaz, les électrodes nécessaires pour maintenir un champ électrique à haute tension et recevoir les buées qui se déposent, ainsi qu'un agencement permettant de faire passer de l'acide sulfurique concentré sur ces électrodes pour récupérer les brouillards et les oxydes d'azote.

Dans le brevet *Welch* (Br. am. 1.328.552) on intercale, dans une chambre de plomb, un appareil de précipitation électrique disposé de façon à obtenir une circulation convenable des gaz à travers les chambres et à séparer l'acide sulfurique en suspension.

Cet appareil est muni de dispositifs permettant le passage d'une mince couche descendante d'acide dilué qui rencontre les gaz.

La *Société de purification industrielle des gaz* (Br. fr. 519.812) a breveté un appareil épurateur électrique des gaz destiné à la captation des vésicules liquides caractérisé par :

1° Disposition horizontale du faisceau tubulaire épurateur ;

2° L'admission des gaz au milieu de chaque élément épurateur ;

3° La distribution des gaz aux divers éléments épurateurs par une conduite de section décroissante et des dérivations munies de papillons de réglage permettant de rendre la vitesse des gaz la même dans chacun d'eux.

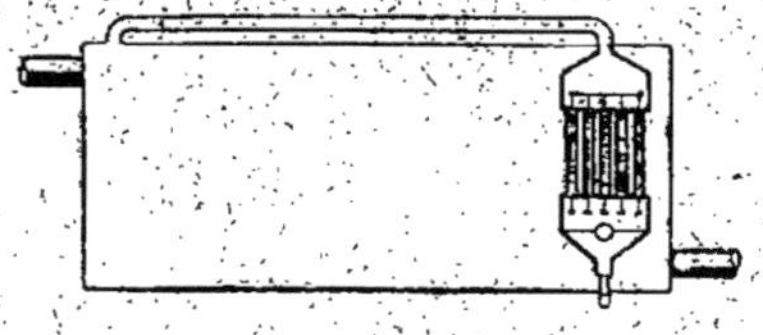

Fig. 222.

4° La disposition des supports de fils axiaux des éléments épurateurs, et des isolateurs à air libre, en dehors des courants gazeux.

Communications entre chambres. — Jadis les tuyaux, pour ainsi dire classiques, partaient du bas d'une chambre, à quelques centimètres au-dessus de la cuvette, pour accéder à une distance plus ou moins grande au-dessous du ciel de la chambre suivante.

Certains techniciens, tablant sur ce que la production par mètre cube de tuyau est notablement supérieure à celle par mètre cube de chambre, et attribuant l'influence principale au refroidissement, ont voulu augmenter surtout leur surface, afin d'intensifier cette condensation par l'air.

D'autres estimant que la question du brassage des gaz occupait le premier plan, ont dirigé leurs études dans ce sens.

La plus grande partie a visé à l'utilisation simultanée des deux effets.

Dispositifs divers. — I. Ce tuyau unique fut remplacé par 2, puis par 3, ayant des sections telles que leur total correspondait au moins à celle du tuyau ordinaire. On obtenait donc une augmentation de la surface de refroidissement, et les gaz évacués de 2 ou 3 points d'une chambre débouchaient dans 2 ou 3 de la suivante de sorte que le risque des points morts était notablement réduit, toutefois la dépense de plomb était plus considérable.

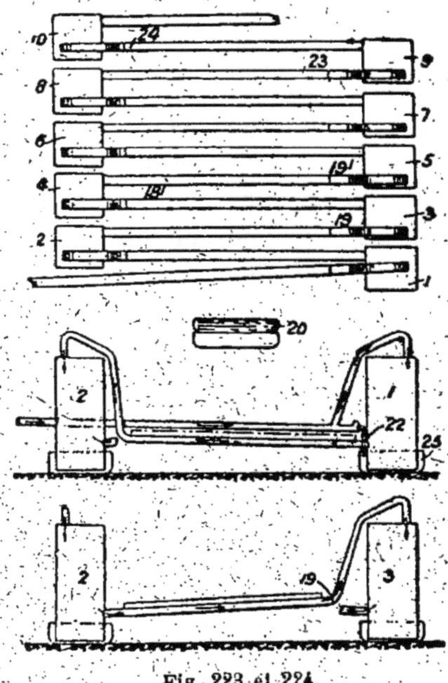

Fig. 223 et 224.

II. Ayant remarqué que le ciel des chambres était souvent plus attaqué que le reste, on attribua le fait à une localisation, en cet endroit, de gaz plus chargés en oxydes nitreux que le reste, et on établit des tuyaux de communication partant du sommet d'une chambre pour aboutir au bas de la suivante.

III. M. *Benker* a installé de nombreuses usines dans lesquelles les gaz pouvaient arriver, non seulement par le conduit ordinaire débouchant sur le rideau avant de la 1re chambre mais simultanément par le ciel de cette dernière, au moyen d'une série de tuyaux de plomb de diamètres inégaux (les plus larges étant les plus éloignés). Chacun d'eux était muni de diaphragmes ou registres afin de répartir l'admission des gaz de la manière estimée la plus favorable.

Cette méthode ne s'est pas généralisée.

IV. MM. *Fraipont* et *Bellefroid*, partant d'un principe différent, installèrent à la fin du siècle dernier, à l'Usine de la Vieille Montagne de Baelen-Wezel, des tuyaux sensiblement horizontaux réunissant deux chambres consécutives, et partant par exemple à 2 ou 3 mètres du bas de la chambre.

Des tuyaux situés à des hauteurs différentes furent établis sur le même principe.

V. En décembre 1920 (Br. fr. n° 518.062) M. *Sonneck* a breveté un système de communications entre chambres les réunissant par leur partie inférieure, mais de façon à ce que l'entrée des gaz dans une chambre soit un peu plus haute que le départ de la précédente, provoquant ainsi la formation d'un courant ascendant central, tandis que les courants descendants suivaient les parois refroidies (fig. 226).

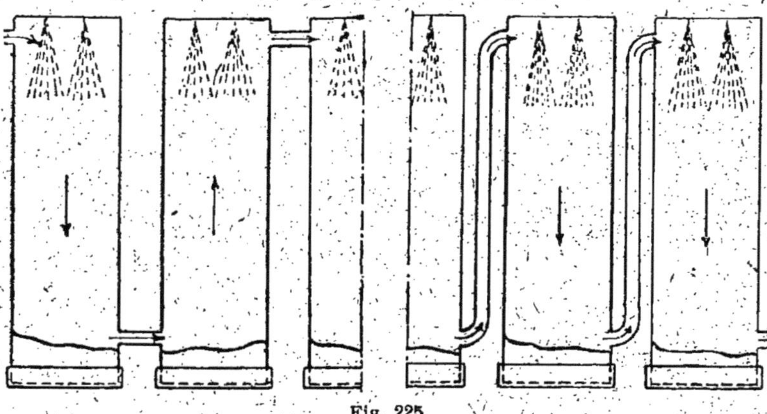

Fig. 225.

La figure 225 montre simultanément des dispositifs à communication directe ou à communication en col de cygne.

VI. Dans leur brevet français n° 533902, MM. *Mirat* et *Pipereaut* ont préconisé dix petites chambres carrées ou rectangulaires, en produits inattaquables mesurant par exemple 4 × 4 mètres et 9 mètres de haut, reliées entre elles au moyen de longs (20 à 25 mètres) tuyaux de communication refroidis, de 2 mètres ×

0 m. 20 de section, destinés à éliminer l'acide formé, tout en utilisant l'observation que, à 10 centimètres du niveau de l'acide des chambres, la production est maxima (fig. 224).

Au sortir de la 10e chambre, les gaz repassent à travers 10 autres analogues contenant les unes de l'eau les autres de l'acide concentré.

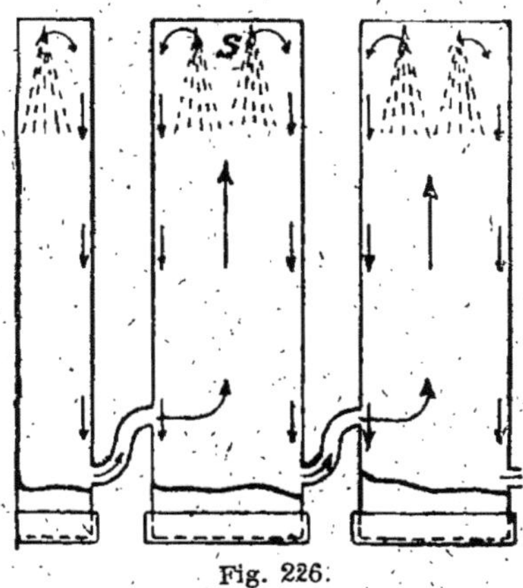

Fig. 226.

Il convient cependant de signaler que, d'après M. *Graire*, l'intensité de fabrication dépend de deux facteurs : l'état d'équilibre qui serait réalisé spontanément en un point, et des conditions de diffusion des gaz qui y parviennent.

En queue des chambres cet état d'équilibre est réalisé et les gaz ne diffusent pas assez loin pour les modifier.

En marche, pour que les réactions reprennent, il faut un nouvel état d'équilibre, couramment obtenu par la diminution de température résultant du passage d'une chambre à la suivante — il considère, en somme, que l'influence du brassage et du mélange dans les tuyaux de communication est, par suite, beaucoup moins prépondérante qu'on ne le suppose en général.

Influence des divers constituants et facteurs intervenant dans les chambres de plomb

Ces constituants et facteurs sont :

L'acide sulfureux ;

La vapeur d'eau ;

Les composés oxygénés de l'azote ;

L'air agissant par son oxygène.

Examinons les modifications qui se produisent quand on fait varier chacun d'eux, ainsi que les :

Température ;

Vitesse des gaz.

Proportions des divers constituants qui influent sur l'état d'équilibre entre :

La vitesse d'apparition de la phase liquide ;

La rapidité des réactions ;

Le rendement et l'utilisation des composants ;

La réversibilité des réactions ;

La destruction de l'acide sulfurique ou des composés nitreux.

Rôle des composés nitreux existant dans les chambres. — Sans acide nitreux l'acide sulfureux ne s'unit pas en quantités appréciables à l'oxygène de l'air, on a donc cherché à étudier les combinaisons auxquelles donnaient lieu les divers éléments mis en présence, puis le mécanisme de leur dissociation donnant naissance à l'acide sulfurique en même temps que leur reconstitution. Il est en effet intéressant de savoir comment peuvent s'oxyder, se combiner et se réduire les divers composés nitreux.

Propriétés. — Le bioxyde d'azote AzO proprement dit n'est absorbable ni par l'eau, ni par les acides, ni par les alcools.

Raschig admet que pour passer de AzO à AzO^2 il y a formation intermédiaire de Az^2O^3, tandis que :

Lunge, Berle, Bodenstein et *Wourzel* affirment, au contraire, que AzO est transformé directement en AzO^2.

Leblanc estime qu'à de faibles concentrations ($10\,\%$) il peut y présence de Az^2O^3.

E. Briner, S. Niewazski et *J. Wiswaud* (*Jour. Chim. Phys.*, décembre 1921, p. 290) à la suite de nombreux essais effectués avec des appareils perfectionnés, ont conclu que *l'oxydation de AzO en AzO^2 (Az^2O^4) a lieu sans production intermédiaire de Az^2O^3*. L'absorption serait celle prévue par *Leblanc* pour le mélange AzO, AzO^2.

Leurs expériences sur la récupération de AzO et son oxydation, à la température de la neige carbonique, ($-80°$) et de l'air liquide, ($-190°$), ont montré l'influence salutaire du froid sur la peroxydation. La méthode appliquée, permettrait même au cas de mélanges dilués dans l'air comme pour les gaz des fours électriques, une récupération totale sans chambre d'oxydation.

La décomposition de l'acide nitreux a été l'objet d'une étude spéciale de MM. *Knox* et *Reid* (*Jour. Soc. Chem. Soc.*, 15 mai 1919, p. 105) qui ont fait varier la concentration du liquide, la température, la surface de contact avec l'air, l'agitation, et représenté les résultats obtenus par des graphiques.

M. *Rossignol* conservant comme constantes les proportions des divers corps, la vitesse d'écoulement des gaz et la température de réaction, en faisant varier uniquement la proportion de AzO^2 dans un appareil de laboratoire 7 chambres a, obtenu des chiffres probants :

AzO^2 % en volume	Rendement en SO^4H^2		
	Après 1re chambre	Après 4e chambre	Après 7e chambre
0,5	2,69	6,72	8,80
2,46	23,84	94,42	99,70
4,92	78,38	98,37	99,63

L'influence de l'augmentation de AzO^2 est donc considérable, observation vérifié d'ailleurs en pratique industrielle, et qui est applicable à Az^2O^3.

On voit également que cette influence, très rapide dans les faibles teneurs, s'atténue progressivement à mesure que diminue le rapport $\frac{SO^2}{AzO^2}$, les expériences de M. *Bitterli* amènent également à cette conclusion.

Mécanisme et temps des réactions. — On constate dans les chambres la présence de bioxyde d'azote AzO résultant de la réduction de composés nitreux plus riches en oxygène, et susceptible de leur redonner naissance quand il se trouve dans des conditions le permettant:

En phase gazeuse on constate aussi la présence d'acide hypoazotique résultant de la réaction

$$2AzO + O^2 = 2AzO^2$$

En phase liquide on se rend compte que le mélange $AzO + AzO^2$ se comporte comme si on se trouvait en présence d'acide azoteux

$$4AzO + O^2 = 2Az^2O^3$$

En ne nous servant que de ces éléments on part donc d'un système initial gazeux

$$SO^2 + AzO^2 + H^2O$$

donnant comme système final

$$SO^4H^2 + AzO$$

ou avec la phase liquide

$$SO^2 + Az^2O^3 + H^2O$$

aboutissant à

$$SO^4H^2 + 2AzO.$$

Quant aux combinaisons intermédiaires qui s'effectuent, et concourent à la transformation du système initial en produit final, le cadre de notre ouvrage ne nous permet pas d'énumérer toutes celles envisagées, mais dont on n'a pu prouver l'existence de façon absolument irréfutable.

Pendant les phénomènes de réduction ou d'oxydation les composés chimiques ne se trouvent-ils pas aussi dans un état d'équilibre interne particulier, (état naissant par exemple) qui intensifient leur puissance d'action, des recherches ultérieures, nous l'apprendront certainement ?

Temps. — Ces réactions ne sont pas instantanées, le temps nécessaire est même certainement fonction de la proportion des divers constituants mis en présence, de la dilution, de la température et de facteurs multiples. Pour arriver à transformer la totalité de l'acide sulfureux en acide sulfurique il faut que ce cycle soit renouvelé un certain nombre de fois qui, selon les conditions du travail, peuvent varier dans des limités assez étendues que M. *Graire* évalue entre 6 et 30 fois.

Pour la connaissance de ce facteur temps nécessaire à la transformation de AzO en AzO^2 et se basant sur les travaux de *Badenstein*, il a montré que la rapidité de cette oxydation allait en décroissant avec l'augmentation de la température, mais n'était influencé ni par la vapeur d'eau, ni l'acide sulfureux, ni les variations de richesse en AzO^2 et que, dans une 1re chambre à 90° C. ayant 0,7 $\%$ AzO avec 10 $\%$ d'oxygène, ou dans une chambre de queue avec 0,7 $\%$ AzO et 7 $\%$ d'oxygène, la vitesse d'oxydation du bioxyde d'azote restait sensiblement la même.

L'action de la pression a été signalée par M. *Pozzi Escot*, il a montré que à 2,6 atmosphères la production était quadruplée par rapport à la pression normale. On commence à suivre de plus près cette question et à prendre des brevets.

Influence de la richesse en acide sulfureux. — La teneur en acide sulfureux varie tout d'abord avec la richesse en soufre du minerai grillé, elle va ensuite en décroissant de l'entrée du Glover à la sortie de la dernière chambre.

Aux observations de *Hurter*, *Sorel*, *Lunge* et *Naef* il convient d'ajouter celles de *Bitterli* et de *Rossignol*.

Le premier opérant au laboratoire avec une petite chambre à une température de 100° et une composition gazeuse dans laquelle il augmentait la proportion de SO^2, a constaté son action favorable sur la rapidité de formation de SO^4H^2 et sur la quantité produite, dans de certaines limites et, ce, en passant par un maximum dépendant des autres facteurs.

Le second, se servant d'un appareil de sept chambres, a obtenu des résultats analogues.

Au contraire, et comme on le voit d'autre part, avec une très faible concentration de SO^2, la vitesse globale de la réaction décroît, dans certaines conditions, même l'effet inverse peut être enregistré, et l'acide sulfurique détruit.

Influence de l'oxygène. — De nombreux essais ont été effectués en vue de rechercher les modifications que pouvaient exercer sur les composés oxygénés de l'azote la présence de proportions différentes de 3 variables : eau, acide sulfurique, oxygène. Rappelons d'abord que le bioxyde d'azote est fort peu soluble dans l'eau, presque insoluble dans l'acide sulfurique 60, mais que sa solubilité augmente quand cet acide sulfurique renferme de l'acide azoteux.

Les études théoriques complétées par les observations pratiques ont montré que :

1º Pour que les produits nitreux soient absorbés par l'acide sulfurique à 60, il faut qu'ils renferment un certain excès d'oxygène ;

2º Quand ce n'est le cas, le bioxyde d'azote n'est que peu soluble ;

3º La solution des oxydes supérieurs d'azote dans l'acide sulfurique est réduite par SO^2 quand il n'y a pas d'excès d'oxygène.

L'oxygène de l'air étant transporté, par l'intermédiaire des composés nitreux sur l'acide sulfureux, M. *Bitterli* a voulu savoir quelle serait l'influence d'un excès plus ou moins grand sur la vitesse de la réaction.

Ses expériences, effectuées avec des gaz de même teneur en SO^2, en H^2O, et AzO^2, mais faisant varier la richesse en oxygène, sembleraient prouver que cet enrichissement n'influe ni sur la vitesse d'apparition de l'acide liquide, ni sur le poids formé.

En réalité, les gaz qu'il a employés étaient plus riches en AzO^2 que ceux des chambres ; on peut donc supposer qu'au delà d'une richesse déterminée en AzO^2, et en oxygène, par rapport à SO^2 son excès n'a plus qu'une importance relative, mais on sait, par contre la présence qu'en pratique, d'une quantité d'oxygène insuffisante est désastreuse pour la production.

En somme, AzO est un composé qui se forme avec une grande facilité mais qui a une très grande avidité pour l'oxygène et il le prend où il le trouve, selon les conditions (température, pression) et la composition du milieu.

S'il ne peut s'approvisionner suffisamment au moyen de l'oxygène de l'air, il décompose l'acide nitrique quand il y en a, il s'unit avec AzO^2 et au besoin même réduit SO^4H^2 formé.

Les dérivés azotés plus oxygénés que lui, sont propres à céder en phase liquide ou gazeuse, cet oxygène à SO^2, en passant probablement par des combinaisons temporaires également très instables.

Le produit initial SO^2 est heureusement très avide d'oxygène et le SO^4H^2 final a une très grande stabilité, mais cependant il y a intérêt à l'enlever du milieu où s'effectue la réaction.

Une conversion du bioxyde d'azote dans des conditions convenables, exige au minimum 4 minutes, de sorte qu'il faut tenir compte de ce facteur temps dans les réactions utilisant ce phénomène.

En théorie, l'équilibre entre l'oxygène introduit et l'oxygène utilisé, devrait être presque constant, en pratique il y a des irrégularités dues aux :

1° Variations dans le mélange de minerai introduit ;

2° Charges intermittentes ;

3° Variations de tirage ;

4° Après la charge, la proportion d'oxygène étant momentanément déficitaire, il peut y avoir volatilisation de soufre, et formation d'oxyde de carbone quand des gaz de combustion sont mélangés aux produits sulfurés (comme dans le grillage direct de blendes) ;

5° Accidentellement agglomération de minerai, dont le centre ne réagit pas tandis que l'air peut passer en excès.

La bonne marche est donc celle qui réduit ces mouvements au minimum ; et le constate quand les gaz sortants ne contiennent qu'un excès normal d'oxygène et pas de SO^2. De plus, quand on travaille avec plusieurs fours, on peut s'arranger à charger alternativement, pour réduire le plus possible la variation des gaz, qui a toujours pour conséquence une dépense de produits nitreux plus considérable. C'est ainsi que, malgré un contrôle minutieux et fréquent, cette dépense évaluée à 3 ou 4 % avec les minerais sulfurés ordinaires peut, accidentellement, atteindre le double.

Pour la réduire au minimum, le volume du Gay-Lussac qui représente normalement 2 à 3 % du cube des chambres, et permet de récupérer 85 à 90 % des produits nitreux, est porté au moins à 6 %. Lorsqu'il existe en outre une proportion sensible de

CO^2 dans les gaz, on doit augmenter la proportion du cube des chambres nécessaires, d'où accroissement des frais d'installation, d'entretien, le prix de l'acide obtenu dans ces conditions risque d'être moins avantageux que celui des installations ordinaires, et cependant il peut souvent rester dans des limites intéressantes.

Influence de l'eau. — Les gaz destinés à entrer en réaction contiennent de l'air, de l'acide sulfureux, des produits nitreux et de l'eau.

Il est indispensable que cette dernière existe en quantité convenable ; car, son insuffisance donnerait lieu à la formation de la combinaison étudiée sous le nom de cristaux de chambres de plomb ou d'acide nitrosylsulfurique de *Lunge*, acide nitrosulfonique de *Raschig*.

$$SO^2\!\!\diagdown^{\textstyle OAzO}_{\textstyle OH} \qquad \text{ou} \quad SO^3H(AzO^2) \quad \text{ou} \quad SO^5AzH$$

alors qu'avec une proportion convenable d'eau on aurait

$$4SO^2\!\!\diagdown^{\textstyle OH}_{\textstyle OAzO} + 2H^2O = 4H^2SO^4 + Az^2O^4 + 2AzO$$

La présence d'eau est indispensable, cependant son excès ne doit pas être tel qu'il transforme les composés oxygénés gazeux de l'azote en produits insuffisamment oxygénés, (protoxyde d'azote Az^2O, ou même azote) qui tous deux ne sont plus oxydables ni solubles dans l'acide sulfurique à 60°, donc plus récupérables, ou bien en acide nitrique qui tomberait dans la cuvette.

Selon cet excès d'eau, l'acide sulfureux réduit d'abord à l'état d'acide hydroxylamine disulfonique, puis d'acide hydroxylamine monosulfonique et enfin en protoxyde d'azote, l'acide nitreux en dissolution. *Lunge* a constaté que le phénomène se produisait encore dans une atmosphère oxygénée, en présence de vapeur d'eau et d'acide sulfurique, mais que cela ne se présentait plus avec un d'acide sulfurique de densité 1,32.

Cette réduction n'a lieu ni dans l'acide concentré, ni dans l'acide des chambres où on existent simultanément les deux constituants (Az^2O^3 et SO^2) et SO^4H^2 formé, ce qui démontre un état d'équilibre fonction des conditions de marche et qui pourrait même subsister AzO n'étant pas constamment éliminé.

Influence de la température des gaz sur les réactions — *Voller* s'est livré à une série de recherches qu'il a publiées en 1873 dans le *Dinglers Polytechnische Journal* et il a trouvé que :

Alors que au-dessous de 100° l'acide sulfurique et l'acide nitreux donnent avec la vapeur d'eau de l'acide sulfurique et du bioxyde d'azote favorable aux réactions, si la température atteint 120°, la proportion de produits nitreux non réoxydables est de 52,5 % et à 180° avec un acide sensiblement de même densité (1,76 au lieu de 1,75), la perte atteignait 67,9 %.

L'élévation de température avait, donc, d'après lui, une action néfaste comparable à celle de l'ean en excès.

Ces conclusions ont d'ailleurs été combattues par divers savants et *Lunge* a, au contraire, montré (*Dinglers Journal*, CCXXV, p. 474), que si l'on dirige, même à 200°C dans l'acide sulfurique concentré, les gaz résultant du passage de SO^2, mélangé de 2 équivalents d'oxygène, sur l'acide sulfurique nitreux — tout était absorbable — ce qui infirmait la présence de protoxyde d'azote, la présence de ce dernier n'était constatée qu'en employant l'acide sulfureux pur à température assez élevée (190 à 210°C).

Sorel a effectué des expériences à température dépassant celle de la zone supérieur du Glover et reconnu que, tant qu'il y a excès d'oxygène, l'acide sulfurique nitreux n'est pas réduit en donnant du protoxyde d'azote, mais qu'il fixe de l'acide nitreux aux dépens du bioxyde d'azote et de l'oxygène jusqu'à ce que la tension de vaporisation de l'acide nitreux devienne égale à la tension de ce corps dans le courant gazeux.

Les recherches récentes de M. *Bitterli* ont montré que, en opérant avec un mélange gazeux de composition voisine à celle des chambres et faisant varier la température de 80 à 120° :

A) L'apparition de la phase liquide est retardée par l'élévation de température, et la courbe qui représente ces résultats permettrait de conclure que, vers 135 ou 140°, la production d'acide liquide pourrait devenir nulle.

B) Le poids d'acide produit croît rapidement de 80 à 90°, il passe vers un maximum vers 92-94, puis redescend rapidement et régulièrement ensuite.

C) La concentration de l'acide sulfurique formé, augmente régulièrement avec la température.

M. *Graire* prenant comme constante la composition des gaz (venant du Glover) et les amenant au contact d'acide sulfurique à des températures différentes, a constaté que de :

101 à 110, il y a plus d'acide sulfureux après passage qu'avant, donc destruction.

90 à 95, les teneurs avant et après ne varient guère.

55 à 68, la richesse augmente, il n'y a donc plus destruction, mais fabrication.

Ajoutons en passant que, soumis à une température trop élevée, le plomb souffre beaucoup et le regretté *F. Benker* recommandait de ne jamais atteindre 100° à la sortie du Glover.

Quant à l'abaissement de température local, dû au refroidissement du plomb des parois des chambres ou des tuyaux de communication, par l'air ou l'eau, son action éminemment favorable est due surtout à l'élimination des vésicules d'acide sulfurique en suspension dans les gaz, ce qui appartient à une autre catégorie d'action.

Élimination de l'acide sulfurique formé. — Dans les chambres, l'acide résultant de la réaction existe à l'état de brouillard blanchâtre qui se condense, soit le long des parois, soit dans la cuvette, à l'état liquide.

Les diverses considérations précédentes expliquent que, si les chambres de plomb travaillent de façon tout à fait comparable, leur fonctionnement n'est pas absolument identique. Chacune a pour ainsi dire, son individualité particulière et des conditions de marche les plus favorables à rechercher et appliquer.

Toutefois un fait commun à toutes, est la nécessité d'éliminer du milieu de la réaction l'acide formé et depuis le début de cette industrie, on a reconnu l'intérêt qu'il y avait à condenser le plus rapidement possible, le brouillard en liquide nous avons d'ailleurs signalé les tentatives faites dans ce sens :

refroidissement le long des parois ou dans les tuyaux, chocs, filtration, brassage, précipitation électrique au moyen d'appareils convenables.

A ces constatations, M. *Graire* (*Chimie Industrie*, août 1927, p. 187) a ajouté que les gaz des chambres sont ionisés sans qu'on sache exactement si c'est dû à l'oxydation de SO^2 ou de AzO ou des deux, mais que la suppression de cette ionisation a justement lieu dans les mêmes conditions que la précipitation du brouillard d'acide.

Influence de la vitesse des gaz. — La logique fait prévoir, et la pratique industrielle confirme que :

1º Lorsque la composition de la phase liquide est constante en un point du système, la rapidité des réactions dépend de la composition des gaz et de leur vitesse.

2º A proportions constantes des phases liquides et gazeuses, la nature et la rapidité des réactions dépendront du rapport de leurs débits respectifs.

3º Il doit exister, comme pour les autres facteurs, des conditions optima favorables à la marche du travail.

Si les expériences de M. *Rossignol* (au laboratoire avec 7 chambres) avaient montré l'influence du débit sur la vitesse initiale de formation et la quantité d'acide fabriqué, celles de M. *Graire* ont confirmé que : avec vitesse gazeuse faible il y avait fabrication et dénitration incomplète, que l'augmentation de vitesse correspondait à fabrication atténuée et dénitration croissante, puis, qu'au delà d'une certaine limite, il y avait dénitration totale et que le AzO agissait alors en provoquant une réduction de l'acide formé.

Amorçage de la phase liquide. — On remarquera qu'au lieu du terme *catalyse* parfois employé pour désigner cette action de l'eau nous préférons utiliser, faute de mieux, celui *d'amorçage* qui rappelle l'action d'un cristal introduit dans une liqueur saturée, de façon à provoquer la séparation d'un corps semblable passant de l'état liquide à l'état solide. Evidemment, les conditions sont loin d'être identiques, mais il s'agit du passage de la phase gazeuse à la phase liquide et, lorsque nous traiterons la fabrication par contact, nous exposerons plus en détail la différence considérable qui existe, à notre avis, entre les réactions dans les chambres et les phénomènes catalytiques.

En pratique industrielle, quand on met en route une chambre de plomb, on a soin de garnir la cuvette avec un liquide (eau ou acide faible), les expériences faites au laboratoire par M. *Bitterli*, ont montré que, même avec des gaz de composition favorable, il s'écoule un temps relativement long parfois (30 secondes à 65 minutes), où il ne se produit aucune condensation contre les parois.

M. *Forrer* a voulu prouver que l'amorçage dans la production d'acide, effectué par Davy au moyen d'eau ou d'acide, était très logique, il a montré que :

a) Si on humecte la chambre d'essai avec de l'eau ou de l'acide faible, celui-ci commence par s'évaporer en notable partie jusqu'à établissement d'un équilibre convenable.

b) Un mélange gazeux déterminé, ayant donné un rendement de 2,88 °/₀ sans liquide amorceur, et avec apparition d'acide seulement en 40 minutes, donna un rendement de 38,31 °/₀ avec amorçage.

Jusqu'à une certaine proportion, l'augmentation de la teneur en eau augmente la vitesse d'apparition de la phase liquide, mais diminue la concentration de l'acide formé.

L'augmentation de la surface par rapport au cube total, dans les chambres modernes ou dans les tuyaux de communication, agirait donc, non pas seulement de façon mécanique par refroidissement ou brassage des gaz, mais en multipliant la surface d'amorçage, et celle où l'acide sulfurique hydraté provoque la décomposition d'un produit intermédiaire, avec régénération de composés nitreux qui, à l'état naissant, doivent posséder une activité particulière.

Influences électriques. — Une équation chimique est chose commode pour expliquer une réaction, ou tout au moins enregistrer les points extrêmes : composés mis en présence d'une part, et corps composant le milieu final, mais il est bien rare qu'elle ne soit pas accompagnée de phénomènes calorifiques, lumineux, électriques ou autres.

Si elle a pu en être la cause, elle peut aussi en être une conséquence et nous avons chaque jour des exemples de ce que peuvent permettre de réaliser l'intervention de la lumière, la chaleur, la pression, l'électricité.

Touchant ce dernier point, les observations faites à ce sujet ont besoin d'être coordonnées et complétées pour pouvoir en déduire des lois générales.

En effet :

A) Dans l'application des appareils de dépoussiérage *Cottrell*, on a constaté que la création du champ électrique entre deux électrodes, détermine bien une précipitation dés particules solides des gaz mais aussi une ionisation des molécules gazeuses.

Celte ionisation aurait pour conséquences :

1° Un abaissement de température en tête et relèvement en queue dénotant un ralentissement dans la formation d'acide.

2° Un ralentissement dans la rapidité de condensation du brouillard acide.

On constate que cette ionisation subsiste après le passage dans le Glover, et se prolonge même longtemps dans les chambres.

B) En marche normale, on enregistre également une ionisation des gaz des chambres, qui peut disparaître par filtration à travers des agents convenables, par barbottage, c'est-à-dire dans les conditions où l'acide sulfurique formé s'élimine.

On sait que ce phénomène s'observe dans divers réactions d'oxydation, notamment de composés nitreux (bioxyde d'azote par l'oxygène ou l'ozone) ou de décomposition (peroxyde d'azote, acide nitrique). Il serait intéressant de savoir si c'est le cas de l'oxydation de SO^2.

C) L'action électrique dans des conditions convenables, sur le brouillard sulfurique, a été appliquée par *Cottrell* pour les fumées provenant de la concentration, et donne des résultats sérieux ; c'est pourquoi de multiples tentatives ont été effectuées pour exercer une action semblable dans les chambres, l'élimination de l'acide formé étant très favorable.

D) En soumettant à une action électrique convenable certains éléments, on leur confère des qualités particulières — c'est le cas de l'ozone qui provient de l'oxygène — ou de l'azote actif qui s'obtient en soumettant l'azote pur et sec, exempt d'oxygène, à des décharges électriques.

Il existe également du bioxyde d'azote *rendu actif*, toutefois cette activité n'a pas une durée indéfinie.

Etat naissant — On a observé depuis longtemps que certains éléments, ou composés, mis en liberté au cours d'une réaction, possèdent, au moment où ils prennent naissance, un état d'équilibre interne particulier qui les rend aptes à réagir, sur d'autres éléments, beaucoup plus rapidement et plus énergiquement, que dans les conditions ordinaires ; cet état était défini jadis : *état naissant*.

Or, si nous essayons de décomposer les actions successives dans les chambres nous trouvons comme grandes lignes :

a) Union de SO^2 avec certains composés nitreux donnant vraisemblablement naissance à un ou des composés intermédiaires.

b) Décomposition de ce, ou ces derniers, par l'eau en donnant AzO et de l'acide sulfurique.

c) Réoxydation de AzO grâce à l'oxygène de l'air.

Dans ces trois réactions, une qui mériterait d'appeler l'attention est la seconde, dans laquelle nous constatons que, sous l'influence de l'eau, il y a mise d'AzO en liberté.

Ne trouve-t-on pas là ce composé, à l'état naissant, qui, grâce à des conditions de milieu et de température favorables mais différentes au voisinage des parois, de l'acide de la cuvette, ou dans les tuyaux de communication ferait comprendre l'existence des zones d'activité particulières ?

Introduction de l'eau nécessaire à la réaction. — Nous avons vu précédemment que le Glover en fournit une partie, mais cette quantité ne suffit pas et une addition subséquente doit être faite.

En supposant que tout l'acide des chambres soit à (55° Baumé) et concentré par le Glover à 61° B. la quantité d'eau nécessaire par kilogramme de soufre est d'abord

$$\frac{S}{32} \quad \text{formant} \quad \frac{SO^4H^2}{98} \quad \text{emploie} \quad \frac{H^2O}{18}$$

soit .... $\dfrac{1 \text{ kg.} \times 18}{32} = 0 \text{ kg. } 5625$

et pour amener l'acide SO^4H^2 à l'état d'acide des chambres à 70 %, il faudra naturellement .... $\dfrac{9^2 \times 30}{32 \times 70} = 1 \text{ kg } 3125$

Total......................... $\overline{1 \text{ kg. } 8750}$

Comme le Glover reçoit de l'acide à 70 % et le rend à 80 %, il a vaporisé 10 % d'eau, soit pour la quantité d'acide provenant de 1 kilogramme de soufre $\left(\dfrac{98}{32}\right)$.

$$\frac{98 \times 10}{32 \times 70} = 0,4375$$

On doit fournir, dans les chambres, pour 1 kilogramme de soufre brûlé, et en supposant un Glover agissant comme ci-dessus, pour obtenir l'acide à 55° B.

$$1,8750 - 0,4375 = 1,4375$$

mais cette quantité doit être considérée comme un minimum, car une certaine proportion d'eau est condensée dans les tuyaux.

Vapeur. — Avec la vapeur on opère à basse pression 1 à 1 atm. 1/2, ce qui nécessite l'emploi de réducteurs de pression.

Un simple tube d'amenée de vapeur en tête avec 1/2 atmosphère seulement, pourrait suffire à donner la quantité totale nécessaire, mais il est préférable d'en avoir plusieurs convenablement répartis dans les différentes chambres. Il est, dans tous les cas, utile de contrôler la pression de vapeur non seulement au point de départ des générateurs, mais aussi à un endroit proche de celui où elle est utilisée, au moyen d'un manomètre bien en vue dont le surveillant puisse lire le chiffre à chaque passage.

Les tuyaux de vapeur sont généralement en fer dans leur parcours hors des chambres, et en plomb épais (durci le plus souvent) à l'intérieur.

La disposition figurée dans certaines gravures anciennes, où les tuyaux traversent le fond de la chambre, n'existe plus ils sont établis parfois sur les parois de côté, plus souvent sur le ciel.

Dans le premier cas, les tuyaux sont maintenus par une tubulure en plomb et adaptés par un moyen approprié.

Quand on les place sur le ciel, le tuyau passe au centre d'une petite cloche dont le rebord s'applique dans un joint hydraulique circulaire établi à l'endroit convenable. Il existe un ou plusieurs jets qui envoient la vapeur dans le sens de la marche des gaz, transversalement ou dans toute autre direction que l'on préfère.

Une vanne, ou un robinet, permet de modifier la section d'entrée de la vapeur, le robinet a le défaut de se coincer parfois et de devenir très dur à faire marcher, mais un autre facteur du réglage est l'orifice de sortie.

Le tuyau de la « pointe de vapeur » est fermé à sa partie inférieure, et, un peu au-dessus on rapporte une épaisseur de plomb dans laquelle on pratique un trou avec un clou de dimension déterminée.

Tant que le débit est convenable, ce que l'on constate à la densité de l'acide aux témoins, ainsi que dans la cuvette de la chambre, il n'y a rien à faire, mais peu à peu le diamètre de l'orifice s'agrandit. Alors, avec un marteau on mate, en ramenant de la matière devant l'orifice pour le restreindre, et on y passe à nouveau le clou.

Les tuyaux qui ont le plus souvent 15 à 20 millimètres de diamètre, sont disposés de façon à pouvoir être retirés facilement pour les vérifier. La distance entre deux pointes varie suivant les systèmes et les chambres.

La profondeur de la pointe, c'est-à-dire sa distance du ciel, varie généralement entre 0 m. 50 et 1 mètre. Le jet dépend de la pression de vapeur, de l'épaisseur du tuyau, de l'orifice, etc. On cherche évidemment à ce que la vapeur qui s'échappe sous forme d'un cône n'aille pas buter contre les parois en plomb, et qu'elle se mélange dans de bonnes conditions aux gaz, en aidant au brassage ainsi qu'au tirage.

Il est cependant fréquent de constater, dans une chambre arrêtée que le plomb est blanchi, et affaibli, au voisinage des pointe de vapeur ou à une certaine distance, ce qui peut être attribué, soit à une action mécanique, soit au fait qu'en présence d'un excès d'eau local il y a eu formation d'acide nitrique ayant attaqué le plomb.

Parfois la pratique montre que, pour obtenir un acide limpide et travailler dans de bonnes conditions, les pointes doivent être disposées de façon différente de celle que la théorie et la logique avaient fait choisir, il n'y a qu'à s'incliner et faire le nécessaire.

On a, dans divers endroits, utilisé la vapeur d'échappement provenant de sources diverses, débarrassée par passage dans des caisses de dépôt, ou à travers des toiles métalliques, ou filtres appropriés, des impuretés gênantes, les avantages constatés n'ont pas répondu de façon satisfaisante à l'attente et il n'existe pour ainsi dire plus d'installations de ce genre.

Alimentation d'eau dans les systèmes intensifs modernes

Comme nous l'avons dit plus haut : produire de plus en plus de kilogrammes d'acide sulfurique par mètre cube de chambre, est le but poursuivi par les techniciens depuis de longues années, on y a réussi et peu à peu les chiffres ont monté, mais en même temps les difficultés augmentaient également.

Dans les anciennes chambres à faible production, à tirage peu intense, les pertes de chaleur, par rayonnement des parois dans les fours, ainsi que dans le Glover et les chambres, équilibraient le dégagement de calories résultant de la réaction, et le plomb des parois n'était pas soumis à une température susceptible d'en provoquer une détérioration rapide.

Quand on a commencé les marches, dites *intensives*, en provoquant un passage plus rapide dans les appareils au moyen de ventilateurs, et augmentant la proportion des produits nitreux dans les gaz ainsi que les liquides en roulement, on a dû reconnaître qu'il fallait trouver de nouveaux moyens d'éliminer les calories excédantes. Parmi ceux essayés pour éviter une dépense considérable de nitrate et une détérioration rapide du plomb, nous citerons :

a) Emploi d'eau pulvérisée au lieu de vapeur.

b) Modification dans la forme des chambres en augmentant la surface par rapport au volume.

c) Emploi de tours intermédiaires qui brassent les gaz et les refroidissent.

d) Refroidissement artificiel au moyen de circulation d'air ou d'eau.

e) Actuellement enfin, la substitution d'acide sulfurique faible à l'eau pulvérisée gagne de plus en plus de terrain.

Ayant examiné précédemment les paragraphes *b*, *c*, *d*, nous allons passer à l'emploi d'eau pulvérisée.

Emploi d'eau pulvérisée. — L'acide des chambres correspond sensiblement à la formule $SO^4H^2 + 3H^2O$ et, par molécule d'acide sulfureux $(SO^2 = 32 + 2 \times 16 = 64$ grammes), le dégagement de chaleur est, d'après *Lunge* de 65 500 calories.

D'après la formule ci-dessus, on voit qu'à $SO^2 = 64$ grammes il a fallu ajouter $4H^2O = 4 \times 18 = 72$ grammes d'eau.

Quand on se sert de vapeur, et si nous supposons que l'acide récolté ait 60°C, chaque gramme de vapeur, en se condensant, dégage :

$$606,5 + (0,305 \times 120) - 60 = 583 \text{ calories.}$$

La chaleur totale dégagée comporte donc :

1° Chaleur de formation de l'acide...............	65 500 calories
2° Chaleur dégagée par la condensation de la vapeur 583×72 .... =	41 976 »
Total	107 476 calories

Au contraire, si l'eau nécessaire à la réaction est fournie à l'état liquide à 15° C, la chaleur dégagée devient

1° Chaleur de formation de l'acide...............	65 500 calories
2° Chaleur absorbée par l'élévation de la température de l'eau de 15° à 60° = 72×45............ =	3 240 »
Différence..................................	62 260 calories

Soit une différence théorique de $107\,476 - 62\,260 = 45\,216$ calories, nous disons *théorique* car, en pratique, une partie de l'acide produit, (et pour certains systèmes tout cet acide) est à 60° B, contenant presque 25 % moins d'eau que l'acide des chambres, ce qui diminue la chaleur totale dégagée et modifie la différence ci-dessus à cause de l'évaporation produite dans le Glover.

Pour opérer sur une formule facilitant le calcul, si nous envisageons la composition chimique moyenne de l'acide tiré du Glover et des chambres comme représentant la formule $SO^4H^2 + 2H^2O$, le calcul devient le suivant :

Chaleur résultant de la réaction $SO^4H^2 + 2H^2O = 64\,000$ calories
les $3H^2O = 54$ gr. d'eau.

Supposant la température finale 60° C, chaque gramme de vapeur condensée dégage 583 calories.

La chaleur totale dégagée est par suite :

1° Chaleur de formation de l'acide .... 64 000 calories
2° Chaleur dégagée par la condensation de la vapeur 583 × 54 .... = 31 480 »

Total.. 95 480 calories

Avec une eau fournie à l'état liquide à 15° C. on a :

1° Chaleur de formation de l'acide .... 64 000 calories
2° Chaleur absorbée par l'échauffement de l'eau de 15° à 60° C = 54 × 45 .... = 2 430 »

Différence .... 61 570 calories
La différence est alors 95 480 — 61 570 .... = 33 910 calories

Ajoutons enfin que, dans la pratique courante, on se trouve en présence de problèmes plus compliqués, puisque, en hiver, un même appareil peut griller davantage de minerai sulfuré et produire plus qu'en été, ce qui confirme l'influence de la température extérieure et celle de l'air entrant aux fours, ainsi que des pertes par rayonnement des parois.

Des variations de ce genre se produisent, pour ainsi dire, heure par heure, par conséquent les calculs ci-dessus donnent des indications d'ordre général, mais ne peuvent être appliqués à la lettre, et la pratique doit toujours sanctionner les conclusions de la théorie.

Puisque l'oxydation de l'acide sulfureux et la combinaison de SO^3 avec l'eau ont lieu avec dégagement de chaleur mais que la vaporisation de l'eau nécessite une dépense de charbon on s'est efforcé de restreindre, ou même de supprimer complètement, cette dépense en se servant d'eau pulvérisée au moyen d'appareils appropriés.

Systèmes divers de pulvérisation

On peut les classer en trois catégories :

I. L'eau est pulvérisée par la vapeur.

II. L'eau sous pression est animée d'un mouvement de giration à l'intérieur du pulvérisateur ou projetée contre une plaquette.

III. L'eau est pulvérisée par turbinage.

I. Pulvérisation au moyen de vapeur. — Le premier pulvérisateur breveté semble avoir été celui de *Sprengel* (Br angl. 3.489, 1ᵉʳ octobre 1873), il était en platine.

Comme on le voit dans le dessin ci-dessous, un jet de vapeur à l'intérieur d'un tuyau d'eau provoque la pulvérisation de cette dernière.

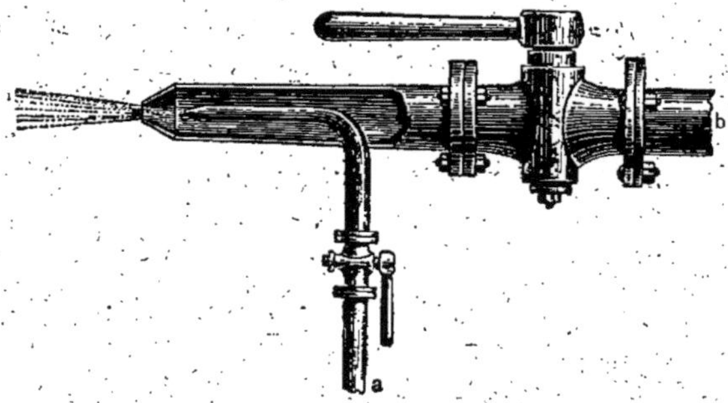

Fig. 227.

Il annonçait que 20 parties de vapeur suffisaient pour 80 parties d'eau et que, dans la fabrique de *Barking Creek*, il avait obtenu 2/3 d'économie de charbon et 14 3/4 % d'économie de nitrate.

II. Pulvérisation de l'eau sous pression. — L'eau pulvérisée 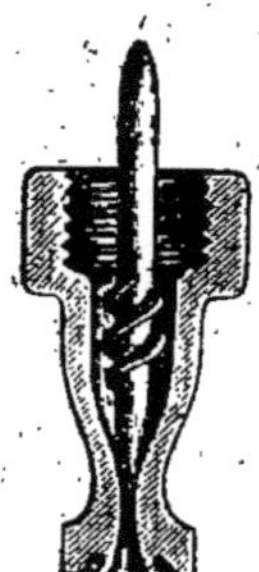 dans ces conditions ne devait, naturellement, pas être séléniteuse sans quoi il y avait encrassement, de plus, l'économie était sans doute insuffisante, toujours est-il que cet appareil ne s'est pas répandu.

Plus tard, à la fabrique de produits chimiques de *Griesheim*, on trouva qu'il suffisait de projeter de l'eau en un jet très fin et sous 2 atmosphères minimum de pression, contre un disque pour produire un brouillard d'eau très ténu. On construisit donc

Fig. 228

des petits ajutages en platine, portant un disque du même métal. M. *Benker* qui, en collaboration avec M. *Hartmann*, a diffusé

ce système, fut l'un des plus actifs pionniers de ce perfectionnement et il l'appliqua, simultanément avec le tirage forcé au moyen

Fig. 229.   Fig. 230.

de ventilateur. M. *Kestner* dans un article publié dans le *Moniteur
Quesneville* (juillet 1903, p. 478), a signalé qu'ils ont construit

des installations où il n'y avait pas de générateurs, la force électrique servant seule à toutes les manutentions mécaniques, au
mouvement des acides, à la pulvérisation d'eau, etc.

Types divers de pulvérisateurs. — Le pulvérisateur *Korting*
utilise une spirale de bronze qui donne un mouvement tourbil-
lonnant à l'eau et permet une projection uniforme dans les différentes directions. La tuyère qui était d'abord en platine a été ultérieurement faite en verre et fixée sur la partie en plomb antimonieux (fig. 229).

La spirale est disposée à l'intérieur d'un tube d'ébonite solide
dont l'orifice a 0 mm. 75 environ, tandis que le tube de plomb antimonieux a 4 millimètres de diamètre. On peut opérer avec des
pressions de 3 à 5 atmosphères.

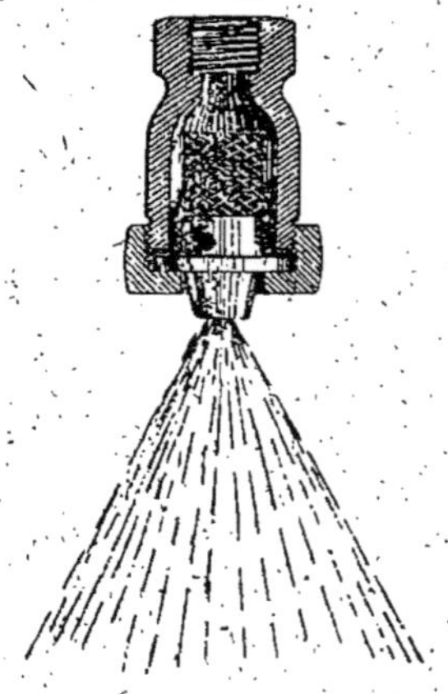

Fig 231.

De nombreux modèles ont été proposés, notamment ceux de
*H. Rabe, L. Santa, A. Duron, General Chemical C°, J. Parent,
H. Thomas, Scherfenberg et Prager, A. Primavesi*, etc., etc.
Quant à leur application dans les chambres, elle a fait l'objet
de diverses études : *R. Delplace, A. Gaillard, O. Guttmann,
L. Santa, Strigeti*, etc., *Guenot* en établit en stéatite ou en
verre, *le Monarch* « Perfection » est utilisé en Italie et celui de
Berk en verre très connu en Angleterre, nous en donnons (fig. 230)
le schéma.

Celui primitivement breveté par M. *Kestner* (fig. 231) se composait d'un raccord dans lequel se trouvent emprisonnés le pulvérisateur proprement dit, ainsi qu'un filtre en toile métallique pour arrêter les corps étrangers. Les modèles établis pour les produits chimiques étaient en régule, ébonite ou platine, ils donnaient, à partir de 1/2 kilogramme de pression (5 mètres de charge d'eau) de fines goutelettes, à 2 kilogrammes de fines poussières et à 5 kilogrammes un véritable brouillard.

Les débits étaient les suivants :

N° 00	5 à 15 litres à l'heure à 5 kg	
N° 0 , ...	15 à 30 »	»
N° 1	30 à 150 »	»
N° 2	150 à 300 »	»
N° 3	300 à 1 000 »	»

M. *Sachs* a créé un type bon marché (fig. 232) destiné à être remplacé sans dépense sensible, voici la description d'après la notice :

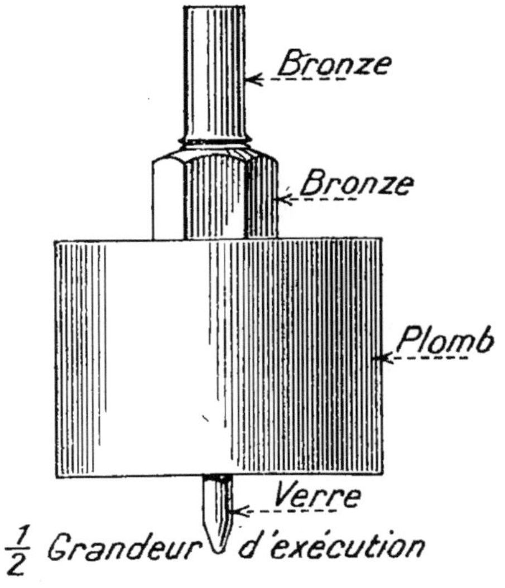

Fig. 232.

Ce petit appareil permet de supprimer complètement l'emploi du métal précieux. Le débit de ces pulvérisateurs, réglable à volonté, peut varier de 10 litres à 40 litres à l'heure suivant les besoins.

L'opération est très simple. Si le débit est trop fort, il suffit d'approcher la pointe de verre de la flamme d'une lampe à alcool ou d'un bec de *Bunsen* pour ramollir l'extrémité et rétrécir l'orifice, en procédant avec prudence, sans quoi le canal serait bouché et on dépasserait le but. Ensuite avec de la toile d'émeri fine n° 0 ou n° 00 on peut user la pointe de verre, ce qui a pour résultat d'agrandir l'orifice au fur et à mesure de l'usure. On continue jusqu'à ce que l'on soit arrivé au diamètre répondant à la quantité de liquide à pulvériser.

Il est facile de vérifier le débit en isolant dans une éprouvette, pendant 5 minutes, un pulvérisateur en bonne marche et en mesurant le liquide recueilli.

Le verre et le plomb sont seuls en contact avec les vapeurs acides.

En raison de leur prix modique, l'auteur préconise d'en utiliser beaucoup plus et, par exemple, de remplacer sur un système de chambre 10 pointes, débitant chacune 40 litres à l'heure, par 30 débitant chacune 16 litres à l'heure ; de manière à ce que l'eau pulvérisée soit mieux répartie.

Les tubes de rechange en verre spécial, avec vis ajustée, coûtaient 60 centimes pièce. La pression d'eau requise était de 3 à 5 kilogrammes.

Pulvérisation Benker

Le pulvérisateur initial *Benker* était en platine iridié ; il existait 2 modèles, l'un à plus grand débit employé dans les chambres

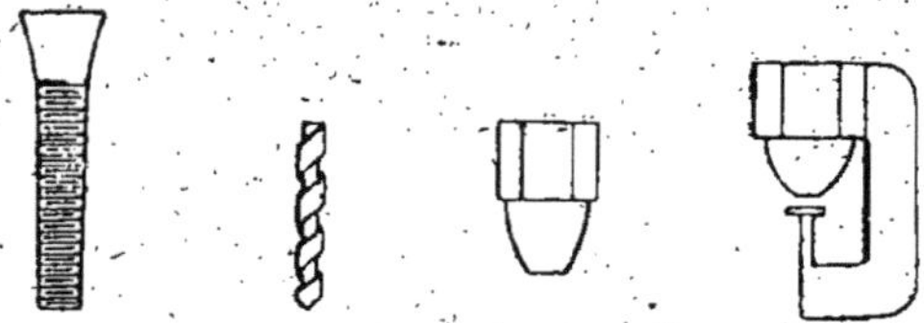

Fig. 233. — Pulvérisateurs Benker Millberg.

étroites, en une rangée suivant l'axe ; l'autre, plus faible, pour les chambres larges, avec pulvérisateurs disposés en quinconce ; le débit pouvait varier de 15 à 45 litres par heure.

Benker employait de préférence ceux à jet horizontal ou à plaquette, car les pulvérisateurs du type centrifuge à jet conique, surtout lorsqu'ils sont dirigés vers le bas, risquent d'avoir les gouttelettes précipitées avec trop de force vers la cuvette de la chambre.

Sur la conduite générale existe un filtre à éponges ; de plus un filtre est placé avant chaque pulvérisateur, pour éviter toute possibilité d'obstruction. Les pulvérisateurs sont montés sur des tuyaux flexibles pour qu'on puisse facilement les retirer et vérifier leur fonctionnement.

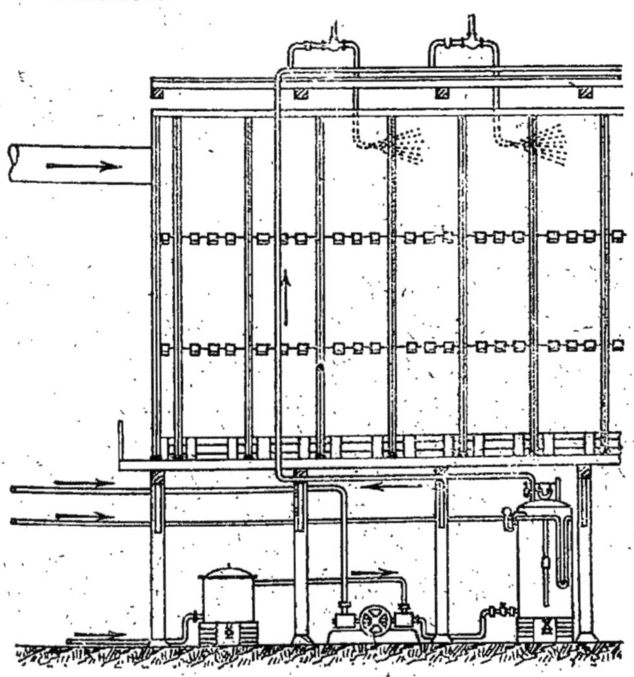

Fig. 234. — Schéma de pulvérisation d'eau
Benker Millberg dans une chambre.

Pression. — En marche normale elle atteint environ 2 kg. 1/2. Une petite pompe, actionnée généralement par la machine qui commande le ventilateur, refoule l'eau dans un réservoir clos de 0 m. 800 à 1 mètre de diamètre et 2 à 3 mètres de hauteur, portant des niveaux de contrôle. Un retour (by-pass) permet d'y maintenir toujours le niveau de l'eau à la moitié environ, de plus sa partie supérieure est reliée, par un tuyau, avec le réservoir d'air comprimé de l'usine afin de permettre le remplacement de l'air dissous par l'eau. Cela n'a lieu que très rarement ; dans une usine, à Orléans, on n'admet de l'air qu'une fois par semaine. (La figure 234 montre un schéma d'une installation complète de pulvérisation d'eau avec le ventilateur aspirant, conduit par la pompe à eau).

Disposition. — M. *Benker* s'est basé sur la théorie d'*Abraham*, d'après laquelle, le long des parois où se fait le refroidissement du gaz, s'établit un courant descendant très actif, alors qu'au centre de la chambre, sur le plan vertical axial, a lieu la circulation ascendante complétant le cycle, le tout constituant une sorte de grande vis d'*Archimède*, ou hélice gazeuse, de chaque côté.

Il place, en conséquence, ses pulvérisateurs dans l'axe longitudinal du ciel de la chambre, tout près du plafond.

Le brouillard d'eau, quelque fin qu'il soit produit, ne s'évapore pas instantanément ; les goutelettes ont une tendance à tomber, mais le courant gazeux ascensionnel maintient en suspension celles suffisamment ténues et les vaporise avant qu'elles n'arrivent au fond de la chambre.

On peut admettre que le cycle d'*Abraham* fonctionne le mieux, lorsque la chambre est étroite. Avec une très large, il est possible que les deux cycles ne se touchent pas et qu'au milieu existe, selon l'axe de la chambre, un espace relativement immobile, de sorte que, si l'on y plaçait les pulvérisateurs, on se trouverait précisément dans les conditions que M. *Benker* a voulu éviter, l'expérience confirme d'ailleurs ces prévisions.

M. *Benker* ayant par la pratique trouvé 6 mètres comme largeur la meilleure pour les chambres les construit de préférence étroites et hautes, tandis que dans celles plus larges déjà existantes, il place les pulvérisateurs en quinconce à 3 mètres environ de la paroi, de façon à ce qu'ils soient dans le courant ascendant.

Économie. — Voici maintenant l'économie théorique de charbon résultant de l'emploi d'eau pulvérisée.

Pour une molécule $SO_4H_2 + 3H_2O$ (152 grammes acide 51-52° B.) correspondant à 98 grammes SO_4H_2, il faut 72 grammes d'eau ou vapeur.

Pour 1.000 kilogrammes SO_4H_2 (ou 1.550 kilogrammes acide 51-52° B.) il faut 730 kilogrammes eau, et, s'ils sont fournis à l'état liquide, on économise le charbon nécessaire à leur vaporisation, soit un minimum de 100 kilogrammes.

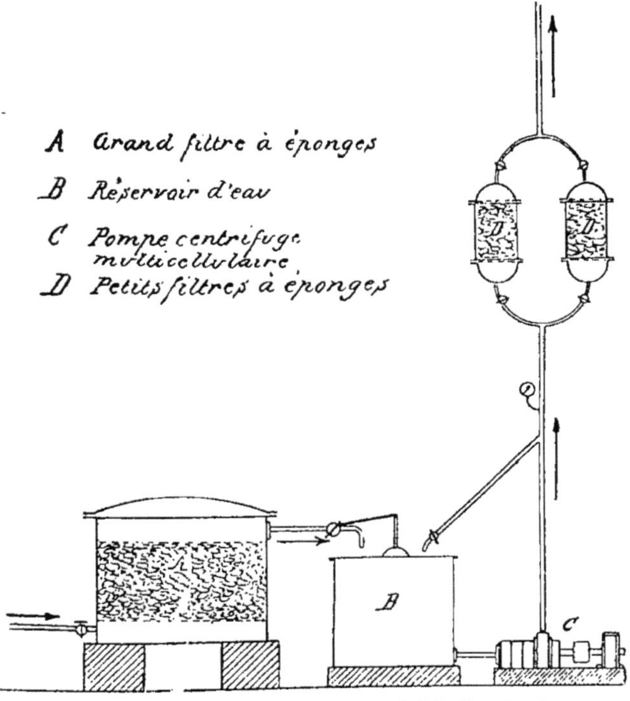

Fig. 235. — Filtration d'eau avant pulvérisation Benker

En réalité, les chiffres ci-dessus ne sont pas toujours constatés en pratique, car le degré moyen de l'acide produit n'est pas $SO_4H_2 + 3H_2O$ et dans les pays froids ou même tempérés, il arrive que, avec une marche de 5 kg. 4 acide monohydraté par mètre cube, une addition de vapeur en queue, parfois aussi dans les autres chambres, soit nécessaire pour empêcher la température de descendre au-dessous d'un certain chiffre (M. *F. Benker* estime ce minimum à 45°C. environ pour la première chambre).

Dans la marche peu intensive, on est donc amené à réduire la proportion d'eau, si l'on ne veut pas atteindre rapidement cette limite.

La force absorbée pour comprimer l'eau nécessite 0 kg. 620 charbon, théoriquement, pour 1.000 kilogrammes H^2SO^4 en admettant $SO^4H^2 + 3H^2O$ comme degré moyen de l'acide produit.

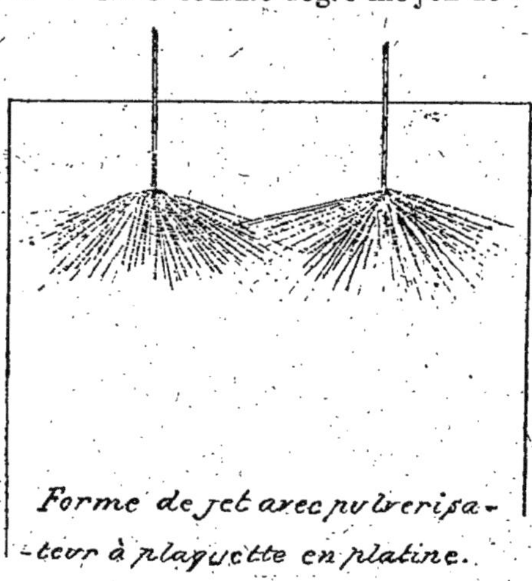

Fig. 236.

Dans ces conditions, M. *Benker* a obtenu, avec l'emploi d'un ventilateur, 5 kilogrammes d'acide monohydraté par mètre cube de chambre, avec une consommation de 1 % environ acide nitrique 36° B. ; dans quelques cas plus favorables, on est même descendu à 0,80 %.

M. *A. Cochet* a donné (*Industrie Chimique*, 6 mars 1921) une description du dispositif adopté par la Maison *Benker* et *Millberg*, et illustré par le schéma (fig. 235).

Il n'y a de tuyauteries en fer *qu'avant* le grand filtre qui contient 50 à 60 *kilogrammes d'éponges* et dont l'action est encore complétée par 2 petits filtres, placés sur le refoulement de la pompe multi-cellulaire, M. *Cochet* a signalé que, parfois, le dispositif d'introduction dans la chambre est défectueux lorsque l'on donne

à l'ouverture « O » un diamètre insuffisant, par exemple : 8 centimètres, il est très difficile de sortir le pulvérisateur sans risquer de
le faire buter contre le plomb à son passage dans la partie rétré-
cie « O ». L'instrument est alors déformé et hors d'usage. Le meilleur montage consiste à donner à « O » 15 à 20 centimètres et
rendre le tuyau « T » indépendant du branchement d'amenée
d'eau, en le raccordant à ce dernier par un tube de caoutchouc,
résistant à la pression et serré, à chaque extrémité des tuyaux de
plomb, par deux demi-colliers à vis en fer plat.

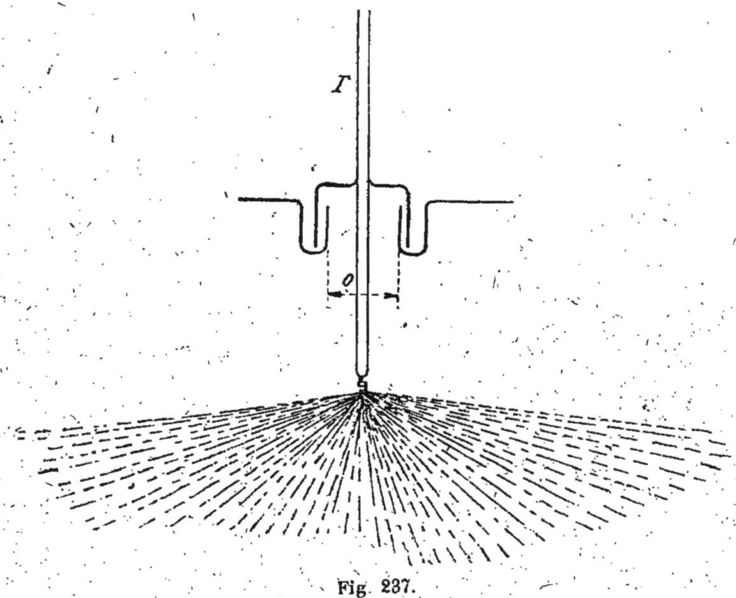

Fig. 237.

Nous donnons fig. 236 et 237 deux schémas montrant l'installation de deux systèmes de pulvérisation sur une chambre de même
gabarit.

Une controverse a eu lieu, concernant la manière dont agissent
les pulvérisateurs — et M. *Duron* (*Chimie et Industrie*, mai 1921,
p. 550) a fait remarquer que, dans le *Gaillard*, les pulvérisateurs
agissent par surface et non par extrême division. — Ainsi un
pulvérisateur placé à 1 m. 50 ou 2 mètres du sol, y laisse la
trace d'une circonférence parfaite, mais la surface du cercle est
exempte d'humidité.

Le traité américain précédemment cité (*Wells* et *Fogg*) décrit une installation récente américaine, utilisant 6 chambres ayant chacune 143 pieds de long (43 mètres), 59 pieds de large (18 mètres), 41 pieds (12 m. 50) de haut, avec tours de refroidissement entre chambres, représentant 2.155.000 pieds cubes (61.000 mètres cubes) en tout, utilisant les pulvérisateurs de platine *Schulte* et *Koerting* comme suit :

    1re chambre 12 pulvérisateurs de chacun 2 gallons 1/2 (11 l. 1/4) à l'heure
    2e   »   24   »   »   5   » —   22 l 1/2   »
    3e   »   28   »   »   5   »   22 l 1/2   »
    4e   »   24   »   »   5   »   22 l 1/2   »
    5e   »   20   »   »   2 gallons 1/2 11 l. 1/4   »
    6e   »   12   »   »   2   »   1/2 11 l. 1/4   »

tandis que les tours refroidissantes avaient chacune un jet débitant 2 gallons 1/2 à l'heure (11 l. 1/4).

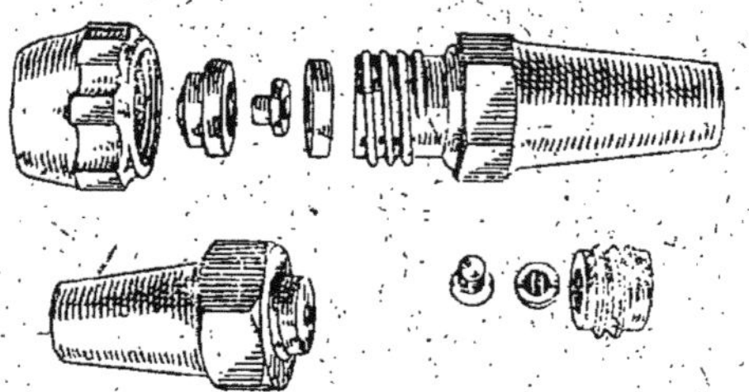

Fig. 238 — Pulvérisateur Monarch.

Une autre entreprise (*Tennessee Copper C⁰*), qui aurait dû établir de nombreux pulvérisateurs à faible débit, a été amenée à créer, en raison de l'énorme quantité d'eau nécessaire aux réactions, un pulvérisateur atomiseur spécial débitant plus de 50 gallons d'eau (226 litres) à l'heure, qui lui a permis de substituer l'eau pulvérisée à la vapeur, dans la majeure partie des chambres.

On trouverait enfin, sur le marché américain, un nouvel appareil (Br. am. 1.099.028) de la *Monarch Manufactury Works* de Philadelphie, en poterie. Le premier type est fileté, l'eau forcée contre un espace circulaire concave acquiert un mouvement giratoire (fig. 238).

Dans le second c'est une bride qui provoque la pulvérisation.

Pour contrôler le fonctionnement et le débit des pulvérisateurs

Donaldson a proposé de les grouper et les relier avec un indicateur *Venturi* (fig. 239).

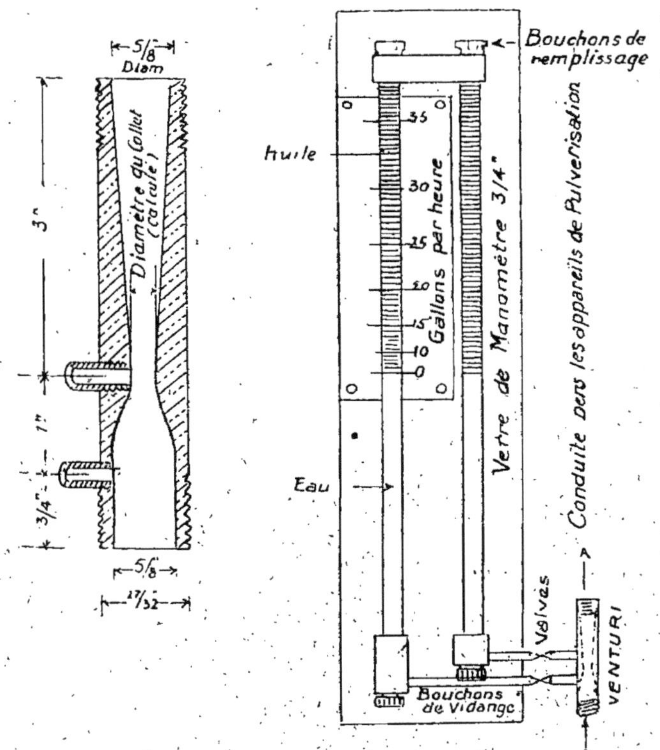

Fig. 239. — Indicateur de débit par pulvérisateur.

Substituts de l'eau pulvérisée. — Elle a été rem placée par des acides plus ou moins faibles, également pulvérisés, susceptibles d'abandonner facilement une partie de leur eau.

L'acide de la dernière chambre a été utilisé par de nombreux inventeurs (*Guttmann, Rabre,* etc.), celui de la 1ʳᵉ par *Foster, Delplace* (Br. Fr. 342, 117) se servait d'acide fort pour éliminer l'anhydride des gaz des fours et l'injectait ensuite dans les chambres.

L'emploi d'acide dilué, pulvérisé, est décrit aussi par *Mac Dawell* (Br. am. 1.402.941 de 1922) qui a ainsi augmenté la production de 40 % (7 kilogrammes SO_4H^2 par mètre cube de chambre et par jour avec une dépense $\%$ kilogrammes SO^{4}H^3 de 1,39, acide nitrique 36°.

M. *Moritz* (Br. fr. 593.627 mai 1925) a également breveté le remplacement de l'eau pulvérisée par l'acide sulfurique dilué à faible tension de vapeur.

III. Pulvérisation au moyen de turbines. — L'eau, ou l'acide, à pulvériser peut l'être au moyen de turbines spéciales et nous avons parlé précédemment d'appareils de ce genre.

Conclusions. — L'avantage des pulvérisateurs est considérable, non seulement il y a économie de combustible, puisque la vaporisation dans les chaudières est inutile et qu'il faut seulement introduire l'eau sous pression, mais cette adjonction évitant un nouvel apport de calories à la masse gazeuse, on peut produire davantage par mètre cube.

Il est bien entendu que, sous le nom de pulvérisateur, nous entendons tout appareil susceptible de transformer un liquide en vésicules infiniment petites, en les atomisant pour ainsi dire, de manière à se rapprocher d'une gazéification complète.

Pour le vérifier il est d'ailleurs facile de constater la trace que laisse, sur le sol, un liquide projeté d'une hauteur égale à celle des chambres de plomb dans des conditions comparables à celle du travail prévu.

Il est indispensable aussi de choisir un type de pulvérisateur robuste, facile à vérifier ou à nettoyer, et d'un fonctionnement irréprochable, sans laisser tomber de l'eau directement dans le fond de la chambre. Lorsque le cas se produit il se forme, à la surface de l'acide, une couche d'eau qui ne se mélange pas au reste, dissout des produits nitreux en donnant de l'acide nitrique, et ronge les rideaux dont l'épaisseur s'affaiblit graduellement au point qu'ils finissent par se couper

$$2\text{AzO} + 3\text{O} + \text{H}^2\text{O} = 2\text{AzO}^3\text{H}$$
$$\text{Az}^2\text{O}^3 + 2\text{O} + \text{H}^2\text{O} = 2\text{AzO}^3\text{H}.$$

En somme, le modèle idéal serait celui qui donnerait naissance à un brouillard analogue aux nuages, véritable gaz vésiculaire se maintenant en suspension dans l'atmosphère de la chambre, se mélangeant intimement aux autres constituants, et mettant le temps maximum pour parcourir le chemin compris entre le pulvérisateur et la cuvette.

Ainsi la durée du contact entre les liquides pulvérisés et les gaz serait maximum, le brassage s'effectuerait le plus facilement et, si les proportions des constituants étaient favorables, les réactions s'effectueraient dans les meilleures conditions.

Acides des cuvettes

Remarquons en outre que, pour bien travailler, l'acide contenu dans la cuvette ne doit pas marquer moins de 45° B. afin d'éviter l'appauvrissement de l'atmosphère en produits nitreux tombant dans la cuvette sous forme d'acide nitrique. Par contre il ne faut pas aller au-delà de 54-55° B. car cet acide retiendrait en dissolution une fraction des produits azotés gazeux. On se tient donc en moyenne entre 52 et 54 dans la, ou les, chambres de tête et un peu au-dessous (sans atteindre 45) dans la chambre de queue, mais cet acide est acheminé progressivement vers la tête de l'appareil.

Dans la cuvette de 1re chambre il ne doit pas être nitreux, et ne donner aucune réaction quand on le traite au sulfate de fer, il est souvent légèrement teinté en rouge par le sélénium et présente une odeur d'acide sulfureux.

Cependant, les gouttes des témoins peuvent être nitreuses.

Un acide de la 1re chambre nitreux proviendrait d'entraînement de ces produits dans la cuvette, par manque ou excès d'eau, le degré Baumé l'indique.

Les chambres suivantes ont en général leur acide de plus en plus nitreux; c'est pourquoi on s'arrange pour qu'ils s'écoulent successivement l'une dans l'autre en finissant par la première, parfois aussi on envoie l'acide de la dernière sur le Glover.

La hauteur d'acide dans la cuvette n'est pas indifférente; elle ne doit pas être trop basse, sans quoi, si les rideaux ne sont pas soudés à la cuvette, les gaz passeraient au-dessous et on a constaté qu'une hauteur trop grande n'était pas toujours favorable.

Produit nitreux des chambres. — Les produits niteux existent, dans les chambres, à divers états, et il est indispensable de les retenir dans la, ou les, tours de Gay-Lussac avant la sortie de l'appareil, or nous savons que :

Az^2O^3 (ou mélange $AzO + AzO^2$) se dissout dans l'acide sulfurique à 60 en donnant l'acide nitroso-sulfurique ;

AzO n'est pas absorbé *sauf s'il est en présence d'oxygène* ;

Az^2O^4 est absorbé lentement en donnant naissance à de l'acide nitroso sulfurique et de l'acide nitrique.

Il en résulte donc que :

1° Il faut un certain excès d'oxygène (environ 8 % d'ordinaire) mais cette proportion est susceptible de varier un peu selon les appareils ;

2° Une proportion convenable de AzO et Az^2O^4 donne naissance à Az^2O^3, qui est soluble, à 20 % environ, dans l'acide sulfurique 60 alors que chacun des deux seul l'est fort peu ;

3° La présence d'eau est nuisible, car elle affaiblit le degré de l'acide sulfurique et son pouvoir dissolvant.

4° Il est à remarquer que, dans les chambres à fabrication intensive, la proportion de Az^2O^4 dans les gaz est sensiblement plus grande que dans celles à marche tranquille, de sorte que, pour éviter une perte trop sensible, on peut avoir intérêt à introduire de minimes quantités de SO^2, bien réglées, en queue pour provoquer une réduction partielle, toutefois un excès au lieu de donner Az^2O^3 donne AzO.

5° Le bioxyde d'azote, AzO, étant le plus soluble dans l'acide sulfurique 60 *froid*, ce dernier doit avoir été refroidi convenablement au bas du Glover ;

6° Quand il existe en trop forte proportion, il est possible que la lanterne étant blanche, on constate la présence de fumées jaunes, dues à sa transformation en Az^2O^4 à la sortie du Gay-Lussac, décelant une atmosphère trop peu oxydante (manque de tirage ou atmosphère trop faible en produits nitreux).

Kolb (*Bull. Soc. Ind.*, Mulhouse, 1872, 225) et *Lunge* (*J. S. C. I.* 1885, 4, 447) ayant contrôlé les conditions de dissolution des composés oxygénés de l'azote dans l'acide sulfurique indiquait que, 1 litre d'acide sulfurique concentré absorbe seulement

35 centimètres cubes AzO (0 gr. 0593), et que cette proportion est réduite de moitié avec un acide de densité 1 500.

Avec l'oxygène AzO donne Az^2O^3 ou AzO^2 et, en présence également d'acide sulfurique, il se forme de l'acide nitrosylsulfu rique, de *Lien*, ou nitro-sulfonique, de *Raschig*, de sorte que, dans l'atmosphère des chambres, on trouve non pas Az^2O^3 mais :

$$2SO^2(OH)^2 + Az^2O^3 = 2SO^2(OH)OAzO + H^2O.$$

Avec un excès d'oxygène il se forme l'acide hypo-azotique

$$2AzO + O^2 = 2AzO^2$$

qui donne avec l'acide sulfurique

$$SO^2(OH)^2 + 2AzO^2 = SO^2(OH)OAzO + AzO^3H$$

l'absorption, est alors, plus lente et chacun connaît les panaches rouges qui, dans ce cas, surmontent les cheminées ou les Gay-Lussac.

L'acide nitrosylsulfurique $SO^2(OH)OAzO$ peut être obtenu à l'état solide (sulfate de nitrosyl ou cristaux de chambres) sous forme de prismes quadrangulaires souvent feutrés qui, sous l'action de la chaleur, fondent à 73° d'après *Weltzeun*, et 120-130 d'après *Gaultier de Claubry*) en se décomposant avec production de vapeurs nitreuses.

Au laboratoire ce composé s'obtient en faisant passer SO^2 dans l'acide nitrique fumant.

On peut aussi obtenir un anhydride du précédent

$$\begin{array}{c} SO^2OAzO \\ | \\ O \\ | \\ SO^2OAzO \end{array}$$

par mélange de SO^2 liquide avec AzO^2 ou par SO^3 et AzO.

On sait que l'eau dénitre l'acide nitrosylsulfurique et que cette action, spécialement décrite par *Sorel*, se produit dans des conditions qui varient avec la température et le milieu.

L'emploi des cristaux des chambres de plomb a été proposé en place d'acide nitrique ou de nitrate (Br. Fr. 404.071, 1909, Société le Nitrogène), pour la préparation des matières colorantes et des produits nitrés.

En présence de NaCl il se forme par la chaleur AzOCl.

SO^2 réagissant sur l'acide sulfurique nitreux peut donner des liqueurs bleues ou pourpres.

L'excès de SO^2 réduit l'acide nitrosylsulfurique en donnant l'acide nitrosisulfonique de *Raschig*

$$2SO^2\!\!<^{OAzO}_{OH} + SO^2 + 2H^2O = 2SO^3HAz\!\!<^O_{OH} + SO^4H^2$$

et cet acide nitrosisulfonique très peu stable est susceptible de donner

$$SO^3HAz\!\!<^O_{OH} = SO^4H^2 + AzO$$

c'est-à-dire une atmosphère trop riche en AzO, d'une mauvaise récupération occasionnant perte de produits nitreux ; l'atmosphère ne doit donc pas être trop réductrice et, en pratique, lorsqu'on adopte faible dégagement de vapeurs jaunes (mais pas rouges). une introduction de SO^2 il faut la régler de façon à laisser un

La coloration de l'acide sortant du Gay-Lussac donne par conséquent une indication : en bonne marche, lorsqu'il suffisamment nitreux, il est jaune clair ; au contraire, si l'atmosphère est réductrice il devient rougeâtre en se rapprochant de la teinte de celui récolté au bas du Glover.

Nous avons indiqué, d'autre part, les réaction dues à l'action de l'eau sur les composés nitriques et sulfonitriques divers, nous n'y reviendrons pas.

Causes de pertes des produits nitreux. — Les produits nitreux ne sont pas quantitativement récupérés, en admettant même qu'il ne se forme pas des oxydes inférieurs de l'azote, pour les raisons exposées précédemment mais il y a en général une petite proportion de AzO qui, à l'air, donne AzO^2 et se décèle par une teinte paille, allant jusqu'à l'orange rougeâtre si la proportion est sensible.

Enfin, avec un seul Gay-Lussac, il n'est pas rare de perdre un peu de Az^2O^3 en raison de sa tension de vapeur ou de la présence de l'acide nitrososulfurique dans l'acide sulfurique.

Les pertes en produits nitreux peuvent être dues à d'autres causes. :

Fours. — 1) Mauvaise marche provenant de matières premières défectueuses, tirage et travail mal réglés, quantité brûlée par mètre carré exagérée, fournissant au Glover des gaz de composition irrégulière.

Entraînement mécanique par les gaz.

Glover. — 2) Dimensions mal calculées.

Construction ou remplissage empêchant un bon contact entre les gaz et les acides.

Mauvaises proportions relatives de ces derniers ou de l'alimentation en acide nitrique ou eau.

Température insuffisante donnant lieu à une irrationnelle dénitration.

Acides ayant un débit ou une composition défectueuse.

Chambres. — 3) Composition impropre des gaz et formation d'oxydes d'azote non solubles, dans l'acide du Gay-Lussac.

Relachement dans la surveillance.

Acide de la cuvette trop concentré ou trop faible (45°) entraînant une chute des produits nitreux.

Température trop basse ou trop forte.

Gay-Lussac. — 4) Insuffisance du Gay-Lussac par rapport au volume total des chambres.

Mauvaise disposition intérieure du remplissage.

Contact défectueux entre les gaz et les acides.

Acide trop faible ou trop chaud.

Mauvaise composition des gaz.

Causes diverses. — Tirage insuffisant, par étranglement des conduites, obstruction par éboulement dans les tours, refroidissement insuffisant des acides, débit trop faible des monte-acides, etc.

En Amérique on considère qu'en moyenne, en se servant de bonnes pyrites ou de soufre, la perte en produits nitreux correspond à 4 % du soufre brûlé, mais, dans certaines installations, on a réussi à marcher plusieurs mois avec une perte inférieure à 2 %, bref un chiffre de 3 % peut être envisagée comme une bonne moyenne.

La question est différente quand on utilise des gaz provenant d'opérations métallurgiques et il n'est pas rare de voir la consommation monter à 8 ou 9 $\%$ pendant des périodes prolongées.

Tour de Gay-Lussac

But. Elle a pour but d'absorber dans l'acide sulfurique les produits nitreux qui, sans cela, s'échapperaient dans l'air ; sa construction est analogue à celle du Glover. On cherche, ici aussi, à établir sans diminuer le tirage, un contact aussi intime que possible entre les gaz circulant de bas en haut et l'acide sulfurique à 60° coulant de haut en bas. Son rôle est devenu de plus en plus important depuis l'adoption de la marche intensive qui impose un roulement bien plus considérable de produits nitreux. En principe le Gay-Lussac, n'ayant pas à supporter une température élevée, peut être une tour en plomb plus haute que large, de section circulaire ou polygonale, et remplie avec des matériaux résistant à l'action des acides : (briques de grès, anneaux de grès, remplissages divers, quartz, coke, etc.).

Le remplissage doit en outre éviter d'occasionner une gêne sensible au tirage.

Volume du Gay-Lussac. — De même que pour le Glover, le volume du Gay-Lussac, par rapport au cube total et à la quantité de soufre brûlé, a une influence considérable sur la bonne marche du système et la dépense en nitrate de soude.

Il dépend de la capacité des chambres ainsi que du mode de travail, car, plus la production par mètre cube est considérable, plus la circulation des produits nitreux doit être grande, et le cube du Gay-Lussac élevé.

Jadis on se contentait d'un volume dépassant un peu 1 $\%$ de la capacité des chambres, mais on reconnaît maintenant préférable de choisir un chiffre notablement supérieur car la consommation du nitrate de soude en dépend.

Avec les chambres à marche modérée, 2 1/2 à 3 kilogrammes SO_4H^2 par mètre cube en 24 heures, un volume de Gay-Lussac de 2 $\%$ des chambres est suffisant.

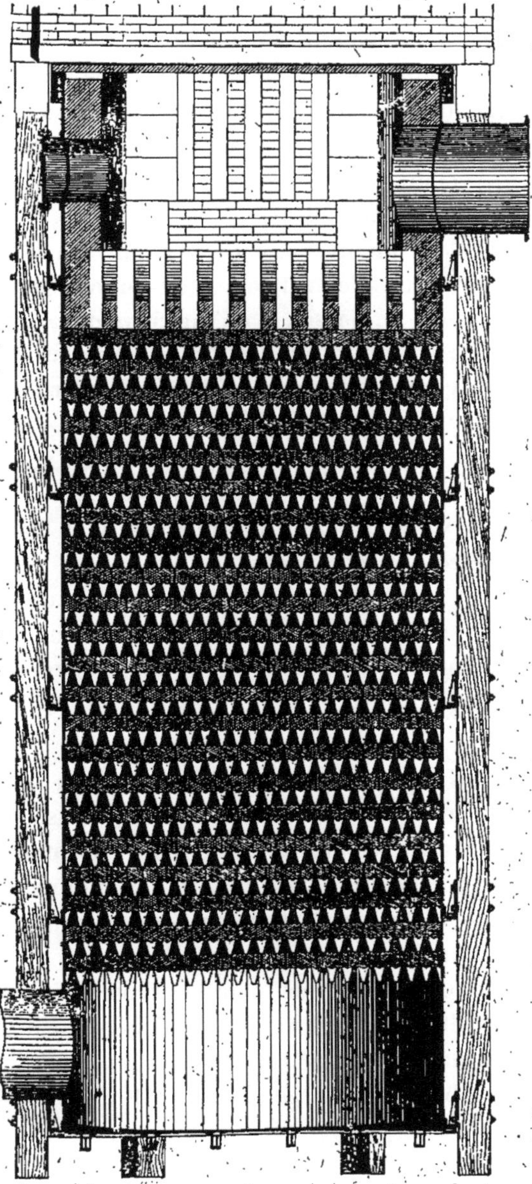

Fig. 240. — Tour de Gay-Lussac (coupe).

Avec des systèmes intensifs il faut atteindre environ 3 à 3 1/2 %, ces chiffres s'appliquant au cube de remplissage considéré comme effectif et non à l'espace entre plomb.

Dans ces conditions, et selon la puissance du système, on est amené à établir 2 Gay-Lussac et même plus, dans ce cas on amène l'acide frais du Glover sur le second où il peut absorber plus facilement les produits nitreux échappés et permettre l'oxydation de sels réducteurs contenus dans l'acide du Glover.

Cet acide, élevé à nouveau, est déversé par un nouveau distributeur sur le 1er, naturellement cette distribution doit être aussi parfaite que possible au-dessus et à l'intérieur de la tour.

La pratique a montré que les dimensions d'un Gay-Lussac ne peuvent être quelconque pour qu'il travaille dans de bonnes conditions, et le diamètre primitif 1 m. 20 (ou 1 m., 20 de côté pour les tours carrées) a été porté jusqu'à 2 m. 25 ou 2 m. 50, le plus souvent on donne même 2,75 à 3 mètres.

La hauteur varie, avec les installations et la marche adoptées, entre 10 mètres et 20 mètres.

Grâce à cet appareil la consommation du nitrate a pu être considérablement abaissée. Après avoir été, avant son emploi, de 4 % de l'acide (compté en monohydrate) produit, elle n'est plus que de 0,7 à 1 %.

Nouveaux Gay-Lussac. — De même qu'on a fait des Glovers non revêtus de plomb, on a établi des Gay-Lussac en briques de grès. Dans ce cas le pourtour est double : une première paroi en briques de 6 × 6 pouces (0,15 × 0,15) est entourée d'une seconde et les joints horizontaux et verticaux sont en quinconce, de façon à éviter la perte d'acide.

En Amérique on estime que, pour des chambres de 140 000 (f. c.) à 200 000 (5 663 m³) la tour de Gay-Lussac peut avoir 6 pieds (1 m. 82) de large et 50 de haut (15 m. 20) ; pour de plus petites il suffit de 4 à 5 pieds de large (1 m. 20 à 1 m. 50) et 40 (12 m. 10) on peut de haut.

Avec des gaz riches, tels que ceux provenant du grillage du soufre on adopte une hauteur de 30 pieds (9 m. 15).

Wells et *Fogg* citent dans leur traité l'installation faite par :

1° *Le Calumet and Arizona Mining C°.* — 12 tours ont été édifiées et forment un ensemble solide.

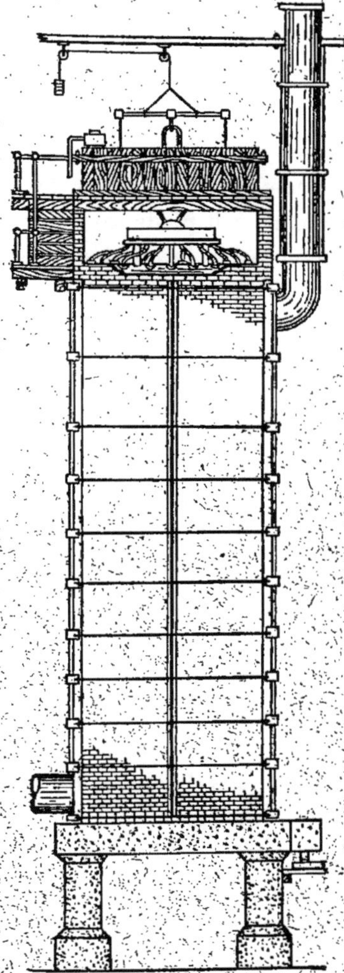

Fig. 241. — Gay-Lussac sans plomb.

Chaque tour à 13 pieds carrés (4 mètres × 4 mètres) et 45 pieds de haut (13 m. 50).

Elles sont établies en briques « duro » étagées, avec du « duro » ciment, et le bloc entier enveloppé de plomb, suspendu à une armure d'acier. Ce bloc est divisé en 3 séries de 4 tours dont chaque série reçoit son courant gazeux spécial qui circule en sens inverse du courant d'acide 60 du Glover.

2° *A la Tennssee Copper C°*. — Il existe une seule tour de 4 chambres représentant 557.000 pieds cubes (15.768 mètres cubes).

Cette tour, bâtie en briques de grés, et cimen trésistant à l'acide, sans plomb autour est divisée en 56 compartiments, séparés par des briques de grès comprenant 7 séries de 8.

Chaque compartiment à 8 pieds carrés (2,40 × 2,40) extérieurement et une hauteur totale de 40 pieds (12 m., 20).

Les gaz traversent les 8 rangées parallèles, passant successivement de haut en bas et de bas en haut, jusqu'à ce qu'ils arrivent à la partie supérieure du 7e compartiment de la rangée ou ils sont aspirés par un ventilateur et éliminés.

Sur chaque compartiment, l'acide est distribué au sommet par un tuyau d'alimentation terminé par un pulvérisateur à plaquette, de construction telle qu'il le répartit de façon aussi uniforme que possible sur la surface entière du compartiment.

La cuvette inférieure est en plomb, et divisée en 3 compartiments au moyen de murettes en briques, afin de séparer l'acide sulfurique nitreux en 3 séries, de titres nitreux différents, qui alimentent : la 1re 24 compartiments, la 2e 16 compartiments et la 3e également, de façon à enrichir progressivement l'acide.

L'ouvrage cité constate que ce mode d'installation semble discutable, surtout en raison des difficultés de réparation quand il y a des obstructions accidentelles.

Il a été établi enfin des Gay-Lussac avec remplissages stables avec parois en briques normales bien équilibrées.

L'avantage de ne pas se borner à un seul Gay-Lussac est la possibilité de récupérer, dans le second, les produits nitreux ayant pu pour, une raison chimique ou mécanique, échapper au premier, et comme le signalait *M. Benker*, d'oxyder les sels ferreux. En outre, comme prix de revient et facilité d'établissement, il est plus commode d'édifier deux Gay-Lussac moyens que d'en établir un seul très grand.

M. Wyld après avoir visité un grand nombre d'usines anglaises, a publié dans sa Manufacture of Sulphuric acid p. 45, un tableau résumant ses constatations.

Matière sulfurée	Tonnes brûlées par semaine	% S	Volume % Gay Lussac	Remplissage de Gay-Lussac	Pieds cubes par livre de soufre en MH	SO^4H^2 par mètre cube
Pyrites	42	43	5,0	coke	16	3,06
		50	3,2	anneaux	12	4,08
	117	40	1,6	verre	12	4,08
	180	45	3,0	coke	13	3,77
Matières épu-rantes	32	52	0,9	verre	14	3,50
	60	46	2,5	coke	16	3,06
	80	50	1,5	verre	15	3,27
	126	50	5,0	anneaux	10	1,90
Coal brasser	19	40	4,4	coke	25	4,96

Remplissage du Gay-Lussac. — On consultera avec intérêt une étude sur les remplissages à coke, publiée par *A. Hulin* (*Revue des Produits Chimiques*, 1918, p. 169, 21) qui restent encore les plus employés comme le montre une statistique extraite de l'*Alkali Report* de 1925, n° 52, relative à 440 remplissages de tours de Gay-Lussac en Angleterre.

Remplissage	Sphères	Briques	Coke	Verre	Tour Lunge Rohrmann.	Anneaux	Pierres grès spéciales	Briques et pièces spéciales	Anneaux et coke	Anneaux et pièces spéciales	Coke et briques ou pièces spéciales	Totaux
Nombre de tours ..	1	53	269	48	3	25	17	10	8	4	7	440
Pour 1 000 tours...	2	120	611	98	7	57	39	23	18	9	16	1 000

L'emploi du coke métallurgique extrêmement courant jadis a suscité beaucoup de critiques.

On lui a reproché de s'écraser sous la pression de la colonne, d'être peu à peu détérioré par l'acide sulfurique nitreux ou par l'acide nitrique, d'où nécessité de remplacement assez fréquent. De plus, les pores intérieurs des morceaux formeraient de véri-tables éponges dont seul l'extérieur jouerait un rôle pour l'absorption d'ou par contre partie, une tendance à l'emploi des matériaux de remplissage divers.

L'avantage du coke est, en principe, sa surface considérable et la multiplicité des points de contact des gaz avec l'acide, ce qui facilite l'absorption. Il faut avoir soin de le choisir dur, non friable, le plus inattaquable possible, à froid et à chaud, par les acides et exempt de matières hydrocarbonées, goudronneuses ou susceptible d'abandonner à l'acide des produits noirâtres.

Les morceaux les plus gros, ayant 0,30 à 0,40, sont placés à la main sur une grille disposée à la partie inférieure de la tour, et reposant sur des piliers en Volvic, ou en briques de grès posées à sec.

Quand 1/3 de la tour est rempli ainsi, le second tiers est garni avec des morceaux plus petits dont les dimensions vont en décroissant jusqu'à 8 ou 10 centimètres.

Rappelons également qu'avec un coke spécial très dur, *Lunge* a constaté une réduction des produits nitreux, donnant naissance à AzO qui s'échappe à l'extérieur.

Les remplissages destinés aux Gay-Lussac sont nombreux mais on ne peut les prendre sans examen :

Au lieu des anneaux cannelés de 100 à 125 millimètres de diamètre, *Schlieb* a proposé des anneaux doubles, solidaires, l'extérieur ayant 125 millimètres, et l'intérieur 60 millimètres.

Gullmann (Br. angl. 14.774, 1896) a confectionné des sphères perforées de 7 à 8 centimètres de diamètre, leur montage doit être fait avec beaucoup de soin pour éviter la casse. Un autre modèle en sphère solides fut breveté par la même maison en 1899. B. angl. 24.847.

Les anneaux de *Raschig* (Br. ang. 6.288, 1914) ont de 15 à 50 millimètres de diamètre et hauteur et 1 millimètre d'épaisseur.

H. Petersen (Br. angl. 15.406, 1907) utilise des anneaux creux, ayant la forme de polygones réguliers, et munis de cannelures.

J. M. Gibson et la *Buckley, Brick and Tile C°* (Br. angl. 23.052, 1900) ont établi des pièces tubulaires avec des sillons ou cannelures extérieurs ou intérieurs.

Le remplissage en verre, préconisé par MM. *Carmichael* et *Guillaume*, a fait l'objet de mesures intéressantes. Ils ont opéré sur une tour de Gay-Lussac de $2,44 \times 2$ m. 44, avec un remplissage en briques et la même réduite à une section de $1,83 \times 1$ m. 83 mais munie de leur remplissage.

La quantité de nitrate absorbé avait été par 24 heures de

1910	Remplissage briques $2,44 \times 2,44$ (tonnes)	1911	Remplissage verre $1,83 \times 1,83$ (tonnes)
Septembre........	369,66	Septembre........	511,39
Octobre	349,85	Octobre	563,31
Novembre	373,21	Novembre	620,57
Décembre	340,85	Décembre	586 25
Janvier 1911.....	387,06	Janvier 1912......	552,34

et comme poids récupérés comparatifs pour un même volume.

Remplissage verre 100, remplissage coke 41, remplissage briques 38.

A. Manual of Chemical Plant (9ᵉ partie, page 276) donne les chiffres de comparaison suivants entre deux sytèmes, le premier possédant deux tours de Gay-Lussac avec coke et le second une avec remplissage verre, *Carmichael* et *Guillaume*.

Nombre de chambres	3	5
Volume....................	161 460 pieds cubes	194 250
Nombre de Gay-Lussac	1	2
Dimensions	6×6×42	8×8×42 7×5×42
Remplissage	verre	coke
Volume total	1 512 pieds cubes	4 158
Brûlage matière épurante ...	52 tonnes	60
Nitrate par rapport au soufre	3,0	4,6
Rendement par unité volume	4,2	1

Il existe à l'article tour de Glover des détails d'emplissages employés qui sont également applicables au Gay-Lussac et, à titre d'exemple, nous donnons (fig. 242) un soubassement de tour établi en pièces spéciales Obsidianite.

Remplacement du coke. — Après un temps plus ou moins long, qui dépend de sa qualité et de la nature du travail, le coke peut avoir besoin d'être nettoyé ou changé. Cette opération est délicate, car, pendant les opérations de nettoyage, déblayage

du remplissage. L'atmosphère en est altérée par la présence de vapeurs nitreuses, extrêmement dangereuses en général, et tout particulièrement pour les personnes ayant des affections cardiaques ou pulmonaires. Le travail s'effectue ordinairement de la façon suivante:

7. La tour est totalement isolée des chambres et mise en communication avec la cheminée.

les gaz nocifs, qui contiennent indépendamment de l'ouate, des charbons activés et un liquide d'imprégnation à base d'hyposulfite de soude, d'ammoniaque, etc.

e) On reconnaît que les matières, le fond, ou les parois sont lavés suffisamment quand l'action de l'eau ne provoque plus le dégagement de vapeurs nitreuses.

f) On ne saurait trop prendre de précautions contre l'empoisonnement par ces vapeurs dont l'action parfois imperceptible n'en est pas moins funeste et peut avoir des conséquences fatales.

Quand il y a eu intoxication, non seulement il faut renouveler l'air contenu dans la cavité pulmonaire, pratiquer des inhalations d'oxygène, mais, d'après la *Rheinische-Westfälische Sprengstoff Company*, on doit faire prendre, chaque 10 minutes, 3 à 5 gouttes de chloroforme (0 gr. 045 à 0 gr. 078) en ne dépassant pas la dose de 1 gr. 5 par 24 heures.

On a proposé divers dispositifs ayant pour objet de modifier ou remplacer le Gay-Lussac. La tour à plateaux *Lunge Röhrmann* a été recommandée par *Niedenfuhr*. Une récupération dans des dispositifs ayant 1/5 à 1/2 des chambres le fut par *Fulda*.

Moritz (Br. fr. 462.877) a établi des tours avec séparation horizontale et verticale mises en place à l'emplissage.

E.-A. Gaillard construit son Gay-Lussac comme son Glover, c'est-à-dire souvent vide sur une partie de la hauteur.

Prix. — D'après *Jörgensen* (*Chem. et Metall. Eng.*, 27-4, 1921), la dépense d'installation du Glover et du Gay-Lussac représenterait 25 à 40 % du coût du système total. Quant au prix des garnissages, il serait de 5 à 6 % du prix des tours.

Conditions d'absorption dans le Gay-Lussac

Pour que l'absorption soit bonne (*Lemaître* estime la perte dans le Gay-Lussac à l'état de Az^2O^4 à 50 %), nous rappellerons que :

a) L'acide coulant sur la tour doit être le plus propre possible, les impuretés, en solution ou en suspension, étant néfastes.

b) Un acide trop faible est peu efficace (59 à 61° B), *Beavers* (*Chem. et Metall. Eng.*, 1925, p. 280) a montré que l'acide à 73 % absorbe 6,6 % de moins que celui à 78 %.

c) Les gaz provenant des chambres doivent contenir le moins possible d'humidité, mais renfermer un certain excès d'oxygène dont la proportion n'est du reste pas immuable, il est donc nécessaire que la fabrication soit terminée quand les gaz arrivent au bas du Gay-Lussac.

Enfin, tant que l'acide sulfureux se trouve en présence d'un excès d'oxygène, l'acide sulfurique fixe de l'acide nitreux si l'atmosphère contient une proportion de ce dernier supérieure à la tension de l'acide à sa température. Dans le cas contraire il en cède.

De là une des raisons invoquées pour mettre un second Gay-Lussac dans lequel les gaz, presque dépouillés de leurs produits nitreux, rencontrent un acide du Glover n'en contenant pas.

d) Ils doivent être le plus froid possible. *Beavers* a trouvé une différence d'absorption de 4,4 % entre des acides à 22 et 68° C.

e) Les produits nitreux doivent se trouver à un degré d'oxydation convenable, puisque le bioxyde d'azote AzO se dissout très mal dans l'acide sulfurique, et que l'acide hypoazotique (qui dans l'acide à 60° peut se décomposer cependant en acide azoteux et azotique) est beaucoup moins absorbable que le mélange répondant à Az^2O^3, la proportion $2AzO + Az^2O^4$ serait préférable

$$Az^2O^3 + 2SO^4H^2 = 2SO^2(OH)AzO^2 + H^2O.$$
$$2AzO^2 + SO^4H^2 = SO^2(OH)AzO^2 + AzO^3H$$

Il faut, pour réaliser ces conditions, appliquer, au Gay-Lussac, le contrôle physique et chimique dont il est question d'autre part pour les divers points du système ainsi que les autres appareils de fabrication et suivre soigneusement la variation de tous les éléments intéressants.

Afin d'obtenir la proportion précédente, *Benker* et *Lasne* ont songé à introduire, au bas du Gay-Lussac, une petite quantité d'acide sulfureux, dans le but de réduire l'acide hypoazotique existant dans les gaz, à l'état d'acide azoteux beaucoup plus facile à retenir par l'acide sulfurique.

La théorie de ce procédé a été l'objet de controverses car, en pratique, on a enregistré des résultats contradictoires, selon les conditions de marche. Il est probable qu'avec une allure très nitreuse, où les composés azotés sont très oxygénés, l'acide sulfureux, en proportion bien réglée peut exercer une action bienfaisante alors que, dans d'autres conditions, on ne constate pas de différence par son emploi.

Pour élucider ce point, *Fairlie* a effectué à de nombreux essais, ceux-ci l'ont amené à confirmer que l'addition de SO^2 doit être déterminée soigneusement, pour rétablir la relation voulue entre AzO et AzO^2, et éviter la production du panache rouge indiquant une évacuation de peroxyde d'azote non condensé.

Une bonne proportion serait, pour les gaz entrant au Gay-Lussac, 0.07 à 0,10 % de SO^2 par temps froid, et 0,09 à 0,12 % par temps chaud, car le cas le plus fréquent est la présence d'un excès de Az^2O^4 en queue.

M. *Lemaître* a cherché l'influence des divers facteurs de perte de produits nitreux et trouve :

5 à 10 % emportés par l'acide sulfurique des chambres;

50 à 75 % dans les gaz sortant du Gay-Lussac;

et conseille, dans un appareil consommant 11,8 AzO^3H 36° B par tonne SO^4H^2, de prélever en tête de l'appareil 2,5 % des gaz sulfureux pour les affecter à la réduction des oxydes supérieurs d'azote.

Bien entendu l'analyse doit guider, car il serait illogique d'effectuer cette addition si, par suite d'un tirage insuffisant ou d'un manque de produits nitreux, SO^2 arrivait en queue sans être oxydé.

MM. *Matsui, Hayashi* et *Sakamaki* ont (*J. Soc. Chem. Ind. Japan*, 1926) étudié l'influence de la température et de la concentration d'acide sur l'absorption des composés nitreux.

Leurs conclusions sont :

1° Opérant sur des acides à 80,3 %, 74,4 %, 71 % et 95 % à une température de 30°, la concentration n'aurait pas d'influence sur l'absorption.

2° A 60° l'acide concentré absorberait le plus — ce dont il y aurait lieu de tenir compte en été.

3° Ils ont constaté une proportion de SO^2 plus grande à la sortie du Gay-Lussac qu'à l'entrée — ce qui confirmerait l'existence de la réversibilité de réaction signalée par M. *Graire*.

Titre nitreux de de l'acide. — L'acide récolté au bas du Gay-Lussac et reçu dans des récipients est envoyé au-dessus du Glover. On règle le débit d'acide de façon à ce que la proportion de Az^2O^3 corresponde à 40 à 60 onces de AzO^3Na par pied cube d'acide. Cet acide nitreux ne doit pas contenir moins de $1\ ^0/_6\ Az^2O^3$ (soit 36 onces AzO^3Na par pied cube) ; si on atteint au contraire $2,5\ ^0/_0$ (soit 90 onces AzO^3Na par pied cube) on risque de subir des pertes de produits nitreux (1 once $= 28$ gr. 349 et 1 pied cube $= 28$ lit. 316).

Le refroidissement des gaz est souvent réalisé par de longues tuyauteries réunissant la chambre de queue avec le Gay-Lussac ou par des refroidisseurs tubulaires tels que ceux de F. *Benker* et *Hartmann* (*Zeitschrift für Angew. Chemie*, 1906, 19, 136). Parfois des serpentins d'eau froide, sont établis en haut des Gay-Lussac, en hiver la question ne se pose généralement pas, mais en été il n'est pas rare que la température dépasse 40° C., ce qui est à éviter.

Il faut enfin remarquer que, bien que la tension des gaz augmente vite avec la température, les extrêmes semblent également néfastes, on a en effet constaté que les appareils marchent le mieux dans la période tempérée, les chaleurs de l'été et les grands froids semblant peu favorables malgré les moyens employés pour lutter contre eux.

En général les sociétés qui ont plusieurs appareils de fabrication avec un ou deux Gay-Lussac, disposent en outre un Gay-Lussac final commun à tous.

Perfectionnements divers. — *Petersen* (Br. allemand 226.793, 1909) a proposé d'interposer, entre la dernière chambre et le Gay-Lussac, une tour amorcée avec un acide plus faible que celui du Glover et n'ayant que 54 ou 55° B.

A *Taraud* et P. *Truchot* (Br. ang. 16.866, 1911) refroidissent et lavent les gaz de la tour avec l'eau puis saturent les acides avec des alcalins. *Laufer* (Br. fr. 481.131, 1916) a breveté un procédé analogue, ce qui est également l'avis de *Pipereaut*.

Fairlie (Br. am. 1.420.477, 20-5, 1922) met d'abord les gaz émanés du Gay-Lussac, en présence d'un lait de chaux, afin d'éliminer SO^2 qui gênerait l'oxydation des produits nitreux, puis les dirige ensuite dans l'eau.

Dans les derniers temps on a utilisé les propriétés absorbantes si curieuses du silica-gel et les résultats obtenus ont, paraît-il, été fort encourageants. On cherche même à l'employer pour compléter l'absorption des produits nitreux après le Gay-Lussac.

Conclusion. — La diffusion des méthodes ayant pour but d'intensifier les réactions pour augmenter la vitesse de fabrication et la production par mètre cube implique l'emploi de proportions élevées de produits nitreux, à la fois par rapport aux 100 kilos d'acide produit et au volume de réaction.

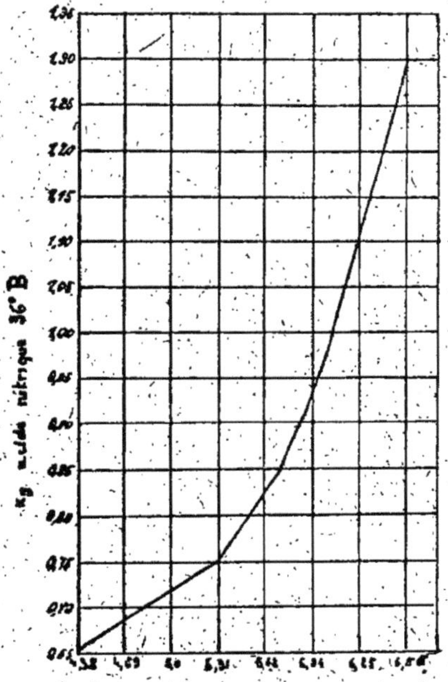

Fig. 243 — Consommation d'acide nitrique en fonction du travail productif des chambres, d'après Lutjens et Ludwig

Dans ces conditions, la consommation d'acide nitrique, en fonction du SO^4H^2 fabriqué par mètre cube en 24 heures, augmente de façon très rapide, elle a été figurée par MM. *Lutjens* et *Ludewig* sous forme de courbe (fig. 243).

Les méthode de récupération ont dû également évoluer.

1° En veillant analytiquement à une composition de gaz tout à fait favorable à la production de Az^2O^3 et à sa condensation, par un acide de composition et de température appropriées.

2° En provoquant dans le Gay-Lussac un contact aussi parfait que possible entre liquides et gaz. On a même proposé le remplacement de ce dernier par des caisses à réaction en plomb genre *Schmiedel*.

3° En récupérant même après le Gay-Lussac, et provoquant une absorption physique ou chimique des produits qui n'auraient pas été retenus dans cette tour.

Observations sur les tours en général

Dans les débuts de la fabrication de l'acide sulfurique la question d'établissement des tours a été, pour ainsi dire, improvisée suivant un empirisme parfois prépondérant.

Pour chacune, suivant son rôle, on connaissait les éléments mis en présence, les conditions d'établissement, de durée, de fonctionnement à faire entrer en ligne de compte.

Depuis, la question a pris une importance d'autant plus considérable qu'indépendamment de l'industrie de l'acide sulfurique il en existe une quantité d'autres pour lesquelles se pose un problème analogue mais dans des conditions souvent bien différentes.

La question chimique — nature du métal — qualité des remplissages on garnissages, destinés à être en contact d'acides corrosifs et chauds, a fait d'énormes pas en avant.

La question physique a été abordée d'une façon très hardie qui permet d'escompter des progrès non moins intéressants.

Celles de durée, prix de revient, rendements, sont améliorées de façon très considérable.

Quant à la partie théorique proprement dite, elle a été l'objet de travaux nombreux extrêmement intéressants, mais, comme leur exposé nécessiterait une place considérable, nous renverrons les lecteurs à l'étude magistrale publiée à ce sujet dans l'*Industrie Chimique* de novembre 1925 par M. *de Jussieu*.

Nous nous bornerons à rappeler que, selon son rôle et l'entité dont elle fait partie, chaque tour a, pour ainsi dire, une individualité propre, à laquelle correspond un régime particulier, pour la détermination duquel il est indispensable d'étudier, et de mettre à point, chacun des facteurs ayant une influence sur son fonctionnement.

Une fois en possession de ces élémen's on peut, grâce à un contrôle sérieux et régulier, marcher dans des conditions réduisant, au minimum, les risques de mauvaise marche et d'imprévu.

Aspect des gaz. — A la sortie des fours, les gaz sont chauds, chargés de poussières, de sorte qu'un examen physique ne pourra donner de résultats suffisants, on devra donc en effectuer l'analyse chimique et, en contrôler souvent la température.

A la sortie du Glover ils contiennent l'acide sulfureux, l'eau, l'oxygène, l'azote et les produits nitreux qui, en présence de l'excès d'acide sulfureux renferment, en majeure partie du bioxyde d'azote incolore.

Dans la première chambre il y a, par suite de la réaction entre les divers constituants, production d'acide sulfurique et l'ensemble se présente sous forme d'un brouillard blanc épais.

Quand les gaz avancent, l'acide se condense, la proportion d'acide sulfureux diminue par suite de la combinaison, tandis que les oxydes nitreux, constamment régénérés, se trouvant en quantité plus élevée, les gaz deviennent plus transparents et passent au jaune.

Vers la sortie, et pour les mêmes raisons, la teinte jaune devient de plus en plus rougeâtre par suite de l'augmentation de la proportion d'acide hypoazotique.

On a donc certaines présomptions sur la composition des gaz par leur coloration et, l'aspect de la lanterne d'entrée au bas du Gay-Lussac, ainsi que de celle de sortie.

Une teinte jaune pâle — et *a fortiori* blanche — implique un degré d'oxydation insuffisant des gaz nitreux — réactions incomplètement terminées dans les chambres — perte d'acide sulfureux et de produits nitreux.

Une nuance jaune orangé à la lanterne d'entrée du Gay-Lussac et une lanterne de sortie sensiblement incolore correspondent à une composition générale des gaz et des conditions de marche plutôt favorables.

Une teinte jaune orangé à la lanterne d'entrée et lanterne de sortie virant vers le blanc, puis des fumées rouges à l'air, font présumer une insuffisance d'oxygène, le bioxyde d'azote non retenu se transformant à l'air en acide hypoazotique.

Une teinte orangé foncé rougeatre, à l'entrée et à la sortie, correspond à un trop grand excès d'oxygène, et un appel d'air exagéré.

Une quantité d'eau nuisible se constate, non seulement à la lanterne d'entrée mais par une différence de degré (qui est le plus souvent 0°,5 B.) anormale entre l'acide alimenté en haut du Gay-Lussac et celui recueilli en bas.

La teneur de l'acide sulfurique en produits nitreux est naturellement à suivre de très près, car elle peut appeler l'attention sur la composition des gaz, la vitesse d'écoulement, la température, etc. etc., le cas échéant.

La richesse, mesurée au nitromètre, doit varier de 1 à 2 $\frac{1}{2}$ $^0/_0$ Az^2O^3, l'acide un peu coloré a une odeur nitreuse spéciale, mélangé d'eau il donne un dégagement de fumées jaunes.

Avec une marche normale des chambres, la valeur au moins de la moitié de l'acide total passe sur le Gay-Lussac, mais avec les méthodes de fabrication intensives, où la vitesse des gaz est notablement accélérée et le cube des chambres réduit, on arrive à passer le double de la production journalière, et même davantage.

Alimentation des chambres en produits nitreux

Les méthodes employées sont variées, cette introduction d'acide nitrique ou produits nitreux peut en effet avoir lieu :

a) En solution dans l'eau.

b) En solution dans l'acide sulfurique.

c) En combinaison avec l'acide sulfurique.

d) A l'état de vapeurs ou à l'état naissant.

Au lieu de donner, comme dans les ouvrages classiques, une

description de la fabrication de l'acide nitrique (car elle serait trop succincte ou incomplète en raison des perfectionnements apportés et du développement de nouvelles méthodes qui s'appliquent de plus en plus sur une grande échelle, en déplaçant, réduisant ou remplaçant l'ancienne méthode), nous nous bornerons, à en exposer les principes.

Nous insisterons par contre, sur les procédés d'utilisation directe du nitrate de soude qui, à certains moments, peuvent rendre de sérieux services ou être applicables dans bon nombre de cas, avec des frais d'installation minimes, et un prix de revient fort intéressant par rapport à l'acide sulfurique produit.

Acide nitrique ordinaire. — Lorsque jadis on parlait d'acide nitrique, on envisageait comme méthode de production la décomposition du nitrate de soude sous l'influence de l'acide sulfurique.

Malgré l'apparence simple de la réaction

$$SO^4H^2 + AzO^3Na = AzO^3H + SO^4NaH$$

il faut en pratique tenir compte de certains facteurs.

Conditions de la réaction. — A température ordinaire il se produit un état d'équilibre entre ces deux corps : l'acide nitrique et bisulfate de soude.

A température plus élevée, les conditions changent, l'acide azotique se dégage et la masse restante s'enrichit en bisulfate.

A partir de 150°, l'acide nitrique se détruit en donnant des vapeurs nitreuses, mais, au-dessus de cette température, le bisulfate de soude commence à se décomposer et cela à température variant avec la proportion d'eau en présence. M. *Berthelot* a d'ailleurs montré qu'en présence d'eau, les bisulfates alcalins se décomposent en sulfate neutre et acide sulfurique libre.

Au point de vue pratique d'autres considérations interviennent ; plus il y a d'eau, plus la fonte des appareils s'attaque, plus il faut de charbon pour une même production d'acide nitrique et plus l'opération dure longtemps.

Dans les opérations industrielles on se sert généralement de l'acide du Glover, à 58 à 60° B , qui n'a pas l'inconvénient signalé plus haut et ne provoque pas une élévation trop rapide de température accompagnée de réaction brusque et dégagement abondant de vapeurs nitreuses, comme c'est le cas avec les acides de plus en plus concentrés.

Dans ces conditions, et avec une opération intelligemment menée, on obtient un rendement presque théorique, atteignant sur d'assez longues périodes de travail entre 98 et 99 %. Voici des résultats d'expériences faites par M. *Webb* (*J. Soc. Chem. Industr.*, 1921, p. 212).

1° *Influence de la concentration de l'acide sulfurique employé* :

a) La concentration optima en SO^4H^2, au point de vue du rendement en AzO^3H par rapport à la quantité théorique possible, est voisine de 90-92 %.

b) La teneur en acide nitreux dans l'acide condensé décroît en même temps que la concentration de SO^4H^2.

c) La concentration de l'acide azotique obtenu croît avec la concentration de SO^4H^2.

d) Plus SO^4H^2 est concentré, plus grande est la quantité des produits azotés retenus par le bisulfate.

e) Le dégagement de vapeurs nitreuses est abondant, surtout au commencement et à la fin de la distillation, il se forme du N^2O^4 pendant la distillation.

2° *Influence de la proportion de SO^4H^2 employé par rapport à celle du nitrate*. — Cette variable est sans grande action sur le rendement et sur la concentration de l'acide employé, lorsqu'on opère dans un appareil en verre.

Dans une cornue en fonte, le rendement passe par un maximum lorsque la quantité d'SO^4H^2 est suffisante pour obtenir un bisulfate à 35 % d'acidité.

La vitesse de distillation paraît être sans influence.

Ces résultats confirment et complètent les travaux antérieurs sur la question : *Volney* (*Amer. Chem. J.*, 1892 et 1898). *Winteler* (*Chem. Zig.*, 1905. t. **29**, p. 820). *Guttmann* (*Chem. Zig.*, t. **29**, p. 939).

Proportion d'acide. — Un dernier point, non moins important pour l'industriel, est celui qui a trait à la vidange du bisulfate. Si on employait simplement les proportions théoriques on aurait un produit très difficile à couler ; au contraire, pour qu'il soit suffisamment liquide, un certain excès d'acide, est nécessaire car lorsqu'on doit vendre son bisulfate, il fautqu'il puisse se solidifier rapidement et donne un pain bien dur une fois coulé dans les moules. Dans ce cas on n'additionne qu'un léger excès, 7 à 10 % d'acide à 60.

Quand le bisulfate va servir dans la même usine pour la fabrication du sulfate de soude par réaction sur le sel marin, on peut en mettre davantage puisque l'acide en excès sera récupéré. On emploie alors 100 à 118 kilogrammes acide 60 pour 100 kilogrammes de nitrate à 96 %.

Utilisation du bisulfate. — Le bisulfate, lorsqu'il ne trouve pas une application logique et économique à proximité de l'endroit où il est récolté, constitue une matière singulièrement gênante, et a occasionné bien des difficultés à certaines usines qui, pendant la guerre, en produisaient des quantités considérables.

Le nombre formidable de brevets concernant son utilisation pour la fabrication de produits chimiques, d'engrais, la récupération de l'acide contenu, sa dissociation, etc, montre d'ailleurs que cette question offre un intérêt considérable.

Nous ne décrirons pas les divers dispositifs et les méthodes de fabrication d'acide nitrique. La chose était possible jadis quand ou travaillait suivant le principe ci-dessus décrit et à la température ordinaire, elle ne l'est plus maintenant.

On a perfectionné les méthodes de préparation en utilisant la pression et surtout la dépression (*Valentiner*) mais l'avenir semble réservé aux nouveaux procédés utilisant la combinaison directe de l'oxygène avec l'azote de l'air, grâce au courant électrique ou par les méthodes catalytiques permettant l'oxydation de l'ammoniaque synthétique.

Emploi de l'acide nitrique

L'acide nitrique préparé par une méthode quelconque peut être employé :

à l'état liquide ;

à l'état de vapeur ;

à l'état naissant.

Etat liquide. — *Dissolution dans l'eau.* Avec l'ancienne méthode (acide sulfurique + nitrate) les vapeurs dégagées étaient dirigées dans des batteries de condensation contenant de l'eau, comportant une certaine quantité de bonbonnes en grès, de 100 à 200 litres de capacité le plus souvent, et dont le nombre variait avec l'importance de la production, en même temps que la grandeur des marmites. On a ensuite supprimé tout, ou partie, de ces bonbonnes en les remplaçant par d'autres dispositifs : tuyauteries de verre, ou serpentins refroidis placés en tête, tourelles en Volvicon ou grès garnies de silex ou de remplissages en grés.

Dans bon nombre d'installations, on fractionnait les produits : les premières vapeurs, généralement rouges, étaient envoyées dans un appareil de condensation spécial ; quand elles passaient incolores on les dirigeait dans la partie réservée aux acides blancs pour la vente. Les dernières redevenant colorées, en raison de la température plus élevée de la réaction se joignaient aux premières.

Pour diminuer la proportion d'acide coloré on a employé de l'acide plus faible, à 58° B., puis, comme les vapeurs nitreuses jaunes donnent, en présence d'eau et d'oxygène, de l'acide nitrique blanc, on a établi les jarres de condensations en cascade, les gaz circulant de l'une l'autre et aboutissant à une tour en grès emplie de silex ou de grès, alimentée par un petit filet d'eau qui circulait ensuite de haut en bas à travers les bonbonnes en s'enrichissant méthodiquement.

Quand on effectue le fractionnement indiqué plus haut, on réserve naturellement les parties impures, ou colorées, du début pour la fabrication de l'acide sulfurique, et l'acide blanc au commerce.

L'acide nitrique dont on se sert pour les chambres a habituellement de 30 à 40° B., le plus souvent 36 à 40° B., on le montait jadis dans des touries en verre, élevées par monte-charge jusqu'en haut du Glover, où, placé dans un récipient gradué en verre ou en grès muni de robinet, il coulait goutte à goutte, ou par mince filet, dans un entonnoir continué par un tube en S. Cette manière d'opérer constituait un travail lent, pénible et dangereux, et cependant on la préférait à celle qui consistait à le faire couler dans les réservoirs situés sur le sol, et contenant l'acide à monter sur la tour de Glover.

L'apparition de l'aluminium a modifié ce *modus operandi* et, dans divers endroits, on a adopté des monte jus et tuyauteries de ce métal afin d'élever l'acide nitrique.

Alimentation automatique. — Un appareil pour l'introduction automatique d'acide azotique en fonction de la température a été préconisé par *J. Botto* (*Chem. Listy*, juillet 1922, p. 194) avec son *Nitrophore*.

Ce dispositif comporte un thermomètre, un régulateur électromagnétique et un robinet d'admission pour AzO^3H.

A température déterminée le contact se trouve établi, un électro-aimant fonctionne, déterminant la fermeture de l'admission. Quand la température baisse, le contact cesse et la soupape donne, à nouveau, passage à AzO^3H, la réaction chimique étant activée, la température monte et on règle de façon à avoir 10 à 12° de différence entre la chambre de queue et l'extérieur.

Un dispositif ayant pour but de régler la différence entre la température d'entrée dans la première chambre et celle de sortie de la dernière a été également revendiqué dans les brevets danois (*Swolsky et Super-fab. Siemens et Schukert*, Br. fr. 5-10, 1922) ainsi que par *Ejusen* (Br. sm. 1.486,757 du 11 3, 1924).

Mentionnons enfin le procédé préconisé par M. *Warming* qui règle automatiquement l'addition d'acide nitrique, nitrate ou liquide nitreux, en se basant sur la différence entre la température d'entrée des gaz dans la 1ʳᵉ chambre et celle de sortie de la dernière.

En marche régulière cette différence est sensiblement constante, si elle augmente, l'alimentation nitrique est ralentie ou interrompue, dans le cas contraire, elle est augmentée. Le réglage a lieu grâce à des thermomètres électriques et un appareil enregistreur qui permet de suivre les variations utiles à connaître.

Comme il l'a fait observer (*Chimie Ind.*, 1923, p. 671) si la diminution de température tient à une introduction moindre de SO^2 il est inutile d'augmenter le coulage d'acide nitrique, il faut donc se baser sur les variation de gaz et tenir compte de la marche du système. Quant à la différence entre tête et queue elle peut varier de 25 à 60°.

Dissolution dans l'acide sulfurique. — *L'Industrie Chimique* (*Septembre 1922*) a publié la traduction d'un article de M. *Larison* du *The chemical and metallurgical engineering.* (Avril 1922 p. 642) dont nous extrayons quelques passages qui établissent des comparaisons intéressantes.

L'installation qu'il décrit comporte un certain nombre de cornues, une tour de condensation, un dispositif de refroidissement à serpentin, une pompe et un certain nombre de réservoirs. L'azotate de sodium et l'acide sulfurique à 60° B., sont introduits dans les cornues et chauffés de manière à produire de l'acide azotique à l'état de vapeur. Celle-ci est amenée à la partie inférieure d'une petite tour sur laquelle on verse une certaine quantité d'acide sulfurique à 60° B froid qui l'absorbe.

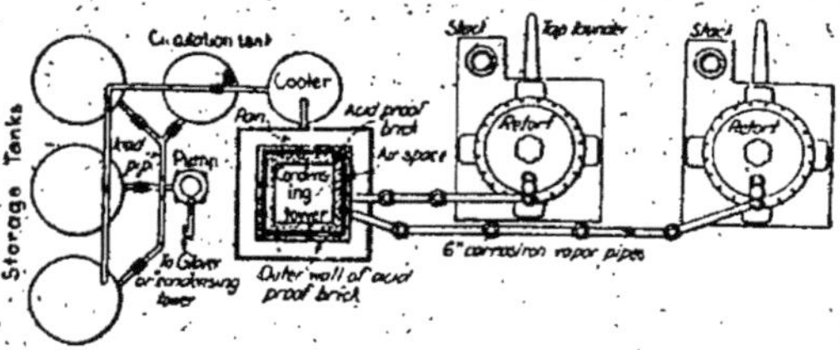

Fig. 244.

Le mélange chaud obtenu passe dans un serpentin refroidisseur. Il est aspiré par une pompe qui le refoule à la partie supérieure de la tour précédente.

Une fois tout le nitrate décomposé, le mélange nitro sulfurique peut être envoyé dans le Glover au fur et à mesure des besoins.

Cette méthode a de nombreux partisans, et ses avantages sur les anciens procédés sont exposés comme suit :

I. Dans le procédé avec marmites, contenant l'azotate et l'acide sulfurique, intercalées dans les carneaux aboutissant aux tours de Glover, que nous allons exposer plus loin ; l'ouverture fréquente pour les chargements successifs détermine des rentrées d'air brusque qui diluent les gaz. De plus, la production d'acide azotique est irrégulière, abondante au début, elle diminue ensuite progressivement.

II. A la mise en route de l'installation, le carneau allant au Glover est froid et condense ces vapeurs ; aussi est-on parfois obligé d'attendre un jour ou deux avant d'obtenir une marche régulière.

III. Enfin la méthode classique nécessite beaucoup de main-d'œuvre pour les rechargements successifs, tandis que dans celle qui vient d'être exposée, une petite installation indépendante, facile à entretenir, suffit pour le travail. Le mélange sulfo-nitrique est introduit à une vitesse régulière, facilement réglable, sans admission inutile d'air. Cette fabrication peut être rapidement mise en marche, et nécessite peu de main-d'œuvre.

IV. Comparativement au procédé avec fabrication spéciale de l'acide azotique, il permet une installation plus simple ; de plus, le mélange récolté peut être manipulé dans les mêmes tuyauteries, les mêmes pompes et les mêmes cuves que l'acide sulfurique à 60° B.

En Amérique, *Larison* (*Chem. Métall. Engin.*, avril 1922, p. 642) dirige l'acide nitrique, provenant des cornues où l'on chauffe le mélange acide sulfurique 60 + nitrate de soude, dans une tour de condensation où ruisselle constamment de l'acide à 60° B. qui l'absorbe.

Le mélange sulfo-nitrique se rend dans un réfrigérant d'où il est pompé et renvoyé au sommet de la tour.

Une fois la décomposition terminée le mélange est envoyé sur le Glover.

Plusieurs auteurs ont préconisé l'emploi de récipients en fer pour manipuler l'acide nitrosylsulfurique en lui ajoutant un peu d'acide nitrique (*Jensen*, Br. am. 1.319.586, 11-6 1912, et *Hydro-Elektrish Kraltstof*, Br. all., 319.475, 5-6, 1919).

Vapeurs nitreuses

Elles peuvent provenir de :

a) sélection dans les gaz de la fabrication d'acide nitrique ;

b) sous-produits de réactions diverses ;

c) décomposition du nitrate de soude sans condensation ;

d) combinaison des produits azotés, méthode catalytique ;

e) combinaison des produits azotés méthode électrique ;

Sous-produits de la fabrication d'acide nitrique.

Sous-produits de la fabrication d'acide nitrique. — Dans la fabrication de l'acide nitrique, nous avons dit que les vapeurs du début et de la fin étaient, dans certains cas, envoyées dans une installation spéciale pour être condensées. Il est possible aussi de les faire dégager dans un carneau allant au Glover, ou dans un conduit allant aux chambres ou au Gay-Lussac. On a préconisé enfin une communication de ce genre allant de la dernière jarre de condensation à la chambre de queue, quand il y existe une dépression provoquant l'aspiration de ces gaz nitreux. L'inverse n'étant pas possible un registre permet, en cas de besoin, de supprimer cette communication.

Vapeurs nitreuses provenant de réactions diverses. — Lorsqu'on fait réagir l'acide nitrique sur certains métaux, composés minéraux, ou organiques, il y a souvent production abondante de vapeurs nitreuses.

Ces vapeurs peuvent être dirigées dans les canalisations des gaz sulfureux, ou les tours, ce qui en permet l'utilisation immédiate, ou bien dans un acide sulfurique de concentration telle qu'elles soient absorbées, après quoi on peut s'en servir comme il a été dit précédemment.

Emploi du nitrate de soude

Nous allons étudier maintenant les méthodes dans lesquelles une solution de nitrate de soude est appelée à intervenir pour fournir le contingent de produits nitreux nécessaire.

Cette introduction peut avoir lieu de trois manières :

I. Coulage ou pulvérisation d'une solution de nitrate de soude sur le Glover.

II. Coulage d'un mélange liquide de nitrate de soude avec l'acide sulfurique sur le Glover.

III. Pulvérisation directe de nitrate de soude dans les chambres.

Dissolution de nitrate de soude sur le Glover. — Cette méthode est employée depuis longtemps, et il est bien difficile d'en découvrir l'origine.

Dans une usine qui croyait être une des rares à appliquer cette méthode, les ouvriers, intéressés sur l'économie de dépense de nitrique avaient trouvé commode de laver les sacs ayant contenu du nitrate, et ils coulaient cette solution, simultanément avec l'acide nitrique en hiver, et presque sans acide nitrique en été, sur le Glover.

Comme l'acide de ce dernier servait presque uniquement à la fabrication du superphosphate, cette façon de procéder était devenue d'application régulière.

A la vérité la chose est très ancienne et *Deacon* avait déjà breveté, en 1875, l'obtention des vapeurs résultant du coulage directe d'une solution de nitrate de soude dans le Glover ou dans les chambres, mais ce *modus operandi*, présentant divers inconvénients, eut peu de succès. Plus tard (mars 1900), *Potul* a préconisé un procédé dans lequel la solution aqueuse de nitrate sodique est pulvérisée dans la masse de l'acide sulfureux à oxyder. L'introduction s'effectue de préférence dans le haut du Glover en face du tuyau de départ des gaz.

Lorsque l'acide récolté est destiné à des usages où la présence de soude ne gêne pas, (par exemple pour la préparation de sulfate de soude et acide chlorhydrique) ou du superphosphate, ce procédé peut rendre de grands services.

La solution employée varie suivant la puissance du Glover, la température, la quantité d'acide que l'on y fait couler, etc., Si l'acide fait la navette entre les tours il s'enrichit progressivement en sulfate de soude qui se dépose dans les parties les plus froides : réfrigérants, tuyauteries, Gay-Lussac, en occasionnant des obstructions et des accidents de fabrication.

II. Mélanges. Acide sulfurique et nitrate de soude. — Nous avons dit, précédemment, qu'en solution diluée le nitrate de soude était décomposé par l'acide sulfurique en donnant de l'acide nitrique et du sulfate de soude.

Si on met cette solution dans des réservoirs où la liqueur soit préalablement refroidie, une partie du sulfate de soude cristallise et la liqueur séparée peut servir à alimenter la tour de Glover en occasionnant moins d'inconvénients que dans le cas précédent.

Un autre perfectionnement consiste d'ailleurs à soumettre l'acide du Glover à une température convenable pour provoquer la cristallisation du sulfate de soude dans des conditions permettant son élimination commode, au lieu de laisser la chose s'effectuer au hasard en risquant de provoquer des obstructions.

Une solution mixte est celle suggérée par M. *Lemaître* (*Moniteur Quesneville*, août 1920) qui introduit dans le Glover une quantité de nitrate telle qu'elle ne puisse, en aucun cas, arriver à la saturation de l'acide sulfurique 60°, et additionne le supplément de produits nitreux sous forme de nitrique à 36°.

Une variante a été préconisée par G. *Gianoli* (*Giorn. Chim. Ind. Appl.*, 1921, t. III, n° 1) qui recommande une alimentation à l'aide d'un mélange d'acides sulfurique et nitrique obtenu en ajoutant, à du SO^4H^2 à 60° B, une solution concentrée de nitrate de soude ; le bisulfate de soude s'élimine en cristallisant par refroidissement.

Décomposition du nitrate de soude sans condensation

I. Procédé avec les marmites. — Dans ces méthodes, des cuvettes ou marmites de fonte, placées dans les gaz des fours recevaient le nitrate de soude ainsi que l'acide sulfurique.

Ces installations existent en notable quantité en Angleterre, et moins en France où on leur adresse les reproches précédemment exposés.

Marmites mobiles. — La figure 243 montre une des dispositions adoptées. Une capsule, en fonte spéciale, siliciée, ou encore en quartz fondu, est disposée sur une plaque de fonte ou sur des rails dans le carneau des gaz, elle contient, selon les installations, de 3 à 25 litres.

Avec les petits modèles on en dispose une série, l'une à côté de l'autre, au moyen d'un instrument spécial ressemblant à une fourche et pouvant passer sous deux oreilles dont est munie la capsule.

Selon la charge et la température des gaz l'opération ne dure parfois qu'une ou deux heures.

Comme il n'est pas rare que le contenu déborde, ou qu'une capsule se renverse pendant les manipulations, on prévoit au-dessous, un grand espace très lent à obstruer ou une plaque de fonte affectant parfois la forme d'une cuvette inclinée.

Fig. 245.

Généralement le mélange acide et nitrate est mis dans la capsule hors du four et on l'entre par le côté — on l'évacue de même. Dans d'autres dispositifs on met le nitrate dans la marmite, on l'introduit dans le four, puis on y fait couler l'acide par un entonnoir disposé au-dessus.

L'ouverture des fours pour l'enlèvement des marmites, puis leur remplacement par d'autres chargées de nitrate et prêtes à recevoir l'acide, avaient, comme corollaires, des craintes d'accident, une irrégularité dans la composition des gaz en raison de la rentrée brusque d'air froid, le dégagement, non moins irrégulier des produits nitreux, etc.

On y remédie, en partie, en donnant de très petites dimensions aux marmites de façon à les enlever très rapidement et en les chargeant tour à tour à intervalles assez rapprochés.

Les frais de main-d'œuvre, d'entretien, les pertes, ainsi que les incommodités multiples, ont incité les techniciens à chercher de nouveaux perfectionnements.

Marmites fixes. — Dans celles-ci le volume était beaucoup plus considérable que dans les précédentes et le nombre moins grand.

Fig. 246

Un orifice de chargement situé au-dessus, ou sur le côté, permettait d'introduire le nitrate, et un tuyau servait d'amenée à l'acide. La proportion de ce dernier était calculée de façon à obtenir un bisulfate très liquide, d'une évacuation facile par un tuyau situé à la partie inférieure de la marmite bouché par un tampon amovible.

Avec cette installation, la charge étant plus importante, l'opération dure plus longtemps, les manipulations sont moins pénibles et moins dangereuses — les rentrées d'air nuisible notablement réduites, mais le dégagement de vapeurs nitreuses, abondant au début et au milieu de l'opération, se raréfie à la fin, aussi a-t-on préconisé d'additionner la quantité d'acide nécessaire par fractions successives sur le nitrate contenu dans la marmite.

Malgré cela, la régularité laisse parfois à désirer, car la vitesse de décomposition est fonction de la température des gaz et, en cas d'accidents de marche et d'insuffisance de produits nitreux, il est moins facile de donner « un coup de fouet » rapide que lorsqu'on laisse couler de l'acide nitrique au-dessus du Glover, c'est pourquoi, dans les installations françaises avec marmite, on prévoit néanmoins une adjonction éventuelle d'acide nitrique liquide au-dessus de celui-ci.

Au lieu de se servir de la chaleur des fours et des gaz pour provoquer la réaction indiquée théoriquement comme

$$AzO^3Na + SO^4H^2 = SO^4NaH + AzO^3H$$

on a disposé les marmites à nitrate à l'extérieur des fours ou conduits, et on les chauffe avec du charbon. Au moment du déchargement et du rechargement, on isole chaque élément dont le nombre est calculé de façon à assurer une composition des gaz aussi régulière que possible.

Le nitrate de chaux de synthèse a été appliqué au lieu et place du nitrate de soude, mais son emploi ne semble pas s'être généralisé.

III. Pulvérisation du nitrate dans les chambres. — Cette méthode est également intéressante mais nécessite une surveillance attentive.

On pulvérise (avec la vapeur dans bon nombre de cas), une solution de nitrate de soude dont la densité varie de 13 à 25° B.

Il est préférable d'employer cette méthode dans des chambres très hautes, mais nous l'avons cependant vu utiliser dans des chambres n'ayant que 6 mètres — il faut, en effet, que le brouillard séjourne en l'air un temps suffisant pour que les gaz acides puissent agir sur lui. S'il tombe trop vite dans la cuvette il se forme, à la surface, une couche d'acide nitrique qui, non seulement ne permet plus aux réactions normales de s'accomplir, mais ronge les rideaux et finit par les coupér.

Le pourcentage à adopter varie aussi avec la température, la composition des gaz et la dimension des chambres.

Avec une solution trop diluée on produit surtout des gaz riches en acide nitrique, avec une liqueur concentrée, le pulvérisateur risque de se boucher, la décomposition devient incomplète, bref, dans les deux cas, il peut y avoir perte de nitrate.

A température trop basse la vaporisation est nulle et, l'atmosphère manquant de produits nitreux SO^2, arrive en queue.

Enfin, avec ces liqueurs, un gouttage constitue une véritable calamité, puisque le nitrate tombe directement dans la cuvette sans réagir.

L'action des gaz de grillage sur une solution de nitrite et nitrate de potassium déversée en pluie dans une tour spéciale, établie entre les fours et le Glover, a été brevetée par *Veterlein* (Br. all. 303.557, février 1916).

Produits nitreux de synthèse

Au lieu de partir du nitrate de soude pour obtenir les produits nitreux nécessaires aux chambres, le développement de la fabrication d'acide nitrique par synthèse, a fait germer l'idée d'appliquer directement, à la transformation de SO^2 en SO^4H^2, les gaz provenant de l'oxydation de l'ammoniaque (*Landis*, Br. am. 1.173.524, février 1916) ou même de l'azote de l'air.

G. Taylor et *Scott* (Br. angl. 127.047, 27-3-1917) produisent les oxydes d'azote nécessaires aux chambres par l'action des arcs du four électrique *Kilburn Scott* sur l'air atmosphérique (courant alternatif triphasé), ou par oxydation d'ammoniaque dilué dans un grand volume d'air, ou par ozonisation.

Leur introduction peut avoir lieu dans les gaz sortant des fours, ou avant le Gay-Lussac.

La première de ces méthodes a reçu des applications et la figure 247 extraite d'un article abondamment documenté de M. *de Jussieu* sur la question (*Industrie chimique*, janvier 1925, p. 4) montre dans quelles conditions est effectuée l'installation.

Il est évident que, pour se généraliser, le procédé doit être d'un fonctionnement simple et d'un contrôle facile. Des détails à ce sujet ont été donnés par *Cooper* et *Ecco* (*Liljenroth, Ch. Parson.*, etc.).

La concentration de la solution ammoniacale doit être maintenue constante, et, pour que les variations de pression soient moins sensibles, on établit le réservoir à une hauteur suffisante.

Réservoir de Service
d'NH³
Conduite de Vapeurs　Convertisseur
Condenseur
Appareil
de Mesure
de NH³
Fenêtre et
Bouche d'aération
Joint
hydraulique
Compteur d'air
Distillateur
Ventilateur
à pression d'air
Scrubber d'
air
Pompe à
NH³
Vapeur
Du réservoir d'NH³

Chambre ou Glover
Conduite de Vapeur
Appareil de mesure
de NH³
Pompe
d'NH³
Scrubber
d'air
Ventilateur à
pression d'air
Compteur
d'air
Convr
Joint
hydraulique
Condenseur
Distillateur

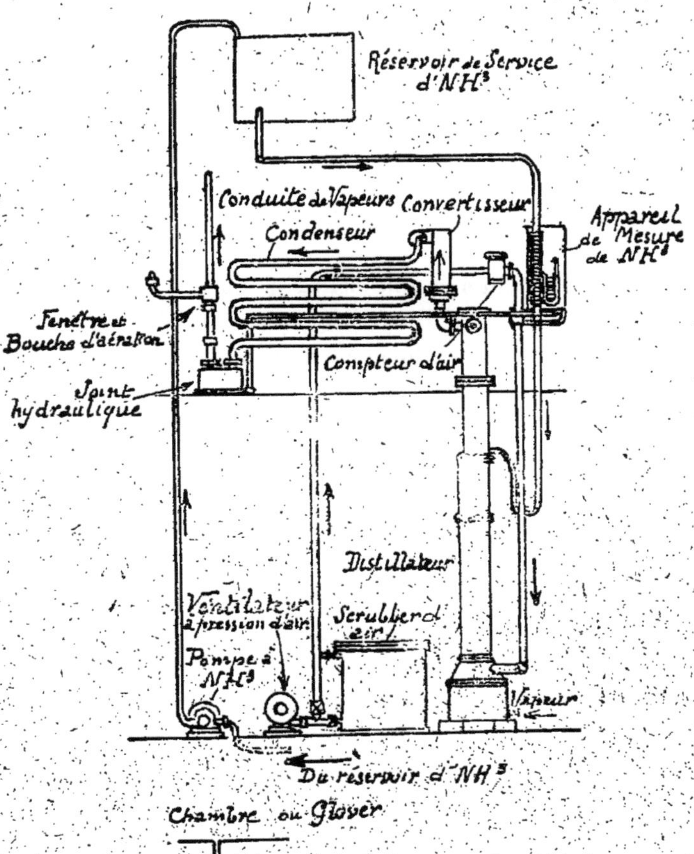

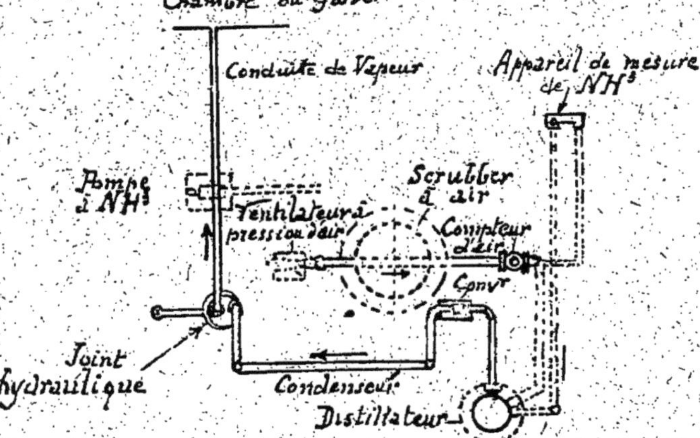

Fig. 247.

La vapeur nécessaire est fournie à pression relativement bass
mais constante, et l'air alimenté par un ventilateur. Pour permettre l
réglage, on contrôle la pression et la quantité, grâce à un compteur

Catalyseurs. — Le platine servant à la confection de la toil
métallique est ordinairement additionné d'une petite proportio
d'iridium, qui lui permet d'être étiré plus facilement à l'état de fi
mince.

Le palladium a une action au moins égale mais, au bout d
quelques heures, il se désagrège à l'état de noir de palladium.

Le rhodanium (alliage de palladium et d'or) transforme l'ammo
niaque en azote et eau.

Le fer exerce une action néfaste, et, à 2 pour 1 000, son actio
est déjà très sensible.

Au point de vue section, la toile qui a donné les meilleur
résultats au *Bureau des Mines des Etats-Unis* [1] est celle d
12 mailles par centimètre cube à fil de 0 mm. 066 de section
mais, d'après un travail publié par M. *Alvan Allen Campbell,*
est très vraisemblable que les résultats les plus favorables s'obtien
draient avec un alliage de 99 % de platine avec 1 d'iridium for
mant une toile métallique de 23 mailles par centimètre carré ave
fil de 0 mm. 038 de section.

Il est curieux de constater que le platine neuf, et lisse, possèd
un pouvoir catalytique relativement faible et que, pour deveni
actif, il faut l'exposer quelques heures vers 800° à un mélang
d'air et d'ammoniaque assez riche ; il est en outre recommandé
avant d'activer une toile neuve, de la laver à la gazoline pure.

De même que dans les autres réactions de ce genre, il exist
des *poisons catalytiques* (hydrogène phosphoré, oxyde de fer
graisses, huiles, goudrons) qu'il importe d'éliminer. L'acétylène
l'hydrogène sulfuré, l'acide cyanhydrique sont également gênants

La température d'oxydation la plus favorable semble être au
environs de 825°, au delà le rendement n'augmente plus qu
faiblement et cela jusqu'à 900 ou 925° C., par contre il est nui
sible d'opérer au-dessous de 750°.

---

[1] *Journal Ind. Engin Chem.,* 1917, p. 1106.

Avec un mélange d'air contenant 10 à 12 1/2 % d'ammoniaque la toile catalysante se maintient à température favorable mais, avec une proportion plus faible d'ammoniaque, il y a lieu de prévoir un réchauffeur électrique, ou une récupération.

On dispose généralement le catalyseur dans un endroit sombre et un regard en silice, ou mica, permet de voir si le platine a bien la lueur normale.

Cette question, comme toutes les choses nouvelles, a fait l'objet de controverses entre partisans et adversaires de l'application du procédé catalytique. Le *Chemical age* en juin-juillet-août 1922 et depuis, *Parische Die Chemische Industrie*, 1924, p. 71, ont affirmé que le nombre des usines utilisant la méthode augmentait de façon régulière.

W. *Wyld* (*Chem. Age*, février 1921, p. 150) a donné un certain nombre de renseignements sur la mise en pratique de la réaction

$$4AzH^3 + 5O^2 = 4AzO + 6H^2O.$$

I. Pour conserver la solution ammoniacale on peut employer un vase clos, avec trou d'air, muni d'un scrubber formant soupape, ou la recouvrir d'huile.

On peut se servir d'ammoniaque provenant de la solution ordinaire à 35 % AzH^3, ou distiller des sels ammoniacaux au contact de bases.

II. La colonne de distillation peut être simplement garnie de coke.

III. De la colonne au convertisseur les canalisations doivent être en plomb et non en fer.

IV. Le convertisseur préconisé par l'auteur est en fonte et comprend deux couches de toile de platine à 120-150 mailles au pouce, l'entrée du mélange air et ammoniaque est à la partie inférieure et présente l'aspect indiqué figure 248.

V. On emploie un mélange ayant 1 d'AzH^3 pour 7,5 d'air, qui doit être parfaitement filtré et soumis à un échauffement préalable grâce à un échangeur de température.

Dans des conditions favorables (toile propre, air et AzH^3 presque purs) on peut marcher plusieurs mois sans remplacer la toile.

Dans le cas contraire l'oxydation incomplète forme de l'acide nitreux qui réagissant sur l'ammoniaque donne de l'azote, d'où perte :

$$AzH^3 + AzO^2H = Az^8 + 2H^2O.$$

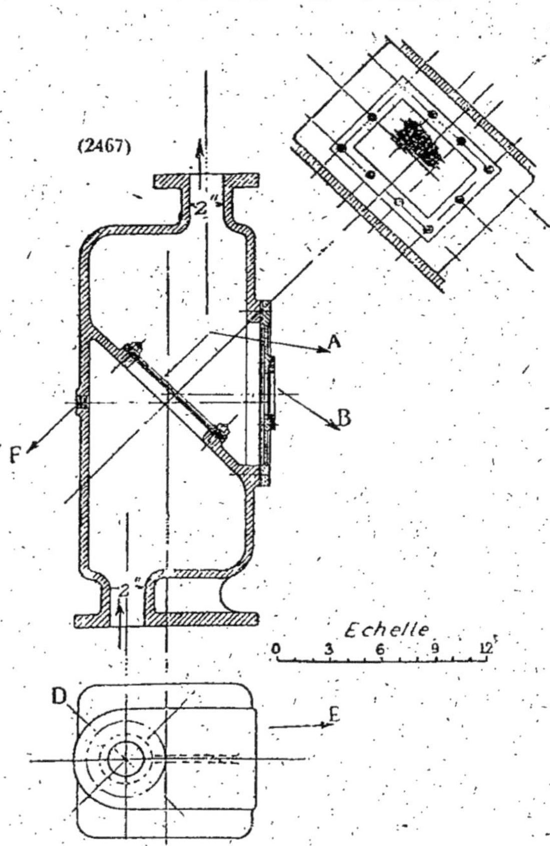

Fig. 248.

VII. Un pied carré de catalyseur peut fournir 1,5 t. d'AzO^3H par 24 heures, avec variations possibles de 20 % en dessus ou en dessous : les gaz quittent l'appareil à une température de 400° environ.

VIII. Le mélange d'oxydes d'azote obtenu est mélangé aux gaz entrant dans le Glover, ou passe dans des serpentins en matières siliceuses ou en fer, pour retenir, grâce à un refroidissement convenable, l'eau formée dans la réaction.

D'après *Ch. Parsons* (*Chimie Industrielle*, novembre 1920, p. 592) dans les usines fabriquant en grand AzO^3H, par oxydation catalytique de l'ammoniaque, une usine produisant par an 25 000 tonnes d'AzO^3H 100 % coûterait de construction :

45 dollars par tonne an en produisant................ AzO^3H 50 %.
~60   »   »   »   ....   »   94 %.

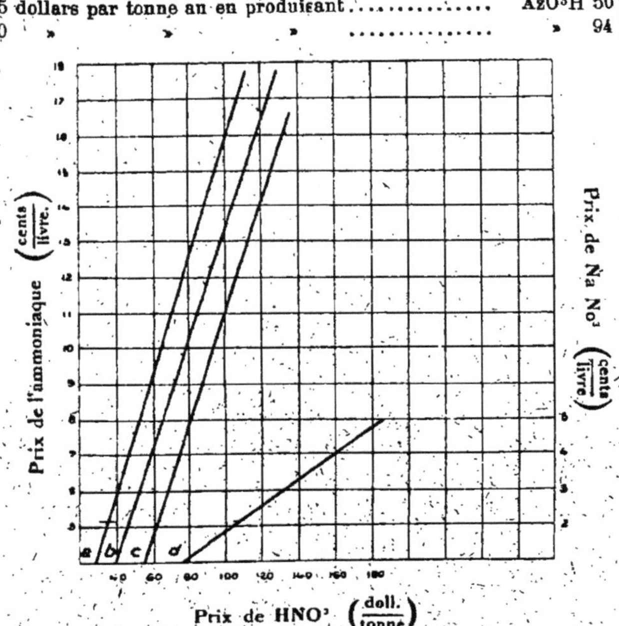

Fig. 249. — Prix de revient de l'acide nitrique.
a, b, c. A partir de l'ammoniaque par oxydation.
d. A partir du nitrate de sodium.
a = sous forme de gaz NO^2, rendement de 90 %.
b = sous forme de HNO^3 à 50 %, rendement de 88 %.
c = sous forme de HNO^3 à 94 %, rendement de 85 %.

et le coût d'exploitation serait par tonne AzO^3H 100 % sous forme de :

AzO .... 5 dollars + le coût AzH^3
AzO^3H 50 % 15   »
AzO^3H 94 % 30   »

Le tableau (fig. 249) représente les prix de revient comparatifs donnés par cet auteur pour l'acide nitrique obtenu par oxydation catalytique de l'ammoniaque et par le nitrate.

Il est à remarquer que le platine n'est pas le seul catalyseur permettant d'oxyder l'ammoniaque pour le transformer en acide nitrique, non seulement il en existe d'autres mais l'addition de substances excitatrices donne des résultats très intéressants.

Wilfred W. Scott (*Industrial and Engineering Chemistry*, janvier 1921) a donné, en les classant au point de vue de leur efficacité catalytique, une liste de 52 corps et signale que certaines sont particulièrement résistantes à l'action des « poisons ». Il signale que le cobalt additionné d'une minime proportion de substances accélératrices, telles que le bismuth, peut exercer une action comparable à celle du platine.

M. *G. Claude* (Br. fr. 562.390, 15-4-1922) a signalé une autre direction.

Il prépare AzO^2 au moyen d'un mélange convenable d'oxygène et d'azote, soumis à une pression telle que la tension partielle du peroxyde d'azote formé soit supérieure à sa tension maximum au point où il se congèle.

En opérant par exemple à 100 atmosphères dans un milieu ayant $3\,^0/_0$ d'AzO^2, sa tension partielle étant de 3 atmosphères, on se trouve dans des conditions convenables.

Le mélange comprimé est soumis à l'action de l'arc et refroidi à 10 degrés environ, ce qui provoque la condensation à l'état liquide d'une quantité d'AzO^2 correspondant à la tension maxima.

Le reste d'AzO^2 et des gaz initiaux est additionné d'une quantité de $Az + O^2$ comprimé représentant AzO^2 enlevé que l'on fait repasser dans l'arc. Ce dernier peut d'ailleurs être remplacé par des résistances filiformes occupant une partie de l'espace où passent les gaz, et susceptibles d'être portées à température convenable au moyen du courant électrique.

Combinaisons d'acide nitrique avec l'acide sulfurique. — Dans cette catégorie nous ne visons naturellement pas seulement l'acide du Gay-Lussac, mais des sous-produits de diverses fabrications (nitrations de produits organiques, par exemple) dont l'emploi industriel nous a donné des résultats intéressants.

Mélange sulfo-nitrique. — Au lieu de l'acide nitrique plus ou moins fort, on se sert souvent de mélanges sulfo-nitriques.

Les acides résiduaires de fabrication de nitrocellulose, ou autres dérivés, peuvent — (sauf ceux susceptibles de contenir des traces de produits explosifs — tels que la nitro-glycérine) être utilisés directement — ceux-ci contiennent 10 à 15 $\%$ AzO^3H et 70 à 80 $\%$ SO^4H^2.

On peut enfin préparer ce mélange nitrosulfurique, comme nous l'avons dit plus haut, en faisant passer les vapeurs provenant d'un appareil producteur, dans de l'acide sulfurique contenu dans un récipient en plomb muni d'un dispositif refroidisseur, de façon à éviter les pertes de produits non condensés.

Produits nitreux en roulement

La quantité de produits nitreux en roulement dépend bien entendu du genre de matière première employée, de la vitesse des gaz, et de la production par mètre cube, facteurs variables avec l'installation d'une part et la marche adoptée, d'autre part.

Il est à désirer que l'unification se fasse sur la manière d'exprimer les deux facteurs en présence : produits nitreux et produits sulfurés, car selon les pays, et les usines, les produits nitreux sont définis tantôt en nitrate de soude, tantôt en acide nitrique AzO^3H ou à certains degrés, et l'on se rapporte, soit au soufre contenu dans le minerai, soit à l'acide sulfurique, compté en monohydrate SO^4H^2, en acide 60, voire même en acide des chambres à 50 ou 53. Pour comparer des chiffres donnés par des usines différentes on est donc obligé de se livrer à une série de calculs, tout au moins fastidieux.

En Amérique M. *A.-M. Fairlie* dans un rapport lu à l'American Chemical Society, en 1919, à Philadelphie, évaluait le nitrate en circulation, rapporté au soufre contenu dans l'acide produit, à 20 $\%$ dans les installations employant le soufre, et 50 $\%$ avec les gaz de grillage des minerais de cuivre. .

Prenant une moyenne de 25 $\%$, et considérant une perte de 3 $\frac{1}{2}$ de nitrate pour 100 de soufre, il s'ensuit que la perte représente 14 $\%$ du total des produits nitreux en roulement.

Bien entendu, ce chiffre de 3 $\frac{1}{2}$ n'est pas intangible, et le même auteur se référant à des chiffres moyens américains, dans un article décrivant le procédé *Larison*, faisait ressortir des différences considérables selon le mode d'installation et le procédé de fabrication. Avec des chambres de plomb marchant à raison de 8 à 10 pieds cubes par livre de soufre (4,90 à 6,13 SO^4H^2 par m³) le roulement nitreux représentait 21 à 25 parties de nitrate pour 100 de soufre, tandis qu'avec une installation intensive (*Larison* en l'occurrence) ayant un volume de un pied cube par livre (49 SO^4H^2 par m³), le roulement était 70 parties — soit le triple.

Questor (*Chem. Age*, 29-7, 1922, indique 18 % comme rapport entre le nitrate de soude en circulation et le soufre brûlé, et une perte de 11 %.

En somme, la proportion de produits nitreux contenue dans les gaz est essentiellement variable avec l'intensité de production par mètre cube de chambre ou tour, et la rapidité de passage des gaz dans les appareils.

M. *Lemaître* (*Moniteur Quesneville*, août 1920) signale que la quantité de produits nitreux nécessaire est donnée par la formule empirique

$$V = 2,56\,P \times \frac{CP}{100}$$

dans laquelle

V est le volant nitreux en acide nitrique 36° B ;

P la production par mètre cube d'acide sulfurique monohydraté (SO^4H^2) ;

C le cube total des chambres.

La dépense en produits nitreux représentant, comme on le verra plus loin, un poste important du prix de revient ; il faut, en sus d'une transformation aussi complète que possibe de l'acide sulfureux en acide sulfurique, la réduire au minimum, ce qui dépend du fonctionnement des tours de Glover, de Gay-Lussac et d'une bonne composition du mélange gazeux. Chacun de ces facteurs a été étudié à l'article touchant ces divers points.

Tirage des chambres

Nous avons fait ressortir, dans un précédent chapitre, l'influence qu'exerce, sur la marche des fours, un tirage trop énergique ou insuffisant, en effet, sans tirage convenablement réglé aucune marche convenable n'est possible, le rendement, la puissance de production et le prix de revient s'en ressentent aussitôt.

Cette influence se fait également sentir dans l'allure des chambres de plomb, dans ce cas les principaux facteurs qui interviennent sont :

 I. La nature du minerai grillé ;

 II. La composition du mélange gazeux ;

 III. La pression barométrique et l'altitude ;

 IV. La température extérieure ;

 V. La disposition des fours, des chambres et des conduites ainsi que leurs dimensions respectives.

I. Nature du minerai grillé. — Nous avons signalé précédemment la différence considérable entre les quantités d'air nécessaires pour griller une même quantité de soufre, selon qu'il se trouvait à l'état natif, ou uni à des métaux différents (Fer, Zinc, Cuivre, Plomb, etc.).

La question est :

1° Physique, attendu que des morceaux plus ou moins volumineux, brûlés dans des fours à cuve, créent forcément une résistance plus grande à la pénétration de l'air qu'un minerai en poudre.

2° Chimique, car la quantité d'oxygène fixée sur le résidu de grillage peut être nulle, ou relativement importante.

3° Physico-chimique, puisque, dans ce dernier cas, l'oxygène et l'acide sulfureux sont accompagnés d'une proportion d'azote plus considérable, ce qui abaisse la température moyenne du mélange gazeux et rend la diminution de volume due à la combinaison, moins sensible.

II. Composition du mélange gazeux. — Lorsque les gaz sulfureux et l'air arrivent dans les chambres en proportion convenable et dans de bonnes conditions, en présence des produits nitreux, il se forme de l'acide sulfurique qui se condense et tombe dans la cuvette. La diminution de volume détermine un vide, qui facilite l'appel de nouvelles quantités de gaz.

Il est évident que, plus ces gaz condensables seront noyés dans de grande quantités d'autres non condensables (azote, acide carbonique, etc.), moins le volume diminuera et moins l'appel sera énergique.

D'autre part, si les proportions relatives de SO^2 et O son défectueuses, ou si ces gaz ne rencontrent pas la proportion de produits nitreux requise, la production d'acide sulfurique est insuffisante et le tirage mauvais.

Il faut donc veiller soigneusement, non pas aux proportions théoriques, mais à celles sanctionnées par une étude à la fois scientifique et pratique, et rétablir la composition du mélange gazeux, dès que l'on s'aperçoit d'une anomalie.

Non seulement la proportion des constituants a une grosse importance, mais leur densité, qui est fonction de la température, joue un rôle considérable.

III. Pression barométrique et altitude. — Le volume occupé par les gaz varie comme on le sait de façon inversement proportionnelle aux pressions qu'ils supportent.

Une même quantité d'oxygène — et par suite d'air, évaluée en poids, destinée à passer par les fours, occupera donc un volume plus faible si la pression est plus élevée, et ce volume réduit nécessitera un tirage moins énergique — Si nous appelons V le volume d'un gaz à température donnée et V_0 son volume à 0° :

H la pression barométrique ;

t la température ;

f la tension de la vapeur d'eau ;

α le coefficient de dilatation.

Nous savons que :

$$V = V_0 \frac{760}{H - f}(1 + \alpha t).$$

Rappelons, en passant, qu'à 0° et 760 millimètres de mercure

1 litre d'air pèse	1 gr. 2932
» d'oxygène	1,4298
» d'azote	1,2562
» de SO^2	2,8731
» de vapeur d'eau	0,8043

IV. Influence de la température. — Pour une augmentation de température de $1°$, les gaz se dilatent de $\frac{1}{273}$ de leur volume, pour t ce sera $\frac{t}{273}$.

1 litre à 0 porté à t degrés deviendra :

$$1 + \frac{t}{273} = \frac{273 + t}{273} \text{ litres}$$

si $t = 100$ on a

$$\frac{273 + 100}{273} = 1.3663$$

mais le poids du gaz étant resté le même, la densité a varié en sens inverse.

Un volume V à 0 porté à t degré sera :

$$V_t = V_0 \frac{(273 + t)}{273}.$$

Il est évident que, deux chambres grillant des quantités égales de soufre, auront des allures selon l'altitude du lieu où elles se trouveront, pour la raison donnée plus haut.

De même, les chambres situées en pays froids ou chauds, travailleront de façon très différentes.

Un volume V_0 à 0 et à 760, devient à une pression atmosphérique H

$$V = V_0 \times \frac{760}{H}.$$

Mais comme, la plupart du temps, ces deux facteurs varient simultanément, si la température devient t nous aurons

$$V = V_0 \frac{(273 + t)760}{273 \times H}.$$

Action de la vapeur d'eau. — Quand un gaz sec vient à être saturé de vapeur d'eau, sa propre tension h est diminuée de celle de la vapeur d'eau e et devient $h - e$, mais cette tension, cette pression totale reste la même. Le volume V' sera donné par la formule

$$V' = V \frac{h}{H - f} = V_0 \frac{(273 + t)760}{273(H - f)}.$$

Résumé. — En résumé :

a) L'influence de l'humidité n'est pas très grande ;

b) La pression a une action non négligeable, d'autant plus que les différences peuvent être brusques et importantes ;

c) La température a aussi une action très sensible, et il convient d'en tenir compte notamment dans l'installation et l'aménagement de la salle des fours de l'usine.

V. Disposition des fours, chambres et conduites. — Nous rappellerons ici quelques règles généralement adoptées pour les divers organes :

a) Les fours se placent au point le plus bas de l'usine, dans un local bien aéré, où ils sont protégés contre les vents.

b) La tour de Glover doit avoir son tuyau d'entrée situé plus haut que le sommet des fours.

On s'arrange d'ordinaire pour que son tuyau de sortie, situé au-dessus ou à côté, à la partie supérieure, entre directement dans les chambres, en haut du rideau de devant, ou par le ciel comme le préconisait M. *Benker*.

c) On donne aux chambres à poussière un cube suffisant ou un aménagement permettant la condensation des poussières, sans gêner le tirage.

d) Les remplissages sont choisis, et établis, de façon à permettre un contact aussi intime que possible entre les gaz et les liquides, tout en offrant le minimum de résistance au passage des premiers.

e) Les sections des appareils, et en particulier des conduits ou tuyaux, doivent être calculés largement, il est en effet plus facile de diminuer le tirage que de l'augmenter.

Si on a le défaut inverse, il faut y remédier par un tirage artificiel.

f) Pour le Gay-Lussac, on admet que le tuyau d'entrée peut se trouver en contrebas par rapport à la partie haute de la dernière chambre, d'où part le tuyau de sortie des gaz.

TIRAGE ET MOUVEMENT DES GAZ

Pendant bien longtemps, le tirage des chambres a été obtenu avec une simple pipette surmontant le Gay-Lussac, ou par l'aspiration d'une cheminée.

Tirage naturel. — Le tirage naturel des chambres résulte de plusieurs actions :

1º Action mécanique, exercée dans le Glover, qui fonctionne à la fois comme cheminée ordinaire et grâce à une condensation de gaz due à la réaction chimique ;

2º Action mécanique provoquée par la cheminée en queue du système, la pipette placée au sommet du Gay-Lussac, la communication avec la cheminée de l'Usine ;

3º Le vide qui résulte dans les chambres de la condensation provoquée par la transformation, en liquide, des gaz combinés.

Ces diverses actions sont, elles-mêmes, sous la dépendance des variations atmosphériques, de la bonne marche des réactions chimiques, de l'encrassement des tuyaux, canaux, ou passages, ce qui jadis, obligeait à une surveillance constante et à régler fréquemment les dispositifs influant sur la marche générale des gaz.

On était donc à la recherche d'un moyen vraiment pratique permettant d'avoir un tirage régulier et constant.

Tirage induit. — Une amélioration fut obtenue par l'emploi de ce que l'on appela les *pointes de vapeur*. Des tuyaux de plomb fermés à une extrémité, et munis sur le côté d'un petit trou, étaient installés dans des tuyauteries droites, situées avant l'entrée d'une ou de plusieurs chambres, le jet de vapeur conique jouait le rôle d'aspirateur et facilitait la marche des gaz, tout en fournissant une partie de l'eau destinée à la réaction dans la chambre.

Malgré le renforcement de la partie où devait sortir la vapeur, l'orifice se déformait, peu à peu s'agrandissait, déterminant débit trop considérable et n'activant plus le tirage, aussi fallait-il souvent vérifier ces pointes pour les mater, refaire le trou, ou même les changer, de plus, le tuyau où elles étaient placées souffrait beaucoup.

Tirage mécanique. — L'idée d'employer des ventilateurs se présentait naturellement à l'esprit, mais encore fallait-il trouver une matière résistant à l'action de la chaleur, à la corrosion des gaz acides, et déterminer le point exact de l'installation où il convenait de le ou les placer.

D'après *Muhlhauser* (*Zeitschrift fur angewandte Chemie*, 27, 1902), *Hagen de Halsbruck* est le premier ayant tenté une application pratique avec le ventilateur *Root*, mais les résultats ne furent pas suffisamment encourageants pour que l'idée se généralise; M. *Kestner* (*Moniteur Quesneville*, 1902, p. 479), pense que la première application du ventilateur centrifuge fut faite par un Américain, M. *E. I. Hegeler* à La Salle, et que la vulgarisation aux Etats-Unis est surtout due à M. *Falding*.

Non seulement les ventilateurs régularisent le mouvement des gaz mais ils peuvent en provoquer un passage plus rapide, chose nécessaire quand on veut intensifier la fabrication, c'est-à-dire augmenter la quantité d'acide sulfurique produite par mètre cube de chambre.

Grâce à eux, on assure un tirage plus régulier aux fours et aux chambres, l'influence des variations de pression atmosphérique est infiniment moins sensible, et le grillage des minerais plus convenable.

Par contre, il y a besoin de force motrice, il faut s'occuper du graissage, de l'entretien, et la proportion de poussières est plus forte, surtout lorsque l'appareil est disposé entre les fours et le Glover.

Etat d'équilibre des gaz dans les chambres. — On a longuement discuté sur le fait de savoir si les chambres devaient travailler sous pression ou sous dépression, car, de cette conception dépend la place à assigner au ventilateur, M. *Kestner* qui a longuement étudié cette question des ventilateurs, et en a installé de très grandes quantités, a exposé ses idées de façon si claire que son exposé mérite d'être reproduit.

Pression dans les chambres. — Que faut-il entendre pour pression ou dépression ? Il ne s'agit évidemment pas de mettre les chambres sous une pression quelque peu importante, en opposant une résistance à la sortie, car, au point de vue du rendement volumétrique, on obtiendrait un résultat meilleur en opérant les réactions sous une diminution de volume, mais il faudrait modifier complètement le mode de construction des chambres.

Le mot *pression* s'applique seulement à quelques millimètres d'eau de différence dans la pression des gaz, suivant que l'instrument régulateur du tirage (le ventilateur), est placé en tête ou en queue.

En montant un ventilateur pour régulariser le tirage, on ne change rien au régime des pressions et dépressions des chambres, pas plus que le volant de la machine à vapeur n'augmente sa force ou sa vitesse : il rend simplement régulier ce qui était irrégulier auparavant. Dans un système marchant à une pression de 0 millimètre dans la chambre du milieu, avec variations de 2 millimètres en plus ou en moins, suivant l'état de l'atmosphère ou l'allure des fours, si on place un ventilateur entre le Glover et la première chambre, en réglant son débit pour qu'il soit le même que précédemment, les chambres continueront à avoir la pression 0, mais elle sera la même pendant les 24 heures, au lieu de présenter comme auparavant, des variations de 2 millimètres en plus ou en moins.

Si on substitue à ce ventilateur un autre, disposé en queue, calculé exactement pour déplacer le volume gazeux existant à la sortie du Gay-Lussac, le résultat sera absolument le même qu'auparavant, et il n'y a pas de motif pour qu'il n'en soit pas ainsi.

Dans un cas comme dans l'autre, le cube de gaz traversant l'appareil reste identique et il n'y a aucune raison pour qu'il y ait une différence de pression entre les deux marches.

En pratique, il est cependant rare qu'on ajoute un ventilateur à des chambres sans augmenter en même temps leur production. Dans la majorité des cas, celle-ci est limitée par le tirage. Or, le ventilateur donne, non seulement le moyen de régulariser le tirage, mais aussi celui de l'amplifier et il est fréquent que l'on en profite pour augmenter le volume gazeux admis dans le système.

Si on considère le système à pression 0, muni d'un ventilateur capable de doubler le volume gazeux (en admettant que les fours à pyrites soient à même de suivre), il n'y aura plus la pression 0 dans la chambre. Si le ventilateur a été placé en tête, on constatera une pression de 2 millimètres d'eau par exemple ; s'il est disposé en queue, il pourra y avoir une dépression de 2 millimètres. Cela tient à la résistance qu'apporte, dans le premier cas le Gay-Lussac, et le Glover dans le second, d'où, entre les deux cas, une différence de 4 millimètres, soit 1/2500 de la pression atmosphérique ? Quel effet peut avoir une augmentation, ou une diminution de volume de 1/2500 au point de vue de la production des chambres, alors que la pression atmosphérique varie quelquefois de 1/50 en une journée ?

M. *Kestner* signale enfin que, si les chauffeurs ou ouvriers des fours mettent 99 ou 101 kilogrammes de pyrite par charge au lieu de 100, cela fait un écart de 1 $^0/_0$ dans le volume envoyé aux chambres, soit un écart 25 fois plus grand que celui que l'on peut admettre par le fait de la différence de pression provenant du tirage.

La première installation de ventilateur aspirant pour chambre de plomb, faite par M. *Kestner* remonte à 1897 et son type définitif date de 1899. Depuis 1898, la maison *Benker* n'a pas monté ou transformé un seul appareil à acide sulfurique, sans y adapter un ventilateur.

H. Niedenfuhr, de Berlin, montait, soit des ventilateurs en régule, soit des Kestner, soit des ventilateurs en grès. Depuis cette époque, leur emploi n'a cessé de se développer et, quoiqu'il existe encore des usines marchant encore à tirage naturel, les autres constituent certainement la majorité.

Le ventilateur *Kestner* possède une turbine en plomb antimonié très massive, tournant à faible vitesse dans une enveloppe en plomb antimonié, ou en pierre de Volvic.

La vitesse à la périphérie est de 16 mètres par seconde, chiffre suffisant, car, il ne s'agit pas de créer une pression ou une dépression, mais de déplacer des gaz avec régularité.

La maison *Benker-Millberg* qui, généralement, travaille avec deux Gay-Lussac, dispose le ventilateur entre ces deux tours, endroit où les gaz sont déjà presque secs ; de plus, il peut se poser à terre en un emplacement commode. Dans le cas d'un seul Gay-Lussac, le ventilateur est placé complètement en queue.

Lorsque les conditions locales s'y prêtent, par exemple si les gaz doivent être refoulés dans une cheminée, cet emplacement en queue paraît le plus convenable, même lorsqu'il y a deux Gay-Lussac : les gaz sont en effet plus secs et plus froids et il ne se fait plus de réactions dans le ventilateur.

Quand il n'y a qu'un Gay-Lussac, on aura toujours avantage à placer une petite tour, sur le refoulement du ventilateur, pour la récupération ; cette tour arrosée d'un peu d'eau, condense tous les gaz acides, ou plus exactement les brouillards acides, qui existent toujours à la sortie d'un seul Gay-Lussac.

L'installation est généralement commandée par un moteur à vapeur ou électrique.

La commande par moteur à vapeur permet, le plus facilement, de régler la vitesse du ventilateur. Cette vitesse devrait pouvoir varier dans une certaine mesure, suivant la température de l'air ambiant, permettant d'établir une différence de réglage entre le jour, où l'air est plus chaud, et la nuit où il est plus froid et, partant, plus lourd. Il faut, en effet dans les chambres de plomb, un poids, et non un volume, d'air déterminé.

Enfin si le ventilateur est commandé par une transmission ou un moteur à vitesse invariable, le réglage se fait par un registre placé sur l'aspiration.

Emplacements divers des ventilateurs. — En résumé les ventilateurs peuvent être disposés :

Entre les fours et le Glover (ventilateur de tête).

Entre le Glover et les chambres (ventilateur intermédiaire).

Entre les chambres (ventilateur intermédiaire).

Entre la dernière chambre et le Gay-Lussac (ventilateur de queue).

Entre les deux Gay-Lussac lorsqu'il y en a deux (ventilateur de queue).

L'opinion de M. *Kestner* est aussi la nôtre.

A) En tête, le ventilateur qui aspire dans les fours a une influence directe sur le tirage, mais il risque d'entraîner une proportion importante de poussières, il déplace des gaz très chauds d'un volume considérable, il doit, par conséquent, être de construction spéciale et soigneusement calorifugé si on veut éviter sa détérioration, en raison de la nature et de la température élevée des gaz qu'il doit refouler dans le Glover. Pour une même production finale il faut donc un ventilateur plus grand, qui absorbe une force plus considérable, et souvent a un coefficient d'usure élevé si les précautions prises sont insuffisantes.

Le modèle établi à cet effet par M. *Kestner* est en fonte, muni de paliers à circulation d'eau afin d'éviter l'échauffement de l'huile et possède à la partie supérieure un couvercle facilement démontable fermant par un joint plat qui permet d'accéder à toutes les parties de l'appareil.

B) **Ventilateurs intermédiaires.** — Placés, comme nous l'avons dit, entre le Glover et la première chambre, entré les chambres, ou entre les tours refroidissantes et les chambres, ils aspirent par conséquent d'un côté et refoulent dans une chambre.

Dans ce cas, l'armature, le pourtour, les axes, sont en fer, fonte, ou acier, selon la pièce, revêtus de plomb, les palettes ou godets sont en plomb durci (plomb antimonieux).

Les gaz qui y passent sont moins chauds qu'à la sortie des fours, moins nitreux qu'en queue, mais plus tièdes et plus humides que ces derniers.

Les installations de ce genre rendent service également lorsque le remplissage du Glover, étant très serré, occasionne une résistance sérieuse au mouvement des gaz, le cas se présente également lorsqu'il y a eu interposition de tours

C) **Ventilateurs de queue.** — A la sortie des chambres ou, des Gay-Lussac, les gaz sont froids et à peu près secs, le volume à déplacer est moins grand.

Après les chambres, ils contiennent une proportion sensible de produits nitreux mais, après le Gay-Lussac, cette proportion est minimum.

Les ventilateurs établis, à cet effet, par la maison *Kestner* sont des déplaceurs d'air à basse pression, ordinairement en plomb régule et appartiennent à deux types différents.

I. Ventilateurs à turbines *à ailes droites*.

II. Ventilateurs *à ailes courbés* divisées en compartiments.

Voici le débit de chacun d'eux sous 20 millimètres de pression.

Diamètre de l'aspirateur	Ailes droites		Ailes courbes	
	Volume débité par heure	Tours par minute	Volume débité par heure	Tours par minute
200 mm			500	1 900
300 »	1 250	800	1 500	1 250
350 »	1 950	700		
400 »	2 550	620	2 900	950
450 »	3 350	560		
500 »	4 400	500	5 200	750
550 »	4 950	450		
600 »	5 750	400	7 500	635
700 »	9 200	350	10 400	550

Les raisons que faisait valoir M. *Benker* en faveur de l'installation du ventilateur en queue des chambres (et non pas en tête), et sur leur fonctionnement, se résument également ainsi.

1º Dans les nouvelles installations, le ventilateur en plomb se trouve enfermé dans la chambre des machines, à côté de la pompe à air et souvent même à côté de la dynamo, dans un emplacement propre et éclairé.

2º Le ventilateur et sa machine étant placés par terre sur de bonnes fondations, le graissage et l'entretien se font commodément.

3º Les gaz aspirés sont froids et à peu près secs, tandis que ceux sortant de la tour de Glover ont toujours une température élevée et leur volume se trouve augmenté.

4º A côté du ventilateur, se place l'appareil *Orsat*. Et le surveillant peut facilement modifier le tirage, soit en réglant le registre, soit en modifiant la vitesse de la machine.

La pression dans la première chambre, existe malgré l'emploi du ventilateur car elle dépend de la construction des tours, de l'entrée des gaz dans le Glover et du remplissage. D'ailleurs une pression de 10 millimètres en plus ou en moins n'a pas d'effet sensible sur la marche des réactions.

Un des motifs qu'on a pour préférer les ventilateurs de tête ainsi que

gène pour les gaz des fours à pyrite, tandis qu'avec les fours à soufre la richesse est de 8 à 8,5 % SO^2.

Il convient, bien entendu, de régler les proportions de manière à ce qu'une fois la combinaison effectuée, il reste un excès convenable d'oxygène à la sortie.

Ventilateurs américains. — En Amérique on a installé, dans ces dernières années, des ventilateurs très puissants, ordinairement en plomb antimonieux.

Depuis 1918 le *Pratt Engineering and Machine Cº* (Atlanta Georgie) emploie notamment un ventilateur qui, à la vitesse de 450 tours par minute, et avec une pression d'eau de 1 pouce 3/4 (44 millimètres), déplace théoriquement 15 700 pieds cubes (444 m³) par minute.

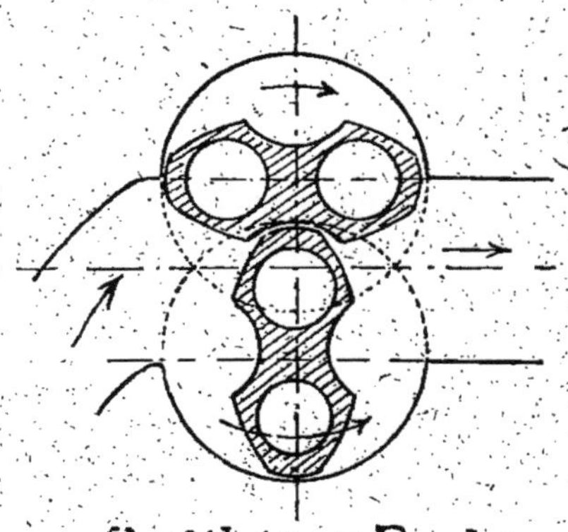

Fig. 251. — Propulsion du gaz SO^2.

En 1920 le *Duriron Company* a établi un ventilateur appartenant à un type dont le plus grand modèle d'un diamètre de 12 pouces (0 m. 30) et tournant à 1 800 tours par minute, suffit, d'après M. A. *Fairlie* (*Chem. and Met. Eng.*, Novembre 1921) à provoquer un tirage convenable des gaz produits par la combustion de 17 tonnes de soufre en 24 heures.

Dans les systèmes par contact, que nous étudierons dans un autre volume, il faut, pour obtenir une bonne catalyse, maintenir un courant gazeux de composition aussi constante que possible.

Il paraît que certaines usines (*Meister Lucius* à Höchst) se servent de ventilateurs centrifuges permettant de produire des pressions et dépressions élevées, et que *la Badische* préfèrerait se servir de

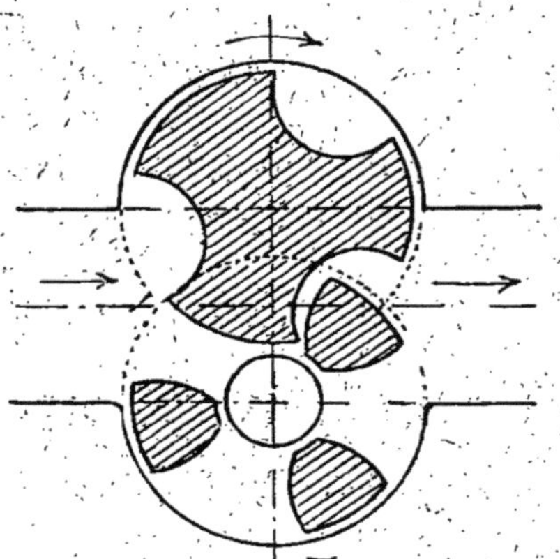

Fig. 252. — Propulsion du gaz sulfureux.

pompes à air à mouvement alternatif, dans lesquelles le mouvement du piston provoque l'emplissage et la vidange régulières de la chambre interne.

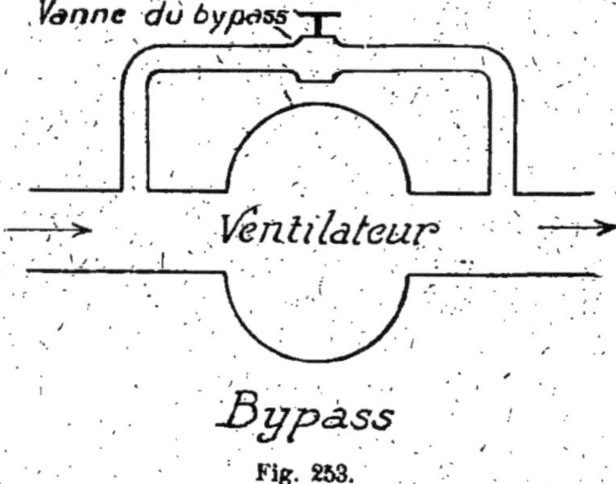

Fig. 253.

La chose est également possible avec des ventilateurs genre *Root* et *Sturtevant*, dans lesquels deux pièces de formes spéciales, à axes parallèles, glissent l'une sur l'autre comme le font des dents d'engrenage, en admettant puis évacuant la même quantité de gaz par unité de temps. Pour fixer les idées : un *Sturtevant* tournant à 340 tours à la minute peut déplacer 3 000 m³ de gaz à l'heure, ce qui correspond à un brûlage de 10 tonnes par jour de pyrite, il consomme 15 à 16 chevaux, en aspirant avec 10 millimètres de mercure, et contrepression de 100 millimètres.

Le réglage en est assuré par un *by-pass*, c'est-à-dire un tuyau donnant communication directe entre l'aspiration et le refoulement et portant une vanne à ouverture réglable. Quand la vanne est fermée, le tirage est maximum, et, plus on l'ouvre, plus il peut y avoir retour en arrière de mélange gazeux, ce qui permet de diminuer le débit et l'appel d'air par les portes.

Modification du tirage. — Dans les fours, l'aspect de la pyrite sur les diverses soles donne certaines indications dont nous avons parlé à l'article fours, et nous nous bornerons à rappeler que les étages trop froids en bas indiquent un trop grand accès d'air, tandis que des dalles du bas chaudes correspondent à insuffisance d'air et d'oxygène.

On dispose généralement dans la paroi de la chambre à poussière un tube muni d'un bouchon, il sert pour prendre le tirage, ou prélever les gaz dont on fait l'analyse.

Sur les rideaux des chambres on établit de petits ajutages permettant de contrôler la pression ou dépression au moyen d'un appareil de mesure.

On fait de même avant et après le Glover, ainsi qu'aux Gay-Lusac et au ventilateur.

Pour modifier le tirage quand possède un ventilateur, on peut en faire varier la vitesse, ou intercaler un registre sur la tuyauterie pour réduire la section libre.

Lorsqu'on se sert du tirage naturel qui, à côté d'inconvénients divers a du moins l'avantage d'être plus économique, on emploie souvent un positif comportant une caisse en plomb de 0,70 à 0,80 de côté ayant, à l'intérieur, une plaque en plomb percée de trous inégaux, sur lesquels on peut mettre des chevilles ou disques, des bouchons en grès.

Deux des côtés latéraux opposés sont munis de plaques de verre, ce qui permet de voir la couleur des gaz, un troisième côté est plein et le quatrième muni d'une petite porte à glissière que l'on peut enlever, pour recouvrir un nombre plus ou moins grand de trous de façon à modifier la section de passage. Parfois cette caisse est de forme cylindrique au lieu de parallélipipédique.

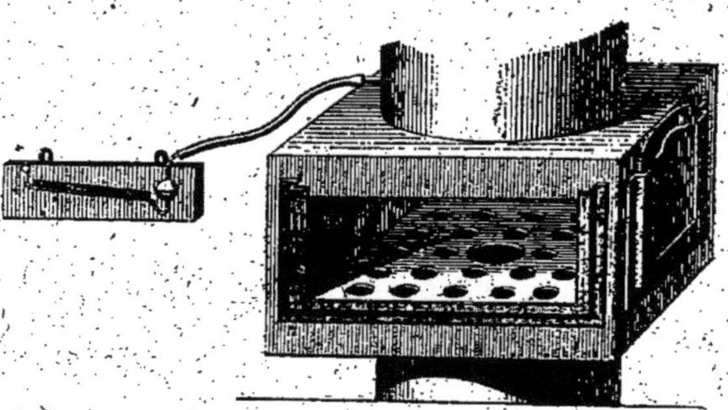

Fig. 254.

On peut aussi modifier le tirage entre les chambres au moyen d'un diaphragme supporté par une chaînette roulant sur galet et disposé avec joint hydraulique et contre-poids (fig. 255-256).

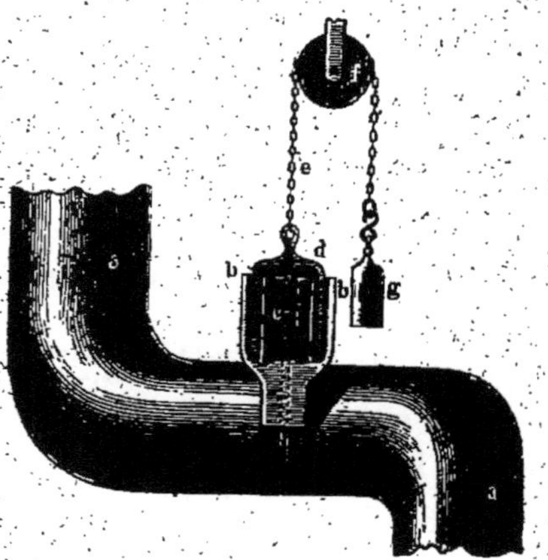

Fig. 255.

Fig. 256. — Diaphragme.

G. Delplace a employé dans son installation le dispositif (fig. 257) autorégulateur dans lequel :

a) est le tuyau d'entrée des gaz venant de Gay-Lussac ;

b) le clapet obturateur conique ;

c) le tuyau de sortie des gaz allant vers la cheminée ;

d) une cloche à joint-hydraulique ;

e) le réservoir plein d'eau ;

f) le fléau ;

g) le contrepoids.

En marche normale l'équilibre est calculé de façon à ce que l'obturateur occupe une certaine position, laissant par exemple une section libre de moitié. Si le tirage augmente, l'aspiration en dessous, et la pression par dessus, provoquent une descente plus ou moins grande de l'obturateur qui restreint le passage. La diminution de tirage provoque une manœuvre inverse.

Fig. 257. — Régulateur de tirage Delplace.

Hasenclever (*Die Chemische Industrie*, 1899, n° 2, p. 75) a appelé l'attention sur la manière de calculer le tirage dans les divers points du système, et notamment au Glover, en tenant compte de la pression atmosphérique, d'autant plus qu'on se trouve souvent en présence de différences extrêmement faibles, nécessitant l'emploi de manomètres sensibles au 1/10 de millimètre ; voici un exemple :

Supposons qu'au bas du Glover on ait une pression de 2 millimètres d'eau ; et au sommet de 5 millimètres d'eau.

Il est évident que, dans les deux cas, la différence est celle qui existe avec la pression atmosphérique *à la même hauteur*.

Si la hauteur du Glover est 9 m. 5.

La pression atmosphérique n'est pas la même en haut et en bas, elle diffère naturellement, à une température de 15° C. et une pression de 750 de :

$$\frac{1\,294}{1 - \frac{15}{273}} \times \frac{750}{760} \times 9,5 = 11,5 \text{ millimètres d'eau.}$$

A l'intérieur du Glover la pression au bas de la tour sera de

$$11,5 - (5 - 2) = 8,5 \text{ millimètres d'eau}$$

plus élevée qu'en haut.

Cette différence a, pour fonction, à la fois de supporter la colonne des gaz et de provoquer son déplacement.

Si ce gaz a comme température : au bas 350 et en haut 95, la température moyenne sera $\frac{350 + 95}{2} = 222°$ C et, en tablant sur une densité de 1 374 et une pression de 750 millimètres, le poids de la colonne représente.

$$\frac{1,374}{1 + \frac{1}{273} \times 222} \times \frac{750}{760} \times 9,5 = 7.10 \text{ millimètres cubes}$$

soit 7.10 kilogrammes par mètre carré.

La différence

$$8,5 - 7,10 = 1,40 \text{ millimètre d'eau}$$

représente la pression nécessaire pour provoquer l'ascension des gaz.

Le tirage, c'est-à-dire la différence entre la colonne du gaz et une colonne d'air de même hauteur, est

$$11,5 - 7,10 = 4,40 \text{ millimètres d'eau.}$$

La perte de pression entre le bas et le haut est donnée par l'équation :

Perte de pression 1.40 = Différence de pression (— 3) + tirage 4.40.

Avec des conduites horizontales il n'y a pas de différence de pression atmosphérique à faire intervenir, la mesure fournit directement la variation de pression mais, avec des conduites ascendantes ou descendantes, il faut ajouter, ou retrancher, le tirage correspondant.

ÉLÉVATION DES ACIDES

Dans toute la fabrique d'acide il y a une énorme quantité d'acides à élever, notamment :

A) Au-dessus du Glover, ou dans les bassins qui l'alimentent (Acide sulfureux nitreux du Gay-Lussac, acide des chambres).

B) Au-dessus du Gay-Lussac (acide du Glover) ou dans les bassins qui l'alimentent, il coule déjà une quantité représentant 100 à 300 % de l'acide produit dans les chambres).

C) Acides préparés pour les livraisons à la clientèle ou les fabrications diverses (fours à sulfate, superphosphates, sulfates métalliques, etc.) ou ceux mis à clarifier par dépôt lent.

Systèmes utilisant l'air comprimé. — Il est indispensable que chaque usine possède des dispositifs permettant d'élever l'acide qui se trouve à un niveau inférieur, jusqu'à une hauteur suffisante pour le service qu'il est appelé à remplir.

Monte-jus. — Imitant ce qui existait dans d'autres industries, notamment en sucrerie, on a songé à employer des monte-jus, en tenant compte qu'il s'agissait de travailler avec des liquides très denses et fortement corrosifs.

Les modèles primitifs étaient souvent en fonte, doublée ou non de plomb, disposés en contre-bas, et en cas de besoin, dans une fosse assez grande pour permettre de faire commodément l'examen et le nettoyage. Ils comportaient en principe : un tuyau d'admission d'air, un d'arrivée d'acide, un d'ascension c et un trou d'homme pour le nettoyage intérieur.

Il en existe divers types tant horizontaux que verticaux, avec vannes ou robinets permettent en cas de besoin de couper les communications. Le conduit d'amenée doit être disposé de façon à ce qu'il ne puisse pas y avoir accès d'acide et refoulement jusqu'à la pompe, de plus, il est agencé pour permettre d'évacuer l'air après chaque opération.

Dans bon nombre de cas, on donne au monte-jus un volume de 500 à 1 000 litres et une hauteur telle que le rebord supérieur soit légèrement au-dessus du niveau de l'acide du réservoir qui l'alimente, afin que si, par inattention, le surveillant oubliait de supprimer, au moment voulu, l'arrivée d'acide, il ne puisse y avoir débordement.

Une fois le monte-jus plein, on interrompt la communication avec le réservoir en fermant la vanne, puis on met l'air comprimé qui provoque l'ascension dans le tuyau de refoulement. Quand il est presque vide, on sent, en portant la main sur ce tuyau, un léger frémissement, les bulles d'air montent simultanément avec l'acide, puis il ne vient plus que de l'air.

Evidemment le surveillant doit avoir soin de fermer la communication avec le réservoir d'alimentation, sans quoi l'acide du monte-jus pourrait faire retour dans ce dernier en provoquant des bouillonnements et des projections susceptibles d'occasionner des accidents.

Monte-jus automatiques. — On a cherché, depuis de longues années, à ce que les appareils employés dans les usines d'acide sulfurique possèdent un fonctionnement automatique, et la tendance a constamment été d'arroser les tours de plus en plus. Dans beaucoup de fabriques d'acide, il y passe plus de trois fois la production, pour diverses raisons :

La récupération des produits nitreux est plus complète, le plomb moins attaqué ; le remplissage reste plus propre et l'on ne risque pas d'obstructions.

Harrison Blair proposa un monte-jus automatique dans lequel, une fois le récipient plein d'acide, l'échappement d'air était clos et l'entrée de liquide suspendue.

Le monte-jus se composait du cylindre A proprement dit et des organes suivants :

Un tube muni d'un clapet par lequel l'acide arrivait à la partie inférieure B;

G tuyau d'arrivée d'air ;

C tuyau d'ascension ;

D siphon renversé communiquant avec C, avec le tube, F partant du dessus du monte-jus et se terminant en E à la partie supérieure de l'appareil dans lequel il pénétrait de 10 centimètres.

Fig. 258.

Pendant l'emplissage l'acide pénètre en B, monte progressivement tandis que l'air comprimé arrivé en G passe par F gagnant D puis le tuyau de sortie C.

Une fois le cylindre A empli, les siphons s'arrêtent. D se trouve plein, l'air comprimé ne pouvant s'échapper fait pression sur l'acide, le clapet d'arrivée se ferme et l'acide s'échappe par C jusqu'au moment où, l'acide ayant baissé, l'air rentre dans le siphon, chasse l'acide restant qui sort en C tandis que le clapet d'arrivée se rouvre et l'emplissage recommence. La dépense d'air comprimé y est sensiblement égale au volume d'air déplacé.

De nombreuses variantes ont été essayées et mises en pratique, au lieu de gros monté-jus à « pulsations » espacées on a créé des appareils à volume d'acide de moins en moins important mais à pulsations fréquentes, les deux grandes étapes ont été marquées par le *pulsomètre Kestner* et par *l'émulseur Fraipont* qui serait pour ainsi dire à pulsations continues.

Pulsomètres Kestner. — M. *Kestner*, l'un des plus actifs propagateurs des monté-acides automatiques, a innové divers types :

Celui qu'il décrivait en 1903 a un volume de 50 litres et donne, selon les besoins, 20 à 60 pulsations à l'heure, ce qui correspond à un débit de 1 000 à 3 000 litres par heure.

Il en envisageait alors trois par système, savoir : un pour alimenter d'acide 60° B. le Gay-Lussac, un autre pour remonter sur le Glover l'acide 60° nitreux, le troisième pour y envoyer également l'acide des chambres. Il tenait à leur donner une petite capacité et des pulsations fréquentes, pour obtenir que le compresseur marche plus régulièrement, sans avoir besoin d'un très grand réservoir d'air entre lui et les monte-acides.

Dans ces conditions, les réservoirs d'acide peuvent être de faible capacité, non seulement pour l'alimentation, mais aussi, et surtout, au sommet des tours, étant donné qu'il jouent plutôt le rôle de volants.

Elévation de l'acide sulfurique. — Il a été construit divers modèles selon la nature de l'acide à élever. Leur caractéristique est l'emploi d'une soupape de distribution d'air, disposée dans une boîte à porte ouvrante, toujours facilement accessible (fig. 260), et qui se trouve à une hauteur supérieure à celle de l'acide dans le réservoir d'alimentation. Elle est, par conséquent, soustraite à l'action de l'acide qui vient seulement en contact avec le corps de l'appareil construit en matériaux réfractaires à l'acide.

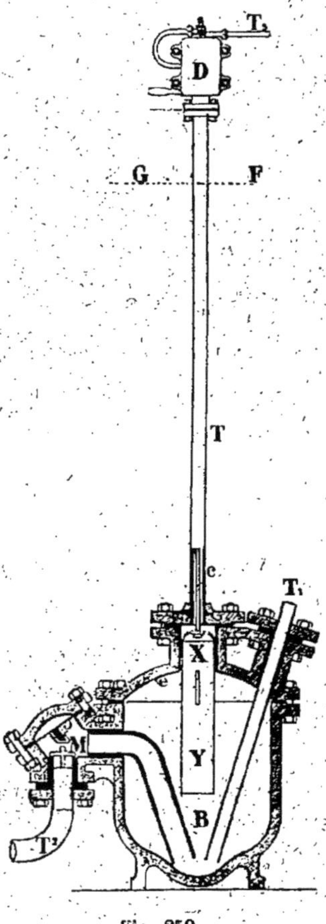

Fig. 259.

Le monte-acide *Kestner* courant se compose d'un corps de monte-jus B (fig. 259) qui tour à tour se remplit et se vide d'acide. Le remplissage a lieu par un tuyau T² portant un clapet de retenue M, et la vidange se fait par un tuyau T¹. Le mouvement qui, alternativement, ouvre l'arrivée d'air comprimé et ferme l'échappement d'air, puis ouvre l'échappement en fermant l'arrivée d'air, est logé dans une boîte D, réunie par un tuyau T au corps de l'appareil et placée plus haut que G F qui représente le niveau le plus élevé de l'acide dans le réservoir d'alimentation. Un flotteur XY, logé dans une tubulure à la partie supérieure de l'appareil, et équilibré par un contre-poids à l'extérieur, commande par une tige cette distribution d'air qui se fait par deux soupapes ; une pour l'alimentation et l'autre pour l'échappement de l'air, établies de telle façon que lorsque l'une est ouverte, l'autre est toujours fermée.

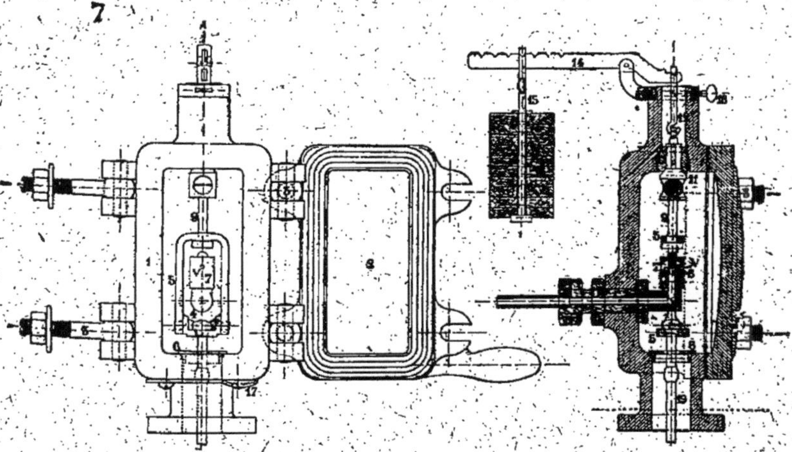

Fig. 260. — Boîte de distribution du Pulsomètre Kestner.

Pour chaque acide il a été établi des types spéciaux dans la construction desquels n'entrent que des matériaux résistant au liquide que l'appareil est destiné à élever.

Le débit de ces appareils est proportionnel à la quantité d'air comprimé admise et peut être réglé soit par le robinet d'admission de l'air comprimé, soit par l'admission d'acide.

Modèles divers. — Un premier type de monte-acide pour acide sulfurique est donc celui figure 259.

La figure 261 donne une idée d'ensemble sur la manière dont on peut alimenter un Gay-Lussac et un Glover. Un premier pulsomètre reçoit l'acide des chambres et l'envoie sur le Glover ;

un second reçoit l'acide d'un bac situé au-dessous de la tour de Gay-Lussac et l'envoie également sur le Glover.

Enfin un troisième reçoit l'acide d'un réservoir situé en bas du Glover et l'envoie sur le Gay-Lussac.

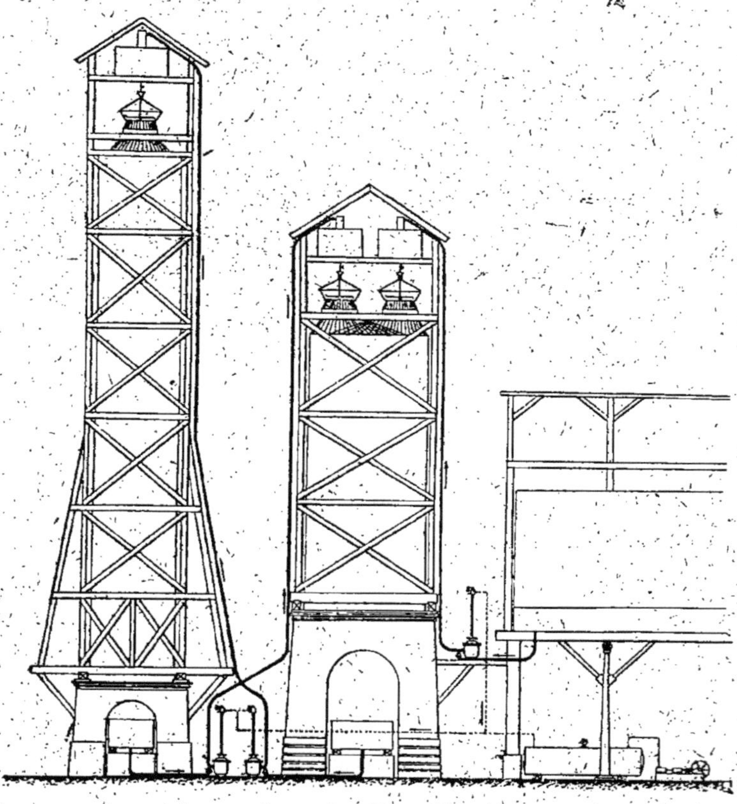

Fig. 261.

Pour obtenir un fonctionnement régulier, il faut vérifier souvent les soupapes et les entretenir régulièrement, quoiqu'elles soient généralement en bronze phosphoreux, car les gouttelettes d'acide entraînées par l'air comprimé les attaquent à la longue.

M. *Kestner* a établi un autre système dans lequel un robinet en grès, fonctionnant comme un tiroir rotatif de machine à vapeur, remplace les soupapes et sert au refoulement de l'air.

Dans son modèle à 2 corps, le flotteur étant logé dans l'un des deux, chacun fonctionne alternativement en donnant par suite un refoulement d'acide presque continu.

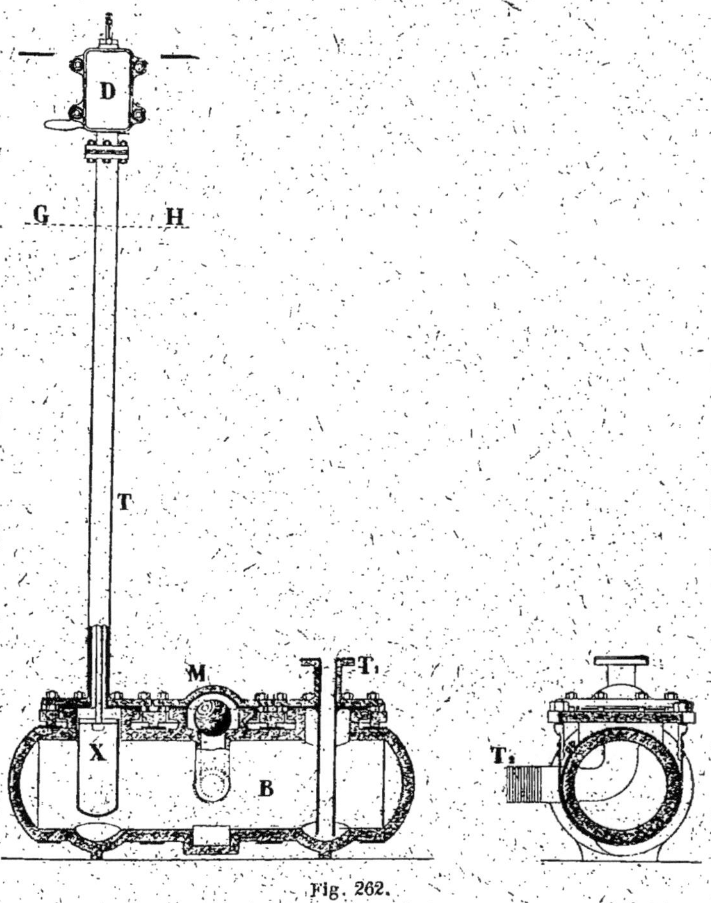

Fig. 262.

Le *Comptoir des grès* a établi un appareil *Le Français* avec corps en grès, distribution logée dans l'appareil comprenant flotteur de verre, fléau de grès et tiges de verre dont les extrémités supérieures rodées fonctionnent comme soupapes qui obturent ou ouvrent les orifices d'entrée et de sortie d'air percés dans le couvercle.

Précautions. — Un inconvénient commun aux monte-jus non automatiques et aux appareils marchant à l'air comprimé, est qu'en hiver l'arrivée d'air peut se boucher, par suite d'une formation de glace dans le robinet ou la soupape d'admission, là où l'air se détend ce qui peut causer une certaine perturbation.

Pour remédier à cet inconvénient on place sur la conduite générale d'air qui alimente les monte-acides, un graisseur à compte-gouttes, renfermant de la glycérine, de façon à en envoyer régulièrement une petite quantité dans la conduite.

Cas particuliers. — Dans certaines fabriques d'acide sulfurique, on préfère établir une tour de Gay-Lussac très haute, plutôt que d'en placer deux côte à côte, qui nécessite une pression plus grande que pour l'élévation sur le Glover ; or, plus il faut refouler à plus grande hauteur, plus l'air comprimé revient cher, vu le rendement bas du compresseur car, à moins d'avoir deux compresseurs, on est obligé de porter tout l'air à la pression maxima.

Pour tourner la difficulté on peut établir un relai à mi-hauteur en faisant l'élévation en deux fois.

Chapelets. — M. *Kestner* conseille d'admettre un léger filet d'air dans le tuyau, de manière à produire une série successive de bulles d'air, subdivisant la colonne d'acide. Dans ces conditions, le poids total des colonnes est allégé et il faut une pression beaucoup moins grande.

La réduction que l'on peut réaliser pratiquement, sans augmenter la dépense d'air, est de 1/3, autrement dit, pour une hauteur de 30 mètres, on aura une résistance correspondant à 20 mètres seulement de hauteur.

La consommation d'air n'est pas sensiblement plus grande que dans le cas d'une élévation réelle à 20 mètres sans émulsionnement.

Le diamètre maximum qu'il recommande, est 40 millimètres ; cependant, lorsqu'il existe déjà des conduites de 50 millimètres, on peut les conserver, mais le rendement est moins bon.

Il vaut mieux employer des tuyaux de 30 millimètres et en mettre plusieurs.

Le tuyau doit, autant que possible, être vertical, car, s'il est incliné, l'air a tendance à suivre la paroi du haut et les pistons se ferment mal ou pas du tout.

Elévation d'acide nitrique. — Dans beaucoup d'usines du continent, les appareils sont alimentés avec de l'acide nitrique, et non avec du salpêtre.

Souvent les touries qui le contiennent sont élevées au moyen d'un monte-charge placé sur le côté du Glover et, dans bon nombre de cas, mis en mouvement par un treuil mu à bras d'homme. La tourie est vidée, en totalité ou en partie, dans un flacon en verre gradué, de façon à connaître la dépense horaire et le surveillant règle la dépense selon la marche des chambres.

Ce système présente l'inconvénient d'être non seulement discontinu mais dangereux, car les ruptures de bonbonnes et les chutes d'acide ne sont pas rares.

M. *Kestner* préfère le mélanger à l'acide nitreux que l'on envoie sur le Glover : un flacon de Mariotte déverse, d'une façon continue, l'acide nitrique dans le réservoir d'acide nitreux, situé sur le sol et qui alimente le monte-acide.

Nous avons dit qu'on a essayé d'introduire, de cette façon, une solution de salpêtre, mais que le sulfate de soude formé, très peu soluble dans l'acide 60° B. a tendance à obstruer le Glover.

Avec l'acide nitrique, il n'y a pas d'accident de cette nature à craindre ; le mélange froid d'acide sulfurique et d'acide nitrique n'a pas d'action très sensible sur le plomb, ni sur la fonte des monte-acides.

Emulseur Fraipont. — (*Zeitschrift für angewandte Chemie*, 1093, p. 915). Il consiste en un petit cylindre en plomb, muni d'un tuyau d'alimentation d'acide provenant d'un réservoir placé à un niveau plus élevé ; la décharge se fait à l'aide d'un certain nombre de tuyaux plus étroits, entourés, sur 0 m. 65 environ à partir du cylindre, d'une enveloppe étanche dans laquelle on comprime de l'air. Celui-ci pénètre, par de petites ouvertures percées de bas en haut, dans les tubes, déterminant une sorte d'émulsion d'air et d'acide, plus légère que l'acide seul. Suivant la pression, l'acide peut être envoyé à une bien plus grande hauteur que celle dont il provient, mais on obtient le meilleur rendement quand on se contente du double de celle-ci. L'émulseur est enfermé dans un cylindre en poterie enterré dans le sol.

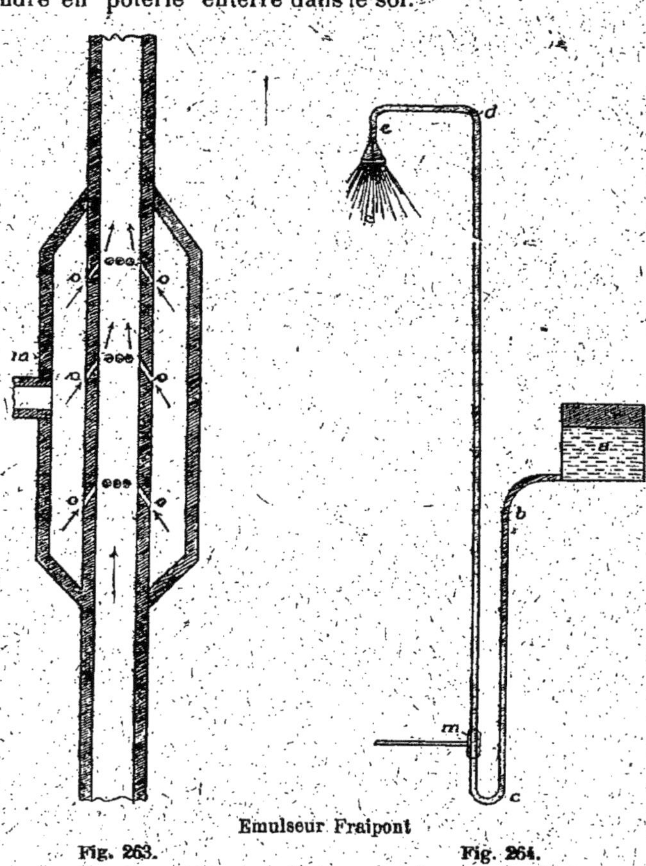

Emulseur Fraipont

Fig. 263.   Fig. 264.

Avec un Gay-Lussac très élevé, un premier émulseur envoie l'acide dans un petit réservoir placé à mi-hauteur, d'où il coule dans un second appareil semblable, qui l'envoie alors jusqu'à la partie supérieure de la tour. Le tuyau amenant l'acide pénètre à l'intérieur de la tour qui est close, et le jet, mélangé d'air, frappe contre une plaque disposée à cet effet ; il se produit ainsi une fine pluie qui le répartit sur une grande largeur, sans avoir besoin de distributeur.

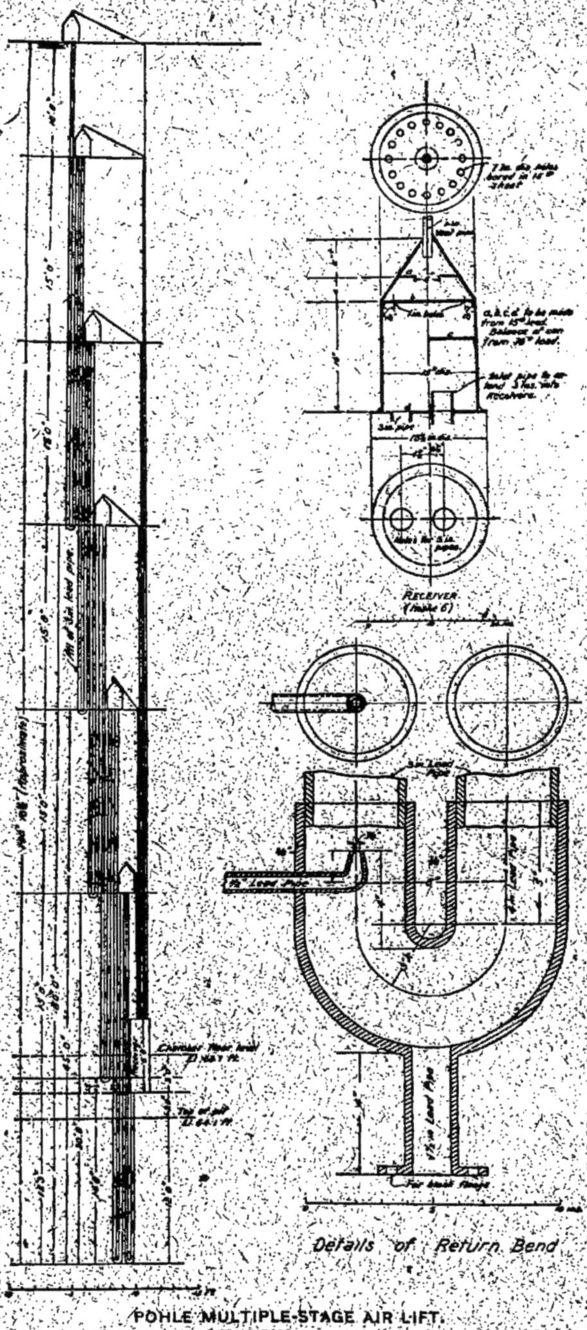

Fig. 265. — Élévateur d'acide Pohl.

Les tuyaux de l'émulseur ont un diamètre de 25 millimètres et, quand le débit l'exige, on en place plusieurs côte à côte.

Comme dispositifs à air comprimé mixtes ; signalons également le monte-acide *Pohl*, basé sur le même principe que l'émulseur *Fraipont*.

Un tuyau de plomb en U, a une branche à hauteur du plancher de départ d'acide, et l'autre branche arrive à un étage disposé à 15 pieds (4 m. 50) plus haut. Une injection d'air a lieu par un petit tuyau de plomb placé dans le bas de la branche la plus haute, et l'acide mélangé d'air est entraîné en haut de cette 2ᵉ branche où existe une boîte formant brise-jet.

Une même disposition permet de monter l'acide de cette hauteur à l'étage suivant situé 15 pieds (4 m. 60) plus haut, et ainsi de suite. L'élévation totale à laquelle peut ainsi arriver l'acide est de 40 pieds (12 m. 50) le débit peut atteindre 3 à 500 tonnes d'acide par 24 heures.

POMPES

Dans les monte-jus ou les pulsomètres, l'air comprimé est chassé de l'appareil pendant que l'acide l'emplit, il y a donc une perte du travail mécanique ayant servi à la compression de cet air.

Th. Meyer a publié, en 1909, une étude très documentée montrant comment se répartissait la dépense de force motrice d'une usine d'acide sulfurique travaillant avec monte-acide.

Élévation de la pyrite et des résidus	0,7 %
Fours mécaniques	8,9
Ventilateur	8,1
Pulvérisateurs d'eau	2,3
Eau des réfrigérants	9,0
Compresseur d'air pour élévation et transport des acides	71,0
Total	100,0 %

Une comparaison, entre le travail dépensé et le travail réellement utilisé, faisait ressortir un rendement mécanique d'élévation de 3,5 %.

Comme, avec les pompes, on a un rendement minimum de 25 %, depuis longtemps déjà on a envisagé leur utilisation.

On peut les classer en trois catégories :

Pompes à mouvement alternatif ;

Pompes rotatives ;

Pompes centrifuges.

Pompes à mouvement alternatif. — Elles sont le plus souvent en fonte ou fer avec piston plongeur vertical.

Condition du problème. — Dans ces pompes les parties faibles soumises au travail le plus pénible, sont les clapets qui sont ouverts et fermés brusquement à chaque coup de piston. Or il faut tenir compte que le caoutchouc ne résiste pas, le plomb durci s'use, le grès est cassant, et que, avec les presse-étoupe garnis de corde d'amiante caoutchoutée les réparations étaient fréquentes. Il a donc fallu étudier des dispositions pour leur permettre un fonctionnement plus sûr et des réparations à la fois plus rapides et plus rares, c'est ainsi que pour éviter l'usure du métal, on a interposé entre le piston et l'acide une membrane, ou un liquide, non susceptible de le corroder et non attaquable par l'acide avec lequel il se trouve en contact.

Il existe maintenant des modèles donnant satisfaction, aussi voyons-nous dans ces dernières années se développer leur usage.

Les pompes à membrane classiques (caoutchouc ou métal flexible) servent rarement dans l'industrie sulfurique, on les emploie cependant dans d'autres industries pour manœuvrer, des acides faibles ou des liqueurs acidulées.

Pompes Ferraris. — (Br. angl. 4.482, 1914), dont la maison *Benker. Millberg* a placé un nombre considérable dans les usines françaises et étrangères. Cette pompe (fig 266), possède 2 corps, communiquant chacun avec un réservoir de compression dans lesquels il y a une huile spéciale.

L'acide arrive par le tuyau d'aspiration où se trouve un clapet s'ouvrant de bas en haut. La chambre d'acide comporte un second clapet s'ouvrant également de bas en haut et donnant accès à une chambre à air ainsi qu'au tuyau de refoulement.

A chaque coup de piston, l'acide est aspiré, puis refoulé comme il le serait dans une pompe à eau, avec cette différence qu'il n'a de contact qu'avec l'huile de vaseline. Lorsqu'il y a besoin de rajouter cette dernière, on purge le petit récipient supérieur de l'air qu'il peut contenir et on y envoie de l'huile, puis, ouvrant le robinet inférieure, on l'introduit dans le réservoir.

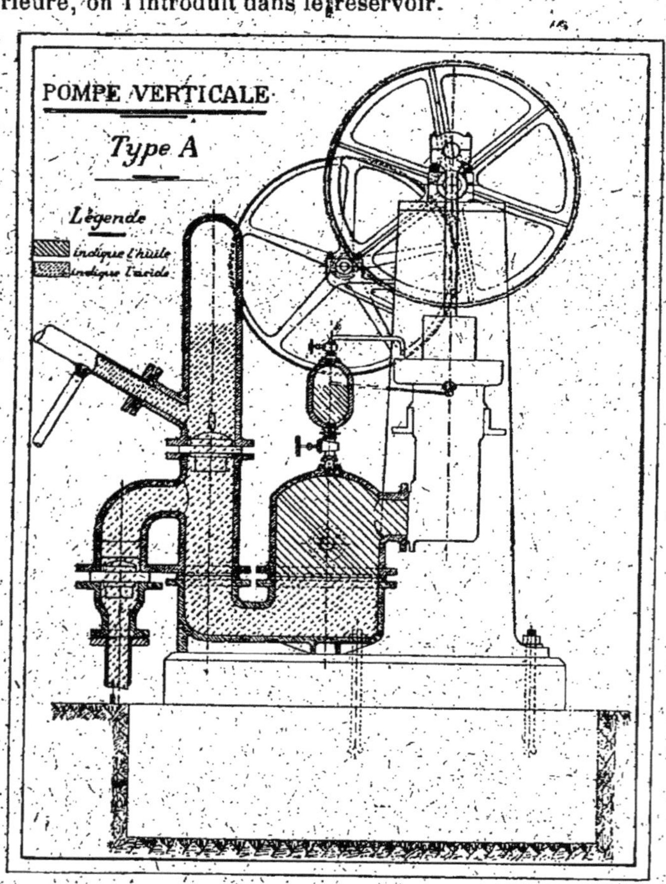

Fig. 266.

Le tableau ci-après donne les caractéristiques des différents types de pompes *Ferraris* qui, horizontales au début ce qui, dans certain cas, a présenté des inconvénients, ont été modifiées. Depuis 1914, la disposition verticale a donné d'excellents résultats avec des frais d'entretien et d'emploi minimes.

Voici quelques chiffres concernant les types existants.

Type	A. B.	A. 1.	A. 1. b.	A. 2.	C. 1.	C. 2.	C. 2. b.
Débit maximum à l'heure	1 000 lit.	1 700 lit	2 350 lit.	3 250 lit.	2 000 lit.	3 400 lit	4 700 lit
Vitesse maximum (tours par minute)							
Piston	9	8,5	11,5	9	9	10,2	11,5
Poulie	90	85	115	90	90	102	138
Hauteur de refoulement.........	23 m.	23 m.	23 m.	23 m.	23 m.	23 m	23 m
Force approximative	0,50 HP	0,75 HP	1 HP	1,50 HP	1 HP	1,50 HP	2 HP
Poids approximatif............	500 kg.	750 kg.	900 kg.	1 200 kg	750 kg	1 400 kg	1 700 kg.
Diamètre des tuyaux							
Aspiration	35 mm.	45 mm	50 mm.	60 mm.	35 mm	45 mm.	50 mm.
Refoulement.......	30 mm.	35 mm	40 mm.	50 mm	30 mm.	35 mm.	40 mm.
Encombrement							
Largeur	0 m. 80	0 m. 60	0 m. 75	0 m. 84	1 m. 00	1 m. 50	1 m. 65
Longueur	1 m. 35	1 m. 75	1 m. 90	1 m. 75	1 m. 35	1 m. 25	1 m. 375
Hauteur	1 m. 73	1 m. 98	1 m. 98	2 m. 07	1 m 75	1 m. 88	1 m. 88

Il a été créé plusieurs modèles de pompes *Ferraris*.

Pompe A. 2. b............................. 4 500 litres à l'heure
» C. 3............................. 6 400 » »
» C. 3. b............................. 9 000 » »

Il existe divers autres types de pompes à acides, notamment les *pompes Moritz* (Br. angl. 441.304, 1912) ainsi que :

La pompe Kestner sans calfat, dont les pièces principales sont en ferro-silicium, qui comporte deux corps complètement indépendants, son rendement mécanique très élevé est comparable à celui des bonnes pompes à eau.

Son entretien est très réduit, et elle ne peut se désamorcer.

La pompe E. A Gaillard (fabriquée par les Etablissements *Alfred Maguin* de Charmes), dont la construction intérieure est indiquée ci-après, a des pistons sans garniture, mais présentant une série de cannelures de forme spéciale, empêchant le passage de l'acide tout en ayant un jeu suffisant.

Fig. 297. — Pompe verticale Ferraris à 2 cylindres.

Les clapets peuvent être vérifiés et remplacés très rapidement, sans avoir à toucher aux tuyauteries d'aspiration et de refoulement.

Par comparaison avec les systèmes à air comprimé, et à débit égal, l'économie de force motrice pour ... atteindrait ... %, la dépense de force est sensiblement de 2 CV.

Le débit de la pompe double atteint de 6 à 8,000 litres d'acide pour les 2 corps de pompe, et, en marche, il est possible de la faire varier dans des limites étendues, dans un sens ou dans l'autre.

Pour une usine produisant 30 à 40.000 kilogrammes d'acide par 24 heures, 2 pompes consommant 5 CV suffisaient, tandis qu'avec un monte-jus à air comprimé, la force employée aurait représenté 20 CV au moins.

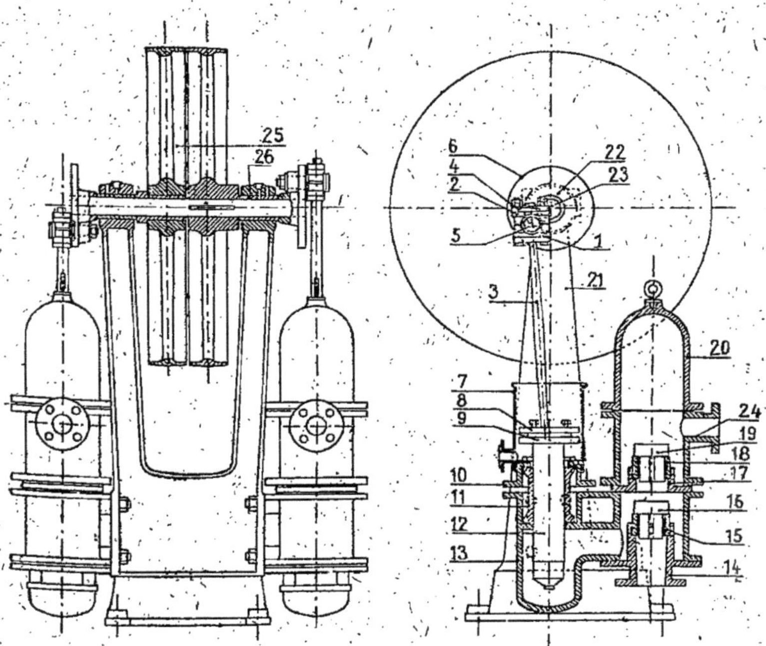

Fig. 268. — Pompe verticale à piston Kestner.

Comme autres dispositifs on a décrit ceux de *A. Borsig* (*Chemiker Zeitung*, 1914, **38**, 274) et *Nagelschmidt* (Br. all. 279.074), et comme pompes à plongeurs celle de *Amag Hilpert* et de *Meldrum*.

Pompes rotatives. — Dans celles-ci les pistons sont supprimés, et il existe 2 corps de pompe tournant dans un carter, en s'engrenant comme dans la pompe *Roots*.

Celle de *Douglas*, en fonte, peut refouler 12.000 kilogrammes d'acide à l'heure à 4 ou 5 mètres de haut avec une vitesse de 150 tours par minute.

En raison de leur construction elles ont des qualités intermédiaires entre les deux autres types, et ont trouvé des débouchés dans un certain nombre d'installations.

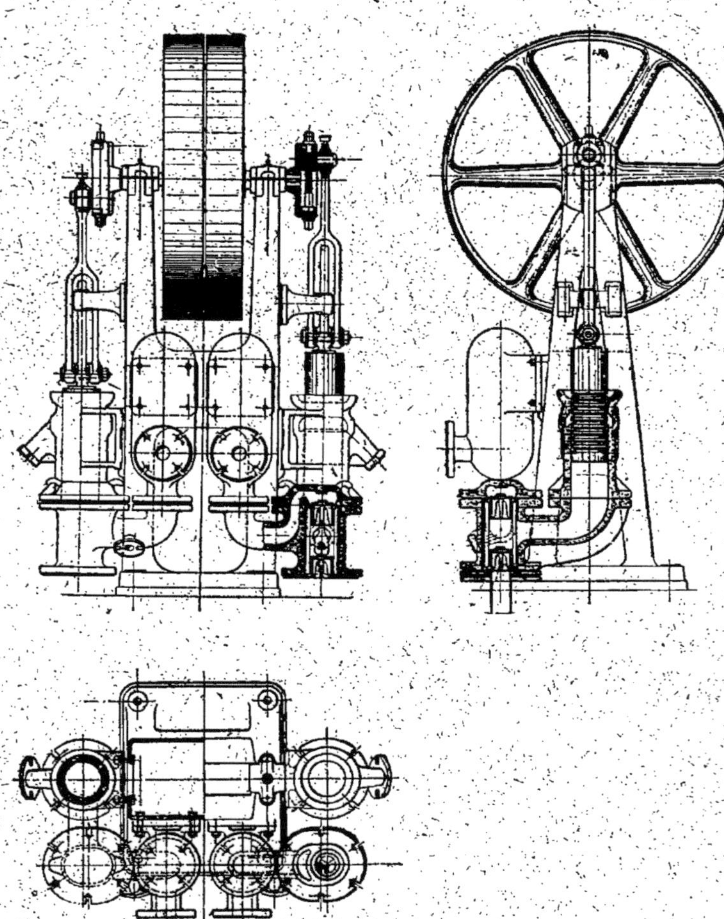

Fig. 269. — Pompe à acides E. A. Gaillard.

Pompes centrifuges. — Dans les pompes à piston, il y a successivement dépression et compression, ce qui soumet le métal à un effort discontinu, les frottements dus à la manœuvre du piston étant répétés, aussi a-t-on étudié le montage des acides au moyen de pompes centrifuges, moins encombrantes, dans lesquelles les valves sont entièrement supprimées et faciles à accoupler avec un moteur électrique.

Malgré la simplicité apparente de construction de ces dernières, la question était néanmoins délicate, et cela pour plusieurs raisons.

La matière qui les constitue ne doit pas être attaquable par les acides, ce qui élimine un très grand nombre de métaux et d'alliages.

Il faut que la résistance mécanique du métal soit suffisante, car la vitesse de rotation est très grande, la pression peut varier de 0 à 20 ou 25 kilogrammes, et la quantité d'acide qui passe considérable.

Il existe un grand nombre de modèles de pompes centrifuges, tant horizontales que verticales, toutefois, la difficulté à vaincre est que, avec l'arbre horizontal, le bourrage est attaqué par les acides.

On ne peut songer à revêtir l'intérieur d'un émail convenable, car la moindre fissure entraînerait la mise hors service de l'appareil.

Les alliages employés sont à base de plomb ou de ferro-silicium ; toutefois on ne peut les employer indifféremment pour tous les acides sulfuriques, surtout pour ceux de faible degré.

La pompe *Ceco* (*The Chemical Equipment C°* de Chicago) est en plomb durci (plomb antimonieux), métal offrant une grande résistance aux acides phosphorique et sulfurique.

Celle de la *New Cornelie Copper C°* également en plomb sans garniture, peut monter de l'acide à 24 % à raison de 13,5 m³ à 12 mètres avec un rendement de 73 %.

Le modèle lancé par la *Durion C°* est en métal spécial, résistant mieux que le plomb antimonieux, et dont la boîte à bourrage est pendant la marche, maintenue sous un vide partiel.

En raison des difficultés d'entretien des presse-étoupes, on a cherché à les remplacer par une chambre, remplie par une dérivation du liquide à élever, et à disposer, dans cette chambre, des lamelles formant joint de labyrinthe.

La maison *Kestner* a établi une pompe centrifuge très appréciée, sans calfat ni garniture, basée sur le même principe que les modèles à piston sans calfat.

Cet organe est remplacé par le palier breveté *Kestner*, lubrifié à l'acide, qui, sans aucun entretien, donne une étanchéité permanente très satisfaisante.

Cette pompe ne demande pas d'autre attention que le graissage des paliers de son moteur électrique. Elle peut fonctionner en charge ou en aspiration, et refouler à toute hauteur.

Fig. 270. — Pompe Kestner Centrifuge à Acides.

Un autre système de pompe centrifuge établi par la maison *Kestner* en collaboration avec M. *Moritz*, Br. Ang. 123.743 également sans calfat ni garniture, appartient au type centrifuge avec axe vertical, et une fois reliée au bac d'alimentation elle ne peut se désamorcer.

Les pompes centrifuges en plomb armé *Land Mer*, ont pour but de combiner la résistance mécanique de l'acier avec les qualités chimiques du plomb durci. A cet effet, les organes en contact avec l'acide sont des armatures en tôle d'acier perforé, revêtues, par coulage, de plomb durci. L'arbre central, en acier chargé de plomb, tourne dans un palier séparé de l'acide par un presse-étoupe également en plomb.

La *Chemical Pump and Valve Cº* a lancé l'*Antisell-pompe* sans bourrage, avec arbre vertical, tandis que la roue à aubes tourne dans un plan horizontal.

Une autre pompe sans bourrage, rappelant la précédente,

et qui fonctionne submergée dans l'acide, a été établie par *Charles S. Lewis C°* de Saint-Louis (E.-U.), ses frais d'entretien seraient de 24 dollars par mois, elle monte 10 tonnes acide, 60 à 21 mètres en dépendant 2,5 C. V.

Fig. — Pompe centrifuge verticale Morris-Kellner.

M. *Lunge*, dans le *Chemical Engineering* sur *l'Acide sulfurique* (année 1906), les modèles et la façon de construire ces appareils. Co pouvant avec d'énormes importances données aux appareils dites usines installées, selon la résistance à la corrosion et à la chaleur de l'écoulement.

Dia-mètre	Compar timents	Débit par minute Gallons mètres cubes	Chiffres extrêmes					
			Vitesse tours par minute	Hauteur	Force HP	Vitesse	Hauteur	Force
1 1/2	2	27	1 380	22	0,68	2 400	74	1,90
	3	27		32	1,02		110	2,84
	4	27		42	1,36		146	3,70
2	2	44	1 280	22	1,0	2 320	74	3,1
	3	44		32	1,1		110	4,6
	4	44		42	2		146	6,2
3	2	155	980	22	2,6	1 770	74	8,8
	3	155		32	3,9		110	13,2
	4	155		42	5,2		146	17,6
4	2	220	870	22	3,8	1 580	74	12
	3	220		32	5,7		110	18
	4	220		42	7,6		146	24

Ce tableau s'applique à l'élévation d'acide sulfurique de densité 1,5.

Il a décrit également une pompe centrifuge verticale simple et robuste, tenant peu de place, disposée de façon à être mue par une verticale-Spindle.

Comme pompes de composition mixte, on a utilisé des types en fontes spéciales avec rouets en plomb durci, duriron, en grès et alliages spéciaux résistant bien aux acides.

Dans celles sans presse-étoupes de la *Wesseling Gaswerk* on emploie l'Antacid (alliage à 16-18 °/$_0$ de silicium) et la Wignal (alliage acier nickel) qui résisterait aux divers acides de toutes concentrations et à toutes températures.

La pompe *Marcleu* (*J. Soc. Chem. Ind.*, 1920, p. 141) verticale possède un propulseur, un corps de pompe, le revêtement de l'arbre et un flotteur annulaire, en métal, fer, ébonite, ou verre.

On a également envisagé l'emploi de modèles en grès artificiels spéciaux constituant l'intérieur de la pompe, résistant à de grandes variations de température et à l'action des acides, tout en possédant une énorme résistance mécanique.

Dans la *pompe Guthrie Coratherm* la partie au contact de l'acide est en grès de ce genre, avec palette du type *Max* juxtaposée sur une armature en cuir spécial. Le rendement, jusqu'à 12 à 13 mètres, serait de 60 %, et de 40 % entre 30 et 40 mètres, le principe de la pompe *Hahn* est similaire.

Comme autres types en service dans l'industrie française de l'acide sulfurique, nous signalerons, parmi les plus modernes la *pompe Oxus* et la *Pompe P. Kestner* qui ne consomme que 0,91 à 1,03 HP pour un débit de 2 500 à 3 000 litres à l'heure élevés de 26 à 60 mètres de hauteur tout en étant de construction robuste et ne demandant que peu d'entretien.

Le modèle *Simon-Carves* en fonte, débite, à 1 500 tours à la minute : 12 mètres cubes acide 76 à 99 % à 22 mètres de hauteur, ou 25 mètres cubes acide 76 à 99 % à 10 mètres celle d'*Amag Hippert* est en thermisimilid.

La *pompe Oxus* débite à 2 300 tours par minute, 20 mètres cubes d'acide à 20 mètres de hauteur, de sorte que, pour alimenter un Glover à raison de 4 à 5 mètres cubes à l'heure, il suffit qu'elle marche 30 minutes chaque 2 heures.

Elle dépense 5 à 6 HP, mais la consommation horaire ne revient en somme qu'à 1.5 kw. par heure.

Une fois la pompe arrêtée, on vide la conduite de refoulement au moyen d'un robinet, et on donne un tour de vis au graisseur du presse-étoupe ; quant au remplacement périodique des graisseurs du presse-étoupe il se fait en quelques secondes et ne coûte que 2 cent. 6 par tonne d'acide élevé (*Le Phosphate*, n° 1331, p. 149).

L'encombrement est de 0,700 × 0,400.

M. *Pluvinage* a donné (*Le Phosphate*, 1327, p. 77) des détails sur les pompes *Nachbaur* en régule, avec arbre en acier recouvert de régule sur une épaisseur de 5 millimètres et sans presse-étoupe, refoulant 12 mètres cubes à 10 mètres de haut, ou 12 mètres cubes à 20 mètres selon les types.

La pompe verticale centrifuge de *Larass*, brevetée par la *Chem. Fab. Wieler ter Meer* a son arbre entouré d'un tube qui reste constamment baigné d'acide jusqu'à une certaine hauteur, et communique par des canaux avec l'aspiration au-dessus du propulseur.

En résumé, si on compare les divers modes d'élévation des acides on trouve :

Monte-jus. — Dépense d'air notable, donc rendement mécanique faible. Main-d'œuvre assez élevée. Débit discontinu. Accidents mécaniques nuls. Entretien extrêmement réduit.

Pulsomètres. — Dépense d'air et Main-d'œuvre moins élevées.
Entretien plus coûteux. Débit discontinu, à moins d'employer
les modèles à 2 corps qui le rendent à peu près continu.

Emulseurs. — Dépense mécanique notable. Main-d'œuvre nulle.
Entretien mécanique nul. Débit continu important.

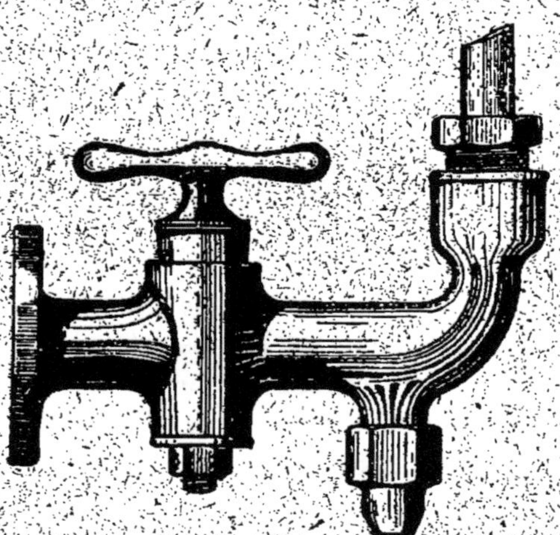

Fig. 272. — Robinet contrôleur du débit.

Pompes alternatives. — Rendement mécanique plus avantageux. Entretien sensible des presse-étoupe, sauf dans les modèles où il est supprimé. Main-d'œuvre insignifiante. Débit continu
considérable. On les emploie de préférence quand le liquide à
monter doit être aspiré.

Pompes rotatives. — Rendement mécanique intéressant. Mêmes
qualités que les pompes alternatives.

Pompes centrifuges. — Rendement mécanique avantageux.
Entretien des presse-étoupe fréquent, car ils doivent être refaits
tous les 3 ou 6 jours, sauf lorsque ce dernier est supprimé
(pompes sans calfort). Main-d'œuvre insignifiante. Débit continu
considérable.

L'élévation des acides, au moyen de pompes, s'est répandu de
façon considérable dans ces dernières années, mais dans bon

nombre de cas, on prévoit, comme installations de secours, des pulsomètres ou même des monte-jus non automatiques.

La garniture des presse-étoupe est d'ordinaire en amiante vaselinée, ou paraffinée, imprégnée de graisse Belleville ou même de graphite.

M. *Kaltenbach* a créé un robinet contrôleur de débit (fig. 272) dans lequel le bec est remplacé par une base, dont la section est inférieure à celle de la clé, qui se prolonge pour aboutir à une tubulure surmontée d'un tube de niveau.

On règle le robinet et on établit sur le tube de niveau une graduation pour les divers débits, en manœuvrant la clé on peut avoir un débit connu.

Accessoires des chambres de plomb

Les chambres, ou plutôt les cuvettes, communiquent entre elles à l'aide de siphons renversés, dont l'extrémité dépasse le fond de la cuvette, pour éviter que le sulfate de plomb ne vienne l'obstruer.

L'orifice de ce tuyau est situé dans une sorte de niche ménagée dans la paroi par un renfoncement de celle-ci.

Bénitiers. — De cette niche, ou *bénitier*, partent aussi les tuyaux communiquant aux réservoirs à alimenter. On peut boucher chaque tuyau par un tampon spécial.

Parfois on établit, à côté de la chambre, une caisse en plomb recevant l'acide par un tube de plomb en U, qui porte un ou des orifices susceptibles d'être bouchés par des tampons coniques, en plomb ou caoutchouc (rarement), d'où partent des tuyaux allant aux bacs à alimenter (fig. 273).

Siphons. — Au lieu des communications fixes on en établit souvent de mobiles au moyen de siphons qui ont l'avantage de présenter le minimum de risques.

Un tube en U est muni d'un orifice de remplissage à sa partie courbe supérieure *a* où se trouve un bouchon de caoutchouc.

Les godets g, g' de forme circulaire peuvent être obstrués avec des bouchons situés à l'extrémité d'une tige en fer plombé t.

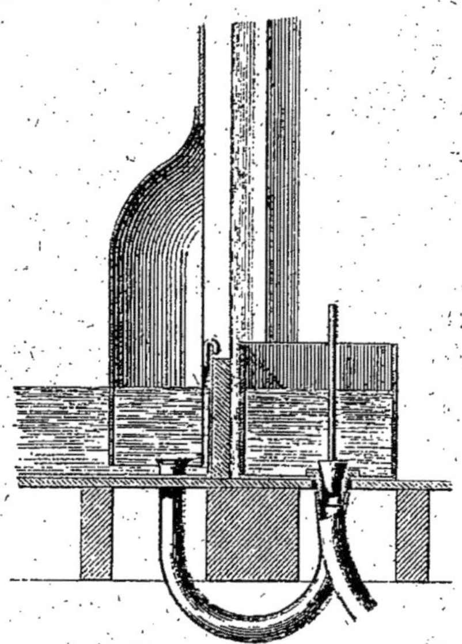

Fig. 273. — Bénitier et caisse.

Pour amorcer le siphon on le fait plonger dans l'acide de la cuvette, en tenant g et g' bouchés par les tiges avec bouchon.

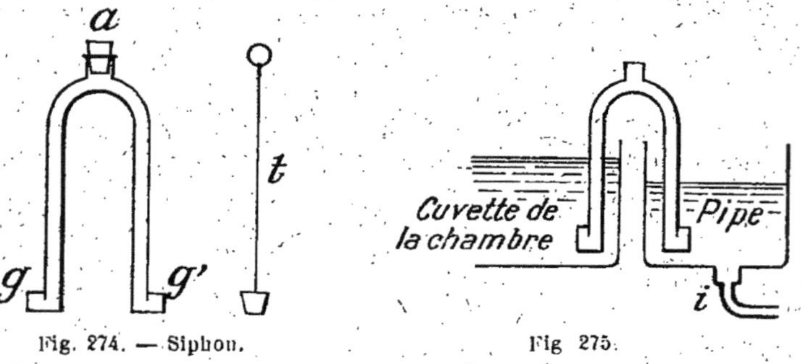

Fig. 274. — Siphon.   Fig 275.

On remplit d'acide par a dont on défait le bouchon, on rebouche une fois plein, et on enlève simultanément les deux bouchons en gg', l'acide s'écoule par l'orifice inférieur qui peut être également obturé si on le désire, avec une tige munie de bouchon comme celle de *t*.

Éprouvette. — L'acide de la cuvette représente un mélange des acides fabriqués aux divers endroits de la chambre et aux divers moments de la journée.

Afin de pouvoir contrôler, pour ainsi dire à chaque instant, la marche de la fabrication des chambres on établit des dispositifs de prise d'échantillon. On soude à la paroi une auge de plomb qui communique avec l'extérieur par un orifice donnant accès dans une petite poche formant joint hydraulique et munie d'un bec déversant dans une éprouvette en verre ou en plomb munie d'un col de cygne partant du bas.

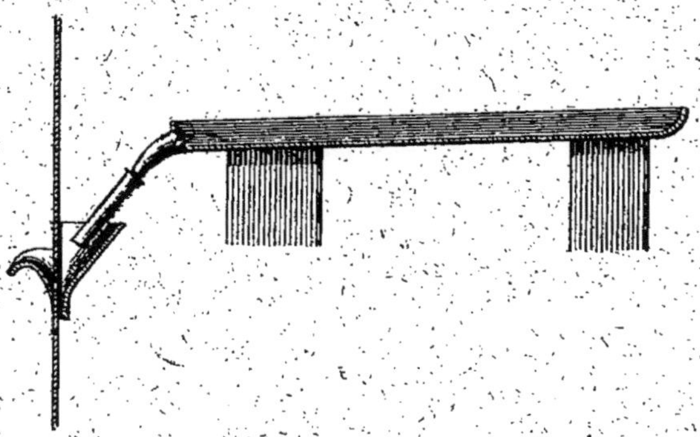

Fig. 276. — Prise d'acide par un témoin.

Dans cette petite poche intérieure débouche l'acide provenant de deux rigoles inclinées situées de chaque côté et soudées à la paroi sur une longueur pouvant atteindre plusieurs mètres, de façon à avoir un échantillon moyen disponible (fig. 276).

Jadis on se servait de tablettes indépendantes de la paroi, situées à l'intérieur des chambres.

Thermomètre. — Un thermomètre coudé permet de contrôler la température à l'intérieur de la chambre, le surveillant des chambres passe à intervalles fixes et note, sur un tableau noir situé à proximité, l'heure, le degré que marque un aréomètre Baumé plongé dans l'éprouvette, et la température du thermomètre.

Dans bon nombre d'usines cette dernière est inscrite sur

un tableau spécial, en même temps que la température du dehors et la différence entre les deux chiffres.

Fréquemment aussi on mesure, et on note, les températures de points intéressants, sortie des fours, sortie du Glover, etc.

Les relevés de ces températures donnent des indications souvent très utiles.

Signalons, en passant, que l'acide de la cuvette marque généralement 1 a 2 degrés de plus que celui des témoins, il est probable que le refroidissement de la paroi provoque une condensation plus abondante d'eau, tandis que l'acide produit, et condensé à l'intérieur, est plus concentré.

Réservoirs et canalisations d'acide. — Pour contenir les différentes catégories d'acides d'une usine d'acide sulfurique :

Acide du Glover ;

Acide du Gay-Lussac ;

Acide des chambres ;

Acide pour le commerce ;

il faut des réservoirs.

Stockage. — Pour les acides des chambres les réservoirs tout indiqués sont les chambres, mais cela ne suffit pas et, comme cet acide est souvent trouble, on le met à déposer dans de grands bassins en plomb.

Pour l'acide du Glover, et celui du Gay-Lussac, on établit également des réservoirs placés en bas, et parfois en haut, des chambres ou tours.

Le plomb usité ordinairement a de 3 à 5 millimètres d'épaisseur, mais il est soutenu par des montants en bois, fer, briques de grès ciment armé peint à l'intérieur avec du brai, etc.

Le bois, jadis presque uniquement employé, à cédé peu à peu le pas aux autres matières, le fer s'emploie fréquemment, on établit une carcasse de forme convenable sur laquelle on applique les feuilles de plomb.

Dans les réservoirs destinés à contenir de l'acide chaud on applique souvent, contre les parois, un revêtement en briques de grès.

Pour les acides concentrés (66 et au-dessus) on utilise, le plus souvent, des réservoirs en tôle rivée, disposés de façon à éviter l'accès de l'air dont l'humidité diluerait la partie supérieure de l'acide et déterminerait une corrosion du métal.

Expéditions. — L'emploi des touries en verre, jadis très courant pour les acides de tous degrés, a été peu à peu délaissé et remplacé par celui de récipients en tôle rivée, de forme et dimension convenables. La guerre leur donna un regain d'actualité les différents wagons-réservoirs étant réquisitionnés, mais cela ne dura que jusqu'au moment où ceux-ci furent rendus à la libre circulation.

Ces réservoirs ou citernes mis sur véhicules à chevaux, ou sur voie ferrée, sont munis, à la partie supérieure, d'un dôme avec couvercle boulonné, et d'un tuyau de vidange muni d'une vanne à la partie inférieure. Ils doivent faire, absolument, corps avec le châssis sur lequel ils sont fixés, de manière à rendre impossible tout déplacement par inertie.

Leur contenance varie de 5 à 30 tonnes.

Un ajutage muni de robinet, ou de vanne, permet l'évacuation de l'air au moment du remplissage. Souvent il existe un dispositif fonctionnant par air comprimé, comportant, à la partie inférieure une petite cavité dans laquelle débouche un tuyau plongeur permettant une vidange complète si la valve d'évacuation se trouve obstruée.

Les valves sont généralement en fonte, ou en régule, avec soupape d'un démontage facile, afin de permettre des vérifications ou nettoyages. Il existe également des robinets en grès, le robinet *Gauthier*, *du Comptoir des grès* comporte un étrier muni d'une vis poteau évitant le soulèvement du boisseau à la suite d'un choc, et un petit plateau au-dessous, récupérant les gouttelettes d'acide provenant de fuites.

D'après le *Chemiker Zeitung*, 1925, p. 273, la *Dortmunde Union* établit des wagons de 45 mètres cubes d'une longueur de 12 m. 45 ayant 26 tonnes de tare soit 577 kilos par mètre cube utile, alors que pour ceux de 10 mètres cubes ce chiffre n'est que de 477 kilos.

Elle en a confectionné de 12,6 m^3 en aluminium pour la *Badische Anilin* qui y transporte l'acide nitrique concentré.

Tuyauterie. — Pour les acides ordinaires, et peu chauds, on les choisit en plomb, avec collets battus et brides d'assemblage.

Pour les acides concentrés le fer est préférable, on réunit les tronçons au moyen de brides filetées sur les extrémités, les tuyaux étirés valent mieux que ceux soudés, les joints sont en amiante, ou amiante et plomb.

Etant donné que le fer est attaquable par l'acide faible, une canalisation au repos doit être complètement débarrassée de toute trace d'acide qui attirerait l'humité.

Dispositifs de contrôle technique rapide. — Le contrôle de la fabrication s'effectue par des moyens physiques ou chimiques.

Les moyens physiques comprennent :

Richesse des acides ;

Température des acides ;

Aspect des gaz ;

Température des gaz ;

Mesure du tirage.

Les moyens chimiques comportent :

Titrage des produits nitreux des acides ;

Composition des gaz en divers points de l'appareil ;

Détermination du soufre dans les résidus,

Cette dernière ne peut toutefois être effectuée sérieusement qu'au laboratoire.

Richesse des acides. — On la détermine en divers points :

Dans les cuvettes des chambres ;

Au bas du Glover et du Gay-Lussac ;

Aux témoins des rideaux des chambres;

au moyen de l'aréomètre Baumé, instrument connu de tous, qui marque 66° dans l'acide concentré pur de densité 1,8427 à 15°, et 0 dans l'eau distillée à 15°. Pour les indications comparatives en un même point, on peut, au besoin, faire la correction due aux différences de température.

Son emploi donne certains résultats, à condition d'opérer avec un thermomètre exact, ou faute de mieux, toujours avec le même thermomètre, et en se plaçant exactement dans les même conditions d'observation.

Le nombre des bénitiers varie avec la longueur de la chambre mais on en dispose souvent à la paroi de tête, à celle de queue, et au milieu de chaque côté de la chambre.

Degré des acides. — En prévision d'un échantillonnage de l'acide des cuvettes plus exact que dans les bénitiers, on dispose souvent dans la paroi des rideaux, un peu au-dessus du niveau de l'acide de la cuvette, des trous ronds fermés par des obturateurs en plomb ou simplement au moyen d'un bouchon de tourie (en grès) permettant d'introduire, quand on le désire, une sonde en plomb ou en verre afin de retirer un échantillon prélevé à l'intérieur de la chambre.

Le débit fournit aussi des éléments intéressants de comparaison. En marche normale le nombre de gouttes par minute est régulier et sensiblement le même.

Manque-t-on d'eau, les gouttes denses tombent au bas de l'éprouvette. Avec trop d'eau elles restent à la surface des couches précédentes.

Quand les réactions se ralentissent par suite d'une mauvaise composition de gaz le gouttage diminue.

Après une période d'accalmie, lorsqu'arrivent de « bons » gaz, les gouttes se précipitent, se multiplient et donnent même un filet continu, jusqu'au moment où une composition normale rétablit un gouttage normal.

Les modifications dans les proportions d'humidité et de produits nitreux donnent lieu, parfois, à des modifications de teinte et à l'apparition de la coloration verte.

Température des acides. — *Glover.* Nous avons montré que, pour bien récupérer les produits nitreux contenus dans les gaz traversant le Gay-Lussac, il faut un aménagement intérieur convenable, un volume suffisant et un acide relativement froid.

Pour l'acide du Glover, on note, à intervalles peu éloignés, sa température à la sortie de la tour, puis à l'entrée et la sortie de chaque réfrigérant.

Il en résulte des indications au point de vue du cube, des

acides qui l'alimentent, en même temps que la densité, ou le degré Baumé, montrent si les proportions nécessaires d'acide du Gay-Lussac, d'acide des chambres et d'eau, sont bien admises.

On voit, en outre, si les réfrigérants fonctionnent bien, en cas d'anomalie un contrôle de la température de l'eau de chacun des serpentins à l'entrée puis à la sortie, permettra de découvrir si le courant d'eau est normal ou, s'il y a encrassement.

Chambres. — La température de l'acide des chambres est beaucoup moins intéressante comme indication rapide, on la note cependant à intervalles périodiques.

Gay-Lussac. — On examine la température et le degré de l'acide en haut du Gay-Lussac et au bas, cela permet d'expliquer parfois des différences dans la teneur en produits nitreux.

Couleur des gaz dans les chambres. — On les observe au moyen de *regards*, de *lanternes* et de *cloches*.

Les *regards* sont de simples plaques de verre disposées dans la paroi et convenablement mastiquées. On a soin d'en mettre une de chaque côté de la chambre et devant une fenêtre ou un endroit éclairé, ce qui permet de juger de la teinte sur toute l'épaisseur de la masse gazeuse.

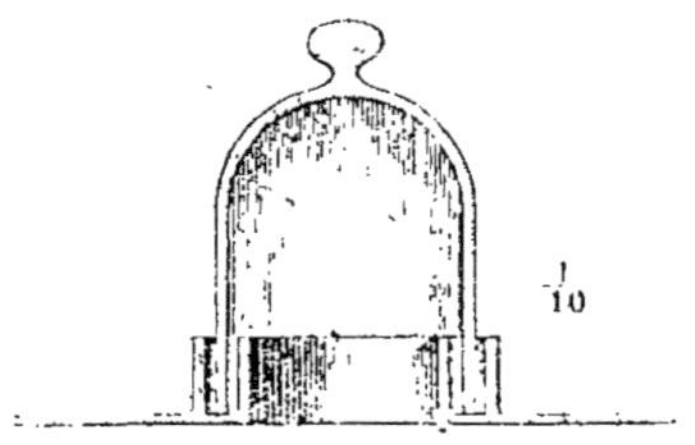

Fig. 277. — Cloche.

Comme nous l'avons dit précédemment, dans la première chambre on distingue un brouillard blanc opaque, et dans la dernière, les gaz sont, en marche régulière, d'un jaune tirant plus ou moins sur l'orange, selon leur composition et la proportion d'acide hypo-azotique.

L'observation de la couleur n'est pas toujours commode :

dans la chambre de tête le brouillard d'acide gêne, et pour les autres il y a une altération sensible des couleurs à la lumière artificielle.

Au lieu des regards pratiqués dans la paroi, on établit souvent un ou des tuyaux courbés, de 15 à 30 centimètres de diamètre placés à 1 m. 50 environ du plancher et surmontés d'une cloche en verre placée avec joint hydraulique.

Ce dispositif est plus propre, et nécessite moins d'entretien que la disposition ancienne.

Inventaires. — Des feuilles de rapports journaliers permettent de se rendre compte des quantités de matières premières mises en fabrication.

On y indique également les hauteurs dans les divers réservoirs et les cuvettes des chambres.

Le plus souvent, l'inventaire complètement exact a lieu le premier de chaque mois et permet de connaître le rendement ainsi que les redressements d'écritures à effectuer.

Pour ces opérations on plonge, dans les bénitiers, une règle plate graduée, en cuivre ou en plomb. Comme l'horizontalité des chambres n'est pas toujours parfaite, on rend les mesures comparables en opérant chaque fois au même endroit, si on veut une exactitude plus grande on prend les hauteurs en divers points et on fait une moyenne.

Température des gaz. — Les renseignements donnés par le thermomètre sont surtout comparatifs.

On se sert, pour ces mesures, d'instruments avec tiges coudées à angle droit, dont la tige extérieure graduée se présente, par conséquent, verticalement, et la tige intérieure horizontalement.

La température varie avec le degré de pénétration de cette dernière dans la chambre, on trouvera dans *Lunge*, et dans *Sorel*, de nombreux chiffres, montrant l'augmentation que l'on observe à mesure qu'on s'écarte du rideau (*Sorel* a constaté 20 degrés entre la paroi et une branche située à 17 centimètres). Il est même intéressant d'avoir des thermomètres à tiges de longueurs différentes qui permettent de se rendre compte des variations avec allures variées, ou des parois plus ou moins exposées au refroidissement.

Dans tous les cas, la température étant le facteur qui varie le plus vite, donne les indications les plus rapides, si on a soin d'opérer sur la *différence entre la température intérieure de la chambre et celle extérieure.*

Chacune des chambres, en bonne marche, a une différence spéciale qui reste constante lorsque tout va bien.

La température en tête vient-elle à baisser et la différence à être plus faible, par suite d'un accès d'air anormal, d'une anomalie dans le tirage, d'un mauvais chargement des fours, d'une alimentation insuffisante en acide de Gay-Lussac ou produits nitriques, la différence s'accroît dans la chambre suivante, puis, si on n'y porte pas remède, se propage jusqu'à la dernière et au Gay-Lussac.

Enregistreurs. — On a préconisé l'emploi de thermomètres enregistreurs, de construction spéciale, permettant de conserver de façon durable, trace des variations de température d'une chambre, celle de tête le plus souvent. La sensibilité de ces appareils est généralement un peu lente, mais le diagramme obtenu fournit néanmoins des renseignements souvent très intéressants sur l'allure générale. Malgré cela, nous avons très rarement vu des usines se servant d'une façon régulière de ces dispositifs.

On se borne souvent à établir des tableaux faisant ressortir les chiffres les plus caractéristiques de la marche, c'est ainsi que les spécialistes attachaient une grande importance à la température des gaz sortant du Glover, qui ne doit jamais atteindre et, *a fortiori*, dépasser 100°.

On doit aussi veiller à celles des gaz de la chambre à poussière avant l'entrée au Glover, à la sortie du Gay-Lussac, puis avant et après le ventilateur quand il y en a.

Un tableau résumant ces diverses indications permet de constater des variations locales de composition de gaz qu'il faut empêcher de se propager, ou de se généraliser, sous peine de rendement défectueux, de gaspillage des produits nitreux et d'augmentation du prix de revient.

Chaque surveillant a donc soin de surveiller les différences de température entre l'extérieur et divers points intéressants du Glover; des chambres et du Gay-Lussac.

Il connaît à quel chiffre correspond, à grillage égal, la meilleure marche comme consommation nitrique et récupération du Gay-Lussac.

L'examen des tableaux journaliers, et des diagrammes résumant les chiffres constatés, donne des indications générales qui, malgré leur caractère empirique, peuvent rendre de grands services.

Essais chimiques. — La détermination du titre nitreux du Gay-Lussac, et le dosage de l'oxygène en queue, sont généralement effectués par le surveillant des chambres; les autres dosages se font au Laboratoire.

Les méthodes appliquées feront l'objet d'un chapitre spécial.

Grâce à ces essais, on peut se rendre compte, non seulement de la marche en général, mais du fonctionnement des principaux appareils séparés, à commencer par les fours, le Glover, et même les chambres. *M. Fairlie* a d'ailleurs conçu et breveté (Br. am. 1.205.723 et 1.205.724), une méthode de contrôle basée sur la composition et le rapport du SO^2 dans les gaz à l'entrée du Glover puis de la chambre de tête. Il a établi des tables indiquant les modifications à faire subir : augmentation de la quantité de nitrate ou nitrique si la proportion de SO^2 était trop forte, et réduction dans le cas contraire.

Il a également déterminé des rapports analogues entre la teneur en SO^2 à la sortie du four avant l'introduction de nitre et celle de la chambre de tête près de la sortie.

Chaque catégorie de fours, et chaque système, a son chiffre particulier, établi au début, qui pour le conducteur des chambres complète les autres renseignements fournis par les dosages, la comparaison des différences de température en divers endroits des chambres, et la couleur des gaz aux points intéressants.

Ces données ont déjà un caractère plus scientifique que celles basées uniquement sur les variations de température qui peuvent être dues (surtout pour les gaz métallurgiques) à des causes particulières indépendantes de la marche des chambres proprement dites.

Accidents de marche. — Ces accidents peuvent être dus à diverses causes, mais ils correspondent toujours à une mauvaise composition des gaz.

Quand la lanterne de queue pâlit et devient grisé, ou même blanche, il est à peu près certain que l'examen du titre nitreux du Gay-Lussac en fait constater une quantité insuffisante et que l'analyse des gaz en queue montre de mauvaises proportions d'oxygène et d'acide sulfureux.

Examinons quelques cas :

Insuffisance de vapeur. — L'acide formé étant trop concentré retient des produits nitreux qui sont entraînés dans la cuvette en dépouillant l'atmosphère.

L'essai de l'acide de la cuvette de la première chambre au moyen du sulfate de fer, indique un acide trop fort et insuffisamment dénitré. L'acide des témoins présente également un degré Baumé trop élevé et un excès de nitreux.

La lanterne de queue est pâle.

Puisqu'il y a excès de produits nitreux dans la cuvette et manque d'eau, le remède consiste par conséquent à diminuer, ou supprimer temporairement, l'alimentation nitrique et forcer l'eau.

Excès de vapeur. — Dans ce cas aussi, la lanterne de queue est grise, par suite de formation soit d'acide nitrique qui tombe dans le bain sans être restitués à l'atmosphère, soit de composés azotés non condensables.

Les acides des témoins et de la cuvette sont alors nitreux mais de degré trop faible (au-dessous de 45°C).

Il faut alors restituer provisoirement à l'atmosphère les produits nitreux qui lui font défaut, et diminuer la vapeur jusqu'à rétablissement de la normale.

Manque d'oxygène. — Dans ce cas les gaz contiennent une quantité d'oxygène trop faible, pouvant être due à des sections trop petites du Glover ou des conduits, à l'obstruction de ces derniers, à un manque de tirage, une ouverture insuffisante des lunettes, etc., de sorte que le bioxyde d'azote en proportion trop forte ne se trouve pas retenu par l'acide du Gay-Lussac.

Le dosage d'acide sulfureux en tête montre un pourcentage trop élevé, et l'examen de l'oxygène en queue un chiffre trop faible, la lanterne de queue est pâle et cependant les gaz sortant du Gay-Lussac donnent un panache rouge.

Puisque les produits nitreux sont mal récupérés et que l'atmosphère est appauvrie, il faut qu'on remédie aux causes d'insuffisance d'oxygène.

Excès d'oxygène. — Là encore la récupération des produits nitreux est mauvaise, l'excès d'oxygène donnant lieu à la formation d'une proportion trop grande d'acide hypoazotique peu condensable.

La lanterne de queue est rouge foncé et le panache au-dessus du Gay-Lussac également.

Le dosage d'acide sulfureux en tête indique une proportion trop faible, le dosage d'oxygène en queue, un chiffre trop élevé. On diminue le tirage, on peut envisager également une prudente adjonction de SO^2 en queue (Benker).

Insuffisance d'acide nitrique. — Dans ce cas bien que les proportions d'acide sulfureux et d'oxygène en tête soient bonnes, les chambres marchent mal, les lanternes se décolorent, l'acide sulfureux arrive en queue et l'on constate sa présence à la sortie du Gay-Lussac.

Les fours ne tardent pas à refouler comme dans le cas de tirage insuffisant. Comme il faut agir rapidement, on est souvent obligé de restreindre ou passer des charges, en même temps qu'on force l'alimentation en produits nitreux.

De même que lorsqu'il y a manque de tirage, l'acide qui coule au bas du Gay-Lussac, au lieu d'être jaunâtre devient rougeâtre comme celui du Glover.

L'augmentation du coulage nitrique a lieu, le plus souvent, en au-dessus du Glover, toutefois *M. Lemaître* (*Moniteur Quesneville*, août 1920, p. 154), considère préférable de l'ajouter sur le deuxième Gay-Lussac.

On intensifie naturellement le coulage de l'acide sulfurique nitreux au dessus du Glover.

Insuffisance de coulage. — Ce cas rentre dans le précédent, s'il coule sur le Glover une quantité d'acide nitreux insuffisante, par suite d'un arrêt de pompe, d'un bouchage de tuyau, etc., c'est comme si on avait diminué l'alimentation nitrique.

Obstructions. — Il peut y avoir engorgement des canaux après les fours, dans ce cas, comme dans celui d'éboulement à l'intérieur du Glover, les gaz éprouvent de la difficulté à se frayer un chemin, les fours ont une tendance à refouler, et l'acide qui coule au bas du Glover est mal dénitré par suite de son mauvais contact avec les gaz.

Une vérification méthodique des tirages donne alors d'utiles indications, de même s'il y a obstruction dans d'autres parties des appareils, mais il faut parer au manque d'oxygène et remédier, au plus vite, aux défectuosités reconnues.

Dans cette catégorie rentrent également les ennuis qui résultent d'une mauvaise disposition ou de dimensions défectueuses des tours ou conduits.

Excès d'acide nitrique. — Il est facile à constater en suivant les compositions de gaz, de même que les températures, dans ce cas l'acide du Glover au lieu d'être rougeâtre sort jaunâtre et mal dénitré.

Roulement d'acide. — Il est évident qu'il faut couler, sur le Gay-Lussac, une quantité d'acide sulfurique apte à dissoudre les produits nitreux contenus dans les gaz.

Dans le cas contraire, on perdrait bien inutilement un produit de valeur qu'il faudrait remplacer par un apport nitrique supplémentaire.

Mauvais refroidissement des acides. — Il peut être dû à l'impureté des acides, dont les matières solides en suspension recouvrent une partie des serpentins refroidisseurs, ou bien à un emploi d'eau fraîche en quantité trop faible, ou enfin à une surface de refroidissement insuffisante — (nombre de réfrigérants trop petit ou de mauvaise construction).

Or les produits nitreux se dissolvent plus facilement dans les acides froids qui apportent, dans ce cas, un liquide plus riche au Glover ce qui réduit la quantité à fournir.

La surveillance de la température des acides à la sortie du Glover, puis après le dernier réfrigérant, simultanément avec celle de l'eau ayant servi à la réfrigération, permet de reconnaître rapidement les causes des anomalies observées.

Richesse des acides. — La teneur en produits nitreux est

également fonction de la concentration des acides et, ainsi que nous le disons d'autre part, les limites sont, minima 58 et maxima 62, si l'on veut travailler dans des conditions normales.

Température. — Un Glover travaille mal, lorsque son volume est trop grand par rapport à la quantité de gaz qui le traverse, ou parce qu'il reçoit des gaz trop refroidis. La dénitration s'effectue alors dans de mauvaises conditions, ce qui augmente la consommation en produits nitreux, tandis que les gaz arrivent dans les chambres à trop basse température.

Variations atmosphériques. — Nous avons vu, par ailleurs, leur importance, plus elles sont fréquentes, plus il faut y veiller, pour modifier en conséquence les tirages et les alimentations, sans quoi les chambres se dérèglent, la consommation nitrique augmente et l'utilisation du soufre laisse à désirer.

Grâce aux diagrammes établis, avec les données relevées aux chambres, un bon surveillant voit venir, bien à l'avance, les changements de temps, favorables ou défavorables, et règle en conséquence ses tirages, l'alimentation en produits nitreux et la circulation des acides.

De sa sagacité, peuvent résulter d'importantes économies, aussi bon nombre d'usines allouent-elles des primes de fabrication, croissant en proportion géométrique avec les économies réalisées.

Influence de la pureté du plomb

La durée des chambres dépend d'un certain nombre de facteurs dont nous nous sommes entretenus précédemment et parmi lesquels nous rappellerons :

Disposition générale ;

Construction de chacun des appareils ;

Nature des matières premières ;

Nature et composition des gaz ;

Température de réaction ;

Régularité de production.

Il faut y ajouter :

La nature du plomb lui-même, dont nous allons nous occuper.

La composition chimique du plomb exerce une influence considérable sur sa résistance à l'action corrosive de l'acide sulfurique, d'où répercussion notable sur la durée d'une installation, et sur le prix de revient de l'acide élaboré.

Un acide sulfurique ou nitrosulfurique, de composition chimique déterminée, agit de façon différente sur des plombs industriels, le fait est dû à la nature des impuretés qu'ils renferment.

Depuis fort longtemps on a cherché à déterminer à quelles lois obéissait cette attaque, et voici les conclusions d'expériences reproduites dans les traités classiques (*Lunge*, 1879, p. 17, *Sorel*, p. 91) :

1º A température ordinaire, et opérant avec des acides ayant de 50 à 66º B., le plomb serait d'autant plus attaqué qu'il est plus pur et l'acide plus concentré ;

2º A 48/50º de température, et avec l'acide 63º B., on arrive à une conclusion analogue ;

3º Avec l'acide 66º, et en chauffant d'une façon comparable à celle des chaudières de préconcentration, la présence d'une petite quantité de cuivre ou d'antimoine donne de la résistance au plomb tandis que le bismuth l'affaiblit.

D'autres expérimentateurs ont conclu que :

A froid les acides de 60 à 66 attaquent extrêmement peu le plomb, mais à haute température et, de plus en plus, quand on s'approche du point d'ébullition.

A 100º le plomb pur est *le moins attaqué*.

Les impuretés: bismuth, cuivre, zinc, antimoine, ont un rôle néfaste, mais, pour des températures élevées une minime proportion (0,1 à 0,2 %) de cuivre semble avantageux.

Pascal, *Garnier* et *Labourrasse* (*Bul. Soc. Chim.*, 20 août 1921, p. 701) donnent comme perte en poids du plomb pur (en grammes par mètre carré et 24 heures) pour des acides sulfuriques de divers degrés.

SO^{4}H^2 %	H^{2}O %	Perte
98,87	1,13	281
91,97	8,03	18,8
88,08	11,92	18,3
83,02	16,98	17
77,57	22,43	6,9
73,29	26,71	5,3
63,40	36,60	6,2
53,03	46,97	5,4
38,59	61,41	11,0
29,61	70,39	8,5

De nombreuses études ont été effectuées depuis, tant au laboratoire que dans les installations industrielles, et il est curieux de constater combien les avis diffèrent avec les expérimentateurs. Une discussion, qui eut lieu fin 1919 à la *Society of Chemical Industrie* (London Section) à la suite d'une conférence de M. Ch. E. *Barr* sur ce sujet, est bien typique.

Le conférencier après avoir étudié l'action d'acide sulfurique concentré dans un récipient en plomb concluait en disant que :

1° Plus le plomb est pur moins il est attaqué ; soit une opinion contraire à celles de *Lunge* et *Sorel*.

2° L'adjonction de 0,2 à 0,5 % de cuivre permet d'obtenir le maximum de résistance.

M. *H.-M. Ridge* examinant le rôle des impuretés, fit remarquer que la présence d'une proportion sensible de bismuth dans le plomb le rendait beaucoup plus attaquable à haute température que s'il en était exempt. D'après lui l'argent joue un rôle également défavorable.

M. *Rowell* signala, au premier rang des éléments nuisibles, le zinc dont une faible proportion joue un rôle pernicieux dépassant même celui des autres impuretés, par contre, à son avis, l'action de l'argent n'est pas tellement dangereuse. Enfin, faisant remarquer que les expériences de M. *Ridge* avaient eu lieu avec de l'acide concentré, il déclara qu'à son avis, et avec l'acide des chambres, qui est relativement faible, le plomb pur résiste mieux que celui contenant un peu de cuivre.

M. *Lancaster* estima qu'une proportion de cuivre dépassant

0,2 % pourrait présenter des inconvénients commerciaux. En ce qui concerne l'action de l'argent, au lieu de la trouver mauvaise, il se déclara d'accord avec les techniciens qui lui attribuaient une action protectrice sur le plomb. Ses essais personnels effectués avec un plomb électrolytique titrant 99 998, lui avaient permis de constater que ce plomb présentait le maximum de résistance vis-à-vis de l'acide faible, et cela sans aucune addition de cuivre.

Le conférencier fit alors remarquer que :

a) Ses conclusions ne s'appliquaient pas à l'acide faible, qu'il n'avait pas étudié.

b) Pour certaines applications, le plomb devait être durci et, pour cela, il était nécessaire de lui ajouter de l'antimoine.

c) Avec le plomb pur, l'addition de 0,2 de cuivre était inutile, car plus la pureté était grande, plus l'addition de cuivre pourrait devait être réduite.

Dans cet ordre d'idées, certaines maisons lancent dans le commerce des qualités de plomb, ayant subi des opérations de purification spéciales et qui, d'après elles, donneraient des résultats nettement supérieurs aux qualités habituelles.

Une variété de plomb durci, résistant aux acides, a été brevetée par *Stockmeyer* (Br. all. 301.721) qui utilise un alliage de plomb et sodium avec une teneur en sodium inférieure à 5 °/₀₀.

L'action de l'acide fluorhydrique a été plus spécialement étudiée par M. *P. Truchot* qui, ayant constaté que les feuilles de plomb formant l'enveloppe extérieure du Glover et de la première chambre peuvent être altérées énergiquement par la présence, dans les gaz et même dans l'acide sulfurique de la cuvette, soit d'acide fluorhydrique, soit d'acide hydrofluosilicique, a effectué une série d'expériences qui lui ont donné les résultats ci-après :

Acide fluorhydrique. — 1° Une série de 10 essais fut réalisée, en laissant un fragment de feuille de plomb pendant 24 heures à froid, dans un mélange d'acide sulfurique à 53° B., additionné de 1/10000 d'acide fluorhydrique. L'attaque a été de 1,035 % en moyenne ;

2° Mêmes expériences avec 6 heures de contact à chaud (70° C.) : 1,60 % d'attaque ;

3° Mêmes expériences qu'au n° 1 avec de l'acide fluorhydrique pur, 6,10 °/₀ d'attaque

Acide hydrofluosilicique. — 4° Mêmes expériences avec un mélange d'acide sulfurique à 53° B. additionné de 1/10000 d'acide hydrofluosilicique commercial. 12 heures de contact à la température ordinaire : 0,81 °/₀ d'attaque ;

5° Mêmes expériences avec 6 heures de contact à chaud (70° C.) : 4,80 °/₀ d'attaque ;

6° Mêmes expériences avec de l'acide hydrofluosilicique pur : 10,90 °/₀ d'attaque

Dans ces divers essais, la surface du plomb fut profondément modifiée. Quoique ces expériences n'aient pas été exécutées dans les conditions de marche du Glover et des chambres, elles n'en démontrent pas moins l'influence néfaste que peut avoir le fluor sous ses deux formes courantes (acide fluorhydrique et acide hydrofluosilicique) sur les enveloppes de plomb.

Autres métaux que le plomb. — L'étude des métaux, et alliages, résistant aux acides a fait l'objet de nombreuses recherches car les métaux connus : plomb, pour l'acide de concentration moyenne, et fer, pour les acides de 50 à 60°, qui rendent d'immenses services, ne suffisent plus toujours aux besoins de la technique moderne.

L'aluminium, fort peu attaqué par l'acide nitrique concentré et froid, est d'une application courante.

Fonte ordinaire. — A température ordinaire, les acides des chambres, et les acides plus concentrés (jusque 100 °/₀) ont une action très faible, mais, sous l'action de la chaleur, les acides faibles attaquent rapidement, toutefois cette action décroît jusqu'à une teneur de 98 °/₀ de l'acide à laquelle le fer est à peine attaqué.

Les acides plus riches en SO_4H_2 que le 98 °/₀ attaquent davantage.

Les récipients en fonte présentent cependant l'inconvénient d'être poreux, et ne peuvent servir à la préparation de l'acide fumant, qui s'accompagne de dégagement gazeux et mise assez rapide hors service du métal.

Fer forgé. — Il est plus attaquable que la fonte par l'acide à 100 % surtout à chaud, cependant, à froid, cette action est très lente avec l'acide à 60°, et nous voyons d'ailleurs couramment des citernes en tôle servir à son transport.

L'acide fumant à 10 % SO^3 libre attaque un peu la tôle, mais cette action décroît avec l'augmentation de richesse et elle est sensiblement nulle à 27 %.

Le fer *Armeo*, fabriqué d'après un brevet anglais, et contenant 98,84 % de fer, résiste mieux que l'acier fondu à l'acide sulfurique à 4 %.

Avec la tôle d'acier (C = 0,3 Si 0,07 Mn 0,837) *Pascal, Garnier* et *Labonrrasse* (*Bull. Soc. Chim.*, 20 août 1924, p. 704), ont constaté, comme attaque par l'acide sulfurique à $t = 16/18°$ C. au repos, en grammes (par mètre carré, par 24 heures).

SO^4H^2 %	H^2O %	Pertes
101,3		30
92	8	22
90,60	9,4	13,8
76,5	33,5	12
61,2	38,8	238
50,6	49,4	1 589
40,5	59,5	1 074
35,6	64,4	690
29,5	70,5	613
24,1	75,9	468
19,2	80,8	379
11	89	290
3,9	96,1	206

alors que, d'après *Knietsch* il y a seulement un maximum à 50 % SO^4H^2 et un minimum à 75-80 %, mais il faut tenir compte que l'acier employé n'était pas identique et contenait seulement C = 0,115.

L'influence de la vitesse sur la corrosion a été étudiée par *Whitman, Russel, Welling* et *Cochrane* (*Ind. and. Eng. Chemistry*, septembre 1923, p. 672), opérant sur un cylindre d'acier tournant dans l'acide. La corrosion qui décroît d'abord avec la vitesse réaugmente ensuite, la présence d'air et d'oxygène la facilitent car ils agissent comme dépolarisants.

Fontes spéciales. — Il en existe diverses variétés.

Elles sont moins attaquées par l'acide bouillant que la fonte ordinaire, et on les applique fréquemment avec succès pour amener les acides faibles jusque 98 % SO^4H^2. Au contraire elles sont énergiquement corrodées par l'oléum.

Le ferro-silicium a reçu de multiples applications, sous le nom de *Duriron, Ironac, Tantiron, Narki, Elianite, Metalleze*. Il résiste de façon convenable aux acides HCl et SO^4H^2. On trouvera dans *Chimie et Industrie*, Novembre-Décembre 1919, un travail de M. *Matignon* à ce sujet avec l'historique de la question.

Avec une teneur de 3 à 5 % Si, le métal est peu fragile, mais moins résistant aux acides, tandis qu'à 16-18 % on peut le considérer comme inattaquable, mais cassant et difficile à mouler.

D'après le brevet anglais 143.553, une faible ajoute de bore rendrait les ferro-silicium de la dernière catégorie plus solides; une proportion de 3 à 4 %₀ aurait déjà une influence marquée.

S. *Werner* (Br. all. 402.802, janvier 1924) a breveté des récipients ayant la résistance aux acides du ferro-silicium sans en avoir la fragilité :

On coule d'abord, en ferro-silicium, la partie intérieure de la pièce, puis, après solidification superficielle, on coule extérieurement un métal résistant, de la fonte par exemple, de façon à ce que les deux couches juxtaposées fondent à leur surface de contact.

Des aciers et alliages avec Chrome, Nickel, Manganèse, Molybdène, Tungstène, ont été également essayés, nous y reviendrons en traitant de la concentration des acides.

PURIFICATION DE L'ACIDE SULFURIQUE

L'acide sulfurique contient un certain nombre d'impuretés provenant des matières premières employées, ou du matériel ayant servi à sa préparation.

On y rencontre, notamment, des composés d'arsenic, d'antimoine, de sélénium, de fluor, de thallium, des acides nitreux, nitrique, sulfureux, chlorhydrique, du plomb, du fer, du cuivre, de la chaux, l'alumine.

Selon l'emploi auquel est destiné l'acide, il faut les éliminer en totalité ou en partie.

Moyens physiques

Décantation. — C'est le mode le plus ancien, mais il nécessite beaucoup de temps et un grand volume de réservoirs.

Chauffage. — L'acide chauffé a une viscosité bien plus faible et la décantation a lieu beaucoup plus rapidement.

La *Chemische fabrik Rhenania* a breveté (D. R. P. 348.668) un chauffage en 3 phases successives : à 125° C., puis à 200, puis plus haut.

Filtration. — Elle a été appliquée sur du sable, du quartz et avec des plaques poreuses, à froid et à chaud.

Turbinage. — On préconise également l'emploi des centrifugeuses à grande vitesse (*Hignette, Sharples*, etc.).

Moyens chimiques

Nous nous bornerons ici à examiner les deux produits dont la présence dans l'acide sulfurique est la plus gênante : les produits nitreux et l'arsenic.

Produits nitreux. — Ceux-ci sont nuisibles quand l'acide sulfurique doit être chauffé, ou concentré, dans des récipients en métal attaquable, ou bien quand il sert à préparer certains composés qui, sous son influence peuvent être oxydés, détruits, ou simplement modifiés, par nitration.

L'enlèvement des produits nitreux est réalisable par plusieurs méthodes.

I. *Méthode à l'acide sulfureux.* — L'acide sulfureux mis en présence d'acide nitreux, et d'eau ou d'acide très dilué, donne du protoxyde d'azote.

$$Az^2O^3 + 2SO^2 + H^2O = Az^2O + 2SO^4H^2.$$

En opérant avec les deux gaz, et dans les mêmes conditions de travail que dans les chambres ou le Glover, on a, bien entendu :

$$Az^2O^3 + SO^2 + H^2O = 2AzO + SO^4H^2.$$

II. *Méthode au soufre.* — Quand on veut concentrer l'acide sulfurique contenant des produits nitreux on peut, selon *Barruel,* ajouter du soufre qui les détruit en donnant SO^2. Le procédé a d'ailleurs fait l'objet de critiques diverses.

III. Emploi de matières organiques susceptibles d'être oxydées assez facilement (acide oxalique, sucre, charbon, etc.), le procédé est surtout intéressant pour les acides faibles.

IV. Le sulfate d'ammoniaque possède une action rapide et efficace. Il fut proposé par *Pelouze.*

L'acide azoteux, l'acide hypoazotique, l'acide azotique réagissant avec l'ammoniaque donnent lieu à un dégagement d'azote.

Il est sage de procéder à des essais préalables, de façon à éviter d'ajouter un excès de réactif qui resterait dans l'acide. L'absence d'acide azoteux se constate en additionnant l'acide d'une trace de permanganate qui doit le colorer en rose.

Décoloration des acides. — Lorsque, par suite de la présence de minimes proportions de matières organiques, l'acide est brun, on peut le décolorer par addition d'oxydants énergiques (permanganate ou préférablement bioxyde de plomb ou de baryum) qui les détruisent.

Enlèvement de l'arsenic

Les pyrites ne contenant pas d'arsenic deviennent de plus en plus rares, les gisements de *Sain Bell* en France sont exploités avec une sage circonspection. Les variétés italiennes ou espagnoles pauvres en arsenic sont tellement recherchées qu'il devient sage pour l'industriel d'envisager, pour un avenir plus ou moins proche, l'éventualité d'employer des pyrites arsenicales et, si les nécessités commerciales l'y obligent, de purifier son acide.

De nombreuses fabrications touchant à l'alimentation, celle des produits pharmaceutiques, le décapage des tôles, etc. exigent, en effet, l'utilisation d'un acide ne renfermant que des traces infinitésimales, ou complètement exempt, d'arsenic. Or, la teneur de l'acide dépend tout d'abord de la matière première ayant servi à le préparer, ainsi celui obtenu avec de la pyrite de Rio Tinto à 2 ou 2 1/2 °/$_0$ d'arsenic, contient 4 gr. 83 d'As par litre d'acide à 1,80 de densité.

D'autres analyses faites sur de l'acide sulfurique provenant de pyrites Espagnoles donnent (*Lunge et Naville*, page 331) :

Acide des chambres : 0,202 °/$_0$ As dont 0,040 de As^{2}O^5.

Acide du Glover : 0,331 °/$_0$ As dont 0,041 de As^{2}O^5.

Acide du Gay-Lussac : 0,341 °/$_0$ As dont 0,132 de As^{2}O^5.

Acide de la dernière chambre : 0,019 °/$_0$ As.

Il convient de remarquer qu'avec une même matière première, les proportions d'As dans l'acide sulfurique peuvent différer suivant la disposition de l'installation, mais, comme la teneur des pyrites reste généralement inférieure à celles indiquées ci-dessus, l'acide obtenu en contient également moins.

L'élimination totale de l'As contenu est une opération délicate, nécessitant des appareils spéciaux coûteux, de sorte qu'en pratique, on obtient difficilement un acide absolument exempt d'As, la chose n'est d'ailleurs pas indispensable pour tous les usages ordinaires.

1° Méthode par distillation. — On l'applique depuis fort longtemps dans les fabriques de produits chimiques purs, ou techniquement purs.

Le procédé est surtout efficace lorsque l'arsenic existe à l'état d'acide arsénique, qui se retrouve complètement dans les résidus de la distillation. Au contraire, lorsqu'il se trouve à l'état d'acide arsénieux, celui-ci passe à la distillation avec l'acide sulfurique. Dans ce cas on ajoute un peu d'acide nitrique, afin de l'oxyder, puis on additionne du sulfate d'ammoniaque qui détruit l'acide nitreux. Ce procédé, intéressant pour traiter de petites quantités d'acide sulfurique, ne l'est plus quand il s'agit de l'acide des chambres, en raison de son coût relativement élevé.

On a proposé de remplacer le sulfate d'ammoniaque par des oxydants divers : bioxyde de manganèse, permanganate de potasse, acide oxalique et bichromate de potasse, etc.

2° Enlèvement de l'arsenic à l'état de chlorure. — Ce dernier est volatil à 125°, alors que l'acide sulfurique ne commence à bouillir qu'à température plus élevée.

Pour produire l'acide chlorhydrique nécessaire, on chauffe l'acide avec un peu de sel marin, ou du chlorure de baryum, qui donne une réaction moins violente.

L'élimination de l'As n'est pas complète quand une partie se trouve à l'état d'acide arsénique. Pour réduire ce dernier, on additionne une certaine quantité de charbon de bois, qui, réagissant sur l'acide sulfurique, donne SO^2.

L'opération peut aussi se faire comme suit : on ajoute environ 0,25 °/₀ de poussière de charbon de bois et on dirige, dans l'acide, un courant d'acide chlorhydrique qui est évacué par une cheminée ayant un bon tirage.

3° Précipitation de l'arsenic à l'état de sulfure. — Cette méthode permet l'élimination simultanée d'impuretés diverses présentes dans l'acide : plomb, antimoine, sélénium, acide sulfureux, acide nitrique ou nitreux.

Il faut remarquer qu'elle ne peut convenir à un acide concentré car, dans ce cas, l'hydrogène sulfuré serait décomposé avec formation de soufre :

$$3H^2S + SO^4H^2 = 4H^2O + 4S$$

de plus le procédé est seulement applicable sur une échelle assez réduite.

L'hydrogène sulfuré peut être produit extérieurement à l'état de gaz, ou à l'état naissant, par addition d'un sulfure décomposable ajouté dans l'acide à purifier.

Emploi d'acide sulfhydrique gazeux

Les méthodes, et installations, choisies, sont variables suivant qu'on a fait usage, pour préparer l'acide, de pyrites à 0,1 ou 0,15 As, ou celles contenant 0,2 à 0,7 $\%$ ou plus. Elles peuvent être classées en trois catégories :

1° Procédé ancien, dans lequel H_2S, envoyé dans des tours en plomb à revêtement intérieur convenable, rencontre un courant d'acide faible des chambres ;

2° Procédé comportant une agitation mécanique déterminant un contact, aussi complet que possible, entre l'acide faible et H_2S ;

3° Méthode discontinue dans laquelle H_2S agit sous pression, dans des récipients fermés renfermant l'acide.

1er Procédé. — Il donne des résultats certains du moment où l'acide est assez faible, mais on peut lui reprocher d'utiliser incomplètement H_2S et d'être coûteux.

Préparation de l'hydrogène sulfuré. — On l'obtient par chauffage à 150-200° C. additionnées d'huiles spéciales de 40 ou 50 $\%$ de soufre, ou, préférablement, en faisant réagir l'acide sur du sulfure de fer FeS, ou tout autre sulfure facilement décomposable [1].

Sulfure de fer. — Il existe divers procédés de fabrication :

a) Fusion du soufre avec du fer.

b) Fusion au cubilot d'un mélange de

Pyrite roche	16,1
Cendres de pyrite	0,3
Résidu de sublimation du sulfure d'arsenic contenant 20 % environ de soufre	0,6
Scories de plomb à 30 % de silice	82
	100

(d'après M. *Bode*).

---

[1] On pourrait également le préparer par réduction de SO_3 ou SO_2 comme il a été dit d'autre part. A. *Vila* (Comptes Rendus, 1924, p. 1163) a décrit un procédé consistant à faire passer des vapeurs d'acide sulfurique mélangées d'Hydrogène sur de la Silice à 700-900° C.

20 à 21 tonnes chauffées journellement avec 3 3/4 à 4 tonnes de coke, soit 19 %, donnaient 13 1/2 % de sulfure.

c) On emploie aussi une matte de fer ayant une composition se rapprochant de FeS + Fe²S.

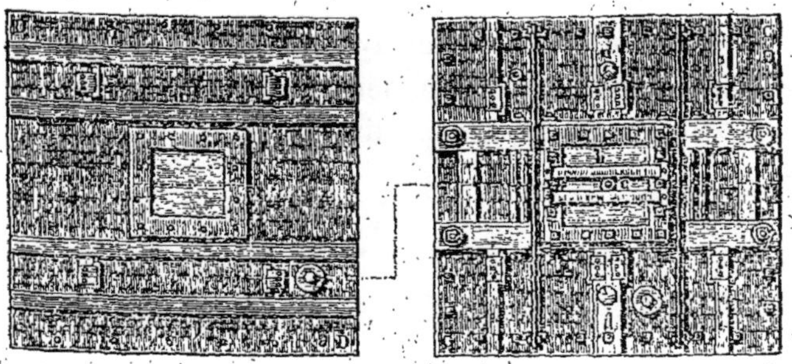

Fig. 278. — Générateur d'H²S (plan).

Selon M. *Bode* (*Dinglers Journal*, CCXIII, p. 23) :
Le FeS, en morceaux de la grosseur du poing, est introduit dans les générateurs à H²S, constitués par des récipients en bois de

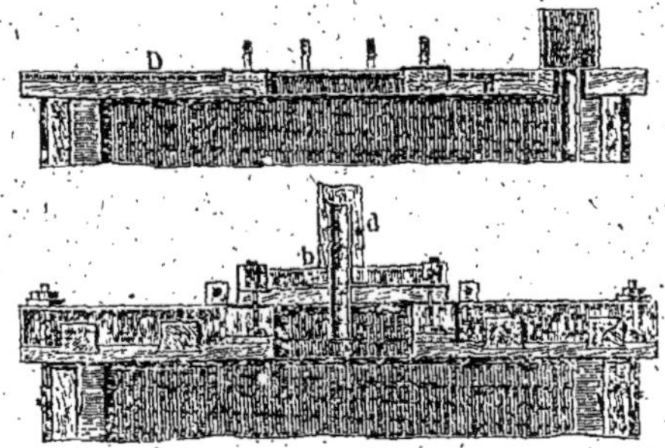

Fig. 279. — Générateur H²S (dessus).

50 millimètres chacun, doublés de plomb, ayant environ 1 m. 700 de long, 1 m. 700 de large et 1 m. 550 de haut, assemblés et maintenus par des armatures en fer plombées. A la partie inférieure se trouve un double fond en plomb reposant sur des briques de grès. Une circulation de vapeur dans un serpentin placé sous la grille, empêche la cristallisation du sulfate de fer.

Chaque charge est d'environ 4-5 tonnes de minerai, et suffit pour 8-10 semaines. Une fois les générateurs hermétiquement fermés, au moyen d'un joint en caoutchouc serré par des boulons, on introduit de l'acide sulfurique à 30°-40° B. La dépense est d'environ 250 kilogrammes par jour, et la production de sulfate de fer 1 450 kilogrammes par tonne de minerai chargé.

Le gaz se dégage par une tubulure disposée dans le couvercle, puis traverse un flacon laveur avant de se rendre dans l'appareil où se fera la précipitation, ce dernier est constitué par une tour ayant comme section approximative 1 m. 13 × 1 m. 70 et 5 mètres environ de hauteur utile.

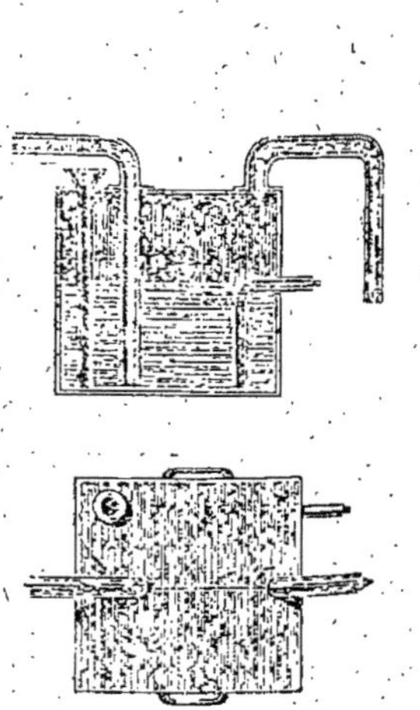

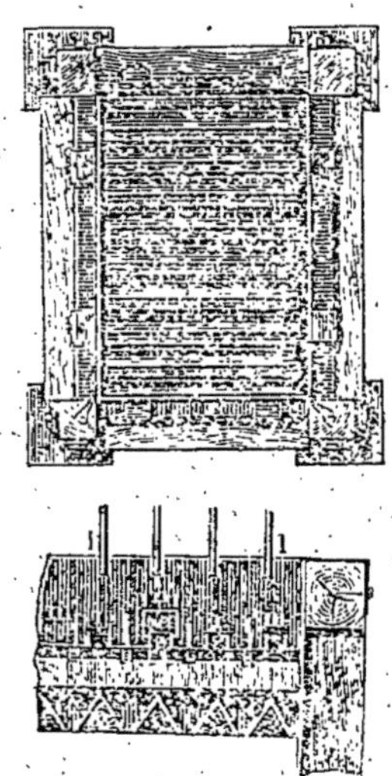

Fig. 280. — Appareil laveur.   Fig. 281. — Détails de la tour.

Les parois de cette tour sont en plomb, soutenues par un échafaudage en bois. A l'intérieur existent des barres de plomb ayant la forme de petits toits, faciles à remplacer une fois encrassées et disposées en chicane les unes au-dessus des autres; les bords inférieurs des lames de plomb sont dentelés afin que le liquide d'arrosage soit forcé de s'étaler et de former des gouttelettes présentant une surface maxima à l'action des gaz. La hauteur de chaque barre est de 142 millimètres et la base du triangle a cette même dimension; elles reposent, à leurs extrémités, sur des rebords soudés à la paroi de façon que l'on puisse les enlever facilement en cas de besoin.

L'acide à purifier est réparti, à la partie supérieure de la tour, par un distributeur à fermeture hydraulique analogue à ceux du Glover.

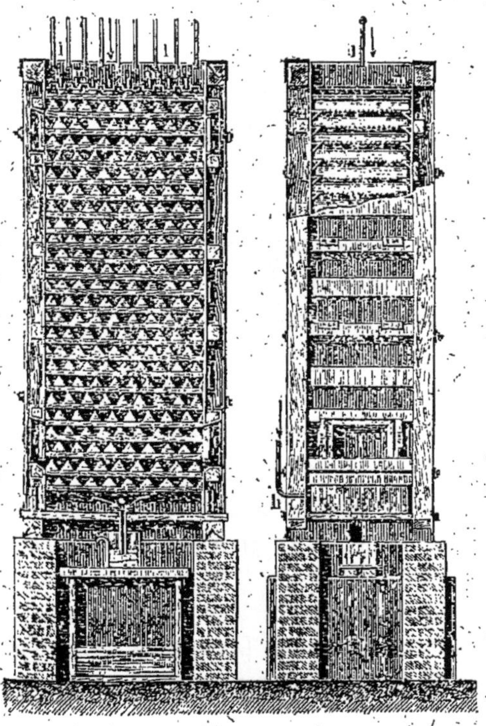

Fig. 282. — Tour à précipitation d'arsenic.

L'hydrogène sulfuré arrive au bas de la tour, et la traverse de bas en haut, en rencontrant l'acide dont le courant doit être réglé de façon qu'il n'y ait qu'un faible excès.

La concentration de l'acide à purifier varie autour de 46° B. Les gaz, évacués en haut de la tour, peuvent traverser un nouveau flacon laveur. On suit leur composition, ainsi que celle des acides coulant au bas de la tour, par des analyses et, selon les résultats obtenus, on modifie comme il convient les vitesses de chacun d'eux.

Dans une tour, comme celle sus-indiquée, on passait en bonne marche régulière 15 tonnes environ d'acide sulfurique avec une dépense de 12 kg. 5 de matte par tonne d'acide à purifier.

Une fois l'appareil arrêté, on retirait le résidu qui contenait tout l'argent renfermé dans la matte. Dans la plupart des fabriques, la solution de sulfate de fer, résultant de l'action de l'acide sur le sulfure, avait une utilisation.

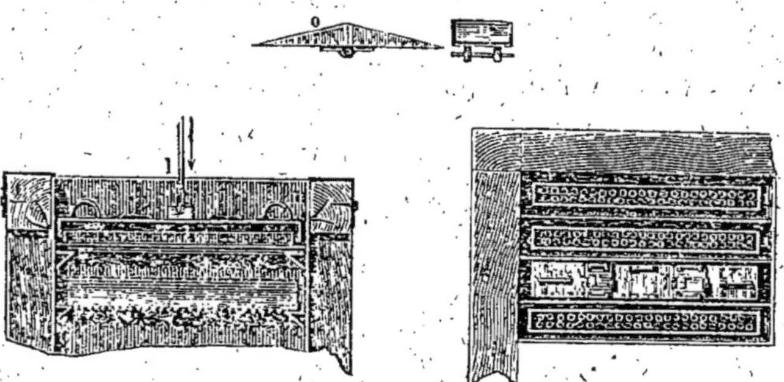

Fig. 283. — Détails de la tour à précipitation d'arsenic.

L'acide évacué au bas de la tour par un tuyau à fermeture hydraulique soudé au fond, était dirigé sous les bassins de décantation, puis filtré.

Emploi de sulfures divers. — Le sulfure de fer a été remplacé, dans certaines usines, par des sous-produits sulfurés tels que les marcs de soude.

2e Procédé. — Il permet l'emploi d'acide moins faible, et il est plus logique et plus économique que le précédent, tout en réalisant une élimination totale de l'arsenic, car il utilise plus complètement H^2S, et les quantités traitées sont plus importantes.

3e Procédé. — Il est applicable aux acides les plus riches. Lorsque la proportion d'arsenic n'est pas forte, on peut traiter l'acide des chambres et parfois même y ajouter de l'acide du Glover, il a, toutefois, l'inconvénient de nécessiter l'emploi de quantités importantes de H^2S qu'il faut, par conséquent, avoir à bon compte et dont l'excès doit être utilisé pour une autre application (fabrication SO² par exemple).

H. E. J. Cerby a publié en 1878 (*Chemical Trade journal and Chemical Engineer*, p. 89), une étude à ce sujet, où il appelle l'attention sur un bon nombre de points que nous allons rappeler :

Appareil. — *a*) L'installation ne doit pas être placée sous les chambres, mais dans un local séparé, possédant une bonne ventilation. La disposition est en cascade, de manière à ce que l'acide provenant du réservoir à acide impur rencontre successivement : l'appareil à désarseniquer, les bacs de dépôt, les filtres pour le réservoir à acide propre, et, le cas échéant, l'appareil à concentrer.

b) On loge l'appareil à H²S à part, et de telle façon que l'ouvrier qui s'en occupe puisse accéder instantanément à l'air frais si nécessaire, car le gaz est très toxique. Il est établi de façon analogue à celle des générateurs à hydrogène dont se servent les soudeurs autogènes, mais M. *Cerby* préfère les appareils relativement faibles aux grands modèles, afin que le nettoyage et le remplissage avec le sulfure ne répandent pas d'odeur trop gênante.

Les liqueurs, évacuées par un conduit étanche, peuvent être passées sur un filtre à chaux. L'acide employé pour le chargement varie de 20 à 30° Tw (1,10 à 1,15) jusqu'à 60° (1,30) selon les conditions locales, il doit être chaud.

c) Naturellement, pour assurer la régularité des opérations, il convient d'avoir des réservoirs représentant une quantité d'acide brut, ou pur, pour 24 heures au minimum.

d) Avec les acides peu arsenicaux, les bacs de dépôt ne sont pas indispensables, ils deviennent utiles dans le cas contraire.

Filtres. — *e*) Les filtres sont, comme les précédents, en bois doublé de plomb et munis de robinets, chevilles, etc.

Les industriels préfèrent souvent des types particuliers, les uns les veulent longs et peu profonds, d'autres courts et profonds, il n'y a pas de modèle convenant à tous.

La catégorie des *filtres poreux* convient le mieux aux matières peu arsenicales, la surface filtrante est plus grande, le passage plus rapide. On verra plus loin le modèle que fournit la *Société de Représentation Industrielle*, composé de plaques poreuses assemblées avec un mortier à base de silicate de soude étendu, et épaissi avec du Volvic.

Les *filtres à sable* consistent en une série de couches superposées de cailloux siliceux, de gravier, de sable de plus en plus fin, de 75 millimètres à (18 millimètres) en six grosseurs, la plus forte étant en dessous. On a souvent avantage à supporter la matière fine du dessus par une couche plate de briques, on peut aussi séparer ces dernières par des espaces garnis du médium filtrant.

f) Quand on emploie une agitation mécanique et un moteur, ce dernier se loge dans un endroit tel que tout danger d'explosion, ou de détérioration par les vapeurs acides, soit écarté.

Considérations chimiques. — Les acides ne doivent pas renfermer de produits nitreux qui géneraient la désarsenication, ni avoir une richesse trop élevée, aussi a-t-on souvent avantage à régulariser la qualité moyenne en prenant de l'acide de plusieurs chambres.

Pour obtenir, autant que possible, un courant constant de H_2S, on alimente les générateurs par un courant régulier d'acide faible.

Contrôle. — Le praticien suit souvent la marche par la couleur de l'acide, et modifie, le cas échéant, le fonctionnement de l'appareil à H_2S.

Après dépôt dans les réservoirs à décantation, l'acide clair est essayé à l'appareil *Marsh* (échelle colorimétrique et quantitative), s'il est satisfaisant on l'envoie au filtre, sinon il retourne dans l'appareil.

Dans la méthode en récipients clos, on prélève des échantillons au moyen d'un orifice préparé à cet effet. Si l'opération n'est pas terminée, on continue à envoyer H_2S sous une pression de 10 livres. L'appareil une fois vidé est lavé.

g) **Traitement des résidus arsenicaux.** — Quand on opère sur des acides pauvres en arsenic, on ne se sert pas de bacs d'attente et on coule sur le filtre directement, ce dernier est périodiquement lavé jusqu'à ce que H²SO⁴ du résidu tombe à 5 °/₀, ou moins. Le filtrat, récolté de temps en temps, est logé dans un récipient ou mélangé avec de la chaux.

Avec les acides arsenicaux on se sert d'un bac de dépôt dans lequel le sulfure d'arsenic s'accumule, et on peut l'extraire au moment voulu.

Coagulation. — Il est possible de provoquer une sorte de coagulation de l'arsenic dans les acides troubles, au moyen d'une huile légère (huile de paraffine, huile d'anthracène, ou hydrocarbures divers, etc.), qui l'entraîne à la surface, par repos, mais la récupération de l'huile est assez peu commode. Une méthode simple, et pratique de traiter les résidus arsenicaux consiste à employer des récipients, en plomb munis d'agitateurs et chauffés par dessous. On utilise parfois un large récipient muni d'agitateur, il importe en effet de remuer constamment le As^2S^3 sans quoi il devient très dur, s'attache au fond et occasionne des fuites.

L'acide évacué du récipient, par un orifice situé près du fond, est périodiquement retourné aux appareils de purification. Le résidu, considérablement diminué de volume après séchage, renferme souvent une notable proportion d'arsenic ; on le vend ou le jette.

Brevets divers. — D'après *K. Davis* (Br. angl. 146.598, 7-3,

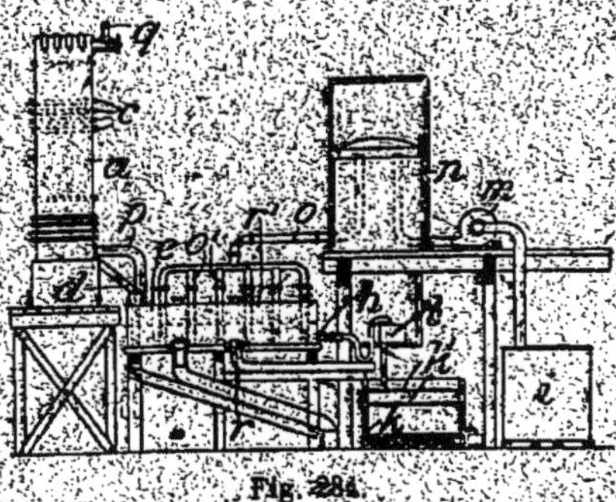

Fig. 284.

1919), on précipite l'arsenic dans les meilleures conditions en agissant sur l'acide de $d = 1.75$ à température 10°C.

On sépare le précipité dans le vide, où au filtre presse.

Pour l'élimination au moyen de l'hydrogène sulfuré *G. E. Clark* (Br. angl. 144.869), envoie H^2S provenant du générateur *l*, à travers un tube *o* jusque dans un réservoir *e*, où il barbote à travers l'acide provenant d'une tour *a* munie de plateaux *c*. Il accède par le tuyau *p* dans cette tour *a* où ruisselle l'acide.

Une fois purifié il s'écoule dans les récipients *i* et *x*.

Hydrogène sulfuré à l'état naissant

Dans ce mode de traitement, l'acide sulfurique à purifier est additionné d'un sulfure décomposable, qui peut être du sulfure de baryum, calcium, sodium ou d'ammoniaque, sulfure de fer.

Emploi de sulfure de baryum. — Après dilution de l'acide à 42° B, on le porte à 80° C, puis on y introduit, au moyen d'un tube plongeant jusqu'à la partie inférieure du récipient, une solution de sulfure de baryum à 8° B, en opérant avec prudence pour éviter un dégagement brusque de H^2S.

Le sulfure d'arsenic formé, mélangé de sulfate de baryte, est séparé au moyen d'un des filtres décrits d'autre part.

L'acide obtenu ne contient plus guère que 0,01 % As, mais on peut diminuer cette proportion de moitié en le soumettant à un courant d'H^2S.

A priori, cette méthode est critiquable, en raison de la dilution nécessaire qui peut obliger, dans beaucoup de cas, à concentrer à nouveau l'acide purifié.

Emploi de l'hyposulfite de baryum. — Il est basé sur la réaction.

$$As^2O^3 + 3BaS^2O^3 = As^2S^3 + 3SO^4Ba.$$

L'hyposulfite est obtenu en faisant réagir l'hyposulfite de soude sur le chlorure de baryum, il se précipite et on le sépare par filtration.

De même que dans l'opération précédente, l'acide est réchauffé à 70-80° C, puis l'hyposulfite de baryum additionné en poudre assez lentement. Par agitation le sulfure d'arsenic se dépose à l'état de flocons jaunes qui se rassemblent au fond. Après décantation on recommence l'opération dans le même récipient jusqu'à ce que la couche de dépôt soit assez épaisse.

Emploi du sulfure de sodium. — De même que dans le cas du sulfure de baryum, il y a formation de sulfure d'arsenic, mais par contre, au lieu d'avoir une précipitation de sulfate de baryum insoluble, il se produit du sulfate de soude dont une notable partie se dissout dans l'acide, ce qui le rend impropre à certains usages.

Avec l'hyposulfite de soude on a le même inconvénient, mais du moins il n'est pas déliquescent.

Emploi du sulfure de fer. — Il a le défaut de laisser un acide contenant du sulfate de fer en solution, aussi ne l'emploie-t-on guère que pour les acides destinés au décapage des tôles servant à la fabrication du fer blanc.

Elimination à l'état de trichlorure d'arsenic. — Le trichlorure d'arsenic bout à 125°, il est donc volatilisé complètement avant que l'acide sulfurique ne commence à bouillir, aussi a-t on proposé depuis très longtemps d'utiliser cette particularité.

En 1845, *Buchner* proposait d'envoyer HCl gazeux dans l'acide sulfurique bouillant, puis d'éliminer HCl par chauffage à l'air, mais *Bussy* et *Burgnct* ont prouvé que l'acide ainsi préparé n'était pas exempt d'arsenic.

Schwarz avait proposé de chauffer l'acide, après addition de 1 % de sel ordinaire et 1/4 % de poudre de charbon, toutefois le procédé ne pouvait servir pour les acides faibles. *Tod* avait d'ailleurs montré en 1865, que l'HCl gazeux introduit à 130-140° suffisait, tandis qu'avec l'addition de sel ordinaire il fallait porter à 180-190°C.

En 1905, de nombreux brevets ont été pris par l'*United Alkali Company*, utilisant HCl gazeux à 100° environ, dans une tour munie d'un garnissage convenable. L'année suivante, en collaboration avec *Raschen*, *Wareing* et *Shorer*, ils employèrent le soufre, et HCl, dans un acide ne contenant pas de sélénium, puis le charbon et HCl quand il y en a, d'ailleurs leur Br. fr. 363.947 propose de récupérer le sélénium en diluant le chlorure arsénieux obtenu, avec une proportion juste suffisante pour le précipiter, puis, en mettant un excès, on peut précipiter As^2O^3.

Crowther, Leach et *Gidden* font passer un mélange d'acide sulfurique 135° Tw (1,675), avec un peu d'acide chlorhydrique dans une tour garnie de soufre et envoyant un courant d'air; le soufre peut être remplacé par une petite quantité de SO^2 ajoutée à l'air qui enlève $AsCl^3$ et HCl.

L'air dirigé dans HCl fort, dépose S et Se, puis, par dilution, il y a précipitation d'As^2O^3.

$AsCl^3$ peut être éliminé (Br. fr. 16.910, *Verein Chem. fab. Mannheim*), au moyen d'hydrocarbures, de glycérine ou (*Chem. fab. Griesheim Elektron*, Br. fr. 376.934), par le benzol à dérivés aliphatiques (dichlorobenzène, tétrachlorure de carbone, acétylène tétrachlorure), mais seulement pour des acides plus concentrés que 58° B.

Pour l'acide des chambres, leur Br. fr. 3.435 de 1909, prévoit l'addition à HCl d'un peu d'iode, puis traitement par SO^2 qui forme IH destiné à réduire As^2O^3.

Séparation du sulfure d'arsenic

Les techniciens qui ont eu à séparer des précipités formés en liqueurs très acides, savent combien le problème est délicat; la laine, le poil de chameau, les cheveux, ne donnent pas toujours satisfaction et il faut souvent chercher bien longtemps avant de trouver une solution rapide, et pratique, à même de remplacer les méthodes par décantation, qui exigent de volumineux appareils ainsi que beaucoup de temps.

Filtres anciens. — Dans les anciens traités de *Lunge* et *Sorel*, on envisageait une séparation du sulfure d'arsenic comme suit :

La filtration se fait de préférence au moyen du vide dans une caisse filtrante B plomb en forme de cuve plate, sur le fond de laquelle on dispose un lit de silex, ou quartz pilé, de la grosseur d'une noix, puis de plus en plus fin, pour finir à la dimension de la semoule.

Une feuille de plomb perforé recouvre le quartz, et reçoit elle-même une couche de sulfure d'arsenic pulvérisé. La hauteur totale de la masse filtrante est 283 millimètres. L'aspiration de l'acide filtré se fait par un tuyau débouchant entre les barreaux de grès.

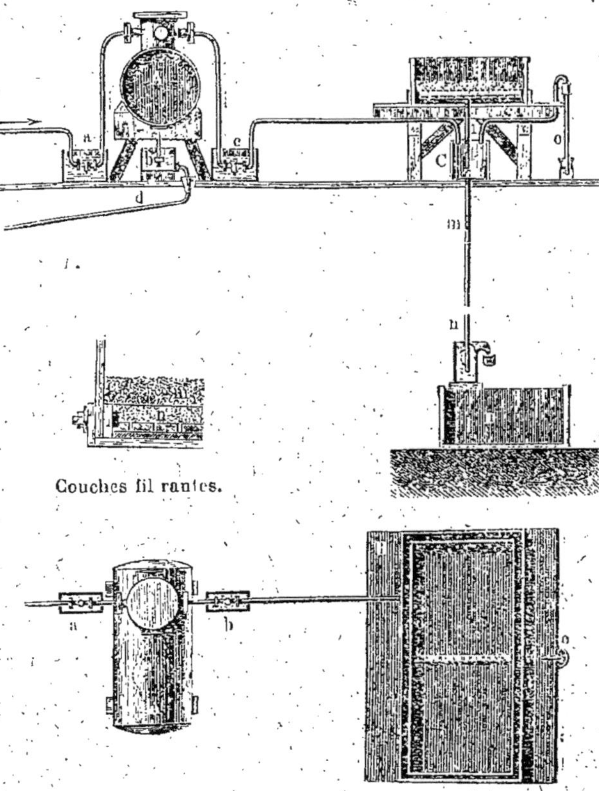

Fig. 285. — Réservoir à vide et caisse filtrante.

L'appareil d'aspiration agit par le même orifice. Pour éviter une rentrée de liquide, on se sert d'un dispositif à tube barométrique, avec récupération de l'acide dans un récipient de dimensions convenables mis hors du circuit d'aspiration avant d'être plein. On évite, autant que possible, de toucher à la couche

de sulfure d'As, de la surface du filtre afin d'éviter les entraînements d'acide trouble. Toutes les trois semaines on enlève la
plaque de plomb et ce qui la surmonte, puis on lave le quartz à
grande eau.

Filtres en grès. — Un progrès sérieux fut réalisé par l'emploi de
filtres en grès résistant aux acides. Dans cet ordre d'idée, les pierres
filtrantes *Schuler* ont été introduites en France par MM. *H. Risler
et C°.* Pour une filtration grossière, les pierres poreuses permettent
d'opérer sans pression ; pour des filtrations fines il est nécessaire,
si l'on veut avoir un travail rapide, d'employer la pression ou le
vide.

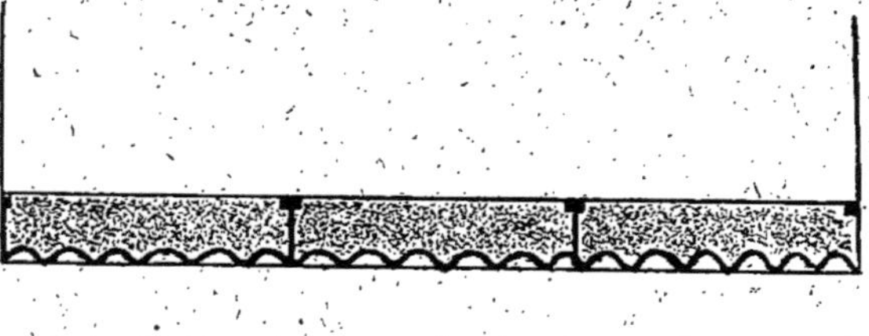

Fig. 286.

Le format normal des plaques est de 25 × 25 centimètres, et on
les assemble en nombre plus ou moins grand suivant la surface totale
filtrante que l'on veut obtenir, en établissant le joint au moyen de
corde d'amiante ou d'une autre substance appropriée. Il existe
des plaques jusqu'à environ 50 × 35 centimètres en formats variés.

Pour de grandes surfaces rondes, elles sont livrées en plusieurs
segments.

Les vases sont, en général, fournis avec système de râclage et
permettent un travail très rapide, ce qui est particulièrement important lorsqu'il s'agit de filtrer des liquides très chauds et d'éviter
des pertes de chaleur.

Voici quelques types d'application de ces plaques.

Filtres à pression Bornett. — Leurs plaques filtrantes *Schuler* portent, à la partie supérieure, une encoche formant, lorsque les carreaux sont assemblés en une surface filtrante, des rainures

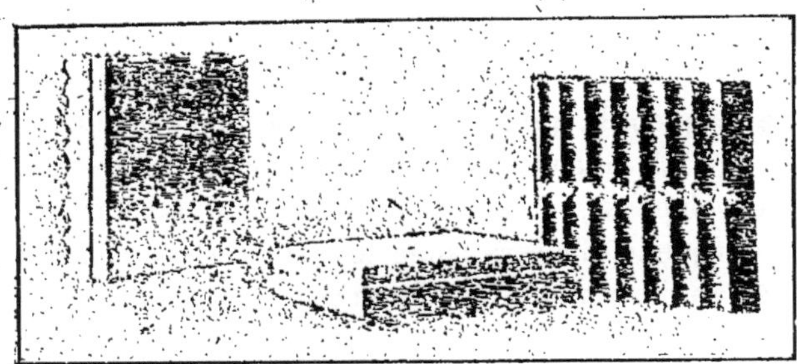

Fig. 287.

que l'on remplit d'un mastic résistant. Par contre leur partie inférieure est cannelée de façon à former des canaux d'écoulement, ainsi que le montre la figure n° 287.

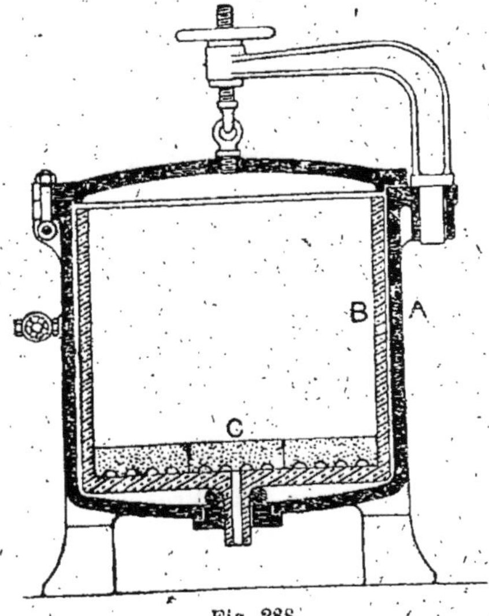

Fig. 288.

Ils sont recommandables pour de petits débits, leur surface filtrante ne dépassant pas 1/2 mètre carré (voir la fig. 288). Dans l'enveloppe A a été placé le récipient B, sur le fond duquel reposent les

L. Pierron. — Fabrication de l'acide sulfurique.   46 plaques filtrantes C. Après avoir rempli le récipient B du liquide, on ferme hermétiquement l'enveloppe extérieure A puis on introduit, dans l'appareil, de l'air comprimé qui environne de tous côtés le récipient B, et empêche la pression de ne s'exercer que dans un seul sens. Il en est de même pour le fond, car les carreaux filtrants reposent directement sur la paroi inférieure.

Le récipient B, qui seul est en contact avec les liquides à filtrer, peut être fait de matières telles que plomb, étain, grès, bois.

L'enveloppe A, en fonte ou en tôle d'acier, établie suivant la pression à laquelle elle sera soumise, est protégée contre les vapeurs acides au moyen d'un enduit ou d'un revêtement quelconque. Le joint de la tubulure de sortie du récipient B est fait d'une rondelle de caoutchouc comme le montre la figure n° 288.

Filtres horizontaux. — L'enveloppe extérieure B (fig. 289) des filtres horizontaux contient plusieurs cuvettes A. Au fond de

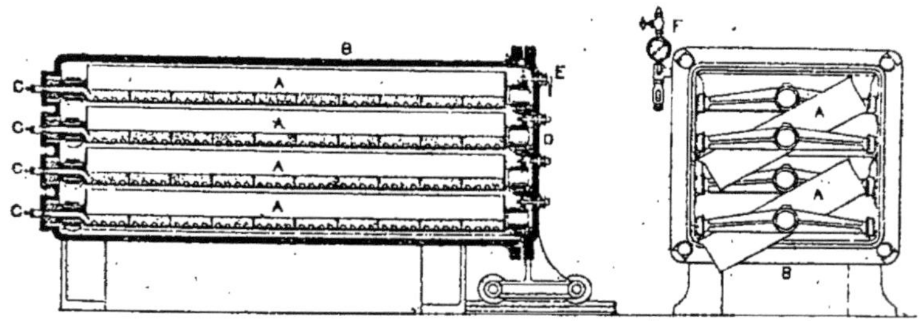

Fig 289.

chacune sont disposées les plaques filtrantes, comme dans les appareils verticaux, sauf que les canaux formés par les cannelures des pierres n'aboutissent pas à un tuyau d'échappement situé à la base de l'appareil, mais à une conduite C passant par l'un des côtés. De même que dans les filtres verticaux, le liquide à filtrer n'est pas en contact avec l'enveloppe extérieure, mais seulement avec les cuvettes qui sont établies en plomb, en grès, en bois ou en une autre matière appropriée au mode d'emploi.

Afin de pouvoir facilement enlever les galettes se formant sur les pierres, chaque cuvette est montée sur deux essieux à roues qui permettent de la retirer facilement de l'appareil. Lorsqu'on re-

tire la cuvette, l'essieu de devant repose sur une proéminence de
la porte à laquelle il est fixé par un crochet E, tandis que celui du
fond roule sur des rails. Dans la figure 289 la cuvette supérieure
est fixée à la porte.

Fig. 290.

Chaque cuvette une fois retirée du filtre peut être inclinée sur
son axe, ce qui permet d'en retirer très facilement les galettes.
La porte D se ferme au moyen de boulons (fig. 290) ou au moyen
d'un dispositif à étrier (fig. 291 et 292). Une fois le filtre fermé, la
porte appuie sur les cuvettes A qui, de leur côté, compriment les
rondelles de caoutchouc qui entourent les tuyaux de sortie C contre
l'enveloppe B de l'appareil, et produisent de cette façon un joint
hermétique. Le joint entre la porte D et l'enveloppe B est fait au
moyen d'un bourrelet de caoutchouc, fixé dans une rainure en
queue d'aronde. Tous ces joints durent très longtemps, car ils
n'entrent pas en contact avec les liquides.

Mode d'emploi. — En principe, les liquides à filtrer sont pompés
d'une façon continue, soit dans chaque cuvette séparément, soit
dans celles du haut, d'où un large tuyau de trop-plein les amène
dans celles du bas. L'air sous pression, introduit dans l'appareil au commencement de l'opération, y reste pendant la filtration et le lavage des galettes, qui est effectué immédiatement après la filtration. On introduit l'eau de lavage de telle
façon qu'elle coule le long des bords des cuvettes et ne se
mélange pas au liquide à filtrer, qui a généralement une densité

plus élevée. Les eaux-mères sont complètement éliminées au bout de très peu de temps, et sans qu'on soit obligé d'employer beaucoup d'eau pour le lavage. Dès qu'une de ces opérations est terminée, on retire chaque cuvette de la façon indiquée plus haut, et on enlève les galettes. S'il s'agit de liquides vaseux difficiles à pomper, on remplit les cuvettes avant la fermeture de l'enveloppe. Une fois qu'elles sont pleines on ferme l'appareil, et on introduit l'air comprimé. La progression de la filtration peut être suivie dans chaque cuvette au moyen de regards en verre.

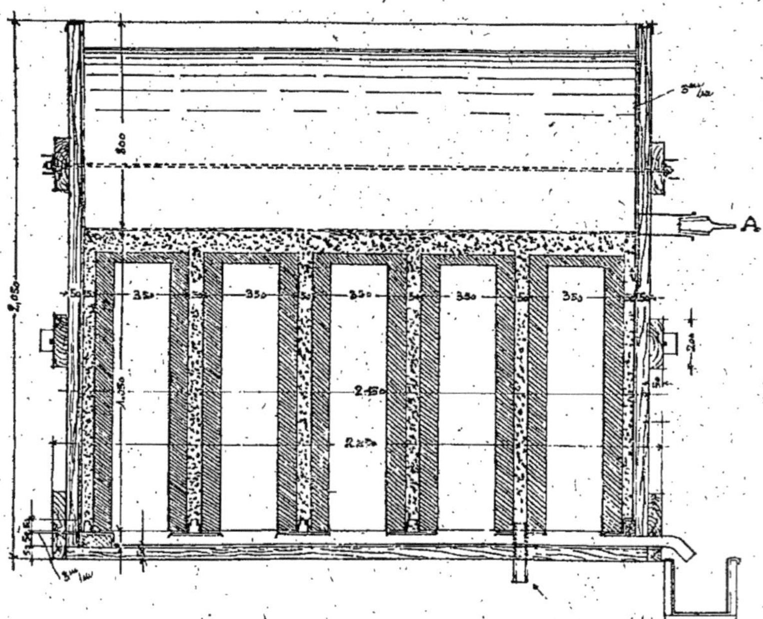

Fig. 291. — Batterie de filtration en cylindres poreux.

Main-d'œuvre. — Pour desservir les plus grands filtres à pression, c'est-à-dire pour le remplissage, la vidange et les autres opérations, un ouvrier suffit, même pour les appareils, qui, avec 20 m² de surface filtrante et 5 000 litres de capacité, donnent, suivant le cas, jusqu'à 10 000 litres de liqueur filtrée par heure.

La figure 292 représente un filtre à pression de grande capacité, construit spécialement pour la filtration et le lavage d'un mélange épais de sulfure d'arsenic et d'acide sulfurique. Cet appareil a été, en raison des conditions locales, construit de forme longue et étroite. Il peut être placé le long d'une paroi, vu que les différentes manipulations n'exigent l'accès que d'un des côtés.

On voit aussi, figure 290, un filtre à pression à trois cuvettes, la

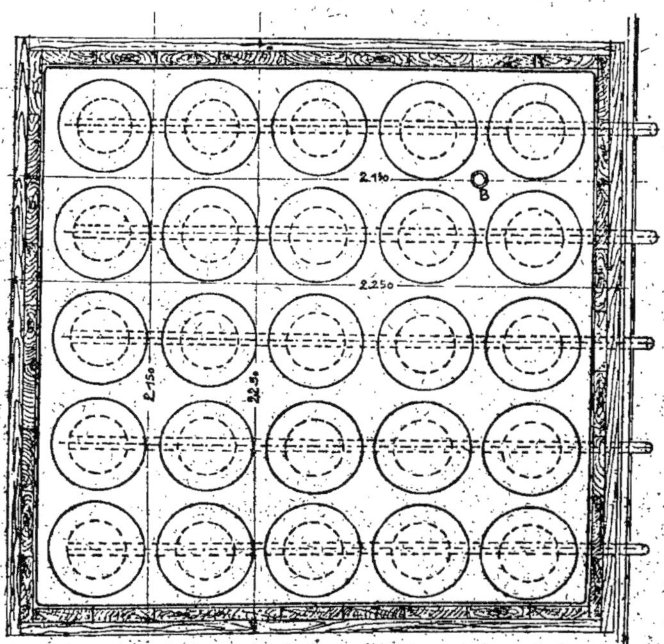

Fig. 292.

première étant retirée de l'appareil et légèrement inclinée. Le fonctionnement s'opère d'une manière continue, les liquides étant introduits au moyen d'une pompe, les cuvettes n'ont qu'une capacité restreinte.

Même avec une haute pression on obtient, de suite, au moyen des pierres poreuses, un liquide clair, ce qui permet de le faire écouler sans examen préalable dans un tuyau d'écoulement commun. Dans ce cas le filtre à pression fait, en même temps, fonction de monte-jus.

Au lieu de plaques filtrantes, on peut se servir de cylindres en pierre poreuse fermés par le bas, qui sont placés dans le récipient comme on le fait pour les sacs à filtrer, mais le mouvement du liquide a lieu en sens inverse c'est-à-dire du dehors au dedans. Certains ont de 75 centimètres de long et 25 centimètres de diamètre pour une surface filtrante d'environ 1/2 mq., de sorte qu'en les employant on peut avoir une filtration de 10 mq. sous un très petit volume.

Cylindres. — Nous donnons (fig. 291) le schéma d'une installation comportant 25 cylindres, en pierre poreuse *Schuler*, de 1 m. × 0 m. 30, susceptible de débiter 8 000 kilogrammes d'acide sulfurique 51° B. en 10 heures.

Enlèvement de l'arsenic

Le dispositif *Davis Bros.* — Consiste en quatre chambres cylindriques en fonte, à travers chacune desquelles passe un arbre muni de palettes. L'acide est alimenté de façon constante et un courant d'H^2S y barbote pendant que le mouvement des agitateurs assure un mélange parfait, puis l'acide est filtré pour enlever le sulfure d'arsenic formé, ensuite on le soumet, si nécessaire, à la concentration.

M. d'Arsonval a indiqué une méthode consistant à ajouter 4 à 5 centimètres cubes d'huile de colza par litre d'acide sulfurique, afin de former de l'acide glycéro-sulfurique et précipiter l'arsenic, ainsi que le plomb, sous forme de savons.

Le mélange, agité convenablement, est mis à déposer 12 heures, placé dans l'eau et, après refroidissement, on décante.

CONTROLES GÉNÉRAUX

Chaque industriel contrôle, ou du moins devrait contrôler, la manière dont sont utilisées ses matières premières, de façon à se rendre compte si le rendement pratique se rapproche sensiblement du rendement théorique.

Pour travailler dans de bonnes conditions, il lui faut surveiller son usine comme il vérifie sa caisse. Lorsqu'il a mis en œuvre une certaine quantité de soufre, contenu dans ses matières premières, il doit en retrouver la plus forte proportion possible à l'état d'acide sulfurique, et il devrait savoir exactement où est passé le reste, pour connaître l'importance, ainsi que la nature des pertes, afin d'en chercher les causes et les remèdes.

Rendements

Il faut par conséquent établir des rendements, c'est-à-dire le rapport entre la matière, ou l'énergie, mise en œuvre et le résultat obtenu, et, dans notre esprit, ce mot *rendement* s'applique aussi bien aux matières premières minérales (soufre, acide nitrique, etc.), qu'au charbon, à la vapeur, à l'énergie électrique.

Il nécessite donc une détermination aussi exacte que possible de chacun de ces éléments, grâce à un contrôle constant et des inventaires sérieux, effectués à intervalles réguliers, et toujours dans les mêmes conditions.

Qant au prix de revient il dépend aussi, et dans une très grande mesure, de la bonne marche technique.

En France, si la presque totalité des fabricants effectue ce travail avec soin, il en est fort peu qui jugent à propos de publier les résultats obtenus, de sorte que, dans bon nombre de cas, on ne dispose que de renseignements, ou chiffres, fournis par les Ingénieurs installateurs. Ces données, qui résultent d'une grande pratique et d'une longue expérience, constituent la base de leurs contrats, et les résultats de marche doivent correspondre à ces garanties.

Il faut éviter que celles-ci, après avoir bien été au début celles indiquées, subissent certaines modifications, arrivant parfois, sous des influences diverses, à être moins satisfaisantes ; car une différence de 1 %, par exemple, représente déjà une très grosse somme en fin d'année.

On ne saurait donc trop engager les intéressés à suivre de près non seulement les résultats généraux, mais les rendements partiels, qui permettent de localiser les pertes et de déterminer les appareils ou organismes qui en sont cause.

Documentation administrative

Constatons enfin que si, dans notre pays nous disposons de renseignements assez rares et le plus souvent sans caractère officiel, il n'en est pas de même en Angleterre où l'Administration publie chaque année un *Alkali Inspectors Report* dans lequel on trouve toujours des documents éminemment instructifs.

Ce rapport annuel enregistre, non seulement les principales innovations industrielles tentées ou appliquées, mais il rend compte d'analyses pratiquées sur les gaz sortant des appareils de fabrication, et qui sont lancés dans l'atmosphère. Les résultats de ces contrôles, effectués dans de nombreux établissements travaillant souvent dans des conditions très diverses, sont enregistrés et publiés sous forme de tableaux contenant, pour ceux qui s'intéressent aux industries envisagées, des indications sérieuses et impartiales, auxquelles nous avons puisé à plusieurs reprises.

Inventaires

Voyons comment s'effectuent les *inventaires* qui serviront de base pour déterminer les rendements.

Examinons, pour fixer les idées, un cas particulier, celui du soufre, étant entendu qu'on pourrait opérer d'une façon analogue pour faire le bilan du nitrate, de l'arsenic, ou des produits divers contenus dans les matières premières mises en œuvre.

Inventaire par rapport au soufre. — Il s'agit de résumer combien il en existe dans :

Matières premières employées.

Produits en cours de fabrication.

Matières fabriquées produites.

Sous-produits divers.

Matières premières employées. — La façon la plus simple consiste à déterminer la quantité passée aux fours, en ajoutant, au stock précédent, les marchandises entrées, puis déduisant le stock actuel, et tenant compte de la richesse des divers lots pour traduire ces chiffres en kilogs de soufre.

Produits en cours de fabrication. — Pour ceux-ci l'absolu n'existe pas. Une usine possède, en effet, de l'acide à degrés différents, ainsi que des acides plus ou moins nitreux, qu'il s'agit de ramener à un type déterminé (acide des chambres 50, 52, acide du Glover à 60° B. ou acide à 66° B.)

Ces acides sont contenus dans des réservoirs qui appartiennent à plusieurs catégories :

A. — Réservoirs à acide du Glover, placés au bas de cette tour, après les réfrigérants, et parfois aussi en surélévation, de manière à pouvoir alimenter le Gay-Lussac ou d'autres ateliers.

B. — Réservoirs à acide du Gay-Lussac, placés au bas du ou des Gay-Lussac, et souvent à la partie supérieure du bâtiment pour alimenter le Glover.

C. — Cuvettes des chambres et des tours.

D. — Bacs et réservoirs d'acide des chambres.

E. — Bacs d'acides de qualités ou concentrations spéciales.

Pour chacun d'eux, un barême indique la valeur par centimètre de hauteur, puis, tenant compte de la densité, un autre barême donne le poids évalué en acide des chambres ou d'une concentration prise comme type (monohydraté par exemple).

Quant aux réfrigérants du Glover, ou bacs constamment pleins, on connaît leur capacité, ainsi que le poids contenu à faire entrer en ligne de compte.

Matières fabriquées. — Le stock constaté est augmenté de sorties effectuées (à la clientèle ou à d'autres ateliers de la fabrique) et, du total, on retranche le stock précédent.

Calcul des rendements proprement dits

Connaissant :

$\bar{a}$) la quantité produite en matières finies.

b) la variation, en plus ou en moins, des produits en cours de fabrication ;

c) le chiffre de matières premières employées.

Il est facile de calculer un certain nombre de rendements tels que :

Acide 53° produit $^0/_0$ de Pyrite à x $^0/_0$ de soufre *total* ;

Acide 53° produit $^0/_0$ de soufre *utile*, c'est-à-dire en déduisant du soufre total celui contenu dans les résidus ;

Acide 53° par *mètre cube moyen* en 24 heures (si on n'a pas de moyens de le déterminer séparément pour les chambres et tours ;

Pyrite brûlée par mètre cube en 24 heures ;

Soufre laissé dans les résidus par 24 heures ;

Répartition du soufre (perte dans les résidus) — utilisation dans les chambres — pertes diverses par différence ;

Rendements pratiques :

Consommation de charbon % kilogramme d'acide ;

Consommation de nitrique ou nitrate % kilogrammes d'acide.

Il n'est pas rare de trouver une utilisation de 97 à 98 % du soufre, et il est exceptionnel qu'on descende au dessous de 90 %.

Le rendement moyen varie de 94 à 96 %.

Inventaires journaliers. — Dans certaines usines on effectue *journellement* un inventaire approximatif.

Des imprimés donnent l'énumération des divers bacs avec leur volume par centimètre, de sorte qu'en prenant la hauteur on peut calculer d'emblée le volume d'acide.

Avec le degré Baumé, on a la densité qui permet de connaître le poids.

Le total des quantités contenues dans les divers bacs fournit un stock au début ou à la fin de la journée.

On y ajoute les livraisons des 24 heures, et on fait le total des deux.

On en déduit le stock précédent, ce qui donne la production provisoire.

En possédant, d'autre part, la pyrite employée et sa richesse, on détermine facilement le rendement au moyen d'une règle de trois.

États journaliers. — Ils constituent une source de renseignements techniques instantanés, sans calculs longs et minutieux notamment :

Température en haut et en bas du Glover.

Température de l'acide des diverses tours.

Température des gaz des diverses chambres.

Nombre de monte-jus élevés sur chacun d'eux (si on a des enregistreurs, ce qui permet de suivre les coulages).

Degrés de l'acide, aux éprouvettes, dans les cuvettes des chambres ; au bas des diverses tours.

Analyses : Titre nitreux de l'acide du Gay-Lussac ;

Soufre dans les résidus des divers compartiments (ou moyenne générale).

Acide sulfureux dans les gaz avant l'entrée au Glover.

Hauteurs d'acide dans les chambres.

Livraisons d'acide.

Observations diverses.

Inventaires mensuels. — En fin de mois, on établit d'ordinaire une feuille spéciale pour chaque système, afin de surveiller la marche de chacun d'eux, cette feuille indique pour une heure convenue :

1° La hauteur de chaque réservoir et de chaque chambre, dont l'ensemble constitue le stock.

2° Les livraisons diverses du mois courant.

3° Le stock global du mois précédent.

4° La production en acide établie d'après les données précédentes.

5° La consommation des pyrites et leur teneur.

6° La consommation du charbon.

7° La consommation d'acide nitrique ou de nitrate, dont la comparaison permet souvent des conclusions instructives.

Graphiques. — Les observations journalières ou mensuelles peuvent être groupées, non plus seulement sous forme de tableaux, mais de graphiques, qui font ressortir, soit les variations d'un facteur soit celles de plusieurs, survenues dans le même espace de temps.

On peut ainsi discerner l'influence de variations de pression atmosphérique, de température, de charges plus ou moins régulières dans les fours, ou d'anomalies dans l'approvisionnement en produits nitreux.

Il est possible à l'avance de prévoir un dérangement de chambres, puis de constater le retour à la normale après avoir pris les mesures convenables.

M. *Lemaitre* (*Moniteur Scientifique Quesneville*), juillet-août 1920) a publié un exemple de graphique de ce genre, relatif à une usine espagnole, où l'on trouve :

SO^2 en tête.

Oxygène en queue.

Température à la sortie des gaz du Glover.

Différence de température entre la première et la dernière chambre.

Soufre dans les résidus.

Dépression manométrique.

Niveau d'acide 1re chambre.

Production acide 53 par mètre cube.

Pyrites brûlées par 24 heures.

Titre nitreux (grammes acide nitrique 36° par litre).

Alimentation en acide 36° B.

Acide nitrique 36 B pour 100 acide sulfurique 53.

Température du ou des réfrigérants du Glover.

Contrôles et analyses de fabrication

Les opérations de contrôle, dans une fabrique d'acide, appartiennent à plusieurs catégories.

Les contrôles *immédiats* tels que :

Surveillance de la couleur des gaz ;

Lecture des températures ou des variations de pression ;

Vérification des débits des monte-jus ;

Densités d'acides.

Les contrôles *plus délicats, ou analyses simples* :

Titre nitreux ;

Dosage de l'oxygène.

Ces deux catégories sont confiées d'ordinaire au surveillant des chambres.

Quant aux opérations impliquant l'emploi de balances, de liqueurs titrées, de réactifs ou appareils spéciaux, et souvent des calculs assez compliqués, elles sont effectuées par des chimistes proprement dit ou, si l'importance de l'affaire ne le permet pas, par des titreurs qui, souvent, arrivent à opérer avec une précision absolument remarquable.

Nous avons cité au passage, et en décrivant certaines parties de l'installation, quelques opérations que nous rangeons dans la catégorie des contrôles immédiats, nous allons maintenant examiner les autres.

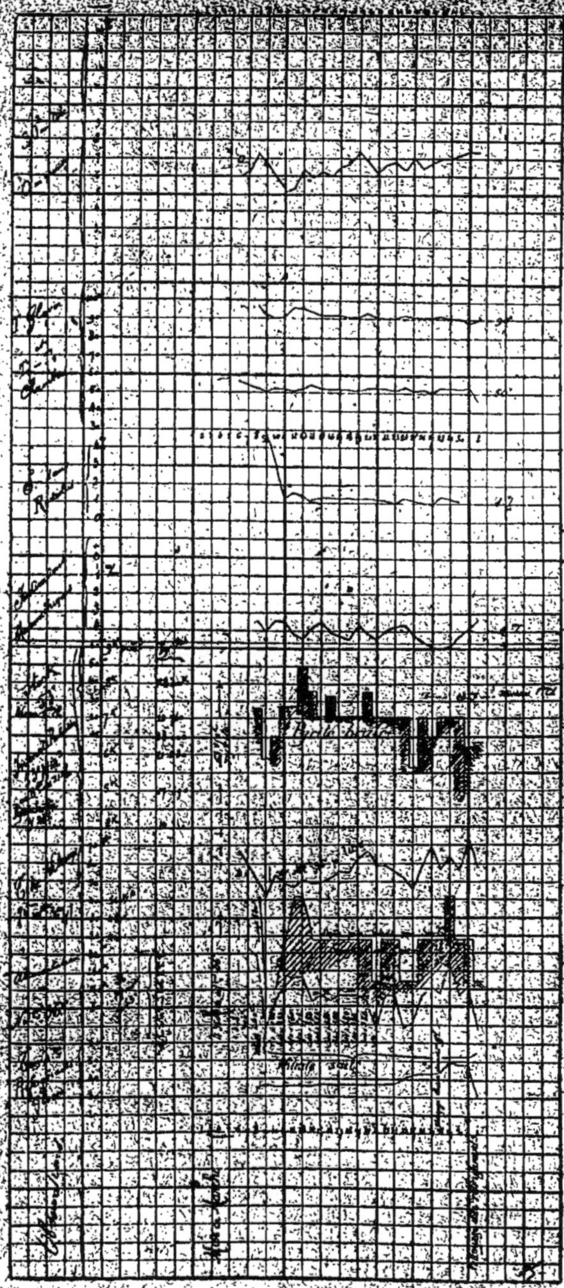

Fig. 293.

Exemple de tableau avec graphiques journaliers (Lemaître)

Contrôle mécanique en marche

Mesure du tirage des chambres. — Le premier des instruments de mesure est le *manomètre*, qui permet de constater une différence de pression entre deux milieux examinés, par exemple entre l'atmosphère et un appareil.

Le plus simple est le tube en U, dont une des branches reste en communication avec l'air, l'autre étant reliée avec le milieu à examiner au moyen d'un tube passant dans un bouchon disposé dans la paroi séparatrice. Si la pression intérieure est plus élevée que la pression atmosphérique, le niveau baisse en A et monte en B, dans le cas contraire c'est l'inverse qui se produit.

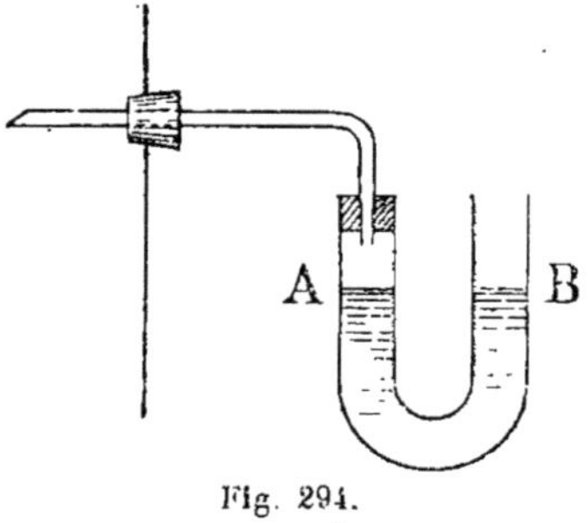

Fig. 294.

La différence des niveaux peut se mesurer et donner une indication chiffrée de la pression ou dépression ; toutefois ce modèle ne peut servir que pour des variations assez notables.

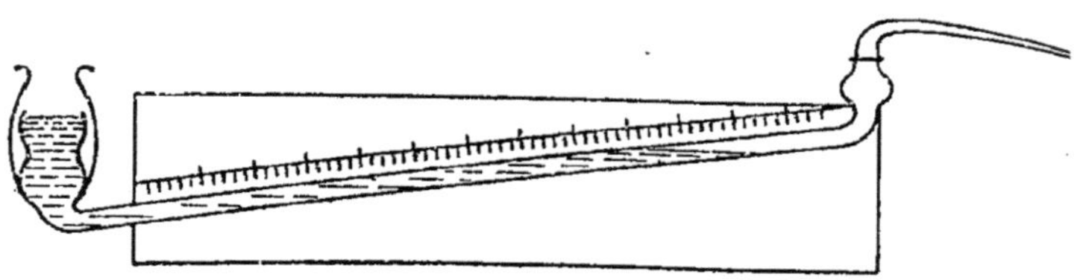

Fig. 295. — Manomètre Péclet.

Pour amplifier, on se sert de l'appareil de *Péclet* qui comporte un petit récipient contenant le liquide, et un tuyau de verre très ncliné fixé sur une planchette munie d'une échelle graduée.

Afin que le liquide employé, eau additionnée d'un colorant, ou alcool, ait un ménisque très allongé, on donne un diamètre de 2 à 3 millimètres, à ce tube, de sorte que 1 millimètre du récipient vertical correspond à un nombre assez élevé de centimètres du tube incliné. La hauteur du premier se trouve multipliée par 10, 15, 30, etc., selon le dispositif adopté, ce qui permet de mesurer des différences de pression de 0 mm. 02. Il est évident que, si on remplace l'eau par l'alcool, on doit tenir compte de la densité de ce dernier, et que s'il a une densité de 0,8, un centimètre correspondra à 0,8 d'eau.

L'échelle peut être réglée de façon empirique, et, naturellement pour avoir des renseignements utilisables il faut que le tube incliné soit bien calibré.

Quant à celui pénétrant dans le milieu à examiner, il faut que son orifice soit dirigé dans le sens du courant gazeux.

Seger a modifié le dispositif en U comme suit :

A la partie supérieure de chaque extrémité sont les coupes B et C dont le diamètre est 20 fois celui du tube en U proprement dit A (fig. 296).

Une règle D mobile dans des glissières *aa* peut se déplacer le long de la première branche, on la maintient, dans l'emplacement choisi, par des vis de pression *bb*. On emplit le tube A avec deux liquides non miscibles ayant sensiblement la même densité (huile

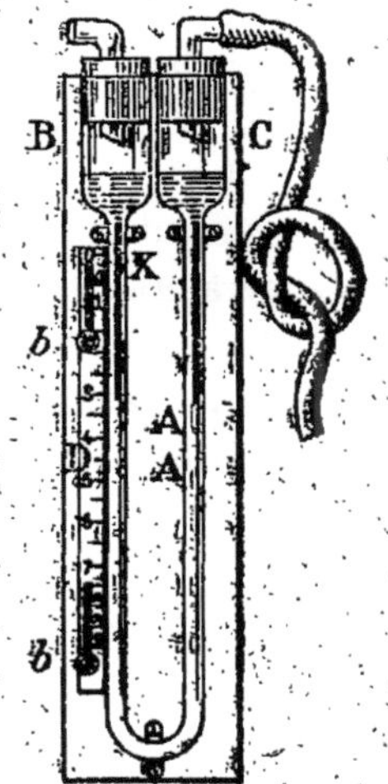

Fig. 296.

de paraffine ou d'aniline, et alcool dilué coloré par exemple). On établit comme O leur point X de séparation.

Quand il y a aspiration dans la branche C, le niveau de liquide monte tandis qu'il baisse en B, et la dénivellation se trouve multipliée par 20 (rapport des deux diamètres A et B) dans le petit tube d'où chiffre de lecture plus grand.

A. *Konig* a établi son anémomètre différentiel sur le même principe, mais les deux tubes sont concentriques et les liquides employés sont l'huile minérale et l'alcool (teinté en rouge). On soulève d'abord le tube intérieur et on introduit 10 centimètres cubes d'alcool teinté dans le récipient externe, ce, au moyen d'une pipette, dans le tube intérieur sans toucher la paroi, puis on ajoute la liqueur incolore avec précaution et en évitant le mélange avec la première, jusqu'au moment où elle atteint un repère. On relie à ce moment le récipient intérieur avec une source d'aspiration convenable, le liquide incolore monte, et on arrête quand il atteint la hauteur voulue.

En obturant le tube d'aspiration, le liquide clair ne s'écoule pas et on replace le tube intérieur dans l'autre.

Pour amener au zéro où doit se trouver la limite entre les deux liqueurs, on souffle légèrement par le tube central, de façon à ce qu'une ou deux gouttes de liquide clair passent dans l'espace annulaire, le liquide rose monte, et l'on recommence jusqu'à ce qu'on ait atteint le point en question.

Il est recommandé de ne pas laisser l'instrument aux rayons du soleil, de plus, comme la zone de séparation se déplace avec la température il faut refaire la mise en place chaque fois, ou tenir compte de la différence. On a adopté aussi à cet effet un robinet à 3 voies permettant de faire communiquer l'intérieur de l'appareil avec l'air extérieur au moment où l'on veut faire la rectification, puis on coupe la communication avec l'air et on l'établit avec l'enceinte dont on veut connaître la pression. Avec un peu d'entraînement on a de bons résultats en se servant de cet instrument.

Vitesse des gaz. — *Péclet* (*Ser. Physique industrielle*, 1, p. 249) a bien établi une formule permettant de connaître la vitesse des gaz, toutefois la sensibilité de son appareil n'est pas toujours suffisante avec les faibles vitesses dans les chambres de plomb.

Anémomètre Fletcher. — Nous connaissons tous, les pulvérisateurs employés pour certains parfums, dans lesquels un courant d'air, dirigé sur l'extrémité d'un tube disposé à 90°, provoque une aspiration du liquide odoriférant. Le principe de l'anémomètre *Fletcher* est le même (fig. 297).

Il se compose de deux tubes *e* et *f* placés dans le tuyau ou la chambre où l'on veut faire la détermination. Déjà dans un tuyau ordinaire un tube placé perpendiculairement au courant gazeux permet de constater une aspiration, une dépression, proportionnelle à la vitesse du courant gazeux, mais accentuée encore par la différence de pression avec l'extérieur.

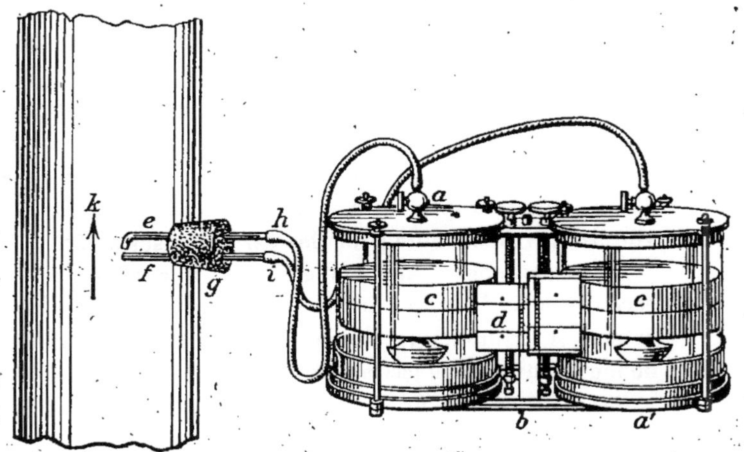

Fig. 297. Appareil Fletcher.

Pour rendre le phénomène plus sensible encore, on emploie non pas un mais deux tubes l'ouverture du premier est perpendiculaire au sens du courant, tandis que celle du second a son extrémité dirigée en sens inverse du courant. Il s'établit une différence de pression entre les deux tuyaux dont on pourra se rendre compte en réunissant chacun des tubes avec une des branches d'un tube en U, dans l'une il y aura aspiration et dans l'autre refoulement, les deux actions s'ajoutent.

Dans son appareil M. *Fletcher* réunit chaque tube avec un cylindre, de 10 centimètres minimum, de façon à opérer sur une surface relativement importante par rapport à la surface de frottement.

Afin d'augmenter la sensibilité, il substitue l'éther à l'eau en guise de liquide, grâce à des densités plus faibles et à une force d'adhérence pour le verre $\frac{1}{2\,000}$ de l'eau il diminue les frottements.

Les flotteurs métalliques ont chacun un trait de repère et permettent de mesurer la hauteur à l'échelle du vernier d avec une approximation de 0,025 millimètre.

La formule

$$v = hc$$

donne le rapport entre la vitese v et la hauteur h. Quant à c, c'est une constante que M. *Fletcher* a déterminée par l'expérience.

Pour faire une détermination, on introduit les deux tubes e et f aux 2/3 du diamètre du canal, de façon à ce que f soit nettement opposé au courant gazeux, et on relève la hauteur de la colonne d'éther. En se reportant à une table donnée par *Sorel* on lit la vitesse correspondante pour des gaz supposés à 15°.

Si les gaz sont à une température t, il faut chercher, dans une seconde table, la valeur du facteur de correction pour cette température, et multiplier le premier chiffre par le deuxième, ce qui donne la vitesse des gaz à 15°.

Les chiffres obtenus de cette manière suffisent dans la pratique courante, mais pour avoir des résultats complètement exacts il faudrait appliquer la formule

$$v = 1,724\sqrt{h\frac{1,05505}{(1 + 0,00367t)}\frac{b}{760}}$$

dans laquelle

v est la vitesse,
h la hauteur de la colonne d'éther,
t la température des gaz,
b la pression des gaz dans le canal.

MM. *Svan* et *Hait* ont établi un anémomètre différentiel plus simple.

Un tube en U est appliqué sur une échelle graduée de chaque côté des tubes et tous deux sur une planchette. De chacun part un tuyau de caoutchouc qui est relié avec un des deux tubes décrits dans l'anémomètre Fletcher.

Le liquide contenu dans les deux branches du tube en U est l'éther — et le tube avec son échelle est incliné de 10 °/₀ sur l'horizon. — Un vernier permet de faire des lectures absolument exactes et, pour opérer avec des garanties d'exactitude aussi complètes que possible, on inverse le sens, grâce à un robinet à 3 voies placé au sommet du tube mesureur. Une branche sert à mesurer la pression dans une expérience, puis la dépression dans la suivante — et inversement pour la seconde, ce qui élimine toute chance d'erreur.

Enregistreurs. — Les résultats d'une analyse ou de la variation d'un facteur de la fabrication, déjà très suggestifs quand ils sont présentés sous forme de tableaux, le sont encore plus quand on les voit à l'état de graphiques.

On a donc appliqué les enregistreurs automatiques pour les températures, la pression, la dépression, ou la mesure des débits.

Les graphiques obtenus donnent des renseignements précieux et permettent souvent de trouver la cause d'anomalies constatées par les chiffres d'inventaire.

Plusieurs modèles existent, mais la quantité des installations appliquant de façon courante des appareils de ce genre, ne représente cependant qu'un pourcentage très faible par rapport au nombre des établissements qui auraient intérêt à les appliquer.

Il est à souhaiter que leur emploi se généralise, afin de permettre au travail de s'effectuer dans les conditions les plus favorables et les plus rémunératrices.

Aréométrie. — La densité d'un acide sulfurique pur augmente jusqu'à une certaine limite avec sa richesse, mais, pour l'appréciation de l'acide sulfurique, on se sert surtout des données empiriques fournies par l'aréomètre dit de Baumé, applicables pour les acides de 0 à 93 % SO^4H^2.

Pour le graduer, le 0 de l'échelle correspond au point d'affleurement de la tige dans l'eau à + 15°, et le point correspondant à l'acide concentré pur, dont la densité est 1,8427 à + 15 est marqué 66. L'intervalle entre les deux points est partagé en 66 parties égales.

On utilise cet instrument dans la plupart des pays industriels, sauf en Angleterre où l'on se sert de l'*aréomètre Twaddle*.

Celui-ci est établi en fonction de la densité, en prenant celle-ci, et divisant par 6 le nombre des millièmes, le chiffre obtenu donne le degré *Twaddle*.

Donc à 1 005 on marquera 1
1 050 » 10
1 100 » 20
1 500 » 100
1 840 » 168
2 000 » 200

de sorte que, connaissant celui-ci on peut facilement calculer la densité d'un acide.

40° Tw correspondront à $5 \times 40 = 200$ donc 1 200 on trouvera dans la table, page 907, la correspondance entre les degrés *Baumé* les *Twaddle*, la densité et la richesse.

Le réglage des aréomètres est fait à + 15, les variations de température provoquent, soit une augmentation de la densité au-dessous de 15, soit une diminution si on est au-dessus. On devra donc tenir compte, dans les déterminations, de la température à laquelle a été faite l'opération.

Dans la pratique on compte que, pour un degré centigrade, il y a lieu de tabler sur une correction moyenne de 0,001 par degré centigrade pour les acides de densité inférieure à 1,500 et un chiffre plus faible pour les acides plus étendus.

En ce qui concerne les variations de température, on table pratiquement sur une différence de 0,2 pour 5 degrés centigrade, soit 0,04 par degré Baumé.

Un acide de 65,9 à 15 marquera donc 65,7 à 20 ou 66,4 à 5° C.; en réalité cette différence n'est pas aussi uniforme de sorte que, dans les tables de *Lunge* les 5° de différence de température correspondant parfois 0,2 et d'autres fois 0,3 Baumé. Quand il s'agit de températures assez élevées, les 5° centigrades représentent 0,3 à 0,4.

Pour calculer la correspondance entre les degrés Baumé et le poids spécifique, on applique la formule :

$$p \text{ (poids spécifique à 15° C)} = \frac{K}{k - n},$$

n est le nombre de degrés Baumé à 15° C,
k a pour valeur .... 145 aux Etats-Unis,
144,3 selon Lunge,
144,5 d'après Berthelot, Cordier et d'Almuda.

En somme les indications de l'aréomètre sont à considérer, non comme exactes, mais comme approximatives, et pour donner des

Indications rapides et comparatives — car les impuretés faussent le résultat et augmentent généralement le degré dans une proportion qui varie de 0,2 % à 1 % parfois même 2 %.

Avec les acides plus riches que 66°, l'aréomètre ne peut servir, et il devient indispensable d'opérer uniquement par analyse chimique.

Analyses de fabrication

Pour nous l'état de santé parfait correspond à un fonctionnement régulier de chacun de nos organes, et le bon médecin est celui qui sait rapidement diagnostiquer et remédier à toute défaillances de l'un d'entre eux. Le technicien, qui est en quelque sorte le médecin de l'usine, doit pouvoir faire de même et savoir reconnaître si chacun des organes de la fabrique se trouve dans des conditions normales de marche.

Nous allons donc examiner succintement quelques unes des méthodes utilisées pour effectuer ce travail dans :

Les fours;

Les tours de Glover et Gay-Lussac;

Les chambres proprement dites.

Marche des fours

Contrôle des matières sulfurées. — Les premiers appareils de fabrication étant les fours, il faut déterminer la composition des matières qu'ils reçoivent et celle des résidus qu'ils restituent.

Leur utilisation sera donnée par la différence.

Dans un grand nombre de sociétés, ce bilan chimique est complété par un bilan économique dans lequel on fait intervenir tous les autres facteurs de dépense, de manière à établir un prix de revient des 100 kilogrammes d'acide produit.

Analyse et estimation des matières premières

Analyse du soufre brut. — Dans le soufre brut on détermine les éléments suivants :

Cendres. — On calcine 10 grammes dans une capsule de porcelaine et on pèse le résidu, toutefois s'il y avait du charbon dans le produit examiné il faudrait avoir soin de cesser la chauffe une fois le soufre brûlé.

Humidité. — On opère sur un échantillon aussi moyen que possible, en concassant grossièrement les parties prélevées, il faut opérer rapidement pour éviter la dessiccation à l'air, c'est pourquoi la pulvérisation ne se poursuit pas jusqu'à la finesse.

L'essai se fait sur 100 grammes au moins, à une température ne dépassant pas 70° (*Berzelius* et *Beck*), à l'étuve ou au bain-marie.

La présence de sulfate de chaux pouvant fausser les résultats, *Carpenter* dose l'humidité dans le vide sur SO^4H^2.

Matières bitumineuses. — *Frésénius* distille le soufre dans la vapeur au-dessus de 200°, pèse le résidu, le calcine et pèse à nouveau. La différence entre les deux pesées est considérée comme représentant les matières bitumineuses.

Arsenic. — Il peut exister à divers états : sulfure d'arsenic As^2S^3 ; acide arsénieux As^2O^3 ou sous forme d'arsenite (de chaux ou fer).

Méthode Schaeppi pour la recherche de l'arsenic dans le soufre. — On attaque le soufre par l'acide nitrique dilué pour enlever les chlorure, sulfate et sulfure de calcium ; après lavage on traite le résidu par l'ammoniaque étendue, à 60-70°, pendant quinze minutes. Le sulfure d'arsenic se dissout dans l'ammoniaque, et on le précipite à l'aide du nitrate d'argent.

H.-S. David et *M.-D. Davis, J. industr. engin. Chem.,* 1920, t. XII, nº 5, p. 479-480, mai ; *Chimie et Industrie,* février 1921, ayant expérimenté la méthode sur un soufre exempt d'arsenic ; et obtenu une réaction positive, concluent qu'une partie du soufre se dissout dans l'ammoniaque en formant du sulfure d'ammonium qui réagit sur le nitrate d'argent. Ils préfèrent le mode opératoire suivant : 10 grammes du corps sont traités par 30 centimètres cubes d'un mélange de tétrachlorure de carbone et de brome (3 parties de CCl^4 pour 2 de brome), puis, après repos de 10 minutes, on ajoute, par petites portions, 30 à 40 centimètres cubes d'acide nitrique.

Le mélange, évaporé au bain-marie, est repris par l'eau, puis de nouveau évaporé ; la solution acide est alors portée dans l'appareil de *Gutzeit*.

Dans la méthode *Gutzeit* : 5 grammes de soufre en poudre fine, sont mis en digestion avec 25 c. c. ammoniaque faible (1 : 3) pendant 1/4 d'heure. On filtre, lave avec peu d'eau, puis on évapore à sec. Le résidu est traité par quelques gouttes d'acide azotique dans une capsule de porcelaine, puis dissout dans 8 à 10 centimètres cubes d'acide sulfurique pur. La solution mise dans un tube à essais est additionnée de petits morceaux de zinc ; à la partie supérieure du tube on dispose un petit tampon d'ouate et au-dessus un petit carré de papier à filtrer blanc imprégné d'une solution de nitrate d'argent 1 : 1. Lorsqu'il y a présence d'arsenic le dégagement d'hydrogène arsénié AsH^3 produit, selon sa proportion, une tache qui peut varier du jaune clair au brun foncé.

D'autre part, on a des types de taches se rapportant à des pourcentages déterminés et, par simple comparaison, on est fixé, de façon à la fois rapide et exacte, sur la teneur à laquelle la tache correspond.

Sélénium. — Pour le reconnaître qualitativement, on fait bouillir 0,5 de soufre avec une solution de cyanure de potassium (0,5 dans 5 H^2O). Après filtration, on acidule le filtrat par HCl. En présence de sélénium il se développe une teinte rouge.

Fer. — Il reste dans le résidu de la distillation en même temps que le carbone. On peut l'y doser par les méthodes connues, exposées d'autre part.

Soufre soluble dans le sulfate de carbone. — On introduit 50 grammes de soufre brut finement pulvérisé, dans un flacon bouché à l'émeri renfermant 200 c. c. de sulfure de carbone. On note la température t et le poids spécifique s de la solution après digestion suffisante à température ordinaire. On ramène ce poids spécifique à 15° C. au moyen de la formule

$$S = s + 0,0014 (t - 15°) C.$$

Poids spécifiques des solutions de soufre dans le sulfure de carbone à 15° C (Macagno, *Chem. News*, 43, 192).

Poids spéc.	Degrés Baumé	%S	Poids spéc.	Degrés Baumé	%S	Poids spéc.	Degrés Baumé	%S
1,271	30,7	0	1,312	34,3	9,9	1,353	37,7	19,9
1,272	30,8	0,2	1,313	34,4	10,2	1,354	37,7	20,1
1,273	30,9	0,4	1,314	34,5	10,4	1,355	37,8	20,4
1,274	31,0	0,6	1,315	34,6	10,6	1,356	37,9	20,6
1,275	31,1	0,9	1,316	34,7	10,9	1,357	38,0	21,0
1,276	31,2	1,2	1,317	34,7	11,1	1,358	38,1	21,2
1,277	31,3	1,4	1,318	34,8	11,3	1,359	38,1	21,5
1,278	31,4	1,6	1,319	34,9	11,6	1,360	38,2	21,8
1,279	31,5	1,9	1,320	35,0	11,8	1,361	38,3	22,1
1,280	31,5	2,1	1,321	35,1	12,1	1,362	38,3	22,3
1,281	31,6	2,4	1,322	35,2	12,3	1,363	38,4	22,7
1,282	31,7	2,6	1,323	35,2	12,6	1,364	38,5	23,0
1,283	31,8	2,9	1,324	35,3	12,8	1,365	38,6	23,2
1,284	31,9	3,1	1,325	35,4	13,1	1,366	38,7	23,6
1,285	32,0	3,4	1,326	35,5	13,3	1,367	38,8	24,0
1,286	32,1	3,6	1,327	35,6	13,5	1,368	38,8	24,3
1,287	32,2	3,9	1,328	35,7	13,8	1,369	38,9	24,8
1,288	32,3	4,1	1,329	35,7	14,0	1,370	39,0	25,1
1,289	32,3	4,4	1,330	35,8	14,2	1,371	39,1	25,6
1,290	32,4	4,6	1,331	35,9	14,5	1,372	39,1	26,0
1,291	32,5	4,8	1,332	36,0	14,7	1,373	39,2	26,5
1,292	32,6	5,0	1,333	36,1	15,0	1,374	39,3	26,9
1,293	32,7	5,3	1,334	36,1	15,2	1,375	39,4	27,4
1,294	32,7	5,6	1,335	36,2	15,4	1,376	39,4	28,1
1,295	32,8	5,8	1,336	36,3	15,6	1,377	39,5	28,5
1,296	32,9	6,0	1,337	36,4	15,9	1,378	39,6	29,0
1,297	33,0	6,3	1,338	36,4	16,1	1,379	39,7	29,7
1,298	33,1	6,5	1,339	36,5	16,4	1,380	39,8	30,2
1,299	33,2	6,7	1,340	36,6	16,6	1,381	39,8	30,8
1,300	33,3	7,0	1,341	36,7	16,9	1,382	39,9	31,4
1,301	33,4	7,2	1,342	36,8	17,1	1,383	40,0	31,9
1,302	33,4	7,5	1,343	36,8	17,4	1,384	40,1	32,6
1,303	33,5	7,8	1,344	36,9	17,6	1,385	40,1	33,2
1,304	33,6	8,0	1,345	37,0	17,9	1,386	40,2	33,8
1,305	33,7	8,2	1,346	37,1	18,1	1,387	40,3	34,5
1,306	33,8	8,5	1,347	37,2	18,4	1,388	40,3	35,2
1,307	33,9	8,7	1,348	37,2	18,6	1,389	40,4	36,1
1,308	34,0	8,9	1,349	37,3	18,9	1,390	40,5	36,7
1,309	34,1	9,2	1,350	37,4	19,0	1,391	40,6	37,2
1,310	34,2	9,4	1,351	37,5	19,3			
1,311	34,2	9,7	1,352	37,6	19,6	(Saturé)		

9

Avec ce poids spécifique on se reporte à la table ci-dessus qui donne le pourcentage en soufre pur de la solution, par conséquent

la quantité contenue dans les 50 grammes de soufre brut correspond, pour les 200 centimètres cubes, à 2 fois le chiffre trouvé. Le
pourcentage de soufre pur contenu est donc 2 fois ce dernier
chiffre, ou 4 fois celui de la table.

Soufre total. — 0,1 ou 0,2 de la matière à examiner sont oxydés
par 10 centimètres cubes acide nitrique fumant, avec addition de
0,5 à 1 gramme de bromure de potassium. Après quelques minutes la liqueur est évaporée à sec, puis le produit séché, repris par
par HCl est évaporé à nouveau. On traite ensuite par l'eau pour dissoudre l'acide sulfurique et on précipite par le chlorure de baryum.

Soufre dans les matières épurantes du gaz

En raison de la complexité de ces matières, qui contiennent du
soufre non combiné, du soufre combiné, des composés cyanés,
des matières organiques, des oxydes de fer, de la chaux, etc., on
se borne le plus souvent à déterminer le soufre utilisable, parfois
on dose le soufre total.

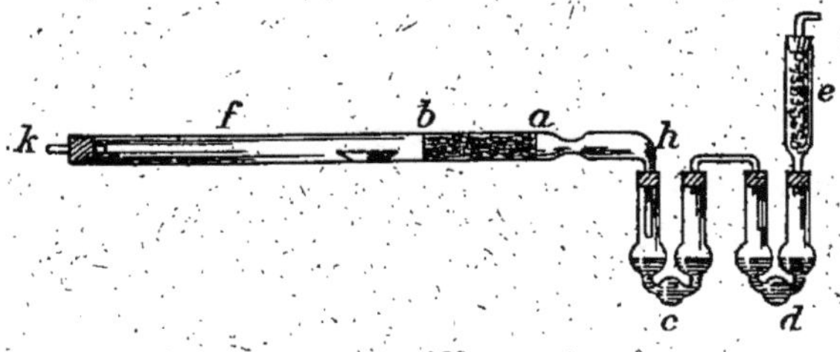

Fig. 298.

Pour le premier on peut brûler la masse, située dans une petite
nacelle en porcelaine, avec un courant d'oxygène provenant d'un
gazomètre, diriger les gaz SO^2 sur de l'amiante platinée chauffée. et
les amener au contact d'une solution de potasse caustique, exempte
d'alcool, avec de l'hypobromite de potasse. L'opération doit être
menée avec précaution avec un courant ni trop, ni trop peu, rapide
et dure environ une heure ; on cesse quand les parties de tube
suivant l'amiante platinée ne décèlent plus de condensation.

Les liquides sont ensuite enlevés, les récipients lavés et le tout réuni, sursaturé par HCl pour décomposer la potasse et l'hypobromite, après quoi on chauffe, on concentre, et on précipite par BaCl².

On a remplacé la solution d'hypobromite par l'eau oxygénée neutre et pure, afin d'obtenir

$$H^2O^2 + SO^2 = SO^4H^2$$

ce dernier est titré par une liqueur de soude ou de carbonate de soude. Bien entendu, si on était obligé de se servir de H^2O^2 acide, on devrait doser d'abord son acidité pour la défalquer du chiffre total. Le sulfate formé est ensuite précipité par BaCl².

Demstedt opère par distillation de la masse à température n'atteignant pas le rouge, ce qui donne le soufre, disponible.

Le soufre restant dans le résidu est déterminé en traitant celui-ci, à l'ébullition, par HCl ou une solution de soude, oxydant avec le brome et précipitant par BaCl².

Méthode *W.-M. Diamond, J. Soc. Chem. Industr.*, t. XXXVII, n° 24, p. 336-337, 31 décembre. *Chimie et Industrie*, août 1919.

Dans les dosages par extraction sulfocarbonique, on se trouve compter comme soufre (utilisable à la fabrication de gaz sulfureux) des impuretés telles que les composés cyanés, ammoniacaux, etc.

La méthode proposée évite cette cause d'erreur. 10 grammes de masse sont épuisés, sur filtre, par 9 portions successives de 20 c. c. chacune, de benzène froid. Une moitié du filtrat est évaporée à sec et le résidu pesé. L'autre moitié est également évaporée, puis traitée à l'ébullition par l'acide nitrique, étendue d'eau et précipitée par le chlorure de baryum. On pèse le sulfate de baryum produit. D'autre part, on épuise une prise de la masse par le sulfure de carbone à la manière ordinaire.

On évapore et on pèse.

Les pesées fournissent les données suivantes :

1° Goudrons, huiles, matières organiques solubles dans le benzène froid ;

2° Composés organiques sulfurés solubles dans le benzène froid ;

3° Soufre, et impuretés solubles dans le sulfure de carbone.

On obtient le % de goudron en soustrayant 2° de 1° et le % de soufre utile en soustrayant 2° de 3°.

Analyse d'une pyrite verte

On y dose habituellement : l'humidité, le soufre, l'insoluble et l'arsenic.

Le dosage de l'humidité ne présente aucune difficulté particulière.

Dosage du soufre (méthode *Lunge*). — 1° Attaquer à froid dans une capsule de porcelaine (couverte d'un verre de montre ou d'un entonnoir renversé) ou dans un Erlenmeyer, 0 gr. 5 de la pyrite finement pulvérisée et sèche, par 10 centimètres cubes d'un mélange de 3 parties acide nitrique, densité 1,4 et 1 partie en volume de HCl à 22°. Si l'attaque ne commençait pas de suite, on porterait sur un bain-marie, mais on doit l'enlever aussitôt le dégagement gazeux en route, ordinairement une fois l'attaque amorcée, elle se continue tranquillement. Lorsqu'elle se ralentit, on l'y remet et, une fois le dégagement gazeux nul ou presque nul, on achève l'opération au bain-marie bouillant jusqu'à désagrégation complète, ce qui demande généralement 1/4 d'heure. En cas de besoin on rajouterait un peu d'eau régale. Si on s'est servi d'un Erlenmeyer on transvase le contenu dans une capsule après attaque terminée ;

2° L'attaque étant complète, évaporer à sec au bain-marie ;

3° Ajouter 5 centimètres cubes d'acide chlorhydrique concentré, évaporer à sec, il ne doit plus y avoir la moindre trace de vapeurs nitreuses ;

4° Reprendre par 1 centimètre cube d'HCl et 100 centimètres cubes d'eau chaude ;

5° Filtrer sur un filtre sans plis : laver l'insoluble à l'eau froide puis à l'eau chaude, d'abord par décantation, puis directement en arrosant les bords du filtre avec une pissette à eau chaude. Le liquide doit occuper un volume de 150 centimètres cubes ;

6° Précipitation du fer par l'ammoniaque (densité 0,91), porter la solution à 70°, ajouter de l'ammoniaque en quantité suffisante pour qu'une baguette imprégnée d'HCl donne un très léger nuage et ajouter un excès de 6 à 7 centimètres cubes. Maintenir 10 à 15 minutes à 50-60° C. ;

7° Filtrer sur un filtre sans cendres à filtration rapide, de 10 centimètres ;

8° Laver 1/2 heure à 1 heure, avec de l'eau à 60° que l'on verse par petites portions. On arrête quand le filtrat ne donne plus le moindre trouble par $BaCl_2$ en solution même après plusieurs minutes, le volume total du liquide doit être d'environ 350 à 400 centimètres cubes au plus ;

9° Teinter le liquide par quelques gouttes de méthylorange et neutraliser exactement par l'acide chlorhydrique ;

10° Ajouter alors 1 centimètre cube HCl.

REMARQUES. — En mettant moins d'acide chlorhydrique, le précipité de sulfate de baryte contient toujours du chlorure de baryum ; par contre si l'on dépasse cette quantité d'acide, ce précipité entraîne encore du chlorure de baryum (0,1 % pour 6 centimètres cubes).

Un excès de 5 centimètres cubes d'ammoniaque est souvent suffisant, même lorsqu'on opère sur des pyrites contenant du zinc (pyrites de Westphalie). Cependant, lorsqu'il s'agit de ces mêmes pyrites grillées, on est forcé d'employer une quantité plus considérable d'ammoniaque pour séparer l'oxyde de zinc de l'oxyde de fer ;

11° Porter le liquide au commencement d'ébullition ;

12° Faire bouillir une solution de chlorure de baryum ; 24 centimètres de solution à 10 % étendue à 100 centimètres cubes ;

13° Agitant la solution d'attaque, y verser rapidement le chlorure de baryum bouillant ;

14° Laisser reposer le précipité de SO_4Ba 1/4 à 1/2 heure ;

15° Dissoudre le précipité d'oxyde de fer dans la quantité minima d'acide chlorhydrique concentré ;

16° Chauffer la solution à 70° et le précipiter de nouveau par un léger excès d'ammoniaque, refiltrer et laver comme en 8° ;

17° Faire bouillir le liquide pour chasser AzH_3 en excès, afin d'éviter que les vapeurs de SO_3 qui pourraient exister dans le làboratoire ne soient entraînées dans le flacon par combinaison avec AzH^3 ;

18° Acidifier légèrement par quelques gouttes d'acide chlorhydrique ;

19° Précipiter la liqueur bouillante par quelques centimètres cubes de $BaCl^2$ étendu et chaud. S'il y avait un précipité, on l'ajouterait simplement au premier après avoir décanté 3 fois et lavé à l'eau bouillante ;

La solution claire, surmontant le précipité de sulfate de baryte, est décantée sur le filtre sans cendres, et on lave, par décantation, à l'eau bouillante 3 ou 4 fois avec 100 centimètres cubes, en agitant et laissant reposer 2-3 minutes, après quoi le précipité est mis sur le filtre avec les précautions habituelles ;

21° Laver sur filtre avec de l'eau bouillante jusqu'à disparition de la réaction du chlorure par l'azotate d'argent ;

22° Calciner le filtre à part. Y ajouter 2 gouttes de HCl et une d'AzO^3H afin d'oxyder le sulfure de baryum. Evaporer. Ajouter ce sulfate de baryte. Calciner le tout et peser.

$$P \times 2 \times 13,74 = S °/_0.$$

Dans sa contribution à l'analyse gravimétrique, *L. W. Winkler* (*Z. angew. Chem.*, 1920, n° 52, p. 159), n° 54, p. 160. *Chimie et Industri* juillet 1921) fait remarquer que le dosage de l'acide sulfurique à l'état de SO^4Ba ne conduit pas à des résultats absolument exacts. Il est nécessaire de corriger les chiffres trouvés, trop faibles en général. L'auteur donne, dans ce but, après avoir défini les conditions dans lesquelles il s'est placé, tout une série de corrections suivant l'acidité du milieu, la nature et la quantité des sels présents, ainsi que le poids de sulfate précipité. Il résulte de ces expériences que :

1° Le précipité séché à 130° fournit un résultat plus exact que le même précipité calciné, par suite d'une légère perte en acide lors de la calcination ;

2° La perte par calcination est d'autant plus petite que le SO^4Ba a été précipité en milieu plus acide ;

3° La présence des sulfates alcalins ainsi que ceux de Cu, Cd, Zn, Mn, Fe, Co, Ni, Al, ne gêne pas sensiblement ; $MgCl^2$, non plus. Par contre, les chlorures alcalins, surtout ClK, nécessitent une correction spéciale. Il faut par exemple, en présence de 5 grammes de ClK, ajouter 3 gr. 5 à 300 grammes de SO_4Ba précipité pour avoir la valeur théorique.

Méthode Frésénius. — Elle consiste à oxyder le soufre par fusion avec le mélange de nitre et carbonate de soude : séparer le sulfate alcalin soluble, puis précipiter SO_4H_2 par $BaCl_2$ après élimination de la silice insolubilisée. Voici le *modus operandi* :

1° Préparer un mélange intime de 2 parties de carbonate de soude parfaitement sec et une partie de nitrate de potasse (exempts de soufre). Voir la remarque 20° ;

2° Peser 0 gr. 5 de pyrite finement porphyrisée, et séchée à 100° ;

3° Les mettre dans un grand creuset de platine et les mélanger intimement (au moyen d'une baguette de verre à extrémité arrondie) avec 5 grammes de mélange $CO_3Na_2 + AzO_3K$. Recouvrir le mélange ainsi obtenu, d'une couche de mélange oxydant ;

4° Chauffer peu à peu sur une lampe à alcool (le gaz d'éclairage étant sulfuré). *Campredon* conseille, lorsqu'on emploie un brûleur à gaz, d'encastrer le creuset de platine dans un carton d'amiante afin que les produits de la combustion soient éloignés de la masse alcaline. Après quelques minutes de fusion tranquille, on met à sécher ;

5° Ajouter de l'eau au creuset, ou faire tomber au préalable la masse fondue dans une capsule contenant de l'eau distillée, et chauffer jusqu'à dissolution totale du soluble ;

6° Faire passer un courant de gaz carbonique pendant quelque temps pour précipiter le peu de plomb solubilisé, et jusqu'à ce que tout le caustique soit carbonaté ;

7° Filtrer. Le résidu est bouilli avec une solution de carbonate de soude pur, filtré, lavé à l'eau bouillante légèrement alcalinisée par CO_3Na_2, jusqu'à absence totale d'acide sulfurique dans les eaux de lavage ;

8° La liqueur renfermant tout le soufre à l'état de sulfate soluble est acidifiée par l'acide chlorhydrique pur, les liquides filtrés et les eaux de lavage, réunis dans un Erlenmeyer ;

9° Chauffer jusqu'à départ complet du gaz carbonique ;

10° Transvaser le liquide dans une capsule en porcelaine et évaporer en présence d'acide chlorhydrique jusqu'à départ complet de l'acide nitrique, pour décomposer les azotates ;

11° Humecter le résidu primitif avec 2 centimètres cubes d'acide chlorhydrique faible, ajouter de l'eau et précipiter par un excès raisonnable de chlorure de baryum ;

12° Laisser refroidir, filtrer et laver à l'eau bouillante jusqu'à disparition complète de la réaction du chlore par l'azotate d'argent ;

13° Sécher ; calciner le filtre d'abord, puis le précipité. Peser ;

14° Par mesure de sécurité, le sulfate ainsi obtenu n'étant généralement pas pur (SiO^2), chauffer le précipité, dans le creuset de platine, avec de l'acide chlorhydrique ;

15° Filtrer ; laver à l'eau chaude ; ajouter quelques gouttes de chlorure de baryum ;

16° Évaporer presqu'à sec ;

17° Reprendre par l'eau, filtrer sur le même filtre (que 15°) ; laver ; sécher ;

18° Brûler le filtre dans une spirale du platine, au-dessus du creuset de platine contenant la plus grande partie du précipité séché ;

19° Calciner et peser ;

La différence avec le premier poids (13°) ne dépasse généralement pas quelques milligrammes.

20° REMARQUE. — Si le mélange de carbonate de soude et d'azotate de potasse, la solution de carbonate de soude, l'acide chlorhydrique, ne sont pas absolument exempt d'acide sulfurique, on estimera l'erreur commise, en pesant chacun des réactifs, employés et tenant de compte de leur teneur en acide sulfurique.

Méthode par fusion avec le peroxyde de sodium. *Mode opératoire Compredon.* — 0 gr. 625 de pyrite pulvérisée, et desséchée à 100° C., sont mélangés à 6 grammes de peroxyde de sodium, dans une capsule de nickel et, sur le mélange, on met en outre 2 grammes de peroxyde de sodium.

Le chauffage doit être mené lentement afin que l'oxydation

s'effectue progressivement, puis, après 15 minutes environ, on élève la température jusqu'à fusion de la masse. Après fusion tranquille on laisse refroidir, reprend par l'eau froide d'abord, puis la capsule de nickel est lavée à l'eau bouillante. Le liquide est réuni dans un ballon jaugé de 250 centimètres cubes. Après refroidissement on complète ce volume, puis on filtre sur filtre sec.

On prélève 200 centimètres (correspondant à 0 gr. 500) que l'on acidifie faiblement par HCl, après quoi on fait bouillir et on ajoute, en une seule fois, 25 centimètres cubes de $BaCl^2$ à 10 %. On laisse déposer une heure environ puis le SO^4Ba est filtré, lavé, séché, calciné et pesé.

$$BaSO^4 \times 0{,}1375 = S.$$

I. Pyrite grillée. — Pour doser le soufre total dans une pyrite grillée, on en mélange, à 1 gramme porphyrisé, 5 parties d'un flux formé de 4 parties de carbonate de soude anhydre avec 1 partie d'azotate de potasse. On recouvre d'une petite couche de ce flux et on continue comme il a été dit précédemment (méthode *Frésénius*).

II. Dosage du fer. — Le précipité d'oxyde de fer obtenu en 6° dans le procédé de détermination du soufre utilisable, sert à ce dosage.

1° Dissoudre ce précipité dans l'acide chlorhydrique étendu, filtrer si nécessaire ;

2° Précipiter à chaud par l'ammoniaque ;

3° Filtrer ; laver à l'eau chaude, sécher ;

4° Calciner le filtre d'abord, puis le précipité. Peser, multiplier par 0,7.

III. Dosage de l'arsenic. — 1° Attaquer 1 gr. 5 de pyrite porphyrisée par 100 centimètres cubes d'eau régale ;

2° Évaporer au bain-marie, en évitant les températures élevées ;

3° Reprendre par l'acide chlorhydrique étendu. Filtrer.

4° Précipiter à 80° par l'acide sulfhydrique, pendant 2 à 3 heures ;

5° Filtrer et laver à l'eau sulfhydrique, en s'assurant que le liquide filtré ne précipite plus par l'hydrogène sulfuré ;

6° Dissoudre le précipité sur le filtre, par de l'ammoniaque au tiers ;

7° Évaporer à sec ; reprendre par l'eau ;

8° Évaporer de nouveau à sec, en faisant attention de ne pas dépasser 105 à 110°.

9° Reprendre par l'eau chaude acidulée à l'acide chlorhydrique. Filtrer ;

10° Alcaliniser par l'ammoniaque et précipiter par la mixture magnésienne ainsi composée : 550 de chlorure de magnésium ; 1050 de chlorhydrate d'ammoniaque, 3500 d'ammoniaque à B. et de l'eau pour faire dix litres ;

11° Laisser reposer 24 heures ;

12° Filtrer sur un creuset de *Gooch* ; laver à l'eau ammoniacale ;

13° Sécher sans dépasser 95° ; peser ;

Le poids est multiplié par 0,394 pour avoir l'arsenic.

IV. Dosage de l'arsenic par liqueur titrée. — 1° Passer 2 grammes de pyrite finement pulvérisée ;

2° Les mettre dans un creuset de platine avec 12 parties d'un mélange oxydant à quantités égales de carbonate de soude et de nitrate de potasse, purs et secs.

Recouvrir le mélange intime avec 2 grammes de flux ;

3° Fondre en chauffant avec précaution, laisser refroidir. Décoller la masse ;

4° Laver le creuset à l'eau bouillante et introduire la masse dans un Erlenmeyer ;

5° Faire bouillir jusqu'à désagrégation complète. Filtrer, laver à l'eau chaude ;

6° Aciduler par AzO^3H pur ; faire bouillir pour chasser l'acide nitreux et CO^2 ;

7° Laisser refroidir et neutraliser exactement par l'ammoniaque ;

8° Aciduler de nouveau par une goutte d'acide azotique et neutraliser par l'ammoniaque de manière à avoir une liqueur très faiblement alcaline ;

9° Verser dans la liqueur, goutte à goutte, une solution neutre de nitrate d'argent jusqu'à cessation de formation de précipité. Agiter ;

10° Mettre quelques instants à l'étuve pour permettre au précipité de bien se rassembler ;

11° Filtrer, laver à l'eau froide jusqu'à ce que les eaux de lavage ne précipitent plus par une goutte d'acide chlorhydrique ;

12° Placer l'entonnoir contenant le précipité sur le vase ayant servi à la précipitation ;

13° Dissoudre l'arséniate d'argent rouge dans l'acide nitrique pur et très dilué ;

14° Laver le filtre 4 ou 5 fois à l'eau froide, pour éliminer le nitrate d'argent ;

15° Additionner le liquide de quelques gouttes d'une solution de sulfate ferrique ;

16° Titrer l'argent par une liqueur décime de sulfocyanure d'ammonium jusqu'à coloration rose.

1 centimètre cube de sulfocyanure $= 0,0025$ gr. d'arsenic.

Analyse complète des pyrites crues ou grillées d'après Campredon. — On dosera généralement : silice, fer, soufre, acide sulfurique, cuivre, zinc, plomb, chaux, magnésie, sulfate de baryte, nickel, cobalt, argent et or.

Silice, sulfate de baryte. — Attaquer 5 grammes de matière par l'eau régale fortement nitrique (50 cc. AzO^3H + 20 cc. HCl) évaporer à sec. Reprendre par 20 centimètres cubes HCl + 100 centimètres cubes d'eau bouillante. Filtrer le résidu siliceux que l'on fond avec les carbonates alcalins pour doser SiO^2 + $BaSO^4$.

Fer. — Le filtrat du résidu siliceux est reçu dans un ballon de 250 centimètres cubes et l'on parfait de volume après refroidissement. Prélever 100 centimètres cubes $= 1$ gramme, réduire le fer par le bisulfite à chaud, chasser SO^2 en excès, faire passer H^2S pour précipiter le cuivre, l'antimoine, l'arsenic, etc. Filtrer les sulfures qui pourront servir au dosage de l'antimoine ou du cuivre.

Le filtrat est porté à l'ébullition pour chasser l'hydrogène sulfuré, peroxyder le fer par l'acide azotique ou l'eau oxygénée.

Ajouter un excès d'ammoniaque pour précipiter l'hydrate ferrique que l'on recueille sur le filtre, lave, sèche, calcine et pèse. On le redissoudra dans l'acide chlorhydrique et titrera le fer par le permanganate de potassium, ou mieux par le chlorure stanneux.

Nota. — Quand la pyrite ne renferme que très peu d'impuretés (arsenic, cuivre) on pourra doser le fer plus simplement et plus exactement en opérant comme suit ;

Griller 1 gramme de matière au rouge sombre, de manière à chasser la majeure partie du soufre et à convertir la pyrite en oxyde ferrique que l'on fait tomber dans un ballon de un litre, dissoudre par l'acide chlorhydrique, et titrer le fer dans la solution en opérant comme pour un minerai.

Soufre. — Selon la méthode Lunge (voir p. 747).

Acide sulfurique. — Mettre 2 gr. 500 de matière dans un ballon jaugé de 250 centimètres cubes, ajouter 200 centimètres cubes d'eau bouillante et 2 ou 3 gouttes d'acide chlorhydrique, agiter. Laisser refroidir, compléter à 250 centimètres cubes, filtrer sur filtre sec. Prélever 200 centimètres cubes = 2 grammes, porter à l'ébullition, ajouter un excès de chlorure de baryum.

Recueillir le sulfate de baryte qu'on lave, sèche, calcine et pèse.

$$BaSO^4 \times 0{,}3433 = SO^3.$$

On transformera, par le calcul, SO^2 en S que l'on retranchera de la teneur totale trouvée par la méthode de *Lunge*.

Plomb, cuivre, zinc, nickel, cobalt. — Attaquer 2 grammes de matière dans un vase de Bohême, par l'eau régale très nitrique. Ajouter, après attaque, 30 centimètres cubes de $\dfrac{SO^4H^2}{2}$, évaporer à fumées d'acide sulfurique. Laisser refroidir, additionner 100 centimètres cubes d'eau. Chauffer pour dissoudre les sulfates solubles. Laisser refroidir, filtrer, laver à l'eau froide sulfurique.

Plomb. — Le plomb resté avec le résidu siliceux sur le filtre, à l'état de sulfate, est dissout dans l'acétate d'ammoniaque chaud. On le précipite à l'état de chromate

$$Pb.CrO^4 \times 0{,}64 = Pb.$$

Cuivre. — Le filtrat, séparé du résidu siliceux et du sulfate de plomb, est neutralisé par de l'ammoniaque, acidifié par HCl.

Ensuite il faut réduire le fer par le bisulfate à chaud, chasser l'excès de SO^2. Faire passer H^2S en liqueur suffisamment acide (10 % d'HCl). Recueillir le sulfure de cuivre mélangé de sulfure d'arsenic et de sulfure d'antimoine. Calciner, dissoudre le cuivre dans l'acide azotique et titrer par l'hyposulfite de sodium en présence d'iodure de potassium.

Zinc. Nickel. Cobalt. — Le filtrat est débarrassé d'H^2S par ébullition prolongée, laisser refroidir, neutraliser par l'ammoniaque, ajouter 40 centimètres cubes d'acide acétique. Faire passer *à froid* un courant d'hydrogène sulfuré qui précipite le zinc, le nickel, le cobalt, avec très peu de fer. Laisser déposer, recueillir le sulfure que l'on sépare par HCl étendu, ou de toute autre manière.

Chaux, magnésie. — Prélever 100 centimètres cubes de la liqueur d'attaque pour résidu siliceux. Précipiter par l'ammoniaque et doser CaO et MgO dans le filtrat.

Recherche de l'or et de l'argent. 1° *Par voie sèche.* — Griller 100 grammes de matière dans un têt suffisamment grand. Pour éviter que la pyrite ne colle, il est prudent d'ajouter 30 grammes de sable exempt de métaux précieux. Fondre le tout au creuset de terre, après mélange avec les fondants habituels, et 30 grammes de litharge. Recueillir le culot de plomb obtenu que l'on coupelle, peser le bouton renfermant Ag + Au.

Séparer les métaux précieux par l'acide azotique, ou l'acide sulfurique, qui dissolvent l'argent et laissent l'or.

2° *Par voie humide.* — Méthode plus sensible, car on peut opérer sur 500 grammes de matière que l'on traite comme suit, d'après *Fresénius.*

Griller 500 grammes de pyrite. Épuiser par l'eau chaude et ajouter de l'acide chlorhydrique. S'il se forme AgCl on le recueille (*a*). Ensuite on fait digérer le résidu, longtemps, dans l'obscurité avec de l'eau de brome, on filtre dans l'obscurité et on évapore la dissolution jusqu'à 200 centimètres cubes, on ajoute $FeSO^4$ et on fait passer H^2S. Laisser déposer vingt-quatre heures (*b*). Le résidu est traité par AzH^4Cl pour dissoudre le bromure d'argent. Filtrer dans un ballon ; laver avec sel ammoniac et ajouter un peu de HCl et AzH⁴OH et enfin $(AzH^4)^2S$. On laisse déposer à chaud (c). Les précipités (a) (b) (c) sont grillés. On broie avec un peu de borax et on coupelle avec plomb ; le bouton est pesé et traité pour or, etc.

Remarque. — *Hampe* a signalé l'existence d'oxygène (de 1,5 à 2 %) dans quelques pyrites du Hartz.

Pour le doser, on chauffe la pyrite dans un courant d'H, on retient le S dans une solution alcaline de Pb et on calcule l'O d'après la perte de poids.

Perte = soufre + oxygène. On détermine la teneur de soufre enlevée et on trouve ainsi celle de l'oxygène.

Perte totale — S = oxygène.

Exemple d'analyse (M. *Krechel*)

S	47,34
As	0,02
Cu	0,05
Fe	41,72
Gangue	10,79
H²O	0,08

Pyrites grillées ou résidus des pyrites. — On peut attaquer, et analyser, ces matières de la même façon qu'un minerai de fer, mais, en raison de la faible teneur de certains éléments tels que Al^2O^3, Mn, CaO, MgO, Pb, etc., on se contente généralement d'une analyse moins complète. On opère comme suit :

Fer. — Il est dosé en double en attaquant la matière. finement pulvérisée, par l'acide chlorhydrique fort et titrant par $SnCl^2$.

Comme les teneurs de fer varient de 60 à 68 %, on opère sur 0,500 gr.

Résidu siliceux insoluble, soufre. — Dans une fiole on attaque 2 gr. 500 de matière par 60 à 80 centimètres cubes d'eau régale $(1 AzO^3H + 3HCl)$; on laisse au bain de sable la fiole couverte d'un entonnoir, jusqu'à ce que l'attaque soit terminée. A ce moment on retire l'entonnoir et on évapore à sec. On reprend par 10 centimètres cubes HCl fort, on étend, on filtre, lave, sèche, calcine et pèse, le *résidu siliceux insoluble*. Dans la liqueur filtrée, on dose le soufre par précipitation avec le chlorure de baryum.

Phosphore, arsenic. — Quand on veut rechercher ces éléments on attaque 5 grammes de matière et on fait 500 centimètres cubes avec la liqueur dont on prélève 300 centimètres cubes par filtration partielle, etc., comme pour les minerais.

Cuivre. — On opère sur 2 grammes, exactement comme pour les minerais.

Nota. — Les teneurs de soufre varient de 0,500 à 3 %.

Les teneurs de cuivre varient de 0,010 à 1 %.

Exemples d'analyse (L. Campredon).

Résidu siliceux insoluble	2,16
Fer	64,00
Soufre	2,07
Cuivre	0,34
Humidité	7,85

Blendes Crues

Dosage du soufre, *Voie sèche, (Campredon).* — Fondre jusqu'à fusion tranquille (ce qui exige environ 15 minutes) 0,5 de minerai avec 2 grammes de nitrate de potasse et 5 grammes de carbonate sodico-potassique, dans un creuset de porcelaine ouvert; on reprend par l'eau bouillante et on fait passer CO_2 pour précipiter le plomb. On filtre, puis on acidifie le filtrat et on l'évapore à sec, on humecte avec HCl et on dilue avec de l'eau. Filtrer pour séparer la silice et précipiter SO_4H_2 dans la liqueur claire au moyen de $BaCl_2$, etc.

Procédé au peroxyde de sodium (Campredon). — Fondre au creuset d'argent; 1 partie de Blende avec 2 parties de soude et 4 parties de peroxyde de sodium.

La masse refroidie est reprise par l'eau, on filtre, on acidifie le filtrat avec HCl, et précipite par $BaCl_2$.

Dosage du soufre dans la blende crue. *Voie humide.* — Le dosage se fait sur 0 gr. 50 pulvérisé aussi finément que possible. On attaque à froid par 10 cm^3 d'acide nitrique fumant (densité 1,5), dans un bescher de 125 cm^3 de capacité, à large ouverture, recouvert d'un petit entonnoir à cône allongé.

On laisse digérer à froid pendant une demi-heure, puis on

chauffe lentement jusqu'à disparition de vapeurs rutilantes ; après refroidissement on ajoute, peu à peu, 25 cm³ d'acide chlorhydrique concentré, on laisse en contact à froid une heure environ, puis on évapore à siccité au bain-marie. Le résidu est repris par 2 cm³ d'acide chlorhydrique concentré (qui ne doivent pas occasionner de dégagement nitreux) et 50 cm³ d'eau chaude qui servent à laver l'entonnoir ainsi que les parois du bescher. On ajoute 10 cm³ d'ammoniaque (22° B.), on agite soigneusement avec une petite baguette de verre, en ayant soin de bien diviser le précipité d'hydrate ferrique par un certain nombre de rotations successives en sens inverse.

Le volume total est amené à 100 cm³, on agite le précipité, laisse déposer, et verse le liquide clair ammoniacal sur un filtre. Le précipité se lave à trois reprises par décantation en le mettant en suspension chaque fois ; après quoi il est mis sur filtre, et lavé à l'eau chaude, avec les même précautions.

On continue jusqu'à ce que 1 cm³ d'eau de lavage ne se trouble pas par addition de chlorure de baryum, même après plusieurs minutes.

L'ensemble du filtrat et des eaux de lavage doit atteindre 500 cm³ au moins.

On projette 2 gouttes de solution de méthylorange, on neutralise par HCl jusqu'à coloration rose puis on ajoute un excès de 0 cm³ 30 d'acide.

On porte à l'ébullition et verse rapidement en une seule fois 20 cm³ d'une solution bouillante de chlorure de baryum à 10 %.

On laisse refroidir, puis on décante le liquide éclairci sur un filtre sans cendres. On lave par décantation à l'eau bouillante 4 fois, en agitant chaque fois le précipité et laissant déposer ; on l'entraîne alors sur le filtre et on le lave à l'eau bouillante 6 fois successives, en le mettant en suspension avec le jet de pissette à chacune d'elles et laissant écouler totalement l'eau du filtre avant d'en remettre d'autre.

Après séchage du filtre et son contenu, on le calcine dans une atmosphère oxydante.

Le précipité calciné doit être complètement blanc et en poudre, sans parties agglutinées. Un gramme correspond à 0,13 734 de soufre.

Dosage du soufre dans les blendes calcinées. — Le réactif employé pour la séparation du soufre est un mélange intime de 1 partie dé carbonate de soude pur, fondu et pulvérisé, avec 3 parties d'oxyde de zinc pur.

On prend 1 gramme de minerai bien pulvérisé et une quantité de réactif renfermant plus du double de carbonate de soude nécessaire pour former du sulfate de soude avec le soufre à doser, avec minimum de 4 grammes, qui sont presque toujours suffisants.

Le produit bien mélangé, et recouvert d'un gramme environ du même réactif, est porté très lentement au rouge sombre dans un creuset à large ouverture chauffé dans un moufle ouvert, on le maintient au rouge pendant 15 à 20 minutes environ.

On laisse refroidir, et passe la matière, qui a dû rester pulvérulente, dans une capsule de porcelaine de 0 m. 120 de diamètre ou dans un bescher de 250 cm³ ; elle est traitée par l'eau distillée très chaude ; on fait bouillir, et, après dépôt, on filtre le liquide clair. Après nouveau traitement par l'eau bouillante, on fait bouillir, laisse refroidir, décante, etc., etc., on répète l'opération six fois. La matière, jetée sur filtre, est lavée à l'eau bouillante jusqu'à ce que 1 cm³ d'eau de lavage ne se trouble pas par addition de chlorure de baryum, même après plusieurs minutes.

Le liquide, qui doit atteindre un volume de 500 cm³ au moins, est neutralisé par HCl, on fait bouillir, ajoute 20 cm³ d'une solution bouillante de chlorure de baryum, etc., etc., la suite comme pour la blende crue.

Pour déterminer, dans la blende grillée, la quantité de *soufre à l'état de sulfate* à déduire de la quantité totale de soufre contenue, on opère comme suit :

On prend deux grammes (2 gr.) de blende, pulvérisée aussi finement que possible, on les introduit dans un bescher de 250 cm³ à 500 cm³ ; on les humecte avec de l'eau et on ajoute 180 cm³ d'une solution contenant, par litre d'eau, 50 grammes d'acétate d'ammoniaque et 1 cm³ d'acide acétique cristallisable ; on fait bouillir 3 heures pour dissoudre les sulfates de calcium, de magnésium, de fer, de plomb, de zinc et de manganèse, en remplaçant l'eau qui s'évapore.

On laisse refroidir, on décante le liquide clair sur un filtre, on lave 4 fois par décantation en faisant bouillir chaque fois et laissant refroidir ; on lave sur le filtre avec de l'eau distillée tiède 6 à 8 fois, en remettant toujours le résidu en suspension avec le jet de pissette ; si le liquide était trouble au début du filtrage, on le repasserait sur le même filtre plusieurs fois au besoin.

Le liquide total doit représenter 500 cm³ : on ajoute 10 cm³ d'acide chlorhydrique concentré, et on précipite par le chlorure de baryum en opérant comme pour la blende crue.

La présence de l'arsenic étant très préjudiciable à la qualité des acides obtenus, on est appelé fréquemment à en faire le dosage comme suit :

Dosage de l'arsenic dans la blende crue. — 2 grammes de blende finement broyée, sont introduits dans un creuset de platine contenant, au préalable, 10 à 12 parties d'un mélange homogène de 1 de carbonate de soude et 1 de nitrate de potasse, purs, et desséchés. On mélange intimement, puis on tasse un peu et on recouvre d'environ 2 grammes du mélange oxydant.

Le creuset qui doit être rempli au plus à moitié, est porté, muni de son couvercle, dans un moufle à peine chauffé dont on élève la température peu à peu, ou sur un bec Bunsen donnant une flamme d'environ 0 m. 03 de hauteur. Quand la réaction est terminée, en refroidit brusquement le creuset dans l'eau. Une fois parfaitement froid, on décolle la masse fondue par des pressions circulaires opérées sur les parois du creuset, et on introduit le produit de la fusion dans un bescher de 500 cm³. On lave bien le creuset à l'eau bouillante, en réunissant les produits du lavage avec la masse fondue ; on ajoute 100 cm³ d'eau et on fait bouillir jusqu'à désagrégation complète. On filtre et lave à l'eau chaude le résidu ; le filtrat doit être clair, ou sinon il faudrait filtrer de nouveau.

L'arsenic se trouve sous forme d'arséniate alcalin, dans le liquide filtré que l'on acidule par l'acide nitrique pur, et on fait bouillir pour chasser l'acide nitreux et l'acide carbonique. On refroidit ensuite et on neutralise par la soude, ou l'ammoniaque, en se servant de phénolphtaléine comme indicateur, le liquide doit être faiblement alcalin ; l'ammoniaque libre ne doit pas dépasser une goutte d'ammoniaque ordinaire étendue de 10 fois sa quantité d'eau.

Dans la liqueur obtenue on verse, goutte à goutte, une solution neutre de AzO^3Ag jusqu'à cessation de formation de précipité. On agite vivement et on chauffe à 100° le temps nécessaire pour que le précipité d'argent se rassemble. On filtre, on lave à l'eau froide jusqu'à ce que les eaux de lavage ne se troublent plus par addition d'une goutte d'acide chlorhydrique.

On replace l'entonnoir, on filtre sur le vase qui a servi à la précipitation et on dissout l'arséniate d'argent rouge, dans l'acide nitrique pur et très dilué ; on lave le filtre 4 et 5 fois à l'eau froide. Le liquide filtré est additionné de quelques gouttes de solution de sulfate ferrique et on dose l'argent par le sulfocyanure d'ammonium jusqu'à coloration rose. 3 atomes d'argent correspondent à 1 atome d'arsenic.

Dosage du zinc. — Le dosage du zinc est une opération délicate, aussi, dans les contrats d'achat ou de grillage à façon, on indique de façon absolument précise les méthodes qui devront être employées. Ordinairement on opère volumétriquement, mais, en cas de contestation, on choisit les méthodes par pesée ou par électrolyse.

Les méthodes préconisées par *Prost* et *Hassreidter*, parfois un peu modifiées, sont les plus vulgarisées dans le monde industriel.

Dosage du zinc. *Préparation de la liqueur pour dosage de zinc par liqueurs titrées.* — 1° On opère sur 0,5 à 1 gramme d'après la richesse supposée.

2° Attaquer par 7 cm³ d'acide chlorhydrique à 22° B.

3° Laisser le flacon à une douce chaleur jusqu'à élimination complète de l'hydrogène sulfuré.

4° Continuer l'attaque par un mélange de 7 cm³ d'acide sulfurique et 3 cm³ d'acide azotique à 44° B. en agitant fréquemment.

5° Chauffer, au bain de sable, jusqu'à ce que les vapeurs d'acide sulfurique soient bien caractérisées.

6° Laisser refroidir et ajouter 50 cm³ d'eau distillée chaude.

a) Si la blende est cuivreuse, ajouter 7 cm³ d'hyposulfite de soude à 10 %.

b) Avec une blende cadmifère, — précipiter par l'hydrogène sulfuré, ou mieux par une lame d'aluminium.

c) S'il y a du manganèse, — seul on en compagnie du cuivre et du cadmium, oxyder par l'eau de brome ou par l'eau oxygénée.

Dans tous les cas :

7° Précipiter par 20 cm³ d'ammoniaque, chauffer à l'ébullition.

8° Recueillir le précipité en le lavant à chaud par décantation.

9° Redissoudre ce précipité par l'acide chlorhydrique. Oxyder de nouveau, si cela paraît nécessaire.

10° Répéter les mêmes opérations avec les mêmes précautions (7° et 8°).

La liqueur filtrée sert aussi bien pour le procédé *Schaffner* que pour le procédé au ferrocyanure.

Procédé Schaffner. — La liqueur précédente est amenée à 500 cm³, et on laisse reposer une nuit.

On prépare alors pour le titrage, une liqueur de monosulfure de sodium à 40 grammes par litre.

Préparation de la liqueur type de zinc. — On prépare d'autre part une liqueur type de zinc.

Pour cela, on dissout 0 gr. 20 à 25 grammes de zinc pur, dans un verre avec 12 cm³ d'acide chlorhydrique étendu et 3 cm³ d'acide azotique étendu.

Après addition d'eau, on ajoute 20 cm³ d'ammoniaque étendu à 500 cm³ cubes, et laisse reposer une nuit.

Cette liqueur sert au commencement et à la fin des opérations. Pour déterminer la fin de la réaction, on se sert d'un papier glacé au plomb (Polka).

On ajoute, aux liqueurs à titrer, une pincée de bicarbonate de soude pour éviter la formation d'hydrogène sulfuré par décomposition du sulfure.

On fait donc couler de la liqueur de sulfure de sodium dans celle où l'on veut doser le zinc. Pour déterminer la fin de la réaction, on laisse tomber de temps en temps une goutte du liquide, avec une baguette de verre, sur le papier au plomb. On compte jusqu'à 20 et on ajoute une deuxième goutte sur la première, on lave immédiatement et on voit si la tache de la première goutte subsiste.

On opère de même sur la liqueur type de zinc.

Comme contrôle, on ajoute au titrage 0 cm³ 2 de sulfure de sodium, et on répète l'essai au papier, qui doit se tacher plus fortement.

En Belgique, on emploie 2 ou 3 burettes de sulfure de sodium, et on fait l'essai en même temps sur la liqueur type et sur la liqueur où l'on veut doser le zinc.

On a proposé, comme papier réactif, un papier au chlorure de cobalt, préparé en dissolvant 0 gr. 35 de chlorure de cobalt dans 100 centimètres cubes d'eau.

Pour préparer la dissolution de sulfure de sodium, on peut dissoudre 3 grammes de soude caustique pure dans 200 centimètres cubes d'eau, saturer la moitié de la dissolution par l'hydrogène sulfuré et ajouter l'autre moitié de la dissolution.

Procédé au ferrocyanure. — La liqueur se prépare donc comme pour le procédé *Schaffner*. On n'emploie que l'ammoniaque nécessaire pour la précipitation du fer et, pour chasser tout l'ammoniaque possible, on laisse reposer pendant une nuit à 50° environ. On a recommandé pour éviter la formation de ferrocyanure pendant le titrage d'ajouter un peu de sulfite de soude. D'aucuns prétendent que cette addition est inutile.

La liqueur de ferrocyanure contient 21 gr. 63 de ferrocyanure de potassium et 7 grammes de sulfite de soude par litre.

Comme dans le procédé *Schaffner*, on prépare une liqueur type de zinc.

On laisse passer la nuit à chaud dans les mêmes conditions, après addition de 10 centimètres cubes d'ammoniaque aux 200 centimètres de la solution.

Avant de titrer, ou ajoute aux deux liqueurs 100 cm³ d'acide chlorhydrique étendu, on fait bouillir et on titre à chaud avec la liqueur de ferrocyanure jusqu'à ce qu'une goutte ne donne plus, même après 2 minutes, la moindre trace de coloration brune, au contact d'une goutte de solution de nitrate d'urane à 1 %. Cette dernière solution est répartie sur une plaque de porcelaine à fossettes. Le terme de l'essai se marque avec une très grande netteté.

Tant que la disparition se produit dans le temps de compter jusqu'à 50, ajouter de la liqueur titrée par fractions de 0 cm³ 2, agitant fortement la fiole après chaque addition.

Au lieu de la solution de nitrate d'urane à 1 %, on peut employer, comme indicateur, une solution de molybdate d'ammoniaque à 9 grammes par litre. La réaction avec le molybdate est instantanée ; avec le nitrate d'urane elle est progressive.

Les résultats sont comparables à ceux de la méthode *Schaffner*.

Dosage du zinc par la méthode américaine. — *E. Olivier, Bull. Soc. Chim. Belgique*, 1920, t. XX, juin, *Chimie et Industrie,* juillet 1921, signale que les firmes anglaises imposent, pour l'analyse des concentrés d'Australie, une méthode dite américaine (*Titrage du zinc en solution tartro-ammoniacale et ferrique par le ferrocyanure de potassium*).

Suivant cette méthode, le minerai est attaqué par HNO^3 et $KClO^3$. On évapore à sec, reprend par de l'eau chaude (100 cm³) contenant du chlorhydrate d'ammonium (7 grammes) et de l'ammoniaque (15 cm³), on lave le résidu, ajoute HCl jusqu'à léger excès ; et fait bouillir en présence d'une lame de plomb pendant 20 minutes pour précipiter le cuivre. On neutralise par l'ammoniaque, ajoute 30 cm³ d'une solution saturée de tartrate acide de potassium contenant du chlorure ferrique, chauffe à 75°, ajoute 10 cm³ d'ammoniaque et titre au ferrocyanure, jusqu'à ce qu'une touche à l'acide acétique donne une coloration bleue.

M. *Olivier* a fait subir à cette méthode un examen critique qui l'a conduit à la considérer comme inexacte si on l'applique telle qu'elle est décrite dans les contrats anglais car une partie du manganèse contenu dans le minerai est dosée comme zinc. On arriverait à des résultats beaucoup plus satisfaisants en ajoutant à la liqueur de reprise, après l'attaque, quelques centimètres cubes d'eau oxygénée, qui assurent la précipitation complète du manganèse.

La nécessité d'opérer le titrage à 75° constitue un inconvénient particulièrement sensible dans le travail en série.

Analyse complète des minerais de plomb *d'après Campredon* (*Guide pratique du chimiste métallurgiste*, p. 723). — *Sulfures* *de* Pb *ou galènes*, 1 à 2 grammes de minerai sont attaqués par de l'acide nitrique fumant. Si l'acide est assez concentré, et la matière suffisamment porphyrisée, tout le soufre est oxydé. On laisse refroidir, ajoute quelques centimètres cubes d'acide sulfurique et on évapore presqu'à sec. On reprend par 50 cm³ d'eau et on filtre.

a) Le résidu séparé par filtration est calciné et pesé. On a ainsi le Pb à l'état de *sulfate*, puis la gangue (silice ou sulfate de baryte).

b) Ce résidu est attaqué par HCl concentré, à l'ébullition, ce qui solubilise le Pb ; on filtre après avoir étendu d'eau et on pèse le résidu qui constitue la gangue : *silice et résidu insoluble*.

c) En retranchant le poids obtenu en *b* de celui obtenu en *a*, on obtient par différence le *sulfate de plomb*.

Nota. — On pourrait, tout aussi bien, réaliser la dissolution du sulfate de Pb par l'emploi d'une solution concentrée d'acétate d'ammoniaque, ou d'acétate de soude.

La dissolution sulfurique, provenant de la filtration de la gangue insoluble et du sulfate de Pb, contient les autres métaux.

S'il y a de l'argent en proportion notable, on le précipite par addition de quelques gouttes de HCl, ou de NaCl, et on filtre.

d) Il vaudra mieux faire un dosage spécial d'Ag par voie sèche au lieu de doser ce métal dans le précipité de chlorure.

Le liquide qui provient de la filtration de AgCl est précipité par l'hydrogène sulfuré, puis on filtre les sulfures de cuivre, d'antimoine, d'arsenic (les galènes ne contiennent que très rarement de l'étain). Ces sulfures sont mis en digestion dans du sulfure de sodium pour effectuer la séparation de Cu d'avec Sb et As.

e) Le cuivre, du sulfure de cuivre insoluble dans le sulfure de sodium, est dosé par électrolyse en solution nitrique, ou titré.

La solution des sulfosels est décomposée par HCl. Les sulfures de Sb et As sont précipités, filtrés et mis en dissolution chlorhydrique en les attaquant par HCl concentré.

f) L'arsenic est précipité, dans cette solution rendue ammoniacale, par la mixture magnésienne, et pesé comme pyroarséniate de magnésie, après calcination du précipité d'arséniate ammoniaco-magnésien.

g) Après filtration du précipité magnésien, Sb est précipité de la liqueur par addition de quelques centimètres cubes de sulfure de sodium et décomposition de cette liqueur par HCl, ou par passage d'hydrogène sulfuré dans la liqueur rendue acide. On le dose volumétriquement par le permanganate de potasse.

Nota. — En présence d'antimoine, on ajoutera quelques grammes d'acide tartrique à l'attaque, pour éviter la précipitation d'acide antimonique.

La liqueur contenant les métaux tels que le fer, zinc, etc., obtenue après filtration des sulfures de 5e et 6° groupes précipités par l'hydrogène sulfuré, est portée à l'ébullition pour chasser l'hydrogène sulfuré. On précipite le fer par les procédés connus tels que : carbonate d'ammoniaque, carbonate de baryte ou acétate de soude, pour éviter la séparation du Zn avec le précipité du peroxyde de fer.

h) Si, comme cela se présente le plus généralement, on a en même temps Fe et Al^2O^3, on en effectue la séparation, en dosant Fe dans le précipité par le permanganate de potasse.

i) Dans la liqueur filtrée du fer, on dose le zinc volumétriquement comme sulfure, par la méthode de *Schaffner*, avec du papier au carbonate de plomb comme indicateur.

j) Ce sulfure de zinc est filtré, et la chaux précipitée dans la liqueur par l'oxalate d'ammoniaque.

k) Le soufre est dosé par une opération spéciale, soit par voie humide en attaquant le minerai comme il est indiqué précédemment, soit par fusion avec du carbonate de soude et du nitre et en précipitant dans l'un ou l'autre cas par $BaCl^2$.

Sulfates de plomb. — Ce sont généralement des sous-produits des usines des produits chimiques. On y détermine l'humidité et la teneur en Pb, cette dernière par la voie sèche.

Ces matières ne sont jamais argentifères.

Galène contenant du sulfure d'antimoine. — On fait l'essai par voie sèche et par voie humide combinées, en opérant comme pour un essai de plomb ; on obtient un culot contenant le Pb plus une certaine quantité d'antimoine, que l'on attaque par étendu et une certaine quantité d'acide tartrique, suivant la proportion d'antimoine contenue. Ce dernier métal étant maintenu en dissolution par l'acide tartrique ajouté.

Dans cette solution, le Pb est précipité par addition d'acide sulfurique et d'alcool. On laisse reposer douze heures et on filtre le $PbSO^4$. Si le culot de Pb et Sb obtenu est trop fort, on n'opère que sur une partie aliquote de ce dernier.

On ne peut pas doser l'antimoine dans la liqueur provenant de la filtration du $PbSO^4$, parce qu'une quantité assez importante est retenue par la scorie.

Si l'on veut doser ce métal, on attaque 1 gramme de minerai par l'eau régale. On ajoute un peu d'acide tartrique et, après avoir étendu d'eau, on fait passer l'hydrogène sulfuré ; on laisse digérer les sulfures obtenus dans du sulfhydrate d'ammoniaque ou du sulfure de sodium, et finalement on dose l'antimoine par le permanganate.

Galène contenant de l'étain. — Dans le cas complexe où l'antimoine est présent, le dosage de ce dernier a lieu sur 1 gramme en attaquant le minerai par l'acide nitrique et l'acide tartrique.

L'acide stannique et la silice insoluble sont filtrés et, dans la liqueur, on dose l'antimoine par les méthodes précédemment indiquées.

Pour doser l'étain on prend 25 grammes de minerai, comme pour un essai de plomb par voie sèche. Le culot de plomb obtenu entraîne tout l'étain. On dosera ce dernier en opérant comme pour un alliage.

Galène contenant des composés du cuivre. — Ces minerais, dans lesquels le cuivre domine, ou est associé en quantité importante aux composés de plomb, se dosent par la voie humide en pesant le plomb, soit comme sulfate, soit comme bioxyde en le précipitant par électrolyse.

Remarque. — Les mattes cuivreuses contenant Pb, Cu, Ag, Au, sont traitées par la voie humide de la façon suivante :

Attaquer 1 gramme par l'acide nitrique étendu. Si la matière essayée est exempte d'arsenic, d'antimoine et d'étain, on électrolyse immédiatement en solution nitrique. Le plomb est précipité au pôle positif comme bioxyde, et le cuivre au pôle négatif à l'état métallique. Le fer, le zinc, et les autres métaux de ce groupe, ne gênent pas la précipitation électrolytique, à la condition que la liqueur soit assez acide pour empêcher une précipitation du fer à l'état d'oxyde, qui viendrait souiller le cuivre et le bioxyde de plomb.

Si la matière soumise à l'analyse contient de l'antimoine, de l'arsenic, de l'étain et autres métaux de ce groupe, on applique la méthode générale et on fait digérer les sulfures, obtenus par l'hydrogène sulfuré, dans du sulfure de sodium.

Quand il y a de l'argent, on le précipite, après l'attaque dans la liqueur nitrique, par une solution de chlorure de sodium et on continue l'analyse après filtration du chlorure d'argent.

Galène contenant du zinc en quantité importante. — On rencontre souvent des galènes qui contiennent jusqu'à 20 et 30 % de Zn.

On dose ce métal de la manière suivante :

Attaquer un gramme de minerai par l'acide nitrique fumant, évaporer à sec avec quelques gouttes d'acide sulfurique, reprendre par quelques gouttes de cet acide et un peu d'eau. Porter à l'ébullition, filtrer la silice et le sulfate de plomb. Dans la liqueur on précipite le fer par l'acétate de soude, après neutralisation préalable par le carbonate de soude. S'il y a du manganèse, on peroxyde par le brome pour précipiter ce métal.

Le zinc sera titré volumétriquement, en solution ammoniacale, par une solution de sulfure de sodium, dont 1 centimètre cube précipitera environ 1/2 % de Zn.

La réaction finale indiquant l'excès de sulfure de sodium sera produite sur une feuille de papier glacé imprégné de carbonate de plomb. Dès qu'une goutte de la liqueur occasionnera une teinte brune par contact avec le papier réactif, il y aura un excès de Na^2S.

Exemple d'analyse (par M. *Guillaume*).

Galène de Pontpéan.

SiO²	6,33
Pb	49,62
Zn	5,88
Fe	11,07
Al²O³	3,60
S	23,20
	99,70

Nota. — L'essai du plomb par voie sèche, au creuset de fer, a donné :

Pb .... 48,50 %

Cette analyse peut être présentée de la manière suivante, ce qui montre que tous les métaux existent dans le minerai sous forme de sulfure :

SiO^2	6,33
PbS	57,67
ZnS	7,84
FeS^2	24,80
Al^2O^3	3,60
	100,24

Examen du plomb métallique

D.-W. *Jones* (*J. Soc. Chem. Industr.*, t. XXXIX, n° 14, p. 221, t. CCXXIV, t. XXXI, juillet) a publié une méthode d'appréciation du plomb en feuilles pour chambres.

1° On le chauffe jusqu'à 290° C. dans H^2SO^4 à 96 %, pendant 5 minutes, on laisse refroidir à 100° C. et on noté la perte de poids ;

2° On chauffe dans AzO^3H à 91-92 % ; au bout de 15 minutes il ne doit pas y avoir d'action appréciable ;

3° On chauffe dans un mélange de 40 % d'acide nitrique, 52 % d'acide sulfurique et 8 % d'eau ; il ne doit pas y avoir attaque sensible entre 93 et 109° C ;

4° On chauffe une surface limée, dans un mélange d'un volume HCl de d. 1.14, 2 vol AzO^3H de d. 1,50 et 3 volumes d'eau. On note le temps au bout duquel apparaissent des taches de chlorure de plomb, et le moment où se manifeste une attaque énergique ;

5° On chauffe dans H^2SO^4 conc. et on note la température à laquelle des bulles de gaz apparaissent. Si le plomb est de bonne qualité, la décomposition est lente et s'arrête quand on éloigne la source de chaleur.

Son opinion est que la présence de métaux étrangers a pour effet d'abaisser la température d'attaque par les acides.

Des traces d'antimoine, par exemple, provoquent une désagré-

gation rapide du plomb à des températures dépassant 200° C.
Pour le Cu, il existe une zone dangereuse avec 0,03 et 0,045 %
Cu. Toutefois ce métal peut servir, jusqu'à un certain point, de
correctif à l'antimoine, ainsi avec 0,02 à 0,03 % Cu, la température initiale d'attaque s'élève légèrement.

Pour le Zn, 0,02 et 0,03 % diminuent la résistance du Pb aux
acides : de 0,03 à 0,04 %, cet effet ne se manifeste pas.

Le mercure exerce une influence déjà très marquée avec 0,1 %.
Après 2 heures d'amalgamation, l'attaque par H^2SO^4 commence à
100° C. et la dissolution est complète à 215° C.

L'étain a également une action néfaste, mais moins énergique
qu'on ne le croit généralement, il est d'ailleurs aisément éliminé
par les procédés d'affinage modernes.

Le Bi est nettement nuisible au delà de 0,04 %. Une addition
de 0,02 % Cu à un plomb contenant 0,05 % Bi suffit pour élever
la température de décomposition de 275° à 300° C. Il y a lieu
aussi de signaler l'effet combiné de Bi et de Sb : l'addition de
0,005 % de chacun de ces métaux isolément n'a pas d'action sur
le plomb ; mais s'ils y figurent simultanément pour 0,02 %, il
n'y a que 12° de différence entre la température où l'attaque
commence à se manifester et celle de décomposition violente.

Un facteur intéressant à connaître est la solubilité du sulfate de
plomb dans l'acide sulfurique assez riche, et nous reproduisons une
table de MM. *H. Ditz* et *F. Kanhauser* (*Zeitsch. anorg. Chemie*,
1916, XCVIII, p. 128-140) résumant leurs expériences à ce sujet.

Teneur en SO^4H^2	Solubilité % du sulfate	Teneur en SO^4H^2	Solubilité % du sulfate
91,27	0,047	100,01	4,210
93,78	0,063	100,20	3,970
96,04	0,147	100,50	3,620
97,01	0,210	101,13	3,540
98,11	0,540	101,45	3,780
98,37	0,700	102,50	6,000
98,63	1,290	103,40	7,220
98,94	1,340	105,05	7,230
99,52	2,510		

A partir de 98 % il y a donc accroissement rapide de la solubilité.

Analyse des gaz sulfureux provenant des fours. — Sortant des fours, les gaz sulfureux passent dans les chambres à poussières et carnaux, qui les conduisent à la tour de Glover (ou au ventilateur s'il y en a un). Leur composition chimique, ainsi que leur pureté physique, exercent une très grosse influence sur les réactions dans les appareils placés à la suite.

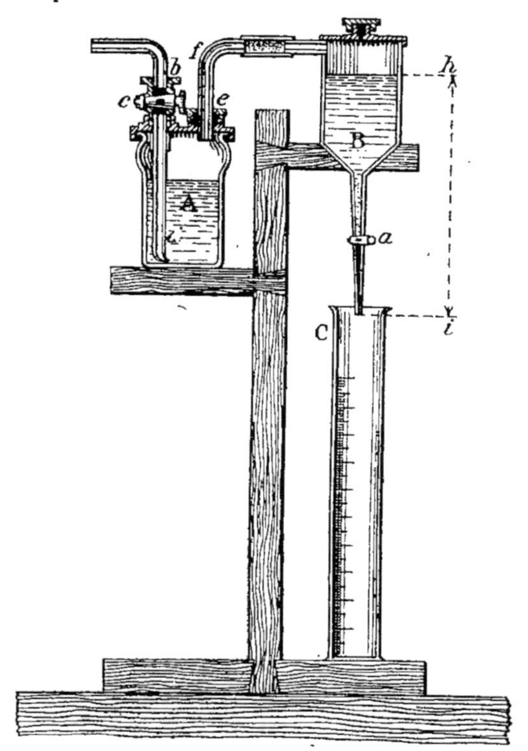

Fig 299. — Appareil Reich pour l'analyse des gaz

Acide sulfureux. — Le premier facteur à déterminer est, par suite, leur richesse en SO^2 et la réaction utilisée consiste à décolorer une solution bleue d'iodure d'amidon suivant la réaction :

$$SO^2 + 2I + 2H^2O = SO^4H^2 + 2IH.$$

L'appareil employé est celui de *Reich* modifié par *Lunge*, qu se compose de :

Un vase à réaction A, d'une contenance de 200 centimètres cubes, relié par un tube de caoutchouc avec un flacon B, de 1 litre de contenance, destiné à servir d'aspirateur. Une éprouvette graduée C reçoit l'eau écoulée de cet aspirateur.

Par l'orifice supérieur dont on a enlevé l'obturateur, on met dans A de l'eau distillée (1/4 de la contenance), du bicarbonate de soude en solution concentrée, de l'empois d'amidon, et de la solution $\frac{N}{10}$ d'iode qui donne une coloration bleue intense.

On relie le flacon A avec l'orifice par lequel les gaz seront aspirés au moyen du tube b et du robinet c; on enlève la pince d'entrée, puis tournant a on laisse l'eau couler avec précaution, ce qui provoque l'aspiration du gaz qui barbote à travers la solution iodo-amidonnée. On arrête l'écoulement une fois la décoloration complète, on est certain qu'à ce moment le tuyau b, et celui auquel il fait suite, sont remplis de gaz des fours, on referme les pinces.

On entame alors l'analyse. Pour cela on introduit, dans le flacon d'absorption, 10 centimètres cubes d'une solution $\frac{N}{10}$ d'iode (soit 0 gr. 5 par litre), ce qui ramène la couleur bleue, puis on rétablit la communication donnant accès à SO^2, et on fait couler, peu à peu, l'eau de l'aspirateur jusqu'à ce que la première bulle soit sur le point de passer.

A ce moment, on commence à mesurer l'eau qui coule, et on suspend le coulage quand la coloration bleue disparaît, le nombre de centimètres cubes d'eau contenus dans l'éprouvette correspond au volume de SO^2 qui a été nécessaire.

Calcul. — D'après la réaction indiquée plus haut

```
2I oxydent..............................................   SO²
254 ...................................................    64
127 ...................................................    32
10 cm³ solution N/10 contiennent à 0°,127 ...........     0 gr. 032 SO²
```

Ces 0,032 de SO^2 correspondent à 11,14 cm³ à 0 et 760 °/₀. Connaissant la température et la pression au moment de l'expérience, on peut ramener le volume à 0 et 760, mais, pratiquement, on néglige cette correction et on applique simplement la formule

$$\frac{11,1 \times n}{m}$$

et en pourcentage

$$x\,^0/_0 = \frac{11,14 \times 100}{m + 11,14}$$

dans laquelle n représente le nombre de centimètres cubes de solution iode $\frac{N}{10}$ (10 dans le cas particulier), et m le nombre de centimètres cubes d'eau, correspondant au gaz SO^2 aspiré. Ces calculs ont été effectués et résumés dans la table suivante :

cm³ d'eau dans l'éprouvette	SO² % en volume	cm³ d'eau dans l'éprouvette	SO² % en volume
82	12	128	8
86	11,5	138	7,5
90	11	148	7
95	10,5	160	6,5
100	10	175	6
106	9,5	192	5,5
113	9	212	5
120	8,5		

Nous signalerons également que *O. Dommer* (*Chem. Ztg.*, 1926, p. 382), a proposé une méthode de détermination automatique de SO^2 dans les gaz de grillage, basée sur les variations de la poussée hydrostatique.

Nota. — Pendant les prises d'échantillons aux fours à main, on commande généralement aux ouvriers d'interrompre leur travail et de laisser les gueulards fermés, de manière à éviter des rentrées plus ou moins brusques d'air qui, selon leur position par rapport à la chambre à poussière où se fait le prélèvement, peuvent modifier de façon anormale la richesse des gaz.

Avec les fours à soufre on peut obtenir : 10 à 12 %.

Avec ceux à pyrite : 7 à 9,5 %.

Avec ceux à blende : 7 à 9 %.

On doit toujours procéder à plusieurs titrages successifs, afin d'éviter des causes d'erreurs momentanées ou accidentelles, et obtenir un résultat se rapprochant autant que possible de la réalité.

Acidité totale. — Dans ce titrage le SO^3 n'est pas compté, pour le déterminer on doit faire le dosage de l'*acidité totale* ($SO^2 + SO^3$).

Lunge remplace le flacon absorbeur, à solution d'iode, par un autre de même disposition, mais dans lequel on met une solution de soude $\frac{N}{10}$ additionnée d'une trace de solution alcoolique de phénolphtaléine.

On aspire très lentement, et en agitant constamment, jusqu'à décoloration et, de crainte d'avoir dépassé la neutralisation, il est prudent de titrer en retour.

1 centimètre cube de solution $\frac{N}{10}$ employé contient 0,0040 NaOH et correspond à 0,0032 grammes de SO^2.

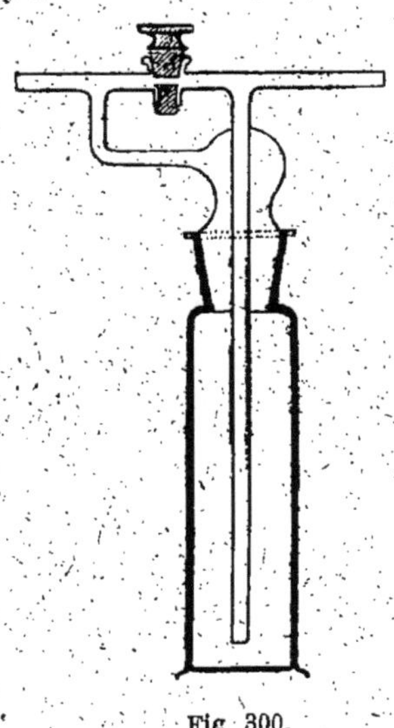

Fig 300.

On calcule l'acidité totale en SO^2.

Par différence avec SO^2, méthode *Reich*, on a l'excédent correspondant à SO^3 dont le chiffre est déterminé en multipliant le chiffre par le rapport $\frac{80}{64}$.

R. Shilling (*Ch. Zeit.*, avril, 1919, p. 167), a préconisé par le dosage de SO^2 dans les fours à pyrite l'appareil (fig. 300).

Le flacon est garni d'une quantité déterminée $\frac{N}{10}$ d'iode ; on aspire d'abord les gaz du four en maintenant le robinet ouvert, puis, une fois les espaces vides purgés, on ferme le robinet de sorte que les gaz barbotent dans la liqueur.

Dès que paraît la première bulle, on place l'éprouvette graduée dans laquelle doit couler l'eau du flacon aspirateur.

Une fois l'opération terminée, on vide le flacon et on y remet à nouveau de la liqueur $\frac{N}{10}$, pour un nouveau dosage.

Le tube plongeur est capillaire, de façon à ce que le volume de gaz qu'il renferme soit négligeable.

Krull (*Papier fabrik*, février 1921, p. 93) emploie, pour doser SO^2 des gaz, le dispositif indiqué (fig. 301) dans lequel le flacon B, intercalé entre l'aspirateur et la tuyauterie de gaz, peut être mis ou enlevé du circuit.

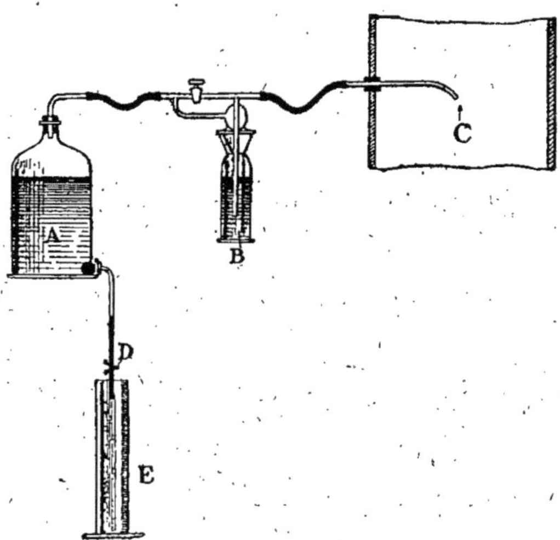

Fig 301 — Appareil Krull.

Il opère d'abord avec 10 centimètres cubes $NaOH \frac{N}{10}$ et la phénolphtaléine comme indicateur, on obtient ainsi le total $SO^3 + SO^2$

puis, on substitue à la soude 10 centimètres cubes d'une solution d'iode $\frac{N}{10}$ légèrement teintée par l'empois d'amidon.

On opère très lentement, comme dans le procédé de *Reich* et l'on note le volume de gaz SO^2 correspondant au nombre de centimètres cubes d'eau provenant de l'aspirateur A.

La différence donne SO^3.

D'après A. *Sander* (*Chem. Ztg.*, mars 1921, p. 261), on peut déterminer comme suit la teneur des gaz en SO^2 et SO^3 (fig. 303).

L'appareil une fois purgé, on fait passer le gaz à analyser dans un flacon absorbeur contenant 10 centimètres cubes NaOH $\frac{N}{10}$ et 200 centimètres cubes eau distillée, en se servant de méthyl orange comme indicateur, jusqu'à ce que la solution jaune faible vire à l'orange.

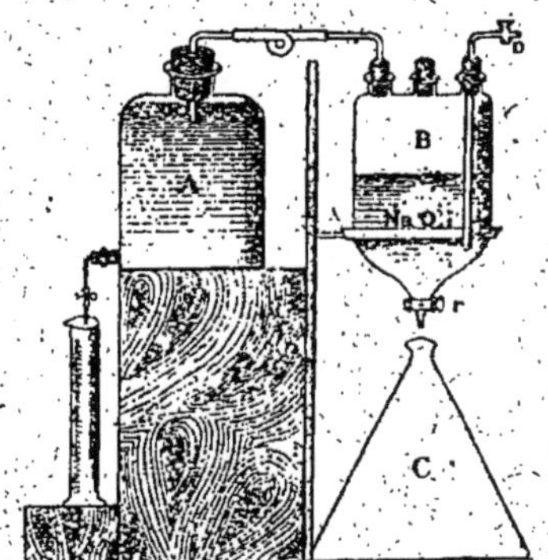

Fig. 302 — Appareil Sander.

A ce moment, on arrête le courant gazeux, on vide le flacon absorbeur B dans un Erlenmayer de 500 centimètres cubes, après quoi on ajoute 25 à 30 centimètres cubes d'une solution $HgCl^2$ saturée à froid.

Ce dernier libérant une molécule HCl pour une molécule de SO^3NaH

$$SO^3NaH + HgCl^2 = Hg{\Big\langle}{{Cl}\atop{SO^3Na}} + HCl$$

neutre   soluble

le liquide rougit instantanément.

HCl formé est titré avec la même solution de NaOH $\frac{N}{10}$, le chiffre trouvé correspond à la teneur en SO^2 tandis que le premier dosage avait donné $SO^2 + SO^3$.

Barham (*Chem. News*, mai 1922, p. 279), a proposé de remplacer l'iode par le permanganate, pour le titrage de SO^2.

On sait que, en présence de soude, le SO^2 se transforme rapidement en SO^3, de sorte qu'on trouve des résultats trop faibles pour le premier et trop élevés pour le second.

Berl, qui a montré que cette erreur pouvant aller de 4 à 21 %, a utilisé une observation de *Titoff* prouvant que le chlorure stanneux diminuait la vitesse d'oxydation, et se sert d'une liqueur de NaOH renfermant 0 gr. 23 de $SnCl^2$ $2H^2O$ par litre.

Haller préfère ajouter à la soude de la glycérine ou du sucre.

M. Graire (*Moniteur Quesneville*, février 1925), qui a étudié les diverses méthodes d'analyses des gaz de grillage, a formulé relativement au mode opératoire de *Lunge* les critiques suivantes :

1° L'obligation d'effectuer deux dosages simultanés, pour SO^2 et l'acidité totale occasionne, sur la teneur en SO^3, une erreur qui tient au fait que ce dernier est dosé par différence, et que sa valeur est faible par rapport à SO^2 (4 à 15 %).

2° L'absorption de SO^2 par la soude est imparfaite et l'erreur peut atteindre plusieurs unités %. En outre, les fumées blanches de SO^3 sont mal retenues par la lessive de soude même concentrée. Elles ne peuvent l'être que par passage à travers un matelas d'ouate, ou d'amiante humide.

3° La présence de CO^2, dans les gaz de grillage, occasionne une nouvelle cause d'erreur dans le titrage à la phénolphtaléine.

Il préconise en conséquence la méthode suivante :

On intercale, entre la conduite de prise des gaz et le flacon d'absorption de *Schilling*, un tube avec amiante qui retient l'acide sulfurique. L'analyse est conduite de la manière ordinaire, en aspirant les gaz jusqu'à décoloration des 25 cm³ d'iode $\frac{N}{10}$ utilisés. On lit alors le volume d'eau écoulé, qui servira pour calculer la teneur des gaz en SO^2. Puis, sans modifier l'appareil, on fait à nouveau passer les gaz jusqu'à ce que 8 à 10 litres au moins aient traversé l'appareil. Il ne reste plus alors qu'à doser SO_4H_2 retenu dans l'amiante, par simple titrage à la burette, et ramener ensuite les résultats à un même volume de gaz écoulé.

L'erreur maxima n'atteindrait pas 1 %.

Gaz des chambres. — Quand le dosage s'effectue comme celui des fours, l'erreur serait, d'après *Lunge*, de 1,88 % au maximum, chiffre bien faible si on le compare aux autres causes d'erreur.

Leurs constituants principaux sont :

1° L'oxygène, l'azote, et éventuellement l'acide carbonique.

2° Les acides sulfureux et sulfurique.

3° Certains dérivés acides de l'azote dont la présence est discutée

$$Az^2O^3 - AzO^2H - Az^2O^5 - AzO^3H$$

4° Les oxydes d'azote

$$AzO^2 \quad ou \quad Az^2O^5$$

Comme produits existant à l'état de traces on peut avoir :

a) Les dérivés des métalloïdes (arsenic, sélénium, tellure).

b) Des composés chlorés, dus à la présence de sel dans le nitrate.

c) Des poussières minérales (à base de fer, zinc, cuivre, etc.).

d) Des éléments divers (fluorés ou autres).

Lunge a indiqué une méthode de dosage des gaz des chambres en faisant passer un volume connu dans un dispositif d'absorption comportant :

3 flacons laveurs *Dreschel* contenant chacun 150 cm^3 de soude normale.

1 flacon laveur *Dreschel* renfermant 300 cm^3 d'eau distillée.

Un tube à boules avec 100 cm^3 $MnO^4K \dfrac{N}{4}$ et 1 cm^3 SO_4H_2 66° B.

On obtient :

Acidité totale. — Par titration en retour au moyen de soude normale, sur 200 cm^3 de la solution obtenue en mélangeant les 4 premiers flacons et complétant à 1 litre, avec la phénolphtaléine comme indicateur, en admettant une teneur en CO^2 égale à celle qui existe normalement dans l'air, on obtient une donnée approximative seulement, car il se produit de nouvelles réactions entre le nitrite, le sulfite, et l'oxygène, au sein de la liqueur sodique.

Acidité sulfurique totale. — En peroxydant par MnO^4K, ou l'eau de Brome, 200 cm^3 de la solution sodique, acidifiant par HCl et dosant pondéralement.

Oxydes d'azote retenus à l'état de nitrate et nitrite de soude, en versant la liqueur dans une solution chaude de MnO^4K fortement acidifiée par SO^4H^2 pur, puis on dose AzO^3H par le sulfate ferreux méthode *Pelouze Frémy* (réduction dans une atmosphère de CO^2 jusqu'à élimination complète de AzO, après quoi on détermine l'excès de SO^4Fe par MnO^4K)

$$2AzO^3H + 6SO^4Fe + 3SO^4H^2 = 3Fe^2(SO^4)^3 + 2AzO + 4H^2O$$

Bioxyde d'azote. — Une partie, non retenue par la solution de soude, est oxydée par MnO^4K. Il suffit donc de titrer l'excès de ce dernier au moyen de SO^4Fe

$$6MnO^4K + 9SO^4H^2 + 10AzO = 6SO^4Mn + 3SO^4K^2 + 10AzO^3H + 4H^2O$$

puis,

$$10SO^4Fe + 8SO^4H^2 + 2MnO^4K = 5Fe^2(SO^4)^3 + SO^4K^2 + 2SO^4Mn + 8H^2O.$$

Causes d'erreur. — M. *Graire* dans une étude critique sur les différentes méthodes d'analyse (*Moniteur Quesneville*, février 1925, p. 25), a passé en revue les travaux successifs de *Lunge*, *Bel*, *Raschig*, suivis des observations de MM. *Wourtzel* et *Sanfourche*, puis de MM. *Bodenstein* et *Trautz*.

Il a montré que les réactions entre les sulfites, les nitrites et l'oxygène se continuent au sein de la liqueur, donnant naissance à des produits secondaires tels que des dérivés sulfonés de l'hydroxylamine, en même temps que des variations dans l'acidité de la liqueur et une réduction des oxydes d'azote pouvant atteindre Az^2O.

Les résultats obtenus peuvent donc être utiles, comparables dans une certaine mesure, mais pas absolus.

Pour y porter remède il faudrait donc un absorbant des gaz tel qu'ils y soient fixés d'emblée sous une forme définitive. A titre d'indication de principe, M. *Graire* signale que par exemple un oxydant tel que MnO^4K transformerait en acide nitrique les oxydes d'azote plus oxydés que Az^2O et SO^2 ou SO^4H^2.

On pourrait avoir :

1° La quantité totale SO^2, AzO et AzO^2 ayant réduit MnO^4K.

2° SO^4H^2 en précipitant par $BaCl^2$.

3° L'acide nitrique total par la méthode *Schlœsing* (sauf celui provenant de Az^2O), mais il fait remarquer que :

Pour la 1re réaction, SO^2 n'est pas quantitativement oxydé par MnO^4K.

Pour la dernière, on aurait le total $AzO + AzO^2$, mais sans leurs proportions respectives.

La vraie méthode reste donc encore à trouver, et on n'a guère de certitude suffisante que pour le dosage de SO^2 au moyen du procédé *Reich Raschig* que nous allons exposer.

Quant au procédé *Inglis*, liquéfaction des gaz des chambres à — 199°C, suivie d'un fractionnement, elle nécessite du temps et un matériel trop spécial pour qu'elle puisse faire l'objet d'une application générale.

Il a cependant le mérite de fournir des indications sur la cause de la perte en nitre (absorption incomplète dans les tours de Gay-Lussac, ou réduction des produits nitreux.

Gaz à la sortie de la dernière chambre. — À cette partie de l'appareil, la presque totalité du SO^2 doit être transformée en acide sulfurique qui a été condensé. Les proportions relatives de SO^2 restant, et des produits nitreux divers, sont donc complètement différentes de celles à l'entrée de la première chambre, on ne peut effectuer le titrage de la même façon.

Raschig dose SO^2 avec le dispositif de *Reich* mais de la manière suivante : le flacon barboteur est garni de 10 centimètres cubes de solution $\frac{N}{10}$ d'iode, 100 centimètres cubes d'eau ou un peu plus, et 10 centimètres cubes de solution d'acétate de soude saturée à froid, qui avec l'acide nitreux donne du nitrite de soude et de l'acide acétique.

L'opération a lieu comme précédemment, mais, pour éviter l'introduction de brouillard de SO^4H^2 et sulfonitreux, on interpose dans les tuyaux de verre amenant les gaz, un tampon en laine de verre ou, comme le préfère M. *Graire*, en fibre d'amiante.

L'acide retenu par le tampon en est enlevé par lavage, et dosé à l'état de sulfate de baryte.

Alors que, dans les conditions ordinaires, les produits nitreux mettraient en liberté l'iode réduit par SO^2 et fausseraient le titrage, le nitrate de soude ne réagit pas sur le sulfite de soude.

Dosage de l'oxygène. Appareil d'Orsat. — L'appareil le plus transportable, et le plus répandu dans les usines travaillant avec les chambres de plomb, est l'appareil *Orsat*, au moyen duquel on peut doser, en deux ou trois minutes, l'acide sulfureux et l'oxygène avec une approximation suffisante, en faisant absorber le premier dans une liqueur alcaline et le second dans une solution de chlorure de cuivre ammoniacal. On a proposé également d'effectuer une élimination préalable du bioxyde d'azote par barbotage dans une solution de permanganate.

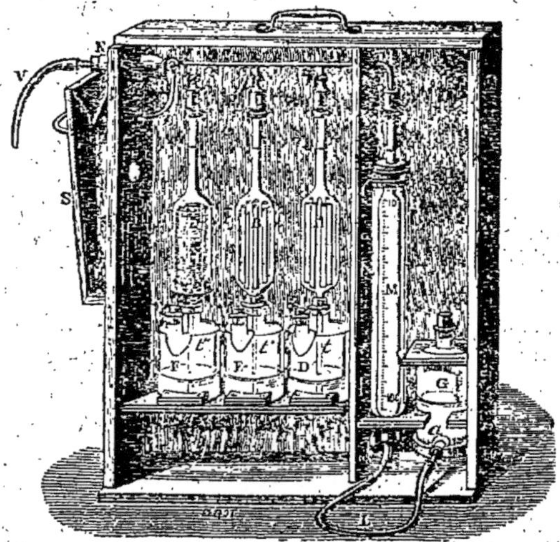

Fig. 303. — Appareil pour l'analyse des gaz, modèle de Salleron.

La figure 303 représente l'appareil *J. Salleron* qui permet le dosage de l'oxygène, l'oxyde de carbone et l'acide carbonique ; dans notre cas nous n'avons besoin que de deux cloches d'absorption, l'une pour absorber l'acide sulfureux, l'autre pour l'oxygène.

Le laboratoire B, et le flacon E dans lequel il plonge, contiennent une dissolution de potasse ; C renferme un rouleau de toile de cuivre rouge, qui, en se dissolvant dans le mélange chlorhy-drate d'ammoniaqué-ammoniaque, donne lieu à la production de chlorure cuivreux. Ces liquides sont introduits par les tubulures V ; au moyen de l'aspirateur G on les fait monter jusqu'au trait marqué sur le tube capillaire qui termine le laboratoire, puis on bouche les flacons.

Pour faire l'analyse, on élève le flacon aspirateur de façon à remplir le mesureur M avec de l'eau, jusqu'au trait supérieur. Ce mesureur contient 100 centimètres cubes, il est entouré d'un manchon rempli d'eau H qui a pour but de maintenir les gaz à une température constante. Par le robinet à trois voies R on met alors la conduite des gaz V en communication avec le soufflet S au moyen duquel on purge cette conduite d'air. Ceci fait, on tourne le robinet R de façon à mettre la conduite en communication avec le mesureur M qui se remplit de gaz jusqu'à la marque 100. On ferme R on ouvre J, et élevant le flacon G, on refoule le gaz dans la cloche B remplie de tubes ouverts aux deux bouts qui multiplient la surface de contact entre le gaz et la liqueur alcaline.

L'acide sulfureux, ainsi que le peu d'acide sulfurique, sont absorbés instantanément, de façon pratiquement complète, on ramène le liquide alcalin à son point de repère et on mesure le volume du gaz restant, en ayant soin de placer l'eau du flacon G au même niveau dans le mesureur. Le volume disparu représente les gaz acides. On opère de même pour faire absorber l'oxygène par la solution de chlorure cuivreux ammoniacal, ce qui dure à peine une minute. Pour s'assurer que l'absorption est parfaite, on répète deux fois l'opération. T est un tube capillaire en étain et le faible volume d'air qu'il contient n'influe guère sur l'analyse.

La figure 304 représente le modèle original de M. *Orsat*, pour la surveillance des chambres. Au lieu d'avoir un appareil à transporter on peut aller prendre les échantillons de gaz dans des poires en caoutchouc et faire l'analyse commodément au laboratoire. Son fonctionnement est identique à celui du précédent. Au besoin une petite pompe de *Bunsen* permet de purger la conduite de gaz.

Dans l'analyse des gaz en queue, il n'est pas nécessaire de séparer les composés acides avant de doser l'oxygène, leur volume est trop faible pour être pris en considération (voir *Rode, Dingler's journal*, CCVIII, p. 222).

Pour avoir une moyenne de composition des gaz, on aspire lentement une grande quantité, par exemple 30 à 60 litres, dans

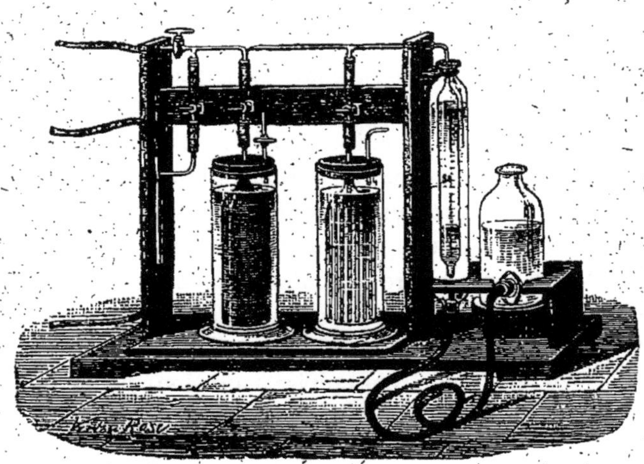

Fig. 304. — Appareil Orsat pour l'analyse des gaz.

un aspirateur à l'eau, dans ces conditions, les gaz se mélangent bien et l'on obtient ainsi un échantillon qui représente la composition de plusieurs heures, mais, par un séjour prolongé sur de l'eau, leur composition peut être modifiée.

Acides sulfuriques provenant des Tours de Glover et Gay-Lussac. — Bien que situées à deux points opposés, l'une avant les chambres, l'autre après, on peut dans une certaine mesure considérer ces deux tours comme solidaires au point de vue des acides qui y circulent. En effet, dans la tour de Glover les gaz sulfureux rencontrent un mélange d'acide du Gay-Lussac avec l'acide des chambres, et l'acide nitrique, tandis que celui récolté au bas du Glover est destiné, tout au moins en partie, à alimenter le Gay-Lussac.

Acide sulfurique nitreux coulant sur le Glover. — On prend son degré aréométrique et sa température, mais il faut veiller très attentivement à la proportion de produits nitreux qu'il renferme, ce qui peut être effectué de plusieurs façons :

Contrôle rapide des produits nitreux. — Une méthode rapide d'appréciation se fait par voie colorimétrique. Un échantillon de l'acide, récolté aux témoins, est mis dans un tube à essais et on coule au-dessus la solution de sulfate ferreux.

S'il contient seulement des traces faibles de produits nitreux la zône de séparation est jaunâtre, elle devient brune, puis foncée, quand leur proportion augmente, si elle est considérable cette zone devient noire.

Avec un peu d'expérience, on apprécie rapidement si l'acide formé entraîne des produits nitreux qui devraient être restitués à l'atmosphère, ou si les réactions s'effectuent dans des conditions normales. Ces indications, combinées avec une observation de la couleur des gaz dans les chambres, permettent souvent de prendre des mesures très utiles et d'éviter des accidents, qui se traduisent toujours par une dépense supplémentaire de produits nitreux, parfois même accompagnée d'une perte dans l'utilisation de SO^2.

La marche la plus élastique se réalise en coulant sur le Glover de l'acide nitrique ou sulfonitrique; elle l'est moins lorsqu'on se sert de nitrate de soude en solution, ou quand on pulvérise des solutions de ce sel dans la première chambre.

Essai au permanganate. — Parmi les méthodes d'appréciation du *titre nitreux*, une des plus pratiques est certainement celle au permanganate.

Le bioxyde d'azote le réduit suivant la réaction.

$$10AzO + 6MnO^4K + 9SO^4H^2 = 10AzO^3H + 3SO^4K^2 + 6SO^4Mn + 4H^2O.$$

1 centimètre cube solution normale correspond à 0 gr. 010 AzO et par conséquent, 1 centimètre cube solution démi-normale à 0,005.

L'acide nitreux réduit le MnO^4K comme suit :

$$5Az^2O^3 + 4MnO^4K + 6SO^4H^2 = 10AzO^3H + 2SO^4K^2 + 4SO^4Mn + H^2O.$$

1 centimètre cube solution normale correspond à 0,0190 Az^2O^3 et la solution 1/2 normale à 0,0095.

On emplit une burette graduée, avec l'acide sulfurique nitreux à doser, et on fait couler dans un bescher-glass renfermant un nombre convenable de centimètres cubes de permanganate $\frac{N}{2}$ que l'on dilue de 5 fois son volume d'eau chaude. On opère habituellement avec 50 centimètres cubes pour les acides fortement nitreux comme ceux du Gay-Lussac, et une quantité moins forte,

A	B	C	A	B	C	A	B	C
	gr.	gr.		gr.	gr.		gr.	gr.
20	50,00	111,84	50	20,00	44,75	100	10,00	22,37
21	47,62	106,52	51	19,61	43,86	102	9,80	21 93
22	45,45	101,66	52	19,23	43,01	104	9,61	21 51
23	43,48	97,63	53	18,87	42,21	106	9,43	21,11
24	41,67	93,21	54	18,52	41,42	108	9,26	20,71
25	40,00	89,47	55	18,18	40,66	110	9,09	20,33
26	38,46	86,03	56	17,85	39,94	112,5	8,89	19,88
27	37,04	82,85	57	17,54	39,23	115	8,69	19,44
28	35,71	79,88	58	17,25	38,54	117,5	8,51	19,04
29	34,46	77,02	59	16,95		120	8,33	18,64
30	33,33	74,55	60	16,67	37,27	122,5	8,16	18,25
31	32,26	72,16	62	16,13	36,08	125	8,00	17,89
32	31,25	70,50	64	15,62	35,25			
33	30,30	67,77	66	15,15	33,88	130	7,69	17,20
34	29,41	65,88	68	14,71	32,94	135	7,41	16,57
35	28,57	63,91	70	14,29	31,95	145	6,89	15,41
36	27,78	62,13	72	13,88	31,06	150	6,67	14,92
37	27,03	60,46	74	13,51	30,23	155	6,45	14,43
38	25,32	58,87	76	13,16	29,53	160	6,25	13,98
39	25,64	57,35	78	12,82	28,67	165	6,06	13,58
40	25,00	55,92	80	12,50	27,96	170	5,88	13,15
41	24,39	54,56	82	12,19	27,28	175	5,72	12,79
42	23,81	53,26	84	11,90	26,63	180	5,55	12,42
43	23,25	52,02	86	11,63	26,01	185	5,40	12,08
44	22,73	50,84	88	11,36	25,42	190	5,26	11,76
45	22,22	49,69	90	11,11	24,84	195	5,13	11,47
46	21,74	48,63	92	10,87	23,31			
47	21,28	47,60	94	10,64	23,80	200	5,00	11,18
48	20,83	46,59	96	10,42	23,30			
49	20,41	45,65	98	10,20	22,82	1 000	1,00	2,24

qui peut n'atteindre que 5 centimètres cubes, avec des acides peu nitreux comme ceux des chambres.

Le résultat est exprimé en acide nitreux, en acide nitrique AzO^3H, en nitrate AzO^3Na.

Avec 50 centimètres cubes, la quantité correspondante à x centimètre cube d'acide nitreux sera :

En Az^2O^3 .... $\dfrac{50 \times 9,5}{10}$

En AzO^3H .... $\dfrac{50 \times 15,75}{10}$

Titrage industriel des acides nitreux. — On emploie 10 centimètres cubes d'une dissolution contenant 16 gr. 642 de permanganate de potasse par litre d'eau.

La colonne A indique combien de dixièmes de cm³ d'acide on a versés
   »   B   »   le nombre de grammes d'Az^2O^3 par litre
   »   C   »   le nombre de grammes d'AzO^3Na équivalent.

Pour les liqueurs plus pauvres en produits nitreux, on se sert d'une solution décime de permanganate.

Nitromètre. — Dans l'acide sulfurique les produits nitreux se trouvent à divers états : acide azotique, acide azoteux d'acide nitrosylsulfurique $SO^2OH\ OAzO$, car l'oxyde nitrique ne peut exister en présence d'acide nitrique, et le bioxyde d'azote Az^2O^4 se scinde en Az^2O^3 et AzO^3H dès qu'il est au contact d'acide sulfurique.

Or, le titrage au MnO^4K ne donne que AzO et Az^2O^3. Pour doser tous les oxydes d'azote, on agite, avec du mercure, l'acide sulfurique qui les tient en dissolution, tous sont transformés en oxyde nitrique dont on peut mesurer le volume. D'après *Raschig* on aurait :

$$2AzO^2H + 2Hg^2 + 4SO^4H^2 = 2Hg^2SO^4 + 4H^2O + 2SO^5AzH$$
$$2SO^5AzH + Hg + H^2SO^4 = SO^4Hg^2 + 2SO^5AzH^2$$
$$2SO^5AzH^2 = 2H^2SO^4 + 2AzO.$$

Le nitromètre se compose d'un tube b et d'un tube gradué a, reliés à leur partie inférieure par un tube de caoutchouc. A la partie supérieure du tube a se trouve un robinet à 3 voies, surmonté lui-même d'un tube coudé d'une part, et d'une partie évasée d'autre part.

On doit :

1° Emplir exactement de mercure le tube gradué *a* en élevant le tube ouvert *b*,-ce jusqu'au trait supérieur.

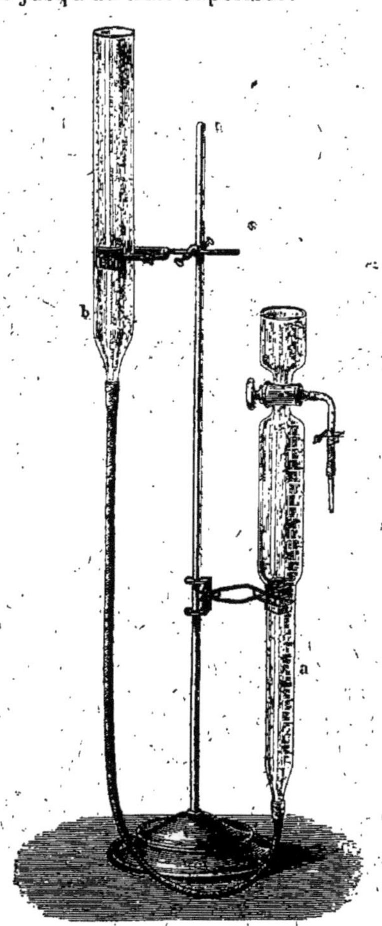

Fig 305. — Nitromètre de *Lunge*.

2° Disposer le robinet à 3 voies, de façon à ce que tous les orifices soient fermés ;

3° Introduire, dans la petite coupe, l'acide sulfurique nitreux, 1/2 centimètre cube pour des acides très nitreux, 1 à 5 pour des acides de moins en moins riches ;

4° Etablir la communication entre le tube gradué et la petite coupe, en tournant le robinet de façon convenable ;

5° Abaisser progressivement, et avec précaution, le tube b pour faire entrer, dans le tube gradué, l'acide sulfurique nitreux, puis rétablir le robinet comme il est dit au § 2 ;

6° Verser dans la petite coupe 2 à 3 centimètres cubes d'acide sulfurique absolument exempt de toute trace de matière azotée, puis recommencer l'opération de 4 et 5° ;

7° Recommencer comme il est dit en 6°, en ne mettant que 1 à 2 centimètres cubes d'acide, ce qui achève d'enlever les dernières traces d'acide sulfurique nitreux qui auraient pu rester sur les parois ;

8° Enlever le tube a de son support, le placer horizontalement, puis le relever brusquement, de façon à provoquer un contact intime entre l'acide et le mercure.

Un dégagement gazeux se produit. On recommence jusqu'à ce que, par nouvelle agitation, il ne recommence pas, ce qui demande environ 2 minutes ;

9° Amener le tube b dans une position telle que le niveau du mercure soit légèrement plus élevé que dans le tube a, et de façon à ce qu'il y ait équilibre entre la couche d'acide qui surmonte le mercure en a et la couche excédente de mercure de b, en se basant sur ce que 1 millimètre de mercure équilibre 6 mm. 1/2 d'acide.

10° On ne peut faire la lecture qu'une fois la mousse déposée et le gaz a température ambiante.

Une fois ce résultat atteint, noter la température de la salle auprès du nitromètre, ainsi que la pression barométrique et le volume du gaz.

10° On vérifie l'opération en mettant le robinet en position telle que l'intérieur du tube a communique avec l'atmosphère.

Si le niveau du mercure en b a été exactement établi, le niveau de a ne doit pas changer.

Si la pression a été trop forte il s'élève et le volume du gaz doit être très légèrement augmenté (0 cm³ 1 par exemple).

Si la pression est trop faible, le niveau baisse et on a compté un volume trop élevé.

On peut, avant de procéder à cette vérification, mettre un peu d'acide dans la coupelle, sa présence évite l'entrée d'air atmosphérique car, au cas de pression trop forte il s'élèvera un peu, dans le cas contraire il baissera, et en opérant avec diligence on pourra corriger l'essai.

Nettoyage de l'appareil.

12° On abaisse le tube a, afin d'éviter toute rentrée d'air ;

13° On ouvre le robinet et on élève le tube b, afin d'expulser le gaz, puis on fait passer tout l'acide dans la coupe ;

14° On place le robinet de façon à ce que l'acide passe par le canal creusé dans son axe, et s'écoule dans un petit vase où on le recueille ;

15° Avec un papier à filtrer en enlève les dernières gouttes, et l'appareil peut servir à nouveau.

Remarqués. — Le robinet, devant obéir au moindre petit mouvement de la main, doit être lubrifié avec une trace de vaseline. Une quantité exagérée pourrait obstruer le passage libre, car il se produit au contact de l'acide une écume très gênante.

Enfin, si l'acide à examiner contenait SO^2, (facile à constater par l'odeur) on devrait l'oxyder au moyen d'une minime addition de MnO^4K en poudre.

Par les calculs, on ramène le volume du gaz AzO à 0 et 760, après quoi on se reporte à une table, qui donne, pour un nombre trouvé de centimètres cubes AzO provenant de 1 centimètre cube d'acide, le poids en milligrammes des divers dérivés nitriques correspondant.

M. *Graire* (*C. R. Ac. Sci.*, octobre 1923), a critiqué l'emploi de cette méthode, et montré que le résidu d'acide provenant du nitromètre, une fois oxydé et introduit dans le chlorure ferreux d'un appareil *Schlœsing*, donne un dégagement de bioxyde. Il recommande, pour obtenir des résultats absolument exacts, l'emploi de la méthode *Schlœsing* au $FeCl^2$.

Gaz volumètre de Lunge

Cet appareil a pour but de supprimer les observations de température, de pression, ainsi que les calculs qu'ils nécessitent pour ramener le volume gazeux à 0 et 760.

Il comporte 5 tubes A B C — D E.

A est un tube mesureur ayant la forme du nitromètre ordinaire, ou tout autre appareil répondant au même objet, son volume est gé-néralement de 50 à 100 centimètres cubes et sa graduation en 1/10 de centimètre cube (parfois on en choisit ayant la partie su-périeure renflée et la partie inférieure graduée de 100 à 150 centi-mètres cubes).

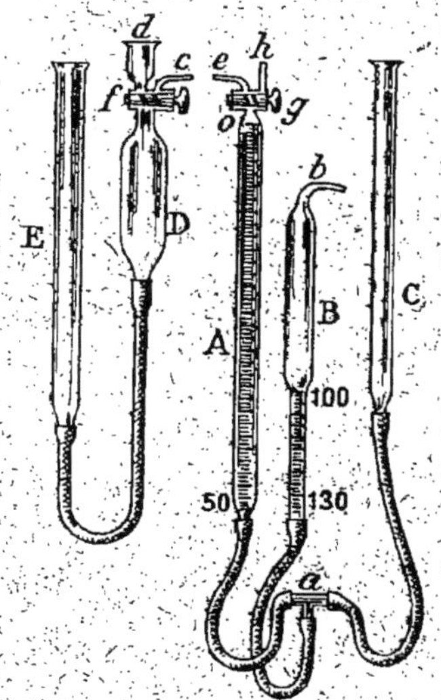

Fig. 306. — Gaz-volumètre.

Ce tube A porte, à sa partie supérieure, un robinet à 3 voies pouvant donner la communication avec une petite coupe, ou avec un petit tube coudé. Le tube B sert à la réduction et contient un volume correspondant à 100 centimètres cubes d'air sec à 0 et 760, la partie non renflée d'une contenance de 30 à 40 cen-timètres cubes est divisée par 1/10. L'instrument a été réglé une fois pour toutes, et on a marqué un trait à l'endroit correspondant aux 100 centimètres cubes une fois le robinet supérieur fermé ; on peut aussi prolonger le petit tube qui le surmonte par un tube autre capillaire que l'on peut souder une fois la détermination des 100 centimètres cubes terminée.

Le tube de niveau C, destiné au même service que dans le nitromètre, est raccordé par un caoutchouc avec un tube de verre en T dont les deux autres branches disponibles sont également reliées au moyen de tubes de caoutchouc, avec les tubes A et B.

Si on doit faire une détermination avec des gaz humides, on met, dans le tube de réduction B, une petite goutte d'eau ; au contraire, dans le cas d'oxyde d'azote provenant des acides sulfuriques nitreux, on y dépose une petite goutte d'acide sulfurique concentré. Les gaz doivent être en effet mesurés, soit secs, soit humides, et, dans le premier cas, il faudrait tenir compte de la tension de la vapeur d'eau. Nous envisagerons seulement ici le cas de gaz sec pour lequel l'essai primitif du volume dans le tube de réduction a été effectué en appliquant la formule

$$V_1 = \frac{V_0(273 + t)760}{273 \times H}$$

t étant la température ;

H la pression lue au baromètre.

Lunge appelle naturellement l'attention sur la nécessité d'employer pour unir les différentes parties, tuyau de caoutchouc, épais et de bonne qualité, résistant bien à la pression du mercure avec ligatures effectuées de façon irréprochable.

On peut exécuter les opérations habituelles en A, en se servant de ce tube comme mesureur de gaz, mais *Lunge* préfère se servir d'un appareil à réaction DE et employer A comme mesureur. Dans ce cas voici comment on opère :

Le robinet placé à la partie supérieure de A est surmonté, non d'une coupe, mais d'un petit tube, et du tube coudé, précédemment indiqué.

I. — On emplit A, et le tube, *e* au bout duquel on a mis un caoutchouc, avec du mercure, en élevant C, on arrête quand il va sortir.

II. — On emplit D, et le tube *c* qui le surmonte, en élevant E, on arrête quand le mercure va sortir, ensuite on le bouche avec un caoutchouc.

III. — On introduit l'acide nitreux en *d*, puis on le fait descendre en D avec les précautions habituelles, et on rince à l'acide

pur. On procède à l'opération comme dans le cas ordinaire, jusqu'à ce que le dégagement soit achevé.

IV. — On réunit les deux extrémités b et d au moyen d'un
caoutchouc les mettant bien bout à bout, sans bulle d'air empri-
sonnée entre elles, ce qui est facile puisque le tuyau de caoutchouc
est lui-même plein de mercure.

V. — Abaissant C et élevant E, puis ouvrant les deux robinets f
et g, on fait passer le gaz de D en A, jusqu'au moment précis où
l'acide surmontant le mercure de D arrive au robinet g.

Il ne reste plus alors qu'à mesurer ce volume gazeux qui se
trouve maintenant en A.

VI. — B et C sont situés sur un même support et une même
pince double, on les déplace de façon à ce que le mercure étant
au trait 100 en B, celui qui est contenu en A soit sur une même
ligne horizontale.

Dans ces conditions, et la température étant la même en A et B,
la pression en B étant à 0 et 760, elle l'est également en A et on
peut lire sans correction le volume de AzO dégagé.

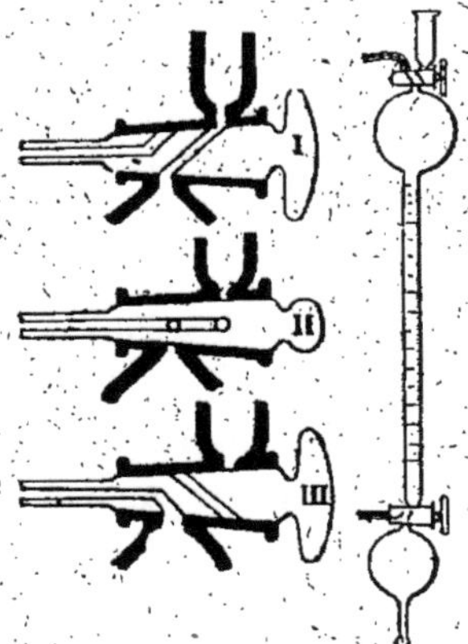

Fig. 307 et 308.

Par mesure de précaution, et si ce volume est élevé, on attend
une dizaine de minutes avant de donner aux tubes une position
immuable.

G. Rivière et *G. Picard* (*Bul. Soc. Chim. France*, juillet 1924, p. 901), ont effectué une modification au volumètre de *Lunge* en disposant à la partie inférieure, au-dessous de la graduation, un robinet à 3 voies, et une ampoule de 60 à 70 centimètres cubes permettant d'éliminer, après réaction, la couche boueuse d'acide sulfurique et de sulfate mercurique qui recouvre le mercure.

On élève le volumètre pour amener le gaz dans le robinet (position I) figure 308.

On tourne de 1/4 de tour (position II).

On abaisse l'appareil pour donner la pression et le réactif découle quand le robinet a été amené à la position III.

Quand le mercure sort, on revient à la position initiale, pour avoir une surface nette permettant une lecture facile.

L'air qui contient $0,02\,^{0}/_{0}$ d'oxyde d'azote étant dangereux à respirer. MM. *Allison*, *Parker* et *Jones* ont proposé de le doser colorimétriquement avec le mélange sulfophénique.

Après détermination dans le gaz à analyser $H.O.CO^2.CO$ et CH^4 on agite le gaz avec $NaOH$ et H^2O^2. On évapore le liquide et on dose colorimétriquement les nitrates en comparant avec des tubes types.

M. *Luigi Zambelli* opérait comme suit (*Moniteur Quesneville*, mai 1896).

2 grammes d'acide sulfanilique, et 2 grammes de phénol, sont dissous dans 50 cm^8 d'acide sulfurique étendu (25 cm^8 SO^4H^2 et 25 cm^8 d'eau) et la solution obtenue, qui reste limpide et incolore, est prête pour le dosage.

Pour doser l'acide azoteux, il suffira de verser 2 ou 3 cm^8 de la solution phénol-sulfanilique dans un flacon contenant une certaine quantité de la solution à examiner, et bouché à l'émeri, de bien agiter, et d'ajouter, au bout de 10 à 15 minutes, de l'ammoniaque jusqu'à réaction alcaline. La solution qui, par l'addition de l'ammoniaque seule, reste incolore, prend, en présence d'acide azoteux, une coloration jaune variant avec la teneur du liquide examiné, celle-ci est déterminée colorimétriquement en partant d'une solution titrée d'azotite d'argent. En se servant d'un bon colorimètre, il a obtenu des résultats très concordants et exacts, comme le montrent les analyses suivantes.

	AzO²	
	employé	trouvé
I	0 gr. 0460	0 gr 0461
II	0,0220	0,0234
III	0,0298	0,0297
IV	0,0029	0,0331

Grâce à sa stabilité, l'échelle colorimétrique une fois prête peut être conservée pendant longtemps ; et d'ailleurs il est facile de la préparer quand le besoin s'en présente.

Essai de l'Acide sulfurique

Voici le mode d'essai de l'acide sulfurique du Congrès de 1922.

Matières fixes. — Evaporer 180 grammes d'acide et calciner le résidu. Il ne doit pas excéder 0 gr. 50.

Acide nitrique. — Verser dans un tube à essai 5 cm³ de réactif à la diphénylamine préparé comme suit.

Diphénylamine	0 gr. 05
Acide sulfurique	5 cm³
Acide acétique cristallisable	3 »
Solution aqueuse de KCl à 2 %	2 »

D'autre part, diluer 5 cm³ de l'acide et verser ce liquide avec précaution dans le tube à essais, de façon à former deux couches. Il ne doit pas se manifester de coloration bleue dans la zone de séparation.

Matières réductrices. — AzO²H et SO² Mélanger 40 grammes d'acide et 60 cm³ d'eau, ajouter 0 cm³ 95 de permanganate de potasse N/10. La coloration rose doit persister plusieurs minutes.

Acide Chlorhydrique. — Etendre 40 grammes d'acide avec 25 cm³ d'eau et ajouter 1 cm³ de nitrate d'argent N/10. Aucun trouble ne doit se produire.

Plomb. — Mélanger 20 grammes d'acide et 80 grammes d'alcool à 95°. Laisser reposer deux heures. On ne doit observer aucun précipité de sulfate de plomb.

Métaux lourds. — Diluer 20 grammes d'acide avec 80 cm³ d'eau. Saturer par l'hydrogène sulfuré qui ne doit provoquer aucune coloration.

Sels ammoniacaux. — Diluer 4 grammes d'acide avec 39 cm³ d'eau ; alcaliniser par une solution de 5 grammes de soude dans 15 cm³ d'eau et ajouter 1 cm³ de réactif de *Nessler*.

La coloration peut être jaune, mais non rouge brun, et sans aucun précipité.

Traiter 10 grammes d'acide dans l'appareil de *Sanger* (voir *Traité analyse quantitative* de *Treadwell*). On ne doit observer aucune coloration du papier au chlorure mercurique.

Titrage. — Peser 50 grammes d'acide, étendre à un litre (^{1}), titrer 50 cm³ de ce liquide avec la soude N, en présence de phtaléine à l'ébullition, ou à froid en présence d'héliantine. L'acide 66°B doit renfermer au moins 94 % SO^4H^2.

Acide sulfurique pour recherches toxicologiques. — Cet acide doit être pratiquement exempt d'arsenic. 10 grammes traités dans l'appareil de *Marsh*, suivant la technique de *Bertrand*, ne doivent fournir aucun anneau d'arsenic.

Une méthode de détermination de la richesse de l'acide sulfurique a été proposée par M. *H. Marshall* (*Moniteur Quesneville*, juillet 1903, *Journal of the Society of chemical Industry*, 1511, 1902).

L'auteur a préconisé de diluer l'acide sulfurique dans la moitié de son volume d'eau, déterminer la densité, et déduire la richesse exacte au moyen d'une table ou d'une formule (^{2}).

Les résultats seraient comparables à ceux de titrages par la méthode au bicarbonate. Des tables permettent de déterminer facilement la richesse d'un échantillon d'acide pur, c'est-à-dire d'un acide dans lequel la quantité d'impuretés, autres que l'eau, ne dépasse pas 0,01 %.

Une certaine quantité d'acide pesée est additionnée d'eau, de manière à amener la teneur en acide sulfurique à 70-80 %, puis on

---

(^{1}) Si l'acide contenait des produits nitreux on pourrait le verser dans du MnO^4K jusqu'à décoloration et diluer seulement après. Le reste des opérations aurait lieu comme indiqué.

(^{2}) *Journ. of the Soc. of Chem. Ind.*, 1889, 4 et 190.

vérifie la densité. La richesse est lue dans la table, puis la densité mutipliée par le poids de l'acide dilué, et divisée par le poids de l'acide initial; on obtient ainsi la teneur en acide sulfurique.

Des titrages de contrôle donneraient des chiffres qui ne diffèrent que de 0,01 % en plus ou en moins.

La méthode serait applicable aux acides sulfuriques ordinaires en faisant intervenir une correction pour les impuretés minérales. Le « modus faciendi » exposé par l'auteur diffère un peu suivant que l'on désire le pourcentage avec toute la rigueur possible ou avec une simple approximation.

Dosage volumétrique de l'acide sulfurique et des sulfates. — Une méthode simple, volumétrique, de dosage des sulfates, donnée par *Gauvin* et *Skaraynsky* en 1913 (Bull. Soc. Chim.) consiste à précipiter SO^4H^2 par le chlorhydrate de benzidine, filtrer et titrer par NaOH en présence de phénolphtaléine.

MM. *J. Golse* et *E. Moreau*, *Bull. Trav. Soc. Pharm,* Bordeaux 1918 n° 1, p. 28 ; *Chimie Industrie*, 1918, p. 94, précipitent le sulfate par $BaCl^2$, l'excès de Ba par K^2CrO^4. Ils déterminent l'excès de K^2CrO^4 par KI, puis titrent I par $Na^2S^9O^3$. L'innovation des auteurs consiste à employer un mélange de $BaCl^2$ et de K^2CrO^4 en solution chlorhydrique, le chromate s'y trouvant avec un excès connu

Une autre de M. *Paul Soudan* a été reproduite dans *Chimie et Industrie*, 1920-24.

Liqueurs titrées nécessaires :

a) Solution demi-normale de $(AzO^3)^2$ Ba ;

b) Solution demi-normale de CrO^4K^2 correspondant, centimètre cube à centimètre cube, à la précédente.

Il est avantageux d'opérer sur une prise d'essai renfermant 0 gr., 2 à 0,8 de SO^2H^4. La solution de sulfate neutre (ou neutralisée par AzH^3 si l'on est en solution acide), contenue dans un vase à précipiter, est diluée à 50 cm^3 environ avec de l'eau bouillante. On ajoute à l'aide d'une burette graduée, une quantité de $(AzO^3)^2$ Ba titré, légèrement supérieure à ce que nécessite la précipitation de tout SO^4H^2 (d'après la teneur supposée du SO^4H^2). On agite une ou deux minutes pour permettre la précipitation complète du SO^4Ba puis on ajoute 18 cm³ (ou plus si nécessaire) de la solution de chromate, de manière à en avoir un léger excès dans la liqueur.

On titre alors cet excès avec la liqueur de $(AzO^3)^2Ba$; on suit la marche de la précipitation du chromate de baryum en opérant, par touches, sur un papier fraîchement imprégné de $AzO^3AgN/10$ et encore humide. La réaction est terminée quand il n'y a plus de coloration due à la formation de chromate d'argent.

La présence du CrO^4Ba en suspension dans la liqueur, gêne la touche, par suite de sa coloration propre, et surtout parce que ce précipité réagit également sur le papier réactif au bout d'un certain temps. Pour remédier à cet inconvénient, on recouvre le papier réactif d'un papier à filtrer fin sur lequel on opère la touche ; la goutte d'essai se trouve ainsi automatiquement filtrée et on n'enregistre, sur le papier au nitrate, que l'action du CrO^4K^2 restant en solution. On arrive ainsi à observer la fin de la réaction à 2 ou 3 gouttes de $(AzO^3)^2BaN/2$ près.

La liqueur de chromate ayant été titrée préalablement de la même manière, le $(AzO^3)^2Ba$ servant à précipiter SO^4H^2 s'obtient en retranchant de $(AzO^3)^2Ba$ la partie correspondant au chromate ajouté.

Il est important de n'ajouter le CrO^4K^2 que lorsque tout l'acide sulfurique est précipité ; en effet, dans cette opération il se produit entre les sulfates et les chromates, un partage de $(AzO^3)^2Ba$, variable suivant les concentrations respectives de ces corps et l'on ne peut plus suivre nettement la fin de la réaction.

Cette méthode donne des résultats exacts, à un centième près, environ en 1/4 d'heure.

Nitrate de soude

Une méthode d'analyse, très discutable, fut longtemps imposée par les détenteurs de nitrate, qui jouissaient d'un véritable monopole, elle comportait :

Dosage de l'humidité.

Détermination de l'insoluble dans l'eau.

Le résultat obtenu en retranchant leur total de cent donnait le nitrate.

La méthode de détermination de l'azote par l'une des méthodes exposées précédemment est, sinon mathématiquement exacte, du moins beaucoup plus logique.

Il y a cependant lieu de tenir compte des impuretés contenues dans le nitrate, car certaines peuvent exercer une action très défavorable. Le Perchlorate de soude est dans ce cas, surtout dans les usines où l'on utilise le nitrate de soude directement, soit en le faisant décomposer par l'acide sulfurique, soit en le dissolvant dans l'eau, et le faisant couler sur le Glover ou le pulvérisant dans les chambres.

Dans ces conditions, la pureté et la richesse du nitrate jouent un rôle important.

On a intérêt à choisir un produit industriellement pur et le supplément de prix, en pareil cas, est souvent compensé par de nombreux avantages en fabrication.

Divers techniciens éliminent soigneusement, et le plus complètement possible, l'eau (en séchant le nitrate et employant du 66 couvert).

Dans tous les cas, les métaux autres que le potassium et le sodium sont à éviter, il en est de même pour les métalloïdes, à commencer par le chlore et le fluor.

M. *Lemaître* a publié (*Moniteur Scientifique Quesneville*, 1904, p. 253), une intéressante méthode pour doser le perchlorate de soude dans le nitrate de soude commercial, qui permet, à côté de la teneur en chlore déterminée par la méthode classique, de connaître la proportion de perchlorate.

Ce dosage est basé sur la réaction :

$$ClO^4Na + (SO^3Na^2)^4 = (SO^4Na^2)^4 + NaCl.$$

Pour un nitrate contenant moins de 4 % de perchlorate, les proportions sont :

Salpêtre du Chili, 5 grammes

Sulfite de soude anhydre pur et sec, 3 grammes.

Le sulfite et le nitrate mélangés, à l'état sec et pulvérulent, son introduits dans un creuset en platine, et chauffés avec précaution jusqu'à fusion tranquille.

Après refroidissement on reprend par environ 100 cm³ d'eau.

Si le nitrate contient aussi du chlorate et de l'iodate de soude, ils sont également réduits.

$$ClO^3Na + 3SO^3Na^2 = 3SO^4Na^2 + NaCl$$
$$IO^3Na + 3SO^3Na^2 = 3SO^4Na^2 + INa.$$

La solution obtenue est additionnée d'un excès de AzO³Ag $\frac{N}{20}$ et de 6 cm³ de AzO³H concentré, puis chauffée au bain de sable presqu'à l'ébullition, et maintenue à cette température 1/2 heure. On chasse ainsi l'acide nitreux et on obtient un précipité se laissant bien filtrer.

Après refroidissement le précipité de AgCl est recueilli sur un filtre et lavé.

Le filtrat, et les eaux de lavage, sont additionnés de 2-3 cm³ d'une solution d'alun de fer, et titrés en retour par une solution de CAzS AzH⁴ $\frac{N}{20}$ (d'après *Volhard*).

Détermination des impuretés diverses contenues dans l'acide sulfurique

Comme nous l'avons dit précédemment, suivant son mode de préparation l'acide sulfurique peut contenir :

De l'acide sulfureux ;

Des combinaison azotées ;

Des sulfates divers (de fer, cuivre, ammoniaque, calcium, aluminium, plomb, zinc, etc.).

Des chlorures ;

Des fluorures ;

Des dérivés d'arsenic, sélénium, thallium, tellure, titane, etc.

Impuretés. Gazeuses. — On met l'acide à examiner dans un flacon bouché à l'émeri, rempli environ à moitié, et on agite à diverses reprises.

L'air se sature des produits gazeux dissous dans l'acide et on caractérise :

SO². — Par le papier Iodo-amidonné bleui par l'emploi d'amidon, qui se décolore.

Produits nitreux. — Par le papier Ioduré et amidonné qui se colore en bleu.

Il faudrait un grand excès de SO^2 pour empêcher cette dernière réaction de se produire.

Une autre façon de contrôler la présence de SO^2, consiste à le transformer en H^2S, par addition de zinc, aluminium, H^2S se reconnaît avec le papier à l'acétate de plomb ou l'azotate d'argent qu'il noircit.

Acides azotés. — En présence de la diphénylamine en solution dans l'acide sulfurique (1 : 100) et additionnée de 1/10 de son volume d'eau, ces acides donnent une coloration bleue intense.

On peut réaliser l'opération de plusieurs façons : ou bien en introduisant la solution de diphénylamine dans un vase conique contenant l'acide à examiner, en opérant avec précaution pour que les liquides ne se mélangent que peu à peu — ou mettant les 2 liquides côte à côte sur une soucoupe, et les réunissant avec un agitateur.

La coloration bleue se développe rapidement.

Avec le sulfate d'indigo il y a décoloration et, en présence du sulfate de brucine, les produits nitreux donnent une coloration rose, mais ces réactions sont communes avec le sélénium.

Sélénium. — Il est décelé au moyen d'une solution concentrée de sulfate ferreux qui, dans l'acide, provoque un précipité brun rouge tandis que les azotites et azotates déterminent, dans les mêmes conditions, une coloration rose ou pourpre.

Une note de M. *E. Schmidt*, sur la recherche de très petites quantités d'acide sélénieux dans l'acide sulfurique, a été publiée dans le *Bull. Soc. Chim.* II, 1915, p. 32 et la *Revue de Chimie Industrielle* (Septembre 1916, p. 245).

Sa présence est caractérisée par l'emploi de la codéine (coloration bleue passant au vert amarante, puis au vert olive). L'acide sulfureux n'occasionne aucun changement, et l'acide tellureux donne une coloration rougeâtre ou bleu pâle. La réaction à la codéine est sensible pour 0,0001 % d'acide sélénieux.

Arsenic. — On ramène le As^2O^5 contenu dans l'acide, en As^2O^3, au moyen d'un courant de SO^2, dont on chasse l'excès en chauffant, et faisant passer un courant de CO^2 dans la liqueur. Après neutralisation par le carbonate de soude et un peu de bicarbonate, on titre avec une solution $\frac{N}{10}$ d'iode et l'empois d'amidon, 1 cm³ de cette solution correspond à 0,00495 gr. As²O³.

Dosage de l'arsenic dans l'acide sulfurique commercial. *Nohr* (*J. industr. eng. Chem.* juin. p. 580) successivement détermine l'Arsenic à l'état arsénieux et celui à l'état arsénique.

1° As²O³. — 20 gramme d'acide sont dilués et additionnés de solution saturée de CO³Na² jusqu'à légère acidité à l'orangé III, puis on ajoute 2 grammes CO³NaH. On refroidit à 25° C, puis titre à l'Iode $\frac{N}{10}$ en présence d'empois d'amidon

$$1 \text{ cm}^3 \text{ d'iode } \frac{N}{10} = 0 \text{ gr. } 00495 \text{ As}^2\text{O}^3.$$

2° As²O⁵. — 20 grammes acide sont mis dans un bescher et portés 1 heure dans une étuve à 105-110. On dilue légèrement, et ajoute CO³Na² jusqu'à coloration rouge de la phénol phtaléine. On fait bouillir, filtre, lave et ajoute 3 grammes CO³NaH puis peu à peu, en agitant, 150 cm³ HCl concentré et 1 gramme IK en cristaux.

Après 5 minutes de repos, on titre à l'hyposulfite $\frac{N}{10}$ et on calcule le résultat en As²O³.

La somme des deux donne l'Arsenic en As²O³, il suffit de multiplier ensuite par 5 pour avoir le pourcentage.

Fer. — On peroxyde le fer en faisant bouillir l'acide avec une goutte d'acide nitrique, et on fait la recherche qualitative en ajoutant une solution de sulfocyanure de Potassium, si la coloration est bien rouge on passe à la détermination quantitative.

On prend 50 cm³ d'acide à examiner et on le chauffe avec un peu de zinc pur, pour ramener tout le fer au minimum, après quoi on décante, on lave le zinc et, après refroidissement, on ajoute une solution $\frac{N}{12}$ de permanganate, diluée de 10 fois son poids d'eau distillée, jusqu'à teinte rose persistante, chaque cm³ correspondant à 0,0028 de fer.

On peut également opérer par précipitation avec l'ammoniaque.

Kander a préconisé l'essai par la codéine qui se dissout dans SO^4H^2 avec une couleur bleue.

Cuivre. — On opère sur 50 cm³, comme pour le fer.

Après peroxydation on précipite le fer au moyen de l'ammoniaque, puis, dans le filtrat, on dose le cuivre, soit colorimétriquement, soit électrolytiquement.

Plomb. — Avec un acide assez fort, on ajoute volume égal d'eau et 2 fois le volume d'alcool.

Après repos on filtre, et le précipité de SO^4Pb récolté, et bien lavé, est séché, séparé du filtre puis calciné. Le filtre, calciné à part, est humecté d'acide nitrique, puis on y ajoute une goutte d'acide sulfurique pur. On doit opérer dans un creuset de porcelaine.

Chlorures. — 10 cm³ d'acide sont bouillis dans un matras, et les vapeurs amenées à la surface d'un peu d'eau contenue dans un récipient *ad hoc*, l'eau absorbe HCl qui est dosé acidimétriquement, ou, après neutralisation par la soude, titré avec une solution $\frac{N}{10}$ d'AzO^3Ag et le chlorate de potasse comme indicateur.

Acide Chlorhydrique. — L'acide sulfurique est dilué avec l'eau distillée (10 à 20 fois son volume) et on ajoute quelques gouttes de nitrate d'argent en solution, qui donne avec les chlorures le précipité blanc caillebotté connu.

Ammoniaque. — 2 grammes d'acide sont dilués avec 30 cm³ d'eau et sursaturés avec 3 ou 4 grammes d'alcali caustique pur. Une addition de 10 à 15 gouttes de réactif de *Nessler* ne doit donner aucune coloration jaune ou brun rouge.

Résidu sec. — Une indication générale résulte de la détermination et de l'importance du résidu sec.

Essai des matériaux
servant à la construction des chambres, des fours, des tours et au remplissage

La durée d'un appareil, et son bon fonctionnement, dépendant tout d'abord de la qualité des produits qui ont servi à les édifier, cette question doit pouvoir être suivié de près, au préalable au laboratoire.

Chambres

Analyse de plomb. *Marché de l'analyse.* — Attaquer 100 grammes de plomb par l'acide nitrique étendu et additionné d'acide tartrique. On filtre le résidu insoluble (*silice* et *soufre*) que l'on pèse sur un double filtre taré, et on y détermine la teneur en soufre, par oxydation suivie de précipitation avec le chlorure de baryum.

On obtient la silice par différence.

La liqueur filtrée, additionnée d'acide sulfurique en excès et d'alcool pur, donne un précipité de sulfate de plomb. Le métal est ainsi presque intégralement précipité. Les quelques traces restant dans la liqueur peuvent être dosées par électrolyse, à l'état de bioxyde de plomb.

Pb. — Le *sulfate de plomb* est *filtré*, calciné, et pesé. Après évaporation de la liqueur filtrée pour chasser l'alcool, on précipite par H^2S les métaux des groupes 5 et 6 (traces de plomb non enlevé à l'état de sulfate, cuivre, bismuth, antimoine, arsenic, cadmium, argent). Ces sulfures sont mis en digestion 12 heures avec du sulfure de sodium, puis on filtre les sulfures de plomb, de cuivre, de bismuth, etc.

Sb, As. — On dose, dans le liquide filtré, l'*antimoine* et l'*arsenic* après avoir rendu acide par HCl.

Pb. — Le précipité de sulfures insolubles dans le sulfure de sodium, traité par l'acide azotique étendu, est évaporé à sec avec quelques gouttes d'acide sulfurique qui précipitent le plomb présent.

Bi. — Après avoir filtré ce sulfate de plomb, on neutralise la solution par une lessive de potasse pure, on ajoute du carbonate de soude et du cyanure de potassium. Le précipité qui peut se produire est filtré et dissout dans l'acide azotique étendu. On précipite le bismuth, dans cette dissolution, par du carbonate d'ammoniaque, et on le pèse comme oxyde.

La liqueur contenant du cyanure, séparée du bismuth par filtration, est additionnée de quelques gouttes de sulfure de potassium.

Ag. — Le cadmium et l'argent, s'il y en a, donnent un précipité de sulfures qui est dissout dans l'acide azotique étendu, après quoi on précipite l'argent par quelques gouttes d'acide chlorydrique, et, dans le liquide filtré, après évaporation à sec :

Cd, Cu. — On précipite ensuite le *cadmium* par du carbonate de soude. Le liquide séparé, par filtration, du sulfure de cadmium est évaporé, après addition d'acide chlorydrique et quelques gouttes d'acide sulfurique, jusqu'à expulsion des composés cyanurés ; puis le *cuivre* est précipité, dans cette solution, par H^2S puis dosé par électrolyse. La liqueur, séparée par filtration, est évaporée pour chasser l'hydrogène sulfuré, elle contient le fer, le zinc (le nickel ne se trouve qu'exceptionnellement dans le plomb).

Fe, Zn. — On sépare le *fer* et le *zinc* par l'acétate de soude, on titre le fer par le permanganate, et le zinc par le sulfure de sodium. Pour rechercher le nickel, on précipite le fer, le zinc et le nickel par du sulfhydrate d'ammoniaque.

Ni. — Les sulfures filtrés, traités sur filtre par une solution aqueuse d'H^2S, sont additionnés de $^1/_4$ HCl, le fer et le zinc sont dissouts, et le sulfure de nickel est insoluble.

On détermine la proportion d'*argent* par coupellation, en opérant sur une quantité de plomb plus ou moins importante, selon la teneur présumée de métal précieux.

Dosage de l'antimoine dans les plombs impurs. — On traite 5 grammes de plomb par l'acide nitrique étendu et l'acide tartrique, puis on précipite la majeure partie du plomb par l'acide sulfurique, après quoi on filtre. La liqueur filtrée, rendue ammoniacale, est additionnée de sulfure de sodium ou d'ammonium. On laisse digérer six à douze heures, ou deux à trois heures à chaud (50° à 60° C).

On filtre les sulfures insolubles de cuivre, de plomb, etc.

La liqueur filtrée est décomposée par l'acide chlorydrique, et le sulfure d'antimoine titré volumétriquement par le permanganate ou par l'iode.

Dosage du bismuth dans le plomb. — Dissoudre dans l'acide azotique et précipiter les deux métaux par le carbonate d'ammoniaque. Les carbonates sont dissous dans l'acide acétique, puis on introduit, dans la solution, une fenille ou une baguette de plomb sur laquelle le bismuth se précipite. Après séparation et dissolution dans l'acide azotique il est précipité à nouveau par le carbonate d'ammoniaque, etc., etc.

Exemples d'analyses. — 1° Plombs affinés (M. *Jagneux*).

	1	2
Plomb	99,570	99,867
Antimoine	0,108	0,084
Soufre	0,174	0,010
Fer	0,084	0,007
Cuivre	0,848	0,016
Arsenic	traces	0,016
	99,984	100,000

Dosage volumétrique du plomb. — C. U. *Prum* (*Chem. Age*, décembre 1923) recommande, comme très rapide, la méthode volumétrique de dosage du plomb quand il en existe une faible quantité dans les échantillons.

Le Pb est précipité de la solution acétique à l'état de Chromate, puis dissous dans HCl. A la solution neutralisée par l'acétate d'ammoniaque on ajoute 1 à 2 grammes d'Iodure de Potassium et on titre l'excès d'Iode avec une solution d'hyposulfite de soude.

Analyse rapide du plomb impur. — *Anonyme Métal. Ind.*, 1922, t. XX, n° 20, p. 461-462, 19 Mai.

Mode opératoire. — Peser 3 à 5 grammes de l'échantillon, dissoudre dans de l'acide nitrique dilué, évaporer à sec, redissoudre, filtrer et laver à l'eau bouillante. Le précipité d'étain et d'antimoine est séché, calciné et pesé.

L'antimoine peut être dosé sur une partie séparée, soit par la méthode au bromate, soit au permanganate,

Le filtrat séparé de l'étain et de l'antimoine contient le zinc, l'aluminium, le cuivre, le fer et le bismuth. Ajouter de la soude diluée en excès et faire rebouillir ; le précipité consiste en hydrates de fer et de cuivre. Filtrer, laver le précipité avec une solution légèrement sodique puis le dissoudre dans une fiole au moyen d'acide nitrique chaud, porter à un volume connu et diviser en 2 parties égales. A une portion, ajouter de l'ammoniaque, doser le cuivre colorimétriquement.

Le fer est dosé par la méthode au thiocyanate. En présence de nickel, une modification à la méthode est nécessaire.

Le filtrat alcalin obtenu ci-dessus, contient encore, outre le plomb : l'aluminiun, le zinc et le bismuth ; neutraliser puis acidifier par de l'acide acétique. Faire bouillir, filtrer, laver avec une solution d'acétate de soude, peser Al^2O^3. Le bismuth est dosé colorimétriquement dans la solution jaune que l'on obtient après s'être débarrassé du plomb, (à l'état de sulfate de plomb et d'iodure de plomb). Sur une autre partie du filtrat séparé de l'alumine, doser le zinc par la méthode au sulfure de sodium après précipitation du plomb à l'état d'oxyde pur.

Essai des briques pour fours et remplissages

Les briques ou produits de grès qui servent à la confection des tours, des fours, ou au remplissage, doivent présenter un certain nombre de propriétés physiques et chimiques dont l'importance est considérable, aussi est-il nécessaire de savoir comment on doit les essayer pour être fixé sur leur valeur technique.

Une brochure publiée par la *Compagnie des Mines de Houilles de Marles* donne d'intéressants détails sur les méthodes usitées au Laboratoire d'essai du Conservatoire des Arts et Métiers de Paris, ainsi que les résultats obtenus avec les briques et produits de sa fabrication.

Nous en reproduisons les points les plus caractéristiques.

Méthode du conservatoire des Arts et Métiers. *Perméabilité.* — On mastique sur les briques, préalablement saturées d'eau à l'aide du vide, un tube de verre de 37 millimètres de diamètre et 12 centimètres de hauteur. Chaque brique est ensuite placée au-dessus d'un récipient qui reçoit l'eau pouvant la traverser.

Expansion. — On dispose une brique dans un bac rempli d'eau douce à + 15° C. porté progressivement à 100° C., et cette température maintenue pendant 6 heures.

Après refroidissement on constate si la brique présente, ou non, trace apparente de détérioration.

Gélivité. — Les briques, préalablement gorgées d'eau par une immersion de 48 heures, sont soumises 4 heures à une température de — 15° C. puis dégelées pendant 4 heures dans l'eau à + 15° C.

Après 26 opérations de gels et dégels successifs, on examine si les briques présentent, ou non, trace d'altération.

Résistance à la compression. — Ces essais sont exécutés sur des cubes obtenus en superposant les deux moitiés d'une brique sciée par le milieu.

Pour obtenir une bonne répartition de la pression, on interpose des plaques de carton épais entre les faces des cubes et les sommiers de la machine d'essai.

Résistance à la flexion. — Les briques sont posées à plat sur les deux couteaux de la machine d'essai, espacés de 20 centimètres.

On applique ensuite, au milieu de la portée, à l'aide d'un troisième couteau, une charge progressive, jusqu'à rupture.

Frottement. — On emploie deux éprouvettes de 6 centimètres et 4 centimètres de côté. Les prismes sont posés sur la piste tournante en fonte d'une machine *Dorry* saupoudrée de sable ou de grès pulvérisé, et tamisé aux tamis de 324 et 4 900 mailles par centimètre carré, à raison de 1 litre par 1 000 tours et par demi-heure, sous une charge calculée à raison de 250 grammes par centimètre carré de surface frottante.

Résistance aux acides. — Les briques sont desséchées à l'étuve à 100-110° C. jusqu'à ce que deux pesées successives soient concordantes.

Après refroidissement à la température ordinaire (16° C.) les briques entières sont plongées : l'une dans l'eau régale, l'autre dans l'acide sulfurique à 66° Baumé, de façon à être complètement recouvertes de liquide.

Après deux heures de contact, elles sont retirées, lavées à l'eau courante, et mises de nouveau à l'étuve jusqu'à poids constant, on constate alors la perte subie dans l'opération.

Résistance aux alcalis. Essai à froid. — Les morceaux de briques, placés 2 heures dans une capsule contenant la potasse caustique à 25 %, sont ensuite lavés à grande eau et portés dans un four à moufle, au rouge sombre, après une dessiccation préalable à l'étuve. On compare le poids initial et le poids final.

Essai à chaud. — On opère comme précédemment pour la pesée des briques avant, et après l'opération. La solution de potasse caustique à 25 %, contenant les morceaux de briques, est chauffée pendant un quart d'heure à 95-100°.

Fusibilité. — On casse les briques de façon à obtenir des morceaux présentant des arêtes très vives, les effets des hautes températures étant plus sensibles ainsi.

Les morceaux sont placés dans des creusets de porcelaine ; des montres fusibles de *Séger* à côté, dans des creusets en porcelaine également. Les points de fusion de ces montres sont vérifiés avec soin : par exemple, pour la température de 1 100°, on choisit deux montres fondant l'une à 1 090°, l'autre à 1 100°.

Les creusets sont mis dans un four électrique, dont la température peut s'élever progressivement jusqu'à 1 270°, c'est à-dire au-dessus du blanc éblouissant. Des briques ont été laissées 2 h. 1/2 successivement aux différentes températures : 1 000, 1 050, 1 100, 1 125, 1 150, 1 175, 1 200, 1 230, et 1 270° C.

Briques de Marles. — Sur trois échantillons examinés ; pour un on n'a constaté un ramollissement que vers 1 170°, la fusion a commencé par les arêtes vives qui se sont racornies, puis le morceau de briques s'est affaissé dans le creuset. Pour les deux autres morceaux, la fusion a commencé, de la même façon, vers 1 190-1 200°. A la température de 1 260-1 270°, la fusion a eu lieu pour deux échantillons ; le troisième avait encore, en partie, son aspect primitif.

Essai au soufre fondu. — On casse une brique en plusieurs morceaux présentant des arêtes très vives, pour offrir une très grande surface à l'attaque. On les dessèche d'abord à l'étuve, ensuite au four à moufle au rouge sombre pendant un quart d'heure

Ils sont disposés dans un grand creuset en silice fondue préalablement rempli de soufre jaune en poudre et placé au four à moufle dont la température est poussée très doucement jusqu'à fusion tranquille, c'est-à-dire vers 300°.

Les morceaux de briques sont enlevés après 1/2 heure, puis placés dans le four à moufle à la température du rouge sombre pour enlever les parcelles de soufre en fusion qui auraient pu y pénétrer.

Briques de Marles. — L'examen des morceaux a montré qu'ils étaient recouverts d'une fine couche de poussière rosée, due aux impuretés du soufre employé, ainsi qu'en témoignait la capsule dans laquelle on avait fait brûler le soufre.

Ces poussières ont disparu dans l'eau acidulée chlorhydrique. On a de nouveau remis les morceaux dans le four à moufle pour obtenir la dessiccation complète.

Leur poids était avant l'opération de 30 gr. 870 et après traitement par le soufre en fusion, de 30 gr. 870., montrant une attaque nulle.

Les arêtes étaient aussi vives et aussi dures qu'avant l'opération ; donc pas d'effritement.

Essai aux vapeurs de soufre. — Après dessiccation préalable au four à moufle, les morceaux sont placés dans une grande capsule en quartz fondu, et, dans une autre capsule, on met du soufre. Le tout est introduit au four à moufle dont on élève la température de façon à obtenir 950 à 1.000° pendant une demi-heure. On remplace au fur et à mesure le soufre volatilisé, de façon à ce que les morceaux de briques baignent toujours dans la vapeur de soufre.

Briques de Marles. — Après une demi-heure de ce traitement, les morceaux retirés n'étaient plus recouverts d'une poussière rosée comme dans l'essai précédent, ils furent refroidis doucement, puis pesés.

Avant l'opération, le poids était de 37 gr. 790 et après traitement par la vapeur de soufre, de 37 gr. 790, il n'y a donc pas eu d'attaque par la vapeur de soufre à une température de 950 à 1.000°.

Les arêtes présentaient les mêmes caractères qu'avant l'opération, comme aspect et dureté.

Prix de revient de l'acide sulfurique
avec les chambres de plomb

Du prix de revient dépend la prospérité, et même l'existence, d'une industrie, or ce prix est fonction de facteurs multiples, qui, au point de vue général, sont pour chaque usine :

La situation géographique ;

La conception technique ainsi que l'organisation industrielle et commerciale ;

Les méthodes de travail et la valeur du personnel.

Le choix des matières premières mises en œuvre.

La nature ainsi que la qualité des produits et sous-produits obtenus.

Ces facteurs conservent toute leur importance dans le cas de l'acide sulfurique, aussi est-il intéressant de comparer les prix de revient à certaines époques, avec des matières premières diverses et des installations différentes.

Les chiffres que nous allons rappeler ci-après permettent de suivre, non seulement les prix de revient, mais les variations du coût des matières premières. Nous les avons d'ailleurs reproduits tels qu'ils sont donnés dans les sources de documentation citées.

On remarquera cependant que la dépense de matières sulfurées de nitrate, de houille, les facteurs : main-d'œuvre, entretien, réparation, frais généraux sont calculés d'une façon très variable suivant les usines et que, parfois, les postes : intérêt du capital, amortissement, sont inexistants, de sorte qu'il y aurait lieu d'en tenir compte si on veut établir des comparaisons.

En 1867 à Marseille (*Traité de Chimie* de *Stohmann*, p. 190) l'acide sulfurique au soufre coûtait :

	Fr.
1 000 kg. soufre	170,00
75 kg. nitrate	30,00
100 kg. houille	2,50
Main-d'œuvre	4,50
Frais généraux	6,00
Prix de 1 000 kg. acide 53	213,00
» 1 000 »	53,25
» 1 000 kg. SO^4H^2	85,10

Lunge et *Naville* (1879, p. 1115).

Usines anglaises

	Poids (kg.)	Prix de la tonne	°/₀ kg	Poids (kg)	Prix de la tonne	°/₀ kg	Poids (kg.)	Prix de la tonne	°/₀ kg.
Pyrite..........	1 048	20,50	21,48	838	31,34	26,27	758	23,38	17,72
Nitrate	22	369,10	8,12	17,2	295,25	5,08	14,5	270	3,91
Houille.........	537	5,50	3,05	171	12,30	2,00	250	4,93	1,23
Main-d'œuvre fabrication			7,60			8,32			4,28
Main d'œuvre entretien			1,91			1,08			0,60
Matériaux divers			4,26						
Grandes réparations						1,23			1,23
Total.........			46,42			43,98			28,97
A déduire :									
Bisulfate			1,34						
Net °/₀₀ SO⁴H²..			45,08			43,98			28,97
» °/₀₀ acide 53			31,50			30,80			20,30
» °/₀₀ acide 50			28,20			27,50			18,12
Observations....	Pyrite menue belge 40 °/₀, sans Glover ni Gay-Lussac.			Pyrite cuivreuse Norvège à 45,34 °/₀, en 1873 avec Glover et Gay-Lussac.			Pyrite cuivreuse Espagne à 48 °/₀ en 1876 avec Glover et Gay-Lussac.		

Lunge et *Naville* (1879, p. 413).

Usines françaises

	Poids (kg.)	Prix de la tonne	°/₀₀ kg	Poids (kg)	Prix de la tonne	°/₀₀ kg
Pyrite	730	34,50	25,18	952	27,50	26,18
Nitrate...............	14,5	380	5,51	28,10	380	10,68
Houille...............	191	12,10	1,81	120	22	1,64
Main-d'œuvre			5,80			6,80
Entretien...............			0,20			2,10
Grosses réparations...........			4,30			
Frais généraux			3,00			3,50
Enlèvement des cendres						0,60
Total			45,80			51,30
A déduire :						
Bisulfate			1,90			1,50
Net °/₀₀ kg. SO⁴H²..........			43,90			49,80
» °/₀₀ kg. acide 53..........			30,73			35,00
» °/₀₀ kg. » 50..........			27,44			31,25
Observations	Avec Glover et Gay-Lussac Four à étage			Sans Glover ni Gay-Lussac Four mixte		

Voici, d'autre part, trois prix de revient donnés par *Sorel* (p. 377)

	Poids	Prix		Poids	Prix		Poids	Prix	
Pyrite	675	30°/₀₀	20,25	715	30°/₀₀	21,45	420	26°/₀₀	10,90
Acide nitrique	11	28°/₀	3,08	20	28	5,64	6	26,58	4,60
Houille	160	22°/₀₀	3,52	190	22	4,18	105	21,50	2,20
Main-d'œuvre			2,88			2,88			
Surveillance									1,60
Entretien			2,50			2,50			
Réparations									1,20
Divers									0,40
Frais généraux			1,00			3,00			
Enlèvement des résidus				507	2	1,14			
Total			33,23						
A déduire :									
Résidus pyrite	470	6	2,82						
Net °/₀₀ SO^4H^2			30,41			40,79			
» °/₀₀ acide 50			19,00			25,83			17,90

Observations : Cette étude a été donnée pour comparer une usine marchant dans des conditions favorables et une défectueuse techniquement au point de vue économique.

Avec les pyrites espagnoles d'Aguas Teñidas à 24 fr. °/₀₀ le prix de la pyrite pouvait s'abaisser à 16,80 environ; il y aurait lieu d'ajouter les frais d'amortissement.

Usine de l'Ouenza 1885.

D'après *Lunge*, en 1899, le prix moyen en Allemagne était le suivant :

	Francs
702 kg. de pyrite à 47 % de S à fr. 1,87 %	18,18
18,1 kg. de salpêtre à fr. 25 %	8,27
162 kg. charbon à fr. 1,25 %	1,65
Main-d'œuvre	4,20
Réparations	2,20
Ensemble pour 1.000 kg. H^2SO^4	24,01
Soit pour 1.000 kg. d'acide à 50° B	15,85

Comparant les chambres tangentielles modernes (fours mécaniques, pulvérisation, tours intermédiaires, etc.) avec les anciens systèmes :

			Coût par tonne
Pyrite à 50 % S	16,00	0,46875	15,94
Nitrate ou Nitrique 38° B	2,60	12,50	2,62
		les 50 kg. 8	
Houille	2,38	8,75	2,38
Main-d'œuvre	2,06		2,80
Réparations	1,50		1,75
Amortissement	7,29 à 8,75		4,625
Frais généraux divers			
Total			
Prix par tonne métr. SO^4H^2	32,85 à 34,31		30,115
Observations	Lunge 1916 p. 1232		Indépendamment des chambres Meyer il y avait des tours intermédiaires, eau pulvérisée, etc. Rendement pour 100 kg. soufre brûlé : 100 kg. soufre chargé 294 — 100 kg. pyrite brute. 300 — 100 kg. pyrite 147

Dans un travail paru dans le *Zeitschrift für angew. Chemie*, 1901, M. *Th. Meyer* a établi un parallèle entre les facteurs principaux pris dans le cas des anciennes chambres et celles de son système :

	Anciens systèmes	Système tangentiel
Cube des chambres	2 800 m³	1 875 m³
Surface du système (non compris tours)	560 m²	440 m²
Dépense de plomb pour l'appareil	90 200 kg.	56 200 kg.
Coût des appareils totaux	92 500 marks	78 200 marks
» du terrain à 5 marks le mètre carré	8 200 »	2 200 »
» des bâtiments (55 à 60 marks le mètre carré)	35 200 »	28 400 »
Capital d'installation	131 000 »	107 000 »
Amortissement ½ kg. acide 50° B	40 pf.	88 pf.

MM. *Luty* et *Niedenfuhr* (*Zeitschrift für angew. Chemie*, 1902), p. 242), ont étudié les conditions d'établissement, et de travail, d'un système à production plus élevée qu'avec les chambres de plomb seulement, cela pour une usine allemande.

Production par 24 heures comptée en SO^4H^2 . . . . 20 000 kg.
Pyrite employée (portugaise) % de soufre . . . . 50 %
Rendement . . . . 94,5 %
Soufre dans le résidu 3,5 % }
Pertes 2 % } . . . . 5,5 %
Dépense de nitrique 36° B . . . . 1,1 %
Valeur du soufre utilisé, déduction faite de celle des
   résidus comptés à 20 marks (à 1 fr. 25) la tonne 20,00
Valeur de l'acide nitrique 36° dépensé, 1,1 % du SO^4H^2
   à 19 marks 2,10
Charbon à 16 marks la tonne, 12 % de l'acide compté
   en monohydrate 1,90
Main-d'œuvre :
  Aux générateurs . . . . 2 hommes
  Transport des matières premières
    et fabriquées . . . . 3 »
  Fours à bras . . . . 8 »
  Chambres . . . . 2 »
                    15 à 3 marks 2,25
Dans le cas des fours mécaniques ce chiffre est réduit à 1,65
Réparations 1,45
Amortissement 7,5 % de l'installation,
Intérêt 5 % du capital (terrain + installations), avec
   installations modernes (1902) 5,83
Avec installations anciennes 7,50

Les frais d'installation étaient évalués à :

Terrain 2500 m² à 20 marks . . . . 50 000 marks
Bâtiments . . . . 100 000 »
Machines et génératrices . . . . 16 000 »
Fours et carnaux . . . . 48 000 »
Glover, chambres, Gay Lussac . . . . 156 000 »
                                            370 000 »

Toutefois MM. *Luty* et *Niedenfuhr* estiment que, dans beaucoup d'usines existantes, ce chiffre était sensiblement dépassé et atteignait couramment 450.000 marks.

Grâce à l'emploi de dispositifs plus modernes (Glover avec remplissages spéciaux, tours intermédiaires, ventilateurs et installation logique des divers appareils), il a été possible d'arriver à des chiffres de plus en plus avantageux.

Niedenfuhr, qui a construit beaucoup d'installations utilisant les tours à plateaux *Lunge Rohrmann*, a publié de nombreux renseignements parmi lesquels nous relevons les suivants.

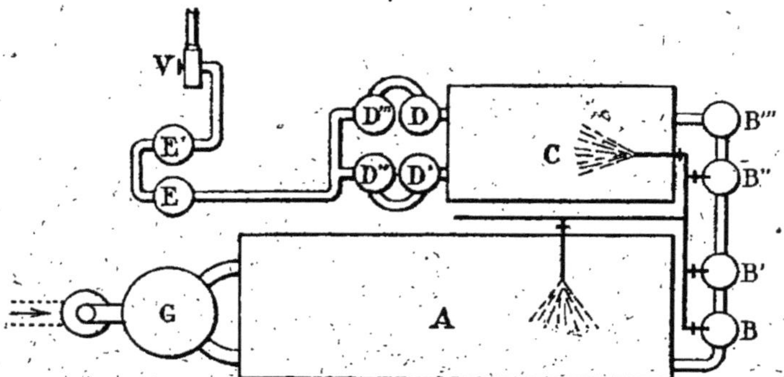

Fig. 309. — Schéma d'une installation à acide sulfurique à tourelles.
G, Glover ; A, chambre de tête ; B,B',B",B'''. tours d'interposition ; C, chambre de queue ; D,D',D",D''', tourelles de queue ; E,E', Gay-Lussac ; V, ventilateur aspirant (d'après Beltzer).

A l'usine de *Schœningen*, une tour avec 192 plateaux, installée à la suite du système de chambres proprement dites, permit de passer de 6750 kilogrammes d'acide à 53° B. à 10.000 kilo-

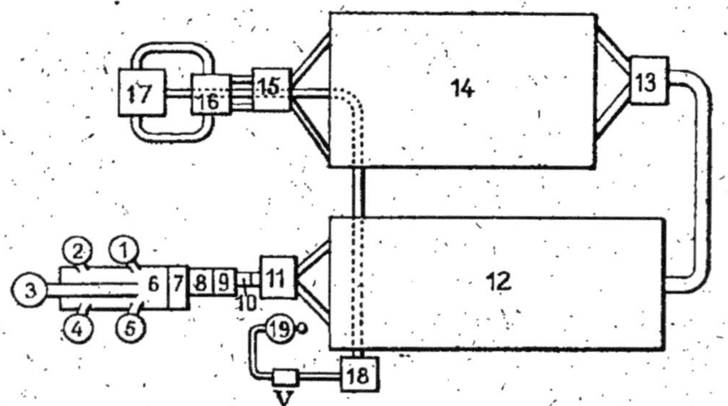

Fig. 310. — Installation d'une chambre à acide sulfurique à tourelles avec fours mécaniques Herreshof.

grammes par 24 heures, avec une consommation de nitrate de 0,8 % à 0,9 % de l'acide produit.

Dans les installations de petites et moyennes dimensions, le Glover était suivi d'une seule chambre, et de 2 tours à plateaux.

Pour les plus importantes, après la grande chambre, venait une tour de large section munie de plateaux, puis la seconde petite chambre suivie de plusieurs tourelles de queue.

Pour une production de 20.000 kilogrammes d'acide à 66° par 24 heures, il prévoit comme installation :

5 fours mécaniques pour griller la pyrite (1, 2, 3, 4, 5) ;

5 carnaux suivi de chambres à poussières (6, 7, 8, 9, 10) ;

Le Glover (11) ;

1 chambre de tête (12), 1 820 m³, munie d'un système de refroidissement (système *Meyer*) ;

1 tour (13) 10 étages, de 28 plateaux chacun, écartés de 30 centimètres. Section 4 m. 5 × 2 m. 70 ;

1 seconde chambre (14) de 1.516 m³ de capacité ;

1 système de 3 tours (15, 16, 17), de *Lunge* ;

La première avec 12 rangs de 24 plateaux chaque, distants de 20 centimètres (section 4 m. × 2 m. 70) ;

La seconde avec 14 rangs de 24 plateaux, distants de 20 centimètres (section 4 m. × 2 m. 70)

La troisième avec 18 rangs de 20 plateaux, distants de 20 centimètres (section 3 m. 50 × 2 m. 70).

Les gaz se rendaient ensuite, par une longue conduite, dans une autre tour à plateaux (18), précédant le Gay-Lussac (19), comportant 20 rangs à 16 plateaux (section 2,70 × 2,70).

Un ventilateur entre la tour (18) et le Gay-Lussac.

Les frais d'installation représentaient :

Terrain 1 850 mètres à 20 marks	37 000	marks or
Bâtiments environ	34 000	»
Fours mécaniques Harreshoff et carnaux	60 000	»
Chambres et tours	98 000	»
Générateurs et machines	16 000	»
Total	235 000	»

ce qui correspond, pour intérêt (5 % sur 235 000) et amortissement (7,5 % sur 198 000), à 26 600 marks, ou 3,64 marks par SO^4H^2.

Un prix de revient de l'acide sulfurique, produit au moyen d'un système de tours A. G. D, est donné par M. *Duron* dans sa brochure avant la guerre.

Production annuelle : 12 000-12 500 tonnes.

Pour une tonne d'acide à 60° B

	Marks
561 kg. 230 de pyrite contenant 48 % de S à (marks) 19,20 la tonne	10,775
10 kg. d'acide nitrique 36° B à 217 marks la tonne	2,170
Force motrice, pour les fours mécaniques, le transport automatique de la pyrite et des résidus, les ventilateurs, compresseurs, pompes, éclairage électrique, etc., 1,3 HP par tonne d'acide	1,092
Main-d'œuvre : 5 ouvriers, 2 surveillants, à 4 marks p. jour	0,785
Frais d'entretien	0,800
Ensemble	15,622
Amortissement et intérêts du capital d'installation de l'usine complète, 15 % sur 250 000 marks	3,000
Frais généraux, direction, laboratoire, bureaux, etc.	0,750
Prix de la T d'acide à 60° B	19,372
» » à 50° B	15,497
Prix de la T de H²SO⁴	24,796

En Belgique, où les prix de main-d'œuvre, de houille et de matières premières sont relativement plus bas qu'en France, en 1907 le prix de revient approximatif était :

	Prix de la tonne	°/₀₀ kg.
Pyrites 49 à 50 % de soufre	23 fr.	10,70
Nitrate	270	1,65
Houille	20	1,50
Main-d'œuvre de fabrication et surveillance		2,10
Entretien (fournitures et main-d'œuvre)		0,60
Amortissement		3,00
Intérêt et frais généraux divers		2,50
Total		22,05
A déduire :		
Valeur des pyrites grillées	6	1,65
Prix de la tonne acide 53° B		20,40

Observation. — Par l'emploi de pyrites cuivreuses, on estimait que ce prix pouvait être diminé de 0,50 pour 100 kilogrammes, et ramené, par conséquent, aux environs de 15 francs la tonne.

Dans son ouvrage. *La chimie industrielle moderne,* M. Beltzer, étudiant l'installation d'une fabrique de 6000 mètres cubes environ, travaillant à 1,5 ou 2 kilogrammes acide 60° par mètre cube soit 3 kilogrammes acide 52-53°, (0,6 à 1 mètre cube de chambre par kilogramme de pyrite à 50 % de soufre) envisageait que le coût d'installation pouvait s'établir comme suit :

1° *Fours à pyrites.* — En comptant sur un grillage de 100 kilogrammes de pyrites fines à 50 % de soufre, pour produire 135 kilogrammes d'acide sulfurique à 66° B., ou 200 kilogrammes d'acide à 52-53° B. au maximum, la consommation est par jour de :

$$9000 \text{ kg. : } 1,35 = 6666 \text{ kg. de pyrite.}$$

Si on se sert de fours à bras *Malétra*, qui permettent de brûler 35 à 40 kilogrammes de pyrites à 50 % par mètre cube de dalles, et par 24 heures.

Dimensions des dalles : 1 m. 25 × 0.30 × 0,10 épaisseur.

Dimensions des étages : 1 m. 25 × 1 m. 50 = 1 m² 875.

Les fours étant à six étages, leur surface totale de dalle = 6 × 1,875 = 11 m² à 250.

On peut brûler par four : 35 kg. × 11 . 250 = 395 à 400 kilogrammes de pyrites environ.

La dépense, pour 4 groupes séparés (de 4 fours chacun), avec chambres à poussières, fosses de décharge, et conduite au Glover.

Terrassements, maçonneries, dalles et sommiers, pièces réfractaires, coulis, mortier, ciment, armatures, fers et fontes, gueulards, main-d'œuvre et matériaux.

Par élément de four, 1.000 francs.

Total pour 16 fours, 16.000 francs.

2° *Tour de Glover*, calculée à 10 mètres cubes environ par 1000 kilogrammes de soufre brûlé par 24 heures, = 40 mètres cubes environ.

Terrassements, maçonnerie Volvic taillée, Volvic en éclats, charpente, plomberie, ferrures, réfrigérants, accessoires, etc. Main-d'œuvre et matériaux d'une tour de 4 mètres carrés, diamètre extérieur × 8 mètres de haut = 13.000 francs.

3° *Tours de Gay-Lussac*, 16 à 18 mètres cubes par 1.000 kilogrammes de pyrite à 50 % brûlée par 24 heures.

Pour 2 tours de 4 mètres diamètre extérieur × 10 mètres hauteur = 60 × 2 = 120 mètres cubes.

Terrassements, maçonnerie, coke métallurgique lavé, plomberie, charpente, ferrure et accessoires. Main-d'œuvre et matériaux = 16 000 francs, comprenant les tuyautages reliant les tours de Glover et Gay-Lussac aux chambres, pour la circulation des gaz et des acides.

4º *Chambres de plomb* (5 696 mètres cubes).

Plomberie (plomb en tables de belle qualité et de 3 millimètres d'épaisseur).

Chambre de tête : 45 m. × 8 × 8 = 2 880 m³	....	35 000 fr.
» milieu : 30 m. × 8 × 8 = 1 920 m³	....	25 000 fr.
» queue : 14 m. × 8 × 8 = 896 m³	....	15 000 fr.

Ce prix comprend la main-d'œuvre et les matériaux, attaches et accessoires, tout posé.

Charpente des chambres (pitchpin et sapin rouge). Poteaux, poutrelles, sablières, semelles, madriers, traverses, solives, lambourdes, sommiers, planchers, ferrures, etc. Main-d'œuvre et matériaux	45 000 fr.
Maçonnerie, terrassements, fondations, pavage	10 000 fr.
Le mètre carré de surface horizontale des chambres revient en moyenne, charpente comprise, de 38 à 56 fr. suivant la grandeur du système.	
Appareils pour le mouvement des acides : Fosses aux pulsomètres. Terrassements, maçonnerie, ciment, pavage, main-d'œuvre et matériaux, ...	5 000 fr.
Pulsomètres, monte-acides	6 000 fr.
Bacs d'alimentation	4 000 fr.
Moteur compresseur d'air, actionné par la vapeur directement et servant également de force motrice pour la ventilation. Réservoir à air comprimé, etc., tuyautages	5 000 fr.
Alimentation de vapeur et d'eau : 2 générateurs à vapeur système Galloway ou Cornouailles, munis de leurs appareils et comprenant la maçonnerie. Main-d'œuvre et appareils	8 000 fr.
Pompes centrifuges, réservoir en tôle, tuyaux d'aspiration et de refoulement pour l'eau. Tuyautage de vapeur et accessoires. Pose comprise	3 000 fr.
Bâtiments : Charpente	30 000 fr.
Couverture	20 000 fr.
Fondations et maçonnerie	5 000 fr.
Éclairage électrique	5 000 fr.
Appareils pour la concentration de l'acide : Préparantes, concentreurs Kessler, etc. Installation. Cheminée, etc.	40 000 fr.
Total	186 000 fr.
Total général des dépenses pour 4 groupes séparés (de 4 fours chacun)	306 000 fr.

D'après l'auteur précité, le prix de revient de l'acide, compté

en monohydrate, pouvait s'établir comme suit, en travaillant avec
le système de chambres décrit précédemment.

> *Pyrites de fer brûlées* : pour la production de 9 000 kg.
> de SO^4H^2 par 24 heures, 6 700 kg. au minimum, à 50 % S,
> au prix de 14 fr. la tonne .... 93 fr. 80
> *Charbon* : La dépense en charbon pour l'acide des
> chambres s'élève environ à 12 kg. pour 100 kg. d'acide
> monohydraté, soit à 20 fr. la tonne : 1 000 kg. environ 20 fr.
> *Nitrate de soude* : En comptant sur une consommation
> d'acide nitrique à 36° B, de 1 kg. 100 par 100 kg. d'acide
> monohydraté SO^4H^2 et 100 kg. d'acide nitrique à 36° B,
> à 23 fr., la dépense sera de .... 20 fr. 70
> On peut aussi calculer la dépense en nitrate 5 % (du soufre
> brûlé) : 175 kg. de nitrate par jour.
>
> Total des matières premières .... 134 fr. 50
> La main-d'œuvre nécessaire comprend :
> Pour les générateurs : 2 hommes, à 5 fr .... 10 fr.
> Pour la manutention générale et les diverses manœuvres,
> concentration, etc. : 6 hommes à 5 fr .... 30 fr.
> Pour les fours à pyrites : 8 hommes à 5 fr .... 40 fr.
> Pour la conduite des chambres (l'élévation de l'acide
> effectuée au moyen d'appareils pulsomètres automa-
> tiques) : 2 hommes à 5 fr .... 10 fr.
>
> Total .... 90 fr.

M. *Beltzer* faisait remarquer qu'avec des fours à grillage
mécanique, les dépenses de main-d'œuvre se réduisent environ
de 0 fr. 20 pour 100 kilogrammes d'acide à 66° B. produit.

> *Entretien* : Les frais d'entretien, et de réparation, des
> chambres s'évaluent environ à 0 fr. 15 par 100 kg. d'acide
> à 66° B produit. Total pour 9 000 kg. d'acide .... 13 fr.
> *Amortissement* : L'amortissement se compte en général à
> 10 %. 306 000 fr. d'installation s'amortissent donc à raison
> de 30 600 fr. par année, ou, par jour 30 600 : 365 = (ma-
> ximum) .... 84 fr.
> Soit environ 1 fr. par 100 kg. d'acide à 66° B. produit.
> Intérêt du capital à 5 %, sur 400 000 francs, comprenant le
> fonds de roulement (working capital) et les frais de pre-
> mier établissement .... 55 fr.
> *Frais généraux* : Direction, employés, comptabilité, frais
> divers et imprévus .... 40 fr.
>
> Total .... 417 fr.

Soit environ 417 francs de dépense maximum, pour produire
900 kilogrammes d'acide à 66° B.

Le prix de revient des 100 kilogrammes d'acide à 66°, dans ces
conditions, est de 9 fr. 65.

Il estimait que la production envisagée pouvait être augmentée dans des proportions très sensibles, grâce à l'adoption des méthodes intensives, d'où diminution relative des frais d'amortissement et de premier établissement, mais augmentation des frais d'entretien, qu'il évaluait à 0 fr, 25 par 100 kilogrammes au lieu de 0 fr. 15.

Une comparaison avec les chiffres actuels, montre que si les facteurs *quantités* n'ont pas varié dans des proportions bien sensibles, la différence de prix est au contraire très grande.

L'emploi des matières sulfurées laissant un sous-produit représentant une valeur notable, permet toutefois d'obtenir une diminution du prix de revient intéressante.

Voici quelques chiffres pour la blende, dans laquelle la valeur du soufre est non seulement nulle, quand on travaille dans de bonnes conditions, mais permet d'obtenir une bonification

	Prix de la tonne	Année 1907	Prix de la tonne	Année 1913
Pays..........................		Belgique		Allemagne
Charbon pour grillage et force motrice	20,00	4,70	13,00	2,67
Nitrate	270,00	2,55		
Acide nitrique 36º B..........			217,00	1,52
Main-d'œuvre, fabrication et surveillance		5,70		
Frais généraux		0,40		6,86
Entretien.....................		0,75		1,00
Amortissement		1,80		
Intérêt		1,35		
Total.....................		17,25		12,05
A déduire :				
Prix payé par l'usine de grillage et prime de désulfuration		13,00		5,10
La tonne à 50º B Net		4,25		6 95

En 1914 M. *Duron* a publié, dans *l'Industrie chimique*, un prix de revient de l'acide sulfurique pour une installation moderne de chambres de plomb travaillant avec des pyrites, et produisant annuellement 10 000 tonnes, à raison de 8 kilogrammes d'acide 50° B. par mètre carré.

Rendement admis : 95 %.

447 546 kg de pyrite à 48 % de S à 25 fr. la tonne	11,18
8 kg d'acide nitrique à 36° B à 271 fr. la tonne	2,17
Force motrice pour les fours mécaniques, le transport automatique de la pyrite et des résidus, le pompage de l'acide, l'alimentation en eau, l'éclairage, etc., environ 550 KwH par tonne d'acide produit à 0 fr. 0625 le KwH	0,82
Main-d'œuvre : 3 ouvriers pendant 12 heures, et le contre-maître à 6 fr. 25 par jour	1,56
Réparations	1,25
Ensemble pour 1 000 kg d'acide à 50° B	16,98

Comme prix de revient de ces dernières années, nous citerons celui reproduit par M. *Max Lambert* (*Le Phosphate*, mai 1920) d'après une étude parue dans *l'Information financière*, et rapportée à la tonne de monohydrate (procédé avec chambres)

	Poids (kg)	Prix $^0/_{00}$ kg	Sommes	Procédé par contact		
				Poids (kg)	Prix $^0/_{00}$ kg	Sommes
Pyrites	780	80	62,40	850	80	68
Acide nitrique	12,5	100	12			
Charbon	60	280	16,80	600		168
Main-d'œuvre			12			24
Entretien			8			14
Frais généraux d'exploitation			6			10
Total			117,70			284

Depuis la guerre, les prix de chacun des facteurs ont augmenté dans des proportions considérables ; on verra page 824 comment s'établissait d'après M. *Moritz* le prix de revient de l'acide de chambres en 1922, puis son évaluation en 1927 d'après les prix de bases communiqués par M. *Millberg*.

À l'heure actuelle on tend de plus en plus à réduire les frais de transport et de main-d'œuvre, grâce à un choix judicieux de l'emplacement des usines. En outre, les conclusions que nous formulions en 1900 ([1]) sont toujours vraies, et l'on cherche, de plus en plus, à travailler les matières premières dans lesquelles le soufre constitue, non plus la matière principale, mais pour ainsi dire, un sous-produit.

	1922	1927
Prix des matières premières (1922) :		
Pyrite crue, la tonne déchargée.............	100 fr.	180 fr.
Acide nitrique 36° B, les 100 kg.............	100 fr.	140 fr.
Force motrice et lumière électrique, le KwH...	0,10	0,50
Main-d'œuvre manœuvre pour 8 heures	15 fr.	20 fr.
» surveillance pour 8 heures......	20 fr.	25 fr.
Pour une production de 33 tonnes d'acide 53° B. par 24 heures on consomme :		
16 tonnes de pyrite...........................	1 600 fr.	2 880 fr.
Acide nitrique, 240 kg.......................	240 fr.	336 fr.
Force motrice et lumière.....................	50 fr.	150 fr.
Main-d'œuvre, 3 équipes, 1 surveillant pour fours et chambres	60 fr.	75 fr.
3 équipes à 2 hommes.....................	90 fr.	120 fr.
1 chef de fabrication à 1 500 fr. par mois, soit par jour	50 fr.	50 fr.
Entretien...................................	33 fr.	150 fr.
Frais généraux, assurances ouvriers et incendie	50 fr.	120 fr.
Amortissement, en admettant qu'au bout de 25 ans on ne retrouve que 30 % de la valeur de l'usine en plomb, charpente, appareils, etc.	153 fr.	192 fr.
Intérêt à 6 % de 1 800 000 francs en 1922 et 2 500 000 francs en 1927...................	295 fr.	411 fr.
Dépense journalière	2 621 fr.	4 484 fr.
Il faut déduire la valeur de la pyrite grillée difficile à vendre actuellement, aussi donnons-lui une valeur faible de 5 fr. la tonne. On a : 16 t. × 0,72 = 11 t. 5 à 5 fr.........	57 fr.	57 fr.
Reste.....................................	2 564 fr.	4 427 fr.
Prix de revient de l'acide 53° B : % kg.	7,77	13,40

De même que les autres produits, l'acide sulfurique a donc subi une augmentation sensible de prix.

M. *H. Braidy* a résumé dans l'*Industrie Chimique* (Novembre 1924) des prix de revient comparatifs, exprimés en tonnes de monohydrate SO_4H_2, entre les deux procédés modernes, en comptant :

Utilisation de soufre dans les chambres	97,5 %,
» » procédé de contact...............	83 %
Valeur du résidu de pyrite	0

mais sans rémunération du capital engagé.

([1]) L. PISARON, *Rapport sur l'Industrie de l'acide sulfurique*, au Congrès international de chimie appliquée de Paris en 1900.

Auteurs	M. Brady	M. Cazel	M. Gazal	
	I Contact 1924	II Chambres 1909	III Chambres 1924	
Pyrites	112	23	750 kg. à 130 fr.	97,50
Acide nitrique 36°		2,30	7 kg. 5 à 1 000 fr.	7,50
Charbon, force motrice, eau	22,10	2,80	110 kg. à 100 fr.	11
Main-d'œuvre, entretien, etc	45,90	5,40	5 fois prix 1909	27
Amortissements	47,30	8	5 » »	40
Frais généraux	15			
Total	242,30	41,50		183,00
A déduire acide résiduaire récupérable	13,30			
Reste	229			

Le prix par contact est donc, pour l'acide faible et dans les condi-tions ci-dessus indiquées, notablement supérieur à celui obtenu par le procédé concurrent.

Usines américaines. — Une évolution, et une augmentation de prix analogues, ont été enregistrées aux Etats Unis, et on trouve dans le traité de MM. *Wells* et *Fogg* (p. 124) de 1920, des renseignements dont nous extrayons ce qui va suivre.

Construction. — En Amérique, avant la guerre, le coût de la construction d'un système de chambre de plomb pouvait être estimé à 2 à 3 000 dollars par tonne d'acide 60° B. produit en 24 heures, selon la situation géographique et les conditions locales d'établissement.

De 1917 à 1918 ce chiffre est monté à 4 000 dollars, sans compter l'installation des fours.

En 1920 une usine de 100 tonnes environ à 60° inclus les fours ou brûleurs à soufre, les réservoirs etc., est évaluée à 500 000 dollars au lieu de 300 000 en 1914.

Prix de revient. — Au point de vue prix de revient, avant la guerre, dans une importante fabrique américaine, en ne tenant pas compte de l'amortissement, du prix d'entretien, de la matière sulfurée, mais en faisant intervenir le coût du grillage, les frais de réparations (matériaux et main-d'œuvre), le coût de l'acide 50° B.

ne dépassait pas 2 dollars par tonne, ce qui, avec les matières sulfurées à 0,15 cents l'unité de soufre, donnait un total, non compris l'amortissement, d'environ 5 à 5 $^1/_2$ dollars par tonne d'acide 50° B.

Avec du 60°, la différence par unité d'acide, attribuable à la concentration, était très faible car l'usine ayant un Glover puissant et des gaz de fours très chauds, le montant des frais précédents à la tonne atteignait sensiblement 2,60 dollars. Tablant comme précédemment sur un prix de soufre de 0,15 l'unité, le prix de la tonne à 60° passait à 6,75 dollars au total.

En 1918 les augmentations furent considérables, non seulement pour la main-d'œuvre et les fournitures, mais en raison de ce que l'unité de soufre valait 0,30 l'unité, de sorte que le prix de l'acide 60 avait monté de façon notable et pouvait être estimé à 13,50 dollars par tonne, dont 8.30 pour le soufre et 5,20 pour le nitrate, la main-d'œuvre de fabrication et réparation, les fournitures et dépenses diverses, non compris l'amortissement de l'installation.

Dans une usine travaillant avec des gaz susceptibles d'être considérés comme sous-produits (grillage de blendes par exemple), le prix de revient est sensiblement plus bas que dans celles employant les pyrites ou le soufre, mais, par contre, les autres frais sont généralement plus élevés en raison de l'irrégularité des gaz, la perte en nitrate, et l'usure plus rapide des chambres. La tonne d'acide à 60, en tablant sur les prix de 1914, se chiffrait par 4 dollars minimum par tonne.

Ces chiffres ne sont évidemment donnés qu'à titre de renseignement et, par exemple, dans une installation puissante de l'ouest, où les minerais préalablement grillés pour utiliser le soufre étaient renvoyés à la partie métallurgique, l'acide à 60° B. revenait de 2,5 à 3 dollars la tonne, dont 1 dollar pour le grillage, tandis que 2 ans plus tard, en 1918, ce chiffre dépassait 5 dollars par tonne.

En 1920, on considérait en Amérique qu'une installation produisant la tonne d'acide 60° B. avec des pyrites, et arrivant à 21 dollars pour frais de fabrication, non compris le coût de la pyrite, ni l'amortissement, travaillait dans de bonnes conditions, toutefois, en se servant de soufre, ce prix serait inférieur (3 dollars).

En résumé, en comptant l'unité de soufre, dans la pyrite, à 0,15 centimes contre 0,18-0,19 dans le soufre, et le nitrate à 4 dollars les 100 livres ; dans une installation produisant au minimum 100 tonnes à 60° B. par jour le prix serait compris entre 8 et 9 dollars la tonne.

Voici un exemple :

28 unités de soufre à 0,18	5,05
Nitrate de soude 3,6 % = 20 livres × 4	0,80
Main-d'œuvre et force	0,80
Réparations et fournitures	0,70
Dépenses diverses, assurance, etc.	0,65
	8,00

Facteurs d'amélioration du prix de revient. — Des tentatives d'amélioration du prix de revient ont été réalisées dans de nombreuses directions, voici les principales :

I. — Dans la recherche de l'acide sulfureux à bon marché on a enregistré de nombreux succès, en utilisant des pyrites de composition très complexe, de faible teneur, puis des sulfures métalliques divers (blende, galène), et des produits sulfurés résiduels, ou pauvres.

II. — Les fours mécaniques, malgré une installation assez coûteuse, des frais de réparation parfois élevés dans les débuts, et une dépense supplémentaire de force motrice, ont permis une diminution de personnel, et même de réaliser le grillage, sans combustible, de minerai pauvre, ceci, quand leur puissance de production est suffisamment grande et leur disposition intérieure bien comprise.

III. — Une économie de charbon a résulté de la substitution d'eau pulvérisée à la vapeur.

MM. *Wells* et *Fogg* ont fait remarquer que, selon une opinion très répandue, le soufre récupéré à l'état d'acide sulfureux des gaz de hauts-fourneaux à cuivre ne coûte rien. Il n'en est cependant pas ainsi car, en raison des dépenses spéciales d'entretien et de la variation constante de composition des gaz, le prix de revient de l'acide obtenu est souvent même plus élevé qu'en opérant avec du soufre ou de la pyrite.

Ils font ressortir en outre que :

1° Dans un système ordinaire, un Gay-Lussac d'une capacité

correspondant à 2 ou 3 % du volume des chambres, suffit pour récupérer 85 à 90 % des produits nitreux, il faut, avec l'emploi des gaz résiduels de fonderies, un cube d'au moins 6 % du volume de chambre.

2° La consommation de nitrate atteint souvent 6 à 8 %, au lieu de 3 à 4 dans les autres cas.

3° La présence de CO^2, en proportion sensible, diminue la production par mètre cube, d'où nécessité de chambres plus vastes, entraînant des frais d'installation, d'amortissement, d'intérêt, et d'entretien, plus élevés par tonne d'acide produit.

Achat des matières sulfurées

En ce qui concerne les pyrites, elles se vendent à l'unité de soufre contenu, mais ce prix n'est bien entendu pas toujours le même.

Composition. — Il est évident que, même avec une gangue inerte non susceptible de fixer du soufre, une pyrite paiera d'autant moins de transport qu'elle sera plus riche, et que, de deux pyrites, l'une et l'autre avec les mêmes proportions d'impuretés, mais des richesses différentes, la plus riche, ayant davantage de soufre disponible, paie relativement moins de transport à l'unité.

La matière, et la proportion des métaux ou métalloïdes accompagnant le fer, ont aussi une importance non négligeable.

La présence du cuivre, tout en obligeant souvent à laisser dans les résidus une proportion de soufre plus forte que dans une pyrite de fer, peut, comme nous le verrons plus loin, constituer une source de bénéfice.

L'arsenic, et le sélénium, à faible dose (moindre que 0.20 %) n'occasionnent pas de difficultés bien sérieuses dans la marche avec chambres de plomb, et on cite des cas d'utilisation de minerai renfermant même 1 % — toutefois l'acide obtenu, parfaitement applicable pour la production du superphosphate, ne peut servir pour la confection de produits chimiques, ou alimentaires, délicats, pas plus que pour le décapage.

On a l'habitude de considérer, comme non arsenicale, la pyrite tenant moins de 0,1 %, ces minerais font prime. Il y a au contraire diminution de valeur au delà de 0,5, et la différence devient de plus en plus sensible à mesure que la teneur s'accroît.

Comme autres impuretés à éviter, il y a les chlorures et fluorures, ces derniers donnent naissance à l'acide fluorhydrique qui attaque les matières de garniture ou de remplissage siliceuses, le charbon peut donnner des produits hydrocarbonés, ou de l'oxyde de carbone.

Enfin une teneur trop faible oblige à faire usage de fours spéciaux, impliquant des mélanges, ou emploi de combustible.

Classification. — Au point de vue physique on trouve surtout sur les marchés, les catégories suivantes :

Roches de 18 pouces (45 centimètres) au maximum, et exemptes de fines.

Catégorie à 2 $^1/_2$ ou 3 pouces (60 à 75 millimètres) à 1 $^1/_4$, il ne doit pas y avoir plus de 5 % de fines qui passent.

Ces dernières sont cotées, en Amérique, à 2 cents l'unité de soufre plus bas que les deux autres catégories.

Quand on a une consommation des diverses catégories on peut envisager l'achat du tout venant, mais, dans ce cas, on tient compte de 0,25 à 0,50 cents par tonne, pour frais de concassage et tamisage.

Les pyrites décrépitantes sont également classées à part, si ce phénomène se produit de façon gênante pour le travail, et susceptible de déterminer des pertes ou des réparations.

Variations de prix. — De 1895 à 1905 le prix de l'unité de soufre, dans les pyrites espagnoles, était 10 cents l'unité, en Amérique.

Avant la guerre 12 à 12 $^1/_2$.

Le fret des ports espagnols à New-York atteignait 2,25 à 2,50 dollars la tonne.

La teneur en soufre variait de 45 à 50 %, 47-49 pour la Roche, 45-47 pour les fines.

L'arsenic dépassait rarement 0,8 % avec une moyenne de 0,36 %.

Le zinc et le plomb moins de 1 %.

Pendant la guerre, le prix des pyrites a augmenté fortement, non pas comme unité soufre au départ, mais en raison du fret, qui atteignit jusque 35 cents (moyenne 0,30) l'unité.

En début de 1919 le fret, par tonne Huelva à New-York, n'était plus que 3.50 à 4 dollars la tonne, ce qui mettait, en juillet, l'unité de soufre à 16 cents l'unité.

En octobre 1927 les pyrites espagnoles étaient cotées f. o. b. Huelva de 12 à 14 shillings la tonne, sur la base de 48 % de soufre.

Quand au droit d'exportation qui existait sur les pyrites, le Gouvernement Espagnol l'a supprimé par décret du 14 décembre 1926.

Contrats. — Voici deux exemples de contrats anciens de Pyrites espagnoles.

I

Entre la Société ____

et Monsieur ____

Il a été convenu ce qui suit :

La Société ________________________ vend à ____________

________________ tonnes de pyrites ferro-cuivreuses, livrables par mensualité, à raison de 5 000 tonnes par mois.

Ces pyrites auront les teneurs minima de 45 % de soufre et 0,50 % de cuivre.

Le prix des 1 000 kilogrammes secs de pyrites, franco bord Huelva, est de 15 fr. 25 centimes pour les teneurs de 45 % de soufre, et 0,90 à 1,20 % de cuivre.

Chaque unité, ou fraction d'unité, de soufre au-dessus de 45 %, sera facturée à raison de 0 fr. 50 l'unité.

Chaque dixième d'unité de cuivre, au-dessus de 1,20 %, sera facturé à raison de 0,40 jusqu'à 1,50 %, et à 0 fr. 80 au-dessus de 1,50 %.

Par contre, chaque dixième d'unité de cuivre, au-dessous de 0,90, donnera lieu à une bonification de un franc par tonne.

Le pesage et l'échantillonnage seront effectués à frais communs en gare de Huelva, en présence des agents des acheteurs et du vendeur, de même que le dosage de l'humidité.

Trois flacons cachetés de la prise d'essai seront remis aux acheteurs, trois aux vendeurs, et trois autres réservés pour le tiers essayeur. Les étiquettes de ces flacons mentionneront le poids reconnu et l'humidité constatée.

Les essais, par voie électrolytique, pour le cuivre, seront faits par chacune des parties, et leurs résultats, pour cuivre et soufre, échangés par courrier à un jour fixé d'avance. Si l'écart entre les résultats n'excède pas 0,25 % pour le cuivre, et 1 % pour le soufre, leur moyenne servira de base pour la facture.

Dans le cas où l'écart dépasserait les limites ci-dessus fixées, la facture serait établie sur l'analyse du laboratoire __________, de __________, à qui un flacon serait adressé à cet effet. Les frais de la tierce analyse seront supportés par la partie dont les analyses s'écarteront le plus de celle du tiers arbitre. Les livraisons seront effectuées par lots de 1 000 tonnes au minimum.

Le paiement aura lieu à __________, 80° /₀ du montant approximatif de chaque lot après connaissement, le solde après fixation des teneurs.

Fait à __________________________

II

Entre Monsieur ______________ et Monsieur ______________

Il est vendu un minerai ayant sensiblement la composition suivante :

Humidité	0,09
Silice	1,64
Fer	43,82
Soufre	45,68
Chaux	2,17
Magnésium	0,33
Aluminium	4,89
Plomb	4,23
Zinc	0,86
Cuivre	0,49
Arsenic	0,08
CO² + O	0,78

Le minimum garanti de soufre est : 42,50 °/₀ ; la base serait 45 °/₀.
Le prix serait de 18 pesetas, franco-bord Carthagène (Espagne).
La quantité serait de __________________ tonnes par an.
(Le change étant à 43 °/₀, cela faisait 18 × 0,57 = 10 fr. 26).
Pour ce qui concerne les pyrites cuivreuses, voici les données générales :
Le prix des 1 000 kilogrammes secs de pyrite f. b. serait de 20°/₀ pour la teneur de 45 °/₀ de soufre et de 0,90 à 1,20 de cuivre.
Chaque unité, ou fraction d'unité, de S., au-dessus de 45 °/₀, serait facturé 0,50 l'unité.
Chaque dixième d'unité de Cu., au-dessus de 1,20 °/₀, serait facturée à 0,40 jusqu'à 1,50 °/₀, et 0,80 au-dessus de 1,50 °/₀.
Par contre, chaque dixième d'unité de Cu. au-dessus de 0,90 donnera lieu à une bonification de 1 franc par tonne.
Paiement : 75 °/₀ du montant approximatif de chaque lot après *avis de livraison*, le solde à la fixation des teneurs, par les procédés et méthodes connues. La quantité de 3 à 4 000 tonnes mensuelles modifiable après entente.

Blendes. — Formule d'estimation des blendes avant la guerre.

Formule de Bleiberg. — Si on désigne par :

P le cours moyen du zinc à Londres pendant le mois de la livraison.

T La teneur en zinc.

K les frais de traitement (environ 75 francs) au cours du zinc de 15 livres, et augmentation de 5 francs pour chaque hausse d'une livre sterling.

Le prix de la tonne de 1 016 grammes $= \dfrac{90}{100} P (T - 2) - K$.

Pour les *blendes mixtes* on paie :

Le zinc suivant la formule précédente.

L'argent, en défalquant d'abord 150 grammes, puis appliquant le cours, en déduisant 60 francs par tonne pour les minerais plombeux, et 100 à 150 francs pour les minerais non plombeux.

Le plomb en défalquant 8 unités et payant suivant sa teneur.

Galènes. — Formule d'estimation des minerais de plomb avant la guerre.

1º *Formule de Stolberg.* — Si on désigne par :

P le prix moyen à Paris du plomb marchand.

p le prix moyen de l'argent fin.

t proportion d'argent (à la coupelle) par tonne.

T proportion de plomb par voie sèche au creuset de fer.

K frais de traitement, 60 à 80 francs par tonne.

Le prix de la tonne sous vergue à Anvers $= \dfrac{93}{100} TP + tp - K$.

On défalque les frais de désargentation (55 à 60 francs).

Enfin, au cas de présence d'arsenic, on en déduit le pourcentage du plomb.

2º *Formules de Bleiberg.* — Pour les minerais à gangue calcaire :

Prix de la tonne $\dfrac{3}{100} P \dfrac{T - 6}{10} - K$.

Et pour les minerais à gangue siliceuse :

$$\dfrac{93}{100} P \dfrac{T - 8}{10} - K' \text{ (plus élevé que } k).$$

Conception générale des usines

Principes fondamentaux. — Dans la fabrique moderne d'acide sulfurique, il ne suffit pas que les appareils principaux soient logiquement conçus et établis, *il est nécessaire que tous le soient.* Il faut que chaque disposition, chaque détail, soit parfaitement étudié et calculé à tous égards, et que tout soit prévu pour abaisser le prix de revient au minimum possible :

1° En permettant de se servir de matières premières dans lesquelles l'unité de soufre revient au meilleur marché ;

2° En obtenant le meilleur rendement pratique ;

3° En réduisant au minimum les dépenses de main-d'œuvre, installation, amortissement, entretien et frais généraux, produits nitreux et combustible ;

4° En sachant choisir entre certains principes fondamentaux sur lesquels, même à l'heure actuelle, les gens les plus compétents sont divisés.

Par exemple, a-t-on intérêt à forcer la production si la durée des appareils doit s'en ressentir ? Vaut-il mieux produire moins et avoir des frais de réparation et d'amortissement minimum ?

Autant de questions délicates à résoudre, puisqu'elles peuvent être influencées par des conditions géographiques, ou économiques, dont il importe de tenir grand compte, mais, pour cela, on doit être à même d'apprécier les facteurs entrant en ligne de compte, et de comparer les diverses solutions qui peuvent être adoptées.

En Amérique il semble que la plupart des industriels considérant que *Time is money* préfèrent produire beaucoup et amortir rapidement ; en Allemagne on voit grand, la *poussière d'usines* disparaît de plus en plus. En France, au contraire, on trouve quelques sociétés avec de puissantes installations et surtout de notables quantités d'usines petites ou moyennes ; pour toutes l'outillage se perfectionne constamment.

Systèmes divers. — Chez nous la question de marque, de réputation joue un grand rôle et, pour caractériser une innovation, on lui donne habituellement le nom de celui qui, le premier, a su généraliser le perfectionnement en question.

C'est ainsi que, tout en conservant aux tours de Glover et de Gay-Lussac les noms de leurs auteurs, on englobe indifféremment les divers fours à main sous le nom de fours *Malétra*. Pour les fours mécaniques, cependant la multiplicité des modèles ainsi que leur existence simultanée, n'ont pas permis la même généralisation.

Pour le praticien, le nom de *Kestner* évoquera l'idée des pulsomètres qui trouvèrent place dans les usines les plus éloignées, celui de *Benker Millberg* rappellera la pulvérisation d'eau froide dans des chambres plus hautes que larges, en même temps que la concentration en cascade, et celui de *Lunge* les tours intermédiaires avec plaques spéciales, à *T. Meyer* nous devons les chambres tangentielles, à *Moritz* le remplacement de la charpente en bois par celle en fer. Le nom de *Kessler* fera penser à la concentration classique en Volvic, tandis que celui de *Gaillard* correspondra à celle utilisant la pulvérisation dans une tour vide, qu'il a installée dans le monde entier, etc., etc. de plus chacun de ces novateurs après avoir créé, transformé, ou même remplacé, des modèles primitifs, a souvent étendu à beaucoup d'autres domaines son champ d'activité.

Combien d'autres chercheurs cependant, mériteraient de voir leur nom passer à la postérité, afin de les récompenser des progrès qu'ils ont su réaliser, et que leur modestie, ou leur manque de chance, a maintenus dans l'ombre !

La spécialisation, qui devient une nécessité de plus en plus grande dans toutes les branches de l'activité humaine, a dû s'étendre à l'industrie sulfurique. De même que, dans le monde commercial, les marques de pyrites appréciées sont connues, et les diverses qualités d'acides également. Il existe, dans la technique chimique, des ingénieurs spécialistes qui, après avoir conçu des dispositions particulières d'usines, ont eu l'occasion d'en installer un peu partout et travaillent inlassablement à en parfaire les détails et développer les qualités.

Emplacement général. — Pour choisir, et installer, une usine d'acide sulfurique, on part du principe que la *distance c'est l'ennemi* et que, *partout ou la chose est possible, le travail mécanique doit remplacer le travail musculaire.*

Elle est donc installée en un point convenablement orienté, à proximité d'un port, avec raccordement à la voie ferrée — approvisionnement facile en eau, matières premières sulfurées, charbon, nitrates — évacuation commode des eaux ayant servi, et à une distance la moins éloignée possible des lieux de consommation.

Bien entendu, il faut être à même de recruter de la main-d'œuvre, spécialisée et non spécialisée, aussi bien au point de vue mécanique qu'au point de vue chimique.

La pyrite crue est stockée dans un endroit couvert, desservi par la voie normale, celle-ci passe aussi à proximité des bacs de chargement d'acide dont les tuyauteries, munies de robinets, servent à emplir les wagons citernes.

La pyrite grillée est placée extérieurement à côté d'un cours d'eau et de la voie ferrée, de même pour la houille.

A l'intérieur de l'usine, des voies Decauville permettent de conduire, au moyen de wagonnets ou de plate-formes, les diverses marchandises venant des magasins ou des ateliers.

Les routes, ou chemins, ont une largeur et une disposition, permettant le passage et le croisement de véhicules puissants, tombereaux, camions automobiles, etc.

Les principaux bâtiments sont :

Chambres de plomb (couvertes, ou non couvertes, selon les systèmes et le climat) et tours.

Fours.

Hangars à pyrites.

Bâtiment des générateurs.

Atelier réparations. Plomberie, chaudronnerie.

Magasin, bureaux, laboratoire.

Annexes diverses. — On préfère souvent établir des usines *élastiques*, c'est-à-dire susceptibles de produire de faibles quantités par mètre cube de chambre en période calme, et d'adopter une marche intensive, à grosse production, en cas de besoin.

Dans ces usines on prévoit le stockage de quantités importantes d'acide afin de rendre la fabrication un peu moins dépendante des fluctuations de l'écoulement.

Quand on le peut, on crée des fabrications annexes, servant de volants, qui utilisent l'acide sulfurique (sulfate de soude, sulfate d'ammoniaque, fabrication de dérivés nitrés pour la soie artificielle, les explosifs, les matières colorantes, etc.) ou les superphosphates, qui peuvent servir de régulateurs.

Nous avons montré que de nombreux systèmes ont été proposés, et il en existe beaucoup appliqués sur une échelle véritablement industrielle, toutefois, malgré des différences, notables en apparence, il y a forcément de nombreux points communs dans les installations puisque les facteurs des problèmes à résoudre sont les mêmes :

Production par mètre cube, ou mètre carré, maxima.

Dépense de produits nitreux minima.

Elasticité la plus grande possible.

Durée maxima.

Pour montrer comment se calcule une usine d'acide sulfurique et ne pouvant reproduire, faute de place, les idées de chacun de nos Ingénieurs installateurs, nous allons exposer celles de M. *Moritz* pour l'établissement de chambres de son système, étant entendu que les principes généraux en sont réalisables avec d'autres appareils, ou combinaisons d'appareils.

Calcul d'une Usine d'acide sulfurique système « Moritz »

Production journalière : 33 tonnes d'acide à 53° B.

Admettant l'emploi de pyrite ordinaire à 48 °/₀ de soufre, à griller dans 2 fours mécaniques de 8 tonnes, que la pyrite grillée renferme 2 °/₀ de soufre total, et représente 72 °/₀ du poids de la pyrite crue. On a :

Quantité de soufre contenu dans 16 000 kg. de pyrite :

$$\frac{48 \times 16\,000}{100} = \dots\dots\dots\dots\dots\dots\dots\dots\dots\dots\quad 7\,680 \text{ kg.}$$

Soufre contenu dans les résidus : $16\,000 \times 0,72 \times 0,02 = \quad 230$ kg.

Soufre utilisé $\dots\dots\dots\dots\dots\dots\dots\dots\dots\dots\dots\quad 7\,450$ kg.

Acide sulfurique produit : $\dfrac{7\,450 \times 98}{32} = 22\,815$ kg. H^2SO^4.

Pratiquement, on obtient un rendement de 97 $^0/_0$ de la pyrite effectivement grillée, soit :

$$82\,815 \times 0,97 = 22\,130 \text{ kg. } H^2SO^4$$

$$\text{ou} \qquad \frac{22\,130 \times 100}{67} = 33\,030 \text{ kg. d'acide } 53^o$$

$$\text{ou} \qquad \frac{22\,130 \times 100}{78} = 28\,370 \text{ kg. d'acide } 60^o.$$

Chambres et Fours. — Les chambres « type *Wasquehal* » ont 5 m. 50 de large et 13 mètres de haut. Pour une production de 33 tonnes d'acide 53°, le cube total, de 4500 mètres cubes réparti en trois chambres comprendra :

Une première chambre de 35 mètres.

Une seconde de 22 mètres.

Une troisième de 11 m. 70 de longueur.

Ces chambres de 5 m. 50 étant disposées sur deux rangs parallèles, il faut une largeur de bâtiment de 15 mètres pour l'installation des deux fours, du Glover, et des deux Gay-Lussac.

De cette façon, la fabrication complète de l'acide sulfurique est logée dans un grand bâtiment rectangulaire, dont le plan général fig. 311 montre les détails.

La salle des fours mesure 14 mètres × 15 mètres.

Circulation de la pyrite. — La pyrite crue, chargée dans des wagonnets, élevée à la passerelle supérieure par le monte-charge B, est ensuite déversée et étalée sur le caisson C formant séchoir, dans lequel circule l'air échauffé par circulation dans les arbres et les bras du four. L'air chaud s'échappe du séchoir par la cheminée E. La pyrite séchée passe dans les distributeurs D qui alimentent les fours.

La pyrite grillée sortant des fours, tombe dans des wagonnets, puis elle est roulée à l'extérieur.

Un moteur B, avec son réducteur de vitesse, actionne les deux fours et les deux appareils d'alimentation de pyrite.

Mouvement des gaz. — En A se trouve un ventilateur soufflant l'air froid dans les arbres des fours.

Le gaz sulfureux sortant des fours traverse une chambre de dépôt où il abandonne les poussières entraînées, puis il pénètre à la base du Glover qui a un diamètre de 3 m. 50 et 9 m. 80 de haut. Dans la base est aménagée une grille constituée par des pierres de Volvic, qui supporte la garniture du Glover par un empilage de briques spéciales-résistant aux acides.

Les gaz, après avoir traversé les trois chambres, pénètrent à la base du premier Gay-Lussac. A sa sortie ils sont aspirés par un ventilateur en plomb régule *Kestner*, qui les refoule à la base du deuxième Gay-Lussac Celui-ci, est en communication avec l'atmosphère par la cheminée.

Les Gay-Lussac ont 3 m. 50 de diamètre et 12 mètres de haut, et sont garnis avec des briques spéciales.

Circulation des acides. — L'acide sulfurique sortant du Glover à une température variant entre 125 et 145°, on règle le débit pour l'obtenir à 60° B. (à 15° C.). Il coule dans le bac n° 1 où il se clarifie, de là, par débordement, il traverse le réfrigérant à contre-courant d'eau ; puis, refroidi, se rend dans les bacs n° 2 d'où il est soutiré pour la vente. La quantité nécessaire au roulement sur les Gay-Lussac s'écoule du n° 2 dans le bac n° 3, où une pompe centrifuge le refoule dans le bac de réserve, placé au-dessus du deuxième Gay-Lussac qu'il alimente au moyen d'un distributeur.

A la partie inférieure de ce dernier, l'acide coule dans le bac n° 6, il contient alors 15 à 20 grammes d'acide nitrique 36° par litre, puis il est envoyé, par une pompe centrifuge, dans un bac d'alimentation, situé au-dessus du premier Gay-Lussac, dans lequel il s'écoule régulièrement. A sa sortie il est recueilli dans le bac n° 7. L'acide nitreux renferme alors environ 60 à 80 grammes par litre d'acide nitrique 36°.

On peut également établir un roulement en parallèle de l'acide 60° sur les deux Gay-Lussac. Les acides nitreux du réservoir 7 sont refoulés dans un réservoir situé en haut du Glover et servant à l'alimenter.

Roulement. — Pour un grillage de 16 000 K° de pyrite à 48 %

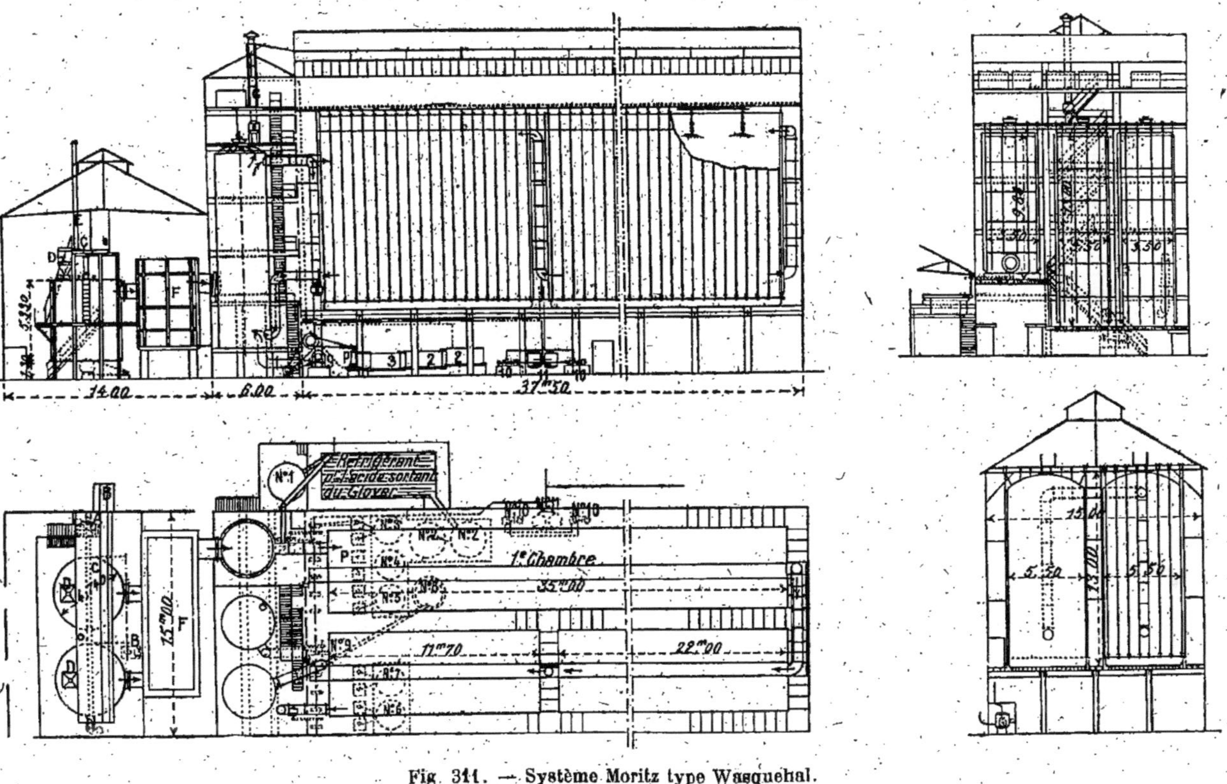

Fig. 341. — Système Moritz type Wasquehal.

il faut, sur le Glover et le Gay-Lussac, un roulement journalier d'environ 29 à 32.000 litres.

En sus de l'acide nitreux provenant des Gay-Lussac, on coule sur le Glover l'acide nitrique nécessaire pour compenser les pertes de fabrication, soit, pour la production envisagée, environ 240 K^o d'acide nitrique 36°. En effet, produisant 93 tonnes d'acide 53° B. dans 4500 mètres cubes de chambre, cela fait une marche de 7 k. 5 par mètre cube, d'où une consommation moyenne de 7 K^o 35 d'acide nitrique 36° par tonne d'acide 53°.

Sur le Glover, on envoie en outre par une pompe centrifuge, une certaine quantité d'acide des chambres (de préférence de la chambre de queue, car il est un peu nitreux).

Un bac, placé sous les chambres, et qui renferme une provision d'acide 53°, permet d'établir un coulage très rapide sur le Glover, lorsque ce dernier a une tendance à moins bien fonctionner, par suite d'encrassement.

A titre préventif, un lavage acide très abondant, pendant 5 à 10 minutes, effectué de temps en temps, empêche le bouchage et n'abime pas la garniture.

Le bac n° 8 sert pour l'expédition de l'acide destiné aux diverses fabrications de l'usine, ou à la vente.

Pompes pour acides. — M. *Moritz* effectue la circulation des acides au moyen d'une pompe centrifuge sans calfat ni garniture, *Kestner* de Lille l'a étudié en collaboration avec lui. Reliée au bac d'alimentation elle ne peut se désamorcer et refoule jusqu'à 10 mètres cubes à l'heure à 25 mètres de haut.

Généralement, on la fait travailler quelques minutes toutes les heures.

Pulvérisation d'eau dans les chambres. — L'eau à pulvériser traverse d'abord un filtre à éponges, constitué par un réservoir cylindrique en tôle présentant un double fond sur lequel on entasse une certaine quantité d'éponges maintenues par un disque en tôle perforé. En prévision des nettoyages on prévoit un second filtre à éponges.

L'eau filtrée est aspirée par une pompe centrifuge n° 10 multicellulaire qui la refoule, sous une pression de 6 kilogrammes, dans les pulvérisateurs répartis sur le ciel des chambres.

Pour une production de 33 tonnes d'acide 53°, il faut pulvériser environ 15 800 litres d'eau, soit par heure, 658 litres d'eau.

Il y a 11 pulvérisateurs sur la première chambre.

     5 » » deuxième »

     1 » » troisième »

Le pulvérisateur *Moritz* est en platine iridié, terminé par un raccord en deux pièces en régule, qui permet un démontage facile pour nettoyer le pulvérisateur en cas de besoin.

Coût d'installation. — Une usine de ce type, produisant 33 tonnes d'acide 53° par 24 heures était évaluée, en mai 1922, de 1 700 000 à 1 800 000 francs.

Ce chiffre comportait :

Le terrassement et les fondations des bâtiments, en admettant un terrain normal.

Toute la charpente en fer.

Couverture en tuiles mécaniques grand modèle.

Vitrerie en verre cathédrale.

Chêneaux en bois garni de ruberoïd.

Descentes d'eau en fonte.

Maçonnerie en briques.

Galandage du pourtour des bâtiments en briques de 11 centimètres.

Gîtage et plancher des cuvettes des chambres, plancher de distribution, plancher des bacs supérieurs et passerelle de surveillance, en bois.

Le plomb pour les chambres, tours, bacs à acide, réfrigérants, tuyauterie, etc., y compris la fourniture des gabarits et bois de montage.

Un groupe de 2 fours mécaniques, système « *Moritz* » à 8 étages avec les moteurs, transmissions, chaînes d'attaque, débrayage, moto-ventilateur pour refroidir les arbres et les bras, escaliers, séchoirs, trémies de chargement.

La chambre à poussière.

Les matériaux spéciaux pour le remplissage des tours, la pierre de Volvic.

Le ventilateur *Kestner* pour le tirage des chambres, avec moteur et courroies.

Les pulvérisateurs en platine, avec raccords et robinets.

La moto-pompe centrifuge à haute pression, pour l'eau de pulvérisation, avec les deux filtres à éponges.

Les pompes à acide « *Kestner* ».

La transmission avec poulie, courroie et moteur pour actionner les pompes.

Moto-pompe pour l'eau du réfrigérant.

Tuyauterie en fer, et robinetterie pour l'eau du réfrigérant.

Tous les bacs à acide, en-dessous des chambres et au-dessus des tours.

Installation pour force motrice et lumière électrique à l'intérieur de l'usine.

Les escaliers, rampes, protection contre les accidents.

En un mot tout ce qui est nécessaire pour que l'usine fonctionne parfaitement.

SOUS-PRODUITS DE LA FABRICATION
DE L'ACIDE SULFURIQUE

Dans les usines d'acide sulfurique on récolte de très grosses quantités de résidus, pour lesquels il faut prévoir des débouchés et une place importante pour leur stockage.

Nous allons passer en revue les différentes catégories :

I. Résidus provenant des fours de grillage. — On les connaît sous le nom de *pyrite grillée* ou *résidus de pyrite,* ils représentent sensiblement 70 à 75 % du minerai employé.

A) Lorsqu'on a mis en œuvre de la pyrite de fer relativement pure, et qu'elle a été grillée dans de bonnes conditions, on y rencontre :

1º De l'oxyde de fer (93 à 97 %) avec 65 à 68 % de Fer.

2º Une petite quantité (souvent moins de 0,50 % quand la composition du minerai est convenable, et le grillage bien mené) de soufre à l'état de sulfure ou de sulfate.

3º Un peu de gangue silicatée ou sulfatée, mais pas de phosphore, ce qui permet de les comparer aux meilleures hématites.

4° De minimes quantités de composés divers, provenant de bases ou de métaux étrangers (plomb, cuivre, zinc, argent), lorsqu'on s'est servi de pyrites complexes qui en renferment.

B) Lorsqu'on a employé des pyrites cuivreuses on laisse, volontairement, une plus grande proportion de soufre, qui sera utilisé pour la récupération du cuivre contenu.

C) Avec les minerais plus complexes, la proportion de soufre dépend, non seulement de la gangue qui peut être sulfatée, mais encore des bases ou métaux qui en fixent une partie plus ou moins importante, selon la composition chimique initialle.

II. **Poussières.** — Les poussières volatilisées, ou entraînées pendant le grillage, peuvent renfermer :

a) de la pyrite crue entraînée (sulfure de fer ou magnésie) ;

b) de la pyrite grillée dont nous venons d'indiquer la composition ;

c) des métalloïdes oxydés (acide arsénieux, oxyde de thallium, sélénium, antimoine) ;

d) des dérivés métalliques (de plomb, zinc, cuivre, etc.) ;

e) des dérivés alcalino-terreux ou silicates provenant du minerai.

III. **Boues des réfrigérants et bacs de dépôts.** — Les dépôts boueux au bas du Glover, entraînés dans les divers réfrigérants, contiennent les poussières dont certains constituants ont été modifiés dans la réaction avec l'acide sulfurique, ainsi que des matières provenant de l'attaque par l'acide, du plomb ou des matériaux de remplissage, s'ils n'ont pas été choisis de bonne composition.

IV. **Boues des chambres de plomb.** — Elles renferment surtout du sulfate de plomb, avec un peu des produits énumérés précédemment (fer, sélénium, thallium, etc.).

Nous allons examiner l'utilisation de ces 4 catégories.

I. — RÉSIDUS DE PYRITE

Récoltés au bas des tours, ces résidus, emportés dans des brouettes ou wagonnets en fer, sont conduits à des emplacements où, amoncelés, ils arrivent à constituer des amas, représentant souvent des centaines ou des milliers de tonnes.

Leur addition, aux minerais naturels, dans la métallurgie du fer, est courante depuis une cinquantaine d'années, mais des questions géographiques, ou économiques, ne lui permettent pas d'avoir toute la régularité qui serait désirable.

Les difficultés rencontrées pour l'utilisation de ces intéressants minerais de fer artificiels, tiennent à leur texture physique ainsi qu'à leur composition chimique essentiellement variables selon la nature de la pyrite employée.

Ils se présentent, en effet, sous forme d'une poussière souvent ténue qui, au moment où on les introduit, mélangés ou non avec des minerais naturels, s'envole en notable partie — ou bien risque de boucher le haut-fourneau en s'opposant au passage des gaz.

Au point de vue chimique, et même lorsqu'ils proviennent de pyrites pures, la présence de métaux, de soufre et métalloïdes divers, dès qu'elle atteint une proportion relativement élevée exerce une action néfaste sur le fer ou la fonte obtenus.

Elle les rend cassants, diminuant leur fusibilité, augmentant le retrait au moulage et facilitant la production de cavernes ou soufflures, aussi a-t-on été amené à étudier le moyen de réaliser une désulfuration ultérieure des résidus trop riches en soufre, simultanément avec leur transformation physique.

Lorsque la gangue est siliceuse et sans phosphore, ces résidus conviennent parfaitement pour la fabrication de la fonte Bessemer. Dans le haut fourneau, en présence d'un fondant calcaire, et d'une faible proportion d'un minerai manganeux, la majeure partie du soufre contenu est éliminée à l'état de sulfate de chaux et de manganèse. La proportion laissée dans le métal par l'emploi de ces résidus ne dépasse guère celle apportée avec les minerais les plus purs, par le coke servant à la réduction, qui en renferme 1 à 2 %.

Diehl, (Br. 509.538, 7 février 1920, 20 août 1920, 12 novembre 1920), a proposé d'oxyder le soufre, qui se trouve à l'état de sulfure, en faisant passer un courant d'air dans la scorie liquide, ou bien en oxydant au moyen d'agents chimiques, par exemple avec des sulfates de calcium ou de magnésium préalablement desséchés que l'on ajoute à la scorie fondue. On peut, avec le sulfate de calcium, ajouter pour rendre fusible, du fluorure ou du chlorure de calcium, ou du chlorure de sodium, ce dernier dans la proportion de 5 %

$$CaS + 3CaSO^4 + 4CaSiO^3 = 4Ca^3SiO^4 + 4SO^2.$$

AGGLOMÉRATION DES RÉSIDUS PAR LA MÉTHODE IGNÉE

Principe. — Elle s'effectue de plusieurs manières.

Dans les fours rotatifs tubulaires, où la marche est continue, la matière amenée par wagonnets, ou par transporteurs, est conduite par un élévateur dans un accumulateur qui alimente un humecteur à palettes. La matière doit contenir, pour éviter un dégagement de poussières, une quantité minima de 10 à 12 % d'eau.

De l'humecteur, elle tombe, par une goulotte, dans le corps du four, composé d'un tube de 20 à 30 mètres de longueur, suivant la matière à traiter et qui tourne lentement sur des galets.

Le four est revêtu entièrement de briques réfractaires d'une qualité spéciale.

La matière, entraînée par la rotation de l'appareil, circule le long des parois du four, elle atteint la zone de vitrification aux 2/3 de sa course et subit une agglomération, par suite de la chaleur qui atteint son maximum à l'endroit où s'opère la combustion du charbon injecté, sous forme de poudre impalpable, par un ventilateur.

La matière agglomérée tombe dans un cylindre refroidisseur, en passant par l'avant du four. Elle le quitte à 30 à 60° centigrades, sous forme de morceaux de 50 à 100 millimètres de diamètre, qui peuvent passer directement aux hauts-fourneaux.

Broyage du charbon. — Le charbon servant à l'alimentation de ce four, est préalablement séché dans un séchoir rotatif, transporté par l'élévateur dans l'accumulateur à charbon, et passe ensuite dans le moulin, une fois pulvérisé il est repris par un élévateur, et amené dans la buse de soufflerie au moyen d'une vis.

M. H. *Cornette* qui, en 1909, installait des fours de ce genre estimait qu'une installation, susceptible de produire 30 tonnes des résidus agglomérés, devait comprendre :

1 Four de 20 mètres de longueur sur 2 mètres de diamètre extérieur.

1 Refroidisseur de 10 mètres de longueur sur 1 mètre de diamètre, avec garniture spéciale à l'intérieur, pour que la matière soit continuellement en mouvement,

Ainsi que divers autres appareils qui vont être énumérés plus loin.

Le charbon était concassé par 2 cylindres, passait au tube-sécheur alimentant lui-même un tube-finisseur qui le réduisait à une finesse de 12 à 14 $\%$ de refus au tamis 5 000 mailles par centimètre carré. Dans cette méthode il est en effet nécessaire que le charbon présente moins de 15 $\%$ de refus sur ce tamis pour être injecté dans de bonnes conditions par le ventilateur.

Prix de revient. — Avec un four pouvant produire 30 tonnes de résidus, agglomérés avec 10 $\%$ de charbon, et un prix moyen de main-d'œuvre à 5 francs, on arrivait à un coût de 3 fr. 50 à 4 francs par tonne, en comptant le charbon de 22 à 25 francs la tonne et un amortissement en 10 ans du capital engagé. En tablant sur une production de 50 tonnes par 24 heures, le prix de revient ne dépassait pas 3 fr. 20 par tonne de résidus agglomérés.

Matériel. — Une installation pouvant traiter jusqu'à 40 tonnes de résidus par 24 heures comprenait :

1 Four rotatif, longueur 20 mètres, diamètre 2 mètres,

1 Élévateur,

1 Accumulateur pour les résidus non agglomérés,

1 Tube-refroidisseur de 10 mètres de longueur sur 1 mètre de diamètre, garniture intérieure en fer U,

1 Moulin à charbon composé de :

1 moulin dégrossisseur,

1 élévateur,

    1 séchoir-rotatif,

    1 silo à charbon brut,

    1 tube-finisseur,

    1 élévateur,

    1 silo à charbon pulvérisé,

    2 ventilateurs,

    1 cheminée en tôle de 10 mètres de hauteur sur 800 milli-
        mètres de diamètre ;

représentant comme force absorbée par l'installation : 35 à 40 chevaux, et une dépense de 50.000 francs, non compris les 2 transporteurs pour matières brutes et matières finies, ni les briques réfractaires.

Procédé Américain. — *M. Emil Gehru* a décrit dans le *Jenrnkontorets Annaler* 1910, le procédé américain pour la concentration et la *nodulisation* des minerais de fer, au moyen de fours rotatifs (nodulising kilns) analogues à ceux servant pour la fabrication du ciment.

Le four consiste en un cylindre d'une épaisseur de tôle d'environ 5/8 ; le cylindre qui a 100 à 125 pieds (plus de 30 mètres de long) et un diamètre extérieur de 7 à 9 pieds (2 m. 15 à 2 m. 80), est garni intérieurement de briques réfractaires [1] cintrées spéciales, d'une épaisseur de 150 millimètres du côté du chargement et 225 millimètres du côté du déchargement. Ce four supporté par 2-3 systèmes de galets fait un tour par minute, il est incliné de façon que le côté du chargement soit 2 mètres plus haut que le côté du déchargement. Le chauffage a lieu généralement au gaz ou à la poudre de charbon, pour obtenir une température de 1200-1300° C.

La production est sensiblement de 100 tonnes. mais, avec certains types de fours, peut atteindre 150 et même 200 tonnes en 24 heures, avec une consommation de charbon de 12 % environ.

Aux mines de *Cornwall* à *Lebanon* (Pennsylvanie Amérique),

---

[1] Dans une communication faite à l'Institut du fer et de l'acier (*The Iron and Coal Trades Review*, 30 septembre 1910), M. *G. Robinson* a déclaré que, dans une firme à laquelle il était intéressé, les minerais allaient être traités dans un four rotatif de 160 pieds (50 mètres) de long, destiné à produire 100.000 tonnes de nodules.

la désulfuration est en partant de 0,75 — 1 $\%$ de soufre dans la poudre, de 0,075 à 0,1 $\%$ dans le produit calciné.

Le minerai introduit renferme 7 à 10 $\%$ d'eau et le produit terminé rencontre, dans les derniers 10 mètres du four, l'air de combustion, qui se réchauffe en même temps qu'il le refroidit. Les gaz quittent le four à une température d'environ 425° C.

Cette humidification peut être réalisée par des moyens très variés :

a) dans le 1er, la matière est coulée dans une fosse et arrosée d'eau, mais il faut ensuite l'en extraire au moyen d'élévateurs :

b) ou bien on emploie un dispositif analogue aux refroidisseurs à coke, où la matière, déversée sur un plan incliné, est arrosée d'eau pendant qu'elle glisse ;

c) ou elle est envoyée dans un cylindre refroidisseur.

Certains modèles de 5 à 9 pieds (1,50 à 2 m. 70) de diamètre et 60 à 125 (18 à 38 mètres) de long, sont en tôle d'acier, armés à divers endroits de parties saillantes en fonte qui les protègent. L'eau est ajoutée en quantité telle qu'elle sort complètement évaporée au moment du déchargement. Un type de 7 pieds (2 m.10) de diamètre et 100 de long (30 mètres), débite 150 tonnes en 24 heures, celui de 9 pieds et 125 mètres de long environ 200 tonnes.

Calibrage. — Le minerai calciné — nodules — indépendamment de morceaux de 2 pouces (50 millimètres) environ, en renferme une partie à l'état tellement fin, qu'il ne peut pas être employé seul dans les hauts-fourneaux. A Lebanon ceux-ci sont chargés d'un mélange de 60 $\%$ de nodules et 40 $\%$ de minerai de fer naturel en morceaux.

On est souvent obligé de recourir à un criblage, car certains consommateurs refusent d'accepter le menu, et le renvoient pour être aggloméré à nouveau.

Un essai de tamisage des nodules a donné les résultats suivants :

Au-dessus de 4 mm	55 %
De 4 à 2 mm	17 %
De 2 à 1 mm	13 %
Au-dessous de 1 mm	15 %

leur porosité était de 6 $\%$ du poids.

Observations. — Il faut toutefois tenir compte que chaque four doit être arrêté, refroidi, et nettoyé, au moins 2 fois par mois, car à 10 mètres environ de la sortie, le minerai vitrifié se colle peu à peu au revêtement et tapisse la paroi en formant des anneaux sous l'influence du mouvement. En tenant compte du refroidissement et du réchauffage, l'opération de nettoyage peut demander 3 jours.

Ce grillage avec fours tournants a été introduit en Amérique dans plusieurs usines avec des résultats variables.

Le coût avant guerre en était 2 fr.60 à 5 fr.20 par tonne, avec une consommation de charbon de 12-20 % du poids d'agglomérés.

Frittage dés résidus. — Lorsque, au lieu de préparer des nodules on veut fritter la matière, l'opération est généralement effectuée dans une machine du type *Dwight-Lloyd*, mais construite plus solidement que pour les autres produits métallurgiques.

La matière agglomérée, déchargée de la machine, est tamisée et le menu retourné à un élévateur qui la déverse dans les palettes de la machine à agglomérer, devant la charge à introduire. De la sorte, les palettes étant couvertes avec une fine couche de matière granulée, on évite l'engorgement et on augmente notablement l'efficacité de la machine.

Cette couche fine qui protège les palettes n'a pas besoin, pour être vitrifiée, d'être chauffée à si haute température que le reste de la charge.

Le produit est, après tamisage, déchargé dans un récipient en ciment, ou un chariot en acier doublé de briques, dans lequel il est traité par un excès d'eau.

Il représente environ 90 % du poids de matière alimentée, comptée en sec.

La consommation de combustible, comptée en charbon, est de 7 à 10 % du poids de la charge. Il est constitué par du coke finement tamisé ou du charbon d'anthracite. On ajoute souvent 0,5 à 1 gallon (4.536 litres) par tonne d'huile minérale, ou une proportion correspondante de gaz pour égaliser l'ignition de la charge.

Les hauts-fourneaux réclament un produit aggloméré, et non vitrifié, contenant un minimum de poussières, et présentant une structure poreuse lui permettant d'être perméable aux gaz du fourneau.

En tablant sur les conditions de 1913, une installation complète d'une machine, type système *Dwight-Lloyd*, produisant 150 tonnes par jour, coûtait 20.000 dollars et deux machines 30.000.

Dellwih–Fleischer ont préconisé la substitution du gaz à l'eau à celui provenant de foyers à charbon ou de gazogènes, afin d'éviter de souiller le minerai par des particules de cendres.

Briquetage des résidus à chaud. — Dans le procédé *Groënda* les matières à traiter sont mises, sans addition d'agent d'agglomération, sous forme de briques qu'on empile sur des wagonnets, après quoi on passe au four.

Bien qu'employé en Angleterre, en Suède, et en Norvège, il le fut moins rapidement en Amérique, où l'on trouvait d'abord que sa production relativement faible, la compression des briques et leur empilage sur wagonnet, devaient augmenter notablement le prix de revient.

L'auteur précédemment cité a fait la description d'un four installé, en 1909, près de New-York pour le traitement des résidus de pyrite provenant d'une usine d'acide sulfurique.

Ces résidus, broyés à une finesse de grain de 3/16 et au-dessous ; contenaient :

Fer	62 %
Soufre	2,5 à 3 %
Humidité	18 %

L'alimentation avait lieu toutes les 17 minutes par un wagonnet, et on obtenait, en 24 heures, 65 tonnes de briquettes bien calcinées et très résistantes, d'une teneur de fer de 61 $\%$ et 0,04 $\%$ de soufre.

La consommation de charbon variait entre 7-8 $\%$.

On transformait le minerai, ou les résidus humides, en briquettes carrées, d'environ six pouces (0^{m}15), et d'une épaisseur de 2 pouces 1/2 (0 m. 062), avec arêtes arrondies cela sans aucune addition. Ces briquettes placées en trois rangées, dans le sens des arêtes, sur des wagonnets de fer, étaient transportées dans un fourneau chauffé avec gazogène et les gaz du haut-fourneau. L'air chaud comprimé fourni par une soufflerie donnait une flamme oxydante déterminant la peroxydation du fer, et la combustion du soufre.

Un fourneau, long d'environ 150 pieds (4ᵐ60), et large de 5 pieds 1/2, (1ᵐ70), produit en moyenne 200 tonnes de briquettes par semaine, avec une dépense de 3 schillings et 4 pences par tonne de briquettes finies, non compris frais généraux et redevances.

Conditions à réaliser. — La condition principale, pour obtenir des briquettes résistantes, il faut posséder un puissant générateur de gaz, à même de maintenir, dans le four, une température constante malgré la fréquence de l'alimentation, qui est une cause de refroidissement.

Le type *Morgan*, employé en Amérique, est à chargement continu de charbon, avec tirage à la vapeur. L'auteur attribue les bons résultats du procédé aux excellentes qualités de ce générateur et aux améliorations apportées au four à briquetage proprement dit, étant donné que le chargement continu procure un dégagement régulier du gaz, tandis que l'intermittence des charges de charbon occasionne l'inverse, et un chauffage inégal.

Dans le four, où chaque introduction de briquettes détermine simultanément l'admission d'une notable quantité d'air, la moindre irrégularité dans le chauffage correspond à un abaissement de température.

Les chiffres ci-dessous, résultent du contrôle de température effectué, chaque 2 minutes, au pyromètre *Le Chatelier*, à partir du côté du chargement sur toute la longueur du four.

Nᵒ 1 à la sortie de la cheminée	....	160° C.
» 2	»	»	180° C
» 3	»	»	200° C
» 4	»	»	230° C
» 5	»	»	270° C
» 6	»	»	270° C
» 7	»	»	290° C
» 8	»	»	259° C
» 9	»	»	490° C
» 10	»	»	590° C
» 11	»	»	765° C
» 12	»	»	850° C
» 13	»	»	900° C
» 14	»	»	1 080° C
» 15 dans la partie de combustion	....	1 230° C
» 16	»	»	1 320° C
» 17	»	»	1 400° C

```
»  18 dans la partie de combustion .............................   1 105° C
»  19         »              »      .............................     920° C
»  20         »              »      .............................     700° C
»  22         »              »      .............................     410° C
»  23         »              »      .............................     290° C
»  24         »              »      .............................     180° C
```

1° On remarquera que, à l'endroit de l'alimentation N° 8 la température est plus basse qu'au poste N° 7. Cette anomalie résulte d'une fissure ménagée, à dessein, dans la paroi extérieure en prévision de la dilatation du four.

2° La température dans la région de combustion N° 15, 16 et 17 est, en réalité, un peu plus élevée que celle indiquée, cela est dû à ce que, en raison de la température élevée, on n'a pas laissé le thermo-élément assez longtemps pour enregistrer la température maximum.

Pour l'Amérique on a étudié un type de four avec wagonnets de 1 m. 8, au lieu de 1 m. 5, pouvant recevoir une tonne de briquettes. Avec une alimentation chaque 15 minutes, on obtiendrait, en 24 heures, environ 96 wagonnets de une tonne.

Le coût de la fabrication dans une installation semblable, comme par exemple à Pittsburg, était, avant la guerre, prévu comme suit :

```
1 contre-maître à 3 dollars .................................    3,00
2 ouvriers pour le transport du minerai à 2 dollars .........    4,00
6    »     de presse à 2 dollars ............................   12,00
2    »     pour générateurs à 2 dollars .....................    4,00
4    »     pour transport des briquettes ....................    8,00
6,2 tonnes de charbon à 1,3 dollars .........................    8,73
Force .......................................................    4,00
Réparations, etc ............................................   18,00
                                                               ________
    Total (dollars) .........................................   61,73
```

pour 96 tonnes.

Dans ce coût, qui par tonne représente 65 cents, l'amortissement et l'intérêt ne sont pas compris.

Comparaison entre le procédé américain par four tournant et le procédé Groendal

1. Le devis d'installation pour un four tournant, avec tous ses accessoires, était, en Amérique, d'environ 25.000 dollars, soit

sensiblement la même somme, que pour un four à briqueter *Groendal*.

2. La production des 2 types est à peu près la même (environ 100 tonnes en 24 heures).

3. La désulfuration est plus élevée dans le *Groendal* que dans un four tournant. Dans ce dernier, une teneur initiale en soufre de 1 % est ramenée à 0, 1 % dans le produit terminé alors que, dans les briquettes *Groendal*, elle serait dans les mêmes conditions de 0, 03 %.

4. La porosité des nodules est de 6 % de poids, celle des briquettes de 20 %.

5. Les nodules renfermant une notable quantité de poudre fine, on leur préfère souvent, pour l'alimentation d'un haut-fourneau, les briquettes, qui, même brisées, n'en contiennent que peu.

On a estimé que le prix de revient des deux procédés est à peu près le même, mais M. *S. G. Robinson*, précédemment cité, trouve celui au four rotatif plus avantageux malgré une dépense de charbon de 10 à 12 %. En le comptant de 12 à 15 schillings la tonne, la dépense de fabrication (en 1910) ressortait de 2 schillings 6 pences à 3 schillings la tonne, y compris intérêt du capital, amortissement et entretien.

Le procédé *Groendal* intéresse surtout la Suède, par ce que le travail des hauts-fourneaux de cette contrée est presque entièrement basé sur *l'emploi du charbon de bois*. Les scories de ce dernier, étant plutôt acides, n'absorbent pas le soufre, de sorte que presque tout celui des minerais de fer se retrouve dans la fonte. C'est aussi la raison pour laquelle il y a lieu de réduire le pourcentage du soufre dans le minerai brut, à l'aide du séparateur magnétique, et par chauffage des briquettes à haute température (mettons 1400° C.) dans une flamme oxydante.

Cette fabrication doit, d'ailleurs, être l'objet d'une surveillance bien régulière, sans quoi on risquerait de produire des briquettes de forme irrégulière, insuffisamment agglomérées et susceptibles de s'effriter en donnant de la poussière pendant les opérations du transport à l'embarquement, surtout dans le cas de plusieurs transbordements.

En France on a essayé des types du même genre que ceux précédemment décrits, c'est ainsi que par exemple M. *Cornet* a installé la méthode par four tournant, et que M. *Breuillé* a appliqué le four tunnel, dont voici la description d'après la brochure de l'inventeur.

Four Tunnel Breuillé. — Il sert à agglomérer, par la chaleur seule tout en désulfurant, à peu près à fond, le minerai.

Presses. — La pyrite grillée amenée par wagons complets, et déchargée dans la bâche d'un élévateur est déversée dans des distributeurs appropriés, qui la conduisent aux bâches d'alimentation de 2 presses puissantes. L'addition d'un léger filet d'eau fournit l'humidification voulue pour permettre son agglomération en briquettes ayant environ 180 millimètres de longueur, 120 millimètres de largeur, et 80 millimètres d'épaisseur.

Ces briquettes, sont alors excessivement friables, elles ont juste la cohésion indispensable pour permettre leur transport de la presse à la plateforme du wagonnet placé à coté, et leur empilage sur ce wagonnet.

Séchage et agglomération. — Le débit de chaque presse est établi pour que les wagonnets soient complètement chargés et enfournés à raison de un à l'heure. Leur charge de briquettes est de 1650 à 1700 kilogrammes ; ce qui permet de traiter 40 tonnes de résidus par 24 heures, quoique la capacité du four puisse permette une production de 80 tonnes par jour, en enfournant un wagonnet toutes les demi-heures.

D'autres fours analogues ont une production de 120 tonnes par 24 heures.

Le wagonnet, chargé de briquettes, est mené à l'entrée du four où un poussoir spécial, mû électriquement, le fait avancer d'une quantité bien déterminée, ainsi que toute la rame. En même temps, sort, à l'autre extrémité, le wagonnet entré 24 heures auparavant.

Pendant son séjour dans le four, le wagon est d'abord soumis à une faible température qui permet le séchage et l'évaporation complète de toute l'humidité contenue dans la briquette ; puis, la température s'élevant progressivement, celle-ci prend de plus en plus de cohésion jusqu'à la chambre avec grand feu où elle atteint la dureté exigée pour le transport, sans craindre d'effritement et de désagrégation.

Après celle-ci, les briquettes sont soumises à l'oxydation, qui élimine la presque totalité du soufre.

Fig. 312. — Four Breuille avec registre d'entrée levé permettant de voir un wagonnet.

Briquettes. — M. *Breuille* affirme que la proportion de briquettes a pu atteindre 40, ou même 45 °/₀ de la charge totale d'un haut fourneau à fonte manganésée, alors qu'avec des résidus en poudre elle ne peut dépasser 18 à 20 °/₀ sans produire de tassements.

qui s'opposent à la pénétration des gaz réducteurs. De plus, l'allure et la marche du haut fourneau sont beaucoup plus régulières. La proportion de briquettes de pyrite grillée peut être encore beaucoup plus élevée dans le cas de fonte ordinaire.

Combustible. — Les gazogènes peuvent employer de la houille, du coke tout-venant, métallurgique ou d'usines à gaz, voire même du grésillon.

La dépense de combustible pour une production de 40 tonnes par jour est de 10 % du tonnage passé au four en 24 heures. Ce pourcentage diminue pour les tonnages de 80 ou 120 tonnes, il peut descendre à 8, 7 et même 6 % selon la qualité du combustible employé.

Fonctionnement. — Une fois le four réglé, il n'y a plus à y toucher, sauf pour le chargement, le décrassage des gazogènes, et l'enfournement des wagonnets.

Ceux-ci sont refroidis par un courant d'air, soufflé par un ventilateur.

Pendant l'échauffement, la vapeur d'eau contenue se dégage petit à petit, en produisant, dans les briquettes, de très petits canaux qui la rendent excessivement poreuse, et subsistent, lorsque, solidifiées par la chaleur, elles sont soumises à l'oxydation.

L'oxygène de l'air, à haute température, pénètre par ces canaux jusqu'au cœur de la briquette, et y transforme le soufre en acide sulfureux qui se mélange aux fumées de la combustion, de sorte que des pyrites grillées introduites à 2 % de soufre n'en contiennent plus que 0,03 % à la sortie.

Après les chambres en grand feu, les briquettes sont soumises au refroidissement par l'air, et sortent du four, si résistantes au choc, que l'emploi du marteau est nécessaire pour les casser.

Un joint de sable empêche, par l'intermédiaire d'une tôle fixée aux parois latérales du wagonnet, tout passage des flammes au-dessous de ceux-ci, afin d'éviter l'attaque des roulements par la chaleur. En outre, l'air de refroidissement des briquettes, avant de passer sur celles-ci, est envoyé sous les wagonnets et on opère le refraîchissement.

A l'extrémité du four, du côté de l'entrée des wagonnets, les fumées sont collectées pour être envoyées à une cheminée suffisamment haute, pour disperser les gaz chargés d'acide sulfureux et d'acide sulfurique.

Le gazogène qui dessert ce four peut être du type *Siemens*, avec ou sans barrage, le plus souvent il est à décrassage automatique, soufflé ou non.

A l'extérieur du tunnel, les wagonnets se déplacent par l'intermédiaire de câbles passant sur poupées électriques, et, à la sortie ils sont rangés le long d'une voie normale où se trouvent les wagons d'enlèvement permettant la manutention rapide.

L'installation générale comporte les appareils ci-dessous :

Description. — Une voie normale permet l'arrivée des wagons de résidus de pyrite, ceux-ci sont déversés dans une trémie, à la base de laquelle se trouve une table tournante, avec doigt mesureur permettant un débit constant, et approprié à la marche d'une ou de plusieurs presses à mouler. Les quantités ainsi réglées tombent dans la bâche d'un élévateur qui les monte dans une trémie réceptrice. Celle-ci les remet à 2 distributeurs qui les acheminent vers des mélangeurs où la quantité d'eau voulue pour l'agglomération est distribuée régulièrement.

Elles passent ensuite aux presses qui les moulent en briquettes, après quoi elles sont chargées sur les wagonnets placés sur la voie d'accès directe au four, ceci afin d'éviter les manutentions en raison de leur fragilité momentanée. Une voie d'évitement, avec aiguille, permet la manutention des wagonnets avant chargement des briquettes.

Les gazogènes, généralement à chargement et décrassage automatiques, permettent la production du gaz nécessaire au four, avec le minimum de main-d'œuvre.

Pour un four avec 2 gazogènes soufflés, type *Siemens* de 40 tonnes par 24 heures, et de 80 tonnes avec 4 gazogènes, la force nécessaire est de :

Force nécessaire. — 6 HP pour l'élévateur, la table tournante, et les distributeurs ;

12 HP par presse donnant une compression de 1.000 kilogrammes par cm² et mélangeurs ;

6 HP pour le poussoir ;

2 HP pour l'élévateur de combustible.

Personnel. — La main-d'œuvre comprend, par poste de 8 à 12 heures :

1 contremaître surveillant ;

2 gamins à chaque presse, pour l'enlèvement des briquettes de la table, et l'empilage sur wagonnets ;

1 mécanicien chargé de l'ouverture des portes du four, la surveillance et l'entretien du graissage de tous les appareils mécaniques ;

1 gazier, pour le chargement, la surveillance et le décrassage des gazogènes.

Le procédé *Ramen* (Br, all. 319.717, octobre 1916), est établi sur un principe du même genre, on forme une pâte par mélange de matière solide avec un liquide, et on la loge dans des moules qui sont placés dans un four de calcination.

Quand la consistance des briquettes est suffisante, on les démoule à l'intérieur du four, et on les pousse vers le fond, où elles achèvent de se calciner.

Qualités exigées des briquettes. — Les caractéristiques des briquettes sont les suivantes en Angleterre.

1° *Résistance mécanique.* — On leur demande de résister à une pression minima de 2 000 livres par pouce carré (140 kg. par cm²) et lorsqu'on les projette d'une hauteur de 10 pieds (3 m. 047) sur une plaque en fonte de ne pas tomber en poussière, elles peuvent cependant être réduites en morceaux.

2° *Température.* — A 900° C. elles peuvent commencer à se concréter, mais pas se désagréger en petits fragments.

3° *Eau.* — Plongées dans l'eau pendant un certain temps, elles ne doivent pas s'amollir.

4° *Vapeur.* — L'influence de la vapeur à 150° C. ne doit pas les émietter.

5° *Porosité.* — Leur texture doit permettre à l'oxyde de carbone du haut-fourneau de pénétrer dans l'intérieur de la briquette, et en effectuer la réduction. Pour vérifier cette porosité on les place, après séchage, pendant 25 minutes dans l'eau, dont elles doivent absorber au moins de 12 1/2 à 16 % suivant la nature du minerai.

6° *Agent d'agglomération*. — Il faut éviter qu'il contienne une proportion de matières nuisibles (soufre, arsenic) susceptible de nuire à la qualité de la fonte produite.

7° *Coût de production*. — Il ne doit pas dépasser la différence de prix entre le minerai en morceaux et la poussière.

Agglomération à basse température. — Nombreux ont été les agents essayés pour former, avec les résidus de pyrites et les autres minerais de fer, des briquettes utilisables dans les hauts-fourneaux.

En général, quand aucun agent d'agglomération n'est employé, les briquettes doivent être chauffées, ce qui occasionne une dépense notable, mais il y a cependant des cas où ce n'est pas nécessaire, ainsi, pour les minerais naturels renfermant un certain pourcentage d'argile, cet élément constitue un véritable agent d'agglomération. Le minerai argileux et le minerai en grain sont des exemples.

Argile. — A Kertsch, en Russie, pour le transformer en briquettes, on y ajoute 8 % d'eau puis il est soumis à une pression d'environ 5 600 livres par pouce carré.

A Ilsede, en Allemagne, on le mélange avec les déchets de lavage du minerai de fer, et d'autre déchets poussiéreux provenant des forges contenant une quantité de fer suffisante. Le tout, qui ne renferme pas plus de 6 % d'eau, est porté à environ 75° C. et comprimé en briquettes sous une pression d'environ 4 000 livres par pouce carré. Dans les deux cas il n'est pas besoin de haute température, ni d'aucun agent d'agglomération.

Les résultats ci-dessus impliqueraient naturellement l'idée d'une addition d'argile ordinaire aux minerais n'en contenant pas, tels que les résidus de grillage, afin de confectionner des briquettes à froid au moyen d'un agent peu coûteux ; malheureusement on a dû y renoncer, en raison du pourcentage relativement grand qu'il fallait ajouter. De plus, l'argile ordinaire contient une proportion élevée de silice, qui entraîne des additions supplémentaires de chaux.

Chaux éteinte. — Depuis de longues années la *chaux éteinte* a été employée, elle agit comme liant un peu comme dans les constructions, mais elle réagit sur l'acide sulfurique libre, ou sur le sulfate contenu dans les pyrites calcinées.

On incorpore une proportion de lait de chaux permettant d'obtenir une pâte assez épaisse qui, après dessication convenable, est moulée en briquettes analogues à celles utilisées pour fabriquer les agglomérés de houille. MM. *Augier* (*Revue de métallurgie*, 1912, p. 37) additionnent 3 de chaux vive aux résidus et humectent la masse avec une quantité d'eau suffisante par le moulage. On a aussi envisagé l'addition de 20 % de *sciure de bois* et même de 10 % de *chlorure de magnésium*.

La *chaux calcinée*, seule ou mélangée avec de l'argile ou des cendres, a aussi été essayée, mais sans succès, vraisemblablement à cause de réactions secondaires dues à la présence de vapeur et d'acide carbonique, dans la partie supérieure du haut-fourneau.

On a constaté que les résultats étaient meilleurs lorsque la chaux était additionnée d'une certaine proportion de scories basiques granulées.

Cette méthode a l'inconvénient de réduire la proportion de fer contenu, car il est nécessaire d'en incorporer 7 à 8 % ; de plus les briquettes ont besoin d'être exposées longtemps à l'air, afin que la chaux puisse absorber une quantité suffisante CO^2 en donnant CO^3Ca, sans quoi l'hydrate de chaux perdrait son eau dans la partie supérieure du haut-fourneau, et les briquettes se réduiraient en poussière. Cette transformation de CaO en $Ca CO^3$, entraîne une nouvelle réduction du pourcentage de fer dans le minerai, de plus il faut compter le temps, et le travail supplémentaire, pour l'empilage et le magasinage des briquettes. Cette méthode ne s'est donc pas généralisée.

Ciment et plâtre. — Le plâtre ainsi que le ciment, ont aussi été essayés comme agents d'agglomération. Le premier contient trop de soufre, les briquettes obtenues résistent à l'humidité et aux influences mécaniques, mais pas à la chaleur.

Chaux et sable. — Un meilleur résultat a été constaté en employant un mélange de sable et de chaux éteinte (*Schumacher*) à parties égales moulues en poudre fine, qu'on incorpore à raison de 5 % avec la poussière de minerai. Après mouillage, la masse est comprimée en briquettes qui, chargées dans des chaudières, subissent quelques heures l'influence de vapeur surchauffée sous pression, après quoi elles sont prêtes pour le haut-fourneau.

La silice du sable, dans ces conditions, devient soluble et apte à entrer en combinaison. Cette méthode, malgré de bons résultats comme qualité des briquettes produites, n'a pas rencontré la faveur générale, par suite du coût élevé du travail et de la dépense initiale également forte.

Scories basiques. — La méthode de briquetage *Skaria* utilise *comme matière d'agglomération*, des scories basiques du haut-fourneau. On soumet également à l'action de *la vapeur*.

Si la chaux des poussières de scories était insuffisante, on en ajoute 4 à 4 1/2 %.

Les briquettes faites de cette manière sont convenables, mais, comme il faut employer de 8 à 12 % d'agglomérant, la proportion de fer est aussi trop faible.

Lessives bisulfitiques et matières organiques. — Des matières organiques, telles que des déchets de lessive résiduaire de cellulose (*Trainer*), le goudron (5 % selon *Conley* à Brooklyn), la mélasse (1 à 1 1/2 % d'après *Saltery*, puis *Rosmann*, ont été essayées pour le briquetage, avec ou sans autres agents (chaux, calcaire, tourbe, etc.).

Dans le premier cas, la lessive, concentrée en sirop forme une sorte de poix, appelée « Zellpech » (poix cellulosique). En Allemagne, où elle est employée, on en incorpore environ 6 % avec les résidus, après quoi on comprime le mélange sous une pression non inférieure à 9.000 livres par pouce carré.

Les briquettes ainsi faites sont intéressantes pour le minerai magnétique, mais ne réussissent pas pour du peroxyde bien plus réductible. La raison en est, qu'au rouge, le coke, ou la matière agglomérante cokifiée, réagit sur le minerai, et que ce dernier, sans agglomérant, retombe en poussière, en outre l'agglomération est coûteuse (40 schellings par tonne).

Divers. — L'imagination des chercheurs s'est donnée libre cours et on trouve, parmi les nombreux produits préconisés : le silicate de soude (verre soluble), l'amiante, la naphtaline, la paraffine, le savon résineux, etc.

Compression à sec. — On a songé à éviter l'emploi d'agents d'agglomération, et même le chauffage, grâce à de très hautes pressions, s'élevant graduellement à 11.000 livres par pouce carré (774 kg. par cm²) mais ces briquettes, quoique très fermes et résistant bien aux influences mécaniques, s'effritent et tombent en poussière à la chaleur ; de plus, elles sont trop denses, ce qui nuit considérablement à leur réductibilité.

Four électrique

La fabrication de la fonte au four électrique, au moyen des cendres de pyrites a fait l'objet d'une étude de M. *Guedras* (*Techn. Mod.*, 1920. T. XII, N° 7, p. 301-304, juillet, et *Chimie et Industrie*, juin 1921). L'auteur rappelle qu'un obstacle à l'emploi des pyrites grillées est leur pourcentage élevé en soufre

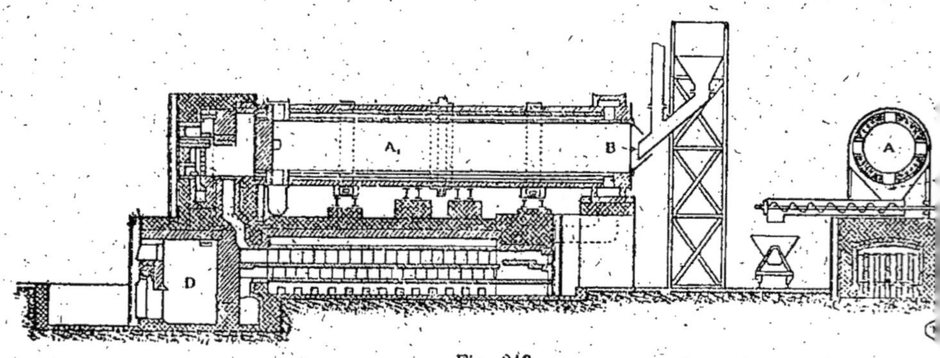

Fig. 313.

(composition moyenne : SiO^2 3 %, Fe^2O^3 94, 285, Fe 66, S 2.75 à 3.50) mais que, en raison de leur faible teneur en SiO^2 et leur richesse en Fe, elles se prêtent cependant au traitement au four électrique. De plus ce corps est spongieux et très avide d'eau (il contient jusqu'à 20 ou 22 % d'humidité). Pour le déshydrater, le désulfurer et l'agglomérer, M. *Guédras* utilise un four rotatif chauffé au gaz de lignite (fig. 313), traitant par 24 heures 15 t. de cendres de pyrite avec une dépense de 2.400 kilogrammes de lignite. La température est de 1 000 à 1 200° C. ; la teneur en S tombe de 2-3 %, à 0,2-0,1 %.

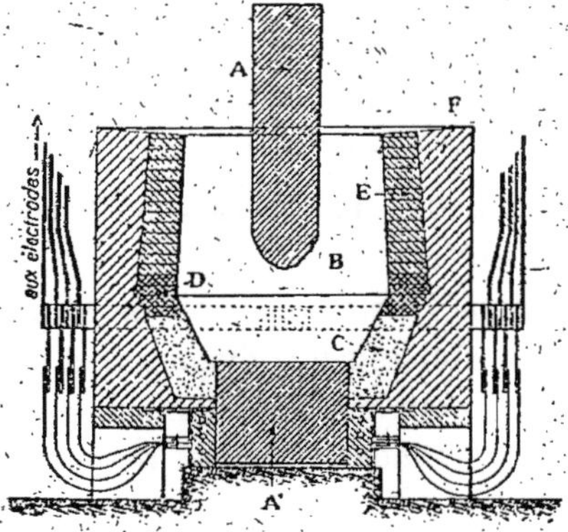

Fig. 314.

La réduction des cendres désulfurées se fait dans le four (fig. 314). Le creuset établi en pisé de graphite, a son briquetage au contact du pisé, en briques de carbone ; le reste de la cuve est en bri-

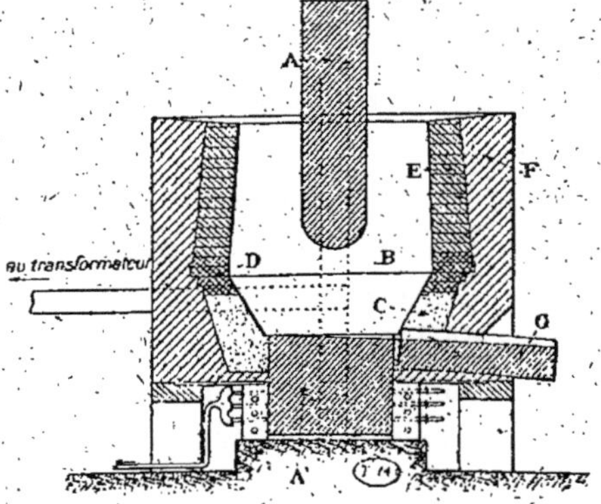

Fig. 315.

ques de bauxite. Le four est monophasé, avec électrode supérieure, et prise de courant à la sole, constituée par une électrode graphitée ; régime de marche 50 volts sous 20.000 ampères.

Les réactions sont les suivantes :

a) Désulfuration par la chaux :

$$3FeS + 2CaO + CaC^2 = 3Fe + 3CaS + 2CO.$$

b) Désulfuration, d'autre part au moyen de $CaCl^2$ introduit dans le lit de fusion.

$$FeS + CaCl^2 + CO = Fe + CaS + Cl^2CO$$
$$Cl^2CO + H^2O = 2HCl + CO^2.$$

c) Enfin, l'adjonction de minerais, ou de scories manganésifères, parachève la désulfuration.

La consommation d'électrodes est de 14 kilogrammes par tonne de fonte. Un établissement disposant d'une force continue de 3.000 kilowatts, peut produire annuellement 11.000 tonnes de fonte avec 16.060 tonnes de cendres de pyrites.

Fabrication du fer spongieux

Cette variété de fer, employée pour la cémentation des liqueurs cuivreuses ainsi que pour la préparation du sulfate de fer, peut être obtenue en réduisant, par les gaz hydrocarbonés, à température peu élevée, les résidus de pyrite de composition chimique appropriée.

On a surtout utilisé cette méthode en Angleterre et en Allemagne.

Les résidus, mélangés de poussier de charbon, sont chauffés au four à réverbère pendant 20 à 24 heures ; comme le fer spongieux se réoxyde avec une très grande rapidité quand il est exposé chaud au contact de l'air, on se sert d'un dispositif analogue à celui utilisé pour la fabrication du noir animal, le produit tombe directement du four dans des caisses en tôle, munies de couvercles lutés, dans lesquelles l'éponge de fer se refroidit lentement à l'abri de l'air.

Débouchés divers des résidus

Pyrites grillées. — Après s'en être servi au début pour le ballast et l'empierrement des routes, on a songé à leur trouver des applications non seulement métallurgiques mais chimiques, telles que l'épuration du gaz et la préparation de sulfate ferrique, de chlorure ferrique, de rouge anglais.

Epuration du gaz d'éclairage. — Certaines sociétés ont fait subir à des résidus, convenablement choisis, un traitement particulier, en vue d'obtenir un rouge spécial, ou une matière susceptible d'être appliquée dans l'épuration du gaz, en absorbant l'hydrogène sulfuré ; car le produit, tel quel, possède une activité bien inférieure à celui obtenu par précipitation d'un sel de fer.

Sulfate ferrique. — MM. A. et P. *Buisine* ont décrit (2ᵉ Congrès de Chimie appliquée, tome II, page 195) un mode de fabrication du sulfate ferrique, en traitant la pyrite de fer grillée, par l'acide sulfurique à 60° B. chaud, à une température voisine de 120°.

$$3SO^4H^2 + Fe^2O^3 = (SO^4)^3Fe^2 + 3H^2O$$

L'opération s'effectue dans une bassine en fonte chauffée par un foyer, on fait arriver l'acide et on y jette, à la pelle, la pyrite grillée en poudre, tamisée si c'est nécessaire. Une fois la réaction amorcée, on l'active, et on la termine, en chauffant à 250° — 300° le mélange bien remué. Il se dégage seulement de la vapeur d'eau. On emploie 45 à 50 parties de pyrite grillée pour 100 d'acide sulfurique à 60° B., suivant la composition du produit que l'on veut obtenir, qui peut être du sulfate ferrique $(SO^4)^3 Fe^2$ avec un excès plus ou moins grand d'acide sulfurique.

Ce composé sert dans les abattoirs pour la coagulation du sang, ou dans l'épuration des eaux résiduaires et, suivant le cas, on utilise le sel neutre, ou le sel acide, à un degré déterminé.

Chlorure ferrique. — Il a été également obtenu par MM. A. et P. *Buisine* :

$$6HCl + Fe^2O^3 = Fe^2Cl^6 + H^2O$$

On emploie le gaz chlorhydrique, non desséché, tel qu'il se dégage de la calcination, au four, du mélange de sel avec l'acide sulfurique à 60°. Il faut une trace d'eau pour amorcer la réaction. La pyrite grillée doit être en couche peu épaisse et, afin d'éviter des obstructions, on y incorpore une certaine quantité de matières inertes : fragments de briques, silex, etc. On laisse couler lentement de l'eau dans la colonne qui contient les résidus de pyrite, la combinaison a lieu facilement et on recueille une solution de chlorure ferrique.

Couleur. — Les résidus, calcinés au rouge sombre en présence de sel marin et carbonate de chaux donnent une couleur dont l'éclat et le pouvoir couvrant ont trouvé certaines applications.

MINERAIS SULFURÉS DANS LESQUELS LE RÉSIDU DE GRILLAGE CONTIENT DES MÉTAUX AUTRES QUE LE FER

Pour se trouver dans les conditions de travail les plus favorables, un abaissement du prix de revient peut être obtenu, non seulement en réduisant au minimum les pertes de traitement, la dépense de nitrate, les frais généraux et les frais de fabrication, mais aussi en utilisant des matières premières dans lesquelles le prix de l'unité de soufre est très réduit. C'est le cas lorsque le résidu de grillage représente une valeur intéressante par suite de la nature du métal contenu, notamment pour les pyrites mixtes diverses, les pyrites cuivreuses, les blendes et galènes, dont le soufre et l'acide sulfurique constituent, à proprement parler, les sous-produits.

Résidus de pyrite ferrugineuse contenant du zinc. — Après grillage, les résidus de pyrite sont soumis, avant leur emploi dans le haut-fourneau, à un lessivage direct sous pression ou, de préférence, après avoir subi un grillage chlorurant.

Avec les pyrites grillées de Westphalie on a, d'après *Erdmann*, retiré l'oxyde de zinc, et récolté comme produit secondaire une solution de chlorure de zinc qui, après séparation des autres métaux, du thallium par exemple, est électrolysée. Pour que le zinc obtenu dans cette opération ne soit pas spongieux, mais se dépose en masse métallique compacte, on utilise (procédé *Hoffner*) des cathodes cylindriques tournantes.

Utilisation des pyrites cuivreuses. — Ayant, dans un chapitre précédent, parlé de pyrites renfermant une certaine proportion de cuivre, et des méthodes de décuivrage préalable, nous n'y reviendrons pas, et allons examiner le cas des matières premières contenant une proportion de ce métal suffisante pour que l'on en fasse l'extraction dans les résidus (0.5 à 2 ½ % de cuivre).

Décuivrage du résidu grillé. *Cendres de pyrites cuivreuses peu riches en cuivre.* — Déjà avec les variétés ne contenant que quelques dixièmes pour cent de cuivre, il est intéressant, après grillage, de procéder à l'extraction de ce dernier. Dans les résidus obtenus, à côté d'une forte proportion d'oxyde ferrique peu soluble dans les acides, il existe du cuivre à l'état de sulfate et d'oxyde facilement attaquable.

Pour l'extraire, on épuise les résidus avec de l'acide sulfurique faible, soit dans une chaudière en plomb épais munie de deux ouvertures, l'une au fond pour la vidange du résidu boueux, l'autre à 20 centimètres du fond pour la décantation du liquide éclairci, soit dans des bacs en bois doublés de plomb qui, parfois, ont un garnissage intérieur.

Une fois la liqueur portée à l'ébullition, on y projette les résidus, par parties, et en agitant constamment ; après décantation, on remplit la cuve d'acide et on facilite l'attaque du dépôt au moyen d'une ébullition modérée, tout en continuant à agiter la matière.

Lorsque l'attaque est terminée on arrête l'injection de vapeur, et, après dépôt, on décante la liqueur claire surnageante. Ces lessives fournissent, au début, des cristaux assez purs, mais, à chaque opération, la teneur de fer augmente dans les solutions, aussi préfère-t-on généralement précipiter le cuivre des eaux mères par de la ferraille et, si on le juge convenable, faire servir les eaux à la production du sulfate de fer.

Cendres de pyrites cuivreuses riches en cuivre, et contenant un peu d'argent. — Avec les pyrites cuivreuses à 2 à 3 % de cuivre, accompagnées de beaucoup de fer et d'un peu d'argent, le travail est plus compliqué.

En effet, le fer et le cuivre existent à l'état d'oxydes, tandis que l'argent s'y trouve à l'état de métal, la méthode, dite de *chloruration*, a pour but d'amener le cuivre et l'argent à un état tel qu'ils soient solubles dans l'eau, en soumettant les résidus à l'action du chlore.

Les deux réactions à réaliser sont :

$$2NaCl + SO^2 + H^2O + O = SO^4Na^2 + 2HCl$$
$$2HCl + O = Cl^2 + H^2O.$$

Pour la première il faut :

a) Du soufre qui, par oxydation, donnera SO^2.

A cet effet on grille la pyrite de façon incomplète et, par exemple, pour une teneur de 3 % de cuivre on laisse 3 à 3 ½ % de soufre. On peut arriver à un résultat analogue par addition de pyrite crue.

b) Du sel marin, que l'on ajoute dans une proportion variant de 14 à 20 % du poids des résidus, selon la composition de ces derniers.

c) L'action de l'oxygène de l'air atmosphérique, qui réagit sur HCl en donnant du chlore à l'état naissant.

Dans ces conditions la masse primitive, qui contenait le fer et le cuivre à l'état d'oxydes et l'argent à l'état métallique, renferme, après chloruration, du sesquioxyde de fer, et des chlorures de cuivre et d'argent. Pour permettre de juger de l'installation nécessaire, la Cie du Rio-Tinto avait en 1900 exposé, dans sa vitrine, une réduction au $^1/_{50}$ d'un atelier d'extraction, par voie humide, du cuivre et de l'argent des résidus, à son usine de Marseille l'Estaque.

Si on veut que l'extraction puisse se faire dans de bonnes conditions, il ne faut pas dépasser une proportion déterminée de cuivre dans les pyrites cuivreuses, cette proportion varie d'ailleurs avec leur composition et, par conséquent, des cendres qui en proviennent. Avec certains minerais, le chiffre de 6 % est un maximum, mais avec d'autres plus favorables on peut aller jusqu'à 8 %.

Broyage et mélange. — En pratique, le plus souvent, ce grillage est conduit de façon à laisser 2 à 5 % de soufre dans les résidus. Ils sont disposés dans un bâtiment attenant à un atelier de broyage, et on les répartit de manière à obtenir une composition bien déterminée, la plus régulière possible, en soufre et cuivre.

Ces résidus sont, au moment voulu, et après pesage, additionnés de sel marin, dans certaines installations on y ajoute également de la pyrite crue Le mélange doit être aussi homogène que possible avant de procéder aux opérations de mouture et de tamisage.

Là encore les opinions diffèrent, toutefois, comme après calcination le produit sera soumis à des opérations de lessivage, il doit contenir un pourcentage convenable de morceaux granulés, destinés à diviser la masse.

Dans beaucoup d'endroits, on tient à ce que 90% passe à travers un tamis de 10 mesh, dans d'autres 80% seulement, mais que le tout passe dans celui de 3/4 de pouce.

Des études faites sur ces fabrications, il ressort que l'addition de pyrite brute n'est pas indispensable. Lorsqu'on ne s'en sert pas, il faut opérer à plus haute température, une plus grande quantité de combustible est nécessaire, en même temps qu'il peut se produire du chlorure cuivreux insoluble, de sorte que, dans la majorité des cas, on table sur une proportion de soufre atteignant 2 fois ½ le cuivre existant.

Étant donné qu'on opère sur des quantités importantes, on se sert généralement de transporteurs à courroies, qui amènent chacun des constituants depuis l'endroit où il est en stock, puis, les quantités relatives étant vérifiées, on procède aux opérations de mouture et tamisage. Ailleurs on effectue ces opérations séparément sur chaque élément, après quoi on prépare les mélanges en proportions convenables.

A l'Estaque, on se servait d'un agencement comprenant un broyeur à cylindre, d'où le mélange de sel et résidus broyé tombait dans la cage d'un élévateur à godets qui le déversait dans un trommel en tôle métallique perforée.

Les morceaux trop gros retournaient au broyeur tandis que la poudre de dimension convenable était envoyée à la chloruration.

Principes chimiques de l'extraction

Ainsi que nous l'avons exposé plus haut, il s'agit tout d'abord de solubiliser le cuivre et éventuellement l'argent. Quant au mécanisme interne, il est expliqué, par les uns, comme une action directe du NaCl sur les composés cuivreux, et, par les autres, comme résultant d'une oxydation du soufre avec formation de SO^2, et simultanément production de SO^4H^2 par décomposition des sulfates, réagissant sur le sel. Celui-ci donne un dégagement d'HCl qui, à l'état naissant, attaque énergiquement le cuivre en donnant le chlorure.

Les opérations successives seront donc :

1° Calcination pour amener le cuivre à l'état soluble ;

2° Lessivage pour le séparer du résidu ;

3° Précipitation du cuivre à l'état de cément.

1° CALCINATION

Pour réaliser cette opération il y a 2 systèmes :

A) Avec emploi de combustible ;

B) Sans emploi de combustible.

A) Fours avec emploi de combustible

1. Fours à réverbère où les gaz de la combustion se mélangent à ceux de l'opération.

Le type primitif, analogue aux fours à sel de soude, a été délaissé un peu partout et remplacé par les fours à chauffage au gaz, qui, provenant des gazogènes, passe sous la sole, puis sur cette dernière, et s'échappe dans la cheminée. L'introduction d'air est disposée de façon à ce que la combustion sous sole soit incomplète, et complète au-dessus.

Le mélange est introduit par des ouvertures pratiquées dans la voûte, et le travail s'opère à la main par des portes latérales.

D'après *Wedding* on charge, par cuite, 2.250 kilogrammes de minerai avec une ajoute de 17 % de sel ; le tout, réparti également sur la sole, est lentement chauffé jusqu'au rouge sombre, puis, au bout d'une heure, on remue la charge et on arrête l'arrivée des gaz en conservant un petit courant d'air qui abaisse la température.

Deux heures après on atteint le rouge sombre près de l'autel et, à ce moment, le travail de la masse par l'ouvrier permet d'intensifier la réaction chimique en élevant la température. Lorsque le travail est bien mené, les vapeurs blanches cèdent, peu à peu, la place à des flammes bleues dont la répartition doit être bien égale, puis, ces dernières diminuent peu à peu et, 6 heures après chargement, la réaction touche à sa fin et la masse devient gris verdâtre. On suit la marche de l'opération en prenant des échantillons. Les résultats constatés se rapprochent des suivants.

	Après 1 heure	Après 3 heures	A la fin
Cuivre soluble dans l'eau.........	54 %	51 %	75 %
» » HCl...........	38	42	20
» » AzO^3H.......	8	7	5

Dans les *fours à réverbère à main*, la bonne marche dépend essentiellement de l'ouvrier, le travail est pénible, aussi a-t-on cherché à effectuer les opérations de façon mécanique, le rôle de l'ouvrier n'étant plus que de conduire son feu.

Les premiers *fours à sole tournante* ont été installés par MM. Gible et Gelstharpe à la C^{le} Bède Métal Company.

Dans ceux-ci, un plateau mobile, en tôle, supporte une sole en briques réfractaires lutées à l'argile. — Ce plateau repose sur un arbre en fonte, vertical, qui lui donne le mouvement ; le renouvellement des surfaces est effectué par une sorte de soc de charrue mobile, qui se déplace du centre à la périphérie et inversement. L'appareil de défournement se compose d'une série de tôles parallèles, avec inclinaison calculée de façon à conduire la matière vers une porte de sortie disposée à la périphérie. Seul, le ringard mécanique peut subir une usure rapide, car l'appareil de défournement est enlevé quand il ne sert pas.

Une disposition simple de fours à réverbère est celle où le travail a lieu mécaniquement, avec 4 leviers refroidis par de l'eau, le chauffage se fait avec du combustible liquide (fuel oil, mazout) dont la dépense, par tonne, de mélange calciné, est de 15 à 18 gallons (81 litres ½).

Le plus souvent, la masse calcinée est déchargée dans un emplacement clos, car, pendant les quelques heures (parfois 5) où elle attend avant d'être lessivée, la chloruration continue.

Dans ce cas, les gaz de la combustion se mélangent avec ceux de l'opération (SO^2, SO^3 HCl), et sont envoyés dans des tours d'absorption avec remplissage de grès, où ils rencontrent un courant d'eau descendant.

Il est difficile d'empêcher des surchauffes locales.

L'avantage des fours à réverbère est une plus grande rapidité de l'opération qu'avec ceux ½ moufle et, *à fortiori*, les fours à moufle.

Si on compare la marche entre fours à bras, et mécaniques, on constate que ces derniers nécessitent une proportion de sel sensiblement plus faible — souvent on en ajoute la moitié avant enfournement et le reste après.

Dans les différentes catégories de fours où les gaz de la combustion se mélangent à ceux provenant de la réaction (acide sulfurique, acide muriatique, chlore, traces de chlorures métalliques, oxygène, azote) ils sont dirigés dans des tours de condensation, en grès et briques degrés, garnies de briques, cylindres, ou matières de remplissage semblables à celles des tours à HCl. Ils circulent de bas en haut et rencontrent une pluie d'eau allant en sens inverse. En raison de leur température élevée, cette eau se trouve portée presque à l'ébullition ; de sorte que sa teneur en acide est très faible ($0.3\,^0/_0$ environ exprimée en HCl) — on l'utilise de suite pour le lessivage du cuivre dans la masse chlorurée.

Fours ½ moufle. — Dans ce type, la sole du four à réverbère est habituellement protégée par une voute, les gaz du foyer passent au-dessus de cette dernière qui en recouvre la moitié, ils ne sont donc en contact direct avec la matière que sur la moitié de la surface, et circulent ensuite sous la sole.

Le but de la voute est d'éviter un excès de chaleur près de l'autel, ce qui a l'inconvénient de provoquer l'insolubilisation du cuivre.

II. Fours où les gaz de la combustion ne se mélangent pas à ceux de l'opération.

Ils appartiennent à 2 catégories :

1º Fours chlorurants à étages multiples.

2º Fours à moufle proprement dits.

1º *Fours chlorurants à étages multiples.*

Un four de ce genre, employé en Amérique, est le *Ramen Beskow* à 5 étages dont le diamètre extérieur atteint environ 18 pieds (5 m. 50).

Le nombre des bras diffère selon les étages, celui du dessus en possède 4 et les autres 2, quant au pourtour il est solidement établi en briques bien renforcées, mais sans revêtement extérieur en tôle d'acier.

Le chauffage a lieu par les gaz du gazogène, sur l'étage supérieur où la température atteint environ 1000° F, et les produits de la combustion vont à la cheminée. La dépense de charbon est sensiblement de 3.000 livres (1360 kilogrammes) par jour.

Le mélange chargé correspond à un poids sec de 45 tonnes par 24 heures.

Résidus grillés cuivreux	83 %
Sel marin	10 %
Pyrite crue	3 %

La pyrite, portée à 1000° F. (538°C) sur l'étage supérieur, s'enflamme et la chloruration commence, puis le mélange tombe sur le second étage, et ainsi de suite, tandis que l'air destiné à l'oxydation entre par la sole inférieure et traverse les 4 étages.

L'étage inférieur est muni de 4 conduits, établis dans les 4 coins du garnissage en briques, par lesquels les gaz SO^2, HCl, et un peu de SO^3, sont aspirés par un ventilateur qui les oblige à passer dans les absorbeurs.

Absorbeurs. — Il existe généralement trois tours absorbantes :

La première a généralement un diamètre extérieur de 8 pieds (2 m. 45), et une hauteur de 35 pieds (10 m. 65), le garnissage est en grès, avec une petite couche de scories au-dessus.

L'eau, amenée en haut de la tour, y rencontre, en descendant, les gaz chauds ascendants, et dissout une partie des éléments contenus. Au bas de la tour son acidité, évaluée en HCl, est de 2 à 3 ½ %.

Dans la seconde tour arrivent les gaz sortant de la première, ils sont énergiquement refroidis et absorbés par un abondant courant d'eau, puis, dans la troisième, ils se trouvent en présence de matières calcaires qui saturent l'acidité finale.

Quant aux minerais calcinés, ils sont reçus au-dessous du four dans des wagonnets mobiles sur des plans inclinés, et répartis entre les réservoirs dans lesquels s'effectue le lessivage.

Fours à moufle. A) *Fours à sole unique.* — La Cⁱᵉ de *Tharsis* a adopté, pour ses usines, des fours de ce genre chauffés au charbon. Les gaz de foyer passent au-dessus de la voute, puis sous la sole, où ils circulent dans une série de carnaux, et ils sortent sans se mélanger aux gaz de la réaction.

A l'Estaque, d'après une description donnée par M. *Kienlein* dans le *Moniteur Scientifique Quesneville*, le minerai, mélangé de sel et pulvérisé, est pesé, puis conduit au four de chloruration. La sole de ce dernier a 10 m. 20 sur 3 m. 60 est moufflée, pourvue de trémies de chargement, et de caves pour le refroidissement de la matière après déchargement. Un canal spécial amène les gaz qui s'en échappent aux appareils de condensation.

Ce mélange, introduit dans le four, est étalé sur la sole en couches aussi égales que possible, et la température maintenue un peu au-dessus du rouge sombre ; pour éviter la volatilisation du chlorure de cuivre, chaque heure l'ouvrier retourne et sillonne la charge. Une opération de 4000 kilogrammes dure en moyenne 6 heures. On s'assure, par une prise d'essai, qu'elle est bien terminée, après quoi on fait tomber la charge dans les caves du four. Pendant ce grillage il se dégage HCl, mêlé de Cl et de fumées métalliques que l'on conduit dans des tours de condensation ; le liquide sortant qui marque 2 à 3° B. est employé ultérieurement dans le lessivage du produit chloruré.

Dans une opération bien conduite, on retrouve dans le minerai la presque totalité du cuivre à l'état de chlorure soluble. On suit la marche du travail en traitant une prise d'échantillon mesurée, par l'eau bouillante et l'eau acidulée chlorhydrique, puis, après épuisement, le résidu est bouilli avec l'eau régale qui dissout le cuivre insoluble.

Cette dernière liqueur, additionnée d'une quantité constante d'ammoniaque, devient bleue plus ou moins intense — on laisse déposer et, d'après la teinte du liquide, on a une appréciation, suffisante en pratique, de la proportion de cuivre du résidu.

B) *Fours à moufles à étages.* — Ils appartiennent à divers types. Parmi ceux à étages multiples on en emploie parfois du genre *Wedge*. Ordinairement ils sont munis aux extrémités de deux foyers situés symétriquement, dont les gaz chauds sont collectés dans une chambre verticale ayant la hauteur totale du four.

Les moufles, divisés en 2 sections à chaque étage, possèdent des entrées indépendantes, munies de registres permettant l'accès des gaz chauds de la chambre verticale, ils sortent du côté opposé par des ouvertures disposées en parallèle.

Chaque étage a donc deux moufles, travaillant chacun comme s'il était seul. Pour obtenir une utilisation maxima du chauffage, le fond du moufle est exposé aux radiations les plus directes possible des gaz de la combustion, grâce à l'enlèvement d'une certaine quantité des briques sur lesquels il repose.

A titre d'exemple, un four type *Wedge* de 19 pieds (5 m. 80) de diamètre intérieur, a 5 étages et même plus, servant au séchage et utilisant les voutes supérieures comme soles de chauffe, et les soles pour le refroidissement. Sa production journalière est, sensiblement, de 75 à 80 tonnes de minerai chloruré calciné (d'une teneur inférieure à 2 % de cuivre), mais si elle atteint 3 %, la production ne se monte qu'à 50 tonnes, car il faut plus de temps pour la solubilisation du cuivre.

Si on ne fait pas entrer de pyrite crue dans le mélange (85 % de pyrite grillée et 15 % de sel marin en poids), la température doit être de 750-1 100° F. (400 à 600° C) et, plus exactement, aux environs de 1 000-1 100° F. (540-600° C.) car, au delà de 1 100 (environ 600° C.) il se produit des composés insolubles dans l'eau tels que les ferrites. La consommation du charbon est environ 10 % de la charge.

B) Fours sans combustible

On emploie, pour cette méthode, un four genre *Herreshof* à 7 étages, d'un diamètre extérieur de 22 pieds (6 m. 70) avec pourtour garni de 4 pouces 10 centimètres) briques communes et 9 pouces (22 centimètres) briques réfractaires.

On y passe environ 50 tonnes par jour (50 t. 800), et la charge se compose de :

Pyrites grillées .... 90 %
Sel marin .... 7 %
Pyrites crues .... 3 %

La température au deuxième étage est 300° F. (150° C.) celle du quatrième 750° F. (400° C.) et du sixième 550° F. (290° C.), mais on ne fait pas usage de combustible.

Comme il peut y avoir formation de blocs durs, on doit surveiller soigneusement la marche de l'opération, afin d'éviter la rupture des bras. Les fours sont disposés, par groupes d'au moins trois, dans un bâtiment à charpente métallique, avec sol en tôle d'acier, contenant les dispositions propres à faciliter les travaux ou réparations, et la manutention des produits.

Des fours, le produit calciné tombe dans des trémies, puis il est transporté au moyen de wagonnets et voies ferrées, ou aériennes, dans les bacs de lessivage. Les conditions de marche les plus favorables correspondent à une température ne dépassant pas 750 à 800° F. (400 à 425° C.).

De l'examen des systèmes précédents, on peut induire que le prix de revient le plus avantageux doit correspondre à celui dans lequel le combustible est réduit ou supprimé, bien que, il faille tenir en compte la nécessité d'une proportion plus forte de pyrite crue. Les frais d'installation plus grands et la dépense plus forte en pyrite crue sont amplement compensés par l'économie en sel et combustible.

Réactions chimiques. — En résumé, les réactions chimiques qui s'effectuent au cours d'une chloruration menée dans des conditions convenables, sont :

Oxydation des sulfures, en donnant des sulfates.

Réaction des sulfates sur le sel marin

$$CuSO^4 + 2NaCl = Na^2SO^4 + CuCl^2$$

toutefois, à côté de ce chlorure cuivrique, il se forme aussi du chlorure cuivreux, le premier soluble dans l'eau, le second dans l'eau acidulée, ce qui est le cas également des oxydes de cuivre.

Décomposition des sulfates ferreux et ferrique, qui donne naissance à de l'anhydride sulfurique, de l'oxygène, et de l'oxyde de fer insoluble.

Décomposition de sulfate de cuivre, si la température est un peu trop élevée.

Transformation des oxydes de cuivre, de zinc, d'argent et chlorures, sous l'influence de Cl et de HCl.

La composition des produits provenant des 3 catégories de fours dont il a été question plus haut, présente certaines différences qui ont été résumées par *M. Gibb* dans les résultats d'analyse ci-après :

	Four à gaz		Four à moufle		Four mécanique	
	%	Cu %	%	Cu %	%	Cu %
Chlorure cuivrique $CuCl^2$	4,65	1,00	4,25	2,00	6,70	3,15
» cuivreux............	0,32	0,20	0,35	0,21	—	—
Oxyde cuivrique CuO	1,26	1,00	0,88	0,70	0,32	0,25
Chlorure de sodium	2,50	—	3,40	—	0,90	—
Sulfate de soude.............	13,18	—	17,40	—	14,03	—
Cuivre insoluble.............	—	0,15	—	0,12	—	0,13
Cuivre total................	—	3,25	—	3,03	—	3,53

2º LESSIVAGE DU MINERAI CHLORURÉ

Malgré l'apparente simplicité de cette opération, qui a pour but d'enlever, au moyen de l'eau, le cuivre solubilisé dans l'opération précédente, sa mise en pratique est réalisable de différentes manières.

Appareils de lessivage

Il en existe de plusieurs types :

Cuves en bois simples.

Cuves en ciment armé.

Cuves en bois doublées.

M. *Kienlein* a publié dans le *Moniteur Quesneville*, après l'Exposition de 1900, un résumé des méthodes françaises dont nous extrayons les détails ci après :

Dispositifs français. — Les appareils de lixivation se composent de bacs en bois assemblés, chevillés et calfatés, consolidés en outre par des tirants de fer extérieurs. Ils sont pourvus d'un double fond composé de planches percées de trous, reposant sur des briques ; sur ces planches est étendue une couche de roseaux, ou cannes, retenus par des liteaux pour servir de filtre. Un orifice d'écoulement est ménagé dans l'une des parois, au-dessous du double fond. Chacun de ces bacs reçoit de 12 à 14 tonnes de minerai chloruré refroidi.

La lixiviation s'opère en trois lavages successifs :

1º lavage à l'eau chaude, mélangée de liqueurs pauvres provenant du troisième lavage d'une opération antérieure ;

2º lavage à l'eau chaude additionnée d'acide HCl, provenant de la condensation des gaz du four à chlorurer ;

3º lavage à l'eau chaude jusqu'à épuisement complet du minerai, c'est-à-dire jusqu'à ce que l'ammoniaque ne donne plus de coloration bleue avec le liquide écoulé.

Chacune de ces phases est suivie en contrôlant la densité des liqueurs à l'aide de l'aréomètre Baumé.

Les eaux du *premier lavage*, pesant environ 30º à 35º B., sont collectées dans des bacs inférieurs où se fait le dépôt des matières entraînées, puis décantées vers les bacs spécialement destinés à la désargentation ; elles sont enfin envoyées à la cémentation, après avoir subi le traitement destiné à la récupération de l'argent.

Les eaux du *deuxième lavage*, moins riches en cuivre, recueillies dans des bacs de dépôt, sont ensuite distribuées, en mélange avec les eaux du premier lavage, aux bacs de cémentation.

Celles du *troisième lavage* sont remontées pour servir, comme il a été dit plus haut, au premier lavage.

Le minerai épuisé (purple ore), ne doit pas contenir plus de 0,05 à 0,08 de Cu insoluble.

Dispositifs américains. 1. *Bacs d'extraction carrés*. — D'après MM. *Wells et Fogg* (page 198) en Amérique on se sert d'une cuve extérieure en bois de pin, qui en contient une seconde sans fond, ayant, intérieurement, environ 3 mètres à 3 m. 50 de section, et 1 m. 50 de profondeur.

L'épaisseur du bois est 7 à 8 centimètres, entre les deux se trouve un espace, de 7 à 8 centimètres également, dans lequel on coule un mélange de 1 partie de ciment avec 4 de sable.

Les parois de la caisse intérieure arrivent seulement à 10 centimètres du fond de la caisse extérieure, on garnit ce vide de la manière suivante : on établit tout d'abord une couche de béton de 18 à 20 centimètres, de sorte que la paroi intérieure y est engagée de 8 à 10 centimètres. On dispose, sur le béton, un premier puis un second rang de briques à plat, en laissant, entre ces dernières, la place pour mettre un ciment spécial (salt hay), après quoi une couche de ce dernier est mise au-dessus. Il est surmonté d'un nouveau rang de briques à plat, avec joints établis de la même façon, et recouvert d'un lit de ciment spécial.

On termine par une couche de pyrite grillée froide, avec au-dessus, une couche de ciment spécial, après quoi, dans chaque caisse de lessivage, on met 8 000 kilogrammes de minerai chloruré chaud nivelé grossièrement.

Aux orifices d'évacuation, placés à la partie inférieure et sur le côté de la caisse, on dispose de gros blocs en bois de pin jaune, faisant saillie, et pris dans le ciment qui garnit l'espace entre les deux caisses. Un trou pratiqué dans le bloc est fermé par un tampon en bois, ce système a l'avantage d'être simple et durable.

II. Dans un autre type de construction, les caisses de lessivage ont 4 m. 90 à 5 mètres de côté, elles sont en béton armé et le fond établi comme il vient d'être exposé. La construction est moins longue, moins délicate que précédemment, mais la corrosion par les liqueurs acides est plus grande, et les rondins d'acier, une fois mis à nu, s'attaquent rapidement, de plus l'opération de lessivage serait plus défectueuse.

III. *Bacs d'extraction circulaires.* — Ce sont des réservoirs en bois, plats et peu profonds, ayant 6 à 7 m. 50 de diamètre, sur 1 m. 50 environ de profondeur, solidement maintenus et armés. A l'intérieur existe un garnissage en briques de 12 centimètres, assemblées avec du ciment spécial « duro ». Leur fond est revêtu d'un mélange à base d'asphalte avec du ciment, dans le genre d'un pavement au bitume, de sorte que les parois en bois, ainsi que le fond, sont protégés contre l'action de la chaleur et du mélange acide. L'orifice de sortie est bouché par un tampon en bois disposé sur l'un des côtés à hauteur du fond.

On ne fait pas usage de grille en briques de grès, mais on place souvent un lit de 15 centimètres de scories granulées, surmontées de 10 centimètres de déchets cellulosiques, après quoi on termine par 0 m. 15 de minerai calciné.

Pratique du lessivage. *1er lavage*. — La masse du minerai grillé chaude, déversée dans le bac de lessivage, est traitée, pendant 4 heures environ, par l'eau tiède d'un second lavage précédent. On enlève ensuite la cheville fermant l'orifice d'évacuation, et la solution cuivrique est coulée sur filtres, puis passe dans une série de bassins de dépôt.

La liqueur forte, décantée, marque de 6 à 14° B. et contient de 0,8 à 1 % de cuivre.

2e lavage. — Il s'effectue en amenant, sur le minerai précédent, de l'eau acidulée chaude provenant des tours absorbantes, en quantité suffisante pour couvrir la masse à extraire.

La vérification des liqueurs consiste à plonger, dans la liqueur, une lame d'acier qui se recouvre de cuivre tant que la liqueur en contient en solution. On arrête quand cet essai ne donne plus aucun résultat.

Cette seconde liqueur, forcément assez diluée, est utilisée pour le lavage d'une nouvelle masse sortant du four.

Rendement des appareils. — Avec des réservoirs circulaires du type III, on peut traiter : 45 tonnes dans ceux de 6 mètres à 6 m. 50 de diamètre, et 60 tonnes dans ceux de 7 m. 50 à 8 mètres, la hauteur occupée atteint environ 8 centimètres. La durée de lessivage, dans chaque réservoir, varie entre 24 et 48 heures.

Facteurs influant sur le fonctionnement. — L'épaisseur de la masse est trop grande pour que la composition de la liqueur qui la baigne soit homogène, de sorte qu'il y a un classement par densité, et les liqueurs les plus riches en cuivre ayant tendance à gagner la partie inférieure, on doit donc s'efforcer d'y remédier dans la mesure du possible.

Les dimensions du réservoir exercent une influence sur le déplacement des sels par l'eau, et l'opération est plus facile à accomplir convenablement dans de petits modèles que dans des grands.

La manière dont on effectue l'opération a aussi son importance, et d'elle dépend la quantité de liquide à consommer. En effet, si la solution à évacuer se trouve sensiblement au-dessous de la surface avant que le lavage soit commencé, il se produit des fissures par lesquelles l'eau, ajoutée subséquemment, se glissera sans épuiser — d'où mauvais travail.

Il faut donc que, au moment précis où la liqueur forte est descendue au niveau de la masse, l'eau de lavage y accède doucement, sans se mélanger à cette liqueur ni déplacer le minerai, une couche horizontale, de plus en plus diluée, succédant ainsi à celle qui descend.

Afin de servir, comme il a été dit, pour les deux extractions successives, les liqueurs fortes sont coulées dans un, ou des, grands réservoirs en bois, et les eaux de lavage mises à part dans d'autres.

Les bassins, dont le minerai est épuisé, sont égouttés de façon complète, et le contenu évacué au moyen de grues mobiles, dans des récipients, ou wagonnets, qui les conduisent au lieu où elles sont affectées.

Bacs filtrants. — Ceux-ci sont en bois, sans revêtement en briques, et de forme circulaire, avec un diamètre de 7 m. 50 à 8 mètres, et 1 m. 50 environ de profondeur, ils sont disposés en cascades parallèles, dont chaque gradin est élevé de 2 m. 50 à 3 mètres au dessus du niveau de base, chacun contient 125 à 130 tonnes de matière.

La première couche du fond filtrant a de 5 à 10 centimètres, au-dessus on dispose des pièces de bois de 10×10 centimètres disposées parallèlement, à intervalles de 6 à 9 millimètres, qui, eux-mêmes, sont garnis de morceaux de coke. Au-dessus se trouve une couche d'anthracite, qui est enlevée à chaque opération et utilisée pour la calcination du résidu.

Au fond de chacun des réservoirs existent 4 ouvertures carrées, fermées pendant l'extraction par des tampons de bois, et par lesquelles la masse épuisée est pelletée dans des wagonnets situés immédiatement au-dessous. Deux voies équipées avec des câbles tracteurs permettent de les enlever.

Mode opératoire : 1ᵉʳ *Lavage*. — De même que dans la méthode précédemment exposée, il s'effectue avec le second lavage d'une opération antérieure titrant environ 1 % de cuivre. La liqueur obtenue qui renferme 2 1/2 à 3 % de cuivre, va dans les bassins de précipitation.

2ᵉ *Lavage*. — Il est réalisé avec le troisième lavage d'une opération précédente qui titrait environ 0,2 % de cuivre, et sort à 1 %.

3ᵉ *Lavage*. — Il a lieu avec de l'eau, ou l'acide étendu, et donne une liqueur à 0,2 %.

Afin d'éviter toute détérioration du bois, les bacs reçoivent d'abord l'eau, puis on y ajoute le minerai calciné chaud, qui atteint une hauteur de 1 m. 50 à 2 m. 50 du sommet.

Les manœuvres des liqueurs finales se font généralement au moyen d'air comprimé, ou par des injecteurs à vapeur.

Lessivage mécanique. — Un procédé ayant pour but de restreindre, de façon sensible, les dépenses de main-d'œuvre pour l'extraction des principes intéressants des résidus de pyrites, a été breveté en France par M. *Ch. Millberg*.

L'invention comporte :

1º Un procédé, méthodique et continu, de lixiviation des cendres de pyrites et matières analogues, consistant à fractionner la masse à lessiver en petites quantités, animées d'un mouvement continu entre leur point de chargement et leur point de déchargement automatique, le liquide de lixiviation étant amené de manière continue en un point intermédiaire voisin du point de déchargement, et circulant automatiquement en sens inverse du mouvement de la masse fractionnée, de manière à réaliser une extraction méthodique ;

2º Un appareil pour la réalisation du procédé constitué par un transporteur à chaîne sans fin, incliné, pourvu de godets, alimenté à sa base avec les cendres de pyrites ou analogues, et qui reçoit, dans sa région supérieure, le liquide de lixiviation, les godets se déchargeant automatiquement par renversement, au début de leur course de retour ;

3° Une forme de réalisation, dans laquelle les godets comportent un double fond avec fond supérieur perforé de manière à laisser le liquide de lixiviation traverser la masse de matière, contenue dans le godet au-dessus de ce fond perforé, ce liquide étant retenu jusqu'à un certain niveau au delà duquel il s'écoule dans le godet suivant ;

4° L'écoulement du liquide par trop plein, d'un godet dans le suivant, au moyen d'un tube recourbé, partant du double fond de chaque godet et s'élevant jusqu'au niveau supérieur de celui-ci, ce tube comportant, au sommet de son coude, une entrée d'air pour éviter le siphonnement.

La figure 317 est une vue schématique, en coupe verticale axiale, à travers l'appareil.

La figure 316 représente, à plus grande échelle, une vue en coupe axiale, à travers un des godets de la chaîne sans fin de transport.

Description. — L'appareil consiste en une chaîne sans fin inclinée a, à godets b, animée d'un mouvement très lent ; cette chaîne à godets reçoit, à sa partie inférieure, la matière à traiter, par exemple les cendres résultant du grillage des pyrites, dont se chargent automatiquement les godets b ; chacun étant constitué par une auge en bois, doublée de plomb avec armature appropriée ; ils comportent deux doubles fonds, b^1 b^2, dont le premier est perforé en b^1.

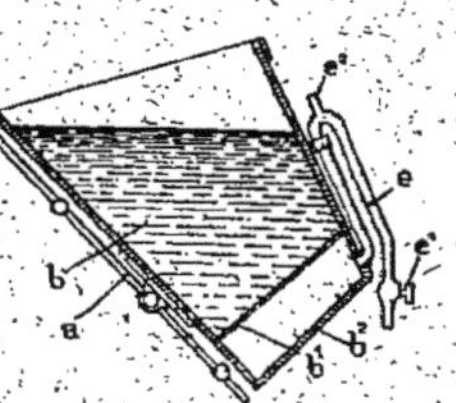

Fig. 316.

Alimentation. — Les cendres de pyrites sont amenées par un transporteur à vis d'Archimède o, à une trémie de distribution c^1, pourvue d'un obturateur c^2, dont l'ouverture est commandée par un système de leviers à contre-poids, c^3, actionné par un arbre à came c^4. La matière à traiter s'écoule ainsi régulièrement, à des intervalles déterminés, par quantités fractionnées, dans une trémie de chargement c^5, d'où elle tombe dans les godets b de la chaîne sans fin, au fur et à mesure de leur passage sous cette trémie.

Extraction. — Chaque godet, ainsi chargé en bas de course, s'élève et reçoit les eaux de lavage, amenées près de la partie extrême de la chaîne sans fin. De préférence on introduit l'eau de lavage, de manière continue, dans un godet situé à la partie supérieure, par d, tandis que le liquide de lixiviation proprement dit est déversé, sans interruption, à un niveau inférieur en d^1; on évite ainsi toute perte liquide lors du déchargement des godets. Les liqueurs de lixiviation imprègnent la masse con-

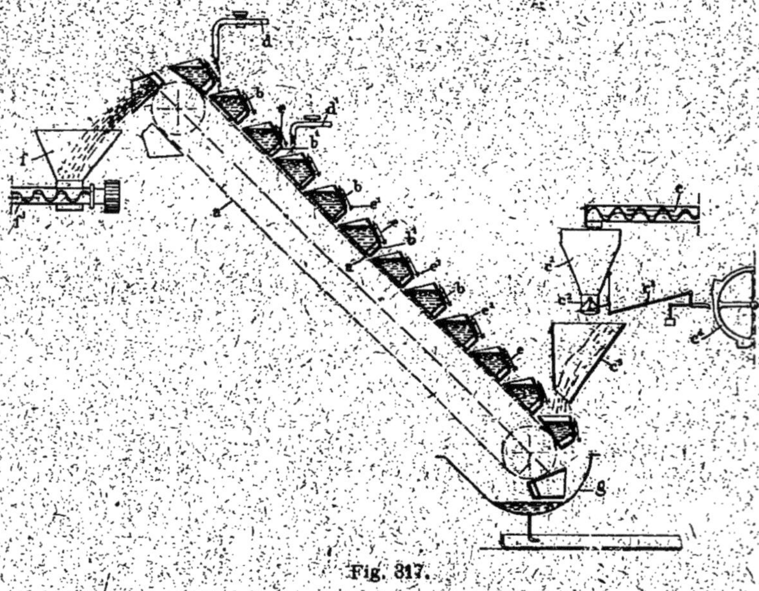

Fig. 317.

tenue dans le godet b, qu'elles traversent, et passent dans le double fond $b^1 b^2$; un tube de décantation part du double fond et se relève extérieurement au godet b, jusqu'au niveau du bord supérieur de ce godet, en maintenant le niveau des liqueurs de lixiviation à l'intérieur de celui-ci. Ce tube e, recourbé en forme de col de cygne, porte à sa partie inférieure un robinet e réglant l'écoulement. Une ouverture e^2, ménagée à la partie supérieure, empêche le tube de siphonner, sous l'influence de la pression atmosphérique, et de vider ainsi les godets au fur et à mesure de leur remplissage en liquide, au lieu de fonctionner par trop-plein.

La charge de chaque godet demeure ainsi en lessivage continu jusqu'à la partie supérieure de l'appareil, où elle est déversée, par renversement du godet au début de sa course de retour, dans une trémie f, avec transporteur à vis d'Archimède f^1 servant à l'évacuation des matières traitées après leur épuisement. Le temps de séjour de la matière, et la vitesse du mouvement de la chaîne à godets, sont calculés pour que la charge de chaque godet soit complètement traitée pendant son parcours ascendant, et que les matières déversées en f soient entièrement épuisées.

Les eaux de lavage, déversées en dd^1, et enrichies par leur passage successif à travers les différents godets bb à course ascendante, sont recueillies à la partie inférieure de l'appareil dans l'auge g.

Cet appareil présenterait les avantages suivants : grâce à la marche automatique et continue, il n'exige pas l'intervention de main-d'œuvre pour le chargement ni le déchargement de la matière, pour l'alimentation en liquide de lixiviation ; la matière au lieu d'être traitée par grandes masses, de manière intermittente, est soumise à la lixiviation par petites quantités fractionnées, ce qui assure un traitement plus homogène et plus complet.

3º PRÉCIPITATION DU CUIVRE

Les liqueurs obtenues, par l'une ou l'autre des méthodes exposées, peuvent avoir une richesse de 2 1/2 à 3 1/2 °/₀ de cuivre ; la précipitation de ce dernier est communément effectuée au moyen de fer (vieilles tôles, vieille fonte, mousse de fer), dans des récipients, ou dispositifs, qui varient avec les usines. Voici d'ailleurs quelques exemples.

1) On emploie des bassins à double paroi, du même type que celui décrit page 878, mais la grille en briques est remplacée par une en bois, dont les pièces constituantes reposent sur des supports disposés aux extrémités opposées du fond du bac.

Sur cette grille on dispose les déchets de fer ou de fer galvanisé.

La liqueur est ensuite introduite et le cément de cuivre se dépose à la surface du fer, mettant en liberté une quantité correspondante de ce métal, en pratique on évalue la consommation à 110 parties de tôle pour 100 parties de cuivre obtenu.

Une fois la précipitation terminée, la liqueur est évacuée, les tôles sont nettoyées à la main, et le cément de cuivre tombe, à travers la grille, dans l'espace situé au-dessous, il contient sensiblement 80 % de cuivre.

II. Un autre genre se rapproche de celui décrit page 879, les bacs employés sont en bois, circulaires avec un diamètre de 6 m. 50 à 7 mètres, et une profondeur de 1 m. 50 à 1 m. 60, mais sans grille dans le fond.

Dans cette méthode c'est la tôle qui change de place.

Comme précédemment, on l'ajoute dans le bac à la solution cuivreuse agitée périodiquement à l'air comprimé, puis les déchets de fer sont enlevés et remués de façon à faire tomber le cément qui les recouvre. Une fois la solution épuisée, on la fait passer au filtre, et on remet de la liqueur nouvelle.

On pratique ainsi jusqu'au moment où le cément atteint une hauteur de 45 à 50 centimètres, on enlève alors les déchets de fer que l'on transfère dans un réservoir sis à côté.

Le cément est enlevé à son tour et jeté sur un tamis à mailles de 6 millimètres (environ), qui le laissera passer en ne retenant que les déchets de fer ayant une certaine dimension, ceux-ci sont ajoutés à une opération subséquente. La boue cuivreuse contenant 85 % est traitée au four à réverbère d'où elle sort à 98 %.

III. *Méthode à la vapeur.* — On opère dans des réservoirs circulaires en bois, la liqueur est échauffée au moyen de vapeur mais il n'y a pas d'agitation. La durée de traitement, dans des bacs de 3 m. 75 à 4 mètres de diamètre et 1 m. 35 à 4 m. 50 de profondeur, est de 12 à 14 heures. Quant au cément on le traite comme il a été dit précédemment.

La méthode appliquée le plus généralement en France rentre dans cette dernière catégorie et un rapport de M. *Kienlein* (*Moniteur Quesneville*, 1900) résumait ainsi le procédé étudié et mis à point à l'Usine de L'*Estaque* près Marseille :

Cémentation des liqueurs cuivreuses. — Les bacs servant à la cémentation sont en bois, chevillés et calfatés pour éviter les pertes, pourvus d'un orifice d'écoulement et d'un barboteur de vapeur.

Ils sont chargés de ferrailles aussi propres et exemptes de rouille que possible, puis remplis de liqueur cuivreuse ; en même temps on y injecte de la vapeur, afin d'aider, par l'élévation de la température, la précipitation du cuivre ; cette opération dure généralement de 8 à 10 heures.

Avant d'évacuer les eaux résiduelles, on s'assure de leur complet épuisement, à l'aide d'une lame de fer ou de zinc décapée, puis, après vidange, le bac reçoit de nouvelles eaux cuivreuses. Pour réduire les pertes au minimum, les liqueurs résiduelles traversent encore, avant d'être rejetées, un labyrinthe chargé de même ferraille, où se dépose le cuivre échappé aux bacs de cémentation ; elles accusent alors une teneur moyenne inférieure à 50 grammes de cuivre par mètre cube.

Au bout d'un certain nombre d'opérations, le cément s'amasse au fond des bacs ; on en retire alors l'excès de ferraille, puis la boue de cément mêlée de parcelles de fer.

Cette boue est portée sur une table de lavage, en tôle de cuivre percée de trous de quelques millimètres, reposant sur un réservoir maçonné pourvu de chicanes, afin d'arrêter les parcelles de cuivre entraînées mécaniquement. La boue de cément est lavée sur cette table à l'aide d'un jet d'eau puissant ; les menues poussières de cuivre passent à travers les orifices et les agglomérats de cuivre restent au-dessus, mélangées des débris de fer que l'on retire à la main, après quoi le cément est rejeté vers les tables de dessication. On en fait de même du cément plus fin, mais moins pur, qui a traversé la tôle.

La dessication s'opère à l'air libre ; le 1er de ces céments contient généralement de 80 à 85 % de Cu à l'état sec ; le 2e de 75 à 78 %, mais un second lavage et un turbinage à l'eau chaude améliorent beaucoup cette teneur.

La dépense de ferraille est assez variable, mais, en moyenne, sensiblement égale au poids du cément produit.

Indépendamment du fer et du cuivre, les pyrites contiennent

souvent d'autres métaux, dont l'extraction, après chloruration, peut être une source de profits. Au premier rang de ceux-ci sont l'argent et l'or.

Extraction de l'argent à l'état de sulfure. — M. *Gibb* a remarqué que, lorsqu'une solution contenant du cuivre et de l'argent est soumise à un courant d'hydrogène sulfuré, l'argent précipite d'abord avec une partie du cuivre. Il produit donc son H^2S par un des moyens connus (action de HCl sur du sulfure de fer, des marcs de soude, etc.), et le gaz, aspiré par une pompe, est refoulé dans les liqueurs les plus riches provenant du premier lavage, jusqu'à ce que 6 % du cuivre soit précipité. D'après les observations signalées par l'inventeur, un cément de cuivre qui, non traité à cette méthode, renferme 0,5 à 0,6 d'argent au kilogramme, n'en contient que 0,06 à 0,12 si la liqueur cuivreuse a été soumise à ce traitement.

La liqueur surnageante est évacuée dans les bassins de cémentation, tandis que celle contenant les sulfures va dans les bacs de dépôt, quant à ce dernier, après lavage par décantation, il est passé au filtre-presse puis grillé. Après grillage, l'argent se trouve à l'état de chlorure, le cuivre à l'état de sulfate, de chlorure et d'oxychlorure, on lave le résidu à l'eau sur filtre pour enlever le sulfate de cuivre, qui va à la cémentation, puis on épuise méthodiquement par le sel marin chaud en dissolution qui enlève presque totalement l'argent, tandis que l'insoluble est soumis aux traitements métallurgiques d'extraction du cuivre par fusion.

La liqueur contenant l'argent est traitée par un lait de chaux, qui précipite tous les métaux, le précipité lavé soumis à l'acide sulfurique dilué abandonne une grosse partie du cuivre, le résidu, dans lequel s'accumule l'argent, subit ensuite les traitements propres à cette métallurgie spéciale.

Méthode à l'iodure. — Dans cette méthode, les liqueurs du premier lavage, qui contiennent les 95 centièmes de l'argent, sont envoyées dans des bacs de dépôt pendant 24 à 36 heures, puis titrées.

Dosage. — A un volume déterminé on ajoute de l'acide chlorhydrique, de l'acétate de plomb et de l'iodure de potassium. Le précipité est lavé, séché, puis coupellé, le poids d'argent obtenu permet de déterminer la proportion d'iodure à employer.

Extraction. — Dans le procédé *Claudet* on précipite avec une solution d'iodure de zinc et de potassium, de concentration telle qu'elle représente 10 $^o/_o$ du volume de la liqueur de lessivage. L'addition a lieu tandis que la masse est maintenue en agitation continuelle au moyen d'un injecteur, puisant les couches du fond, pour les rejeter à la surface. On laisse ensuite déposer 36 heures les iodures métalliques précipités, et la solution cuivreuse désargentée est décantée, puis jointe aux eaux du deuxième lavage du minerai.

Comme la présence du chlorure de cuivre empêche la précipitation totale de l'iodure d'argent, on a étudié diverses modifications spéciales réduisant le plus possible la formation de ce composé.

Dans certains procédés, on a préconisé l'addition de substances facilitant le dépôt en provoquant une sorte de collage, comme dans les vins (gélatine, tannin, etc.). Lorsque le dépôt des iodures atteint une hauteur suffisante, on le transvase dans une cuve en bois où, par lavage à l'eau chaude, on élimine les sels solubles.

Un traitement par HCl étendu, et un excès de zinc, à chaud, permet de reformer l'iodure de zinc qui reste en solution. Les chlorures d'argent, plomb, avec du cuivre constituent un dépôt qui, lavé, renferme 5 à 10 $^o/_o$ d'argent, tandis que la solution d'iodure de zinc additionnée d'iodure de potassium est prête pour les opérations ultérieures.

Extraction de l'or des résidus de pyrites. — M. *Sorel* a appelé l'attention sur la récupération, par chloruration, de l'or de la pyrite aurifère contenue dans les tailings. Il a proposé un débourbage mécanique préalable destiné à séparer la pyrite de la gangue. Les « concentrats » ainsi obtenus seraient soumis au grillage, puis les résidus de pyrites, humectées d'eau, exposés à l'action d'un courant de chlore. Dans ces conditions il se formerait une dissolution de chlorure d'or $AuCl^3$, d'où le métal pourrait être précipité par addition de sulfate ferreux (*Holleman*).

Dans le cas où l'or se trouve à l'état de division extrême, il serait nécessaire de l'extraire au moyen d'une solution de cyanure de potassium, d'où l'or est récupérable à l'état métallique, soit par précipitation par le zinc, soit par précipitation électrolytique sur des barres de plomb destinées à passer ensuite au four de coupellation.

Frais d'établissement d'une installation de lessivage

En se basant sur les prix de 1917-1918, un aménagement complet, inclus dispositif d'agglomération, comptant sur 300 à 400 tonnes par jour revient environ à 2 500 dollars par tonne de résidus grillés se répartissant comme suit, d'après MM. *Wells* et *Fogg* (*The manufacture of sulphuric acid in the United States*, p. 206).

Dépôts, enlèvement, tamisage, mélanges, tractions et manutentions diverses..	400 dollars
Grillage..	1 150 »
Lessivage...	400 »
Précipitation (sur teneur supposée à 2,5 % de cuivre)	200 »
Four, agglomération des résidus lavés........................	350 »
Total par tonne de résidu..........................	2 500 »

Il faut cependant remarquer qu'en opérant sur une échelle plus petite, le coût par tonne-24 heures, est notablement plus élevé, il se chiffre par 3 200 dollars.

Quand on cherche à produire des nodules au lieu d'agglomérés, le coût de l'aménagement complet est de 600 dollars environ par long ton (1 016 k.) de résidus traités en 24 heures, aussi une installation de ce genre n'est-elle économique que pour une production minimum de 125 long tonnes, (127 tonnes métriques) de résidus par jour.

Prix de revient. — Si on envisageait une installation plus importante (250 à 500 petites tonnes, soit 227 à 454 tonnes métriques), les prix, dans les mêmes conditions que précédemment (1917-1918) seraient, par petite tonne (907 k. 18).

Traitement (prix par petite tonne de résidu
   traité sans nodulisation ou agglomération)...   5   à 8,90 dollars
Agglomération par fusion (par petite tonne de
   résidu aggloméré) ....   1,80 à 3,60 »
Nodulisation (par petite tonne granulée)............   1,40 à 1,85 »

Ces prix comprennent tous les frais de travail, d'entretien, de réparation, amortissement, frais généraux et d'administration, de transport, de vente, etc.

II. — RÉSIDUS DES CANAUX ET CHAMBRES A POUSSIÈRE

La qualité ainsi que la quantité de ces résidus sont essentiellement variables avec :

A) Nature des pyrites employées.

B) Genre de fours (à bras, mécaniques).

C) Mode de tirage (naturel ou par ventilateur).

Nature. — Les pyrites sont, comme nous l'avons vu plus haut, très différentes selon leur état physique et leur composition chimique, certaines qualités se délitent plus facilement que d'autres et donnent naissance à une proportion variable de poussières qui plus ou moins ténues se déposent dans les carneaux ou les dispositifs de condensation électrique.

Fours. — A qualité égale, il y a de grosses différences selon qu'on travaille avec des fours à bras ou des fours mécaniques. Dans ceux-ci, et selon leur agencement, le renouvellement incessant de surface, par les dents de râteaux, la chute des pyrites d'un étage à l'autre en sens inverse du courant de gaz, provoquent naturellement un entraînement de poussières beaucoup plus considérable.

Tirage. — Enfin l'aspiration, par un ou deux ventilateurs contribue également à augmenter la proportion des dépôts dans les carneaux, les chambres à poussières, les tours, et même les chambres de plomb.

Ayant indiqué précédemment la composition générale de ces produits, nous n'y reviendrons pas.

Parmi les composés sublimables ou entraînables contenus, nous appellerons plus particulièrement l'attention sur ceux d'arsenic et de thallium.

Récupération de l'arsenic. — Elle a lieu par grillage et sublimation, dans des fours où les fumées arsenicales produites dirigées à travers de longs conduits, se condensent dans des chambres spacieuses, munies à la partie inférieure, de trémies par lesquelles on peut recevoir l'arsenic brut.

Ce dernier est soumis à une seconde, et une troisième sublimation, si nécessaire.

Cette opération a lieu dans un four à réverbère, ou un four à moufle, également suivi des chambres de condensation. Quant aux particules difficiles à condenser, on leur fait suivre des canalisations où une nouvelle fraction se dépose, tandis que le gaz, avec les poussières en suspension, vont à la cheminée.

Ces fractions sont reprises dans un traitement ultérieur, selon leur état de pureté.

L'arsenic broyé, puis tamisé, est expédié dans des fûts généralement garnis de toile ou dans des cylindres de tôle, contenus eux-mêmes dans des tonneaux.

Récupération du thalium. — Nous indiquerons un peu plus loin les procédés employés.

Métaux divers. — Selon la nature et la proportion des métaux contenus, on joint les poussières aux minerais auxquels on applique les méthodes métallurgiques habituelles.

III et IV. — SOUS-PRODUITS RETIRÉS D'APPAREILS DIVERS ET DES BOUES DES CHAMBRES DE PLOMB

Les boues des chambres et les poussières renferment à côté du sulfate de plomb qui, après lavage, est calciné au four avec de la chaux, des composés intéressants tels que le sélénium et le thallium.

Obtention du sélénium. — Le sélénium contenu dans la pyrite se dépose dans l'acide des chambres, quand il n'est pas nitreux, sous forme d'une poudre donnant au sulfate de plomb une teinte rougeâtre.

Nombreuses ont été les méthodes préconisées pour l'extraire de ces boues.

Procédé Hollmann ([1]). — Le sulfate séparé de l'acide est chauffé avec l'acide nitrique qui transforme le sélénium en acide sélénique H_2SeO_4 : la solution obtenue est traitée à l'acide chlorhydrique, qui provoque un dégagement de chlore, avec formation d'acide sélénieux. Par réduction à l'anhydride sulfureux le sélénium se sépare en flocons rouges.

Procédé Otto ([2]). — Les boues lavées sont oxydées par l'eau régale, on additionne ensuite d'acide sulfurique, dont on élimine l'excès par la chaleur.

La masse épuisée par l'eau est additionnée de sulfate d'ammoniaque par quantités successives. Après un premier dépôt de sélénium impur, le second est très propre.

Le premier, repris par l'acide azotique, est évaporé à sec, neutralisé avec la soude, et fondu avec du nitrate de soude.

On reprend par HCl en chauffant, et, dans la liqueur séparée, on fait passer SO_2 qui précipite le sélénium.

Procédé Liebe ([3]). — Il traite également par l'eau régale, puis l'acide sulfurique, l'excès d'acide est saturé par la soude, et le résidu chauffé avec du sel ammoniac.

La masse reprise par l'eau laisse le sélénium à l'état insoluble.

Procédé Shahl. (*Chemiker Zeitung*, 1926, p. 280). — Les boues sont chauffées avec de l'oleum jusqu'à décoloration. Après refroidissement, on dilue avec SO_4H_2 étendu ; la liqueur séparée du dépôt et traitée par SO_2 pour précipiter le sélénium que l'on filtre et lave à l'eau.

Procédé Nelson. — Il consiste à laver les boues, et à les traiter au bain-marie par une solution chaude, et concentrée, de cyanure de potassium afin de dissoudre le sélénium, ce qui se constate par la disparition de leur couleur rougeâtre.

Après séparation du liquide, on y ajoute de l'acide chlorhydrique qui précipite le sélénium en flocons rouge cerise. Pour le

---

([1]) *Traité de chimie inorganique*, traduit du hollandais, par Rande Gleisler, éditeur (1912).

([2]) *Lehrbuch der chemie*, t. 1, p. 633.

([3]) Wagner, *Jahresberichte*, 1860, p. 178.

purifier, on le dissout dans l'acide azotique, puis on réduit par l'acide sulfureux.

Procédé Böttger ([1]). — Les boues lavées sont traitées par une solution concentrée de sulfite neutre de soude qui dissout le sélénium. Une addition ultérieure d'acide muriatique en provoque la séparation.

Dans ces dernières années on a utilisé, comme source d'extraction intéressante, les boues récoltées dans les caisses en Volvic disposées entre les fours, où le sel marin est traité par l'acide sulfurique, et les batteries de condensation de HCl.

La méthode employée est celle de dissolution et reprécipitation indiquée plus haut.

Rappelons que ce métalloïde a trouvé diverses applications intéressantes, notamment en verrerie pour donner une teinte rose spéciale. Dans la photographie à distance, on utilise la singulière propriété qu'il possède d'être d'autant plus conducteur qu'il est plus éclairé.

Sa densité est 4,26 à 4,8 il fond à 400° et bout à 700. Par traitement à 150-200° C. on obtient sa modification gris métallique non hexagonale, densité 4,80, point de fusion 220° c.

Extraction du thallium. — On l'extrait, soit des poussières récoltées dans les canaux de communication, ou les chambres, qui suivent les fours, soit des boues des chambres de plomb. La proportion contenue varie de façon très sensible avec la nature du minerai, les dispositifs de grillage, et le mode de condensation.

Dans les poussières des carneaux il existe, à côté de nombreux produits (pyrite entraînée, matières siliceuses, sels de fer, d'arsenic, et tous autres éléments métalliques, ou métalloïdiques, renfermés dans la pyrite employée : plomb, fer, argent, cuivre, zinc, antimoine, magnésie, chaux).

Le principe d'extraction consiste à utiliser la solubilité du sulfate de thallium et l'insolubilité du chlorure.

Le sulfate basique est insoluble, mais traité par l'acide sulfureux il devient soluble. Après extractions successives, le liquide est

---

([1]) *Dinglers Journal*, CLXXVI, p. 405.

additionné d'HCl, ou de sel marin, qui précipite du chlorure de thallium.

Pour l'épuration, on peut traiter d'abord la solution par H^2S afin d'éliminer l'arsenic à l'état de sulfure, et, après séparation, précipiter le chlorure de thallium comme il vient d'être dit.

Le chlorure impur est redissout et reprécipité. On le réduit, par digestion avec des feuilles de zinc, qui provoquent le dépôt de thallium métallique, ce dernier est fondu et coulé.

On peut aussi réduire par fusion avec du carbonate de soude et du charbon.

M. *Krause* a proposé de substituer, à l'acide sulfurique concentré, l'emploi de sulfate de soude dilué (3 à 6° B.).

Lorsqu'on part des boues des chambres de plomb, on utilise une méthode analogue : dissolution sulfurique et précipitation à l'état de chlorure, toutefois, comme cette dernière n'est pas complète, ce qui oblige à des opérations ultérieures, on préfère souvent traiter par l'iodure de potassium, ou de sodium, qui détermine la formation d'iodure de thallium insoluble. En raison du prix élevé des composés iodés, il est plus économique de ne traiter par l'iodure que les eaux mères séparées du chlorure de thallium.

L'iodure de thallium, décomposé par le sulfure de sodium, régénère l'iodure de sodium, et donne du sulfure de thallium qui, réuni au chlorure, peut être réduit par le zinc ou par voie électrolytique.

Le thallium a un poids atomique très élevé (204). Il sert dans la préparation des verres optiques, ainsi que du cristal, et donne des produits encore plus réfringents que ceux à base de plomb. Il fond à 288-290° et s'oxyde très rapidement à l'air.

STATISTIQUES GÉNÉRALES DE PRODUCTION

France. — En 1913 la France produisait 1 200 000 à 1 300 000 kilogrammes d'acide sulfurique par an, dont 5 %, soit environ 60 000 tonnes, étaient convertis à 66°, de plus elle importait de petites quantités.

Production....... 1 200 000 à 1 300 000
Importation....... 10 000 (Belgique, Allemagne, Hollande)
Exportation...... 4 150 (Belgique, Allemagne, Suisse,
Colonies françaises).
Consommation ... 1 235 850

Pendant la guerre, de nombreuses usines (La Madeleine, Loos, Wasquehal, Roubaix, Trith Saint-Léger, Hautmont, Auby, Aniches, Arties, Chauny) étant envahies, il fallut songer à produire ailleurs l'acide sulfurique nécessaire à nos besoins.

On y parvint, en intensifiant la production dans les usines existantes, et en créant d'importants centres nouveaux de production dans les régions de Port-de-Bouc, Saint-Chamas, Miramas, Saint-Martin de Crau, Saint-Fons, La Pallice. A un moment donné la production atteignit 1 800 000 tonnes par an.

La puissance de production de la France en 1918 se décomposait comme suit

Acide 53°... 3 000
Acide 66°... 800
Oleum 300

Actuellement avec nos 87 usines notre capacité de production peut être évaluée à 2 000 000 de tonnes, dont 2/3 élaborées par les Sociétés de *Saint-Gobain* et *Kuhlmann*, la production de 1924 peut être chiffrée à 1 500 000, et celle de 1925 à 1 610 000 tonnes (à la conférence économique internationale de Genève, en mai 1927, le Dr *Ungewitter* l'a estimée à 1 840 000 tonnes d'acide à 50° B ([1])).

Italie. — Sa puissance de production augmente rapidement comme le fait ressortir le tableau ci-après, exprimé en quintaux d'acide sulfurique monohydraté

Année	Italie		Autres pays	
	Production MH	%	Production	%
1924	4 500 000	6,3	68 000 000	93,7
1925	7 500 000	7,5	92 000 000	92,5
1927	8 500 000			

([1]) D'après une autre estimation de M. *Lucas* (*Industrie chimique* Décembre 1927) la production de 1927 n'atteindrait guère que 1 535 000 tonnes.

les proportions relatives sont 91 °/₀ en acide 50/52 B. et 9 °/₀ oleum.

Russie. — A titre documentaire, nous citerons la variation de la production russe (d'après l'*Economitcheskoïe Obozrenie*). Cette fabrication est en train de reprendre une marche ascendante.

Production en milliers de pouds (de 16 kg. 300)

	1913	1914	1915	1916	1917	1918	1919	1920	1921
Acide sulfurique en monohydrate...	4 909,2	5 030,7	5 291.5	6 106,5	4 861,6	1 200,8	1 417	906,1	1 123
Oleum en mono-hydrate...		988,6	1 153,4	1 474,1	2 069,9	911,4	43	0	153,9

Angleterre. — Voici deux tableaux statistiques reproduits de l'*Industrie chimique*, novembre 1924, p. 513.

	1913	1921	1922	1923
Acide fabriqué (H_2SO_4 70 %) (ton.)	1 500 000	985 000	1 225 000	1 272 000
% de la puissance de production.	85 %	48 %	62 %	63 %
Matières premières employées :				
1° Pyrites .... (tonnes)	800 000	358 000	365 000	350 000
2° Masses résiduaires. »	110 000	129 000	157 000	148 000
3° Soufre	3 000	8 000	45 000	66 000

La tendance générale, en ce qui concerne les matières premières grillées, change d'orientation, fait qu'illustre le tableau ci-dessous :

Année	Acide y compris oléum	Pyrites importées %	Pyrites d'origine nationale %	Masses d'épuration %	Soufre %	Minerais de Zn %
1914......	1 082 000	88,5	0,45	10,6	0,3	0,15
1917......	1 382 000	79,9	0,7	11,0	8,1	0,30
1918......	1 130 000	79,4	1,6	11,2	7,4	0,40
1919......	883 000	80,3	0,8	15,9	1,8	1,2
1920......	1 053 000	80,4	0,9	16,7	1,2	0,8
1921......	560 000	71,0	1	24,0	3,6	0,4
1922......	817 600	61,8	1,1	25,5	9,6	2,0
1923......	873 000	51,1	1,1	23,2	21,5	3,1
1924......	485 000	53,0	1,2	21,0	22,1	2,7
1925......	848 000	45		23,8	24	5,6

Allemagne. — Voici d'après (*W. J. Muller* (*Zeitsch. j. angew. Chemie* 1926 p. 1101) certaines indications sur les matières premières employées et l'acide produit.

	1921	1922
Nombre d'Usines..........................	68	67
Matière première en 1 000 tonnes :		
Pyrites.................................	700	799
Blendes................................	73	82
Autres minerais........................	95	83
Autres matières sulfurées..............	25	58
Production en 1 000 tonnes :		
Acides sulfuriques monohydraté........	862	1 040

elle produirait donc 70 % de la quantité d'avant guerre (1 700 000 tonnes).

Etats-Unis. — Le développement prodigieux de l'industrie américaine, la hardiesse de ses méthodes techniques et les efforts d'expansion commerciale de ses fabricants incitent à chercher dans les statistiques de ce pays des renseignements, et surtout des enseignements économiques, c'est pourquoi nous allons reproduire ci-dessous un certain nombre de tableaux qui reflètent cette activité.

Développement de la production de l'acide sulfurique aux Etats-Unis
1865 - 1890

Années	Production d'acide 50° B (tonnes)
1865	60 000
1870	105 000
1875	150 000
1880	425 000
1885	600 000
1890	765 000

Quantité et valeur de l'acide sulfurique produit aux États-Unis
de 1911 à 1918

Années	Production totale d'acide à 50° B (a)	Valeur totale
1911.................	2 700 000	$ 17 369 872
1912.................	2 950 000	18 338 019
1913.................	3 575 000	22 684 526
1914.................	3 800 000	24 479 927
1915.................	4 170 000	32 657 059
1916.................	6 300 000	73 514 126
1917.................	7 200 000	87 540 181
1918.................	(b) 7 450 000	non déterminée

(a) Ces chiffres ne sont pas mathématiquement exacts, la force de l'acide n'étant pas absolument certaine pour de petites quantités.
(b) Rapport Industrie de la guerre.

D'après le Dr *Ungewitter* (Conférence économique internationale de Genève mai 1927) la production des États-Unis à doublé entre 1913 et 1925. Les chiffres de *sir Balfour* diffèrent cependant des siens dans une certaine mesure.

Voici maintenant comment se répartit, aux États-Unis, l'acide produit avec les différentes matières premières, évaluation faite en acide 50° B. (*The manufacture of sulphurique acide en U. S., Wells and Fogg*).

Matières premières	1914		1917		1918	
	Tonnes acide 50° B	% du total	Tonnes acide 50° B	% du total	Tonnes acide 50° B	% du total
Soufre.............	100 000	2,6	2 350 000	32,6	3 580 000	48,0
Pyrites espagnoles...	1 900 000	50,0	1 650 000	22,9	570 000	7,6
Pyrites indigènes... } Pyrites du charbon. {	600 000	15,8	850 000	11 8	950 000	12,7
Pyrrotite........... Pyrites canadiennes	300 000	7,9	500 000	6,9	550 000	7,5
Minerais sulfurés de zinc..............	500 000	13,2	1 300 000	18,1	1 200 000	16,1
Gaz métallurgiques divers.............	400 000	10,5	550 000	7,7	600 000	8,1
Totaux...........	3 800 000	100,0	7 200 000	100,0	7 450 000	100,0

Ces tableaux montrent d'une façon nette l'influence de la guerre, au point de vue de la production totale, et de l'utilisation de matières premières.

L'importation étrangère a, comme on le voit, diminué notablement (pyrites espagnoles 7,6 au lieu de 50 $^0/_0$), tandis que les pyrites canadiennes, plus voisines, sont restées sensiblement au même chiffre.

La production indigène a littéralement bondi, pour le soufre, (48 $^0/_0$ au lieu de 2,6) et l'extraction des minerais sulfurés métalliques a augmenté en quantité (950 000 au lieu de 600 000) quoique un peu diminué comme pourcentage total.

D'après des statistiques encore plus récentes voici la provenance des matières premières américaines

	SO^4H^2 en tonnes à 50° B	%	1925
Soufre	4 270 000	52,08	4 800 000
Pyrites indigènes. . .	1 150 000	14	475 000
Minerais de zinc. . . .	900 000	10,97	} 1 125 000
» de cuivre. .	800 000	9,77	
Pyrites espagnoles. .	600 000	7,32	} 600 000
» canadiennes.	480 000	5,85	
	8 200 000		7 000 000

L'acide provenant du grillage des minerais sulfurés de zinc et de cuivre représentait 24 $^0/_0$ dans la période 1911-1916, et n'a pas varié de façon très importante.

En 1918 la quantité d'acide (localisée en 100 $^0/_0$) employée pour les explosifs militaires avait été de 1 646 000 tonnes, et la répartition entre les deux procédés de 28,8 $^0/_0$ par contact et 71,2 $^0/_0$ par les chambres.

Pour 100 kilogrammes d'acide 66, 41,6 $^0/_0$ provenaient de concentration d'acide des chambres et 58,4 $^0/_0$ d'acide par contact.

Distribution de l'acide sulfurique dans les diverses industries

Industries	Acid employé, tonnes par mois en SO^4H^2 100 %	Tonnes par an, exprimées en acide 50° B	Pourcentage total de l'acide employé	Tonnes par an, exprimées en acide 50° B	Pourcentage total de l'acide employé
1. Explosifs (militaires et civils)...............	140 000	2 700 000	36,0	125 000	2,0
2. Engrais	111 000	2 130 000	28,4	2 660 000	44,6
3. Raffineries d'huile ...	35 000	671 000	8,8	1 100 000	18,3
4. Produits chimiques et sulfate d'ammonium..	38 500	740 000	9,9	740 000	12,6
5. Décapage et galvanisation................	36 500	700 000	9,3	700 000	11,7
6. Industries textiles, etc	5 200	100 000	1,3	100 000	1,8
7. Peintures, lithopone, colle, etc.............	5 300	104 000	1,4	130 000	2,0
8. Métallurgie	15 200	292 000	3,9	365 000	6,0
9 Divers..............	3 800	73 000	1,0	80 000	1,3
Total	390 500	7 510 000	100,0	6 000 000	100,0

Production mondiale. — Les documents les plus récents publiés à ce sujet l'ont été dans une série de remarquables articles de M. H. *Braidy* dans l'*Industrie chimique* et nous en extrayons les chiffres ci-après.

Récapitulation. — Elle est exprimée en milliers de tonnes pour les pays suivants, et la quantité d'acide 66 est indiquée entre parenthèses.

	Avant-guerre 1912 1913		Après-guerre 1922-1923		1925
	Acide de chambre 53° B	Acide de contact à 20 % SO^3	Acide de chambre 53° B	Acide de contact à 20 % SO^3	Tonnes acide sulfurique
Etats-Unis...	3 400 (800)	64	5 400 (1 800)	200	7 000 000
Allemagne...	1 250	400	800	?	
Angleterre...	1 600	?	800	45	848 000
France.......	1 200 (40)	6	1 500 (100)	50	1 610 000
Italie........	600		700	100 en 1918	
Autriche....	440				
Belgique.....	350				
Russie.......	180	45			
Japon........	80				

Parmi les autres nations nous citerons :

Belgique 1925....................	740 000	Tonnes acide 50° B
Espagne 1925....................	850 000	»	»
Pologne 1926....................	250 000	»	»
Suède 1925....................	184 000	»	»
Canada 1925....................	83 396	»	acide 66° B
» 1926....................	108 230	»	»	»
Roumanie 1925....................	184 000	»	»
Japon 1925....................		»	»

Au Congrès de mai 1927 le Dr *Ungewitter* estimait a que la production mondiale d'acide 50° B qui, en 1913 était de 11 545 000 tonnes est passée en 1925 à 14 580 000 tonnes.

Débouchés de l'acide sulfurique

Quand on considère l'importance du rôle actuel de l'acide sulfurique, on se demande comment il a été possible de s'en passer pendant tant de siècles. On peut avoir une idée des immenses services qu'il a rendus, et rend, en consultant la liste toujours grandissante de produits obtenus grace à lui, et qui sont devenus indispensables à la vie courante de tous les peuples civilisés.

Nous avons cité précédemment des statistiques concernant sa production, voici maintenant les applications principales que cet acide trouve dans les différents domaines de l'industrie.

Acide sulfurique ordinaire. — Sous cette dénomination nous comprenons les acides de production directe, obtenus jusqu'en 1898 par le procédé des chambres de plomb, et marquaant de 50 à 60° Baumé.

En faisaient usage les fabrications de :

Superphosphates ;

Acide nitrique :

Sulfates de fer, cuivre, zinc, ammoniaque, alumine, etc...

Engrais animalisés ;

Acides organiques divers (citrique, tartrique, acétique, oxalique) ;

Teinture laine et soie.

Sulforicinates ;

Préparation d'acides purs pour les industries d'alimentation, les accumulateurs, les produits purs, etc.

Acide muriatique et sulfate de soude ;

Dérivés sulfatés d'alcaloïdes et produits organiques divers.

Décapage des tôles. Appareils de soudure autogène et divers.

Acide 66° et oléum. — Ils s'adressent aux :

Raffinage des hydrocarbures ;

Raffinage des huiles végétales ;

Nitro-glycérine et dérivés ;

Nitro-cellulose et dérivés ;

Produits sulfonés servant pour les matières colorantes ;

Fabrication de l'anhydride acétique ;

Produits organiques divers (éther, alcools, papier, parchemin, soie artificielle, celluloïd, etc, etc.).

L'agriculture occupe le premier rang des débouchés de l'acide, les superphosphates si nécessaires aux plantes consomment pour l'instant selon les pays 45 à 75 % de l'acide produit, il faut y ajouter celui nécessaire à la fabrication des sulfates d'ammoniaque, sulfate de cuivre, sulfate de fer, etc., on voit combien les autres emplois sont restreints en comparaison.

Le tableau page 901, concernant les États-Unis montre d'ailleurs l'importance comparative des divers débouchés.

Un autre emploi agricole, qui pourrait représenter dans l'avenir une consommation considérable, serait son utilisation directe à la surface du sol.

En Amérique, l'*Agricultural Experiment Station de l'University of California* a fait des essais d'arrosage d'acide sulfurique 66, non dilué, dans des sols alcalins, et obtenu des résultats intéressants avec 2 1/2 à 7 1/2 % d'acide sulfurique par acre (40 ares).

Sous son influence, on aurait observé une carbonisation de certaines matières organiques, facilitant l'action ultérieure des bactéries, en même temps qu'une extraction des colloïdes rendant le sol plus perméable aux gaz, et améliorant leur circulation et l'humidification.

La destruction des mauvaises herbes a, en effet, une grosse importance et le préjudice qu'elles causent est évalué, par les auteurs les plus qualifiés, en moyenne à 1 milliard par an pour la France. Elles appauvrissent le sol en lui enlevant des principes fertilisants et l'assèchent.

On trouve dans « le *Phosphate* et les *engrais chimiques* (nᵒˢ 1335 et 1405) », une intéressante étude à ce sujet, avec le tableau des prix de revient par hectare, en traitant le sol par divers produits provoquant la destruction des graines parasites.

Produits	Dose par hectare	Prix compté % kg	Prix par hectare	Dépense globale inclus port et frais d'épandage
Acide sulfurique 53°.....	150 litres	15,5	37	106
» » 60°.....	120 »	17,5	36	102
» » 66°.....	100 »	26,5	49	114
Sulfate de cuivre........	50 kg.	130	65	118
Sulfate de fer	400 »	40	160	210
Sylvinite	800 »	11	88	158
Cyanamide..............	150 »	63	95	133

Comme on le voit, l'emploi de l'acide 60° B. est le moins coûteux, il est ramené à une teneur correspondant à 100 litres acide 66 à l'hectare dilué au 1/10, M. *Chauzit*, à la suite d'expériences faites en février-mars 1924, estime que la richesse en acide sulfurique peut même être triplée.

Cette méthode, préconisée par l'Inspecteur général d'agriculture M. *Rabaté*, a donné des résultats excellents en Bretagne et sur de nombreux points du réseau d'Orléans. L'opération a lieu en février pour les blés, mais on peut traiter les céréales au printemps.

Il est reconnu que les sulfates sont moins toxiques que les chlorures. Le SO_4Cu a servi pour neutraliser les sols ayant un excès de carbonate de soude (black alcali), mais les résultats sont beaucoup plus lents qu'avec le SO_4H_2 (*Mineral Industry*, 1917, p. 669).

Qu'elle en fasse un emploi direct, ou sous forme de combinaison, l'agriculture peut devenir consommateur de très grosses quantités d'acide sulfurique.

Conclusions

En résumé :

1° L'industrie de l'acide sulfurique tend de plus en plus à sortir du domaine de l'empirisme ;

2° Les matières premières pour le fabriquer sont, maintenant, abondantes et variées, grâce à d'ingénieuses méthodes de traitement, ou d'enrichissement, appliquées de façon courante sur une grande échelle ;

3° Le procédé dit *des chambres*, utilisant comme agent *d'excitation* les matières nitreuses, a fait de sérieux progrès ; on connaît de mieux en mieux les phénomènes qu'il utilise et les théories qui les expliquent. Les perfectionnements réalisés, permettent même d'entrevoir le moment où l'on n'emploiera plus que des quantités extrêmement faibles de plomb, grâce à une puissance de production formidablement accrue permettant d'opérer avec des appareils de volume, et prix, notablement réduits ;

4° Pendant la période de guerre, il a fallu produire vite et beaucoup, ce qui a relégué temporairement au second plan les questions : coût d'installation et prix de revient.

Il en est résulté une impulsion vigoureuse, à la fois pour le procédé ancien et pour celui par contact, de sorte que tous deux se sont développés côte à côte. On étudie en outre des modes de production d'une conception extrêmement hardie, qui, dans l'avenir, nous rendront probablement de signalés services ;

5° Depuis la période de paix, la guerre économique a succédé progressivement à la guerre militaire, agissant dans le même sens qu'elle, et la lutte au centime activera encore la réalisation des innovations actuellement à l'étude dans les divers domaines de l'activité scientifique et industrielle ;

6° Au nombre des principales préoccupations est celle de régulariser la production.

On y parvient d'abord en créant des appareils *élastiques*, c'est-à-dire capables de travailler, selon les besoins du moment, tantôt de façon intensive avec une grosse production, tantôt à allure tranquille.

On s'efforce également de constituer des volants de fabrication en établissant, non seulement des réservoirs susceptibles de loger d'importantes quantités d'acide, mais aussi en créant certaines industries annexes permettant de transformer l'acide en produits faciles à stocker, comme le superphosphate, quand les débouchés normaux se trouvent momentanément diminués ou interrompus.

7° Au point de vue débouchés il s'en établit, pour ainsi dire chaque jour, de nouveaux ; A mesure que la civilisation se développe, le besoin d'acide sulfurique des différentes catégories augmente, la gamme des matières indispensables s'agrandit, entraînant des modifications physiques et chimiques des éléments nécessaires et, pour cela, l'emploi de l'acide sulfurique, à l'une des phases de transformations, est extrêmement fréquent.

Auxiliaire précieux du progrès dans le passé, il le restera dans l'avenir.

H. Acide sulfurique

Poids spécifiques des solutions d'acide sulfurique
d'après Lunge et Isler

Poids spécifique à 15°/4° (vide)	Dégrés Baumé	Dégrés du Twaddle	100 parties en poids d'acide chimiquement pur renferment				1 litre d'acide chimiquement pur contient en kg			
			% SO^3	% H^2SO^4	% acide à 60°	% acide à 50°	SO^3	H^2SO^4	acide à 60°	acide à 50°
1,000	0,0	0	0,07	0,09	0,12	0,14	0,001	0,001	0,001	0,001
1,005	0,7	1	0,68	0,83	1,06	1,33	0,007	0,008	0,011	0,013
1,010	1,4	2	1,28	1,57	2,01	2,51	0,013	0,016	0,020	0,025
1,015	2,1	3	1,88	2,30	2,95	3,68	0,019	0,023	0,030	0,037
1,020	2,7	4	2,47	3,03	3,88	4,85	0,025	0,031	0,040	0,050
1,025	3,4	5	3,07	3,76	4,82	6,02	0,032	0,039	0,049	0,062
1,030	4,1	6	3,67	4,49	5,78	7,18	0,038	0,046	0,059	0,074
1,035	4,7	7	4,27	5,23	6,73	8,37	0,044	0,054	0,070	0,087
1,040	5,4	8	4,87	5,96	7,64	9,54	0,051	0,062	0,079	0,099
1,045	6,0	9	5,45	6,67	8,55	10,67	0,057	0,071	0,089	0,112
1,050	6,7	10	6,02	7,37	9,44	11,79	0,063	0,077	0,099	0,124
1,055	7,4	11	6,59	8,07	10,34	12,91	0,070	0,085	0,109	0,136
1,060	8,0	12	7,16	8,77	11,24	14,03	0,076	0,093	0,119	0,149
1,065	8,7	13	7,73	9,47	12,14	15,15	0,082	0,102	0,129	0,161
1,070	9,4	14	8,32	10,19	13,05	16,30	0,089	0,109	0,140	0,174
1,075	10,0	15	8,90	10,90	13,96	17,41	0,096	0,117	0,150	0,188
1,080	10,6	16	9,47	11,60	14,87	18,56	0,103	0,125	0,161	0,201
1,085	11,2	17	10,04	12,30	15,76	19,68	0,109	0,133	0,171	0,213
1,090	11,9	18	10,60	12,99	16,65	20,78	0,116	0,142	0,181	0,227
1,095	12,4	19	11,16	13,67	17,52	21,87	0,122	0,150	0,192	0,240
1,100	13,0	20	11,71	14,35	18,39	22,96	0,129	0,158	0,202	0,253
1,105	13,6	21	12,27	15,03	19,25	24,05	0,136	0,166	0,212	0,265
1,110	14,2	22	12,82	15,71	20,18	25,14	0,143	0,175	0,223	0,279
1,115	14,9	23	13,36	16,86	20,96	26,16	0,149	0,183	0,234	0,292
1,120	15,4	24	13,89	17,01	21,86	27,22	0,156	0,191	0,245	0,305
1,125	16,0	25	14,42	17,66	22,63	28,26	0,162	0,199	0,255	0,318
1,130	16,5	26	14,95	18,31	23,17	29,30	0,169	0,207	0,265	0,331
1,135	17,1	27	15,48	18,96	24,29	30,34	0,176	0,215	0,276	0,344
1,140	17,7	28	16,01	19,61	25,13	31,38	0,183	0,223	0,287	0,358
1,145	18,3	29	16,54	20,26	25,96	32,42	0,189	0,231	0,297	0,374
1,150	18,8	30	17,07	20,91	26,79	33,46	0,196	0,239	0,308	0,385
1,155	19,3	31	17,59	21,55	27,61	34,48	0,203	0,248	0,319	0,398
1,160	19,8	32	18,11	22,19	28,43	35,50	0,210	0,257	0,330	0,412
1,165	20,3	33	18,64	22,83	29,25	36,53	0,217	0,266	0,341	0,425
1,170	20,9	34	19,16	23,47	30,07	37,55	0,224	0,275	0,352	0,439
1,175	21,4	35	19,69	24,12	30,90	38,59	0,231	0,283	0,363	0,453
1,180	22,0	36	20,21	24,76	31,73	39,62	0,238	0,292	0,374	0,467
1,185	22,5	37	20,73	25,40	32,55	40,64	0,246	0,301	0,386	0,481

H. Acide sulfurique (*suite*)

Poids spécifique à $\frac{15°}{4°}$ (vide)	Degrés Baumé	Degrés du Twaddle	100 parties en poids d'acide chimiquement pur renferment				1 litre d'acide chimiquement pur contient en kg.			
			% SO^3	% H^2SO^4	% acide à 60°	% acide à 50°	SO^3	H^2SO^4	acide à 60°	acide à 50°
1,190	23,0	38	21,26	26,04	33,37	41,66	0,253	0,310	0,397	0,496
1,195	23,5	39	21,78	26,68	34,19	42,69	0,260	0,319	0,409	0,511
1,200	24,0	40	22,30	27,32	35,01	43,71	0,268	0,32?	0,420	0,525
1,205	24,5	41	22,82	27,95	35,83	44,72	0,275	0,337	0,432	0,539
1,210	25,0	42	23,33	28,58	36,66	45,73	0,282	0,346	0,444	0,553
1,215	25,5	43	23,84	29,21	37,45	46,74	0,290	0,355	0,455	0,568
1,220	26,0	44	24,36	29,84	38,23	47,74	0,297	0,364	0,466	0,583
1,225	26,4	45	24,88	30,48	39,05	48,77	0,305	0,373	0,478	0,598
1,230	26,9	46	25,39	31,11	39,86	49,78	0,312	0,382	0,490	0,612
1,235	27,4	47	25,88	31,70	40,61	50,72	0,320	0,391	0,502	0,626
1,240	27,9	48	26,35	32,28	41,37	51,65	0,327	0,400	0,513	0,640
1,245	28,4	49	26,83	32,86	42,11	52,58	0,334	0,409	0,524	0,655
1,250	28,8	50	27,29	33,43	42,84	53,49	0,341	0,418	0,535	0,669
1,255	29,3	51	27,76	34,00	43,57	54,40	0,348	0,426	0,547	0,683
1,260	29,7	52	28,22	34,57	44,30	55,31	0,356	0,435	0,558	0,697
1,265	30,2	53	28,69	35,14	45,03	56,22	0,363	0,444	0,570	0,711
1,270	30,6	54	29,15	35,71	45,76	57,14	0,370	0,454	0,581	0,725
1,275	31,1	55	29,62	36,29	46,50	58,06	0,377	0,462	0,593	0,740
1,280	31,5	56	30,10	36,87	47,24	58,99	0,385	0,472	0,605	0,755
1,285	32,0	57	30,57	37,45	47,99	59,92	0,393	0,481	0,617	0,770
1,290	32,4	58	31,04	38,03	48,73	60,85	0,400	0,490	0,629	0,785
1,295	32,8	59	31,52	38,61	49,47	61,78	0,408	0,500	0,641	0,800
1,300	33,3	60	31,99	39,19	50,21	62,70	0,416	0,510	0,653	0,815
1,305	33,7	61	32,46	39,77	50,96	63,63	0,424	0,519	0,665	0,830
1,310	34,2	62	32,94	40,35	51,71	64,56	0,432	0,529	0,677	0,845
1,315	34,6	63	33,41	40,93	52,45	65,45	0,439	0,538	0,689	0,860
1,320	35,0	64	33,88	41,50	53,18	66,40	0,447	0,548	0,702	0,876
1,325	35,4	65	34,35	42,08	53,92	67,33	0,455	0,557	0,714	0,892
1,330	35,8	66	34,80	42,66	54,67	68,26	0,462	0,567	0,727	0,908
1,335	36,2	67	35,27	43,20	55,36	69,12	0,471	0,577	0,739	0,923
1,340	36,6	68	35,71	43,74	56,05	69,98	0,479	0,586	0,751	0,938
1,345	37,0	69	36,14	44,28	56,74	70,85	0,486	0,596	0,763	0,953
1,350	37,4	70	36,58	44,82	57,43	71,71	0,494	0,605	0,775	0,968
1,355	37,8	71	37,02	45,35	58,11	72,56	0,502	0,614	0,787	0,983
1,360	38,2	72	37,45	45,88	58,79	73,41	0,509	0,624	0,800	0,998
1,365	38,6	73	37,89	46,41	59,48	74,26	0,517	0,633	0,812	1,014
1,370	39,0	74	38,32	46,94	60,15	75,10	0,525	0,643	0,824	1,029
1,375	39,4	75	38,75	47,47	60,83	75,95	0,533	0,653	0,836	1,044
1,380	39,8	76	39,18	48,00	61,51	76,80	0,541	0,662	0,849	1,060
1,385	40,1	77	39,62	48,53	62,19	77,65	0,549	0,672	0,865	1,075
1,390	40,5	78	40,05	49,06	62,87	78,50	0,557	0,682	0,873	1,091

H. Acide sulfurique (suite)

Poids spécifique à $\frac{15°}{4°}$ (vide)	Degrés Baumé	Degrés du Twaddle	100 parties du poids d'acide chimiquement pur renferment				1 litre d'acide chimiquement pur contient en kg.			
			% SO^3	% H^2SO^4	% acide à 60°	% acide à 50°	SO^3	H^2SO^4	acide à 60°	acide à 50°
1,395	40,8	79	40,48	49,59	63,55	79,34	0,564	0,692	0,886	1,107
1,400	41,2	80	40,91	50,11	64,21	80,18	0,573	0,702	0,899	1,123
1,405	41,6	81	41,33	50,63	64,88	81,01	0,581	0,711	0,912	1,138
1,410	42,0	82	41,76	51,15	65,55	81,86	0,589	0,721	0,924	1,154
1,415	42,3	83	42,17	51,66	66,21	82,66	0,597	0,730	0,937	1,170
1,420	42,7	84	42,57	52,15	66,82	83,44	0,604	0,740	0,949	1,185
1,425	43,1	85	42,96	52,63	67,44	84,21	0,612	0,750	0,961	1,200
1,430	43,4	86	43,36	53,11	68,06	84,98	0,620	0,759	0,973	1,215
1,435	43,8	87	43,75	53,59	68,68	85,74	0,628	0,769	0,986	1,230
1,440	44,1	88	44,14	54,07	69,29	86,51	0,636	0,779	0,998	1,246
1,445	44,4	89	44,53	54,55	69,90	87,28	0,643	0 789	1,010	1,261
1,450	44,8	90	44,92	55,03	70,52	88,05	0,651	0,798	1,023	1,277
1,455	45,1	91	45,31	55,50	71,12	88,80	0,659	0,808	1,035	1,292
1,460	45,4	92	45,69	55,97	71,72	89,55	0,667	0,817	1,047	1,307
1,465	45,8	93	46,07	56,43	72,31	90,29	0,675	0,827	1,059	1,323
1,470	46,1	94	46,45	56,90	72,91	91,04	0,683	0,837	1,072	1,338
1,475	46,4	95	46,83	57,37	73,51	91,79	0,691	0,846	1,084	1,354
1,480	46,8	96	47,21	57,83	74,10	92,53	0,699	0,856	1,097	1,370
1,485	47,1	97	47,57	58,28	74,68	93,25	0,707	0,865	1,109	1,385
1,490	47,4	98	47,95	58,74	75,27	93,98	0,715	0,876	1,122	1,400
1,495	47,8	99	48,34	59,22	75,88	94,75	0,723	0,885	1,134	1,417
1,500	48,1	100	48,73	59,70	76,50	95,52	0,731	0,896	1,147	1,433
1,505	48,4	101	49,12	60,18	77,12	96,29	0,739	0,906	1,160	1,449
1,510	48,7	102	49,51	60,65	77,72	97,04	0,748	0,916	1,174	1,465
1,515	49,0	103	49,89	61,12	78,3.	97,79	0,756	0,926	1,187	1,481
1,520	49,4	104	50,28	61,59	78,93	98,54	0,764	0,936	1,199	1,498
1,525	49,7	105	50,66	62,06	79,52	99,30	0,773	0,946	1,213	1,514
1,530	50,0	106	51,04	62,53	80,13	100,00	0,781	0,957	1,226	1,531
1,535	50,3	107	51,43	63,00	80,73	100,80	0,789	0,967	1,239	1,547
1,540	50,6	108	51,78	63,43	81,28	101,49	0,797	0,977	1,252	1,563
1,545	50,9	109	52,12	63,85	81,81	102,16	0,805	0,987	1,264	1,579
1,550	51,2	110	52,46	64,26	82,34	103,82	0,813	0,996	1,276	1,593
1,555	51,5	111	52,79	64,67	82,87	103,47	0,821	1,006	1,289	1,609
1,560	51,8	112	53,12	65,08	83,39	104,13	0,829	1,015	1,301	1,624
1,565	52,1	113	53,46	65,49	83,92	104,78	0,837	1,025	1,313	1,640
1,570	52,4	114	53,80	65,90	84,44	105,44	0,845	1,035	1,325	1,655
1,575	52,7	115	54,13	66,30	84,95	106,08	0,853	1,044	1,338	1,671
1,580	53,0	116	54,46	66,71	85,48	106,73	0,861	1,054	1,351	1,686
1,585	53,3	117	54,80	67,13	86,03	107,41	0,869	1,064	1,364	1 702
1,590	53,6	118	55,18	67,59	86,62	108,14	0,877	1,075	1,377	1,719
1,595	53,9	119	55,55	68,05	87,20	108,88	0,886	1,085	1,391	1,737

H. Acide sulfurique (*suite*)

Poids spécifique à 15°/4° (vide)	Degrés Baumé	Degrés du Twaddle	100 parties en poids d'acide chimiquement pur renferment				1 litre d'acide chimiquement pur contient en kg.			
			% SO^3	% H^2SO^4	% acide à 60°	% acide à 50°	SO^3	H^2SO^4	acide à 60°	acide à 50°
1,600	54,1	120	55,93	68,51	87,79	109,62	0,895	1,096	1,405	1,754
1,605	54,4	121	56,30	68,97	88,38	110,35	0,904	1,107	1,419	1,772
1,610	54,7	122	56,68	69,43	88,97	111,09	0,913	1,118	1,432	1,789
1,615	55,0	123	57,05	69,89	89,56	111,82	0,921	1,128	1,446	1,806
1,620	55,2	124	57,40	70,32	90,11	112,51	0,930	1,139	1,460	1,823
1,625	55,5	125	57,75	70,74	90,65	113,18	0,938	1,150	1,473	1,840
1,630	55,8	126	58,09	71,16	91,19	113,86	0,947	1,160	1,486	1,857
1,635	56,0	127	58,43	71,57	91,71	114,51	0,955	1,170	1,499	1,873
1,640	56,3	128	58,77	71,99	92,25	115,18	0,964	1,181	1,513	1,889
1,645	56,6	129	59,10	72,40	92,77	115,84	0,972	1,192	1,526	1,905
1,650	56,9	130	59,45	72,82	93,29	116,51	0,981	1,202	1,540	1,922
1,655	57,1	131	59,78	73,23	93,81	117,17	0,989	1,212	1,553	1,939
1,660	57,4	132	60,11	73,64	94,36	117,82	0,998	1,222	1,566	1,956
1,665	57,7	133	60,46	74,07	94,92	118,51	1,007	1,233	1,580	1,973
1,670	57,9	134	60,82	74,51	95,48	119,22	1,016	1,244	1,595	1,991
1,675	58,2	135	61,20	74,97	96,07	119,95	1,025	1,256	1,609	2,009
1,680	58,4	136	61,57	75,42	96,65	120,67	1,034	1,267	1,623	2,027
1,685	58,7	137	61,93	75,86	97,21	121,38	1,043	1,278	1,638	2,046
1,690	58,9	138	62,29	76,30	97,77	122,08	1,053	1,289	1,652	2,064
1,695	59,2	139	62,64	76,73	98,32	122,77	1,062	1,301	1,667	2,082
1,700	59,5	140	63,00	77,17	98,89	123,47	1,071	1,312	1,681	2,100
1,705	59,7	141	63,35	77,60	99,44	124,16	1,080	1,323	1,696	2,117
1,710	60,0	142	63,70	78,04	100,00	124,86	1,089	1,334	1,710	2,136
1,715	60,2	143	64,07	78,48	100,56	125,57	1,099	1,346	1,725	2,154
1,720	60,4	144	64,43	78,92	101,19	126,27	1,108	1,357	1,739	2,172
1,725	60,6	145	64,78	79,36	101,69	126,98	1,118	1,369	1,754	2,191
1,730	60,9	146	65,14	79,80	102,25	127,68	1,127	1,381	1,769	2,209
1,735	61,1	147	65,50	80,24	102,82	128,38	1,136	1,392	1,784	2,228
1,740	61,4	148	65,86	80,68	103,38	129,09	1,146	1,404	1,799	2,247
1,745	61,6	149	66,22	81,12	103,95	129,79	1,156	1,416	1,814	2,265
1,750	61,8	150	66,58	81,56	104,52	130,49	1,165	1,427	1,829	2,284
1,755	62,1	151	66,94	82,00	105,08	131,20	1,175	1,439	1,845	2,303
1,760	62,3	152	67,30	82,44	105,64	131,90	1,185	1,451	1,859	2,321
1,765	62,5	153	67,65	82,88	106,21	132,61	1,194	1,463	1,874	2,340
1,770	62,8	154	68,02	83,32	106,77	133,31	1,204	1,475	1,890	2,359
1,775	63,0	155	68,49	83,90	107,51	134,24	1,216	1,489	1,908	2,381
1,780	63,2	156	68,98	84,50	108,27	135,20	1,228	1,504	1,928	2,407
1,785	63,5	157	69,47	85,10	109,05	136,16	1,240	1,519	1,947	2,432
1,790	63,7	158	69,96	85,70	109,82	137,14	1,252	1,534	1,965	2,455
1,795	64,0	159	70,45	86,30	110,58	138,08	1,265	1,549	1,983	2,479
1,800	64,2	160	70,94	86,90	111,35	139,06	1,277	1,564	2,004	2,503

H. Acide sulfurique (*suite*)

Poids spécifique à $\frac{15^o}{4^o}$ (vide)	Degrés Baumé	Degrés du Twaddle	100 parties en poids d'acide chimiquement pur renferment				1 litre d'acide chimiquement pur contient en kg.			
			% SO^3	% H^2SO^4	% acide à 60°	% acide à 50°	SO^3	H^2SO^4	acide à 60°	acide à 50°
1,805	64,4	161	71,50	87,60	112,25	140,16	1,291	1,581	2,026	2,530
1,810	64,6	162	72,08	88,30	113,15	141,28	1,305	1,598	2,048	2,558
1,815	64,8	163	72 69	89,05	114,11	142,48	1,319	1,621	2,071	2,587
1,820	65,0	164	73,51	90,05	115,33	144,08	1,338	1,639	2,099	2,622
1,821			73,63	90,20	115,59	144,32	1,341	1,643	2,104	2,628
1,822	65,1		73,80	90,40	115,84	144,64	1,345	1,647	2,110	2,635
1,823			73,96	90,60	116,10	144,96	1,348	1,651	2,116	2,643
1,824	65,2		74,12	90,80	116,35	145,28	1,352	1,656	2,122	2,650
1,825		165	74,29	91,00	116,61	145,60	1,356	1,661	2,128	2,657
1,826	65,3		74,49	91,25	116,93	146,00	1,360	1,666	2,135	2,666
1,827			74,69	91,50	117,25	146,40	1,364	1,671	2,142	2,675
1,828	65,4		74,86	91,70	117,51	146,72	1,368	1,676	2,148	2,682
1,829			75,03	91,90	117,76	147,04	1,372	1,681	2,154	2,689
1,830		166	75,19	92,10	118,02	147,36	1,376	1,685	2,159	2,696
1,831	65,5		75,35	92,30	118,27	147,68	1,380	1,690	2,165	2,704
1,832			75,53	92,52	118,56	148,03	1,384	1,695	2,172	2,711
1,833	65,6		75,72	92,75	118,85	148,40	1,388	1,700	2,178	2,720
1,834			75,96	93,05	119,23	148,88	1,393	1,706	2,186	2,730
1,835	65,7	167	76,27	93,43	119,72	149,49	1,400	1,713	2,196	2,743
1,836			76,57	93,80	120,19	150,08	1,406	1,722	2,207	2,755
1,837			76,90	94,20	120,71	150,72	1,412	1,730	2,217	2,769
1,838	65,8		77,23	94,60	121,22	151,36	1,419	1,739	2,228	2,782
1,839			77,55	95,00	121,74	152,00	1,426	1,748	2,239	2,795
1,840	65,9	168	78,04	95,60	122,51	152,96	1,436	1,759	2,254	2,814
1,8405			78,33	95,95	122,96	153,52	1,441	1,765	2,262	2,825
1,8410			79,19	97,00	124,30	155,20	1,458	1,786	2,288	2,857
1,8415			79,76	97,70	125,20	156,32	1,469	1,799	2,305	2,879
1,8410			80,16	98,20	125,84	157,12	1,476	1,808	2,317	2,893
1,8405			80,57	98,70	126,48	157,92	1,483	1,816	2,328	2,906
1,8400			80,98	99,20	127,12	158,72	1,490	1,825	2,339	2,920
1,8395			81,18	99,45	127,44	159,12	1,494	1,830	2,344	2,927
1,8390			81,39	99,70	127,76	159,52	1,497	1,834	2,349	2,933
1,8385			81,59	99,95	128,08	159,92	1,500	1,838	2,355	2,940

INDEX ALPHABÉTIQUE

Q

R

TABLE DES MATIÈRES

Saint-Amand (Cher). — Imprimerie R. BUSSIÈRE. — 22-9-1928

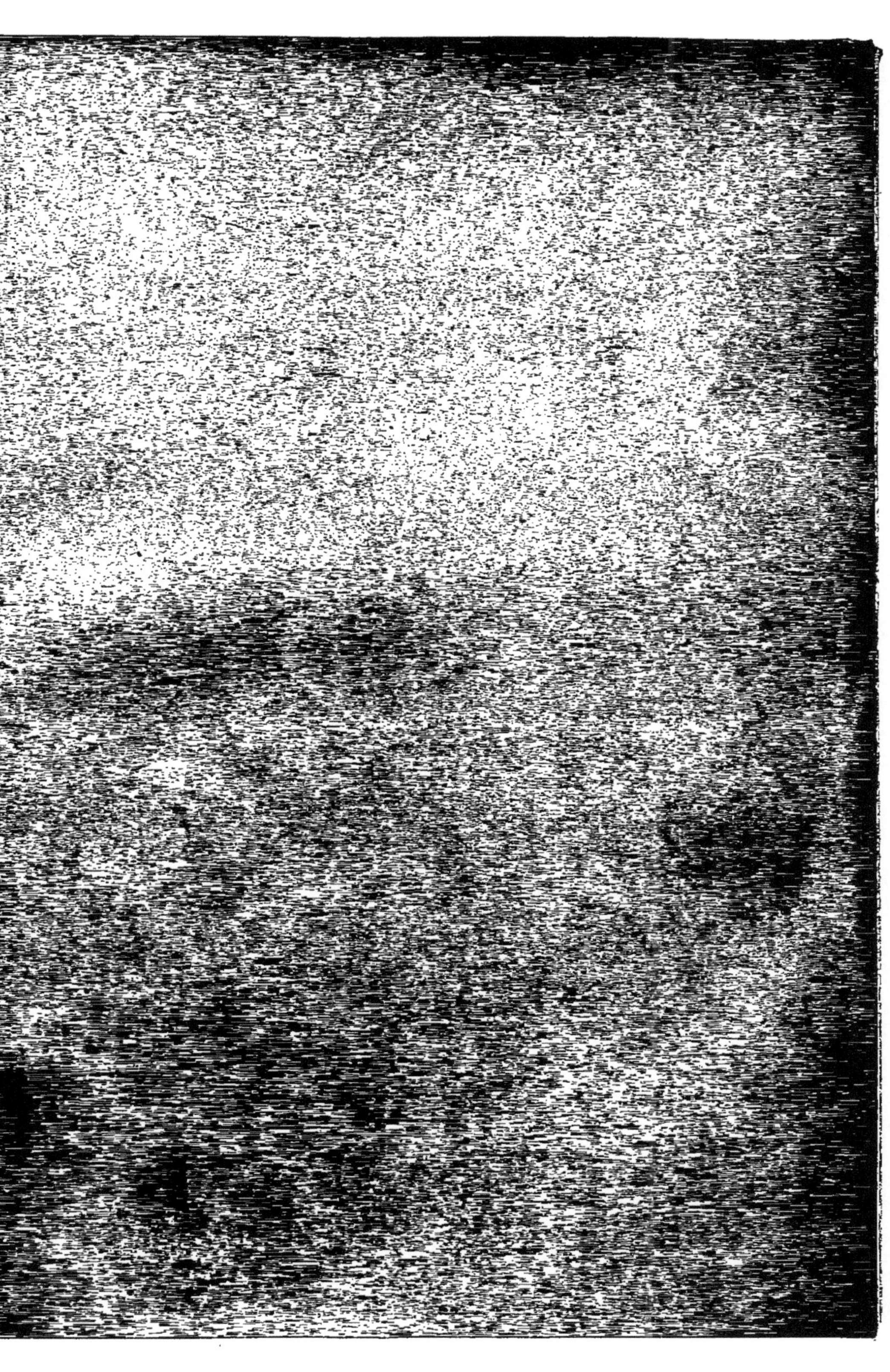

www.ingramcontent.com/pod-product-compliance
Ingram Content Group UK Ltd.
Pitfield, Milton Keynes, MK11 3LW, UK
UKHW021649170726
13836UKWH00005B/2477